Wolfgang H. Gebhardt • Deutsche Omnibusse seit 1895

W0469792

Wolfgang Gebhardt

DEUTSCHE OMNIBUSSE seit 1895

Motorbuch Verlag Stuttgart

Einbandgestaltung Johann Walentek unter Verwendung von Vorlagen
aus dem Archiv des Autors

ISBN 3-613-01555-2
Copyright © by Motorbuch Verlag
Postfach 10 73 43, 70032 Stuttgart
Ein Unternehmen der Paul Pietsch Verlage GmbH + Co
Sämtliche Rechte der Speicherung und Vervielfältigung und
Verbreitung sind vorbehalten.
DTP: IPa, 71665 Vaihingen / Enz
Druck und Bindung: Freiburger Grafische Betriebe, 79108 Freiburg i. Br.
Printed in Germany

Inhaltsverzeichnis

Vorwort

Der vorliegende Band »Deutsche Omnibusse« soll mit seinen Firmendarstellungen einen Einblick in diesen bedeutenden Wirtschaftszweig des deutschen Fahrzeugbaus geben.
Für die Zusammenstellung des Gesamtüberblicks über die Omnibushersteller und ihre Produkte wurden Einzeldarstellungen, Zeitschriftenreihen, Firmen- und Messekataloge, Auskünfte von Firmen, von Industrie- und Handelskammern sowie von Einzelpersonen herangezogen.
In den Beschreibungen sind die Produzenten mit ihrem ersten oder bekanntesten Firmennamen aufgeführt. Anschließend folgen ggf. Änderungen des Namens, der Adresse oder der Rechtsform. Der Produktionszeitraum ist mit gesicherten Daten aus den genannten Unterlagen ausgewiesen, so daß mit dem Hinweis auf die unvermeidbare Unvollkommenheit eine übersichtliche Angabe zur Verfügung zu den über 120 Herstellern, die komplette Omnibusse oder die Bodengruppe hierzu erstellt haben steht. Aus der Reihe der Karosseriebauer wurden nur einige wenige Firmen aufgenommen, die Omnibusmodelle herstellten bzw. herstellen, die im Programm der Chassisproduzenten nicht vorhanden sind, so daß hier ein nahezu eigenständiges Produkt vorhanden ist.
Mein Dank gebührt allen Privatpersonen und Firmen, die mir bei der Zusammenstellung dieses Buches geholfen haben, besonders aber Frau Ingeborg Bahn (E. Auwärter-Werk), Herrn Rudolf-Hartmut Baum (MAN-Werk), Herrn Mathias Bien (Siemens-Archiv), Herrn Gerhard Drauz (Drauz-Werk), Herrn Hans Fleischer, Herrn Bodo Fischer (Opel-Archiv), Herrn Wolfgang Graaff (Graaff-Werk), Herrn Karlheinz Hesse, Herrn Heintzer (Mercedes-Benz-Archiv), Herrn Georg Junginger (IVECO), Herrn Jürgen Klein (Auto Literatur Club), Frau Dr. Renate Köhne-Lindenlaub (Krupp-Archiv), Herrn Peter Makowiak (Vetter-Werk), Herrn Wilfried Otto, Herrn Hans Pairan, Herrn Thomas Roth (Drögmöller-Werk), Herrn Max Schmidberger (IVECO), Herrn Karl Schmidt (Krauss-Maffei-Archiv), Herrn Helmut Schneikart (»Verkehrs Rundschau«), Herrn Dr. Schraut (DUEWAG-Werk), Herrn Dr. Peter Strunk (AEG-Archiv), Herrn Christian Suhr sowie Herrn Jörn Turner (Agentur t + t für Ford-Archiv), die besonders viele Anregungen, Korrekturen und Fotos einbrachten. Ganz besonderer Dank gilt Herrn Ingo Kasten, der das Manuskript durchgesehen hat.

Hinweis
In den Tabellen wurde, abgesehen von hervorzuhebenden Modellen, stets nur der Grundtyp berücksichtigt.
Entgegen der seit Anfang 1980 gültigen SI-Einheit Kilowatt (kW) wurde bei den Fahrzeugen mit Verbrennungsmotoren die alte Größe PS weitergeführt, um eine einheitliche und vergleichbare Leistungseinheit beizubehalten.

Erläuterungen zu den Abkürzungen in den Tabellen:

SP	Produktionszeitraum (1. Baujahr)
Z	Zylinderzahl
PS	PS-Leistung (bzw. Leistung in kW)
K	Kühlung
W	Wasserkühlung
L	Luftkühlung
TH	Thermosyphonkühlung
B x H	Bohrung x Hub
Hubr.	Hubraum
D	Drehzahl
Gew.	Gewicht
V	Vergasermotor
T	Turbolader

Besonderheiten wie u.a.

D	Dieselmotor
V	Vergasermotor
T	Turbolader
TL	Turbolader mit Ladeluftkühlung

Einführung

Zur Geschichte des deutschen Omnibusbaus

Nachdem schon seit 1830 Versuche mit Dampfomnibussen in England und in Frankreich unternommen worden waren, konstruierte 1879 die Wöhlert'sche Maschinenbau-Anstalt in Berlin einen ersten deutschen Omnibus mit Dampfantrieb. 1880 folgten von Wilhelm von Pittler entwickelte Omnibusse mit einem Schießpulver- und mit einem Dampfmotor-Antrieb. Das hohe Gewicht und technische Unzulänglichkeiten führten rasch zur Beendigung dieser Transportversuche. Auch die Erprobung des elektrischen Antriebs mit der »Elektromote« von Werner von Siemens im Jahre 1882 auf der Strecke Berlin - Halensee hatte keinen Erfolg.

1895 führte dann Carl Benz einen ersten Omnibus mit einem hintenliegenden 5-PS-Einzylinder-Verbrennungsmotor vor. Der achtsitzige Landauer wurde mit drei Parallelmodellen auf der Strecke Siegen - Netphen - Deuz eingesetzt, konnte aber auch keinen Erfolg verzeichnen. Die Daimler-Motoren-Gesellschaft setzte 1898/99 dann ein 10 PS starkes Fahrzeug auf der ersten motorisierten Postlinie Bad Mergentheim - Künzelsau ein. Weitere Daimler-Fahrzeuge für bis zu 30 Personen folgten nach 1898. Jedoch erst der 1899 nach England gelieferte Aussichtsomnibus in Kremser-Bauart konnte längere Zeit betrieben werden.

Fahrzeugtechnisch waren die Modelle dieser ersten Epoche Zwitter eines Pferdeomnibusses und eines Kraftwagens, wobei auf das Lkw-Fahrgestell ein Pferdeomnibusaufbau mit meist hinterem Einstieg aufgesetzt wurde.

Nach der Jahrhundertwende boten die Nutzfahrzeughersteller dann offene Aussichtsomnibusse mit teilweise ansteigendem Wagenboden, geschlossene Linienbusse sowie Doppelstockfahrzeuge, Oberdecker oder »Imperial«-Typ genannt, an. Diese Modelle wurden von den Firmen Benz (SAG-Gaggenau), Büssing, Dürkopp, NAG, Stoewer und Scheibler nach Berlin und Leipzig sowie für den Export vor allem nach London geliefert. Dabei wurde die erste Kraftomnibus-Linie in Berlin, die vom Halleschen Tor zur Chausseestraße mit Daimler-Fahrzeugen betrieben wurde, ein Erfolg, wenn auch die Fahrzeuge durch ihre geringe Radauflagefläche, durch ihr labiles Fahrverhalten und durch Materialermüdungen beim ständigen Anfahren und Abbremsen noch einer erheblichen Vervollkommnung bedurften.

Heinrich Büssing richtete 1904 auf eigene Kosten eine Omnibuslinie im Harz ein, da die Postverwaltung dem Motoromnibus noch sehr skeptisch gegenüberstand.

Die erste erfolgreiche Überlandlinie der Deutschen Reichspost wurde dann 1905 mit Daimler-Omnibussen aus dem Werk Marienfelde auf der Strecke Bad Tölz - Lenggries eröffnet.

Neben den Fahrzeugen mit Benzinmotoren bildeten in dieser Zeit bis zum Beginn des Ersten Weltkrieges elektrisch angetriebene Linienfahrzeuge eine vermeintlich interessante Alternative zu den Fahrzeugen mit lauten und abgasintensiven Verbrennungsmotoren. Max Schiemann baute mit dem Siemens & Halske-Werk einige Obus-Linien auf, denen weitere Linien folgten, die mit Fahrzeugen der Firmen AEG, Daimler-Stoll, Lloyd-Köhler, Siemens & Halske sowie Stoll betrieben wurden. Bis 1914 entstanden so 12 O-Bus-Linien mit insgesamt 54 Kilometern Streckenlänge, auf denen 30 Omnibusse und 14 Lastenfahrzeuge eingesetzt wurden.

Der hervorragende Fahrzeugkonstrukteur Joseph Vollmer entwickelte dabei für die AEG Fahrzeuge, die aus einem zweiachsigen Antriebs-Drehgestell und einem aufgesattelten Wagenkasten bestanden. Das Siemens & Halske-Werk hingegen konstruierte ein Zwitterfahrzeug, das spurgeführt auf Straßenbahngleisen und mit Oberleitungs-oder mit Batteriestrom frei beweglich auf Straßen fahren konnte.

Einen Versuch mit einem dampfbetriebenen Omnibus unternahm einzig das Hanomag-Werk.

Zu erwähnen ist in diesem Zusammenhang noch, daß die Königlich Sächsische Staatsbahn Horch- und Nacke-Omnibusse mit Spurkränzen auch für den Schienenbetrieb abwandeln ließ.

Konstruktionstechnisch bestanden die Omnibusse dieser ersten Epoche aus einer auf den Metallrahmen oder auf das armierte Holzfahrgestell aufgesetzten Holzkonstruktion, die mit weichen Linden- und Pappelholz verkleidet war, aber hygroskopisch sehr anfällig war.
Die Sitze, die zunächst noch in Längsrichtung aufgestellt waren, wurden immer mehr in Fahrtrichtung angebracht, so daß seitliche Türen eingesetzt werden mußten. Der zunächst offene Fahrerplatz erhielt eine Überdachung und schließlich auch eine Vollverkleidung.
Während noch um die Jahrhundertwende Zweizylindermotoren mit bis zu 12 PS eingesetzt wurde, konnten vor Ausbruch des Ersten Weltkrieges schon Reihen-Vierzylindermotoren mit durchschnittlich 35 bis 45 PS verwendet werden. Diese sich an die Subventions-Lastwagen orientierende Leistung reichte aus, um auch den Anhängerbetrieb durchführen zu können.
Der laute und eine hohe Bauhöhe bedingende Kettenantrieb wurde ab 1906 erstmals von der Firma Dürkopp durch den Kardanantrieb abgelöst. Die Firma Daimler verwendete weiterhin den Ritzelantrieb; andere Firmen bevorzugten den leisen Schneckenantrieb. Die Metallbereifungen waren inzwischen Gummi- und Elastikbereifungen gewichen, die auf die gewöhnlich noch hölzernen Räder aufgezogen wurden.
Während des Ersten Weltkrieges wurden die vorhandenen Omnibusbestände durch Beschlagnahmeaktionen für Militärzwecke erheblich dezimiert. Nahzu alle Fahrzeuge der Berliner ABOAG gingen verloren, so daß wieder Pferdeomnibusse eingesetzt werden mußten, wobei anzumerken ist, daß erst 1923 die letzte Berliner Pferdeomnibuslinie eingestellt werden konnte.
Von Bedeutung für diese Zeit ist noch die Forderung der Inspektion der Verkehrstruppen u. a. an die Firmen Magirus, MAN und VOMAG, den Nutzfahrzeugbau aufzunehmen, so daß diese Firmen nach dem Krieg eine bedeutende Rolle im Omnibus- bzw. im Omnibus-Fahrgestellbau erringen konnten.
Darüber hinaus erstellte der Direktor der Berliner ABOAG, Richard Kaufmann, sowie die KVG in Sachsen erste Vereinheitlichungsbestimmungen für die Modelle ihrer Fahrzeugparks.
Nach dem Krieg beeinflußten glücklicherweise Ingenieure des Metallflugzeugbaues mit Leichtmetalltechnik den Bau der Omnibuskarosserien, so daß die Verkleidungstafeln die Festigkeit des Holzgerippes bei geringem Gewicht erhöhten.
Elektrische Ausrüstungen wurden nun Standard auch im Omnibusbau. In den Jahren 1921/22 ermöglichten erstmals Luftreifen mit Cordgewebe von Continental sowie Kugellager eine höhere Geschwindigkeit, eine bessere Straßenlage und damit eine größere Fahrsicherheit. Gleichzeitig konnte dadurch die Motorleistung auf 50 bis 60 PS erhöht werden.
Konstruktionstechnisch kennzeichnete ab 1923/24 der Niederrahmen die neue Fahrgestelltechnik der Omnibusse, wobei die Firmen FAUN und MAN hier die Initiative ergriffen. Ein erster Anstoß zur Trennung von Lastwagen- und Omnibusbau wurde damit vollzogen. Ein weiteres Konstruktionsprinzip wurde nun der einzelbereifte Dreiachser, der die größeren Lasten aufnehmen und die Fahrstabilität vergrößern konnte. Während die Firma VOMAG ein Fahrzeug mit einem Antrieb in der Mitte und einer hinteren, lenkbaren Schleppachse konstruierte, entwarf das Büssing-Werk einen Hochrahmen-Dreiachser mit einem hinteren Doppelachsantriebsaggregat. Um die Jahrhundertwende 1923/24 wurde dieses sensationelle Modell vorgeführt, das anschließend mit großem Erfolg in der Serie gebaut werden konnte. Nach 1928 schlossen sich auch die Firmen Daimler-Benz, Henschel, Krupp, MAN und VOMAG der Dreiachstechnik des Büssing-Werkes an, wobei verschiedene Antriebssysteme für die beiden Hinterachsen verwendet wurden.
Einzufügen ist hier, daß der Zweiachser zu dieser Zeit eine Höchstbelastung von 9 Tonnen, der Dreiachser von 15 Tonnen tragen durfte. Für diese schweren Fahrzeuge wurden ab 1925 auch verstärkt Sechszylindermotoren eingebaut, die bei 12 Litern Hubraum 80 bis 100 PS erzeugten. Zu erwähnen ist dabei, daß die Deutsche Reichspost schon 1923 gefordert hatte, Zweiachser mit bis zu 125 PS, Dreiachser mit bis zu 150 PS starken Motoren auszustatten.

Mitte der zwanziger Jahre waren nahezu alle Omnibushersteller auf den gekröpften Niederrahmen übergegangen. Zur Verzögerung dienten nun Allradbremssysteme.
Erste modern anmutende Frontlenkermodelle mit innenstehendem oder neben der separaten Fahrerkabine stehendem Motor boten die Firmen Benz, Daimler und VOMAG an.
Im Bestreben, neue Wege im Omnibusbau zu gehen, wurden in dieser Zeit neue Techniken erprobt. Nach Vorbild der Twin Coach Company von Frank R. Fageol in Kent / Ohio / USA erstellten die Firmen Dürkopp, Hansa-Lloyd, Magirus, MAN und VOMAG in Zusammenarbeit mit der Karosseriefabrik Trutz »Studienausführungen« in »Tiefrahmentechnik«. Die mit günstigem Schwerpunkt versehenen 24-sitzigen Fahrzeuge zeichneten sich durch je eine Tür pro Sitzreihe aus.
Die Firma Autokasten GmbH des Schweizer Ingenieurs Hans Arquint in München konzipierte Omnibusaufbauten mit senkrechten Metallringspanten aus doppel-T-förmigem Spezialstahl, der innen mit Holzprofilen gefüttert wurde, um die Verkleidungshölzer und Verkleidungsbleche aufschrauben zu können.
Erstmals wurde damit von dem massiven aber anfälligen Holzaufbau mit den Zapfenverbindungen abgegangen. Allerdings wurde diese Gemischtkonstruktionsbauweise zunächst äußerst skeptisch aufgenommen, da man ein vergrößertes Unfallrisiko und einen größeren Reparaturaufwand gegenüber der handwerklich vollkommenen Holzsteckbauweise erwarten ließ.
Die reiste Ausbildung der Ringspantenbauweise erhielten 1926 die röhrenförmigen Omnibusse von Büssing und Hansa-Lloyd mit Rembrandt-Karosserien, die als »Tubusse« bezeichnet wurden. Als bald größter Fahrzeughalter Europas gab in dieser Zeit das Entwurfsbüro für Vereinheitlichungsaufgaben des Kraftpostwerkes Berlin-Borsigwalde Vorgaben für 33-sitzige Einheitsaufbauten in Gemischt- und ab 193o in Stahlbauweise heraus, die auf die Fahrgestelle der verschiedenen Nutzfahrzeughersteller aufgesetzt werden sollten.
Komplette Stahlkarosserien mit inneren Quer- und Längsstahlverbindungen als Gerippe konnten nach der Mitte der zwanziger Jahre von den Firmen Firmen Sächsische Waggonfabrik (Schumann-Werk) und Waggonfabrik Uerdingen sowie etwas später vom Daimler-Benz Werk Sindelfingen angeboten werden. Wesentlich günstigere Formgebungen, die schließlich in den Stromlinienkarosserien der dreißiger Jahre mündeten, ließen sich durch die Blechverformungstechtechnik erzielen.
Auch erste Dachrandverglasungen bei Fahrzeugen der Firma DAAG tauchten im Jahre 1927 auf, um den Fahrgästen eine bessere Aussicht zu geben, zumal die Omnibus-Cabriolets nur in der schönen Jahreszeit einzusetzen ware. Erste Anderthalbdecker als Aussichtsomnibusse für Stadtrundfahrten oder für »Wochenendfahrzeuge«, d. h. für Campingzwecke boten die Firmen Daimler-Benz, MAN und VOMAG an.
Ein weiteres Experiment gegen Ende der zwanziger Jahre war zur Verbesserung der Transportkapazität der Büssing-HAWA-Frontlenkeromnibus in teilselbsttragender Bauweise, der in Fahrzeugmitte seitlich einen stehenden, für Wartungszwecke herausschwenkbaren Motor erhielt, wobei das ähnliche amerikanische Twin-Coach-Modell wiederum als Vorbild genommen wurde.
Erste Dauerversuche mit schnellaufenden Fahrzeugdieselmotoren unternahmen ab 1923/24 die Firmen Benz, Daimler und MAN, wobei sich der Omnibus zur Erprobung dieses gegenüber dem Vergasermotor schwereren Triebwerks aufgrund der geringeren Belastung gegenüber dem Lastwagen anbot. Ab 1927 gingen dann auch die anderen großen Hersteller wie Büssing, Krupp und VOMAG zum Vier- bzw. zum Zweitaktdieselmotor über. In den frühen dreißiger Jahren folgten dann die Firmen Henschel und Magirus.
Antriebsmäßig wurden gegen Ende der zwanziger Jahre neue Wege beschnitten. Die Firmen Dürkopp und Hansa-Lloyd experimentierten mit hinteren Doppelachsaggregaten, die mit Pendelachsen versehen waren. Die Berliner ABOAG, das Henschel- und das VOMAG-Werk konstruierten Frontantriebsfahrzeuge mit Einzelradaufhängung, wobei Patente der Rumpler- und der Voran-Gesellschaft benützt wurden. Der unter dem Synonym Crämer schreibende Ingenieur entwarf 1927 ein- und zweistöckige Niederrahmenomnibusse mit einer Vierradlenkung, einem Vorderradantrieb, einer

Leichtmetall-Fundamentplatte und frei schwingenden Hinterachshälften. Motor- und Getriebe waren in einem herausfahrbaren Triebteil zusammengefaßt, so daß ein selbsttragender Wagenkasten aufgesetzt werden konnte.
Da noch keine Hydraulikanlagen für diese schweren Frontantriebssysteme zur Verfügung standen, konnten diese Versuche bzw. der Crämer-Entwurf keinen Erfolg haben.
Einen zweiten Ansatz zur Verwendung elektrischer Energie unternahmen gemeinsam die Firmen AEG, Waggonfabrik Uerdingen, Krupp und das Rheinisch-Westfälische Elektrizitätswerk, um die »erste moderne Obusstrecke in Deutschland» auf einer Länge von 5,9 Kilometern zwischen Mettmann und Gruiten einzurichten. Dieser bis 1952 bestehenden Versuchsanlage folgten bis Kriegsbeginn weitere Anlagen in Idar-Tiefenstein, Berlin, Oldenburg, Insterburg, Hamburg, Leipzig, Zwickau, Allenstein, Gera, Trier und Pirmasens. Die Fahrzeuge kamen von den Firmen Büssing-NAG, Daimler Benz, Henschel und MAN.
Die frühen dreißiger Jahre brachten eine weitere Fülle von fahrzeugtechnischen Pionierleistungen. Die Landmaschinenfabrik Stille baute einen vierachsigen, teilselbsttragenden Omnibus mit einer später im Heck integrierten Imbert-Generatoranlage. Die Firma Henschel entwickelte dampfgetriebene Lastwagen und Omnibusse, nachdem schon das Büssing-Werk derartige Überlegungen angestellt hatte.
Um ausreichende PS-Leistungen für Fahrzeuge auf Gebirgsstrecken zu haben, bot das Büssing-Werk einen Großomnibus mit zwei parallelstehenden 160-PS-Motoren an. Auch die Firma Henschel steuerte ein Fahrzeug mit einem Doppelmotor bei. Der Synchronlauf dieser Motoren konnte jedoch nicht erreicht werden.
Antriebsmäßig interessante Prototypen stellten die Firmen Büssing-NAG und FAUN vor, in denen ein diesel-elektrisches System verwendet wurde, so daß eine schaltungsfreie Übertragung erreicht werden konnte.
Für den Einsatz auf den Reichsbahn-Omnibusstrecken auf den neuen Autobahnen entwarfen die Karosseriehersteller Gebr. Credé, Fahrzeugwerke Recklinghausen, Gaubschat, Kässbohrer, Talbot, Vetter, Westwaggon Gastell und Waggonfabrik Uerdingen sowie das Daimler-Benz-Werk Sindelfingen Stromlinienkarosserien, die nach den Berechnungen der Aerodynamiker Paul Jaray (1889 - 1974) und Prof. Dr. phil. Emil August Everling (1880 - 1973) u. a. als Einheits-Autobahn-Karosserien entworfen worden waren. Darüber hinaus kamen mittelgroße Stromlinienomnibusse für Ausflugsfahrten von Erdmann & Rossi und Ludewig hinzu.
Als Zukunftsprojekte für den Langstreckenverkehr auf den Reichsautobahnen entwarfen die großen Hersteller Fahrgestelle und verkleinerte Modelle von Großomnibussen. Büssing-NAG stellte ein dreiachsiges Fahrgestell mit vorderem und hinterem Motor vor, das stromlinienmäßig teilkarosseriert wurde. Die Daimler-Benz AG entwarf einen dreiachsigen Omnibus mit einem Triebwagendieselmotor oder zwei Sechszylindermotoren im Heck. Das Henschel Werk plante ein vierachsiges Fahrzeug mit einem Boxermotor unter dem Fahrersitz. Das MAN-Werk projektierte ein vierachsiges Modell eines Stromlinienbusses. Die VOMAG schließlich stellte das Modell eines vierachsigen Fahrgestells mit einem Boxermotor im Heck vor, der über ein halbautomatisches Getriebe die beiden Hinterachsen antreiben sollte.Durch die beginnende Rüstungspolitik des Dritten Reiches, das andere Schwerpunkte setzte, konnten diese Vorhaben mit bis zu 450 PS starken Motoren nicht weitergeführt werden.
Ein konstruktionstechnisch interessanter Entwurf von 1936 ist hier festzuhalten. Ingenieur Walter J. Bogus zeichnete einen Niederflur-Oberleitungsomnibus mit 27 Sitz- und 15 Stehplätzen. Eine tiefgekröpfte Vorderachse sowie eine ebenfalls nach unten durchgekröpfte, einzelbereifte Hinterachse ermöglichten eine Bodenhöhe von nur 40 cm. Das Antriebsaggregat, das auf die Vorderräder wirkte, sollte zur bestmöglichen Wartung nach vorne herausgezogen werden können.

Omnibusabsatz im Deutschen Reich

	1934	1935	1936	1937
Büssing-NAG	133	253	369	237
Daimler-Benz	188	484	557	474
FAUN			3	3
Ford	51	150	191	255
Hanomag	2			
Hansa-Lloyd	31	92	46	39
Henschel	5	12	46	34
Krupp	93	78	78	80
Magirus	46	71	156	143
MAN	42	93	131	91
Opel	184	566	528	620
Phänomen	3	1	6	12
VOMAG	2	1	6	5

Quelle: Das Last-Auto, Pößneck 1936 u.1938

Um den Fahrgestellboden günstiger für die Personenbeförderung zu nutzen, bildete der von dem Büssing-NAG-Werk entworfene Trambus bis zu Beginn der fünfziger Jahre die damals moderne Frontlenkeromnibustechnik. Der stehende Reihenmotor wurde hier wie schon einmal bei den Benz-, Daimler-Benz- und VOMAG-Typen vorne in den Wagenkasten einbezogen und unter einer großen Haube vorn neben dem Fahrer plaziert. Die Firmen Daimler-Benz, Henschel, Magirus und MAN schlossen sich dieser Bautechnik an, die jedoch höhere Herstellungskosten und eine schwierigere Wartung des Motors nach sich zog.
Für den Massenausflugsverkehr erschienen mit Kässbohrer-Karosserien Sattelschlepperomnibusse. Reiseomnibusse mit fest angekuppelten Anhängern fertigte das Gaubschat-Werk, wobei allerdings 32 Gelenke für die Allradlenkung des Anhängers gewartet werden mußten. Liniensattelzüge wurden mit MAN- und Opel-Zugmaschinen in Einzelstücken hergestellt. Fahrzeuge mit Allrad- oder mit Halbkettenantrieb erstellte das Daimler-Benz-Werk.
Die Reichsstraßenverordnung von 1934 bzw. 1937 ermöglichte die Erhöhung des Gesamtgewichtes auf 13 Tonnen, des Dreiachsers auf 18,5 Tonnen, wobei hier jedoch eine hintere Doppelbereifung notwendig wurde. Die Höhe des Doppeldeckers wurde auf die noch heute bestehende Größe von 4 Metern festgesetzt.
Das Büssing-NAG-Werk ging in seiner von keiner anderen Firma übertroffenen Innovationstätigkeit zur fortschrittlichen Unterflurtechnik über, die schon 1935 von Paul Arendt mit allerdings geringem Erfolg beim Hanomag-Werk erprobt wurde. Zwei- und dreiachsige Prototypen wurden bis in die Kriegsjahre gebaut und ergiebig getestet. Diese Technik erlaubte es nun, die gesamte Bodenfläche für die Transportkapazität bei allerdings einer grösseren Bodenhöhe zu nutzen; eine erhebliche motor- und getriebeschalttechnische Vorarbeit war für diese Bauweise erforderlich.
Die VOMAG erstellte für die KVG Freistaat Sachsen, den größten privaten Omnibusbetreiber im Deutschen Reich, der über 600 Fahrzeuge mit zum Teil einer Treibgasversorgung einsetzte, übermotorisierte Omnibusse mit Zwölfzylinder-Panzermotoren von Maybach, die 300 PS erzeugten
Der Obus-Ausschuß des Dortmunder Verbandes Deutscher Kraftverkehrsgesellschaften entwarf unter Ing. Heinrich Meyer 1939 feste Typisierungsmaße für die Elektro-Omnibusse der deutschen Kraftfahrzeugindustrie. Für die durch die Autarkiepolitik des Dritten Reiches geforderten Obusse, auch »Elbusse« genannt, wurden die Größen I für 45, II für 60 und III als Dreiachser für 75 Fahrgäste festgelegt. Auch die Verwendung der als nicht so kompliziert geltenden Reihenschlußmotoren in den Leistungen von 60/65, 85/90 und 90/120 kW war vorgegeben. Die Richtlinien sahen dabei vor, daß die Firma Henschel die Typen I, II und III, die Firmen Daimler-Benz und MAN in modifizierter Form

den Typ II und die Waggonfabrik Uerdingen in selbsttragender Bauweise den Typ III bauen sollten. Darüber hinaus wurde dem Daimler-Benz-Werk der Parallelbau des Henschel-Dreiachsers zugestanden. Während der Kriegszeit erhielten die Baureihen I und II noch die Standardfahrzeugbezeichnungen 4500 und 6500, die die maximale Tragfähigkeit in Kilogramm ausdrückten.
Kurz vor Kriegsbeginn erschienen schließlich noch standardisierte dreiachsige Doppeldecker für den Berliner Stadtverkehr in Trambusbauart, die von den Firmen Büssing-NAG, Daimler-Benz und Henschel geliefert wurden. Einzig der Motor, die Lenkung und die hintere Doppelachse bildeten die Eigenkonstruktion dieser Firmen.
Weitere Ansätze zur selbsttragenden Bauweise, die den Fortfall des schweren Rahmens bedeutete, wurden ebenfalls kurz vor Kriegsausbruch von verschiedenen Firmen unternommen. Eine beträchtliche Gewichtseinsparung und damit die Verwendung eines schwächeren Motors standen dabei zunächst im Vordergrund. Hervorzuheben sind hier der Privatunternehmer Theodor Pekol, der Karosseriebauer Karl Kässbohrer sowie der Konstrukteur Prof. Dr. Josef Deiters.
Die Sicherheit der Fahrzeuge wurde 1939 durch Verordnungen erhöht, die nur noch die Metallkarosserie, die Sicherheitsverglasung, den Wegfall der Notsitze, die Verringerung der Brandgefahr sowie die jährliche Hauptuntersuchung vorsahen.
Mit Beginn des Krieges mußte der Bau von Reiseomnibussen eingestellt werden. Einzig die beschränkte Fertigung von Fahrzeugen für die Wehrmacht sowie von Linien- und Obussen wurde weitergeführt. In »Leichtstabilbauweise« mit integriertem Generator nach Plänen von Prof. Dr. Deiters bauten dabei die Firmen Gebr. Credé und Harmening Omnibusse auf, die Delignitkunstharzverkleidungen anstelle der Blechplatten erhielten.
Die Notsituation des Zweiten Weltkrieges brachte bis Ende 1940 auf Anordnung des Reichsverkehrsministeriums die Umstellung der im Reichsgebiet verbliebenen Omnibusse auf den Treib- und Stadtgasbetrieb. Entweder wurde ein Generator im Heck eingebaut oder auf einem kleinen Nachläufer aufgesetzt. Stadtbusse erhielten gewöhnlich einen Buna-Gummibehälter auf dem Dach, der mit Stadtgas gefüllt wurde. Die Motoren wurden dabei auf den Vergaserbetrieb umgestellt.
Das Reichsverkehrsministerium förderte nun verstärkt den Ausbau des Obus-Netzes. Der Generalbevollmächtigte für das Kraftfahrwesen, Generalmajor Adolf von Schell, stellte dafür Material für 300 Obusse der Größen I und II im Kriegsprogramm von 1941 zur Verfügung. Während dadurch überhaupt ein Teil des Stadtverkehrs aufrechterhalten werden konnte, stand hier neben der unüberlegten rücksichtslosen und unwirtschaftlichen »Verwendung heimischer Energien« in Form von elektrischem Strom jedoch noch die große Verletzungsgefahr des Oberleitungssystems bei Luftangriffen zur Seite. Insgesamt weitere 41 Obus-Linien wurden bis Kriegsende im Deutschen Reich errichtet.
Kennzeichnend für die Mangelsituation während des Krieges war schließlich die Verwendung einer vorderen Doppelbereifung kleiner Dimension, da größere Reifentypen nicht mehr für die Obusse zur Verfügung standen. Schließlich erhielten die weitgehend entfeinerten »Kriegsaufbauten« der nur noch in geringer Stückzahl gefertigten Obusse Verkleidungen aus Preßholz, Delignit- oder Kapalplatten sowie einfaches Fensterglas.

Omnibus-Bestand im Deutschen Reich und in der frühen Bundesrepublik

Jahr	Bestand	Jahr	Bestand
1922*	1755	1934	12750
1923	1753	1935	13952
1924	1833	1936	15567
1925	3220	1937	17294
1926	5086	1946	3050
1927	6632	1949	9050
1928	8596	1950	12365
1929	10593		
1932	11274		

* Für die Zeit vor 1922 liegen keine Daten vor.
(Quelle: Omnibus-Revue, München 1950)

Den Zweiten Weltkrieg hat die in den westlichen Besatzungszonen verbliebene Nutzfahrzeugindustrie mit zum Teil großen Gebäudeschäden leidlich überstanden. Das Opel-Nutzfahrzeugwerk in Brandenburg fiel für den Rüsselsheimer Stammbetrieb aus, so daß eine neue Leichtlastwagen-Fertigung aufgebaut werden mußte. Das Krupp-Lkw-Werk unter dem Namen Südwerke war mit eingeschränkter Kapazität nach Kulmbach und nach Bamberg ausgelagert worden. Dem Henschel-Werk als einem der großen Rüstungsbetriebe war der Fahrzeug- und Motorenbau, abgesehen von der O-Bus-Fahrgestellfertigung verboten worden. Erste Omnibusmodelle in traditioneller Niederrahmenbauweise mit Hauben- oder innenstehendem Motor konnte schon 1945/46 wieder von den Firmen Büssing, Daimler-Benz, Magirus und MAN geliefert werden.
Eine Weiterentwicklung von Fahrzeugen war durch die Alliierte Kontrollkommission untersagt worden, wenn auch im geheimen natürlich weiterkonstruiert wurde. Reparationsleistungen und vor allem Materialmangel reduzierten zunächst die Fertigungskapazität. Auch die Motorleistung sollte bei den Neubaufahrzeugen auf 100 PS beschränkt werden.
Einzufügen ist hier, daß in der Notsituation nach 1945 Vergaser- und Holzgasmotoren neben Dieselmotoren verwendet wurden. Auch Fahrgestelle von US-Armeelastwagen wurden für Omnibusse durch verschiedene Karosseriers verwendet.
Die auf Anweisung der US-Besatzungsmacht neu in den Omnibusbau einsteigende Firma Krauss-Maffei baute ein erstes fortschrittliches Frontlenkermodell mit einem im Heck querstehenden Motor. In der Technik der Motorkühlung schlug das Magirus-Deutz-Werk einen neuen Weg ein. Ein Luftgebläse kühlte hier wie bei den Phänomen-Fahrzeugen den Motor, der dadurch leichter und völlig unempfindlich gegenüber kalten und heißen Außentemperaturen war. Neben der Lärmentwicklung und des höheren Verbrauchs entstanden jedoch bei höherer Leistung thermische Probleme, die letztlich nie richtig bewältigt wurden.
Um die Treibstoffkontingentierung zu umgehen, setzten nun verschiedene Verkehrsbetriebe auf den Obus-Einsatz, so daß das Oberleitungsnetz in West- und Ostdeutschland weiter ansteigen konnte. Die Firmen Daimler-Benz, Henschel, Krauss-Maffei und die Waggonfabrik Uerdingen (in Zusammenarbeit mit dem Henschel-Werk) lieferten die Fahrgestelle oder auch die kompletten Omnibusse, so daß 1950 in der Bundesrepublik 93 Linien mit 360 Fahrzeugen und in West-Berlin 3 Anlagen mit 40 Fahrzeugen betrieben wurden. Die 56 Unternehmen besaßen damit ein Netz von 800 km Streckenlänge.
In der Technik der platzsparenden Unterbringung des Motors gelang dann 1950 dem Büssing-Werk die Serienreife des Unterflurmotors, der zwischen den Achsen der Frontlenker-Omnibusse eingesetzt wurde. Das Magirus-Werk installierte ab 1951/52 die luftgekühlte Maschine in kurzer V-Bauweise längsstehend im Heck, so daß eine kurze Kraftübertragung, eine ausgeglichene Belastung der Hinterachse, ein günstiger Motorzugang, eine gute Geräuschisolierung gegenüber dem Fahrgastraum, eine Entlastung der Lenkarbeit sowie eine niedrige Bauhöhe erzielt werden konnten. Seitliche oder obere Luftzuführungskanäle mußten jedoch hier für die Zufuhr der Verbrennungs- und der Kühlluft sorgen. Darüber hinaus war hier auch bei dem Unterflurmotor eine Fernbedienung des Getriebes sowie eine Fernanzeige von Drehzahl und Temperatur nötig.
Die Daimler-Benz AG und das MAN-Werk folgten ebenfalls mit Heckantrieben für ihre Omnibusse.
Zu erwähnen ist hier noch, daß das von den Restriktionen befreite Henschel-Werk in Ermangelung eines starken Motors zwei Maschinen vorne querstehend einbaute, die ihre Kraft auf das gemeinsame Getriebe des »Bimont«-Omnibusses abgaben. Auch das Südwerke-/Krupp-Werk setzte ab 1952 seinen Vierzylinder-Zweitakt-Dieselmotor vor der Vorderachse in die Kurzhauben-Omnibusse ein. Das FAUN-Werk bot Fahrzeuge in Hauben- und Trambusbauweise an. Hier konnte der Motor auf einem Schlitten nach vorne herausgezogen werden.
Die nur kleine bzw. mittlere Omnibusse herstellenden Firmen Borgward, Ford, Hanomag und Opel verwendeten für ihre Hauben- und Frontlenkerfahrzeuge zum Teil verlängerte Rahmen der Firma E. Clerck in Wuppertal. Anzufügen ist hier, daß der seit 1956 angebotene Kleinbus der Daimler-Benz AG unter der Bezeichnung O 319 sowie

seine Nachfolgemodelle die Fahrzeuge dieser erwähnten Traditionsmarken verdrängen konnte.
Nachdem schon vor dem Krieg halbautomatische Variorex- und Puls-Getriebe in Omnibusse eingesetzt worden waren, konnte ab 1953 erstmals ein vollautomatische Voith-Automatikgetriebe unter der Bezeichnung Diwabusgetriebe in Krauss-Maffei-Omnibusse eingesetzt werden. Der Drehmomentwandler gestaltet hier einen mechanischen und hydraulischen Kraftfluß. »Bei der Fahrt in gewöhnlichen und hohen Geschwindigkeiten wird die Leistung auf dem mechanischen Weg übertragen. Beim Anfahren, bei Langsamfahrt und in stärkeren Steigungen schaltet die hydraulische Übertragung sich automatisch hinzu. Das ständige Wechselspiel der Leitung des Antriebs über den hydraulischen oder den mechanischen Weg oder über beide Wege zugleich wird gelenkt durch die Differentialwirkung eines Planetengetriebes.«
Weitere Erleichterungen bildeten nun für den Fahrer die Hilfslenkung mit Druckluft- oder Hydraulikunterstützung. Hinzu kamen verbesserte Federungen, die ein angenehmes Fahrverhalten ermöglichten. Motorunabhängige Heizungen, Klimaanlagen, Sicherheitsverglasungen und vollsynchronisierte Getriebe bei den Reise- und Überlandbussen bildeten den weiteren technischen Fortschritt in dieser Zeit.
Als konstruktionstechnisch interessante Lösung für größere Transportkapazität bzw. für die bessere Unterbringung des Gepäcks ist für die beginnenden fünfziger Jahre der Anderthalbdecker auf der Basis eines Büssing-Fahrzeugs zu erwähnen. Das Ludewig-Werk benutzte dieses Patent dann vor allem für die Karosserierung von Linienbussen, die im Ruhrgebiet vorwiegend anzutreffen waren. Fahrgestelle der Firmen Büssing, Daimler-Benz und Südwerke/Krupp wurden für die Diesel-Anderthalbdecker, Fahrgestelle der Firmen Henschel- und Krupp für die Oberleitungs-Anderthalbdecker verwendet.
Eine weitere Lösung des Großraumtransports bildete der Gelenkbus mit einem ein- oder zweiachsigen Nachläufer in der Länge von 18 und ab 1956 von 15 Metern Baulänge neben dem weitverbreiteten Anhängerzug im Linien- und im Fernverkehr.
Der erneute Bau von Doppeldeckern, die vor allem von der BVG eingesetzt wurden, lösten in bewährter Art die Transportprobleme der Großstadt. Das Büssing-Werk lieferte die Untergruppen für die von der DWM, dem Gaubschat-Werk und der Orenstein & Koppel AG karossierten Fahrzeuge.
Eine neue Kategorie von Klein-Omnibussen bildeten mit Beginn der fünfziger Jahre ausgehend vom VW-Transporter die neunsitzigen Kleinbusse. Dem Modell von VW schlossen sich die Unternehmen DKW, Gutbrod, Vidal (Tempo) und ab 1954 Ford sowie die Firmen Manderbach und Ostner an.
Da die großen Nutzfahrzeughersteller ihren Schwerpunkt in der ersten Nachkriegszeit auf die Herstellung von Lastwagen für den Wiederaufbau gelegt hatten, nutzte zum einen eine Fülle von Karosserieherstellern diese Lage, um auf Niederrahmenfahrgestellen dieser Produzenten ihre Aufbauten aufsetzen zu können. Zum anderen gingen die Unternehmen Drauz, FAKA, Graaff, Harmening, NWF und Orion zum Bau von kompletten Omnibussen über, wobei die wichtigsten Aggregate von den etablierten Fahrzeug- und Motorenherstellern bezogen wurden.
Das Streben nach einem ausgeglichenen Verhältnis von Eigengewicht und Nutzlast führte in den frühen fünfziger Jahren zu einer regen Innovationstätigkeit. Ehemalige Flugzeugingenieure, die Erfahrungen in der Gitter- und Schalenbau- sowie in der Hydrauliktechnik besaßen, gaben den Impuls zur endgültigen Trennung von Lastwagen- und Omnibusbau. Die Firmen Drauz und NWF sowie Krauss-Maffei entwickelten den »Leichtbus« mit einem Vierkant-Längsträger als tragendes Element bzw. in selbsttragender Zellenbauweise. In die leichten Stromlinienkarosserien brauchte ein nur 95 PS starker Ford-Motor eingesetzt werden, um hohe Geschwindigkeiten zu erzielen.
Der Firma Kässbohrer hingegen gelang die sich immer mehr durchsetzende Konzeption der selbsttragenden Bauweise (Marke »Setra«) mit einer kompletten Gitterkonstruktion. Eine doppelte Bodengitteranlage bildet hier den Montageträger, an dem die vordere Einzelradaufhängung und die Hinterachse mit dem Hecktriebwerk befestigt sind. Gleichzeitig bot bzw. bietet diese Bodenkonstruktion den Unterflurraum für das Gepäck. Der Aufbau übernimmt somit keine Kräfte des Fahrwerks bzw. des Antriebs-

aggregats. Die selbsttragende Bauweise ermöglichte somit eine beachtliche stabile, wenn auch teure und aufwendige Leichtkonstruktion.
Von Interesse ist hier noch der Hinweis auf die Herstellung von technisch aufwendigen Schalenbauomnibussen nach Plänen des Omnibus-Unternehmers Theodor Pekol durch das Kässbohrer-Werk, die einen höheren Nutzlastfaktor gegenüber dem Eigengewicht besaßen.
Auch dem Gottlieb Auwärter-Werk gelang es 1953, vom Karosserie- zum eigenständigen Omnibushersteller überzugehen. Auch hier kennzeichnete eine vordere Einzelradaufhängung, ein hinterer Fahrschemel und ab 1957 eine Luftfederung die moderne Fahrwerkstechnik dieser selbsttragenden Omnibusse, die unter dem Markennamen »Neoplan« weltbekannt wurden.
Einen anderen Weg zur Verringerung des Fahrzeuggewichtes schlug das Büssing-Werk ein. Die Bodengruppe wurde mit dem Antriebsaggregat zu einer fahr- und prüffähigen Einheit zusammengefaßt, auf die der mittragende Aufbau in sogenannter Verbundbauweise aufgesetzt wurde. Dadurch war es möglich, Untergruppen an verschiedene Karosseriehersteller weiterhin abzugeben. Auch das Daimler-Benz-Werk bot ab 1954 mit dem auf einer Boden-Rahmenanlage aufgebauten Verbundtyp O 321 H eine ebenfalls moderne Zwischenbauweise an, die weiterhin die Abgabe von Unterbauten ermöglichte.
Das Henschel-Werk schlug 1955 mit dem Typ 160 USL den Weg des Schalenbaus ein, bei dem die Bodenplatte mit dem gesamten mehrteiligen Aufbau einen röhrenförmigen Festigkeitsverband bildete. Das Magirus-Werk ging über den Teilkastenrahmen 1957 mit dem Modell Saturn II zur selbsttragenden Bauweise über. Das MAN-Werk nutzte weiter den Teilkastenrahmen für die Verbundbauweise, bis 1958 auch hier mit dem Typ 760 UO 1 die selbsttragende Bauweise übernommen wurde.
Um die Motorleistung ohne Erhöhung der Drehzahl oder Vergrößerung des Hubraums zu erhöhen, boten das Daimler-Benz- und das MAN-Werk erste Triebwerke mit einer Abgasturboaufladung an, die gegenüber der Kompressoraufladung einen höheren Leistungsfaktor besitzt. Zu erwähnen ist dabei, daß diese Technik schon während des Ersten Weltkrieges von der Motorenfabrik Körting für Flugzeugmotoren entwickelt worden war. Schon 1927 bot diese Motorenfabrik aufgeladene Nutzfahrzeugtriebwerke an, ohne jedoch Erfolg zu haben.
Mit dem Einsatz der unkomplizierten und erheblich preiswerteren mechanischen Aufladung durch ein Rootsgebläse erhöhte die Firma Hanomag die Leistung ihrer Viertaktdieselmotoren. Das Krupp-Werk nutzte ebenfalls ein Rootsgebläse zur Spülung und zur Leistungssteigerung seiner Zweitaktdieselmotoren.
Als technische Raffinesse ist hier noch der allerdings 1953 mißlungene Versuch des Klatte-Werkes zu erwähnen, durch Hydraulikmotoren in den Radnaben ein völlig neues Antriebskonzept zu entwickeln.
Einen der größten Exportaufträge der Nachkriegszeit konnten die Firmen Daimler-Benz, Henschel und MAN im Jahre 1952 hereinholen. Das südamerikanische Land Argentinien bestellte 700 Obusse zur Ausstattung des Verkehrsbetriebes in Buenos Aires.
Ebenfalls großes Aufsehen konnte das Kässbohrer-Werk mit Luxusomnibussen unter den Bezeichnungen »Golden und Silver Eagle« für eine amerikanische Transportgesellschaft erzielen. Erstmals wurden hier nach dem Krieg wieder aufgeladene Motoren mit 240 und 275 PS eingesetzt.
Auch in der Bundesrepublik konnte der Obus-Verkehr noch eine leichte Steigerung bis 1956 erzielen. 56 Unternehmen betrieben jetzt ein Netz von 814 Kilometern. Jedoch mit der Entwicklung von Hochleistungsdieselmotoren und von den erwähnten Automatikgetrieben konnte der Diesel-Omnibus mit seiner unbeschränkten Flexibilität und seiner größeren Wirtschaftlichkeit den Obus dann nahezu verdrängen, zumal der Dieselkraftstoff nun unbegrenzt zur Verfügung stand.
Einen großen Einschnitt in Maße und Gewicht bildeten die Straßenverkehrsbestimmungen von 1956, die für Nutzfahrzeuge am 1.1.1958 und für alle übrigen Fahrzeuge am 1.7.1960 in Kraft traten. Die Motorleistung mußte nun 6 PS pro Tonne Gesamtgewicht des Fahrzeugs betragen. Der Anhängerverkehr sowie die nach dem Krieg

wieder zugelassene Einrichtung der Mittelsitze wurden verboten. Aufgrund dieser Bestimmungen wurde der Bau von Anderthalbdeckern und von Gelenkbussen mit jetzt maximal 16,5, ab 1965 mit 18 Metern Gesamtlänge als Ausweg im Linienomnibusbau angesehen. Im Reiseomnibusbau begann die verstärkte Entwicklung des Hochdeckers mit dem großen Unterflurkofferraum.
Mitte der sechziger Jahre war der Unterflurmotor nun die Standardbauweise für den Linienbus geworden. Einzig das Magirus-Deutz-Werk blieb bedingt durch seine V-Motoren weiterhin beim am Getriebe angeflanschten Heckmotor. Der Daimler-Benz-Typ O 317 mit einem Einheitsunterflurtriebwerk konnte dabei dem Büssing-Werk, das als Unterflur-Pionierwerk fünf verschiedene derartige Triebwerke anbot, den Rang ablaufen.
Auf Anregung der Hamburger Hochbahn AG als einem der größten Linienbusunternehmer in Deutschland entwarf seit 1959 der Verband Öffentlicher Verkehrsbetriebe (VÖV) einen Standardlinienbus, um die Anschaffungs- und Betriebskosten zu senken. Ein einheitlicher 11-Meter-Wagenkörper mit einer sphärisch gewölbten Frontscheibe, ein Mittelgang ohne Stufen und ein Heckantrieb bildeten mit einer einheitlichen Elektrik die grundlegenden Größen dieses Fahrzeugs. Darüber hinaus machte das »Lastenheft« eine Vereinheitlichung der Verschleißteile, eine Motorleistung von mindestens 150 PS und eine Sitz- und Stehplatzzahl von 44/61 bzw. 37/78 zur Bedingung.
Auch eine 11,7-Meter-Standard-Überlandversion (SÜ-Typ) wurde nach gleichen Prinzipien entworfen. Auffälligstes Unterscheidungsmerkmal war hier die spiegelungsfreie, plastisch herumgewölbte Frontscheibe, die später auch auf die Stadtlinienbusse übertragen wurde. Darüber hinaus war hier die Bodenhöhe um 16 cm erhöht, um einen durchgehenden Unterflurkofferraum zu gewinnen.
Das Büssing-Werk bot als erstes Unternehmen 1968 den VÖV I-Bus an, konnte aber nicht mehr die frühere überragende Stellung im Bau von Fahrzeugen für den Stadt- und Linienverkehr erreichen. Wenig später folgten mit leichten Detailänderungen an der Einheitskonstruktion die Firmen Daimler-Benz, Magirus-Deutz und MAN. Die Bodengruppen dieser Fahrzeuge nutzten die Firmen Emmelmann, Ludewig und Vetter für eigene Aufbauten. Darüber hinaus wurde der Berliner Doppeldecker von den Firmen Gaubschat, Orenstein & Koppel und Waggon Union in Anlehnung an den VÖV I-Bus mit einer neuen Karosserie versehen.
Die Firmen G. Auwärter und Kässbohrer boten eigenständige Konstruktionen in leichter Anlehnung an die Standard-Vorschriften als Alternativen an.
Die Motorleistungen der Einheitsfahrzeuge lagen bei 150, 155, 160 und schließlich bei 200 PS. Hinzuweisen ist dabei darauf, daß das Büssing- und das Daimler-Benz-Werk vordere Starrachsen, Magirus-Deutz und MAN vordere Einzelradaufhängungen in ihre Bodengruppen einsetzten.
Für die Hinterachse der Einheitstypen setzte sich dabei immer mehr die Außenplanetenachse durch, die eine große Bodenfreiheit und eine Unempfindlichkeit gegenüber den Kräften beim Anfahren und Bremsen besitzt, aber technisch aufwendig, teuer und lärmintensiv ist.
Im Bau von Reiseomnibussen boten ab Mitte der sechziger Jahre die Unternehmen Hochbodenfahrzeuge, Stufenhochdecker, Hochdecker und Doppelstock-Omnibusse an. Die Firma G. Auwärter führte 1967 dabei den Dreiachser wieder ein, der durch die hintere Schleppachse größere Gewichte aufnehmen kann. Auch das Kässbohrer-Werk ging 1972/73 zum Solo-Dreiachser unter der späteren Bezeichnung »Imperial« über.
Das Jahr 1971 brachte das Ende der Selbständigkeit des traditionsreichen Büssing-Werkes, das nun vom MAN-Werk weitergeführt wurde. Die Konzentration im Nutzfahrzeugbau hatte somit inzwischen nur noch die Firmen G. Auwärter, Daimler-Benz, Kässbohrer, Magirus-Deutz und MAN, sowie die Aufbautenhersteller E. Auwärter, Drögmöller, Göppel, Ludewig, Vetter und Waggon Union übriggeblieben.
Das Daimler-Benz-Werk startete 1974 die bis 1992 anhaltende Baureihe O 303, die mit über 37.000 gefertigten Einheiten die bisher erfolgreichste Omnibusmodellreihe der Welt wurde.
Den größten Reisebus der Welt stellte 1975 das G. Auwärter-Werk mit dem Typ »Neoplan-Jumbocruiser« vor. Der Reisedoppeldecker wurde hier mit einem Nachläufer

kombiniert, so daß 144 Personen befördert werden konnten bzw. können. V-Zwölfzylindermotoren von Daimler-Benz oder Deutz mit bis zu 440 PS trieben ursprünglich diese noch heute aktuellen Modelle an.
Auf Anregung des Bundesministeriums für Forschung und Technologie wurden in den siebziger Jahren verschiedene Antriebsmöglichkeiten erprobt, wenn sich auch schließlich, was von vorne herein zu erwarten war, der Dieselmotor als das wirtschaftlichste und immer noch umweltverträglichste Antriebsmittel behaupten konnte. Die Arbeitsgemeinschaft MAN, Bosch, RWE und Varta entwickelte elektrisch angetriebene Stadtbusse mit einem Batterieanhänger. Dem Vorteil des stufenlosen Fahrens und der (vernächlässigbaren) Energierückgewinnung standen hier der gewaltige schaltungstechnische Aufwand und der geringe Aktionsradius von 50 km gegenüber. Für die verbliebenen Obus-Betriebe in Kaiserslautern (Einstellung im Jahre 1985), Esslingen und Solingen sowie für den Export wurden neue Fahrzeuge entwickelt, die mit Tandemmotoren mit Schützen- und Nockensteuerung ausgerüstet wurden. Ein diesel- oder batterieelektrischer Hilfsantrieb kam in diesen Fahrzeugen hinzu.
Als weitere Alternative wurden Linienbusse mit Erdgasmotoren von Daimler-Benz und MAN hergestellt. Ein höherer technischer Aufwand und ein höherer Treibstoffverbrauch müssen in Kauf genommen werden, wenn auch die Abgaswerte sehr günstig sind.
Jedoch einzig die Weiterentwicklung des Hochleistungsdieselmotors mit einer Abgasturboaufladung und einer Ladeluftkühlung sowie weitere technische Raffinessen wie die MAN-Resonanzaufladung und die MAN-Drucklufteinblasung zur saubereren Verbrennung und zur kraftvolleren Beschleunigung zeigten bzw. zeigen ökologisch und ökonomisch interessante Antriebstechniken auf. Hinzu kamen bzw. kommen weitere Bemühungen zur Geräuschkapselung und zur intensiven Schadstoffminderung.
Gegen Ende der siebziger Jahre erfuhr der Gelenkbusbau einen weiteren Impuls. Das Vetter-Werk stellte nach einem Schubgelenktyp mit einem einachsigen Vorläufer ein dann in traditioneller Bauart gefertigtes Modell mit einem angetriebenen, einachsigen Nachläufer in Zusammenarbeit mit dem Daimler-Benz-Werk vor. Durch die Verlegung des zunächst zwischen den Achsen liegenden Unterflurmotors in das Heck konnte somit die Bodenhöhe des Fahrzeugs gesenkt werden. Die Hamburger Hochbahn AG entwickelte in ihrem fahrzeugtechnischen Betrieb »Fahrzeugwerke Falkenried GmbH (FFG)« für das Daimler-Benz-Werk dann einen derartigen Schubgelenkbus (auch Pusher genannt) mit einer Knickwinkelsteuerung, der sich dann in modifizierter Form durchsetzen konnte.
Das Magirus-Deutz-Werk stellte kurz vor der Aufgabe des Omnibusbaus im Jahre 1981 nur noch in wenigen Exemplaren gebauten Gelenkbus mit einem Heckmotor und einem Antrieb auf die Mittelachse her.
Auch das Kässbohrer-Werk, das seit 1959 Gelenkbusse mit dem Unterflur-Mittelachsantrieb fertigte, bietet seit 1983 eine Schubgelenkversion an. Das G. Auwärter-Werk ging in den frühen achtziger Jahren ebenfalls zum Schubgelenkfahrzeug über; auch der Reisedoppeldecker-Gelenkbus besitzt inzwischen die Antriebseinheit im Heck.
Das MAN-Werk bietet nach dem eigenen und dem vom Büssing-Werk übernommenen Gelenkbus mit dem Unterflur-Mittelachsantrieb ab 1985 auch einen Schubgelenkbus an, der die konventionellen Modelle verdrängen konnte.
Mit einem vollkommen neuen Sitzplatzkonzept erschienen gegen Ende der siebziger Jahre Reisebusse der Firmen G. Auwärter und Kässbohrer unter den Bezeichnungen »Spaceliner« und »Royal«. Der Fahrerplatz ist hier in einem separaten Unterflurcockpit unter dem bis zur vorderen Scheibe durchgehenden Fahrgastboden des Hochdeckerfahrzeugs untergebracht. Auch die Firma Göppel übernahm diese Konstruktion für ihre »Helicon«-Modelle auf MAN-Fahrgestellen.
Als ebenfalls interessante Konstruktion ist für diese Zeit der Reise-Vierachser der Firma G. Auwärter zu erwähnen, der für den Export gebaut wurde. Seit 1992 bemühte sich dieser Omnibushersteller, eine Zulassung für den Vierachser auch in der Bundesrepublik zu erhalten, was 1995 erfolgte.
Ebenfalls gegen Ende der siebziger Jahre stellte die FFG auf Anregung des »Lenkungsausschusses Busvereinheitlichung« des BDE, des BDO, der DB und des VÖV mit Fördermitteln des Bundesministeriums für Forschung und Technologie die erste Studie

für den Nachfolger des VÖV I-Busses unter der Bezeichnung S 80 vor. Das 11,8-Meter-Fahrzeug wurde hier in konsequenter Kastenform mit einer plastisch gewölbten Frontscheibe und einem 240-PS-Heckunterflurmotor entwickelte.
Eine Studie zum Einsatz von Großraumfahrzeugen bot 1981/82 die MAN mit Dreiwagen-Gelenkzügen an. Auch das Daimler-Benz-Werk entwickelte Dreiwagen-Typen mit einem spurgeführten System sowie mit einer Oberleitung zum Einsatz der Modelle auf stillgelegten Straßenbahnstrecken.
Dreiachsige Reisedoppeldecker bot mit Beginn der achtziger Jahre das Vetter-Werk an. Auch das Kässbohrer- und das seit 1965 immer stärker eigenständig im Omnibusbau tätige Drögmöller-Werk fertigten jetzt Reisedoppeldecker.
Mitte der achtziger Jahre begann die Ablösung des 16 Jahre alten VÖV I-Typs bzw. des Einheits-Überlandtyps durch den VÖV II- bzw. durch den Ü 80-Typ. Auch der Berliner Doppeldecker wurde durch ein diesen Modellen angeglichenes Fahrzeug abgelöst.
Schon 1988 wurden den VÖV II-Solo- und Gelenkfahrzeugen der Niederflurtyp mit nur 30 cm Einstiegshöhe von Daimler-Benz und MAN nachgeschoben, der sich immer mehr durchzusetzen vermag. Auch das G. Auwärter-Werk übernahm in leicht veränderter Gestaltung den Niederflurtyp.Für den Linienverkehr auf wenig frequentierten Strecken kam der rund 50 Personen aufnehmende Midi-Typ in Gestaltung des VÖV II-Busses hinzu.
Im Obus-Bereich bildete sich mit Ende der achtziger Jahre der Bau von DUO-Antriebsfahrzeugen bei der (inzwischen umbenannten) Mercedes-Benz AG heraus. Die technisch extrem aufwendigen und teuren Fahrzeuge besitzen einen Elektroantrieb für die innerstädtischen Oberleitungsstrecken sowie einen Dieselmotor, um flexibel auf außerörtlichen Strecken fahren zu können.
Eine weitere DUO-Version stellen die Prototypen von G. Auwärter und MAN dar, die mit einem diesel-elektrischen sowie mit einem Kreiselantrieb ausgerüstet sind, wobei eine Energierückgewinnung beim Bremsen genutzt wird.
Um das Fahrzeuggewicht zu senken, und um dadurch einen schwächeren Motor verwenden zu können, entwickelten die Firmen G. Auwärter und Kässbohrer neuartige Linienbusse. Das im französischen Kässbohrer-Werk hergestellte Modell besitzt eine korrosionsfreie und recycelbare Leichtmetallkarosserie. Das G. Auwärter-Werk entwickelte den »Metroliner im Carbondesign«, der als Schalenbautype aus kohlefaserverstärkten Kunststoffteilen besteht.
Mit Beginn der neunziger Jahre sind im Westteil der Bundesrepublik aus der einst großen Zahl von Omnibusfahrgestell- oder Omnibuskomplettherstellern nur noch die Firmen G. Auwärter, Drögmöller, Kässbohrer, MAN, Mercedes-Benz und Vetter, die Kleinbushersteller Ford und VW sowie die Karosseriehersteller E. Auwärter, Göppel, Voll (mit Fiat-Fahrgestellen) und Waggon Union übriggeblieben. Neben den Fertigungsstätten in der Bundesrepublik stehen diesen Firmen weitere Fertigungsstätten und Montagewerke seit den fünfziger Jahren in verschiedenen Ländern auf allen Kontinenten zur Verfügung. Hinzu kommen Lizenzpartner in verschiedenen Ländern.
In der sowjetischen Besatzungszone wurde die Nutzfahrzeugkapazität nahezu vollständig von der Sowjetischen Armee demontiert. Vor allem das noch kurz vor Kriegsende wiederinstandgesetzte Opel-Werk in Brandenburg, das VOMAG-Werk in Plauen, das in den letzten Kriegsjahren nur noch Panzerfahrzeuge gefertigt hatte sowie die Büssing-NAG-Werke in Berlin und in Leipzig fielen daher für einen Neuaufbau aus. Totalverluste, Teildemontagen und Enteignungsaktionen von westdeutschen Filialbetrieben, was verständlicherweise die weitere Belieferung von Teilen und die Entziehung von Lizenzen aus dem Westen nach sich zog, erschwerten den Wiederaufbau neuer Produktionsstätten.
Während der ersten Phase der Enteignungen und Demontagen sicherten kleine Privatbetriebe unter großen Mühen die Ersatzteilversorgung und die Reparaturmöglichkeiten. 1947 erfolgte die Bildung der Verwaltung Volkseigener Betriebe, Industrieverband Fahrzeugbau (VVB IFA) und Loren- und Waggonbau (VVB Lowa) durch die inzwischen gebildete Deutsche Wirtschaftskommission (DWK). Mit Gründung der DDR wurde daraus das Ministerium für Maschinenbau, das 1952 in das Ministerium für Transportmittel und Landmaschinenbau, Hauptverwaltung Fahrzeugbau in Berlin umbenannt

wurde. Die Lenkung und die Durchführung der von der Staatlichen Plankommission vorgelegten hochangesetzten Fertigungspläne im Bereich der ab 1949 langsam wieder anlaufenden Nutzfahrzeugfertigung oblagen diesem Ministerium. 1952 bestand die VVB IFA aus 40 Werken mit 30.000 Mitarbeitern für die Pkw-, Nutzfahrzeug- und Schlepperfertigung. Das ehemalige Auto Union-Werk in Chemnitz bildete die organisatorische Stütze. In den sechziger Jahren wurden die inzwischen gebildeten IFA-Kombinate »Nutzkraftwagen« mit anderen Kfz-technischen Kombinaten dem Ministerium für Allgemeinen Maschinen-, Landmaschinen- und Fahrzeugbau unterstellt.
Erste Obusse mit noch vorhandenen Henschel-Fahrgestellen baute das verstaatlichte Werdauer Schumann-Werk, das einst als Hauptlieferant die Reichspost und die KVG Sachsen mit Karosserien versorgt hatte, auf. Die acht O-Bus-Betriebe in der SBZ/DDR und in Ost-Berlin erhielten diese Modelle und kamen damit auf einen Bestand von 50 Fahrzeugen. Weitere Werdauer Obusse wurden nach Polen geliefert. Nach dem Aufbrauch der Henschel-Fahrgestelle entwickelte das nun unter dem Namen VEB Ernst Grube geführte, vom Karosserie- zum Komplett-Fahrzeugbau umgestellte Werk eine eigene Omnibuskonstruktion. Noch vorhandene Maybach-Panzermotoren wurden hier der Notlage entsprechend verwendet. Der Versuch, nach Büssing-Lizenzen einen Omnibus mit einem modernen Unterflurmotor in Serie zu bauen, mußte aufgegeben werden. In Trambusbauart fertigte das Unternehmen dann in den fünfziger Jahren das Standardmodell H6B. Daneben erstellte das Werk einen Diesel-Zugmaschinen-Doppelstockzug sowie in einem Einzelstück den vielbeachteten Obus-Doppelstock-Sattelzug mit einer Frontlenkerzugmaschine.
Mit der Spezialisierung und der Produktionsaufteilung im Rahmen des Rates für Gegenseitige Wirtschaftshilfe (RGW), der dem ungarischen Ikarus-Werk die grundsätzliche Omnibusfertigung zuteilte, wenn auch im Prinzip sich kein Ostblockland an diese Bestimmungen hielt, mußte der Werdauer Omnibusbau eingestellt werden.
Auch der neugebildete VEB Industriewerke Ludwigsfelde auf dem ehemaligen Daimler-Benz-Gelände in Genshagen baute den H6B-Omnibus nach und gab später verschiedentlich Fahrgestelle ab, die z. B. mit von dem G. Auwärter-Werk entworfenen Karosserien im Ausland angeboten wurden.
Der VEB Waggonbau Bautzen erstellte von 1952 bis 1959 mittlere Frontlenkeromnibusse mit dem Standard-3-Tonnen-Lkw-Fahrgestell. Daneben fertigte das Werk große Frontlenkeromnibusse mit noch vorhandenen VOMAG-Motoren sowie Haubendoppeldecker für die BVG-Ost.
Einzufügen ist hier, daß auf Pritschenwagen des Horch-Sachsenring-Dreitonners und des Ludwigsfelder Fünftonners Behelfsomnibusse mit kastenförmigen Holzaufbauten hergestellt wurden, die im Liniendienst und bei den LPG's eingesetzt wurden.
Das verstaatlichte Phänomen-Werk in Zittau konnte ab 1949 wieder den Bau von mittleren Omnibussen mit luftgekühlten Motoren aufnehmen. Der ab 1957 unter der Bezeichnung VEB Robus-Werke geführte Betrieb bot dann ein Frontlenkermodell an, das bis 1990 als Einheitsmodell gefertigt wurde.
Trotz der Restriktionen des RGW gelang es einzig dem privaten Fritz Fleischer-Karosseriewerk in Gera unter unsäglichen Mühen und administrativen Beschränkungen sowie unter Überwindung ständiger Behinderungen durch die wichtigsten DDR-Zuliefererbetriebe, selbsttragende Reise- und Linienbusse unter der gegenüber den anderen Ostblockstaaten vorgegebenen Tarnbezeichnung »Reparatur-Umbautypen/RU« zu entwickeln und in beachtlichen Stückzahlen herzustellen.
Schließlich ist noch der VEB Barkas-Werk in Hainichen zu erwähnen, der 1952 die Fertigung des Kleinbusses auf der Basis des Kriegslieferwagens aufnahm und ab 1961 den Kleinbus vom Typ »Barkas« mit dem Dreizylinder-Zweitaktmotor herstellte.
Nach dem Zusammenbruch der DDR konnten einzig einige Großreparaturwerke und Karosseriebetriebe mit Hilfe des E. Auwärter- und des G. Auwärter-Werkes in Altenburg, Dresden, Ehrenhain, Gera, Güstrow, Plauen und Rostock in die Komplettierung von Omnibussen einbezogen werden.

Adler

Adlerwerke, vorm. Heinrich Kleyer AG, Frankfurt a. Main, Höchster Str., 1908 - 1914 und 1931 - 1939

Der Darmstädter Fabrikantensohn Heinrich Kleyer (1853 - 1932) gründete nach Wanderjahren in den USA mit einem Kompagnon im Jahre 1880 eine kleine Maschinenfabrik sowie eine Fahrradhandlung in Frankfurt a. Main. Wenig später erfolgte die Eigenfertigung von Hoch- und Niederrädern sowie die Herstellung von Schreib-maschinen. Beide Produktionszweige machten das Unternehmen unter der 1886 eingeführten Marke »Adler« bekannt. 1895 erfolgte die Benennung des Unternehmens in »Adler Fahrradwerke, vorm. Heinrich Kleyer AG«, nachdem das Werk in eine Aktien-gesellschaft umgewandelt worden war. Heinrich Kleyer, 1905 zum Königlich Preus-sischen Kommerzienrat und 1911 zum Dr.-Ing. h. c. ernannt, war von 1895 bis 1923 Generaldirektor und schließlich bis zu seinem Tode Aufsichtsratsvorsitzender des inzwischen in »Adlerwerke« umbenannten Unternehmens.

Mehrere architektonisch gelungene Fabrikerweiterungen mußten bis in die Zeit des Ersten Weltkrieges hinein an der Höchster Straße (heute H. Kleyer Str.) vor den Frankfurter Bahnhofsanlagen durchgeführt werden, um die Nachfrage nach Adler-Produkten zu erfüllen.

Der Automobilbau wurde 1899 unter dem Chefkonstrukteur Franz Starkloph (1868 - 1926) aufgenommen; 1903 wechselte er jedoch schon zu den Protos-Werken über. Der Adler-Nutzfahrzeugbau wurde im Jahre 1907 unter Oberingenieur Paul Adam eingerichtet.

Auf Leichtlastwagenfahrgestellen fertigte das Werk 8- und 10-sitzige Hotelomnibusse, denen sich 1910 ein 20-sitziger Omnibus auf dem Dreitonnen-Fahrgestell mit einem 18/20-PS-Motor anschloß. Schließlich folgte noch 1913 ein 14-sitziger Aussichts-omnibus. Ein 35/40-PS-Motor trieb das offene, jedoch mit einem Verdeck versehene Fahrzeug an.

Nach dem Ersten Weltkrieg lief der LKW-Bau noch für kurze Zeit weiter. Der Bau von Großomnibussen wurde nicht mehr aufgenommen. Lediglich Zubringer- beziehungsweise Hotelomnibusse entstanden bis zum Ausbruch des Zweiten Weltkrieges auf verlängerten Pkw-Fahrgestellen, allerdings nur in kleinen Stückzahlen. Unter diesen Modellen verdient vor allem ein 1931 vorgestelltes Modell mit Buhne-Karosserie Beachtung, die Basis bildete das Fahrgestell des Adler Standard 8.

Nach dem Zweiten Weltkrieg wurden Teile der Automobilfertigung demontiert. Die Fertigung von Fahr- und Motorrädern endete in den fünfziger Jahren. Adler konzentrierte sich ganz auf den Schreib- und Büromaschinenbereich und gehört heute, nach einem kurzen VW-Intermezzo, zur italienischen Olivetti-Gruppe. Die Gebäudeanlagen wurden 1993 verkauft. Ein Büropark entsteht nun dort.

50-PS-Adler-Gesellschaftswagen

35/40-PS-Adler-Aussichtsomnibus

ABAM

Allgemeine Betriebs-AG für Motorfahrzeuge (ABAM), Köln, Poststr. 26;
Köln-Zollstock, Vorgebirgsstr. 113 u. Wolfstr. 1 A
1898 - 1905

Die Allgemeine Betriebs-AG für Motorfahrzeuge (ABAM) war eine Gemeinschaftsgründung der Ehrenfelder Waggonfabrik P. Herbrand & Co., der Kölner Akkumulatoren-Werke Gottfried Hagen und der Kölner Elektricitäts-AG, vorm. Louis Welter. Nach den Patenten der französischen Firma Kriéger fertigte das Unternehmen neben leichten Fahrzeugen auch elektrisch angetriebene Lastkraftwagen und Omnibusse.
Die Besonderheit des Kriéger-Systems bestand darin, daß jedes Vorderrad von einem seitlich schwingend aufgehängten Elektromotor angetrieben wurde. Die je 1,5 bis 1,8 kW (kurzzeitig 8,8 kW) starken Motoren konnten in Reihenschaltung zum Anfahren und in Parallelschaltung zum Fahren bei konstanter Geschwindigkeit eingestellt werden, genug für eine Höchstgeschwindigkeit von 18 km/h. Die Lenkung erfolgte über ein Achsschenkelsystem, die Lenkstange verfügte über einen waagrechten Griff.
Eine Spezialität waren Briefträger-Omnibusse, die 2648 kg wogen, wobei die Batterie alleine schon mit 876 kg zu Buche schlug.
Die Konstruktion und die Patente übernahm 1905 die Firma NAMAG.

2x1,8-kW-ABAM Briefträgeromnibus

2x1,8-kW-ABAM Aussichtsomnibus

ABOAG

Allgemeine Berliner Omnibus Actien-Gesellschaft (ABOAG), Berlin, Jasmunder Str. 2
1897 u. 1913 - 1920 u. 1928/29 (Wagenbauwerke)

Diese 1868 gegründete Berliner Omnibusgesellschaft führte erst seit 1909 offiziell die Abkürzung ABOAG. Sie ließ 1897 in ihrer Fahrzeugwerkstatt auf Anregung von Frederic Simms, dem englischen Bosch-Vertreter, einen elektrisch angetriebenen Omnibus bauen. Dafür wurde ein Pferdeomnibus entsprechend umkonstruiert. Neben dem Wöhlert'schen Dampfomnibus gilt dieser batterie-elektrische Wagen als eines der ersten Motorfahrzeuge für den Personentransport in der Reichshauptstadt Berlin. Die Akkumulatoren des ABOAG-Elektrobusses stammten von der Firma Gülcher. Den elektrischen Antrieb konstruierte und baute die Union-Elektrizitäts-Gesellschaft (1892 gegründet als deutscher Ableger der Thomson-Houston Co. aus den USA und 1902/03 mit der AEG fusioniert.) Die ABOAG hingegen ging 1928 mit einigen anderen Berliner Verkehrsunternehmen (Busbetriebe, Straßen- und Hochbahngesellschaften) in der extra dafür gebildeten Berliner Verkehrs-Gesellschaft (BVG) auf.
Um von den sich nicht so recht für den Omnibusbau eignenden Lkw-Fahrgestellen zu lösen, fertigten die ABOAG-Hauptwerkstatt in der Jasmunder Straße Fahrgestelle und die Zentralwerkstatt in der Köpenicker Straße Karosserien nach Plänen des ABOAG-Generaldirektors Robert Kaufmann und somit in den Jahren 1913 bis 1920 eine Anzahl Decksitzomnibusse mit der Baumuster-Bezeichnung »RK«. Die Fahrgestelle bestanden aus stahlarmierten Eschenholzkonstruktionen. Bis zu 50 Personen konnten in den zunächst 35 PS starken Fahrzeugen befördert werden. 1916 folgte unter großen materiellen Schwierigkeiten eine Serie von zehn Exemplaren mit einem 45-PS-Ottomotor und einem Kardan-Ritzelantrieb. Diese »RK«-Decksitzbus-Bauart mußte auf Anforderung der ABOAG in den Jahren 1921 bis 1924 in je 70 Exemplaren von NAG und Büssing auf ihren Chassis KO 8 und III G nachgebaut werden.
Um auch für fremde Rechnung arbeiten zu können, wurde am 1.Mai 1920 die ABOAG-Zentralwerkstatt in eine selbständige Tochtergesellschaft umgewandelt. Die neu formierte Wagenbauwerke GmbH in Berlin SO 33, Vor dem Schlesischen Tore 1 und in Berlin SO 36, Eichenstraße 4 führten Mitte der zwanziger Jahre in einem Prospekt den Untertitel »Spezialfabrik für Autobuskarosserien nach bewährter Holzbiegekonstruktion«. Abgebildet sind darin unter anderem ein ABOAG-Gesellschafts- beziehungsweise Ausflugsbus mit 32 Sitzen auf Büssing VI GL-Dreiachs-Fahrgestell, ein Reichspost-

bus mit 18 Sitzen, ein Paketpostwagen der RP auf Hansa-Lloyd-Elektrofahrgestell, ein 28-sitziger offener Ausflugsbus mit Cabrioverdeck auf NAG-Chassis, verschiedene Decksitz- und Doppelstockbusse für 58 Personen auf Büssing- und NAG-Chassis für die ABOAG und ein Stadtlinienbus mit 32 Sitzen auf Büssing VI GL-Fahrgestell für die Hamburger Hochbahn AG (HHA). Darüber hinaus komplettierten die Wagenbauwerke 1927 und 1928 Büssing VI GLn (6x4-) Niederrahmenfahrgestelle mit der ersten ABOAG-Dreiachs-Doppelstock-Karosserie für 82 Fahrgäste (»Jumbo«) und einem Eineinhalbdeckaufbau mit Kofferraum unter den hinteren Hochsitzen (ABOAG-Nr. 329). Hinzu kam 1931 außerdem für die BVG (Nr. 496) noch ein Ausflugsbus mit Rollverdeck auf Büssing-NAG-Chassis 80 N (6x4). Er besaß einen Maybach-V-Zwölfzylinder-Ottomotor DSO 8 mit 150 PS und verfügte über 43 Sitzplätze.
Im Jahre 1928 stellten die Wagenbauwerke nach Plänen von Oberingenieur Karl Garsstka und mit Patenten von Oberingenieur Richard Bussien einen Frontantriebs-Doppeldecker-Omnibus her. Der 105-PS-Maybach-Sechszylinder-Ottomotor OS 5 trieb über ein Dreiganggetriebe und einen Schneckenantrieb sowie über Kardangelenke die Vorderräder an. Die Vorderachsen wurden durch zwei übereinanderliegende Querblattfedern abgestützt. Das Frontantriebsaggregat der Voran-Antriebs-Gesellschaft ließ sich auf einem Schlitten zu Wartungsarbeiten nach vorne herausziehen. Die Hinterräder waren einzeln am Rahmen der halbselbstragenden Karosserie befestigt. Die RKV-Busse besaßen oben und unten zwei Sitzreihen für jeweils 32 und 27 Personen.
Von den beiden gefertigten RKV-Wagen (ursprünglich ABOAG-Nummern 974 und 980) tat eines seinen Dienst in Berlin, das andere Modell wurde später an die Londoner Transportgesellschaft abgegeben. Im Dauergebrauch stellte sich jedoch heraus, daß die Lenkarbeit bei dem Frontantriebsaggregat den Fahrer überforderte, so daß der Serienbau unterblieb.
Einer der früheren RK-Decksitzbusse wird im Museumsbestand der BVG aufbewahrt. Ein weiteres Modell wurde 1976 mit einem Hanomag-L 28-Fahrgestell und dem aufgeladenen 70-PS-Hanomag-Motor nachgebaut und wird bei besonderen Anlässen eingesetzt.
Ab 1953/54 bezogen die Berliner-Verkehrs-Betriebe Ost (BVB) das damalige OLW-Omnibus- und Lastkraftwagenwerk Treptow (frühere BVG-Bus-Hauptwerkstatt) in die Konzeption und Herstellung der neu entwickelten Hauben-Doppelstockbusse Do 54, später Do 56 mit ein. Als weiterer Partner fungierte der VEB Waggonbau Bautzen (siehe auch dort).
Grundlagen der Do 54/56-Familie waren der 120 PS leistende Reihensechszylinder-Diesel EM 6-20 des VEB LOWA-Horch H6-Lkw aus Werdau/Sachsen, die unveränderte Vorderachse des H6B-Frontlenker-Busses und die modifizierte, zwillingsbereifte Hinterachse des gleichen Bautyps (siehe auch VEB Kraftfahrzeugwerk »Ernst Grube«). Die Herstellung der speziellen Niederrahmen einschließlich Radbögen und Hilfsträger für den Motor erfolgte beim VEB VEB Waggonbau Bautzen. Die fahrfähigen Chassis wurden per Bahn nach Ost-Berlin überführt und im OLW karossiert. Die Aufbauten der Do 54-Typen bestanden aus Eschenholz und Flachstahl. Für den Do 56 entwickelten die BVB-Ost, das OLW und die Bautzner Waggonbautechniker 1954/55 eine Stahlleichtbau-Karosserie. Ab Sommer 1957 wurden sie komplett in Bautzen produziert.
Die Nachkriegs-Do-Busse verfügten unten über 24 und im Oberdeck über 28 Sitzplätze. Hinzukamen im Unterdeck sechs und auf der Heckplattform 12 beziehungsweise 14 Stehplätze. Die 9,8- und 10,0-Meter-Serienwagen hatten vorn eine Schiebetür und hinten zwei Falttüren (Doppelfalttür). Do 54- und 56-Busse fuhren auch in Leipzig, Halle/Merseburg, Dessau und Rostock. Äußerlich unterschieden sich die Do 54 und Do 56 im wesentlichen durch einen breiten, »gröberen« Grill an der imposanten Motorhaube und durch eine recht schräg gestellte Aufbautenvorderpartie (beides am Do 54), im Gegensatz zu einem schmaleren Grill und einer steileren Karosseriefront (am Do 56). Ein Do 54-Fahrgestell wurde 1959 sogar als Feuerwehrkran hergerichtet: mit Doppelkabine, Drehkran vom VEB Hebezeugwerk Sebnitz und brandschutztechnischen Einrichtungen vom VEB Feuerlöschgerätewerk (früher Koebe) Luckenwalde.

35-PS-ABOAG RK-Typ (Foto BVG)

105-PS-ABOAG Frontantriebsmodell

AEG

Allgemeine Elektrizitäts-Gesellschaft (AEG), Berlin-Oberschöneweide NW 40, Westendstr. 1 - 5 und Friedrich-Karl-Ufer 2/4, 1902 - 1905

Geheimrat Emil Rathenau, Gründer und Generaldirektor der AEG, begann sich um die Jahrhundertwende für den Automobilbau zu interessieren. Erste Versuche wurden in dem neu errichteten AEG-Kabelwerk in Berlin-Oberschöneweide unternommen. Damit man zunächst eine erprobte Automobilkonstruktion weiterbauen konnte, übernahm die AEG 1900 die Allgemeine Automobil-Gesellschaft (AAG, gegründet 1699) mit einer Pkw-Konstruktion von Prof.Georg Klingenberg. 1901 gründete die AEG eine neue Firma, die NAG - Neue Automobil-Gesellschaft mbH, als Verkaufsorganisation für die von der AEG im Werk Oberschöneweide produzierten Motorfahrzeuge. Schließlich erwarben Rathenau und die AEG 1902 noch die Motorwagen-Abteilung und Patente der Berlin-Charlottenburger Firma Kühlstein-Wagenbau. Annähernd gleichzeitig konnte die AEG auch Oberingenieur Joseph Vollmer (1871 - 1956) verpflichten, vormaliger Konstrukteur bei Kühlstein. Er brachte auch einige Elektrofahrzeug-Konzeptionen mit ein, unter anderem ein einachsiges Triebdrehgestell »Avant-Train« und Überlegungen für elektrische Radnabenmotoren mit Innenkollektor.
Bereits 1903 konnten AEG/NAG einen Decksitzbus mit Aufbau der Waggonfabrik Falkenried in Hamburg (seit 1968 FFG) vorstellen. Es konnte sich um ein B 1-Chassis gehandelt haben, mit 32-PS-Motor und mit Kettenantrieb. 1905 folgte bereits ein Decksitzbus, ebenfalls Vollmerscher Konstruktion, mit 40-PS-Ottomotor und ebenfalls Kettenantrieb, möglicherweise mit Aufbau von Lange & Gutzeit in Berlin. Das 40-pferdige Fahrgestell wurde auch für 3 bis 4 Tonnen tragende Lkw verwendet. Die Busse trugen über dem typischen Rundkühler keine Herkunftsbezeichnung, dafür aber (zumindest bei der Vorführung) seitlich die unübersehbare Aufschrift „Neue Automobil-Gesellschaft mbH Berlin". - Die frühen AEG/NAG-Konstruktionen werden des weiteren im Kapitel NAG näher beschrieben.
Im Laufe der Jahre stellte sich heraus, daß es ungünstig ist, wenn Produktion und Vertrieb nicht von einer Stelle aus geleitet werden, so entschloß sich die AEG 1906, die Automobil- und Nutzfahrzeugfabrikation an die NAG abzugeben, einschließlich aller Maschinen und Einrichtungen. Gebäude und Grundstücke wurden an die NAG vermietet. 1915 erfolgten Umbenennung und Umstrukturierung in NAG - Nationale Automobil-Gesellschaft AG mit entsprechender Eintragung ins Handelsregister.
Ab 1902 befaßte sich die AEG mit Oberleitungsomnibussen und ihren Anlagen, teilweise in Verbindung mit der Dresdner Geschäfts-, Luxus- und Straßenbahnwagen-Fabrik Karl Stoll (Obusse mit Sattel-Vorspanndollys und mit Kontaktwägelchen-Stromabnehmer). Über die jeweiligen Ausführungen und AEG-Patente wird ausführlich im Kapitel Carl Stoll eingegangen. Die AEG rüstete bis 1912 die folgenden Obus-Linien aus: AEG-Werk (Erprobung) und Berlin Ostbahn (1902 - 1906), »Dresdner Haidebahn« (1903 - 1906), Tatrafüred - Bad Altschmeks in Österreich-Ungarn (1904-1906), Hermannstadt in Rumänien (1904 - ?) Ludwigsburg - Aldingen/Neckar (1910, System Köhler) und Breslau - Brockau (1912, System Köhler). Beim System Köhler waren die Fahrdrähte nicht neben-, sondern übereinander angeordnet.
Die Obuslinien der ersten Generation waren kurzlebig, weil die schlechten Straßenverhältnisse (unbefestigt und grobes Kopfsteinpflaster) sowie die noch unvollkommenen Federungen den Fahrzeugen ständig Schwierigkeiten bereiteten. Während des Ersten Weltkrieges wurden schließlich die Fahrdrahtleitungen demontiert, um das Kupfer zurückzugewinnen.
1929 erhielt die AEG von den Rheinisch-Westfälischen Elektrizitätswerken AG (RWE) in Essen den Auftrag, eine »neuzeitliche Obus-Anlage« zwischen Mettmann und Gruiten bei Düsseldorf einzurichten. Die 5,6 km lange Strecke wurde 1930 eröffnet, mit AEG/Krupp/Uerdingen-Dreiachs-Obussen in Frontlenkerbauweise, mit Ganzstahlaufbauten sowie Falttür vorne und hinten. Der AEG-89kW-Elektromotor war in der Mitte des Krupp-Fahrgestells angeordnet. Er trieb über nur eine Differential- und Tragachse zwischen

den vier Hinterrädern, diese mittels in geschlossenen Schwingen gelagerten Zahnrädern an (Krupp-Schwingenräderantrieb mit darüber horizontal angebrachtem Schraubenfederzylinder). Eine weitere Obuslinie der neuen, zweiten Generation wurde 1931 in Idar-Tiefenstein dem Verkehr übergeben. Sie war 4,5 Kilometer lang und verfügte ebenfalls über AEG/Krupp/Uerdingen-6x4-Obusse in Frontlenkerbauart. Unter der selbsttragenden Ganzstahlkarosse mit zwei Mitteleinstiegsfalttüren waren zwei AEG-Elektromotoren mit je 41 kW zu einer Art Antriebspaket »verschnürt«. Die vier Hinterräder wurden von den beiden quer eingebauten E-Motoren durch Zahnräder angetrieben, die gleichermaßen in schraubengefederte Krupp-Antriebsschwingen eingekapselt waren. Die Mettmann-Obusse boten 30 Sitz- und 17 Stehplätze und die Tiefenstein-Wagen verfügten über 24 Sitz- und 26 Stehplätze.
Seit den achtziger Jahren beteiligt sich die AEG (seit 1985 eine Daimler-Benz-Tochtergesellschaft) an der „Elektrifizierung" moderner DUO-Busse von Mercedes-Benz, MAN und Ikarus. Diese Oberleitungsomnibusse (überwiegend Gelenkzüge) verfügen neben ihrem E-Antrieb auch über eine Dieselantriebsmöglichkeit (Duo-Methode), um Streckenteile ohne Leitungsnetz befahren zu können. Sie verkehren gleichzeitig mit Straßenbahnen auf gleichem Gleiskörper mit versenkten Schienen (Essen) oder auf stillgelegten, betonierten Straßenbahnstrecken. Auch Esslingen besitzt Mercedes / AEG/DASA-Dornier (Stromabnehmersystem) DUO-Busse.

AEG (-Vollmer) Obus von 1904

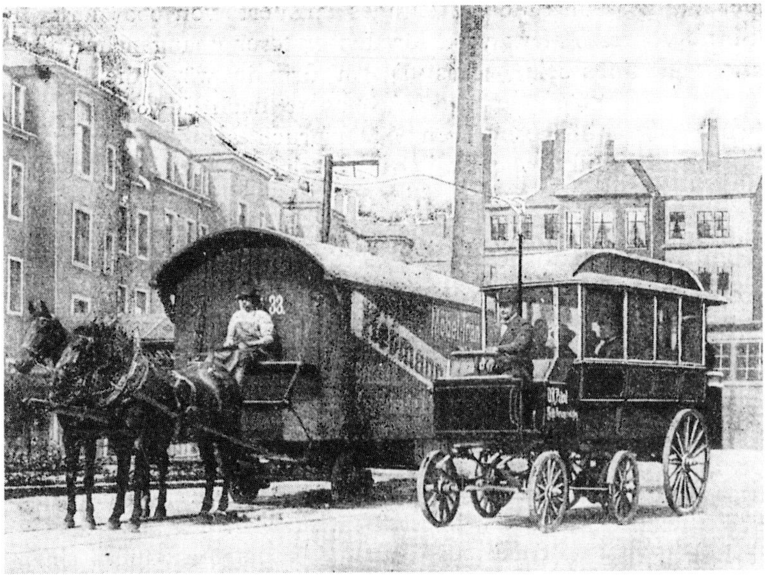

14,7-kW-AEG-Stoll Obus (Haidebahn)

14,7-kW-AEG-Stoll Obus (Haidebahn im Winterbetrieb)

Alfing

Maschinenfabrik Alfing GmbH, Wasseralfingen
1913

Die von Karl Köstler 1911 zur Herstellung von Kurbelwellen gegründete Firma nahm kurzzeitig auch die Fertigung von Lieferwagen und Kleinomnibussen auf.

Ansbach

Fahrzeugfabrik Ansbach GmbH, Ansbach, Draisstr. 20
1. 1907 - 1916 Fahrzeugfabrik Ansbach GmbH
2. 1916 - 1919 Fahrzeugfabrik Ansbach AG
3. 1919 - 1920 Fahrzeugfabriken Ansbach und Nürnberg AG (FAUN)
4. 1920 - 1926 FAUN-Werke AG
5. 1926 - 1928 Fahrzeugfabrik Ansbach AG, vorm. FAUN-Werke

Der Bamberger Fabrikbesitzer Dipl.-Ing. Moritz Schmidt gründete am 19. Januar 1906 mit einem Anfangskapital von 75.000 Goldmark die Fahrzeugfabrik Ansbach (FA). Zuvor führte er die Firma »Moritz Schmidt, Fabrik für Kraftfahrzeuge und Motoren« in der Bamberger Annastraße. Die Geschäftstätigkeit des Ansbacher Werkes begann nach Errichtung von Gebäuden im Juni 1906. Im September 1909 wurden nach dem Rücktritt von Moritz Schmidt als Geschäftsführer der Kaufmann Franz Hillegeist und der Sohn des Gründers, Dipl. Ing. Gustav Schmidt aufgenommen. Dieser war gleichzeitig Inhaber des Unternehmens »Schmidt und Genble, Motorenfabrik und Eisengießerei« in Mühlhausen/Thüringen. Kraftfahrzeuge und Motoren bildeten das Fertigungsprogramm des neuen Unternehmens in Ansbach. Die Abteilung I übernahm den Bau von Lastwagen, »auch für militärische Zwecke« und die Abteilung II den Bau von »Luxusautomobilen«. Dem Verkauf der Ansbacher »Kraftfahrzeuge in jeder Ausführung und Stärke« unter dem Markennamen »Ansbach« diente die »Lastmotor Verkaufsgesellschaft mbH« in München, geleitet von Moritz Schmidt.
Seit Herbst 1916 kam es im Rahmen der Regeldreitonner-Lastwagenfertigung offenbar zu einer Zusammenarbeit mit der Nürnberger Feuerlöschgeräte-, Automobillastwagen- und Fahrzeugfabrik Karl Schmidt (weder verwandt noch verschwägert mit den Schmidt's in Ansbach). Gemäß der Generalversammlung der Fahrzeugfabrik Ansbach im Dezember 1917, (die angeblich den Kauf des Nürnberger Unternehmens empfahl), kam es im Hinblick auf erforderliche Rationalisierungen und mit Blickwinkel auf künftige Friedensproduktionen im Januar 1918 zur Fusion. Die somit vereinten Fahrzeugfabriken Ansbach und Nürnberg - Omnibusse und Lastkraftwagen für alle Zwecke -, abgekürzt FAUN, wurden aus der Taufe gehoben. Im gleichen Jahr erfolgte die Liquidation der alten FA-Fahrzeugfabrik Ansbach. Sie erlosch 1919.

Die Fusionsfolgen des jungen FAUN-Komplexes (ab 23. Juni 1920 FAUN-Werke AG) verliefen für beide Teile nicht so harmonisch, wie man es ursprünglich vorgesehen hatte. Dieses Problem und die schlechte Geschäftslage führten 1925 zu einer Auflösung der FAUN-Fahrzeugwerke Ansbach und Nürnberg AG. Die Ansbacher Gesellschafter hofften, die wirtschaftlich schwierige Nachkriegsperiode allein besser bewältigen zu können. - Über das ab 1925 bei den Nürnbergern erfolgte Beteiligungs-Zwischenspiel der Fried. Krupp AG wird im Kapitel FAUN näher eingegangen.
Im September 1926 gründete ein Teil der ehemaligen Geschäftspartner erneut die FA-Fahrzeugfabrik Ansbach AG (mit dem Zusatz) vorm. FAUN-Werke. Aber auch jetzt konnte die FA nicht gewinnbringend arbeiten. Das Konkursverfahren über die Ansbacher Fahrzeugfabrik wurde daher im Oktober 1928 eröffnet. Bis nach dem Zweiten Weltkrieg dienten die Gebäudeanlagen der ehemaligen FA als Großreparaturwerkstatt für Auto Union/DKW-Fahrzeuge. Schließlich zog in das einstige FA-Areal eine Großdruckerei ein.
Ab 1907 stellte die Fahrzeugfabrik Ansbach einen 14-sitzigen Überland- und Gebirgsomnibus des Typs »Ansbach« mit einem 24-PS-Ottomotor her. Es waren wassergekühlte Bremsen, eine Doppelzündung sowie ein zusätzlicher direkter Gang eingebaut, der angeblich noch »bei ziemlich starker Steigung« ausreichen würde. Die Karosserie ließ sich lösen und gegen eine Pritsche tauschen. Dieses Kombinations-Modell wurde bis 1909 fabriziert.
Mitte der zwanziger Jahre stellte das 250 Personen starke Ansbacher Werk als einer der ersten deutschen Hersteller die Niederrahmen-Omnibusse NO 25 und NO 35 in Haubenausführung mit dem 70-PS-Sechszylinder-Maybach-Motor her. Für die Post entstand das Modell PO 22. Hydraulische Stoßdämpfer und eine Knorr-Vierradbremse waren technische Details dieser Fahrzeuge. Die Karosserien fertigte in Nürnberg das mit dem FAUN-Werk verbundene Estelmann-Werk. Den Verkauf übernahm wiederum die Lastmotor-Verkaufsgesellschaft mbH in München. Die Reichspost erwarb 30 NO-Typen.
Wenn man auch die Fusion zwischen den Fahrzeugwerken Ansbach und Nürnberg rückgängig gemacht hatte, fertigte Ansbach die Omnibusse (und Personenwagen der Marke »Kauz«) für das Nürnberger Werk weiter und verpaßte ihnen das FAUN-Emblem. Von Interesse ist noch, daß einer der Ansbach-Konstrukteure während des Ersten Weltkrieges Dipl.-Ing. Dr. Fritz Huber (1881 - 1942) war, der später bei Heinrich Lanz in Mannheim den »Bulldog«-Glühkopfmotor entwickelte.

24-PS-
Fahrzeugfabrik
Ansbach

70-PS-
Fahrzeugfabrik
Ansbach

Argus

Argus Motoren Werke GmbH, Jeannin u. Co. KG, Berlin-Reinickendorf, Flottenstr. 39/42 u. Berlin NW 7, Prinz-Louis-Ferdinand-Str. 1-3
1906 - 1910

Um das Jahr 1899 gründete der elsässische Kaufmann Henry Jeannin (1872 - 1965) in Berlin die »Allgemeine Automobil-Gesellschaft«, die unter dem Namen »Marsmotor« Fahrzeuge und Fahrzeugteile vertrieb. Beteiligt an diesem Unternehmen war die AEG unter ihrem Direktor Dr. Emil Rathenau. Auch der Bruder Emile Jeannin (1875 - 1952) beteiligte sich an dieser Gesellschaft. 1901 schieden Henry und Emile Jeannin, die sich als Rennfahrer und »Aviatiker« einen Namen gemacht hatten, aus diesem Unternehmen aus; die AEG nutzte die Fahrzeughandlung als Grundstock zum Aufbau der Neuen Automobil GmbH (Nationale Automobil AG). Unter dem Namen Internationale Automobil-Centrale Jeannin u. Co. und der Telegrammadresse »Intermotor« richteten die Brüder eine neue Automobil-Handelsgesellschaft ein, aus der 1904 die Argus Motoren Werke GmbH, Jeannin und Co. KG hervorgingen.
Die Herstellung der von Konstrukteur Eichhorn entwickelten Motorenteile übernahmen verschiedene Firmen, darunter die Werkzeugmaschinenfabrik Hasse & Wrede. Erst mit dem Erwerb der Reinickendorfer Räumlichkeiten konnten die Voraussetzungen für die eigene Motoren- und Fahrgestellproduktion gewonnen werden.
Nachdem erste Personen- und Lastwagen hergestellt worden waren, folgten ab 1906 auch erste Omnibus-Fahrgestelle. Zusammen mit der Firma Stoewer lieferte das Unternehmen beispielsweise 500 Fahrgestelle an englische und ägyptische Omnibusgesellschaften. Eine Besonderheit stellte dabei der Omnibustyp auf dem Fünftonnenfahrgestell dar, bei dem der erste deutsche Serien-Sechszylindermotor mit 70 PS zum Einbau kam.
Argus-Spezialität war der Antrieb durch das »abnorm große Zahnradgetriebe«. Für sanftes Anfahren sorgte eine Spezialkupplung aus mehreren Scheibenkränzen.
Das Unternehmen lieferte auch den Siemens-Schuckertwerken stationäre Motoren für die Installation in Funkanlagen. Auch Kleinbahnen und Kleinkraftwerke, Sportyachten und Luftschiffe erhielten Argus-Triebwerke. Schließlich verwendeten auch die Firmen Dürkopp und Berliner Motorwagen-Fabrik (BMF) Motoren der Argus-Werke.
Während der Fahrzeugbau 1910 auslief, wurde der Motorenbau weitergeführt. Das bis Ende des Ersten Weltkrieges auf eine Belegschaft von 1800 Mann angewachsene Werk fertigte in dieser Zeit Flug- und stationäre Motoren (teils in Zusammenarbeit mit den Opel-Werken) für das kaiserliche Heer.
1916 war der Unternehmer Dr. Moritz Straus (1882 - 1959) in die Argus-Werke eingetreten, die nun auch unter dem patriotisch klingenden Namen »Nationale Flugzeug GmbH« firmierte. Bei Kriegsende wurden die Brüder Jeannin als Teilhaber der Argus-Werke von Dr. Moritz Straus ausgezahlt.
Nach dem Krieg entstanden bei Argus noch weitere Nutzfahrzeuge, darunter auch einige Omnibusse. Nachdem nochmals Flugmotoren für das englische Militär gebaut wor-

den waren, wurde aufgrund des Versailler Vertrages das Lager an fertigen Motoren zerstört, der Flugmotorenbau mußte aufgegeben werden.
Dr. Moritz Straus, der auch die Horch-Werke erwarb, baute schließlich mit Hilfe des Opel-Ingenieurs Wilhelm Menske wieder eine Motorenfabrikation auf und gliederte die Horch-Werke in die Argus-Werke (auch unter dem Namen Argus-Motoren-Gesellschaft firmierend) ein. Um 1936 mußte Dr. Moritz Straus das Unternehmen als Hauptaktionär verlassen und emigrierte in die USA. Die Argus-Werke stellten nun die A-Motoren für die Fieseler-Storch-Flugzeuge und die Rotadisc-Scheibenbremsen für die deutschen Militärflugzeuge her.
Nach dem Krieg wurde das teilzerstörte Werk in der Flottenstraße restlos demontiert, dann aber wieder als Fachbetrieb für Hydraulikanlagen aufgebaut. In einen Teil der wiedererstellten Hallen zog das Museum für Verkehr und Technik ein. Heute existiert die Argus-Gesellschaft mbH als Spezialfabrik für Hydraulikschläuche, Kugelhähne und Hydraulikkupplungen weiterhin in der Berliner Flottenstraße 28 - 42 und in Ettlingen.

40-PS-Argus Stadtbus

Audi

Audi-Automobil-Werke mbH, Zwickau i. Sachsen, Lessingstr.
1918 - 1928

Das von dem Automobilkonstrukteur, Ingenieur August Horch, nach dem Ausscheiden aus der Firma Horch im Jahre 1910 gegründete Unternehmen mit der lateinischen Übersetzung des Gründernamens baute luxuriöse Personen- und Lieferwagen sowie Militärlaster während des Ersten Weltkrieges. Nach dem Krieg stellte das Unternehmen Eintonnen-Lieferwagen-Fahrgestelle für den Aufbau als Klein- oder Hotelomnibus zur Verfügung. Während hier ein 35-PS-Vierzylindermotor zur Verwendung kam, erhielt das Nachfolgemodell 1924 einen 70-PS-Sechszylindermotor.
August Horch schied, abgesehen von seiner Mitgliedschaft im Aufsichtsrat des Werkes, 1920 für einige Jahre aus der technischen Leitung seines Unternehmens aus, um sich verschiedenen privaten und staatlichen Aufträgen zu widmen. 1928 vereinigte der dänische Unternehmer J. S. Rasmussen das in finanzielle Schwierigkeiten geratene Werk mit den Marken DKW, Horch und Wanderer zur Auto Union. Nach dem Zweiten Weltkrieg wurde das Werk enteignet und demontiert. Später fertigte das einstige Audi-Werk unter der Bezeichnung VEB Sachsenring Automobile als Kombinatsbetrieb den Kleinwagen Trabant. Nach der Wende engagierte sich das Volkswagen-Werk an diesem traditionsreichen Automobilhersteller.

Auto Union

Auto Union GmbH, Ingolstadt, ab 1953 Düsseldorf, Rather Str. 51
1949 - 1962

Der dänische Ingenieur Jörgen Skafte Rasmussen (1878 - 1964) gründete nach dem Ersten Weltkrieg verschiedene Fahrzeug- und Maschinenbauunternehmen im sächsischen Raum, darunter auch die Zschopauer Motoren-Werke (später VEB Barkas-Werke) und die DKW-Werke, die Fahrzeuge mit Zweitaktmotoren nach Entwürfen des Ingenieurs Hugo Ruppe (1879 - 1948) herstellten. 1932 wurden die sächsischen Automobilwerke der Marken Audi, DKW, Horch und Wanderer durch die Sächsische Staatsbank zur Auto Union AG zusammengeschlossen. Nach der Enteignung der Auto Union in der damaligen Sowjetischen Besatzungszone gründeten die ehemaligen Auto Union-Vorstandsmitglieder Dr. Richard Bruhn, Dr.-Ing. Carl Hahn, Dr. Alt, Direktor Fritz Zerbst und Werbeleiter Heil ein Zentraldepot für Ersatzteile in den leeren Hallen der ehemaligen Wehrmachtskaserne in Ingolstadt, aus dem 1949 die neue Automobilfabrik unter dem Namen Auto Union GmbH mit der Marke DKW hervorging.
Das schon 1945 von Fritz Zerbst und dem Karosseriekonstrukteur Kurt Schwenk entworfene DKW-Frontantriebs-Schnellastermodell F 89 L der Auto Union wurde ab 1949 auch als 8-sitziger Kleinbus mit Drauz-Karosserie hergestellt. Zunächst kam der 20/22-PS-Zweizylinder-Zweitaktmotor, ab 1954 der 30-PS-Zweizylinder- und schließlich ab 1955 der neue 32-PS-Dreizylindermotor zum Einsatz. Der Radstand des Rahmenbau-Fahrzeugs wurde 1952 leicht vergrößert, um eine breitere Einstiegstür einsetzen zu können.
Das Auto Union-Unternehmen wurde 1958 von der Daimler-Benz AG erworben. Die nach Anfangserfolgen dann dahinsiechende Transporter-Fertigung wurde 1962 eingestellt. Im Jahre 1965 verkaufte das Stuttgarter Unternehmen die Auto Union GmbH mit ihrer süddeutschen Produktionsstätte an das Volkswagen-Werk, das dringend an einer Kapazitätserweiterung interessiert war. Das 1950 gepachtete und 1954 erworbene Düsseldorfer Pkw-Werk, ein ehemaliger Rheinmetall-Betrieb, in dem einst ein Teil der Ehrhardt-Fahrzeuge hergestellt worden war, behielt die Daimler-Benz AG und richtete dort ihren Transporterbau sowie die Lenkgruppenfertigung ein. Der aus der Vorkriegszeit in Berlin-Spandau verbliebene Betrieb, der Elektroteile für die Auto Union hergestellt hatte, wurde von der Robert-Bosch-Gruppe erworben.
1950 gründete DKW eine spanische Tochtergesellschaft. Die Industrias des Motores SA (IMOSA) in Vitoria/Baskische Provinz nahm 1960 den Bau des geplanten und von der Firma Drauz entwickelten Lieferwagen-Nachfolgemodells F 1000 L auf. Den Antrieb dieses modern und harmonisch gezeichneten Transporters (den es auch als Kleinbus gab) übernahm ein auf 40 PS erstarktes DKW-Dreizylinder-Zweitaktaggregat.
Allerdings gelangten nur wenige F 1000 L nach Deutschland, da der Ruf der Marke durch den verbrauchsintensiven und unkultivierten Zweitaktmotor stark gelitten hatte. Seit den achtziger Jahren wurden dort die äußerst erfolgreichen MB 100 D-Modelle mit einem 70/75-PS-Vorkammer-Dieselmotor gebaut. Interessanterweise führt dieses Frontantriebsmodell die Rahmenbautechnik des einstigen DKW-Modells weiter.
Zu ergänzen ist schließlich noch, daß das spanische Unternehmen 1960 das im Jahre 1951 eingerichtete Montagewerk der Borgward Iso Espagnola aufkaufte, das bis 1964 auch Borgward-Kleinbusse herstellte.

**30-PS-
Auto Union
Kleinbus**

**40-PS-
Auto Union
Kleinbus
(Spanische
Fertigung)**

Auwärter

Ernst Auwärter Karosserie- und Fahrzeugbau KG, Steinenbronn b. Stuttgart, Kringstr. 2

1. 1965 - 1973 Ernst Auwärter Karosserie- und Fahrzeugbau OHG, Stuttgart-Möhringen, Rosenstr. 59/61 (nach Umbenennung Leinenweberstr. 59/61)

2. 1973 - heute Ernst Auwärter Karosserie- und Fahrzeugbau KG ab 1976 Steinenbronn b. Stuttgart, Kringstr. 2

Das Ernst Auwärter-Werk geht auf das Jahr 1854 zurück, als der Wagenmeister Friedrich Auwärter eine Stellmacherei für Putzmühlen und Bauernwagen eröffnete. Nachdem seine Söhne Jakob und Gottlob im Jahre 1893 beziehungsweise 1925 das Unternehmen übernommen hatten, wurden in den zwanziger Jahren die Söhne Gottlob Auwärters (sen.), Gottlob (jun.), Paul, Ernst (1902 - 1984) und Wilhelm an dem Werk beteiligt, das ab 1928 auch erste Omnibusaufbauten herstellte. Aus dem Familienunternehmen schied 1935 Gottlob Auwärter (jun.) aus und gründete sein eigenes Werk unter dem Namen Gottlob Auwärter Karosserie- und Fahrzeugbau GmbH & Co. KG mit der späteren Marke Neoplan. Nach dem Tod des Seniorchefes im Jahre 1944 führten Paul und Ernst Auwärter das Fahrzeug- und Omnibusbau-Unternehmen weiter. Während der Kriegsjahre baute das 30 bis 40 Personen starke Unternehmen Gespannwagen und

Gespannschlitten für die Wehrmacht. 1949 teilten Paul und Ernst Auwärter den Betrieb auf, unter dem Namen Paul Auwärter Fahrzeugwerk entstand in Simmozheim/Calw das noch heute bestehende Unternehmen für Anhänger und kleine Tieflader. Dipl.-Ing. Ernst Auwärter hingegen übernahm den Bereich der Omnibusfertigung in Stuttgart-Möhringen; sein Sohn, Ingenieur Ernst Auwärter (geb. 1938) trat 1961 in den väterlichen Betrieb ein. Mit der Umwandlung des Unternehmens in eine Kommanditgesellschaft wurde er 1973 Geschäftsführer. In den Nachkriegsjahren baute das Ernst Auwärter-Werk vor allem Omnibusse auf Fahrgestellen der Firmen Büssing, Daimler-Benz, Ford, Henschel, MAN, Opel und Saurer auf. Nach dem Übergang des Omnibusbaus von der Rahmen- zur Verbund- und zur selbsttragenden Bauweise profilierte sich das Werk als »Karosserie-Maßschneider«, das Luxusreiseomnibusse nach Kundenwünschen ausführt. Die Basis bildeten jeweils Daimler-Benz-Bodengruppen der Typenreihen O 321, O 317, O 302 und nach 1975 Typenreihe O 303. Darüber hinaus wurden die Daimler-Benz-Transporter-Fahrgestelle O 319 und O 307 bis O 310 D für Aufbauten mit eigener Stilrichtung verwendet, die hier wie die Großomnibusse nicht als eigenständige Typen behandelt werden.

Mitte der sechziger Jahre baute das Unternehmen eine halbeigenständige Modellreihe auf. Sie basierte auf LP-Fahrgestellen von Daimler-Benz, so entstanden Kleinbustypen, die im Daimler-Benz-Programm nicht enthalten waren. Verfeinerte Fahrgestelle der Leichtlastwagen-Baureihen L 508, 811 LP (O) 913 sowie kurze Zeit später der Baureihen L 608 und LP(O) 813 erhielten Aufbauten mit hochgezogenen Fensterscheiben, flachem Dach, durchgehender Panoramascheibe sowie eine exklusive Ausstattung. Hervorzuheben ist neben dem langjährigen Erfolgsmodell LP 608 der Typ LPO 913/42, der sogar mit einer Unterflurtoilette ausgestattet werden konnte.

Die Kapazität dieser im Programm der Großserienhersteller wenig vertretenen Fahrzeuggrößen war beziehungsweise ist auf 20 bis 34 Sitzplätze ausgelegt.

Mitte der siebziger Jahre führte das Ernst Auwärter-Werk die Bezeichnungen »Teamstar« für Modelle bis 20 und »Clubstar« für mittelgroße Modelle bis 38 Sitzplätze ein. Die Luxusomnibusse auf den Daimler-Benz-Bodengruppen der Baureihen O 302 beziehungsweise O 303 erhielten die Bezeichnung »Eurostar«.

1976 wurde auch der Aufbau von Volkswagen-Fahrgestellen der Baureihen LT 35 bis LT 50 mit der Zusatzbezeichnung »Panorama« aufgenommen. Auffallend ist hier die stark geneigte Frontscheibe. Gleichzeitig verlegte das Unternehmen in diesem Jahr die Fabrikation in ein neues Werk in Steinenbronn bei Stuttgart, das über drei Fertigungsstraßen verfügt. Die Jahreskapazität stieg dadurch auf 120 Omnibusse.

Eine Sonderausführung wurde 1980 der LT 50 Elektro-Citybus, der in 13 Exemplaren für die Verkehrsbetriebe Hannover hergestellt wurde.

Im Jahre 1982 übernahm das inzwischen 150 Personen starke Werk auch MAN-Fahrgestelle der Baureihen 8.136 und später 9.136, die unter der Bezeichnung »Mediano« mit 25- beziehungsweise 29-sitzigen Karosserien versehen wurden.

Neben den Luxus-Reisebussen standen auch weiterhin kleine Linienfahrzeuge wie zum Beispiel die Modelle LT 50 City oder wenig später Clubstar-City 1117/42 im Ernst-Auwärter-Programm.

1985 erschien der mittelgroße Reisebus O 301 Clubstar, den das Unternehmen auf dem BH 2-Fahrgestell des Schweizer NAW-Werkes der Daimler-Benz AG aufbaute. Bis 1990 wurde diese leider wenig erfolgreiche Modellreihe mit 136 und 170 PS starken Heckmotoren angeboten.

Neben den Reise- und Linienbussen bietet Auwärter nun auch auf der Basis der Teamstar-City-Modelle Spezialausführungen unter der Zusatzbezeichnung »Handicap« mit einer elektromechanisch ausfahrbaren Rollstuhlrampe, einer Niederflur-Heckplattform sowie mit einer hinteren Absenkvorrichtung (Kneeling) an.

Auch der Ausbau der nun unter der Bezeichnung Mercedes-Benz geführten Modelle O 614 D und O 814 D übernahm das Werk, wobei diese Fahrzeuge die Bezeichnung »Economy« erhalten. Der Motor wurde hier gekapselt; die Federungseigenschaften sind verbessert worden.

Seit 1990 bietet das Unternehmen für die O 301-Daimler-Benz- beziehungsweise Mercedes-Benz-Modelle Midibusse auf niedrigen, luftgefederten MAN-Untergruppen

der Baureihe 10.180 mit 180 PS starken Heck-Turboladermotoren als Reise-, Hochdeckerreise- und als Stadtbusse an. Charakteristisch ist hier der untere Knick beim Übergang vom ersten zum zweiten Fahrgastfenster. Das 1992 vorgestellte Nachfolgemuster unter der Bezeichnung 11.190 kann jetzt auch in einer Niederflurversion geliefert werden.
Die Teamstar-Modelle erhalten seit vielen Jahren eine Klimaanlage, Schlafsessel sowie eine Telma-Wirbelstrombremse. Auch die Clubstarmodelle der Baureihe 817 werden in einer Luxusausführung mit Klimaanlagen, Toiletten und verfeinerten Ausstattungen angeboten.
Neuerung auf der IAA Hannover 1992 ist die überarbeitete Gestaltung des Typs 1117/42 mit einer vergrößerten und plastisch gewölbten Frontscheibe sowie mit einem gewölbten Bug, wie ihn schon das MAN-Clubstar-Modell besitzt. Hinzu kommt als Kleinmodell auf der Basis des VW-Transporters T4 ein Niederflurbus mit der Bezeichnung »Microstar«. Auch die neue Mercedes-Benz-Untergruppe des Typs O 404 wird nun für die eigene Karosseriegestaltung herangezogen.
Mehr denn je hat das von Ernst Auwärter geführte Unternehmen seinen Schwerpunkt auf die Karossierung von kleinen und mittleren Omnibussen mit höchsten Komfortansprüchen und höchster Verarbeitungsqualität gelegt. Hinzu kommt der Aufbau von großen Reisebussen mit Bodengruppen von Daimler-Benz beziehungsweise ab 1989 Mercedes-Benz und seit 1985 auch auf dreiachsigen Scania-Chassis. Etwa 140 bis 165 Einheiten an Klein- und Clubbussen sowie 20 Einheiten der großen Baureihe Eurostar verlassen jährlich das inzwischen 200 Personen starke Werk, das seit Kriegsende über 3000 Omnibusse und Spezialaufbauten erstellt hat. Der Exportanteil liegt zur Zeit bei 35 Prozent.
Seit 1990 besteht eine Kooperation mit dem Karosserie- und Fahrzeugwerk Gera GmbH, einem Omnibus-Instandsetzungswerk der ehemaligen DDR in Gera/Thüringen; der Kleinbus Economy wird dort ausgebaut. Eine Lizenzfertigung von Ernst Auwärter-Modellen erfolgt durch die Firmen Elba-House in Amman/Jordanien und Sportwagen in Chile

65-PS-DB O 319, E. Auwärter-Aufbau

80-PS-DB LPO 608, E. Auwärter-Aufbau (Foto E. Auwärter)

85-PS-DB 608/38, E. Auwärter-Aufbau

65-PS-VW LT 35 D, E. Auwärter Typ Panorama (Foto E. Auwärter)

130-PS-
DB 613/41,
E. Auwärter
Typ Teamstar
(Foto
E. Auwärter)

130-PS-
DB 813/36,
E. Auwärter
Typ Clubstar

136-PS-
MAN 8.136,
E. Auwärter
Typ Mediano
(Foto
E. Auwärter)

102-PS-
VW LT 50,
E. Auwärter
Typ Panorama
(Foto
E. Auwärter)

170-PS-
DB O 301,
E. Auwärter
Typ Clubstar
(Foto
E. Auwärter)

136-PS-
DB 613/14,
E. Auwärter
Typ Teamstar
(Foto
E. Auwärter)

180-PS-
MAN 10.180,
E. Auwärter
Niederflur-Typ
Clubstar
(Foto
E. Auwärter)

186-PS-
MAN 11.190,
E. Auwärter
Typ Clubstar
(Foto
E. Auwärter)

136-PS-
MB O 614 D,
E. Auwärter
Typ Economy
(Foto
E. Auwärter)

78/102-PS-VW T 4, E. Auwärter Typ Microstar (Foto E. Auwärter)

170-PS-MB LN 2, E. Auwärter Typ Clubstar (Foto E. Auwärter)

Gottlob Auwärter

Gottlob Auwärter Karosserie- und Fahrzeugbau GmbH u. Co. KG, Stuttgart-Möhringen, Vaihinger Str. 118 - 122

1. 1953 - 1971 Gottlob Auwärter Karosserie- und Fahrzeugbau KG, Stuttgart-Möhringen, Vaihinger Str. 122

2. 1972 - heute Gottlob Auwärter Karosserie- und Fahrzeugbau GmbH u. Co. KG

Der Karosseriebaumeister Gottlob Auwärter (geb. 1903-1993), der aus einer traditionsreichen Wagner- und Karosseriebaufamilie stammt, gründete 1935 in Stuttgart-Möhringen auf dem Gelände einer ehemaligen Ziegelei ein Unternehmen, das Holz- und Stahl-Holzaufbauten für Lastwagen und Omnibusse verschiedener Marken produzierte.

Kurz vor dem Ausbruch des Zweiten Weltkrieges stellte das damals 45 Mann starke Werk auch erste Ganzstahlaufbauten her. Während des Krieges mußte der Betrieb den Karosseriebau aufgeben und zeitweise auf dem Flughafen Stuttgart-Echterdingen Flugzeugzellen reparieren. Gegen Ende des Krieges und in der ersten Nachkriegszeit baute das Unternehmen dann vorwiegend Omnibusse für den Generatorbetrieb um.

Schon rasch konnte der wenig beschädigte Betrieb nach 1945 wieder Reparaturen und Neukonstruktionen für Omnibusse durchführen sowie Fahrerhäuser und Kofferaufbauten herstellen. Karosserien für nahezu alle deutschen Fahrzeughersteller wurden gegen Ende der vierziger und Anfang der fünfziger Jahre angefertigt. Hinzu kam noch der allerdings bescheidene Bau von Omnibusanhängern und der Aufbau von Eisenbahnfahrzeugen.

Als sich abzeichnete, daß den großen Herstellern wieder eine ausreichende Karosseriebaukapazität zur Verfügung stand, und die Zuteilung der hauptsächlich verwendeten Daimler-Benz-Fahrgestelle stagnierte, entschloß sich Gottlob Auwärter zur Eigenfabrikation von Omnibussen, wenn auch der Karosseriebau für Fremdfahrgestelle bzw. Unterbauten bis heute weitergeführt wurde. Anzufügen ist hier noch, daß der Karosseriebau für Kleinbahn-Personenwaggons bis 1969 beibehalten wurde.

1953 stellte das jetzt 100 Personen starke Unternehmen auf der Reutlinger Gewerbeausstellung sein erstes eigenes Komplettfahrzeug in selbsttragender Frontlenker-Bauweise, den Neoplan-Typ SK 9 vor, wobei die zuvor gemachten Erfahrungen im Aufbau von Verbundfahrgestellen von Büssing eingeflossen waren. Der Buchstabe »S« stand für »selbsttragend«, das »K« für den Kämper-Motor. Die Ziffer »9« gab die Sitzreihenanzahl an. Unter dem Markennamen »Neoplan« wurde das Fahrzeug angeboten, wobei dieses dem Griechischen entlehnte Wort für »neues Personenbeförderungsmittel bzw. -konzept« steht.

Das aufwendig verglaste Fahrzeug besaß eine vordere Spezialachse der Bergischen Achsenfabrik und hintere 3,5-Tonnen-DB- oder Magirus-Achsen. Im Heck war der 108 PS starke Kämper-Sechszylindermotor vom Typ 692 angebracht. Eine hydraulisch betätigte Kupplung und ein ZF-Fünfganggetriebe wurden eingebaut. Das Fahrzeuggerippe bestand aus verschweißten Vierkant-Stahlträgern; eine Leichtmetallbeplankung war hierauf angebracht. Ein Frontgrill mit vier Schlitzöffnungen und vier breiten Chromstreifen zierten den Wagenbug. Im Karosseriestil der frühen fünfziger Jahre war das Fahrzeug im Bug und im Heck stark abgerundet.

1954 wurde die Serienfertigung des im Radstand leicht vergrößerten SK 9 mit 40 festen Sitzen und acht Klappsitzen aufgenommen, nachdem der Prototyp auf dem 1. Deutschen Schönheits- und Komfortwettbewerb in Detmold die Goldene Medaille und den Ehrenpreis bekommen hatte. Der Grill erhielt bei den nun gebauten Modellen fünf Lufteintritte und eine darüberliegende große Neoplan-Schwinge.

Die Jahresfertigung betrug in diesem Jahr einschließlich der karosserierten Fremdtypen 54 Exemplare.

1955 folgten die Kleinmodelle SB 5 und SH 6 mit einem 60-PS-Borgward- und einem aufgeladenen 65-PS-Hanomag-Motor. Die zweiten Buchstaben standen hier für Borgward und für Hanomag. Der Sechssitzer konnte auf Wunsch auch mit einem Henschel- oder einem Daimler-Benz-Motor geliefert werden.

Da der Kämper-Motor aufgrund seines ungünstigen Drehmomentverlaufs und seiner geringen Lebensdauer nicht befriedigte, erhielten die Neunsitzer unter den Bezeichnungen SD 9, SM 9 und SH 9 Daimler-Benz- oder Deutz- (Magirus-), MAN- und Henschel-Motoren, die je nach Kundenwunsch eingebaut werden konnten. Auch die hinzugekommenen 10- und 11-reihigen Großmodelle wurden mit diesen Maschinen ausgestattet.

Weitere Modelle erhielten 1956 für den Export in die Schweiz als sogenannte »Paßfahrzeuge« mit geringerer Breite ein dort gewünschtes, flach abfallendes Heck. Hier gaben die Ziffern die Sitzplatzanzahl in der Typenbezeichnung an.

1956 wurde das Bezeichnungsschema umgestellt. Die durch einen Schrägstrich geteilten Ziffern gaben nun die Bestuhlungsvarianten an. Äußerlich kennzeichneten nun ein abgerundeter, quadratischer Grill mit Chromleisten und eine darüberliegende Spange die Front der Neoplan-Omnibusse.

Anzufügen ist, daß für kurze Zeit auch Steyr-Viertakt- und Ford-Zweitakt-Dieselmotoren eingebaut wurden.

Den neuen Neoplan-Fahrwerksbau leitete 1957 der Typ SH 9/10 L mit dem 6,1-Liter-Henschel-Motor ein, der als Typ 522 DP 125 PS oder mit einem zusätzlichen Roots-Gebläse als Typ 522 DPK-L 150 PS abgab. Dieses Modell erhielt eine patentierte vordere Einzelradaufhängung mit zwei übereinanderliegenden Trapezlenkern und einem Aufnahmeschemel mit dem Lenkgetriebe. Die Hinterachse wurde an einem Fahrschemel mit einer Dreiecksaufhängung geführt. Der Fahrschemel ruhte auf einem vorderen, wartungsfreien Silentblock und zwei hinteren Luftfederbälgen. Hinzu kamen zwei Querlenker und ein Panhardstab, so daß das Fahrzeug »Pkw-ähnliche« Fahreigenschaften aufwies. Zusätzlich konnte eine Höhenverstellung des Fahrzeugbodens eingebaut werden. Das mit einem »L« für die Luftfederung bezeichnete Leichtmetall-Modell konnte durch diese fortschrittliche Fahrwerkstechnik erste Verkaufserfolge erzielen und leitete als erstes Serienmodell die Luftfederung im europäischen Omnibusbau ein.

Spitzenmodell der ersten Neoplan-Fahrzeuggeneration wurde im gleichen Jahr der Dreietagen-Fernreisebus, der von dem 125-PS-Henschel-Motor angetrieben wurde und auch in einer 150-PS-Version geliefert werden konnte. Das unter der Bezeichnung »FH« gebaute Fernreisemodell besaß in der Fahrzeugmitte ein erhöhtes Dach und zwei Stufen im angehobenen Fahrgastboden, um einerseits einen großen Unterflur-Kofferraum und um andererseits eine ansteigende, sogenannte Theaterbestuhlung mit besseren Aussichtsmöglichkeiten zu erreichen. Der Fahrer- und der Beifahrerplatz waren in einer dritten Etage tiefer gesetzt, so daß die Fahrgäste nach vorne durchblicken konnten. Ein vollsynchronisiertes ZF-Achtganggetriebe mit einer Druckluftschaltung wurde hier eingesetzt. Für den Fahrkomfort sorgte bei diesem Modell ebenfalls die moderne Neoplan-Fahrwerkstechnik sowie die auf Wunsch einbaubare Klimaanlage.

Das allerdings bis 1961 in nur vier Exemplaren gefertigte Modell erhielt einen breiten, die Scheinwerfer umfassenden flachen Bandgrill, der nun auch die anderen Modelle im neuen Neoplan-Stil kennzeichnete.

Zu erwähnen ist hier, daß 1957 die Schweizer Exportmodelle versuchsweise mit Henschel- und mit Büssing-Unterflurmotoren ausgerüstet wurden.

Erneut wurde das Bezeichnungsschema 1958 geändert. Um sich gegenüber dem Kässbohrer-Bezeichnungsschema abzuheben, stand bzw. steht nun ein »N« für »Neoplan« anstelle des »S« für »selbsttragend«.

Die bequemen Reiseomnibusse NH 6/7 und NH 7/8 mit noch starren Vorderachsen und Hinterachsen mit Stahl-Blattfederung erhielten durchlaufende Kofferräume unter dem Fahrgastboden, so daß die nicht mehr zeitgemäße Dachgalerie entfallen konnte. Das Modell NH 9/10 konnte auch mit einer Klimaanlage ausgestattet werden.

Das Neoplan-Fahrzeugprogramm der 1. Generation wurde 1959 durch die 11,4 Meter-Type NH 11/12 und durch die 12-Meter-Type NH 13 erweitert, da das Verbot der Mittelsitzeinrichtung ein größeres Fahrzeug erforderte. Eine hydraulische Höhenverstellung des Fahrgastbodens war auch hier eingebaut.

Die Großfahrzeuge NH 10/11 und NH 13 wurden nun auch als Linienfahrzeuge vor allem für die Bundesbahn gebaut.

Zu erwähnen ist, daß das Unternehmen inzwischen eine Jahresproduktion von 92 Omnibussen erzielen konnte.
1961 stellte das Gottlob Auwärter-Unternehmen eine neue Fahrzeuggeneration seit dem Anfangsmodell NH 6/6 L »Hamburg« vor. Ingenieur Albrecht Auwärter (1936 - 1993) und der Schweizer Ingenieur und Studienkollege Bob Lee (geb 1938), der nun Leiter der Neoplan-Entwicklungsabteilung wurde, hatten dieses Modell auf der Hamburger Fachhochschule für Karosserie- und Fahrzeugbau als Examensarbeit entwickelt.
Der 35-sitzige, in der Serie unter der Bezeichnung NH 8 (oder NH 6/8) mit der Zusatzbezeichnung »Hamburg« gebaute Bus war nun in moderner eckiger Form unter bester Raumausnutzung konstruiert. Die Seitenscheiben waren an der Dachrandpartie gewölbt und zogen sich bis in das Dach hinein, so daß die früher üblichen Dachrandfenster weitgehend entfallen konnten. Lediglich über dem vorderen Distanzfenster bei den später erschienenen größeren Typen und über den vorderen Türen waren noch Dachrandfenster angebracht, wobei das vordere Fenster auf beiden Seiten spitz zulief. Um dem Fahrzeug ein auffallendes Erscheinen zu geben und um die Sichtverhältnisse weiter zu verbessern, waren die Scheiben an schrägen Seitenstegen angebracht. Fahrer- und Beifahrerfenster waren tiefer heruntergezogen worden. Gegenüber dem Fahrgastboden war der Fahrerplatz mit einer Stufe niedriger gelegt worden, so daß die Fahrgäste auf dem leicht ansteigenden Fußboden durch die zweiteilige Frontscheibe duchblicken konnten. Der Frischlufteintritt erfolgte unter dem vorne leicht vorgezogenen Dach. Über Frischluftdüsen wie im Flugzeugbau konnten die Fahrgäste die Belüftung individuell einstellen. Weitere Details waren das erhöhte Dachmittelteil mit dem darunter angebrachten Gepäcknetz sowie die in Gangmitte mit einer Ate-Hydraulik der Firma Alfred Teves verstellbaren Innensitze. Ein großer Unterflurkofferraum nahm das Gepäck auf. Ein breiter Längsgittergrill mit den Doppelscheinwerfern und einem Neoplan-Schriftzug sowie eine darüberliegende Neoplan-Schwinge zierten den Wagenbug des Typs »Hamburg«.
Fahrwerksmäßig waren die beschriebene vordere Neoplan-Einzelradaufhängung und die Fahrschemel-Hinterachse mit robusten Längsarmschwingen eingebaut, so daß auch bei diesem Fahrwerk eine spurtreue Radführung garantiert wurde. Durch die breitspurige Anordnung der Luftfederungen konnte darüber hinaus eine hervorragende Kurvenstabilität erzielt werden.
Die bewährte 6,1-Liter-Henschel-Maschine mit 115, später 132 PS kam zum Einsatz. Ein ZF-Fünfgang-Synchromatgetriebe übertrug das Drehmoment auf die Eaton-Doppelschaltachse. Auf Wunsch konnte auch der 5,75-Liter-DAF-Motor mit einer Aufladung eingebaut werden, der 150 PS abgab.
Auf dem Genfer Salon von 1961 errang das Modell große Beachtung, so daß in rascher Folge im Baukastensystem mit einheitlichen Karosserieteilen und Fenstern die Modelle NH 9, NH 12 und NH 14 folgten.
1963 wurde das Angebot noch durch die Modelle NH 13 bzw. ND 13 und NH 16 erweitert, die unter der Zusatzbezeichnung »Hannover« als Linienomnibusse mit zwei breiten Falttüren und Zielschildkästen konstruiert waren.
Der kompakte 145-PS-Sechszylindermotor von Deutz und der 192-PS-Henschel-Unterflurmotor mit 11 Litern Hubraum wurden eingesetzt. Gegenüber den Reiseomnibussen besaßen die Linienomnibusse plane Seitenscheiben mit Lüftungsschiebescheiben im oberen Fensterbereich sowie einen einfachen, angerundeten und sich nach unten verjüngenden Gittergrill.
Versuche mit einer hydropneumatischen Federung unter der Bezeichnung »Neodraulik« wurden unternommen. Aus Kostengründen blieb das Unternehmen dann wieder bei den Luftfederungen. Auch Versuche mit der Ausrüstung der Fahrzeuge mit Scheibenbremsen des Systems BSI wurden durchgeführt. Ab 1971 wurden dann die Fahrzeuge mit Scheibenbremsen der Münchener Marke Knorr ausgestattet.
Die jährliche Fertigungszahl war in den beginnenden sechziger Jahren auf 100 Stück angestiegen, so daß das Unternehmen 1962 den 500. Neoplan-Omnibus hatte ausliefern können. Der Exportanteil lag dabei um 40 Prozent.
1964 präsentierte das Unternehmen als weitere Omnibus-Bauart den Linien-

Doppeldecker NB 26 L, der auf die Examensarbeit von Ingenieur Konrad Auwärter (geb. 1939) zurückging. Der nur 3,98 Meter hohe, kastenförmige Doppeldecker, der aufgrund dieser Höhe keiner Ausnahmegenehmigung bedurfte, war in Leichtbauweise mit Vierkantprofilen und einer Aluminiumbeplankung konstruiert. Eine neu entwickelte vordere U-förmige Tiefrahmenachse ermöglichte die Anbringung des unteren Bodens direkt über der Achse in nur 53 cm Höhe. Der hintere Fahrzeugteil war über der Büssing-Hinterachse mit zwei Stufen höher gelegt, um die 150, später 172 PS starke Büssing-Unterflurmaschine unterbringen zu können. 102 Sitz- und 39 Stehplätze waren in dem nur 9,5 Tonnen schweren Fahrzeug vorhanden.
Anschließend an diesen Doppeldecker entwickelte das Neoplan-Werk den Stadtrundfahrten-Omnibus »Do-Lux« mit der Zusatzbezeichnung »Berolina« (d.h. dem Namen des Berliner Kundens) mit einem vollkommen verglasten, abgerundeten Gitteraufbau in der oberen Etage. Die Sitze waren schräg stehend angebracht, um den Fahrgästen beste Aussichtsmöglichkeiten zu geben. Im Heck befanden sich zwei Treppen, um in die zweite Etage zu gelangen. Die 150-PS-MAN-Unterflur- oder die gleichstarke Büssing-Maschine kam zum Einsatz. Die Fahrzeuge wurden nach Berlin und nach New York geliefert.
Speziell für den Stadtbusverkehr baute das Unternehmen 1965 den Typ N 13 L mit der Zusatzbezeichnung »Wetzlar«, wo die ersten Modelle eingesetzt wurden. Das aufwendige Neoplan-Fahrwerk mit der Luftfederung wurde auch hier eingebaut. Die 150-PS-Büssing-Maschine trieb die Büssing-Hinterachse an. Durch die Verwendung der Unterflurmaschine konnte eine hintere dritte Tür eingebaut werden. Ein flaches Dach über den Rechteckfenstern und dafür ein niedriger Fahrgastboden kennzeichneten dieses Linienfahrzeug, das 36 sitzende und 69 stehende Fahrgäste befördern konnte.
Mit einem Fiat-Fahrgestell mit Stahl-Blattfederung erschien 1966 der 25-sitzige Kleinbus NF 6. Im Heck war hier der 90 PS starke Fiat-Motor mit einem Fiat-Getriebe eingebaut. Die Kardanwelle führte aus bautechnischen Gründen über die Hinterachse hinweg und wurde dann über ein Umlenkgetriebe zum Differential geführt.
Äußerlich erhielten die Neoplan-Fahrzeuge seit Mitte der sechziger Jahre auf Wunsch gewellte Nirosta-Edelstahlbleche für die Seitenwandverkleidung. Die bisherige, seit 1955 vorwiegend eingesetzte 6,1-Liter-Henschel-Maschine wurde jetzt durch die leistungsstärkere 7,8-Liter-Maschine ersetzt.
Als weiterer Meilenstein in der Neoplan-Geschichte ist die Konstruktion des Fernreise-Doppeldeckers NH 22 im Jahre 1967 hervorzuheben, wobei das Neoplan-Werk als erster deutscher Omnibushersteller zum Bau eines derartigen Fahrzeugs übergegangen war. Die zweiachsige Version mit der Neoplan-Tiefrahmen-Vorderachse wurde von dem 12-Liter-Henschel-Motor 6 R 1315 mit 230/235 PS angetrieben. 60 Personen konnten in dem im Stil der Hamburg-Klasse gebauten Großomnibus transportiert werden. Der Kofferraum war über dem stehenden Motor im unteren Heckteil angebracht. Ein ZF-Zwölfganggetriebe übertrug die Kraft. Im unteren Teil konnten verschiedene Serviceeinrichtungen untergebracht werden.
Die mit Komforteinrichtungen besser belastbare und vorwiegend gebaute dreiachsige Version NH 22/3 mit der Zusatzbezeichnung »Skyliner« verfügte über 80 Sitze. Die mittlere Achse wurde hier angetrieben, während die letzte Achse als zwangsgelenkt, einfachbereifte Henschel-Schleppachse ausgeführt wurde.
Karosserietechnisch erhielt der Doppeldecker einen ersten schrägen Fensterholm im Unterdeck, der sich im Oberdeck bis in den Dachbereich fortsetzte. Gleichzeitig war dieser Teil als Überrollbügel ausgebildet. Die üblichen Doppelscheinwerfer wurden hier durch abgerundete Rechteckscheinwerfer ersetzt.
Für den Linienverkehr bot das Unternehmen neben den vereinfachten »Economic«-Ausführungen NH 12 und NH 13 in diesem Jahr auch die dem VÖV I-Typ angenäherte Version NH 14 mit der Zusatzbezeichnung »Remscheid« an, die wenig später auch unter den Bezeichnungen NH 15 V »Duisburg« und »Köln« mit Henschel-Unterflurmotoren angeboten wurde. Während die Vorderfront dieser Typen weitgehend denen der Reisebusse entsprach, waren hier seitlich wiederum bis an das Flachdach hochgezogene, plane Rechteckfenster eingesetzt worden.
Nachzutragen ist hier noch, daß das auf 225 Beschäftigte angewachsene Unternehmen

in diesem Jahr den 1000. Neoplan-Omnibus, einen NH 16 mit dem 210-PS-Henschel-Motor, ausliefern konnte.
1968 wurde mit dem Neubau des Verwaltungsgebäudes und neuer Montagehallen begonnen, so daß 1969 dann drei Fertigungsstraßen zur Verfügung standen.
Die Doppeldeckerbaureihe, von der inzwischen über 1500 Exemplare gefertigt worden sind, erhielt in der kombinierten Linien-Gelegenheits-Version (Kombi-Version) NB 26/2 unten 49 Sitze und 26 Stehplätze. In der oberen Etage waren 60 Sitzplätze vorhanden. Die Vorderfronten wurden je nach Kundenwunsch in der Gestaltung des Hamburg-Typs, des Skylinder-Typs oder in der glatten, leicht gewölbten Stylingart ausgeführt. Die Büssing-Maschine U 11 D mit 210 PS wurde hier eingesetzt.
Aufgrund der nun vorgeschriebenen 10-Tonnen-Hinterachse wurden die Reisedoppeldecker nur noch in der Dreiachsversion ausgeliefert. Die Modelle konnten 1970 auch mit V-Zwölfzylinder-Triebwerken mit 320 bis 340 PS in luft- oder wassergekühlter Ausführung von Deutz oder Daimler-Benz angetrieben werden. Ein ZF-Sechsgang-Synchromatgetriebe wurde in die Fahrzeuge eingebaut, die unten 21 und oben 53 Sitzplätze aufwiesen. Eine Besonderheit war hierbei, daß im Oberdeck auch eine Bestuhlung von nur drei Sitzen pro Reihe angebracht werden konnte, um einen »1.-Klasse-Sitzkomfort« zu erzielen.
Mit diesen Reisedoppeldeckern bestand nun das Reisebusprogramm des Neoplan-Unternehmens aus dem inzwischen mit einem 130-PS-Daimler-Benz-Motor, einem indirekten Kardanwellenantrieb und mit der modernen Neoplan-Fahrwerkstechnik ausgerüsteten Kleinmodell ND 6 und den mit Henschel-Motoren versehenen Modellen NH 8, NH 10, NH 12, NH 14, NH 16 und dem für Kunden in Schweden gebauten 13,5-Meter-Typ NH 18. Beim NH 12 ist anzufügen, daß er auch mit einer Eaton-Doppelschaltachse geliefert werden konnte.
1971 erschien auf der Omnibuswoche in Monaco das neue Modell N 116 »Cityliner« als Hochdecker mit einer vollverglasten Vorderwagenkanzel, das mit diesem Styling die dritte Neoplan-Fahrzeuggeneration einleitete. Über der heruntergezogenen Fahrerscheibe war hier eine geneigte und mit einem Steg geteilte Aussichtsscheibe angebracht. Der erste schräge Holm hinter der ebenfalls abgeschrägten Tür setzte sich auch hier bis in die Dachpartie fort.
Der 12 Meter lange Komfortbus für 56 Fahrgäste besaß mit seiner Hochbodentechnik einen 10,5 m≈-Kofferraum und verschiedene Bordserviceeinrichtungen. Die patentierten schrägen, wiederum bis in die Dachpartie hineingewölbten Seitenscheiben und die vordere Verglasung verbesserten erneut die Aussichtsmöglichkeiten. Drei Schiebedächer waren darüber hinaus im mittleren Dachteil eingelassen, so daß der »Cityliner« auch als Sightseeing-Bus eingesetzt werden konnte. Ideen der Berliner Firma Kühne & Nagel waren in dieses Konzept eingeflossen.
Da durch den inzwischen wahlweisen Einsatz von auch ausländischen Triebwerken die Motorenvielfalt zugenommen und die Angabe des Motorenherstellers keine große werbewirksame Bedeutung mehr hatte, stellte das Neoplan-Werk die Typenbezeichnung erneut um, so daß ein System entstand, das noch heute verwendet wird. Die neue Hochdecker-Baureihe »Cityliner« wird demnach in der Typenreihe N 100 geführt, wobei die zweite und die dritte Ziffer wieder die Sitzreihenzahl angeben. (Die bisherige Hamburg-Baureihe erhielt nur noch den Buchstaben »N« mit der nachfolgenden Sitzreihenanzahl.)
Nachzutragen ist noch, daß für den äußerst aufnahmefähigen französischen Markt die Neoplan-France-Gesellschaft in Argenteuil/Paris und für den schwedischen Markt die Svenska-Neoplan in Stockholm gegründet wurden. Gleichzeitig erschien für die schwedische Kundschaft das 14,5-Meter-Fahrzeug N 116 EL (für »extra lang«). Die 320 PS starke V-Zehnzylinder-DB-Maschine wurde hier mit einer hinteren Henschel-Achse eingebaut.
Im Jahre 1973 ergab sich die Möglichkeit, das Karosserie- und Landmaschinenwerk der Gebr. Eicher, Traktoren- und Landmaschinen-Werke GmbH in Pilsting mitsamt dem rund 200 Beschäftigte umfassenden Facharbeiterstamm zu übernehmen, um die Produktionskapazität des Neoplan-Werkes weiter steigern zu können. (Zuvor war das Werk ein Teilbetrieb der Dingolfinger Glas-Werke gewesen.) Nachdem dort noch Auf-

träge für Bundeswehr-Stabs-, Küchen- und Funkwagen-Kofferaufbauten abgewickelt worden waren, wurde das Werk für die Omnibusmontage umgerüstet. Zuerst wurde ab Oktober 1973 der Kleinbus ND 6 dort montiert. Daneben stellte das Werk, das von Konrad Auwärter geführt wird, Teile für die Stuttgarter Produktion her. Ab 1974 wurden auch der für den Linien- und Gelegenheitsverkehr ausgelegte Kombi-Bus NH 14 V sowie die Modelle NH 12 K und NH 16 kurzzeitig noch in Pilsting montiert, bis das neu ausgestattete Werk auf die Fertigung der neuen Kombi-, Linien- und (folgenden) Jetliner-Modelle eingestellt worden war.
Auf der Frankfurter IAA von 1973 präsentierte das Unternehmen zur weiteren Ablösung der Hamburg-Klasse in der dritten Fahrzeuggeneration die Standard-Eindecker-Baureihe N 200 mit der Zusatzbezeichnung »Jetliner«. Die im Baukastensystem erschienenen Modelle N 206, N 210, N 212, N 213, N 214 und N 216, denen sich die weiteren kleinen Modelle N 208 und N 209 anschlossen, waren im modernen Rechteck-Design ausgeführt und besaßen eine einteilige, große Panorama-Frontscheibe und geklebte, wiederum schräg verlaufende Seitenfenster. Ein Distanzfenster vor der vorderen Einstiegstür bzw. vor der Fahrer-Seitenscheibe führte die Fensterfront schräg nach vorne weiter, so daß eine Verbindung mit der Unterkante der Frontscheibe hergestellt wurde. Auffallend war weiterhin die tiefe Brüstung der Frontscheibe. Der Lufteinlaß war weiterhin unter dem leicht vorgezogenen Dach untergebracht. Die Stoßstange, der Frontgrill und zwei Breitbandscheinwerfer wurden ebenfalls neu gestaltet. Die Dachluken ließen sich jetzt elektropneumatisch öffnen. Besonderer Wert wurde bei dieser Baureihe erstmals auf die Überrollstabilität gelegt. Mit der Jetliner-Baureihe N 208 bis N 216, der sich noch das überlange Exportmodell N 218 als Dreiachser anschloß, wurde die Hamburg-Baureihe im Jahre 1975 endgültig nach einer Bauzeit von 12 Jahren abgelöst.
In der Baureihe N 300 erhielten die Kombifahrzeuge N 312, N 314, N 316 und der 1974 hinzugekommenen N 313 die Merkmale der Cityliner-Typen; jedoch wurden hier senkrechte Fensterstege für die ebenen Scheiben verwendet.
Der seit 1970 neu aufgelegte Doppeldecker NB 26/3 wurde nun unter der Bezeichnung N 326/3 als Kombifahrzeug mit einem Kofferabteil und unter der Bezeichnung N 426/3 mit durchgehendem unteren Fahrgastteil geliefert, wobei hier die Baureihe N 400 für Linienfahrzeuge steht. Eine dritte Tür konnte bei diesen Modellen entweder als Zugang zum Gepäckraum oder als weitere Zutrittsmöglichkeit genutzt werden. Eine Treppe über der Hinter- und eine weitere über der Vorderachse wurden in diese Modelle eingesetzt. Der Antrieb erfolgte auf die DB-Planetenachse. Die selbstspurende Henschel-Nachläuferachse übernahm einen Teil des Fahrzeuggewichtes. Daimler-Benz-Motoren mit 256 oder 320 PS wurden eingesetzt.
Der auf Anhieb gut angenommene Zwölfmeter-Cityliner wurde jetzt auch als Superhochdecker mit der selbstspurenden Schleppachse unter der Bezeichnung N 116/3 angeboten. Über der rechteckigen, vorderen Einstiegstür befand sich jetzt ein trapezförmiges Übergangsfenster, das die Verbindung zwischen den Seitenfenstern und der nun einteiligen oberen Aussichtsscheibe herstellte. Für den Export wurde dieses Modell im Jahre 1977 zur 14,3-Meter-Ausführung unter der Bezeichnung N 118/3 erweitert.
Nachzutragen ist für 1973, daß das 2000. Neoplan-Fahrzeug seit 1953 hergestellt werden konnte.
1974 war die Trennung der Linienfahrzeuge in die Stadt- und Kombifahrzeuge vollzogen, so daß neben der Kombiserie N 313, N 314, N 316 und N 326/3 die teilstandardisierten Linienmodelle N 413, N 416 und 426/3 als Ein- und Doppeldecker im Angebot waren. Daimler-Benz-Unterflur- und Heckmotoren wurden hier mit DB- und MAN-Hinterachsen eingesetzt.
Das Baujahr 1975 brachte die Vorstellung von Gelenkfahrzeugen. Unter der Bezeichnung »Longliner« wurde der Jetliner-Gelenkbus N 220/3 für 83 Fahrgäste mit dem im Heck angebrachten 192-PS-V-Sechszylindermotor von Daimler-Benz angeboten. Die Gelenktechnik stammte von der Firma Robert Schenk GmbH u. Co. KG in Bietigheim-Bissingen, wobei ein aufwendiger Anlenkmechanismus für die Kurvenstabilität des Nachläufers sorgte.

Als weiterer Gelenkzug wurde der vierachsige N 138/4 mit der Zusatzbezeichnung »Jumbocruiser« in Doppeldecker-Ausführung für maximal 144 Personen entwickelt. Die V-Zwölfzylindermaschine von Deutz mit 400 bis 440 PS wurde hier unter der Gelenkverbindung eingesetzt. Auch das 430 PS starke DB-Triebwerk konnte eingebaut werden. Ein Allison-Automatikgetriebe mit einem integrierten Retarder und eine DB-Außenplaneten-Antriebsachse wurden verwendet. Die Schenk-Drehkranzverbindung war im zweiten Fahrgastboden angebracht, um die Beweglichkeit des Nachläufers in der Senkrechten zu verbessern.
Das 18 Meter lange, 2,5 Meter breite und 4 Meter hohe Fahrzeug schöpfte damit alle zulassungsrechtlichen Möglichkeiten in der Baugröße aus und gilt mit seinen weiterentwickelten Modellen als bisher größter straßentauglicher Omnibus der Welt, der auch gleichzeitig alle denkbaren Komforteinrichtungen für den Langstreckenverkehr enthält. Neben den normalen Serviceeinrichtungen kann auch im Unterteil des Nachläufers eine Bar eingerichtet werden.
Aufgrund des französischen Durchfahrtverbotes von Gelenkfahrzeugen konnte sich das Fahrzeug jedoch nur bedingt als weitere Standardbaureihe durchsetzen.
Der Liniendoppeldecker N 426/3 erhielt eine erneute Überarbeitung. Die untere, bisher leicht geneigte Frontscheibe wurde senkrecht gestellt. Ein großes seitliches Fenster an der Fahrerseite gab dem Fahrer eine bessere Sicht. Die Fensterpartie über den Hinterachsen wurde etwas heruntergezogen und mit einem Distanzfenster an die vorderen Seitenfenster geführt. Vorne und in der Mitte waren jetzt Doppeltüren angebracht.
Der seit 1964 gebaute Reisedoppeldecker »Skyliner« brachte es in diesem Jahr auf inzwischen 150 gebaute Exemplare.
Nachdem seit den frühen sechziger Jahren die Karossierung von Daimler-Benz- und MAN-Fahrgestellen ruhte, baute das Unternehmen 1975 eine große Anzahl von Exportmodellen unter der Bezeichnung »Tropic« auf DB-Fahrgestellen auf. Seitlich wiesen diese Fahrzeuge Schiebefenster mit darüberliegenden Klappfenstern auf. Einen Großauftrag auf 900 Fahrzeuge konnte das Unternehmen für die Verkehrsbetriebe in Aleppo und in Damaskus/Syrien hierzu hereinholen.
1976 entwickelte das Neoplan-Werk eine weitere Cityliner-Baureihe als Hochdecker mit einem tiefgelegten Fahrerplatz. Die gegenüber der normalen Version um 15 Zentimeter erhöhte Fahrgastplattform verbesserte erneut die Aussichtsmöglichkeiten. Darüber hinaus konnte der Kofferraum vergrößert werden. In der Typenbezeichnung erhielten diese Fahrzeuge, darunter auch eine »Longliner«-Ausführung, ein nachgestelltes »H«.
Da sich das Werk nicht an der Fertigung der VÖV I-Omnibusse beteiligt hatte, stellte es 1976 Prototypen des zukunftsweisenden Niederflur-Linienbusses N 814 mit 11 Metern Länge vor. Durch die Tiefrahmenachse und durch die Verwendung moderner Niederquerschnittreifen konnte eine vordere Bodenhöhe von nur 30 bis 32 Zentimetern erreicht werden. Über der Hinterachse, die an Längs- und Querlenkern geführt wurde, stieg der Wagenboden mit zwei Stufen an. Das Modell der Niederflurserie N 800 besaß geklebte Seitenscheiben und eine ansteigende Fensterunterkante hinter der Mitteltür; die anschließend gebauten wenigen Serienexemplare erhielten dann nur noch einen Fensteranstieg in den letzten beiden Scheiben. Die durchgehende, sphärisch gewölbte Frontscheibe wurde hier erstmals verwendet. Glasfasergehärtete Kunststoffteile (GFK-Teile) kamen an rostempfindlichen Stellen zur Verwendung. Die 240-PS-MAN-Unterflurmaschine trieb dieses überaus elegant gezeichnete Linienfahrzeug an. 39 Sitz- und 68 Stehplätze waren vorhanden, wobei die Sitze auf Podesten angebracht waren, um die Radkästen teilweise abdecken zu können.
Auch in einer dreiachsigen Version mit einem 352-PS-V-Zehnzylindermotor und in einer Gelenkbusversion mit der Longliner-Untergruppe und einem Unterflurmotor wurde der Niederflur-Linienbus unter der Bezeichnung N 420 vorgestellt.
Da sich die Fahrzeuge jedoch aufgrund der Sättigung des Marktes und aufgrund der noch laufenden Produktion des VÖV I-Typs nur schleppend verkaufen ließen, wurde diese zukunftsweisende Baureihe 1978 wieder aufgegeben. Als Ersatz für diese Fahrzeuge bot das Unternehmen erneut die Linienfahrzeuge der Baureihe N 400 an.
Mit GFK-Technik wurden nun die Motorklappen der Neoplan-Omnibusse ausgeführt.

Die Klappen wurden an einer Parallelogrammführung befestigt, so daß sie sich an der Rückwand hochschieben lassen konnten. Die Heizungsanlagen und die Belüftungseinrichtungen wurden weiter verbessert.
Im gleichen Jahr konnte das jetzt 340 Beschäftigte umfassende Unternehmen einen weiteren Großauftrag aus Syrien hereinholen und 500 blattgefederte Fahrgestelle des MAN-Typs 15.200 FOC karosserieren. Der Auftrag wurde im Pilstinger Werk innerhalb eines halben Jahres durchgeführt, wo inzwischen auch der 500. Omnibus der Jetliner-Serie gebaut werden konnte. Eine zweite Fertigungsstraße für die weiterhin expandierende Produktion wurde hier eingerichtet.
Nachzutragen ist, daß das Unternehmen 1976/77 in Kumasi/Ghana ein weiteres Werk errichtete, um den afrikanischen Kontinent mit speziell konstruierten, im Fahrwerk verstärkten Tropen-Modellen versorgen zu können. Zunächst wurden dort die entfeinerten Typen N 309, N 313, N 314 und N 412 mit luftgekühlten Deutz-Motoren gebaut. Das als Neoplan Ghana Ltd. Joint Venture Company geführte Unternehmen mit zwei Produktionsstraßen wird von einem kleinen deutschen Mitarbeiterstab geführt. Die Fertigungskapazität liegt bei 100 bis 150 Fahrzeugen pro Jahr.
1978 erschien als neuer Gelenkbus der Typ N 120/4 mit der Zusatzbezeichnung »Highliner« als Reisehochdecker. Bei diesem Modell wurde die Antriebswelle aus bautechnischen Gründen vom 240-PS-MAN-Unterflurmotor über die einfachbereifte Nachlaufachse an die Antriebsachse herangeführt, die auf einem kleinen Fahrschemel mit Längs- und Querlenkern ruhte.
Als wiederum ungewöhnliches Modell wurde der N 128/4 als »Super-Skyliner« mit zwei vorderen Lenk- und zwei hinteren Achsen für den Export nach Chile und in die USA gebaut. Aus zolltechnischen Gründen wurde die Fertigung dieses speziellen Langstreckenmodells an die chilenische Firma Cametal abgegeben.
Der kleine N 208, von dem nur sechs Exemplare gefertigt werden konnten und der N 210 wurden durch das Zwischenmodell N 209 »Jetliner« mit dem 9,6-Liter-DB-Motor in Saugausführung mit 192 PS und in der aufgeladenen Version mit 256 PS abgelöst.
1978 konnte das Unternehmen den 500. »Cityliner« seit 1971, den 1000. »Jetliner« seit 1973 fertigstellen, wobei sich das Modell N 116 dieser Baureihe am besten verkaufen ließ.
Neben dem Grundtyp »Jetliner«, dem Hochdecker »Cityliner« und dem Reisedoppeldecker »Skyliner« erschien 1979 der »Spaceliner« N 117/3 als neuer Superhochdecker mit einem Unterflur-Fahrercockpit als weitere Baureihe. Mit diesem Modell stellte das Unternehmen ein vollkommen neues Omnibus-Konzept vor, bei dem der Fahrgastboden über den Fahrerplatz bis an die schräge obere Aussichtsscheibe hinweggezogen ist. Die Verkleidung über der vorderen Tür und dem ersten Oberfenster verjüngte sich in den ersten Baujahren pfeilförmig zu einem Band, das die Verbindung zwischen der leicht geneigten Frontscheibe und der oberen Fahrgast-Aussichtsscheibe schaffte. Für Beschriftungszwecke wurde dieses vordere Stabilitätsband gewöhnlich genutzt. Die schrägen Unterkanten des Fahrer- und des Beifahrer-Türenfensters führten an die Unterseite der Frontscheibe heran. Zwei rechteckige Fenster waren unten noch in Höhe der Vorderachse angebracht. Eine breite Mitteleinstiegstür ermöglichte den Fahrgästen den Zutritt zum in zwei Meter Höhe angebrachten Bestuhlungsboden. Eine weitere, allerdings schmale Treppe führte in den ersten Baujahren vom Beifahrerplatz in die obere Etage.
Ein enormer Kofferraum sowie verschiedene Serviceeinrichtungen stehen neben optimaler Aussicht für die Fahrgäste zur Verfügung. Darüber hinaus wird die gesamte Länge des Fahrzeugs für die Bestuhlung genutzt, so daß hier 65 Personen Platz finden. Der Fahrer steuert tiefsitzend in Pkw-Höhe das Fahrzeug mit einem schrägstehenden Lenkrad, so daß hier allerdings die geringe Überblicksmöglichkeit auf die Straße von gewissem Nachteil ist. Über einen Monitor kann der Fahrer bzw. der Beifahrer das Oberdeck beobachten.
Das Fahrzeug mit vorderer Tiefrahmen- und hinterer zwangsgelenkter Schleppachse wurde in der ersten Version von einem 352-PS-V-Zehnzylindermotor von Daimler-Benz angetrieben.In einem Exemplar wurde dieser Typ auch als »Space-Longliner« in Gelenkbauweise unter der Bezeichnung N 121/4 hergestellt. Die überaus erfolgreiche

»Spaceliner«-Baureihe konnte im Pilstinger Zweigwerk bis 1980 in über 120 Exemplaren gefertigt werden.
Ebenfalls wurden im Rahmen der Tropic-Baureihen 100 Omnibusse mit blattgefederten DB-Fahrgestellen im Pilstinger Werk für das Land Sambia hergestellt.
Unter der Bezeichnung N 416 (Ü 80) entwarf das Unternehmen 1979 nach dem Lastenheft der Öffentlichen Verkehrsbetriebe (VÖV) als erster deutscher Anbieter den neuen Standardomnibus VÖV II in einer Baulänge von 11,8 Metern. Unter der nun charakteristischen, gewölbten Frontscheibe befinden sich der Lufteinlaß mit versetzt eingestanzten Öffnungen und die Neoplan-Schwinge, so daß das Fahrzeug gegenüber den Paralleltypen von Daimler-Benz, Kässbohrer, Magirus und MAN ein eigenes Aussehen hat. Eine GFK-Stoßstange bildet den unteren Abschluß. Auch die Seitenklappen und die hochschwenkbare Motorklappe sind aus GFK-Material hergestellt. Das Seitenfenster auf der Fahrerseite erhielt die für diesen kantigen Fahrzeugtyp charakteristische, abfallende Unterkante. Die Seitenfenster sind zur besseren Aero-dynamik und Stabilität geklebt eingesetzt. Ein Edelstahlgerippe bildet den Fahrzeugkörper.
Das Modell, in das die Erfahrungen mit dem leider glücklosen Typ N 814 eingeflossen sind, wurde im ersten Prototypenstadium mit der 11,4-Liter-Unterflurmaschine von MAN mit 240 PS und mit der aufgeladenen Version mit 280 PS versehen. Auch die auf 210 PS gedrosselte Daimler-Benz-Maschine mit gleichem Hubraum wurde erprobt. Ein ZF-Synchromat- oder ein Automatikgetriebe wurde eingesetzt. Für den Export wurde auch eine dreitürige Ausführung entwickelt.
Der Leichtbau-Liniendoppeldecker wurde gleichzeitig erneuert und dabei mit einem Karosseriedesign vorgestellt, das dem Stil des Ü 80-Gemeinschaftstyps mit dem abgeschrägten Fahrerfenster entsprach. Auch die obere Fahrgast-Frontscheibe war hier plastisch gewölbt. Dieser nur noch zweiachsige Prototyp wurde jedoch zunächst zurückgestellt. Dafür wurde der bekannte Typ N 426/3 mit gerader oberer Frontscheibe weitergebaut. Das Fahrerfenster erhielt jedoch schon die schräg abfallende Unterkante. Die untere Fensterreihe im Seitenbereich war nun durchgehend in gleicher Höhe angebracht.
Von dem bisherigen Modell N 414 konnte in der Tropic-Version in den Jahren 1979/80 eine Großserie von 500 Stück für die Saudiarabian Public Transport Corporation gebaut werden. Ein spezielles »Frauenabteil« wurde hier eingesetzt. Darüber hinaus konnten größere Serien von Linienfahrzeugen an weitere orientalische und afrikanische Länder geliefert werden.
Schließlich ist für dieses Jahr noch der »Telebus« zu erwähnen, der unter der Bezeichnung N 506 im Auftrag des Bundesministeriums für Forschung und Technik und des Berliner Senats als rollstuhlgerechter Kleinbus entwickelt und ab 1981 in Serie unter den Bezeichnungen N 905 und N 906 gebaut wurde. Die Fahrzeuge besaßen einen vorne stehenden 80/88-PS-Fünfzylinder-DB- oder einen 68-PS-Vierzylinder-Peugeot-Dieselmotor mit Frontantrieb, um den Fahrgastteil ohne störende Antriebsaggregate niedrig halten zu können. Durch eine pneumatische Niveauregelung konnte der Fahrgastboden von 32 auf 15 Zentimeter abgesenkt werden. Die mit Einzelradfederung ausgestatteten Modelle besaßen geklebte, großflächige Fensterscheiben im Stil der Neoplan-Flughafenbusse. Je nach Bestuhlung konnten 25 bis 30 Fahrgäste bzw. mehrere Rollstuhlfahrer transportiert werden.
1980 erreichte das Stuttgarter Stammwerk mit den Modellen »Cityliner«, »Skyliner«, den Liniendoppeldeckern, den seit 1964 gebauten Flughafenbussen und den Sonderfahrzeugen unter dem Design- und Produktionschef Bob Lee eine wöchentliche Stückzahl von 7,6 Exemplaren. Das Pilstinger Werk kam durch die Fertigung von größeren Einheitsserien der »Jetliner-«, »Spaceliner-«, Linien- und Kombitypen auf 8,1 Omnibusse pro Woche. 550 Mitarbeiter wurden im Stuttgarter, 650 Mitarbeiter wurden im Pilstinger und weitere 500 Mitarbeiter wurden im ghanaischen Neoplan-Werk beschäftigt.
Nachdem das Neoplan-Unternehmen im gleichen Jahr ein Verkaufs- und Reparaturwerk in Oberhausen für das Ruhrgebiet gegründet hatte, wurde in Berlin-Spandau (Freiheit 7/8) eine dritte deutsche Fertigungsstätte als Neoplan-Werk IV eingerichtet.

Ursprünglich sollten hier die Doppeldeckermodelle für die BVG gefertigt werden. Da es aber nicht gelungen war, in die Domäne von MAN bzw. der Waggon-Union und der Orenstein & Koppel AG einzudringen, wurde hier die Montage der kleinen Mehrzweckbusse der Baureihe N 900 eingerichtet.
Im Herbst 1980 wurde dann als fünftes Neoplan-Werk eine Montagestätte in Lamar/Colorado als Neoplan USA Corporation aufgebaut, die als selbständige Aktiengesellschaft geführt wird. Die dort gebauten Linienbusse erhalten gewöhnlich Detroit-Diesel-Motoren. 50 Prozent der Teile, darunter auch Rohkarosserien wurden anfänglich aus der Bundesrepublik angeliefert. Die Bereitstellung von Teilen richtet sich inzwischen nach dem Kurs des Dollars, so daß der Prozentsatz an deutschen Teilen ständig schwankt. Zu ergänzen ist dabei, daß schon zuvor eine Nachbaulizenz an die Gillig Corporation in Hayward/Kalifornien vergeben worden war.
Das sofort gut aufgenommene Pilstinger Modell »Spaceliner« N 117/3 erhielt in diesem Jahr für den Absatz auf dem französischen Markt eine dort vorgeschriebene zweite Treppe zwischen Cockpit und Fahrgastraum, was sich dann auf die gesamte Spaceliner-Baureihe durchsetzte. Auch in einer vierachsigen Version als N 119/4 für den südamerikanischen Markt wurde der Spaceliner gefertigt. Darüber hinaus wurde ein Exemplar als »Space-Longliner« mit 18 Metern Länge hergestellt.
Neben dem Linien-Gelenkbus N 420 mit dem 240-PS-MAN-Motor und dem Mittelachsantrieb wurde nun der Schubgelenkbus N 421 SG in der 17,24- und als SGÜ in der 17,55-Meter-Version vorgestellt. Die aufgeladene DB-Unterflurmaschine mit 280 PS wurde hier eingesetzt. Eine Schenk-Drehkranzverbindung mit Hydraulikzylindern und Lamellenbremsen zur Dämpfung der Gelenkbewegungen oder eine Kugeldrehverbindung vom Typ Kroll Arcomat mit Hydraulikzylindern, elastischen Anlenkelementen an ein Joch und einem elektronischen Überwachungsgerät konnten eingesetzt werden. Weitere Details waren der Hinterachsfahrschemel, die vordere Einzelradaufhängung und die Luftfederung.
Die erfolgreiche »Jetliner«-Baureihe erhielt eine leichte Überarbeitung der Frontpartie. Die Scheibenwischer waren nun hinter einer hochgezogenen Blende versteckt angebracht. Die Frontscheibe wurde stärker geneigt, um den Luftwiderstand zu verringern. Auf Wunsch wurde in diesem und auch in den anderen Modellen auf die Anbringung einer Heckscheibe verzichtet, die dem tiefsitzenden Fahrer nicht mehr von Nutzen war. Das Fahrzeugheck konnte dadurch stabilisiert werden, so daß bei einem Überschlag der Motor nicht mehr in den Fahrgastteil durchdrücken konnte; die Verkleidung ließ sich darüber hinaus für Werbezwecke verwenden.
Die Motorklappe aus GFK-Material wurde nun bei allen Modellen mit Parallelogrammführungen hochschiebbar gestaltet. Auch die Seitenklappen wurden für einige Zeit mit dieser aufwendigen Konstruktion versehen.
Der Ausstoß an Fahrzeugen konnte in diesem Jahr wiederum gesteigert werden. 952 Omnibusse, von denen 60 Prozent exportiert wurden, konnten die Werke Stuttgart-Möhringen, Pilsting, Berlin, Kumasi und Lamar verlassen.
1981 stellte das inzwischen auf 150 Mitarbeiter angewachsene Berliner Zweigwerk die Baureihe N 906 in den Versionen B, C, V und T vor, was für Bedarfs-, Club-, VIP- und Telebus stand. Die Scheinwerfer wurden nun über den Stoßstangen angebracht. Neben der erwähnten Fünfzylinder-DB-Maschine konnten auch entsprechend starke Deutz-, VW-MAN-, DAF und Detroit-Diesel-Motoren eingebaut werden. Die Spezialbaureihe N 901 und N 906 brachte es bis 1983 auf über 120 Exemplare.
Im Stil des Ü 80-Typs N 416 wurden in diesem Jahr der zweiachsige Doppeldecker N 424 und der dreiachsige Doppeldecker N 426 erneut vorgestellt. Die Überlandmodelle N 313, N 314 und N 316 wurden mit der Zusatzbezeichnung »Kombiliner« versehen, um stärker auf ihren Verwendungszweck hinzuweisen.
In der Cityliner-Hochdecker-Baureihe konnte das 1000. Fahrzeug seit 1973 ausgeliefert werden.
Insgesamt verließen 1092 Modelle im Jahre 1981 die Neoplan-Werke; 60 Prozent wurden im Ausland verkauft. Zu ergänzen ist hier, daß eine Nachbaulizenz an den indischen Kirloshar-Konzern vergeben wurde, der Tropic-Omnibusse mit dem 130-PS-Cummins-Dieselmotor nachbaute.

Auf dem Genfer Nutzfahrzeugsalon von 1982 präsentierte das Unternehmen den neuen Kleinbus N 907 als 7,25-Meter-Reisewagen. Das auch als »Unibus« bezeichnete Modell besaß in Trambusbauart einen vorne stehenden Motor, der die Hinterachse antrieb. Die Daimler-Benz-Maschine OM 352 konnte ohne und mit Aufladung mit Leistungen von 130 und 168 PS eingesetzt werden. Ebenso ließ sich die MAN-Maschine D 0226 ME mit 136 und 170 PS verwenden. In traditioneller Neoplan-Bauweise besaß das Fahrzeug vordere Einzelradaufhängung, einen kleinen Fahrschemel sowie Luftfederungen.
Das in Hochdeckerbauart ausgeführte eintürige Modell verfügte über 25 Sitzplätze und besaß einen 3,5 m≈-Unterflurkofferraum. Auf Wunsch konnte auch das MAN-Fahrgestell des Typs 9.136 für die Karossierung verwendet werden.
Neben dem weiterperfektionierten Standardbus der 2. Generation vom Typ N 416 SL, der in den ersten Prototypenausführungen im Betrieb nun erprobt wurde, entwickelte das Neoplan-Werk frühzeitig die 7,75-Meter-Version N 407 SK 1, die später allgemein unter der Bezeichnung »Midi« bekannt geworden ist. Die erwähnten DB- und MAN-Motoren mit 136 und 168/170 PS waren im Heck stehend untergebracht und trieben über eine kurze Kardanwelle die auf einem Fahrschemel ruhende Hinterachse an. Verschiedene Türvarianten wurden in den Prototypen getestet.
Der Superhochdecker »Spaceliner« konnte nun, nachdem das Gesetz die 16,8-Tonnen-Hinterachse erlaubte, auch in einer zweiachsigen Version als Typ N 117/2 angeboten werden.
Halbfertige Gelenkomnibusse aus dem Pilstinger Werk wurden in diesem Jahr in das nordamerikanische Werk geliefert, wo die Schubgelenkfahrzeuge, dort »pusher« genannt, für die amerikanischen Kunden komplettiert wurden.
Das mit 500 Beschäftigten arbeitende Werk in Lamar konnte in diesem Jahr eine Ausschreibung auf 1000 Stadtbusse der Advanced-Design-Bus-Norm (ADB) als größten je in den USA vergebenen Busauftrag hereinholen. Ein weiterer Betriebsteil wurde zur Abwicklung dieses Großauftrages in Montgomeryville/Pennsylvania eingerichtet. Die in den USA gebauten Modelle wurden zu 95 Prozent mit Detroit-Diesel- und zu 5 Prozent mit Cummins-Motoren ausgestattet. Weitere Baumodelle waren dort zu dieser Zeit neben den Solo- und Gelenkzug-Linienmodellen der Dreiachser N 216 »Golden Nugget« und der vierachsige »Skyliner« N 128.
Die deutschen Neoplan-Werke kamen in diesem Jahr auf eine Fertigung von 867 Omnibussen.
Im Jahre 1983 wurde der im Berliner Werk hergestellte neue N 208 »Jetliner« vorgestellt, der den nicht ganz unproblematischen »Unibus« N 907 ablösen sollte. Das für 24 Personen ausgelegte Fahrzeug besaß den aufgeladenen 168-PS-DB-Motor im Heck, der über eine Kardanwelle und ein Umlenkgetriebe von vorn her die Hinterachse antrieb. Neoplan- oder MAN-Vorder- und Hinterachsteile wurden hier eingesetzt. Das im Stil der Jetliner-Modelle mit gewölbten Scheiben konzipierte Fahrzeug besaß bzw. besitzt in der später verbesserten Version vordere Distanzfenster und schräge Unterkanten des Fahrer- bzw. des Beifahrertürfensters. Da die Firma Magirus-Deutz zu dieser Zeit mit ihrer Baureihe R 81 ausgeschieden war, konnte dieses mit der aufwendigen Neoplan-Fahrwerkstechnik ausgestattete Reisemodell eine nahezu konkurrenzlose Position erreichen.
Neben den Modellreihen N 906 und N 208 fertigte das Berliner Werk die Prototypen des erwähnten mittleren Linienbusses N 407, die dann in der Serie als SK-Modelle im Pilstinger Werk zur Fertigung kamen bzw. kommen. Ein weiteres Fertigungsgebiet wurde im Berliner Werk mit der Herstellung von für den Export vorgesehenen Heckmotor-Fahrgestellen der Typenreihe N 707 erschlossen.
Größere Stückzahlen des kompakten Neunmeter-Doppeldeckers N 122/2 wurden seit 1983 mit Daimler-Benz- und Nissan-Motoren nach Japan geliefert. Auffallend ist bei diesen Modellen die aus Sicherheitsgründen vorgeschriebene Not-Hecktür in der zweiten Etage.
In der Pilstinger Jetliner-Baureihe wurde als Einzelstück der N 221/3H »Longliner« mit 18 Metern Baulänge entwickelt. Der V-Zehnzylinder-DB-Motor mit 354 PS trieb das Schubgelenkmodell an. Das »H« in der Typenbezeichnung stand hier für den Heckan-

trieb. Anstelle des Automatikgetriebes, das normalerweise in die Gelenkfahrzeuge eingesetzt wurde, installierte das Werk hier ein Schaltgetriebe, das über zwei Kabelstränge nach dem Patent der Münchener Firma Morse Control bestätigt wurde. 78 bis 91 Fahrgäste konnten dieses Modell transportieren.

Das Pilstinger Werk konnte in diesem Jahr nach zehnjährigem Bestehen den 4306. Omnibus ausliefern. Schließlich ist für dieses Jahr zu erwähnen, daß die Firmen Daimler-Benz und MAN dem Neoplan-Werk keine Triebsätze und Achsen mehr für die Linienfahrzeuge lieferten, um das verstärkte Eindringen des neuen Konkurrenten in den Bau von Linienmodellen in der Solo- und in der Schubgelenkausführung zu verhindern. Aufgrund dieser Boykottmaßnahmen wurden der neue luftgekühlte Deutz-Motor F 8 L 413 FZ mit 12,7 Litern Hubraum und der wassergekühlte 11,6-Liter-Sechszylinder-DAF-Motor eingebaut. Eine Neo-Aqua-Fluid-Heizung sorgte bei den luftgekühlten Motoren für die Erwärmung des Fahrgastraumes bei Kälte. Anstelle der DB- und MAN-Achsen wurde nun eine mit der Zahnradfabrik Friedrichshafen (ZF) entwickelte, leichtere Hinterachse eingesetzt.

Auch der »Cityliner« konnte nun mit Deutz-Motoren für Kunden ausgestattet werden, die nach dem Ende der Magirus-Deutz-Omnibusfertigung weiterhin Wert auf die luftgekühlte Maschine legten.

Im Jahre 1984 erhielten die Pilstinger nichtstandardisierten Kombimodelle die zugkräftigere Bezeichnung »Metroliner«. Äußerlich bekamen diese Modelle jetzt geneigte Frontscheiben im Stil der Jetliner-Typen. Die Seitenflächen besaßen traditionell gerade Fensterholme und plane Scheiben. Das Fahrer- und das Beifahrertürfenster waren auch hier mit der abfallenden Unterkante eingesetzt. Ein Distanzfenster gab den Anschluß an die erste schräg endende Seitenscheibe. Heck- oder Mitteltüren konnten auf Wunsch eingesetzt werden.

Beim »Metroliner«-Modell N 416 MK war der Fahrgastbereich leicht angehoben worden, um Platz für einen Kofferraum zu erhalten. Ein Einzelstück hingegen blieb in dieser Bauserie das Schubgelenk-Modell N 421 MK, das mit dem aufgeladenen 260-PS-DAF-Motor ausgestattet wurde.

In Zusammenarbeit mit dem Institut für Aggregattechnik und Verkehrsfahrzeuge GmbH (IAV) in Berlin, dem Volkswagenwerk und der Studiengesellschaft Nahverkehr wurde ein Standardomnibus mit zwei VW-MAN-Motoren mit je 102 PS aus der LT-Baureihe entwickelt. Je nach Belastung sollte diese N 416-Spezialversion, die an den Henschel-Bimont-Typ erinnerte, mit einer oder mit zwei Maschinen fahren können. Darüber hinaus wurde ein Telebus entwickelt, der elektrisch angetrieben wurde.

800 Omnibusse konnten in den deutschen und weitere 657 Exemplare in den ausländischen Neoplan-Werken in diesem Jahr hergestellt werden. Mit dem umfangreichsten Angebot der deutschen Bushersteller erreichte das jetzt 50 Jahre alte Neoplan-Werk als viertgrößter Anbieter einen Marktanteil von 12 Prozent in der Bundesrepublik Deutschland.

1985 wurde der Doppeldecker N 122/2 »Clubliner« mit der 280-PS-Daimler-Benz-Maschine als Komfortbus mit 44 Sitzen im Ober- und 16 Sitzen im Unterdeck mit entsprechenden Serviceeinrichtungen vorgestellt, so daß neben der dreiachsigen Skyliner-Baureihe ein weiteres Doppeldecker-Modell aus der Stuttgarter Fertigung ins Angebot kam.

Der erfolgreich seit 1983 in 173 Exemplaren gebaute »Clubbus« N 208 wurde weiterhin mit dem 168-PS-DB- und den 170-PS- und 192-PS-MAN-Motoren sowie für den Export mit einer Detroit-Diesel-Maschine abgeboten.

Neu hinzu kam der mittlere Stadtbus N 409 »Midi« mit 8,55 Metern Baulänge, der die Lücke zwischen dem N 407 SK und dem N 416 ausfüllte.

Ebenfalls neu hinzu kam der »Jetliner« N 210 »Midi« mit 9,4 Metern Baulänge, der von dem 200 PS starken DB-Motor OM 366 LA angetrieben wird. Eine Telma-Wirbelstrombremse oder ein Retarder können bei einem vergrößerten hinteren Überhang hier eingebaut werden.

Die nur kurzzeitig gebauten »Metroliner«-Modelle N 416 M und MK wurden in diesem Jahr schon durch den »Metroliner« N 316 abgelöst, der auf der Bodengruppe des Standard-Linienomnibusses eine tiefergelegte Plattform bekam. Charakteristisch wur-

den für dieses Nahverkehrsfahrzeug die hinteren Fünfeckfenster und die schmalen Blechbänder über den Seitenscheiben. Auch hier wurde die aufgeladene 260-PS-DAF-Maschine eingesetzt.
Die »Jetliner«-Modelle konnten nun auch mit der 280-PS-Steyr-Maschine ausgerüstet werden. Das Berliner Werk übernahm den Bau des »Jetliners« N 212 H, da die Kapazitäten in Pilsting erschöpft waren. Der »Jetliner« N 216 HS erhielt auf Wunsch eine ansteigende Fensterscheibe für die hier eingebaute Theaterbestuhlung.
Der Standardtyp N 416 bekam jetzt die entgültige Frontgestaltung. Eine einteilige, plastisch gewölbte Windschutzscheibe, großer Zielschildkasten sowie eine große schwarze, die Scheinwerfer integrierende GFK-Stoßstange kennzeichneten jetzt das Fahrzeug. Drei geteilte Einlaßschlitzreihen für die Frischluft waren jetzt an der Vorderfront eingestanzt. Neben der Neoplan-Schwinge wurde zeitweise das Deutz-Emblem mit dem Deutz-Schriftzug angebracht, um auf die Installation des hier verwendeten und auf 204 PS gedrosselten V-Achtzylinder-Deutz-Motors hinzuweisen.
Mit 400-PS-Zwölfzylindermotor von Deutz oder mit 352-PS-V-Zehnzylindermotoren von Daimler-Benz wurden die Hotelomnibusse N 116/2 mit »City«- oder »Jetliner«-Aufbauten gefertigt.
Äußerlich erhielten die vollständig überholten Reise- und »Metroliner«-Modelle in der jetzt als 4. Neoplan-Generation bezeichneten Baureihen eine leicht keilförmig vorgewölbte Bugpartie, neue PES-Hochleistungsscheinwerfer, energieabsorbierende Stoßstangen und seitliche Rammschutzleisten. Der Frischlufteinlaß wurde in die Heckpartie der Fahrzeuge verlegt, um die Aerodynamik zu verbessern. Auch die Frontscheiben wurden aus diesem Grund stärker geneigt. Die Unterkanten der vorderen Türen wurden nun wieder gerade ausgeführt, so daß sie mit der Frontscheibe eine waagerechte Linie bildeten. Ein mit einem schwarzen und nahezu unsichtbaren Steg nachfolgendes Distanzfenster mit steil ansteigender Unterkante schuf die Verbindung zu den Seitenscheiben, so daß der bisher übliche, erste schräge Fensterholm entfallen konnte.
Im Frontbereich bekamen die Fahrzeuge anstelle der mittleren Neoplan-Schwinge nun einen vor der Fahrerseite im Blech integrierten Neoplan-Schriftzug, bei dem das »A« mit dem unteren An- und Abstrich hervorgehoben wurde, um auf den Namen »Auwärter« hinzuweisen.
Weiterhin ist für dieses Jahr zu erwähnen, daß das Fahrgestell des DDR-Standard-Lkw W 50 L in Prototypen als Trambus-Fahrzeug karossiert wurde. Die weitere Montage dieses damals deutsch-deutschen Projekts wurde unter der Bezeichnung N 309 in das Werk Kumasi in Ghana abgegeben.
Zu ergänzen ist noch, daß das amerikanische Werk den 2400. Bus ausliefern konnte. Nach Ideen des Chefkonstrukteurs Bob Lee wurde dort unter der Verwendung von Kunststoffteilen entwickelte »Metroliner«-Omnibus unter der Bezeichnung »Neoporter« in Niederflurtechnik hergestellt. Zu ergänzen ist hier, daß aufgrund der vollständigen Auslastung des Lamarer Werkes eine weitere amerikanische Fertigungsstätte in Honeybrook/Pennsylvania aufgebaut wurde, so daß in den USA eine jährliche Fertigungskapazität von 900 Omnibussen zur Verfügung stand.
1986 wurde der Jetliner N 216 überarbeitet und in der Typenbezeichnung mit einem angehängten »h« gekennzeichnet.
Das Doppeldeckermodell N 424/2 erhielt eine neue Bauhöhe von jetzt 4,15 Metern, um einen bequemeren und damit aufrechten Gang in den beiden Decks zu ermöglichen.
Das Stuttgarter Werk wurde in diesem Jahr erneut erweitert, um der gestiegenen Produktion, insbesondere der Reise-Doppeldeckerfertigung zu entsprechen.
Mit der Firma Norinko in Peking/China wurde ebenfalls in diesem Jahr ein Vertrag auf 10 Jahre zur Lizenzfertigung von 10.000 Stadtlinien- und Überlandomnibussen abgeschlossen. Die luftgefederten Achsen und die Deutz-Motoren sollten dabei aus der Bundesrepublik bezogen werden. Die CKD-Bausätze für die ersten 3000 Modelle sollten ebenfalls aus Deutschland kommen; bis 1990 waren es jedoch aufgrund der politisch-wirtschaftlichen Verhältnisse dort nur 176 CKD-Sätze.
1987 präsentierte das Unternehmen einen ersten Prototyp eines Schubgelenk- Niederflur-Omnibusses in der Standardbaureihe. Das unter der Bezeichnung N 4021 GN (auch SG II N) geführte Modell erhielt zum problemlosen Einstieg von Rollstuhlfahrern

und zur Tieferlegung der Plattform eine neu entwickelte Portalachse, bei der die vorderen Räder an einer Federbeinführung in einer Hülse aufgehängt sind. Gegenüber der bisher verwendeten Tiefrahmenachse ist es hier möglich, einen breiteren Durchgang zu schaffen.
Während die mittlere ZF-Portalachse auf einem niedrigen Dreiecksfahrschemel ruht, ist die hintere Antriebs-Portalachse auf einem fliegenden Fahrschemel mit vier Federbälgen, Längs- und Querlenkern angebracht. Durch diese Fahrwerkstechnik war es möglich, die vordere Bodenhöhe auf 32 Zentimeter abzusenken. Der Fahrgastboden steigt dann stufenlos bis über der Hymer-Drehkranzverbindung mit einer Sicherheitselektronik auf 53 Zentimeter an und fällt anschließend wieder etwas ab. Das viertürige Modell mit Außenschwingtüren kann über zwei vordere, stufenlose und über zwei hintere, einstufige Einstiege betreten werden.
Der aufgeladene V-Achtzylinder-Deutz-Motor mit 280 PS ist hier links im Heck asymmetrisch eingebaut. Der von innen und von außen zugängliche Motorraum enthält noch die Heizungsanlage, den Rußfilterkessel und die bis über das Dach hinausragende Auspuffanlage. Vom angeblockten Voith-Viergang-Automatikgetriebe führt eine schräg verlaufende Kardanwelle auf das versetzt angebrachte Differential.
Für die Sicherheit des Fahrzeugs sind neben einem Retarder eine Anti-Schlupf-Regelung (ASR) und ein Anti-Blockier-System (ABS) eingebaut. Eine elektronische ANNAX-Zielangabe befindet sich über der Frontscheibe.
Das als Alternative zum VÖV-Gelenkbus gedachte, 175 Personen fassende Modell wurde an die Stadt München zur Erprobung abgegeben. Parallel dazu wurde der zwei- oder dreitürige Solowagen des Typs N 4015 entwickelt. Dabei ist noch anzufügen, daß diese Modelle in einer vierstelligen Typenbezeichnung mit einer zusätzlichen Null (für »ohne Stufe«) geführt werden, um auf die Niederflurtechnik hinzuweisen.
Der kleine »Jetliner« N 208 erhielt neben der neuen Frontgestaltung und der umfangreicheren Verglasung eine hintere Fahrzeugverlängerung, so daß nun ein direkter, verlustfreier Kardanantrieb möglich ist. Eine hintere Tür kann in dem jetzt 33-sitzigen Modell eingebaut werden.
Die »Jetliner«-Baureihen N 214 und N 216 wurden in einer neuen SH-Version (für Super-Hochdecker) mit 3,47 Metern Bauhöhe vorgestellt, so daß die gleiche Höhe wie beim Spaceliner erreicht werden konnte, was die Parallelfertigung erleichterte. Die Frontpartie des N 316 »Metroliner« wurde der der »Jetliner«-Baureihe angeglichen.
Hinzuweisen ist an dieser Stelle noch darauf, daß Exportmodelle für Schweizer Kunden aufgrund der dortigen Achslastbestiummungen mit einem hinteren Doppelachsantrieb ausgestattet wurden, wobei eine zwangsgelenkte, einzelbereifte zweite Achse eingebaut wurde.
Insgesamt 862 Modelle, darunter 706 Reise- und 144 Linienomnibusse sowie 12 Unterbauten konnten im Jahre 1987 gefertigt werden; hinzu kamen noch die Flughafen-Vorfeldbusse und die 585 ausländischen Neoplan-Modelle. Der Marktanteil betrug dabei 12,6 Prozent in der deutschen Zulassung.
1988 gelang es dann, mit der neuen Niederflurbaureihe erste Erfolge zu verzeichnen. Die Stadtwerke Bremen erwarben neben einigen N 4015-Solowagen die ersten 35 Exemplare des Gelenkbusses N 4021 GN. Der V-Achtzylinder-Deutz- oder der links im Heck liegende MAN-Unterflurmotor werden hier eingebaut.
Ein vollkommen neues, zukunftsweisendes Omnibusmodell stellte das innovationsfreundliche Unternehmen 1988 auf der Internationalen Verkehrs-Ausstellung (IVA) in Hamburg vor. Das unter der Bezeichnung »Metroliner im Carbondesign« (MIC) vorgeführte Modell besitzt eine selbsttragende, kohlefaserverstärkte Kunststoffkarosserie mit einem auffallenden schrägen Tragholm hinter der vorderen Einstiegstür. Durch diese aus der Raumfahrt übernommene Technik konnte das Gewicht des von Bob Lee als inzwischen Technischem Direktor entwickelten Fahrzeugs auf 6,3 bis 7 Tonnen reduziert werden, was eine Minderung von 4 Tonnen gegenüber einem konventionellen Stahlkonstruktionsmodell entspricht. Aufgrund der geringen Masse des aus 6 Grund- und 12 Nebenteilen zusammengesetzten Fahrzeugs läßt sich ein erheblich schwächerer Motor verwenden, so daß der Kraftstoffverbrauch und mit einem zusätzlichen Partikelfilter die Abgasmission reduziert werden können. Darüber hinaus sind keine elek-

trolytischen und chemischen Karosserieschäden zu befürchten, so daß das Faserverbundfahrzeug eine längere Einsatzzeit aufweisen wird. Durch die hier verwendeten Portalachsen ist die Bodenhöhe auf Niederflurniveau von 32 Zentimetern gesenkt worden. Karosseriemäßig noch auffallend sind die große gewölbte Scheibe und die großen Seitenscheiben, die durch kaum auffallende schwarze Stege miteinander verbunden sind. 6-Liter-Maschinen mit Luftkühlung von Deutz mit 164 PS, mit Wasserkühlung mit 204 PS von MWM und mit 220 PS von MAN wurden zunächst in die drei in Pilsting gebauten 8-Meter-Midi-Modelle mit Automatikgetrieben unter der Bezeichnung N 4008 (MIC) eingebaut. Auch Ausführungen mit 10,6 und 11,8 Metern Baulänge wurden unter den Bezeichnungen N4012 (MIC) und N 4017 (MIC) mit dem 164-PS-Deutz- und dem 220-PS-MAN-Motor entwickelt. Zur Erprobung gab das Unternehmen die Modelle an verschiedene Verkehrsbetriebe ab.
Der neue 12-Meter-»Jetliner« N 216 SHD erhielt als Superhochdecker einen tiefer gelegten Fahrerplatz und eine größere Frontscheibe. Im Heck war hier wieder eine zulassungsmäßig vorgeschriebene Scheibe eingesetzt. Auch die anderen Modelle weisen jetzt wieder eine Heckscheibe auf.
Der Superhochdecker mit dem Unterflurcockpit wurde als »Spaceliner« N 117/2 und N 117/3 mit einer unteren Lounge in einer weiteren 55-Personen-Version angeboten.
Der Niederflur-Gelenkbus wurde nun wahlweise auch mit einem konventionellen hoch gebauten Nachläufer gekuppelt, so daß hier ein platzsparender Unterflurmotor im Heck eingesetzt werden kann.
Die universell verwendbare, aber wenig erfolgreiche »Metroliner«-Baureihe versuchte nun das Werk zusammen mit dem jugoslawischen Unternehmen Tovarna Automobilov Zastava (TAZ), einem FAP- Famos-Betrieb, in einer vereinfachten und kostengünstigen Version als »Transliner« mit senkrechten Fensterstegen und bis an die Dachkante hochgezogenen planen Scheiben anzubieten.
Das Jahr 1988 konnte mit 977 in Deutschland gebauten Modellen abgeschlossen werden. Der bundesdeutsche Marktanteil stieg in diesem Jahr auf nahezu 20 Prozent. Für die weitere Steigerung der Produktion wurden in diesem Jahr beachtliche Erweiterungen in Berlin-Spandau und in Pilsting vorbereitet.
Im Jahre 1989 weitete das Unternehmen die »Jetliner«- und »Cityliner«-Baureihen erneut aus. Die Modelle können jetzt mit den Zusatzbezeichnungen »H«, »SH« und »SHD« in Hochboden-, Hochdeck- und Superhochedeckerausführungen mit Bauhöhen von 3,21 m, 3,36 m und 3,6 bis 3,8 m angeboten werden.
Der kleine Typ N 208 »Jetliner« erhielt nochmals eine Heckverlängerung. Die Verglasung im Beifahrer- und Fahrerfensterbereich wurde weiter nach oben vergrößert. DB-Motoren mit 170 und 204 PS sowie MAN-Motoren mit 180 und 220 PS treiben dieses Modell an.
Nahezu jeder Reisebustyp kann jetzt mit entsprechend starken Aggregaten von Daimler-Benz, DAF, Deutz, MAN und Scania geliefert werden. So wurde zum Beispiel das Spitzenmodell N 138/4 »Jumbocruiser« mit V-Achtzylinder-DB-Motoren mit 352 und 400 PS, mit Reihen-Sechsylindermotoren von DAF mit 373 PS, mit V-Zehnzylindermotoren von Deutz mit 400 PS, mit Reihen-Sechszylindermotoren von MAN mit 373 PS und mit Reihen-Sechszylindermotoren Scania mit 363 PS ausgestattet.
Ein weiteres außergewöhnliches Projekt wurde der mit dem Bundesministerium für Forschung und Technik und der Stadt München entwickelte »Magnet-Motor-Bus« auf der Basis des N 416 SL, der parallel zum ähnlich konstruierten MAN-Typ in München erprobt wird. Das Fahrzeug besitzt einen diesel-elektrischen Antrieb mit einem zusätzlichen Schwungradspeicher, der beim Bremsen vom zum Generator umgeschalteten 40-kW-Fahrmotor Energie aufnimmt und diese dann für den besonders kraftintensiven Anfahrvorgang wieder abgibt. Der aufgeladene, aber gedrosselte Sechszylinder-BMW-Kleindieselmotor mit 90 PS wurde als Primärkraftquelle links am Heck eingebaut. Als Fahrmotor bzw. als Generator wird ein Multiple Elektronik-Dauermagnet-Aggregat (MED) verwendet. Eine umfangreiche Elektronik mit einer Mikroprozessorsteuerung ist im Fahrzeugheck ebenfalls installiert.
Die Produktion erreichte mit 1002 Bussen eine weitere Steigerung. Mit Zuwachs von 14,7 Prozent konnten 836 Reisebusse gefertigt werden. Die Produktion von Linien-

omnibussen erreichte 166 Einheiten. Von der seit 1964 gebauten Doppeldecker-Baureihe »Skyliner« konnte das 1500. Fahrzeug ausgeliefert werden.
Im Jahre 1990 wurden die ersten 18 Exemplare des sensationellen MIC-Typs in den Baugrößen N 4008, N 4012 und N 4017 an die Vestische Straßenbahn AG und an die BVG ausgeliefert. Durch diese weitere Großerprobung konnte die problemlose Serienproduktion vorbereitet werden, die ab 1991 im Pilstinger Werk mit jährlich 100 Exemplaren, darunter auch mit Cummins-Dieselmotoren für den Export, geplant war.
In diesem Jahr konnten nach dem Ende der SED-Herrschaft in Mitteldeutschland mit dem seit 1898 bestehenden Richard Hiller Fahrzeugbau in Ehrenhain/Thüringen und mit der Vogtland Automobile GmbH in Plauen (siehe VOMAG) Verträge über den Nachbau von Neoplan-Trambusmodellen auf IFA W 50-Fahrgestellen im Lohnauftrag geschlossen werden. Auch der Instandsetzungsbetrieb Arewa in Altenburg (früher Karosseriefabrik Albert Kleye AG) wurde in die Neoplan-Lizenz-Fertigung einbezogen. Darüber hinaus wurden Verträge über die Omnibusfertigung mit dem tschechischen Karossier Karosa in Vysoke Myto und dem weißrussischen Nutzfahrzeughersteller MAZ in Minsk geschlossen.
1150 Exemplare konnten im Jahre 1990 in den inländischen Werken gefertigt werden. Darunter waren 836 Reisebusse einschließlich 176 Doppeldecker des Typs »Skyliner« und 166 Linienomnibusse sowie 138 Flughafenbusse und Fahrgestelle. Mit dieser Produktionsbilanz konnte das Familienunternehmen unter dem geschäftsführenden Gesellschafter Dipl.-Ing. Albrecht Auwärter einen Zuwachs von 22 Prozent gegenüber 1989 und einen Marktanteil von 15,6 Prozent erzielen. In der Weltrangliste der Omnibushersteller stand das Neoplan-Werk damit an 19. Stelle.
Insgesamt betrug nun die seit 1953 gefertigte Anzahl an Neoplan-Omnibussen aller Bautypen über 21.000 Stück, von denen das Pilstinger Werk 6948 und die US-Werke 4200 Exemplare beigesteuert hatten.
Im Zuge der äußerst zielstrebigen Expansion in den fünf neuen Bundesländern übernahm das Unternehmen eine 76 prozentige Beteiligung an dem reprivatisierten Karosseriebetrieb Richard Hiller. Das modernisierte und von 55 auf über 120 Beschäftigte angewachsene Werk wird nun als Neoplan Omnibus GmbH, Ehrenhain, geführt.
Nachdem dort auf den wenig geeigneten 125-PS-IFA W 50-Fahrgestellen die Trambus-Modelle »Junior 506« hergestellt worden waren, werden jetzt fahrfertige Bodengruppen des »Transliner«-Typs aus Berlin-Spandau in diesem Montagebetrieb mit Karosserien komplettiert.
Ebenfalls 1991 engagierte sich das Neoplan-Werk mit 76 Prozent der Anteile an dem Produktionsbetrieb Vogtland Automobile GmbH mit seinen Produktionsstätten in Plauen, Dresden und Rostock (ehemaliges Ostsee Transport-Werk), wobei die Produktionsstätte in Dresden allerdings weiterverkauft wurde. Auch hier stand bzw. steht die Komplettierung der »Transliner«-Modelle der Baureihen Ü und K im Vordergrund. Das traditionsreiche, inzwischen 200 Mitarbeiter starke Plauener Werk konnte in diesem Jahr durch Neu- und Umbauten erweitert werden. Die Produktion der »Metroliner«-Typen erfolgt nun neben dem Komplettbau von Reise- und Niederflur-Stadt- und Linienbussen in dieser Produktionsstätte.
Schließlich erhielt in diesem Jahr der Karosserie-Instandsetzungsbetrieb MANIKA-Fahrzeugtechnik in Güstrow eine Lizenz zur Komplettierung von Gelenk-Omnibussen.
Das in den siebziger Jahren für den Export nach Südamerika und an die NASA entwickelte Konzept des vierachsigen Großomnibusses wurde 1991 nun auch für den deutschen Markt umgesetzt, indem die Kurvengängigkeit des Modells durch eine geschwindigkeitsabhängige Lenkung der Hinterachsen den in Deutschland gesetzlich vorgeschriebenen Wendekreisradien angepaßt wurde. Das 15 m lange Modell N 128/4 mit der Zusatzbezeichnung »Megaliner« soll mit gleicher Fahrgastkapazität bei geringem Materialaufwand und bei Fortfall eines Gelenkes in der Zukunft den »Jumbocruiser« ersetzen, zumal auch in den anderen europäischen Ländern eine Straßenzulassung für diesen Fahrzeugtyp erwartet wird. Eine erste Serie des »Megaliners« mit 95 bis 106 Sitzplätzen erhielt das 381 PS starke Mercedes-Benz-Aggregat.

Unter der Bezeichnung »Megashuttle« mit 97 Sitz- und bis zu 75 Stehplätzen folgte die Stadtbusversion. Hier treiben 270- und 320-PS-MAN-Motoren den Großraumbus an.
Das »Jumbocruiser«-Modell N 138/4 erhielt gleichzeitig eine technische Änderung. Während der nun zweiachsige Vorderwagen verkürzt wurde, erhielt der verlängerte Hinterwagen mit einer Doppelachse die gesamte Antriebstechnik, so daß die Zugänglichkeit zur erheblich verstärkten Motoreinheit problemlos bewältigt wird. Der Gepäckraum konnte dadurch in das Unterdeck des Hinterwagens verlegt werden.
Das Angebot an Niederflur-Linienbussen wurde weiter vergrößert. Erstmals gelang es dabei, eine größere Serie von dreitürigen Niederflurbussen des Typs N 4014 an die Stadtwerke Frankfurt am Main zu liefern.
Die Metroliner-Baureihe, nun unter der Typenreihe N 8000, ging 1991 im Plauener Werk in den Serienbau. Der kleine Typ N 8008 »Ultralight« wird von dem 139 PS starken Vierzylinder-Mercedes-Benz-Motor mit gerader Kardanwelle angetrieben. Auch in einer batterie-elektrisch angetriebenen Version mit 19 bis 31 kW Leistung kann das Modell geliefert werden. Der größere Typ N 8012 wird mit einer hinten längsstehenden Sechszylindermaschine von Mercedes-Benz, MAN und MWM sowie mit einem Winkelantrieb ausgerüstet. Die Prager Firma Aquasport liefert die 36 GFK-Einzelteile für den Zusammenbau der Metroliner-Baureihen an.
Die im Verbund arbeitenden Werke Ehrenhain, Plauen und Berlin konnten in diesem Jahr 414, das Werk Pilsting 515 und das Stammwerk in Stuttgart 420 Exemplare herstellen. Das Unternehmen konnte dadurch den 1. Platz in der Produktion von Reisebussen und den 2. Platz in der Gesamtproduktion nach der Mercedes-Benz AG in der Bundesrepublik erreichen. Knapp 30 Prozent des Marktes an Linien- und Reisebussen konnte das Unternehmen in den neuen Bundesländern und 18 Prozent in den alten Bundesländern erobern.
Im Jahre 1992 stellte das Neoplan-Werk einen neuen, vollverglasten Doppeldecker für Stadtrundfahrten vor. Der »Skyliner«-Typ erhielt eine neue Gestaltung der vorderen Tragholme.
Für den Verkehrsbetrieb in Basel erstellte das Unternehmen den Niederflur-Gelenk-Trolleybus vom Typ »World City Bus« N 6020 mit vier Radnabenmotoren in den Rädern der zweiten und dritten Achse. Ein Schwungradspeicher dient hier der Energierückgewinnung sowie der Überbrückung stromloser Strecken. Für die Schweizer Post werden die 2,3 m breiten »PPT-Liner« N 312 und N 313 gefertigt.
Nach dem Tod von Albrecht Auwärter im Jahre 1993 wurde Bob Lee zum Vorsitzenden der Geschäftsführung ernannt.

108-PS-Neoplan SK 9

108-PS-
Neoplan SK 9

125-PS-
Neoplan SH 22
(Schweizer
Modell)

125-PS-
Neoplan SH 10/11

150-PS-
Neoplan
NH 9/10 L

150-PS-
Neoplan
NH 10/11
(Foto Pairan)

125/150-PS-
Neoplan FH 11

150-PS-Neoplan NB 26 L

150-PS-Neoplan NB 20 L »Berolina«

170-PS-Neoplan NH 12

130/150-PS-Neoplan ND 6

170-PS-Neoplan NH 8

170-PS-Neoplan NH 10

215-PS-Neoplan NH 16

230-PS-Neoplan NH 22/3 L Skyliner

210-PS-Neoplan NB 26/3

150-PS-Neoplan NB 26/3

170-PS-Neoplan NB »Remscheid«

240-PS-Neoplan N 316 Kombi

215/240/256-PS-Neoplan N 216 Jetliner h

400-PS-Neoplan Jumbocruiser

130-PS-Neoplan N 210

256-PS-Neoplan N 209

256-PS-Neoplan N 216 Jetliner

256-PS-Neoplan N 116 Cityliner

280-PS-Neoplan N 316 Combiliner

352-PS-Neoplan N 112/3 Skyliner

192-PS-Neoplan N 426/3

102-PS-
Neoplan
N 906 C
Unibus

102-PS-
Neoplan
N 906 T
Telebus

352-PS-
Neoplan
N 221/3 H
Longliner

280-PS-
Neoplan
N 116
Cityliner

168-PS-
Neoplan
N 208
Jetliner

280-PS-
Neoplan
N 216
Jetliner

330-PS-
Neoplan N 117
Spaceliner

256-PS-
Neoplan
N 122/3
Skyliner

240/280-PS-
Neoplan
N 424/2

240-PS-
Neoplan
N 424 (SD 2)

280-PS-
Neoplan
N 426/3 (SD 3

36-PS-Neoplan
N 409 (SM II)
Midibus

260-PS-
Neoplan
SG 421

240-PS-
Neoplan
N 416/ Ü 80

240-PS-
Neoplan
N 413/ SL II

168-PS-
Neoplan
N 907

290-PS-
Neoplan
N 116 Cityliner
(Foto Neoplan)

290-PS-
Neoplan N 117/3
Spaceliner
(Foto Neoplan)

480-PS-
Neoplan
N 122/3
Skyliner
(Foto Neoplan)

204-PS-
Neoplan
N 208 Clubbus
(Foto Neoplan)

354-PS-
Neoplan
N 216 SHD
(Foto Neoplan)

354-PS-
Neoplan
N 214 SHD
(Foto Neoplan)

204/256-PS-
Neoplan 4016
(Foto Neoplan)

280-PS-
Neoplan
N 216 Jetliner

230-PS-
Neoplan
N 4021 NF
(Foto Neoplan)

204-PS-
Neoplan
N 4014 NF
(Foto Neoplan)

240-PS-Neoplan
N 8012 MIC
Metroliner (Foto
Neoplan)

214-PS-Neoplan
N 424/2
(Foto Neoplan)

366/381/503-PS-
Neoplan N 128/4
Skyliner
(Foto Neoplan)

290-PS-Neoplan
N 316 Transliner
(Foto Neoplan)

480-PS-Neoplan N 128/4 Megaliner (Foto Neoplan)

Benz & Cie

Benz & Cie. Rheinische Gasmotoren-Fabrik OHG, Mannheim-Neckarau, Waldhofstr., Untere Riedstr.

1. 1895 - 1899 Benz & Cie. Rheinische Gasmotoren-Fabrik OHG, Mannheim, Waldhofstr., Untere Riedstr.

2. 1899 - 1911 Benz & Cie. Rheinische Gasmotoren-Fabrik AG

3. 1911 - 1926 Benz & Cie. Rheinische Automobil- und Motoren-Fabrik Mannheim AG

Carl Friedrich Benz (1844 - 1929) wurde als Sohn eines Lokomotivführers in Pfaffenrot im Schwarzwald geboren. Nach dem Besuch des Karlsruher Polytechnikums gründete er 1871 unter dem Namen Carl Benz u. August Ritter, Mechanische Werkstätte, seine erste Fabrik, die jedoch nur mit wenig Erfolg arbeitete. Nachdem sich Carl Benz bereits längere Zeit mit dem Motorenbau beschäftigt hatte, gelang ihm in der Silvesternacht 1879/80 der Probelauf eines Zweitaktmotors, der sich als verhältnismäßig zuverlässig erwies.

1883 entwarf er in der Mannheimer Gasmotorenfabrik, so die Bezeichnung des neuen Unternehmens, seinen ersten Viertaktmotor. Der inzwischen auf 800 Mitarbeiter angewachsene Betrieb stellte in den folgenden Jahren stationäre Motoren verschiedener Größen her. Da die Gesellschafter jedoch nicht an den Zukunftsplänen von Carl Benz, einen schnellaufenden Motor in ein Fahrgestell einzubauen, interessiert waren, verließ Carl Benz das Unternehmen und gründete die Firma Carl Benz & Cie. Rheinische Gasmotorenfabrik OHG in Mannheim. Hier konstruierte er 1885 sein erstes Fahrzeug, den dreirädrigen »Patent-Motorwagen«, mit einem 0,75 PS leistenden Zweitaktmotor (historisch betrachtet sogenanntes Benz-Dreirad I). 1886 folgte ein Fahrzeug mit einem schnellaufenden Viertaktmotor.

1899 wurde das Unternehmen in eine Aktiengesellschaft umgewandelt, um entsprechendes Kapital zu erhalten. Beteiligte an dieser Gesellschaft waren neben Carl Benz die Fabrikanten Julius Gauss und Friedrich von Fischer, der Kaufmann Max Rose und der Fabrikdirektor Jean Gauss. August Horch, der von 1896 bis 1988 Leider der Motorwagenabteilung des Unternehmens gewesen war, schied aus und gründete sein eigenes Unternehmen. Nach Differenzen mit dem Vorstand verließ auch Carl Benz 1903 die Gasmotoren- und Automobilfabrik und gründete mit seinen Söhnen in Ladenburg ein neues Automobile bauendes Unternehmen.

Im Jahre 1907 trat der Unternehmer Wiss (1868 - 1928) in die Direktion von Benz & Cie. ein, indem er gleichzeitig diese Firma mit seiner Waggonfabrik Fuchs in Heidelberg gegen Austausch von Aktien liierte. Georg Wiss war gleichzeitig an der Süddeutschen Automobil-Fabrik (SAF beziehungsweise SAG) beteiligt.

Die neben dem Unternehmen von Gottlieb Daimler älteste Automobilfabrik der Welt stellte als Benz & Cie. Rheinische Gasmotoren-Fabrik OHG seit 1885/86 verschiedene Motorwagentypen her.

Das erste Benz-Nutzfahrzeug war ein achtsitziger Omnibus in Form eines Landauers aus dem Jahre 1895. Er wurde von einem im Heck liegenden 5-PS-Einzylinder-Viertaktmotor angetrieben. Mit diesem Wagen und einem Schwestermodell eröffnete am 18.März 1895 - also vor 100 Jahren - die Netphener Omnibusgesellschaft die erste kommerziell betriebene Motoromnibuslinie der Welt. Sie führte im Siegerland über eine Distanz von 15 Kilometer von Siegen über Netphen nach Deuz und natürlich zurück. Die Fahrzeit betrug 80 Minuten und die Durchschnittsreisegeschwindigkeit 14 km/h. Die Linie blieb bis zum Winter 1895 in Betrieb.

Weitere Anfangsmodelle waren ein 12- und ein 8-sitziger Omnibus mit 13/15- und 8/10-PS-Zweizylindermotoren. Auch das Victoria-Pkw-Modell wurde als 10-sitziger Wagen mit einem 10-PS-Motor angeboten.

Weil das Werk mit dem Pkw-Bau ausreichend ausgelastet war, ruhte von 1902 bis 1911 der Nutzfahrzeugbau, zumal Benz-Mannheim im Jahre 1907 die Süddeutsche Automobil-Fabrik (SAF/SAG) übernommen hatte, die sich ausschließlich auf den Lkw- und den Omnibusbau spezialisierte. Nach der Eingliederung der SAG beziehungsweise

SAF am 1.November 1911 in den Benz-Komplex, wurden die dort montierten Omnibusse unter dem Namen »Benz-Gaggenau« vertrieben. Anstelle der bei den SAG-Typen üblichen Orts- beziehungsweise Landschaftsbezeichnungen erhielten die Fahrzeuge nun Buchstaben- und Zahlenkennungen. In Sachen Firmenkürzel war die »Süddeutsche« nicht konsequent. Zeitweise verließen die Wagen das Werk einerseits mit dem Schriftzug »Gaggenau«, andererseits prangten auch die drei ineinander verschlungenen »SAF« oder »SAG« an den Kühlern.
Ab 1906 standen bei der SAF/SAG kettengetriebene C-Typen mit 12- bis 50-PS-Ottomotoren in der Lieferliste, für 1,5 bis 6,0 Tonnen Nutzlast. Bei den größeren unter ihnen konnte der Fahrersitz auch über der Motorhaube angeordnet werden (frühe c.o.e./Cab-over-engine-Bauart). Derartige Typ »Berlin«-C/32-Chassis wurden 1907 mit 35 PS für die ABOAG in Berlin mit Decksitzaufbauten für 44 Fahrgäste komplettiert. Exakt baugleiche, standardisierte Karosserien ließ ABOAG auch auf »Seat-over-engine«-Fahrgestelle von Büssing montieren.
Mit 5,2- 6,4- 7,3- und 8,6-Liter Motoren wurden ab 1911 die Modelle Reichspost, B.O. 10 und S.O. 10 gebaut. Die S.O. 10 - Type konnte auch als Oberdeck- (Decksitzer-) Fahrzeug geliefert werden.
1913 erneuerte man das Programm. Unter den Bezeichnungen KL und KO erschienen leichte Omnibusse für 13 und 14 Fahrgäste. In den Modellen BL, BO, SL/SO, EK 1 und KL 4 kamen 35-, 38-, 40-, 45-, 50- und 58-PS-Motoren zum Einsatz. Die SL/SO-Mo-delle waren für den Anhängerverkehr vorgesehen.
Nach dem Krieg erschienen auf 1,5-, 2- und 3-Tonnen-Hoch- und (später) Niederrahmenfahrgestellen mit Kardanantrieb Omnibusse für 16, 22, 25, 32 und 48 Fahrgäste. Benz baute sie als Linien-, Überland- sowie als Aussichtsomnibusse und lieferte sie auch als Decksitzwagen. Ein vielbeachtetes Niederrahmen-Modell wurde 1923 der Frontlenker-Typ MS für 30 Personen. Das mit Elastik-, ab 1927 als Mercedes-Benz-Typ NJ 5 mit Luftreifen ausgestattete Fahrzeug besaß wahlweise zwei oder vier Türen für die einzelnen Abteile. Darüber hinaus diente das Frontlenker-MS-Chassis als Grund-lage für Müllwagen-Aufbauten der Bayerischen Kesselwagen-Gesellschaft (später Keller & Knappich, heute FAUN-KUKA).
Schließlich erschienen 1925 die Modelle 2CNa und 2CNb als Niederrahmen-Omnibusse für 24 und 32 Fahrgäste. 45- und 55-PS-Vierzylindermaschinen kamen zum Einbau. Hervorgehoben wurde bei diesen Modellen, daß »die Fahrgäste ... rechtsseitig am Führersitz vorbeigehend in den Wagen einsteigen, so daß der Fahrer eine Kontrolle über den Personenwechsel hat und gleichzeitig auch den Dienst des Schaffners übernehmen kann.«
Hinzuweisen ist darauf, daß 1922 der »Börsenspekulant«, Dipl.-Ing. Jacob Schapiro (1885 - ?), ein in Odessa geborener Berliner Automobilhändler, 40 Prozent der Aktienanteile an den Benz-Werken erworben hatte. Bis 1926 konnte er seinen Anteil auf 60 Prozent steigern. Neben den Benz-Werken kontrollierte er über die Darmstädter- und Nationalbank (Danatbank) in Zusammenarbeit mit deren Direktor Jacob Goldschmidt die Karosseriefabrik Schebera GmbH in Berlin, die Cyklon-Maschinenfabrik in Mylau/Vogtland, die Gothaer Waggonfabrik mit den Dixi-Werken (Fahrzeugfabrik Eisenach), die Neckarsulmer Fahrzeugwerke (NSU) und zeitweise die Hansa-Automobilwerke in Varel/Oldenburg. Darüber hinaus war er an zahlreichen für die Automobilindustrie tätigen Unternehmen beteiligt.
Mit dem Aufgehen der Benz & Cie. in die neugebildete Daimler-Benz (in der Zeit von 1924 bis Mitte 1926) kam es zu einigen Veränderungen. Der Benz-Omnibus verblieb auch nach der Fusion in Gaggenau. Bald darauf erhielten die Busfahrgestelle ihre Aufbauten vom Daimler-Benz-Karosseriewerk Sindelfingen. Die Fertigung mittelgroßer und schwerer Lkw hingegen, konzentrierte die junge DBAG zunächst in Berlin-Marienfelde (Der ehemalige DMG-Nutzfahrzeugbau bot sich dafür an.) und in Gaggenau. Während die Stuttgart-Untertürkheimer Zentrale ab 1949 den DBAG-Omnibusbau in Mannheim zusammenfaßte, lieferte das Werk Gaggenau bis 1954 noch schwere Omnibusse (darunter den Heckdiesel-Typ O 6600 H).
Das Motorenwerk wurde im Zuge der Daimler- und Benz-Verschmelzung ausgegliedert und bestand bis 1985 weiter als Motorenwerke Mannheim AG (MWM) vorm. Benz. Abt.

Stationärer Motorenbau. 1986 wurde dieses Unternehmen der Knorr-Bremse AG als Teilbetrieb Deutz-MWM von der Klöckner-Humboldt-Deutz AG übernommen.

11-1

5-PS-Benz »Omnibus« (Foto MB-Archiv)

13/15-PS-
Benz Break

35/40-PS-
Benz-Gaggenau
Typ BL
(Foto MB-Archiv)

30/35-PS-
Benz-Gaggenau
Typ BL 10
Aussichtswagen

45/50-PS-Benz-Gaggenau Typ S 14

50/55-PS-Benz-Gaggenau Typ U5 Exportmodell (Foto MB-Archiv)

40/45-PS-Benz Typ 3C »Harz«

50/55-PS-Benz Typ 3C »Imperial«

40/45-PS-Benz Typ 2C

45/50-PS-Benz-Gaggenau SD 14 (Foto MB-Archiv)

40/45-PS-Benz Typ 2CN, Aussichts-wagen (Foto MB-Archiv)

40/45-PS-Benz Typ 2CNa (Foto MB-Archiv)

40/45-PS-Benz Typ MS »Nieder-Omnibus«

40/45-PS-Benz Typ MS »Nieder-Omnibus« mit Luftreifen (Foto MB-Archiv)

50/55-PS-Benz Typ 2CNb (Foto MB-Archiv)

Bergmann

Bergmann Electricitäts-Werke AG, Berlin-Rosenthal, Oudenarderstr. 23/32 u. Berlin-Halensee, Joachim Friedrich Str. 37 u. Nestorstr. 10/12 u. Berlin N 65, Seestr. 63/67
1910 - 1914 und 1925 und 1936 - 1946

Die Bergmann Electricitäts-Werke AG wurde 1899 als Elektrounternehmen von Sigmund Bergmann (1851 - 1927) gegründet. Er hatte zuvor Studienjahre in Amerika bei Thomas A. Edison verbracht. Das schnell prosperierende Berliner Unternehmen stellte zunächst Edison-Batterien, Kabel, Dynamomaschinen, Elektroartikel und Elektrolokomotiven her. 1905 richtete das Werk zum Vertrieb der belgischen Métallurgique-Automobile die Deutsche Métallurgique GmbH in Köln ein; von den Verantwortlichen wenig später in die Bergmann-Métallurgique Automobil-Verkaufsgesellschaft mbH umgewandelt und 1909 in das Berliner Werk verlegt. Auch wenn Bergmann ein eigenes Pkw-Modell entwickelt hatte, nahm das Bergmann-Werk ungeachtet dessen die Automobilfertigung nach Métallurgique-Lizenzen auf. Zudem wurden Liefer- und Lastwagen produziert. Die Automobilfabrik ging 1910 in der Hauptgesellschaft auf.
Auf dem Fahrgestell des 3,5-Tonners mit 38-PS-Ottomotor fertigte die Nutzfahrzeugabteilung von 1910 bis 1914 einige Omnibusse. Nach dem Ersten Weltkrieg erschienen Landpostwagen mit einem neuen, großvolumigen 38-PS-Motor sowie Elektro-Omnibusse mit 7,6-kW-Motoren. Auch die in den späten dreißiger Jahren hergestellten Elektrofahrzeuge erhielten gelegentlich Omnibusaufbauten. So besaß die Stadt München Aussichtsfahrzeuge für Stadtrundfahrten mit 25 und 38 Sitzplätzen. Mit einem 11-kW-Motor erreichten diese Haubenfahrzeuge Geschwindigkeiten von 20 bis 25 km/h. Der Batteriefahrbereich lag bei 75 bis 115 km. Die Bergmann Electricitäts-Werke AG stellte bis in die Zeit des Zweiten Weltkrieges Paketpost-, Liefer- und Lastwagen mit batterie-elektrischem Antrieb her. Aus vorhandenen Teilen entstanden nach dem Krieg noch einige äquivalente Elektrofahrzeuge. Das in Ost-Berlin gelegene Werk wurde 1949 in den VEB Bergmann-Borsig umgewandelt. Im Jahre 1991 übernahm die ABB AG, Mannheim (Asea-Brown-Boveri) von der Berliner Treuhandgesellschaft das traditionsreiche Elektromaschinenwerk und führt es unter dem Namen Bergmann-Borsig GmbH weiter.

11-kW-Bergmann BE 2500 Typ A

BMF

Berliner Motorwagen-Fabrik Gottschalk u. Co. KG, Berlin-Tempelhof, Jägerstr. 61 a u. Berlin-Reinickendorf-Ost, Verlängerte Koloniestr. 112
1. 1900 - 1901 Berliner Motorwagen-Fabrik, Gottschalk u. Co. KG
2. 1901 - 1906 Berliner Motorwagen-Fabrik GmbH
3. 1906 - 1908 Oryx Motorenwerke AG, vorm. Berliner Motorwagen-Fabrik GmbH

1898 wurde die Berliner Motorwagen-Fabrik Gottschalk u. Co. KG gegründet. Generaldirektor war Kurt Bendix, Prokurist des Unternehmens war Georg Lehmann. Unter den Konstrukteuren sind hervorzuheben: Willy Seck, der von der Fahrzeugfabrik Eisenach kam und 1910 zu Heinrich Lanz nach Mannheim ging, später Ingenieur Louis Palous, Inhaber der Motorenfabrik Palous & Beuse in Berlin-Rixdorf sowie Dr. phil. Ernst Valentin (1874 - 1950), der seine Karriere bei der BMF begann, bevor er 1908 zu Siemens-Schuckert/Protos überwechselte.
Neben der Fabrikation von Tourenwagen der Marke Oryx stellte das Unternehmen Lastwagen und Omnibusse der Marke Eryx her. Erstes Omnibusmodell war der Typ L 50 mit einem 10-PS-Zweizylindermotor. 1906 folgte auf dem Fünftonnen-Chassis ein Frontlenkeromnibus mit einem 12/16-PS-Zweizylindermotor. 1907 lieferte man 14 Omnibusse an den chinesischen Kaiserhof. Neben eigenen Motoren installierte die BMF auch Maschinen des Argus-Werkes.
1908 wurde das Unternehmen von den Dürkopp-Werken gepachtet und später von ihnen erworben. Nach dem Ersten Weltkrieg fertigte der in Berlin-Reinickendorf konzentrierte Betrieb die Omnibusmodelle der Bielefelder Dürkopp-Werke. 1929 erfolgte die Stillegung des Fahrzeugbaues. Die Fabrikanlagen gingen anschließend in den Besitz der englischen Schallplattenfirma Crystallite Record Manufacturing Co. mit Sitz in London über.

10-PS-Berliner Motorwagen-Fabrik, Hofomnibus

Bindewald-Albrecht

Motorlastwagenfabrik Bindewald-Albrecht, Friedberg
1. 1905 - 1906 Motorlastwagenfabrik Bindewald-Albrecht
2. 1906 - 1907 Hessische Automobil- und Maschinenfabrik GmbH

Das aus einer Bronze- und Gelbgießerei hervorgegangene Unternehmen stellte unter der Leitung von Oberingenieur Karl Stulz ab 1905 Lastwagen, Omnibusse und angeblich auch Luxuswagen her. Die Besonderheit der Nutzfahrzeuge, darunter auch die des Omnibusses, bestand in der Verwendung eines zweiachsigen vorderen Drehgestells (Dolly genannt) nach den Patenten des Ingenieurs Albrecht. Der Wagenkasten mit dem Frontlenker-Führersitz wurde auf dieses vordere Fahrzeugteil aufgesattelt. Ein zweizylindriger Motor trieb mittels eines Zahnradsatzes (Vorgelege) und Wellentriebs per Ritzelantrieb die Hinterachse, exakt die Achse des »Aufliegers« an. 1907 wurde das Unternehmen nach einem Konkurs aufgelöst.

Bleichert

Adolf Bleichert & Co. AG, Leipzig, Kaiser-Friedrich-Str. 22,
1937

1874 gründete Adolf Bleichert (1845 - 1911) eine Transportmaschinenfabrik zum Bau und Vertrieb von mechanischen Förderanlagen. Ab 1925 fertigte Bleichert als leichte Transportwagen mit batterie-elektrischem Antrieb sogenannte Elektrokarren, die mit dem Markennamen »Eidechse« einen hohen Bekanntheitsgrad erreichten. Davon ausgehend entstanden Anfang bis Mitte der dreißiger Jahre elektrische Lkw in Frontlenker-Bauweise oder auch mit kurzen Scheinmotorhauben straßentaugliche Lkw (zwei- und dreiachsig, teilweise mit Schwingachsen) für 1,5 bis 8,0 Tonnen Nutzlast. Sie wurden auch als Bleichert-»Stromwagen« bezeichnet.
Bleichert-Niederrahmen-Frontlenker-Kommunalfahrgestelle wurden 1937 in geringen Stückzahlen auch für Omnibusaufbauten geliefert. Die Firma N. Trutz in Coburg komplettierte 10 »Stromwagen«-Chassis mit geschweißten Ganzstahlaufbauten für 50 Sitzplätze. Abnehmer waren die Nürnberger Stadtwerke.
Unter der Bezeichnung VEB Bleichert wurden in der SBZ/DDR und in einer neugeschaffenen westdeutschen Nachkriegskooperation Pohlig-Heckel-Bleichert in Köln wieder »Eidechse«-Elektronutzfahrzeuge bis 2 Tonnen geliefert. Das bundesdeutsche Unternehmen ging 1962 in der PHB-Wasserhütte-Gruppe auf. Der PHB-Bereich (ohne Wasserhütte) stellt unter dem Firmen- und Markenbegriff MAFI-»Eidechse« weiterhin Elektro-Plattform- und Elektroschleppwagen her, seit 1986/87 in Schwieberdingen bei Stuttgart.

Brennabor

Brennabor-Werk Gebr. Reichstein, Brandenburg a. Havel
1926 - 1934

Zu den bedeutenden deutschen Pkw-Herstellern nach dem Ersten Weltkrieg zählten die 1871 gegründeten Brennabor-Werke in Brandenburg an der Havel. Die Brüder Carl, Adolph und Hermann Reichstein hatten das Unternehmen ursprünglich zur Fabrikation von Korbwaren und Kinderwagen eingerichtet. 1880 folgte der Bau von Fahrrädern, dem sich um die Jahrhundertwende die Fertigung von Motorrädern anschloß. Ab 1908 stellte das Unternehmen unter der Leitung von Dr.-Ing. E. h. Carl Reichstein jr. (1885 - 1955) Personen- und Lieferwagen in Vierradausführung her.
Ab 1926 wurde das 3-Liter-Modell mit einem verlängerten Radstand mit Rembrandt-Karosserien aus Delmenhorst auch als 14- bis 16-sitziger Zubringeromnibus gefertigt. Die Motorleistung betrug mit der Thermosyphonkühlung bis 1929 gut 45 PS, mit der anschließend eingebauten Wasserpumpenkühlung 53 PS. Die Reichspost erwarb 123

Exemplare dieser unter der Bezeichnung AST produzierten Baureihe.
Das Brennabor-Werk führte als erster deutscher Automobilhersteller bereits 1924 das Fließbandverfahren ein, nachdem Eduard Reichstein, ein Sohn des Firmengründers Carl Reichstein, während eines Studienaufenthaltes in den USA die modernen amerikanischen Fertigungsmöglichkeiten kennengelernt hatte.
Die wirtschaftliche Katastrophenlage der endenden zwanziger und der frühen dreißiger Jahre führte zur zeitweiligen Einstellung des Fahrzeugbaues. Nach einem Vergleichsverfahren im Jahre 1932 wurde die Automobilproduktion wieder aufgenommen. Eine rentable Fahrzeugproduktion konnte jedoch nicht mehr aufgebaut werden, so daß die Pkw-, Lieferwagen- und Kleinbusproduktion 1934 endgültig aufgegeben werden mußte. Bis zum Zweiten Weltkrieg fertigte das Unternehmen wieder Kinderwagen, Fahrräder und Kleinkrafträder. Während des Krieges produzierte Brennabor verschiedene Rüstungsgüter. In den nicht beschädigten, aber maschinenmäßig vollständig demontierten Anlagen wurde teilweise 1948 der ausgelagerte Breslauer Traktoren- und Raupenschlepperbau der FAMO-Werke eingerichtet, bis VEB-Planwirtschaftler den Betrieb Mitte der sechziger Jahre zum Getriebehersteller für das Ludwigsfelder IFA-Lastwagenwerk umwandelten. Im Sommer 1991 übernahm die Zahnradfabrik Friedrichshafen AG (ZF) das Brandenburger Werk.

45-PS-Brennabor Aussichtswagen Typ AL 35

53-PS-Brennabor Typ AST 38

53-PS-Brennabor Typ AT 36

Büssing

Heinrich Büssing, Specialfabrik für Motorlastwagen, Motoromnibusse und Motoren, Braunschweig, Elmstraße

1. 1903 - 1920 Heinrich Büssing, Specialfabrik für Motorlastwagen, Motoromnibusse und Motoren, Braunschweig, Elmstraße
2. 1920 - 1922 Heinrich Büssing Automobilwerke KG
3. 1922 - 1931 Heinrich Büssing Automobilwerke AG, Braunschweig Salzdahlumerstr.
4. 1931 - 1943 Büssing-NAG, Vereinigte Nutzkraftwagenwerke AG, Braunschweig, Heinrich-Büssing-Straße 40
5. 1943 - 1950 Büssing-NAG Nutzkraftwagen GmbH
6. 1950 - 1960 Büssing Nutzkraftwagen GmbH
7. 1960 - 1971 Büssing-Automobil-Werke AG, ab 1967 Salzgitter-Watenstedt, Industriestr. Mitte 159 - 179

Der Ostfale Heinrich Büssing wurde 1843 in Nordsteimke bei Fallersleben als Sohn des Dorfschmiedes geboren und erlernte ebenfalls das Schmiedehandwerk. Nach einigen Wanderjahren studierte er von 1862 bis 1866 am Collegium Carolineum, der späteren TH Braunschweig. Das Fach Maschinenbau schloß Büssing mit dem Ingenieur-Diplom ab. 1868 fertigte er in seiner eigenen Fabrik erste Hochräder. Gemeinsam mit dem Kaufmann Max Jüdel gründete Heinrich Büssing 1871 die Eisenbahn-Signal-Bauanstalt Max Jüdel u. Co., die Sicherungsanlagen für die erweiternden Eisenbahnen herstellte.
Um die Jahrhundertwende konstruierte Heinrich Büssing »mehr aus technischer Leidenschaft als aus wirtschaftlichen Absichten« sein erstes Fahrzeug, ein Fahrgestell mit Motor, auf das auch ein Omnibusgehäuse für 10 Personen aufgesetzt wurde. Eine verstellbare Riemenscheibe diente zur Geschwindigkeitsregelung. 50 km/h konnte dieser Motorwagen angeblich erreichen. Für einen Serienbau sah der stets vorsichtig handelnde Heinrich Büssing dieses als »Graue Katze« bezeichnete Modell indes noch nicht vor.
Um sich ganz auf den neuen Technikzweig zu konzentrieren, trat Heinrich Büssing aus der Jüdelschen Fabrik aus und gründete als erfahrener und kapitalkräftiger Fabrikant mit seinen Söhnen Ernst (1867 - 1931), (der jedoch schon bald wieder ausschied) und Max Büssing (1875 - 1934) ein eigenes Unternehmen, das sich ausschließlich der »Entwicklung und Konstruktion von leistungsfähigen und wenig störanfälligen Lastwagen und Omnibussen« widmete. Die erste Fabrikanlage wurde mit fünf Arbeitern in einer stillgelegten Wäscherei in der Braunschweiger Elmstraße eingerichtet.
Einen bedeutenden Anteil an der frühen Motoren- und Nutzfahrzeugentwicklung des Büssing-Werkes hatte der von der Motorenfabrik Kämper hinzugekommene Ingenieur Karl Schroeder (1881 - 1954), der später, im Ersten Weltkrieg, die Heeresschlepperentwicklung bei den Lanz-Werken leitete. Danach wechselte er zu Dürkopp und Krauss-Maffei. Ab 1930 war er bei den Magirus-Werken tätig. Er schuf in Ulm den Magirus-Dieselmotor und den Magirus-Eintonner.
Nachdem Büssings Unternehmen 1903 erste Lastwagenmodelle vorgestellt hatte, erschien 1904 ein erster Omnibus für 12 Personen. Der Bus mit 20-PS-Vierzylindermotor wurde von der eigens hierzu durch Büssing gegründeten Firma »Automobil-Omnibus-Betriebs-Gesellschaft Braunschweig« auf der Strecke Braunschweig-Wendeburg eingesetzt. Sie gilt als erste Omnibuslinie mit festen Postbeförderungsaufträgen. Die Oberpostdirektion Braunschweig der Kaiserlichen Reichspost beeindruckte beim Einsatz des Fahrzeugs die bisher noch nicht erreichte Pünktlichkeit eines Linienwagens. Die Post erhöhte mehrfach die Subventionssumme. Die Linie wird heute noch durch das private Busunternehmen Mundstock betrieben.
Wie beim damaligen Eisenbahnwagenbau bestand der Rahmen aus U-Trägern, versteift durch Unterzüge. Die Holzräder waren zunächst eisen-, später gummiklotzbereift. Der Antrieb erfolgte über Ketten mit einer Kettenbrücke. Interessante Details des Büssing-Ottomotors waren ein Niederspannungsmagnet mit von der Nockenwelle be-

tätigten Zündstiften, die obenliegende, mittels Königswelle angetriebene Nockenwelle und seitlich in den Zylinderkopf hängende Ventile sowie ein überdimensionales Schwungrad.
Ein Dreiganggetriebe mit einem Rückwärtsgang befand sich in einem vorderen Getriebekasten, ein zusätzliches Zweiganggetriebe war in der Kettenbrücke eingebaut. Zur Vereinfachung wurde dieses umständlich zu betätigende Doppelgetriebe ein Jahr später durch ein normales Vierganggetriebe ersetzt. Gleichzeitig kamen als weitere technische Raffinessen eine Differentialsperre und die patentierte, rollengelagerte Hinterachsfederung hinzu. Ein Schutzblech über der Kette sollte »Verschmutzungen der Passagiere« beim Einsteigen verhindern. Der Aufbau wurde in der damals üblichen Hartspanten-Holzbauweise ausgeführt. Die höchstmögliche Geschwindigkeit betrug 30 km/h.
Nachdem sich dieser Bus (ebenso wie der erste als Museumsfahrzeug der späteren Übernahmegesellschaft MAN erhalten gebliebene Lastwagen) auch auf der damals gefürchteten Torfhausstrecke im Harz bewährt hatte, wurde er in seine Konstruktionsteile zerlegt und untersucht. Da sich keine Schäden gezeigt hatten, startete das Unternehmen bald mit 150 Arbeitern und »Beamten« (= Angestellten) die Serienproduktion von Omnibussen. Einen Nachbau des ersten einsatzfähigen Büssing-Busses fertigte in den späten achtziger Jahren die Ausbildungsabteilung Technik des MAN-Werkes München. Die Kapazität seiner Busse erweiterte Büssing auf 19 Sitz- und 11 Stehplätze. Eine Geländergalerie auf dem Dach nahm das Gepäck auf. Eine erste Serie von 50 Stück in einer Doppeldeckversion (aufgrund weggelassener oberer Fenster- und Dachpartie auch Decksitzomnibus genannt) wurde 1904 noch nach England an die Stadtlinienbus-Betriebsgesellschaft London General Omnibus Company verkauft. Anfänglich montierte Büssing bei einem Bus für den Einsatz im Harz ein partielles Oberdeck über der Fahrerbank und dem Motorbereich, das durch eine seitliche Leiter erreicht werden mußte.
Der ursprüngliche Vierzylindermotor wurde mehrfach aufgebohrt und lieferte schließlich im Jahre 1909 zwischen 38 und 40 PS. Erwähnenswert ist dabei, daß man ihn in dieser Größe als Langsamläufer bis Anfang der zwanziger Jahre gebaut hat.
Ab 1905 konnte Büssing weitere größere Fahrgestellserien und zudem karossierte Doppeldecker an das englische Unternehmen verkaufen. Eine Lizenz zum Nachbau der Büssing-Fahrzeuge wurde dabei unter anderem dem Londoner Unternehmen Sidney Straker & Squire erteilt.
Auch Frontlenker-Ausführungen mit dem Fahrersitz über dem Motor wurden in den Anfangsjahren des Büssing-Nutzfahrzeugbaus gefertigt. Ein seitlicher Einstieg und eine Gepäckgalerie waren vorhanden.
Zu ersten Fabrikationserweiterungen kam es 1906 an der Wolfenbütteler und in der Elmstraße, um der großen Nachfrage zu entsprechen. Die Belegschaftsstärke war nun auf 600 Beschäftigte angestiegen, die etwa 300 Nutzfahrzeuge im Jahr herstellten.
Heinrich Büssing, 1909 zum Geheimen Baurat und zum Dr. Ing. E. h. von der TH Braunschweig ernannt, bemühte sich stets, Neuerungen in seine Fahrzeugkonstruktionen einzuführen. So entwickelte er schon 1906 in Zusammenarbeit mit der Firma Continental in Hannover »Büssing-Hohlreifen für hohe Raddrücke«, auch Riesenluftreifen genannt, die teilweise für Omnibusse verwendet wurden.
Erste Exemplare 38-sitziger Decksitzomnibusse in Frontlenker/Seat-over-engine-Bauweise (Fahrer- und Beifahrersitze über dem Motor), mit hinterem 5-Personen-Stehperron konnte Büssing ab 1907 an die Allgemeine Berliner Omnibus-Actien-Geselschaft (ABOAG) verkaufen. Ein Jahr zuvor hatte diese Berliner Betreibergesellschaft bereits ähnliche Eindecker des Braunschweiger Unternehmens erhalten. Die gleichen Decksitzaufbauten für 43 Fahrgäste ließ die ABOAG auch auf Gaggenauer SAF/SAG-Seat-over-Chassis montieren.
Im Jahre 1909 erschien ein 23/30-PS-Modell in geschlossener Ausführung, also ein echter Doppeldecker mit 21 Sitz- und 9 Stehplätzen. Hinzu kam ein gleichstarkes Frontlenkerbaumuster für 31 Fahrgäste. Diese Fahrzeuge erreichten 24 km/h. Ein Büssing-eigenes Fuhrunternehmen in Berlin vergrößerte ab 1909 werbewirksam unter der Leitung von Oberingenieur Willy Staniewicz (1881 - 1962) die Nachfrage nach

Braunschweiger Lastwagen und Omnibussen. Diese »Transportgesellschaft zur Beförderung von Waren und Gütern« wird als eines der ersten Kraftverkehrsunternehmen der Welt angesehen.
Zum ersten Technischen Direktor seiner Werke ernannte Heinrich Büssing im gleichen Jahr den Regierungsbaumeister Adam Hofmann (1876 - 1924), später Prof. Dr.-Ing. und Büssing-Generaldirektor. Hofmann ging 1923 als Technischer Direktor zur Aktiengesellschaft für Automobilbau (AGA).
Erfolge erzielte das Büssing-Werk auch 1910 wieder mit dem Omnibusverkauf an Londoner Verkehrsgesellschaften. Im Deutschen Reich richtete das Unternehmen 1912/13 exakt 16 Linien mit 24 Omnibussen ein.
Auf Wunsch konnten die Omnibusse auch mit dem damals stärksten Büssing-Ottomotor, der 55 PS leistete, ausgerüstet werden. Gleichzeitig ging das Unternehmen bei den Omnibussen vom Ketten- auf den Kardanbetrieb über. Zunächst wurde für die Schubübertragung von der Kardanwelle auf den Rahmen ein besonderer Schubbalken benutzt, später wurde eine in sich selbst verschiebbare Kardanwelle eingebaut.
Etwa 2000 Arbeiter und Angestellte beschäftigte das Büssing-Werk in dieser Zeit. Nachdem die Werksanlagen 1910 und 1911 erneut vergrößert worden waren, wurden 1913 umfangreiche weitere Fabrikanlagen eingerichtet. Gemessen an der Fertigungskapazität zählten die Büssing-Werke in dieser Zeit zu den größten Nutzfahrzeugherstellern in der Welt. Eigene Verkaufsorganisationen in Rußland, Italien, Holland, Schweden, Norwegen, Dänemark und in den USA sorgten für den Auslandsabsatz der Fahrzeuge.
Im Jahre 1912 erschienen 18-, 24- und 30-sitzige Omnibusse mit den Typenbezeichnungen II, III und VI mit 20/25-, 32/35- und 40-PS-Zweiblockmotoren. Schließlich folgten 1913 eine 36/38-PS-Überlandtype mit einer vom Ingenieur, Kunstmaler- und Formgestalter Ernst Neumann-Neander entworfenen Karosserie und ein 50 PS starker Doppeldeck-Omnibustyp, der anschließend in großen Stückzahlen für die Leipziger Allgemeine Kraft-Omnibus-Gesellschaft gefertigt wurde. Seine Vorderradfedern waren vorn zusätzlich an patentierten Schraubenfedern aufgehängt. Und er verfügte erstmals serienmäßig über eine Warmwasserheizung.
Während des Ersten Weltkrieges ruhte der Omnibusbau, da sich das Werk auf den Bau der Regel-Drei- und Viertonner-Lkw sowie auf die Herstellung von Spezialfahrzeugen konzentrieren mußte. Für die Fertigung der Nutzfahrzeug-Stahlgußteile wurden 1917 die Anhalter Eisen- und Stahlgußwerke Theodor Mitscherling in Köthen/Anhalt in die Stahlgußwerke Büssing OHG umgewandelt.
Die ersten Nachkriegsjahre gestalteten sich für das Büssing-Werk äußerst schwierig. Harte Auseinandersetzungen mit der Arbeiterschaft führten zunächst zu einer zeitweiligen Stillegung des Unternehmens. Die Neuproduktion litt anschließend unter der Verwendung von schweren und mangelhaften Ersatzstoffen, die während der Kriegszeit beschafft und aufgebraucht werden mußten, zumal das Ausland die Einfuhr hochwertiger Werkstoffe verhinderte.
Der riesige Neubeschaffungsbedarf der Kommunen, die wie beispielsweise die Stadt Berlin alle ihre Motoromnibusse an die Heeresverwaltung hatte abgeben müssen, sowie die beginnende Inflationszeit bedeuteten im Gegensatz zum Lkw-Geschäft für die 1920 wieder auf 1000 Mitarbeiter angewachsene Fabrik eine Möglichkeit zum Neuanfang. Mit der trotz aller widerlichen Umstände gesund gebliebenen finanziellen Basis des Unternehmens ließ sich diese schwierige Zeit glücklicherweise überwinden. Heinrich Büssings Sohn Max und dessen Schwager, Dipl.-Ing. Paul Werners (1877 - 1953 und seit 1920 Teilhaber), führten das Braunschweiger Unternehmen. Im Jahre 1920 mußte die Büssing OHG aufgrund der völlig veränderten wirtschaftlichen und technischen Grundlage in eine Kommanditgesellschaft und 1922 in eine Familien-Aktiengesellschaft umgewandelt werden. Heinrich Büssing übernahm den Vorsitz des Aufsichtsrates; Ingenieur Max Büssing und Paul Werners bildeten den Vorstand. Gleichzeitig trat der erst siebenundzwanzigjährige Ingenieur Rudolf Egger (1893 - 1962), der vorher bei Puch und der NAG gearbeitet hatte, in die neue Aktiengesellschaft ein. 1923 wurde ihm die kaufmännische Leitung der Büssing-Gruppe übertragen; 1920 hatte er die Enkelin des Firmengründers geheiratet.

Paul Werners und der stellvertretende Technische Direktor und Chefkonstrukteur, Oberingenieur Willy Staniewicz, unternahmen 1922 eine Studienreise in die USA, um dort die modernen nordamerikanischen Fertigungsmethoden in Großbetrieben der Automobilindustrie kennenzulernen. Nach ihrer Rückkehr strichen sie zunächst das etwa 350 verschiedene Varianten umfassende Lkw- und Omnibus-Programm auf nur noch wenige, rationell zu fertigende Modelle zusammen. Der Betrieb wurde rationalisiert und die Fließbandarbeit vorbereitet. Für diese Serienfertigung, die ab 1926 in Gang kam, beschaffte das Unternehmen modernste amerikanische Werkzeugmaschinen. Um den vielfältigen Kundenwünschen und um flexibel zu bleiben, wurden jedoch stets nur kleine einheitliche Baumusterserien aufgelegt. Durch diese Rationalisierungsmaßnahme sowie späterer bedeutender technischer Innovationen gelang es, das Unternehmen trotz der Nachkriegskrise mit Inflation und Absatzflaute, dank der Stabilisierung der Mark relativ erfolgreich durch die Weltwirtschaftskrise zu führen.
Die Fertigungsanlagen wurden ständig erweitert, um genügend Raum für die Montage der in immer größeren Stückzahlen hergestellten Fahrzeuge zu gewinnen. Die monatliche Produktion stieg 1927 auf 250 Lastwagen- und Omnibusfahrgestelle; 2400 Mitarbeiter wurden in dieser Zeit beschäftigt. 1929 indes sank der Jahresausstoß auf 1628 Einheiten bei einem Personalbestand von 2135 Mitarbeitern.
Zu dem neuen Büssing-Programm gehörten indes seit 1924 dreiachsige Lastwagen- und Omnibusse in 6x4-Bauweise, das heißt: mit zwei getriebenen Hinterachsen. Vom Verteilergetriebe aus setzten eine Kardanwelle links das Differentialgetriebe der ersten und eine weitere Kardanwelle das Differentialgetriebe der zweiten Hinterachse in Bewegung (DRP-Patent 396 429 und DRGebrauchs-Muster 864 453). Die Idee dazu stammte von Büssing-Oberingenieur Willy Staniewicz. Konstruiert hatte diese neuartige Dreiachser-Antriebsmethode Ingenieur Paul Filehr (ging nach 1925 zu Henschel & Sohn).
Der erste Büssing-Dreiachs-Lkw des Typs VI GL und mit 55-PS-Vierzylinder-Ottomotor stand im September 1924 auf der Deutschen Automobil-Ausstellung (DAA) in Berlin. - Während der erste Sechsradomnibus (mit zurückversetzter Vorderachse) an die Bayerischen Stickstoffwerke verkauft werden konnte, drehte 1924 die zweite Ausführung (mit, wie beim Lkw, weit vorn montierter Vorderachse) Vorführungsrunden durch Deutschland. Er besaß einen Stadtlinienbusaufbau mit Einstieg in der Rückseite. Die Holzspantenkarosserien der VI GL-Hochrahmenbusse waren für 50 bis 60 Fahrgäste ausgelegt. Wer die Aufbauten der ersten beiden Büssing-Dreiachsbusse herstellte, ist leider nicht mehr zu ermitteln. 1925 begann in Braunschweig die Serienfabrikation der 6x4-Kraftomnibusse beziehungsweise der dafür erforderlichen Fahrgestelle.
Die ersten Großkunden rechtsgelenkter VI GL-Hochrahmen-Dreiachser waren ab 1925/26 die Dresdner Straßenbahn (mit Aufbauten der KVG-Sachsen-Hauptwerkstatt in Dresden, der Sächsischen Waggonfabrik in Werdau und der WUMAG in Görlitz), die KVG-Sachsen (mit eigenen Aufbauten und von Gottfried Lindner in Ammendorf/Halle), die HHA - Hamburger Hochbahn (mit Aufbauten von EVA-Wismar) und die ABOAG in Berlin (mit Ausflugsaufbauten der Waggonfabrik Flakenried in Hamburg).
1927 erwarb das Haus Büssing trotz der äußerst schwierigen allgemeinen Wirtschaftslage die Nutzfahrzeugfabrik Mannesmann-Mulag AG/Scheibler. Die Produktion wurde stillgelegt und eine gewisse Konkurrenz damit ausgeschaltet. Das Werk in Aachen wurde zum Reparatur-, Verkaufs- und Teilproduktionsbetrieb umgestaltet. Die nächste Büssing-Erwerbung war 1931 die Automobilfabrik Karl Franz Komnick und Söhne AG in Elbing. Der Kauf geschah auf Drängen der Reichsregierung, denn es sollten die Arbeitsplätze des westpreußischen Werkes mit seiner großen Holzverarbeitungstechnik erhalten bleiben. Dieser Betriebsteil wurde fortan als Büssing-NAG »Werk Osten« bezeichnet. Es fertigte mit 400 Beschäftigten ab 1935 überwiegend Karosserien für Büssing-NAG-Stadtomnibusse. Dessen ungeachtet verließen Komnick-Kraftschlepper, weiterentwickelt als Büssing-NAG-Dieselschlepper bis 1938 und leichtere Büssing-NAG-Dieselmotoren bis 1944 das westpreußische Werk.
Bereits 1930 vereinbarte das Braunschweiger Unternehmen auf Druck des Bankiers Josef Goldschmidt von der Danatbank (Darmstädter- und Nationalbank, Hausbank von Büssing und NAG) mit Wirkung zum 1.Januar 1931 eine Arbeitsgemeinschaft mit der in

Schwierigkeiten geratenen AEG-Tochter NAG. Die Leitung der Fabrikationsgemeinschaft, die sich ausschließlich auf den Nutzfahrzeugbereich bezog, die nach späterem Ankauf oder Pacht von Büssing beherrscht wurde, lag in den Händen von Dipl.-Ing. Rudolf Egger. Er führte gemeinsam mit Paul Werners das Unternehmen erfolgreich durch die Weltwirtschaftskrise. Von der NAG trat deren Direktor, Dr. Siegmund Kleczewer in den neugegründeten Unternehmenskomplex Büssing-NAG ein.
Die neue Gesellschaft, die über Werke in Braunschweig, Berlin-Oberschöneweide (von der NAG zur weitergeführten Pkw-Herstellung gepachtet), in Leipzig-Wahren, in Elbing sowie in Aachen verfügte, firmierte ab Oktober 1930 unter der Bezeichnung Büssing-NAG, Vereinigte Nutzkraftwagenwerke AG, Braunschweig (BNV). Sitz des bis 1949 bestehenden Unternehmens war Frankfurt am Main.
Heinrich Büssing, Geheimer Baurat, Dr.-Ing. E. h., Ehrensenator der TH Braunschweig und Ehrenbürger dieser Stadt, starb im Jahre 1929 im Alter von 86 Jahren. Er war Inhaber von mehr als 90 Patenten auf dem Eisenbahn- und Nutzfahrzeugsektor. Die Elmstraße in Braunschweig wurde ihm zu Ehren ein Jahr zuvor, also noch zu Lebzeiten, in Heinrich-Büssing-Straße umbenannt. Mit der Nutzfahrzeugabteilung des italienischen Automobilherstellers Alfa-Romeo wurde 1931 ein Lizenzabkommen zum Nachbau schwerer Büssing-Lastwagen und Omnibusse unterzeichnet. Für die Abrundung des Büssing-NAG-Angebots nach unten, mit leichten und mittleren Lkw und Bussen der 1,5- bis 4-Tonnen-Nutzlastklassen, erwies sich insbesondere das seitherige NAG-(Dux-Presto-) Werk Leipzig-Wahren als Glücksfall. Entwickelt hatte die sogenannten Schnellastwagen ab 1926 der Dux-Direktor Dr. Gustav Schürmann mit seinen Ingenieuren. Es handelte sich um die Typen Z, ZO (Bus) und 6 Z sowie um das NAG-Modell 518-»Imperator« (Niederrahmenwagen mit 70 PS). Im April 1927 gelangte Dux in den Besitz der Presto-Werke (Chemnitz), die ihrerseits Ende Dezember 1927 mit der NAG fusionierten.
1931 wurde Schürmann Direktor der bisherigen Wahrener NAG-»Presto«-Produktionsstätten. Seit 1936/38 gehörte er dem BNV-Vorstand an und war gleichzeitig Leiter des Berliner Büssing-NAG-Konstruktionsbüros. 1937/38 erreichte das äquivalente leichtere und mittelgroße Büssing-NAG-Lieferprogramm vom Typ 25-ON bis 400-N (einschließlich von »Burglöwe«-Baumustern mit Ottomotoren) bis zu den entsprechenden neuen »Trambus«-Frontlenkerausführungen 285 T bis 400 T. Die Dieselleistungen aller dieser Typen bewegten sich zwischen 45 und 80/90 PS. Sie boten 20 bis 36 Fahrgastsitze und gehörten den 2,5- bis 4-Tonnen-Nutzlastklassen an. Hinzukamen aus diesen Baureihen Haubensattelzugmaschinen der Typen SS und DS mit 65 und 90 PS für Omnibus-Sattelauflieger mit bis zu rund 80 Personen.
1933 mußte Dr. Siegmund Kleczewer aus dem Unternehmen ausscheiden. Oberingenieur Willy Staniewicz rückte an seine Stelle. Ein weiteres Engagement war 1935 der auf Verlangen der Reichsregierung begonnene Aufbau der Flugmotorenfabrik Niedersächsische Motorenwerke GmbH (NIEMO) in Querum bei Braunschweig. Sie stellte Flugzeugtriebwerke nach BMW-Lizenzen her. 1937 folgte ein Büssing-NAG-Großreparaturwerk in Königsberg, das vor allem Wehrmachtsfahrzeuge in der sogenannten »Festung Ostpreußen« warten sollte.
Nach dem Ersten Weltkrieg wurden die ehemaligen Omnibusmodelle unter der Leitung von Oberingenieur Viktor Kastner weitergebaut. Dabei gelang es dem Werk, 70 Omnibusse des Büssing-Typs III an die ABOAG abzusetzen und damit in die Domäne der NAG einzudringen. Die von 1921 bis 1924 gelieferten Fahrzeuge orientierten sich an den Vorgaben des ABOAG-Typs von Direktor Robert Kaufmann. Dabei erhielt der Rahmen eine Kröpfung über der Hinterachse, um den Wagenkasten des Oberdeckers tiefer legen zu können. Es handelte sich dabei praktisch um ein frühes Niederrahmenchassis. Weitere 45-PS-Modelle, teilweise mit Lange & Gutzeit-Karosserien, konnten an die Städtische Straßenbahn Dresden, an die Hamburger Hochbahn AG und an die KVG Freistaat Sachsen AG geliefert werden.
1927 bestand das Büssing-Busprogramm aus der Baureihe III GLn für Stadt-, Reise- und halboffene Aufsichtsaufbauten, aus der etwas größeren Typenreihe IV GnL, die sich auch für Berliner Doppelstockaufbauten eignete. Für die ABOAG fertigte Büssing 1927/28 dreiachsige VI GLn-Chassis mit zurückversetzter Vorderachse, für die damals

größten Doppelstockbusse der Welt. Das bei den Berlinern unter der volkstümlichen Bezeichnung »Jumbo« bekannt gewordene Fahrzeug fuhr auf sechs Luftreifen. Im Innern war im Heck eine Treppe zum Oberdeck angebracht. Der 75 PS leistende Büssing-Sechszylindermotor C 3 der Ursprungsbaumuster trieb die beiden Hinterachsen an. Die Höchstgeschwindigkeit betrug 36 km/h. Zur besseren Ausleuchtung der Fahrbahn waren die Scheinwerfer in Dachhöhe befestigt. Die von der Berliner Busbetriebsgesellschaft mitentwickelten Karosserien fertigten zunächst die ABOAG-eigenen Wagenbauwerke GmbH in Berlin-Treptow sowie die Waggonfabrik Uerdingen. Die ABOAG bestellte von diesem Modell 126 Exemplare, die bis zu 110 PS starke Reihensechszylinder-Ottomotoren (D 2) erhielten. Der Doppelstockaufbau bot bei 68 Sitzplätzen insgesamt 82 Fahrgästen Platz. 1929/30 bekamen die Doppeldecker zusätzlich eine vordere Treppe und eine vordere Tür, um den Fahrgastfluß zu beschleunigen. Die Sitzplatzanzahl reduzierte sich dadurch auf 70 Sitz- und 10 Stehplätze.
Bereits 1926 hatte Büssing den Dreiachser zum speziellen Omnibus-Chassis in Niederrahmenbauweise mit brillenartiger Kröpfung über den Hinterachsen weiterentwickelt. Zwei Varianten des neuen Typs VI GLn standen ab 1927 zunächst zur Verfügung: eine mit weit vorn angeordneter Vorderachse und hinten heruntergezogenem Personenträger und eine Bauart VI GLn-KVG Sachsen mit zurückversetzter Vorderachse (wie auch für die neuen ABOAG-Dreiachs-Doppeldecker), aber ohne Personenträger mit hinter der »Hinterachsbrille« eben verlaufender Rahmenheckpartie.
Der Radstand dieser recht langen Überland-Busfahrgestelle betrug 5900 plus 1250 Millimeter. Die KVG Sachsen rüstete die Chassis zunächst in ihrer Dresdner Hauptwerkstatt mit von Stahlspanten gehaltenen, holzausgekleideten Karosserien nach System Hans Arquint aus. Nach gleicher Methode ließ die KVG die neuen Großomnibus-Niederrahmenfahrgestelle auch von der Sächsischen Waggonfabrik Werdau komplettieren. In der Folgezeit beschaffte die KVG Sachsen mehr als 60 dieser »Langen Sachsen«. Die KVG-Busse des Typs »Dresden« waren mit Büssing-Sechszylinder-Ottomotoren (D 2) mit 100/110 PS ausgestattet und sie boten 60 bis 65 Fahrgästen Platz. Einige enthielten einen Buffetraum, Waschgelegenheit und eine Toilette.
Zu erwähnen ist noch, daß für die ABOAG auf der VI GLn-Basis auch Hochsitzversionen (1 1/2-Decker) für Ausflugs- und Gesellschaftsfahrten auf die Räder gestellt wurden. Die Eineinhalbdecker-Karosserie fertigten die Wagenbauwerke Treptow. Schließlich stellte die Waggonfabrik Uerdingen 1928/29 auf Büssing VI GLn-Fahrgestellen einen 50-sitzigen Ganzstahl-Linienbus-Aufbau vor, und die Sächsische Waggonfabrik Werdau baute für die Deutsche Reichspost eine Karosserie aus Leichtmetall-Legierung auf.
Mit einem 90-PS-Dieselmotor wurde auf Wunsch erstmals 1927 der Omnibustyp IV GLn ausgerüstet. Der Sechszylindermotor mit 9,5 Litern Hubraum war aus einer Vergasermaschine von dem seit 1916 bei Büssing tätigen Oberingenieur und Konstruktionschef Paul Arendt (1893 - 1968) in Zusammenarbeit mit der Motorenfabrik Körting AG in Hannover-Linden entwickelt worden. Das Selbstzünder-Triebwerk arbeitete nach dem Vorkammerprinzip mit einem Schußkanal; die Vorkammer war bei dieser Bauart direkt über dem Zylinderkopf angeordnet.
Der Typ III GLn beziehungsweise seit 1930/31 Typ 50 N und später Typ 502 N wurde unter anderem mit einer röhrenförmigen Karosserie der Rembrandt-Werke in Delmenhorst unter der Bezeichnung »Tubus« (»aus tube und bus«) angeboten. Auf beiden Fahrzeugseiten waren Mitteleinstiege mit Schiebetüren angebracht. Das für die damalige Zeit futuristische Modell in Spanten-Leichtbauweise konnte sich aufgrund der ungünstigen Platzverhältnisse jedoch nicht durchsetzen.
1929 erhielt die Reichspost 43-sitzige Dreiachs-Ausflugsomnibusse mit einem 12 Meter langen Allwetterverdeck, das sich durch einen Elektromotor zurückfalten ließ. Verdeck und Aufbau stellte Trutz in Coburg her. Gleichzeitig karossierte dieses Unternehmen verschiedene Ausführungen des Typs III. Weitere Ganzstahlaufbauten des Dreiachsers fertigten in diesen Jahren die Karosseriefabrik Lange & Gutzeit in Berlin sowie Schumann in Werdau/Sachsen.
Eine weitere Büssing-Pionierleistung war der 1929 vorgestellte dreiachsige Frontlenkeromnibus mit der Bezeichnung VI GR »Trambus«. Der bei diesem Modell verwendete

90-PS-Sechszylinder-Ottomotor C 4 war auf einem Schlitten montiert, recht und längs zur Fahrtrichtung, zwischen der Vorder- und der ersten Hinterachse unter überhöhten Sitzen. Die Maschine konnte zu Wartungsarbeiten seitlich herausgeschwenkt werden. Eine schrägliegende Kardanwelle mit einer Durchtriebsachse setzte rechtsseitig beide Hinterachsen in Bewegung. Ein Gewinn von zusätzlichen 25 Prozent Nutzraum konnte somit neben einer leichteren Wartungsmöglichkeit für den Motor gewonnen werden. Die weitestgehend mittragende, kastenförmige Leichtmetallkarosserie (möglicherweise den amerikanischen Zweibus-Typen von Frank Fageol nachempfunden), stellte die Hannoversche Waggonfabrik (HAWA) her.

Konstrukteur dieses Einzelexemplars war der erwähnte Oberingenieur Paul Arendt, der dieses Konzept 1933 bei der Hanomag mit einem Vierzylinder-Unterflurdieselmotor weiterentwickelte. Das Büssing-Werk ließ sich die Bezeichnung »Trambus« »für ein Fahrzeug mit waggonähnlichem Wagenkasten, der auch das Triebwerk enthält« gebrauchsmustermäßig schützen.

Mit dem Jahre 1930 erhielten die Fahrzeuge entsprechend der typenvergleichbaren Lkw-Nutzlast neue, zweistellige Bezeichnungen, die jedoch nach 1932 im Zuge der Fertigungs- und Vertriebsgemeinschaft mit der NAG und synchron mit der Einführung der Büssing-NAG-Dieselmotoren in ein dreistelliges System umgewandelt wurden, um damit auch Zwischengrößen und Weiterentwicklungen kennzeichnen zu können. Der Schriftzug »Büssing-NAG« zierte jetzt die Kühlerlamellen.

Ab 1932 wurden auch vermehrt neue, schnellaufende Dieselmotoren in die Fahrzeuge eingesetzt. Der Typ 300 als 30-sitziger Omnibus erhielt den 60-PS-Vierzylindermotor LD 4, der Typ 350 als ebenfalls 30-sitziger Omnibus den 90-PS-Sechszylindermotor LD 6 mit gleichen Abmessungen. Hinzu kam der Dreiachser unter der alten Bezeichnung 80 N mit einer 110-PS-Vergaser- oder einer gleichstarken Dieselmaschine mit 12,5 Litern Hubraum.

Als einzigen Fremdmotor bot Büssing-NAG ab 1932 wahlweise den 70-PS-Sechszylinder-Ottomotor OS 7 der Maybach Motorenwerke in den Typen 350-O und 400 JM (aus dem ehemaligen NAG-Presto-Programm) an - Durch die Fusion mit der NAG stand neben einem abgestuften Lkw- auch ein gleichfalls gut abgestuftes Büssing-NAG-Omnibus-Programm zur Verfügung, das vom 15-sitzigen Kleinbus bis zum 80 Personen fassenden Doppeldecker reichte. Büssing stieg mit der Kapazität der ehemaligen NAG-Werke zum Branchenführer im Deutschen Reich auf.

In wenigen Exemplaren versah das Werk 1933 die Typen 350-O und 400-N nunmehr auch mit dem V-Achtzylinder-Ottomotor L 8 V mit 100 PS aus dem vormaligen NAG-Motorenprogramm. In der Reisebusversion beschleunigte diese Maschine das Fahrzeug auf die damals beachtliche Geschwindigkeit von 100 km/h. Die in Leipzig / Wahren produzierten Modelle der Baureihen 15/150 bis 30/400 hatte Dr.-Ing. Gustav Schürmann konstruiert.

Der Dreiachser 801 N, eine Weiterentwicklung des Typs 80 N, erhielt neuentwickelte, nach links und nach rechts versetzte Differentiale für die zwei Kardanwellen, um auf diese Weise die Wagenhöhe weiter zu verringern und um einen guten Kräfteausgleich zu erzielen. Der Federungswaagebalken bekam zusätzliche Abwälzfedern mit auf den Weg.

Den Motorenbau rationalisierte das Unternehmen zunächst durch das Baukastensystem. Hauptfaktor war dabei die LD-Baukasten-Dieselreihe (110 mm Bohrung x 130 mm Hub), die bis in die Kriegszeit in Drei-, Vier-, Fünf- und Sechszylinder-Ausführungen mit 45 bis 95 PS und danach nur noch in sechszylindriger Version gebaut wurde (mit 100 bis 105 PS).

Eine wiederum einzigartige Konstruktion war 1931/32 der Sechsradtyp 80 N FDo, der bei der KVG Sachsen als »Typ Fichtelberg« lief. Die zweimotorigen 320-PS-Omnibusse mit einer Benzin- oder einer Treibgasversorgung sollten eine »hohe Reisegeschwindigkeit auf normalen Straßen ohne Rücksicht auf starke Steigungen« im sächsischen/erzgebirgischen Bergland erreichen. Tatsächlich erzielten die bis 16 Tonnen Gesamtgewicht auslastbaren, damals stärksten und schnellsten Großomnibusse der Welt Geschwindigkeiten von 65 bis 85 km/h. Mit zugeschaltetem Maybach-Schnellganggetriebe erreichten sie sogar 110 bis 120 km/h.

Die beiden unter der breiten Motorhaube stehend installierten Sechszylindermotoren (jeweils des Typs F) mit einem gemeinsamen Kurbelgehäuse trieben synchrongeschaltet je eine Hinterachse an (die linke Motorenhälfte die erste Hinterachse und die rechte Motorenhälfte die zweite Hinterachse). Auch nur mit einer Maschine konnte das Fahrzeug nach Art 6x2 betrieben werden. Ein gemeinsamer Öl- und Kühlwasserkreislauf sorgte für gleichmäßige Temperatur, so daß der Fahrer jederzeit den zweiten Motor zuschalten konnte.
Weitere Details waren die hydraulisch betätigten Kupplungen mit einem Freilauf, die beiden druckluftgeschalteten Fünfganggetriebe mit einem Schnellgang, die beiden Getriebe- und Druckluftbremse, auf alle sechs Räder wirkend.
Die KVG Sachsen besaß fünf Exemplare dieser überaus stark motorisierten Modelle und setzte sie zumeist auf der 170 km langen Strecke von Dresden über Oberwiesenthal bis nach Karlsbad in Böhmen ein, wobei während der vier- bis fünfstündigen Fahrt ein Höhenunterschied von mehr als 900 Meters überwunden werden mußte. Die eleganten Aufbauten entwarf und fertigte das Werk Werdau (vormals Sächsische Waggonfabrik) der Linke-Hofmann-Busch AG in Breslau und Bautzen.
Bei den Doppelmotoren ergaben sich vor allem regeltechnische Probleme, auch wenn die Antriebsräder über Schwungrad-Zahnräder miteinander verbunden waren.
1934 kehrte Oberingenieur Paul Arendt von der Hanomag AG zurück. Er entwickelte bei BNV als Chefkonstrukteur die Technik der Omnibus- und Lkw-Unterflurmotoren. 1941 wurde Arendt zum Technischen Direktor ernannt. - Eine umfangreiche Omnibus-Palette mit den Basis-Typenbezeichnungen 150, 200, 250, 275, 285, 300, 305, 350, 375, 40 N, 502 und 801/802 wurde Mitte der dreißiger Jahre angeboten. Neben Aufbauten der bekannten Büssing-Karosseure wurden ihnen auch Karosserien der Firmen Jonas Jessen in Hamburg-Wandsbeck, der Gothaer Waggonfabrik, der Waggonfabrik Gebrüder Credé & Co. in Niederzwehren/Kassel und der Frankfurter Karosseriefabrik FKF angepaßt.
Von Interesse ist hier, daß die in Leipzig gebauten Modelle neben den erwähnten Dieselmotoren auch weiterentwickelte, schnellaufende und kleinvolumige Ottomotoren aus dem früheren NAG-Protos-Pkw-Bereich mit 65 bis 80 PS erhielten.
275-N- bis 350-O-Haubenbusfahrgestelle und 285-T- bis 400-T-Frontlenkerbus-Chassis wurden ab 1935 mit stromlinienförmigen beziehungsweise aerodynamisch ausgelegten Karosserien ausgestattet. Die Aufbauten stammten von den FWR-Fahr-zeugwerke GmbH Karl Danz in Recklinghausen, von Gaubschat, aus dem BNV-Karosseriewerk Elbing, von Schumann-Werdau und von Karl Kässbohrer. Die Deutsche Reichsbahn setzte bis zu 115 km/h flotte »Rundhauber« ab 1936/37 auf ihren Reichs-autobahn-Schnellreisebuslinien ein.
Im Zeitraum 1933/34 erschienen Büssing-Zwei- und Dreiachs-Omnibusse mit elektrischen AEG-Ausrüstungen auch als O-Bus-Prototypen. Insgesamt drei 6x4-Exemplare mit 2 x 41-kW-Motoren wurden für die Berliner-Verkehrs-Gesellschaft (BVG) mit Christoph & Unmack-Karosserien hergestellt. Auch eine diesel-elektrische Version wurde für die BVG entwickelt. Die dort unter der Bezeichnung D 3 Die 34 geführten zwei Hauben-Dreiachser besaßen 125-PS-Dieselmotoren und boten 58 Sitz- und 17 Stehplätze. Einer verfügte über eine AEG-, der andere über eine Siemens-Schuckert-Elektroantriebsanlage (Generatoren und Fahrmotoren). Schließlich konstruierten die Büssing-Ingenieure 1934/35 Prototypen eines dreiachsigen »Reichsbahn-Schnellomnibusses« vom Typ GDo mit zwei gummigelagerten 140-PS-Motoren (zwei GD 6). Der erste, neben dem Fahrersitz stehende Motor trieb über ein ferngeschaltetes Getriebe in Wagenmitte die letzte Hinterachse an. Der im Heck untergebrachte zweite Motor trieb ebenfalls über ein ferngeschaltetes Getriebe die vordere Hinterachse an. Die mit zusätzlichen Schnellgängen versehenen Getriebe wurden synchron durch eine Druckluftanlage betätigt. Es bestand die Möglichkeit, auch nur mit einer Maschine zu fahren. Ein gemeinsames Motorenkühlaggregat befand sich im Fahrzeugheck.
Mit dem insgesamt 280 PS leistenden Antrieb sollte der mit 40 bis 50 Personen besetzte Omnibus »ohne Überanstrengung der Maschinen« eine Geschwindigkeit von 120 km/h erreichen können. Eine speziell entwickelte Einzelbereifung wurde verwendet. Das 13,6 Meter lange Stromliniengerippe dieses Langstreckenomnibusses stellten die

Ludwig-Werke in Essen-Altenessen her. - Die Belegschaft der Büssing-NAG-Werke war durch den beginnenden Wirtschaftsaufschwung 1935/36 inzwischen auf 6600 Mitar-beiter gestiegen.
Die Leistung des Sechszylinder-Dreiblock-Dieselmotors der zweiten Entwicklungsstufe wurde durch Aufbohren inzwischen auf 145 PS gesteigert und in die Dreiachsmodelle 801/802 eingebaut. In einigen Exemplaren rüstete das Büssing-Werk diesen 13,5-Liter-Motor der Baureihe GD 6 auch auf den Holzgasbetrieb um.
Unter der Typenbezeichnung 550 N erschien 1935 ein 110 PS starker Omnibus, der mit eigenen Elbinger Karosserien und mit Aufbauten der Waggonfabrik Uerdingen sowie der EVA-Wismar versehen wurde. 25 Sitz- und 19 Stehplätze waren vorhanden. 1936 erhielt dieses Modell unter anderem eine Imbert-Holzgasanlage im Heck und einen Aufbau (34 Sitz- und 11 Stehplätze) der Waggonfabrik Gebr. Credé.
Auf der IAMA 1936 stellte Büssing-NAG das neue Kühlergesicht beziehungsweise die neue Kühlermaske vor, den sogenannten Wappenkühler: oben mit dem Nutzfahrzeugwinker-artigen Büssing-NAG-Zeichen und darunter angeordneten horizontalen Zierleisten, die nach unten hin beidseitig einer senkrechten Chromleiste kürzer wurden. Dieses Kühlergesicht entwarf wieder der Künstler und Formtechniker Ernst Neumann-Neander. Das Wappenmuster zierte zudem die Vorderpartien der B-N-Trambusse.
Der Fünfzylinder-Baukastendiesel mit 80 PS wurde 1936 unter anderem in den neuen Trambus-Typ 305 T eingebaut (Frontlenker mit Frontmotor). In gleicher Trambusbauweise erschien der Typ 375 T mit 95-PS-LD 6-Diesel. Mit diesen Modellen begründete Büssing-NAG ein Antriebskonzept, das bis Anfang der fünfziger Jahre beibehalten wurde. Gemessen am Büssing-NAG-Typ von 1929 ließ sich diese Motoreneinbautechnik von der Plazierung sowie von der Übertragungs- und Schalttechnik her wesentlich einfacher realisieren.
Zur Ablösung der Dreiachsmodelle 801/802 N erschien 1936 auf der Berliner IAMA der Typ 900 N mit dem 135 PS leistenden 13,5-Liter-Sechszylinder-Diesel GD 6.
Als Baumuster 900 TU präsentierte BNV auf dieser Ausstellung eine technische Sensation: das späterhin erfolgreiche und weiterentwickelte, patentierte Unterflur-Antriebssystem. Der für 145 PS ausgelegte 13,7-Liter-Diesel UD 6 wurde linkerseits unter dem Fahrersitz liegend angeordnet und trieb über eine mehrteilige Kardanwelle die Hinterachsen an. Umfangreiche technische Vorkehrungen mußten allerdings getroffen werden, um den Ölkreislauf des »Horizontalmotors« insbesondere bei Neigungen sicherzustellen. Der gesamte Innenraum des Dreiachsers ließ sich nunmehr für die Transportaufgabe nutzen. Eine Geruchsbelästigung und eine Erwärmung wie beim innen stehenden Motor mit seiner großen, oftmals undichten Abdeckung waren fortan ausgeschlossen. Dieser sich seit 1934 in der Entwicklung befindliche Büssing-NAG 900 TU mit 30 Sitz- und 40 Stehplätzen gilt als der erste Dreiachs-Trambus mit einem Unterflur-Dieselmotor. Den Aufbau steuerte die Düsseldorfer Waggonfabrik (DÜWAG) bei. Oberingenieur Paul Arendt, der wie erwähnt, von der Hanomag zurückgekehrt war, hatte hier wieder seine Ideen eingebracht. Der Dreiachser wurde bei der ÜSTRA in Hannover eingesetzt und nach 1945 bei Emmelmann zum Kleinbahn-Treibwagen für die Württembergische Eisenbahn-Gesellschaft umgebaut.
Auch ein zweiachsiges, von der Waggonfabrik Uerdingen karossiertes Unterflurmodell unter der Bezeichnung 650 TU wurde mit dem gleichen Motor entwickelt und ging ebenfalls an die ÜSTRA in Hannover. Ab 1937 stattete Kässbohrer für die Stadtwerke Warschau einige 650 TU-Fahrgestelle mit recht ansehnlichen Karosserien und Doppelfalttüren vorn und hinten aus.
Einen weiteren Unterflur-Typ mit der Bezeichnung 70 T und mit einem Fischbauchrahmen führte das Unternehmen 1940 vor, nach Zeichnungen von Paul Arendt. Der UD 6-Motor mit 140 PS war hier erstmals zwischen den Achsen rechts eingebaut. Die unter dem Namen »Ubus« gefertigten Prototypen wurden nur in einer Vorserie zu Erprobungszwecken aufgelegt. Durch das laufende Rüstungsprogramm unterblieben zunächst die Fortführung und der Serienanlauf des BNV-Unterflurbusprogramms; Ende der vierziger Jahre griff die (noch) Büssing-NAG die Unterflurtechnik erfolgreich wieder auf.
Die 900 N-Fahrgestelle erhielten ab 1936/37 Stadtlinien-, Ausflugs-, Reise- und

Reichspostbus-Aufbauten, unter anderem von Nicolaus Trutz, vom Westwaggon-Werk Gastell in Mainz-Mombach, von Peter Bauer in Köln, von der DÜWAG, von Schumann-Werdau, Busch-Bautzen und der WUMAG-Görlitz. Letztere verfügten bei der Dresdner Straßenbahn über 28 Sitz- und 55 Stehplätze. Das Gesamtgewicht eines noch bei den Dresdner Verkehrs-Betrieben vorhandenen Wagens beträgt 17,4 Tonnen. Im übrigen wurde das B-N-Niederrahmenchassis offenbar späterhin als Typ 902 N bezeichnet und die Motorleistungen des GD 6-Diesels in Werkstattdaten mit 140/145 PS ausgewiesen. Davon abgesehen gab es einige 900er-Busfahrgestelle, die lediglich mit dem 110/120 PS leistenden FD 6-Diesel ausgestattet waren (beispielsweise bei der ÜSTRA-Hannover), der im allgemeinen zum Antrieb des 802 N-Baumusters gedient hatte. Diese Praxis übte BNV bei den 650 T-Zweiachs-Trambussen. Statt des stärkeren GD 6-Diesels bekamen sie die FD 6-Version mit auf den Weg: beispielsweise bei den Verkehrsbetrieben Wiesbaden und 1939/40 im ersten dreiachsigen 14,3-Meter-Versuchsgelenkzug der Bahnen von Köln, vermutlich vom Peter Bauer-Fahrzeugwerk, für 99 Personen.
Das 6x4-Chassis 900 N »entdeckten« die BNV und die Reichsbehörden ab 1938 zur Kapazitätsvergrößerung von Stadtomnibussen. Das Karosseriewerk »Osten« in Elbing versah die Fahrgestelle mit einstöckigen Stahlaufbauten, die einen Oberstock in Holzbauweise aufgesetzt bekamen. Unten und oben waren zusammen 62 Sitzplätze vorhanden. Dazu kamen 41 Stehplätze, so daß sich ein Gesamtfassungsvermögen von 103 Fahrgästen ergab. Die Büssing-NAG-Doppeldecker gingen an die Verkehrsbetriebe von Lübeck, Hamburg, Braunschweig und München (in Variationen mit Dreh- und Schiebetüren). Davon abgesehen lag bei den Karl Kässbohrer-Fahrzeugwerken in Ulm seit 1937 eine für den 900 N entwickelte Doppelstockaufbautenkonstruktion in der Schublade, die wahrscheinlich wegen des Schell-Typenbereinigungsplanes oder wegen des Kriegsausbruchs im September 1939 nie realisiert wurde. Für den Büssing-NAG/Kässbohrer-Zweistockbus waren 87 Sitz- und 13 Stehplätze vorgesehen.
Realisiert wurde hingegen 1938 der B-N-Trambusriese 900 T (6x4). Zwei Jahre vorher stand er mit dem 18-Liter-Diesel ID 6 mit 160/175 PS im Lieferprogramm. Als Schumann-Werdau schließlich für die Stadt Greiz ein Fahrgestell komplettierte, war ein GD 6-Diesel mit 140 PS installiert. Die Gesamtlänge des Busriesen betrug 13 Meter. In der dachrandverglasten Leichtstahlkarosserie gab es 39 Sitz- und 20 Stehplätze. Der Wagen hatte in Aufbaumitte eine Schiebe- und am Aufbauende eine Drehtür.
Im Zuge der Neuorientierung bei der BVG in Berlin auf 6x4-Omnibusse in Frontlenkerbauweise mit weitestgehend standardisierten Fahrgestellen und ebenso vereinheitlichten DO 36-Doppelstock-, ADO 38-Ausflugsbus- und EDO 39-Eindeckaufbauten, war die BNV neben Daimler-Benz und Henschel & Sohn ab 1936 in die Ausarbeitung der Konzeption mit einbezogen. Abgesehen vom Dieselmotor, dem Kraft-strang, den Achsen und bestimmten Rahmenteilen mußten fast alle Fahrgestell- und Aufbautenkomponenten tauschbar sein.
Das DO 36-Niederrahmenchassis mit Hinterachsüberbrückung (keine »Brille«) und anschließendem Perronträger stattete Büssing-NAG mit dem 14,6-Liter-Sechszylinder-Diesel DMD 6 aus. Er leistete 172 PS (der Daimler OM 49 hatte 176/200 PS und der Henschel U 175 PS). Sowohl die DMD 6-Maschine als auch das DO 36-Fahrgestell bildeten gleichzeitig die Grundlage sowohl für die Eindecklinienbus-Variante EDO 39 als auch für die einstöckige Ausflugs-Version ADO 38. Mit letztgenannter Ausführung betraute die BVG nur Büssing-NAG. Sie besaß praktisch einen Linienaufbau, den Christoph & Unmack in Niesky/Oberlausitz indes mit Dachrand-Verglasungen dem speziellen Einsatzzweck anpaßte. Der DO-Bus faßte 75 Personen, der EDO nahm 60 auf und der ADO bot 43 Personen Platz. Die neuen Busse stellte die BVG zwischen 1938 und 1941 in Dienst.
Der Typ 650 N mit dem 138/145-PS-GD 6-Diesel erschien nun auch mit Elbinger Aufbau. Zwischen 1936 und 1938 fertigte BNV außerdem Obus-Fahrgestelle mit 85-kW-Doppelkommutatormotoren und belieferte damit den Fahrzeugbau Schumann GmbH in Werdau (nach 1945 Kraftfahrzeugwerk »Ernst Grube«), wo sie Trolleybusauf-bauten der Normgrößen I und II erhielten.
Während vereinzelt noch bis Ende der dreißiger Jahre die kleinen NAG-Typen ausgelie-

fert wurden, rundete 1937 der Trambus 400 T mit dem 95-PS-Motor die Frontlenkerlieferliste nach unten ab. Bei den ersten 550 T- und 650 T-Modellen ragte der Kühler charakteristischerweise noch aus der Vorderfront hervor. Er wurde bald darauf in die Frontlenker-Frontpartie miteinbezogen. Die 550 T- und 650 T-Trambusfahrgestelle karossierten unter anderem die Aufbautenhersteller Peter Bauer (seit 1992 ZSO-Bereich der Zeppelin-Metallwerke), die DÜWAG-Düsseldorfer Waggonfabrik, Adolf Emmelmann in Hannover, Schumann-Werdau und 650 T-Restbestände komplettierte nach 1945 noch die Anhängerfabrik Blumhardt in Wuppertal.
110 PS starke Holzvergaseromnibusse mit dem 12,5-Liter-FH 6-Motor hatten BNV und Prof. Dr. Josef Deiters entwickelt. Die Imbert-Holzgas-Generatoranlage befand sich auf der Heckplattform des von der Waggonfabrik Credé aufgebauten Zweiachsers. Der Holzvorrat war in einem Dachbehälter untergebracht. Einer der formschönen Busse mit sehr weit zurückversetzter Vorderachse unter dem freitragenden Aufbau lief bei der Stadt Braunschweig.
Im Jahr 1939 kombinierten die Gaubschat-Fahrzeugwerke Dreiachser des Typs 900 N mit zweiachsigen Anhängern zu 22 Meter langen Ganzstahl-Omnibuszügen mit 34 plus 45 Sitzen (einschließlich Klappsitzen insgesamt 96). Als Kraftquelle dienten 170-PS-Ottomotoren des 13,5-Liter-Typs GV 6, eingerichtet für den Treibgasbetrieb. Der Antrieb erfolgte über ein vorverlegtes Differential und eine zusätzliche Ritzelübertragung. Ein Doppel-Kugelkopf-Spezialkupplung zur Betätigung der Allradlenkung starr mit 1,5 Meter Abstand gekuppelten Anhängers, dazu eine Faltenbalgverbindung vom Motorwagen zum Hänger und die Dachrandverglasung waren weitere Merkmale des als »D-Zug der Landstraße« bezeichneten Großomnibusses. Die KVG Sachsen erwarb drei Züge dieser Bauart. Außerdem besaß die KVG Sachsen einige B-N-900-Solobusse mit GV 6-Ottomotoren und Aufbauten (43 Sitzplätze) von Busch-Bautzen.
Eine Art »Standard«-Stadtomnibus der ausgehenden dreißiger Jahre wurde der Frontlenker-Typ 500 T, der 1938 mit innenstehendem 95-PS-Diesel auf den Markt kam. Die Aufbauten stammten überwiegend aus dem Büssing-NAG-Karosseriewerk »Osten« in Elbing. Typisch für diese Trambusse war die Schiebetür hinter der Vorderachse. Verschiedene Karosseriefirmen nahmen sich der Trambusfahrgestelle an und komplettierten mit maßgeschneiderten Aufbauten. Zu erwähnen ist die Waggonfabrik Lindner, die zur problemlosen Wartung des Motors eine in einem hinteren Gelenk gelagerte, vorne abhebbare Komplettkarosserie entwarf.
Ab 1940 erhielt der Typ 500 T auf 105 PS gesteigerte Sechszylinder-LD 6-Diesel. Die Leistungserhöhung wurde durch eine Verbesserung der Vernebelung des Brennstoffs mit dem hier verwendeten Vorkammer/Wirbelkammerverfahren erzielt. Drei Mulden im Kolbenboden, die passend zu den drei Kraftstoffstrahlen eingegossen waren, bewirkten eine rationellere Verbrennung. Diese Methode wurde auch als Büssing-Vorkammer-Energiespeicherverfahren bezeichnet, das mit der indirekten Einspritzung seinerzeit einen wirtschaftlichen und vor allem ruhigen Betrieb gewährleistete. Die Verdichtung lag bei 18,5 : 1. Die Kurbelwelle ruhte auf sieben Gleitlagern. Nasse, auswechselbare Zylinderlaufbüchsen und Leichtmetallkolben kennzeichneten die Büssing-Motorentechnik. Konstrukteur dieses Motors war Dr.-Ing. Franz Zahren, der 1936 bei Büssing-NAG eintrat und ab 1939 bis zum Ende der Eigenständigkeit des niedersächsischen Unternehmens die Leitung der Motorenabteilung innehatte.
Ein weiteres Detail des Typs 500 T war die Zweischeiben-Trockenkupplung. Sie übertrug die Kraft auf ein fünfgängiges Zahnradschubgetriebe mit Kugelschaltung. Der 5. Gang dieses von Büssing hergestellten Getriebes war in direkter Übersetzung als Schon- oder Schnellgang ausgebildet. Kräftige Schubstreben sollten die Kräfte beim Beschleunigen und beim Abbremsen aufnehmen. Die doppelt untersetzte Hinterachse und die Bettung der Hinterachsfedern waren in wartungslosen Abwälzfedern verankert. Eine Zentral-Eindruckschmierung und eine kombinierte Druckluft-Öldruck-Vierradbremse kennzeichneten weitere Konstruktionsmerkmale dieses Büssing-Erzeugnisses. Die Bremstrommeln besaßen Kühlrippen. Die Handbremse wirkte auf eine Vorgelegewelle am Getriebe. Zu ergänzen sei, daß einzelne Modelle mit einer im Heck angeordneten Holzgasanlage ausgerüstet wurden.
Ab 1941 wurde der Trambus 500 T unter der neuen Schellplan-gerechten Typenbezeich-

nung 4500 T mit auf 107 PD leistungserhöhtem Dieselmotor angeboten. Der Kriegslage entsprechend erhielt der Frontlenkerbus immer stärker abgemagerte Karosserien des Elbinger Zweigwerkes. Dabei wurden schließlich Preßpappe für die Seitenteile verwendet und einfaches Fensterglas eingesetzt.
Bis Mitte 1944 konnte der Trambus als einziges Omnibusmodell der Büssing-NAG-Werke noch gefertigt werden. Aufgrund neuer Rüstungaufträge des Ministeriums von Albert Speer mußte sich das Unternehmen mit nahezu 50 Prozent Zwangsarbeitern schließlich immer stärker auf die Lastwagen- und Panzerspähwagenproduktion konzentrieren, so daß der Omnibusbau vorübergehend ganz eingestellt werden mußte.
1943 kam es zur Auflösung der Familien-AG. Man wandelte sie in eine GmbH um. Rudolf Egger und Willy Staniewicz wurden im Rahmen der neuen Rechtsform zu Geschäftsführern ernannt. Nicht zu vergessen: Büssing-NAG verfügte im damaligen Deutschen Reich bei den Omnibussen über einen Marktanteil von 28 Prozent.
Das Büssing-Werk Braunschweig war durch zehn Luftangriffe zu 50 Prozent und letztendlich durch direkten Artilleriebeschuß immer weiter beschädigt worden. Nachdem amerikanische und britische Truppen Anfang April 1945 die Fertigungsstätten besetzt hatten, gelang es Generaldirektor Rudolf Egger und dem seit 1942 tätigen Vorstandsmitglied, Direktor Otto C. Schirz (1899 - 1979), bei den britischen Offizieren eine Genehmigung zur Trümmerbeseitigung und zum Wiederaufbau des Werkes zu erhalten, obgleich die US-Besatzungsoffiziere dies verhindern wollten. Mit 200 bis 300 zurückgebliebenen Büssing-Mitarbeitern wurde ein Montageband wieder funktionsfähig gemacht, so daß am 2.Mai 1945 unter freiem Himmel (noch vor der offiziellen Kapitulation) der erste Fünftonnen-Lkw der Nachkriegsproduktion vom Band gefahren werden konnte.
Vorteilhaft war, daß man die Teilmontage während des Krieges dezentralisiert und in 18 verschiedene Betriebe ausgelagert hatte. Diese unbeschädigt gebliebenen Kleinbetriebe konnten die Materialversorgung sicherstellen. Ein unbeschädigter Teil des Flugmotorenwerkes NIEMO produzierte weiterhin Motorenteile und später auch Lastwagen, so daß sich die hier drohende Demontage in Grenzen halten ließ. Die Planung des Wiederaufbaus leitete Betriebsdirektor Oberingenieur Erich Gruel (1894 - 1958). Er war bis zum Eintritt bei Büssing-NAG im Jahre 1942 Leiter des Nutzfahrzeugbaus bei Henschel & Sohn gewesen.
Neben dem ehemaligen Kriegslastwagen 4500/5000 S wurden Ende 1945 auch 45 Fahrgestelle des Trambus/Modells 500 T/4500 T gefertigt, wobei sich die vierstellige Zahlenangabe auf die Belastungsfähigkeit in Kilogramm bezog.
Da das unbeschädigte Elbinger Karosseriewerk nicht mehr zur Verfügung stand, lieferte Büssing-NAG seine Niederrahmenfahrgestelle vor allem an die Firmen Ludewig, Fahrzeugwerke Recklinghausen Karl Danz und Kässbohrer. Charakteristisch für die kastenförmigen Aufbauten war eine annähernd mittig angeordnete Schiebetür als einzige Ein- und Ausstiegsmöglichkeit. Die für 52 Fahrgäste ausgelegten Fahrzeuge verfügten über maximal 32 Sitzplätze und sie erreichten mit Schnellgang eine Geschwin-digkeit von 66 km/h.
Der stark eingeschränkten Materialversorgung entsprechend fielen die Aufbauten und Innausstattungen weitgehend bescheiden aus. Auf eine Stoßstange mußte ganz verzichtet werden. Auch der Büssing-Grill war verkleinert worden.
Nachdem Ende 1945 wieder über 3400 Mitarbeiter beschäftigt wurden, konnten 1946 schon 175; 1947 230; 1948 324 und 1949 738 Omnibus-Chassis ausgeliefert werden; eine Serie von 46 Stück mußte in den ersten beiden Nachkriegsjahren der britischen Besatzungsmacht übergeben werden. Das von 1938 bis 1949 in fast 6000 Exemplaren unter den Bezeichnungen 500 T, 4500 T und 5000 T gefertigte Modell erhielt nach 1946 Drauz-, Emmelmann-, FAKA-, Lampferhoff-, Orion-, Schmitz-, Uerdingen- und Vetter-Linien- sowie Reisebuskarosserien, schließlich auch für bis zu 63 Fahrgäste konzipiert. Ein Sondermodell war dabei der 1949 vorgestellte erste 1 1/2-Decker-Prototyp mit einem Aero-Aufbau auf B-N-Chassis 5000 T von Josef und Rudolf Ludewig, der als Fernreise-Luxus-Bus einen um 25 Prozent vergrößerten Sitzraum aufwies.
In diesem Zeitraum karossierte die FAKA auch Fahrgestelle des Einheits-Hauben-Lkw 5000 S mit Omnibusaufbauten.

Auf der technischen Exportmesse von 1949 in Hannover stellte das Büssing-NAG-Werk den neuen, ausgereiften Typ 5000 TU vor, der als erster Großserien-Trambus der Nachkriegsproduktion mit einem hinter der Vorderachse rechts angebrachten Unterflurdiesel ausgestattet war. Den formschönen von Büssing konstruierten Aufbau produzierte zunächst die FAKA. Mit diesem unter Geheimhaltung vor dem alliierten Entwicklungsverbot von Albert Arendt konstruierten Modell wurde die Bauart des Trambusses mit dem innenliegenden Motor endgültig abgelöst, die zwar schon eine Vergrößerung der Nutzfläche und eine bessere Übersicht für den Fahrer aufwies.
Gegenüber der bisherigen Bauart konnte durch die Unterflurtechnik eine tiefere Schwerpunktlage mit günstigeren Fahreigenschaften, eine gleichmäßigere Gewichtsverteilung bei leerem oder belastetem Fahrzeug und eine volle Ausnutzung des Fahrgastraums für die Transportaufgabe erzielt werden. Darüber hinaus ließen sich die Lärm- und die Geruchsbelästigung im Innenraum fast vollständig vermeiden. Allerdings erforderte die Konzeption des Unterflurmotors einen wesentlich erhöhten Konstruktionsaufwand und die Bewältigung einiger Bauprobleme. Die horizontale Arbeitsweise der Kolben bedingte eine besondere Gestaltung der Ölwanne. Zwei Ölpumpen vorne und hinten am Motor sorgten auch bei Berg- und Talfahrten für eine stetige, durchgängige Schmierung. Auch die Kühlprobleme des liegenden Motors mußten bewältigt werden. Da sich der Fahrer nicht mehr auf die Geräuschentwicklung des Motors verlassen konnte, wurde ein Drehzahlmesser erforderlich. Darüber hinaus bedingte die Anordnung des Unterflurmotors einen etwas höheren Wagenboden.
Der 9-Liter-Motor U 9 mit 125 PS kam mit einem angeblockten Getriebe in einer Dreipunkt-Gummilagerung am Rahmen zum Einsatz. Mittels einer eingebauten, leichten Seilwindenanlage ließ sich die Maschine ein- und ausbauen. Vom Schaltgetriebe führte eine leicht abgewinkelte Kardanwelle zum besonders kräftigen Hinterachsgehäuse mit Kegel- und Stirnradübertragung. Der Kühler war unter dem Fahrzeugboden vor der Vorderachse installiert. Ein Thermostat regelte die Kühltemperatur.
Der Rahmen war über der Motorpartie und über der Hinterachse leicht gekröpft. Über diesen Erhöhungen befand sich die Bodenplatte. Über Klappen im Boden war der Motor auch von oben her teilweise zugänglich.
Nach Büssing-Plänen karossierte die Firma Emmelmann in Hannover, die zeitweise zum größten Büssing-Aufbauten-Hersteller aufstieg, die Unterflurdiesel-Fahrgestelle. Typisch für diese und für die folgenden Modelle war die Halbkugel auf beziehungsweise unter der Stoßstange. Sie verdeckte die Abschleppvorrichtung. Die Büssing-Vorderfront erhielt nun leider ein breiteres, wappenartiges Ziergitter.
Ebenfalls nach Büssing-Vorgaben komplettierte vorwiegend die FAKA Büssing-Bodengruppen in halbselbsttragenden Aufbauten her. Die ersten 5000 TU-Modelle gingen an die Stadtwerke Wuppertal und an die Verkehrsbetriebe in Kairo/Ägypten.
Im Rahmen einer Neuordnung der AEG, die mit ihrer ehemaligen Marke NAG Teilhaberin an der Büssing-NAG, Vereinigte Nutzkraftwagen AG war, aber ihren gesamten von Büssing-NAG gepachteten Grundbesitz in Berlin und Leipzig verloren hatte, erwarb die Familie Büssing zum Jahresbeginn 1950 die entsprechenden AEG-Aktienanteile. Das Unternehmen wurde zum Jahresbeginn 1950 wieder in eine reine Familiengesellschaft als Büssing-Nutzkraftwagen GmbH umgewandelt. Hauptgesellschafter des Werkes wurden Paul Werners und Rudolf Egger. Geschäftsführer waren Otto C. Schirz, der von 1953 bis 1957 als Vorstand der Geschäftsführung und als Generaldirektor fungierte sowie Willy Staniewicz und Georg Filbert (1883 - 1965).
Die Wiederaufbauarbeiten, 1947 bereits in erster Phase abgeschlossen, wurden 1950 durch den Bau eines geräumigen Karosseriewerkes (Werk II) und einer neuen Großschmiede (Werk III) in Braunschweig-Querum ergänzt, wobei das Gelände der teildemontierten Tochtergesellschaft Niedersächsische Motorenwerke (NIEMO) genutzt werden konnte. Mit der Leitung dieser Arbeiten wurde der Maschinenbau-Ingenieur Kurt Heberstreit (1896 - 1960) betraut.
Trambusse für den Stadt-, Überland- und Reiseverkehr konnten ab 1951 mit geschweißten Ganzstahlgerippen mit Stahl- und Leichtmetallbeplankungen auf den Fahrzeugrahmen in eigener Regie aufgebaut werden. Anzufügen ist hier, daß an den Kühler- beziehungsweise Frontpartien der Büssing-Fahrzeuge jetzt wieder der Braunschweiger

Burglöwe prangte.
Büssing entwickelte sich mit seinen Bussen der Eigen- und Auftragsfertigung in dieser Zeit laut Zulassungsstatistik zum bundesdeutschen Marktführer. Bei der Vorstellung des 10.000. Büssing-Nachkriegsfahrzeugs im September 1950 erhielt Rudolf Egger von der niedersächsischen Landesregierung die Genehmigung, sich den Namen Egger-Büssing zuzulegen. Den für die Fahrzeugtechnik verantwortliche Direktor Willy Staniewicz ernannte die Technische Hochschule Braunschweig 1950 zum Dr.-Ing. E.h.. Die Produktion verteilte sich in dieser Zeit zu einem Drittel auf Omnibusse, zu zwei Dritteln auf Lastwagen. Die Exportquote betrug anfangs 20 Prozent, konnte aber bald auf 55 Prozent gesteigert werden. Die Belegschaft wuchs auf 1400 Mitarbeiter an.
1951 wurde die Kurzbezeichnung der Büssing-Frontlenker-»Trambusse« mit Unterflurdiesel in »TU« umgewandelt. Zum gleichen Zeitpunkt erhöhte man die Nutzlast der Fahrzeuge. Der Rahmen wurde im Heck abgesenkt, um auch die Stahlplattform aufnehmen zu können. Die Vorderfront erhielt jetzt eine breite Zierspange. Erste Omnibusse in selbsttragender Bauweise stellte die Waggonfabrik Uerdingen in Gemischtbauweise mit angelieferten Fahrwerksteilen her. Sie konnten sich allerdings noch nicht durchsetzen.
Die Hamburger Hochbahn AG rüstete damals einige Exemplare der Baureihe 5000 TU mit 85-kW-Doppelkommutator-Motoren der BBC auf den Obus-Betrieb um.
Neuheiten der Jahre 1950/51 waren erste Nachkriegs-Dreiachs-Doppeldecker von der Karosseriefabrik Nikolaus Trutz für die Lübeck-Travemünder Verkehrs AG auf gebrauchten Vorkriegs-Haubenfahrgestellen des Typs B-N-»BVG 800/136« der BVG in West-Berlin, sowie der neu von Willy Staniewicz und Paul Arendt konstruierte Büssing-Dreiachs-Frontlenker-Doppeldecker 12000 T mit 180-PS-Unterflurdiesel U 13.
Der bedingt an den Sechsradwagen der Vorkriegszeit anknüpfende Typ 12000 T wurde mit einem tiefgelegten, zweifach gekröpften Rahmen als einer der damals stärksten deutschen Omnibusse gebaut. Der auf Gummilagern ruhende 180-PS-Motor U 13, der ab 1954 durch Vergrößerung der Bohrung als U 15-Motor 200 PS abgab, war mit neuen Zylinderköpfen und neuen Vorkammern ausgestattet. Gleichzeitig war diese Maschine für das neue Büssing-Vorkammer/Wirbelkammer-Verfahren umkonstruiert worden, das mit einer gesteuerten Wirbelzerstäubung arbeitete. Die seitlich im Zylinderkopf liegenden Vorkammern waren birnenförmig ausgebildet, so daß mittels dieses Verbrennungsverfahrens ein noch wirtschaftlicherer Verbrauch erzielt werden konnte. Gegengewichte und Schwingungsdämpfer waren auf der Kurbelwelle angebracht. Das Fünfganggetriebe wirkte über ein »mittschiffs« untergebrachtes Verteilergetriebe und zwei Kardanwellen auf beide Hinterachsen. Die linke Kardanwelle führte zum Differential der ersten und die rechte Kardanwelle zum Differential der zweiten Hinterachse. Ein mittels Druckluft schaltbares Verteilergetriebe erhöhte die Gangzahl auf 10 Geschwindigkeitsstufen. Eine Lenkstockschaltung erleichterte dem Fahrer die Schaltarbeit. Die Höchstgeschwindigkeit lag bei 87 km/h.
Die Hinterräder waren mit Einzelbereifung an der traditionellen Büssing-Waagebalken-Konstruktion angebracht. Die langen Halbelliptikfedern ruhten in Gummilagern. Zwei Getriebebremsen waren als Feststellbremsen neben der kombinierten Druckluft-Öldruckbremse als Betriebsbremse eingebaut. Eine druckluftbetätigte Servolenkung nahm dem Fahrer einen Teil der schweren Lenkarbeit ab.
In Berlin wurde der Dreiachs-Doppeldecker 12000 T in 39 Exemplaren als BVG-Haustype »Bü D3 U 52« von Gaubschat sowie von Orenstein & Koppel und den VWW-Vereinigten Werkstätten Wittenau karossiert. Die zweistöckigen BVG-Busse hatten unten 36 und oben 40 Sitzplätze. Hinzu kamen rund 20 Stehplätze. Weitere fünf Exemplare baute die Firma Kässbohrer auf, darunter auch einen Eindecker-Gelenkzug. Einstöckige 12000 T-Ausführungen boten das Werk selbst sowie Emmelmann, Graaff/ Elze und die Waggonfabrik Uerdingen an (teilweise mit Türen vorn und hinten, mit Einstiegen vorn und in der Mitte, mit drei Türen oder nur mit Mitteleinstiegen). 1954 wurde die Produktion dieses relativ schweren und aufwendigen Baumusters eingestellt.
Neue Zweiachs-Doppeldecker für die BVG mit der hauseigenen Bezeichnung B2U wurden von der Orenstein & Koppel/Lübecker Maschinenbau AG 1951 in Berlin-Spandau sowie von den Coburger Trutz-Werken mit einem selbsttragendem Kasten-

gerippeaufbau im Unterdeck und einem aufgesetzten Oberdeck versehen. Die hintere Ein- und Ausstiegsplattform blieb zunächst charakteristischerweise offen. Der neue, bis in die sechziger Jahre gebaute 10-Liter-Unterflurdiesel U 10 leistete 150 PS.
Weitere Doppelstockaufbauten fertigten die VWW-Vereinigten Werkstätten Wittenau (später DWM-Deutsche Waggon- und Maschinenfabrik, seit 1992 ABB-Henschel-Waggon-Union) und die Gaubschat-Werke, beide in Berlin. 34 Sitzplätze unten, 36 Sitzplätze oben und 28 Stehplätze waren vorhanden. Bis zur Ablösung dieses 4x2-Modells im Jahre 1965 wurden für die BVG über 800 Doppeldecker gebaut. Hinzu kamen weitere Modelle für die Lübeck-Travemünder Verkehrs AG, für die Stadtwerke Mönchengladbach sowie für die Württembergische Eisenbahn-Gesellschaft. Ab 1954 waren die Doppelstöcker auch mit hydrodynamisch arbeitenden Automatikgetrieben lieferbar. 1955 erhielt der Fahrzeugtyp unter der BVG-Bezeichnung D2 U55 eine gewölbte Frontscheibe. Der Versuch im Jahre 1957, den Fahrgastfluß durch eine zusätzliche Treppe zu beschleunigen, mißlang.
In dem inzwischen 6000 Mitarbeiter zählenden Werk erhielt 1952 Rudolf Egger-Büssing das alleinige Verantwortungsrecht; zugleich war er alleinberechtigter Aufsichtsratsvorsitzender. Dr.-Ing. h.c. Willy Staniewicz rückte bis 1960 in den Vorstand ein. Direktor Otto C. Schirz wurde, wie schon erwähnt, ein Jahr später Vorsitzender der Geschäftsführung und gleichzeitig Generaldirektor bis zum Jahre 1957. Zum Direktor des Schmiede- und Karosseriewerkes in Braunschweig-Querum wurde Ingenieur Otto Pfänder bestellt.
Bis 1953 war der Büssing-eigene Karosseriebau in Braunschweig-Querum so weit ausgebaut, daß neben der schon laufenden Reisebusfertigung auch die Produktion kompletter Linienfahrzeuge aufgenommen werden konnte.
Büssing vergab seinerzeit eine Baulizenz an den italienischen Omnibushersteller Macchi in Varese. Rund 3000 Omnibusse wurden dort mit Büssing-Komponenten gefertigt. Macchi fertigte zudem nach Ludewig-Lizenzen Eineinhalbdecker-Busaufbauten auf 6x2-Büssing-Fahrgestellen. Darüber hinaus lieferte Büssing Unterflurdiesel an die belgische Karosseriefabrik AM (Ateliers Mécanique), an die dänische Nutzfahrzeugfabrik DAB (Dansk Automobil Byggeri) in Svendborg, (die schon in der Vorkriegszeit Büssing-Motoren bezogen hatte) und an die Lohner-Werke GmbH in Wien.
1953 wurden die Trambusreihen 5000 T und 5000 TU nach einer Nachkriegsfertigung von 3053 Stück durch den belastbareren und Unterflurtyp 6000 T abgelöst, anfänglich mit 135-PS-, dann aber mit dem neuen 150-PS-Motor U 10. Der Kunde konnte zwischen einem unsynchronisierten Fünfgang- oder einem automatischen Voith-Diwabus-Getriebe wählen. Eine Besonderheit war die Pkw-mäßige Drehstabstabilisierung, die Seitenneigungen in den Kurven verhindern sollte.
Das Fahrgestell wurde wiederum an verschiedene Aufbautenhersteller wie beispielsweise Kässbohrer, Trutz und Vetter abgegeben. Die Niedersächsische Waggonfabrik J. Graaff in Elze stelle mit Antriebs- und Fahrwerksteilen von Büssing einen 12-Meter-Großomnibus für 106 Personen in selbsttragender Leichtmetall-Schalenbauweise unter der Bezeichnung 6000 T/Elze her. Als Luxus-Reisebus konnte dieses Modell 50 Personen mit einer Geschwindigkeit von 85 km/h befördern.
Die Stadtbustypen erhielten eine einfachere Gestaltung der Frontpartie mit einem quadratischen Lufteinlaß und einer kleinen Büssing-Spange. 1954 wurde dieses Modell durch den Typ 6500 T abgelöst. Gegenüber dem 6000 T besaß dieses Baumuster eine geteilte, leicht seitlich herumgezogene Panoramascheibe, so daß die bisherigen Seitenstege entfallen konnten. Bei der Stadtbusversion erhielt der hintere Stehperron eine breite Falttür, um den Fahrgastfluß zu beschleunigen. Die bis 1957 gefertigte Busfamilie 6000 T/6500 T erreichte eine Stückzahl von 4111 Exemplaren.
Als Neuheit kam 1954 der kleine Omnibustyp 4000 T hinzu, der nun erstmals in der neuen Büssing-Verbundbauweise die Werkshallen verließ. Die fahrfähige, aber nicht belastbare Bodengruppe war besonders leicht ausgeführt und erhielt ihre Stabilität erst durch den aufgesetzten Karosserieteil in Gitterbauweise. Mit dieser Verbundbauweise ging Büssing von den schweren Rahmenfahrgestellen ab und konnte trotzdem verschiedene Karosseriehersteller mit Fahrwerksgruppen beliefern. Ein neu entwickelter 5,4-Liter-Unterfludiesel der Baureihe U 5 mit 100 PS kam zum Einbau. Die Kühlanlage

war aus Platzgründen im Bug hinter der Büssing-Zierspange untergebracht. Zunächst wurde ein unsynchronisiertes Fünfgang-ZF-Allklauengetriebe mit einer Lenkradschaltung eingebaut. Die Maschine arbeitete nach dem neuen Vorkammer/Wirbelkammer-Verfahren mit der verhältnismäßig hohen Drehzahl von 2600 Umdrehungen. Die Vorderräder wurden mit zusätzlichen Teleskopstoßdämpfern abgestützt.
Einschließlich des bis 1957 gebauten Nachfolgemodells 4500 T konnten insgesamt 1169 Exemplare dieser Typfamilie gefertigt werden.
Büssing erreichte 1954 mit 1322 gebauten Omnibussen seine höchste Jahresproduktion der fünfziger Jahre.
Die bisherigen »Schell«-Typenbezeichnungen mit Tragfähigkeitshinweise wurden 1955 durch die Buchstabenkombination TU (Trambus mit Unterflurdiesel) und der nach oben abgerundeten Hubraumangabe des Motors in Liter abgelöst.
Erste neue Modelle waren der TU 7 mit 130, später 145 PS und der TU 11 mit 145 und 170 PS. Beide Fahrzeuge waren in Verbundbauweise gefertigt. Sechsgang-Allklauengetriebe, Büssing-Vierganggetriebe mit Lenkstockschaltung oder Voith-Diwabus-Getriebe gehörten je nach Kundenwunsch zur Ausstattung.
Eine weitere Besonderheit war dabei der Emmelmann-Hochdecker für den Reiseverkehr, der einen großen Gepäckraum unter den hinteren Sitzreihen aufwies. Es konnten die Motoren der Baureihen U 5, U 7, U 10 und U 11 eingebaut werden. Auf Wunsch erhielt die Hinterachse eine Rollbalg-Luftfederung.
Neben den Doppeldeckern bot das Büssing-Werk als eine »Lösung des Massentransports in den Städten« nunmehr auch Gelenkzüge an. Die Firmen Emmelmann, Gaubschat, Kässbohrer und Vetter erstellten die Karosserien. Die Firma Robert Schenk in Stuttgart steuerte hierzu die Drehgelenkkomponenten und Teile für den Nachläufer bei. die ein- oder zweiachsigen Gelenknachläufer wurden auf den Drehschemel des Antriebsfahrzeugs aufgesetzt. Durch eine Lenkungskinematik wurde die Hinterachse beziehungsweise die Hinterachsen in der Antriebsachsspur geführt. Zunächst wurde der Typ 6500 T, später der Nachfolger TU 10 in Rahmenbauweise verwendet. Die Gelenkbusse ersetzten die ab 1960 nicht mehr zugelassenen Omnibus-Anhängerzüge.
Schließlich kam 1955 als weitere Bauart, abgesehen von dem Reise-1 1/2-Decker von 1949, der 6500 T Aero als Linien-1 1/2-Decker für den Stadtverkehr hinzu. Diese Bauart bot sich als »dritte Lösung des Massentransports« an. Aufgrund der kompakten Bauhöhe von zirka 3,7 Metern gegenüber dem über 4 Meter hohen Doppeldecker wurde diese Version vor allem von Städten mit niedrigen Brückendurchfahrten bevorzugt. Die Firma Ludewig spezialisierte sich mit ihren Aero-Patenten auf diese Bauart. Dieses dreiachsige Großraumfahrzeug in Rahmen- und wenig später auch in Verbundbauwei-se besaß hinten eine Schleppachse (6 x 2-Bauart), um das größere Gewicht einer voll ausgelasteten Heckpartie mittragen zu können. Die Vorderachse hatte man verstärkt. Das mit einem Diwabus-Getriebe ausgestattete Fahrzeug faßte über 150 Personen.
Schon im gleichen Jahr löste der in Verbundbauweise gefertigte, leichtere TU 7 mit 145 PS den 6500 T-Anderthalbdecker ab. Auch der 170 PS starke TU 11 und die 1959 erschienenen Typen 11 R 7, 13 RU 10 und 13 RU 11 wurden in den sechziger Jahren als 1 1/2-Decker mit Ludewig-Aufbauten komplettiert. Anschließend bekam Ludewig von Büssing Präsident-Bodengruppen geliefert. Nachzutragen ist noch, daß auch Reisebusse in Eineinhalbdeckerbauweise unter Verwendung der TU 7-Bodengruppe hergestellt wurden.
Anzumerken ist überdies für dieses entwicklungstechnisch interessante Jahr 1955, daß der Typ 6500 T/UE in bulliger, selbsttragender Bauweise von der Waggonfabrik Uerdingen produziert wurde. Das Stahlgerippe war mit Leichtmetall beplankt. Auffallend waren die hervorragenden Scheinwerferverkleidungen.
Zu ergänzen wäre noch, daß mit dem U 5- und dem U 10-Diesel Omnibusse der österreichischen Firma Gräf & Stift AG in Wien und der schweizerischen MOWAG AG in Kreuzlingen ausgestattet wurden. - Erstmalige wirtschaftliche Schwierigkeiten durch Mißerfolge im Schwerlastwagenbau brachten 1956/57 das Unternehmen in eine erste Existenzkrise. 2000 Mitarbeiter mußte Büssing vorübergehend entlassen.
Das Jahr 1957 brachte wieder einige bedeutende Neuerungen, für die Dipl.-Ing. Severin Bertsch verantwortlich zeichnete. Der Typ 4500 T wurde durch den Verbundbauweisetyp

TU 5 mit 110 PS abgelöst. Hinzu kam der TU 55 in selbsttragender Gitterbauart, der jedoch dem Kässbohrer-Pekol-Typ nachempfunden war und trotz einer freundlichen Übereinkunft mit Kässbohrer und der Änderung des Frontgrills doch nicht in Serie ging. Statt dessen wurde der neue TU 7 S nun in selbsttragender Bauweise mit dem 130-PS-Unterflurdiesel gefertigt.
Das Erfolgsmodell 6500 T wurde nun im Serienbau durch den Typ TU 10 abgelöst. Dieses Modell entstand in Rahmenbauweise für den Gelenkzug und für den 1 1/2-Decker, in Verbund- und in selbsttragender Bauweise für Linien- und Reisebusse sowie für Doppeldecker. Typisches Merkmal dieser Busse war die Stoßstange mit Luftschlitzen zur Kühlluftzuführung.
Als klassischer Dreitürer wurde der 90 Personen fassende TU 10 bei vielen Stadtwerken eingesetzt. Darüber hinaus gab es TU 10-Omnibusse mit 105-kW-Kiepe-Elektromotoren unter der Bezeichnung ÜB IVs von der Waggonfabrik Uerdingen als selbsttragende Obusse.
1957 wurden in Zusammenarbeit mit der in Braunschweig-Querum benachbarten Linke-Hofmann-Busch Waggon-, Fahrzeug-, Maschinenfabrik GmbH (LHB), die zur bundeseigenen Salzgitter-Gruppe gehörte, Luftfederungen für die Achsen der TU-Modelle entwickelt. So erhielten die Typen TU 5 und TU 7 vier Wulstbälge an jeder Achse; vorne waren sie nebeneinander, hinten hintereinander angeordnet. Büssing lieferte somit als erster deutscher Bushersteller serienmäßig luftgefederte Omnibusse. Ungeachtet dessen vereinbarten der Salzgitter-LHB-Waggonbau und die Büssing-Nutzkraftwagen GmbH eine produktionstechnische Zusammenarbeit, um die beiderseitigen Kapazitäten möglichst voll auszulasten.
1959 entwickelte die Orenstein & Koppel AG in ihrem Berliner Werk den Prototyp eines Doppeldeckers in selbsttragender Leichtmetallbauweise mit hinterer Einzelradaufhängung und rundum Einzelbereifung. Er trug die BVG-Typenbezeichnung BÜ DS 60 und die Wagen-Nr. 300. Sein Unterflurdiesel hatte 135 PS.
1958 wurde der Typ 6500 T, der nur noch in Einzelstücken für die Bundesbahn und für die Bundespost gebaut wurde, endgültig durch den TU 10 abgelöst. Das TU 10-Fahrgestell fand für die Gelenkzüge und Eineinhalbdecker Verwendung. Die TU 10-Verbundbodengruppe wurde für den Reisebus, das TU 10-Rahmenfahrgestell mit hinterer Luftfederung für den Bundesbahn-Typ bereitgestellt. 1959 erfolgte die Vorstellung der zweiten Büssing-Nachkriegsbus-Generation. Hauptmerkmal dieser neuen Baureihe war die Abkehr vom kastenförmigen Styling zu einer völlig neu gestalteten, flüssigeren Karosserieform. Die in Leichtbauweise hergestellten Aufbauten besaßen eine vorn links und rechts herumgezogene, geteilte Panoramascheibe, (zunächst) schräggestellte Fensterholme, eine leicht gewölbte Bugpartie und eine hochgezogene Unterkante im Heckteil, so daß das Fahrzeug beim Übergang auf Steigungen nicht aufsetzen konnte. Die Falttüren schlossen bündig ab. Die Einstiegshöhe lag bei 62 cm. Diese Omnibusse wurden einerseits in Verbundbauweise mit einer leichten Bodengruppe sowie mit Blatt- und Gummihohlfedern gefertigt. Somit konnten sie auch weiterhin an Fremdkarossiers abgegeben werden.
Andererseits ging Büssing zur sogenannten Röhrenbauart über. Bei dieser selbsttragenden Bauart wurde die Bodenplatte mit einem schubfreien Gerippe, mit Fachwerkträger-Seitenwänden und mit einer Dachplatte verschweißt, wobei die aufgenieteten Seitenwände aus Leichtmetall keine tragende Funktion übernahmen und bei Beschädigungen leicht ausgetauscht werden konnten. Die Röhrenbaumuster erhielten zumeist (12/13 RU 7 H-Röhre) senkrechte Fensterholme, die Verbundbautypen (11 RU 7 H-Verbund) schräggezogene Fensterholme. Vorder- und Hinterachsen wurden an Achslenkern geführt, deren Gelenke als Molekularlager ausgebildet waren. Ein eingebettetes Gummiformteil nahm alle Lagerbewegungen elastisch auf, ohne daß ein Gleiten zwischen feststehendem und beweglichem Teil eintrat. Die verstärkte Vorderachse wurde in drei Lenkern geführt. Die beiden unteren Lenker übernahmen nur die Längskräfte, der obere Dreieckslenker sowohl die Längs- als auch die Seitenkräfte. Die Hinterachse wurde in einem Längs- und in einem Dreieckslenker geführt. Drehmomente vom Anfahren und Bremsen fingen Stoßdämpfer und Luftfederbälge ab.
Technische Besonderheiten waren zunächst hinten, später auch vorne angeordnete

Luftfederungen, ein vollautomatisches Getriebe und der im Heck liegende, wartungsfreundliche Unterflurdieselmotor. Der Auspuff- und der Luftzuführungsschacht wurden in den beiden Heckholmen nach oben geführt, so daß zum einen ein optimales Abführen der Abgase, zum anderen eine thermisch beruhigte Luftzuführung gewährleistet waren. Die Druckluftbremsenanlage wurde hydraulisch unterstützt. Die hintere Motorklappe war über die Seiten hinweggezogen, so daß nach dem Öffnen dieser Klappe der Motor von drei Seiten zugänglich war. Unter der Bezeichnung 11 RU 7 H (11 Sitzreihen, Röhrenbauweise, Unterflurdiesel, 7-Liter-Maschine, Heckmotor) wurde das erste Modell der neuen Generation vorgestellt. Wesentliche Anregungen zur Gestaltung dieser neuen Büssing-Omnibus-Generation kamen von der Hamburger Hochbahn AG (11 RU 7 H-Röhre).
Bei einem Eigengewicht von 7 Tonnen konnte der 145 PS starke Leichtbau-Stadtlinienbus 11 RU 7 H 7,2 Tonnen tragen, was dem Gewicht von 32 sitzenden und 44 stehenden Fahrgästen entsprach.
Im Serienbau folgten die Typen 11 RU 5 H und 7 H, 12 RU 5 H und 7 H, 13 RU 7 H und 14 RU 10, die mit verschiedenen Radständen lieferbar waren. Unterflurmotoren mit 110, 145 und 150 PS kamen zum Einbau. Die Frontpartie mit einem verkleinerten Büssing-Grill und einer senkrechten Frontscheibenbegrenzung hatte man für den Serienbau neu gestaltet.
Parallel dazu wurden mit Preßstahlrahmen zur Erweiterung des Verbundbaumusterangebots die Modelle 11 RU 5 H und 7 H sowie 12 RU 7 H Verbund gefertigt. Ludewig in Essen baute auf Verbund-Fahrgestellen mit U 7-Motor Eineinhalbdeck-Omnibusse auf, die über 42 Sitz- und 128 Stehplätze verfügten.
Als weiteres Modell wurde der Typ 14 RU 10 in Verbundbauweise als dreitüriges Modell mit einem zwischen den Achsen liegenden Motor für die Bundesbahn vorgestellt. Der 13 RU 10 (später mit der Bezeichnung Präsident) erhielt ebenfalls den Unterflurmotor in ursprünglicher Anordnung zwischen den Achsen. Gegenüber den Heckmotormodellen ließen sich diese Typen anhand seitlicher Wartungsklappen erkennen. Gelenkzüge mit Fahrwerksaggregaten der Baureihen 13 RU 11 und 14 RU 11 stellte Gaubschat her. Emmelmann nutzte das Büssing-Fahrgestell 13 RU 10 für dreitürige Gelenkzüge mit 58 Sitz- und 109 Stehplätzen, die im Rahmen eines innerdeutschen Handelsabkommens auch nach Erfurt geliefert wurden.
Weiterhin standen im Programm die Typen TU 5 und TU 7 in Ganzstahl-Verbund-, die Typen TU 55 und TU 10 (als Doppeldecker) in selbsttragender Bauweise und der 1955 erschienene TU 11 in Verbundbauweise. Die Verbundfahrgestelle mit dem zwischen den Achsen liegenden Motor wurden an verschiedene Aufbautenhersteller wie Emmelmann, Gaubschat, Kässbohrer, Ludewig, Waggonfabrik Uerdingen und Vetter geliefert. Ein kleiner ovaler »Wappen«-Grill zierte die Vorderfront. ZF-Sechsgang- oder Voith-Diwabus-Getriebe wurden hier eingebaut. Des weiteren stellte Emmelmann mit TU 7- und TU 11-Fahrgestellen luxuriöse Stufendecker-Reisebusse her.
Omnibusse in Röhrenbauweise wurden dagegen vollständig im Büssing-Werk gefertigt. Die Verbundtypen mit Büssing-Reisebusaufbauten kamen aus der Hubertia Fahrzeugfabrik in Küps/Franken, das schließlich 1960 mit Vorkaufsrecht gepachtet wurde.
Auf dem Fahrgestelle des Lastwagens LU 55 stellte das Querumer Büssing-Werk den kompakten Einfach-Omnibus TU 55 mit 30 bis 38 Sitzplätzen her; in 200 Einheiten für die Bundeswehr. Sein Unterflurdiesel leistete 110 PS. Auch in einer zivilen Version mit einem verlängerten hinteren Überhang wurde dieser Bus als Typ 8 RU 5 in der Küpser Fertigungsstätte produziert. Anstelle der üblichen Luftfederungen besaßen diese Ausführungen einfache Stahl-Gummi-Federungen. - In Anlehnung an den Harmening-Clubbus HKB und der späteren FKB wurden bei Hubertia auf einem Verbundfahrgestell einige Exemplare als Büssing-Typ 8 RU 5-»Clubbus« gefertigt.
1959 wurde Dipl.-Ing. Severin Bertsch aufgrund der erfolgreichen Modernisierung des Modellangebots zum Vorstand der Geschäftsführung, später zum Generaldirektor berufen.
1960 änderte Büssing die Firmenstruktur erneut. Das Unternehmen erhielt wieder die Rechtsform einer Aktiengesellschaft, diesmal unter der Bezeichnung Büssing Automobilwerke AG. Die Eigenmittel der Familie Büssing reichten nicht mehr aus, um den

Werken die erforderlichen Mittel zur Entwicklung und Fabrikation zuzuführen. Rudolf Egger-Büssing nahm den Platz des Aufsichtsratsvorsitzenden ein. Den Vorstand bildeten Dipl.-Ing. Severin Bertsch, Direktor John Behnke und Direktor Klaus Egger-Büssing.
Gleichzeitig plante Büssing, in Braunschweig ausschließlich die Verwaltung zu konzentrieren. Die Fahrzeugmontage sollte in ein neues Werk in Braunschweig-Querum umgesiedelt werden, da das Braunschweiger Stammwerk keine Erweiterungsmöglichkeiten mehr bot. Die Betriebsteile in Querum sollten auch der Motoren- und der Getriebefertigung sowie dem Karosseriebau dienen. Hierfür wurde ein erheblicher Ausbau des Querumer Betriebsteiles beschlossen, nachdem 1960 die NIEMO im Handelsregister gelöscht worden war.
Im gleichen Jahr bot sich durch den Zusammenbruch der Borgward-Gruppe die Möglichkeit, das ehemalige Borgward-Werk in Osterholz-Scharmbeck bei Bremen zu übernehmen. Für den Getriebebau richtete das Unternehmen das Emdener Zweigwerk ein, da der Facharbeitermangel dort nicht so prägnant war wie im Braunschweiger Einzugsgebiet. Zudem wurde in Berlin-Spandau ein Werk für die Ersatzteilfertigung aufgebaut.
Mit Beginn des Modelljahrgangs 1961/62 ergänzte Büssing die technisch orientierten Typenbezeichnungen in seinem Dreitypenprogramm durch die Rangordnungstitel »Konsul«, »Senator« und »Präsident«.
Der ehemalige Reisebus 8 RU 5 wurde nun unter der Zusatzbezeichnung als Konsul 10 R und mit verlängertem Radstand als Konsul 11 R angeboten. Der blatt-gummigefederte Bus mit einer Verbundbodengruppe besaß den im Heck installierten, aufgebohrten 5-Liter-Motor, der jetzt 126 PS leistete. Schräge oder gerade Fensterholme konnten auch hier für die überaus großen Scheiben gewählt werden. Emmelmann komplettierte diese Bodengruppen mit aufwendig gebauten und formschönen Reisebuskarosserien.
Der Röhren-Trambus für den Überland- und Ausflugsverkehr mit dem 126-PS-Motor wurde ebenfalls unter der Bezeichnung Konsul angeboten. Die Röhrenbaumuster 11 RU bis 15 RU erhielten als Linienverkehrsbusse die Zusatzbezeichnung Senator mit der Angabe der Sitzreihenanzahl. Der U 7-Heckdiesel bei den Modellen Senator 11 bis 15 leistete 145 PS. Der 15-reihige Senator bekam wahlweise auch die 10-Liter-Maschine U 10 mit 150 PS. Sie hatte ein wesentlich höheres Drehmoment.
Der Röhrenbautyp 14 RU 10 mit 150 oder 170 PS wurde nun mit der zusätzlichen Bezeichnung Präsident als Stadt- und als Überlandbus geführt. Gegenüber der Senator-Baureihe wiesen diese Fahrzeuge mit dem in Fahrzeugmitte montierten Unterflurdieselmotoren eine kantigere Karosseriegestaltung auf.
Drei unterschiedliche Radstände und vier verschiedene Fahrzeuglängen konnten entsprechend dem jeweiligen Einsatzzweck gewählt werden. Darüber hinaus wurden die Fahrzeuge auch mit einem hinten nach unten gekröpften Rahmen geliefert, um an der Heckpartie eine Ein- und Ausstiegs-Plattform anordnen zu können. Auf Präsident-Verbund-Fahrgestellen wurden die Ludewig-Eineinhalbdecker und Gelenkzüge mit Ludewig- und DÜWAG-Aufbauten im Büssing-Programm geführt. Sie erhielten 150-PS- und 170-PS-Unterflurmotoren sowie das neue 11-Liter-Triebwerk U 11 mit 192 PS. Die Großraumfahrzeuge besaßen Bodenhöhen von 92 und 95 Zentimetern.
Büssing erzielte mit diesen Gelenkbus-Baureihen in den sechziger Jahren einen Marktanteil von 44, mit der 1 1/2-Decker-Baureihe sogar einen Marktanteil von 82,5 Prozent. Bei den Eindeckern erreichte Büssing eine Zulassungsquote von über 50 Prozent. Trotzdem kam das Unternehmen nicht aus Krisen heraus. Der Wirtschaftshistoriker Prof. Wilhelm Treue vermutet in dem Buch »Heinrich Büssing, Mensch - Erbe - Werk«, daß die Konkurrenz dieses sehr schwierige Geschäft wohlüberlegt Büssing überließ und sich anderen, ertragsgünstigeren Produktionsbereichen zuwandte.
1962 rief der Aufsichtsrat Dr.-Ing. Oswald Putze von der Salzgitter AG und den Linke-Hofmann-Busch-Erken (LHB) in den Vorstand. Auf Vorschlag von Dipl.-Ing. Severin Bertsch und »auf Wunsch der Familie Büssing« erwarb die Salzgitter AG eine Sperrminorität von 35,5 Prozent an dem Braunschweiger Lastwagen- und Omnibusunternehmen. Gleichzeitig wurde neben dem LHB-Werk in Salzgitter-Watenstedt mit

dem Bau des neuen Büssing-Werkes begonnen. Die bereits im Rohbau befindliche neue Produktionshalle in Braunschweig-Querum wurde wieder demontiert und neben dem LHB-Werk in Watenstedt neu aufgebaut.
Die 7-Liter-Senator-Unterflurmaschine wurde aufgebohrt und ihre Leistung auf 150 PS angehoben. Im Rahmen der Senator-Baureihe erschien nun auch ein Doppeldecker in Röhrenbauweise. Sein Motor konnte im Heck oder zwischen den Achsen untergebracht werden. Der kantige BVG-Doppeldecker in dreitüriger Ausführung wurde unter der BVG-Bezeichnung DF 63 von den Berliner Karosseriefabriken mit U-förmiger Hinterachse und einem Seitenvorgelege erprobt. Dadurch konnte der Fahrzeugboden tiefer gelegt werden. Der U 7-Unterflurdiesel mit 145 PS gelangte hierbei zum Einbau.
Neu kam der für den kombinierten Überland-, Gelegenheits- und Reiseverkehr entworfene Typ Konsul 11 in Verbundbauweise mit dem 126-PS-Motor hinzu. Der Unterflurdiesel konnte sowohl im Heck als auch zwischen den Achsen eingebaut werden. Dieses Modell wies ein hohes Maß an Bequemlichkeit auf.
Die Senator-Typen mit 11, 12 und 13 Sitzreihen wurden durch die Modelle 11 D und 12 D ergänzt, die vorn eine doppelbreite Schwingtür besaßen. Die rechte Hälfte war für Barzahler, die linke für Umsteiger und Zeitkarteninhaber vorgesehen, um den Fahrgastfluß zu beschleunigen.
Da das Büssing-Karosseriewerk in Braunschweig-Querum vollständig ausgelastet war, fertigte die Krauss-Maffei AG in München (nach dem Auslaufen der MAN-Aufträge) im Lohnauftrag den Luxus-Reisebus KMS 12 R mit Aggregaten der Senator-Baureihe. Anstelle der Luftfederung kamen vorne die Krauss-Maffei-Einzelradaufhängung mit Schraubenfedern und hinten die Starrachse mit Blattfederung zum Einbau. Ein selbsttragender Gitteraufbau wurde hier auf die fahrfähige Bodengruppe aufgesetzt. Der U 7-Unterflurdiesel mit 145 PS hatte seinen Platz im Heck. Das reichlich verglaste Ausflugs- und Reisemodell besaß geteilte Front- und Heckscheiben.
Nach der Einstellung des Krauss-Maffei-Omnibusbaus in den Jahren 1964/65 wurde die KMS 12 R-Montage in das neu errichtete Büssing-Werk in Emden verlagert, das seither neben Lastwagen auch Omnibusgetriebe fertigte. Ende 1965 wurde dieser Typ aufgegeben und das Werk Emden an die Volkswagenwerk AG verkauft. Von Interesse ist hier noch, daß Büssing 1964 genau 50 Prozent der Aktienanteile an der Nordisk Karosseriefabrik in Svendborg/Dänemark für die Lastwagen- und Omnibusfertigung erworben hatte.
Über die höchste Nachkriegsbelegschaft mit 7264 Mitarbeitern verfügten die Büssing-Fabrikationsstätten im Geschäftsjahr 1963/64.
1965 begann die Umsiedlung einzelner Braunschweiger Werksteile in die neuen 60.000 m≈ großen Anlagen nach Salzgitter-Watenstedt. Die beiden Montagehallen waren bei einer Länge von 320 Metern 60 und 120 Meter breit. Die Fertigungsbänder hatten eine Länge von 240 Metern. Gleichzeitig entstand bei Salzgitter ein neues Entwicklungszentrum. Das Preßwerk, die Blechverarbeitung und der Linienbusbau wurden aus Braunschweig-Querum nach der Fertigstellung des zweiten Bauabschnitts ebenfalls nach Watenstedt verlegt. Die verbliebenen Werksteile in Braunschweig-Querum standen fortan ausschließlich dem Aggregatbau zur Verfügung. Leiter des Montagewerkes Salzgitter-Watenstedt wurde Direktor Wilhelm Rade, der seit 1943 in der NIEMO und seit 1950 in den Büssing-Werken tätig war.
Modernste Anlagen und Einrichtungen rationalisierten die Fertigung. Auf den Fließbändern wurden die Omnibusse nun in Querrichtung an 35 Stationen montiert, so daß die Produktionsanlage gegenüber dem früheren Fließband kürzer ausgelegt werden konnte.
Durch den Erwerb weiterer Aktienanteile durch Salzgitter/LHB konnte Büssing weiteres umfangreiches Kapital für Investitionstätigkeiten zur Verfügung gestellt werden. Der Salzgitter-Anteil an Büssing kletterte 1964 auf 55 Prozent. Gemeinsam wurde ein Entwicklungszentrum in Salzgitter eingerichtet, das zusammen mit Linke-Hofmann-Busch für die Erprobung von Straßen- und Schienenfahrzeugen betrieben wurde.
Der Konsul-Reisebus wurde mit eigenen Karosserien aus dem Werk Küps und mit Emmelmann-Aufbauten angeboten. Mit kantigen Scheinwerfern paßten sich die Fahrzeuge dem zeitgenössischen Geschmack an. Individuelle Kundenwünsche wurden in

der Gestaltung der Fahrzeuge weitgehend berücksichtigt. Die Baureihe Senator mit dem Motor zwischen den Achsen benannte Büssing 1965 in Präfekt um. Der bewährte 150-PS-Unterflurdiesel mit 7,4 Litern Hubraum und der auf 170 PS gedrosselte U 11-200-Unterflurmotor mit 11,4 Litern Hubraum konnten eingebaut werden. Die Achsführung übernahmen Längs- und Winkellenker, so daß die Führungsblattfedern entfallen konnten. Der Präfekt 15 wurde in dieser Baureihe auch als Reisewagen angeboten. Unter der Bezeichnung Präfekt Do 25 erschien auch ein Doppeldecker mit einem eigenen Aufbau in Röhrenbauweise. Eine gekröpfte Hinterachse mit Seitenvorgelegen ermöglichte eine niedrige Bodenhöhe. Um die hauptsächlich nach Schweden gelieferten Möbel nach der dort geplanten Umstellung auf den Rechtsverkehr am 3.September 1967 einsetzen zu können, waren doppelte Konsolen für die Pedale und die Lenksäule sowie beiderseitige Türöffnungen in der Karosserie vorhanden, wobei nach Entfernen der Abdeckbleche die Türflügel umgesetzt werden konnten. Den Umbau der Fahrzeuge vom Links- auf den Rechtsverkehr nahm die erwähnte dänische Büssing-Niederlassung DAB (Dansk Automobil Byggeri) vor.

Für den von der BVG angestrebten Einmannbetrieb karossierte die Orenstein & Koppel AG in Berlin-Spandau einen neuen Doppelstockbus mit 90 Sitz- und 8 Stehplätzen. Der 150-PS-Motor U 7 mit einem Voith-Diwabusgetriebe kam in diesen insgesamt 641 gefertigten Einheiten zum Einbau.

Der Präsent-Gelenkzug erhielt 1965 den neuen 11,6-Liter-Direkteinspritzer-Unterflurdiesel U 11 D, der auf 185 PS eingestellt war. Bei dem Büssing-Direkteinspritzverfahren wurde der Kraftstoff mit einer Dreilochdüse drallförmig in die Wandungen eines Omega-Muldenkolbens eingespritzt, wobei die größere Menge des Kraftstoffilms an der Wand des Brennraumes verteilt und dann schichtweise während der Verbrennung gleichmäßig abgetragen wurde. Gleichwohl erfolgte von unten her eine Kühlung des Kolbenbodens durch Ölanspritzung. Die Auslaßventile wurden durch eine Natriumfüllung gekühlt. Ein besonders guter thermodynamischer Wirkungsgrad konnte durch diese neue Triebwerkstechnik erzielt werden, die auf einer MAN-Lizenz beruhte. Außer dem Konsul-Typ besaßen nun alle Büssing-Omnibus-Modelle Luftfederungen.

Neben dem gut gehenden Reisebusgeschäft vermochte Büssing in dieser Zeit (trotz der Engpässe in der Montage), gemessen am öffentlichen Personennahverkehr in Deutschland, 54 Prozent Markanteil zu verbuchen; allerdings konnte seit dem Geschäftsjahr 1962/63 kein Gewinn mehr erwirtschaftet werden.

1966 wurde die Umsiedlung der Werksteile von Braunschweig, Braunschweig-Querum, Emden und von Bremen/Osterholz-Scharmbeck in die neuen Betriebsan-lagen nach Salzgitter-Watenstedt abgeschlossen.

Nochmals wurde der 126-PS-Motor U 5 aufgelegt, zum Antrieb im Konsul 11 und Präfekt 11. Bis 1968 konnte ein Auftrag über 200 Exemplare des Typs Konsul 11 U mit diesem Motor für die Bundeswehr abgewickelt werden.

Die Präfekt-Modelle 11, 13 und 15 kamen zunehmend mit eigenem oder mit Emmelmann-Karosserien als Reisebusse auf den Markt. Das Präsent-Verbund-Gelenkbusmodell wurde 1966 in einigen Exemplaren auch als Obus-Gelenkzüge mit 120-kW-SSW-Motoren ausgerüstet.

Mit einer Jahresproduktion von 1166 Omnibussen mit den Baureihen Konsul, Präfekt und Präsident kam Büssing im Jahr 1966 auf den 3. Rang in der betreffenden deutschen Fertigungsstatistik. Ein weiteres Montagewerk richtete das Unternehmen in der Türkei ein. Klaus Egger-Büssing schied in diesem Jahr als letztes Mitglied der Gründerfamilie aus dem Vorstand aus und richtete in Braunschweig ein Großreparaturwerk für Büssing-Fahrzeuge ein.

1967 stellte Büssing als erstes Produkt seiner dritten Linienbus-Nachfolgegeneration den Typ Präfekt 13 VÖV vor. Es handelte sich dabei zunächst um einen Prototyp, entsprechend den Stadtlineinbus-Standardisierungsempfehlungen des Verbands öffentlicher Verkehrsbetriebe e.V. (VÖV). Weitere VÖV-Prototypen stellten zum Zeitpunkt Mercedes-Benz, und KHD-Magirus-Deutz sowie 1968 die MAN vor.

Der über eine selbsttragende Karosserie verfügende, kantige VÖV-Bus mit einer niedrigen Gürtellinie, großzügiger Verglasung und mit einem niedrigen Einstieg war funktionsgerecht und technisch zweckmäßig durchgebildet. Die Frontscheibe war von oben nach unten gewölbt. Seitlich wurde diese Scheibe zunächst durch vorne abgerundete Seitenscheiben begrenzt. Das für diese Fahrzeuggeneration entwickelte, zukünftige Einheitsfahrwerk besaß an Längs- und Querlenkern exakt geführte Starrachsen. Luftfederungen vorn und hinten, sorgten auch hier für guten Fahrkomfort und eine stabile Lage des Fahrzeugs bei ungleichmäßiger Belastung. Das wiederum in die Dachpartie führende Auspuffrohr war mit einem Ejektor versehen, um die Auspuffgase mit Frischluft anzureichern, so daß die Schadstoffkonzentration gemindert wurde.

Um eine niedrige Bodenhöhe zu erzielen, war der 7,4-Liter-Unterflurdiesel im Heck liegend eingebaut. Anzufügen ist in diesem Zusammenhang, daß dieses Triebwerk zwischenzeitlich als Typ U 7 D zum Direkteinspritzer mit 155 PS umgerüstet worden war. Neben diesem Büssing-Prototyp wurde auch die bisherige Präfekt-Serie damit ausgestattet.

Die bekannten Modelle Präfekt, die Solo- und Gelenkwagen und die Anderthalbdecker der Baureihe Präsident 14 bis 22 wurden auch mit dem auf 210 PS ausgelegten 11,6-Liter-Direkteinspritzmotor U 11 S, nun leistungsgerechter, angetrieben.

Die Fertigung des letztlich untermotorisierten Typs Konsul lief 1968 aus. Als Ersatz wurde der Reisebus Präfekt 15 in Verbund-Bauweise mit dem 210-PS-Unterflurdiesel angeboten. Der klassische Büssing-Grill mit der aufwendig verchromten Spange zierte den Frontbereich.

Einen neuen Doppeldecker mit der Bezeichnung Präfekt Do 26 mit einer gegenüber dem Schweden-Typ wieder kantigeren Karosserie, die sich den vom Designer Louis L. Lepoix entworfenen Lkw-Fahrerhäusern annäherte, präsentierte Büssing ebenfalls 1968. Zwei Treppen und 93 Sitzplätze waren in dem 155 PS starken Fahrzeug vorhanden. Eine elektronische Anzeige informierte den Fahrer über die Anzahl der besetzten Plätze. Die Stadtwerke in Frankfurt a. Main bestellten 21 Exemplare dieser Ausführung. Auch die Schweizer Fluggesellschaft Swissair erwarb einige Modelle für den Flughafen-Zubringerdienst. An diese Doppeldeckbusse wurde ein Gepäckanhänger angekuppelt.

Das Watenstedter Werk, mit einer Tagesleistung von 4 Einheiten, konnte 1968 die Auslieferung des 1000. Komplettbusses seit der Verlagerung im Jahre 1965 feiern.

1967 war auf Wunsch des Bundesschatzministers Dr. Werner Dolling ein Vertrag zwischen dem GHH-Gutehoffnungshütte-Aktienverein in Oberhausen (damalige Muttergesellschaft der MAN-Maschinenfabrik Augsburg-Nürnberg) und der Salzgitter-Gruppe zustande gekommen, »um die Ertragsverhältnisse der Büssing AG auf der Kosten- und der Ertragsseite zu verbessern und dafür zu sorgen, daß im Lastwagen- und Omnibusbau Büssing und MAN auf den Gebieten der Produktion, des Vertriebs und des Kundendienstes im Wettbewerb nach aller Möglichkeit gleichermaßen nachhaltig gestärkt werden, wobei auf eine Dauerentwicklung abzustellen ist.« (Bis Ende 1965 hatte sich die Salzgitter-Gruppe mit 75,3 Prozent am Hause beteiligt).

1968 kaufte die Salzgitter AG schließlich noch die restlichen 17 Prozent der Aktienanteile, die von der Familie Büssing gehalten wurden. Das MAN-Werk München erwarb 25 Prozent der Aktienanteile aus dem Besitz der Salzgitter-Gruppe, so daß nun abgesehen vom Motorenbau auch die geschäftlichen Kontakte verstärkt wurden. Dipl.-Ing. Lothar Hennies von den Rheinstahl-Hanomag-Werken wurde neuer Vorstandsvorsitzender der Büssing AG. Die Omnibusfertigung erreichte mit 1459 Exemplaren in diesem Jahr den Nachkriegshöhepunkt. Nach den VÖV-Empfehlungen erschienen 1968 Stadtlinienbus-Vorserien unter den Bezeichnungen Präfekt 11-Standard, Präfekt 13 D-Standard und Präfekt 14-Standard (spätere BS 100 V, BS 110 V und BS 113 N). Drei Radstände standen zur Verfügung, für 9,6 sowie 11,0 und 11,3 Meter Länge. Der S 113 N (mit allen Sitzen in Fahrtrichtung, aber ohne Kofferraum) war letztendlich der Vorläufer des Büssing-Standard-Überlandlinienbusses BS 117 N-SÜ (StÜLB, mit Kofferräumen und 11,7 Meter lang), der ab 1971 als MAN-Büssing-Typ SÜ 210 eine größere Verbreitung fand. - Es wurde zudem von Büssing eine Stadt-Überlandlinie-Kombinationsvariante BS 110 V-SL angeboten.

Die seitlichen Begrenzungsfenster entfielen bei den VÖV-Mustern, weil Büssing die geteilte Frontscheibe nach einem Knick in der unteren Blechfront in Gürtelhöhe etwas zurückgesetzt hatte. Gleichzeitig waren zwei Lufteinlaßöffnungen in das abgewinkelte

Frontblech eingesetzt. Die inzwischen zierlichere Büssing-Spange wurde durch eine tiefliegende, große und rechteckige Büssing-Plakette mit linken und rechtem »Flügelstreifen« abgelöst. 1969 änderte Büssing erneut das Bezeichnungsschema der Präfekt-Baureihen. Die nunmehr verwendete Abkürzung »BS« stand traditionell für Büssing-Braunschweig. Ein zusätzliches »E« wies auf die Emmelmann-Fertigung hin (beispielsweise BSE 120 GT/T/N); die nachfolgende dreiteilige Zahl gab in Dezimetern die Fahrzeuglänge an. Dahinter standen für den Einsatzzweck ein »V« für VÖV-Innenstadt, ein »N« für Nahverkehr und Nachbarort, ein »T« für Touristik (oder Tourisme), ein »GT« für Grand-Tourisme und ein »DD« für Doppeldecker. Erste größere Serien dieser Standardomnibusse, darunter (unter der alten Bezeichnung) 123 Präfekt-Modelle für die Hamburger Hochbahn AG konnten in diesem Jahr schon ausgeliefert werden.
Der neue Büssing-Reisebus, der sich mit leicht geänderter Frontpartie an Stilelementen der VÖV-Ausführung orientierte, erhielt in der Emmelmann-Version einen höheren Wagenboden und zwangsläufig eine höhere Gürtellinie, um unter der Fahrgast-Bodenfläche Gepäck aufnehmen zu können. Eine großzügige Verglasung mit zusätzlichen Dachrandfenstern sowie große Front- und Heckscheiben kennzeichneten das kantige, aber zweckmäßig gestaltete Fahrzeug. Ovale Doppelscheinwerfer entsprachen dem damaligen Geschmack. Die U 7 D- und die U 11 D-Triebwerke mit 156, 195 und 210 PS standen serienmäßig beziehungsweise wahlweise zur Verfügung. Zudem konnte auf Wunsch auch die 240-PS-Maschine U 12 D aus der Lkw-Baureihe BS 16 L eingebaut werden.
Der Typ BS 120 wurde in Mittelmotorversion mit dem 210-PS-Unterflurdiesel zwischen den Achsen geliefert. Die anderen Solomodelle erhielten Heckunterflurdiesel.
Obwohl Büssing nach Skandinavien, Frankreich und nach Südafrika exportierte, sank 1969 die Fertigung durch die schwache deutsche Konjunkturlage auf rund 1000 Komplettomnibusse. Das Büssing-Management wurde daher trotz der Rationalisierung und der Modernisierung der Produktionsanlagen ausgetauscht. Das Zweigwerk Hubertia in Küps veräußerte Büssing in diesem Zusammenhang 1969 an die Staufen Fahrzeugwerke Esslingen KG. Im gleichen Jahr übernahm die MAN 50 Prozent des Büssing-Aktienkapitals von der Salzgitter AG.
Der VÖV-Standard-Linienbus erhielt zur Aufnahme der Großserienfertigung nochmals einige kleine stilistische Änderungen. Neben der Ausführung mit der geteilten und vorgewölbten VÖV-Scheibe wurden die 11-Meter-Wagen BS 110 später auf Kundenwunsch auch mit einer seitlich herumgewölbten und geteilten Frontscheibe (StÜLB-Frontgestaltung) ausgestattet, die gleichermaßen dem Fahrer bei Dunkelheit eine blendfreie Sicht nach vorn ermöglichte. (Die Blendung strahlte im wesentlichen von hinten, vom beleuchteten Wageninnern her!)
Leiter der technischen Entwicklung der Büssing Automobilwerke AG war zu dieser Zeit Prof. Dr.-Ing. Wilhelm Schröder. Er kam 1968 von der Rheinstahl-Hanomag AG zum Büssing-Unternehmen.
1970 wurden die VÖV-Standard-Stadtlinienbus-Modelle BS 100 V und BS 110 V mit dem neuen, kompakten Fünfzylinder-Unterflurdiesel U 10 D-51 im Heck ausgerüstet. Die 175-PS-Maschine war von Dr.-Ing. Franz Zahren unter Fortfall eines Zylinders aus dem 11,6-Liter-Sechszylinder-Horizontaltriebwerk entwickelt worden. Schon 1971 wurde die Leistung des Fünfzylinders auf 192 PS angehoben. Das inzwischen wesentlich zu schwache 156-PS-Aggregat im BS 100 T ersetzte Büssing durch die 210-PS-Maschine.
Die Karosserie des 11-Meter-VÖV-Typs 110 V wurde in der Frontgestaltung dem MAN-Paralleltyp angeglichen. Auffallendes Merkmal dieses Watenstedter Modells war das vorn aufgesetzte MAN-Frontrechteck mit dem Schriftzug MAN-Büssing. Als BS 110 V-SL-Version war dieses Modell auch in sogenannter StÜLB-Ausführung für den Stadt- und Überlandeinsatz mit seitlich herumgezogenen Frontscheiben (aber ohne Kofferräume) auch lieferbar. Die Städte Zürich und Baden in der Schweiz ließen sich bei Büssing ab 1970 auf der BS 110 V-R-Grundlage quasi dreitürige VÖV-Busse anfertigen, mit stark nach vorn ausgewölbten »Werkspoor«-Frontscheiben. Der U 11 D-Unterflurdieselmotor (210 PS) war auf 185 PS gedrosselt. Die vorderen und dritten Falttüren waren schmaler als die VÖV-Norm-Mitteltür.

1971 erwarb schließlich die Gutehoffnungshütte, die damalige Muttergesellschaft der MAN, die restlichen 50 Prozent des Aktienkapitals der modern ausgestatteten Büssing-Werke von der Salzgitter AG, so daß alle Aktivitäten des Büssing-Unternehmens sukzessive in das MAN-Programm integriert werden konnten. Die Selbständigkeit des Büssing-Werkes endete nach 68 Jahren, am 31. Dezember 1971.
Das letzte eigenständige Büssing-Programm setzte sich 1971 aus den Baumustern BS 110, BS 117 und BS 120 zusammen für den VÖV-, den Überland- und den Reiseeinsatz. Nur noch wenige Exemplare des 11,7-Meter-Busses (StÜLB) BS 117 N-SÜ verließen damals das Werk. Hinzu kamen die Verbundfahrgestelle der Präsident-Baureihe als 1 1/2-Decker oder als Gelenkbusse mit Ludewig-Aufbauten. Mit Emmelmann-eigenen Design stellten sich die Typen BSE 120 T und N hinzu. Und der Reisebus BS 120 GT war in gestalterischer Hinsicht eine Art Vorläufer des späteren MAN-»SR«-Reisebusses.
Der bundesrepublikanische Büssing-Marktanteil betrug seinerzeit annähernd 100 Prozent bei den Doppeldeckern und 50 Prozent der deutschen Gelenkbusfertigung entfielen auf das Werk in Salzgitter.
1973 war die Integration des verbliebenen Büssing-Programms in das MAN-Angebot abgeschlossen; die VÖV-Busse erhielten nochmals eine leicht veränderte Frontpartie. Der grillähnliche, rechteckige Frontausschnitt trug für eine Übergangszeit den Schriftzug MAN-Büssing. Die Taktfertigung nach dem Quersystem wurde in dieser Zeit wieder auf das Längssystem umgestellt.
Aus Kapazitätsgründen wurden in Watenstedt bis 1975 die 195-PS-Fünfzylinder-VÖV-Busse und die 210-PS-Sechszylinder-Verbundfahrgestelle, letztere unter der neuen Bezeichnung VG 16 (für Ludewig- und Vetter-Aufbauten) für die Gelenkzüge und die Anderthalbdecker gefertigt. Der Verbundtyp erhielt danach die Typenbezeichnung SG 192. Parallel dazu stellte das MAN-Omnibus-Werk in Penzberg die Modelle 192 und SL 230 her. Die Adolf Emmelmann-Karosseriefabrik produzierte bis 1975 mit Büssing- und MAN-Unterflurmotoren mit Leistungen von 210 bis 240 PS die Reisebusse 12 Ü 210 R 15 und 12 Ü 240 R 15. Auch die BVG-Doppeldecker wurden von Orenstein & Koppel bis 1974 mit Büssing-Aggregaten ausgerüstet.
Ab 1974 erschienen beziehungsweise erscheinen die Watenstedter Erzeugnisse mit dem MAN-Logo an der Vorderpartie und mit dem stilisierten Wappentier Heinrichs des Löwens. Das Emmelmann-Werk als einstiger Büssing-»Hoflieferant« wurde schließlich im Zuge der neuerlichen Umstrukturierung des Salzgitter-Watenstedter Betriebsteiles nicht mehr in die Omnibusproduktion einbezogen, zumal MAN ab 1975 ein komplettes neues Reisebusprogramm anbot. Die 200 Mitarbeiter beschäftigende Firma mußte daraufhin den Konkurs anmelden.
Nach dem Auslaufen der Büssing-Baupalette wurde das Watenstedter Werk vollständig umgestellt: Zur Fertigung der Bundeswehr-Lastwagen-Nachfolgegeneration sowie der Produktion von Reise- und später auch von Linienomnibussen. Das Werk Braunschweig-Querum stellt seitdem weitgehend die Unterflur-Dieselmotoren und Vorderachsen für die MAN-Lastwagen her. die nun auch wie die MAN-Omnibusse das Burglöwen-Signet auf der Frontpartie tragen. Damit endete die Geschichte der traditionsreichen Büssing-Werke, die nach dem Zweiten Weltkrieg nie genug Fahrzeuge auf die Räder stellen konnten, um sich auf Dauer in der Gewinnzone zu etablieren. Die Büssing-Jahresproduktion lag stets, abgesehen vom Erfolgsjahr 1968 mit 1459 Omnibus-Einheiten zwischen 1000 und 1100 Omnibussen und 2000 und 3000 Lastwagen; zu wenig, um sich im Zeitalter wachsender Überkapazitäten der Konkurrenz gegenüber und in mörderischen Preiskämpfen behaupten zu können. Abschließend sei noch vermekrt, daß das Büssing-Direkteinspritzverfahren mit der Mehrlochdüse von der MAN übernommen und weiterentwickelt wurde. Es erwies sich gegenüber dem jahrzehntelang von der MAN favorisierten Kugelbrennraumverfahren (G-Brennraum ab 1937 und M-Mittelkugelbrennraum ab 1951) als wirtschaftlicher.

20-PS-Büssing Motoromnibus

20-PS-Büssing Oberdecker (Exportmodell)

32-PS-Büssing Stadtomnibus

20-PS-Büssing Halb-Oberdecker

36/38-PS-Büssing Hotelomnibus mit Luftreifen

20-PS-Büssing Ausflugsomnibus

25/30-PS-Büssing Typ IV B Überland-omnibus

40-PS-Büssing Typ V

50-PS-Büssing Typ VI Oberdecker mit Kardanantrieb

50-PS-Büssing
Typ VI
Omnibuszug

45-PS-Büssing
Typ III G
Oberdecker

55-PS-Büssing
Typ VI GL
Sechsradwagen

90-PS-Büssing Typ VI GLn Niederrahmen-Omnibus

65-PS-Büssing Typ IV Gn »Stadtomnibus«

60-PS-Büssing Typ III GLB Aussichtswagen

65-PS-Büssing Typ III GLn

50-PS-Büssing
Typ IV Gn

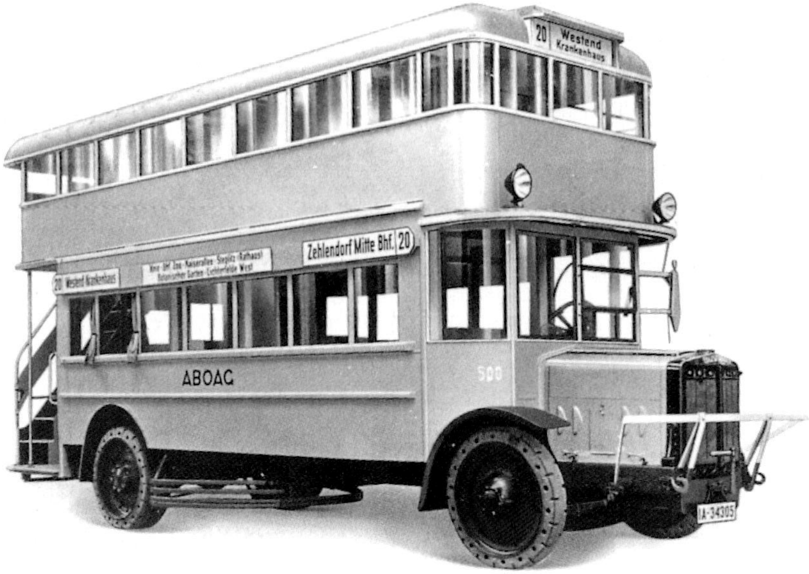

85-PS-Büssing
Typ VI GLn

72-PS-Büssing
Typ VI GLn
Hochsitz-
Ausflugswagen

85-PS-Büssing Typ VI GLn mit Ganzstahlkarosserie

75-PS-Büssing Typ IV GnL

90-PS-Büssing-NAG Typ VI Gr HAWA-Mittelmotoromnibus

85/90-PS-Büssing-NAG III GLn (Typ 50) »Tubus« (MAN-Werkfoto)

70-PS-Büssing-NAG Typ 300

75-PS-Büssing-NAG Typ 350 Luxus-Reiseomnibus

55-PS-Büssing-NAG Typ 300 D, von Linien-Sattelzugomnibus

55-PS-Büssing-NAG Typ 275 D

2x160-PS-Büssing-NAG Typ 80 N FDo (MAN-Werkfoto)

2x41-kW-Büssing-NAG O-Bus Typ CuU 33F (Foto BVG)

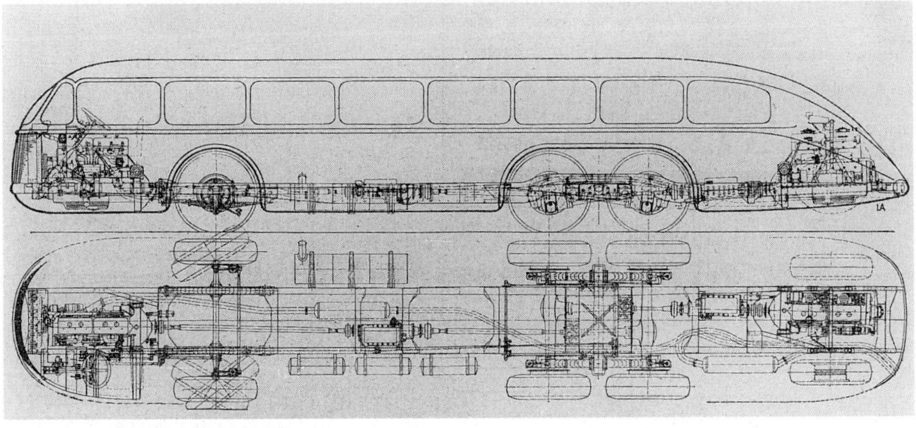

2x145-PS-Büssing-NAG Typ GDo (Zeichnung des RAB-Typs)

110/120-PS-Büssing-NAG Typ 502 N

90/110-PS-Büssing-NAG Typ 550 N mit integriertem Generator und zurückversetzter Vorderachse

95-PS-Büssing-NAG Typ 375 T (1. Trambus)

145-PS-Büssing-NAG D 38 Doppeldecker (Foto BVG)

130-PS-Büssing-NAG Typ 900 N

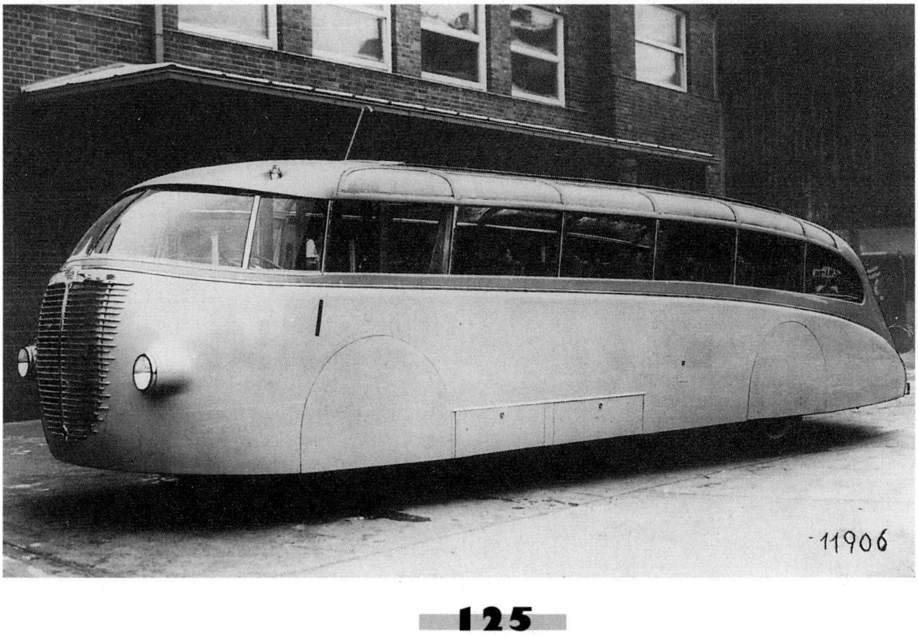

90/95-PS-Büssing-NAG Typ 375 T

160-PS-yBüssing NAG D 39 (Foto BVG)

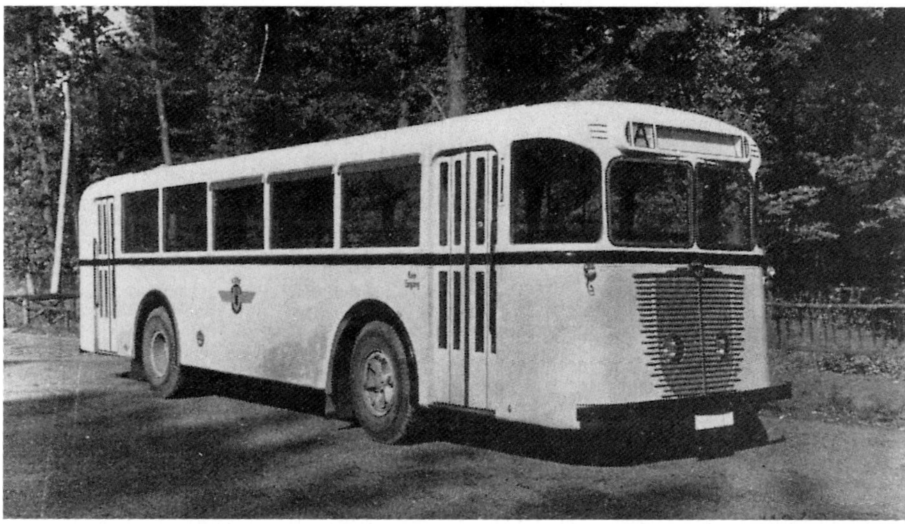

145-PS-Büssing-NAG Typ 650 TU (1. Unterflur-modell)

140/150-PS-Büssing-NAG Typ 900 TU (2. Unterflur-modell)

95-PS-Büssing-NAG Typ 400 N Gaubschat-Omnibuszug

105-PS-Büsing-NAG Typ 500 T

145-PS-Büssing-NAG Typ 650 T (Foto ESWE Wiesbaden)

105-PS-
Büssing-NAG
Typ 500 T
Kriegsomnibus
(Foto ESWE
Wiesbaden)

105-PS-Büssing-
NAG Typ 500 T
Stadtgasomnibus
(Foto ESWE
Wiesbaden)

160/170-PS-
Büssing-NAG
Typ 900
Stadtgas-
Omnibuszug

105-PS-Büssing-NAG 5000 T

150-PS-Büssing-NAG 7000 Doppeldecker

105-PS-Büssing-NAG 5000 T Aero

135-PS-Büssing
5000 TU
(MAN-Werkfoto)

100-PS-Büssing
4000 T
(MAN-Werkfoto)

180-PS-Büssing
12 000 T
(MAN-Werkfoto)

180-PS-Büssing
12 000 T
Doppeldecker
(MAN-Werkfoto)

150-PS-Büssing
6000 T
Kässbohrer-
Gelenkzug

150-PS-Büssing
6500 T
Doppeldecker
(MAN-Werkfoto)

150-PS-Büssing
6500 T
(Foto DÜWAG)

150-PS-Büssing
6500 T
(MAN-Werkfoto)

100-PS-Büssing
4000 T

150-PS-Büssing
6000 T Elze

130-PS-Büssing
TU 7 Linienbus
(MAN-Werkfoto)

130-PS-Büssing
TU 7 Reisebus
(MAN-Werkfoto)

110-PS-Büssing
TU 5S

150-PS-Büssing
TU 10
Emmelmann-
Gelenkzug

150-PS-Büssing
TU 10
(MAN-Werkfoto)

170-PS-Büssing
TU 11
(MAN-Werkfoto)

145-PS-Büssing
TU 7 Aero

145-PS-Büssing
TU 7 Hochsitzer
(MAN-Werkfoto)

110-PS-Büssing
TU 55
(Foto Pairan)

110-PS-Büssing
TU 55 BR
(MAN-Werkfoto)

110-PS-Büssing
LU 55 Sattelzug

145-PS-Büssing
11 RU 7 H
(MAN-Werkfoto)

170-PS-Büssing
13 RU 7 H
(MAN-Werkfoto)

145-PS-Büssing
11 RU 7 H Röhre

150-PS-Büssing
14 RU 10 M
(MAN-Werkfoto)

145-PS-Büssing
Senator 15

126-PS-Büssing
Konsul 10 R
(MAN-Werkfoto)

126-PS-Büssing
Konsul 11 R
(MAN-Werkfoto)

145-PS-Büssing
Senator 15 R
(MAN-Werkfoto)

150-PS-Büssing
Senator 12 D

150-PS-Büssing
Senator
Doppeldecker

126-PS-Büssing
Konsul

170-PS-Büssing
Präfekt 15 R

100-kW-Büssing Präsident Vb Obus-Gelenkzug (MAN-Werkfoto)

150-PS-Büssing Präsident 17/19 Emmelmann-Gelenkzug

150-PS-Büssing Präfekt 15 (MAN-Werkfoto)

150-PS-Büssing Doppeldecker Typ DF (Foto Pairan)

150-PS-Büssing Präsident Aero-Anderthalbdecker

150/185-PS-
Büssing
Präfekt 15 E

155-PS-Büssing
Präfekt 13 VÖV-
Prototyp
(MAN-Werkfoto)

150/155-PS-
Büssing
Präfekt 25/26
Doppeldecker
(MAN-Werkfoto)

185/210-PS-
Büssing
Präsident 14

185/210-PS-
Büssing Präsident
Aero-
Anderthalbdecker

185/210-PS-
Büssing
Präsident 18
Emmelmann-
Gelenkzug

210-PS-Büssing
Präfekt 15

155-PS-Büssing
Präfekt 13
Standard
(MAN-Werkfoto)

210-PS-Büssing
BS 120 V/N

210-PS-Büssing
BS 110 GT
(MAN-Werkfoto)

210-PS-Büssing
BS 117 SÜ
(MAN-Werkfoto)

210-PS-Büssing
BS 180 V
Emmelmann-
Gelenkzug

210-PS-Büssing
BSE 120 GT
(MAN-Werkfoto)

195-PS-MAN-
Büssing SL 195
(Foto BVG)

240-PS-MAN
12 Ü 210

Cudell

Cudell Motor-Compagnie mbH, Aachen, Am Schlachthof
1902 - 1905

Das 1897 von Max Cudell gegründete Fahrzeugbauunternehmen fertigte ab 1902 auch kleine Omnibusse mit 10-PS-Zweizylindermotoren eigener Konstruktion und mit einem Kettenantrieb. Die hohen Entwicklungskosten der Motoren, darunter auch von Vierzylindermotoren zehrten die Betriebsmittel auf, so daß die Fertigung 1905 schon wieder aufgegeben werden mußte. Ingenieur Willy Staniewicz (1881 - 1962) sammelte hier seine ersten Erfahrungen im Fahrzeugbau. Nach einer kurzen Betätigung bei den Stoewer-Werken in Stettin ging er 1906 zu Büssing nach Braunschweig, wo er bis nach dem Ersten Weltkrieg die Nutzfahrzeugentwicklung wesentlich mitbeeinflußte.

40-PS-Cudell Linienbus

Cyklon

Cyklon-Maschinenfabrik AG, Mylau b. Reichenbach i. Vogtland
1922 - 1925

Ingenieur Franz Louis Hüttel (1862 - 1919) hatte mit dem rumänischen Ingenieur Vasile Sfetescu um 1903 die dreirädrige Cyclonette konstruiert. Ihr Motor war über dem Vorderrad angeordnet. Das weiterentwickelte Fahrzeug wurde in beträchtlichen Stückzahlen als Zustellfahrzeug an die Reichspostverwaltungen verkauft. In den frühen zwanziger Jahren erwarb die Post auch einige Omnibus-Cyclonetten mit 10-PS-Zweizylindermotoren. Die Kleinstfahrzeuge setzte, mit der Bemerkung »beschränkte Beförderungszahl« die OPD (Oberpostdirektion) München ein.
Das 380 Mann starke, einst in Berlin gegründete Unternehmen wurde 1922 in eine Aktiengesellschaft umgewandelt, deren Großaktionär Jakob Schapiro hieß. Das Cycklon-Werk wurde mit dem vom Schapiro-Konzern geführten Schebera-Karosserie-Werk Berlin und Heilbronn (NSU-Werk) verbunden. Wenig später gehörten noch die Benz-Werke und die über die Gothaer Waggonfabrik kontrollierten Dixi-Werke, Fahrzeugfabrik Eisenach zum relativ kurzlebigen Schapiro-Imperium.
Gegen Ende der zwanziger Jahre geriet die Cyklon-Maschinenfabrik in Schwierigkeiten, so daß man sie 1931 auflösen mußte. Ihr Gründer, Franz Louis Hüttel, wechselte schon 1907 zu den Phänomen-Werken nach Zittau/Sachsen über, wo er das gleichartige Phänomobil schuf; das indessen führte zu einem langwierigen Prozeß über Patentrechtsverletzungen.

Daimler Benz

Daimler-Benz AG, Stuttgart-Untertürkheim, Mercedesstr.
1. 1898 - 1926 Daimler-Motoren-Gesellschaft (DMG), Cannstatt, ab 1904 Stuttgart-Untertürkheim
2. 1926 - 1988 Daimler-Benz AG (DBAG)
3. 1989 -heute Mercedes-Benz AG (MBAG)

Gottlieb Daimler (1834 - 1900) wurde in Schorndorf bei Stuttgart geboren. Mit 19 Jahren ging er nach einer Büchsenmacherlehre zur Lokomotiv- und Werkzeugmaschinenfabrik Graffenstaden bei Straßburg. Weitere Erfahrungen im Maschinenbau sammelte er in England und als Werkstättenleiter der Karlsruher Maschinenbau- Gesellschaft.
Mit der Konstruktion von Ottomotoren konnte sich Gottlieb Daimler als Technischer Leiter der Gasmotorenfabrik Deutz zwischen 1872 und 1882 vertraut machen. Er verfolgte den Plan, einen brauchbaren, schnellaufenden Fahrzeugmotor zu konstruieren. 1882 siedelte Daimler zusammen mit dem Deutz-Konstrukteur Wilhelm Maybach (1846 - 1929) nach Cannstatt bei Stuttgart über. Dort liefen in Daimlers Gartenhaus die Versuchsarbeiten zum Bau eines schnellaufenden Motors an. 1883 schuf dann Wilhelm Maybach als »Chefkonstrukteur« in der Daimler'schen Versuchswerkstatt einen Benzinmotor mit Glührohrzündung. Als erstes Motorfahrzeug stellten Daimler und Maybach 1885 den »Petroleum-Reitwagen« vor, ein zweirädriges Fahrzeug mit seitlichen Stützrädern. 1888 folgte der »Daimler-Stahlradwagen«, das erste vierrädrige Automobil der Welt mit Viertakt-Ottomotor. Das im wesentlichen von Wilhelm Maybach mitkonzipierte Antriebsaggregat leistete 1,1 PS.
Das sich seit 1887 unter der Bezeichnung »Gottlieb Daimler-Fabrik Cannstatt« rasch ausbreitende Motoren- und Fahrzeugbau-Unternehmen wurde im Jahre 1890 in die Daimler-Motoren-Gesellschaft (DMG) umgewandelt, wobei die Munitionsfabrikanten Max von Duttenhofen und Wilhelm Lorenz sowie der württembergische Hofbankier Kilian Steiner als treibende Kräfte fungierten. Gottlieb Daimler starb im Jahre 1900 in Cannstatt, nachdem Differenzen mit dem Aufsichtsrat der DMG über die widerrechtliche Benutzung seiner Patente durch Max von Duttenhofer bei der Motor-Fahrzeug- und Motorenfabrik Marienfelde bei Berlin seine Gesundheit beeingträchtigt hatten.
Neben Wilhelm Maybach, bis 1908, war Paul Daimler (1869 - 1945), der Sohn des Firmengründers, in den Jahren 1897 bis 1901 und 1905 bis 1922 Chefkonstrukteur der DMG. Im Jahre 1904 wurde der Betrieb von Cannstatt in neue Fabrikationsanlagen nach (Stuttgart-) Untertürkheim verlegt.
Nachdem Gottlieb Daimler 1896 einen ersten Lastwagen mit im Heck angeordneten 4-PS-Zweizylindermotor konstruiert hatte, standen ab 1898 vier DMG-Omnibus-Ausführungen mit 4-, 6-, 8- und 10-PS-Motoren zur Verfügung. Während die beiden kleineren Baumuster Vollgummireifen erhielten, fuhren die größeren Modelle auf Eisenrädern. 6 bis 16 Personen konnten in diesen Omnibussen befördert werden.
Mit zwei 10-PS-Daimler-Omnibussen nahm am 2.Oktober 1898 die zweite Motoromnibuslinie der Welt ihren Betrieb auf. Die Strecke führte von Bad Mergentheim nach Künzelsau. Jeder der beiden Wagen sollte 10 Personen und auch Post befördern. Die Basis bildeten umgerüstete Daimler-»Victoria«-Personenwagen mit vorn stehendem »Phönix«-Motor. Hinter einer Art Fahrerkabine befanden sich (quasi im Baukastensystem) jeweils einer der Postkutschenaufbauten, die bei der württembergischen Postverwaltung am weitesten verbreitet war. Der Ritzelantrieb wirkte auf die Hinterachse. Die Busse erreichten Geschwindigkeiten bis 20 km/h. Sie benötigten für die 30 Kilometer lange Linie zwei Stunden und 55 Minuten. Die ungenügende Federung sowie die unzulänglichen Räder führten jedoch zum hohen Verschleiß, so daß sie nach einiger Zeit wieder zurückgezogen werden mußten.
Erst der 1899 für die Motor Car Company hergestellte Aussichtsomnibus, mit welcher der englische Daimler-Vertreter Frederick R. Simms in geschäftlichem Kontakt stand, war so ausgereift, daß er für längere Zeit eingesetzt werden konnte. Das 20 Personen fassende Gefährt besaß einen 12-PS-Zweizylindermotor (nach anderen Angaben mit 8

PS) unter der Motorhaube, die Spitze von 20 km/h erreichte dieses für Ausflugsfahrten eingesetzte Modell allemal. - Ebenfalls 1899 folgte ein erster Decksitzwagen unter der damaligen Bezeichnung »Imperiale«; der Fahrersitz war hoch über dem Motor angebracht. Ein weiteres beachtenswertes Modell war ein Aussichtsomnibus mit einem 8- oder 10-PS-Motor. Das DMG-Programm wurde 1903 erneuert. Fahrzeuge mit 6 bis 30 Sitzplätzen und Zwei- und Vierzylindermotoren mit 4/8 bis 20/25 PS trieben diese Busse an.

Am 18.Juni 1905 ergriff die Bayerische Post die Initiative und eröffnete den Postbuskurs Bad Tölz - Lengries in eigener Regie. Die 28-PS-Daimler-Motorbusse Typ D waren Eigentum der Königlich Bayerischen Post- und Telegraphen-Verwaltung und sie kamen aus Marienfelde bei Berlin. Die stahlbeplankte Holzkarosse bot 16 Sitz- und 5 Stehplätze. Sie stammte von Gebrüder Hofmann & Co. aus Breslau, seit 1948/50 Waggonbaubereich Linke-Hofmann-Busch (LHB) der Preußag-Salzgitter-Gruppe. Die zweite Achse besaß Ritzelantrieb und rund um den nach hinten führenden Kraftstrang war eine hölzerne Schwinge integriert.

Die Allgemeine Berliner Omnibus-Actien-Gesellschaft (ABOAG) nahm am 19.November 1905 ihre ersten Motoromnibusse in Betrieb. Fälschlicherweise werden diese Decksitzmotorwagen verschiedentlich Büssing zugeschrieben. Tatsächlich handelte es sich bei den beiden 7,4 Meter langen Decksitzomnibussen um Produkte der Daimler-Motoren-Gesellschaft in Marienfelde mit Aufbauten von Lange und Gutzeit. Nicht ganz klar ist heutzutage, ob die beiden DMG-Wagen über Chassis des Typs D 4 mit 28 PS oder des Typs E 4 mit 35 PS-Ottomotorleistung (beide mit Ritzelantrieb) verfügten. Decksitzer der gleichen Bauart beziehungsweise der gleichen Typen setzte ab 1906 eine sächsische Betreibergesellschaft auf der Überlandstrecke Mitweida - Burgstädt - Limbach ein, die eindeutig den 35-PS-Motor besaßen.

Sowohl die ABOAG- als auch die Sachsen-Busse waren jeweils mit dem »Aufbau 5/Imperial-Decksitz« ausgestattet, den die DMG offenbar gemeinsam mit der Berliner Karosseriefabrik Lange & Gutzeit entwickelt hatte, und den die Marienfelder in ihre Angebotsskala mit aufnahmen. Der Aufbautyp 5 war auch dem DMG-Ritzelantrieb-Chassis C 4 mit 22-PS-Motor lieferbar. Er bot neben dem Fahrer einen Sitzplatz, faßte im Wageninnern 16 Personen, hinten auf dem Stehperron vier Fahrgäste und hatte auf dem »Imperial« 18 Decksitze.

Da inzwischen im Marienfelder Daimler-Werk die Nutzfahrzeugfertigung konzentriert worden war, wurde der Cannstätter Lkw- und Omnibusbau eingestellt, um größere Kapazitäten für die Pkw-Herstellung zu schaffen. Dennoch erschienen 1909 in Stuttgart noch 14-sitzige Omnibusse mit 27 PS; weitere Kleinmodelle folgten 1912 bis 1920 auf den Ein- und Zweitonnen-Fahrgestellen der UO-Baureihen als Linien-, Post-, Aussichts- sowie Schnellomnibusse mit 12 bis 18 Sitzen.

Nachdem bereits 1916 und 1919 Gespräche des DMG-Vorstandes mit dem Vorstand der Benz & Cie. Rheinische Automobil- und Motorenfabrik Mannheim AG stattgefunden hatten, die aber zu keinem Ergebnis führten, wurde schließlich 1924 eine Interessengemeinschaft gegründet. Dabei wurden erste Absprachen zur Typenaufteilung im Nutzfahrzeugbereich getroffen. Dementsprechend war die Benz & Cie. für die Fahrzeuge bis 3,5 und die DMG für die Fahrzeuge mit vier und fünf Tonnen Nutzlast zuständig. Auf Vorschlag der Rheinischen Creditbank, der Hausbank des Benz-Werkes trieb man die Interessenverschmelzung nach 1924 weiter voran, eine Folge der Wirtschaftslage nach dem ersten Weltkrieg und des ungeliebten Einflusses des Benz & Cie.-Mehrheitsaktionärs Dipl.-Ing. Jacob Saphiro. Die Hausbank der DMG, die Württembergische Vereinsbank war mit der Deutschen Bank eine Fusion eingegangen. Gleichzeitig war die Deutsche Bank an der Rheinischen Creditbank beteiligt, so daß auf dieser Schiene bereits eine kapitalmäßige Verbindung bestand. In dem Bankenkonsortium waren als weitere Großaktionäre zudem die Dresdner Bank, die Diskonto-Gesellschaft und die Darmstädter und Nationalbank (Danat-Bank) vertreten.

Schließlich forcierten 1926 die Vorstände, Bankdirektor Dr. Carl Jahr von der Rheinischen Creditbank und Dipl.-Ing. Friedrich Nallinger (1883 - 1937) und Dipl.-Ing. Carl Schippert (1874 - 1958) von der DMG und der Vorstand der Deutschen Bank, Direktor Emil Georg von Stauß, den Zusammenschluß beider Unternehmen. Am 1.Juli

1926 wurde die Fusion zur Daimler-Benz AG vollzogen. Aufnehmende Gesellschaft war die Daimler-Motoren-Gesellschaft AG.
Erster Aufsichtsratsvorsitzender wurde Direktor Emil Georg von Stauß, Vorstandsvorsitzender wurde Finanzdirektor Wilhelm Kissel (1885 - 1942). Er kam von den Benz-Werken und war maßgeblich mit am Zusammenschluß beider Unternehmen beteiligt. Den Sitz des Unternehmens ließ die Daimler-Benz AG in Berlin eintragen, wenn auch die Zentralverwaltung in Untertürkheim blieb. Nach der Vereinigung beider Unternehmen kam es zu einer Neugliederung der Betriebsteile: Das Werk in Sindelfingen (von der DMG während des Ersten Weltkrieges (1915 - 1918) als Flugzeugfabrik aufgebaut) übernahm die Pkw-Fertigung sowie den Omnibus-Karosseriebau, während man die Lastwagen- und Omnibusfahrgestellfertigung in Gaggenau konzentrierte. In Mannheim sollten Teile und Bodengruppen hergestellt werden. Das Berlin-Marienfelder Werk verlor die Fahrzeugproduktion und diente von 1927 bis 1934 mit reduzierter Belegschaft zunächst als Reparaturwerk.
Auf Initiative von Direktor Wilhelm Kissel gelang es 1929 der Deutschen Bank und der Dresdner Bank, den ehemaligen Benz-Großaktionär Jacob Schapiro nach waghalsigen Wechselgeschäften auszubooten, da die Banken die Prolongierung der Schapiro-Wechseln verweigerten. Schapiro mußte sich von seinen Aktienanteilen trennen. Darüber hinaus stimmten die Aktionäre gegen Schapiros Wiederwahl in den Aufsichtsrat. Einen weiteren Zugriff des »Börsenspekulanten«, der die Danat-Bank vertrat, konnte Wilhelm Kissel zwischen 1929 und 1930 abwehren. Schapiros Absicht war es, einen großen deutschen Automobil-Konzern aus dem Boden zu stampfen mit den schon von dieser Bank kontrollierten Marken Adler, Büssing, Hansa-Lloyd und NAG. Der Lebensweg von Jacob Schapiro verliert sich 1934 in Paris.
Im Zuge der nationalsozialistischen Förderung der Verkehrseinrichtungen ab 1935/36 durch Großaufträge, Steuernachlässe und durch den wirtschaftlichen Aufschwung konnte Daimler-Benz wie auch die anderen nach den Kriegsjahren übriggebliebenen Automobilfabriken wieder gut ausgelastet werden. Schließlich übernahmen die Untertürkheimer und Mannheimer Werke einen Teil der Omnibusfertigung.
Aufsichtsratsvorsitzender war von 1926 bis 1942 Direktor Wilhelm Kissel, der 1942, als das Daimler-Benz-Werk anstelle des gleichartigen Daimler-Modells den erzwungenen Lizenzbau des erfolgreichen Opel-»Blitz«-Dreitonners aufnehmen mußte, an Herzversagen starb. Nachfolger wurde Direktor Jakob Werlin (1866 - 1965), der von 1933 bis 1942 als Nationalsozialist im Vorstand vertreten war und bis 1945 die Geschicke der Daimler-Benz AG leitete. Gleichzeitig war er an der Entwicklung des Volkswagen-Projektes beteiligt und wurde nach der Ablösung von Generalmajor Adolf v. Schell Generalbevollmächtigter für das Kraftfahrwesen im Deutschen Reich. Unter Werlins Leitung entstand 1936 südlich von Berlin das Werk Genshagen mit seinerzeit modernster Technik für zivile und militärische Flugmotorenfertigung. Nach 1960 war es praktisch das VEB IFA-Industriewerk Ludwigsfelde, der das Zentrum der DDR-Nutzfahrzeugfertigung.
An dieser Stelle soll kurz auf die frühe Entwicklung des Dieselmotors hingewiesen werden. Nachdem das grundlegende Diesel-Patent von 1892 im Jahre 1907 erloschen war, beschäftigten sich auch die DMG-Ingenieure im Berliner Werk seit 1912 mit dem Bau von Diesel-Bootsmotoren und intensiv ab 1913 mit der Entwicklung eines schnellaufenden Fahrzeugdieselmotors. Federführend war in Marienfelde Dipl.-Ing. Alfred Reinsch, der ab 1921 einen 40-PS-Vierzylindermotor zur Betriebsreife im Jahre 1923 entwickelte. Der Motor arbeitete nach dem Prinzip der Druckluft-Einblasung, das heutzutage als Vorläufer der Direkteinspritzung angesehen wird. Aufgrund der mechanischen Druckluft-Einblaspumpe (Kompressor) war das Verfahren jedoch äußerst kompliziert und aufwendig.
Im Zuge der Fusion der DMG mit der Benz & Cie. wurde das Drucklufteinblasverfahren für die Verwendung in Fahrzeugdieselmotoren wieder aufgegeben. Die Dieselmotoren der Daimler-Benz AG, zunächst Rohölmotoren genannt, erhielten das von den Benzwerken entwickelte, einfachere, zuverlässigere und sparsamere Vorkammer-Verfahren nach Prosper l'Orange. Eine mechanisch-hydraulische Einspritzanlage wurde ab 1927 von der Robert Bosch GmbH bezogen. Die Weiterentwicklung der Dieselmotoren über-

nahm das Untertürkheimer Werk; interessanterweise wurden dabei auch Patente der Deutschen Automobil-Constructions-GmbH (DAC) von Ing. Joseph Vollmer genutzt. Die Daimler-Benz-Dieselmotoren erhielten die Typenbezeichnung »OM«, was für Ölmotoren stand und steht. Der erste in größeren Stückzahlen gebaute Daimler-Benz-Sechszylindermotor trug die Typenbezeichnung OM 5. Die Maschine war aus einem Benz-Vierzylinder-Vergasermotor mit den gleichen Maßen entstanden und gab bei 1300 Umdrehungen 70 PS ab. Während die Maschinenfabrik Augsburg-Nürnberg (MAN) zunächst mit kompressorlosen Vierzylinder-Dieselmotoren und Direkteinspritzung arbeitete, war die Daimler-Benz AG von der Überlegung ausgegangen, daß nur der sechszylindrische Motor aufgrund seiner besseren Laufkultur eine Chance habe, sich gegenüber dem Vergaser- beziehungsweise Ottomotor durchzusetzen.
Verantwortlich für die Entwicklung des OM 5-Motors zeichneten bei Daimler-Benz der Chefkonstrukteur Hans Nibel (1880 - 1934) und Baurat Friedrich Nallinger (1883 - 1937) mit Ingenieuren des Untertürkheimer Werkes.
Als erstes Gemeinschaftsprogramm entwickelte bei der Daimler-Benz AG das in Untertürkheim ansässige Zentrale Konstruktionsbüro ein drei-, wenig später ein vierstufiges Omnibus-Programm mit Fahrgestellen in Halb-Niederrahmentechnik, die im Gaggenauer Werk gefertigt wurden. Kleinster Typ war bis 1928 der N 1 als 16-Sitzer mit dem Vierzylindermotor M 14, der 45/46 PS entwickelte. Auch die Sechszylindermaschine M 16 mit 50/55 PS oder mit 65/70 PS konnten in das luftbereifte Modell installiert werden, teilweise mit Aufbauten des Coburger Karosserieherstellers N. Trutz.
Der N 2 mit dem Sechszylindermotor konnte 30 bis 42 Personen befördern. Er war als geschlossenes Linien- und Reise- oder als offenes »Allwettermodell« mit einem Klappverdeck lieferbar. Eine besondere Ausführung verkörperte innerhalb der N 2-Baureihe der Eineinhalbdecker. Er wurde unter anderem an die Rheinische Kraftverkehrs AG (RVG) in Köln und an die Deutsche Reichspost verkauft. Der auch als »Gesellschaftswagen« bezeichnete Omnibus besaß zwei Abteile mit jeweils neun Clubsesseln. - Das N 2-Niederrahmen-Busfahrgestell gab es ab 1928 bei der DBAG auch mit Nebenantrieben zum Aufbau von Feuerwehr-Drehleitern (Chassis-Typ LD 2) und von Feuerwehr-Kraftfahrspritzen (MS 2) der Firmen Metz und Magirus.
Drittes Modell wurde der N 5 mit einem großvolumigen 70/80-PS-Vierzylindermotor der Baureihe M 5. Die Normalversion war für 30 Personen ausgelegt. Daneben gab es auch eine Ausführung in Anlehnung an den Benz-»Niederomnibus MS« mit einem vorverlegten Fahrersitz, den Frontlenkertyp NJ 5. Er konnte auch als Doppeldecker mit einem Trutz-Aufbau für 48 bis 56 Fahrgäste geliefert werden. Eine offene Treppe führte im Heck in die obere Etage. Neben einer Vierrad-Elastikbereifung ließen sich die NJ 5-Modelle auch gemischt ausstatten: vorn mit Luft- und hinten mit Vollgummi-Reifen.
Schließlich ergänzte Daimler-Benz die N 5-Haubenbus-Familie 1927/28 durch eine dreiachsige Niederrahmenversion. Im Gegensatz zu Büssing kam das Stuttgarter Unternehmen bei seinem 6x4-Typ N 56 für den hinteren Doppelachsantrieb mit einer Kardanwelle aus. Vom Tellerrad des ersten Differentials leitete eine durch zwei Kardangelenke bewegliche Welle die Antriebsmomente auf das hintere Tellerrad und damit an die dritte Achse weiter. 1928 erhielt der N 56 erstmals den 70-PS-Sechszylinder-Dieselmotor OM 5, mit dem ihn das Werk auf eine »Propagandafahrt« durch Deutschland schickte, um die Zuverlässigkeit und Sparsamkeit des Selbstzündermotors zu demonstrieren: Dieser erste Daimler-Benz-Dreiachsbus war gleichzeitig der erste 6x4-Dieselbus der Welt. Er besaß einen Ganzstahlaufbau des Daimler-Benz-Karosseriewerks Sindelfingen bei Stuttgart. Ein weiteres Modell kurvte auf einer Werbefahrt durch die USA. Die Rheinische Kraftverkehrs AG erwarb dann 1930 das erste 50-sitzige Dieselmodell mit 85-PS-Motor OM 5 S. In den Baujahren danach bis 1930 erhielt der Dreiachser den 100 PS starken Ottomotor M 36, dessen Leistung in der F-Ausführung ab 1930 für die N 56/Lo 8500-Weiterentwicklung auf 110 PS gesteigert wurde.
Als viertes Modell der neuen Baureihen kam 1928 der mittelgroße Typ N 46 mit dem kleinvolumigen, schnellaufenden 55/60-PS-Sechszylinder-Ottomotors M 16 auf den Markt. Die Grundversion bot 21 Sitzplätze. Das Zentrale Konstruktionsbüro wurde im gleichen Jahr aus Kostengründen nach Gaggenau verlegt, der Omnibus-Karosseriebau

und die betreffende Konstruktionsabteilung dagegen in Sindelfingen angesiedelt.
Neben Holzaufbauten entstanden ab 1927 auch gemischte Stahlspanten-Holz-Karosserien nach Arquint-Patenten. Ganzstahl-Omnibusaufbauten stellten die Waggonfabrik Uerdingen (ab 1925), die S.S.W.-Sächsische Waggonfabrik Werdau und die N. Trutz KG her. Hervorgehoben wurde bei den von Trutz karossierten Linienbussen die Möglichkeit des Einmannbetriebes durch eine besondere vordere Einstiegsführung, »wobei der Fahrer gleichzeitig die Obliegenheiten des Schaffners« übernehmen konnte. Zur Gewichtsverminderung wurden derzeit verschiedene Modelle auch mit Lautal-Leichtmetallkarosserien versehen.
1930 wurde das Typenbezeichnungsschema neu aufgebaut, wenn es auch zunächst noch nicht ganz konsequent durchgeführt wurde. Aus dem N 46 wurde der O 2500, aus dem N 2 der O 4000 (wurde vielfach auch als »Reichspost-Typ« bezeichnet) und aus dem N 56 der Lo 8500 beziehungsweise O 8500. Die Modelle O 4000 und O 8500 erhielten den 110-PS-Vergasermotor. Die Leistung der Dieseldreiachser steigerten die Mercedes-Ingenieure durch die Änderung der Nockenwelle im OM 5 S-Motor. 1932 wurde dieser Dieselmotor durch die neue OM 77-Maschine mit 120 PS ersetzt.
Für 1930 ist auch die Vorstellung eines 52 kW leistenden, zweiachsigen Obusses mit kastenförmiger Ganzstahl-Karosserie erwähnenswert. Die BBC-Mannheim lieferte die Elektroanlage des »Fahrdraht-« beziehungsweise »Trolleybusses«. Die BBC setzte das Einzelexemplar auf ihrer Mannheimer Versuchsanlage ein, 1940 mußte das Fahrzeug nach Zwickau abgegeben werden.
Als mittlerer Omnibus wurde im gleichen Jahr das Modell O 3000 mit einem Holzgerippeaufbau angeboten. Der 70-PS-Sechszylinder-Ottomotor M 56 trieb dieses 20 bis 26 Fahrgäste fassende Fahrzeug an.
1932, in jenem Jahr, das den wirtschaftlich tiefsten Punkt der deutschen Wirtschaft während der Zwischenkriegszeit markiert, gelang es Daimler-Benz, einen 55-PS-Vierzylinder-Dieselmotor mit 3,8 Liter Hubraum serienreif zu machen. Der neue Typ OM 59 wurde parallel zu einem gleichstarken, mit gleichen Abmessungen versehenen Ottomotor hergestellt. Dadurch ließ sich bei gleicher Drehzahl von 2000 U/min ein Einheitsgetriebe verwenden. Der Kunde konnte später ohne Schwierigkeiten in Lo 2000/2500-Bussen und -Lkw den Ottomotor M 60 gegen einen OM 59-Diesel austauschen lassen.
Als Universalfahrgestelle für kleine Lastwagen und Omnibusse bot das Unternehmen die Lo-Typen 2000, 2500, 2600, 2750 und 3500 an. Unter den Lo 3500-Modellen sticht die 1933 angebotene 150/200-PS-Kompressorausführung hervor, die mit dem Achtzylinder-Reihen-Ottomotor M 07 mit zwei Rootsgebläsen aus der Luxus-Pkw-Baureihe Mercedes-Benz 770 angeboten wurde. Allerdings durfte die mechanische Aufladung nur für wenige Minuten eingeschaltet werden, um den Motor vor thermischer Überlastung zu schützen.
Einen Hauch von Zukunft strahlten die neuen Mercedes-Benz-Frontlenkerbusse der zweiten, der sogenannten Pullman-Generation aus. Eigentlich leitete diese Entwicklung 1934/35 die Deutsche Reichsbahn ein. Daimler-Benz entwickelte für sich, nach Lizenzen des Aerodynamikers Paul Jaray, einen stromlinienförmig gestalteten Frontlenkerbus auf der Lo 3100-Fahrgestellbasis mit stahlblechbeplanktem Holzgerippeaufbau (siehe auch bei Waggonfabrik Uerdingen/DÜWAG). Er erhielt einen 95-PS-Diesel, bot 22 Sitzplätze und war für 115 km/h ausgelegt. Der Bus kam ab Sommer 1935 auf den ersten DR-Schnellreisebuslinien auf den neuen Reichsautobahnen zum Einsatz.
Mit Stahlaufbauten modifizierte Pullman-Frontlenkerbusse fertigte Daimler-Benz ab dem zweiten Quartal 1935 als Baumuster LoP 3200, LoP 3500 und OP 3750, letztgenannten Typ sogar bis 1941. Ihre Dienstleistungen bewegten sich zwischen 80 (OM 67 b) und 100 PS (OM 67/3). Einige OP 3750 karossierte unter anderem Walter Vetter in Stuttgart-Bad Cannstatt ab 1938. Und die Deutsche Reichspost hatte bei der DBAG 1935 einen LoP 3500 als Salon- und Konferenzbus bestellt und sie ließ sich 1939 einige dachrandverglaste OP 3750 A als »Alpenreise-(Aussichts-)Wagen« liefern. - Von den Pullmann-Bauarten produzierte Daimler-Benz insgesamt 450 Exemplare, als Linie-, Reise- und Rundfahrtwagen.

Leistungsstärkere und in ihrer Wirtschaftlichkeit weiter erhöhte Vier- und Sechszylinder-Dieselmotoren der Baureihen OM 65 und OM 67 mit 63 und 90/95 PS Leistung fanden sich in den Lo 2750- und O 3720-Modellen. Der ursprünglich 125 PS leistende 12,5-Liter-Dieselmotor OM 54 wurde 1934 für die Lo/O 8500-Modelle verwendet.
Ihre ersten Diesel-Dreiachs-Doppelstockbusse erhielt die Berliner Verkehrs-Gesellschaft (BVG) 1934/35 von der Daimler-Benz AG. Die speziellen 6x4-Fahrgestelle mit weit zurückversetzter Vorderachse, Typ N 56/134 (Lo 8500), bezeichnete die BVG intern als »DB D3 Die 34«. Die Wagen-Nummern 1 bis 20 waren mit 125/130 PS starkem OM 54-Diesel ausgestattet. Sie boten oben 32 Sitze und unten 26 Sitze- plus 17 Stehplätze.
In den Karosseriebau für Omnibusse wurden neben dem Werk in Sindelfingen ab 1936 auch das Werk in Mannheim einbezogen. Darüber hinaus lieferten die Firma Auer, Drögmöller, Emmelmann, EVA-Wismar, Kässbohrer, Knapp und Vetter einen Teil der Aufbauten.
Parallel zu den Reichsautobahn-Omnibus-Projekten der Firmen Büssing-NAG, Henschel, MAN und VOMAG entwickelte Daimler-Benz einen dreiachsigen Stromlinien-Schnellreiseomnibus. Der im Heck unterzubringende V-Zwölfzylinder-Triebwagen-Dieselmotor OM 85 mit 300/330 PS und 30,5 Liter Hubraum sollten den gewaltigen 6x4-Frontlenker antreiben. Auch eine Ausstattung mit zwei 145-PS-Sechszylinder-Reihenmotor über den Hinterachsen war ins Auge gefaßt. Das heckseitige Motorenabteil sollte durch einen Waschraum vom Fahrgastraum getrennt sein. Ein Demonstrationsmodell dieses 32-sitzigen Großomnibusses stand 1935 auf der Berliner Automobil-Ausstellung.
In Einzelexemplaren wurden für die BVG 1934/35 dreiachsige Obusse mit 36 Sitz- und 29 Stehplätzen als O 8500 (elektr.) gefertigt. Installiert waren zwei 45 kW-Motoren der AEG in die Niederrahmen-Chassis.
Ab Mitte der dreißiger Jahre bis 1941 verkörperten im DBAG-Angebot die Baureihen O 3200 bis O 4000 die »Brot- und Butterbusse« mit 80- bis 120-PS-Dieselmotoren (OM 67 b bis OM 79). O 4000-Reichspostbusse besaßen teilweise am Heck ein abschließbares, fensterloses Gepäck- beziehungsweise Postabteil
Wohlgerundete 22- bis 30-sitzige Stromlinien-Haubenbusse (größtenteils für die Deutsche Reichsbahn) entstanden zwischen 1935 und 1940 auf der Grundlage von Mercedes-Lo 2600- bis O 3750-Fahrgestellen. Mit 65- bis 100-PS-Dieselmotoren (in einigen Fällen auch mit Ottomotoren) erreichten sie Höchstgeschwindigkeiten bis 118 km/h. Ihre Karosserien stammten von Kässbohrer, von der Waggonfabrik Uerdingen, von Talbot-Waggonbau und mit großzügiger Dachrandverglasung von Vetter.
Als beachtliche Großomnibusse kombinierte das Unternehmen Sattelzugmaschinen vom Typ LZ 6500 mit Personen-Aufliegern der Karl Kässbohrer-Werke. Bis zu 120 Personen konnten diese Sattelschlepper-Großomnibusse befördern. Der 150-PS-Diesel OM 54 wurde für die 18,7 bis 20 Meter langen Züge, auch »Tatzelwurm« genannt, verwendet. Darüber hinaus konstruierte man (wahrscheinlich Kässbohrer) eine Luxus-Doppeldeckerausführung in Sattelschlepperbauart für 50 Fahrgäste.
Ein weiterer außergewöhnlicher Omnibus war die zehnsitzige Halbketten-Ausführung LR 75, die von dem 65-PS-Ottomotor M 142 angetrieben und auf Gebirgsstrecken der Reichspost in »schneereichen Regionen (Reith im Winkl - Winklmoos-Alm) eingesetzt wurde. Die drei für die Deutsche Reichspost hergestellten Exemplare erhielten geschlossene Aufbauten der Karosseriefabrik Eugen Rupflin in München. Ein weiterer Halbketten-Gebirgsbus besaß einen offenen «Cabriolet»-Aufbau.
Da eine Produktionsstatistik für Omnibusse nicht durchgehend vorliegt, und nur die Fahrgestelle erfaßt wurden, die aber gleichzeitig für Omnibusse und Lastwagen verwendet wurden, sollen folgende gesicherte Daten eine Auskunft über die Leistungsfähigkeit der Daimler-Benz AG im Omnibusbau geben. 1936 belief sich der Absatz der Fahrzeuge auf 557 und 1937 auf 474 Omnibusse.
Als Großomnibusse für 40 bis 45 Personen in der Ein- und für 60- bis 75 Personen in der Doppeldeckerversion folgten ab 1936/37 die O 10000-Typen mit dem dann bereits 140/150 PS leistenden 12,5-Liter-Diesel DM 54. 1938 wurde die bis 1941 gebaute Modellreihe mit dem neuen, ebenfalls 150 PS leistenden OM 57-Motor mit 11,2 Litern

Hubraum ausgestattet und mit Sindelfinger Ganzstahl- und Kässbohrer-Aufbauten versehen. Die Reichspost übernahm als größter Kunde 160 Exemplare dieser Baureihe, von denen ein Teil mit Kraftpostkurswagen-Aufbauten zur Nachtpostbeförderung eingesetzt wurde. Bis 1950 waren noch fast 50 Omnibusse des Typs O 10000 bei der Deutschen Bundespost im Einsatz.
Für die BVG stellte die DBAG neben den neuen Hauben-Doppeldeckern «D 38» mit Trutz-, Orenstein & Koppel-, Talbot- und Westwaggon-Gastell-Aufbauten einen 200 PS starken Frontlenker-Doppeldecker-Prototyp her, dessen 14,3-Liter-Maschine OM 49 allerdings die BVG auf 160 bis 175 PS gedrosselt hatte. Ein Serienbau dieses dreiachsigen «Dobusses», der von der BVG unter der Bezeichnung «DO 36» geführt wurde, unterblieb ebenso wie bei den Büssing-NAG- und Henschel-«DO 36»-Prototypen mit 172 und 175 PS wegen der Kriegsereignisse. Unter diesen Vorserienmodellen überstand nur die DB «DO 36»-Ausführung den Krieg und wurde bis 1956 im Liniendienst der West-BVG eingesetzt.
1936 entwickelte das Unternehmen «zur Verwendung heimischer Energien» einen zweiachsigen, vorn und hinten einfach bereiften Obus mit 64-kW-AEG- oder BBC-Motoren. Ideen des Busunternehmers Theodor Pekol waren in die Konstruktion eingeflossen. Von den 12 im Gaggenauer Werk aufgebauten Modellen übernahmen die Oldenburger Vorortbahnen von Theodor Pekol sieben Exemplare dieses intern als Typ «Oldenburg» bezeichneten Modells.
1937 war zumindest auf dem Reißbrett ein Obus-Programm mit den Baugrößen 4000, 6000, 8000 und 10000 fertig. Jedoch einzig das Großmodell O 10000 T wurde mit 2x45/55-kW-AEG- beziehungsweise SSW-Motoren oder einem 112-kW-BBC-Motor bis 1941 realisiert, von Flüssiggas umgestellt werden. Die Stahlblechverkleidung mußte im Laufe des Krieges durch Kapag- oder Delignit-Platten ersetzt werden. Etwa 300 «Kriegsomnibusse» dieser Größen wurden bis 1944/45 gefertigt.
Der Krieg hatte die Daimler-Benz-Werke schwer getroffen. Das Werk in Sindelfingen war zu 85 Prozent, das in Gaggenau zu 80 Prozent, das Untertürkheimer Werk war zu 70 Prozent, das Mannheimer dagegen nur zu 20 Prozent zerstört worden. Das Werk in Berlin-Marienfelde lag zunächst vollständig in Trümmern. Das noch im April 1945 geräumte Flugmotorenwerk in Genshagen bei Berlin befand sich unerreichbar in der Sowjetischen Besatzungszone.
Da das Schwerlastwagenwerk in Gaggenau von der französischen Besatzungsmacht restriktiv behandelt wurde, und die französische Verwaltung die Verbindung zur Stuttgarter Zentrale untersagte, fiel dieses Werk zunächst ebenfalls aus. Hinzu kamen umfangreiche Reparationsleistungen. Maschinen aus den Werken Untertürkheim und Sindelfingen mußten den Transport nach Frankreich nehmen. Nach ersten Aufräumarbeiten konnte das Leichtlastwagenwerk Mannheim, das seit 1944 gezwungenermaßen den Opel-«Blitz»-Dreitonner als Mercedes-Benz L 701 fertigen mußte, im Sommer 1945 die Montage dieses Dreitonners (mit dem Opel-«Blitz»-Ottomotor) wieder aufnehmen. Die schließlich noch vorhandenen 467 Teilesätze wurden 1949 im freundschaftlichen Einvernehmen dem Opel-Werk übergeben, da nun dieses Fremdprodukt nicht mehr in das angelaufene Daimler-Benz-Programm paßte. Das Opel-Werk gab nach der Montage die Dreitonnen-Basisfahrzeuge an verschiedene Karosseriehersteller ab.
Nachdem in den ersten Nachkriegsjahren einige Frontlenker-Fahrgestelle des Typs O 5000 T für Obus-Aufbauten produziert worden waren, folgten ab 1948 erste Haubenomnibusse mit dem 112-PS-«Kriegsmotor» als Baureihe O 4500 beziehungsweise O 5000. Die auf dem Leiter-Niederrahmen aufgesetzte Ganzstahlkarosserie bestand aus einem verschweißten Gerippe mit aufgeschweißten Stahlblechteilen. Eine mittlere Dachauswölbung erhöhte einerseits die Stabilität, ermöglichte andererseits eine bequemere Stehhöhe. Als Linien- und als Reisebusse mit oder ohne Dachrandverglasung standen diese Modellreihen in den Jahren 1948 bis 1950 im Programm. Auch eine Allwetterausführung mit einem Schiebedach konnte geliefert werden. 39 Sitz- und 47 Stehplätze waren in dem Linien-, 41 Sitz- und 10 Notsitze waren in dem 66 bis 75 km/h schnellen Reisefahrzeug vorhanden. Insgesamt wurden 770 Modelle mit Sindelfinger und mit Fremdkarosserien hergestellt.

Im Jahre 1948 wurde Dr.-Ing. Wilhelm Haspel (1899 - 1952) als Vorstandsvorsitzender wieder eingesetzt, unter dessen Leitung die Versuchs- und Konstruktionsabteilung des Unternehmens einen 3,25-Tonner als erstes neues Nachkriegs- und gleichzeitig als Ablösemodell für den (Opel-) Typ L 701 entwarf. Dieses später als L 3500 bezeichnete Modell sollte zwar schon 1948 vorgestellt werden, konnte aber aufgrund von Materialengpässen erst 1949 auf der Hannover Messe präsentiert werden.
In dem kaltgepreßten, kombinierten Schweiß-Nietrahmen hatten die Techniker einen neu konstruierten, leichten und schnellaufenden Vorkammer-Dieselmotor eingebaut, der sich fertigungstechnisch an den Opel-Blitz-Motor anlehnte, um die vorhandenen Maschinen weiterbenutzen zu können. Der 90-PS-Sechszylindermotor OM 312 arbeitete nach dem neuen Vorkammer-Gleichstrom-Verbrennungsverfahren. Ein gut schaltbares Fünfganggetriebe übertrug die Kraft auf die Palloid-Hinterachse.
Das zunächst als Typ O 3250 vorgeführte Omnibusmodell mit 29 Sitzen und 7 Notsitzen ging 1950 nach Erhöhung der Tragfähigkeit als Typ O 3500 in Serie. Designmäßig orientierte sich dieses Modell mit der verchromten Kühlermaske am Stil der Daimler-Benz-Pkw und an dem großen «Fünftonnen»-Omnibus. Eine Moderne Frischluftheizung und eine hydraulische Fußbremse mit einem Druckluftvorspann gehörten zur Serienausstattung. Das Modell konnte als Überlandomnibus mit festem Dach, als Allwetteromnibus mit Dachrandverglasung und einem Webasto-Schiebedach geliefert werden. Darüber hinaus stand noch eine verlängerte Version mit einer zusätzlichen Sitzreihe zur Verfügung. Während die Reisebusversion neben der Dachgalerie für das Gepäck noch einen hinteren Kofferraum besaß, erhielt der Linienbus einen hinteren Stehperron.
Eine kleine Serie des O 3500-Reisebusses wurde 1954 mit dem mittels Abgas-Turbolader von 90 auf 115 PS gesteigerten Motor OM 312 A ausgestattet. Da das Daimler-Benz-Werk der Turboladertechnik der Nutzfahrzeuge nicht traute, wurde für die Turbodieselausstattung noch nicht geworben.
Eine weitere Spezialausführung war der auf dem Allradantriebsfahrgestell LA 3500 A von Vetter aufgebaute Omnibus für Gebirgsstrecken. Diese Busse lösten bei der Deutschen Bundesbahn die LR 75-Halbkettenomnibusse der Vorkriegszeit ab.
Das sich durch «Geräuschlosigkeit, Wirtschaftlichkeit, Wendigkeit, Lebendigkeit» und durch «gute Federungsqualitäten» auszeichnende Modell O 3500 erhielt Sindelfinger und (ab 1951 ausschließlich) Mannheimer Karosserien. Darüber hinaus stellten nahezu alle deutschen Karosseriers Aufbauten für dieses überaus erfolgreiche Modell her. Darunter bot das Steib-Werk Luxusaufbauten mit gebogenen Frontscheiben, einer Heckverglasung und aufwendiger Innenausstattung mit «Schlafsesseln» an. Drögmöller fertigte Luxusaufbauten aus Leichtmetall und mit Dunlopillo-Polsterungen für die Schlafsessel.
Als einer der ersten großen Nachkriegsexportaufträge konnte Daimler-Benz 1954 einen Auftrag über 500 Omnibusse aus der O 3500-Familie mit einem iranischen Importeur abschließen. Aufgrund dieser Bestellung und Lieferung erhielt das Stuttgarter Unternehmen die Möglichkeit, in Persien ein Lastwagen-Montagewerk aufzubauen. Daimler-Benz konnte sich dadurch dort rasch eine dominierende Position im Nutzfahrzeugmarkt erobern.
Bis 1955 konnten vom in Großserien gebauten Typ O 3500 (ab 1954 unter der Bezeichnung O 311) 6049 Einheiten gefertigt werden; das Magirus-Deutz-Konkurrenzmodell O 3000/O 3500 (zunächst wasser-, dann luftgekühlt) erreichte zum Vergleich lediglich eine Stückzahl von 3767 Exemplaren.
Das O 3500-Fahrgestell diente unter der Bezeichnung OP 3500 beziehungsweise ab 1954 unter dem Kürzel OP 311 auch fremdkarossierten Frontlenkerbussen. Das vor allem für den Export vorgesehene Fahrzeug bauten beispielsweise die Firmen Ernst Auwärter, Gottlob Auwärter, Drögmöller, Harmening, Ottenbacher und Wankmiller auf. Von 1953 bis 1961 wurden 1675 derartige «Pullman»-Fahrgestelle produziert; darunter allerdings auch Fahrgestelle für Spezial-Lkw-Aufbauten. Vetter rüstete LAP 212-Allradchassis (angelehnt an OP 3500-Modelle) mit Karosserien für die Deutsche Bundespost aus. Auch hier wurden Luxusausstattungen mit Dunlopillo-Bestuhlungen verwendet.

1950 löste der O 6600 den bisherigen Fünftonnen-Omnibus ab. Das stilistisch dem O 3500 wiederum angenäherte Modell mit gleichermaßen auffallend verchromter Kühlermaske besaß nun den neuen 145-PS-Diesel der Baureihe OM 315. Durch zusätzliche Lüftungsschlitze im Bereich der Motorhaube wurde die Luftversorgung des Motors verbessert. Das letzte große Haubenmodell des Daimler-Benz-Werkes, ab 1954 unter der Bezeichnung O 304 angeboten, wurde bis 1955 in einer Stückzahl von 625 Einheiten gebaut. Neben eigenen Karosserien wurden hier auch Fremdaufbauten, darunter Luxusaufbauten der Firma Gaubschat, verwendet.

Nachdem verschiedene Aufbautenhersteller Chassis des O 3500 und des O 6600 schon zu Trambus-Frontlenkeromnibussen umkonstruiert hatten, entschloß sich das Daimler-Benz-Werk vor allem aus Exportgründen, auch werksseitig wieder Frontlenker-Omnibusse ins Programm aufzunehmen. 1951 erschien daher als erster Daimler-Benz-Omnibus mit Heckmotor der 11 Meter lange, elegante O 6600 H. Der querstehende 145-PS-Diesel OM 315 trieb über ein elektrisch geschaltetes ZF-Media-Sechsganggetriebe, ein Winkelgetriebe sowie über eine kurze, zweiteilige Kardanwelle die Hinterachse an.

Eine aufgeschraubte, wuchtig wirkende Stahl-Leichtbau-Karosserie wurde werksseitig auf die aus Gaggenau angelieferte Boden-Rahmengruppe aufgesetzt; gummigelagerte Stabilisatoren untersützten die Blattfedern.

In zweitüriger Linien- und Reise- sowie in dreitüriger Linienausführung bot das Werk dieses Fahrzeug als «Pullman»-Modell an; die Reisebusausführung besaß 45 bis 47 Sitzplätze sowie 10 Notsitze. Das Linienmodell nahm 100 Fahrgäste auf. Auch hier steuerten verschiedene Karosseriefabriken eine Anzahl von Aufbauten an. Das Vetter-Werk bot dabei einen 11-reihigen Reisewagen mit Schiebedach und grüngetönter Sekurit-Dachrandverglasung an.

Im Rahmen der O 6600 H-Baureihe ist die Obus-Variante O 6600 T hervorzuheben, die 1952/53 in 354 (!) Exemplaren nach Argentinien geliefert wurde. An westdeutsche Stadtverkehrsbetriebe ließen sich bis 1955 indes nur 10 Obuseinheiten absetzen. Am 31.Juli 1950 wurde die Mercedes-Benz Argentia S. A. in Sao Bernardo do Campo als erster Stützpunkt in Südamerika eingerichtet.

Im Heck der Obusse war eine elektro-pneumatische Schaltanlage von Kiepe für den BBC-Motor untergebracht. Das Omnibus-Werk Mannheim erhielt eine eigene 400 Meter lange Einfahrbahn für die Obusse.

Bis 1960 wurden 1366 Pullman-Modelle O 6600 H beziehungsweise unter der neuen Bezeichnung O 320 H gefertigt. Größter Abnehmer dieser Pullman-Typen war mit 538 Exemplaren die Deutsche Bundespost. Hinzu kamen weitere 569 tiefgekröpfte Niederrahmen-Trambusfahrgestelle der Baureihen OP 6600 beziehungsweise OP 315 und 320 H, die vor allem aufgrund ihrer einfacheren Antriebstechnik in den Export gingen. In Deutschland wurde das Trambusfahrgestell hauptsächlich für Gelenkbus-Aufbauten verwendet. Zwischen 1953 und 1958 fertigte Gaubschat in Berlin 16,9 Meter lange Omnibuszüge. Weitere Gelenkbusse stellte das Vetter-Werk mit Schenk-Drehkranzverbindungen auf die Räder.

Den Weg in den modernen Omnibusbau mit halbselbsttragenden Karosserien beschritt das Daimler-Benz-Werk 1954 mit dem Serienbau des Typs O 321 H. Auf der Rahmen-Bodenanlage mit einem Mittelträger war der stark abgerundete, mittragende Frontlenkeraufbau im abgewandelten Stil des O 6600 H aufgeschweißt. Diese «Semi-Integral-Bauweise» bot die Möglichkeit, von schweren Rahmenfahrgestellen abzugehen, aber trotzdem weiterhin Bodengruppen an Aufbautenhersteller abgeben zu können.

Ein breiter Ovalgrill, der die Scheinwerfer umfaßte, bildete nun mit dem Mercedes-Stern das auffallende Frontmerkmal.

Der aus dem OM 312 entwickelte 110-PS-Motor der Baureihe OM 321 befand sich längsstehend im Heck des in zwei Längen lieferbaren Modells. Ab 1962 diente auch die neue 126-PS-Maschine vom Typ OM 332 als Antriebsquelle. Die Hydraulikbremsanlage wurde durch eine Druckluft-Servo-Einrichtung unterstützt. Das vom Mannheimer Werk und vor allem von den Firmen Ernst Auwärter, Steib, Vetter und Voll karossierte Modell wies 32 bis 43 Sitzplätze auf, Während die Reisevarianten mit vollverglasten Dachrandpartien, mit Schiebedächern sowie mit Klapptüren versehen waren, erhielten die

Linienausführungen ein herumgezogenes Dach sowie Schiebe-, Falt- und Klapptüren. Die Frontpartie wurde 1961 durch eine bis an das Dach hochgezogene Scheibe geändert. 1962 renovierte man die Heckpartie mit hochgezogenen Scheiben im Stil des zu dieser Zeit erschienenen O 322-Linienbus-Modells. Die Dachpartie wurde, um eine größere Stehhöhe zu erreichen, erhöht aufgesetzt. In der Reisebusversion wanderten die Gepäcknetze in die Mitte, um die Sichtverhältnisse zu verbessern. Im gleichen Jahr wurde die Belüftungsanlage modifiziert.
Ernst Auwärter entwickelte für diese Baureihe individuelle gestaltete Karosserien mit großflächiger Verglasung. Auch das auf der Basis des O 321 H konstruierte Steib-Modell M 61 gefiel: tief heruntergezogene und bis in die Dachpartie gewölbte, UV-Strahlen absorbierende Scheiben an schmalen Stegen bildeten eine Rundumverglasung und gaben diesem Bus ein besonderes Aussehen. Hinzukam eine aufwendige Überdruck-Entlüftungsanlage. Der Versuch von Steib, ausgehend von diesem Modell eine eigenständige Omnibusfertigung aufzubauen, mißlang. Das Steib-Werk gab 1975 die Fertigung auf.
Bis 1964 wurde von der 9,3-Meter-Version 12.826 Exemplare gefertigt, die 10-Meter-Variante O 321 HL brachte es auf 5257 Exemplare. Hinzu kamen Teilsätze für Argentinien, Brasilien und Griechenland. Dort produzierte in Athen die Firma A. E. Viamax die entsprechenden Aufbauten. Mit über 20.000 Einheiten erreichte schließlich die Omnibusbaureihe O 321 einen bis dahin in Weltmaßstab unerreichten Produktionsrekord.
Im Jahre 1956 gesellte sich die Kleinbusfamilie O 319 dazu, die Daimler-Benz in Sindelfingen produzierte. Der für 10 bis 17 Fahrgäste ausgelegte Typ besaß einen Kastenprofilrahmen mit einer verschweißten, mittragenden Karosserie. Auffallend war die eigenwillig gestylten Fahrzeug weit nach vorn verlegte Vorderachse. Die große Panoramascheibe und die Dachrandverglasung gaben den Fahrgästen in diesem Kleinbus eine ausgezeichnete Sicht. Das Chassis besaß Starrachsen an Halbblattfedern. Motor, Getriebe, Lenkung und Vorderachsen waren auf einem herausziehbaren Fahrschemel zusammengefaßt und mit Gummipuffern am Rahmen befestigt. Das Vierganggetriebe wurde vom Lenkrad aus geschaltet.
Anfänglich kam ein 65-PS-Otto- oder ein 43-PS-Dieselmotor aus dem Pkw-Programm zum Einsatz. Ab 1961 leisteten diese Motoren 68 und 50 PS, die Modelle von 1965 bis 1968 verfügten über eine 80 PS starke Otto- oder über eine 55 PS starke Dieselmaschine.
Neben eigenen Karosserien kamen Luxusaufbauten für «Citybusse» von Vetter oder Aufbauten für Luxusbusse von Ernst Auwärter zum Einsatz. Auch Fahrgestelle der Leichtlastwagen L 405 und L 407 dieser Fahrzeugfamilie wurden für besondere Kleinbusausführungen bereitgestellt.
Insgesamt verließen 1909 Vergaser- und 13.680 Diesel-Kleinbusse das Werk, wobei die Montage ab 1961 in einem ehemaligen Auto Union-Werk in Düsseldorf erfolgte. 174 Teilesätze gingen in das spanische Daimler-Benz-Werk in Vitoria, wo die Endmontage vorgenommen wurde. Darüber hinaus setzte das marokkanische Unternehmen SAIDA in Casablanca ab 1968 weitere Kleinbusse zusammen.
Als erste fortschrittliche Großraum-Omnibus-Konstruktion erschien im Jahre 1958 das Baumuster O 317, das den schweren O 320 (ex O 6600 H) ablöste. Diese nun überaus erfolgreiche Typenfamilie war als Gegenstück zu den Büssing-Unterflurdiesel-Baumustern gedacht und konnte im Zuge der Großserienfertigung den Büssing-Modellen letztendlich die Marktposition streitig machen.
Der hier erstmals verwendete Mercedes-Benz-Unterflurdiesel des Typs OM 326 h mit 172 PS beziehungsweise ab 1961 in ungedrosselter Ausführung mit 200 PS war rechts hinter der Vorderachse platzsparend im durch Stegprofile verwindungssteif konstruierten Verbundfahrgestell eingebaut. Die 10,8-Liter-Maschine besaß Einzelzylinderköpfe sowie vier Ventile pro Zylinder. Die Motorzusatzaggregate, darunter der hydrostatisch angetriebene Lüfter, waren getrennt vom Motor im Frontbereich des Fahrzeugs angeordnet.
Während vorne eine gekröpfte Achse verwendet wurde, kam hinten eine Banjoachse mit Hypoidverzahnung zum Einbau. Für den Fahrkomfort sorgte in diesem Fahrzeug hier erstmals die neuartige Luftfederung mit Niveauregulierung. Ein synchronisiertes

Viergang-, ein elektromagnetisch geschaltetes ZF-Hydromedia- oder ein hydrodynamisch arbeitendes Voith-Diwabusgetriebe übertrugen die Kraft auf die Hinterachse.
Neben der 12-Meter-Ausführung wurde ab 1963 auch eine 11,3-Meter-Variante unter der Bezeichnung O 317 K aufgelegt. Daimler-Benz bot beide Ausführungen mit selbsttragenden Karosserien als Komplettomnibusse mit 34 bis 48 Sitz- und 80 Stehplätzen sowie, wahlweise, mit oder ohne hinterem Stehperron an. Die O 317-Busse wiesen einen Nutzlastfaktor von 1 : 1 auf.
Die Bodengruppe wurde verschiedenen Aufbautenherstellern zur eigenen Karosseriegestaltung zur Verfügung gestellt. Vor allem Gaubschat, Ludewig und Vetter benutzten sie mit einer von Mercedes vorgegebenen unteren Frontpartie zur Herstellung von Gelenkbussen, deren Nachläufer verschiedenartig noch eine Doppelachse besaß. Eine auffallende hydraulische Dämpfungseinrichtung war auf den Dachübergängen angebracht. Ludewig und später das Vetter-Werk, das die Ludewig-Patente übernommen hatte, versahen O 317-Fahrwerke mit Anderthalbdeckeraufbauten mit der Bezeichnung «Aero». Eine als Schleppachse ausgebildete zusätzliche Hinterachse nahm einen Teil des erhöhten Gewichts auf.
Die Frontpartie mit zunächst senkrecht stehenden Scheiben wurde nach 1960 durch leicht geneigte Scheiben etwas aufgefrischt. 1966 wurde die Seitenlinie durch größere Fenster und in der Überlandausführung durch größere Unterflurkofferräume zeitgemäßer gestaltet.
Ab 1964 kam der 180 PS starke Direkteinspritzdiesel der Baureihe OM 346 h zum Einbau, der sich ab 1967 auf 185 oder 210 PS durch eine entsprechende Einspritzpumpe einstellen ließ. Die von Dipl.-Ing. Heinz Hoffmann entwickelte Daimler-Benz-Direkteinspritztechnik arbeitete mit einer kreisrunden Mulde und einer Vierstrahldüse.
1972 stellte das Mannheimer Werk die Komplettmontage ein. Die Bodengruppen des als äußerst gelungen und unverwüstlich geltenden O 317 bekamen den neuen Unter-flurmotor OM 407 H mit auf den Weg. Die Fertigung der Fahrwerke erfolgte 1974 bis 1977 im Lohnauftrag bei der Steyr-Daimler-Puch AG im ehemaligen österreichischen Saurer-Werk in der Wiener Heidequerstraße (seit 1990 Volvo/Steyr-Bus).
Insgesamt verließen 3550 Omnibusse das Mannheimer Werk. Sie verschafften der Daimler-Benz AG im VÖV-Geschäft den Durchbruch. Hinzu kamen 3740 Bodengruppen, die unter anderem von Steib und Vetter auch zu Reisebussen aufgebaut wurden. Das jugoslawische Nutzfahrzeugwerk Fabrika Automobila Priboj (F.A.P.) mit der Marke Sanos in Priboj na Lima komplettierte 106 Einheiten. Und 1958 nahm die Tata Engineering and Lokomotive Co. (TELCO) in Jamshedpur/Indien die Trambusfertigung nach Daimler-Benz-Lizenzen auf.
Als moderner mittelgroßer Linienbus folgte 1960 das Zehnmeter-Modell O 322, das die Linienausführung des O 321 ersetzen sollte. Das in halbselbsttragender Bauweise konzipierte Fahrzeug besaß den im Heck stehenden 110-PS-Diesel der Baureihe OM 321. Ab 1961 besorgte die 128-PS-Maschine OM 322 den Antrieb. Schließlich konnte in die letzten Bauserien auch der 126-PS-Direkteinspritzer-Diesel OM 352 eingebaut werden, gleichzeitig erhielt das Modell serienmäßig eine Hypoidantriebsachse.
Der in der Frontpartie dem O 317 ähnliche Bus besaß jedoch ein kantiges Heck, das sowohl für den noch in der Produktion befindlichen Typ O 321 als auch für den neuen Reisebus der Baureihe O 302 übernommen wurde. Die mit Luftfederungen ausgestatteten Wagen hatten 32 Sitz- und 50 Stehplätze. 1961 wurde die Frontscheibe nach ober vergrößert.
Das nur bis 1964 gebaute Modell O 322 erreichte eine Stückzahl von 949 Omnibussen und von weiteren 17 Fahrgestellen. Darüber hinaus wurden Teilesätze für Brasilien bis 1970 hergestellt.
1963 erschien letztmalig ein Mercedes-Benz-Spezial-Haubenomnibus auf dem Allradfahrgestell LA 328. Die 110 PS starken Modelle wurden mit FAKA- und Vetter-Aufbauten, wiederum für Gebirgsstrecken der Deutschen Bundesbahn gefertigt.
Zur Ablösung der Reisebusse vom Typ O 321 H und HL beziehungsweise O 322 präsentierte das Unternehmen 1965 die neue Omnibusgeneration O 302 mit den Ausführungen 10 R, 11 R, 12 R und 13 R. Eine steife Rahmenbodenanlage mit vier Frischluft- beziehungsweise Heizungskanälen bildete die Grundlage für die mittragende

Karosserie. Verschiedene Bodenhöhen für die unterschiedlich großen Kofferräume unterschieden die einzelnen Baureihen. Sowohl plane Fensterscheiben in verschiedenen Ausführungen mit oder ohne Dachrandverglasungen als auch leicht in die Dachpartie hineingewölbte Fensterscheiben wurden verwendet. Die Hochdeckeraus-führung erhielt darüber hinaus charakteristische Absätze im Dach beim Übergang vom Fahrer- und Beifahrerplatz zum Fahrgastraum. Geteilte und weit nach oben gezogene Frontscheiben gaben nun dem Reisebus ein entsprechendes Aussehen. Exportfahrzeuge in die USA erhielten in den Jahren 1966 bis 1968 Nirosta-Wellblechverkleidungen im Bereich der Seitenwände.
Die beiden kleinen Ausführungen bekamen anfänglich die 126- und die 150-PS-Direkteinspritzer-Diesel der Baureihen OM 352 und OM 327, von 1969 bis 1975 kamen 130 und 170 beziehungsweise 192 PS starke Motoren der Baureihen OM 352 und OM 360 zum Einbau. das 12-reihige Modell wurde vom 150/160-PS-Motor OM 327 und später vom erwähnten 170- beziehungsweise 192-PS-Motor angetrieben. Das große 13-reihige Modell war mit dem 160-PS-Motor OM 327 oder mit dem 230-PS-Motor OM 355 ausgestattet. 1969 kam der OM 360-Motor mit 170 beziehungsweise 192 PS oder der OM 355-Motor mit inzwischen 240 PS zum Einbau. Synchronisierte Fünf- und Achtganggetriebe, später mit zusätzlicher Außenplaneten-Hinterachsübersetzung besorgten die Kraftübertragung.
Während die 9- bis 12-reihigen Fahrzeuge mit vorderen Schrauben- und hinteren Luftfederungen versehen waren und auf Wunsch mit Luftfederungen auch an der vorderen Starrachse ausgerüstet werden konnten, erhielt das Modell O 302-13 R vorn und hinten Luftfederung. Eine serienmäßige Klimaanlage sorgte für die Belüftung.
Vetter-Karosserien kennzeichneten charakteristische schräggestellte Fensterstege und bis in die flache Dachpartie hochgezogene Seitenscheiben. Eine Dacherhöhung hinter der vorderen Einstiegstür gab dem Fahrzeug ein apartes Aussehen. Für den Komfort sorgten «Greyhound»-Schlafsessel.
Die Firma Drögmöller baute Hochdecker und Stufenhochdecker. Unter Abwandlung der O 302-Basisfahrzeuge begann das Drögmöller-Werk 1965 eine eigenständige Pullman-Omnibusreihe zu entwickeln; die Hochdecker- und Luxusausführungen der Firma Ernst Auwärter hießen «Eurostar».
1969 entstand ein Stadtbus unter der Bezeichnung OE 302 mit einem abgasreduzierten Hybridantrieb. Der Vierzylinder-Pkw-Dieselmotor OM 314 trieb im günstigen Drehzahlbereich einen Generator an, der den erzeugten Strom auf fünf Varta-Batteriesätze abgab, die ihn zunächst speicherten. Sie waren in den Unterflurkofferräumen untergebracht. Dieser 3,5 Tonnen schwere Batteriesatz diente zur Stromversorgung des Elektro-Fahrmotors. 66 Fahrgäste konnte das Versuchsfahrzeug transportieren. Im Einsatz zeigte sich indes, daß ein wirtschaftlicher Betrieb nicht möglich war.
Von der Baureihe O 302 rollten in ihrer zwölfjährigen Bauzeit bis 1976 exakt 14.152 Komplettbusse aus dem Werk sowie 17.329 fahrfähige Bodengruppen. Diese gingen vor allem ab 1969 nach Griechenland an A. E. Viamax in Athen, nach Jugoslawien an F.A.P. mit der Marke Sanos, nach Istanbul an Otobus ve Motulu Araclar Sanayii Anonima Sirketi (OTOMARSAN) und in den Iran an die Firmen Khawan in Teheran sowie an ein Unternehmen in Venezuela.
Die Kleinbus-Baureihe O 319 wurde 1967/68 durch die neue Generation O 309 beziehungsweise O 309 D abgelöst. Die kastenförmigen Frontlenkermodelle besaßen vorn stehende Ottomotoren mit 60/80, 75/85, 90 und 95 PS oder anfänglich Vorkammer-Dieselmotoren mit 55/60 und 65/72 PS. Nach der Umstellung der Daimler-Benz-Dieselmotorentechnik auf die wirtschaftlichere Direkteinspritzung wurden von 1968 an 85-PS-Vier- und 130-PS-Sechszylinderdiesel installiert. Die Motoren hatten ihren Platz auf einem geraden U-Profilrahmen. Der Kunde konnte zwischen Schalt- und Automatikgetriebe wählen.
Die Ausführungen konnten 10, 14 oder 17 Fahrgäste befördern und mit in verschiedenen Höhen ausgeführten Dachpartien versehen werden. Ab 1979 bot das Werk auch die um 31 Zentimeter auf 2,45 Meter verbreiterte DA-Ausführung an, die es ermöglichte, je zwei Doppelsitze einzubauen, so daß 25 Fahrgäste Platz fanden. Ein hinterer Gepäckraum stand zur Verfügung.

Vetter baute den O 309 D für kurze Zeit zum Heckmotor-Omnibus um, darüber hinaus wurde das Basisfahrzeug mit Ernst Auwärter-Aufbau unter der Bezeichnung «Teamstar» in einer Luxusausführung angeboten.
Vor allem als Zubringer-, Gelegenheits- und als kleiner Linienomnibus, als Fahrzeug für den Arbeiter- und Schülertransport sowie für den Einsatz bei Polizei- und Militäreinheiten fand der O 309 große Verbreitung.
Die in Düsseldorf hergestellten Wagen erreichten die zur Ablösung durch das Nachfolgemodell O 609 D eine Stückzahl von über 30.000 Einheiten. Hinzu kamen ab 1976 noch 4176 Teilesätze des O 309-Kleinbusses für einen iranischen Partnerbetrieb, 12.024 Teilesätze für OTOMARSAN in der Türkei und 601 Teilesätze für einen Montagebetrieb in Tunesien.
Von 1961 bis 1966 lenkte Baurat h. c. Walter Hitzinger (1908 - 1975) als Vorstandsvorsitzender die Geschicke des größten deutschen Lastwagen- und Omnibusherstellers; ihm folgte bis 1979 Dr. Joachim Zahn (geb. 1914). Unter seiner Ägide legte das Unternehmen ab 1967 eine Programmlinie für den Export vor allem in Entwicklungsländer auf. Blattgefederte Trambusfahrgestelle der Baureihen OF und Fahrgestelle für Heckmotorenomnibusse der Baureihen OH mit 126/130-, 170-, 210-, 216- und 250-PS-Motoren (teilweise in Hochrahmenbauart) ergänzten das Angebot. Späterhin wurden auch luftgefederte Busfahrgestelle aus dem neuen DB-Werk Wörth und von der schweizerischen NAW-Beteiligungsgesellschaft (Nutzfahrzeuggesellschaft Arbon & Wetzikon AG), hier ab 1983 bereitgestellt. Um den sicheren Einsatz auf schlechten Wegstrecken zu gewährleisten, hatten Daimler-Benz und ihre NAW-Fahrwerke, Federung und Rahmen verstärkt.
Auf der Frankfurter IAA 1967 stellte das Mannheimer Omnibuswerk seine 11-Meter-Ausführung des VÖV I-Omnibusses, den neuen Typ O 305 vor. Der für Einmannbetrieb ausgelegte Standard-Linienbus fußte auf Erfahrungen mit dem O 302 und O 317 sowie auf den Vorgaben des VÖV-Lastenheftes. Es empfahl ursprünglich, das heißt 1966, vier Standard-Stadtlinienbus-Ausführungen mit 6,3, 9,57, 11,0 und 11,3 Meter Wagenlänge. Der Mercedes-Benz-Unterflurmotor OM 360 h mit 170 PS trieb über ein Schalt- oder ZF-Hydromedia- oder über ein Voith-Diwabusgetriebe die hypoidverzahnte Hinterachse an.
Während die Prototypen noch stark nach vorn gewölbte Frontscheiben sowie ein rechteckiges Lüftungsgitter besaßen, wurde das Serienmodell ab 1969 mit einer leicht geänderten Frontpartie angeboten. Sanft gewölbte Windschutzscheiben im Einheitsdesign des VÖV I-Busses sowie nun vier Lüftungsschlitze in der unteren Frontpartie kennzeichneten die modifizierten O 305-Typen. Auch die auffallend vorgezogenen Dachpartien im Bug und im Heck waren verschwunden, und es standen 30 oder 50 Sitz- und 78 oder 50 Stehplätze zur Verfügung. Nach dem 11-Meter-Wagen kam im Juni 1969 die längere 11,3-Meter-Version des O 305/11,3 mit dem auf 192 PS angehobenen Unterflurheckdiesels hinzu. Ohne das seitliche VÖV-Raster aufzugeben, wurde hinter der zweiten Innenschwenktür ein längeres, sogenanntes Füllfenster eingefügt. Im Verkauf setzte sich zunehmend das eigene Dreigang-Automatikgetriebe durch. Schon im ersten Baujahr 1969 konnten 1360 Fahrzeuge mit ihren charakteristischen zweiflügligen Außenschwenktüren ausgeliefert werden; damit war Daimler-Benz unter den Anbietern Marktführer von VÖV-Bussen geworden. Ab 1973 wurde der neue OM 407 h-Diesel (den auch die MAN mit einem anderen Verbrennungsverfahren in ihrer Motorenfamilie D 25 heute) mit 180 oder 210 PS und wenig später mit 200 beziehungsweise 240 PS installiert. Von 1973 an stand dem O 305 zudem die Außenplanetenantriebsachse zur Verfügung. Die reduzierte Leistung bezog sich dabei neben Drosselmotoren auch auf gekapselte Motorenausführungen. Das Automatikgetriebe stattete Mercedes schließlich mit einer Wandler- und Überbrückungskupplung sowie optional mit einem Retarder aus.
Ähnlich wie der Verband Öffentlicher Verkehrsbetriebe (VÖV) legte 1967/68 der Arbeitskreis Standard-Überlandlinien-Bus (StÜLB) unter Federführung der Deutschen Bundespost und der Bundesbahn ein Lastenheft für einen 11,7-Meter-Bus mit 2,5 Kubikmeter Kofferraum vor. Daimler-Benz präsentierte seinen ersten O 307-Überlandlinienbus 1970 auf der Ausstellung «Schiene und Straße» in Essen. Über den großen

sphärisch gewölbten und seitlich herumgezogenen Frontscheiben waren neben dem Zielschildkasten links und rechts Lüftungseinlaßschlitze angebracht. Wegen des Unterflurkofferraums war der Fußboden gegenüber dem O 305 um 15 Zentimeter erhöht. Auch der hintere Überhang des 100 Personen fassenden O 307 wurde vergrößert. Die O 307-StÜLB-Modelle besaßen (gegenüber dem O 305-VÖV) vorn einen schmaleren Einstieg mit zwei Außenschwenkflügeln und in der Mitte VÖV-breite Eingänge mit Außenschwenkflügeln.
Der 210 PS leistende OM 407 h Unterflurdiesel trieb das Fahrzeug an; 1977 wurde die Motorleistung auf 240 PS angehoben. Die gelungene Windschutzscheiben- und Frontpartiegestaltung des StÜLB übertrug ab 1972 die MAN zunächst wahlweise auf die VÖV-Stadtbusse. Mercedes-Benz schloß sich dieser Entwicklung für den O 305 ab 1973/74 bedingt an.
Ende der siebziger, Anfang der achtziger Jahre brachte Daimler-Benz die Ausflugsversion O 307 A heraus. Sie war in Fahrzeugmitte mit dem gleichen Außenschwenktürenschmaleren Einstieg wie vorn ausgestattet. Auch bei dieser 96 Personen fassenden Ausführung wurde (wie beim O 305/11,3) ein längeres Füllfenster eingesetzt.
Die jährlich in über 1000 Exemplaren hergestellten Standardbusse (VÖV und StÜLB) ergänzte seit der IAA 1977 der neue Gelenkbuszug O 305 G in ebenso neuer Schubgelenktechnik. Der im Heck des Nachläufers eingesetzte 240-PS- oder der aufgeladene 280-PS-Motor trieb über eine kurze Kardanwelle die zwillingsbereifte Planeten-Hinterachse des Nachläufers an. Die Gelenkverbindung eigener Konstruktion wurde durch eine hydraulische Dämpfungseinrichtung und durch eine elektronische Knickwinkelsteuerung abgesichert. Der Hamburger FFG-Geschäftsführer, Ing. O. W. O. Schulz und sein Mitarbeiter Hilmar Feutlinske entwickelten die Schubgelenktechnik. Sie gestattete jedoch nur eine Fahrzeuglänge von 17,25 Metern, um die Innen- und Außenmaße der Kreisfahrt im Rahmen des sogenannten BO-Kraftkreises einzuhalten. 48 oder 65 Sitz- und 135 oder 100 Stehplätze gab es in dem «Pusher». Da die Fertigung des Gelenkbusses ohne Schwierigkeiten rationell im Mannheimer Omnibuswerk auf den Fließ-bändern des Standard-Solowagens vorgenommen werden konnte, wurde die Zuteil-ung von O 317-Bodengruppen an das bisher für Daimler-Benz inoffiziell im Gelenkbus-bau tätige Vetter-Werk eingestellt, das dadurch in Schwierigkeiten geriet.
Daneben erschien bei der DBAG eine Überland-Gelenkbusversion auf O 305 G-Basis; 1982 erhielten besonders ausgestattete Fahrzeuge dieser Ausführung eine Zulassung für Tempo 100 km/h. Und einige O 305 G-Modelle für Überlandverkehr erhielten nur zwei statt drei Türen. Die Firma Heuliez in Mauléon/Frankreich montierte auf O 305-Solowagen- und O 305 G-Schuberbodengruppen drei- und viertürige Aufbauten, die sich am VÖV-Original orientierten. Für die Schweiz, genauer für die Stadt Basel, entstanden im Daimler-Benz-Omnibuswerk Mannheim 1983 eine Anzahl O 305 GT-Trolley-Schubgelenkbusse. Ihre Aufbauten wiesen zwei VÖV-Türen im Vorderwagen sowie eine normale VÖV-Tür und eine schmalere Tür im hinteren Schubteil auf.
Eine weitere Karosserie-Version für die O 305-Baureihe entwickelten Ludewig («Aero») und Vetter als Anderthalbdecker mit einer Schleppachse (6x2-Bauart).
Eine weitere Ausführung des Mercedes-VÖV-Busses wurde Ende der siebziger Jahre unter der Bezeichnung O 305 OE mit einem Hybridantrieb in 20 Exemplaren gebaut. Der Elektro-Fahrmotor konnte entweder batterieelektrisch oder dieselelektrisch angetrieben werden. Der 100-PS-Kleindieselmotor aus der Transporter-Baureihe versorgte über einen Generator die Batterie oder den Fahrmotor mit Elektrizität, so daß innerstädtisch umweltfreundlich mit Batterieunterstützung, außerstädtisch mit dem Dieselgeneratorsatz gefahren werden konnte. An den Endhaltestellen sollte die Batterie zusätzlich durch ein externes Ladegerät wieder ihre volle Kapazität erhalten. Der elektrische 115-kW-Fahrmotor brachte es kurzzeitig auf 150 kW Spitzen- beziehungsweise Anfahrleistung. Eine weitere Besonderheit war die Einrichtung zur Rückgewinnung von Brems- und Schubenergie. Eine Lüftungsanlage für die Batteriesätze war auf dem Dach des Emissions- und geräuscharmen Omnibusses aufgebaut. Die vom Bundesministerium für Verkehr sowie vom Verkehrsministerium Baden-Württembergs und Nordrhein-Westfalens geförderten Hybrid-Elektrobus-Linien wurden in Stuttgart mit 13 und in Wesel mit 7 Fahrzeugen betrieben. Auch hier zeigte sich, daß ein wirtschaftlicher

und total abgasfreier Betrieb nicht möglich war. Hinzu kam ein wesentlich höherer Anschaffungspreis.
Auch mit einem ein Alkoholgemisch schluckenden Gasmotor der Baureihe M 407 hGO wurde 1981 ein Methanol-Antriebs-Omnibus mit 200 PS auf Anregung des Bundesministeriums für Forschung und Technologie (BMFT) erprobt. Das Antriebskonzept in diesem O 305 ließ sich aufgrund des höheren Kraftstranggewichts und des höheren Treibstoffverbrauchs nicht durchsetzen.
Im gleichen Jahr nahm die Daimler-Benz AG die Fertigung von Trolley-Schubgelenkomnibussen der Baureihe O 305 GT auf. Der Einbau des 169-kW-Antriebes erfolgte in Wetzikon/Schweiz durch die Daimler-Beteiligungsgesellschaft FBW in Zusammenarbeit mit der Firma Séchéron (BBC) in Genf. Die ersten Busserien wurden am Oberleitungsnetz der Städte Genf und Lausanne erprobt und dann nach Bergen/Norwegen geliefert.
Des weiteren entwickelte das Unternehmen mit Unterstützung des BMFT Solo- und Gelenkbusse der Baureihen O 305 TD und GTD mit Duo-Antrieb. Neben dem Dieselmotor wirkte über ein Transfergetriebe ein 179/220-kW-Elektromotor der AEG auf den Getriebeautomat. Fünf Duo-Omnibusse wurden in Esslingen eingesetzt und konnten innerstädtisch mit Oberleitungsstrom, außerstädtisch mit dem Dieselmotor fahren. Die Ausrüstung dieser Spezialfahrzeuge übernahm größtenteils das FBW-Werk, an dem sich die Daimler-Benz AG 1980 durch eine Minderheitsbeteiligung engagiert hatte.
Daimler-Benz richtete sich 1979/80 im Werk Rastatt eine Trolleybus-Versuchsstrecke ein, die auch zur Untersuchung mechanischer und automatischer Spurführungsmöglichkeiten sowohl an Überleitungs- als auch an Diesel-Bussen dient.
Schließlich wurde 1981 auf der Hannover Messe der dreiteilige, vierachsige Zweirichtungs-Versuchs-Gelenkzug O 305 G 2 ausgestellt, ausgestattet mit zwei 250-kW-Elektromotoren. Während über den Kopfenden des januskopfartigen «O-Bus-Zuges» Pantographen-Stromabnehmer in Straßenbahnausführung montiert waren, besaßen die Achsen Erdschleifer für den zweiten Kontakt. Türen auf beiden Zugseiten sollten für einen wahlweise links- oder rechtsseitigen Fahrgastwechsel des 24 Meter langen Doppel- beziehungsweise Dreifach-Gelenkzuges mit einem eingehängten räderlosen Mittelteil sorgen. Das spurgeführte, für 240 Fahrgäste ausgelegte Massentransportfahrzeug wurde anschließend auf der partiell aufgeständerten Trasse des Mercedes-Benz-Versuchsgeländes in Rastatt erprobt und Fachkreisen vorgeführt. Angetrieben wurde jeweils die zweite Achse des vier- beziehungsweise achttürigen O-Bahn-Zuges, der im Grunde genommen aus zwei sich heckseitig zugewandten O 305 T-Obusses mit zwischengefügter Mittelkomponente bestand.
Daimler-Benz regte mit diesem O-Bus-Tatzelwurm auch belgische und französische Busproduzenten an, sich mit elektrischen O-Bahnsystemen zu befassen. Bombardier-BN (La Brugeoise et Nivelle) stellte 1985 seinen dreiteiligen Doppelgelenk-Spurbus «GLT» (Guides Lite Transit) vor, bei dem alle Zugteile mit Rädern versehen waren. Und Heuliez konzipierte seine mehrteilige «Bimode»-Buszüge für Oberleitungs- und für Duo-Betrieb.
In den siebziger Jahren konnte Daimler-Benz den Kleinbusmarkt mit einem vierten Baumuster abdecken. Nachdem die Stuttgarter 1971 die Hanomag-Henschel Fahrzeugwerke (HHF) übernommen hatte, wurde das zunächst in Hamburg-Harburg, ab 1972 in Bremen gefertigte, beträchtlich modifizierte ehemalige Vidal & Sohn/Tempo-Modell «Leichttransporter» vor allem als Kombiwagen angeboten. Der 1977 erschienene Nachfolgertyp T 1 (TN) wird seit 1977 in den Versionen 307 D, 308 D, 309 und 310 D auch für Kleinbusausführungen verwendet. Vor allem die Firmen Ernst Auwärter und Vetter realisierten Kleinbusse auf diesen Fahrgestellen, die seit 1983/84 im Düsseldorfer Transporterwerk hergestellt werden. Mitte der achtziger Jahre stiegen die Karl Koch GmbH in Mudersbach/Sieg und die Kowex Fahrzeugtechnik GmbH in Abstatt ins Kleinbus-Klassement mit aufwendig ausgeführten «Clubbus»-Varianten ein.
Ein Mercedes-Benz-Wasserstoff-Experimentalfahrzeug war auf der Basis des 307 D von Vetter karossiert. Er besaß zur Speicherung des Wasserstoffs fünf verschiedene Hydridbehälter. Sie bestanden aus Titan-Eisen- und Magnesium-Nickel-Legierungen. Der für den Wasserstoff-Betrieb modifizierte Vergasermotor leistete 60 bis 65 PS.

1974 stellte Mercedes-Benz die neue Reisebusgeneration O 303 vor, mit Computer-Unterstützung aus der O 302-Baureihe weiterentwickelt. Optisches Merkmal der neuen O 303-Busse war ein «braves» Karosseriestyling mit großflächiger Verglasung und durch sachliche Linien. Ein dunkler rechteckiger Grill umfaßte die Rechteckscheinwerfer. Geteilte und später einteilige, sphärisch gewölbte Frontscheiben boten den Fahrgästen eine ausgezeichnete Sicht nach vorne.
Auf die O 303-Bodengruppen ließen sich nach Art der Verbundbauweise verschieden hohe Karosserien mit unterschiedlichen Längen für 9 bis 15 Sitzreihen aufbauen. Erstmalig wurde, wie erwähnt, die Computerunterstützung zur Gestaltung des Fahrzeugs, insbesondere der Elemente für die aktive und passive Sicherheit, genutzt. Die Luftfederung an den Starrachsen wurde durch ein aufwendiges Ausgleichssystem weiterentwickelt. Lüftung und Heizung hatte man durch ein elektronisches Steuerungssystem optimiert. Anfänglich erhielten die O 303 Sechs-, Acht- und Zehnzylinder-V-Motoren der neuen Kompaktbaureihe OM 400 mit 192, 256 und 320 PS. Sie boten sich durch ihre gedrungene Bauweise besonders für den Einsatz in Omnibussen an. Ein synchronisiertes Vierganggetriebe mit Telma-Wirbelstrombremse oder ein Automatikgetriebe mit hydraulischem Retarder übertrugen die Antriebsenergie auf die Hypoidtriebachse. Hinzu kam auf Wunsch eine ABS-Einrichtung, die in Zusammen-arbeit mit der Firma Westinghouse-Druckluftbremsen entwickelt worden war.
Ab 1979 wurden V-Sechszylindermotoren der Baureihe OM 421 mit 216 und mittels Turboaufladung mit 250 PS in die Modelle O 303 (-10 R) bis O 303 (-13 R) eingebaut. Die beiden 14- und 15-reihigen Ausführungen erhielten neben den 216- und 280-PS-Aggregaten auch den aufgeladenen V-Achtzylindermotor OM 442 A mit 330 PS.
Während der Reisewagen mit Podestfußböden ausgeführt waren, zeichneten sich die Kombifahrzeuge für den Überland- und Gelegenheitseinsatz durch einen durchgehenden Wagenboden aus. Die Reisebusse konnten mit Toilette, Garderobe und Bordküche ausgerüstet werden.
Sonderaufbauten mit schräggestellten Fensterholmen und flacher Dachpartie bot Vetter an. Die Firma Drögmöller baute O 303-Fahrzeuge bis 1983 mit einer besonderen seitlichen Fensterpartie auf, die nach vorn dreiecksförmig zulief. Ernst Auwärter hingegen stellte Luxusomnibusse seiner Baureihe «Eurostar» her mit besonders hochgezogenen Frontscheiben. Im Ausland bauten ebenfalls verschiedene Firmen ihre Omni-busse auf O 303-Fahrwerke auf. Hervorzuheben sind Karosserien der Firmen Van Hool in Lier-Koningshooikt/Belgien, Gangloff in Colmar/Frankreich, Trouillet in Roquencourt bei Paris, Ayats und Benlas, jeweils in Arbucias/Spanien, Officine Padane und Orlandi, jeweils in Modena/Italien sowie Frech-Hoch in Sissach/Schweiz. 1987 baute die Karosseriefabrik Ayats auf dem O 303-Fahrgestell Doppeldeckeromnibusse ihres Typs Olympo auf, die von dem 480 PS starken OM 422 LA-Motor mit Turboladern und Ladeluftkühlung angetrieben werden.
1982 nahm die DBAG eine leichte Designänderung an der Frontpartie vor. Glattere Formen mit einer dreiteiligen, steinschlaggesicherten Kunststoffblende kennzeichneten jetzt die Vorderfront. 1987 wurde die Motorenausstattung erneut dem modifizierten Mercedes-Triebwerksprogramm angepaßt. Die von 280 auf 292 PS gesteigerte Maschine OM 422 kam jetzt zum Einsatz. Eine weitere Leistungssteigerung erfuhren die O 303 im Jahre 1989, als die neuen 224, 296 und 366 PS starken Motoren zur Verfügung standen. Auch hier arbeiteten die 366-PS-V-Achtzylindermaschine mit zwei Turboladern für die beiden Zylindergruppen.
Ab 1990 bot Mercedes Luxusausführungen mit den Bezeichnungen «First Class» und «en vogue» an, die durch ihre außergewöhnlichen Lackierungen auffielen. Schließlich folgte 1991 noch die Abschlußserie «Seccess».
Zur Unterscheidung und Abgrenzung bestimmter Ausführungsarten erhielten die Busse der O 303-Familie Buchstabenkombinationen, die gleichzeitig auf den Verwendungszweck hinwiesen. So stehen die Buchstabenkürzel KHP-L für Kombihochdecker mit Podesten, RHD für Fernreisehochdecker, RHH für Fernreisebus, RHP für Reisebus, RHS für Spezialreisebus, ÜHE für Überlandbus, ÜHH für Kombibus und ÜHP für Ausflugsbus.
In seiner 17-jährigen Bauzeit von 1974 bis 1991 konnten bis zur Vorstellung des neuen

Reisebusmodells O 404 von dem O 303-Muster über 37.000 Einheiten hergestellt werden, so daß dieses Modell der bisher erfolgreichste Reisebus der Welt ist. Nach der gleitenden Einstellung des O 303 in Mannheim soll dieses Erfolgsmodell eine weitere Chance erhalten, in großen Stückzahlen aufgelegt zu werden. Mit dem Ministerrat der damaligen Russischen Republik (RSFSR) wurde ein Vertrag zum Weiterbau dieses robusten und ausgereiften Modells in über 50.000 Exemplaren geschlossen. Die kompletten Produktionsanlagen, die üblicherweise verschrottet werden, sollen in neu zu errichtenden Anlagen des Automobilkonzerns Avtrokon in Golizyno südwestlich von Moskau aufgestellt werden. Auch die benötigten Mercedes-Benz-Motoren sollen in Rußland in Lizenz entstehen. Und in der Türkei beabsichtigt Mercedes-Benz Türk, den O 303 unter der Bezeichnung »Turismo« in einer etwas abgemagerten Version weiterzubauen.
An dieser Stelle soll ein Blick auf die Fertigungskapazitäten des Mercedes-Benz-Omnibuswerkes geworfen werden. 1979 wurden 3022 Einheiten des O 303-Reisebusses und 1061 Linienbusse der O 305- und der O 305 G-Modelle hergestellt; dazu kamen 414 Einheiten der O 307-Überlandomnibusse sowie 2789 Teilesätze. Das heißt, insgesamt 7601 Einheiten verließen das Mercedes-Buswerk. Das Düsseldorfer Werk fertigte 928 Kleinbusse. 1980 wurden 3725 Komplettfahrzeuge und 4997 Fahrgestelle und CKD-Sätze produziert. Davon verblieben 2453 Einheiten im Inland. 6269 Einheiten (72 Prozent) gingen in den Export.
Im Rahmen der BMFT-geförderten «ÖNV-Bus II»-Busprogramms ließ das Daimler-Benz-Werk von der FFG-Fahrzeugwerkstätten Falkenried GmbH 1982 unter den Bezeichnungen S 80- und Ü 80-Prototypen entwickeln. Die in ihrer Grundkonzeption auf den Erfahrungen der Standardbusse der ersten Generation entwickelten Fahrzeuge wurden bezüglich Radstand und Länge vergrößert. Ein optimal ausgenutzter, kastenförmiger Aufbau mit niedriger Gürtellinie, großflächiger Verglasung mit geklebten Scheiben und kleindimensionierten Rädern (55 Prozent-Reifen an der VÖV-II-Variante und 70 Prozent-Reifen auf der StÜLB-Version) zur Erzielung einer niedrigen Bodenhöhe sollten die Wagen als «fahrgastfreundliche Omnibusse» auszeichnen. Das Fahrer-Seitenfenster fällt typischerweise schräg nach vorn ab.
Auf der Gitterbodengruppe ist das Karosseriegerippe aus hochfesten Vierkant-Stahlrohren aufgeschweißt, wobei wie auch bei den anderen Modellen eine Art Helligen die Schweißpartien exakt vor der Fertigstellung justieren. Leichtmetallbleche, korrosionsbeständige Leichtmetall- und Kunststoffteile bilden die Beplankung.
Die vordere Faustachse wird von Quer- und Längslenkern geführt, die hintere Außenplanetenantriebsachse, mit geschliffenen Planetenrädern, an zwei Längs- und zwei Schräglenkern in Dreiecksform. Hinzu kommen Rollbalg-Luftfederungen mit Stoßdämpfern. Das Heizungs- und Belüftungssystem wurde auch hier verbessert.
Das auf der IAA 1983 vorgestellte 11,5-Meter-Modell O 405 wurde anfänglich mit dem neuen Unterflur-Heckdiesel OM 427 h mit 204 oder 240 PS angetrieben, der sich gegenüber dem Typ OM 407 h durch einen größeren Hubraum, aber auch ein günstigeres Drehmomentverhalten unterschied. Das Mercedes-Dreigangautomatikgetriebe mit integriertem Retarder war am Motor angeflanscht. Der Serienbau dieser Stadtlinienbusse der VÖV-II-Generation begann Ende 1984 im Daimler-Benz-Werk Mannheim. Für die Schweiz gab es eine dreitürige Variante mit schmalerer Tür am Wagenende.
Im Jahre 1986 erschien die VÖV-II-Stadtlinien-Gelenkbusvariante O 405 G. Gegenüber dem Solowagen hatte man bei ihm den vorderen Überhang verkürzt. Die Nachläufer-Triebachse wurde anfänglich entweder durch den 240 PS starken Saugdieselmotor OM 427 h oder durch den 280-PS-Turboladerdieselmotor OM 427 hA angetrieben. Eine elektronische Knickschutzregelung, nunmehr eine Mercedes-Eigenkonstruktion, sichert den Spur-Gleichlauf der B-Achse des Vorderwagens beim Kurvenfahren.
Das O 405 G-Modell wird in Italien von der Firma Macchi in Varese in Lizenz gebaut. In der Schweiz versah unter anderem die Carosserie Hess AG in Bellach die von der Daimler-Benz AG angelieferten O 405- und O 405 G-Bodengruppen mit dreitürigen, abgewandelten («rationalisierten») VÖV-II-Aufbauten.
Als Spezialausführungen wurden nun auch wieder elektrisch angetriebene Fahrzeuge der O 405-Baureihen entwickelt. Der O 405 T erhielt als Trolleybus (zumindest dreitürig)

einen kompakten 180-kW-Mischstrom-Reihenschlußmotor der Daimler-Benz-Kon-zern-tochter AEG, der die Hinterachse von vorn aus über eine Gelenkwelle antreibt. Als Notfahraggregat dient ein im Heck installierter 72-PS-Vierzylinder-Kleindieselmotor, der auf mechanischem Weg die Hinterachse antreibt. Die Daimler-Benz-Konzerntoch-ter Dornier entwickelte für ihn und für die O 405 GT- sowie O 405 GTD-Gelenkzüge die Stromabnehmer.
Parallel zum Solotrolleybus O 405 T folgte das Gelenkmodell O 405 GT, das unter anderem in 18 Exemplaren für die Essener Verkehrsgesellschaft (EVAG) gebaut wurde und dort auf spurgeführten Strecken eingesetzt wird. Diese EVAG-Version besitzt Türen auf beiden Seiten. Darüber hinaus wurden für die 405-Gelenkzüge Duo-Antriebssysteme entwickelt. Die Ausführungen O 405 GTD für die Stadtwerke Esslingen sind mit dem 240/280 PS beziehungsweise dem inzwischen 250/290 PS leistende Unterflurdieselmotor sowie mit einem 180-kW-AEG-Elektromotor ausgestattet. Je nach Einsatzbe-dingungen kam die Außenplaneten-Triebachse mit Doppelantrieb (C-Achse im hinteren Schubteil) entweder vom Diesel im Heck oder von vorn durch den Elektromotor (in der vorderen Partie des Schubteils) angetrieben werden. 58 Sitz- und 113 Stehplätze sind in den Duo-Schubgelenkbussen vorhanden, die auf innerstädtischen Strecken mit elektrischem und auf Vorortstrecken mit Diesel-Antrieb fahren können. Die O 405 GT und GTD gibt es in drei- und/oder viertüriger Ausführung.
Die für die Stadtwerke Zürich entwickelte Spezialausführung O 405 GTZ besitzt einen Kleindieselmotor im Vorderwagen. Im Heck des Nachläufers ist ein 160-kW-BBC-Elektromotor installiert, der über die Oberleitung die letzte Achse (C-Achse) des als Schuber bezeichneten («Pusher») den Fahrzeugs in Bewegung gesetzt wird. Die Besonderheit des Fahrzeugs liegt im zusätzlich auf die Mittelachse (B-Achse) wirkenden, links hinter der Vorderachse stehenden 90-PS-Fünfzylindermotor, einem Vier-gang-Wandler-Automatikgetriebe und zwei Winkelgetrieben. Aufgrund der topographischen Besonderheiten Zürichs soll dieser zuschaltbare und mit dem Elektromotor über ein Pedal synchron zu steuernde Motor die Traktionsfähigkeit an Steigungen deutlich erhöhen. Eine Einrichtung zur Bremsenergierückgewinnung ist in diese und die anderen Oberleitungs-Baumuster integriert.
Das Angebot an Stadtlinienbussen wurde 1985 durch die Präsentation des 8 Meter langen Midi-Busses O 402 erweitert. Das weitgehend dem O 405 angepaßte Kompaktfahrzeug war auf dem geraden Leiterrahmen der NAW-Chassis-Typen BH 2 beziehungsweise LN 2 aufgebaut. Sie wurden von der schweizerischen Beteiligungsgesellschaft NAW (Nutzfahrzeuggesellschaft Arbon & Wetzikon AG) hergestellt, in der das ehemalige Werk von Franz Brozincevic (FBW) und der Nutzfahrzeugbau der AG Adolph Saurer zusammengefaßt sind. Die VÖV-II-orientierten Karosserien produzierte das Markus Göppel-Werk in Augsburg. Im Heck dieser mittelgroßen Stadtlinienbusse war der 136-PS-Sechszylinder-Reihendiesel OM 366 längsstehend mit Fünfgang-Schalt- oder Automatikgetriebe angeordnet. Auch die aufgeladene 170-PS-Version OM 366 A konnte in die luft- und blattgefederten Modelle installiert werden. Die bis 1991 gebauten O 402-Midibusse boten 26 Sitz- und 24 Stehplätze.
Auf die gleichen Midifahrgestelle setzte Padane in Italien Reisebuskarosserien für 33 Fahrgäste auf. Dieses O 301-Modell sollte die Lücke zwischen dem O 309 und dem großen O 303-Reisebus schließen. Auch die Firmen Ernst Auwärter und Trouillet in Frankreich karossierten diese Modelle. Da jedoch die Kundschaft an diesem mittelgroßen Reiseomnibus kaum Interesse zeigte, wurde er 1987 wieder aus dem Angebot genommen.
Im Jahre 1985 konnte der zunächst unter der bereits erwähnten Projektbezeichnung Ü 80 entwickelte neue Standard-Überlandlinien-Bus der zweiten Generation, der Typ O 407, mit seinem höheren Wagenboden und 3 Kubikmeter Kofferraum in Serie gehen. Auffälligstes Merkmal dieses Fahrzeugs ist die einteilige Frontscheibe, die auf Wunsch nun auch in die Stadtlinienfahrzeuge eingesetzt werden kann. Des weiteren unterscheidet sich der 11,9 Meter lange StÜLB II/O 407-Überlandlinienbus vom 11,5 Meter langen VÖV-II/O 405-Stadtlinienwagen (vorn und in Wagenmitte mit zwei doppelflügeligen Innenschwenktüren) optisch durch einen schmaleren Vordereinstieg mit einfacher Außenschwenktür und einem zwar gleichermaßen VÖV-II-breiten Mitteleinstieg, aber

mit zweiflügeliger Außenschwenktür.
Im O 407 kommt der weiterentwickelte OM 447 h-Motor zum Einbau. Er zeichnet sich bei gleicher Aggregat-Länge und -Breite gegenüber dem OM 427 h-Motor neben einer niedrigen Bauhöhe durch geringeren Schadstoffausstoß und eine weiter verbesserte Drehmomentcharakteristik aus. Die Leistung des Motors stieg 1989 auf 214 beziehungsweise 250 PS in der Saug- und auf 299 PS in der Turboladerversion an. Auf Wunsch konnte der Kunde auch eine vollgekapselte Ausführung wählen. Das OM 447 h-Triebwerk ersetzte nun auch in den anderen Linienfahrzeugen die bisherige Motorenausstattung.
Großen Erfolg hat die Mercedes-Benz AG mit dem Kombibus O 408. Er wurde 1989 neben dem StÜLB II-Typ O 407 als teilweise «entstandardisiertes» und luxuriöses Parallelmodell auf Band gelegt. Der O 408 wird als Überland-Linien-, Ausflugs- und Tagesreisebus angeboten. Gegenüber anderen Kombibussen sind die 53 Sitze auf Podeste aufgebaut, dementsprechend ist ein auf 4 Kubikmeter vergrößerter Kofferraum vorhanden. OM 447 h-Diesel-Varianten mit 214, 250 oder 299 PS dienen hier als Kraftquelle.
Zweite Neuerung des Jahres 1989 war der Serienanlauf der Niederflurbusse O 405 N und O 405 GN, deren Fußbodenhöhe nur 37 beziehungsweise 32 Zentimeter beträgt. Über eine Schräge oder über eine Stufe steigt die Bodenhöhe über der zweiten und dritten Achse auf 58,5 Zentimeter an. Durch die Kneeling-Einrichtung lassen sich die Fahrzeuge auf der Einstiegsseite an den Haltestellen um weitere 7 beziehungsweise 6 Zentimeter absenken. (In der Planung befindet sich darüber hinaus eine Europa-Ausführung mit einem durchgehend 58,5 Zentimeter hohen, besser gesagt niedrigen Wagenboden.) Der Motor ist in den O 405 GN-Niederflur-Schubgelenkbussen im verlängerten Schubteil-Überhang nach rechts versetzt eingebaut, so daß eine weitere, vierte Tür im Heck eingesetzt werden kann. Mit ähnlicher Technik sind die O 405 N-Solowagen auch mit drei VÖV-breiten Türen lieferbar.
Der Kleinbus ging in die 3. Generation und wurde als Baureihe 600 erneuert. Die auf der Basis des T 2-Großtransporters hergestellten Fahrzeuge werden als Kurzhauber mit dem OM 364-Motor ausgerüstet, der in der Saug-, Turbolader- und Intercooler-Version 90, 115 und 136 PS leistet. Die Modelle O 609 D, O 611 Und O 614 D werden auf einem Leiterrahmen mit zwei verschiedenen Radständen für 16 bis 22 Fahrgäste geliefert. Der Ausbau der zunächst fensterlosen Modelle übernehmen die Firmen Ernst Auwärter, Frenzel Kältetechnik GmbH in Ilsfeld-Auenstein, Koch und Kowex, die alle möglichen Serviceeinrichtungen nach Kundenwunsch einbauen. Für die Schweizer PTT wurde 1991 auch eine Allradausführung als Typ O 814 DA mit 16 Sitzplätzen entwickelt. Betrieben wurden die von der schweizerischen Post-, Telegraphen- und Telefongesellschaft abgenommenen Busse durch private Konzessionäre.
Im Zuge der Neugliederung der Daimler-Benz AG wurde der Pkw-, Nutzfahrzeug- und Motorenbereich 1989 innerhalb des Konzerns als Mercedes-Benz AG (MBAG) verselbständigt.
Auf der Münchener Transport-Ausstellung 1990 stellte Mercedes eine Stadtverkehrsomnibus-Studie des Typs O 405 N mit einer neuartigen Sitzplatzanordnung, einer modischen Farbgebung im Innern und im Äußern sowie mit einem Getränkeautomaten und einem Münztelefon her.
Darüber hinaus wurde auf der Basis des in Spanien hergestellten Kleintransporters MB 100 D eine dreiachsige Citybus-Konzeptstudie vorgeführt, die von der holländischen Firma Duvedec erstellt wurde. Den 6x2-Citybus nahm die MBAG 1991 als Typ O 100 D mit Vierzylinder-Dieselmotor in die Fertigungspalette auf. Auf der Nutzfahrzeug-IAA 1994 war er »modellgepflegt« als Typ O 100 City mit dem Reihen-Fünfzylinder-Personenwagendiesel OM 602 zu sehen, mit 98 PS. Der hinten luftgefederte Frontantriebler ist mit einem ZF-Dreigang-Automatikgetriebe ausgestattet und er bietet maximal 14 Sitz- und 8 Stehplätze. Die Aufbauten stellt für Duvedec und Mercedes die holländische Firma Pfeil Speziale Produkte her.
Als Ersatz für den Midi-Bus O 402 bietet Mercedes-Benz seit 1991 das O 814-Fahrgestell mit dem 136-PS-Diesel an. Die Firma Ernst Auwärter baut darauf Linienbusse ihres Teamstar-City mit 18 Sitz- und 15 Stehplätzen auf.

Schließlich ist für 1991 die Vorstellung der neuen Reisebusgeneration zu erwähnen. Die unter der Bezeichnung O 404 vorgestellte Baureihe gestalteten der Mercedes-Benz-Chefdesigner Bruno Sacco und der Chefkonstrukteur Adolf Stegelin. Ihre Busfamilie zeichnet sich durch eine tief heruntergezogenen und plastisch gewölbte Frontscheibe, durch plastisch hervorgehobene untere Seitenwände sowie durch Linien vom jeweils ersten Fahrgastfenster zu den Vordertüren aus. Ein äußerst günstiger Luftwiderstandsbeiwert konnte durch diese geschlossen wirkende und mit abgerundeten Formen versehene Karosserie erzielt werden. Drei Fahrzeuglängen in Hochboden-, Hochdecker- und Superhochdeckerausführungen sowie in drei Komfortabstufungen lösten sukzessive die O 303-Busbaureihe ab.
Die O 404-Wagen sind mit einer vorderen Einzelradaufhängung nach dem Prinzip der Mercedes-Raumlenker-Pkw-Achse, mit innenbelüfteten und preßluftbetätigten Scheibenbremsen, einer hypoidverzahnten Triebachse sowie einer elektropneumatischen Sechsgangschaltung mit EPS ausgestattet. Als Antriebsaggregate dienen die abgasreduzierten Euro-LEV-Motoren der Baureihen OM 441 und 442 mit 205, 265, 272, 290, 340 und 381 PS.
Auf der 1992 erstmals in Hannover stattgefundenen reinrassigen Nutzfahrzeug-IAA war Mercedes-Benz erstmals mit Omnibussen aus seiner Auslandsproduktion angetreten. Überdies wurden erstmals auf einer Nachkriegs-IAA gleich zwei Mercedes-Dreiachs-Omnibusse präsentiert: der ein Einzelstück gebliebene Doppelstock-Prototyp O 404 DD und der brasilianische Serien-Hochdecker O 371 RSD. Außerdem gab es den zweiachsigen türkischen Reisebus O 340 zu sehen, der «nationalisiert» von diesem Zeitpunkt auch in der Bundesrepublik zum Verkauf kam. Er wurde 1993 durch den Mercedes-Benz-Türk-Reisehochdecker O 350-Turismo mit einem markanten Dreiecks-fenster hinter der Vordertür und mit 381-PS-Diesel ersetzt.
Den ersten Nachkriegs-Dreiachsbus konnte Mercedes-Benz do Brasil nach 1980 für Südamerika präsentieren. Der Fernreise-Hochdecker O 370 war eine deutsch-brasilianische Gemeinschaftskonstruktion mit 320 PS. Sein gleichermaßen 13,2 Meter langer Nachfolger O 371 RSD wird wahrscheinlich mit MB-Intercooler-Dieselmotoren (OM 447/6 LA und OM 355/6 LA) ausgerüstet, die 354 und 326 PS leisten. Bei den 2,6 Meter breiten Dreiachswagen verläuft der Kraftstrang nicht zur zweiten, sondern zur dritten Achse. Die luftgefederten Sechsradbusse bieten in der Langstrecken-Ausführung 25 Sleeper-Sessel. Die großzügig dimensionierte Toilette nimmt die gesamte Breite der Heckpartie ein. In einfacherer Bauart und ohne Toilette lassen sich bis zu 56 Fahrgastsitze montieren. Der Kofferraum verfügt in allen Fällen über 13 Kubikmeter.
Mercedes-Benz hatte geplant, sich im Rahmen der O 404-Modellreihe auch auf dem Doppelstock-Busmarkt zu etablieren, in dem ein Linien- und ein Reisebus angeboten werden sollte. Die Fertigung der nur in kleinen Stückzahlen aufzulegenden Dreiachser-Fernreise-Luxusbusse O 404 DD beabsichtigte die MBAG der Drögmöller Karosserien GmbH in Heilbronn zu übertragen. V 8-Intercoolerdiesel mit 435 und 503 PS (beide Typ OM 442 LA) sollten bei diesen Superbussen die zweite Achse antreiben. Der Prototyp wurde auf der Nutzfahrzeug-IAA 1992 vorgestellt. In serienmäßiger 4-Sterne-Ausführung mit Küche und Toilette sollte der Doppelstockbus unten 16 und oben 48 Sitze aufweisen (ohne Küche und Toilette wären unten 22 und oben 59 Sitze möglich geworden). Es stand ein 10-Kubikmeter-Kofferraum zur Verfügung.
Doch die mit Drögmöller vorgesehene Zusammenarbeit zerschlug sich, noch bevor 1994 der Heilbronner Bushersteller in den Einflußbereich der schwedischen Volvo Bus Corporation geriet. Unabhängig davon bahnte sich im gleichen Jahr der Einstieg der Mercedes-Benz AG bei der Karl Kässbohrer Fahrzeugwerke GmbH in Ulm/Donau und in Ligny/Frankreich mit 100 Prozent Kapitalbeteiligung an. Die Stuttgarter, beziehungsweise die Mannheimer Busproduzenten beabsichtigten ihre eigene, die Kässbohrer- und die Mercedes-Benz Türk-Omnibusfertigung unter dem Dach der MBAG künftig zu einer Art Eurobus-Gesellschaft zusammen zu fassen. Der internationalen Aufbauindustrie bietet Mercedes-Benz seit der IAA 1994 mit der neuen O 404 RHD-Hochdecker-Bodengruppe eine solide dreiachsige Basis für Superhochdecker-Karosserien. Kraftquelle ist eine OM 442 LA/Euro II-Intercooler-Variante mit 381 PS. Das 6x2-Fahrwerk mit getriebener zweiter Achse gibt es in Links- und Rechtslenker-Ausführung.

An letzteren sind insbesondere die Linksverkehr-orientierten Länder Australien (Firma MCA-Motor Coach) und Neuseeland interessiert.
Die zweite Standard-Familie ging ab 1988/89 sukzessive in eine erste (1989/90) und in einem zweite (1993/94) Niederflurbus-Generation über. Im Zuge dieser Entwicklung blieben Stilelemente der S 80/O 405-, SG II/O 405 G- und Ü 80/O 407-Baumuster erhalten. Überdies wurden eine Anzahl Empfehlungen der VÖV-II- und StÜLB II-Lasten-hefte berücksichtigt. Außerdem blieb die für den VÖV-I-Bus kreierte und geschwungene Instrumententafel erhalten.
Die 1993/94 vorgestellte O 405 N 2/O 405 GN 2-Baumusterreihe verfügt im Bereich zwischen Vorder- und Mitteleinstieg längs und quer zur Fahrzeugachse über einen völlig ebenen Wagenboden. Weil die Fahrgastsitze bei der podestlosen Bauart zwangsläufig niedriger angeordnet sind, hat man die Fenstergürtellinie im vorderen Wagenteil zwischen der ersten und zweiten Tür nach unten abgesetzt. In diesem Bereich befinden sich der Rollstuhlfahrerplatz und der Abstellplatz für Kinderwagen. Die Einstiegshöhen betragen an der Vordertür 317 und an der Mitteltür 340 Millimeter. Auf Wunsch sind lieferbar: Wagenabsenkeinrichtung (Kneeling-Einrichtung), eine Hubplattform an Tür 1 oder eine ausfahrbare Schrägrampe an Tür 2.
Die neuen 11,8 Meter langen Mercedes-Benz O 405 N 2-Solowagen werden zwei- und dreitürig geliefert. Bei letzterem ist die Mitteltür etwas weiter vorn angeordnet. Dahinter befindet sich ein Fenster, dessen untere Linie schräg nach ober verläuft, um die vordere, niedrigere Fenstergürtellinie nach hinten auszugleichen. Die im Heck untergebrachten Saugdiesel (OM 447 h), Turbodiesel (OM 447 hA) und der Intercooler (OM 447 hLA), sämtlich Euro I-Motoren, leisten zwischen 213, 250 und 299 PS. Das Fassungsvermögen wird mit bis zu 102 Personen angegeben, bei einer wahlweisen Sitzplatzkapazität für 31 und 34 Fahrgäste.
Die 17,8 Meter messende O 405 GN 2-Schubgelenkbusse bietet die MBAG drei- und viertürig an, mit gleichen breiten Türen von vorn bis hinten. Die Einstiegshöhen gibt der Hersteller wie folgt an: 1. Tür 317 Millimeter und 2. bis 4. jeweils 340 Millimeter. Die Solobusse und der Gelenkzug fahren auf 11/70 R 22,5-Reifen. Die Gelenkschuber fassen bis zu 159 Passagiere bei 46 oder 50 Sitzplätzen und sie bekommen den 250- oder 299-PS-Diesel mit auf den Weg.
Schließlich ergänzte der Mannheimer Omnibushersteller die O 405-Typenreihe 1994 mit einer 11,8 Meter langen Überlandlinienbus-Variante. Der O 405 NÜ weist vorn (ähnlich wie der O 407 und der O 408) eine einfache, schmalere Außenschwenktür auf und in Wagenmitte eine doppelflügelige Außenschwenktür. Auf Wunsch gibt es vorn aber auch die breitere Tür für einen Doppelspureinstieg. In der Heckpartie befinden sich Gepäckablagen. Kneeling-Einrichtung oder Rollstuhlrampen sind Sonderausstattungen. Insgesamt nimmt die NÜ-Ausführung 92 Personen auf, bei 44 Sitzplätzen. Die Einstiegshöhen: vorn 320 und in der Mitte 340 Millimeter. Der Antrieb erfolgt durch 250- und 299-PS-Diesel aus der OM 447-Reihe. Die Bereifung entspricht den Dimensionen der anderen Niederflur-Baumuster und die vor der zweiten Tür abgesetzte Fenstergürtellinie der des zweitürigen O 405 N 2. - Alle Niederflurbusse erhalten mit Ausnahme der NÜ-Versionen (mit ZF-Intarder oder Voith-Automatik mit Retarder) serienmäßig Viergang-Automatikgetriebe von ZF.
Die Erfahrungen mit dem O-Bahn-Zug O 305 G 2 dienten als Grundlage für den seit 1993/94 bei Mercedes-Benz und der Daimler-Benz-Industrie/AEG-Schienenfahrzeuge im Projektstadium befindlichen O 405 GG-Dieselbus-Doppelgelenkzug. Die 24,5-Meter-Niederflur-Zugeinheit soll ebenfalls über ein eingefügtes Mittelteil verfügen (mit etwas höherem Wagenboden), das die Diesel- oder Elektro-Antriebsaggregate unterflur aufnimmt. Der O 405 GG wird als Straßen- und Schienenfahrzeug in Erwägung gezogen.
Die 1994 von der MBAG in die Lieferliste aufgenommenen Erdgasbusse basieren alle auf der O 405 N 2-Baumusterreihe. Während beim O 405 NG 2 und beim O 405 NÜG die elegant verkleideten Gasflaschen ihren Platz auf der Vorderpartie des Stadtlinien- und Überlandlinienwagens finden, wird der Erdgasvorrat beim O 405 GNG-Gelenkzug auf der Vorderpartie des Schuberteils (Nachläufer) untergebracht. In allen drei Erdgas-Ausführungen ist, geräuschgekapselt, der M 447 hG-Gasmotor mit 238 PS und gere-

geltem Dreiwege-Katalysator vorhanden. Wie der Typ O 405 NÜ werden alle Erdgasausführungen mit ZF-«Intarder»-Automatikgetriebe oder Voith-Automatik mit integriertem Automatikgetriebe ausgerüstet. Die bis zu sieben (Dach-) Gasflaschen haben zusammen eine Gesamtkapazität bis 1055 Liter CNG (komprimiert auf 200 bar), was unverdichtet einem Normalvolumen bis 267 Kubikmeter von Compressed Natural Gas (CNG) entspricht.

Der Füllanschluß befindet sich anstelle des Tankstutzens wie bei den Dieselfahrzeugen hinter der Tankklappe.

Auf der Nutzfahrzeug-IAA 1994 präsentierten Mercedes-Benz und ZF den Schub- und Zug-Gelenkbus O 405 GNTD mit vier Friedrichshafener Außenplaneten-Triebachsen, in die luftgekühlte elektrische Radnabenmotoren integriert sind. Je eine derartige Achse ist im Zug-Vorderwagen (B-Achse) und im Schub-Nachläufer (C-Achse) installiert. Der Niederflur-Duo-Radnabenantriebsbus (auch eine O 405 NTD-Solobauart ist möglich) bezieht seine elektrische Antriebsenergie wahlweise aus 600- bis 750-Volt-Stromoberleitungen oder vom im Schuberheck eingebauten Dieselgeneratoraggregat mit 300 PS leistenden OM 447 hLA-Intercoolermotor. Der Synchrongenerator bringt eine Spitzenleistung von 220 kVA. Jeder der vier ZF-Gleichstrom-Radnabenmotoren bietet 75 kW, so daß letztlich 300 kW (408 PS !) elektrische Antriebsleistung für zirka 26 Tonnen Gesamtzuggewicht zur Verfügung stehen.

Abschließend ist zu vermerken, daß Mercedes-Benz verschiedene europäische Karosserienhersteller mit Bodengruppen und Fahrgestellen aller Art oder mit Antriebsaggregaten versorgt. Zu nennen sind hier die Firmen: Ernst Auwärter in Steinenbronn, Drögmöller in Heilbronn, Den Oudsten in Woerden/Niederlande, Berkhof in Valkenswaard/Niederlande, Duvedec in Eindhoven/Niederlande beziehungsweise Pfeil Speziale Produkte in Veldhofen/Niederlande, Heinje in Heerenveen/Niderlande, Kusters in Venlo/Niederlande, Smit in Joure/Niederlande, Jonckheere in Roeselare/Belgien, Van Hool in Lier-Koningshooikt / Belgien, Gangloff in Comar / Frankreich, Heuliez in Mauléon / Frankreich, Trouillet in Roquencourt / Frankreich, Frech-Hoch in Sissach / Schweiz, Hess in Bellach / Schweiz, Lauber et Fils in Nyon / Schweiz, Ramseier und Jenzer in Biel / Schweiz, Bianchi in Mailand / Italien, Macchi in Varese / Italien, Muratori in Modena / Italien, Orlandi in Modena / Italien, Padane in Modena / Italien, Ayats in Arbucias / Spanien, Beulas in Arbucias / Spanien, Carrocera Castrosua in Boisacca / Spanien, Gives in Manresa / Spanien, Hisp Carrocera in Zaragoza / Spanien, Obradors in Manresa / Spanien, Ajokki in Tampere / Finnland, Mercedes-Benz Türk (früher OTO-MARSAN) in Istanbul / Türkei, F.A.P. Famos mit Sanos und TAZ in Belgrad / Serbien, Avtoradgona in Gornje Radgona / Slowenien, Walter Alexander in Schottland, und Plaxtons in Scarborough / Großbritannien.

10-PS-Daimler »Post-Omnibus«

10-PS-Daimler »Imperial« (1899)

8-10-PS-Daimler Motor-Omnibus für England

35-PS-Daimler Typ DM 4b Oberdecker (Foto MB-Archiv)

35-PS-Daimler UO 2T (Foto MB-Archiv)

45/50-PS-Mercedes-Benz N 1

45/50-PS-Mercedes-Benz N 1 Aussichtswagen (Foto MB-Archiv)

70/80-PS-Mercedes-Benz NJ 5 Niederrahmen-Omnibus (Foto MB-Archiv)

70/80-PS-Mercedes-Benz N 5 Do Doppeldecker (Foto MB-Archiv)

70-PS-Mercedes-Benz N 56 (Foto MB-Archiv)

110-PS-
Mercesdes-Benz
N 2
(Foto MB-Archiv)

110-PS-
Mercedes-Benz
O 4000
(Foto MB-Archiv)

55-PS-
Mercedes-Benz
Lo 2000

95-PS-Mercedes-Benz Lo 3500 (Foto MB-Archiv)

70-PS-Mercedes-Benz Lo 2750

52-kW-Mercedes-Benz »Trolley-Bus« (Foto MB-Archiv)

300/350-PS-Mercedes-Benz Schnellbus-Modell (Foto MB-Archiv)

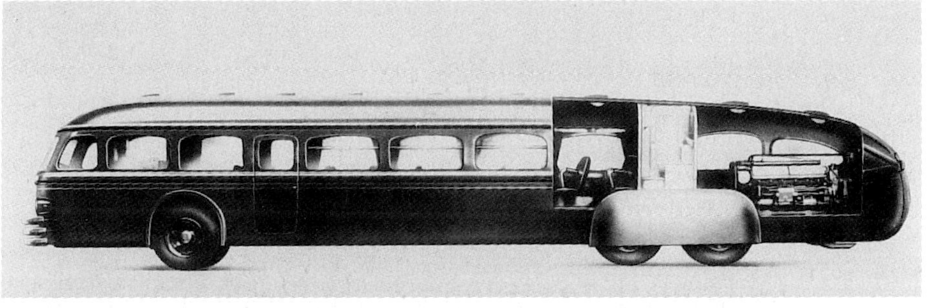

95-PS-Mercedes-Benz Lo 3100 »Allwetter-Schnellreisebus« (Foto MB-Archiv)

75-PS-Mercedes-Benz LR 75 Halbketten-Omnibus (Foto MB-Archiv)

95-PS-Mercedes-Benz LG 2000 Allrad-Omnibus (Foto MB-Archiv)

150-PS-Mercedes-Benz O 10.000 Reichspost-Omnibus (Foto MB-Archiv)

45-PS-Mercedes-Benz O 1500 Allwetter-Aussichtswagen (Foto MB-Archiv)

80-PS-Mercedes-Benz LG 2500 (LG 65/3) (Foto MB-Archiv)

60-PS-Mercedes-Benz O 2600 Allwetter-Reiseomnibus (Foto MB-Archiv)

100-PS-
Mercedes-Benz
Lo 3750
Reichsbahn-
Omnibus
(Foto MB-Archiv)

100-PS-
Mercedes-Benz
OP 3750
Pullmann-
Stadtomnibus
(Foto MB-Archiv)

100-PS-
Mercedes-Benz
OP 3750 Stadt-
Omnibus
(Foto MB-Archiv)

100-PS-
Mercedes-Benz
OP 3750 RAB-
Omnibus
(Foto MB-Archiv)

Mercedes-Benz
O-Bus 6000
(Foto MB-Archiv)

2x50-kW-
Mercedes-Benz
O-Bus 10.000

150-PS-Mercedes-Benz L 6500 Kässbohrer-Sattelzug (Foto MB-Archiv)

150-PS-Mercedes-Benz O 10.000 Rundfahrt-Omnibus (Foto MB-Archiv)

160/175-PS-Mercedes-Benz O 10.000 BVG Einheits-Doppeldecker (Foto BVG-Archiv)

110-PS-Mercedes-Benz O 4500 Kriegsomnibus (Foto VAG Nürnberg)

90-PS-Mercedes-Benz O 3250 (Foto MB-Archiv)

90-PS-Mercedes-Benz O 3500 Reisebus (Foto MB-Archiv)

145-PS-Mercedes-Benz O 6600 (Foto MB-Archiv)

145-PS-Mercedes-Benz O 6600 Stadtbus (Foto MB-Archiv)

145-PS-Mercedes-Benz O 6600 H (Foto MB-Archiv)

90/110-kW-
Mercedes-Benz O
6000 T
(Foto MB-Archiv)

110-PS-
Mercedes-Benz O
321 H
(Foto MB-Archiv)

110-PS-
Mercedes-Benz O
321 HL
(Foto MB-Archiv)

43/65-PS-
Mercedes-Benz
O 319/O 319 D
(Foto MB-Archiv)

126-PS-Mercedes-
Benz
O 321 HL
(Foto MB-Archiv)

126-PS-
Mercedes-Benz O
322
(Foto MB-Archiv)

180/200-PS-
Mercedes-Benz
O 317 K
(Foto MB-Archiv)

172/200-PS-
Mercedes-Benz
O 317
(Foto MB-Archiv)

126/150-PS-
Mercedes-Benz
O 302 - 10 RÜ
(Foto MB-Archiv)

60/80-PS-
Mercedes O 309
(Foto MB-Archiv)

150-PS-Mercedes-Benz
O 302
Exportausführung
(Foto MB-Archiv)

55-PS-
Mercedes-Benz
L 206 D
(Foto MB-Archiv)

170-PS-Mercedes-Benz O 305 VÖV Standardbus-Prototyp (Foto MB-Archiv)

170-PS-Mercedes-Benz O 305 (Foto MB-Archiv)

210-PS-Mercedes-Benz O 307 Standard-Überland-Linienomnibus (Foto MB-Archiv)

90-PS-Mercedes-Benz O 309 Stadtbus (Foto MB-Archiv)

240-PS-Mercedes-Benz O 305 G

60/65-PS-Mercedes-Benz 307 D City-Bus mit Hydridspeicher (Foto MB-Archiv)

85/130-PS-
Mercedes-Benz
O 309 DA/DE
(breite
Ausführung)
(Foto MB-Archiv)

280/330-PS-
Mercedes-Benz
O 303 - 15 RHS
(Foto MB-Archiv)

100-PS-/115-kW-
Mercedes-Benz
O 305 OE
(Foto MB-Archiv)

240-PS-/169-kW-Mercedes-Benz O 305 TD (Foto MB-Archiv)

240-PS-/169-kW-Mercedes-Benz O 305 GTD (Foto MB-Archiv)

179/220-kW-Mercedes-Benz /FBW O 305 GT (Foto MB-Archiv)

2x250-kW-
Mercedes-Benz
O 305 GG
(Foto MB-Archiv)

204/240-PS-
Mercedes-Benz O
405 (VÖV II-Typ)
(Foto MB-Archiv)

280-PS-
Mercedes-Benz
O 407 Standard-
Überland-
Linienbus II
(Foto MB-Archiv)

136/170-PS-
Mercedes-Benz
O 402 Midi
(Foto MB-Archiv)

240/280-PS-
Mercedes-Benz O
405 G
(Foto MB-Archiv)

240/280-PS-
Mercedes-Benz
O 405 G
(StÜLB-Scheibe)

292-PS-
Mercedes-Benz
O 303 RHC
Clubbus
(Foto MB-Archiv)

214-PS-
Mercedes-Benz
O 408
Ausflugsbus
(Foto MB-Archiv)

115-PS-
Mercedes-Benz
O 614 D
(Kowex-Aufbau)

136-PS-Mercedes-Benz O 814 D (Kowex-Aufbau)

136-PS-Mercedes-Benz O 814 DA Allrad-Omnibus (Foto MB-Archiv)

290/340-PS-Mercedes-Benz O 404 (Foto MB-Archiv)

De Dietrich

De Dietrich et Cie., Jaegerthal-Niederbronn (Elsaß),
ab 1904 Lunéville (Lothringen)
1899 - 1906

1896 gründete Baron Eugène de Dietrich, Besitzer von Eisengießereien und Maschinenbauunternehmen im Elsaß und in Lothringen, die seit 1684 bestehen, eine Fahrzeugfabrik in Reichshoffen (Elsaß) und Lunéville (Lothringen).
In Lunéville wurden ab 1899 kleine Omnibusse und kleine Lastwagen nach dem »Système Amédée Bollée Fils« produziert. Später stelle Eugène de Dietrich in Reichshoffen als Konstrukteur Ettore Bugatti (1881 - 1947) ein, um auch Personenwagen zu fertigen. Das wohl berühmteste de Dietrich (Bugatti-) Modell war im Jahre 1904 ein 35 PS starker Pkw.
Im Jahre 1904 gab Eugène de Dietrich den Fahrzeugbau in Reichshoffen auf. Nur der Lothringer Unternehmensbereich baute weiterhin Fahrzeuge, allerdings unter der Marke »Lorraine Dietrich«. Zeitgleich trennte man sich vom Mutterhaus. 1906 erschien dort noch ein sechsrädriges Break-Modell, bei dem die mittlere Achse angetrieben wurde.
1916 stellte Lorraine-Dietrich den Lkw-Bau ein. Nach dem Ersten Weltkrieg produzierte die Fahrzeugfabrik Lorraine-Dietrich bis 1935 Personenwagen verschiedener französischer Marken in Lizenz. Tatra-Lastwagen wurden in Lizenz noch bis 1940 gefertigt.
Das heute in Niederbronn-les-bains ansässige Unternehmen beschäftigt sich weiterhin mit der Herstellung anspruchsvoller Haushaltsgeräte.

9-PS-
De Dietrich

35-PS-
De Dietrich

DAAG

Deutsche Last-Automobil-Fabrik AG (DAAG), Ratingen b. Düsseldorf, Bahnstr. 39
1910 - 1930

Der Ursprung der Deutschen Last-Automobil-Fabrik AG (DAAG) liegt in der 1906 gegründeten Rather Armaturen- und Metallgießerei. 1910 richtete der zur Gelsenkirchener Gußstahl- und Eisenwerk AG gehörende Betrieb in den stillgelegten Hallen einer Schokoladenfabrik ein Fahrzeugwerk ein. In den Jahren 1916 - 1917 nahm man umfangreiche Gebäudeerweiterungen in dem auf 900 Mann angewachsenen Betrieb vor, die heute noch mit kleinen Veränderungen vorhanden sind. 1925 wurde das Unternehmen vom Stumm-Konzern reorganisiert, was zirka 350 Arbeitsplätze kostete. Schließlich erwarb 1929 die Fried. Krupp AG die DAAG.
Neben Regel-Drei- und Viertonnern fertigte das Unternehmen bereits im ersten Fabrikationsprogramm einige Omnibusse unter den Bezeichnungen «Düsseldorf», «Cölln» und «Moskau» an. Hinzu kamen Hotelomnibusse auf einem kleineren Fahrgestell. Eine Besonderheit dieser DAAG-Fahrzeuge war die schon frühzeitig eingeführte Motorbremse.
Das Nachkriegsprogramm mit den Typen EC 2, EC 3 (Einheits-Cardanwagen) und AC 2, der auch im Horch-Programm geführt wurde, erneuerte DAAG 1923/24 durch die Modelle NAC 2, NAC 3/4 und ACO. Ein moderner 55- beziehungsweise 60-PS-Leichtmetallmotor mit hängenden Ventilen, der von Prof. Gabriel Becker von der Technischen Hochschule in Berlin-Charlottenburg konstruiert worden war, trieb die Modelle an. Der spezielle Omnibustyp ACO besaß ein 3,5-Tonnen-Niederrahmenfahrgestell («Niederflurrahmen«) und war mit 39 Personen im Stadt- und für 30 Personen im Überlandverkehr vorgesehen. Die Höchstgeschwindigkeit lag bei 55 km/h. Zur weiteren Ausstattung gehörten bei den DAAG-Typen die Vierradbremse, die Riesenluftreifen sowie eine automatische Zentralschmierung.
Die seinerzeit noch ganz junge Fachzeitschrift »Das Last-Auto« weist 1924 auf luftbereifte Kommunalfahrzeug-Chassis mit Auto-Kehr- und Waschmaschinen mit 2500-Liter-Wassertank hin, die eine Berliner Firma DAAG-Horch anbot. Annähernd gleichzeitig heißt es an anderer Stelle wörtlich: »Die DAAG in Düsseldorf-Ratingen ist zu den Horch-Werken in Zwickau/Sachsen in Beziehung gebracht.« Es ist anzunehmen, daß sich Horch damals vom Lkw- und Omnibusbau zurückzog und der Hauptaktionär, seit 1920 die Argus-Motoren-Gesellschaft in Berlin, das Zwickauer Nutzfahrzeug-Programm auf die DAAG übertrug. Damit konnte sich Horch, ab 1923 mit seinem neuen Chefkonstrukteur, Baurat Paul Daimler (Sohn Gottlieb Daimlers), ausschließlich auf den Pkw-Bau konzentrieren.
1925 wurde der große Typ NAC 5 versuchsweise mit einem von Prof. Becker entwickelten Sechszylinder-Baukastenmotor ausgestattet. An der Banjo-Achse des Fünftonner war ein Vorgelege angebracht.
Hinzu kam ein 19-sitziges Studienfahrzeug als Niederrahmenbus im Stile der Fageol-Safety-Coach mit vier seitlichen Türen für die Sitzabteile.
Auf dem Niederrahmen-Fünftonner-Chassis folgte 1927 ein 80 PS starker Prototyp mit einem neuen 7,3-Liter-Vierzylindermotor. Eine Besonderheit war hier die sich V-förmig teilende Kardanwelle, die mit den Zweigwellen je eine Hinterachshälfte antrieb. Durch diese Konstruktion sollte das ungefederte, schwingende Gewicht des Hinterachsgehäuses am Auflagepunkt gemindert werden. Gleichzeitig konnte dadurch das Differential tiefer gelegt werden. Die Hinterachshälften waren als reine Tragachsen ausgebildet. Kupplung und Bremse wurden hydraulisch betätigt. Das Chassis bestand aus einem Kastenträgerrahmen aus relativ dünnem Blech, den man mit Quertraversen verstärkte. Hohlnieten verbanden die Chassisteile.
Auch der DAAG-Dreiachser wurde 1928 als Typ O 6 mit dem zunächst auf 86/90 PS und später auf 94 PS leistungsgesteigerten Sechszylindermotor vorgestellt. Er erhielt eine Omnibuskarosserie; wurde aber kaum weitergebaut.
DAAG konnte auf der Kölner Automobilausstellung 1927 das erste vollständig luftgefe-

derte Nutzfahrzeug der Welt vorstellen, ein 5-Tonnen-Niederrahmenchassis mit vorn und hinten je zwei Luftzylindern. Der Luftkompressor versorgte nicht nur sie, sondern auch die FAUDI-Druckluftbremse. Über einen Luftregulierungshebel am Lenkrad konnte der Fahrer mit mehr oder weniger Luftdruck die »pneumatische Federung« härter oder weicher einstellen. Die Luftfederung konzipierte Fritz Faudi (von dem auch das Faudi-Gelenk stammt), Rheinmetall Düsseldorf realisierte sie.
Die Aufbauten der Omnibusse erstellen neben dem Rheka-Werk - Rheinische Karosseriewerk Gesellschaft mbH in Lintorf, die von DAAG erworben und schon 1926 geschlossen wurde, die Firmen Lange & Gutzeit in Berlin, Talbot in Aachen, die Norddeutsche Waggonfabrik in Bremen, Trutz in Coburg und die Düsseldorfer Eisenbahnbedarf vorm. Carl Weyer & Co. Leichtmetall-Buskarossen setzte die C. W. Ackermann-Fahrzeugfabrik in (Wuppertal-) Vohwinkel auf.
Darüber hinaus wurden DAAG-Omnibusse erstmals in Deutschland mit Dachrandverglasungen versehen. DAAG-Niederrahmen-Fahrgestelle wurden auch als Polizei-, Vorführungs-, Wohn- und Theaterwagen karossiert.
Auf der Autoausstellung 1928 zeigte DAAG noch einen Omnibus O 6 mit Sechszylinder-Motor und 33 Sitzplätzen, einen »Sechszylinder«-Schnellastwagen L 6 für sechs Tonnen Nutzlast und einen Schnellastwagentyp I 6 mit hydraulischer Dreiseitenkippeinrichtung.
Das seit Mitte der zwanziger Jahre mit finanziellen Schwierigkeiten kämpfende, aber innovationsfreudige Nutzfahrzeugwerk legte der Krupp-Konzern 1930 still, der seit 1919 in Essen eine eigene Fahrzeugfertigung eingerichtet hatte und in erster Linie am DAAG-Kundenstamm interessiert war. Die Ersatzteilversorgung stellte Krupp für die folgenden 10 Jahre sicher. Das Fabrikgelände übernahmen nach zeitweilig unterschiedlichen Verwendungszwecken 1936 die Firmen Calor (Duisburg) und Emag (Frankfurt a. Main). Sie produzieren in Ratingen seitdem Elektrogeräte unter dem Namen Calor-Emag Elektrizitäts AG.

55-PS-DAAG Postomnibus, Luftfederung

55-PS-DAAG Postomnibus, Luftfederung

55-PS-DAAG-Horch AC 2 Linienbus

55-PS-DAAG ACO

55-PS-DAAG NACO

86/90-PS-DAAG 06

Drauz

Karosseriewerke Drauz KG, Heilbronn a. Neckar, Weipertstr. 17/19
1951 - 1962

Im Jahre 1900 gründete der Wagenbaumeister Gustav Drauz (1873 - 1951) die Heilbronner Carosseriefabrik G. Drauz & Co. in der Heilbronner Lixstr. 11. Pferdefuhrwerke für den Lasten- und den Personentransport, darunter luxuriöse Landauer und Victorias, standen zunächst im Fertigungsprogramm des 30 Mann starken Unternehmens. Nach Pkw-Aufbauten auf Benz-Fahrgestellen folgten 1909 auch erste Omnibus- und Anhängerkarosserien, und Gustav Drauz stellte mit einer von ihm ersonnenen Maschine erstmals Lenkräder aus einem Stück her. Krankenwagen, Feldküchen, Proviantwagen und Anhänger wurden während der Zeit des Ersten Weltkrieges gefertigt.
Nach 1918 begann die Fabrikation von »Specialkarosserien« für die Marken Adler, Benz, Ley, Opel und Stoewer in dem nun als Karosseriewerk Drauz AG firmierenden Unternehmen. Der Sohn des Gründers, Dipl.-Ing. Walter Drauz (1902 - 1972) ließ hierzu in den späten zwanziger Jahren ein modernes Preßwerk zur Herstellung von Stahlblechkarosserien einrichten. Auch die Fließbandarbeit führte er ein, nachdem er sich bei einem Studienaufenthalt in den USA mit den modernen nordamerikanischen Fertigungsmethoden vertraut gemacht hatte. Großserien von angeblich tausend Exemplaren eines Baumusters wurden nun in den dreißiger Jahren aufgelegt. Zweigwerke in Köln und in Berlin (ehemalige Alexis Kellner GmbH) unterstützten das Heilbronner Werk. Auch der Bau von Omnibuskarosserien wurde in dieser Zeit wieder aufgenommen, wobei Drauz auch hier zur Serienfertigung überging.
Gegen Ende des Zweiten Weltkrieges war das Heilbronner Werk vollständig zerstört. Mühselig wurde es zunächst wieder behelfsmäßig aufgebaut, so daß ab 1946 Drauz Handwagen als erste Nachkriegserzeugnisse bauen konnte. 1947 war der nunmehr als Karosseriewerke Drauz KG geführte Betrieb dann wieder in der Lage, Karosserien für Henschel-Obusse herzustellen. Wenig später folgten Frontlenkeraufbauten auf Clerck-Langrahmenfahrgestellen mit Ford-Aggregaten; infolgedessen bahnte sich eine Zusammenarbeit mit den Ford-Werken an. Daimler-Benz-Fahrgestelle wurden ebenfalls karossiert. Später kam der Karosseriebau für die DKW/Auto Union-Schnellieferwagen und -Kleinbusse hinzu. Auch die Kotflügel und die Motorhauben der Ford »Taunus«-Modelle stelle Drauz seinerzeit her.
Dem Komplettbau von Omnibussen nahm das inzwischen 450 Mann starke Unternehmen 1951 mit der Vorstellung des Drauz-Typs DR 42 »Leichtbus« auf, nachdem seit 1949 in Zusammenarbeit mit dem ehemaligen Flugzeugbauer Prof. Dr. Henrich Focke und Ingenieur Karl Herzog eine selbsttragende Omnibuskarosserie in Leichtbauweise entwickelt worden war. Ein Stahlblech-Kastenträger mit Querträgern und ein verschweißter Gitteraufbau bildeten das Fahrzeuggerippe, das man mit Stahlblech und Leichtmetallplatten beplankte. Der Ford-Hercules-Motor mit 90/95 PS Leistung war im Heck des 10,8-Meter-Fahrzeugs längsstehend eingebaut. Auch die Achsen und die Bremsanlage mit einem Druckluftvorgespann stammten von den Ford-Werken. Aufgrund des geringen Fahrzeuggewichts reichten einzelbereifte Hinterräder vollständig aus.
Der stromlinienförmige Omnibus mit dem Drauz- und dem Ford-Köln-Emblem konnte mit 40 bis 42 Sitzen sowie 6 Notsitzen ausgestattet werden. Über die Ford-Händlerorganisation wurden 27 Exemplare verkauft.
Nach 1951 karossierte Drauz einen Teil der 175 für Argentinien bestimmten Henschel-Obusse. Während anfänglich der Typ II/6500 mit dem 90 kW-Motor versehen wurde, diente schließlich das neue Henschel-Baumuster HS 90 E mit verkürztem Radstand als Grundlage. Die 90 bis 96 kW starken und mit Kiepe-Elektrik ausgestatteten Fahrzeuge besaßen 31 Sitz- und 32 Stehplätze und waren in ihrer Ausstattung den klimatischen Verhältnissen Argentiniens angepaßt.
1955 löste der in eigener Regie vertriebene Typ Drauz 43 mit neuer, reichlich verglaster Karosserie das bisherige Stromlinienmodell ab. Sein Ford-120-PS-V-Sechszylinder-Zweitaktdieselmotor des Typs AD 6 mit mechanischer Abgas-Aufladung wurde im

Heck untergebracht. Auch die Achsen stammten von Ford, und das Fünfganggetriebe kam von ZF. Gummihohlkörper waren mit den Blattfedern kombiniert. Der etwas problematische Ford-Motor wurde 1959 durch den Henschel-Viertaktdiesel 522 DPJ mit 125 und später 132 PS ersetzt.
Hinzu kam ein in nur wenigen Exemplaren gebauter, zweitüriger Stadtomnibus mit dem MAN-Diesel D 1246, der 115 oder 130 PS erzeugte. Das wiederum in selbsttragender Bauart konzipierte Modell bot 90 Fahrgästen Platz. Da der Fahrzeugboden zur Abdeckung der Hinterachse ab Fahrzeugmitte erhöht war, erhöhte Drauz die Dachpartie in Wagenmitte gleichermaßen mit einer Stufe.
1957 folgte das Reisebusmodell Drauz 25-»Klubbus« mit 80-PS-V-Vierzylinder-Zweitaktdiesel AD 4 von Ford. Auch die V-Sechszylindermaschine AD 6 konnte eingebaut werden. Der als »Omnibus mit den Fahreigenschaften eines Pkw's« vorgestellte Typ besaß nun vier einzeln aufgehängte Räder. Dämpfungsfreie Spiralfedern in Verbund mit Hydraulikstoßdämpfern und Gummischlägen bildeten federbeinartige Elemente, die hinten aufgrund der Doppelbereifung auch zweifach ausgeführt waren. Die vorderen und hinteren Aggregate waren unter Zwischenschaltung von Gummi-Elementen am Kastenträger verschraubt. 22 Personen konnte dieses üppig verglaste und mit einem Unterflurkofferraum versehene Modell befördern. Im Jahre 1954 entwickelte das Karosseriewerk Drauz unter der Bezeichnung DR 5000 und DR 6000 Oberleitungsomnibus-Prototypen, die jedoch nicht in Serie gingen. Das Unternehmen konnte dabei auf Erfahrungen beim Aufbau der Henschel-Obusse II/6500 und des Argentinien-Typs HS 90 E zurückgreifen. Das größere Drauz-Modell DR 6000 unterschied sich vom kleineren Typ DR 5000 durch das Einfügen eines 1 Meter langen Karosserieteiles. 90 beziehungsweise 100 bis 120 Personen sollte diese selbsttragenden Obusse mit 105-kW-Verbund-Elektromotoren von Garbe-Lahmeyer und auf Kaelble-Achsen transportieren können. Drei Falttüren waren vorhanden. Ein Hilfsantrieb sollte auf Wunsch eingebaut werden können. Wegen der sich mittlerweile abzeichnenden Abkehr der bundesdeutschen Verkehrsbetriebe von der Obus-Technik gab Drauz diese Entwicklung wieder auf.
Infolge geringer werdender Nachfrage stellten die Drauz-Werke 1962 letztendlich auch den Dieselomnibusbau ein. Der Karosseriebau für die 1949 aufgenommene DKW-Schnellieferwagenbaureihe der Auto Union und für die mitentwickelte und 1953 ebenfalls aufgenommene Ford FK 1000-Transporter-Baureihe wurde bis 1962 und 1965 weitergeführt. Den Karosseriebau verkaufte das Werk anschließend an die NSU-Werke. Das Unternehmen konzentrierte sich fortan auf den schon 1957 eingerichteten Werkzeug-, Vorrichtungs- und Prototypenbau. Das von Gerhard Drauz, dem Enkel des Firmengründers, geführte Unternehmen ist mit seinen 240 Mitarbeitern zwischenzeitlich ein Tochterunternehmen der Dortmunder Hoesch-Werke

90/100-PS-Drauz Typ Leichtbus DH 42 (Foto Ford-Werke)

105-kW-Drauz Obus DR 6000

130-PS-Drauz Typ Stadtbus (Foto Drauz)

120-PS-Drauz DR 43 Typ Leichtbus

80-PS-
Drauz DR 25
(Foto Drauz)

120-PS-
Drauz DR 43
(Foto Drauz)

Drögmöller

Drögmöller Karosserien GmbH u. Co. KG, Heilbronn a. N., Koepffstr. 7 - 11, ab 1981 Lichtenberger Str. 26
1. 1965 - 1995 Drögmöller Karosserien GmbH u. Co. KG
2. 1995 - heute Volvo Bus Deutschland GmbH

Im Jahre 1920 gründete der mecklenburgische Stellmachermeister und Karosseriebautechniker Gotthard Drögmöller (1884 - 1957) in Heilbronn eine Spezialkarosseriewerkstatt, die Wechselpritschen für Personenwagen herstellte, um diese Fahrzeuge auch als Lieferwagen benutzen zu können. 1931 montierte das Unternehmen unter der Bezeichnung »Karosseriebau G. Drögmöller« erste eigene Reiseomnibusaufbauten auf Lastwagen-Fahrgestelle. Ab 1935 spezialisierte sich der Betrieb auf den Stromlinien-Omnibusbau mit Daimler-Benz-Fahrgestellen. Während der Kriegsjahre mußten Panjewagen und Pferdeschlitten für die Wehrmacht produziert werden.

Nach dem Zweiten Weltkrieg karossierte das Drögmöller-Werk in erster Linie Daimler-Benz-Chassis mit Busaufbauten, die sich durch ihre Verarbeitungsqualität einen Namen machten. Auch Büssing 6000 TU- und Henschel-Obus-Fahrgestelle der Baureihe HS II/6500 wurden mit Drögmöller-Karosserien komplettiert.

1950 trat der Schwiegersohn des Gründers, der Flugzeugingenieur Carl Schmid, in das Unternehmen ein. 1957 übernahm er die Geschäftsführung und wurde 1967 persönlich haftender Gesellschafter. Nach seinem Ausscheiden im Jahre 1977 übernahm Rainer Bläher die Stelle des Technischen Leiters.

Zum Bau von Bussen mit gemischten Bodengruppen (teils eigene Konstruktion, teils Verwendung von Fremdkomponenten) und damit zur Eigenständigkeit im Omnibusbau ging Drögmöller 1965 mit der Typenreihe DR 35 über. Es wurden Aggregate des Daimler-Benz-Typs O 321 H verwendet. Unter anderem kam die 126- oder die 170-PS-Mercedes-Maschine zum Einbau. Das nächste Modell mit der Bezeichnung DR 35/III L basierte dann auf Teilen des DB-Typs O 302 und verfügte über eine Luftfederung.

Neben dem nunmehr bedingt eigenständigen Komplettbau von Reisebussen wurden weiterhin Bodengruppen des DB-Typs O 302 und MAN-Baumusters 535 HO und 750 HO karossiert. Besonders das Modell O 302 wurde mit verschiedenen Längen und entsprechenden Sitzreihen als Luxusomnibus mit »individuell gestalteter Note« angeboten. Als typisches Stilelement der Drögmöller-Omnibusse kam dabei eine seitliche Scheibengestaltung zur Geltung, die vorne in einem Fünfeckfenster auslief.

Die zweite Drögmöller-Baureihe begann im Januar 1969 mit der Vorstellung der Typen DR 256 und Eupu 256 (Euro-Pullman). Es wurde das modifizierte O 320-Fahrgestell mit einem verlängerten vorderen Überhang verwendet, so daß die zulässige hintere Achslast trotz luxuriöser Einbauten wie Bordküche und Garderobe eingehalten werden konnte.

Während der Typ DR 256 ein glattes Dach besaß, erhielt die »Eupu«-Ausführung einen Knick im mittleren Dachbereich, so daß die hintere Fahrgastplattform angehoben werden konnte. Zunächst wurde eine senkrechte, ab 1972 eine schräggestellte Scheibe in diesen Dachknick eingesetzt. Gleichzeitig stand in diesen Fahrzeugen ein vergrößerter Kofferraum zur Verfügung. Die Scheiben waren hier zur verbesserten Aerodynamik bündig einvulkanisiert. 51 bis 55 Personen fanden in dem Fahrzeug mit 256-PS-Diesel Platz, das sich wiederum durch eine hervorragende Verarbeitungsqualität auszeichnete. Den DR 256-Typen, die sich stylingmäßig noch an Mercedes-Modellen O 302 orientierten, folgte 1973 der Europullman E 320 mit einem nun vollkommen eigenen Design, wobei in der Typenbezeichnung das »E« für Eigenbau, die Zahlenangabe für die PS-Leistung standen. Das kantig gestaltete, mit großen Spezial-Doppelscheiben versehene Fahrzeug besaß einen breiten Grill mit integrierten Scheinwerfern. Über der extrem großen Panoramascheibe war unter der Dachpartie der Frischlufteintritt angebracht. Die hintere Tür konnte wahlweise vor oder hinter der Hinterachse eingesetzt werden. Durch den angehobenen Wagenboden stand ein wesentlich größerer Kofferraum zur Verfügung; gleichzeitig wurde die Aussichtsmöglichkeit für die Fahrgäste verbessert.

Der Hochdecker-Typ erhielt ab 1977 eine Drögmöller-eigene Vorderradaufhängung, die

dem Fahrzeug hervorragende Fahreigenschaften verlieh. Ein 320-PS-V-Zehnzylinder-Diesel von Daimler-Benz diente als Antriebsaggregat; wahlweise konnte auch die 256-PS-Maschine montiert werden.
Als zweite Drögmöller-Baureihe mit gleicher Vorderfront gesellte sich 1977 der Typ E 330 Comet hinzu. Diese ebenfalls bis heute gebaute und weiterentwickelte Typenreihe zeichnet sich durch einen von vorn nach hinten ansteigenden Fußboden aus, so daß alle Fahrgäste mit der sogenannten »Theatersitzanordnung« eine ungehinderte Sicht nach vorn durch die überdimensionale Frontscheibe haben. Charakteristisch sind auch hier die vorderen Fünfeckfenster an den Seitenpartien.
Als Reisebusse in Luxusausführung mit normaler Bauhöhe wurden die 11,3- und 12-Meter-Typen E 300 und E 310 Superpullman angeboten. Auch hier behielt man die gleiche, unverwechselbare Karosserie bei. Für Schweizer Kunden, die schon lange einen guten Teil der Drögmöller-Fahrzeuge abnahmen, wurden diese Baumuster auch mit 2,3 Meter Breite für Paßfahrten geliefert.
Als eine Art Sonderausführung kann der Drögmöller SC 310 betrachtet werden. Er wurde auf einer Scania-Bodengruppe mit 275-PS-Turbodiesel aufgebaut.
Die Fertigungszahlen bewegten sich in den siebziger Jahren stets um 100 Busse pro Jahr, wovon 50 Prozent auf die Ausführungen mit Daimler-Benz-Aggregaten entfiel. Um auch bei diesen Modellen die Exklusivität hervorzuheben, wurde die Frontpartie dieser Omnibusse dem Drögmöller-Styling mit der tief heruntergezogenen Frontscheibe angeglichen. Der DB-Stern zierte hier jedoch weiterhin die Vorderfront dieser O 303 -orientierten Drögmöller-Typen.
Auf dem Pariser Automobilsalon 1980 stellte das Unternehmen als weitere Baureihe den dreiachsigen Superhochdecker E 420 Corsair vor. Der Luxusomnibus der Viersterne-Kategorie erhielt ein Unterflurcockpit, so daß der angehobene Fußboden vollständig für die Busreisenden genutzt werden konnte. Eine schräggestellte Glaskanzel war über der tief angesetzten Frontscheibe angebracht. Für den Antrieb sorgte der neue Mercedes-V 8-Zylinder-Turboladerdiesel OM 422 mit 330 PS.
1981 wurde die Baureihe des kleineren Drögmöller-Modells E 300 durch die 9,8- und 10,6-Meter-Modelle E 280 und E 290 Superpullman ergänzt. Im gleichen Jahr erschien der Dreiachs-Doppeldecker E 440 Meteor für 75 Fahrgäste. Der 330-PS-Turbodiesel verfügte hier über Ladeluftkühlung, so daß in dem 6x2-Wagen 375 PS zur Verfügung standen. Für den weiteren Komfort sorgte eine Sütrak-Klimaanlage. Unter der Bezeichnung E 430 SuperComet folgte eine um 30 Zentimeter höhere Comet-Version, die eine dritte Achse zur Erhöhung des Gesamtgewichtes erhielt.
Um die Fertigung zu rationalisieren und um die Fertigungskapazitäten auszuweiten, wurde 1981 das Omnibuswerk in der Heilbronner Lichtenbergstraße ausgebaut. In der Koepffstraße verblieben die Verwaltung und die Reparaturabteilung. Zeitgleich nahm Drögmöller den Bau von Ausstellungs-, Verkaufs- und Fernsehübertragungsfahrzeugen auf. Außerdem stellten die Heilbronner 1986 aus dem Steinwinter-Unterflurcockpit-Nutzfahrzeugprogramm eine futuristische Zweiachs-Sattelzugmaschine auf die Räder. Die Beschäftigtenzahl war inzwischen auf 265 Mitarbeiter angewachsen.
Die Comet-Typfamilie mit dem ansteigenden Wagenboden und mit der ansteigenden seitlichen Gürtellinie wurde in den achtziger Jahren weiter ausgebaut, so daß der Mini- und der spezielle Swiss-Comet für 39 bis 51 Personen, der SuperComet für 47 bis 49 und der um 30 cm erhöhte, ebenfalls 47 bis 59 Personen ausgelegte EuroComet zur Auswahl standen beziehungsweise stehen. Die serienmäßige Komplettierung der Mercedes-O 303-Bodengruppen lief im Jahre 1983 aus.
Für die schwedische Kunden wurde mit einer Scania-Bodengruppe 1986 der Zwölfmeter-Bus K 112 SC 320 Europullman hergestellt.
Ab 1987 bietet das Drögmöller-Werk auch E 320-Europullman-Modelle mit 14,5 Metern Fahrzeuglänge für den Export nach Schweden an. Für Schweizer Kunden wurde der Doppeldecker mit einem hinteren Doppelachsantriebsaggregat (konzipiert vom Ingenieurbüro Lauster, ebenfalls für den E 440 Meteor) aus der DB-Lkw-Baureihe versehen, um die dortigen Achslastbestimmungen zu erfüllen. Während 1989 die E 310 Superpullman- und Euro-Pullman-Hochbodenmodelle mit dem 290- oder mit dem 354-PS-Turboladermotor ausgestattet wurden, erhielten die Comet-Typen die 354-PS-

Maschine. Hinzugekommen sind die auf der Frankfurter IAA von 1989 vorgestellten 14,5-Meter-Fernreise-Dreiachser E 320 EuroPullman, die nach Schweden geliefert wurden, sowie der 12-Meter-Wagen E 330 H Comet und der E 430 U SuperComet, der in der Bauserie 400 als Superhochdecker mit einem Unterflurcockpit den bisherigen E 420 Corsair ablöst. Auch hier wird ein sogenannter Theater-Fußboden verwendet. Der bisher über der Frontscheibe angebrachte Frischlufteinlaß wurde ins Heck verlegt.
Antriebsseitig erhielt der E 430 U SuperComet den 14,6-Liter-Daimler-Benz-Diesel aus der Baureihe OM 442, der es mit zwei Turboladern oder mit zusätzlicher Ladeluftkühlungseinrichtung (Intercoolerdiesel) auf 435 oder 480 PS bringt. Ein neues ZF-Getriebe mit einer Achtgang-H-Schaltung überträgt die Kraft auf die ZF-Hinterachse. Diese erhielt einen neuen Achsschemel, vergrößerte Luftfederbälge und lastabhängige Stoßdämpfer, so daß das Fahrverhalten noch weiter verbessert werden konnte. Als Spitzenmodell erhielt der Doppeldecker E 440 Meteor das Mercedes-480-PS-Intercooler-Triebwerk OM 442 LA und das neue ZF-Getriebe.
Die kleineren, kaum noch gefragten Modelle E 280 und E 290 wurden 1990 aus dem Programm genommen.
Mit dem Baujahr 1990 überarbeitete Drögmöller die Frontpartie seiner Omnibusse. Der verkleinerte Frontgrill erhielt zwei schlitzförmige Luftöffnungen. Die Frontscheibe ließ sich dadurch noch tiefer ziehen. Jeweils drei kleine Rechteck-Hochleistungsschein-werfer wurden an den Enden der Luftschlitze eingebaut. Außer dem E 440 Meteor erhielten nun alle Drögmöller-Fahrzeuge die charakteristischen Fünfeckfenster. In die Dreiachsmodelle mit Schleppachse integrierte man die Antischlupfregelung (ASR) sowie die halbautomatische AVS-Schaltung.
Schwerpunkte der Drögmöller-Fertigung bilden seit 1990 die Comet-Varianten. Hier stehen seitdem fünf Zweiachser und drei Dreiachser mit unterschiedlichen Längen und Höhen zur Auswahl. Allerdings wurde 1991 die Fertigung der kleineren Modelle E 300, E 310 und E 330 K eingestellt, da ihr Fertigungsaufwand dem der 12-Meter-Modelle entsprach; einzig das 11,3-Meter-Modell E 330/11,3 behielt das Werk bei.
Anstelle von Mercedes-Benz-Maschinen lassen sich die Drögmöller-Omnibusse auf Wunsch auch mit gleichstarken MAN-Triebwerken ausrüsten.
Für das Baujahr 1991 ist das neue Modell E 430 SuperComet hervorzuheben. Dieser Dreiachser mit dem für 381, 435 und 503 PS ausgelegten Mercedes-Triebwerken der OM 442-Dieselfamilie führt mit der leicht nach hinten geneigten, aerodynamisch günstigeren Frontpartie abermals ein neues Drögmöller-Styling ein, inzwischen auch auf das Modell E 330 H EuroComet übertragen. Weitere technische Neuerungen sind Anti-Blockier-Einrichtungen (ABS), die bereits erwähnte ASR-Einrichtung sowie die Elektronische Motor-Steuerung (EMS).
Unabhängig von seinem eigenen Busprogramm fertigte Drögmöller im Auftrag für Mercedes-Benz den Prototyp eines dreiachsigen Fernreise-Doppelstock-Omnibusses. Das Mercedes-Baumuster O 404 DD (6x2/4) stieß auf der IAA 1992 auf großes Publikumsinteresse.
Das sich durch Exklusivität, Modellkonstanz und hoher Karosserielebensdauer sowie durch beste Verarbeitungsqualität auszeichnende Unternehmen lieferte gegen Ende der achtziger Jahre jährlich rund 90 Omnibusse aus. Die Hälfte von ihnen ging in den Export. Die Mitarbeiterzahl beträgt derzeit etwa 320 Personen. 1994 beteiligte sich die Volvo Bus Corporation an diesem Unternehmen. 1995 erfolgte die Umbenennung in Volvo Bus Deutschland GmbH. Erstes Produkt mit Volvo-Aggregaten ist der B 12/500 mit 356 oder 405 PS, der die Comet-Baureihe weiterführt.

170-PS-Drögmöller 35/II (Foto Drögmöller)

256-PS-Drögmöller Euorpullmann 256 Stufendecker (Foto Drögmöller)

256-PS-Drögmöller Europullmann 256 (Foto Drögmöller)

320-PS-
Drögmöller E 320
(Foto
Drögmöller)

280-PS-
Drögmöller
Superpullmann
E 310
(Foto
Drögmöller)

280-PS-
Drögmöller
MiniComet
E 330 K
(Foto
Drögmöller)

280-PS-
Drögmöller
Comet E 330 K
(Foto Drögmöller)

300-PS-
Drögmöller
Corsair E 420
(Foto Drögmöller)

375-PS-
Drögmöller
Meteor E 440
(Foto Drögmöller)

354-PS-
Drögmöller
Comet
E 330 H/3
(Foto Drögmöller)

354-PS-
Drögmöller
EuroComet
E 330 H
(Foto Drögmöller)

354-PS-
Drögmöller
SuperComet
E 430
(Foto Drögmöller)

354-PS-Drögmöller SuperComet E 430 U (Foto Drögmöller)

Ducommun

Leon Ducommun und Cie. , Werkstätte für Maschinenbau, Mülhausen i. Elsaß
1898 - 1905

Dieses elsässische Maschinenbauunternehmen stellte Omnibusmodelle mit unbekannt gebliebenen technischen Daten her.

Dürkoppwerke AG

Dürkoppwerke AG, Bielefeld, Moltkestr. 2
1. 1902 - 1909 Bielefelder Maschinenfabrik, vorm. Dürkopp u. Co.
2. 1909 - 1913 Bielefelder Maschinenfabrik Dürkopp u. Co. AG
3. 1913 - 1929 Dürkoppwerke AG

Zu den bedeutenden Nutzfahrzeugherstellern bis zum Ende der zwanziger Jahre zählten die Bielefelder Dürkopp-Werke. Das Unternehmen wurde im Jahre 1867 von dem Mechaniker Nicolaus Dürkopp (1842 - 1918) und dem Kaufmann Karl Schmidt als Maschinenfabrik Dürkopp & Schmidt gegründet. 1885 nahmen sie den Bau von Fahrrädern und 1894 den Bau von Motorfahrzeugen auf.
Im Jahre 1902 erschien unter dem ersten Technischen Leiter des Werkes, Direktor Georges Hartmann, ein 18-sitziger Omnibus mit einem 12/15-PS-Zweizylindermotor. 1906 folgte ein 30/35 PS starker Omnibus, der erstmals wie auch ein gleichstarker Lkw mit einem Kardanwellen-Antrieb versehen wurde. Dürkopp hatte schließlich die Motorleistung auf 43 PS gesteigert. Die Dürkopp-Fahrgestelle erhielten seinerzeit Aufbauten der Karosseriefabrik Wiemann u. Co. in Magdeburg.
Das Dürkopp-Werk pachtete 1908 und erwarb später die Berliner Motorwagen-Fabrik (BMF) mit der Nutzfahrzeugmarke Eryx. Dort wurde der Omnibusbau des Dürkopp-

Werkes dann konzentriert. Auch an die Berliner ABOAG konnte Omnibusse geliefert werden. Auf dem Fahrgestell des L 60-Dreitonners karossierte der Berliner Betrieb ab 1918 einige Decksitzwagen. Ihr Vierzylinder-Ottomotor war auf 37/39 PS ausgelegt. Eine größere Anzahl von Decksitzbussen konnte an die 1912 gegründete Leipziger Omnibus-Gesellschaft und an Kunden im Ausland geliefert werden.
Die durch den Krieg unterbrochene Omnibusfertigung ließ Dürkopp 1925 wieder anlaufen. Auf dem Fahrgestell des luftbereiften Zweitonners wurde ein 18-sitziger, dreitüriger Omnibus mit einem 40-PS-Motor aufgebaut. 1927 erhielt dieses Fahrzeug mit einem Niederrahmen die Bezeichnung O2B und eine Ausstattung mit 23 Sitzplätzen. Das ZF-Einheitsgetriebe besaß einen Nebenantrieb, so daß der Motor auch eine Luftpumpe für die Ballonreifen antreiben konnte. Motor und Getriebe waren zur besseren Gewichtsverteilung getrennt untergebracht. Eine zusätzliche Untersetzung war in der geteilten Kardanwelle eingebaut. Die Höchstgeschwindigkeit betrug 40 km/h.
Auf Niederrahmen-Fahrgestellen folgten 1928 die Modelle O 3 und O 5. Aluminium-Karosserien der Lautal-Werke wurden für die mit Kastenrahmengerippen versehenen 25- und 36-sitzigen Stadt- und Überlandomnibusse verwendet. Der O 5-Typ konnte mit seinem 90-PS-Sechszylindermotor zudem als Doppeldeckbus geliefert werden. Auch eine Kürzesthauben-Karosserie mit vorgezogenem Fahrersitz gab es auf dem Dürkopp-O 5-Chassis, so daß der Raum für 50 Fahrgäste vergrößert werden konnte.
1929 wurde der O 3-Typ mit einem 60-PS- anstelle des 50-PS-Motors geliefert. Die Zweiblock-Sechszylindermaschine des größeren Typs wurde auf 105 PS gesteigert. Die Motoren besaßen hängende Ventile. Die Höchstgeschwindigkeit lag bei 45 km/h.
Der größere Typ sollte schließlich auch als Niederrahmen-Dreiachser geliefert werden. Über ein Verteilergetriebe mitsamt Differential, zwischen den beiden Hinterachsen angeordnet, wurden bei den Prototypen die parallel geführten Hinterachs-Antriebswellen in Bewegung gesetzt. An den Enden waren Schneckenantriebe angebracht, die mit den vier unter den Rahmenkröpfungen liegenden Schwingachsenhälften in Verbindung standen.
Durch diese Technik war der Dreiachstyp O 6 frei von Kardangelenken und von Differentialen in den Hinterachsen. Gleichzeitig ließen sich die ungefederten Massen reduzieren. Ein Nachteil war neben der äußerst kostspieligen Konstruktion die Zunahme des Gewichtes, da hinter der langen, geteilten Kardanwelle das recht schwere Verteilergetriebe fest am Rahmen eingebaut werden mußte.
Konstrukteur des 100-PS-Dreiachsers war der Technische Leiter der Nutzfahrzeugabteilung der Dürkopp-Werke, Ingenieur Karl Schroeder, der zuvor bei der Motorenfabrik Kämper, bei Büssing, bei Heinrich Lanz, bei J. A. Maffei Motoren und Nutzfahrzeuge entwickelt hatte.
Die »Direktion der Städtischen Betriebe Freiberg/Sachsen, E-Werke, Gaswerk, Wasserwerk, Verkaufsstelle, Omnibus-Verkehr« nahm im Sommer 1929 zwei Dürkopp-Omnibusse mit Junkers SA 9-Zweitakt-Gegenkolben-Dieselmotoren in Betrieb. Sie leisteten jeweils 45 bis 48 PS. Die am Rande des Erzgebirges gelegene Bergakademiestadt setzte als erste deutsche Kommune somit dieselgetriebene Linienomnibusse ein.
Da der Dürkopp-Fahrzeugbau trotz großer Rationalisierungsmaßnahmen nach dem Ersten Weltkrieg stets nur ein Zusatzgeschäft blieb, wurde die PKW-Fertigung 1927, die Lkw- und die Omnibus-Montage nach 30 Jahren Bauzeit im Jahre 1929 eingestellt. Ingenieur Schroeder ging zu C. D. Magirus nach Ulm/Donau.

12/15-PS-
Dürkopp
(Foto Dürkopp)

18-PS-Dürkopp

28-PS-Dürkopp

37/39-PS-Dürkopp L 60 Oberdecker (Foto Dürkopp)

50-PS-Dürkopp Linienbus (Foto Stadtwerke Bielefeld)

90/100-PS-Dürkopp Niederrahmen-Omnibus O 5

Dux

Dux-Automobilwerke GmbH, Leipzig-Wahren
1. 1909 - 1916 Polyphon Werke AG, Abt. Duxwagen
2. 1916 - 1927 Dux-Automobilwerke AG

Die 1895 in Leipzig gegründeten Polyphon-Werke AG (Musikinstrumente, Grammophone, Schallplatten, Präzisionswerkzeuge) nahmen 1904 den Automobilbau auf. Beim offenen, vierrädrigen »Polymobil« mit 4,5 PS handelte es sich um einen lizenzmäßig abgesicherten Nachbau des Oldsmobile-»Curved-Dash« mit Heckmotor aus den USA. Für ihre Automobilbauabteilung engagierten die Polyphon-Werke 1908 Dr. Gustav Schürmann (1872 - 1972) als Chefkonstrukteur. Er hatte sich als Auto- und Motorenkonstrukteur bereits bei den Eisenwerken Gaggenau, bei den Laibach / Bregenzer Helios-Werken und bei der Fahrzeugfabrik Eisenbach (später Gothaer Waggonfabrik-Tochter Dixi) hervorgetan. Schürmann gilt im übrigen als der Erfinder der Kronenmutter. Neue Schürmann Pkw-Baumuster bezeichneten die Polyphon-Werke ab 1909 als »Duxwagen«. 1912 erschien der erste »Dux-Schnellastwagen«. Etwa gleichzeitig stellte man in Leipzig-Wahren ein Lkw-Programm für 1 bis maximal 5 Tonnen Nutzlast zusammen, mit Kardanwellen- und auch mit (4- bis 5-Tonner) Kettenantrieb. Gefertigt wurden Verkehrs- und Heeresausführungen. Insbesondere die 2- und 3-Tonnen-Fahrgestelle, LI und LO, eigneten sich mit 35 bis 50 PS mit Kardanantrieb für Omnibusaufbauten. Für Leipzig oder Berlin entstanden nach 1917 auf dem LO-Chassis sogar einige Decksitzbusse mit normalem, ovalem Dux-Kühler.
Ein Teil der Dux-Nutzfahrzeuge bekam (erstaunlicherweise trotz des Ersten Weltkrieges) kreisrunde Röhrenbündel-Kühler mit auf den Weg. Um 1905 hatte ihn die französische Firma Etablissement Goudard & Menesson entwickelt. Produktion und Vertrieb übernahm (offensichtlich nicht nur in Frankreich) das Kraftfahrzeugteile-Unternehmen Solex. Den Rundkühler mit seinem großen dreizackigen Befestigungsstern für das Röhrenbündel, installierten in erster Linie die französischen Nutzfahrzeug-Produzenten Brillié, de Dion-Bouton, Schneider-Creussot, CGO-Schneider, Scemia und SOMUA (1956 zu LRS-Latil/Renault-Nutzfahrzeuge/SOMUA). Schürmann verwendete bei Dux diese Kühler verschiedentlich auch noch Anfang der zwanziger Jahre.
Anfang 1916 kam es bei den Polyphon-Werken zu einer Umorganisation, in deren Verlauf die Automobilabteilung den Namen Dux-Automobil-Werke erhielt. Bis zum 1. August 1916 entwickelten sich daraus die Dux-Automobil-Werke AG. Zu ihren wesentlichen Mitbegründern gehörten Gustav Kozlowski - Generaldirektor der S.W.W.-Sächsische Waggonfabrik Werdau AG (in den Folgejahren LHB-Linke-Hofmann-Busch-Werk Werdau und dann Fahrzeugbau Schumann GmbH) -, die S.W.W. selbst und natürlich die Polyphon-Musik-Werke AG. Neben Generaldirektor Kozlowski gehörte zum Kreis des Aufsichtsrats auch Dr. Gustav Stresemann (Syndikus des Vereins sächsischer Industrieller und ab 1923 der Reichskanzler der »Weimarer Republik«).
Dux konzentrierte sich nach 1923 zunehmend auf den Personenwagenbau, aus dem indes einige größere Baumuster als Omnibusse hervorgingen. Der Typ D mit dem 80-PS-Vierzylinder-5,7-Liter-Ottomotor erreichte bereits Höchstgeschwindigkeiten von 90 bis 100 km/h. Die KVG-Sachsen fuhr zwei derartige Busse mit Karosserien von Kathe und Sohn in Halle/Saale. Sie waren mit Lederverdeck ausgestattet. Am Heck befand sich, wie bei den Luxus-Limousinen je ein größerer Gepäckkoffer. In ähnlichem Format lieferte Dux auch zweiachsige offene Polizei-Mannschaftswagen mit Cabriolet-Verdeck.
Wie der Weg der Dux-Automobil-Werke AG zwischen 1925 und 1927 über die Prestowerke AG in Chemnitz zur NAG-Nationale Automobil-Gesellschaft AG führte, ist im Kapitel Prestowerke ausführlich beschrieben. Dr. Gustav Schürmann blieb Vorstand des (Dux-) Presto-Bereichs und schuf ausgehend von seinem leichten Lkw- und Bustyp »Z« über die NAG-Modelle 401 bis 518 (für 1,5 bis 3,5 Tonnen Nutzlast) die Grundlage für die späteren leichten und mittleren Büssing-NAG-Baumuster: Lkw und Busse der 1,5- bis 4-Tonnen-Nutzlastklassen (siehe auch bei NAG), einschließlich der B-N-»Burglöwe«-Typen ab 1936 für 2 sowie 2,5 und 3 Tonnen beziehungsweise mit 15 bis

30 Fahrgastsitzen. Im Gegensatz zu den großen Braunschweiger Büssing-NAG-Niederrahmen-Bustypen mit dem Zusatzbuchstaben »N« hinter einer zwei-, später dreistelligen Baumuster-Ziffer, trugen die aus dem Leipziger B-N-Bereich stammenden (Schürmann-) Omnibusse den Zusatzbuchstaben O (manchmal auch O/N und ON) hinter den zwei- beziehungsweise drei Typenzahlen.
Zwischen 1919 und 1926 gehörte Dux (neben der NAG sowie neben Brennabor, Hansa-Lloyd in Bremen und Hansa in Varel/Oldenburg) zwecks Vertrieb und Service der GDA-Gemeinschaft Deutscher Automobilfabriken GmbH mit Sitz in Berlin an. - Bis in die Zeit des Zweiten Weltkrieges stellte das Wahrener Werk unter der Leitung des 1925 von der TH Karlsruhe zum Dr.-Ing. h. c. ernannten Gustav Schürmann die leichten Lastwagen und Omnibusse der neugebildeten Büssing-NAG-Gruppe her. 1943 mußte dann der Panzerspähwagenbau aufgenommen werden.
Das Fabrikgelände diente nach Kriegsende bis 1992 der sowjetischen Armee als Großreparaturwerkstatt.

35-PS-Dux LO 3

35-PS-Dux-Presto ZO

Ehrhardt

Heinrich Ehrhardt Automobilwerke AG, Düsseldorf, Reichstr. 20 u. Ulmenstr. 195, Werk Zella St. Blasii
1912 - 1914

Der Rüstungsindustrielle und Geheime Baurat Heinrich Ehrhardt schied 1904 aufgrund von Differenzen mit dem Firmenkonsortium über die Gewinnausschüttung aus der Fahrzeugfabrik Eisenach (Dixi-Werke) aus und richtete mit seinem Sohn Gustaf in einer von ihm 1878 gegründeten Maschinenfabrik im thüringischen Zella St. Blasii (später Zella-Mehlis) unter seinem Namen eine neue Automobilfabrik ein. Sitz des Unternehmens waren die Rheinischen Metallwaren- und Maschinenfabriken (Rheinmetall) in Düsseldorf, deren Aufsichtsratsvorsitzender Heinrich Ehrhardt war.
Mit den Fahrgestellen des Viertonners W 33 und des Zweitonners stellte das Unternehmen 1912 auch einige Dutzend Omnibusse her. Ein langsamlaufender 40-PS- und ein schnellaufender, kleinvolumiger 45-PS-Motor wurden in die Fahrgestelle eingebaut.
Mit Beginn des Ersten Weltkrieges konzentrierte sich das Unternehmen auf die Produktion von Armeelastwagen und Rüstungsgütern. Im Jahre 1925 erfolgte die Stillegung des Werkes, nachdem es noch für einige Jahre Personenwagen produziert hatte.

45-PS-Ehrhardt Postomnibusse

Eisenach

Fahrzeugfabrik Eisenach AG, Eisenach, Rennbahn 16
1. 1902 - 1903 Fahrzeugfabrik Eisenach AG, Eisenach, Rennbahn 16
2. 1904 - 1920 Dixi-Werke, Fahrzeugfabrik Eisenach
3. 1920 - 1925 Dixi-Werke Eisenach, Zweigniederlassung der Gothaer Waggonfabrik AG, Gotha, Kindlebenerstr. 77

Die unter dem Namen »Dixi-Werke« bekannt gewordene Fahrzeugfabrik wurde 1896 von dem Rüstungsindustriellen und Geheimen Baurat Heinrich Ehrhardt (1840 - 1928), Erfinder des rückstoßfreien Geschützes und Aufsichtsratsvorsitzender der Rheinmetall-Werke, in Eisenach gegründet. Nach der Fertigung von Militär-Pferdewagen nahm das Unternehmen 1901 den Pkw- und 1902 die Leicht-Omnibus- und Lkw-Montage auf, wobei 1904 der Automobiltechniker Willy Seck als Chefkonstrukteur und als Technischer Direktor gewonnen werden konnte. Er hatte zuvor bei der Motorenfabrik Fritz Scheibler gearbeitet. Doch bereits 1907 wanderte Seck schon zur Berliner-Motorwagen-Fabrik (BMF) ab. Unterstützt wurde Seck in Eisenach von Ingenieur Gustav Schürmann, der von der Süddeutschen Automobilfabrik Gaggenau (SAF/SAG) kam und 1908 zu den Dux-Werken überwechselte.

Heinrich Ehrhardt schied schon 1903 aus der Fahrzeugfabrik aus und baute die Heinrich Ehrhardt Automobilwerke AG auf. 1920 ging das Eisenacher Unternehmen einen Fusionsvertrag mit der Gothaer Waggonfabrik AG in Gotha ein. 1921 wurde es in den Firmenverbund der Waggonfabrik eingegliedert. Hauptaktionär war nun der Börsenspekulant Jacob Schapiro, der auch die NSU-Werke sowie weitere Fahrzeug- und Karosseriefabriken erworben hatte. Mitte der zwanziger Jahre traten bei dem Eisenacher Automobilunternehmen und bei der Muttergesellschaft große Verluste auf. Die Städte Gotha und Eisenach unterstützen das Gothaer und das Eisenacher Werk durch hohe Kredite. 450 der 1450 Mitarbeiter des Eisenacher Werkes erhielten die Kündigung, da sich die inzwischen veralteten Fahrzeugmodelle kaum noch absetzen ließen. 1928 verkaufte die Waggonfabrik dann die Dixi-Werke mitsamt ihrer Belegschaft von inzwischen wieder 120 Personen an die Bayerischen Motoren-Werke (BMW) in München, nachdem Jacob Schapiro »ausgebootet« worden war.
Nach einem 1902 vorgestellten 8-sitzigen Hotelomnibus der Marke »Wartburg« oder Modell 18 mit einem 4-PS-Einzylinder- oder 8-PS-Zweizylindermotor stellte das Unternehmen 1907 unter dem neuen Technischen Direktor Georg Schwarz einen 17-sitzigen Omnibus mit 25-PS-Motor als ersten größeren Omnibustyp unter der Bezeichnung »Dixi« her. Ab 1911 hatte das Unternehmen den 12/14-Sitzer SLO mit einem 26-PS-Motor im Programm. 1912 folgten die Modelle TLO und UO für 16 und 22 Personen. Das große UO-Modell war mit einem 40/50-PS-Motor ausgerüstet und für den Anhängerbetrieb mit insgesamt 40 Passagieren vorgesehen. Die Karosserien stammten größtenteils von der Hofwagenfabrik N. Trutz in Coburg.
Nachdem der Omnibusbau während der Kriegszeit geruht hatte, erschien 1924 ein 18-sitziger Omnibus auf dem Fahrgestell des 35 PS starken Zweitonners M 1. Auch das 3,5-Tonnen-Chassis K 2 mit dem 45-PS-Motor war für einen 28-sitzigen Omnibus gedacht. Beide Typen hatte der Technische Direktor, Ingenieur Leonhard C. Grass konstruiert. Sie erhielten Karosserien der Gothaer Waggonfabrik.
Um 1925 lief der Dixi-Omnibusbau aus. Nach dem Zweiten Weltkrieg wurde das Eisenacher Werk der BMW AG enteignet. Als EMW produzierte es später die IFA-Wartburg-Automobile. Um 1949 entstanden auf der Basis des BMW/EMW 327-2 zwei Kleinbusse für die werkseigene Fußballmannschaft. 1991 beschloß die Berliner Treuhandgesellschaft, das inzwischen vollkommen heruntergewirtschaftete, ungünstig in der Stadt gelegene Werk zu liquidieren; die Adam Opel AG errichtete am Stadtrand von Eisenach ein neues Pkw-Werk, um den Facharbeiterstamm übernehmen zu können.

26-PS-Fahrzeugfabrik Eisenach Typ SLO

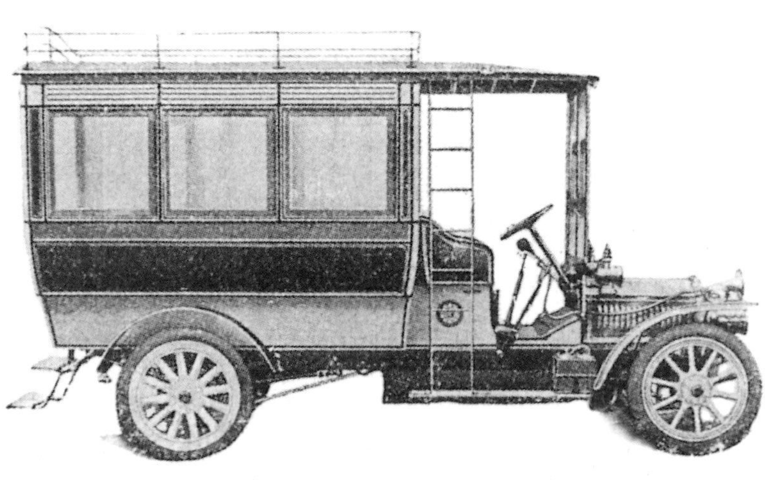

35-PS-
Fahrzeugfabrik
Eisenach
Typ TLO

40/50-PS-
Fahrzeugfabrik
Eisenach Typ UO
(1913)

40/50-PS-
Fahrzeugfabrik
Eisenach Typ UO
(1915)

39/45-PS-
Dixi M 1

Erdmann/FEG

Maschinenfabrik Friedrich Erdmann (FEG), Automobil-Abt., Gera-Reuss, Moltkestr.
1. 1905 - 1906 Maschinenfabrik Friedrich Erdmann (FEG), Automobil-Abt.
2. 1906 - 1908 Motorwagenfabrik Friedrich Erdmann

Die Geraer Maschinenfabrik Friedrich Erdmann (FEG), im Jahre 1865 von Friedrich Erdmann gegründet und später von seinen Söhnen Max, Kurt und Willi Erdmann geführt, begann 1899 mit dem Bau von Fahr- und Motorrädern. Im Jahre 1904 kam die Montage von Drei- und Vierradfahrzeugen hinzu. Die Automobile waren mit Körting-, Fafnir- und mit Horch-Motoren ausgestattet.
Charakteristisch für die FEG-Fahrzeuge war der patentierte Erdmann-Reibradantrieb mit einem Schnellgang, anstelle des (damals) aufwendigen Wechselgetriebes. Der Motor gab seine Kraft auf eine große Planscheibe ab, Auf dieser drehte sich vom Mittelpunkt her nach links oder rechts (je nach gewünschter Fahrtrichtung) ein um 90 Grad versetztes, lederbezogenes Rad, das an den Enden seiner Achse Kettenräder besaß, die wiederum über Ketten die Hinterräder antrieben. Je schneller der Motor die Planscheiben drehte, umso stärker rückte durch die Zentrifugalkraft und unterstützt durch einen Schalthebel das senkrecht zur Fahrtrichtung stehende Reibrad an die Peripherie der Scheibe und wurde deren höhere Umlaufgeschwindigkeit ebenfalls in größere Umdrehungen versetzt. Eine direkte Kardanübertragung, den heute aktuellen Schnellgängen ähnlich, sorgte bei entsprechender Tourenzahl für den Antrieb der Hinterräder. Das abnutzungsintensive Reibrad wurde - Gegensatz zu den Reibradantrieben (auch Friktionsantriebe genannt) anderer Hersteller - bei den FEG-Fahrzeugen nur zum Anfahren und zum Befahren von Steigungen benutzt. Die Fahrzeuge wurden als Personen- und als Geschäftswagen, aber auch als Hotelomnibusse angeboten.
In der Wirtschaftskrise der Jahre 1907/08 kam die Produktion des technisch einfallreichen, aber mit zu geringen finanziellen Mitteln arbeitenden FEG-Unternehmens zum Stillstand. Jedoch gelang es, das Direkt-Reibrad-Patent an die Berliner Motorwagen-Fabrik (BMF) zu verkaufen, die hauptsächlich Droschken herstellte und dieses Antriebssystem bis zum Beginn des Ersten Weltkrieges weiter verwendete.
Die Gebäudeanlagen der einstigen Erdmann-Maschinenfabrik beherbergten nach der Enteignung den VEB Röntgenwerke Dresden, Betriebsteil Gera.

14-PS-Erdmann Hotelomnibus

Etzel

Fahrzeugbau P. Etzel, Aschaffenburg
1950

Dieses Unternehmen entwickelte 1949/50 einen Frontlenker-Frontmotor-Omnibus mit Tiefrahmenfahrgestell und einer selbsttragenden Karosserie. Ein 70-PS-Sechszylinder-Vergasermotor von Dogge wurde in diesen Omnibus mit 25 Sitzplätzen und 5 Notsitzen eingebaut. Das Chassis des Etzel war zwischen der Vorder- und Hinterachse bei einem Radstand von 3,5 Metern nach unten gekröpft.
Hauptarbeitsgebiet des Unternehmens waren Anhängeraufbauten. Als Spezialität stellte Etzel Verkaufswagen unter der Bezeichnung »Das rollende Kaufhaus« her.

Fafnir

Fafnir-Werke AG, Aachener Stahlwarenfabrik, vorm. Carl Schwanemeyer, Aachen 22, Jülicher Straße
1912 - 1914

Die um 1880 eingerichtete Stahlwarenfabrik von Carl Schwanemeyer baute seit 1906 Motoren, die an verschiedene Automobilfabriken geliefert wurden. Den eigenen Fahrzeugbau nahm man 1908 unter der Marke Fafnir auf, nachdem das Unternehmen schon komplette Automobil-Bausätze angeboten hatte. Von 1912 bis 1914 stellte das Fafnir-Werk auch Omnibusse auf 2,5- und 3,5-Tonnen-Fahrgestellen her, deren technische Details unbekannt sind.
Nach dem Ersten Weltkrieg bot das einst zu den Pionierfirmen im deutschen Automobilbau zählende Unternehmen nur noch Motoren und ein Lieferwagenfahrgestell an, bis 1928 der Konkurs angemeldet werden mußte. Die belgische Reifenfirma Engelbert Fils et Cie.zog in die Werksanlagen ein.

FAKA

Fahrzeugfabrik Kannenberg (FAKA), Salzgitter-Bad, Gittertor 21, ab 1958 Bückeburg, Hannoversche Str. 21
1954 - 1960

Die ursprüngliche Fahrzeugfabrik Kannenberg (FAKA) war 1924 von dem späteren Kraftfahrzeuggroßhändler und Fabrikanten Kurt Kannenberg (1898 - 1956) in Danzig gegründet worden. Auch Werke in Stettin und in Posen gehörten zu diesem als Transportgerätefabrik bezeichneten Unternehmen. 1946 wurde die Fahrzeugfabrik Kannenberg als sogenannter »Flüchtlingsbetrieb« in Salzgitter-Bad neu gegründet; nach der Durchführung von Kfz-Reparaturen nahm das Unternehmen 1948 den Bau von Anhängern auf. Hinzu kam die Montage von zwei- und dreirädrigen Rollerfahrzeugen, dem sich der Karosseriebau für Omnibusse anschloß. Vor allem Hanomag-, Henschel- und Büssing-Fahrgestelle wurden mit FAKA-Aufbauten versehen. Darunter ragten die vierachsigen Büssing-Gelenkzüge hervor.
Nach den Plänen des gleichfalls westpreußischen Omnibusunternehmers Willi Hohmann entwickelte das Unternehmen unter der Leitung von Oberingenieur Heinemann einen selbsttragenden Leichtomnibus vom Typ SK 4,5 mit einer Stahl- und Aluminiumbeplankung, der einen Leichtstabil-Kastenrahmen nach den Patenten von Prof. Dr. Josef Deiters als zentrales Element verwendete.
Der 120-PS-Henschel-Motor 522 DP 2L war auf einem Hilfsrahmen querstehend im Heck montiert. Über ein ZF-Fünfganggetriebe und einen Winkelantrieb wurde die einfachbereifte Hinterachse in Bewegung gesetzt. Eine aufwendige Federungskonstruktion und die von Willi Hohmann ersonnene Belüftungsanlage gaben dem FAKA-Typ einen beachtlichen Komfort. Nach der Fertigung von sechs Exemplaren wurde der Bau dieses Typs jedoch schon wieder eingestellt.

Nachdem das Unternehmen 1958 in die Fabrikationsanlagen der Hermann Harmening KG in Bückeburg übergewechselt war, führte das FAKA-Werk den Bau des dort entwickelten und produzierten Typs HKB Clubbus bis 1960 weiter, er wurde später noch für das Büssing-Werk im Auftrag karossiert. Damit endete der Omnibus-Bau bei FAKA, man verlegte sich auf die Herstellung von Container- und Wechselpritschen-Lafetten bis 1972. Kögel, Ulm, übernahm die Fahrzeugfabrik Kannenberg als Werk IV.

FAUN

FAUN-Werke, Kommunalfahrzeuge und Lastkraftwagen Karl Schmidt, Nürnberg, Wächterstr. 2/16, ab 1943 Nürnberg-Doos, Höfenerstr. 53, ab 1945 Lauf a. d. Pegnitz

1. 1910 - 1911 Nürnberger Feuerlöschgeräte- und Maschinenfabrik AG, vorm. Justus Christian Braun, Nürnberg, Wächterstr. 2/16
2. 1911 - 1913 Justus Christian Braun-Premier-Werke AG
3. 1913 - 1919 Nürnberger Feuerlöschgeräte-, Automobillastwagen- und Fahrzeugfabrik GmbH, vorm. Justus Christian Braun
4. 1919 - 1920 Fahrzeugfabriken Ansbach und Nürnberg AG (FAUN)
5. 1920 - 1926 FAUN-Werke AG
6. 1926 - 1934 FAUN-Werke GmbH, Kommunalfahrzeuge und Lastkraftwagen
7. 1934 - 1963 FAUN-Werke, Kommunalfahrzeuge und Lastkraftwagen Karl Schmidt, ab 1943 Nürnberg-Doos, Höfenerstr. 53, ab 1945 Lauf a. d. Pegnitz
8. 1963 - 1967 FAUN-Werke KG, Kommunalfahrzeuge und Lastkraftwagen Karl Schmidt

Der Ursprung der FAUN-Werke liegt in der 1845 von Justus Christian Braun gegründeten Feuerlöschgerätefabrik und der Nürnberger Wagenbau- und Radfabrik des Unternehmers Karl Schmidt. FAUN blieb bis Mitte der achtziger Jahre dieses Jahrhunderts im Besitz der Familie Schmidt.
Zunächst stellte die Fabrik des Justus Christian Schmidt Gußteile, Glocken, Armaturen, Feuerlöschgeräte und auch Latrinenreinigungsgeräte her. 1890 folgten auch Dampfspritzen. Um die Jahrhundertwende wurden die Feuerwehrfahrzeuge auch mit Benzin- oder elektrischem Antrieb ausgestattet.
Zwischen 1906 und 1908 nahm Braun in sein Lieferprogramm einachsige, batterie-elektrische Vorspannwagen (mit hinterem einziehbarem, dritten Stützrad) in sein Fertigungsprogramm auf. Sie wurden heckseitig mit zwei horizontalen Bolzen direkt an das vordere Lenkdrehgestell von Mülltransport- oder anderen Kommunalanhängern gekuppelt. Indirekt entstand auf diese Weise ein Sattelzug. In die zwei lenkbaren Triebräder des Braun-Vorspannwagens waren elektrische Radnabenmotoren (nach System Balachowksy & Caire) integriert. Die Akkumulatoren befanden sich unter einer langen »Motorhaube«. Einen eigenen elektrischen Fahrzeugantrieb wandte Braun bereits ab 1897 bei Vierrad-Feuerwehrdrehleitern, -spritzen und -Mannschaftswagen an. - Balachowsky & Caire wirkte von 1912 bis 1914 in Paris und baute dort otto-elektrische Lastwagen und Allrad-Zugmaschinen sowie elektrisch getriebene Oberleitungsomnibusse mit Radnaben-Elektromotoren.
1893 übernahmen die Braun'schen Werke den Nürnberger Wettbewerber Fischer & Stahl und mit ihm den Ingenieur Justus Christian Kaiser. Er war über Schwiegersohn Christian Kaiser ein Enkel von Justus Christian Braun (1814 - 1877). Der seinerzeit erst rund 30 Jahre alte Drehleiter-Fachmann avancierte bald zum Technischen Direktor und kümmerte sich späterhin auch um die Weiterentwicklung der Braun-Ottomotor-Fahrzeuge.
Braun, bislang auf Feuerwehrgeräte und -fahrzeuge spezialisiert, kaufte 1909 die Nürnberger Motorfahrzeug-Fabrik »Union« GmbH, Ludwig Maurer (Maurer-Union) und rief die Abteilung B (Benzinwagen) ins Leben. Damit stieg man auch in den Bau von Last- und Personenwagen ein.
Im Jahre 1911 schied Justus Christian Kaiser, nach dem Pkw seiner Konstruktion auch die Bezeichnung »Kaiser-Wagen« erhalten hatten, aus dem Unternehmen aus und wurde in München Generalvertreter der schweizerischen Adolph Saurer AG. Annähernd gleichzeitig fusionierte das Braun-Unternehmen mit der englischen Firma The Premier Cycle Co. Ltd. und firmierte fortan als Braun-Premier-Werke AG. Da es aber bald zu Familienstreitigkeiten bei den Erben des Gründers kam, führte diese Fusion zum Niedergang des Unternehmens. 1913 wurde das Braun-Werk liquidiert; kurz darauf pachtete der Unternehmer und Ingenieur Karl Schmidt (1884 - 1938), Inhaber der

Nürnberger Wagenbau- und Radfabrik Karl Schmidt, das stillgelegte Werk. Er setzte dort die ehemalige Braun-Produktion teilweise fort und verlagerte dahin einen Teil seiner Wagenfabrik. Während des Ersten Weltkrieges fertigte das Unternehmen Militärlastwagen und schloß sich 1918 mit der Fahrzeugfabrik Ansbach AG zu den FAUN-Werken zusammen. Die Abkürzung FAUN steht für Fahrzeugfabriken Ansbach und Nürnberg.
Um 1925 wurde die Fried. Krupp AG Großaktionär des 1200 Mitarbeiter umfassenden Betriebes. Zweiter Großaktionär blieb Karl Schmidt. 1927 mußte aufgrund der schwierigen Wirtschaftslage eine Geschäftsaufsicht beantragt werden. Im gleichen Jahr konnte das Unternehmen durch Zwangsvergleich auf neue Füße gestellt werden. Wegen der ungünstigen räumlichen Trennung spaltete sich der Ansbacher Teil wieder ab und firmierte für zwei Jahre noch mit geringem Erfolg wiederum als Fahrzeugfabrik Ansbach AG, vorm. FAUN-Werke. Karl Schmidt konnte die Krupp-Aktienanteile des Nürnberger Betriebes zurückkaufen, weil die Fried. Krupp AG einerseits wegen der großen Entfernung nicht mehr an dem Werk interessiert war und andererseits zu diesem Zeitpunkt bereits eine eigene Nutzfahrzeugfertigung aufgebaut hatte. Gleichzeitig wurde der bescheidene und unrentable Pkw-Bau (für das FAUN-Werk) in Ansbach aufgegeben. Als verkaufsfördernde Maßnahme für Nutzfahrzeuge bestand in München, Schützenstraße 1a die »Lastmotor-Verkaufsgesellschaft mbH«. Mit einem stilisierten Kopf des römischen Fruchtbarkeitsgottes FAUN als Firmenzeichen vermarktete man die fränkischen Lkw in den zwanziger Jahren als »bayerische Lastkraftwagen«.
Nach dem Tod von Karl Schmidt im Jahre 1938 konnte sein Sohn, Dipl.-Ing. Karl Heinz Schmidt (1910 - 1979), nach einer kurzen Geschäftsführung durch die Witwe Auguste Schmidt und einer Erbauseinandersetzung mit seiner Schwester Gerda das Unternehmen mit 1000 Arbeitern und 177 Angestellten übernehmen und es während des Krieges und der Zeit des Wiederaufbaus bis 1967 leiten.
1942 richteten erste Bombenangriffe schwere Schäden an den Nürnberger Werksteilen an, die während des Krieges vorwiegend Zugmaschinen fertigten. Nach einer notdürftigen Reparatur legte ein erneuter Luftangriff 1943 das Werk vollkommen still. Im Zweigwerk in Nürnberg-Doos (ehemalige Flugzeugteilefabrik Frühwald & Jäger) und im Ausweichbetrieb in Schnaittach (heute Neunkirchen a. Sand, postalisch Lauf a. d. Pegnitz) wurden bis Kriegsende noch einige Zugmaschinen montiert.
Nachdem die Nürnberger Feuerlöschgeräte- und Maschinenfabrik AG ab 1910 Omnibusse mit unbekannt gebliebenen technischen Daten hergestellt hatte, präsentierten die FAUN-Werke 1921/22 einen 55-sitzigen benzin-elektrisch betriebenen Frontlenker-Decksitzbus mit einem 55-PS-Ottomotor. Diesem bei der ABOAG in Berlin probeweise eingesetzten Typ mit Vollgummibereifung folgte ein 22-sitziger Omnibus mit Luftreifen unter der Bezeichnung IIo, der mit einem tiefgelegten Chassis als erster Serien-Niederrahmen-Typ des deutschen Omnibusbaus angesehen werden kann. Dieses Modell erschien auch mit otto-elektrischem Antrieb mit Innenpol-Radnabenmotoren in den Hinterrädern, nach dem nunmehrigen System FAUN.
Die Aufbauten produzierte das mit dem FAUN-Werk verbundene (1898 gegründete) Karosserie-Werk Estelmann in der Nürnberger Nimrodstraße, das auch achsschenkelgelenkte Omnibus-Anhänger (FAUN-Patent) unter dem Namen FAUN herstellte.
1926 kamen die NO 25- und ND 35-Niederrahmen Typen heraus, mit 5,7-Liter-70-PS-Maybach-Motor aus der Baureihe W 2. Die Rahmenoberkante des tiefliegenden Chassis betrug nur 55 cm. Neben Ausführungen mit mechanischem Antrieb wurden im Rahmen dieser Baureihen auch Varianten mit zwei oder vier elektrischen Radnabenmotoren unter der Bezeichnung »Nürnberg« gefertigt.
1927 erschien der Bustyp O 25 mit dem W 2-Motor. Mit benzin-elektrischem Antrieb trugen diese Busse die Bezeichnung E 25. Karossen montierten auf diese FAUN-Chassis, je nach Auftraggeber, die Waggonfabrik Uerdingen (Stahlaufbau mit 28 Sitzen) oder Trutz in Coburg. Hinzu kam seinerzeit noch ein otto-elektrisches Frontlenker-Baumuster. Der straßenbahnartige OE 35 mit einem Einstieg vorne und hinten bot 35 Sitz- und 15 Stehplätze und war für den Betrieb mit achsschenkelgelenkten FAUN-Mitteleinstiegsanhängern konzipiert. Vier dieser von Hubertia in Berlin-Charlottenburg karossierten Züge beschaffte die Stadt Amberg.

1928 wurden 90/100 PS starke Maybach-Motoren der Baureihe OS 6 beziehungsweise OS 5, die sich gegenüber der gleichvolumigen (6995 ccm) 70-PS-Ausführung OS 7 durch den Einbau von zwei Vergasern für die größere Leistung unterschieden, sowohl in Hauben- als auch in Frontlenkerfahrzeugen eingebaut. Der Maybach-Motor zeichnete sich durch eine hervorragende und erschütterungsfreie Laufeigenschaft aus; liegende Ventile und eine Doppelzündanlage waren hier weitere Details. Wahlweise wurde der Motor mit einem mechanischen oder elektrischen Antrieb kombiniert.
Die Kapazität des FAUN-Werkes lag in dieser Zeit bei monatlich maximal 30 Omnibusfahrgestellen, wobei die Reichspost (Typ PO 22) als sicherer Kunde die Beschäftigung des Werkes während der Krisenjahre sicherte.
1930/32 erschienen bei FAUN zwei- und dreiachsige Obus-Prototypen mit elektrischen Radnabenantrieben, die nicht in Serie gingen. 1933 folgte noch ein Hauben-Obus-Prototyp mit einem vorgezogenen Dach, separater halbseitiger Kabine und daneben angeordnetem Verbrennungsmotor mit Stromgenerator. Das Besondere dieser aus dem englischen Omnibusbau abgeleiteten Studie lag in der Möglichkeit, entweder mit benzin-elektrischem Antrieb oder mit elektrischem Antrieb und Stromzuführung aus der Oberleitung fahren zu können. So neu ist demnach das Duo-Obus-System gar nicht, wie es mancher heute glaubhaft machen möchte.
Schließlich kam um 1936 noch eine O 35-Dieselvariante hinzu. Weil der Maybach-Motorenbau in Friedrichshafen/Bodensee keine leistungsstarken Fahrzeugdiesel anbieten konnte, rüstete das Nürnberger Werk den mechanisch getriebenen Haubenbus mit dem 110 PS leistenden Sechszylinder-Deutz-Diesel F6M 316 aus. Die verschiedenen Baureihen konnten aber nur noch in 9 Exemplaren abgesetzt werden.
Nach dem Zweiten Weltkrieg ist als erstes Omnibusmodell ein Typ M 6 (auf einem Müllwagenfahrgestell) mit einem Dupetit-Aufbau nachzuweisen.
1949 bot das Unternehmen wie schon um 1939 einen Sattelschlepper-Großraumomnibus mit 80 Sitz- und 20 Stehplätzen an. Die 150-PS-FAUN-Sattelzugmaschine L 7 S erhielt ein etwas erhöhtes Fahrerhaus. Den Aufbau des Omnibusaufliegers steuerte die Karosseriefabrik Wankmiller bei. Das Aufliegerfahrgestell stammte vom Anhänger- und Aufbautenhersteller Schenk.
Im Jahre 1950 folgten die O 7 V- und O 9 V-Stadt- und Reiseomnibusse, die je nach Radstand (6,0 und 6,8 Meter) für 70 bis 90 Fahrgäste ausgelegt waren. Die Niederrahmen-Frontlenker-Fahrzeuge besaßen vorne stehende 150 oder wenig später auf 180 PS gesteigerte Deutz-Diesel der Baureihe F6M 517. (ab 1951 konnten diese Busse auch mit dem neuen luftgekühlten Deutz/KHD-Diesel F 8 L 614, der es auf 175 PS brachte, ausgerüstet werden.) Der Motor ruhte auf einem für Wartungsarbeiten nach vorn ausziehbaren Rahmen. Bei dieser Konstruktion wurde allerdings ein Patent der holländischen Firma DAF verletzt, so daß diese sinnvolle Einrichtung nicht weiter eingebaut werden durfte. Als weitere Besonderheit kamen auf Wunsch elektrisch geschaltete ZF-Media-Getriebe hinzu. Im Zeitraum 1951/52 bestellte die Deutsche Bundesbahn zur Ausweitung ihres Omnibusnetzes bei FAUN 100 Gaubschat-Omnibuszüge für jeweils bis zu 140 Fahrgäste. Die O 7 V-Motorwagen waren über ein Kugelkupplungssystem mit dem allrad-gelenkten Anhängerchassis lösbar verbunden (Patent Macchi / System Ambrogio Baratelli/Fritz Gaubschat). Die Aufbauten der weinroten »Bundesbahn-Züge der Landstraße« stammten teilweise von Gaubschat selbst, von der Münchener Waggonfabrik Josef Rathgeber und (insbesondere bei den Anhängern) auch von der Firma Emil H. von Lienen in Bochum. Zwischen Zugwagen und Anhänger gab es eine Faltenbalgverbindung. Der Schaffner konnte den Anhänger mitbedienen, und die Fahrgäste konnten sich auf längeren Strecken in dem 20-Meter-Zug die Füße vertreten. Weitere Karosseries der FAUN-Busfahrgestelle waren die Firmen Gottlob Auwärter, Drettmann, Hubertia, Kässbohrer, Ludewig (»Aero«-Luxus-Fernreise-Anderthalbdecker für die Strecke Düsseldorf-Berlin), Trutz, Vetter und Voll.
Für den Straßen-Schienenbetrieb im Alpengebiet wurde ein O 7 V-Fahrzeug (SchiStra-Bus) mit hydraulisch einspurbaren und demontierbaren Eisenbahn-Radsätzen ausgestattet. Ein Projekt hingegen blieb die Idee, Schienen-Kurzzüge mit im Heck gegeneinander gekoppelten O 9 V-»Aero«-Ausführungen zu bilden. Die 24 Meter langen, 120 Personen fassenden Kombinationen sollten mit einem 180-PS-Motor auskommen.

Erwogen wurde, das motorlose Fahrzeug unter Fortfall der Hinterachse auf den Zugwagen aufzusatteln.
Nach einer FAUN-Omnibusliste wurden in dieser Zeit auch Fahrgestelle für die Modelle O 4 H mit dem luftgekühlten 85-PS-Deutz-Diesel F4L 514 gefertigt. Ebenfalls in kleinsten Stückzahlen erschienen die Omnibusunterbauten O 6 V und O 6 H mit dem 130-PS-Motor F6L 514 in Trambus- und Heckmotorbauweise. Eine weitere Kleinserie war die Baureihe O 8 V mit dem 150/175-PS-Deutz- und dem 180 PS starken Kämper-V-Achtzylindermotor. Für den Export nach Saudi-Arabien und in die Türkei wurden die Fahrgestelle O und OV 5000 hergestellt. Zumindest ein Fahrgestell für einen Obus wurde ebenfalls ausgeliefert.
Ein relativ konventionelles Modell wurde der Hauben-Omnibus F 60 LO mit 22 Sitzplätzen. Unter einer schwungvollen Alligator-Motorhaube war der luftgekühlte 130-PS-Deutz-Diesel F6L 614 installiert. Außerdem gab es den Haubentyp F 70 O mit einem durch ein Roots-Gehäuse aufgeladenen Henschel-Diesel 522 DP-L mit 150 PS.
Der griechische Karossier Hercules baute Frontlenkerbusse auf diesem Fahrgestell auf.
Nachdem FAUN 1953 den Bau von schweren Omnibusfahrgestellen eingestellt hatte, präsentierte das Unternehmen 1957 mit dem inzwischen erworbenen Sulzbach-Rosenberger Zweigwerk, dem früheren Willy Ostner-Werk, eine neue Omnibusreihe. Ausgehend von den Ostner-Kleinlastwagen und Kleinomnibussen entwickelten die neuen Eigentümer auf der Basis des FAUN/Rex F 24-Frontlenkers einen kleinen Omnibustyp mit Hubertia- und Mikafa-Karosserien, die sich durch aufwendige Verglasungen auszeichneten. Zudem wurden Karosserien eines belgischen Herstellers für die 16- bis 22-sitzigen Fahrzeuge verwendet. Zunächst kamen der 55-PS-Ottomotor G 4 B der Ford-Werke und der 70-PS-Kämper-Dieselmotor der Baureihe 492 H zum Einbau. Ab 1964 wurden neben der 60-PS-Ford-Maschine in die FAUN-Kleinbusse auch der luftgekühlte, ebenfalls 60 PS leistende Deutz-Diesel F4L 812 montiert. Nochmals, höchstwahrscheinlich als Einzelstück erschien 1957 das Omnibus-Fahrgestell F 76/50-O mit einem aufgeladenen 150-PS-Deutz-Diesel BF6L 514.
Mitte der sechziger Jahre lief der FAUN-Omnibus-Fahrgestellbau aus und das Werk spezialisierte sich auf schwere Zugmaschinen, Geländelastwagen, Autokrane, Autokran- und Flugplatzfeuerwehr-Fahrgestelle sowie auf Muldenkipper und Kommunalfahrzeugaufbauten.
Ab 1986 gingen die FAUN-Werke mehrheitlich in die Hände der Orenstein & Koppel AG (O & K), Berlin und Dortmund über, die ihrerseits zum Hoesch-Konzern gehört. Aufgrund einer Bundeskartellamtsentscheidung mußte der FAUN-Kommunalfahrzeugbereich ausgegliedert werden. Er wurde von Teilen der Gründerfamilie Schmidt zurückgenommen und als FAUN-KUKA-Umwelttechnik in Osterholz-Scharmbeck (ehemaliges Borgward-Werk) weitergeführt. In verschiedenen Werken beschäftigte FAUN seinerzeit 3860 Mitarbeiter. Nach dem Deal konnte O & K sein Baumaschinen- und Bergbaugeräte-Angebot durch FAUN-Muldenkipper und andere FAUN-Schwerfahrzeuge ergänzen. Zwischen 1991 und 1992 stieg O & K wieder aus, behielt allerdings die Muldenkipperfabrikation für sich. Der Weg war nun bei der FAUN AG frei für den Einstieg des japanischen Fahrzeug- und Mobilkranherstellers Tadano. Die Tadano-FAUN GmbH legt heutzutage den Schwerpunkt auf Autokrane und Autokranchassis, nachdem der Schwerstlastzugmaschinenbau bis 1000 PS und die Wehrtechnik eingestellt worden sind.

50-PS-FAUN Typ IIo

70-PS-
FAUN NO 35

70-PS-
FAUN O 35
(Postausführung
PO 22)

100-PS-FAUN E
25 mit benzin-
elektrischem
Antrieb

100-PS-
FAUN O 35
(Foto VAG Nürnberg)

100-PS-
FAUN E 35

FAUN O-Bus Entwurf

90-PS-FAUN kombinierter Obus

150-PS-FAUN L7V Wankmiller-Sattelzug (Foto Pairan)

150-PS-FAUN O7V (Foto Pairan)

150-PS-FAUN O7V Rathgeber-Zug

150-PS-FAUN O7V Aero Condor

180-PS-FAUN O9V Straßen-Schienenbus (Foto Pairan)

60-PS-
FAUN F 284
(Foto Pairan)

70-PS-
FAUN F 24 D

55-PS-
FAUN F 24
Exportausführung

FFG

FFG Fahrzeugwerkstätten Falkenried GmbH, Hamburg 20, Falkenried 7 - 19
1968 - heute

Zu den Vorläufergesellschaften der 1911 gegründeten Hamburger Hochbahn AG (HHA) gehörte seit 1880 eine Straßen-Eisenbahn-Gesellschaft. 1890/92 errichtete sie in Hamburg-Eppendorf an der Straße Falkenried einen Betriebshof mit Werkstätten zur Fahrzeug-Ausbesserung. Die Straßen-Eisenbahn-Gesellschaft entwarf und baute sich dort ihre Pferdebahnwagen selbst. Die »Elektrische« kam in Hamburg erst 1894. Sie hatte sich bis zu diesem Zeitpunkt zur Waggonfabrik Falkenried entwickelt, die 1905/06 ihren ersten Decksitzer-Busaufbau auf ein kettengetriebenes AEG/NAG-Chassis montierte. 1919 ging die Straßen-Eisenbahn-Gesellschaft mit ihrer Wagenbauanstalt Falkenried in den Besitz der HHA über.
Es ist unbestritten, daß die HHA für das Zustandekommen der VÖV-Empfehlungen zur Gestaltung von Standard-Stadtlinienomnibussen viel Gewicht in die Waagschale geworfen hat. 1966/67, also noch vor Gründung der FFG, wurde im Zusammenwirken mit dem VÖV in der damaligen Betriebswerkstatt eine 1 : 1-Attrappe des Standard-Stadtlinienbusses her- und Fachleuten zur Diskussion gestellt. 1971 rüstete die HHA-Tochter für Linienversuche in Heilbronn einen VÖV-Bus auf eine niedrigere Einstiegshöhe um, indem man an der Vorderachse die Reifengröße 10 R 15 verwendete. Mindestens seit dieser Zeit zählen die Konzeption und der Bau von Spezialfahrzeugen beziehungsweise Prototypen zu den Aufgaben des Hamburger Hauses. Prototypen und Einzelanfertigungen sind verständlicherweise in einem spezialisierten kleineren Mittelunternehmen kostengünstiger auf die Räder zu stellen als in einem auf Großserie orientierten Industriebetrieb. 1972 folgte der Urban-Bus, eine verkürzte VÖV-Version, mit Vorder- und Hinterachse auf Reifengröße 10 R 15. Die gesamte Einstiegshöhe (Fußbodenhöhe) betrug nur 540 mm. Das sind 200 mm weniger als bei den üblichen VÖV-Standard-Stadtbuslinien. Die Rechte für den Urban-Bus befinden sich seit 1974 in den Händen von Daimler-Benz. Einige Erkenntnisse aus Versuchen mit diesem Bus haben anschließend zu einer Niederflur-Gelenkbusüberlegung mit sechs verschiedenen Motoranordnungen geführt.
Der frühere Geschäftsführer O. W. O. Schultz und der damalige HHA-Abteilungsleiter Fahrzeugentwicklungen, Hilmar Feutlinske, konzipierten 1973/74 einen Niederflur / Gelenkbus mit Hecktriebsatzanordnung (Unterflurdiesel, Automatikgetriebe, Außenplanetentriebachse) im Gelenknachläufer. Die im Gelenk für den Schiebebetrieb erforderliche elektronisch-hydraulische arbeitende, zweistufige Knickwinkeldämpfung meldeten die HHA, Schultz und Feutlinske am 26. April 1974 zum Patent an. Die »Einrichtung zum Schutz eines Gelenkstraßenfahrzeugs gegen übermäßiges Einknicken« wurde am 10. September 1979 patentiert.
Noch vor der IAA 1975 präsentierte die FFG ihren 17,0-m-Niederflur-Schubgelenkzug-Prototyp. In Sachen Knickwinkelsteuerung schloß Daimler-Benz bereits 1977 mit der HHA und FFG einen Lizenzvertrag. Danach Stellte Daimler-Benz seinen VÖV-SL I-gerechten Schubgelenkbus O 305 G vor. Feutlinske ist seit 1982 Geschäftsführer der FFG.
Erfahrungen und Sachverstand prädestinierten die FFG, weitere, teilweise BMFT-geförderte Erprobungsträger auf die Räder zu stellen:1976 den kantigen VÖV-II-Prototyp mit 305/55 x 19,5-Reifen und mit 540 mm Wagenbodenhöhe und 1979 die S 80/Ü 80-»Zwillinge«, letztere mit 11/70 R 22.5-Reifen und gashydraulischer Wagenkastenfederung. Sie leiteten die zweite Generation der Standardbusse ein (SL 2 und StÜLB II) mit den seitlich sphärisch gewölbten Frontscheiben und dem charakteristisch vorn schräg nach unten gezogenen Kofferraum 860 mm. Die 80er-Prototypen waren mit 210- und 240-PS-Mercedes-Hecktriebsätzen und Daimler-Benz/MAN-Außenplaneten-Triebachsen ausgestattet. In ihnen wurden auch Dreigang-Automatik-Getriebe unter Einsatzbedingungen erprobt.
1982 stattete FFG-Falkenried einen Daimler-Benz/Orenstein & Koppel S 80 D-Doppeldecker aus, der wiederum kleine 55-Prozent-Reifen erhielt.

Bei Entwicklungsaufgaben arbeiten FFG-Falkenried, die HHA-Tochter Hamburg-Consult und die Studiengesellschaft für Nahverkehr mbH (SNV) eng zusammen. So bei der Entwicklung von Behindertentelebussen (ab 1979) und bei der Realisierung der Bürgerbusse (ab 1982). Innerhalb des Arbeitspaketes 2. Standardbusgeneration ergaben sich weitere Berührungspunkte in der Studie »Konzeption und Einsatzmöglichkeiten von Busanhängern) (in drei Varianten). In die Vorüberlegungen sind in jedem Fall Kurzkupplung, automatisch blockierbare Allradlenkung und ABS-Ausrüstung einbezogen.
Zu den Fahrzeugentwicklungen der Falkenrieder gehörte zudem 1979 eine standardisierte Omnibusfamilie für die irische Bahngesellschaft Coras Iompair Eireann (CIE), bestehend aus Stadtlinienbus, Überlandlinienbus und Doppeldeckerbus. Das Platzangebot betrug maximal 85, 53 und 79 Personen. Der Doppeldecker war indes nur 9,6 m lang. Die 180-PS-Zweitakt-Diesel kamen von General Motors. Die Busse wurden in Irland von einer Tochtergesellschaft des kanadischen Verkehrsmittelherstellers Bombardier gebaut.
Aus dem Einzelfahrzeug- und Prototypenbau entwickelte sich ab 1981 eine neue, regelrechte Produktlinie. Ausgangspunkt war ein Catering-Hubscherenwagen für die Lufthansa, auf Magirus-Kürzesthauber-Mittelmotorchassis für Feuerwehr-Drehleitern niedriger Bauart.
Heutzutage verlassen die FFG auch Gepäck- Überladebrücken - beziehungsweise - Förderbandfahrzeuge und selbstfahrende, formschön überdachte Fluggastbrücken.

240-PS-
FFG Niederflur
Schubgelenks-
bus-Prototyp
(Foto FFG)

210-PS-FFG
VÖV-Bus II-
Prototyp
(Foto FFG)

FFG-Doppeldecker-Citybus für Bombardier/Irland (Foto FFG)

240-PS-FFG Ü 80-Prototyp (Foto FFG)

Fleischer

Fritz Fleischer, Karosserie- und Fahrzeugfabrik KG, Gera, Wilhelm-Pieck-Str. 181
1. 1960 - 1972 Fritz Fleischer, Karosserie- und Fahrzeugfabrik KG
2. 1972 - 1990 VEB Karosseriebau Gera

Fritz Fleischer (1903 - 1989), Stellmacher, übernahm nach Wanderjahren in Wiesbaden und in Frankfurt a. Main mit Partner Werner Bergner im Jahre 1927 die ehemalige Hofwagenfabrik C. Friedemann & Co. in Gera. Der Betrieb firmierte als Fleischer & Bergner, Werkstätte für Karosseriebau. Es wurden Karosserie-Reparaturen sowie Umbauten und Neuaufbauten von Karosserien aller Art durchgeführt. Bergner schied 1930 aus Gesundheitsgründen aus dem Betrieb aus.
Die späteren Werkstätten für Karosseriebau in der Rudolf-Färber- beziehungsweise Friderici-Straße besaßen alle Einrichtungen für Holz- und Blechbearbeitung, einschließlich Autogen- und Elektro-Schweißgerät, die für den Karosseriebau erforderlich waren. Eine spezielle Anlage zum Dämpfen, Biegen und Trocknen von Holz wurde in den Wintermonaten für die Herstellung von «Schneerutschern» beziehungsweise «Schneeschuhen» unter der Marke «Fleiberg» (Fleischer & Bergner) genutzt.
1939 zog der Betrieb auf das ehemalige Park-Restaurant-Grundstück der Riebeck-Brauerei nach Gera-Tinz um. Nach umfangreichen Veränderungen in den vorhandenen Gebäuden wurde der Betrieb mit der Eintragung in das Handelsregister als «Fritz Fleischer Karosserie- und Fahrzeugfabrik, Gera» wiedereröffnet. Hauptbetätigungsbereiche bis zum Kriegsausbruch waren Karosseriereparaturen sowie der Bau von Fahrerhäusern und Pritschen, von Ein- und Zweiachsanhängern, von Kippern mit Aggregaten der Firma Toussaint & Hess (TEHA) und schließlich von Wohnwagen. Während des Krieges mußte das Unternehmen aufgrund des Schnell-Programms den zivilen Fahrzeugbau fast vollständig einstellen und Fahrzeuge für die Wehrmacht in Zusammenarbeit mit dem Heimat-Kraftfahrpark in Erfurt reparieren.
Der Betrieb erlitt am 6.Februar 1945 starke Bombenschäden und wurde am 1.Mai 1945 durch die Explosion des nahegelegenen Gaswerkes völlig zerstört. Fritz Fleischer wurde dabei schwer verletzt. Dennoch wurde bereits 1945 das 150 bis 160 Mann starke Unternehmen trotz großer administrativer und materieller Schwierigkeiten wieder aufgebaut. Eine neue Lackiererei und eine große, moderne Montagehalle wurden errichtet, um Fahrzeugreparaturen durchführen zu können. Hinzu kamen der Umbau von Personenwagen zu Kleinlastwagen, der Bau verschiedener Sonderkarosserien sowie die Erfüllung von kraftfahrzeugtechnischen Aufträgen der Sowjetarmee. Ab 1947 folgte die Herstellung von Omnibus-Aufbauten in Gemischt-Bauweise auf Fahrgestellen, die von den Kunden angeliefert wurden. Es waren ausschließlich generalüberholte Lkw-Fahrgestelle unterschiedlicher Fabrikate und Größen. Auch Cabrios und Sportcoupés sowie Transporter wurden auf modifizierten VW-Kübel-Fahrgestellen gefertigt.
Im Jahre 1954 wurde ein erster Omnibus mit einer eigenen Ganzstahl-Karosserie auf einem angelieferten Opel-Fahrgestell hergestellt. Da es keine Strangpreßprofile für das Fahrzeugskelett in der DDR gab, wurden die benötigten Stahlprofile in einer Maschinenfabrik abgekantet und teilweise geschweißt; auch Zierleisten, Fensterrahmen und Radzierringe wurden aus angelieferten Halbzeugen selbst hergestellt.
Mitte der fünfziger Jahre mußte das Unternehmen von den Sowjetischen Aktiengesellschaften (SAG's) angelieferte, französische Matford-Fahrgestelle mit dem 95-PS-V-Achtzylindermotor mit Frontlenker-Omnibusaufbauten für den Mitarbeiter-Transport der SAG's aufbauen.
Der große Bedarf an Omnibussen sowohl von staatlichen Betrieben als auch von privaten Busunternehmern sowie der Umstand, daß die Produktion der Omnibusse vom Typ H6B des VEB Kraftfahrzeugwerk «Ernst Grube» in Werdau im Jahre 1959 aufgrund der RGW-Beschlüsse über die Fahrzeugfertigung in den betreffenden Mitgliedsländern eingestellt werden mußte, bewog die Fritz Fleischer, Karosserie- und Fahrzeugfabrik KG im Jahre 1960, den Serienbau von Omnibussen in kleinen Stückzahlen aufzunehmen, wobei das Interesse der Ostberliner BVG (später BVB) an Omnibussen die admi -

nistrativen Hindernisse etwas minderte. Um das RGW-Verbot zu umgehen, wurden die Fahrzeuge als RU-Typen (Reparatur-Umbau) bezeichnet, wobei zum Beispiel gebrauchte elektrotechnische Teile wie eine Hupe genügten, damit die Omnibusse als RU-Typen galten. Für den Zusammenbau des mittleren Frontlenker-Omnibusses vom Typ S1 wurden Achsen, die Lenkung, das Getriebe und der 90-PS-Motor des Sachsenring-Lkw S 4000-1 verwendet. Die Hinterachse war zur Erzielung einer höheren Geschwindigkeit mit einem anderen Übersetzungsverhältnis ausgestattet. Der Motor-Getriebeblock war im Heck angeordnet, so daß das Getriebe im umgekehrten Schaltsinn betätigt werden mußte. Der 9,25-Meter-Prototyp war mit einer selbsttragenden Karosserie mit westdeutschen Hohlstabprofilen versehen und verfügte über 32 Sitze eigener Konstruktion mit (erstmals im DDR-Fahrzeugbau verwendeten und selbst konstruierten) Nackenrollen. Das «S» in der Typenbezeichnung deutete auf die selbsttragende Bauweise hin.

Der Gesamteindruck des Fahrzeugs wurde durch die moderne und glattflächige, elegante Form als »sehr ansprechend« hervorgehoben. Die geteilten »Vollsichtscheiben« in der Front- und Heckpartie bestanden aus Sicherheitsglas. Die Dachrandverglasung war aus importiertem Acrylglas hergestellt. Ein Schwingfeuer-Heizungsaggregat vom Typ Sirokko war seitlich angebracht.

Im Jahr 1959 noch aufgenommenen Serienbau wurde das Modell mit einem größeren Radstand und einem längeren vorderen Überhang als 9,6-Meter-Bus und einer zusätzlichen Sitzreihe unter der Bezeichnung S1 RU hergestellt. Die BVG-Ost erwarb vier Modelle dieses Typs für Ausflugs- und Stadtrundfahrten. Außerdem konnte dieser Typ auch mit einem neu entwickelten 96-PS-Mähdrescher-Motor mit Luftkühlung des VEB Dieselmotorenwerks Schönebeck ausgestattet werden. Seitliche Lufteinlaßhutzen deuteten auf diese Motoren hin.

Neben Fritz Fleischer, der 1960 den Ingenieurtitel der Ingenieurschule Zwickau erhalten hatte, beteiligte sich als Konstrukteur dieser in insgesamt elf Exemplaren gefertigten S1-Reiseomnibus-Serie der Dipl.-Ing. Martin Seipolt, der allerdings schon kurz nach dem Beginn des Serienbaus zur Firma Kässbohrer nach Ulm abwanderte.

Parallel zu diesem Modell wurde der größere Typ 52 RU für 43 bis 50 Fahrgäste im gleichen Styling, jedoch mit größerem Radstand und damit einer zusätzlichen Fensterreihe gefertigt. Hier wurde die 120-PS-Schönebeck-Wirbelkammer-Maschine, mit der der H6-Lkw bestückt war, eingesetzt. Ein Luftführungskanal zog sich von der Vorderachse bis zum Motor hin, um eine ausreichende Luftzufuhr zu gewährleisten. Die Kraftübertragung erfolgte über ein Fünfganggetriebe mit mechanischer Fernschaltung. Achsen und Federn stammten vom Werdauer Omnibus H6B, die vier Stoßdämpfer an der vorderen Starrachse vom Robus-Omnibus LO 2500. Erstmals konnte eine Servolenkung eingebaut werden.

1962 folgte das S3-Linienmodell auf der Basis des S2 RU mit 27 Sitz- und 40 Stehplätzen. Gewölbte Dachpartien aus Blech ersetzten jedoch die einstige Dachrand-verglasung. Auch hier wurden Teile des H6B-Omnibusses in die selbsttragende Karosserie integriert. Die auf 150 PS gesteigerte Schönebeck-Maschine sorgte für den Vortrieb. Tiefliegende Einstiegsböden und automatische Falttüren vorne und in der Wagenmitte sowie gegenüber dem Reisebus größer dimensionierte Reifen waren weitere Details des damaligen »Spitzenerzeugnis der Fahrzeugindustrie der DDR«. Die fünf Exemplare dieser S3-Kleinserie übernahm die BVG-Ost und setzte sie im Einmann-Betrieb auf Vorortstrecken ein.

Der Serienbau mußte mehrfach unterbrochen werden, um einen Exportauftrag auf 200 Kofferaufbauten für die Installation von Röntgeneinrichtungen abwickeln zu können, die im Röntgenwerk Gera, der einstigen Maschinenfabrik Friedrich Erdmann angefertigt wurden. Überdies mußte das Unternehmen mit Beginn der sechziger Jahre zusätzlich Massenbedarfsartikel herstellen. Da das Werk schon seit längerer Zeit die Sitze für die Ostberliner Straßenbahnen und für das Barkas-Transportermodell anfertigte, entwickelte Fritz Fleischer Stahlrohrmöbel mit Kunststoffbespannung, später (erstmals in der DDR) mit Schaumstoffbezügen. Insgesamt 100 verschiedene Handwerksbetriebe in der DDR wurden einbezogen, deren Arbeit das Geraer Werk koordinierte.

Die zwangmäßige Beschäftigung einer großen Anzahl von Arbeitern in diesem Bereich

verhinderte eine größere und zügigere Omnibusproduktion. Mehr Facharbeiter durften aufgrund des Arbeitskräfteplanes für Privatbetriebe nicht eingestellt werden, da sonst eine automatische Enteignung erfolgt wäre.
1966 löste dann eine von Grund auf neu konzipierte Baureihe die bisherigen Modelle ab. Durch ihre moderne Formgebung, die im Prinzip bis zuletzt beibehalten wurde, unterschied sie sich deutlich von den Vorgängern. Die bislang abgerundeten Front- und Heckpartien waren nur noch gewölbten Konturen gewichen; besaßen aber weiterhin geteilte Scheiben, die für die Front- und Heckscheibe aus Rationalisierungsgründen identisch waren. Durch die kastenförmige Form, und da kein Acrylglas mehr über den Deutschen Innen- und Außenhandel (DIA) beschafft werden konnte, wurden die Fenster bis zum Flachdach hochgezogen und teilweise mit Lüftungs-Schiebeschlitzen im oberen Bereich versehen. Gleichzeitig wuchs der Gepäckraum unter dem Fahrgastboden an.
Erstes Modell dieser zweiten Fleischer-Busgeneration war der neue S2 RU, der fahrwerksmäßig auf dem Vorgängermodell basierte. Die 150-PS-Maschine trieb auch diesen Elfmeter-Wagen an. Auf Wunsch konnte auch das luftgekühlte 160-PS-Baukasten-Triebwerk aus Schönbeck eingesetzt werden. Nachdem alle vorhandenen oder nachproduzierten H6B-Teile aufgebraucht waren, mußte dieses RU-Modell im Jahre 1971 dann aufgegeben werden. Einschließlich der wenigen S2-Typen der ersten Ausführung brachte es diese Baureihe auf 142 Exemplare.
Als Ersatz wurde 1971 der 9,6-Meter-Typ S4 mit 39 Sitzplätzen in gleicher Karosserieform angeboten. Hier wurde der W 50-Motor mit 125 PS aus dem VEB IFA Motorenwerk Nordhausen eingebaut. Auch die Fahrwerksteile stammten vom Ludwigsfelder W 50-Lkw, darunter auch die Hinterachse mit außerhalb der Triebachse liegenden Antriebswellen, wobei diese Teile die geringere Baulänge dieses Modells gegenüber dem S2 bedingten. Allerdings konnten nur 51 Reisebusse dieser Ausführung hergestellt werden, da das Ludwigsfelder Lkw-Werk 1973 keine Achsen mehr nach Gera lieferte. Die 150-PS-Maschine trieb auch diesen Elfmeter-Wagen an, auf Wunsch konnte auch das luftgekühlte 160-PS-Baukasten-Triebwerk aus Schönebeck eingesetzt werden. Nachdem alle vorhandenen oder nachproduzierten H6B-Teile aufgebraucht waren, mußte dieses RU-Modell im Jahre 1971 dann aufgegeben werden. Einschließlich der wenigen S2-Typen der ersten Ausführung brachte es diese Baureihe auf 142 Exemplare.
Im Jahre 1972 wurde das Unternehmen als »volkseigener Betrieb« unter der Bezeichnung VEB Karosseriebau Gera verstaatlicht, nachdem schon 1958 eine staatliche Beteiligung erfolgte. Fritz Fleischer, der einst wegen »Schrotthortung« angeklagt, aber dann freigesprochen worden war und danach stets als »unser Parteifreund« tituliert, schied 1973, um weiterhin mit Material beliefert zu werden, aus dem Unternehmen aus. Sein Neffe Rolf Fleischer als Produktionsleiter und ein vom Staat eingesetzter Direktor führten das Unternehmen weiter. Obwohl die treibende Kraft, die nicht ruhende Initiative des selbständigen Unternehmers fehlte, hat der Betrieb seine Leistungsfähigkeit bis in die achtziger Jahre erhalten, und das nicht zuletzt durch die Einsatzbereitschaft seiner langjährigen Mitarbeiter. Nur noch 125 bis 160 »Werktätige« bildeten zu dieser Zeit die Belegschaft, da die örtliche Parteiorganisation großen Wert auf die Abgabe von technischen Fachkräften für die Volksarmee legte.
Im Zusammenhang mit der staatlichen Zwangsbeteiligung erhielt das Ikarus-Werk in Budapest/Ungarn als offizieller Omnibus-Monopolhersteller der RGW-Staaten die Konstruktionsunterlagen von Fleischer. Gleichzeitig war dadurch allerdings der Weg frei, entsprechende Fahrwerksteile von den wenigen engstirnigen Ungarn zu erhalten. Letztlich hat sich kein Land des Ostblocks an die RGW-Abmachung gehalten.
Mit Ikarus-Teilen erschien 1973 der Typ S5 mit 48 Sitzplätzen, ein Zwölfmeter-Bus, der gegenüber dem S4-Modell einen höheren Kofferraumboden und fünf anstelle von vier Scheiben zwischen den Türen aufwies. Eingebaut wurde der inzwischen auf 190 PS ausgelegte, im Direkteinspritzverfahren arbeitende 10-Liter-Schönebeck-Motor, der eigentlich für Land- und Baumaschinen sowie für Schiffsantriebe vorgesehen war. Die Achsen stammten aus den ungarischen Reisebussen der 200er Serie. Der Wunsch von Fritz Fleischer, der weiterhin die Zeichnungen erstellte, den 230-PS-Ikarus-Motor

(MAN-Lizenz) einzusetzen, konnte aufgrund des Mangels an Kompensationsgeschäften des DDR-Staatshandels mit Ungarn nicht erfüllt werden.
Letzte technische Neuerung war ab 1986 der Einbau der Luftfederung aus dem Ikarus-Typ 250.
Das Fleischer-Emblem wurde Ende der siebziger Jahre nicht mehr verwendet, denn an einem Erzeugnis eines volkseigenen Betriebes durfte der Name des ehemaligen Privatunternehmers nicht mehr erschienen.
In ganz geringer Stückzahl wurde das S5-Modell auch in einer Linienbusversion gefertigt.
Eine S5-Version mit Komforteinrichtung wie Bordtoilette, Bordküche und Garderobe erhielt die Firma Grauer (Elbe-Reisen) in Elster/Elbe, die stets die ersten Fahrzeuge der einzelnen Bauserien zum Testen erhielt.
Der in den achtziger Jahren auf 112 Personen abgesunkene Betrieb stellte jährlich neben der Instandsetzung von Omnibussen rund 16 Neufahrzeuge her, bis zum Frühjahr 1990 waren 294 Modelle des S5-Typs entstanden. Vorwiegend gingen die Fahrzeuge an private Busunternehmer in der DDR, aber auch an Kommunalbetriebe. Darüber hinaus mußten verschiedentlich auch Omnibusse an das Ministerium für Staatssicherheit (MfS) geliefert werden, das dafür Fritz Fleischer mit ausgemusterten westdeutschen MfS-Limousinen »belohnte«.
Übrigens entwickelte das Unternehmen 1968/69 auf der Basis des Barkas-Kleintransporters (VEB Barkas-Werk) auf Weisung des Ministeriums für Verkehrswesen ein Großraum-Taxi mit einer elektrisch betätigten Schiebetür, das aber nicht in die Serienproduktion ging.
Zu Anfang 1990 kam der Bau von Fleischer-Omnibussen zum Erliegen. Neben der noch kurze Zeit weitergeführten Fertigung von Sitzen für die Barkas-Transporter wurden nun mit erheblich reduzierter Belegschaft Reparaturen aller Art sowie Instandsetzungen von Ackermann-Fruehauf- und Budamobil-Aufliegern durchgeführt. Seit Ende 1990 sind die Fertigungshallen an eine Lebensmittel- und eine Textilwarengroßhandlung sowie an ein Autozubehörgeschäft und an eine Autovermietung verpachtet.
Was bleibt, ist der hervorragende Ruf der Fritz Fleischer, Karosserie- und Fahrzeugfabrik, die als einziger Hersteller selbsttragende, moderne Omnibusse in der DDR bauen konnte.

90-PS-Fleischer S1 RU Prototyp (Foto Fleischer)

96-PS-Fleischer S1 RU (Foto Fleischer)

120-PS-Fleischer 52 RU (Foto Fleischer)

150-PS-Fleischer S3 Linienbus (Foto Fleischer)

150-PS-Fleischer S2 RU (Foto Fleischer)

125-PS-Fleischer S4

190-PS-Fleischer S5 (Foto Fleischer)

Ford

Ford-Werke AG, Köln-Niehl, Henry-Ford-Str. 1
1. 1931 - 1939 Ford-Motor-Company AG
2. 1939 - heute Ford-Werke AG

1930 wurde in Köln-Niehl das »Ford-Werk-Deutschland«, so die geplante Bezeichnung für das unter dem Namen Ford-Motor-Company AG geführte Unternehmen im Beisein von Henry Ford I und dem Kölner Oberbürgermeister Dr. Konrad Adenauer eingeweiht. Damit wurde der seit 1926 bestehende Montagebetrieb in den angemieteten Hallen im Berliner Westhafen-Gebiet überflüssig.
Unter den Chefkonstrukteuren ist der Oberingenieur Richard Bussien hervorzuheben, der sich als Fachjournalist, als Automobilfabrikant, als Konstrukteur von V-Achtzylin-dermotoren und als Konstrukteur von Frontantrieben unter der Bezeichnung »Voran« bei der ABOAG und der VOMAG einen Namen gemacht hatte.
Neben Personenwagen liefen auf den Kölner Fließbändern vor allem Lastwagen des Typs »AA« mit einem 40-PS-Vierzylindermotor, auf deren Fahrgestelle verschiedene Firmen kleine Omnibuskarosserien aufsetzten. Auch eine Sattelschlepper-Ausführung für 32 Fahrgäste entstand. 1932 wurde der AA-Typ durch die BB-Version mit dem auf 50 PS gesteigerten Motor abgelöst. Diese Fahrgestelle wurden hauptsächlich von der Firma Hubertia in Berlin-Borsigwalde und in Küps/Bayern karossiert. 13- bis 25-sitzige Kleinomnibusse der zweiachsigen Typenreihe »Schierke«, »Oberhof« und »Groß-Oberhof« und der dreiachsigen Typenreihe »Kolberg«, »Wannsee« und »Blankensee« entstanden mit verschiedenen Radständen.
Auch das 1936 erschienene Modell V8/51 wurde mit verlängerten Tiefrahmen-Untergestellen der Firma E. Clerck in Wuppertal-Cronenburg an verschiedene Karosserien, darunter die Drauz-Werke, abgegeben. Radstände von 4,7 bis 5,3 Metern standen für die 28- bis 34-sitzigen Modelle, die auch in Stromlinienform erschienen, zur Verfügung. Die von Richard Bussien verbesserte 90-PS-V-Achtzylindermaschine wurde in diese Fahrzeuge eingesetzt. Die V8/51-Baureihe wurde 1939 dann unter der Bezeichnung V8/G 917 T erneuert.
In diesem Jahr erschienen bei Ford (Im Werk Köln arbeiteten inzwischen 3500 Menschen.) achtsitzige Kleinbusse auf dem Fahrgestell des BB-Typs. Die Fahrzeuge besaßen die Vierzylindermaschine, die mit einer integrierten Holzgasanlage von Imbert 40 PS erzeugte. Die Karosserien dieser Ausführung erstellte das Harmening-Werk in Bückeburg. BB-Typen mit Vergasermaschinen kamen vom Kässbohrer-Werk.
Gleichzeitig folgte der 25-sitzige Typ V8/G 987 auf dem Dreitonnen-Tiefrahmenchassis, ebenfalls mit Imbert-Holzgasanlage im Heck. Die Maschine leistete rund 75 PS. Das Fahrzeug war in Zusammenarbeit mit dem Generatorstab von Prof. Dr. Josef Deiters entwickelt worden. Der selbsttragende Wagenkasten besaß ein leichtes Traggerippe, das durch die Einbeziehung der Seitenwandungen, des Fußbodens und des Daches stabilisiert wurde. Mit Kunstharz verleimte Sperrholzplatten der Marke Delignit, die von der Blomberger Holzindustrie B. Hausmann GmbH in Blomberg hergestellt wurden, bildeten die Seitenwandverkleidungen. Während einerseits dadurch Tiefziehbleche eingespart werden konnten, ließ sich andererseits eine Gewichtsreduktion von 90 Prozent erzielen, so daß dadurch das Gewicht des Generators kompensiert werden konnte. Eine geänderte Hinterachsübersetzung erlaubte trotz des Leistungsverlustes der Holzvergasermaschine die gleiche Höchstgeschwindigkeit, die der 90-PS-Vergasermotor ermöglichte. Große Fensterflächen kennzeichneten das von der Karosseriefabrik Voll aufgebaute Fahrzeug. Der Holzvorrat befand sich auf dem Dachträger. Eine Bauserie von 500 Exemplaren wurde für den Ford-»Leichtstabilomnibussen« freigegeben.
Während des Krieges wurde dann das Modell V8/G 997 T mit der nach Vorschlag von Richard Bussien aufgebohrten V-Achtzylindermaschine mit 95 PS produziert, das ab 1941 unter der Bezeichnung V 3000 (G 198 T) bis 1944 und dann nach dem Krieg noch bis 1947 gefertigt und wiederum mit Fremdkarosserien versehen wurde.
Das durch Fliegerbomben und durch Artilleriebeschuß leicht beschädigte Werk wurde Anfang März 1945 von US-Truppen besetzt. Nur zwei Monate später, am historischen

8. Mai 1945, konnte das Ford-Werk die Produktion wieder anfahren, wenn auch Rohstoff- und Energiemangel eine kontinuierliche Fließbandarbeit verhinderten.
Erstes neues Nachkriegsmodell wurde 1948 der Frontlenkeromnibus vom Typ G 790 B mit der 95-PS-V-Achtzylindermaschine. Das in Gemischtbauweise mit einem Clerck-Tiefrahmen gefertigte Modell war für 34 Personen vorgesehen.
Auch einige Hauben-Lkw-Fahrgestelle des Typs »Rhein« wurden in dieser Zeit an Karosserieaufbaufirmen abgegeben und als 17-Sitzer aufgebaut.
Die Karosserien erstellte vor allem die Firma Peter Bauer in Köln-Ehrenfeld, Drauz in Heilbronn, Harmening in Bückeburg, Nordwestdeutscher Fahrzeugbau (NWF) in Wilhelmshaven, C. Pollmann in Bremen und Gebr. Steib in Eiserfeld/Sieg. Großabnehmer der Omnibusse waren die amerikanischen und britischen Besatzungsmächte in Deutschland.
Im Jahre 1952 folgte die G 199 B-Type mit dem schließlich auf 100 PS gesteigerten, unverwüstlichen, aber durstigen V-Achtzylindermotor. Wenig später erschien der Typ G 1Y9 B mit dem von der Süddeutschen Bremsen AG in Lizenz hergestellten Wirbelkammer-Dieselmotor der Hercules-Werke in Canton/Ohio. 1955 erhielt das Dieselmodell den von 90 auf 95 PS gesteigerten und von Chefkonstrukteur Alfons Streit im Hubraum leicht vergrößerten, aber nun anfälligen Hercules-Motor. Bis 1956 wurde das damit ausgestattete 34-sitzige Frontlenkermodell gebaut.
Neben dem modernisierten Haubenmodell FK 2000 ist noch für die frühen fünfziger Jahre das Allradantriebsmodell G 798 BA hervorzuheben, das wiederum an die Besatzungsmächte ging.
In dieser Zeit lieferte Ford Vergaser- und Dieselmotoren sowie Achsen und Aggregate an die Firmen Drauz und NWF, die damit ihre entsprechenden Stromlinienomnibusse in Leichtbautechnik bestückten.
Mit dem Fahrerhaus und dem Fahrgestell des 1954 erschienenen FK 4000-Modell ließ das Werk durch die Firmen Peter Bauer, Kässbohrer und Voll einen 95 PS starken Haubenomnibus herstellen, der aber schon 1955 durch den neuen, im US-Stil entworfenen Typ FK 4500 mit dem Haifischmaul-Grill abgelöst wurde. Dieses 26-sitzige Fahrzeug besaß nun den mechanisch aufgeladenen, 120 PS starken V-Sechszylinder-Zweitakt-Dieselmotor, der von dem österreichischen Professor Dr. tech., Dr. h. c., Dipl.-Ing. Hans List von der Technischen Hochschule in Graz entworfen worden war. Hinzu kam der leichtere Typ FK 2500 mit der 80-PS-V-Vierzylindermaschine der gleichen Ford-List-Motorenbaureihe.
1961 wurde der Lkw- und damit der Fahrgestellbau für Omnibusse aufgegeben, da sich die neuen Dieselmotoren als allzu anfällig erwiesen hatten; vor allem gaben die durchgebrannten Auslaßventile ständig Anlaß zu Reklamationen. Auch die von Hans List parallel zu den Ford-Motoren entwickelten Triebwerke für die österreichische Gräf & Stift AG in nahezu gleicher Ausführung befriedigten ebenfalls nicht. Wegen ständiger Beschwerden stand die Gräf & Stift AG am Rand des Zusammenbruchs! Ford nutzte die freigewordenen Kapazitäten für die äußerst erfolgreiche Pkw- und Transporter-Produktion.
Ein Blick auf die Produktionszahlen der Untergruppen für Omnibusse in der Nachkriegszeit: 1948 wurden 175, 1949 480, 1950 217, 1951 562, 1952 636 und anschließend bis 1955 über 1000 Omnibus-Fahrwerke produziert. 1956 nahm der Absatz auf 96 Exemplare ab und sank dann bis zur Bedeutungslosigkeit.
Einen neuen Markt hingegen erschloß sich das Kölner Werk mit dem Bau des 1954 vorgestellten Transporters FK 1000, der als 9-sitziger Kleinbus mit Drauz-Karosserien hergestellt wurde. Darüber hinaus wandelte die Kölner Firma Mittelgöker (Migö) das Modell zum 11-Sitzer um. Das von Dr.-Ing. Alfred Haesner, dem Schöpfer des Volks-wagen-Transporters konstruierte Schalenbau-Modell war mit dem 38-PS-Motor des Ford 12 M ausgestattet. Auch mit dem Motor des 15 M-Pkw-Modell wurde das Starrachsen-Fahrzeug angeboten. In seiner Luxus-Version mit einer Dachrand-Verglasung wurden ab 1962 die Modelle unter der Zusatzbezeichnung »Panorama« geführt.
1965 wurde die inzwischen unter dem Namen »TT-Modelle« (Taunus-Transit) angebotene Modellreihe durch die neue Kurzhauben-Serie »FT« (Ford-Transit) abgelöst, lieferbar mit verschiedenen Radständen und mit V-Vierzylindermotoren als 9-, 12- und 15-Sitzer.

Die Produktion der neuen Transit-Baureihe erfolgte im belgischen Ford-Werk in Genk, das verwaltungsmäßig der Ford-Werke AG in Köln unterstellt ist.
1971 kam als neue Motorvariante eine 2,4-Liter-Wirbelkammer-Dieselmaschine hinzu, die je nach Ausstattung der Einspritzpumpe 51 oder 62 PS leistete. Charakteristisch für die Dieselausführung war der verlängerte Vorbau für den Reihen-Motorblock. Die zwar platzsparenden, aber in der Herstellung teuren V-Motoren wurden ab dem Baujahr 1978 wieder durch Reihenmotoren mit 65 und 78 PS abgelöst, zumal sich dann das Vorbau-Modell als eine einheitliche Bauform anbot. Mit einem V-Sechszylindermotor mit 100 PS ergänzte der 15-Sitzer als Spitzenmodell die FT-Baureihe von 1978 bis 1985.
Mit dem Modellwechsel im Jahre 1986 erhielten die Ford Transit-Modelle der Grundbaureihe FT 80 und FT 190 eine überaus modern gezeichnete, abgerundete Karosserie mit einer schräg abfallenden Vorderfront, die im Prinzip stilistisch an die Formgebung des einstigen Auto Union-Modells anknüpfte.
Einzelradaufhängungen mit McPherson-Federbeinen und Schraubenfedern kamen vorne, Starrachsen mit Einblattfedern hinten zum Einbau. Ein 78-PS-Vergaser- und ein 68/70-PS-Dieselmotor, der als Direkteinspritzer arbeitete, standen anfänglich zur Auswahl. Als 8- und als 13-Sitzer wurden die Modelle »Topline« und »13-Sitzer« von den Firmen Karmann-Rheine in Rheine und Karosseriewerk Rappold in Wülfrath aufgebaut und komplettiert.
Ab Herbst 1991 erhielten die Ford-Kleinbusse leichte äußere Detailänderungen und Verbesserungen in der Innenausstattung. Das 8-sitzige Modell »Topline« wird nun mit dem unter Mitwirkung der Lucas Commercial Diesel Systems auf 80 PS angehobenen Diesel- und dem auf 98 PS gesteigerten Vergasermotor angeboten. Der neue 14-Sitzer mit einer Sonderausstattung von Rappold kann mit dem 80-PS-Diesel-Saug-, dem 100-PS-Diesel-Turbolader- und dem 98-PS-Vergasermotor geliefert werden. Hinzu kommen die im Genker Werk gefertigten »CL«- und »GL«-Modelle als 9-Sitzer.

40-PS-Ford AA Sattelzug

90-PS-Ford V8/51

40-PS-Ford
BB/G 987 TG
(Foto Ford-
Werke)

95-PS-Ford
G 398 TS Rhein
(Foto Ford-
Werke)

95-PS-Ford
G 798 B
(Foto Ford-
Werke)

95-PS-Ford G 790 B (Foto Ford-Werke)

90-PS-Ford G 1Y9 B (Foto Ford-Werke)

55-PS-Ford Transit 800 (Foto Ford-Werke)

120-PS-Ford FK 4500 (Foto Ford-Werke)

60-PS-Ford Transit FT 100 (Foto Ford-Werke)

62-PS-Ford Transit FT 130 D (Foto Ford-Werke)

'0/98-PS-Ford FT 80 (Foto Ford-Werke)

FMA

Frankfurter Maschinenbau AG (FMA), vorm. Pokorny u. Wittekind, Abt. Donar-Werke, Frankfurt a. Main, Solmsstr. 2 - 26
1927 - 1929

Im Jahre 1872 wurde die Firma Gandebien u. Naumann als Maschinenfabrik und Eisengießerei im Frankfurter Stadtteil Bockenheim gegründet. Mit dem Eintreten von L. Pokorny und C. Wittekind in den achtziger Jahren des vergangenen Jahrhunderts spezialisierte sich die Maschinenfabrik auf den Bau von Dampfmaschinen und ab 1893 auf Kompressoren, Vakuumpumpen und Preßluftgeräte. Nach dem Ausbruch des Ersten Weltkrieges wurden dem inzwischen in Frankfurter Maschinenbau AG (FMA) umbenannten Werk eine Abteilung für den Lkw-Bau angegliedert. Jedoch standen zunächst U-Boot-Motoren und andere Rüstungsgüter im Vordergrund. Erst gegen Kriegsende lieferte das Werk auf Drängen der Heeresverwaltung einen Regel-Viertonner unter der Marke »Frankfurter« in kleinen Stückzahlen. Nach dem Krieg wurde der Nutzfahrzeugbau unter der Marke »Donar« weitergeführt.
1927 stellte das Werk auf dem Fahrgestell des Lastwagens auch einen Omnibus für 28 oder 30 bis 40 Personen vor. Der FMA-Einheits-Vierzylindermotor mit 50 PS kam zum Einbau, der schließlich auf 60/63 PS gesteigert wurde.
1929 erschien noch auf dem Fahrgestell des 2,1-Tonnen-Schnellieferwagen ein 20-sitziger »Expreßomnibus«. Das mit einem neuen 45-PS-Motor ausgestattete Modell wurde jedoch kaum noch geordert und dementsprechend wenig gebaut.
Ab 1929 konzentrierte sich das Unternehmen wieder ganz auf die Druckluftgeräteherstellung. Durch die Übernahme beziehungsweise »Arisierung« der Landmaschinenfabrik Ph. Mayfarth u. Co. in Frankfurt-Fechenheim konnte die Produktion Ende der

dreißiger Jahre stark ausgeweitet werden. Der Motorenbau für die Preßluftgeräte wurde dabei bis in die fünfziger Jahre aufrecht erhalten. In den siebziger Jahren wurden die FMA von dem Maschinenbaukonzern Mannesmann-Demag übernommen und später stillgelegt. In den Werksanlagen befindet sich heute ein Büropark.

50-PS-FMA Typ Donar

Gaubschat

Gaubschat-Fahrzeugwerke GmbH, Berlin-Neukölln, Karl-Marx-Str. 32/38
1956 - 1957

Die Gaubschat-Fahrzeugwerke erreichten ihren hohen Bekanntheitsgrad durch ihre »D-Züge der Landstraße«: das waren Motorwagen-Anhänger-Omnibuszüge mit Faltenbalg zwischen Zug- und allradgelenkten Beiwagen. Den 1,5-m-Abstand zwischen beiden überbrückten zudem zwei sich überlappende Übergangszungen. Der Motorwagen-Begleiter beziehungsweise Schaffner konnte den Anhänger mitbedienen, konnten oder die Fahrgäste sich etwas die Füße vertreten.
Die Initiative derartige 19 (späterhin bis 22) Meter langen, vier- (und späterhin sogar fünf-) achsigen Buszüge auch in Deutschland einzusetzen, ging von dem jungen Busunternehmer Detlef Jensen in Pirna aus. Er sah auf einer italienischen Automobilausstellung 1936 ein mit dem ziehenden Omnibus starr kuppelbares Anhängerfahrgestell, dessen vier Räder durch ein kupplungsabhängiges Lenkgestänge gesteuert werden konnten. Die zwangsweise Allrad-Achsschenkel-Lenkung leitete eine Zentral-Gelenkbuchse ein, die zwischen den starren linken und rechten Kugelkopf-Kupplungen in Pantherklauen am Busheck und vor der Vorderpartie des Anhängerrahmens inmitten der x-förmigen »Kupplungsgabel« eingefügt war. Dieses unlösbare Gelenk übertrug Ausschlagimpulse des ziehenden Fahrzeugs durch Betätigung zweier Gestängesteller (links und rechts) auf die Spurstangen des gezogenen Wagens. Der Anhänger lief zwangsgelenkt bei Biegungen und Kurven genau in der Hinterachsspur des Motorwagens.
Detlef Jensen kaufte besagten Macchi-Anhänger und ließ ihn nach Deutschland überführen. Gaubschat erklärte sich bereit, das Gefährt und einen passenden Zugwagen zu karossieren, Bus und Anhängerwagen mit jeweils vorderer und hinterer Klapptür. Beim Motorfahrzeug fiel die Wahl auf einen Büssing-NAG. Jensen konnte sich 1991 nicht mehr daran erinnern, ob es sich um einen B-N-Typ 350/ON oder einen B-N 400-N handelte; glaubte aber noch genau zu wissen, daß der Büssing-NAG-Diesel 90 oder 95 PS hatte, denn das Antriebsaggregat war etwas schwachbrüstig und mußte gegen einen

135-PS-Diesel ausgetauscht werden. Nach Aussagen des Gaubschat-Oberingenieurs Gauert stand die Buseinheit mit etwa 70 Sitzen 1937 auf der IAMA in Berlin. Später erhielt dieser erste Jensen-Omnibuszug einen etwas kleineren Gaubschat-Allradlenkungs-Anhänger (mit doppelter Mitteleinstiegs-Schiebetür). Der ursprüngliche, größere Macchi-Gaubschat-Hänger bildete mit einem neuen Büssing-NAG 650-N (mit 135/140 GD 6-Diesel), die Grundlage für seinen zweiten Gaubschat-»Harmonika-Buszug«.

Das System basierte auf einem Patent des Italieners Ambrogio Baratelli bezüglich Gelenkbussen, die aus annähernd zwei Teilen bestehen (italienische Patent-Nummer 305 853 von 1932). Baratelli soll Mitarbeiter des Omnibusbau- und Nutzfahrzeug-Generalvertretungs-Unternehmens S.p.A. Flli. Macchi in Varese gewesen sein. Gaubschat erwarb aus Italien Nachbaurechte und bezeichnete die Anhänger-Kupplungs- und Lenkmethode in ersten entsprechenden Prospekten als »Patent Macchi / System Baratelli«. Mittels weniger Handgriffe konnte man den Anhänger vom Zugwagen lösen. Die Durchgangsöffnungen am Busheck und an der Hängerfrontpartie wurden wie bei D-Zugwaggons durch Doppeltüren geschlossen. Der Motorwagen stand daraufhin bei Bedarf lediglich als Solobus zur Verfügung.

Die 1848 gegründete Firma Macchi war zwischen 1950 bis gegen 1970 auch Produzent zwei- plus zweiachsiger Macchi-Büssing-Trambuszüge, unter Verwendung von Braunschweiger Komponenten. Sie waren beispielsweise ab 1963 als »Autotreno intercommunicante TU 11/R« für den Überlandlinienverkehr lieferbar. Bereits 1961 gab es auf Büssing / Ludewig-Basis die Macchi-6x2-Eineinhalbdecker »1 piano e 1/2-TU 11/3«. - Macchi gehört seit den achtziger Jahren zur SOCIMI-Gruppe (unter anderem Straßenbahnen und Obusse). In Varese produzierte man auch Aufbauten für Feuerwehr- und Kommunalfahrzeuge.

1938/39 stellte auch die Deutsche Reichspost zwei Gaubschat-Omnibuszüge in Dienst: einen mit BN 400-N mit ausnahmsweise 135-PS-Diesel (ohne Dachrandverglasung und mit Doppelschiebetür-Mitteleinstiegen im ziehenden und gezogenen Wagen) einen B-N 650-N mit serienmäßigem 135/145-PS-Diesel (dachrandverglast, mit vorderer Schiebetür und hinterer Klapptür im Bus sowie mit breiter, einfacher Schiebetür hinter der Anhänger-Vorderachse). Der etwas leichtere RP-Zug verfügte über insgesamt 37 plus 46 Sitzplätze und der 20,2 Meter lange etwas größere Zug bot 36 und 46 Sitze und zudem zweimal 10 Stehplätze. Das Berliner Unternehmen hatte zu jener Zeit, aufbauend auf den Baratelli-Entwicklungen das System modifiziert und verfeinert, was ihm vom Reichspatentamt auch anerkannt wurde. Die »Gaubschat-Omnibus-Gelenkzüge DRP« gab es ab 1939 auch mit Krupp-Motorwagen. Und die KVG-Sachsen erhielt Fünfachs-Züge mit Büssing-NAG-Dreiachsmotorwagen 900 N mit 170-PS-Ottomotor GV 6 und Zweiachsanhänger mit insgesamt 42 und 54 Sitzen sowie 22 Meter Gesamtlänge (siehe auch im Kapitel Büssing-NAG). Neuköllner Omnibuszüge mit Henschel & Sohn- und MAN-Zugwagen sind aus der Zeit vor 1945 bis jetzt nicht bekannt. Gaubschat-Einheiten mit Daimler-Benz-Motorfahrzeugen kann man an einer Hand abzählen. Die BVG besaß seit 1938 eine Anzahl Magirus-Zweiachshaubenbusse des Typs M 45 b mit Baratelli/Gaubschat-gekuppelten, allradgelenkten Zweiachsanhängern (ohne Faltenbalg und ohne Übergangszungen, indes mit je einer Doppelfalttür vor der Vorder- und hinter der Hinterachse).

Die längste mit Gaubschat-Zügen befahrene Strecke führte ab Mai 1939 bis Kriegsbeginn von Berlin-Anhalter-Bahnhof über die reizvollen Fränkischen Mittelgebirge bis zum Münchener Hauptbahnhof. Der größte Teil der 602 Kilometer messenden Fernlinie wurde auf der neuen Reichsautobahn (RAB) bewältigt. Die Dachrand-verglasten Omnibuszüge mit den VOMAG 5 OR 658-Motorwagen gehörten der Deutschen Reichsbahn. Die 21 Meter langen Zugeinheiten waren mit VOMAG-Dieselmotoren des Typs 6 R 3080 und mit 78 Sitzen bestückt. Das Antriebsaggregat leistete 150 PS. Mit einem Zwischenhalt an der RAB-Raststätte Rodaborn/Hermsdorf und am Nürnberger Hauptbahnhof wurde der Kurs in elf Stunden bewältigt. Eine einfache Fahrt kostete ganz 18,70 Reichsmark.

Zwischen 1939 und 1941 stellte Gaubschat außerdem noch einige »Zieharmonikabusse« (so der Volksmund) in Frontlenker-Bauweise auf die Räder. Die 650 T-Trambus-

Motorwagenfahrgestelle stammten von Büssing-NAG. Zumindest einer der »schnauzlosen« Züge soll nach Wuppertal gegangen sein.
Ab 1949/50 verließen in der West-Berliner beziehungsweise Neuköllner Karl-Marx-Straße wieder 20 bis 22 Meter lange Omnibuszüge die Gaubschat-Werkstore. Während Büssing ab 1949 bereits das Unterflurdiesel-Frontlenkerchassis 5000 TU mit 135 PS zur Verfügung stellen konnte, standen seitens der (Krupp-) Südwerke in Kulmbach zunächst nur restliche Fahrgestelle der Vorkriegs-/Kriegsproduktion (5,5/6,5-Tonnen-Typ OD 5,5/6,5 N 242) zur Verfügung, in die neue Nachkriegs-Zweitakt-Dieselmotoren SW 6 (praktisch zwei hintereinander angeordnete Dreizylinder) installiert wurden. Sie leisteten zunächst 190, ab 1950/51 dann 210 PS. Auf die Büssing-Unterflurbus- sowie die Südwerke-Interims-Niederrahmenfahrgestelle und die neu konstruierten (Krupp-) Südwerke-Chassis SW O 80 zauberte Gaubschat imposante Fernreisebuszüge mit verchromten Fenstern und Dachrandverglasungen. Die (Krupp-) Südwerke-Hauben-baumuster schoben einmalige Supermotorhauben mit nicht zu üppigen Chrom-Barock vor sich her. Einige der Gaubschat-Züge auf Büssing-Unterflur- und auf Südwerke-Fahrgestellen wurden von Bayern-Expreß und von Severin & Co. in Dienst gestellt. Sie befuhren sogenannte Interzonen-Linien, von Berlin nach Frankfurt am Main, Nürnberg und München. Wenig später reisten in ihnen sogar die ersten Italien-Urlauber in sonnige, südliche Gefilde.
Obwohl der Gesetzgeber bezüglich der Straßenverkehrs-Zulassungs-Ordnung (StVZO) ab 1951/52 bereits durchblicken ließ, künftig keine Omnibus-Anhänger mehr zu erlauben, beschaffte die Deutsche Bundesbahn 1952/53 für ihr Busliniennetz noch 100 weinrote 20 Meter lange Gaubschat-Zugeinheiten mit FAUN-Kürzesthauber-Motor-wagen O 7 V. Ihre wassergekühlten Deutz F6M 617-Diesel verfügten über 180 PS. Verschiedentlich stammten die Aufbauten der Bundesbahn-Gaubschat-Züge von der Waggonfabrik Jos. Rathgeber AG in München und die allradgelenkten Anhänger karossierten gelegentlich der Anhänger- und Aufbautenhersteller Emil H. Lienen in Bochum.
Indes, Omnibusproduzenten wie Gaubschat und beispielsweise Kässbohrer, Düwag, Emmelmann, FAKA, Göppel, Ludewig und Vetter bereiteten sich auf einschneidende StVZO-Änderungen vor. Nachdem bereits die erlaubte Omnibus-Anhängerzug-Länge am 25.November 1951 von 22 auf 20 Meter verkürzt wurde, folgten am 21.März 1956 das Busanhänger- und Bus-Sattelauflieger-Verbot und die Gesamtlänge von Gelenkomnibussen (Motorwagen mit Nachläufer) wurde mit 15 Meter festgeschrieben und dazu das Gesamtgewicht (GZG) auf 20 Tonnen begrenzt. Ausnahmegenehmigungen konnten (mit plus 10 Prozent) bis 16,5 Meter Gesamtlänge und bis 22 Tonnen GZG erteilt werden. Die Auslauffristen für Busanhängerzüge wurden mehrfach (bis 1962/62) verlängert. Ab 7.Juli 1960 erlaubte die StVZO den 16,5-m-Gelenkbus mit Bus zu 22 Tonnen GZG und am 23.April 1965 den 18-m-Gelenkbus mit maximal 28 Tonnen Gesamtzuggewicht.
1952 erhielt die ÜSTRA in Hannover von Gaubschat einen 20-m-Omnibus-Gelenkzug mit A- und B-Achse im Büssing 6000 T-Unterflurdiesel-Motorwagen und mit jeweils gelenkter C- und D-Achse im Anhänger. Der Vorderwagen besaß eine Falttür vor und eine Doppelfalttür in Wagenmitte. Der Anhänger war hingegen mit nur einer Doppelfalttür in Wagenmitte ausgestattet.
Schließlich zeigte sich 1953 auf der IAA in Frankfurt am Main, daß das Berliner Unternehmen recht gut vorgesorgt hatte. Man konnte, beinahe schon nach Baukastensystem, einen rund 17 Meter langen Gelenkbus mit A- und B-Achse unter dem Büssing 6000-Motorwagen und mit zwangsgelenkter, einzelbereifter C-Achse im Nachläufer präsentieren, ebenfalls für die ÜSTRA. Hinsichtlich der Türen- und Fensteranordnung glich das Zugfahrzeug dem zuvor beschriebenen Motorwagen, während sich im Nachläufer eine einfache Falttür hinter dem Faltenbalg und eine Doppelfalttür hinter der Hinterachse befanden. Bei den wenig später angebotenen 15-m-Gelenkzügen befand sich die (eine) Doppelfalttür in der Mitte des Nachläufers.
Seit 1953 unterschied das Haus Gaubschat zwischen Omnibus-Gelenkzügen (mit Busanhänger) und Gelenkbussen (mit nichtselbständigem Nachläufer beziehungsweise Auflieger). Die ab 1965 gesetzlich zugestandenen 18-m-Gelenkbus-Anhänger faßten 188 Fahrgäste gegenüber den vorangegangenen 15- bis 16,5-m-Gelenkbussen für

154 bis 170 Fahrgäste.
Der einachsige Nachläufer bildete zusammen mit dem Triebteil beziehungsweise -wagen eine Einheit. Motorwagen und »Auflieger« (wie der Nachläufer damals auch genannt wurde) waren durch eine Gaubschat-Spezial-Kugelkupplung miteinander verbunden. Sie bewirkte, daß der nachlaufende Wagenteil in allen Ebenen verwindungsfähig war. Durch eine Zwangssteuerung der Nachläuferachse mittels Spurstangen und Lenkhebeln erreichten die Gaubschat-Ingenieure (wie bei ihren Anhängerzügen), daß die Aufliegerräder genau in der Spur der Triebwagenhinterachse lief.
Der Faltenbalg-geschützte Übergang war einerseits mit knapp einem Meter Länge nun ungefähr einen halben Meter kürzer als bei den ursprünglichen Gaubschat-Omnibus-Gelenkzügen, andererseits jedoch breiter als bisher. Bei nachfolgenden Gelenkbus-Baumustern wurde der Durchgang zwischen Vorderwagen und Heckteil abermals erweitert; bis auf die beinahe ganze Fahrzeugbreite. Der gesamte »Zieharmonika«-Bereich ließ sich sodann auf den Abdeckplatten über der Kugelkupplung als zusätzliche Stehplatzfläche nutzen.
1955/56 kam auf das Dach über der Faltenbalg-Verbindung noch eine Dämpfungseinrichtung hinzu, um Aufliegerschwingungen gegenüber dem Zugwagen zu reduzieren, ohne indes die seitliche Verwindbarkeit zu beeinträchtigen.
Dank der ab Mitte der fünfziger Jahre eingeführten selbsttragenden Nachläufer und der Motorwagen-Verbund- beziehungsweise Integralbauweisen mit Unterflur-Dieselmotoren (siehe auch im Kapitel Büssing) wurde das Leergewicht der Gaubschat-Gelenkbusse bis 1959 erheblich verringert. Es betrug dann im Verhältnis zur Tragfähigkeit 1 :1.
Die Gaubschat-Gelenkzüge (mit Büssing-150- bis 200-PS-, Daimler-Benz O 317- und MAN 890 UG-M 16-Vorderwagen) präsentierten sich mehrheitlich viertürig (je eine Falttür vor der Vorderachse und vor der Hinterachse des Zugwagens, sowie je eine hinter dem Faltenbalg am Auflieger und hinter seiner Hinterachse). Auf der Industrie-Ausstellung in Berlin brachten die Neuköllner ihren ersten Gelenkbus für den Einmannbetrieb heraus, dreitürig, mit nur einer Falttür oder wahlweise in der Hinterwagenmitte.
Soviel zur Entwicklung der Gaubschat-Omnibus-Gelenkzüge und Gelenkbusse, mit denen sich die leider nicht mehr existierende Gesellschaft in der Omnibusgeschichte ein- und festschrieb.
Den in Ostpreußen als Bauernsohn geborenen Fritz Gaubschat zog es 1891 in die kaiserliche Reichshauptstadt, um dort eine vierjährige Lehre als Schmied und Wagenbauer anzutreten. 1904 konnte er in Neukölln (seinerzeit noch bei Berlin) bereits eine Fahrzeugschmiede für Pferdewagen eröffnen. 1922 kann er seinen Wagenbaubetrieb erweitern und sich außerdem der Herstellung von Omnibusaufbauten auf Fahrgestellen von Büssing, der Daimler-Motoren-Gesellschaft, der NAG, von Mannesmann-MULAG, der VOMAG und späterhin auch von Henschel widmen. Im November 1924 schaltete er in der noch jungen Fachzeitschrift »Das Last-Auto« eine Anzeige mit folgendem Text: »Fritz Gaubschat, Berlin-Neukölln, Walterstraße 32/38 (am Ringbahnhof Neukölln), Telegrammadresse: Fahrgaub - Fabrikation von Geschäftskasten- und Pritschenaufbauten, Karosserien, Lastwagen-Anhängern, Karosserien, Lastwagen-Anhängern, Last- und Personenkraftwagen sämtlicher Systeme, Groß-Reparaturwerk.« Schon frühzeitig fiel Gaubschat durch originelle Transportproblemlösungen auf.
1927 stattete das damals rund 450 Mitarbeiter-beschäftigende Werk NAG-Sattelzugmaschinen mit Schwanenhals-Sattelaufliegern in Gitterbauweise für drei große und zwei kleine (auf der Aufliegerkröpfung) Kabeltrommeln aus. 1928 bot Gaubschat bereits Kommunalfahrzeug-Wechselaufbauten an: Kombinierte Straßenkehr- und Waschmaschinenaufsätze für Elektrokarren. Ab 1930/31 kamen Frischobst-Schnelltransport-Lastzüge mit luftdurchfluteten Lattenaufbauten hinzu und geschlossene Pferdetransporter mit Begleitabteil (beide auf Büssing-Dreiachsern). Seit 1933/34 gehörten die Neuköllner zu den ersten einschlägigen Unternehmen, die dreiachsige Fernlastanhänger für 10 Tonnen Nutzlast produzierten. Mitte der dreißiger Jahre folgten auch Kühlaufbauten und -anhänger für Fernlastzüge auf dem wesentlichen 6x4-Chassis von Büssing-NAG, Henschel & Sohn und VOMAG.
Bereits Mitte der dreißiger Jahre zeichneten sich erste Geschäftsverbindungen zwischen dem aus dem Kreis Flensburg stammende Detlef Jensen und Gaubschat ab. Er

kaufte den Berlinern zwei ansehnliche stromlinienförmig gestaltete Busse ab: 1936 einen Frontlenkerwagen mit sich Richtung Heck verjüngender und geschwungener seitlicher Fensterpartie auf Büssing-NAG-Fahrgestelle 375 T (95-PS-Diesel, 33 Sitze) sowie 1937 einen gleichermaßen beeindruckenden Rundhauber auf BN 550 N-Chassis (110/120-PS-Diesel, 47 Sitze).
Außerdem karossierte Gaubschat ab 1936 eine Anzahl BN 350/ON-Fahrwerke mit Stromlinienaufbauten für die RAB-Schnellreisebuslinien der Deutschen Reichsbahn. Sie boten 22 Sitzplätze; ihre LD 6-Diesel leisteten 90/95 PS und sie erreichten Höchstgeschwindigkeiten bis 115 km/h. Für einen Radio-Mende-Reklamewagen hatten die Karosseriegestalter 1934 eine über der Rundhaube aus drei schräg gestellten Scheiben (mittig eine große sowie links und rechts eine kleine) bestehende Frontpartie geschaffen. Sie kam ab 1935/36 auch bei den Reichsbahn-Stromlinienbussen zur Geltung. Möglicherweise ging die DR-Stromlinienform seitens der Deutschen Reichsbahn insgesamt auf ein Patent oder Entwürfe des Aerodynamikers Paul Jaray zurück.
Gaubschat fiel ab Mitte der dreißiger Jahre auch durch ausgefallene Werbefahrzeuge auf, die sich pseudo-aerodynamisch präsentierten; mit dem erwähnten Radio-Mende-Solowagen und 1935 einem fast bizarren Haubensattelzug für die Großreinigung Landrock sowie 1935 wiederum mit einem Haubensattelzug, allerdings für Rotaprint-Drucker. Etwa zeitgleich kam ein sachlich ausgeführter Frontlenker-»Zieharmonikazug« (zwei plus zwei Achsen) für die BEWAG hinzu, als »Rollendes Schaufenster« für Haushaltselektrik.
Für eine Reichswirtschaftsbehörde realisierte der Busspezialist 1938/39 einen ungewöhnlichen Auftrag. Es handelte sich dabei um vier charakteristische Gaubschat-Züge mit Frontlenker-Motorwagen (Büssing-NAG 550 T- oder 650 T-Versionen) für den Propagandazug »Vierjahresplan«. Fenster gab es nur in den hohen abgekanteten Dachpartien, quasi als eine Art Dachrandverglasung. Für die Sonderschauen wurden diese speziellen Omnibus-Gelenkzüge paarweise nebeneinander geparkt, davon jeweils zwei mit dem Heck zueinander. Mit Hilfe von Längs- und Querübergängen ergaben sich zweimal 45 Meter Ausstellungslänge. Unter dem Strich ergaben sich zirka 225 Quadratmeter Ausstellungsfläche. - Reichlich 30 Jahre danach beauftragte des Bundesgesundheitsminsiterium die Firma Gaubschat, eine sogenannte Mobile Gesundheits-Einheit zu bauen. Sie bestand aus einem 20 Meter langen Omnibus-Gelenkzug und vier Sattelzügen für Früherkennungen und Vorsorgeuntersuchungen (»TÜV für den Menschen«).
Der im September 1939 ausgebrochene Zweite Weltkrieg und - wie allgemein üblich - Rüstungsaufträge bremsten auch bei Gaubschat die Weiterentwicklung vielversprechender ziviler Konzeptionen. Die Belegschaft war bis zu diesem Zeitpunkt auf rund 1000 Mitarbeiter angewachsen. Während des Krieges mußte das Werk in parallel zu seinem Gelände verlaufenden U-Bahn-Schächten sogar Rümpfe des zweimotorigen Bombers Junkers Ju 88 montieren.
Nach dem 8.Mai 1945, dem Kapitulationstag des Dritten Reiches, mußte Gaubschat neben der eigenen Trümmerberäumung zunächst zahlreiche Reparaturen auch an Straßenbahnwaggons vornehmen. Indes, die eingangs ausführlich beschriebenen Omnibus-Gelenkzüge waren ab 1948/49 wieder lieferbar, teilweise auf restlichen Vorkriegs- oder gebrauchten Fahrwerken. Ab 1949/50 gab es einzelne »D-Züge der Landstraße« gegen Aufpreis auch mit Klimaanlage, Radio und einer kleinen Bar.
Zwangsläufig wurde Gaubschat ab 1946 in die Auftragsvergabe der BVG mit einbezogen und erhielt infolgedessen ab 1950 auch Entwicklungsaufträge der nunmehrigen West-BVG. Gemeinsam mit Gaubschat, Orenstein & Koppel (O & K) und VWW-Vereinigte Werkstätten Wittenau (beider Busbau über Umwegen seit 1991/92 bei ABB-Henschel/Waggon-Union zusammengefaßt) entwickelten die Berliner Verkehrsbetriebe (BVG) auch die Aufbauten für die neuen großen Frontlenker-Nachkriegs-Doppeldecker auf Büssing 12000 T-Unterflurdiesel-Fahrgestellen mit 180 PS für 98 Personen. Unabhängig davon fertigten die Neuköllner zweiachsige Eindeck-Linienwagen und nach 1953 auch 4x2-Doppeldecker (mit Falttür vorn und offenem Zweifach-Einstieg hinten) auf Blatt/Gummi-gefederten Büssing 6000 T-Chassis mit 150 PS für 92 Fahrgäste. Ab 1964 kamen für die BVG schließlich selbsttragende, luftgefederte Doppelstockbusse

für den Einmannbetrieb hinzu (mit je einer Doppel-Falttür vorn und in Wagenmitte), mit Büssing-150-PS-Unterflurdiesel und für 99 Passagiere.

1950 gründete der damalige Inhaber, Helmuth Gaubschat, in Berlin-Britz die Tochtergesellschaft HG-Helmuth Gaubschat-Elektrowagen GmbH. Sie stellte batterieelektrisch getriebene Post- und Lieferwagen nach System Oberingenieur Krüger her, der vorher Elektronutzfahrzeug-Chefkonstrukteur bei den Bergmann-Elektrizitätswerken war. Die »Elektrischen Berliner« gab es als Kasten- und Pritschenwagen für 2,5 Tonnen Nutzlast. Die Höchstgeschwindigkeit betrug 27 km/h. Der HG-Unternehmenszweig wurde 1960 wieder aufgelöst. Das Hauptwerk pflegte neben dem Omnibusbau weiterhin den Anhänger-, Kippanhänger-, Sattelauflieger- und Spezialfahrzeugbau. Obwohl Gaubschat 1960 mit rund 350 Beschäftigten etwa 150 Fahrzeugeinheiten fertigte, ließ sich allmählich erkennen, daß die Gesellschaft zunehmend in die Abhängigkeit der BVG geriet.

Als eigenständiges Erzeugnis entwickelte Gaubschat 1956 für die Berliner Verkehrsbetriebe elektrische Oberleitungs-Omnibusse in selbsttragender Bauweise. Ein Obus wurde mit Büssing-Vorder- und Henschel-Hinterachse und sechs weitere mit Vordersowie Hinterachsen von Henschel hergestellt. Die Kasseler Triebachsen wurden durch 90-kW-AEG-Elektromotoren in Bewegung gesetzt. Mit ähnlichem Aufbau versah Gaubschat ebenfalls die fahrgestellosen BVG-Eindeck-Dieselbusse mit Büssing-Unterflurmotoren. Die Obusse wiesen vorn eine Falttür und hinten einen offenen Ein-stieg auf, während bei den vergleichbaren Einmann-Dieselwagen von 1958 eine Falttür vorn und eine Doppelfalttür in der Mitte angeordnet waren. Auch die Wagen-Bugpartien glichen sich bis auf den horizontal angeordneten Ovalgrill am Dieselbus. Statt eines Markenzeichens trugen sie wie die späteren Einmann-Doppeldecker vorn lediglich ein BVG-Bärenwappen.

Die letzte große Gaubschat-Konstruktion war 1972/73 die Doppelstock-Karosserie für die BVG-SD 73-Prototypen (Nummern 2514 und 2515) auf MAN-Büssing-Bodengittergruppe für die neue SD 200-Baureihe. Der im Heck liegende MAN-Unterflurdiesel D 2556 MUH leistete 192 PS. Gaubschat berücksichtigte beim Entwurf soweit als möglich die Empfehlungen des VÖV-Lastenheftes für Standard-Stadtlinienbusse (der ersten Generation). Dazu gehörten unter anderem je eine Doppel-Innenschwingtür vorn und in Busmitte. Über der MAN-SL 200-Bugpartie schloß sich eine SÜ 240-Front-scheibe (des MAN-Standard-Überlandlinien-Busses) an. In den MAN/Daimler-Benz-Außenplaneten-Triebachskörper war (zunächst) ein Hypoidachsantrieb integriert. Es entstand bei Gaubschat im Grunde genommen ein zweistöckiger VÖV-Standardbus mit Rollbalg-Luftfederung.

Als die Serienausführungen dann 1974/75 die Neuköllner Werkhallen verließen, standen bei Gaubschat noch 95 Menschen in Lohn und Brot. Helmuth Gaubschat, der Sohn des Gründers starb im Laufe des Jahres 1975. Am 10.November 1975 mußte das Konkursverfahren eröffnet werden. Einen jüngeren Nachfolger aufzubauen, der die Klaviatur des modernen Managements beherrscht, hatte man versäumt. Letzt und endlich war es der Wunsch des Konkursverwalters, an diesem 15.November 1975 den letzten Gaubschat-Bus an die BVG auszuliefern. Es war gleichzeitig der 1000. Bus, den der große Verkehrsbetrieb des geteilten Berlin seit Kriegsende erhalten hatte.

kW-Gaubschat Obus Typ S 56 (Foto BVG)

Geist

Ernst Heinrich Geist Elektrizitäts-AG, Köln-Zollstock, Höningerweg 133
1906

Dieses Elektrounternehmen, das 1890 von Ernst Heinrich Geist zur Fertigung von Dynamomaschinen gegründet worden war, stellte ab 1905 benzin-elektrisch angetriebene Nutzfahrzeuge unter der Bezeichnung »Dyna-Geist« her. Ein 28-PS-Argus-Motor trieb den Generator an, dessen Energie an die Elektromotoren mit einer Stirnradübersetzung an die Hinterräder geleitet wurde. Der Einbau eines Wechselgetriebes konnte dadurch vermieden werden. Das Unternehmen stellte daher in den Anzeigen hervor: Das Fahrzeug »fährt stoßlos an, wechselt stoßlos die Geschwindigkeit und hält auch stoßlos an«. Eine Schalttechnik am Kontroller ermöglichte Parallel- und Reihenschaltung zur bestmöglichen Ausnutzung der Energie. Bei einem Bremsvorgang konnten die Elektromotoren zu Dynamomaschinen umgepolt werden.
Ein Probefahrzeug wurde von der Stadt Köln angeschafft und mit einem Omnibusaufbau der Süddeutschen Automobil-Fabrik als erstes Linienfahrzeug eingesetzt. Aufgrund der zu starken Anfälligkeit des Geist-Fahrzeugs wurde dieser Versuch schon bald wieder eingestellt, zumal das Modell durch das hohe Gewicht der Doppelmotoren zu schwer geraten war. Eine Serienproduktion scheint nicht aufgenommen worden zu sein, zumal das Unternehmen plante, »sich auf die Herstellung des elektrischen Teiles zu beschränken und Automobilfabriken den Bau von Wagen mit den von ihr geschützten Konstruktionseinzelheiten zu überlassen.« 1909 gab das Unternehmen den Fahrzeugbau auf; 1912 erfolgte die Liquidation.

Gesellschaft für Automobilwagenbau

Gesellschaft für Automobilwagenbau GmbH, Berlin W, Französische Str. 49
1900 - 1901

Nach den Konstruktionen des russischen Ingenieurs Boris Loutzky stellte dieses Unternehmen neben Lieferwagen auch Omnibusse her. Einzelheiten sind leider nicht bekannt.

GfV

GfV - Gesellschaft für Verkehrsunternehmungen, Berlin, Unter den Linden 43
1899 - 1901

Die Gesellschaft für Verkehrsunternehmungen wurde 1899 zur Herstellung, zum Vertrieb und zum Betrieb von Elektroomnibussen und Lieferwagen nach Patenten der US-Firma Columbia-Automobile Co. in Hartford/Connecticut gegründet.
Teilhaber der GfV waren die Firmen Siemens & Halske, Berlin; Elektrizitäts Aktiengesellschaft, vorm. Lahmeyer, Frankfurt a. Main; Union Elektrizitäts-Gesellschaft, Berlin; Gesellschaft für elektrische Unternehmungen, Berlin; Wagenbauanstalt-Waggonfabrik für elektrische Bahnen von W. C. F. Busch, Hamburg; Motorfahrzeug- und Motorenfabrik, Berlin-Marienfelde (siehe DMG, Berlin-Marienfelde); Deutsche Gesellschaft für elektrische Unternehmungen, Frankfurt a. Main; Akkumulatorenwerke System Pollack, Frankfurt a. Main sowie die Kommerz- und Diskontobank, Frankfurt a. Main.
Die auf einem Rohrrahmenfahrgestell (nicht zu verwechseln mit Mittelrohrrahmen) aufgebauten Fahrzeuge besaßen hintere Antriebsräder mit je einem 4,5-kW-Hauptschlußmotor. Sie arbeiteten mit 650 Umdrehungen. Die Kraftübertragung erfolgte über Stirnräder. Die achsschenkelgelenkte Vorderachse war pendelnd aufgehängt. Ein, wie bei

Schiffen, senkrecht angebrachtes Steuerrad diente zur Lenkung. Die Batterien waren unter den Sitzbänken verstaut und verliehen dem Fahrzeug eine Reichweite von 20 km. Eine Besonderheit dieser elektrisch angetriebenen Omnibusse waren vier Kontaktbügel auf dem Dach, mit denen die Fahrzeuge an den Linienendpunkten Strom zum Laden einspeisen konnten. Die in damaliger Straßenbahnwagenbauart mit zwei offenen Perrons konstruierten Modelle (drei- und vierfenstriger Bauart) wogen 3,5 Tonnen und besaßen 12 Sitz- und 6 Stehplätze. Die Höchstgeschwindigkeit der auf der Berliner Linie »Kreuzberg - Anhalter Bahnhof« eingesetzten Batterie-Elektrobusse betrug 15 km/h. Über 12 Exemplare wurden hergestellt.
1901 ging das Unternehmen in der Motorfahrzeug- und Motoren-Fabrik AG, Berlin-Marienfelde auf.

GfV, Akkumulator-Omnibus mit Auflade-vorrichtung

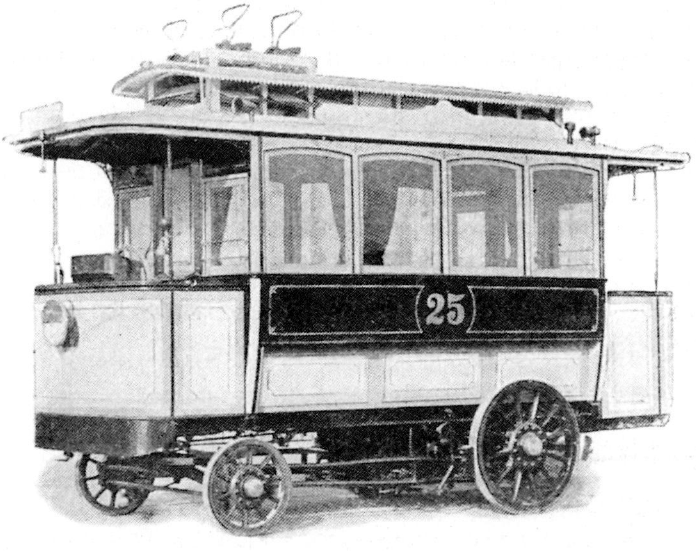

GfV, Akkumulator-Omnibus

Markus Göppel GmbH & Co.

Karosserie- und Fahrzeugbau, Augsburg, Schönbacherstr. 9
1983 - heute

1923 gründete der Wagenbaumeister Markus Göppel in der Augsburger Donauwörther Straße 11 ein Karosseriebauunternehmen, das 1925 auch erste Omnibusaufbauten anbieten konnte. 1935 erschienen erste Ganzstahlkarosserien auf MAN-Fahrgestellen. 1937 wurde das Werk an den Standort in die Schönbacherstraße verlegt.
Nach dem Zweiten Weltkrieg erstellte das Unternehmen Reisebusaufbauten auf Fahrgestellen der Firmen Büssing, Daimler-Benz und MAN. In den sechziger Jahren wurden vor allem Daimler-Benz-Modelle der Typenreihen O 302 und O 317 sowie MAN-Modelle der Typenreihen 535 und 750 in kleinen Serien aufgebaut.
Ende der fünfziger Jahre bezog die MAN das Markus Göppel-Werk immer stärker in die Gelenkbusfertigung ein. Der Aufbau der Nachläufer der Modelle 760 UO 2G sowie der späteren Modelle SG 192, SG 220 und SG 240 bildete nun den Schwerpunkt der Göppel-Fertigung.
Neben den Großserienaufbauten erstellte das Werk ab den frühen achtziger Jahren Sonderaufbauten und die MAN-Prototypen der Modelle S 80 und G 80. Auch eine Konferenzausführung des MAN-Reisebusses unter der Bezeichnung SRK 321 entstand im Göppel-Werk.
Nachdem die MAN ab 1983 wieder verstärkt motorisierte Untergruppen anbot, baute das Unternehmen nun auch wieder Komplettomnibusse in verschiedenen Ausführungen auf. So präsentierte es als Ersatz für die entfallenen MAN SR-Typen nun als Hauskarossier der MAN die auf dem Exportfahrgestell aufgebaute Ausführung 16.280 HOCL »Economy«. In Zusammenarbeit mit dem später unrühmlich bekannt gewordenen Heidenheimer Busunternehmer Wahl baute das Göppel-Werk dieses preiswert anzubietende und über die MAN-Vertriebsorganisation absetzbare Zwölfmeter-Modell auf, das für den Linien- und Gelegenheitsverkehr vorgesehen war. Um die Kosten niedrig zu halten, wurde bei dem Fahrgestell die vordere Starrachse an einer Luftfederung beibehalten. Eine geteilte oder eine durchgehende Frontscheibe konnte für das im Stil der SR-Typen entworfene Fahrzeug gewählt werden. Auf eine aufwendige Innenausstattung wurde in dem Hochbodenfahrzeug verzichtet. Darüber hinaus wurde großer Wert auf die Verwendung von Serienteilen aus der MAN-Reisebusfertigung gelegt. Neben dieser Hochbodenausführung wurden auch Normalversionen für den einfachen Kombiverkehr entwickelt.
Hinzu kam ein Kleinbus auf dem MAN-VW-Frontmotorfahrgestell 9.136 FOC in der Clubbusausführung mit 25 Sitz- und in der Linienbusausführung mit 18 Sitz- und 36 Stehplätzen.
Daneben baute das Göppel-Werk auf dem abgesenkten und mit einem verkürzten Radstand abgeänderten Exportfahrgestell seinen ersten dreiachsigen Doppeldecker unter der Bezeichnung 16.280 HOCL Do auf. Die zugefügte dritte Achse war als Schleppachse ausgeführt. Für Kunden in Japan erstellte das Unternehmen nach diesem Prototyp weitere 9 bis 12 Meter lange zwei- und dreiachsige Doppeldecker, die die MAN-Buchstaben und das Göppel-Emblem am Bug trugen.
Mit diesen halb-eigenständigen und nicht im MAN-Programm enthaltenen Modellen gelang es dem Göppel-Werk, den Rückgang der MAN-Auftragsfertigung im Bereich der Gelenkbusse mit dem Unterflurmotor zwischen den Achsen auszugleichen, zumal die MAN die immer mehr gefragten Heckantriebsmodelle (Pusher) seit 1984 aus fertigungstechnischen Gründen im Omnibus-Werk in Salzgitter in eigener Regie baute, so daß hier keine Chance mehr für das Göppel-Werk bestand.
Im Auftrag des Daimler-Benz-Werkes folgte ab 1985 der mittelgroße Standard-Linienbus auf dem Schweizer NAW-Rahmenfahrgestell BH 2 mit 136- und 170-PS-Motoren.
Ebenfalls 1985 stellte Göppel unter Verwendung von Zwölfmeter-Baugruppen ihre neuen Serien-Reisedoppeldecker unter den MAN-Bezeichnungen 22.290 HOCLN und 22.330 HOCLN vor. Auch hier zierten MAN-Buchstaben und Göppel-Emblem die

Wagenfront. Das Fahrgestell hatte hier unter dem Zusatzbuchstaben »N« eine vordere Einzelradaufhängung erhalten, um einen niedrigen Durchstieg zwischen dem Fahrerplatz und dem Fahrgastraum zu gewinnen. Im Stil der MAN-Reisebusse wurden plane Fensterscheiben verwendet. Ein schräger Tragholm führte im vorderen Wagenteil vom ersten in den zweiten Stock und begrenzte oben das erste Fenster zur Frontscheibe. 79 Personen konnten in dem mit allen Serviceeinrichtungen ausgestatteten Fahrzeug transportiert werden. Das Göppel-Werk gab dem Modell die Zusatzbezeichnung »Helicon 400«, wobei die Zahlenangabe für die Bauhöhe von 400 Zentimeter stand.
Auch in einer Superhochdecker-Ausführung präsentierte das Werk einen 56-sitzigen Luxusomnibus mit einem Unterflurcockpit und einer Lounge unter der Bezeichnung 22.330 HOCLN »Helicon 360«.
Diese Viersterne-Luxusausführungen mit einem geschlossenen Heck besaßen ZF-Automatikgetriebe, eine ABS-Einrichtung, eine Hebe- und Senkvorrichtung für das Fahrzeug sowie eine Fahrgastüberwachung durch einen Monitor. Die in kleinsten Serien hergestellten Modelle erhielten je nach Kundenwunsch eine entsprechende Motorenausstattung, so daß die PS-Angabe in der Typenbezeichnung variiert wurde.
Als Parallel-Baugröße zum Daimler-Benz Typ O 402 erschien 1987 der Prototyp des MAN-Midi-Standardbusses auf dem Fahrgestell 10.180 im Stil des SL 202-Typs der MAN. Der 6,9-Liter-Saugdieselmotor D 0826 wurde hier stehend im Heck installiert.
1989 erschien dann im Serienbau das Midi-Stadtlinienmodell unter den endgültigen Bezeichnungen SM 152 Midi und SM 182 Midi. Der erwähnte 150-PS-Motor und der im Hub verkleinerte Turboladermotor D 0826 T kommen hier zum Einsatz, die 1990 auf 156 und 186 PS angehoben wurden. 30 Sitz- und 30 Stehplätze sind in diesen Bussen vorhanden.
Als kleiner Reisebus folgte 1989 der Typ 11.180 HOCL »Clubbus« mit dem 180-PS-MAN-Motor.
Für das Daimler-Benz-Werk übernahm Göppel nun auch den Ausbau der Modelle der Baureihe O 614 D.
Die Midi-Bus-Baureihe für das MAN-Werk erhielt 1990 Niederflur-Parallelausführung. Schließlich wurde die gesamte Midi-Baureihe 1991 durch den Typ 11.190 »Niederflur« abgelöst. Gleichzeitig endete die Auftragsfertigung für den Daimler-Benz-Typ O 402. Auch der Bau der wenig gefragten Helicon-Modelle mußte jetzt eingestellt werden.
Anschließend ist noch zu erwähnen, daß das Göppel-Werk neben den genannten Modellen auch Sonderkarosserien, Bücherei-; Gefangenentransport- und Röntgenwagen sowie Wohn- und Infomobile herstellt.

Goliath

Goliath-Werk GmbH, Bremen-Hastedt, Föhrenstr. u. Osterdeich 222
1953 - 1961

Die zum Borgward-Konzern gehörenden Goliath-Werke produzierten ihren Typ »Express« ab 1953 auch als Kleinbus mit einer Dachrandverglasung. Ein 29- und ab 1955 ein 40-PS-Zweizylinder-Zweitaktmotor mit einer Benzineinspritzung kam zum Einbau. 1957 erhielt das Modell unter der Bezeichnung »Express 1100« einen 40-PS-Leichtmetall-Viertakt-Boxermotor. Im Zuge der Umstrukturierung des Borgward-Imperiums bekamen die Modelle ab 1960 die Bezeichnung »Borgward 1100«. 1961 mußte die Fahrzeugfertigung nach dem Zusammenbruch der Borgward-Gruppe aufgegeben werden.

40-PS-Goliath Kleinbus Expreß

Goossens

Waggonfabrik J. P. Goossens, Lochner u. Co., Brand bei Aachen
1924 - 1928

Die 1862 gegründete Waggonfabrik Goossens in Aachen und in Eschweiler-Aue war 1917 von der Waggonfabrik Talbot aufgekauft worden. Entgegen den Vertragsbedingungen richtete Paul Goossens mit seinen Partnern Honigmann und Lochner mit dem Verkaufserlös eine neue Waggonfabrik in Brand bei Aachen ein. Noch während des Ersten Weltkrieges fertigte das Unternehmen Spezialfahrzeuge und einige Lastwagen nach Entwürfen von Joseph Vollmer und seiner Deutschen Automobil-Construktions GmbH für das kaiserliche Heer.

Der spätere Goossens-Einheitstyp mit dem 45/60-PS-BMW-Motor (»Bayern-Motor«) wurde ab 1924 auch als Omnibusmodell bereitgestellt. Eigene Aufbauten kamen zur Verwendung.

Im Jahre 1928 mußte der 1200 Mann starke Betrieb wegen Unrentabilität die Waggon- und Nutzfahrzeugfertigung einstellen. Die Linke-Hofmann-Werke AG in Breslau übernahmen das Unternehmen, um sich die Reichsbahnquote an Güterwagen zu sichern; das Werk wurde stillgelegt und schließlich abgerissen.

Das weiterbestehende Ingenieurbüro Dr.-Ing. E. h. Goossens entwarf noch 1935 ein interessantes Obus-Projekt. Das 24-sitzige Fahrzeug vom Typ »Aachen« sollte mit einer Vierradsteuerung, einem Allradantrieb und beiderseitigen Fahrerständen (einem Janus-

Kopf ähnlich) gebaut werden. Zwei Stromabnehmer für je eine Fahrtrichtung sollten auf dem Dach angebracht werden. Es blieb bei dem Projekt.

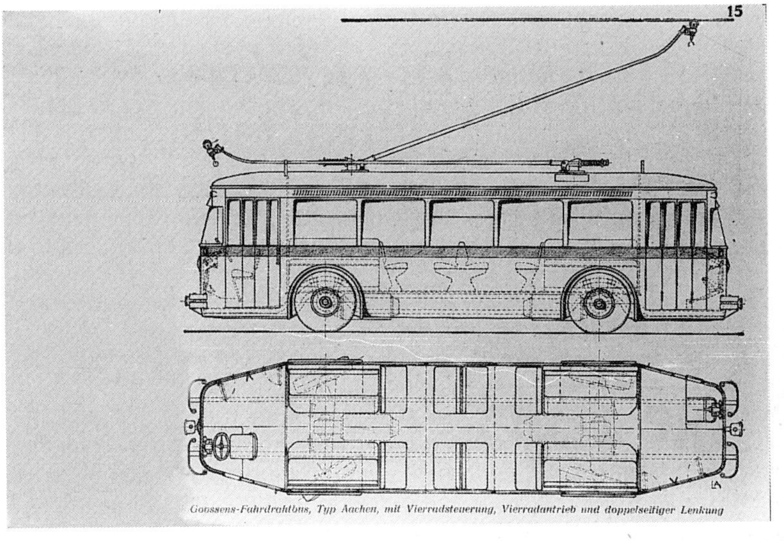

Goossens-O-Bus-Projekt Typ Aachen

Graaff

Niedersächsische Waggonfabrik Josef Graaff GmbH, Elze, Heinrich-Nagel Str. 1
1951 - 1953

Die noch heute existierende Waggonfabrik Graaff in Elze wurde 1914 gegründet und befaßte sich in erster Linie mit dem Bau von Schienenfahrzeugen wie Güter- und Straßenbahnwagen. In den zwanziger Jahren wurden zusätzlich Pkw-Rohkarossen und Omnibus-Aufbauten hergestellt. Der Zweigbetrieb in Mehle stellte Anhänger und Löschfahrzeugaufbauten her. 1950 bis 1954 lebte der Bau von Omnibussen auf. Den Anfang machte 1950 ein Omnibus in genieteter Leichtmetall-Schalenbauweise ohne separates Chassis. Konstrukteur dieses und der späteren Omnibusse war der aus dem Schienenbus- und Flugzeugbau kommende Dipl.-Ing. Hans Croseck, der in den dreißiger Jahren Schalenbau-Schienenbusse entwickelt hatte. Die unter den Bezeichnungen V1, V2 und V3 gebauten Prototypen hatten eine Länge von 10,5 Metern und wurden mit dem 135-PS-Büssing-Unterflurdiesel sowie mit bewährten Büssing-Fahrwerkselementen ausgerüstet. Ein Prototyp mit Leichtmetallblechen des VLW-Werkes stand 1951 auf der IAA in Frankfurt a. Main. Das Fahrzeug wurde in den Folgejahren in zwölf Meter Länge als Typ Büssing 6000 T »Elze« für den Stadt- und Überlandverkehr gebaut. Im Stadtverkehr durften bis zu 120 Personen zusteigen. Der Bus fand in seiner guten, reparaturfreundlichen Bauweise allgemeine Zustimmung.
Später wurden die Schaffner im Omnibus-Stadtverkehr eingespart, was eine Umstellung auf Zehn-Meter-Busse zur Folge hatte, daraufhin stellte Graaff die Fertigung der Omnibusse ein. Die Busse von Graaff versahen jedoch noch teilweise bis Anfang der siebziger Jahre ihren Dienst im Überlandverkehr.
Zwischenzeitlich entwickelte und baute das Graaff-Werk einen Schnellbus nach der Konzeption von Theodor Pekol (Oldenburger Verkehrsbetriebe) und überraschte damit 1953 auf der IAA die Fachwelt. Schöpfer des Frontlenkerbusses war wiederum Dipl.-

Ing. Hans Croseck. Der stromlinienförmige Leichtmetall-Schnellbus war in selbsttragender Bauweise erstellt und war mit dem 95-PS-Henschel-Dieselmotor 512 PG ausgerüstet. Über Doppelquerlenker, Schraubenfedern und Stoßdämpfer wurden die vorderen und hinteren Einzelräder geführt, so daß der Omnibus ein »Pkw-ähnliches Fahrverhalten« aufwies. Der Henschel-Dieselmotor, im Heck untergebracht, wurde zusammen mit einem ZF-Kleingetriebe und einem Ford-Differential zu einem Block zusammengestellt: über Halbachsen in Form von Kardangelenkwellen wurde das Antriebsmoment den einzeln aufgehängten Rädern zugeführt. Seitliche Lüftungsschlitze versorgten den Motorraum mit Frischluft. Der Kühler war hingegen in der vorderen Stirnwand des Fahrzeugs eingebaut, um den Fahrtwind zur Kühlung mit auszunutzen. Zusätzlich war ein Ventilator mit Elektroantrieb vorhanden, der die Kühlluftzuführung bei Bedarf unterstützte. Das Reserverad war neben der Maschine im Motorraum untergebracht.
Für die Beheizung wurde erstmalig eine Behr-Frischluftanlage eingebaut. Eine ZF-Roß-Lenkung und eine Perrot-Öldruckbremse mit Servowirkung auf alle Räder und eine mechanische Handbremse, auf die Hinterräder wirkend, vervollständigten die technische Ausrüstung.
Der windschnittige Schnellbus vom Typ Graaff »Ultra« (ursprünglich »Junior RI«) in seiner niedrigen Bauhöhe von nur 2,4 Metern und einem Fußboden gleich Einstiegshöhe von nur 47 cm, eingerichtet für 32 Fahrgäste, einem Eigengewicht von 4300 kg, einem Normverbrauch von 12,5 Litern pro 100 km und einem Durchschnittsverbrauch bei voller Auslastung von 13 bis 14 Ltr/100 km erreichte eine Höchstgeschwindigkeit von 120 km/h.
Die guten Fahrleistungen und Federungseigenschaften wurden zu dieser Zeit von keinem anderen Omnibus erreicht! Jedoch wurden nur drei Exemplare dieser mittleren Schnellbusse hergestellt. Dipl.-Ing. Hans Croseck ging wenig später zu den Henschel-Werken und konstruierte dort die Henschel-Schalenbau-Omnibusse.
Nach dem Abstecher in den Omnibusbau konzentrierte sich das Unternehmen wieder auf den Waggonbau sowie unter dem Namen Graaff GmbH auf die Herstellung von Spezial-Containern, Lafetten, isolierten Aufbauten und Kühlfahrzeugen.

95-PS-Graaff Ultra (Foto Graaff-Werk)

Guggemos

R. Guggemos, Passau
1953

Einen Akkumulator-Omnibus mit einem 15-kW-Motor stellte dieses Elektrounternehmen um 1952/53 her. 28 Sitz- und 22 Stehplätze wies das Fahrzeug auf. Die Höchstgeschwindigkeit betrug 37 km/h, der Fahrbereich 75 km. Auch hier sind leider keine näheren Einzelheiten bekannt.

15-kW-Guggemos Elektrobus

Gutbrod

Wilhelm Gutbrod, Motorenbau GmbH, Plochingen a. Neckar, Zweigwerk Calw
1951 - 1954

Das von dem Maschinenbauingenieur Wilhelm Gutbrod (1890-1948) und seinem Kompagnon Gustav Rau im Jahre 1926 in Ludwigsburg gegründete Motorradunternehmen wurde 1934 nach Stuttgart-Feuerbach und 1938 in ein neu eingerichtetes Werk nach Plochingen am Neckar verlegt. Ab 1934 erschienen unter dem Namen »Standard« Drei- und Vierrad-Lieferwagen. Der Herausgeber der Fachzeitschrift »Motor-Kritik«, Dipl.-Ing. Josef Ganz (1898 -1967) war an diesen Konstruktionen beteiligt. Wie das auch von ihm bei dieser Firma entworfene Kleinwagenmodell mit der volkstümlichen Bezeichnung »Maikäfer« waren die Fahrzeuge auf einem Zentralrohrrahmen aufgebaut, wobei der Motor im Heck angebracht war. Die Verwendung dieser Fahrzeugbautechnik führte zu einem aufwendigen Rechtsstreit mit den tschechischen Tatra-Werken, die ihre Ledwinka-Patente hierdurch verletzt sahen. Erst 1941 endete der Rechtsstreit vor dem Reichsgerichtshof zugunsten von Wilhelm Gutbrod, zumal die CSR zu dieser Zeit vom Deutschen Reich besetzt worden war.
Nachdem während des Krieges Dreirad-Einheitslieferwagen gebaut werden mußten, entwickelte das Werk 1949 unter Mitarbeit des ehemaligen Daimler-Benz-Flugmotorenkonstrukteurs Dr.-Ing. Hans Scherenberg, der als »Rüstungstechniker« nicht mehr bei der Daimler-Benz AG arbeiten durfte, einen Kastenlieferwagen. Für diese Transporterreihe entstand in Calw im Schwarzwald ein neues Werk.
Das Frontlenkermodell vom Typ Atlas 1000 wurde auch als achtsitziger Klein- und Hotelomnibus ab 1951 mit einer Binz-Karosserie angeboten; im Heck saß der eigene 18-PS-Zweizylinder-Zweitaktmotor. Unter der Bezeichnung Atlas 1000/3 folgte 1953

das stärkere Modell mit dem auf drei Zylinder vergrößerten 28-PS-Motor. Die rote Kunstlederpolsterung verlieh diesem von der Lorcher Karosseriefabrik Binz & Co. aufgebauten Modell seine besondere Note.
1954 endete der Kleintransporterbau. Das Calwer Werk wurde vom Haushaltsgerätehersteller Bauknecht übernommen. In Bübingen fertigt das Gutbrod-Werk weiterhin Kleintraktoren und Bodenbearbeitungsgeräte.

28-PS-Gutbrod Kleinbus 1000/3

Gottfried Hagen

Kölner Akkumulatoren-Werke Gottfried Hagen u. Cie. GmbH, Köln-Kalk, Rolshovenerstr. 114/115
1900 - 1911

Die 1827 gegründete Firma Gottfried Hagen fertigte zunächst Bleiartikel und übernahm 1888 die Lizenz zum Nachbau der englischen Tudor-Akkumulatoren. Um den Absatz der Batterien zu steigern, entwickelte das Unternehmen im Jahre 1900 elektrisch angetriebene Nutzfahrzeuge, darunter auch Omnibusse, die unter den Bezeichnungen »KAW« und »Urbanus« vertrieben wurden. Verwendet wurden Fahrgestelle der Firma Scheele und Patente der französischen Firma Kriéger für den Antriebsmechanismus.
Das Unternehmen war an der Allgemeinen Betriebs-AG für Motorfahrzeuge (ABAM) beteiligt. Die Akkumulatorenfabrik Gottfried Hagen bestand bis 1984 und wurde dann liquidiert.

Gottfried Hagen Elektro-Omnibus

Hagen und Cie.

Rudolph Hagen u. Cie. GmbH, Köln-Müngersdorf, Aachener Str.
1902 - 1903

Nachdem dieses Unternehmen unter dem Technischen Direktor und kaufmännischen Leiter Rudolph Hagen seit 1897 einzylindrige Nutzfahrzeuge mit einem Schwinghebelmechanismus gefertigt hatte, ging es 1902 zum Bau von zwei- und vierzylindrigen Fahrzeugen mit konventionellem Kettenantrieb über. Neben einer 8/10-PS-Zweizylindertype wurde ein 16/20 PS starkes Vierzylindermodell vom Typ MW 3b für 16 bis 20 Personen gefertigt. Die Höchstgeschwindigkeit betrug 12 bis 16 km/h.
Rudolph Hagen, Inhaber verschiedener Patente, war im Aufsichtsrat der Societé Francaise des Camions Automobile Hagen vertreten, die die Hagen-Modelle in Frankreich nachbaute.
Im Jahre 1903 wurde das seit 1897 Fahrzeuge produzierende Unternehmen an die Helios Elektricitäts-AG verkauft, die die Fahrzeuge bis 1906 herstellte.

**16/20-PS-
Rudolf Hagen**

Hanomag

Hannoversche Maschinenbau AG (Hanomag), vorm. Georg Egestorff, Hannover-Linden, Hanomagstr. 2 u. Hamelnerstr. 8
1. 1908, 1927 - 1928, 1935 - 1936, 1950 - 1955 Hannoversche Maschinenbau AG (Hanomag), vorm. Georg Egestorff
2. 1955 - 1956 Hannoversche Maschinenbau AG (Hanomag)
3. 1961 - 1968 Rheinstahl-Hanomag AG
4. 1971 - 1973 Hanomag-Henschel Fahrzeugwerke GmbH, Kassel, Bremen, Hamburg-Harburg

Der Kaufmann Georg Egestorff (1802 - 1868) gründete 1835 in Linden bei Hannover eine Metall-, Gußwaren- und Maschinenfabrik, aus der die spätere Hannoversche Maschinenbau AG mit dem Telegraphenkürzel Hanomag hervorging.
Das seit 1846 im Lokomotiven-, Dampfmaschinen- und im Maschinenbau tätige Unternehmen erwarb 1905 eine Unterlizenz der Firma Fried. Krupp AG auf den Bau von Dampffahrzeugen nach den Patenten von Peter Stoltz. Neben einem Dutzend Lastwagen stellte das Hanomag-Werk auch einen 14-sitzigen Dampfomnibus mit einer gekapselten, doppeltwirkenden und ventilgesteuerten Verbundmaschine mit 20/25 PS

Leistung her. Das bis zum Kriegsausbruch bei der ABOAG in Berlin eingesetzte Fahrzeug absolvierte 1908 problemlos eine Fahrt nach Paris.
Nachdem der Straßenfahrzeugbau 1908 wieder eingestellt worden war, wandte sich das Unternehmen in der Nachkriegszeit, ausgehend von dem von den Ingenieuren Fidelis Böhler und Carl Pollich konstruierten 2/10-PS-»Kommißbrot«-Pkw, wieder dem Automobilbau zu. Unter Verwendung des 2/10-PS-Frontlenker-Werkskarrens entstanden 1928 zehnsitzige »Ausflugsomnibusse in Form eines Kremsers«, bei denen auf der Pritsche Sitzbänke montiert waren.
1935 präsentierte das Werk innerhalb einer Bauserie von 100 überaus modernen Frontlenkerfahrzeugen der Typenbezeichnung HL 3,0 - 3,5 einen in nur wenigen Exemplaren gefertigten Stadt-Omnibustyp. Das Fahrzeug ging auf eine Konstruktion des 1931 von den Büssing-Werken kommenden Oberingenieurs Paul Arendt zurück, der hier den auf 60 PS gesteigerten Hanomag-Vierzylinder-Dieselmotor HL 55 liegend in Fahrzeugmitte am Rahmen einbaute. Entsprechende Umbauten sorgten für den problemlosen Ölkreislauf dieses Unterflurmotors. Der Kühler saß an der Stirnfront des Fahrzeugs.
Wenn auch der reichlich verglaste Omnibus auf einem Hochrahmen-Lkw-Fahrgestell aufgebaut war, um die Maschine günstig unterbringen zu können, und somit ungünstige Einstiegsmöglichkeiten aufwies, so stellte dieses Modell neben dem Büssing-HAWA-Bus die erste derartige Omnibuskonstruktion in Deutschland dar.
Aufgrund der wirtschaftlichen Schwierigkeiten des Hanomag-Werkes in dieser Zeit wurde der Lkw-Bau jedoch schon bald wieder eingestellt. Im Nutzfahrzeugbereich konzentrierte sich das Unternehmen auf die Herstellung von Zugmaschinen. Oberingenieur Paul Arendt ging zu den Büssing-Werken zurück.
Mit der Aufnahme des Schnell-Lkw-Baus bot das Unternehmen 1950 einen Klein-Omnibustyp auf dem 1,5-Tonnen-Fahrgestell an. Das Basisfahrzeug war übrigens von dem enteigneten Besitzer des Phämomen-Werkes, Dipl.-Ing. Rudolf Hiller und seinem mitgeflüchteten Ingenieurstab entwickelt worden. Der ursprünglich vorgestellte 45-PS-Dieselmotor wurde in der Serie auf 50 PS gesteigert. Ab 1953 wurde ein teilsynchronisiertes Fünfganggetriebe eingesetzt, das im Gegensatz zur Lenkradschaltung der Lkw-Ausführung mit einer Mittelschaltung versehen war. Das 15-sitzige Modell wurde in 279 Exemplaren vor allem mit Kässbohrer-Aufbauten hergestellt, wobei auch Luxusversionen mit aufwendiger Dachrandverglasung gefertigt wurden. Insbesondere die Deutsche und die Österreichische Bundespost übernahmen größere Stückzahlen.
1953 kam das mit einem Roots-Gebläse auf 65 PS gesteigerte Modell auf dem 2,5-Tonnen-Chassis hinzu. Der 18-sitzige Omnibus besaß nun ein synchronisiertes Fünfganggetriebe. 105 Ausführungen wurden von diesem Typ hergestellt.
Nur in einem Exemplar dagegen entstand 1956 noch auf dem 1,75-Tonnen-Chassis ein Postomnibus für 17 Fahrgäste.
Die Firma Kässbohrer stellte 1955 einen 17-sitzigen Frontlenker-Kleinbus mit dem auf 70 PS angehobenen Gebläse-Motor vor, der jedoch nicht mehr in den Serienbau ging.
1956 kam durch den Modellwechsel mit dem für den Omnibusbau ungünstigen Fahrgestell der Chassisbau zum Erliegen.
Nachdem das Hanomag-Werk 1957 von der Rheinstahlwerke AG erworben worden war, erhielt das Werk die Bezeichnung Rheinstahl-Hanomag AG, Hannover. Zuvor schon war die Hans Vidal u. Sohn Tempo-Werk GmbH in Hamburg-Harburg übernommen worden.
Nachdem 1960 der Frontlenker-Kastenwagen Kurier II herausgekommen war, der gegenüber dem Pritschen-Kurier-Typ eine kantigere Vorderfront und eine anders gestaltete Panoramascheibe erhalten hatte, erschienen wieder in kleiner Stückzahl Omnibusse, die vor allem an Sendeanstalten und Institute abgegeben wurden. Das Fahrzeug war auf einem stabilen Kastenrahmen (im Gegensatz zum U-Profil-Rahmen des Kuriers) aufgebaut. Zunächst kam die 50-PS-Maschine zum Einsatz, die 1963 auf 60 PS gesteigert wurde. Auch eine gleichstarke Vergaser-Kurzhubmaschine, die von dem einstigen Borgward-Motorenkonstrukteur Dipl.-Ing. Karl Ludwig Brandt entwickelt worden war, konnte eingesetzt werden.
Unter der Phänomen-Traditionsbezeichnung »Garant«, die man dem Zittauer Robur-Werk entzogen hatte, konnte dieser Spezial-Omnibus auch mit der 65-PS-Gebläse-

maschine und ab 1963 mit dem einstigen Borgward-70-PS-Dieselmotor ausgestattet werden, der nach dem Ricardo-Wirbelkammer-Verfahren arbeitete.
Mit dem letzten Modellwechsel von 1968 endete auch diese Hanomag-Omnibus-Fertigung.
Der Hanomag-Fahrzeugbau war 1961 in das aufgelöste Borgward-Werk nach Bremen verlagert worden, nachdem die Rheinstahl-Hanomag AG einen Teil des Borgward-Geländes und der Hallen erworben hatte. Der Motorenbau verblieb hingegen im Hannoveraner Werk.
1968 erfolgte der Zusammenschluß des Hanomag-Werkes mit dem Henschel-Werk in Kassel zur Hanomag-Henschel Fahrzeugwerke GmbH (HHF), nachdem die Rheinstahlwerke AG das Bremer Werk ausgegliedert hatte. Gleichzeitig pachtete die Daimler-Benz AG die HHF mit den Werken in Bremen, Hannover, Hamburg-Harburg und Kassel.
In den Jahren 1973 und 1974 erwarb die Daimler-Benz AG die gesamten Aktienanteile der HHF, wobei der Aufbau eines zweiten Produktions- und Vertriebsnetzes an Nutzfahrzeugen zunächst geplant war.
Im Verlauf der Übernahme durch die Daimler-Benz AG erschienen in den Jahren 1971 bis 1973 die DB-Kleinbusse O 309 auch unter dem Hanomag-Henschel-Schriftzug mit einer leicht veränderten Frontpartie. Daimler-Benz-Dieselmotoren mit 60 und 85 PS oder eine 85 PS starke Vergasermaschine kamen zum Einbau in die Parallelbautypen. Je nach Radstand konnten 17 oder 21 Sitzplätze angeboten werden.
Im Frühjahr 1973 legte die Daimler-Benz AG den Fahrzeugbau der Hanomag-Henschel Fahrzeugwerke GmbH still. Das Bremer Werk wurde für den Transporter- und später für den Pkw-Bau umgerüstet

20/25-PS-Hanomag Dampfomnibus System Stoltz

10-PS-Hanomag Typ 2/10

55/60-PS-Hanomag HL 3,0-3,5

50-PS-Hanomag L 28 Clubbus (Foto MB-Archiv)

50-PS-Hanomag L 28 Stadtbus

70-PS-Hanomag Clubbus-Prototyp

65-PS-Hanomag Garant (Foto MB-Archiv)

Hanomag-Henschel F 45 (Foto MB-Archiv)

Harmening

Hermann Harmening KG, Fahrzeug- und Karosseriefabrik, Bückeburg, Hannoversche Str. 21
1954 - 1956

Die 1879 gegründete Hof-Wagenfabrik Hermann Harmening begann um die Zeit des Ersten Weltkrieges mit dem Bau von landwirtschaftlichen Nutzfahrzeugen. 1926 kam der Bau von Omnibuskarosserien hinzu, vor allem auf Fahrgestellen der Marke Ford. Ende der dreißiger Jahre übernahm das Unternehmen einen Großteil des 500-Omnibuskarosserien-Auftrages, den der Verkehrs-Unterstaatssekretär und Kraftfahrwesen-Generalbevollmächtigte, Generalmajor Adolf von Schell, im Rahmen eines Sonderprogramms der Reichsregierung an die Waggonfabrik Gebr. Credé & Co. vergeben hatte, die aber nicht in der Lage war, diese Stückzahlen zu erfüllen. Auf dem VOMAG-Lkw-Fahrgestell 4,5 LHG 448 und dem Omnibus-Fahrgestell 4,5 OHG 460 entstanden Holzgasomnibusse in der von Prof. Dr. Josef Dieters entwickelten »Integral-Leichtstabil-Bauweise«. Der in Gemischtbauweise mit Holz und dünnwandigen Stahlblech-Hohlprofilen errichtete Wagenkörper war mit Kunststoff verleimten und geformten Delignit-Sperrholzplatten verkleidet, so daß einerseits ein geringes Wagengewicht erzielt werden konnte und andererseits nur wenige, der Rüstungsindustrie vorbehaltene Blechteile verwendet werden mußten. Die Generatoranlage war im Heck integriert. Die 100 PS starken und vor allem bei der Reichspost eingesetzten Fahrzeuge boten 36 Sitz- und 15 Stehplätze.
Nach dem Krieg beschlagnahmte die englische Besatzungsmacht große Teile des Werkes und gab sie erst 1951 wieder frei. In den verbliebenen Werksanlagen karossierte das Unternehmen zunächst Ford-Omnibusse und Lastwagen für die Besatzungsmächte. Ende der vierziger Jahre wurden dann auch Daimler-Benz-, FAUN-, Henschel- und Krupp-Südwerke-Fahrgestelle mit Omnibuskarosserien versehen. Vor allem die Henschel-Frontlenker-Omnibusse HS 100 N und 120 N mit dem vorn installierten Motor erhielten Karosserien mit Integral-Stahlgerippen.
Nachdem 1954 mit Daimler-Benz-Teilen das Modell »MBO« als 39-sitziger Reisebus erschienen war, präsentierte das Harmening-Werk 1955 einen 24-sitzigen, stromlinienförmigen Reisebus. Das unter der Bezeichnung »HKB Clubbus« geführte Modell besaß in der weiterentwickelten Integral-Bauweise eine Rahmen-Bodenanlage mit zwei geknickten Profilblechen mit Querblechen, so daß dadurch gleichzeitig der Unterflurkofferraum gebildet wurde. Auf diesen Unterbau war das Gitterskelett der Karosserie aufgeschweißt. Der 85-PS-Vierzylinder-Henschel-Werk 517 D 4 wurde mit einem synchronisierten Fünfganggetriebe auf einem ausziehbaren Hilfsrahmen im rückwärtigen, gabelförmigen Ende der Bodengruppe eingebaut.
Neben dem Clubbus bot das Unternehmen erfolglos einen 2,75-Tonnen-Lkw mit einem luftgekühlten MWM-Motor an; diese Maschine war eigentlich für den Clubbus vorgesehen. 1958 erwarb das Fahrzeugwerk Kannenberg (FAKA) das Bückeburger Unternehmen und führte die Omnibusproduktion zunächst weiter.

85-PS-Harmening HKB-Clubbus

Helios

Helios-Elektricitäts-AG, Köln-Ehrenfeld, Venloerstr. 379 - 389
1903 - 1906

Die Elektrofirma Helios übernahm 1903 die Patente und Fabrikationsanlagen der Firma Rudolf Hagen und fertigte neben den Hagen-Modellen auch einen eigens entworfenen, elektrisch angetriebenen Omnibus. Lizenzen für die Helios-Fahrzeuge wurden an Unternehmen in Paris und in Sheffield vergeben. Die wenig erfolgreiche Automobilfertigung sowie die Herstellung von Straßenbahnwagen wurde 1906 eingestellt. Für Jahre stand die Helios AG in Liquidation und wurde 1917 endgültig aufgelöst. Noch heute erinnert der Helios-Turm in Köln an dieses Unternehmen.

Henschel

Henschel & Sohn GmbH, Kassel-Mittelfeld, Henschelstr. 1
1. 1925 - 1928 Henschel & Sohn GmbH
2. 1928 - 1937 Henschel & Sohn AG
3. 1937 - 1945 Henschel & Sohn GmbH
4. 1945 - 1048 Hessische Industrie- und Handels GmbH (Hessia)
5. 1948 - 1957 Henschel & Sohn GmbH
6. 1957 - 1963 Henschel-Werke GmbH

Das Haus Henschel & Sohn ging aus der 1705 eingerichteten Hessisch-Fürstlichen Stück-Gießerei in Kassel hervor, die 1785 von Georg Christian Henschel erworben wurde. 1848 wurde dort die erste Lokomotive gebaut. Gleichzeitig verlegte sich die Glocken- und Geschützgießerei sowie die Maschinenfabrik auf den Eisenbahnsektor und stellte neben Lokomotiven auch Eisenbahnmaterial her.
Da nach dem Ersten Weltkrieg die Aufträge der Bahnverwaltungen drastisch zurückgingen, suchte Henschel & Sohn unter der Leitung von Oscar R. Henschel (1899 - 1982) nach einem neuen Geschäftszweig. Im Dezember 1925 wurde das Werk mit der Schweizer Nutzfahrzeugfabrik Franz Brozincevic in Wetzikon über den Nachbau eines Fünftonners handelseinig. Die Lizenz bezog sich auf den FBW-Typ Z, einen kardanwellengetriebenen Lkw für 5 Tonnen Nutzlast mit dem neuen FBW-Vierzylinder-Z-Ottomotor mit 6,6 Liter Hubraum und 50 PS. Auf der Basis dieses Typs entstand noch 1925 im Henschel-Werk Mittelfeld ein gleichartiges, vollgummibereiftes Fünftonnen-Baumuster mit offenem Fahrerhaus und »Cabrio-Verdeck«. Luftbereift und mit Fester, seitlich offener Fahrerkabine erhielt der verbesserte FBW-Lizenztyp 1927 die Henschel-Typenbezeichnung 3 A 1. Den neuen H&S-Geschäftsbereich für den Lastwagen- und Omnibusbau leitete anfänglich Dr.-Ing. Richard Fichtner (1878 - 1937).
Die 1925 zunächst in drei Exemplaren gefertigten Henschel-Omnibusse stellten mit ihren etwas tiefer angeordneten Rahmen bereits eine gewisse Weiterentwicklung des Lizenz-Produktes dar. Die luftbereiften 3 B 1-Busse faßten 24 Personen und erreichten 45 km/h. Der durch Henschel auf 8,6 Liter vergrößerte Vierzylinder-Ottomotor mit hängenden Ventilen leistete ebenso 50 PS wie im Lkw. Eine Motorbremse kam als dritte Bremse zur Hand- und zur mechanischen Vierradbremse hinzu. Bei dieser Motorbremse wurden durch Verschieben der Nockenwelle die Auslaßventile geschlossen. Dadurch erzielte der Motor eine Bremswirkung. Er arbeitete praktisch wie ein Kompressor. Noch im Dezember 1925 konnten die ersten H&S-Omnibusse an die Barmer Bergbahn AG ausgeliefert werden.
1926 kam das Ursprungsmodell, modifiziert als Typ 3 B 2N mit einem Niederrahmen und einem aufgebohrten Motor mit 60 PS heraus, dessen Leistung man wenig später auf 63 PS steigerte. Gleichzeitig ging das Unternehmen zur Verwendung von Stahl-Holz-Karosserien der Firma Credé über. Ab 1927 bot Henschel & Sohn den neuen 4 B 1 auch mit 60-PS-Deutz-Dieselmotor an. Erstmals wurden hier Ganzstahlaufbauten von Schumann in Werdau/Sachsen verwendet. Von 1929 bis 1930 lief dieses Modell unter

der Bezeichnung 4 B 2.
Als neuer Chefkonstrukteur des Nutzfahrzeugbaus wurde 1927 der ehemalige Büssing-Oberingenieur Paul Filehr (1884 - 1964) verpflichtet, der diese Funktion bis 1949 ausfüllte. Aufgrund der wirtschaftlichen Schwierigkeiten der endenden zwanziger Jahre wurde Henschel & Sohn 1928 von einer GmbH in eine Aktiengesellschaft umgewandelt. Damit öffnete sich das Unternehmen dem Kapitalmarkt.
Mit einem 85/100-PS-Sechszylindermotor mit gleichen Kolbenmaßen wie die 60/63-PS-Vierzylindermaschine wurden 1928 die Modelle 4 D 3 und 4 D 4 vorgestellt. Die Karosserien für die 28- und 33-sitzigen Fahrzeuge fertigten Schumann in Werdau und Trutz in Coburg, wobei Anfang der dreißiger Jahre auch einige Exemplare mit Holzgasgeneratoren ausgestattet wurden.
Mit einem von Paul Filehr entworfenen, relativ leichtem Dreiachsfahrgestell erschien gleichzeitig der Typ 34 C 3 beziehungsweise 34 D 3 mit 85/100-PS-Ottomotor. Die Hinterachsen waren ähnlich wie beim Büssing-6x4-Typ über Doppelfedern und einem Waagebalken abgestützt. Der Antrieb erfolgte bei H&S über zwei Kardanwellen mit Schneckengetrieben. Den beiden ersten (1928) H&S-6x4-Omnibussen lag prinzipiell ein zum Niederrahmen-Chassis abgewandeltes Fahrgestell der Henschel-Geländewagen 33 B 1 (65 PS) und 33 D 1 (100 PS) zugrunde. Das 34 D 3-Modell wurde im wesentlichen bei der Waggonfabrik Gebrüder Credé & Co. karossiert und mit 30 Sitzen ausgestattet.
Auf der Berliner Automobilausstattung 1931 führte Henschel & Sohn ein Frontlenker-Fahrgestell mit Frontantrieb vor, nachdem die Kasselaner die entsprechenden Rumpler-Patente erworben hatte. Es sollte für Omnibus- und Lkw-Aufbauten verwendet werden; ein Serienbau kam jedoch nicht zustande. Das Werk Werdau der Linke-Hofmann-Busch hatte dafür einen Omnibusaufbau für 31 Personen entworfen. Gebaut wurden indes 1933 von LHB auf der H&S-Rumpler-Vorderradantriebs-Basis für die Deutsche Reichsbahn drei 100-PS-Schienenomnibusse mit jeweils 34 Sitzplätzen (Baureihe VT 133 006-008).
Nachdem das Unternehmen 1930 mit dem Lizenzbau der Acro-Luftspeicher-Dieselmotoren einige Modelle mit derartigen Selbstzündermotoren ausgestattet hatte, wurden ab 1932 eigene Luftspeicher-Dieselmotoren nach Lanova-Patenten des einstigen MAN-Ingenieurs Dr. Franz Lang ins Programm aufgenommen. Bei diesem Verfahren wurden 18 Prozent der Verbrennungsluft im Luftspeicher zur Initialzündung gebracht.
Zwischen 1929 und 1930 konzipierten die Kasselaner unter Paul Filehr ein Fahrgestell für schwere Lkw und große Omnibusse. Es handelte sich dabei um ein universell verwendbares, relativ niedriges Chassis mit brillenartig über die Hinterachsen geführten Rahmenwangen, zunächst mit dem F-Ottomotor ausgerüstet (120 PS/11,8 Liter Hubraum). Der 35 F 3-Fahrgestelltyp war indes von den Henschel-Ingenieuren auch für den Einbau anderer, noch in Entwicklung befindlicher Motoren ausgelegt. Mit Gebrüder Credé & Co.- und anderen Aufbauten versehen, umfaßte das Platzangebot des 35 F 3-Busses 30 Sitz- plus Stehplätze oder 45 bis 55 Sitze, teilweise mit klappbaren Notsitzen zwischen den Sitzreihen. Laut RDA-Typenbuch 1932 konnte dieses erste große Henschel & Sohn-Dreiachsbaumuster auch mit Sechszylinder-J-Diesel (125 PS/11,8 Liter Hubraum) als Typ 35 J 3 und sogar mit einem H-Doppel-Ottomotor (250 PS/21,7 Liter) als Typ 35 H 3 bestellt werden.
Außergewöhnliche Henschel-Konstruktionen waren die ab 1933 gebauten dampfbetriebenen Lastwagen- und Omnibus-Einzelstücke. Das Unternehmen hatte hierzu eine Lizenz für den Bau von Hochdruck-Dampferzeugern der amerikanischen Erfinder Warren und Abner Doble erworben und diese Anlage in einige Schienenfahrzeuge (Triebwagen und Kleinloks) eingebaut.
Unter dem Lokomotivkonstrukteur Richard Roosen (1901-1980) rüstete das Unternehmen neben Lastwagen erstmals auch einen Haubenomnibus mit der 100 PS leistenden, doppeltwirkenden Hoch- und Niederdruck-Verbundmaschine aus. Der erste »Dampfer« wurde 1933 für die (Wuppertal-) Elberfelder Bahnen gebaut, auf Basis eines Viertonnen-Omnibus-Fahrgestells. Das vor der Hinterachse angeflanschte Aggregat ermöglichte dem getriebelosen und nahezu geräuschlos arbeitenden Fahrzeug, eine Höchstgeschwindigkeit von 75 km/h. Das Henschel-Doble-Modell wies eine hervorra-

gende Beschleunigungsfähigkeit auf. Als Heizmaterial diente billiges Braunkohlenteeröl. Ein Injektor führte mit der Verbrennungsluft das Öl dem Brenner zu. Ein zunächst elektrisch, mit Erreichen der Betriebstemperatur vom Abdampf angetriebener und thermostatisch geregelter Lüfter erzeugte den Luftstrom. Das Ingangsetzen der Anlage dauerte angeblich nur einige Minuten. 33 Sitzplätze wies der zweite Henschel-Hauben-Dampfomnibus auf, der von 1934 bis 1939 mit längeren Unterbrechungen bei der KVG Sachsen in Betrieb war. 1939 wurde der 120-PS-Dampfwagen an Henschel zurückgegeben, um technische Verbesserungen einbauen und um die Stopfbuchsen sowie die Lüfteranlage besser abdichten zu lassen. Während des Krieges wurde dieses Modell zerstört. Das Niederrahmen-Chassis der Viertonnen-Gesamtgewichtsklasse besaß einen gebrauchten Lindner-Aufbau eines KVG-VOMAG-Omnibusses.
1936 wurde noch ein 120-PS-Dampfomnibus in Frontlenkerbauweise mit einer Wegmann-Karosserie und einer vollständigen Pekaglas-Sicherheits-Verglasung vorgestellt (siehe auch Kapitel Wegmann & Co.). Der Dampferzeuger war hier im Heck eingebaut und wurde bei weiteren Frontlenker-Dampfbussen mit in den Aufbau integriert (unter anderem für Bielefeld und die Bremer Vorortbahnen).
Ein interessantes Modell war ab 1931 der dreiachsige Frontlenker-Omnibus 35 H 3N mit einem 250 PS leistenden Zwölfzylinder-Doppelmotor. Er verfügte über 21,7 Liter Hubraum und basierte quasi auf zwei R-6-Ottomotoren des Typs F mit 125 PS. Vor dem Antrieb wurde die Kraft mittels winkelverzahnter Räder am Ende der beiden Kurbelwellen vereinigt und auf die eigentliche Antriebswelle (hinter der rechtsseitigen Sechszylinderreihe) übertragen. Eine gemeinsame Nockenwelle sorgte für den Synchronlauf der in einem gemeinsamen Motorgehäuse nebeneinander eingegossenen Zylinderreihen. Das Abschalten eines Motorteils war daher im Gegensatz zum Büssing-NAG-Doppelmotormodell nicht möglich. Das Getriebe war mit einem Zusatzgetriebe, Hochgetriebe genannt, verbunden, das die Gangzahl verdoppelte.
An den Enden der zwei übereinanderliegenden Federpakete, die in ihrer Mitte am Rahmen befestigt waren, wurden die Achsen abgestützt. Eine seitlich versetzte Kardanwelle trieb über ein Vorgelege die erste Hinterachse an. Die nachfolgende Achse wurde dann direkt angetrieben. In brillenförmigen Öffnungen im Rahmen konnten sich die freischwingenden Achsen bewegen. Es konnte somit eine niedrige Bauart erzielt werden. Den 60 Personen fassenden Aufbau des Großraum-Frontlenkers steuerte Trutz bei. Den 250-PS-Bus stellte die Deutsche Reichspost im Raum Dresden als »Eilwagen« in Dienst gestellt.
Zu Beginn der dreißiger Jahre fingen die Nutzfahrzeughersteller, Transport- und Verkehrsbetriebe sowie einige Reichsbehörden an, sich mit Generatorgasanlagen und dem Betrieb mit Festkraftstoffen auseinanderzusetzen. Es wurde sowohl über Nachrüstungen als auch über die konstruktive Integration von vornherein nachgedacht. Der letztgenannten Methode hatte sich um 1931/32 Prof. Dr.-Ing. Josef Deiters (1893 - 1940) verschrieben. Er entwickelte Leichtstahl-Stabilaufbauten als in sich geschlossene, tragende Wagenkörper und komplettierte sie vorn (außen) mit dem Antriebsaggregat, mit Imbert-Holzgasgenerator links im Heck sowie mit Kraftübertragungselementen und Fahrwerkskomponenten. Prinzipiell handelte es sich bei diesen Bussen um selbsttragende Fahrzeugeinheiten.
Dr. Deiters arbeitete ab 1932/33 eng mit der EVA/Triebwagen- und Waggonfabrik Wismar und mit Henschel & Sohn zusammen. Die Imbert-Generatorgesellschaft brachte in der Folgezeit einmal zu Papier: »Bei dem ersten eigens für Holzgasbetrieb konstruierten deutschen Autobus hatte Deiters nicht nur den Generator, sondern auch Kühlschächte und Dachbehälter für Reserveholz in den selbsttragenden Aufbau mit einbezogen beziehungsweise integriert.«
Diesen Henschel/EVA/Imbert-Schiebetürenbus beschaffte 1933 die Rostocker Straßenbahn. Dr. Deiters hatte den Henschel-D-Ottomotor außerhalb der Wagenzelle und gänzlich vor der Vorderachse unter einer langen Haube angeordnet. Der 10,9-Liter-Motor leistete bei Benzinbetrieb 100 PS und bei Holzgasbetrieb 80 PS. Dem ersten Bus folgten in der Ostseehansestadt 1934/35 noch zehn weitere, geringfügig modifizierte Holzgasbusse, gleichermaßen mit Henschel-Fahrwerkstechnik und EVA-Wagenkörpern. Als Kraftquellen dienten nunmehr H&S-F-Ottomotoren mit 11,7 Liter Hubraum.

Sie brachten es auf 120 PS beziehungsweise auf 95/100 PS bei Gasantrieb.
Neben Rostock setzten ab 1935 auch der Kreis Stormarn und der Städtische Kraftwagenbetrieb Göttingen Holzgasbusse ein, gebaut mit Henschel-Motoren und (wiederum mit Schiebetüren) nach integralem System Dr. Deiters. Die niedersächsische Universitätsstadt kaufte bis 1939 mehr als fünf Wagen, zum Teil mit Wagenkörpern von Wegmann & Co. und auch mit solchen von Gebrüder Credé & Co.. Die Wagen der letzten Lieferung sahen mit ihren Trilex-Rädern richtig elegant aus.
Mit 65-PS-Vierzylinder-O-Leichtdieselmotoren versah das Unternehmen ab 1934 die kleinen Omnibusmodelle 28 O 1, geeignet für 25 Fahrgäste. Schon ein Jahr später wurde dieser O-Dieselmotor durch Aufbohren auf 70 PS Leistung angehoben. Der Münchener Karosseriebauer Rupflin komplettierte 1935/36 ein 6x4-Omnibusfahrgestell 36 J 3N mit einem aerodynamisch ausgebildeten Schnellreise-Busaufbau nach Paul Jaray-Lizenz. Der ein Einzelstück gebliebene Sechsradbus besaß den 125 PS leistenden J-Dieselmotor.
Bis 1939 konnte dann das ursprüngliche 28 O-Baumuster als 70-PS-Dieselbus 30 T 2N geliefert werden, wobei die Kunden auch einen 100-PS-S-Diesel mit einem Fünfganggetriebe erwerben konnten. Mit Stromlinienkarosserien von Credé nach Jaray-Stil konnte dieses 100-PS-Modell eine Höchstgeschwindigkeit von 125 km/h erreichen. Von einem 95/100-PS-Dieselmotor wurden die Stromlinienomnibusse 38 S 3N für die Schnellreise-Autobahnlinie der Deutschen Reichsbahn angetrieben. Mittels Schnellganggetriebe erreichten sie 91 km/h.
Weitere beachtliche Konstruktionen stellten die großen, für Lkw und Omnibusse vorgesehenen Fahrgestelle 35 und 36 W 3 mit ihrer imponierenden Motorhaube dar. Sie besaßen gewaltige R-8-Dieselmotoren. Das W-Kraftwerk schöpfte aus 15,7 Liter Hubraum ab 1935 zunächst 160 PS und von 1936/37 an sogar 175 PS; eine für die damalige Zeit satte Dieselleistung. Die Niederrahmen-Varianten gingen zu verschiedenen Karosserieherstellern. Bekannt sind jedenfalls Ausflugs- beziehungsweise Überlandaufbauten von der Waggonfabrik Gebrüder Credé & Co.: von 1935 mit noch kantiger Motorhaube sowie (35 W 3N mit 160 PS) ab 1939 mit eleganter runder Motorhaube (36 W 3 N mit 175 PS). Die Waggonfabrik Wegmann & Co. karossierte 1937 wohl eines der ersten Fahrgestelle für die Kasseler Omnibus-Gesellschaft mit 175 PS und formschöner runder Langschnauze. Dieser 36 W 3N-Großomnibus verfügte über 54 Sitzplätze.
Auf der IAMA 1935 in Berlin präsentierte Henschel das Dreiachsfahrgestell für eine geplanten Reichsautobahn-Schnellreise-Luxusbus. Der Typ 68 BX 2 besaß einen 300 PS starken Zwölfzylinder-Boxer-Dieselmotor mit 31 Liter Hubraum. Das Antriebsaggregat war vor der Vorderachse längs und mittig unter dem Fahrerplatzbereich installiert. Der Hersteller hatte sich einige Kniffe der Motorunterbringung patentieren lassen. Der großvolumige Boxerdiesel trieb über das Schalt- und über ein Henschel-Hochganggetriebe mit Hilfe eines geteilten Kardanwellenstrangs die erste und die zweite Hinterachse an. Das mit sechs Riesenluftreifen ausgestattete Fahrgestell wurde nach der Autoausstellung offenbar keiner weiteren Verwendung zugeführt.
Für die Reichshauptstadt Berlin stellten die »Henschelaner« in Kassel 1939/40 einen der drei Frontlenker-Doppelstockbus-Prototypen der BVG-Bauart HS DO 36 (Nr. 625) auf die Räder. Seine Kraftquelle war ein Henschel U-Diesel mit 175 PS Leistung. Der R-6-Motor verkörperte im Baukastensystem mit 15,34 Liter Hubraum und gleichem Bohrungs-/Hubverhältnis (135 mm Durchmesser und 180 mm Hub) praktisch eine Hälfte des 31-Liter-Zwölfzylinder-Boxerdiesels BX mit 300 PS. Das Henschel-Frontmotorchassis (Radstand 4,4 plus 1,45 Meter) erhielt einen 10,13 Meter langen Stahlaufbau, auf den das in Holz gefertigte Oberdeck mit 36 Sitzplätzen aufgesetzt wurde. Im Unterdeck befanden sich 32 Sitze und 10 Stehplätze. Der Kriegsausbruch im September 1939 blockierte indes die Aufnahme der Serienproduktion, so daß es bei den Prototypen, auch von Büssing-NAG (Bü DO 36, Nr. 626) und Daimler-Benz (DB DO 36, Nr. 627), blieb.
Die Entwürfe zu diesen »standardisierten« Frontlenker-Doppeldeckern stammten aus dem Jahre 1936 (siehe auch Kapitel Büssing) ebenso, wie die Entwürfe zu einer erneuten Hauben-Doppelstockbusfamilie, den Baumustern HS D 38, Bü D 38 und DB D 38. Unter ihren einheitlichen Motorhauben mit dem jeweiligen Markenzeichen am Kühler

(ohne Maske) befanden sich die gleichen Dieselmotoren (H&S-»U«, BN-»DMD« mit 175 PS und DB-»OM 49« mit 200 PS). Im Gegensatz zu den DO 36-Frontlenkern lief für die D 38-Hauber 1938/40 eine gewisse Serienproduktion an. Henschel & Sohn lieferte zehn Wagen (BVG-Nummern 390 bis 399). Sie erforderten offenbar eine geringe Konzeptabstimmung zwischen der Technischen Abteilung der BVG und den Herstellern.
Mit modernen Dachrandverglasungen erschienen nun die weiterentwickelten 38 S 2N/3N-Typen als Modelle 40 S 2N/3N. Vor allem die Wehrmacht und die Reichspost erwarben die bis kurz vor Kriegsende gebauten Typen. Sie erhielten zumeist Ludewig- und Talbot-Karosserien. Um den Betrieb mit Holz- und Treibgas zu ermöglichen, stellte das Werk 1938 die Otto- und Diesel-Baumuster 30 BA 2N und 4 J 5N mit 65- und 120-PS-Motoren her. Die vor allem von der Reichspost bestellten Modelle erhielten Einheitsaufbauten.
Im Jahre 1937 wurde das Unternehmen wieder in eine GmbH zurückverwandelt. Zum Leiter des Henschel-Nutzfahrzeugbaus ernannte das Werk 1938 den Oberingenieur Erich Gruel (1894-1958), der zuvor als Ingenieur bei den Firmen AGA, Horch, Schüttoff, DKW und BMW gearbeitet hatte. 1942 wanderte er dann zur Büssing-NAG ab.
Ab 1934/35 gelangten weiterentwickelte Henschel-Lastwagen und Omnibusse der Tragfähigkeitsklassen von 2,55 bis 4,98 Tonnen auf den Markt. Die Typen 25 T 1 (Lkw) und 28 O 1 (Bus) bis zum Modell 40 S 2 (Lkw mit 5000 mm Radstand) und 40 S 3N (Bus mit 5650 mm Radstand) waren erstmals mit einer leicht zugespitzten Kühlermaske und seitlich horizontal angeordneten Lüftungsschlitzen in den Motorhauben-Seitenteilen ausgestattet. 1936/37 verpaßte man in Kassel der Kühlermaske eine noch gefälligere und dazu runde Form mit zwei nebeneinander aufragenden »Nieren«, als einem ähnlichen Gestaltungselement wie es im BMW-Kühlergesicht bereits seit 1933/34 zu finden war.
Die Kasseler Formgestalter übertrugen den neuen Blickfang mit dem sechszackigen »HuS«-Stern in der Mitte auch auf die Vorderpartien der neuen Henschel & Sohn-Frontlenker-Omnibusse (1937: P/30 T 4N Tram, 1938: 4 G 7, 1938/39 P/6 J 5N und 1939/40: P/40 S 2N Tram).
Der Frontlenker-Typ 4 G 7 mit 100-PS-Diesel erhielt ein seitlich verzerrt eingebautes Getriebe und ein seitlich verlagertes Differential, um einen niedrigen Wagenboden (insbesondere für den Stadtlinienverkehr) zu erzielen. Statt eines üblicherweise verwendeten Schneckenantriebs kam eine Doppeluntersetzung mit schnellaufenden Stirnrädern und langsam laufenden Kegelrädern zum Einbau. Eine Anzahl 4 G 7-Baumuster wurde 1939 nach Warschau geliefert. Und die Deutsche Reichspost-Ost setzte ab 1940 eine größere Zahl (P) 6 J 5N-Tram-Omnibusse in Polen im sogenannten Generalgouvernement als Überlandlinienomnibusse ein.
Die runde Kühlermaske-/Motorhauben-Komposition gab es ab 1937 auch vor den schweren Dreiachsbussen 36 W 3N (mit acht Zylindern in Reihe sowie mit 170 PS), und sie zierte darüber hinaus ab 1937/38 »Standard«-Reichspostomnibusse auf Henschel 4 J 5N-Fahrgestell, die verschiedentlich eine dachrandverglaste Karosserie mit im Heck angefügtem, fensterlosem Post- beziehungsweise Skiabteil erhielt.
Zu den letzten Henschel-Vorkriegsentwicklungen zählten einerseits das Frontmotor-Frontlenkermodell (P) 40 S 2N Tram mit 95-PS-Motor, das auf der Wiener Messe 1940 vorgestellt wurde und andererseits das 1939 überarbeitete Hauben-Baumuster 6 J 5N, das überwiegend Reichspostbus- und Kraftpost-Kurswagen-Aufbauten (zur Nachtpostbeförderung) erhielt.
Darüber hinaus blieb das Niederrahmenchassis für 7 bis 8 Tonnen Tragfähigkeit einer neuen weiteren Entwicklung mit vorbehalten. Eine »Verkehrstechnik« aus dem Jahre 1940 schreibt dazu: »Nach Beendigung der Entwicklungsarbeiten für einen einheitlichen zweiachsigen Omnibusaufbau und Fertigstellung der Zeichnungen, welche in einem Gemeinschaftsbüro namhafter Firmen unter der Leitung der Deutschen Reichspost ausgeführt wurde, hat die Rheinische Bahngesellschaft-A.-G. diesen Aufbau erstmalig für sechs neue zweiachsige Fahrgestelle bei der Düsseldorfer Waggonfabrik in Auftrag gegeben. Der Einheitsaufbau setzt bestimmte Anschlußmaße beim Fahrgestell voraus, und es wurden die bei den Fahrgestellfirmen vorhandenen Konstruktionen bis auf einige Angleichungen für den Einheitsaufbau übernommen. Die von der Firma

Henschel gelieferten Fahrgestelle mit tiefliegender Plattform entsprechen bereits weitgehendst den für die Fahrgestelle geforderten Anschlußmaßen.

Der Aufbau

Die konstruktiven Einzelheiten wurden unter Berücksichtigung der betrieblichen Forderungen, wie niedriges Gewicht, keine Ausbesserungsanfälligkeit, wirksamer Schutz für die Fahrgäste usw., festgelegt, wobei der Aufbau eine zeitgemäße Form erhalten hat. Desgleichen wird eine grundlegende Forderung hinsichtlich Verwendung als Stadt- bzw. Überlandomnibus bei gleicher Kastenlänge, Anordnung und Ausführung der Türen usw. erfüllt. Der Einheitsaufbau beim Stadtomnibus verfügt im rückwärtigen Wagenabteil über eine tiefliegende Plattform, während beim Überlandomnibus mit 33 Sitzplätzen der Fußboden durchgehend verläuft. Die Aufteilung der Sitz- und Stehplätze für den Stadtomnibus zeigt ... 24 Sitz- und 29 Stehplätze(n) für die Fahrgäste, hinzu kommt ein Fahrersitz und ein Schaffnerplatz. Die Raumaufteilung entspricht der Verordnung über den Betrieb von Kraftfahrunternehmen im Personenverkehr.«

Das 10,06 Meter lange Niederrahmenfahrgestell 6 J 5N mit am Heck heruntergezogenem Perronträgerteil hatte als Antriebsmaschine den J-Diesel mit 125 PS. Während die DÜWAG-Stadtlinien-Karosserie (siehe auch Kapitel Waggonfabrik Uerdingen/DÜWAG) für die Rheinbahn in Düsseldorf seitlich von rechts und links ein kleines dreieckiges Füllfenster, eine Schiebetür, vier normale Fenster und hinten eine Schiebetür erhielt, dürfte der gleichartige Überlandlinienaufbau statt der Schiebetüren die Post-üblichen Klapptüren besessen haben. Interessant dürfte es in diesem Zusammenhang sein, daß die Henschel-typische Motorhaube letztmals und geringfügig modifiziert auf der IAA 1969 mit dem Schriftzug HANOMAG-Henschel an einem H 161 AK (4x4)-Allradkipper zu sehen war.

Eine weitere Omnibusentwicklung kam durch die negativ fortschreitenden Kriegsereignisse indes nicht mehr zum Tragen, der sogenannte Gemeinschaftsomnibus »GO 145«. Er fußte auf der Gemeinschafts-Lkw-Konstruktion »GS und GA 145« von Henschel & Sohn, Klöckner-Deutz/Magirus und den Österreichischen Saurer-Werken (OeSWAG in Wien). Die Entwürfe und Zeichnungen der GS-Straßen (4x2)-, GA-Allrad (4x4)-, GFS 145-Feuerwehr (4x2)- und der Bus (4x2)-Fahrgestell-Versionen stammten im wesentlichen von Klöckner-Humboldt-Deutz. Jedes Mitglied des 1940 ins Leben gerufenen Gemeinschaftsbüros zur Lastwagen-Entwicklung in Frankfurt a. Main durfte allerdings seine eigenen Sechszylinder-Dieselmotoren mit jeweiligem, spezifischen Einspritz- und Brennverfahren sowie mit hausgemachten Kühler-/Motorhauben verwenden. Die GS 145-Nutzfahrzeugfamilie gehörte der 4,5-Tonnen-Nutzlastklasse an. Die GM 145-Diesel mit 7,23 Liter Hubraum leisteten 125 PS (Henschel-HGM 145 mit Lanova-Luftspeicher, Magirus-KGM 145 mit Vorkammer- sowie Österreichisch Saurer-T mit Direkteinspritzung und Doppelwirbelung im Kolben).

Trotz Arbeitsgemeinschaft (bei der Planung gehörte MAN noch dazu) gaben die Hersteller ihren Baumustern Typenbezeichnungen, die eine staatlich verordnete Kooperation nicht erkennen ließen: HGS und HGA 4500-»Merkur« (Henschel), S und A 4500 (Klöckner-Deutz/Magirus) und 4 BTD V-S, später BT (OeSWAG) sowie SGS 4500 (Henschel-Nachbau in Wien). - Nach 1946 jedoch bauten die Österreicher in gewisser Hinsicht auf der Basis des GO 145-Busentwurfs Omnibusse des Saurer-Typs 5 GF (der später weiterentwickelt, mit Gräf & Stift gebaut werden sollten, was aber unterblieb). Doch Saurer fertigte einige Allradkraftomnibusse der Bauart 5 GA & 4 F-OL (4x4) für Steilstrecken, 1953 vergab die OeSWAG (sie ging seit 1959 in der Steyr-Daimler-Puch AG auf) entsprechende Lkw-Lizenzen (jetzt mit 130 PS) an FAP-Famos in Jugoslawien, wo die weiterentwickelten FAP-1314-Laster mit inzwischen 160 PS für 5,5 Tonnen Nutzlast noch bis Ende der siebziger Jahre gebaut wurden.

Für die Deutsche Wehrmacht fabrizierten Henschel und Gebrüder Credé & Co. zwischen 1938 und 1941 einige Omnibusse für den Geländeeinsatz. Das Henschel-Chassis-Basis (33 G 1) stammte nicht aus der Lokomotivfabrik, sondern von Klöckner-Deutz/Magirus aus Ulm. Die Lizenz-Typenbezeichnung lautete M 33 H (Magirus-intern Baumuster 306). Der Antrieb erfolgte nicht durch einen H&S-G-Diesel, sondern mittels eines 100 (statt 125) PS leistenden KHD F6M 516 H-Diesels (original wassergekühlter

Deutz-Motor mit Henschel-Kurbelgehäuse beziehungsweise -Abtrieb). Der Credé-Aufbau faßte zirka 30 Personen. Nach 1945 setzte die Deutsche Post/Bundespost einige dieser Busse, die den Krieg überstanden hatten, zur Personenbeförderung (charakteristisch gelb lackiert) im Bayerischen Hochland und im Hochgebirge ein. Die 7,05 Meter langen Gelände-Kraftomnibusse faßten 25 bis 30 Personen.

Zum besseren Verständnis der Henschel-Oberleitungsomnibus-Chronologie sei zu diesem Themenkreis ein kurzer Vorspann eingeblendet: Auf der IAA 1935 stellten Henschel & Sohn ihr erstes Obus-Fahrgestell vor, doch die Serienproduktion lief erst 1939 an. Die bis 1944 hergestellten H&S-Obusfahrgestellen größtenteils der Normgröße beziehungsweise des Typs II/6500, hatte Chefingenieur Heinrich Meyer-Oberg, der Leiter der neuen Obus-Abteilung konzipiert.

Nach verschiedenen Obus-Vereinheitlichungsbestrebungen ab 1936/37 in vier Größenordnungen einigten sich die Reichs- und Verkehrsbehörden 1938/39 auf drei Normgrößen: I, zweiachsig für 60 Fahrgäste, II für 80 bis 90 Fahrgäste, beiderseits für Anhängerbetrieb geeignet. - Der Reifenengpaß bezüglich größerer Dimensionen (12.00-20) trug dazu bei, die Zweiachs-Ausführungen I und II vorn und hinten Zwillingsreifen (vorn 7,25-20 und hinten 9.00-20) auszurüsten. Sie erwiesen sich als vorteilhaft, weil mit ihnen die Wagenbodenhöhe niedriger gehalten werden konnte. Henschel entwickelte zusammen mit der Knorr-Bremse AG wegen der vorderen Doppelbereifung eine druckluftunterstützte Lenkung. Sie ermöglichte es, während des Krieges und in der Nachkriegszeit (zeitgenössisch betrachtet ein weiterer Vorteil) Schaffnerinnen als Obus-Fahrerinnen auszubilden und einzusetzen. - Hinzukam die Normgröße III, dreiachsig für 100 bis 110 Personen, rundum einfach bereift und nur in Sonderfällen für Anhängerbetrieb vorgesehen. 1940/43 gesellte sich außerdem die Normgröße II/s hinzu, für Obusse mit selbsttragenden Bauarten (im wesentlichen von Uerdingen / DÜWAG).

Neben Daimler-Benz (OT 10 000 für die BVG) fertigte Henschel & Sohn 1940/47 eine Anzahl 6x4-Obusfahrgestelle. Insgesamt wurden in Kassel die Normgrößen I/4500, II/6500 (Löwenanteil) und III/10 000 montiert. - Henschel verlagert 1942 den Obus-Fahrgestellbau in die Österreichischen Saurer-Werke AG nach Wien, um in Kassel Kapazitäten für die Panzerproduktion freizubekommen.

Bei den II/6500-Modellen war der 85/90-kW-Reihenschluß-Doppelkommutatormotor in Fahrzeugmitte unter dem Wagenboden leicht schrägliegend montiert. Über Klappen konnte die von den Firmen AEG, BBC und SSW hergestellte elektrische Anlage gewartet werden. Der Antrieb auf die Hinterachse erfolgte über ein Schneckengetriebe mit einem Kegelraddifferential. Den Feinstufenschalter mit Anfahr- und Bremswiderständen betätigten die Fahrer(innen) über ein Fußhebelwerk. Es wurden Spannungen von 500 oder 750 Volt benötigt. 35 bis 40 Sitz- und 45 Stehplätze waren in dem 55 km/h schnellen Fahrzeug vorhanden. Die Karosserien stellten Credé, Kässbohrer, Schumann und Wegmann her. Die Fahrzeugwerke Schumann in Werdau (siehe Kapitel Kraftfahrzeugwerk »Ernst Grube«) bauten nach dem Krieg bis Ende der vierziger Jahre mit noch vorhandenen Henschel-Fahrgestellen Normgröße-II-Wagen weiter.

Auch Normgröße I/4500-Ausführungen mit Schumann-Werdau-Aufbauten und mit 90-kW-BBC-Elektromotoren fertigte Henschel & Sohn im Jahre 1939. Schließlich kam als letzte Obus-Kriegskonstruktion der Normgröße III-Dreiachser mit 2x50kW hinzu. Ch. & U.-Christoph & Unmack, Schumann-Werdau und Gebrüder Credé & Co. setzten die Karosserien auf (insbesondere für die BVG, den EDo 39-Dreiachs-Dieselbussen entsprechend). Vom H&S-III/10000-Baumuster wurden 1953 fünf Exemplare durch den NWF-Nordwestdeutschen Fahrzeugbau als Doppelstock-Obusse mit 62 Sitz- und 41 Stehplätzen fertiggestellt und an die HHA-Hamburger Hochbahn AG verkauft. Henschel bezeichnete die 6x4-Bauart nach 1951/52 als Typ 562/NWF. Die Elektroausrüstung betrug 100 kW und das Gesamtgewicht 21 Tonnen. Die Elektroausrüstung kam von der AEG. Die HHA verkaufte die 4,40 Meter hohen Doppeldecker allerdings 1956 nach Erfurt (in der damaligen DDR). Das Oberdeck wurde abgewrackt und die Torsos zu Eindecker-Obussen umgebaut.

Nach dem Krieg war das Henschel-Werk als eine der großen deutschen Waffenschmieden für Panzer, Flugzeuge und Flugmotoren zu 80 Prozent zerstört, so daß auch

die traditionelle Lokomotiven- und Nutzfahrzeugfertigung stark in Mitleidenschaft gezogen waren. Auf Befehl des Alliierten Kontrollrates wurde der Nutzfahrzeugbau vom Stammwerk 1945 gelöst und in die Hessischen Industrie- und Handels GmbH (Hessia) umgewandelt. Während das Stammwerk Lokomotiven reparierte, überholte die Hessia beschädigte US-Armee-Lastwagen. Der Fahrzeug- und Motorenbau war zunächst untersagt. Oscar R. Henschel wurde als Rüstungsindustrieller in Ludwigsburg integriert. Ab 1946 wurden der Reparaturbetrieb im Werk Kassel-Mittelfeld und der dringend benötigte Bau von Oberleitungsomnibussen im ehemaligen Flugzeug-Werk Altenbauna wieder zugelassen, zumal das Henschel-Werk während des Krieges eine führende Stellung in diesem Bereich erlangt hatte; schließlich hatte der Obus eine Unabhängigkeit von rationierten Flüssingkeitskraftstoffen hundertfach und zufriedenstellend bewiesen.
Der bewährte Henschel-Normgrößentyp II/6500 wurde mit gleicher Mechanik und Elektrik nunmehr mit Kässbohrer-Aufbauten für 70 Fahrgäste mit vorderer Einzel- und für 90 Fahrgäste mit vorderer Zwillingsbereifung weitergebaut. Anstelle des einfachen Schneckenantriebes konnte auch eine Schnecke mit einem schrägverzahnten Vorgelege eingesetzt werden. Bei Ausfall der Oberleitungs-Stromversorgung war es mit Hilfe einer einfachen Schaltvorrichtung möglich, auf Batterie-Stromversorgung umzuschalten. Zumindest kürzere Wegstrecken ließen sich auf diese Weise zurücklegen.
1946 verließen 12, 1947 immerhin schon 85, 1948 exakt 88 und 1949 noch 54 Obus-Chassis das Kasseler Werk. Produktionschef des entsprechenden Produktionsbereiches war seinerzeit Direktor Richard Thiedemann.
Aus der Obus-Normgröße IIs hatten die Waggonfabrik Uerdingen und Henschel & Sohn 1949/50 gemeinschaftlich den Uerdingen/HS-Typ ÜH II/S konstruiert: in selbsttragender Schalenbauweise. Die 10,42-m-Wagen verfügten über 30 Sitz- und 57 Stehplätze und waren rundum 10.00-20, vorn einfach, hinten zwillingsbereift. Der SSW-Elektromotor leistete 90 kW und erlaubte problemlos den Anhängereinsatz. - Zu erwähnen ist in diesem Zusammenhang noch, daß die Waggonfabrik LHB/Linke-Hofmann-Busch in Salzgitter eine Serie von HS II/6500-Chassis mit Leichtmetallkarosserien versah. Sie trugen die Bezeichnung HS II 51 und besaßen 100-kW-AEG-Elektromotoren.
Trotz zurückgegangener Obus-Fahrgestell-Fertigungszahlen überarbeitete Henschel & Sohn um 1952 sein Obus-Typenprogramm und ergänzte es bis 1953/54 durch weiterentwickelte Ausführungen, die sich folgerichtig an Erfahrungen mit den Normgrößen orientierten. Nach Werksangaben stand folgende Chassistypenskala zur Verfügung:HS 90 E (etwa Norm I, für 75 Personen, vorn Einzelreifen), HS 562 E (etwa Norm II, für 85 bis 100 Personen, vorn Einzelreifen), HS 563 (praktisch Norm IIs, selbsttragend, für 100 Personen), HS 565 D (6x4), modifizierter Norm III-Eindecker, für 110 Personen), HS 562 (6x4, für Doppelstockaufbauten wie von NWF, für 120 Personen, HS 562 (6x2, für Eineinhalbdecker und 135 bis 150 Personen) sowie HS 562 G (4x2, etwa Norm II als Motorwagen für Gelenk-Obusse wie von Kässbohrer und für 140 bis 160 Personen). Derartige 17,2 Meter lange Obus-Gelenkzüge mit patentierter Kässbohrer-Gelenk- und mit Kiepe-Elektroausstattung erhielt 1954 die Stadt Neuß. Sie hatten 49 Sitz- und 93 Stehplätze. Die Vorderachse des zwei-plus-zweiachsigen Zuges war zwillingsbereift. Das Gesamtzuggewicht lag bei 26 Tonnen. Eine neue Obus-Generation unter der Typenbezeichnung ÜH IIIs wurde 1952 in Zusammenarbeit mit der Waggonfabrik Uerdingen und der Karosseriefabrik Drauz eingeleitet. Der Elektromotor war im Heck und nicht mehr zwischen den Achsen angeordnet. Der Zusammenbau dieser mit 90/100-kW-Motoren ausgestatteten 200 Fahrzeuge erfolgte bei diesen Firmen. - Der inzwischen vorne nur noch einzelbereifte Typ HS II/6500 wurde bis 1956/57 von Freudenau, Kässbohrer, Krauss-Maffei und Nordwestdeutscher Fahrzeugbau (NWF) aufgebaut, wobei das Fahrzeug in den letzten Bauserien die Bezeichnung HS 562 E erhalten hatte.
An einem Großauftrag der argentinischen Regierung betreffs der Lieferung von 700 deutschen Oberleitungsomnibussen wurde auch das Henschel-Werk mit einer Stückzahl von 175 Exemplaren beteiligt. Das hierfür entwickelte Modell 564 HS 90 E besaß eine Fahrzeuglänge von 10 Meter. Ein 96-kW-Motor mit einer Kiepe-Elektrik kam zum Einbau. Der Hauptfahrschalter mit den Fahrwiderständen befand sich in diesem Modell

im Heck und wurde elektropneumatisch geschaltet. 31 Sitz- und 32 Stehplätze standen in dem 60 bis 65 km/h schnellen Fahrzeug mit einer einzelbereiften Vorderachse zur Verfügung. Den Temperaturverhältnissen in Argentinien entsprechend war das für den Einmann-Betrieb ausgelegte Fahrzeug mit einer aufwendigen Belüftungsanlage versehen. Die Firma Drauz und Nordwestdeutscher Fahrzeugbau (NWF) montierten die Aufbauten für diese Exportprodukte.
Unabhängig davon wurden ab Mitte der fünfziger Jahre gebrauchte HS II/6500-Obusse durch Ludewig in Essen und seit 1960 auch von Vetter in Fellbach demontiert und zu 6x2-Dreiachsern (mit Nachlaufachse) umgerüstet und anschließend als Eineinhalbdecker-Obusse wieder aufgebaut, unter anderem für Hildesheim, Osnabrück, Wuppertal und Aachen. Auch HS 562 E-Fahrgestelle kamen mit zusätzlicher Schleppachse für diese speziellen Aufbauten in Frage.
Doch zurück ins Jahr 1950. Nachdem die ausgegliederte Hessia-Gesellschaft 1948 wieder in die Henschel & Sohn GmbH integriert werden durfte, nahm das Unternehmen unter dem aus der Haft freigelassenen Oscar R. Henschel als Vorsitzendem der Geschäftsführung ab 1950 auch wieder den Lkw- und den Omnibus-Fahrgestell-Bau mit eigenen Dieselmotoren auf.
Die ersten und technisch sensationellen Henschel-Nachkriegskonstruktionen waren die 190 PS starken »Bimot«-Baumuster HS 190 N, als 4x2-Omnibus- und Kofferaufbau-Niederrahmenfahrgestell und das 6x4-Sattelzugmaschinen-Chassis HS 190 S. Sie besaßen unter einer kurzen, wohlgerundeten Haube jeweils zwei 95-PS-Sechszylinder-Diesel des Typs 512 DG.
Im Gegensatz zu den Konkurrenten mit bis zu 190 PS stand Henschel & Sohn neben diesem Motor nur noch ein 140-PS-Diesel zur Verfügung. Die 95-PS-Maschine diente zumeist zum Austausch von Otto- gegen Rohölmotoren in gebrauchten mittelgroßen 4x4- und 6x4-US-Army-Fahrzeugen.
Die beiden in der vorgewölbten Bugpartie querstehenden Diesel waren mit der Schwungradseite zueinander angeordnet und über eine elastische Kupplung miteinander verbunden. Der zweite Motor war zu diesem Zweck auf Linkslauf umgestellt. Über eine gemeinsame Antriebswelle und ein Winkelgetriebe wurde das Vierganggetriebe (plus Schnellgang) in Bewegung gesetzt, so daß acht Vorwärts- und zwei Rückwärtsgänge zur Verfügung standen. Der Achsantrieb bestand bei den »Bimot's« aus einem flachen Ausgleichsgetriebe. Über zwei sogenannte Schrank- beziehungsweise Haubentüren ließen sich die Motoren von außen warten. Bei einem Motordefekt konnten die Bimot-HS 190 mit einer abgeschalteten Maschine gefahren werden.
Entwickelt hatten die Bimot-Bauart mit ihrem patentierten Antriebssystem Dipl.-Ing. Direktor Albert Friedrich (1902 - 1962), Dipl.-Ing. J. Roßbarth und Dr.-Ing. Schäfer. Dipl.-Ing. Albert Friedrich, zuvor bei den Firmen BMW, Argus, Horch und Daimler-Benz tätig gewesen, war gleich nach 1945 der geistige Vater des Unimog-Spezialfahrzeugs. Er kehrte später wieder zur Daimler-Benz AG zurück.
Das 1950 auf dem Genfer Automobilsalon präsentierte Bimot-HS 190 N-Fahrgestell wurde in lediglich acht Exemplaren produziert. Die Aufbauten stellten Kässbohrer, Lampferhoff und mitsamt Anhänger FAKA-Kannenberg her. Der Chassis-Radstand betrug 5,4 Meter. In den Karosserien waren beispielsweise 51 Sitz- und 11 Stehplätze vorhanden oder sie faßten in Linienbus-Ausstattung bis zu 92 Fahrgäste. Das zulässige Gesamtgewicht war mit 14,2 Tonnen festgesetzt. Soermann in Werne/Westfalen rüstete ein »Bimot«-Zweiachs-Chassis mit Kofferaufbau für den Gütertransport aus. - Auf der ersten Nachkriegs-IAA, im Frühjahr 1951 in Frankfurt a. Main, stand eine Bimot-HS 190 S (6x4)-Sattelzugmaschine im Mittelpunkt des Standes der seinerzeit größten europäischen Lokomotivfabrik. Sie wurde etwas später für die Esso mit einem Ellinghaus-Zweiachs-Tanksattelauflieger gekuppelt, der 21.000 Liter faßte.
Zum Mißerfolg der »Bimot«-Baumuster trug einerseits die schwere Lenkarbeit bei, bedingt durch die beiden vor der Vorderachse angeordneten Maschinen. Andererseits galt es, einen komplizierten Schaltmechanismus und die Motoren unter nicht gerade einfachen Bedingungen instandzuhalten, zumal die hintenliegende Einspritzanlage des einen Dieselaggregats kaum zugänglich war. - Allerdings: Der Tanksattelzug war 1959 im Frankfurter Raum bei Esso noch in Betrieb.

Drittes bedeutendes Henschel-Modell der Nachkriegszeit war der als Typ HS 6 N vorgestellte und im Serienbau als Typ HS 140 N bezeichnete Haubenomnibus auf einem Niederrahmen-Fahrgestell. Das ebenso wie der Bimot HS 190 N für den Anhängerbetrieb geeignete Fahrzeug besaß ebenfalls das Schnellganggetriebe. Die Karosserien des bis 1953 in 105 Einheiten gebauten Typs montierten FAKA-Kannenberg, Harmening, Kässbohrer und Trutz.
Der hier verwendete 140-PS-Diesel 513 DC, der nach dem neuen Henschel-Energiespeicherverfahren mit nur noch 6,5 Prozent der Kompressionsluft im Luftspeicher arbeitete, zeichnete sich durch einen ruhigen und wirtschaftlichen Lauf aus. Im gesamten Drehzahlbereich zeigte sich der Motor außerordentlich anpassungsfähig und elastisch, so daß ein »ungemein weicher Gang des Motors« erzielt werden konnte. Mit 2200 Umdrehungen in der Minute wurde der Motor als Schnelläufer eingestuft.- Henschel & Sohn gelang es mit dieser für ihre Zeit fortschrittlichen Motortechnik, die Omnibushersteller Graaff, Kässbohrer, G. Auwärter (Neoplan) und Orion sowie Triangel S/A in Odense/Dänemark mit Antriebsaggregaten zu beliefern.
Als 39-sitziger Omnibus in Bimot-ähnlicher Kurzhauben-Frontlenkerbauweise erschien 1953 der einmotorige Typ HS 100 N, bei dem der auf 100 PS gesteigerte 512 DG-Diesel rechts querstehend im Bug eingebaut wurde, um ihn nicht störend in den Fahrgastraum hineinragen zu lassen. Auf der rechten Seite war die Kühlanlage plaziert. Über ein Winkelgetriebe wurde die Kraft auf das Henschel-Fünfganggetriebe mit Schnellgang, hier Stufengetriebe genannt, auf die einzelbereifte Hinterachse übertragen. Mit einem Hebel am Lenkrad konnte der Fahrer über Luftdruck die durch eine Feder vorgespannten Schnellgänge betätigen. Eine weitere Besonderheit war die Differentialsperre an der Hinterachse, da die Adhäsionsfläche der einzelbereiften Räder auf ungünstigem Untergrund relativ gering war.
Das Niederrahmen-Fahrgestell mit U-Profil-Längsträgern ermöglichte vor allem beim Stadtlinienmodell eine niedrige Wagenbodenhöhe mit tiefliegendem Stehperron. Die vordere Einstiegstür konnte durch die ungewöhnliche Anordnung des Motors vor der Vorderachse angeordnet werden. Die Leichtmetallkarosserie besaß eloxierte und genietete Seitenwände.
1954 erhielt das nunmehr als HS 120 N bezeichnete Baumuster die neue 120-PS-Maschine vom Typ 522 DP, die 1955 noch eine Leistungssteigerung auf 125 PS erfuhr. Insgesamt 192 Exemplare wurden bis 1956 von diesem Modell gefertigt, das auf einen Entwurf des Direktors von Nessen zurückging. Die Karosserien dafür fertigten die Firmen G. Auwärter (Neoplan), Gebrüder Credé, FAKA-Kannenberg, Meyer, Ludewig, Trutz und Wankmiller.
Nach der Vorstellung auf der IAA 1953 in Frankfurt a. Main lief der neue Niederrahmen-Großomnibus HS 200 UN mit 200-PS-Sechszylinder-Unterflurdiesel 521 DU im Lauf von 1954 in den Serienbau ein. Der liegende Diesel war in Rahmenmitte leicht schräg angebracht und konnte durch eine Mechanik abgesenkt werden. Zwei Kühlanlagen hatten für Wartungsarbeiten ihren Platz an der Vorderfront. Ein 1940 erteiltes Patent für einen im hochgekröpften Fahrgestell angeordneten Unterflurmotor hatte Pate gestanden. Über eine Henschel-Flüssigkeitskupplung und ein elektromagnetisch geschaltetes ZF-Sechsganggetriebe einschließlich eines Planetenschnellgangs und einer dreiteiligen Kardanwelle wurde die doppelt übersetzte Hinterachse angetrieben. Für den 50-sitzigen Omnibus mit dem unsymmetrisch angeordneten Motorblock entwickelten die Henschel-Ingenieure zum Gewichtsausgleich einen Kastenträgerrahmen, auch Hohlrahmen genannt, mit ungleichen Längsteilen. Der ungekröpfte Hohlrahmen diente gleichzeitig als Warmluftkanal für die Fahrzeugheizung. Auch die Frischluftzufuhr erfolgte durch diese Konstruktion. Bei der Stadtlinienausführung mit 29 Sitz- und 70 Stehplätzen hatte man die hinteren Traversen für eine Plattform abgesenkt. Der dreitürige Kässbohrer-Aufbau besaß sogar Dachrandverglasung. Fast dieselbe relativ luxuriöse Stadtbuskarosserie (wie für die Kasseler Verkehrsgesellschaft) montierte Kässbohrer um 1954 auch auf H&S-Obusfahrgestelle des Typs II/6500, sofern es der Kunde wünschte, beispielsweise die Stadtwerke Ulm.
Das HS 200 UN-Modell wurde allerdings nur in 22 Exemplaren als Stadt-, Linien-, Reise- und Gelenkbus gefertigt. Der HS 200 UN-Typ diente dem Omnibushersteller

Karl Kässbohrer zudem als Motorwagen für viertürige Stadtlinien-Gelenkbusse mit Zweiachs-Nachläufer und für Fernreise-Gelenkbusse, die der große US-Omnibusbetreiber Continental Trailways geordert hatte, ebenfalls mit einem C/D-Achs-Nachläufer. Darüber hinaus verwendete der Ulmer Busbauer das blattgefederte 200-PS-Fahrgestell auch für Langeisen-Transportaufbauten. Diese HS 200 LN-Version bot eine verhältnismäßig niedrige und ebene Ladefläche über die gesamte Fahrzeuglänge. Eine Einmann-Fahrerkabine war vorn in Fahrzeugmitte montiert. Die Nutzlast betrug zirka 9 Tonnen.

Im Jahre 1953 lieferte Henschel 50 dreiachsige Exportfahrgestelle vom Typ HS 3-170 N nach Südafrika. Die Firma Brockhouse komplettierte diese zu Spezial- und Mehrzweckomnibusse für den Personen- und Lastentransport. Die Baukarosserie reichte etwa bis zu den Hinterachsen, dort schloß ein Pritschenaufbau an.

Den Übergang zum selbsttragenden Diesel-Omnibus und damit zum Komplettbau der Fahrzeuge unternahm Henschel & Sohn 1955 mit der Vorstellung des Typs HS 160 USL. Die Buchstabenkombination kennzeichnete (ungefähr) die PS-Klasse, U stand für Unterflurdiesel, S für selbsttragende Schalenbauweise und L für Leichtmetall. Verantwortlich zeichnete für diese Konzeption der ursprüngliche Flugzeugkonstrukteur Dipl.-Ing. Hans Croseck, der zuvor bei Graaff in Elze Leichtbaubusse und in den 30er/40er Jahren bereits bei der Waggonfabrik Uerdingen Leichtbauwaggons entwickelt hatte.

Die Henschel-Busse waren der Flugzeugbautechnik entsprechend in Leichtmetall-Schalenbauweise aus acht Baugruppen zusammengefügt. Die Unterschale mit einem Kastenrahmen-Trägergerippe einschließlich Fahrwerk und Antriebsaggregat war stabil ausgelegt und eigenständig fahrfähig.

Die Verbindung der einzelnen Baugruppen wie die jeweils zweiteiligen Seitenwände, die Heck- und die zweiteilige Bugpartie sowie das Dach erfolgte wie im Flugzeugbau über Trennfugen, wobei die Hutprofil-Endstücke so ausgebildet waren, daß deren außenliegende Flächen gut zugängliche Schraubenverbindungen ermöglichten. Mit Streben wurde die Schale zur weiteren Stabilität im Innern verschweißt. Es kamen Schrauben- und Blattfedern, später vorn und hinten Luftfederungen mit schwachen Blattfedern zum Einbau. Eine Unterflurdeichsel zur Vorderachse diente zum Abfangen der Schubkraft; ein Panhardstab nahm die Seitenkräfte auf.

Anfänglich wurde der 158-PS-Unterflurdiesel 514 DCU (später 6 U 1115) links zwischen den Achsen eingebaut. Die Maschine ließ sich auf Rollen zur Wartung herausfahren. Die Kühlanlage befand sich unterflur in Rahmenmitte kurz hinter der Vorderachse. 1958 ersetzte H&S den 9,3-Liter-Diesel durch das mit einem Roots-Gebläse aufgeladene 11-Liter-Dieselaggregat 6 U 1215 A mit 180 PS. Ab 1960 wurde schließlich das auf Direkteinspritzung umgestellte 11-Liter-Triebwerk installiert, mit ZF-Sechsgang-Synchromat-, ZF-Hydromat- oder Voith-Diwabus-Getriebe.

Die 11 und 12 Meter langen HS 160 USL faßten bis zu 116 und bis 121 Personen. Es gab sie als Stadt-, Vorort- und als Reisebusse. In der Vorort-Linienausführung mit 158 PS erreichten diese Busse mit dem Voith-Getriebe 80 km/h, in der Reisebusversion mit Schaltgetriebe 86 km/h.

Eine weitere Variante war der 16,5 m lange, viertürige Gelenkbus HS 160 USL-G mit einem einachsigen, mit einer Lenk-Kinematik versehenen Nachläufer und einer Faltenbalgverbindung. Sie wurden von einer auf dem Dach angeordneten Doppelgelenktechnik stabilisiert und einer unteren Drehscheibe mit Kugelkupplung geführt. Der Nachläufer war ebenfalls in Schalenbautechnik ausgeführt. In die komplett von Henschel gebauten Gelenkbusse wurde das Diwabus-Getriebe eingebaut. Es beschleunigte die Linienbusversion auf maximal 65 km/h. Außerdem gingen Rohbauwagen auf der Unterschale mit zusammengelegten Baugruppen zur Fertigmontage in das Berliner Werk der Orenstein & Koppel AG und an ausländische Montagebetriebe wie die Henschel Diesel Truck PTY Ltd. in Wadeville/Südafrika.

Gegen Ende der fünfziger Jahre wurden Henschel-Zugmaschinen vom Typ HS 95 auch als Sonderausführungen hergestellt, um sie mit Omnibusaufliegern für den Flughafendienst zu kuppeln. Etwa zum gleichen Zeitpunkt verlagerte Henschel & Sohn die Busfertigung zurück nach Kassel-Mittelfeld in eine ehemalige Dampflokomotiven-Halle, nachdem man den Werksteil Baunatal an das Volkswagen-Werk verkauft hatte.

Während die Nachfrage nach Linienomnibussen eine Auslastung der Produktion ermöglichte, mußte Henschel die Reisebusfertigung aufgrund der verschwindend geringen Stückzahlen einstellen.
Den Henschel-Schalenbau-Omnibus gab es ab 1958 auch als Obus mit der Typenbezeichnung HS 160 OSL. Eine weitere Version war der Gelenk-Obus HS 160 OSL-G, bei dem der Stromabnehmer auf dem Dach des Nachläufers aufgebaut war. Henschel verwendete in den Obussen 88/100- und 121-kW-Elektromotoren mit einem Kommutator der Firmen AEG, BBC und SSW sowie elektropneumatische Schützensteuerungen und Schalteinrichtungen der Firma Kiepe. Verschiedene Kraftverkehre ließen jedoch auch gebrauchte 90-kW-Motoren einsetzen. VW- und Porsche-Industriemotoren mit einem Imperia-Generatorsatz dienten auf Wunsch als Hilfsantrieb. - Insgesamt wurden von 1946 bis 1963 von Henschel 643 Obusse gefertigt; somit stiegen die Kasselaner in Zusammenarbeit mit der Waggonfabrik Uerdingen zum größten Obus-Hersteller in Deutschland auf.
Letzte Neuerung im Henschel-Omnibusbau war 1960 die Verwendung des erwähnten Direkteinpritzmotors und die Änderung der Dachpartie durch eine Aufwölbung. Insgesamt wurden 91 Exemplare der letzten Ausführung des Modells HS 160 USL gefertigt.
Durch den Rückgang des Lokomotivgeschäftes und durch andere Schwierigkeiten kam Henschel & Sohn 1956 in eine Liquiditätskrise. Nachdem 1957 erhebliche finanzielle Zusatzbelastungen eingetreten waren, schied Oscar R Henschel, der 75 Prozent des Henschel-Kapitals gehalten hatte, aus dem Unternehmen aus. Der Wirtschaftsprüfer Dr. Johannes Semmler konnte das Unternehmen aus der Finanzkrise führen, indem der Bund und das Land Hessen eine Auffanggesellschaft unter der Bezeichnung »Betriebsgesellschaft Henschel-Werke GmbH« gründeten. Es gingen wieder ausreichende Aufträge in den Sparten Lokomotiv- und Fahrzeugbau sowie Wehrtechnik und Flugzeugwartung ein. In diesem Zusammenhang wurde das erwähnte Werk in Baunatal verkauft. Die vom Land Hessen zur Verfügung gestellten 5 Millionen DM konnten sogar frühzeitig zurückgezahlt werden.
1958 wurde neues Stammkapital von einem vor allem US-amerikanischen Bankenkonsortium unter der Regie von Fritz-Aurel Goergen eingebracht. 1959 trat Goergen aus dem Aufsichtsrat aus und übernahm den Vorsitz der Geschäftsführung. In Folge kaufte er sich sukzessive als Großaktionär der 1962 gebildeten Henschel-Werke AG ein. Äußerlich wurde die firmenrechtliche Veränderung dadurch kenntlich, daß im sechszackigen Henschel-Stern mit dem großen »H« das »u. S.« für »und Sohn« entfiel.
In den Jahren 1958 bis 1960 produzierte Henschel zudem die Typen HS 165 N und HS 165 TN mit 165-PS-Direkteinspritzer-Dieselmotoren. Diese Hauben- und Trambus-Niederrahmen-Baumuster waren ausschließlich Exportprodukte. Unabhängig davon plante man in Kassel, 1960 ein Zehn-Meter-Reisebusmodell in Leichtschalenbauweise aufzulegen, das ein lediglich 125 PS leistender Diesel antreiben sollte. Zu einer Realisierung kam es indes nicht mehr.
Aufgrund der 1961 begonnenen Zusammenarbeit mit SAVIEM-Renault in Suresnes / Paris nahmen die Henschel-Werke partnerschaftlich französische SAVIEM-Chausson-Überland- und Reiseomnibusse SC 1, SC 3 und SC 5 in ihr Lieferprogramm mit auf. Der Vertrieb dieser Typen wurde aber wegen ihres eigenwilligen Stylings und des völligen Desinteresses der deutschen Kundschaft schon bald wieder eingestellt. 1963 legte Henschel die Produktion der Schalenbau-Leichtmetall-Omnibusse wegen der zu geringen Nachfrage, des zu kleinen Vertriebsnetzes und der Spezialisierung auf den Schwerlastwagenbau still. Hinzu kam die Überlegung, die freiwerdende Fertigungsstätte, die ehemalige Dampflokomotivhalle, für das lukrative Kettenfahrzeuggeschäft zu nutzen.
Die Henschel-Werke AG gingen 1964/65 in den Besitz der Rheinischen Stahlwerke AG (Rheinstahl) über. Der neue Inhaber zentralisierte die Transporter-, Mittelklasse- und Schwerlastwagen-Konstruktion ab 1965 im Gebäudekomplex der ehemaligen Hanomag in Hannover. Im Zuge einer umfassenden Neukonstrukturierung suchte der Stahlkonzern für seinen Nutzfahrzeugbereich Rheinstahl-Hanomag/Rheinstahl-Henschel einen Partner. 1968 wurden durch Rheinstahl die HHF-Hanomag-Henschel-

Fahrzeugwerke GmbH in Hannover/Kassel gegründet, an der sich 1968/69 die Daimler-Benz AG mit 51 Prozent beteiligte. Später zu 100 Prozent im DBAG-Besitz, endete der HHF-Nutzfahrzeugbau im Sommer 1974.
Daimler-Benz legte die seit 1970 angestrebte Doppelmarken-Strategie überraschend schnell zu den Akten.
Bis in die Mitte der siebziger Jahre wurden Dieselmotoren und Triebachsen für die Omnibushersteller Gottlob Auwärter (Neoplan) und Karl Kässbohrer/Setra hergestellt. Darüber hinaus stattete die österreichische Nutzfahrzeugfabrik Gräf & Stift AG in Wien ihre Linienomnibusse nach dem Mißerfolg mit dem List-Zweitaktdiesel mit Henschel-Triebwerken aus.
Zwischen 1971 und 1974 bekamen im Rahmen der Doppelmarken-Strategie neue HHF-Omnibusse über ihrem (Rheinstahl-) Hanomag-typischen Kühlergrill den Doppel-Schriftzug HANOMAG-Henschel mit auf den Weg. Die 10- bis 21-sitzigen Leicht- und Midibusse F 40 B (mit 60-PS-Mercedes-Benz-Diesel OM 615), F 45 B (mit 85-PS-MB-Diesel OM 314) und der F 45 OB (mit 85-PS-MB-Ottomotor M 115) lehnten sich an die seit 1967 bei Daimler-Benz gebauten (Transporter-) Bustypen O 309 an (mit 55- bis 75-PS-Motoren). Die Radstände und das Gesamtgewicht der HHF- und DBAG-Ausführungen betrugen 2,95 und 3,5 Meter beziehungsweise 4,0 bis 4,8 Tonnen (siehe auch Kapitel Vidal & Sohn/Tempo-Werk wegen HHF- und DBAG-Kleinbussen).
Die weiterhin in der Daimler-Benz-/Mercedes-Benz-Gruppierung bestehende nunmehrige HHG-Hanomag-Henschel GmbH stellte von Hannover aus bis 1992/93 die Ersatzteilversorgung sicher: Für Henschel- und HHF-Fahrzeuge sowie für diejenigen HHF-Typen, die mit Mercedes-Aggregaten als Daimler-Benz-Modelle vermarktet wurden. Außerdem produzierte die HHG für Daimler-/Mercedes-Transporter und -Lkw Neufahrzeug-Bauteile. Ende Juni 1995 wird die Hanomag-Henschel GmbH aufgelöst.
In den Jahren 1975/76 ging die Rheinstahl-Gruppe ihrerseits im übermächtigen Thyssen-Stahlkonzern auf. Der traditionelle Lokomotivenbau (seit 1990 der ABB-Henschel AG zugehörig) und die Fertigung gepanzerter Fahrzeuge (jetzt Thyssen-Industrie AG/Henschel-Wehrtechnik) werden in Kassel fortgesetzt.
Der Name Henschel tauchte 1991 im Omnibusbau wieder auf, als die Thyssen-Industrie AG mit der Thyssen-Henschel GmbH und die 1988 formierte schwedisch-schweizerische ABB-Asea-Brown Boverie & Cie. ihre Lokomotiv-, Triebwagen- und Nahverkehrsfahrzeug-Aktivitäten neu geordnet hatten. Seit Ende 1990 gehört die Waggon Union in Berlin nicht mehr zum Thyssen-Einflußbereich, sondern der ABB-Henschel AG. Seit 1979/80 konstruiert und produziert die Waggon Union auch Doppeldeck-Omnibusaufbauten der 2. Standardbus-Generation, insbesondere für die BVG. Die Basis der zweistöckigen Wagen lieferte die MAN, ab 1986 die Bodengruppen SD 202 F mit 204-PS-Unterflurdiesel im Heck. Der jüngere BVG-Typ D 90 verfügt über 81 Sitz- und 9 Stehplätze.
Im Herbst 1994 überstellte die MAN dem ABB-Henschel-Werk in Berlin zum Prototypenbau die erste ND 202-Bodengruppe für einen Niederflur-Doppelstockbus-Aufbau. Der künftige (BVG-) Typ DN 94 erhält drei Türen und er hat im Heck einen 197-PS-MAN-Diesel. Die Karosserie besteht aus geschraubten Leichtmetallprofilen. Ihr Typenschild wird als (Aufbau-) Hersteller »ABB-Henschel« ausweisen.

50-PS-Henschel Typ Rex

60-PS-
Henschel
3 B 2N

60-PS-
Henschel
4 B 1

100-PS-
Henschel
4 D 4

100-PS-
Henschel
4 D 4
Reichsposttyp

85/100-PS-
Henschel
34 C 3/34 D 3

62-PS-Henschel 3
B 1

120-PS-Henschel
Dampfomnibus
4 Z 1

2x125-PS-
Henschel
35 H 3

125-PS-
Henschel
4 J 5

300-PS-
Henschel
Prototyp
B 68 BX 2
(Zeichnung)

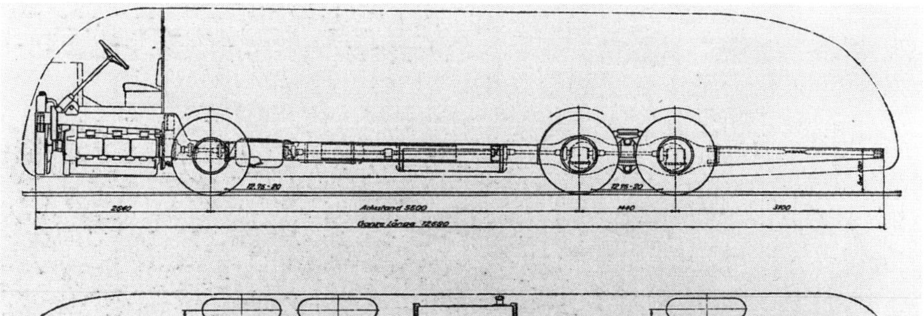

Bild 13. Henschel-Autobahn-Dreiachs-Omnibusfahrgestell mit 300-PS-12-Zylinder-Boxer-Motor

120-PS-
Henschel-
Dr. Deiters-
Imbert-Holzgas-
Leichtbaubus
(Wegmann-
Aufbau)

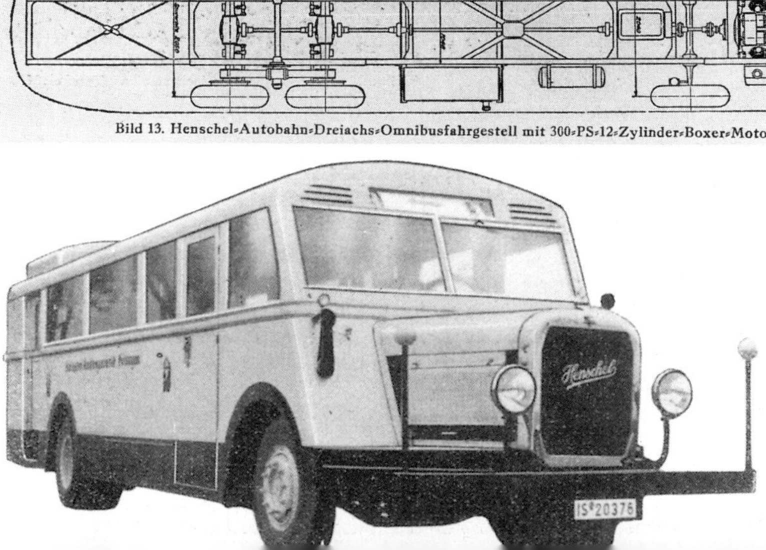

95-PS-Henschel 40 S 3 N

65-PS-Henschel 30 T 2 N

125-PS-Henschel 4 J 5

100-PS-Henschel 40 S Tram (Foto Pairan)

90-kW-
Henschel
Obus
HS I/4500

85/95-kW-
Henschel
Obus II/6500
(Kässbohrer-Typ)
(Foto
Stadtwerke
Wiesbaden)

85/95-kW-
Henschel
Obus II/6500
(Wegmann-
Aufbau)
(Foto
Stadtwerke
Wiesbaden)

85/95-kW-Henschel
Obus II/6500
(Drauz-Aufbau)

2x95-PS-Henschel
HS 190 N Bimot

140-PS-Henschel
HS 140

90-kW-Henschel Obus HS 90 E

100-PS-Henschel 100 N

120-PS-Henschel HS 120 N

200-PS-
Henschel
HS 200

200-PS-
Henschel
HS 200
(Kässbohrer-
Gelenkzug)

85/100-kW-
Henschel Obus
HS II/6500 Typ II
(Kässbohrer-
Gelenkzug)

100-kW-
Henschel
Obus
HS 562 E Aero

110-PS-Henschel
HS 95 Sattelzug

158-PS-Henschel
HS 160 USL-G

170-PS-
Henschel
HS 160 USL

121-kW-
Henschel
HS 160 OSL-E
(Foto
Stadtwerke
Wiesbaden)

Hentschel

Berliner Maschinenfabrik Hentschel u. Co. GmbH, Berlin-Charlottenburg, Schillerstr. 97
1900 - 1904

Die Maschinenfabrik (auch Maschinenbaufabrik) Hentschel fertigte seit 1899 elektrisch angetriebene Fahrzeuge mit Radnabenmotoren. Vor allem wurden Kommunalfahrzeuge, aber auch Omnibusse für den Stadtverkehr hergestellt. Bei den Omnibussen saßen 2,6 und 4,8 kW starke Elektromotoren an der Hinterachse.
1918 übernahm die nun ebenfalls im Fahrzeugbau tätige Elite Werke AG in Ronneburg und in Berlin das Hentschel-Unternehmen.

Hercules

Nürnberger-Hercules-Werke, Nürnberg, Fürtherstr. 191/193
1910 - 1914

Im Jahre 1896 gründeten Carl Marschütz (1863 - 1957) und seine Brüder Ernst und Heinrich die Nürnberger Hercules-Werke als »erste Nürnberger Velocipedfabrik«, nachdem sie schon 1892 an der Gründung der ersten bayerischen Fahrradfabrik Schmidt & Pirzer in Neumarkt/Oberpfalz beteiligt gewesen waren. 1897 richteten sie neben ihrer Fahrradfabrik auch eine Elektroartikel-Fabrik ein, die 1899 den Lastwagenbau mit elektrischem Antrieb aufnahm. Ab 1905 kamen neben Fafnir-Verbrennungsmotoren auch eigene Vierzylindermotoren zum Einbau. Von 1910 bis zum Beginn des Ersten Weltkrieges stellte das als Aktiengesellschaft geführte Werk auch Omnibusse mit 36-, 38- und 42-PS-Motoren her. Nach dem Krieg wurde der Nutzfahrzeugbau noch bis 1928 weitergeführt, dann aber aufgrund der »mächtigen Konkurrenz der FAUN- und der MAN-Werke eingestellt«. Das Werk fertigte weiterhin Fahr- und Kleinkrafträder und ist noch heute im Rahmen der Sachs-Gruppe im Bau dieser Fahrzeuge tätig.
Carl Marschütz blieb bis 1931 an der Spitze des Unternehmens und trat dann bis 1938 in den Aufsichtsrat über. 1938 mußte er aufgrund der Nürnberger Gesetze Deutschland verlassen, 1957 starb er in Los Angeles/USA.

Hille

Dresdner Gasmotorenfabrik AG, Vorm. Moritz Hille, Dresden-Löbtau, Otto Mohrstr. 15 u. Chemnitzer Str. 22
1. 1911 - 1918 Dresdner Gasmotorenfabrik AG, vorm. Moritz Hille
2. 1918 - 1926 Hille Werke AG

Das 1869 von Moritz Hille gegründete Maschinenbauunternehmen wurde 1892 mit der Aufnahme des Motorenbaus in Dresdner Gasmotorenfabrik umbenannt. Ab 1911 fertigte das Unternehmen einen nach Plänen des Oberingenieurs Joseph Vollmer entwickelten Lastwagen für 2,5 bis 3,5 Tonnen Nutzlast. Der Einblockmotor mit schräggestellten hängenden Ventilen leistete 45 PS. Ein Königswellenantrieb steuerte die obenliegende Nockenwelle. Das verlängerte Hochrahmen-Fahrgestell dieses als Typ K 3 bezeichneten Fahrzeugs wurde mehrfach mit Karosserien der Sächsischen Waggonfabrik Werdau und Aufbauten der KVG-Hauptwerkstatt in Dresden-Industriegelände versehen, insbesondere luftbereift für die KVG-Sachsen. Auch vollgummibereifte, offene Hille-Omnibusse gab es.
Die vier Hille-Werke in Dresden und Mißen-Triebischtal stellten mit 1300 Beschäftigten Maschinen, Beförderungsmittel, Diesel- und Sauggasmotoren, zeitweise Motorräder und Nutzfahrzeuge sowie immer schwerpunktmäßiger Bohrmaschinen her. Der Zusammenbau der Fahrzeuge erfolgte im Meißener Werk. Nach der Enteignung im Jahre 1946 wurde das Hille-Unternehmen später in das Kombinat Micromat eingegliedert. In Witten bildete sich nach dem Krieg das westdeutsche Nachfolgeunternehmen Hüller Hille GmbH

Hohmann

Willi Hohmann, Kraftverkehr, Wolfenbüttel
1949

Im Jahre 1925 gründete Willi Hohmann (1897 - 1975) in Elbing/Westpreußen den Kraftverkehr Elbing. In der eigenen Werkstatt stellte er 1930/31 auf Komnick- und 1935 bis 1939 auf Büssing-NAG-Fahrgestellen Reiseomnibusse unter dem Namen Ostpreußen-Express her. Beachtung fanden dabei die Hohmann-Stromlinienomnibusse.
Nach dem Krieg richtete Willi Hohmann in Wolfenbüttel einen neuen Omnibusbetrieb

ein, 1949 entstand eine Eigenkonstruktion mit dem 95-PS-Ford-Vergasermotor im Fahrzeugheck. Nach dem ihm erteilten Patent trieb der hochgesetzte Motor über das angeblockte Getriebe die umgedrehte Achse über eine Stirnradübersetzung an. Vorne war eine Starrachse mit Schraubenfedern, hinten eine Pendelachse mit ebenfalls patentierten Schraubenfedern angebracht. Um die einzelbereifte Hinterachse nicht zu stark zu belasten, und um keinen zu schweren Dieselmotor verwenden zu müssen, war das leichte Ford-V-Achtzylinder-Triebwerk gewählt worden. 38 Sitz- und 12 Stehplätze beziehungsweise Notsitze standen in dem Frontlenkerfahrzeug mit einem Leichtmetallaufbau zur Verfügung.
Die Fahrzeugfabrik Kannenberg (FAKA) entwickelte mit Hohmann-Patenten ein eigenes Omnibusmodell. Hohmann ist weiterhin als Reisebusunternehmer tätig.

PS-Hohmann Eigenbau-Reisebus (Foto-Hohmann)

Horch

August Horch u. Cie., Motorwagenfabrik AG, Zwickau i. Sachsen, Horchstr. 21, Crimmitschauerstr. 49 u. Lessingstr. 31
1. 1905 - 1923 August Horch u. Cie., Motorwagenfabrik AG
2. 1952 - 1954 u. 1957 VEB Kraftfahrzeugwerk Horch

Der Automobilpionier und Maschinenbauingenieur August Horch (1868 - 1951) richtete nach seiner Tätigkeit bei der Gasmotoren Fabrik Deutz und den Benz-Werken in Köln-Ehrenfeld eine eigene Werkstatt zur Motoren- und Pkw-Fertigung ein. Im Jahre 1902 verlegte er den Betrieb nach Reichenbach in Sachsen, um kostengünstiger produzieren zu können. Schon 1903/04 wurde das Unternehmen mit einigen Geldgebern in eine Aktiengesellschaft mit Sitz- und Produktionsstätte in Zwickau umgewandelt. Nach Streitigkeiten mit dem Aufsichtsrat schied August Horch im Jahre 1909 aus dem Unternehmen aus und gründete die Audi-Werke.
Das Horch-Werk fertigte ab 1905 Hotelomnibusse auf verstärkten Pkw-Fahrgestellen. 1910 erschienen auch größere Omnibusse auf dem 3,5-Tonnen-Fahrgestell mit 40-, 42- und 50-PS-Motoren. Mit Beginn des Ersten Weltkrieges konzentrierte sich das Unternehmen auf den Bau von Regel-Drei- und Viertonnern. Nach dem Ende des Ersten Weltkrieges bildeten hochwertige Limousinen und Cabriolets das Fabrikationsprogramm des Zwickauer Automobilwerkes. Einzig das 40-PS-Omnibusmodell wurde noch Anfang der zwanziger Jahre in Zusammenarbeit mit den DAAG-Werken angeboten.
Hauptaktionär des Horch-Unternehmens wurde Dr. Moritz Straus von den Argus-Werken, der das Horch-Werk 1929 diesen eingliederte. Aufgrund der wirtschaftlichen

Notlage zu Anfang der dreißiger Jahre wurde das Horch-Werk 1933 von Straus als Teilbetrieb in die neugegründete Auto Union AG eingebracht.
Nachdem das traditionsreiche Horch-Werk während des Zweiten Weltkrieges Stabswagen und Rüstungsmaterial hergestellt hatte, wurde es 1945 zu 80 bis 95 Prozent demontiert. Anschließend wurde das Werk als Großreparaturwerkstatt für die zivile Wirtschaft und für die Sowjetarmee genutzt. Im Zuge des »Sächsischen Volksentscheides über die Betriebe der Kriegs- und Naziverbrecher« vom 30.Juni 1946 wurde der Betrieb »in das Eigentum des Volkes überführt«.
Für den Neuanfang der Fahrzeugproduktion konnte der 1954 nach Sachsen ausgelagerte und in angeblich 150 Eisenbahnwaggons transportierte Maschinenpark der Breslauer FAMO-Werke teilweise genutzt werden; der ehemalige FAMO-Schlepper wurde in Zwickau unter der Bezeichnung »Pionier« als erstes Nachkriegsfahrzeug hergestellt. Der leicht aufgebohrte FAMO-Wirbelkammer-Dieselmotor (Urkonstruktion Kämper) wurde eingebaut und wenig später an den VEB Dieselmotorenwerk Schönebeck (früher FAMO & Weltrad) abgegeben, wo er zum Sechszylindermotor erweitert und bis heute mit erneut vergrößerter Bohrung als inzwischen im Direkteinspritzverfahren arbeitendes Triebwerk weitergefertigt wird.
Nachdem das im Horch-Werk ansässige Zentrale Konstruktions-Büro (ZKB) der ehemaligen Auto Union AG einen Kurzhauben-Lkw und 1949 den H3A-Lkw entwickelt hatte, erhielt das mit 4200 Beschäftigten damals größte Nutzfahrzeug-Werk der DDR im Jahre 1952 von der damaligen Staatlichen Plankommission den Auftrag, auch einen einfachen Omnibustyp für den »Transport der Werktätigen« zu entwickeln.
Das unter der Typenbezeichnung H3B vorgestellte Fahrzeug war in Kurzhaubenbauweise mit dem vorne stehenden Motor des H3A ausgestattet. Die Vierzylinder-Maschine, die ebenfalls aus dem erwähnten FAMO-Motorenbau hervorgegangen war, hatte gegenüber dem Lkw-Modell eine Leistungssteigerung von 80 auf 90 PS erfahren. Ein unsynchronisiertes Fünfganggetriebe übernahm die Kraftübertragung. Das Tiefrahmenfahrgestell mit einem gegenüber dem Lkw-Modell verlängerten stammte vom VEG Waggonbau Bautzen, vorm. Busch. Dort erfolgte auch der Karosseriebau. Bis 1954 beziehungsweise 1957 wurden etwa 200, nach anderen Angaben 405 Exemplare dieses einfachst ausgestatteten 29- bis 43-sitzigen Omnibustyps gebaut, der aufgrund seiner weiß-braunen Lackierung bei der BVG-Ost die Bezeichnung »Maikäfer« erhalten hatte. In Betrieb erwies sich das 60 km/h schnelle Modell als nicht robust genug für den »Arbeiter- und Berufsverkehr«, so daß es schon bald wieder ausgemustert wurde.
Nach diesem kurzzeitigen Omnibusbau verlegte sich das Werk auf den Lkw-Bau, bis es 1967 auf die Komponentenfertigung für den Trabant-Kleinwagen »umprofiliert« wurde.

40-PS-Horch Aussichts-omnibus

42-PS-Horch »Schnell-Omnibus für Überlandfahrten«

80-PS-VEB Horch H3B

Jungbluth

Karosserie- und Fahrzeugbau Jungbluth u. Co. KG, Bad Lauterberg
1950 - 1951

Dieses Unternehmen stellte ein Omnibusmodell mit dem 95-PS-Henschel-Motor vor. Nähere Einzelheiten ließen sich leider nicht mehr in Erfahrung bringen.

Carl Kaelble GmbH

Motoren- und Maschinenfabrik, Backnang, Wilhelmstr.
1936 und 1949

Im schwäbischen Cannstatt gründete Gottfried Kälble im Jahre 1884 eine mechanische Werkstätte, in der er Maschinen aller Art reparierte und verbesserte. Seine Söhne Carl (1877 - 1957) und Hermann (1883 - 1953) konstruierten im Jahre 1907 im neuen Domizil in Backnang einen ersten Frontlenker-Lkw mit eigenem Motor.
Nachdem während des Ersten Weltkrieges Heereszugmaschinen gefertigt worden waren, konzentrierte sich Kaelble im Straßenfahrzeugbau vor allem auf den Bau von Zugmaschinen. Um 1936 wurde die Type Z 6 GN mit einem 110-PS-Motor mit einem

Omnibusauflieger zu einem Omnibuszug kombiniert.
Kurz vor Ausbruch des Zweiten Weltkrieges begann Kaelble mit dem Lkw-Bau, der nach 1945 ein interessantes Arbeitsfeld des Unternehmens wurde. 1949 erstellte das Vetter-Karosseriewerk auf dem Kaelble-Fahrgestell des Typs K 630 einen Haubenomnibus als einzigen »echten« Kaelble-Omnibus. Die langhubige 150-PS-Maschine besaß ein gewaltiges Drehmoment, was sich auf den Schwarzwald-Bergstrecken als Vorteil erwies.
Nach 1960 stellte Kaelble den Lkw- und 1986 den Zugmaschinenbau ein und konzentrierte sich auf den Sektor schwere Baumaschinen, Hüttenwerkfahrzeuge und Compaktoren.
Im Frühjahr 1996 mußte das Unternehmen Konkurs anmelden.

150-PS-Kaelble K 630 L mit Vetter -Aufbau (Foto Brennecke)

Karl Kässbohrer

Fahrzeugwerke GmbH Ulm/Donau, Peter-Schmidt-Str. 13
1951 - heute

Im Jahre 1893 gründete der aus einer traditionsreichen Schiffbauer- und Wagnerfamilie stammende Wagner und Stellmacher Karl Kässbohrer (1864 - 1922) eine Wagenfabrik in Ulm. Neben Transportfahrzeugen, Landauern und Schlitten wurden auch Gespann-Aussichtsomnibusse und Luxus-Kaleschen gefertigt.
1907 entstand auf einem Saurer-Fahrgestell ein erster motorisierter Kombinationsomnibus, bei dem unter der Pritsche herausklappbare Sitze angebracht waren, so daß das Fahrzeug sowohl als Lastwagen als auch als Behelfsomnibus verwendet werden konnte.
1910 erhielt Karl Kässbohrer ein erstes Patent auf diese später weiterverbesserte Wechselaufbautenkonstruktion.
Nach dem frühen Tod von Karl Kässbohrer mußte der erst 19 Jahre alte Otto Kässbohrer (1904 - 1989), der gerade die Wagnerlehre abgeschlossen hatte, mit seinem Bruder Karl Kässbohrer (1901 - 1973), der das Ingenieurstudium abbrechen mußte, den damals 20 Mann starken Betrieb übernehmen, der die Bezeichnung "Erste Ulmer Karosseriefabrik Karl Kässbohrer" führte. Während sich Karl Kässbohrer dem Bau von Anhängern und der Konstruktion von Speziallastwagen zuwandte, konzentrierte sich Otto Kässbohrer auf den Karosseriebau. Den Brüdern gelang es dabei, das Unternehmen gesund und erfolgreich durch die Krisenzeit der endenden zwanziger Jahre zu führen. 1928 konnte sogar die Karosseriefabrik Neuer & Thieme in Ulm mit ihrem wert-

vollen Facharbeiterstamm übernommen werden. Gleichzeitig lief der Pkw-Karosseriebau aus, so daß der Omnibus- und Anhängerbau ausgeweitet werden konnten.
Höhepunkte des Kässbohrer-Omnibusbaus Mitte der dreißiger Jahre waren die Konstruktionen von 170 Personen fassenden Sattelschlepper-Großomnibussen und von Stromlinienfahrzeugen.
Mit dem Erwerb der benachbarten Anhänger- und Transportgerätefabrik A. Mattes & Co. im Jahre 1938 konnte das inzwischen 1000 Beschäftigte starke Unternehmen die Kapazität im tradionellen Anhängerbau verstärken.
1939 wurde die Karossierung von MAN-Obus-Fahrgestellen eingerichtet; die Kapazität des nun über 1000 Personen starken Werkes lag in diesem Jahr bei 350 Omnibus-Karosserien.
Während des Krieges wurden dann neben den MAN- und ab 1943 den Henschel-Obussen des Typs II/6500 Einachs-Generator-Anhänger, Kühlbehälter, Schwerlasttransporter, Tieflader sowie vielfältige Spezialkonstruktionen hergestellt.
1944 und 1945 erhielten die Werksteile durch Luftangriffe große Schäden, so daß schließlich 80 Prozent der Anlagen zerstört waren.
In den ersten Nachkriegsjahren mußten nach notdürftigen Reparaturen US-Armeefahrzeuge instandgesetzt werden. Auch der Bau von Obussen sowie der Umbau von Dodge- und GMC-Fahrzeugen zu Behelfsomnibussen konnte schon bald wieder aufgenommen werden. Mit der Währungsreform gelang es dem Unternehmen, wieder Fahrgestelle aller deutscher Nutzfahrzeughersteller mit aufwendig konstruierten und ansprechenden Karosserien zu versehen. Hervorzuheben ist dabei der Aufbau des Henschel-Bimot-Typs.
Otto Kässbohrer und sein Chefkonstrukteur, Ingenieur Georg Wahl, kamen bei diesen anlaufenden Neufertigungen in dem nun 1500 Mitarbeiter zählenden Unternehmen auf die Idee, daß der Omnibusbau von der Verwendung der zwar modifizierten, aber trotzdem noch hohen und schweren Lastwagenfahrgestellen sich lösen, und daß zum selbsttragenden Karosseriebau wie in der Pkw-Fertigung übergegangen werden müsse. Gleichzeitig konnte man sich dadurch von der Anlieferung von Fremdfahrgestellen unabhängig machen, zumal die Zuteilung dieser Fahrgestelle aufgrund der Expansion der deutschen Bauindustrie und der Exportaufträge als unsicher eingeschätzt wurde.
Vor allem in der Anlieferung von Daimler-Benz-Fahrgestellen machten sich wie bei dem G. Auwärter-Werk erste Lieferbeschränkungen bemerkbar, da dort durch den wieder eingerichteten Karosseriebau Daimler-Benz-Komplettbusse schon werksseitig angeboten werden konnten, und die Karosseriers als Konkurrenz empfunden wurden. Schließlich trug der Gedanke, daß die Fremdfahrgestelle alle unterschiedliche Abmessungen besitzen, zu der Überlegung bei, daß eine traditionelle Produktion nur mit einem eigenständigen Modell zu erreichen ist. Von Vorteil wurde dabei für das Werk der Umstand angesehen, daß ein Achsen-, Lenkungs- und Federungsbau im eigenen Hause zur Verfügung stand, der jedoch erst wesentlich später für die eigene Komponentenfertigung genutzt wurde.
Im Herbst 1950 begann Otto Kässbohrer und Georg Wahl mit dem Bau ihres ersten rahmenlosen Heckmotoromnibusses mit einer besonders aerodynamischen Form. Ein fachwerkartiges Stahlgerippe aus verschweißten Vierkant-Hohlprofilen mit einer kastenträgerähnlichen Innenverstärkung zur Aufnahme der Achsen und des Motor-Getriebe-Aggregats bildete den Stabilisierungskörper des Fahrzeugs. Mit Werbefotos, auf denen sechs Arbeiter zu sehen sind, die das Fahrzeug-Skelett trugen, wies das Unternehmen später auf die Leichtbauweise hin.
Während die untere Wagenpartie mit Leichtmetallblechen verkleidet war, wurde das Fahrzeug an der Brüstung bis in den Dachrand, einschließlich der Stirn- und Heckwandpartie reichlich mit Glas versehen, so daß hier außergewöhnlich gute Aussichtsmöglichkeiten für die wie unter einer Glaskanzel sitzenden Fahrgäste vorhanden waren. Die Türen waren zwischen den Achsen angebracht, da die vom Henschel-Typ HS 100 übernommene Vorderachse zur Verbesserung des Federungskomforts weit vorgesetzt war. Ein breiter, nach oben abgerundeter Lufteinlaß mit zwei senkrechten Unterteilungen zierte den vorgewölbten Wagenbug. Die 95-PS-Henschel-Maschine 512 DG war mit dem zunächst unsynchronisierten ZF-Fünfgang-Allklauengetriebe leicht geneigt,

längsstehend im ausgewölbten Bug untergebracht. Über eine kurze Kardanwelle wurde die hier verwendete 4,5-Tonnen-Henschel-Hinterachse angetrieben. Bei dieser Anordnung wurde darauf hingewiesen, daß zwei Monteure neben dem Motor im Heckteil Wartungsarbeiten durchführen konnten.
Der Kühler wurde zuerst im Bug, in der Serie dann im Heck eingebaut. Seitliche Hutzen und ein hinteres Belüftungsgitter sorgten für die Luftzu- und -abfuhr. Die Kupplung wurde hydraulisch betätigt. Eine serienmäßige Motorbremse gab eine zusätzliche Sicherheit. Vier Unterflurkofferräume waren unter dem leicht ansteigenden Fahrgastboden vorhanden. Eine glatte Bodenpartie schloß das Fahrzeug nach unten ab.
Die Höchstgeschwindigkeit dieses ersten deutschen Serien-Omnibusses mit einer 2,4 Meter breiten und 9,3 Meter langen rahmenlosen Karosserie betrug 90 km/h.
Nachdem das für 35 Fahrgäste ausgelegte Modell im Jahre 1951 ausgiebig erprobt und auf der Frankfurter IAA vorgeführt worden war, wurde 1952 der Serienbau aufgenommen, wobei das später aufgrund der acht Sitzreihen und der selbsttragenden Bauweise als "Setra S 8" bezeichnete Modell "einen Wendepunkt im modernen Omnibusbau" der Bundesrepublik darstellte.
Anzufügen ist hier, daß der Unterhaltungstechnik dieser Zeit entsprechend das Fahrzeug neben der Radioanlage mit einem Magnetophonbandgerät ausgestattet wurde.
Die Aluminiumspange unter den Frontscheiben erhielt 1953 dann das charakteristische "K" für das Kässbohrer-Werk.
Aufgrund der ausgezeichneten Fahreigenschaften, der guten Kurven- und Berggängigkeit, der vergrößerten Fahrzeugsicherheit, der guten Belüftungsanlage, der fortschrittlichen Konstruktion und der äußerst guten Aussichtsmöglichkeiten konnte das Fahrzeug rasch beträchtliche Stückzahlen erreichen. 1952 verließen 76, 1953 196, 1954 321, 1955 390 und 1956 376 Exemplare das Ulmer Werk. Mit dem Erscheinen der verbesserten Kässbohrer-Setra-Modelle sank die Fabrikation 1957 dann jedoch auf 52 und 1958 schließlich auf 40 Einheiten ab.
1954 wurde der 5,4-Liter-Motor 512 DG auf 100 PS angehoben; aber schon im gleichen Jahr durch das 6,1-Liter-Henschel-Triebwerk 522 DPK mit 120, wenig später mit 125 PS ersetzt. Über Jahre hinweg wurde dieser sich durch seine hervorragende Laufruhe, durch seine Unempfindlichkeit und durch seine Wirtschaftlichkeit auszeichnende 6,1-Liter-Luftspeicher-Motor in verschiedenen Stärken für die Kässbohrer-Omnibusse verwendet.
Für Busunternehmer, die einen luftgekühlten Motor wünschten, wurde das kompakte V-Achtzylinder-MWM-Triebwerk AKD 412 AV mit 140 PS angeboten, das aufgrund der Gleichstrom -Vorkammer-Verbrennung ebenfalls eine ausgezeichnete Laufruhe besaß.
1957 erhielt das Fahrzeug eine Überarbeitung der Frontpartie mit einem quadratischen, abgerundeten Grill. Das Dachmittelteil wurde zur Verbesserung der Stehhöhe ausgewölbt. Ein durch eine Westinghouse-Druckluftanlage geschaltetes ZF-Achtganggetriebe wurde eingesetzt.
Während auf dem deutschen Markt die neuen Modelle S 9 und S 10 dieses erste Kässbohrer-Modell ablösten, wurde der S 8-Typ in reduzierter Breite von 2,3 Metern und in der Länge von jetzt 9,6 Metern noch bis 1958 in 22 Exemplaren an Schweizer Kunden abgegeben.
Mit verkleinertem Radstand folgten 1953 wie erwähnt die Modelle S 9 und S 10, bei denen die Frontpartie steiler ausgeführt war und die Fahrzeugbreite nun 2,48 bzw. 2,5 Meter betrug. Ein abgerundeter, quadratischer Grill mit sechs Lufteinlaßöffnungen zierte jetzt den Wagenbug. Die Vordertür war bei diesen Modellen nun vor der Vorderachse angebracht. Das Heck war stark abgerundet, da die Maschine bei dem geänderten Radstand besser überdeckt werden konnte. Henschel- und ZF-Achsen wurden verwendet. Auch hier wurde die Motorbremse als dritte Bremsanlage eingebaut.
Das Modell S 9 wurde mit zwei Bestuhlungsvarianten angeboten, so daß 39 oder 43 feste Sitze und 8 oder 9 Klappsitze zur Verfügung standen.
Das S 10-Modell wurde für den Überlandverkehr mit 36 Sitz- und 28 Stehplätzen ins Programm genommen. Größere Reifen erhöhten hier die Tragfähigkeit des Fahrzeugs. Außenschwingtüren eigener Konstruktion waren an dem 6,1 Tonnen schweren Fahrzeug angebracht. Während anfangs die 95-PS-Henschel-Maschine eingebaut

wurde, kam 1954 das 120-PS-Triebwerk 522 DPK zum Einsatz.
1954 wurde das S 9-Reisemodell unter der stärker favorisierten 10-reihigen Bestuhlung als S 10 Reisemodell angeboten. 1955 erhielt der Henschel-Motor eine Leistungssteigerung auf 125 PS.
Zu erwähnen ist an dieser Stelle, daß auf Saurer-Fahrgestellen Omnibusse unter der Bezeichnung Austro-Setra S 10 für den österreichischen Markt gefertigt wurden, die karosseriemäßig dem S 10-Typ entsprachen.
Der S 10-Typ wurde 1955 von der Firma Steyr in Graz/Österreich auch als 41-sitziger Reisebus mit der 90-PS-Steyr-Maschine WD 413 und einer Steyr-Bodengrppe für das österreichische Reiseunternehmen "Austrobus" in Lizenz gefertigt.
Ab 1957 wurde in das Ulmer Modell auch die 150-PS-Henschel-Maschine 522 DPK-L- mit dem Roots-Gebläse oder die 140-PS-MWM-Maschine eingebaut. Durch die größeren Motorabmessungen wurde dabei das Heck wieder stärker ausgewölbt.
Einzufügen ist hier, daß 1953 das Areal der Fahrzeugwerke Heinrich Wagner in Dortmund-Hafen erworben wurde, so daß ein Reparatur- und Verkaufsstützpunkt im Ruhrgebiet aufgebaut werden konnte. 1956 kam ein weiteres Großreparaturwerk in Hamburg hinzu.
1955 folgten die Modelle S 6 und S 11, die die erste Kässbohrer-Omnibus-Generation vervollständigten. Das seinerzeit kleinste Kässbohrer-Modell wurde als Typ S 6 mit 6,7 Metern Baulänge auf dem Genfer Salon von 1955 vorgestellt. 21 oder 22 Sitzplätze waren in dem mit einem erhöhten Dachmittelteil versehenen Fahrzeug vorhanden. Durch eine vordere und hintere Einzelradaufhängung mit einer wartungsfreien Gummi-Torsionsfederung wies das 2,25 Meter breite Clubbusmodell Pkw-ähnliche Fahreigenschaften auf und konnte in seiner Bauzeit bis 1963 in rund 1200 Exemplaren verkauft werden. Anfänglich wurde die Vierzylinder-Henschel-Maschine 517 D4 mit 85, ab 1957 unter der Bezeichnung 517 D4-K mit 90 und unter der Bezeichnung 517 D4 K-L mit 100 PS eingesetzt, wobei hier ein Roots-Gebläse verwendet wurde. Das Getriebe wurde vom Lenkrad aus geschaltet. Eine hydraulische Zweikreisbremsanlage mit einer Druckluftunterstützung wurde eingebaut.
Anzufügen ist noch, daß 1961 zwei verlängerte Exemplare unter der Bezeichnung S 6 L gefertigt wurden. Durch den 125-PS-Sechszylindermotor, durch das stärkere Getriebe und durch schwerere Hinterachsen ergaben sich jedoch Gewichtsprobleme, so daß der Serienbau unterblieb.
Der S 11-Typ wurde mit einer neuen Dachgalerie und einen vergrößerten Unterflurkofferraum als 47-sitziger Reisebus mit einer Setra-Klimaanlage ausgestattet. Auch hier wurden das 120/125-PS-Henschel-, das aufgeladene 150-PS-Henschel- oder das 140-PS-MWM-Aggregat eingesetzt. Das Heck wurde 1957 stärker ausgewölbt, um den Motor günstiger zur Gewinnung von Sitzraum unterzubringen. Auch hier wurde das ZF-Achtganggetriebe mit der elektro-pneumatischen Schaltung verwendet.
Im Jahre 1954 kam der Vertrag mit der zweitgrößten amerikanischen, in Denver / Colorado ansässigen Busgesellschaft, Continental Trailways Corporation, über die Lieferung von zunächst 50 "Long-Distance"-Omnibussen mit großen Unterflurkofferräumen, Klimaanlage, Toilette, Waschraum, Bar und Hecklounge zustande. Gegenüber dem Greyhound-Unternehmen wollte sich dieses Linienbusunternehmen mit eigens karosserierten Omnibusmodellen absetzen. Aufgrund der etwas versetzten zweiten Stirnwandverglasung erhielten die 3,5 bis 3,8 Meter hohen Fahrzeuge ein eindrucksvolles Aussehen.
In den Jahren 1955/56 bis 1959 wurde diese erste Serie unter der Bezeichnung "Super Setra" bzw. aufgrund der goldfarbig eloxierten Seitenwände unter der Bezeichnung "SS Golden Eagle" gebaut, zumal der Adler das Wappentier dieses Unternehmens war.
Das Fahrzeug war mit vorderer Einzelradaufhängung nach dem System Neidhardt konstruiert. Hinter der Antriebsachse war eine Schleppachse mit Einzelradaufhängung zur Aufnahme eines Teiles des durch die Serviceeinrichtungen erhöhten Gewichtes angebracht. Eine Gummi-Torsionsfederung mit einer automatischen Höhenverstellung sorgte für den Fahrkomfort. Die mit einer vorderen Einstiegstür versehenen Modelle konnten 41 bis 45 Personen sowie Gepäck- und Poststücke transportieren. Eine hintere, verglaste Clubecke war dem amerikanischen Eisenbahnstil gemäß eingebaut.

Der 210 PS starke V-Achtzylinder-MAN-Motor D 1048 MT mit einem Turbolader konnte das 12,2-Meter-Fahrzeug über ein elektrisch geschaltetes ZF-Hydromedia-Getriebe auf 112 km/h beschleunigen.
1957/58 kamen zwei 18,3-Meter-Gelenkzüge mit zweiachsigen Nachläufern unter der Bezeichnung "Academy-Express" als damals größte Omnibusse der Welt hinzu. Das Henschel-Fahrgestell des Typs HS 200 UN wurde hier verwendet. Gleichzeitig folgten in selbsttragender Bauweise im gleichen Design die als "Super Golden Eagle" bezeichneten vier wiederum vierachsigen Nachfolgemodelle in Hochdeckerbauweise. Im Zugwagen dieser 64-sitzigen Großraumomnibusse war ein 12,2 Liter großes Rolls-Royce-Triebwerk mit einer mechanischen Aufladung eingebaut, das 275 PS abgab und dem ein Detroit-Allison-Automatikgetriebe nachgeschaltet war.
Aufgrund der unterschiedlichen Breitenbestimmungen in den amerikanischen Bundesstaaten konnten sich diese für eine jährliche Laufleistung von 300.000 km konzipierten Züge dieser Gesellschaft nicht durchsetzen.
1958 und 1959 wurde dann noch die Großserie von 126 silberfarbig eloxierten "Silver-Eagle"-Dreiachsmodellen in einer etwas einfacheren Version für die Continental Trailways Corporation gebaut; gegenüber den "Golden Eagle"-Fahrzeugen unterschieden sich diese Ausführungen äußerlich auch in einigen stilistischen Überarbeitungen.
Die Konstruktionspläne und die Rechte an den dreiachsigen "Eagle"-Modellen wurden 1959 an die amerikanische Reisebusgesellschaft verkauft, die sie wiederum an die belgische Firma Bus & Car Corporation S. A. in Brügge weiterverkaufte. Diese zur luxemburgischen Holding Overseas Inns S. A. (Holiday Inn Hotels) gehörenden Karosseriebaufirma fertigte in nahezu unverändertem Design bis in die achtziger Jahre rund 3000 weitere Modelle. Das Patent ging schließlich dann wieder an eine amerikanische Firma über.
Im Bereich der Linienfahrzeuge für den deutschen Markt ist hier noch nachzutragen, daß das Unternehmen 1954/55 eine Serie von 20 Pekol-Omnibussen in Leichtmetall-Schalenbauweise für das Theodor-Pekol-Unternehmen fertigte. Die Fahrzeuge besaßen nach Pekol-Patenten vordere und hintere Schwingachsen mit Einzelradbereifung an Dreieckslenkern, die von Schrauben- und Teleskopstoßdämpfern abgestützt wurden. Der 125-PS-Henschel-Motor war im Heck mit eigener bzw. mit Pekol-Technik unterflur mit einem synchronisierten ZF-Fünfganggetriebe oder einem Voith-Diwabusgetriebe eingebaut. Der vordere und der hintere Überhang waren gleichlang angeführt. Durch die herumgezogenen Scheiben an der Front- und der Heckpartie, die hervorstehenden Scheinwerfer und die Trilex-Räder besaß das Fahrzeug ein imposantes Aussehen.
Von 1955 bis 1957 baute das Ulmer Werk diesen Typ unter der Bezeichnung "SP" (für Sekra-Pekol) in eigener Regie. Das Henschel-Werk lieferte den 125-PS-Motor in der jetzt speziell für das Kässbohrer-Werk bestimmten Unterflur-Ausführung unter der Bezeichnung 522 DPU-K. Gegenüber den Pekol-Ausführungen besaßen diese Modelle jetzt die Kässbohrer-Spange und einen dreistreifigen, verchromten Lufteinlaß an der Front. Druckfalttüren nach Kässbohrer-Patenten waren vorne und hinten eingebaut.
Von 1957 bis 1959 wurde das SP-Modell auch in einer verlängerten Ausführung als 11-Meter-Typ "SPL" mit einem halbautomatischen Getriebe angeboten. Einzelne Modelle wurden auf Wunsch erstmals im europäischen Linienbusbau mit einer Continental-Rollbalg-Luftfederung versehen, so daß das Bodennieveau und das Federungsverhalten der Fahrzeuge den verschiedenen Belastungszuständen angepaßt werden konnte. Bei einem Eigengewicht von 5,6 Tonnen konnten 6,4 Tonnen transportiert werden, was einem Gewicht von 92 Personen entsprach.
Die Schweizer Waggon- und Aufzugswerke Schlieren AG in Schlieren bei Zürich und die NV Auto-Industrie Verheul in Waddinxveen/Holland erwarben Nachbaulizenzen für die SP-Typen.
Diesen Modellen folgte als Weiterentwicklung in der Leichtbaukonstruktion das Modell ST 110 als neuer Stadtlinienbus für 110 Fahrgäste. Die Frontpartie dieses Fahrzeugs entsprach jetzt dem gestrafften Styling der Reisebusse. Das sich ebenfalls mit einem günstigen Verhältnis von 1 : 1,2 in Bezug auf Eigengewicht zu Nutzlast auszeichnende Modell besaß wiederum das moderne Pekol-Fahrwerk mit wahlweiser Ausstattung mit

Schrauben- oder Luftfederungen. Eine Bodenhöhe von nur 56 cm mit einer Trittstufe und breite Einstiegstüren für den Einmannbetrieb waren weitere Details. Eine aufwendige Bremsanlage mit einer lastabhängig gesteuerten Druckluftvorspann-Hydraulik sorgte für die Sicherheit des Fahrzeugs.
Auch hier wurde das 125-PS-Henschel-Unterflurtriebwerk eingesetzt. Das Diwabusgetriebe mit einem Gangwähler am Lenkrad entlastete den Fahrer.
Aufgrund der teuren, nur in Kleinserien benutzten Komponenten, der teuren hochlegierten Leichtmetallbleche für die Fahrzeugschale und aufgrund der ungewohnten modernen Technik für die Unternehmer-Werkstätten konnten jedoch nur 80 Exemplare von diesem für Stadtbustechnik als beispielhaft anzusetzenden Modell bis 1961 verkauft werden. Bei einem Eigengewicht von 6 Tonnen konnte dieses Schalenbaufahrzeug mit 7,5 Tonnen belastet werden. Zu erwähnen ist hier noch, daß dieser ST 110-Typ angeblich »ein bis heute unerreichtes Optimum an günstigen Fahreigenschaften, an geringem Gewicht und hoher Nutzlast bot.«
Schließlich erschienen im Rahmen des Linienbusprogramms der endenden fünfziger Jahre drei Gelenkbus-Prototypen der Baureihe SG 165 in selbsttragender Gitterträgerkonstruktion. Die für 165 Fahrgäste ausgelegte 16,5 Meter langen Fahrzeuge besaßen die 160-PS-MAN-Unterflurmaschine D 1546 M 1 U zwischen den Achsen des Zugfahrzeugs. Ein Voith-Diwabus- oder ein ZF-Hydro-Media-Getriebe übertrug die Kraft. Die Räder der Vorder- und der Nachläuferachse waren an Doppel-Querlenkern aufgehängt. Luftfederungen mit Rollbälgen sorgten für den Fahrkomfort sowie für die Niveauregelung des Gelenkzuges. Vier Falttüren beschleunigten den Ein- und Ausstieg der Fahrgäste. Auch hier lag bei dem Elftonnen-Fahrzeug das Eigengewicht-Nutzlastverhältnis bei 1 : 1. Die Waggonfabrik Schlieren baute dieses Modell ebenfalls nach.
Aufgrund der vollständigen Auslastung des Werkes durch den USA-Auftrag mußte der Serienbau zunächst aufgeschoben werden; 1961 kam dieses Modell mit der Kapazität für 175 Personen als verbesserter Typ SG 175 in die Fertigung. Der Nachläufer ruhte wie auch bei den bis zu diesem Zeitpunkt gebauten Fremdfahrzeug-Aufbauten auf einem Kugeldrehkranz.
Weitere Exporterfolge konnten ab 1959 in Ghana verzeichnet werden, wo für die staatliche Transportgesellschaft größere Serien des S 10-Typs in der Tropenausführung mit Schiebefenstern ausgeliefert werden konnten. Anfang der siebziger Jahre schlossen sich mehrere Serien des S 110 H-Typs an, so daß über 300 Modelle dieser Baureihe in dieses westafrikanische Land geliefert werden konnten.
Einzufügen ist hier noch, daß bis 1956 Obus-Fahrgestelle des Henschel-Typs II/6500 bzw. des Nachfolgemusters 562 E als Solo- und als Gelenkzugwagen karosseriert wurden. Auch der größte Teil der MAN-Obusse der MKE-Baureihen und der Serie 610 FEC 1 wurde bis 1957 im Kässbohrer-Werk aufgebaut. Hervorzuheben ist dabei, daß der dem MAN-Werk zugefallene Obus-Anteil des Argentinien-Auftrages mit 100 Stück im Kässbohrer-Werk fertiggestellt wurde.
Bis 1962 wurden schließlich noch Büssing-, Henschel- und MAN-Fahrzeuge zu Gelenkomnibussen aufgebaut, wobei teilweise gebrauchte Fahrzeuge wieder aufgebaut wurden. Darüber hinaus stellte das Kässbohrer-Unternehmen mit über 200 Nachläufern für Gelenkbusse dieser Unternehmen den größten derartigen Teil bis Anfang der sechziger Jahre her.
Nach der Abwicklung der US-Baureihen im Januar 1959 wurden die Reisebusmodelle überarbeitet. Um eine rationelle Fertigung dabei zu erreichen, wurde nun das Baukastensystem angewendet, wobei einheitliche Front- und Heckpartien verwendet wurden und die Fahrzeuge sich nur noch in der Länge bzw. durch entsprechende Seitenwandzellen und Fensteranzahlen unterschieden. Standardisierte Baugruppen und Aggregate wurden auch hier benutzt. So wurden der Fahrzeuglänge entsprechend 4, 5 und 6 Fensterreihen eingesetzt. Die Frontscheibe war in dieser zweiten Version der 10er-Baureihe tiefer heruntergezogen worden. Die flachere Grillpartie besaß nur noch drei Lüftungs-Längsstreifen und vier Lufteinlaßöffnungen. Das Heck war ebenfalls steiler gestellt. Mit dem Zusatz »II« wurden die neuen Modelle der jetzt als 10er-Reihe bezeichneten Omnibusse S 9 II, S 10 II und S 11 II intern gekennzeichnet, wobei das S 9 II-Modell den Ursprung-S 8-Typ ablöste. Der S 10-Typ wurde wieder in der Stadt-

verkehrsausführung mit einem erhöhten Dachmittelteil erneuert. Die Unterflurkofferräume entfielen nun.
Fahrwerkstechnisch erhielten die überarbeiteten Modelle vordere Einzelradaufhängungen mit der Luftfederung. Die leichte eigene Hinterachse mit bis heute beibehaltener Hypoid-Vierzahntechnik wurde ebenfalls mit Luftbälgen zusätzlich zur Blattfederung abgestützt.
Die 6,1-Liter-Henschel-Maschine mit 125 und ab 1961 mit 132 PS oder in der aufgeladenen Version mit 150 PS oder die 140-PS-MWM-Maschine wurde hier verwendet.
Hinzu kam der aus der US-Hochdeckertechnik inspirierte S 12 als Hochbodenwagen, der nun einen erheblich vergrößerten Gepäckraum besaß, so daß die bei den anderen Modellen zwar nur noch für das Zusatzgepäck vorgesehene Dachgalerie entfallen konnte. Fahrwerkstechnisch erhielt das S 12-Modell vordere Querlenker-Einzelradaufhängung mit Rollbälgen und hintere Blattfedern, die ebenfalls von Rollbälgen unterstützt wurden.
Durch eine bessere Heckgestaltung konnte bei diesem in der Länge dem S 11-Typ entsprechenden Modell eine Sitzreihe zusätzlich gewonnen werden. Die stehende 160-PS-MAN-Maschine D 1546 M 1 oder die 180-PS-Henschel-Maschine 514 DCS-L konnte gewählt werden.
Auch hier verhinderte leider die zu fortschrittliche Technik den ersten Verkaufserfolg, so daß nur acht Fahrzeuge vom Typ S 12 gebaut werden konnten.
Mit der Festlegung der gesetzlichen Höchstlänge und dem Verbot der Mittelsitze präsentierte das Unternehmen 1961 als 12-Meter-Wagen den neuen Typ S 14. Äußerlich unterschied sich dieses sehr ansprechend gezeichnete Kässbohrer-Spitzenmodell von den anderen Reisebussen durch eine steilere Vorderfront mit bis in die Dachpartie hochgezogenen Scheiben. Eine Sitzreihe zusätzlich konnte dadurch gegenüber dem S 11-Modell gewonnen werden. Ein neuer Grill mit dem Kässbohrer-»K« und schmalen Chromstreifen zierte den Wagenbug. Im Heck wurde die herumgewölbte Scheibe durch zwei schmale Stege unterteilt.
Typisch für diese Baureihe wurden auch die zwei seitlichen und die zwei im Heck angebrachten Lüftungsgitter.
Die 59 Sitze waren auf Podesten angebracht, so daß die Aussichtsmöglichkeiten verbessert werden konnten. Das 11-Liter-Henschel-Triebwerk 514 DCU mit 170 PS wurde eingesetzt.
Im Jahre 1962 erhielten die übrigen Modelle außer dem auslaufenden Clubbus vom Typ S 6 ebenfalls die neue Front- und Heckpartie. Da durch die steilere Gestaltung des Hecks eine weitere Sitzreihe eingebaut werden konnte, wurde der S 9 als neuer Typ S 10, der alte S 10 wiederum als S 11 und der S 11 als S 12 bezeichnet. Gleichzeitig wurden die Fahrzeuge zur Unterscheidung mit Typenbezeichnungen in den Brüstungen hinter den vorderen Türen kenntlich gemacht.
1963 ersetzte ein neue S 9-Typ mit drei Seitenscheiben die ursprüngliche S 9-Ausführung. 34 Sitzplätze waren in dem 132-PS-Fahrzeug mit der Henschel-Maschine 522 DPK-F zur Verfügung. Auch mit der MWM-Maschine konnte das Modell ausgestattet werden. Für den Export in die Schweiz wurde das Fahrzeug auch in reduzierter Breite angeboten.
Eine Nachbaulizenz für den iberischen Markt erteilte das Unternehmen 1963 dem spanischen Seida-Konzern, der in Madrid die S 10- und S 14-Modelle vor allem für das spanische Reisebusunternehmen Meliá fertigte.
Auf der Frankfurter IAA von 1963 hatte der neue Stadtlinienbus S 125 Premiere. Das in Gitterbauweise ausgeführte Modell war in konsequenter kantiger Gestaltung mit senkrechten Front- und Heckpartien sowie hohen Seitenscheiben ausgeführt und löste den Schalenbautyp ST 110 ab.
Das Fahrzeug besaß eine vordere Einzelradaufhängung sowie erstmals vordere und hintere Blatt-Luftfederungen.
Die im Heck eingebaute 6,1-Liter-Henschel-Maschine in der aufgeladenen Version mit 150 PS und trieb über ein Fünfganggetriebe die Hinterachse an. Das Fahrzeug, das 125 Personen aufnehmen konnte, zeichnete sich wiederum dadurch aus, daß es eine höhere Nutzlast im Verhältnis zum Eigengewicht aufnehmen konnte. Der hintere Wagenbo-

den war mit zwei Stufen angehoben worden, um die stehend eingebaute Maschine zu überdecken. Während der Prototyp mit einer tiefgezogenen Fensterscheibe mit einem schrägen Steg zur weiteren Fensterfront gekennzeichnet wurde, erhielten die Serienfahrzeuge ab 1964 einheitlich gestaltete, senkrecht gestellte Fenster.
Anfänglich war der vordere Bereich des Fahrzeugs verjüngt ausgeführt; 1965 wurde der Wagenkasten dann in einheitlicher Wagenbreite gestaltet. Die Frontscheiben wurden gleichzeitig etwas um die Kanten herumgezogen.
Aufgrund der »technisch hervorragenden, fahrgastfreundlichen Auslegung für die Erfordernisse des modernen Stadtverkehrs« wurde das Modell »zum Vorbild des Standard-Omnibusses« der VÖV-Ausführung. 1965 folgte eine 12-Meter-Version mit dem Zusatz »ÜL« für den Überlandverkehr mit 55 Sitz- und 65 Stehplätzen. Die 192-PS-Henschel-Maschine 6 R 1215 wurde eingesetzt, die 1962 auf 200 PS gesteigert wurde. Bis 1968 wurde das Stadtlinienmodell mit schließlich der neuen 160/170-PS-Henschel-Direkteinspritzmaschine mit 7,8 Litern Hubraum vom Typ 6 R 1112 gebaut.
Parallel zu diesem Solowagen wurde 1962 der Leichtbau-Gelenkbus SG 175 im erwähnten alten Design angeboten. Das 16,5-Meter-Fahrzeug erhielt vier Türen und konnte 170 bis 175 Personen befördern. Die 192-PS-Henschel-Unterflurmaschine wurde hier eingesetzt. Der Nachläufer ruhte hier auf einem Kugelkopf. Eine über Kreuz gelegte Teleskopführung für den Faltenbalg war auf dem Dach angebracht.
Anzufügen ist noch, daß mit der Aufnahme des Serien-Gelenkbusbaus die Fertigung von Gelenkbus-Karosserien für andere Hersteller endgültig eingestellt wurde.
1965 wurde das Gelenkbusmodell im Stil des S 125-Stadtwagens als wiederum viertüriger SG 175 II erneuert und auf 16,7 Meter verlängert. Gleichzeitig wurde aufgrund der gesetzlichen Möglichkeiten eine dreitürige 18-Meter-Baukasten-Version für nahezu 200 Personen unter der Bezeichnung SG 175 ÜL angeboten.
Während anfänglich die auf 185 PS gedrosselte Büssing D 12-Maschine eingesetzt wurde, kamen im Serienbau die 175-PS-Henschel-Maschine 6 U 1215 und die 185-PS-Büssing-Maschine U 11 zum Einsatz.
Um das Solo- und das Gelenkfahrzeug dem Lastenheft des VÖV-Busses anzupassen, wurde 1969 die Frontpartie in der gewölbten Ausführung angeboten; jedoch nur der Gelenkbus konnte in mehreren Exemplaren mit dieser Frontgestaltung ausgeliefert werden, da gerade die Kässbohrer-Kunden nun bewußt ein alternatives Fahrzeug besitzen wollten.
Einzufügen ist hier noch, daß 1963 in Frankfurt a. Main und 1964 in Berlin Stützpunkte aufgebaut wurden. 1966 wurde dann die Kässbohrer-France S.a.r.l. in Paris (Pavillons sous Bois) gegründet, die wenig später nach Sarcelles bei Paris verlegt wurde.
Im Jahre 1965 leitete das Werk mit dem neuen S 7-Typ die Ablösung der 1. Kässbohrer-Omnibusgeneration ein. Als Nachfolger des S 6 wurde in nun kantiger Form der von Hans Schanz entworfene 30-Sitzer mit der 6,1-Liter-Henschel-Maschine mit 132 PS, der nun die neue Henschel-Bezeichnung 6 R 1013 F trug, auf der Frankfurter IAA vorgestellt. Aufgrund der kurzen Bauweise wurde hier ein Umlenkgetriebe eingebaut, das von vorne über eine zweite Kardanwelle die Hinterachse in Bewegung setzte. Eine wesentlich bessere Raumausnutzung konnte durch die neue Karosseriegestaltung gewonnen werden. Die hintere Tür war, bedingt durch den kurzen hinteren Überhang, vor der Achse des 2,3 Meter breiten Fahrzeugs eingesetzt. Vorne waren Querlenker mit Schraubenfedern, hinten war eine Starrachse mit Blatt- und Gummihohlfedern eingebaut.
Gegenüber der bisherigen Bauform wies dieses 7,7 Meter lange Clubbusmodell wiederum eine steilere Front- und Heckscheibenpartie auf. Ein Bandgrill war zwischen den Rechteckscheinwerfern angebracht.
Schließlich rundete der komfortable S 15 als größtes Reisemodell der 10er-Baureihe diese nach oben endgültig ab. Front- und Heckpartie waren durch geringere vordere und stärkere hintere Vorderwölbungen erneut überarbeitet worden, so daß eine 15. Sitzreihe in dem 12-Meter-Fahrzeug eingebaut werden konnte. Die Seitenscheiben waren endgültig höher gezogen worden; flachere Dachrandverglasungen schlossen sich an.
Die speziell für das Kässbohrer-Werk niedrig ausgeführte 192-PS-Henschel-Maschine 6 R 1215 (unter der alten Bezeichnung 520 g-K) wurde für dieses Kässbohrer-

Flaggschiff in der Mitte der sechziger Jahre verwendet. Vordere Querlenker mit Luftfederungen und kombinierte Gummihohl-Blattfederungen an der Hinterachse erhöhten den Fahrkomfort.
75 Exemplare dieses 63-sitzigen Busses wurden in seiner zweijährigen Bauzeit gefertigt.
Auch die anderen Baukastenmodelle konnten jetzt mit den hochgezogenen Seitenfenstern und wahlweise mit Dachrandverglasungen ausgestattet werden.
Das weitere neue Programm der von Hans Schanz entworfenen Baukastenserie 100 bei der eine Null der Sitzreihenzahl zugefügt worden war, erschien auf der nachfolgenden Frankfurter IAA im Jahre 1967. Der S 100 als 8,7-, der S 110 als 9,5-, der S 120 als 10,45-, der S 130 als 11,27 und der S 150 als 12-Meter-Wagen standen nun neben dem neuen S 7 im neuen Design zur Verfügung und lösten die Baureihen S 9 bis S 15 ab, von denen einschließlich des S 6-Clubbusses 12.339 Exemplare gefertigt worden waren.
Der Bandgrill erhielt gleichzeitig ein Gittermuster. Seitliche obere Schiebefenster dienten der Belüftung. Die flache Dachrandverglasung wurde nur noch auf Wunsch eingebaut. Die mit einem senkrechten Steg geteilte Frontscheibe war aus Verbundglas gefertigt. Henschel-Triebwerke mit 7,8, 11,0 und 11,9 Litern Hubraum kamen anfänglich zum Einsatz; Leistungen von 160, 180, 200 und 215/230 PS standen damit zur Verfügung.
Hydraulische Lüfter waren hinter den Gittern im Heck angebracht, die sich erst beim Überschreiten der Betriebstemperatur einschalteten. Die Fahrzeuge erhielten ein neues Fahrwerk mit einzeln aufgehängten Vorderrädern. Während die kleineren Modelle an vorderen Schrauben- bzw. kombinierten Gummi-Blattfedern und hinteren kombinierten Dreiblatt-Gummihohlfedern abgestützt waren, wurden die Modelle S 130 und S 140 mit Luftfederungen mit Faltenbälgen ausgestattet.
Anzufügen ist hier, daß das S 7-Modell, nun unter der angepaßten Bezeichnung S 80 mit dem neuen Henschel-Fünfzylinder-Baukastenmotor 5 R 1112 mit 135 PS ausgestattet wurde. Durch die kürzere Maschine konnte die Sitzaufteilung günstiger gestaltet werden. Die hintere Tür wurde gleichzeitig hinter die Hinterachse verlegt. Auch als »Citybus« mit einer breiten Mitteltür wurde das Modell mit 30 Sitz- und 7 Stehplätzen angeboten.
Für das Baujahr 1967 ist auch die Präsentation des S 14-Panorama-Busses im neuen Styling nachzutragen. In Anlehnung an den einstigen, für Krauss-Maffei gebauten Stufen-Hochdecker KMO 140, baute das Unternehmen zwei Exemplare eines Superluxus-Fernreisebusses mit einer ab Fahrzeugmitte stark erhöhten Fahrgastplattform für 56 Fahrgäste. Eine Unterflurtoilette, ein extrem großer Kofferraum sowie eine Niveauregelung, die das Fahrzeug um 10 cm absenken konnte, waren weitere Details dieses Luxus-Reisebusses.
Ab dem Baujahr 1968 wurden die Modelle mit den internen Zusatzbezeichnungen »H«, »E«, »P« und »A« differenziert. Das »H« stand für die normale Bauhöhe von 3,14 Metern, das »E« für die »ebenen« Boden, der durch die kleineren Unterflurkofferräume abgesenkt worden war, so daß das Fahrzeug 10 cm niedriger gebaut werden konnte. Mit einer breiten Mitteleinstiegstür wurden diese für den Überland- und Gelegenheitsverkehr vorgesehenen Fahrzeuge ausgestattet. Das »P« deutete auf die 15 cm hohen Podeste für die Sitzreihen, das »A« für die Ausführung in reduzierter Breite für Paßfahrzeuge hin. Zu ergänzen ist noch, daß die S 130-Typen für die Bundesbahn mit der Bezeichnung S 12 versehen wurden.
Mit der 75-Jahr-Feier des Kässbohrer-Unternehmens im Jahre 1968 konnte eine neue zweistöckige Fertigungsanlage für den Gerippe- und den Motoreneinbau in Betrieb genommen werden, so daß die jetzt sorgfältig abgestufte Baukasten-Modellreihe in ausreichenden Stückzahlen gefertigt werden konnten.
Das inzwischen 2300 Beschäftigte zählende Omnibuswerk konnte dadurch die Fertigung, die 1966 bei 779 und 1967 bei 809 Fahrzeugen gelegen hatte, auf 913 Einheiten im Jahre 1968 steigern. Ein Drittel der Fahrzeuge ging davon in den Export.
Gleichzeitig wurde ein weiteres Großreparaturwerk für die Kässbohrer-Austria Fahrzeug GmbH in Salzburg-Kleßheim eröffnet. Eine Lizenz zum Nachbau der Modelle S 100

und S 130 sowie des verkürzten S 80 wurde im gleichen Jahr dem bulgarischen Staatsunternehmen Avtoprom in Sofia erteilt. Das Cavdar Autobuswerk, entsprechend mit Bauvorrichtungen vorbereitet und erweitert, diese Modelle unter der Bezeichnung »Setra-Tschavdar« mit leichten Detailänderungen bis 1983 nach. Den dortigen Belastungen entsprechend wurden die Fahrzeuge und die Bodengruppen verändert. Avia-, Liaz-, Skoda- und Rába-MAN-Motoren wurden verwendet. Auch eine Gelenkbus- und eine Obus-Ausführung wurden 1982 noch vorgestellt.
Zu erwähnen ist für dieses Jahr noch, daß neben dem S 80-City-Modell die Typen S 120, S 130 und S 150 in der E-Ausführung jetzt für den Überlandverkehr erschienen.
Für das österreichische Reiseunternehmen Austrobus wurde der 200 PS starke S 130 auch in einer Luxus-Ausführung unter der Bezeichnung »Panoramabus« hergestellt.
In Spanien nahm das Werk der Seida S. A. die Setra-Typen S 100 und S 150 nun neu ins Programm auf.
Schließlich erschloß sich das Unternehmen einen weiteren Fertigungsbereich mit dem Bau von dreiachsigen Flugfeld-Zubringerbussen, die im Werk Dortmund hergestellt wurden. Dabei ist noch anzufügen, daß im Jahre 1967 der Bau von Pistenfahrzeugen unter der Bezeichnung »Pisten Bully« in Ulm (im ehemaligen Mattes-Werk) aufgenommen wurde.
1969 wurde der nicht so günstig auf dem Markt angekommene S 100 nach 142 gebauten Exemplaren wieder aus dem Programm genommen, da er durch den mit zwei Sitzen mehr ausgestatteten, 43-sitzigen S 110 ersetzt werden konnte.
Nachdem 1955 das 1000ste Setra-, 1964 das 5000ste Setra-Fahrzeug ausgeliefert worden war, stellte das Werk 1969 mit einem S 150 P-Modell das 10.000ste Omnibusmodell her.
Zur Ablösung des S 125-Linienbusses präsentierte das Werk 1970 auf dem Brüsseler Salon den 180 PS starken Setra-Stadtlinienbus S 130 S, der 35 Sitz- und 88 Stehplätze aufwies. Um die Fertigung dieses Modells zu rationalisieren, war die Karosserie mit tiefliegendem Fußboden und doppelbreiten Türen im Erscheinungsbild der Reisebusse geführt. Das mit nur einer Einstiegsstufe versehene Modell besaß eine Reihe von technischen Details, die dem VÖV-Lastenheft entsprachen. Durch die Anlehnung an die Reisebuskarosserie konnte hierdurch eine rationelle Fertigung erreicht werden, zumal gegenüber den großen Herstellern eine separate VÖV-Baureihe nicht die erforderlichen Stückzahlen erwarten ließ. Beim Omnibuswettbewerb in Monte Carlo konnte der S 130 S in der Klasse der europäischen Linienfahrzeuge sofort den 1. Preis erzielen. Das ab 1971 im Serienbau hergestellte Fahrzeug wies dann auch respektable Zulassungszahlen auf.
Der neue Henschel-8,2-Liter-Motor mit 180 PS wurde hier in stehender Bauart eingesetzt. Als 1975 die Henschel-Motorenfertigung ausgelaufen war, kam der gekapselte 210-PS-Daimler-Benz-Motor OM 407 h in Unterflurbauweise mit einem Voith-Automatikgetriebe zum Einsatz. Auch die 220-PS-MAN-Maschine D 2556 MXUH wurde eingesetzt, zumal viele Kunden ihre Wagenflotte einheitlich mit MAN-Triebwerken ausgestattet haben wollte. 1981 erhielt das Modell die Zusatzbezeichnung »Communal«.
Parallel zu diesem Modell folgte der neue, im gleichen Stil konzipierte Gelenkbus SG 180. Der Büssing-Direkteinspritzmotor U 12 D mit 240 PS trieb das Fahrzeug an; die hintere Achse wurde zwangsgelenkt. Auf dem gegenüber dem Solowagen etwas erhöhten Wagenboden konnten 56 Sitzplätze angebracht werden. 132 Stehplätze standen weiterhin in dem Stadtlinien-Gelenkzug zur Verfügung, der den SG 175 ablöste. Nachdem das Büssing-Triebwerk nicht mehr gebaut wurde, setzte das Werk 1975 die erwähnte MAN-Unterflurmaschine mit 220 PS ein.
Gleichzeitig wurde für den Überlandverkehr die 18-Meter-Version SG 180 ÜL für 77 sitzende und 102 stehende Fahrgäste angeboten, bei der der Nachläufer verlängert worden war.
1974 konnte eine separate Fertigungsstraße für die recht gut verkäuflichen Gelenkbusse eingerichtet werden.
Weiterhin kam in dem Jahr 1972 als neue Baugröße der zunächst speziell für den belgischen Markt entwickelte S 140 hinzu, da dort keine 12-Meter-Busse zugelassen werden konnten. Das aus dem S 130 hervorgegangene Modell wurde ebenfalls in den

Versionen H, E und P hergestellt und löste 1972/73 den in 1210 Exemplaren hergestellten Typ S 130 ab.
Als Höhepunkt der damaligen Kässbohrer-Fertigung erschien 1972 auf dem Genfer Automobilsalon der von Dipl.-Ing. Hans Schanz entworfene dreiachsige Hochdecker-Prototyp S 200, der die neue 200-Generation der 1976 nachfolgenden dritten Kässbohrer-Serie einleitete.
Das Fahrzeug war mit einem hohen Fahrgastboden ausgestattet, so daß im unteren Bereich eine Toilette, Bordservice-Einrichtungen, eine Fahrerschlafkabine sowie umfangreiche Gepäckkapazitäten zur Verfügung standen. Das für den »internationalen Fernreiseverkehr« in Anlehnung an den einstigen US-Hochdecker konzipierte, 3,55 Meter hohe Fahrzeug besaß eine umfangreiche Verglasung mit geklebten Seitenscheiben ohne vorstehende Seitenstege sowie eine große, geteilte und sphärisch gewölbte Frontscheibe. Für die Belüftung sorgte eine thermostatisch gesteuerte Querstromklimaanlage, die das Beschlagen der Scheiben verhinderte. Der V-Zehnzylinder-DB-Motor OM 403 mit 320 PS trieb über eine ZF-Sechsganggetriebe die erste Hinterachse an. Eine starre Nachläuferachse nahm einen Teil des Gewichtes des 13,25-Tonnen-Fahrzeugs auf, das mit 8,8 Tonnen belastet werden konnte. Die hintere Doppelachse war gewählt worden, um jegliche Probleme mit der zugelassenen 10-Tonnen-Einzelachse zu umgehen. 55 bis 58 Sitzplätze wies dieses neue Kässbohrer-Spitzenmodell auf, das von Fachjournalisten als der »Rolls-Royce der Omnibusse« bezeichnet wurde und sämtliche ECE-Bestimmungen erfüllte. Dabei ist anzufügen, daß sich die bisherige Baureihe 100, die sich durch ein tadelloses Finish auszeichnete, immer noch gut verkaufen ließ; eine Umrüstung auf die neuen ECE-Regelungen hätte aber derartige Kosten verursacht, daß die Vorstellung dieses Ablösemodells beschlossen wurde.
Eine Vorserie wurde 1973 für eingehende Erprobungszwecke aufgelegt. Zu erwähnen ist dabei, daß in diesem Jahr das Modell S 200 auf der Omnibuswoche in Nizza den Grand Prix der Reisebusse errang.
Im Jahre 1973 erhielten die Modelle S 110 bis S 150 serienmäßig vordere Knorr-Scheibenbremsen. Hintere Scheibenbremsen konnten auf Wunsch eingesetzt werden. Die Dachrandverglasung der Baureihe 100 entfiel in diesem Jahr; der schräge Typenschriftzug wurde durch einen geraden Schriftzug ersetzt.
Das Werk konnte durch sein großes abgestuftes Reisebusprogramm sowie durch das alternative Linienbusangebot verbunden mit der langjährigen Modellkonstanz mit allerdings ständigen Detailverbesserungen in den frühen siebziger Jahren mit einer Jahresfertigung von über 1000 Einheiten den 3. Platz hinter der Daimler-Benz AG und der Magirus-Deutz AG erreichen.
Im Jahre 1974 wurde der S 120 mit dem Zusatz »V« in einer im hinteren Überhang verlängerten Version ins Programm genommen, um das größere 240-PS-Henschel-Triebwerk 6 R 1215-24 K mit dem synchronisierten Getriebe unterbringen zu können.
Für den Überlandverkehr stellte das Unternehmen nun den mit einem Hochboden ausgestatteten S 140 ES vor, der dadurch entsprechend größere Unterflurkofferräume gegenüber den StÜLB-Omnibussen der Konkurrenz aufwies. Das aus dem Stadtwagen der Baureihe S 150 entwickelte Fahrzeug besaß die Fahrwerks- und Triebwerkskonstruktion des S 140 E. Die Front- und die Heckpartie waren dem Modell S 130 S entlehnt. Dieses wiederum nicht standardisierte StÜLB-Fahrzeug war mit dem 240-PS-Henschel Motor ausgestattet und war wie auch der S 130 S mit vielen Details den VÖV- bzw. den StÜLB-Empfehlungen angepaßt.
1975 wurde auch hier der 220-PS-MAN- oder der 210-PS-Daimler-Benz-Motor eingesetzt. 1978 erhielt das Fahrzeug durchgehende Scheiben in den Fronttüren, um dem Fahrer ein besseres Blickfeld zu ermöglichen. Als Typ »Regional« wurde dieser Omnibus bis 1984 nahezu unverändert gebaut.
Anzuschließen ist hier noch, daß die Firma Saracakis Brothers S. A in Athen/Griechenland eine Lizenz zum Nachbau verschiedener Setra-Modelle erhielt.
Das blattgefederte S 80-Modell erhielt 1975 als Ersatz für den nicht mehr gebauten Henschel-Motor die 192-PS-DB-Maschine OM 401. Auch in einer normalen Breite von 2,5 Metern konnte das Fahrzeug jetzt geliefert werden, so daß die Sitzbreite im Innern vergrößert werden konnte.

In der Mitte des Jahres 1976 begann der Serienbau der Baureihe 200, nachdem die Reihen 10 und 100 in ihren verschiedenen Ausführungen innerhalb von 22 Jahren in einer Stückzahl von über 30.000 Exemplaren gefertigt worden waren. (Einzig das kleine Modell S 80 und die E-Typen wurden zunächst noch weitergebaut.)
In Hochbodenausführung mit 3,09 Meter Gesamthöhe wurden die Modelle S 211 H, S 212 H, S 213 H und S 215 H vorgestellt. In Hochdeckerausführung mit 3,34 Metern Bauhöhe schlossen sich die Typen S 213 HD und S 215 HD mit größeren Kofferräumen an.
Weiterentwickelte Vorrichtungen, in denen die Vierkant-Stahlrohre mit absoluter Genauigkeit verschweißt werden, dienten jetzt dem Gerippe-Bau der neuen Setra-Fahrzeuge.
Die thermostatisch geregelte Querstrombelüftung und Heizung wurde hier als grundsätzlich neues Kässbohrer-Prinzip eingeführt, die äußerlich an den langgezogenen Lufteintrittsgittern über den Termopanscheiben zu erkennen ist, die die problematischen Schiebefenster der bisherigen Baureihen ablöste. Auffallend war weiterhin, daß das Unternehmen an der separaten Fahrertür auch bei diesen Modellen festhielt.
Die zweiachsig ausgeführten Omnibusse besaßen V-Sechs- und V-Achtzylinder-DB-Motoren mit 192 und 256 PS.
Die gefertigte Stückzahl der Kässbohrer-Omnibusse belief sich in diesem Jahr auf 1309 Exemplare.
1977 schloß sich der S 209 H als 8,5-Meter-Wagen der neuen Baureihe an. Besonderheiten waren das Umlenkgetriebe und die 2. Tür in Fahrzeugmitte.
Auf der Internationalen Omnibuswoche in Nizza erhielt die neue Baureihe 200 die höchste Auszeichnung für die Karosseriegestaltung, den ergonomisch gestalteten Fahrerplatz, die Sicherheitseinrichtungen und für die technische Neuerungen.
Für den Überlandverkehr wurden die »U«-Modelle ohne die thermostatisch geregelten Querstrombelüftung bereitgestellt. Eine Hutze für den Lufteintritt war hier auf dem hinteren Dachteil aufgesetzt. Ein ebener Wagenboden und die breite Mitteltür kennzeichneten diese Modelle, die die ehemaligen E-Baureihen der Reisebusse ersetzten.
Neue Reisewagen-Versionen unter der Bezeichnung »HM«-Ausführung folgten 1978 mit Einstiegen vor anstelle hinter der Hinterachse. Für den Linienverkehr wurden die Universaltypen S 213 h (UL) und S 215 H (HL) angeboten.
Nächste Neuerung war der aus dem Ursprungsmodell S 200 hervorgegangene dreiachsige Superhochdecker S 215 HDS für 56 bis 61 Fahrgäste, der von dem 330 PS starken, aufgeladenen V-Achtzylinder-DB-Motor OM 422 A angetrieben wurde.
Unter der Bezeichnung S 216 HDS für 63 Fahrgäste erschien der Superhochdecker »Royal« mit einem Unterflurcockpit. Durch den bis an die Frontscheibe vorgezogenen Fahrgastboden konnte eine weitere Sitzreihe gewonnen werden, so daß, bedingt durch die zweite Treppe, 63 Sitzplätze in dem 3,63 Meter hohen Fahrzeug vorhanden waren bzw. sind. Die schräggestellte obere Scheibe ist in dem noch heute gebauten Modell über der oberen Einfassung der senkrechten Fahrerscheibe mit einer schmalen Metalleinfassung angebracht.
Mit ihrer dritten Achse kannten diese beiden Fernreisefahrzeuge mit extrem großen Kofferräumen wie erwähnt keine Gewichtsprobleme.
Während 1977 1778 Exemplare gebaut werden konnten, von denen 40 Prozent in den Export gingen, wurden 1978 1896 Fahrzeuge hergestellt, von denen 45 Prozent ins Ausland verkauft wurden. Der Marktanteil in Deutschland belief sich auf 19 Prozent.
Im Jahre 1979 ergänzte das Unternehmen die Baureihe 200 mit dem kleinen Modell S 208 und stellte als Studie den Reisegelenkbus SG 221 HDS vor.
Der S 208 H mit wiederum einem Umlenkgetriebe und einem aufgeladenen 168-PS-DB-Reihenmotor löste jetzt den S 80-Typ ab. Das 7,6 Meter lange Fahrzeug war wiederum mit Blattfedern abgestützt und konnte auch in der Ausführung »HM« und in der vereinfachten Kombi-Version »HMU« geliefert werden. Zwei breite Fenster und ein kleines Zwischenfenster, das auch durch eine zweite Tür ersetzt werden konnte, bildeten die Seitenfront.
Neben diesem Serienmodell wurde als vorübergehendes Flaggschiff der Kässbohrer-Baureihe 200 in einem Einzelstück der Gelenkzug SG 221 HDS vorgestellt.

Der aus dem dreiachsigen S 216 HDS entwickelte Zugwagen mit 56 Plätzen war mit einem Nachläufer mit 16 Reiseplätzen verbunden. Die Besonderheiten dieses Zuges waren einerseits die hochgesetzten Fahrgastplattform in dem 3,6 Meter hohen Fahrzeug, das Unterflurcockpit sowie der in Wespentaille ausgeführte Faltenbalgübergang zum Nachläufer. Eine besonders gute Kurvengängigkeit auf Paßstraßen mit Serpentinen sollte durch den hier möglichen großen Knickwinkel erzielt werden.
Der Nachläufer erhielt noch die Bordküche, das WC, die Garderobe und die Klimaanlage. An der vorderen Verjüngung waren Fenster angebracht, um den Fahrgästen im hinteren Fahrzeugteil eine Aussichtsmöglichkeit nach vorne zu ermöglichen. Im Zugwagen waren neben dem Fahrerplatz zwei Plätze für Begleiter und dahinter eine Schlakabine vorhanden. Der im Heck des Zugwagens installierte ladeluftgekühlte DB-Motor der Baureihe OM 422 LA leistete 375 PS und war durch zwei seitliche Klappen zugänglich. Ein Serienbau dieses Luxus-Reise-Gelenkzuges kam jedoch nicht zustande, da das Durchfahrtsverbot für Gelenkfahrzeuge in Frankreich und in der Schweiz die Reisemöglichkeiten einschränkte. Das Modell wurde später zu einem Ausstellungsfahrzeug umgebaut.
Unter den Modellen der alten Baureihe 100 wurden der Linientyp S 130 S weiterhin mit dem 240-PS-DB- oder MAN-Unterflurmotor, der Überlandtyp S 140 ES mit dem stehenden 240-PS-MAN-Motor und das Modell SG 180 S (S für Standard- oder Stadt-Ausführung) sowie das Modell SG 180 Ü (Ü für Überland) mit 220- und 240-PS-MAN-Motoren weiterhin bis 1982 im Programm geführt.
Für den Export konstruierte das Unternehmen spezielle Modelle unter der Bezeichnung »HUE«. Geteilte Frontscheiben, gefaßte Scheiben mit großen Schiebefenstern und daüberliegenden Lüftungsscheiben sowie ein stabileres Fahrwerk kennzeichneten diese Typen.
In der Typenbezeichnung stand nun das »H« für Reisebus in normaler Hochbodenausführung, das »HD« für Hochdecker, das »HU« für Universal-Reisebus, das »HUL« für Universal-Linienbus und das zugefügte »M« für eine Mitteltür anstelle der Hecktür. Schließlich gab das nachgefügte »E« die Exportausführung der Baureihe 200 an. Anzufügen ist noch, daß die Fahrzeuge der neuen Baureihe nach und nach auch in 2,3 Meter Paßbreite für Schweizer Kunden geliefert werden konnten, wobei ein »A« die reduzierte Breite wieder angab.
Von Interesse ist für dieses Jahr noch, daß auf der Omnibuswoche in Spa/Belgien die höchste Auszeichnung für die Kässbohrer-Baureihe 200 vergeben wurde.
Weiter ist zu ergänzen, daß in den USA die Kässbohrer of North America in Portland/Maine als Verkaufs- und Servicestützpunkt aufgebaut wurde. Ein Montagewerk unter der Bezeichnung Valley Engineering Inc. kam in Gray/Maine hinzu, das für den Bau der Pisten Bully-Fahrzeuge und für die Endausstattung der Omnibusse für den amerikanischen Markt zuständig ist.
1979 konnten, nachdem ein neuer Werksteil eingerichtet worden war, 2008 Exemplare gebaut werden, von denen 43 Prozent in den Export gingen.
Das Jahr 1980 brachte die Einführung der Baureihe »Rational« für den Überland- und Gelegenheitsverkehr. Für die Rational-Modelle S 213 HR und S 215 HR mit Podesten für die Sitze wurde in Ligny-en-Barrois (Departement Meuse/Lothringen) mit dem Bau eines Montagewerkes unter dem Namen Kässbohrer Industries S.N.C. begonnen, das der Kässbohrer-France S.a.r.l. in (inzwischen) Sarcelles bei Paris unterstellt ist, zumal erwartet wurde, daß gerade diese Kombi-Typen mit ihren großen Kofferräumen besonders bei den französischen Busunternehmern auf Interesse stoßen würden. Hinzu kamen die Überland- und Linienfahrzeuge der Rational-Baureihen S 213 RL und S 215 RL aus dem Ulmer Stammwerk. Auch die Bestimmung, daß Komunalbetriebe nur in Frankreich hergestellte Busse fahren dürfen, konnte damit erfüllt werden.
Äußerlich erkenntlich sind diese Fahrzeuge durch die steilere Gestaltung der Frontscheibenpartie zur Aufnahme eines Zielschildkastens, durch die Doppeltüren, durch die plane Fassung der Scheiben und durch den Fortfall der separaten Fahrertür.
Diese besonders wirtschaftlichen Baureihen wurden auf dem Pariser Automobilsalon vorgeführt und erfüllten, wie sich später zeigte, alle Erwartungen.
Weitere Besonderheiten des Jahres 1980 waren die Herstellung des 5.000sten Omni-

busses der Serie 200 und des 1000sten Universal Fahrzeugs sowie die Herstellung der Fahrzeuge der neuen Baureihen mit einer Rechtslenkung für Kunden in Großbritannien, dem Commonwealth und in Japan.
Das Jahr 1981 brachte auf der Frankfurter IAA die Vorstellung des Reisedoppeldeckers S 228 DT »Imperial« und der Liniendoppeldecker S 228 DTS als Abschluß der Baureihe 200. Zwar hatte das Unternehmen 1969 schon eine Marktstudie zur Einführung eines Doppeldeckers durchgeführt, sich aber erst jetzt zum Bau eines derartigen, nur in Kleinserien abzusetzenden Fahrzeugs entschlossen.
Die Blechverkleidung zwischen Unter- und Oberdeck verjüngt sich bei diesem Modell im Bereich der Frontscheibe zu einem schalen Stabilitätsband, das für Beschriftungszwecke genutzt werden kann.
89 Personen können in dem Reisedoppeldecker mit entsprechenden Serviceeinrichtungen transportiert werden. Dabei sind 5 Sitzreihen in der unteren und 14 Sitzreihen in der oberen Etage untergebracht. Motormäßig erhielt das Modell das ladeluftgekühlte DB-Triebwerk OM 422 LA, das 375 PS erzeugte. Eine Doppel-H-Schaltung überträgt die Kraft auf die Antriebsachse.
Der Liniendoppeldecker ging aufgrund der erwarteten geringen Stückzahlen nicht in den Serienbau.
Eine Lizenz zum Nachbau des Doppeldeckers für den iberischen Markt erhielt das Tochterunternehmen Setra S. A. in Spanien. Gleichzeitig wurde ein neues, für 250 bis 300 Einheiten pro Jahr ausgelegtes Werk in Samano in Nordspanien aufgebaut, das 1982 die Fertigung aufnahm. Während das Kässbohrer-Werk zu 55 Prozent an diesem Werk beteiligt war, lagen weitere 28 Prozent bei der DEG Finanzierungsgesellschaft und die restlichen 17 Prozent bei der Seida S. A., die zur Enasa-Gruppe mit der Nutzfahrzeugmarke Pegaso gehörte. Dabei ist anzufügen, daß die in Spanien gebauten Modelle vorwiegend mit MAN- und Pegaso-Motoren ausgestattet wurden.
In der Reihe der Linienfahrzeuge zeigte das Unternehmen die eigenständige U 80-Regional-Version in Übereinstimmung mit dem VÖV II-Lastenheft. Die Firma Markus Göppel GmbH in Augsburg baute die fünf vom Bundesministerium für Forschung und Technologie geförderten Vorserienexemplare, die durch den 240-PS-DB-Unterflurmotor OM 407 h und durch den MAN-Motor D 2566 MUH angetrieben wurden. Technische Besonderheiten waren die gebläseunterstützte Querstrombelüftung, die Klimaanlage, die eigene Fahrerplatzgestaltung und die neue 7,5-Tonnen-Vorderachse.
Aufgrund der »wettbewerbsbedingten Rücknahme der Lieferzusage von Motoren« des Daimler-Benz- und des MAN-Werkes verzichtete das Unternehmen auf den Serienbau dieses Standard-Linienbusses. Die Baureihe »Rational« wurde daher als Alternative zum VÖV- und StÜLB-Programm der Konkurrenten stärker in den Vordergrund gebracht.
Als neuen Gelenkbus für den Stadt- und Überlandverkehr erschienen die Modelle SG »Communal« und »Regional« in 16,88 und 17,80 Meter Baulänge. Die schräge Unterkante des Fahrerfensters kennzeichnete diese aus der »Rational«-Serie entwickelten Modelle, wobei anzufügen ist, daß diese Fenstergestaltung auch auf die Solofahrzeuge übertragen wurde.
Auf Wunsch rüstete das Kässbohrer-Unternehmen als erster Hersteller der Welt die Fahrzeuge mit einer Anti-Blockier-Einrichtung von Bosch aus, nachdem diese ABS-Einrichtungen zuvor schon serienmäßig in die Doppeldecker eingesetzt worden waren.
Zur besseren Kennung der Fahrzeuge wurden nun die Namen »Communal« für Stadt-, »Regional« für reine Überland-, »Optimal« für Luxus-Hochdecker-, »Universal« für normale Reisehochdecker, »Rational« für Hochboden-Überland- und Gelegenheitsbusse gewählt. Die Bezeichnungen »Royal« kennzeichneten den Superhochdecker mit dem Unterflurcockpit, »Imperial« den Doppeldecker. Schließlich steht die Bezeichnung »Tropical« für die Tropen- und Exportmodelle in Länder mit hohen Temperaturen der Baureihe »HUE«. Das 130 Personen starke französische Werk nahm in diesem Jahr den Serienbau der »Rational«-Modelle auf. Eine Jahreskapazität von 300 bis 400 Fahrzeugen war hier vorhanden, wobei die Rohbaukarosserien aus dem Ulmer Werk per Bahn angeliefert wurden.
Die Querstrom-Raumbelüftungs-Heizungs- und Klimaanlage wurde seit diesem Jahr

durch ein prozessorgesteuertes Elektronik-System geregelt.
Nachdem 1980 die Kässbohrer Italia S.R.L. in Modena als Service-Stützpunkt eingerichtet worden war, folgte 1981 die Kässbohrer United Kingdom Ltd. in Bordon/Großbritannien.
Schließlich ist hier noch anzufügen, daß 1981 1953 Modelle gebaut wurden, von denen 1182 Exemplare in den Export gingen. Im Jahre 1982 wurde auf Vorschlag von Otto Kässbohrer sein erster Sohn, Dipl.-Ing. Karl Kässbohrer (geb. 1934) zum Vorsitzenden der Geschäftsleitung des Familienunternehmens berufen. Ihm unterstanden die Bereiche Planung und Technik. Der Bruder, Dipl.-Ing. Heinrich Kässbohrer (geb. 1936) leitete den Bereich Service und Qualitätswesen.
Auf dem Internationalen Autobus Meeting in Portoroz/Jugoslawien wurde der Doppelstock-Setra S 228 DT, von dem inzwischen über 50 Exemplare gebaut werden konnten, mit dem 1. Preis ausgezeichnet.
Zur Ablösung der Baureihen S 130 S und S 140 ES, von dem über 1000 Exemplare gefertigt worden waren, wurden nun neben den »Rational«-Typen die Modelle S 215 SL »Communal« und S 215 UL »Regional« ins Programm genommen.
Für den Export in die Schweiz konnte jetzt der S 213 HMA mit 2,3 Metern Außenbreite neben dem S 208 HMA geliefert werden.
Für Belgien wurde speziell der S 214 HD (oder HDU) bereitgestellt, der das bisherige Exportmodell S 213 HD (HDU) ablöste. Im Bereich der Tropen- und Exportmodelle präsentierte das Unternehmen nun das 12-Meter-Modell S 212 HUE »Tropical«.
Im Export konnte das Unternehmen, das in diesem Jahr 1849 Fahrzeuge herstellte, die Auslieferung des 1000sten Setra-Modells für Österreich feiern; darüber hinaus wurde das 10.000ste Modell mit einem Voith-Retarder ausgeliefert.
Das Jahr 1983 brachte auf der Frankfurter IAA die Vorstellung der Modelle S 210 H und HD, S 211 HD und S 215 UL sowie die Vorstellung des Setra-Gelenkzuges SG 221 H in Schubgelenkausführung. Mit dem 240-PS-MAN- und dem 330-PS-DB-Motor sowie einem ZF-Fünfgang-Automatikgetriebe wurde der Nachläufer der Schubgelenk-Prototypen angetrieben.
Der preiswerter anzubietende S 210 löste als 9,34-Meter-Wagen die bisherigen Typen S 208 und 209 mit dem Umlenkgetriebe, der Blattfederung und den abnutzungsintensiven kleinen Rädern ab. Auch der S 212 als ausgesprochener Zwischentyp in den H- und HD-Ausführungen wurde zugunsten des S 213 aufgegeben.
In den Serienbau gingen jetzt die Schubgelenkmodelle SG 219 SL »Communal« für den Stadtverkehr und SG 221 UL (Regional) für den Überlandverkehr. Die 240-PS-MAN-Maschine trieb diese Fahrzeuge an.
Äußerlich erhielten die Kässbohrer-Modelle in diesem Jahr eine neue Frontgestaltung. In einem schwarzen Grill wurden auf rechter Seite in einem Kreis das »K« für Kässbohrer und daneben die Buchstaben »SETRA« angebracht.
Das aufgrund der Einstellung der Lieferung von Motoren für die U 80-Reihe dieses Projekt wie erwähnt aufgegeben werden mußte, stellte das Unternehmen jetzt die Modelle S 215 SL und UL »Regional« als alternative Linienfahrzeuge vor.
Technische Verbesserungen waren jetzt die Motorkapselung, die durch die kleineren Heckfenster und dem hochgezogenen Lüftungsgitter erkenntlich waren, so daß die Heckpartie mit dem Schriftzug »Kässbohrer-Setra« vollständig erneuert worden war.
Mit einer automatischen Feuerlöschanlage wurde erstmals der S 216 HDS mit dem Unterflurcockpit ausgestattet, der auch erste Exporterfolge in Japan erzielen konnte.
Das Heck des S 211 wurde verlängert, um den 280 PS starken DB-V-Achtzylindermotor einsetzen zu können.
Eine Exklusiv-Kollektion für die Innenausstattung wurde in diesem Jahr für die Kässbohrer-Omnibusse angeboten.
Mit der Fertigung von 1978 Omnibussen in diesem Jahr konnte der 35.000ste Setra-Omnibus ausgeliefert werden. Dazu hatten 500 in Ligny-en-Barrois fertiggestellte Fahrzeuge beigetragen.
Schließlich ist hier zu erwähnen, daß das Kässbohrer-Werk zum vierten Mal in ununterbrochener Reihenfolge den Preis Louis Bolandard, die höchste Auszeichnung der Internationalen Omnibus-Woche in Nizza erringen konnte.

1984 stellte das Unternehmen den Typ S 215 SL »Communal« als Alternative zum VÖV II-Modell in der endgültigen Ausführung vor.
Gleichzeitig präsentierte das Werk als völlig neuen Typ das dreitürige Niederflur-Linienbus-Vormodell S 300 NC in genieteter Aluminium-Schalenbauweise nach dem System »Alusuisse«. Hervorgehoben wurde dabei die energieschonende Recyclingmöglichkeit der Aluminiumkarosserie.
Unter der Bezeichnung »International« wurden nun »Optimal-«Reisebusse der Baureihen H, HM und HD ohne der elektronisch gesteuerten Querstrombelüftung kostengünstig angeboten, die somit die bisherigen »Universal«-Typen ersetzten. Lüftungsöffnungen in den oberen Scheibenteilen wurden dafür eingesetzt. Hinzu kam wie bei den »Rational«- und »Regional«-Modellen auf Wunsch eine Lufteintrittshutze auf dem Dach.
Zu erwähnen ist hier, daß die Sättigung des spanischen Marktes, wo 85 Prozent der dort jährlich zwischen 200 und 250 gefertigten Modelle verkauft wurden, zu Schwierigkeiten im rund 500 Beschäftigten großen Werk in Samano geführt hatten, so daß ein Kapitalschnitt vorgenommen wurde.
Die Fertigung war in diesem Jahr auf 1635 Modelle gesunken, von denen 1106 Einheiten in den Export gingen.
Das Baujahr 1985 brachte die Ausstattung des Clubbusses S 210 mit der aufgeladenen 250-PS-DB-Maschine OM 421 A. Hinzu kam das Clubbus-Modell S 210 H »Real«, das mit entsprechender Luxusausrüstung in Ligny-en-Barrois komplettiert wurde.
In Spanien mußte nach dem Zusammenbruch der Seida S. A. das Konkursverfahren über das Werk Samano beantragt werden. Die MAN, die, wie erwähnt, Motoren für die spanischen Setra-Omnibusse lieferte, engagierte sich nun an diesem Omnibushersteller, um mit diesem Werk und mit der geplanten, aber dann vom Bundeskartellamt verbotenen Teilübernahme des Pegaso-Nutzfahrzeugwerkes der Enasa-Gruppe Fuß auf dem spanischen Markt fassen zu können. Nach einem nun noch erreichten Vergleich trennte sich das Kässbohrer-Werk von der spanischen Beteiligung. Eine Lizenz zum Weiterbau der S 200-Modelle in Samano wurde jedoch wieder erteilt.
Für den amerikanischen Markt stellte das Unternehmen den dreiachsigen Superhochdecker S 215 HDH »Intercontinental« bzw. »Transcontinental« mit Daimler-Benz- und Detroit-Diesel-Motoren her.
Das Jahr 1985 konnte mit 2001 in Deutschland, 250 in Frankreich und mit 217 in Spanien produzierten Modellen abgeschlossen wurden. Im Jahre 1986 konnte das »Tropical«-Modell S 213 HE in der 11-Meter-Ausführung vorgestellt werden.
Das französische Werk ergänzte die »Rational«-Baureihe mit dem Ausflugs- und Linienbus S 215 HRI-GT, der sich durch eine stärker geneigte Frontpartie im Stil der Reisebusse von den anderen »Rational«-Modellen unterscheidet. Eine separate Fahrertür gehört auch hier zur Grundausstattung.
In die großen Kässbohrer-Modelle konnte jetzt der aufgeladene 330-PS- und der ladeluftgekühlte 360-PS-MAN-Motor der D 28-Baureihe neben den Daimler-Benz-Triebwerken eingesetzt werden.
In diesem Jahr beschlossen die sechs Gesellschafter des Familienunternehmens eine Neuordnung der Führungsspitze. Dipl.-Ing. Karl Kässbohrer gab den Vorsitz der Geschäftsführung auf, um sich ganz den Bereichen Nutz- und Geländefahrzeuge sowie Technik widmen zu können. An die Spitze des Unternehmens wurde der Betriebswirt, Dipl.-Kaufmann Dr. Heinz Ahrens berufen, der zuvor bei dem Schlepperhersteller Xaver Fendt in Marktoberdorf Sprecher dieser Familiengesellschaft gewesen war. Durch diese Aufgabenteilung strebte das Unternehmen als inzwischen zweitgrößter Hersteller von Omnibussen in der Bundesrepublik eine Verbesserung der Ertragslage besonders bei den Auslandsfirmen und Auslandsvertretungen an, die zwar stets mit größeren Verkäufen dem Unternehmen Erfolge brachten, aber große Bestände an Fremdfahrzeugen hatten hereinnehmen müssen. Zum anderen sollte dadurch das Geschäft mit Linienfahrzeugen forciert ausgeweitet werden.
Die Fertigung belief sich im Jahre 1986 auf wieder 2001 Exemplare. Dr.-Ing. Hermann Bruns übernahm 1987 die Hauptabteilung Omnibuskonstruktion, um den Prototyp der geplanten neuen Baureihe 300 zu entwickeln.
Neben der weiter verbesserten Studie des Niederflurbusses auf der Basis des S 215 SL

stellte das Unternehmen eine erste Ausführung des Universal-Linien-Busses SL 213 UL mit einem hydrostatischen Antrieb und einer Bodenhöhe von nur 36 cm vor. Beim Antriebssystem konnte auf die Erfahrungen der hydrostatisch angetriebenen Pisten Bully-Fahrzeuge zurückgegriffen werden.
In Dänemark engagierte sich das Unternehmen Ende des Jahres an der Ascan Bilcon A/S in Aalborg, die Silofahrzeuge herstellte. Hinzu kam eine 75 prozentige Beteiligung an der Ascan Bus A/S in Aabenraa, die mit 230 Beschäftigten Linienbusse herstellte. Importeur der Kässbohrer-Fahrzeuge blieb jedoch die Ringsted Karosseriefabrik A/S in Ringsted, die seit 1961 Kässbohrer-Fahrzeuge in Dänemark vertrieb.
Schließlich wurde in diesem Jahr mit der Planung eines neuen Buswerkes in Neu-Ulm begonnen. Die Omnibusfertigung konnte leicht auf 2031 Exemplare gesteigert werden, von denen 1369 Fahrzeuge in den Export gingen.
Im Jahre 1988 konnte das Unternehmen mit dem Neubau des zweiten Buswerkes beginnen, wobei auf eigene Finanzmittel zurückgegriffen werden konnte.
Durch die wieder große Nachfrage an Omnibussen in Frankreich, Österreich und Dänemark konnte das Unternehmen die Fertigung auf 2137 Exemplare steigern, von denen 1149 Einheiten, d. h. 54 Prozent in den Export gingen. In Deutschland konnte das Kässbohrer-Werk einen Marktanteil von 28 Prozent erzielen.
1989 erhielten die Fahrzeuge neue oder leistungsgesteigerte Motoren. Das 335-PS-V-Achtzylinder-DB-Triebwerk OM 422 A wird in die Modelle S 214 und S 215 eingesetzt. Das S 216 HDS Royal als Unterflurcockpit-Fahrzeug erhielt den 360-PS-MAN-Motor D 2866 mit Aufladung und Ladeluftkühlung. Inzwischen werden auch 330- und 375 PS starke DB-Triebwerke eingesetzt. In den Doppeldecker S 228 DT Imperial wird der V-Achtzylinder-DB-Motor mit 355 PS in aufgeladener oder in ladeluftgekühlter Version mit 480 PS eingebaut.
Die Fertigung konnte wiederum bei Ausschöpfung aller Kapazitäten auf 2192 Modelle gesteigert werden; hinzu kamen nun erstmals noch 87 Exemplare aus dem dänischen Werk in Aabenraa.
Im Jahre 1990 erreichte das Kässbohrer-Werk mit der Herstellung des 50.000sten Modells seit 1951, einem S 215 HDH Transcontinental, einen weiteren Höhepunkt. Da der ursprünglich 1985 ausschließlich für den nordamerikanischen Markt konzipierte S 215 HDH Transcontinental mit seinem dynamisch wirkenden Profil auch großes Interesse bei den europäischen Kunden gefunden hatte, war vom Kässbohrer-Werk 1988 beschlossen worden, auch eine Transkontinental-Europa-Version aufzulegen. Von der Nachfrage wurde das Unternehmen erneut überrascht, so daß immer größere Serien dieses Luxus-Dreiachs-Hochdeckers aufgelegt wurden. Bis Ende 1991 konnten 520 Exemplare gefertigt werden, die sich durch ein modernes »anderes« Setra-Profil als Image-Träger und als Flaggschiff des Busherstellers gegenüber der normalen Setra-Serie abhoben.
Von der dänischen Unternehmerfamilie Pedersen übernahm die Kässbohrer Holding AG in Zürich ein Aktienpaket an der Ringsted Karosseriefabrik A/S; gleichzeitig erwarb dieses Unternehmen alle Anteile an dem seit 40 Jahren bestehenden Betrieb in Aabenraa. Während die Produktion und Entwicklung von Omnibussen speziell für Dänemark und die skandinavischen Länder dort ausgeweitet wird, bleibt die Ringsted Karosseriefabrik A/S als gut eingeführte Verkaufsorganisation weiter bestehen. Dabei ist von Interesse, daß das dänische Werk in den Bau des Neun-Meter-Kompaktbusses der neuen N 300-Baureihe aufgrund der langjährigen Erfahrung in der Leichtmetall-Aufbautechnik nach dem System Alusuisse M 5438 einbezogen wird.
Gleichzeitig wurden Verkaufsbüros in den neuen Bundesländern eingerichtet; eine Produktion in den dort bestehenden Karosseriewerken wurde jedoch verworfen. Auch eine Zusammenarbeit mit dem brachliegenden Ikarus-Werk in Ungarn wurde ebenfalls abgelehnt.
Die Solo-Linienfahrzeuge S 215 UL wurden jetzt vorübergehend mit dem D 28-Motor von MAN in den Leistungsstufen in Saug-, Lader- und ladeluftgekühlter Version mit 213, 250 und 311 PS ausgestattet. Die Schubgelenkfahrzeuge erhielten diesen Motor in den Versionen mit 213, 250, 299 und 311 PS. Inzwischen können wahlweise MAN- oder DB-Motoren mit 240 oder 280 PS eingesetzt werden.

Der Superhochdecker mit dem Unterflurcockpit S 216 HDS wurde nun mit dem auf 296 PS ausgelegten V-Achtzylinder-DB-Motor versehen.
Der in vielen Bestimmungen dem VÖV-Lastenheft angepaßte, aber entwicklungs- und designmäßig eigenständige Niederflur-Stadtlinienbus S 300 NC erhielt nun den im Heck quergestellten MAN-Motor der D 28-Serie mit 245 PS. Vom Automatikgetriebe führt ein leistungsoptimierter 80°-Winkeltrieb an das versetzte Differential der ZF-Portal-Hinterachse. Vorne werden die Räder an McPherson-Federbeienen einzeln geführt. Während ein Stahl-Gitterrohrgrundrahmen die Basis des Fahrzeugs bildet, ist der aufgeschraubte Aluminium-Aufbau aus Strangpreßprofilen und Blechen gebildet. Das 12-Meter-Fahrzeug zeichnet sich, wie erwähnt, durch drei doppelbreite Türen aus; durch die Kneeling-Einrichtung kann die Bodenhöhe auf 32 cm abgesenkt werden. Die Fertigung des S 300 NC erfolgt im französischen Kässbohrer-Werk.
Mit 2577 Exemplaren erreichte das Unternehmen 1990 wiederum einen Produktionsrekord. Hinzu kamen weitere Modelle für einen Bundeswehr-Auftrag, die jedoch unverständlicherweise nicht in der Zulassungsstatistik geführt werden. Der Marktanteil in Deutschland erreichte nun in den alten Bundesländern die 26-Prozentmarke. Zu ergänzen ist hier noch, daß von der Baureihe 200 in der Zeit von 1976 bis 1991 30.522 Einheiten gebaut werden konnten.
Im Jahre 1991 präsentierte das Unternehmen die vierte Modellgeneration unter der Bezeichnung »300« mit dem Modell S 315 HD. Das weitgehend nach aerodynamischen Gesichtspunkten für den europäischen Markt konstruierte Modell besitzt sanfte Rundungen, aber auch einen kühnen Übergang von der Seitenscheibenfront des Hochdeckerfahrzeugs zu den vorderen Türen. Weiterhin auffallend sind die neuartigen, großen und von oben herangeführten Integral-Außenspiegel. Der Fahrerplatz und das Armaturenbrett wurden neu gestaltet; der Fahrgastteil erhielt eine »Exclusive-Class-Sessel«-Bestuhlung sowie eine weiter verbesserte Klimaanlage. Die Seitenklappen und ein Teil der Bugpartie sind aus leichtem, verformbarem GFK-Material hergestellt. Die DB-Maschine OM 443 mit 296 PS und OM 442 A mit 366 PS sowie die Scania-Maschine DSC 1118 mit 363 PS werden mit einem Turbolader und einer Ladeluftkühlung eingesetzt. Während die Fertigung des Modells S 315 HD/HDH sowie des hinzugekommenen Modells S 312 HD/HDH in Ulm erfolgt, kommt das kleine Modell S 309 HD als dänisches Erzeugnis aus Aabenraa.
Fertigungstechnisch kam das Werk mit 2577 produzierten Omnibussen, die zu 70 Prozent den Umsatz des Kässbohrer-Unternehmens ausmachten, an eine Grenze, die nur noch durch das im Sommer 1992 eingeweihte Werk in Neu-Ulm durchbrochen werden sollte, das für eine Fertigung von 2200 Bussen pro Jahr ausgelegt ist und 2000 Personen beschäftigen soll. Die dann auf den Helligen des Stammwerkes zusammengeschweißten Rohkarossen werden dort auf zwei Taktstraßen in der 240 Meter langen und 160 Meter breiten Halle komplettiert werden. Ein drittes Fließband soll für die Fertigungsmontage arbeitsaufwendiger Modelle bereitgehalten werden.
1992 erhielten die Reisebusse modernste Euro-2-Mercedes-Benz-Motoren der Baureihen OM 401 und OM 402 sowie der überarbeiteten Baureihe OM 441 LA. In Niederflurtechnik präsentierte Kässbohrer den Überlandlinienbus S 215 NR. Das erst von der Hinterachse mit einer Stufe im Innern ansteigende Fahrzeug besitzt eine Absenkeinrichtung. Ein 250 PS starker MB-Diesel treibt das Modell an. - In den dreiachsigen Superhochdecker S 215 HDH (auch USA-Version S 217 HDH mit 13,71 m Länge) werden neben MB-, MAN- und Scania-Motoren auch Detroit-Diesel-Aggregate eingesetzt. Seit 1994 fertigt Kässbohrer die Kombibusse S 315 H und GT sowie den Überland-Linienbus S 315 UL. Der Doppeldecker erhielt in diesem Jahr unter der Bezeichnung S 328 T die neue 300-Karosserieform. - Um ein preisgünstiges Modell anzubieten, entwarf das Unternehmen den Setra S 250 Special, einen Hochdecker für 49 Fahrgäste mit 370-PS-MAN-Diesel.
Der Marktanteil des seit 1993 von Dr. Kurt Seitzinger geführten Unternehmens war nun auf fast 29 Prozent im Bereich aller Omnibusgattungen gestiegen; bei Reisebussen lag Kässbohrer nun bei 36 Prozent. Der Exportanteil lag zu dieser Zeit bei 60 Prozent. Eigene Auslandsstützpunkte bestehen in Salzburg, wo auch die Fahrzeugtransporter hergestellt werden und in Wiener-Neudorf/Österreich, Modena/Italien, Aabenraa/

Dänemark, Bordon/Großbritannien und Portland/Maine/USA.
Das zeitweise im Hinblick auf die Zulassungszahlen für Überland- und Reisebusse in Deutschland an der Spitze stehende Unternehmen fertigte 1992, 1993 und 1994 folgende Stückzahlen: 2274, 2424 und 1990 Modelle. Trotzdem konnte nicht wirtschaftlich produziert werden, so daß ein Verlust von 700 Millionen DM angewachsen war. Nahezu die komplette Fertigung von Anhänger-, Aufliegerfahrzeugen und Container-Lafetten, mit denen Kässbohrer in dem äußerst hart umkämpften Markt an erster Stelle in der Bundesrepublik stand, wurde an die benachbarten Fahrzeugwerke X. Kögel AG verkauft. (Einzig die Silo- und Tankwagenfertigung behielt man.) Auch die Herstellung der seit 1967 gebauten Schneefahrzeuge »Pisten Bully« und Geländefahrzeuge »Flexmobile« sowie die der Aufbauten für die United Parcel-Service-Fahrzeuge verkaufte Kässbohrer an den kanadischen Fahrzeugbau-Konzern Bombardier beziehungsweise auch an das Kögel-Werk. Das Werk in Aabenraa wurde geschlossen.
Das Unternehmen mit seinen über 5200 Beschäftigten beschränkte sich damit auf den Reise-, Linien-, Überland-, Gelenk- und Tropenomnibus sowie auf die Fertigung von Bücherei-, Strafgefangenen-, Renndienst-, Info- und Ausstellungsomnibussen.
Nach langen Verhandlungen, auch mit dem schwedischen Nutzfahrzeughersteller Volvo, verkauften die Kässbohrer-Gesellschafter auf Drängen der Banken die Omnibussparte an die Mercedes-Benz AG, um die Marke und die Arbeitsplätze zu retten und um den drohenden Konkurs abzuwenden. Mercedes-Benz schloß seinen Omnibusbereich mit dem Kässbohrer-Unternehmen im Februar 1995 zusammen, nachdem die Europäische Kommission der Übernahme des angeschlagenen Omnibusherstellers zugestimmt hatte. Eine komplette Umstrukturierung der beiden Omnibuszweige soll bis 1997/98 erfolgen. So werden in Ulm und Neu-Ulm komplett die Doppeldecker (Mercedes-Benz gab dafür sein mit Drögmöller entwickeltes Modell auf.) und die Dreiachser gefertigt. Ansonsten sollen die aus Mannheim angelieferten Rohkarossen der Kässbohrer-Baureihe 300 und der Mercedes-Benz-Baureihen O 404 und O 408 lackiert, endmontiert und im Finish vervollständigt werden.

95-PS-Setra S 8

95-PS-Setra S 8

210-PS-
«Super Setra«
(USA-Version
»Golden Eagle«)

125-PS-Setra
ST 110

140-PS-Setra
S 10

85-PS-Setra S 6

140-PS-Setra
S 9 II

192-PS-Setra
SG 175

85-PS-Setra S6
als Wohnmobil

170-PS-Setra
S 14

170-PS-Setra
S 14

132-PS-Setra
S 9 III

160-PS-Setra
S 125 Prototyp

150-PS-Setra
S 125 (1964)

210-PS-Setra
SG 175

192-PS-Setra S 125 L (1966)

132-PS-Setra S 7 Citybus (1966)

132-PS-Setra S 7 (1966)

192-PS-Setra
S 14
Panorama

135-PS-Setra
S 80

135-PS-Setra
S 80

180-PS-Setra
S 120

240-PS-Setra
S 130 S

220-PS-Setra
SG 180 (W)

320-PS-Setra
S 200

256-PS-Setra
S 215 HD
(Foto
Kässbohrer)

168-PS-Setra
S 208 H
(Foto
Kässbohrer)

375-PS-Setra SG 221 HDS

280-PS-Setra S 212 H (Foto Kässbohrer)

260-PS-Setra UE 80

330-PS-Setra
S 216 HDS
Royal
(Foto
Kässbohrer)

354-PS-Setra
S 215 HD
Optimal

354-PS-Setra
S 215 HDH
Intercontinental

375-PS-Setra
S 228 DT
Imperial

240-PS-Setra
S 215 UL
Regional

216-PS-Setra
S 212 HUE
Tropical
(Foto
Kässbohrer)

245-PS-Setra
S 300 NC
Niederflurbus
(Foto
Kässbohrer)

280-PS-Setra
S 215 HR
Rational
(Foto
Kässbohrer)

280-PS-Setra
SG 219 SL
Communal
(Foto
Kässbohrer)

363-PS-Setra S 315 HD (Foto Kässbohrer)

224-PS-Setra S 309 HD (Foto Kässbohrer)

224-PS-Setra S 315 GT (Foto Kässbohrer)

Klatte

Theodor Klatte, Karosseriefabrik, Bremen-Huchting
1952 - 1954

Die 1928 von Theodor Klatte (1893 - 1962) gegründete Metallwarenfabrik fertigte unter anderem Auspufftöpfe für Junkers-Flugmotoren und nahm auch nach dem Zweiten Weltkrieg den Bau von Omnibuskarosserien auf US-Armeelastwagenfahrgestellen auf. Daneben stellte das Unternehmen Jeep-Aufbauten, Kunststoffensterrahmen und Ölheizungen für Omnibusse her.

Im Jahre 1952 präsentierte das Klatte-Werk den neuartigen Leichtmetall-Schalenbau-Großomnibus TK 115. Maßgebend an der Konstruktion beteiligt waren die Ingenieure Haberstolz und Quenser, die von den ehemaligen Focke-Wulf-Flugzeug-Werken kamen.

Der Omnibus war nach den Plänen von Theodor Pekol in selbsttragender Bauweise ausgeführt, Querspantenringe mit Längsprofilen bildeten das Fahrzeuggerippe. Mit der Leichtmetallbeplankung lag die Nutzlast über dem Eigengewicht des Fahrzeugs. Die Vorderräder waren anfänglich an einer Starrachse, später an doppelten Querlenkern mit Schraubenfedern und Stoßdämpfern aufgehängt. Die hintere Starrachse mit Zwillingsbereifung wurde an Längslenkern geführt und mit vier Schraubenfedern abgestützt. Weitere Details waren die Druckluftkupplung, das zentrale Elektrofach, die eingebaute Heberut-Wagenheberanlage sowie die eigene Heizungsanlage.

Die ersten Ausführungen erhielten den auf 160 PS gedrosselten V-Achtzylinder-Deutz-Diesel F8L 614; die längsstehende Heckmaschine konnte auf einem Schlitten ausgefahren werden. Über eine kurze Kardanwelle wurde die Hinterachse mittels eines Sechsgang-ZF-Media-Getriebes mit einer elektromagnetischen Vorwählanlage angetrieben. Der Vorwählhebel befand sich an der Lenksäule.

Die zweite Ausführung des TK 115 erhielt einen diesel-hydraulischen Allradantrieb; der hier 175 PS leistende V-Achtzylindermotor saß nun quer zur Fahrtrichtung auf einem Schlitten. Die Maschine gab die Kraft auf eine angeblockte, umsteuerbare Ölpumpe ab, die ihrerseits über Stahlrohrleitungen jedes Rad mit Verstellzahnkammer-Radnaben-Ölmotoren in Bewegung setzte. Für die Vorderräder wurde eine Hochdruck-Drehdurchführung verwendet, so daß die Rohrleitungen beim Lenkeinschlag der Vorderräder stehenblieben. Eine patentierte Vorrichtung zur Aufnahme der Differentialwirkung der Räder beim Kurvenfahren wurde verwendet.

Die aufwendige, aber im Leistungsverhältnis zu ungünstige Konstruktion des hydrostatischen Antriebs mit fliehkraftgeregeltem, stufenlosen Öldruck beruhte auf Patenten des Berliner Ingenieurs Otto Nübling. Schon um die Jahrhundertwende hatte die Maschinenfabrik Wilhelm von Pittler in Leipzig ein derartiges Antriebskonzept entwickelt.

Der maximal 52-sitzige Omnibus mit Schlafsesseln erreichte beachtliche 125 km/h. Die Linienbusausführung konnte 95 Personen befördern.

Um das revolutionäre diesel-hydraulisch angetriebene Fahrzeug auf der Frankfurter IAA von 1953 werbewirksam vorzuführen, wurde ein Modell im Mittelteil freihängend in einem rotierenden Laufring befestigt, so daß das Publikum auch die glatte Unterseite mit dem Spezialantrieb sehen und von der Stabilität der Konstruktion überzeugt werden konnte.

Nicht mehr zur Ausführung kam das patentierte Projekt, den Omnibus mit einem Nachläufer beziehungsweise mit einem Einachsanhänger zu kombinieren, der den Dieselmotor aufnehmen sollte. Über Leitungen sollten die erste und die letzte Achse des Gelenkzuges beziehungsweise die Achsen des Zugwagens mit dem Anhänger mit Öldruck versorgt werden. Auch das Bremssystem sollte durch eine Druckänderung betätigt werden.

Schon 1954 wurde nach nur wenigen Modellen die Produktion des Klatte-Omnibusses eingestellt, da die Kapitalausstattung des Unternehmens zu gering war. Darüber hinaus war es zu Patentstreitigkeiten mit Theodor Pekol gekommen, der, wenn er auch Klatte-Omnibusse einsetzte, seine Technik der Vorderachsaufhängung verletzt sah. Das Unternehmen widmete sich wieder dem Bereich der Zuliefererindustrie für die Kfz-

Wirtschaft sowie dem Bau von Variationselementen. 1984 erlosch das später wieder als Metallwarenfabrik und schließlich als Grundstücksverwaltungsgesellschaft geführte Unternehmen, das inzwischen zur im ZF-Konzern agierenden Lemförder Metallwaren Jürgen Ulderup AG & Co. gehörte.

160/175-PS-Klatte TK 115 im Demonstrationsring

160/175-PS-Klatte TK 115

Komnick

Franz Komnick, Automobilfabrik, Elbing/Westpreußen, Herrenstr. 52
1. 1914 - 1922 Franz Komnick, Automobilfabrik
2. 1922 - 1930 Automobilfabrik Komnick AG

Kommerzienrat Dr. Ing. h. c. Franz Komnick (1857 - 1938) erwarb 1898 in Elbing die Gebäude eines führungslos gewordenen Industriebetriebs. In seiner jungen »Maschinenfabrik F. Komnick, vorm. Hotop« baute er zunächst Kalksandsteinherstellungs-Maschinen. Hinzu kam eine stillgelegte Leinenweberei am Elbingfluß, in deren Werkshallen 1907/08 die Automobil- und Motorpflugfabrikation aufgenommen wurde. Den Bau einer eigenen Stahlgießerei auf dem Gelände der Automobilfabrik sowie der Erwerb des 350.000 m≈ großen Elbinger Flughafengeländes mit großen Hallen im Jahre 1918 führten zu umfangreichen Produktionserweiterungen. Die Komnick-Werke entwickelten

sich mit der Automobilfabrik nebst Stahlgießerei, der Maschinenbauanstalt mit der Eisengießerei und der Dampfkesselfabrik zu einem der größten Industriebetriebe Westpreußens, der in der Spitzenzeit über 3600 Mitarbeiter verfügte.
Nachdem zunächst Personenwagen nach Renault-Vorbildern, Tragpflüge und Dampfdreschmaschinen gefertigt wurden, begann das Unternehmen 1914 auf Druck der Heeresverwaltung auch mit dem Bau von Lastwagen und Omnibussen. Ausgangspunkt waren dabei Personenwagen, deren hinterer Aufbau abgetrennt und durch Pritschen ersetzt wurde, bis man schließlich regelrechte Nutzfahrzeuge entwickelt hatte. Der erste Omnibustyp basierte 1914 noch auf einem Dreitonnen-Fahrgestell, wobei dieses Modell und einige spätere Typen auf Zeichnungen von Joseph Vollmer und seiner Deutschen Automobil-Construktions GmbH (DAC) zurückgingen. Aufgrund weitreichender Erfahrungen bezüglich der Holzbearbeitung für den Drehmaschinenbau richtete sich Komnick zusätzlich eine eigene Karosseriebauabteilung ein, die nach 1931 bei Büssing-NAG noch eine Rolle spielte. Das Komnick-Firmenzeichen mit dem »Christenkreuz« orientierte sich am Schild des Deutschen Ritterordens.
Nach dem Ersten Weltkrieg wurde das Programm 1922 unter der Betriebsleitung des Sohnes Otto Komnick (1887 - 1945) mit einem 16- und 24/27-Sitzer erneuert. Der größere Typ war auf einem Niederrahmen-Fahrgestell aufgebaut. Es kam ein 5,9-Liter-Einblock-Vierzylindermotor mit 40 oder 42/60 PS zum Einbau. Mit dem inzwischen auf 55/60 PS ausgelegten Vierzylindermotor erschien 1925 ein Schnellomnibus mit 18 Plätzen, der eine Geschwindigkeit von 50 km/h erreichte.
1926 folgte der neue Typ K 3 als Überlandomnibus, der 40 Personen befördern konnte. Als Reiseomnibus war er für 26 Fahrgäste ausgelegt. In diese Modelle wurde der 75-PS-Sechszylindermotor eingebaut. Diese Ottomaschine besaß Ricardo-Kugel-Brennräume. 1928 kam ein 26/30-sitziger Niederrahmen-Omnibus mit dem auf 100 PS gesteigerten Sechszylindermotor hinzu. Schließlich folgte 1930 noch der Niederrahmen-Typ NK 2. Er konnte 30 Personen befördern und war nun mit einem 80/100 PS starken Maybach-Motor vom Typ OS 5/6 ausgestattet. Die Karosserien stellte das Werk, wie erwähnt, weitgehend selber her. Aufbauten bezog das Elbinger Unternehmen aber auch vom Karosseriewerk Ludwig Kathe & Sohn in Halle/Saale. Die Deutsche Reichspost ließ darüber hinaus einen Teil ihrer Komnick-Omnibusse mit Aufbauten von den Schlesischen Werken in Liegnitz oder Lauban versehen. 1930 kam es zu einem gegenseitigen Vertriebsabkommen zwischen der Komnick AG in Elbing und Gebrüder Stoewer in Stettin. Demnach sollte Komnick in Ostpreußen Stoewer-Personenwagen verkaufen und warten. Ähnliches war in Pommern durch Stoewer für Komnick-Nutzfahrzeuge vorgesehen.
Aufgrund der wirtschaftlichen Schwierigkeiten mußte das hervorragend ausgestattete Unternehmen auf Drängen der Reichsregierung 1931 an Büssing-NAG verkauft werden, um die Arbeitsplätze und den auch vom strategischen Aspekt wichtigen Fahrzeugbetrieb im Osten des Deutschen Reiches zu erhalten. Im nunmehrigen Büssing-NAG-Werk »Osten« wurden bis 1945 Zugmaschinen und vor allem in der Vorkriegs- und Kriegszeit Büssing-NAG-Doppeldecker auf der Basis des 900 N sowie Einheitsomnibusse (500 T und 4500 T) gefertigt. Nach dem Krieg wurden die Werksanlagen von den Russen demontiert.
1931 gründete Franz Komnick mit seinem Sohn Hans die Firma F. Komnick & Söhne GmbH als Automobil-Reparaturwerk sowie als Vertretung der Marken BMW, Hansa-Lloyd, Deutsche Fiat und Ford-Köln sowie als Karosseriebetrieb für Lkw- und Omnibusaufbauten auf Krupp-Fahrgestellen. Im Januar 1945 mußte dieses wiederum 1000 Personen beschäftigende Unternehmen aufgegeben werden.
1947 richteten die Polen in den Hallen der Komnick'schen Automobilfabrik ein Reparaturwerk für Lkw und staatliche Busse ein, aus welchem sich das zentrale polnische Automobilwerk mit zeitweilig 1000 Beschäftigten unter dem Namen Elblaski Zaklady Naprawy Samochodow (EZNS) entwickelte. Nach dem politischen Umbruch Ende der 80er Jahre und dem Verlust der Monopolstellung mußte die Belegschaft drastisch vermindert werden. Das Unternehmen steht jetzt im Kontakt mit einem Stuttgarter Autobushersteller, um die Montage beziehungsweise Fertigung von Omnibussen für den polnischen Markt aufzunehmen.

55/60-PS-
Komnick 3 W

55/60-PS-
Komnick 2 N

55/60-PS-
Komnick 3 N

80-PS-
Komnick NK 3

Krauss-Maffei

Krauss-Maffei AG, München-Allach, Krauss-Maffei-Str. 2
1946 - 1965

Die Krauss Maffei AG ging 1931 aus dem Zusammenschluß der Lokomotivfabriken J. A. Maffei (gegr. 1837 bzw. 1841) und Krauss & Comp. (gegr. 1866) hervor. Erfahrungen im Straßenfahrzeugbau hatte das Krauss-Werk 1925 mit dem Nachbau des Schweizer Berna-Lastwagens gesammelt. Die J. A. Maffei AG hatte 1927 eine Lizenz zum Nachbau der Sattelzugmaschine der französischen Firma Chénard et Walker erworben. Die inzwischen gebildete Krauss-Maffei AG nahm neben dem Zugmaschinenbau die Herstellung von Halbkettenzugmaschinen für die Deutsche Wehrmacht auf. Auch eine Motorenfertigung mit Lizenzen von Daimler-Benz und Maybach wurde hierzu aufgebaut.

Nach dem Krieg wurden aus Restbeständen noch 30 Exemplare an Zugkraftwagen der 8-Tonnen-Serie für die britische Besatzungsarmee geliefert. Die US-Besatzungsmacht förderte anschließend den Bau von zunächst 200 Omnibussen, um den öffentlichen Nahverkehr in Bayern zu gewährleisten; ein Umstand, der dem Werk die vorgesehene Demontage ersparte.

Trotz größter materieller Widerstände entwickelten der Technische Direktor des Werkes, Dr. Wirth, der Oberingenieur Heinrich Heinz und der Konstruktionsleiter, Oberingenieur Franz Barth (später Technischer Leiter des Kraftfahrzeugbaus der Krauss-Maffei AG) einen Heckmotoromnibus, wobei Aggregate der 8-Tonnen-Zugmaschine verwendet wurden. Im Frühjahr 1946 konnte der Frontlenkertyp KMO 130 mit dem 130 PS starken Maybach-Vergasermotor HL 64 TUK vorgestellt werden. Der längsstehende Sechszylindermotor wurde wiederum in Lizenz der Maybach-Werke gefertigt. Den Aufbau erstellte die Waggonfabrik Josef Rathgeber in München-Moosach. Um die Luftversorgung des Heckmotors zu sichern, waren seitlich hinten in Fensterhöhe oder an der Karosserieoberseite Schlitze angebracht, von wo aus über Kanäle und Ventilatoren die Luft zur Verbrennung und zur Kühlung angesaugt wurde. Jalousien regelten den Luftbedarf. Hinzuweisen ist dabei darauf, daß hiermit erstmals in Deutschland ein Omnibus mit dem Heckantriebskonzept serienmäßig hergestellt wurde.

Ab 1949 baute das Werk den in Lizenz gefertigten Daimler-Benz-Dieselmotor OM 67/4 ein. Auch 110-PS-Deutz-Motoren der Reihenbauart F6L 514 wurden eingesetzt, zumal die Deutsche Bundesbahn bei ihren Bestellungen Wert auf das luftgekühlte Triebwerk legte. Die Typenbezeichnung dieser Ausführungen lautete nun KMO 131.

Das bis 1953 in insgesamt 440 Einheiten gebaute Modell erhielt weiterhin als erster deutscher Omnibus ab 1950 versuchsweise ein automatisches Getriebe unter der Bezeichnung Diwabus 200 D von der Firma J. M. Voith in Heidenheim.

Auch mit einem elektrischen Antrieb für den Oberleitungsbetrieb wurde dieser Omnibus als Typ KME 130/131 ab 1948 in 29 Einheiten gebaut, wobei Gleichstrom-Doppelkollektor-Reihenschlußmotoren von AEG, SSW und BBC mit 72/90 kW Leistung eingebaut wurden. Der Elektromotor wurde im Heck angebracht, so daß der Fahrgastraum tief gelegt werden konnte.

1946 konnten 57, 1947 96, 1948 151, 1949 256 und 1950 411 Omnibus-Unterbauten gefertigt werden; dabei anzumerken ist, daß die erste Serie von 50 Exemplaren an die US-Besatzungsmacht abgeliefert werden mußte.

Eine verlängerte Version des dieselgetriebenen Omnibusses kam unter der Bezeichnung KMO 133 hinzu, die besonders als Reiseomnibus gefertigt wurde. Eine kurze Kardanwelle führte zum vor der Hinterachse liegenden Getriebe, von wo wieder eine Welle das Drehmoment an das Hinterachsdifferential zurückleitete.

Das in konventioneller Bauart ausgeführte Fahrgestell wurde vor allem an die Karosseriefabrik Rathgeber, aber auch an die Firmen E. Auwärter, G. Auwärter, Eben, FKF, Fahrzeugfabrik Recklinghausen, Kässbohrer, Ludewig, NWF, Steib, Vetter, Voll, Waggonfabrik Uerdingen, Wankmiller und Westwaggon abgegeben.

1950 kamen auch eigene Aufbauten hinzu, nachdem ein Karosseriebau in München-Allach eingerichtet worden war.

Eine Stückzahl von 713 KMO 133-Modellen wurde bis 1952 erreicht; hinzu kamen noch 53 mit geänderten Getrieben ausgestattete Modelle unter der Bezeichnung KMO 133A.
Um von der Lizenzfertigung und vom Fremdbezug der Motoren fortzukommen, ließ das Unternehmen durch Ingenieur Adolf Schnürle (1897 - 1951), der von den Klöckner-Humboldt-Deutz-Werken gekommen war, einen 140 PS starken V-Vierzylinder-Dieselmotor mit einem Zweitakt-Umkehrverfahren unter der Bezeichnung KMD 6 entwickeln. Der bis auf 160 PS zu steigernde Motor besaß eine Schlitzsteuerung und später ein mechanisch angetriebenes Schleudergebläse zur Aufladung.
1950 wurden die ersten sechs Omnibusse des Typs KMO 140 mit diesem Triebwerk ausgestattet, wobei zwei Motoren in Abkehr vom direkten Heckantriebskonzept der Krauss-Maffei AG auf der linken Seite vor der Hinterachse zur Erprobung stehend untergebracht wurden; eine besondere Getriebekonstruktion leitete hier die Kraft an die Hinterachse. Da Adolf Schnürle, der einst auch die DKW-Umkehrspülung entwickelt hatte, 1951 überraschend starb, gab das Unternehmen die Weiterentwicklung dieses 5,9-Liter-Zweitakt-Hochleistungsmotors nach einer Fertigung von etwa 60 derartigen Triebwerken auf. Gleichzeitig wurde der aus der Vorkriegszeit stammende Motorenbau eingestellt.
Unter den KM 140-Modellen ist der in einem Einzelexemplar von Kässbohrer aufgebaute, reichlich verglaste Stufen-Hochdecker mit 37 Sitzplätzen hervorzuheben. Im hinteren Unterdeck besaß dieser Wagen einen durchgehenden Gepäck- und einen Schlafraum.
In rahmenloser Gitterbauart mit einem verstärkten Unterbau als tragendes Element entstand 1951 der Typ KML 90 als 42-sitziger Stromlinien-Leichtbau-Omnibus für den Reisedienst. Pläne des Flugzeugkonstrukteurs Prof. Henrich Focke lagen dieser Konstruktion zugrunde. Eine beträchtliche Gewichtseinsparung und eine Steigerung der Höchstgeschwindigkeit konnten durch die moderne Bauart erzielt werden.
Das bei dem Nordwestdeutschen Fahrzeugbau (NWF), an dem die Krauss-Maffei AG beteiligt war, entwickelte und zunächst auch gefertigte Modell besaß ursprünglich einen wassergekühlten 85-PS-Kämper-Motor der Bauart 4 D 10 HN, in der Serie dann aber den leichteren luftgekühlten 90-PS-Deutz-Motor F4L 514. Vorder- und Hinterachsen stammten aus der Magirus-Produktion. Die Starrachsen waren an Längsblattfedern aufgehängt. Stoßdämpfer mit Gummizusatzfedern an der Hinterachse kamen hinzu. Durch den stabilen Unterbau konnte das Dach auf Wunsch mit einer Dachrandverglasung ausgeführt werden. In gleicher Stahlleichtbauweise kam das motormäßig stärkere Modell KMS 110 hinzu, das durch den 125-PS-Sechszylinder-V-Motor F 6 L 614 von Deutz angetrieben wurde.
Das Drehmoment wurde über ein Schaltgetriebe, über ein ZF-Mediagetriebe mit elektromagnetischer Vorwählung oder über ein Voith Diwabus-Getriebe auf die Hinterachse übertragen. Das 85- bzw. 90-PS-Modell konnte 76 km/h, das 125 PS starke Modell konnte 110 km/h erreichen.
Während für den Eigenbau zunächst Karosserien vom NWF bezogen wurden, konnten ab 1954 auch baugleiche, eigene Stromlinien-Aufbauten verwendet werden. Insgesamt wurden 235 Stromlinienmodelle dieser Ausführung hergestellt.
1953 wurde die KMO 130/131-Rahmenbautype durch die weiter verbesserten KMO 150- und KMO 160-Modelle abgelöst, die nun die letzten Krauss-Maffei-Omnibusse mit einem schweren Rahmenunterbau waren. Für die Bundespost-Ausführung KMO 150 wurde der 145-PS-Daimler-Benz-Motor OM 315, für die Normalversion der auf 160 PS gedrosselte V-Achtzylinder-Deutz-Motor F8L 614 verwendet. Die Karosserie- und Waggonfabrik Rathgeber erstellte die Spezial-Stadtbusausführungen des KMO 160 für die Stadtwerke in München, wobei der Deutz-Motor auch in der ungedrosselten 175-PS-Ausführung zum Einsatz kam. Das Vetter-Werk baute Reisewagen mit 11 Sitzreihen und einer Schiebedachausstattung.
In 355 Exemplaren wurden der KMO 150 und in 374 Exemplaren der KMO160 in Stadt-, Linien- und Reiseausführungen gebaut.
Nochmals stellte das Unternehmen von 1954 bis 1958 auf KMO-Fahrgestellen Oberleitungsomnibusse mit einer 105-kW-BBC- oder SSW-Anlage her. Insgesamt 27 Obusse von diesem als Typ KME 160 bezeichneten Modell wurden von Rathgeber karossiert.

1955 präsentierte das Werk einen neuen Stromlinienbus vom Typ KMS 125 mit einer im Leichtbau hergestellten, selbsttragenden Karosserie in Schalenbauweise, die nun für die Krauss-Maffei-Omnibusse typisch wurde. Der Krauss-Maffei-Ingenieur Franz Jarausch hatte dieses Modell entwickelt. Ein Verhältnis von Nutzlast zu Eigengewicht von 1 zu 1 konnte hier erreicht werden. Die Deutz-V-Sechszylinder-Maschine mit 125 PS kam im Heck zum Einsatz.
Als Großraum-Überland-Omnibus für 130 Fahrgäste erschien 1957 der Typ KMU 150 mit dem zwischen den Achsen angeordneten 145/150-PS-Büssing-Unterflurmotor U 10. In Verbindung mit der hier eingesetzten Krauss-Maffei-"Vollschwing"-Vorderachse ergab sich ein ausgezeichnetes Fahrverhalten. Eine Heckplattform mit einer Stufe für den Fahrgastfluß im Schaffnerbetrieb wies das dreitürige Prototypmodell auf. Ein Serienbau dieses fortschrittlichen Modells kam jedoch nicht zustande.
192 Exemplare des nun in Schalenbauweise ausgeführten Modells KMS 110 konnten von 1958 bis 1960 mit 110 PS starken Daimler-Benz-Heckmotoren vom Typ OM 321 für die Deutsche Bundesbahn geliefert werden. Die Vorderräder waren hier durch die eigene Einzelradaufhängung mit Schraubenfedern und Gummielementen abgestützt.
Nochmals mit dem V-Sechszylinder-Deutz-Motor mit 125 PS wurde der 56-sitzige Reise- und Linienbus KMS 120/125 ausgerüstet. Bis 1962 konnten 368 derartige Modelle gefertigt werden, die im Linienverkehr verschiedener deutscher Städte eingesetzt wurden.
Da nach der Mitte der fünfziger Jahre die Fertigungskapazitäten der traditionellen Hersteller den Markt wieder ausreichend beliefern konnten, und der Konkurrenzdruck verschärft worden war, nahm das Unternehmen eine Zusammenarbeit mit den MAN-Werken auf, zumal das neue MAN-Nutzfahrzeugwerk in unmittelbarer Nähe der Krauss-Maffei AG liegt. Eine gemeinsame Entwicklung und Fertigung von Omnibussen wurde vereinbart, wobei Krauss-Maffei den wagenbautechnischen Teil und die Fertigung der patentierten Vorderradaufhängung, die MAN die Bereitstellung der Antriebsaggregate und der Hinterachsen übernehmen sollte.
1959 erhielten die Krauss-Maffei-Modelle nun erstmals MAN-Motoren. Mit der 120 PS starken Maschine D 0026 M1H und dem ZF-Hydro-Media- oder dem Voith Diwabus-Getriebe wurde der neue Stadtlinienbus KMS 120 ausgestattet und in 30 Exemplaren gebaut. Die Krauss-Maffei-Vorderradaufhängung und die kombinierte hintere MAN-Trag- und Antriebsachse waren mit Rollbälgen an der Unterschale abgestützt.
Ein zusätzlicher MAN-Schriftzug war an der Vorderfront angebracht. Die Modelle erschienen im offiziellen Verkaufsprogramm der MAN als MAN-Produkte, zumal hier die größere MAN-Vertriebsorganisation genutzt werden konnte.
Weitere Gemeinschaftstypen dieser Zusammenarbeit wurden die Modelle 420 HOC 1 und 2, 640 HO 1/11 und 750 HO-R 11, die von 120-, 135- und 150-PS-MAN-Motoren angetrieben wurden. Die Modelle 640 und 750 wurden als sogenannte "Metrobusse" für den Stadtverkehr mit Kapazitäten für 90 bis 108 Fahrgäste angeboten.
Als letzte Gemeinschaftsbaureihe stellte das Unternehmen 1960 in 124 Einheiten den Typ KMS 135 her. Die 135-PS-MAN-Maschine D 0836 wurde für diesen Reisebus verwendet.
Bis 1962 wurden insgesamt 343 Exemplare der Gemeinschaftsbaureihe hergestellt. Im gleichen Jahr wurde die Zusammenarbeit mit der MAN dahingehend verändert, daß Krauss-Maffei nur noch als Unterlieferant in die MAN-Omnibusfertigung einbezogen und das Krauss-Maffei-Fertigungsprogramm den MAN-Vorstellungen angepaßt werden sollte. Nachdem noch 30 Exemplare des MAN-Typs 750 HO-R 511 mit MAN-Bausätzen zusammengestellt worden waren, versuchte die Krauss-Maffei AG der nicht ganz harmonisch verlaufenden Kooperation durch eine Zusammenarbeit mit den Büssing-Werken zu entgehen. Ergebnis dieser nur noch kurzzeitigen Kooperation war die Montage des Typs KMS 12R mit der 145/150-PS-Büssing-Maschine U 7 aus der Senator-Baureihe. Auf die fahrfähige Büssing-Bodengruppe setzte das Münchener Werk eine mittragende Gitterkonstruktion auf. Vorne waren Schwingachsen mit Schraubenfedern und Stoßdämpfern nach Krauss-Maffei-Technik, hinten eine Büssing-Achse an Halbelliptik-Blattfedern angebracht. Zusätzliche Gummihohlfedern verstärkten vorne und hinten den Federungskomfort.

150 Luxusreisebusse wurden von dieser Ausführung gebaut und über das Büssing-Vertreternetz angeboten.
Als aber dem Büssing-Werk nach der Verlagerung der Fertigung in das neue Watenstedter Werk größere Kapazitäten zur Verfügung standen, endete auch diese Zusammenarbeit im Jahre 1965.
Aufgrund des starken Konkurrenzkampfes durch die großen Hersteller und aufgrund des Fehlens eines eigenen Vertriebsnetzes mußte die Krauss-Maffei AG schließlich 1965 nach der Gesamtmontage von 4251 Omnibussen mit Verbrennungs- und Elektromotoren die Fertigung einstellen. Das Unternehmen ist heute im Bau von gepanzerten Fahrzeugen und von Maschinen sowie im traditionellen Lokomotivbau tätig.

65/70-PS-Krauss-Maffei-Obus Zugmaschinen-Omnibus (1931)

90-kW-Krauss-Maffei KME 130/131

120-PS-Krauss-Maffei KMO 131

120-PS-
Krauss-Maffei
KMO 133
(Foto Pairan)

120-PS-
Krauss-Maffei
KMO 133

120-PS-
Krauss-Maffei
KMO 131

105-kW-
Krauss-Maffei-
Obus KME 160
(Foto Krauss-
Maffei)

120-PS-
Krauss-Maffei
KMO 133
(Foto Pairan)

140-PS-
Krauss-Maffei
KMO 140
Halbdecker

160-PS-Krauss-Maffei KMO 160 (Foto Krauss-Maffei)

120/125-PS-Krauss-Maffei KML 110 (Foto Krauss-Maffei)

125-PS-Krauss-Maffei KMS 125 R

125-PS-Krauss-Maffei KMS 125 (Foto Krauss-Maffei)

145-PS-Krauss-Maffei KMU (Foto Krauss-Maffei)

135-PS-Krauss-Maffei/ MAN KMS 135 (Foto Krauss-Maffei)

140/150-PS-
Krauss-Maffei/
Büssing
KMS 12 R
(Foto Krauss-
Maffei)

120-PS-
MAN/Krauss-
Maffei
420 HOC 2
(MAN-Werkfoto)

135-PS-
MAN/Krauss-
Maffei
640 HO 1/11
»Metrobus«
(MAN-Werkfoto)

Krupp

Fried. Krupp AG, Essen, Abt. Kraftwagenwerk (Krawa), Essen, Thomaestr. 100 und Burgmunda Str. 15/17

1. 1925 - 1943 Fried. Krupp AG, Essen, Abt. Kraftwagenfabrik (Krawa), Essen, Thomaestr. 100 und Burgmunda Str. 15/17
2. 1943 - 1944 Elmag-Werke Elsässische Maschinenbau AG, Mülhausen i. Elsaß
3. 1944 - 1951 Südwerke Motoren- und Lastkraftwagenbau GmbH, Bamberg, ab 1948 Kulmbach
4. 1951 - 1954 Südwerke Motoren- und Kraftwagenfabriken GmbH, Essen, Husmannshofstr.
5. 1954 - 1958 (und 1967 - 1974) Fried. Krupp Motoren- und Kraftwagenfabrik GmbH

Im November 1811 gründete Friedrich Krupp (1787 - 1826) in seiner Heimatstadt Essen eine Gußstahlfabrik. Stahlerzeugnisse wie Maschinen, Geschütze, Schienen und seit 1853 nahtlos geschmiedete Eisenbahnreifen waren bis in die Zeit des Ersten Weltkrieges die Haupterzeugnisse der Firma Fried. Krupp AG. Drei symbolisch ineinander verschlungene Radreifen ließ Krupp im Dezember 1875 in die Warenzeichenrolle eintragen und als Logo dementsprechend schützen. Das Unternehmen befaßte sich erstmals 1905 mit dem Bau von Nutzfahrzeugen. Die Krupp'sche Germaniawerft in Kiel nahm von dem Technischen Büro Peter Stoltz in Berlin eine Lizenz zum Bau von Dampflastwagen, Dampfomnibussen und »Dampf-Eisenbahn-Motorwagen« (gemeint waren Dampftriebwagen). Bei Krupp wurde zumindest ein 20/25 PS kettengetriebener Lkw mit vor dem Fahrersitz angebrachten Sicherheits-Rohrplatten-Dampferzeuger gebaut. Die Dampfmaschine befand sich unter Fahrersitz und Ladefläche. Weitere Lizenznehmer waren die Eisenwerke Gaggenau (siehe Kapitel Süddeutsche Automobil-Fabrik GmbH) und die Hanomag in Hannover (siehe dort). Letztere stellte tatsächlich einige Dampfomnibusse her, unter anderem 1908 einen für die ABOAG in Berlin.
Die ersten Motornutzfahrzeuge fertigte Krupp 1917 und 1918 gemeinsam mit der Daimler-Motoren-Gesellschaft: Allradgetriebene Artillerie-Kraftzugmaschinen (Typ K.D. 1) mit 100-PS-Daimler-Ottomotor. Das Kriegsende verbot zunächst die Weiterentwicklung. 1919 nahm die Fried. Krupp AG in Essen den Lokomotivbau auf und sie entwickelte und verkaufte die ersten deutschen, etwas ungefügten Motorroller (luftgekühlter 1,75-PS-Motor vorn). Im gleichen Jahr verließen außerdem die ersten Krupp-Lastwagen des Typs L 5 für fünf Tonnen Nutzlast und mit 45 PS das Werk. 1920 folgten bereits L 5 s-Sattelzugmaschinen. Beide Bauarten, kettengetrieben mit 50-PS/R4-Ottomotor, fanden für Kommunalaufbauten und -aufliegern über Jahre hinaus großen Anklang. Im Zeitraum 1925/26 hatte sich Krupp als Mehrheitsaktionär an den Nürnberger FAUN-Werken beteiligt (siehe im Kapitel FAUN).
Als erstes Omnibusmodell erschien 1925 seitens der Krupp-Abteilung Motorfahrzeuge ein kleiner Stadtbus mit hinterem Stehperron auf dem kardanwellengetriebenen Schnellastwagen-Chassis L 1,5 für zwei Tonnen Nutzlast. Sie waren mit 40-PS-Vierzylinder-Krupp-Ottomotoren bestückt. Auch der Schnellieferwagen L 2,5 wurde als 25-sitziger Überlandomnibus angeboten. Die Aufbauten fertigte bei diesen beiden Modellen die Uerdinger Waggonfabrik an.
1926 folgte auf einem etwas tiefer gelegten Lkw-Fahrgestell der Bauart L 3 N ein Chassis, das sich auch für größere Omnibusse mit längerem Radstand eignete. Es besaß den 50-PS-Reihenvierzylinder-Ottomotor und wurde ebenfalls durch eine Kardanwelle in Bewegung gesetzt. Des weiteren gesellte sich 1928 der Niederrahmen-Omnibus O 3 N hinzu, wahlweise mit 55-PS-Ottomotor M 1 mit vier Zylindern oder mit dem 75-PS-Ottomotor ausgerüstet.
1927 kam das Niederrahmen-Fahrzeug O 5 N mit 32 Sitzplätzen beziehungsweise für 47 Personen dazu, ausgestattet mit dem 75-PS-Sechszylinder-Antriebsaggregat M 11. Eine Öldruckbremse und eine patentierte Gummifeder-Lagerung waren weitere Details dieses Fahrzeugs. Der letzte Zylinder des Einblockmotors konnte als Luftpumpe für die

Reifen umgestaltet werden. Das Modell wurde als Aussichtsomnibus, als 34-sitziger Stadtomnibus für den Einmannbetrieb mit einer seitlichen Tür oder auch als Stadtomnibus für Schaffnerbetrieb mit einer zweiten Tür in der Rückwand (Heckeinstieg) geliefert, unter anderem mit Schumann-Zwickau-Aufbau. Außerdem ist noch der Typ O 3,5 N zu nennen, den ebenfalls der neue M 11-Ottomotor antrieb. Der Bus bot 32 Sitzplätze oder insgesamt Raum für 40 Personen. Im gleichen Jahr löste der O 5 N 62 den seitherigen »Fünftonnen-Niederrahmen-Bus« ab. Der M 11-Ottomotor des neuen Typs leistete bei 1400 U/min 75 PS und mit 1600 U/min brachte er es auf 90 PS. Im übrigen tauchten 1928 in den Krupp-Motorhauben-Seitenteilen erstmals die für ein Jahrzehnt charakteristisch gewordenen, übereinander angeordneten doppelten Lüftungsschlitze aus. Eine Eisenbahngesellschaft fuhr dreiachsige Schienenbusse mit der Antriebsanlage des L 3 H 62-Lkw oder des O 5 N 62-Busses. Unter der Motorhaube befand sich das zweiachsige Triebdrehgestell. - Gleichzeitig erweiterte Krupp den Typenschlüssel zur Kennzeichnung seiner Nutzfahrzeuge. In der nachfolgenden Ziffernkombination wie beispielsweise »62« verbarg sich der Hinweis auf »Sechszylindermotor, zweiachsig«. Eine später noch vorangestellte dritte Ziffer wies auf eine überarbeitete Variante in der Motorausstattung oder in anderer Bauartänderung hin. Das »N« kennzeichnete ohnehin schon seit 1927 eine niedrigere beziehungsweise dann Niederrahmen-Bauweise an.
Die Fried. Krupp AG übernahm 1929/30 die DAAG-Werke in Ratingen mit ihrer Lkw- und Omnibusproduktion, legte diese Fabrikation allerdings verhältnismäßig rasch still. Unabhängig davon vergaben die Essener Lizenzen zum Nachbau von Krupp-Lastwagen, Omnibussen und Motoren an die Ungarische Waggon- und Maschinenfabrik RABA in Raab beziehungsweise Györ/Ungarn. Dieses Werk verwendete Lizenz-Niederrahmen-Chassis gleichwohl zum Aufbau von Feuerwehrdrehleitern (Magirus).
Da dem Hause Fried. Krupp 1929/30 noch kein Fahrzeug-Dieselmotor zur Verfügung stand, bot das Unternehmen in dieser Zeit den »Glühring«-Motor an, der durch die Verbrennung von Öl im erwärmten Motorzustand wirtschaftlicher arbeiten sollte als der reine Vergasermotor. Das durch den Schwerölvergaser vorbereitete Gasöl wurde durch den Glühring im Zylinderkopf zum Verdampfen gebracht, so daß es gezündet werden konnte. Mittels einer elektrischen Schaltanlage ließ sich die Maschine vom Vergaser- auf Ölbetrieb umstellen. Die Modelle O 3 N 62 und O 4 N 62 wurden mit diesem M 12-Motor ausgerüstet, der über 7,54 Liter Hubraum verfügte und 90 PS erzeugte. Im Dauergebrauch zeigte sich jedoch, daß dieses Antriebsaggregat die an es gelegte Erwartung der Sparsamkeit nicht erfüllte, so daß diese Verbrennungstechnik nicht weiter verfolgt wurde.
Nachdem der Stahlkonzern mit seinem Glühring-»Diesel« nicht glücklich wurde, schlossen die Essener 1931 mit der Junkers Motorenbau GmbH in Dessau einen Lizenzvertrag ab. Er bezog sich auf die Junkers-Gegenkolben-Zweitaktdiesel der SA 9-/SA 12-/SA 20-Typen mit zwei, drei und vier Zylindern und seinerzeit bereits 50/55, 70/80 und 100/110 PS leistend. Es handelte sich dabei um »modellgepflegte« Baumuster der späteren (ab 1932) Junkers-Fahrzeug-Einbaudiesel »2,7« (55/60 PS), »4,1« (80/90 PS) und »5,4« (110/125 PS) mit 2,7 und 5,4 Liter Hubraum, allesamt im Baukastensystem.
Nach dem Erwerb der Nachbaurechte bekamen die in Essen gefertigten »Krupp-Lizenz-Junkers-Diesel« ab 1933 die Typenbezeichnungen bis 1940: M 401/M 402 (55 und 60 PS), M 411/M 412/M 413 (80/90 und 90 PS) und M 421/422 (110/120 und 125 PS). Aus diesem Grunde erhielten die nochmals überarbeiteten Krupp-Nutzfahrzeuge mit Lizenz-Junkers-Motoren ab 1934 bis etwa 1937 gleich zwei ineinander verschlungene Firmenzeichen am Kühler oder ab 1936 auf der schräg angestellten Kühlermaske (auch bei Frontlenkeromnibussen). Oberhalb der Mitte der drei Krupp-Ringe war das »dreizackige« Junkers-Firmenzeichen eingearbeitet. Es symbolisiert seit Juni 1925 einen fliegenden Menschen mit ausgebreiteten Armen. Professor Hugo Junkers hatte nämlich 1915 das erste Ganzmetallflugzeug der Welt, die JU 1, konstruiert, gebaut und flugfähig gemacht.
Unabhängig von der Lizenzvergabe produzierte Junkers in seiner Abteilung FAMO (Fahrzeug- und Motorenwerke) die nach dem Strahlzerstäubungsprinzip direkt einspritzenden ventillosen Zweitaktdiesel (mit Gleichstromspülung sowie Ein- und Auslaß-

schlitzer) zunächst in Dessau weiter. Bei den kurz bauenden Gegenkolben-Fahrzeug-Dieselmotoren sind die unteren Kolben wie üblich angeordnet und mit der Kurbelwelle durch Pleuel (in diesem Falle Druckstangen) verbunden. Die oberen Kolben sind hingegen mittels gelenkig angebrachter Traversen seitlich durch lange, in das Zylinderkopfgehäuse führende Pleuel (Zugstangen) ihrerseits mit der Kurbelwelle verbunden. Sie setzen die oberen Kolben taktgleich und gegenläufig zu den unteren Kolben in Bewegung.

Nach 1935 verlagerten die Junkers-Flugzeug- und Motorenwerke die Fahrzeug- und Einbaumotorenfertigung nach Breslau in ihre junge Tochtergesellschaft FAMO - Fahrzeug- und Motorenwerke GmbH (vormaliger Schlepper- und Motorenbau des Waggonbaukonzerns LHW - Linke-Hofmann-Werke AG). Der Typ »5,4 Tv« mit 125 PS war für einen Großschlepper/Sattelschlepper/Baukasten-Lkw (FE/FS/FL 540) der 6,5-Tonnen-Nutzlastklasse vorgesehen. Zur Ausführung kam bis 1942 lediglich noch die Groß- beziehungsweise Eilschlepperversion ES 540.

Die ehemalige Krupp-Lizenz-Junkers-Motoren kamen zwischen 1948 und 1951 noch einmal zu Ehren, als Südwerke-Zweitakt-Gegenkolben-Diesel »SW-M 413« mit drei Zylindern, leistungsgesteigert auf 105 PS sowie »SW-M 422« mit vier Zylindern, unverändert mit 125 PS. Sie dienten unter anderem den ersten (Krupp-) Südwerke-Frontlenkerbus-Chassis der Nachkriegszeit, den Typen TD 50 und TD 4 D 50, als Kraftquellen (siehe in diesem Kapitel weiter hinten).

Doch zurück in den Zeitraum Ende der zwanziger/Anfang der dreißiger Jahre. Ab 1928 bot Krupp seine ersten großen 6x2-Dreiachs-Lkw des Typs L 8 N an, die aufgrund ihrer Niederrahmen-Bauweise auch als O 8 N-Omnibusfahrgestelle Verwendung fanden. Sie gehörten der 8-Tonnen-Tragkraftklasse an und waren mit 75/90-PS-Sechszylinder-Ottomotoren der M 11-Baureihe (Konstruktion Küchen) ausgestattet. Auch im Hinblick auf eine neue deutsche Obus-Generation entwickelten die Krupp-Ingenieure die Dreiachser weiter, als 6x4-Hauben Lkw L 8 N 11/63, der ab 1930 den 95/110-PS-Ottomotor M 12 (Konstruktion Küchen) erhielt. Annähernd gleichzeitig entstanden 6x4-Frontlenker-Niederrahmen-Geschwister L 8 N 21/63 und O 8 N 21/63. Sie wurden einheitlich mit dem leistungsstarken Sechszylinder-Ottotriebwerk M 21 (Konstruktion Küchen) ausgestattet, das es mit 12,75 Litern Hubraum auf 150 PS brachte. Bis auf den Radstand (Lkw 4168 + 1264 mm und Bus 5068 + 1264 mm) glichen sich die beiden Baumuster der 10-Tonnen-Tragkraftklasse wie ein Ei dem anderen. Das Omnibus-Fahrgestell wurde unter anderem von Trutz in Coburg mit einem bis zu 60 Personen fassenden Aufbau komplettiert, der ein Allwetterverdeck besaß.

Die Kardanwelle der L 8 N/O 8 N-Frontlenker (und des L 8 N 11/63-Dreiachsers) führte zu einem Differential, das man unter einer sogenannten Achsbrücke im Rahmen befestigt hatte. Mittels nach links und rechts führenden Seitenwellen erfolgte der Antrieb beidseitig auf gekapselt angeordnete Zahnrädersätze, welche die frei schwingenden Hinterradpaare in Bewegung setzten. Die Federung übernahmen auf jeder Fahrzeugseite horizontale Spiralfederkombinationen, die ihren Platz oberhalb zwischen zwei Dreiecks-Schwingen hatten, an denen die Räder aufgehängt waren. Den Schwingenräderantrieb verwendete Krupp übrigens auch bei den 6x4-Obus-Fahrgestellen (einmotorig) für die Linie Mettmann-Gruiten (1930) im Raum Düsseldorf und bei den Obus-Triebwerkssätzen (zweimotorig) für die selbsttragenden Fahrdrahtbusse der Linie Idar-Tiefenstein (1932) im Nahegebiet. Die unterschiedlichen Elektromotoren-Antriebe sind im Kapitel AEG und die gravierend voneinander abweichenden Wagenkästen im Kapitel der Waggonfabrik Uerdingen näher beschrieben.

Für die Reichswehr und möglicherweise auch für Bergstrecken der Deutschen Reichspost lieferte der Krupp-Kraftwagenbau 1929 einige 6x4-Geländewagenfahrgestelle. Im Werk Werdau/Sachsen des Waggonbauunternehmens LHB-Linke-Hofmann-Busch erhielten sie zirka 25-sitzige Stahlaufbauten mit einer vorderen Drehtür, sich drei anschließenden Fenstern und einer hinteren Drehtür. Die Krupp-Modelle L 3 H 63 (Radstand 3650 + 1100 mm) waren mit dem 75 PS leistenden M 11-Ottomotor bestückt. Im Gegensatz zu den Frontlenker- und Obus-Varianten trieb die Kardanwelle ein Differential inmitten einer ersten, zwillingsbereiften Hinterachse an, mit Durchtrieb auf das zweite Differential einer weiteren, gleichermaßen zwillingsbereiften Hinterachse an.

Die Achsbrücke im Rahmen diente lediglich zur Befestigung der Spiralfedern/ Schwingensystems. Die Triebachsen konnten sich frei unter dem Rahmen den Geländeunebenheiten anpassen.
Offenbar erschien der Reichspost die dreifenstrige Geländeversion als nicht ausreichend. 1931 ließ sie sich bei Trutz zwei größere 6x4-Versionen mit dem fünffenstrigen Einheits-Stahlaufbau der Zweiachs-Postbusse anfertigen, mit 33 Sitzplätzen. Die Basis des mittelgroßen Dreiachsers bildete das spezielle, einfach bereifte O 4 N 63-Chassis (Radstand zirka 5400 plus 1200 mm), mit einer Vorderachse des Geländewagens. Als Kraftquelle diente der neue M 12-Sechszylinder-Ottomotor, ursprünglich mit 95/100 PS. Mit dieser Postausführung endet zunächst die Geschichte der dreiachsigen Krupp-Omnibusse.
Ein Einzelstück blieb ab 1930/31 der »Krupp-Flettner-Großraum-Kraftwagen«. Der von dem Erfinder Anton Flettner (1885 - 1961) - unter anderem Flettner-Lüfter für Fahrzeugdächer - und Hubschrauber-Konstrukteur, konzipierte 13,74 Meter lange Fünfachs-Zug bestand aus einem einachsigen Krupp-Motorwagen und angekuppeltem vierachsigem Pritschenwagen. Vom abtrennbaren Motor- und Lenkkopf, mit ein- und ausfahrbarem Spornrad hinter der Fahrerkabine, führte unter dem Pritschen-Hauptwagen eine Antriebswelle mit drei Kardangelenken zu einer Hinterachsbrücke im Differential. Das an Schwinghebelarmen aufgehängte und schraubengefederte 4. und 5. Räderpaar war zahnradgetrieben (wie bei den Typen L/O 8 N 21/63). Die vier vorderen Räder (2. und 3. Achse) der Nutzlasteinheit wurden durchs Lenken beziehungsweise Ausscheren der Motoreinheit (mit einer Vorderachse) über eine Hebelmechanik automatisch mitgesteuert. Ein heckseitiges Deichselgestell war unter einer vorderen Traverse des Nutzlastteils in einem Dreh- und Stützpunkt (Kugelgelenk) lösbar eingekuppelt. Dem Fünfachszug mit seinen drei Lenkachsen lag die Idee zugrunde, die Lenkarbeit für einen derartigen Großraum-Kraftwagen durch eine mehrfache Hebelmethode zu erleichtern und die Betriebssicherheit zu erhöhen, da die ersten zu dieser Zeit aus den USA kommenden »Servo-Steuermaschinen« noch nicht zuverlässig arbeiteten. Die Tragfähigkeit des achträdrigen Hauptwagens gab Krupp mit 15 Tonnen an und die Nutzlast mit 13,7 Tonnen.
Der Krupp-Flettner-Prototyp mit sechszylindrigem Krupp-150-PS-Ottomotor M 21 wurde mit sogenannten Riesenluftreifen (40x10 vorn und danach 44x12) 1931 auf der Berliner Automobilausstellung vorgeführt und einige Zeit danach von der KVG Sachsen in Dienst gestellt. Sie benutzte ihn zum Transport gefüllter und leerer Treibgasflaschen von und zu den IG-Farbenindustrie-LEUNA-Werken bei Merseburg (Halle/Saale). Die sächsischen KVG-Busse fuhren nämlich fast ausschließlich mit verflüssigtem Propangas. Der größte deutsche Busbetrieb, Krupp, Flettner und die Waggonfabrik Uerdingen planten bis Mitte der dreißiger Jahre einen entsprechenden Fünfachs-Großomnibus. Er wurde jedoch nicht realisiert, obwohl man den einfacheren Hinterachsantrieb (4. und 5. Achse mit je einem Differential) des L 3 H 63-Geländewagens verwenden wollte.
Wie bereits deutlich erkennbar, war der Krupp-Kraftwagen- und Motorenbau (intern kurz Krupp-Krawa genannt) Anfang bis Mitte der dreißiger Jahre außerordentlich aktiv. Ab 1931/32 kamen zudem luftgekühlte Boxer-Ottomotoren (M 301 bis M 307) hinzu für die Leichtomnibus- und Schnellastwagen-Baureihe O 2/2,5 H 42 bis O 2,5 N 42/142 sowie L 2/2,5 H 42 bis 242. Für sie folgten ab 1934 außerdem luftgekühlte Boxer-Diesel (M 601 bis M 612) für die Baumuster OD 2/2,5 H 42 und OD 2,5 N 42/142 sowie LD 2/2,5 H 42 bis 242; nachdem für die größeren Modelle 1933 Krupp-Junkers-Diesel (siehe weiter vorn) alternativ zu Krupp-Reihen-Ottomotoren ins Lieferprogramm eingeflossen waren.
Bis 1932 hatten die Krupp-Nutzfahrzeugkonstrukteure modernere Fahrgestelle entwickelt, deren Vorderachse weiter hinten, kurz vor der neuen Fahrerkabine angeordnet wurde. Es handelte sich dabei um ein Universalfahrgestell für Busse, Lkw und Müllwagen mit mittelhohem Rahmen. Er verlief oben absolut eben, war aber unten im Hinterachsbereich fischbauchartig eingezogen, um die Einstiegs- oder Ladehöhe etwas abzusenken. Das ihn seitens der Typenbezeichnung kennzeichnende »M« wies entweder auf »Mittelrahmen« hin, oder es sollte soviel wie für »Müllaufbauten geeignet« bedeuten. Das neue O 3 M 42-Chassis war mit dem Krupp-Ottomotor M 201 ausgerü-

stet, ein Reihen-Vierzylindertriebwerk mit 65/70 PS. Trutz-Karosseriebau verwendete das Fahrgestell für wechselbare Kombinationsaufbauten: In der Woche fuhr der Mittelrahmenwagen oberhalb der Fenstergürtellinie mit einem Plangestell, das der Betreiber an Wochenenden oder feiertags gegen ein fünffenstriges Aufbauteil austauschte. Die Ladefläche stattete man zur Personenbeförderung mit Sitzbänken aus. (Also kein kompletter Pritschenaufbau/Omnibus-Aufbauwechsel wie bei Karl Kässbohrer und Gottfried Lindner, siehe bei MAN). Ab 1933 gab es den O 3 M 42 gleichwohl als LD 3 M 22 mit 55-PS-Krupp-Junkers-Zweizylinder-Diesel. Die Reichspost fuhr ihn als Telegraphenbau-Kofferwagen mit großer Mannschaftskabine; halb Bus, halb Werkstattwagen.

Der Mittelrahmenwagen gab im Krupp-Omnibusbau bis 1934 praktisch nur ein kurzes Zwischenspiel. Karlheinz Hesse schreibt in seinem neuen Buch »Alle Lastwagen von Krupp« diesbezüglich von einer Zwischenlösung. Während der Lkw-Bereich die M-Baumuster noch bis 1940 fertigte (L und LD 3,5 M sowie 4 M), setzten die Krupp-Busleute ab 1934/35 wiederum ausschließlich auf N- (Niederrahmen-) Modelle: O und OD 3,5 N bis 5,5 N sowie ab 1938 auch auf den Typ OD 6,5 N 242. Außer der großen 6,5-Tonnen-Busversion gab es alle anderen Ausführungen auf Wunsch entweder mit Krupp-Ottomotor oder mit Krupp-Lizenz-Junkers-Diesel.

Die neuen O 3,5 N 42- und N 162-Busse und die ebenso neuen Typen O 4 N 62 sowie N 262 wurden ab 1933 wahlweise mit Krupp-Ottomotoren (M 201/bis 70 PS und M 12/bis 110 PS) oder mit Krupp-Lizenz-Junkers-Dieselmotoren geliefert. Die OD 3,5 N 22-, OD 3,5 N- und N 132-Baumuster erhielten die Zweizylinder-Diesel M 401 und M 402 mit 55 und 60 PS. Die 4-Tonnen-Baureihe war mit den 80 bis 90 PS leistenden M 411/412/413-Dreizylinder-Dieselmaschinen ausgestattet. Zu erwähnen ist hier noch die Verwendung von halbautomatischen, selbstschaltenden Planetengetrieben (Puls-Getriebe genannt) des Erfinders Friedrich Puls, die beispielsweise auf Wunsch in den von Trutz karossierten O 4 N 62 kamen. Die 4-Tonnen-Variante bot bis zu 34 Sitzplätze.

Neu entwickelte, luftgekühlte Ottomotoren in Boxerbauart mit 55 PS (M 301) setzte Krupp 1932 in die gleichermaßen neuen Hochrahmenmodelle O 2 H 42 und O 2,5 H 42 ein. Die Kühlung erfolgte durch ein von der Kurbelwelle angetriebenes Radialgebläse in einem Gebläsegehäuse. Ein Schneckenantrieb wurde für die Hinterachse verwendet. Krupp bot damit in Deutschland erstmals serienmäßig Omnibusse mit luftgekühlten Kraftquellen an. Dem luftgekühlten Vierzylinder-Boxermotor (3,05 Liter Hubraum) wurde 1934 mit geringfügiger Hubraumvergrößerung ein Vorkammer-Dieselaggregat zur Seite gestellt. Bei dem 45 PS leistenden Motor (M 601 mit 3,45 Liter Hubvolumen) handelte es sich seinerzeit um die einzige serienmäßig hergestellte luftgekühlte Fahrzeug-Dieselmaschine der Welt. Die Weiterentwicklungen zum Sechs- und zum Achtzylindertriebwerk waren geplant, wurden aber dann nicht mehr realisiert. Für Bus- und Militärfahrzeugbetrieb erprobte Krupp lediglich noch zwei V8-Ottomotoren mit Luftkühlung, den M 313 (118 PS aus 6,1 Liter) und den B 842 (106 PS aus 4,2 Liter Hubraum).

1935 erschien der Niederrahmen-Schnellomnibustyp O 2,5 N 42 mit dem auf 60 PS leistungsgesteigerten, luftgekühlten Otto-Boxermotor M 307. Diese 7,7 Meter langen Fahrgestelle bevorzugte die Deutsche Reichsbahn für stromlinienförmige Schnellreisebusaufbauten. Die aerodynamisch geformten Karosserien mit 18 Sitzplätzen stammten von der Firma FWR-Fahrzeugwerke Recklinghausen. - Im gleichen Jahr stellte der berühmte Berliner Karosserier Erdmann & Rossi für Versuche der DR einen Stromlinienomnibus nach Entwürfen und Patenten von Prof. Dr. phil. Emil August Everling auf die Räder. Welches Krupp-Fahrgestell aus der 2,5-Tonnen-Nutzlastklasse mit welchem luftgekühlten Krupp-Motor als Grundlage diente, ist leider nicht überliefert. Der Aufbau verfügte am abrißartigen Heck über Windleitflächen. Sie fungierten als Halterungen für verstellbare Luft- beziehungsweise Windbremsen. Bei Versuchsfahrten soll man 100 km erreicht haben.

Von 1935/36 an verlagerte Krupp im Omnibusbau das Schwergewicht auf mittlere bis große Typen. Viele Ganzstahlaufbauten steuerten Kässbohrer, die Waggonfabrik Uerdingen, Westwaggon-Gestell, Peter Bauer (seit 1991 bei Zeppelin-Mobile Systeme) und Schumann-Werdau bei. Unter anderem für Exportzwecke konzipierten die Essener Krawa-Ingenieure 1934/35 ihren ersten zweiachsigen Frontlenkerbus, den FOD 3,5 N

32, mit 90 PS starkem Krupp-Junkers-Dreizylinder-Diesel M 412. Das »F« in der Typenbezeichnung weist auf die Frontlenker-Bauweise hin. Es wurde indes später gegen ein »T« ausgetauscht, das man von »Trambahn-Bauart« entlehnt hatte. Gleichermaßen in den Export gingen später TD 4 N 232-Frontlenker mit Rechtslenkung und nach rechts gezogener Fahrerkabine. Die linke Motorhaubenhälfte war frei zugänglich. Ab 1938 gab es den Frontlenker- beziehungsweise Stirnsitztyp TD 4 N 332 mit 90-PS-Diesel M 413 und bis zu 42 Sitzplätzen sowie 270x20-Bereifung. Mit Peter Bauer-Aufbau fuhr ihn auch die Deutsche Reichspost. Hinter der Vorderachse befand sich eine Schiebetür und hinter der zweiten Achse war eine Drehtür angeordnet.
Die seit 1936 im Programm befindlichen O 5,5 N 62/262- und OD 5,5 N 42/142/242-Haubenbusse besaßen M 12-Sechszylinder-Ottomotoren mit 110 PS oder M 422-Vierzylinder-Dieselmotoren mit 120/125 PS. Die Wagen hatten 11.25x20-Bereifung und sie faßten bis zu 48 Fahrgäste. Für 20,2 Meter lange Krupp-Gaubschat-Züge mit Faltenbalg-Verbindung kam ab 1938/39 der Typ O 5,5 N 262 in Frage. Die Fahrgast-Kapazität betrug im Maximum 102 Personen. Die Motoren- und Anhänger-Aufbauten waren dachrandverglast. Den großen Krupp-Omnibus OD 6,5 N 2422 gab es nur mit dem Zweitakt-Gegenkolben-Diesel M 422, der 125 PS leistet. Unter anderem fuhr ihn die Deutsche Reichspost, mit Dachrandverglasung und abschließbarem Post- beziehungsweise Ski-Abteil im Heck. Dieser Bus rollte auf 12.00x20-Reifen und verfügte über 40 Sitzplätze (einschließlich Notsitzen).
Obwohl im Typenbegrenzungs- beziehungsweise Typenbereinigungsplan des Generalbevollmächtigten für das Kraftfahrwesen, Adolf von Schell (in Personalunion auch Generalmajor und später zudem Reichsverkehrsministerium-Unterstaatssekretär) nicht aufgeführt, stellte Krupp 1939 noch zwei Neukonstruktionen vor: den Bus O 3 N 62 und den Lkw L 3 H 62. Beide gehörten der 3-Tonnen-Nutzklasse an und waren für Fahrgasttragfähigkeiten von 4 und 4,5 Tonnen ausgelegt und mit ebenso neuen Vorkammer-Sechszylinder-Dieselmotoren des Typs M 113 c bestückt. Das 5,6-Liter-Triebwerk brachte es auf 80 PS. Der Bus verfügte über 25 Sitzplätze und konnte 90 km/h erreichen. Einige Fahrgestelle erhielten Müllwagenaufbauten und Heuser-Straßenkehrmaschinen. Sowohl der Bus als auch der Lkw waren auch mit Holzgasgeneratoren lieferbar (Typen OGD und LGD 3 N 62). Die Produktion mußte Krupp 1940 bereits wieder einstellen.
Die Krupp-Kraftwagenfabrik (Krawa) erprobte ab 1940 einen V-Achtzylinder-Dieselmotor, der im Zweitaktverfahren mit Gleichstromspülung mit Schlitzsteuerung und Auslaßventilen arbeitete. Die Zylindergruppen waren im 45-Grad-Winkel angeordnet. Das wassergekühlte Triebwerk des Typs M 713 besaß ein Rootsgebläse, das die Leistung von 150 auf 200 PS anhob. Der durch den Kriegsverlauf im Prototypenstadium steckengebliebene Motor gilt als erster deutscher Nutzfahrzeug-Diesel mit Aufladung. Einige M 713 wurden in Lkw und Bussen der 6,5-Tonnen-Nutzlastklasse getestet. In der Nachkriegszeit bildete dieser Gleichstrom-Zweitakter den Ausgangspunkt für die neuen Südwerke- beziehungsweise Krupp-Dieselmotoren.
1940 wurde schon, wie erwähnt, der Lkw- und Omnibus-Fahrgestellbau, abgesehen von einigen Militärmodellen, eingestellt, zumal der Krupp-Nutzfahrzeugbau im Vergleich zu anderen Herstellern recht gering war und die Kapazitäten für die Rüstungsfertigung benötigt wurden. Dem Essener Werk wurden im Rahmen des Schell-Planes auch nur der Bau eines 6,5-Tonners zugestanden.
1944 verlegte Krupp seine Krawa, die im bescheidenen Maße Ersatzteile produzierte, nach Mülhausen im Elsaß sowie wenig später nach Unterfranken. Die Hauptverwaltung und der Fahrgestellbau siedelten sich in Bamberg (Hallen der Firma Südeisenbau) an, während die Konstruktion und der Zusammenbau in Nürnberg (Räumlichkeiten der Eisen- und Stahlhandel AG Otto Wolff AG) ein Domizil fand. Der Motorenbau wurde in der stillgelegten Mälzerei der Ersten Kulmbacher Aktien-Brauerei untergebracht. Ab 1946 stellte der Auslagerungsbetrieb mit amerikanischer Genehmigung Lkw mit Vergasermotor her, die teilweise eine Generatoranlage erhielten (L 45 und LG 45). Da der Name Krupp aufgrund der bedeutenden, vormaligen Rüstungsfertigung zunächst nicht geführt werden durfte, wurde das oberfränkische Werk auf den Namen «Südwerke» getauft und das dreieckige SW-Emblem geschaffen. Für die damalige Deutsche Post

setzte die Karosseriefabrik Trutz auf das LD 50-Lkw-Fahrgestell mit dem 100/105 PS starken Dreizylinder-Zweitakt-Dieselmotor SW M 413 passende Omnibusaufbauten. Das in 11 Exemplaren gefertigte Modell wurde in einer Hauben- und in einer Frontlenkerbauart karossiert.
Mit einem Niederrahmen-Fahrgestell erschien 1949 auf der Hannover Messe der neue Frontlenkeromnibus TD 50, den man aus dem Trambus-Modell der Vorkriegszeit weiterentwickelt hatte. Das über ein Hebelsystem betätigte Getriebe befand sich, getrennt vom Motor, unter dem Fahrzeugboden, um die Abdeckhaube für den innenstehenden Motor möglichst kurz zu halten. 37-sitzige Wagenkörper aus Uerdingen und von G. Auwärter wurden für das 37-sitzige Modell auf das Chassis montiert. Während die Südwerke zunächst die 100/105-PS-Dreizylinder-Maschine installierten, konnte ab 1950 auch der alte Vierzylinder-Zweitakt-Gegenkolben-Diesel M 422 mit 125 PS eingebaut werden. Die verkaufte Stückzahl des TD 50- und T4 D 50-Omnibusses betrug bis 1951 jedoch nur 85 Exemplare.
Dabei ist zu bemerken, daß sich die Verkaufszahlen und die Vielfalt der Krupp-Vorkriegsmodelle in den fünfziger Jahren nicht mehr erreichen ließen. 1949 wurden 44, 1950 genau 32, 1951 exakt 38, 1952 (als bestem Jahr) 62 und 1953 dann wieder 47 Omnibus-Modelle verkauft. Danach ging der Omnibusabsatz ständig zurück. 1951 stellte die Krawa-Motorenabteilung eine neue als Baukastensystem konzipierte Zweitaktdiesel-Generation vor. Die von der Technik des Vorkriegs-V-Achtzylindermotors beeinflußten neuen Reihentriebwerke besaßen die vom Junkers-Motorenbau angewandte Einlaß-Tangential-Schlitzsteuerung in Kombination mit einer Auslaßventilsteuerung mit je drei Ventilen pro Zylinder. Ein Roots-Drehkolben-Spül- und Aufladegebläse sorgte einerseits für die Entfernung der Abgase, andererseits für die Füllung beim Ansaugtakt. Da der Zweitakter im Schubbetrieb keine nennenswerte Bremswirkung zeigte, konnte bei den späteren K-Modellen durch die Verstellung der Ventilzeiten ein Bremseffekt erzielt werden, wobei der Motor als Kompressor arbeitete. Die Krupp-Kompressorbremse war jedoch nicht zu überhören!
Auf der ersten Frankfurter IAA von 1951 standen das neue Haubenmodell O 60 mit dem 145-PS-Vierzylindertriebwerk SW 4 und insbesondere der übermotorisierte Typ SW O 80 mit dem 210-PS-Sechszylindertriebwerk SW 6 des 8/9-Tonnen-Lkw Titan SW L 80. Im Prinzip handelte es sich bei dem R6-Motor und zwei direkt miteinander verbundene Dreizylinder-Zweitaktdiesel (2 x SW 3 = ein SW 6). Die bedingt an die Vorkriegstypen OD 6,5 N anknüpfenden Großomnibusfahrgestelle besaßen einen Fischbauch-Niederrahmen und konnten 70 bis 80 Personen im Stadt- und 37 bis 47 Personen im Reisedienst befördern. In einzelnen Exemplaren wurde ab 1953 das Bus-Sondermodell SW O 80 B-Titan Super mit verkürzter Haube vor allem für die Bundesbahn hergestellt. Die Karosserien steuerte die Firma von Lienen bei. An diese Kurzhauben-Variante lehnte sich darüber hinaus das Baumuster SW OL 80-Titan Expreß an, ein Niederrahmenfahrgestell für Kofferaufbauten zur Keks-, Zigaretten- und Radiobeförderung mit 7,5 Meter Nutzlänge. Eine Höchstgeschwindigkeit von 102 km/h konnte der Südwerke-Langhaubentyp SW O 80 erreichen, der Aufbauten von Peter Bauer, FAKA, Gaubschat, Hubertia, Kässbohrer und Trutz erhielt. Darüber hinaus konzipierte Gaubschat einen Anhänger-Buszug O 80 mit einem Faltenbalgübergang zwischen beiden Fahrzeugen. Bis 1953/54 wurden diese «D-Züge der Landstraße» jedoch nur in ganz geringer Stückzahl hergestellt. - Zu erwähnen ist in diesem Zusammenhang, daß der ehemalige VOMAG-Chefkonstrukteur, Oberingenieur Wilhelm Keilhack, seine Ideen in die Hinterachskonstruktion sowie in die Gestaltung der Motorhaube, die denjenigen der letzten VOMAG-Modelle etwas ähnelte, eingebracht hatte. Bis 1959 blieb er im Südwerke-beziehungsweise Krupp-Nutzfahrzeugwerk in verantwortlicher Position tätig.
Gleichzeitig mit den Haubenmodellen erschien der Omnibus OD 55 mit massiger, über die gesamte Wagenbreite reichender Kurzhaube und mit Hubertia-Karosserie. Er erhielt dann im Serienbau die Bezeichnung O 480; sie stand für Vierzylindermotor und maximal 80 Fahrgäste. Die 145 PS starke SW 4-Maschine, auch nach dem entsprechenden Lkw-Modell als Mustang-Motor bezeichnet, trieb diesen mit 6,4 Meter Radstand gebauten Typ an. Der Motor wurde seitlich tief vor der zurückversetzten Vorderachse geneigt, der Kühler neben dem Motor angebracht, so daß eine kurze Baulänge des

Antriebsaggregats erreicht werden konnte. Seitliche Türen waren zur Wartung des Motors und der Kühlanlage angebracht. Auf der Basis des O 480 baute die Firma Gebr. Ludewig nach einem Vormodell im Jahre 1950 (auf Faun O 9 V) auch einen Anderthalbdecker auf, der als Krupp-Sensation auf dem Pariser Automobilsalon präsentiert wurde. Die zweiachsige 1 1/2-Deck-«Aero»-Bauart der Karosseriefabrik Ludewig wurde sowohl bei Luxus- als auch bei Reisebussen angewendet. Außerdem wurde sie bei Stadtlinien-Omnibussen für hohe Transportkapazitäten genutzt. Bei den Luxus- und Fernreisewagen saßen sich die 58 Passagiere in den unteren Fahrgasträumen und im oberen Deck teilweise gegenüber, dazwischen kleine Tische, wie in einem Speisewagen. Die Eineinhalbdeck-Stadtbusse faßten reichlich 130 Personen. - Die Bezeichnung wurde 1952 in OF 480 geändert, weil die breite Kurzhaube entfiel. Die Krupp-Südwerke wandten sich wieder dem Frontlenkerbus zu. Mit 5,2 und 6,35 Meter Radstand kamen die Varianten O 470 FK und O 480 FK hinzu, jeweils mit Kompressorbremse.
Im Jahre 1954 verlagerte der Stahl- und Maschinenbaukonzern seinen Nutzfahrzeugbau wieder als Fried. Krupp-Motoren- und Kraftwagenfabriken firmierend, an den Stammsitz nach Essen/Ruhr zurück. Die Lkw und Busse (insbesondere Titan-Familie) trugen seit 1950 ohnehin schon wieder das traditionelle Drei-Ringe-Emblem und darüber hinaus die Schriftzüge Krupp und Südwerke.
Ab 1954 führte Krupp neue Typenbezeichnungen ein. Aus dem O 480 FK wurde erst einmal das Baumuster O 10 FK (6,35 m Radstand, 10-t-Hinterachse) und aus dem O 470 FK der Typ O 8 FK (5,2 m Radstand, 8- bis 9-t-Hinterachse), der schließlich noch als Modell O 10 F4 (5,2 m Radstand) mit 10-t-Hinterachse modifiziert wurde. Der 5,8-Liter-Mustang-Diesel SW 4 trug ab 1954 die Bezeichnung D 549, unverändert 145 PS leistend. Und es entstand das Obusfahrgestell O 8 E mit in Fahrzeugmitte installiertem 110-kW-Elektromotor von Siemens-Schuckert (SSW). Den O 8 FK-Dieselbus gab es auch mit Hubertia-Karosserie und den O 8 E-Eindecker mit viertürigem Ludewig-Aufbau (1 Falttür vorn, 1 vor der Hinterachse und 1 Doppelfalttür hinten). Mit annähernd gleicher Karosserie hatte der gut 100 Personen aufnehmende Oberleitungsomnibus 1953 bereits einen Vorläufer, den »Elbus 100«, entwickelt aus dem O 480 FK.
Um die zunehmend höheren Belastungen der Eineinhalbdecker ohne Achslastüberschreitungen gleichmäßiger auf die Straßen zu verteilen, erhielten die nunmehr bei Ludewig in Verbundtechnik aufgebauten Stadtlinientypen O 8 FK, O 10 FK und der Obus O 8 E ab 1955/56 eine dritte nachlaufende und spurhaltende, einzelbereifte Achse (6x2-Bauart). Sie gehörte zum Lieferumfang der Firma Ludewig. Die Adhäsion der Vorderachse war in Spitzenverkehrszeiten nicht immer in wünschenswertem Maße gewährleistet, wenn sich die Fahrgäste in der hinteren Wagenhälfte und im oberen Deck zusammendrängten, was vor allem im Schülerverkehr vorkam! Die Dreiachsversionen faßten bis zu 160 Personen, bei maximal 50 Sitzplätzen (oben 5 Sitzreihen).
Ab 1954 veränderten sich auch die Typenbezeichnungen der Reihen-Vierzylindermotoren geringfügig. Sie hießen fortan D 459/M und D 459/OF. Gravierender war die Leistungssteigerung auf 150 PS (ab 1955) und auf 160 PS (ab 1956/57). - Von den beiden Hauptmodellen O 480 FK und O 10 FK wurde mit im Zeitraum 1955 bis 1959 100 fertiggestellten Exemplaren die höchste Stückzahl in der Krupp-Nachkriegs-Busproduktion erreicht.
1955 erschien das in Skelettbauweise hergestellte Baumuster O 100 SF 4 (oder OF) mit dem 150-PS-Diesel D 459/M. Den Bus hatte Krupp in Zusammenarbeit mit der NWF-Nordwestdeutsche Fahrzeugbau GmbH in Wilhelmshaven entwickelt. Das mit den Krupp-Ringen und dem NWF-Firmenzeichen an der Frontpartie versehene Fahrzeug besaß vorn Einzelradaufhängung, rundum Einzelbereifung, Luftfederung und eine nicht mittragende Leichtmetallbeplankung. Das selbsttragende Stahlskelett des Kooperationsbusses hatten die Ingenieure schub- und verdrehungssteif ausgelegt. Durch den Konkurs der NWF mußte die Weiterentwicklung dieses überaus fortschrittlichen Typs bis hin zur Serienreife aufgegeben werden.
Um im Omnibusmarkt präsent zu bleiben, unternahm Krupp 1959 mit einer neuen Buskonstruktion einen weiteren und letzten Versuch. Nach Pekol-Lizenzen stellte das Unternehmen in Zusammenarbeit mit der Essener Verkehrs-AG (EVAG) einen Komplett-Stadtomnibus unter der Bezeichnung O 124 vor. Bei dem 120-PS-Gamma-Silumin-

Zweitaktdiesel D 433 U handelte es sich um einen brandneuen Unterflurmotor mit Gummilagerung. Jeder Zylinder hatte seine eigene Einspritzpumpe. Der seitlich gelegte Motor war links hinter der Vorderachse plaziert, und der Kühler vom Motor getrennt im Bug untergebracht. Wahlweise wurden entweder ein ZF-Hydro-Media- oder ein Voith-Diwabus-Getriebe eingebaut.
Der 10-Meter-Wagen war eine selbsttragende Leichtmetall-Schalenbau-Konstruktion. Der Wagenkörper bestand aus sechs Komponenten mit allein (ohne Karosse) fahrtüchtiger Bodengruppe. Ein glasfaserverstärkter Polyester-Fußboden gab ihr zusätzliche Stabilität. Den Aufbau, mit einer sich an den Krupp-Frontlenker-Lastwagen orientierenden Vorderpartie stellte die zum Krupp-Konzern gehörende Weser-Flugzeugbau-Gesellschaft in Bremen her. Nach Pekol-Konzept waren die einzelbereiften Räder an Trapezlenkern einzeln aufgehängt; vorn mit Rollbälgen, luftgefedert und hinten mit Ringbälgen. Das Fassungsvermögen betrug 120 Personen und das Achslastverhältnis vorn/hinten 1 : 1 (wie beim Kässbohrer/Pekol-Typ SP) bei 13 Tonnen Gesamtgewicht. Neben der Vierradbremse war eine Krupp-Motorbremse vorhanden. Bei Betätigung des Fußpedals sprach zunächst die Motor-Kompressorbremse an und bei weiterem Durchtreten die Druckluft-Vierradbremse. Es wurden jedoch nur 17 Exemplare ausgeliefert, mit jeweils 31 Sitz- und 65 Stehplätzen.
Nur noch auf Bestellung wurden bis 1963 einige wenige Omnibusse gefertigt, so daß die Fried. Krupp Motoren- und Kraftwagenfabriken GmbH die Produktion von Omnibus-Fahrwerken beziehungsweise Bodengruppen einstellte.
Bis 1974 gaben die Essener verlängerte und tiefgekröpfte Chassisteile und Achsgruppen des Lastwagentyps LF 380 (6x4) an die Ludewig-Werke ab, die im gleichen Jahr 80 dreiachsige Oberleitungs-Omnibusse, darunter auch 1 1/2-Decker für die Solinger Stadtwerke aufbauten; obwohl Krupp 1968 auch seinen Lkw-Bau eingestellt hatte. Die Fahrzeuge (Typ TS Aero) erhielten im Bug eine VW- oder Porsche-Industriemotor-Generatoranlage, um fahrdrahtlose Strecken passieren zu können (siehe unter Kapitel Ludewig).
Die Fried. Krupp GmbH stellten den Kraftwagen- und Motorenbau (Krawa) in Essen am 30. Juni 1968 offiziell ein. Die Niederlassungen, die Ersatzteilversorgung und den Service übernahm die Daimler-Benz AG. Sie gründete dafür in Stuttgart eigens eine Tochtergesellschaft, die Krawa GmbH.
Ungeachtet dessen gibt es weiterhin straßen- und geländefähige Spezialfahrzeuge, an denen die drei Krupp-Ringe prangen. Sie kommen aus Wilhelmshaven aus den Werkshallen der Krupp-Mobilkrane GmbH. Bei ihren Produkten handelt es sich heutzutage um zwei- und bis zu zehnachsige, ein- und mehrteilige Autokrane mit Teleskopmasten für Maximallasten von 15 bis 1000 Tonnen.

40-PS-Krupp 2 t (1,5 t)

75-PS-Krupp 3,5 t-Niederrahmen-Omnibus (Foto Krupp-Archiv)

95-PS-Krupp O 5 N (Foto Krupp-Archiv)

75/100-PS-Krupp O 3,5 (Aman-Ullah-Wagen) (Foto Krupp-Archiv)

90-kW-Krupp-Uerdingen Obus

150-PS-Krupp O 8 N 63 (Foto Krupp-Archiv)

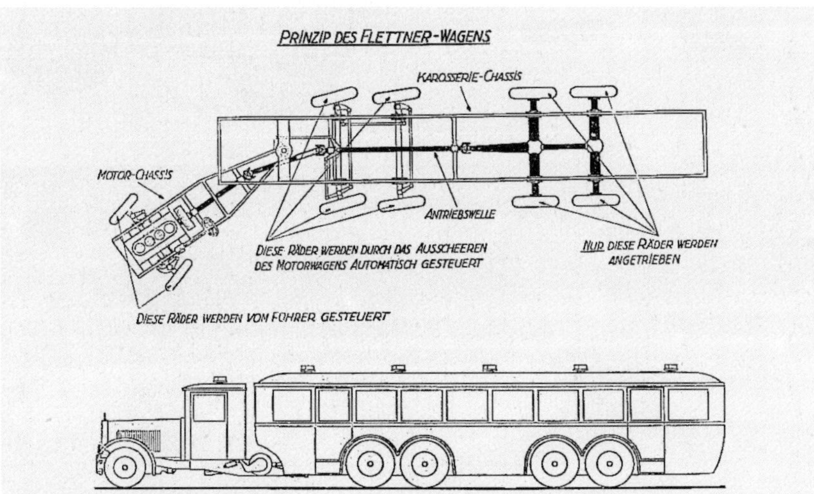

Krupp-Flettner-Großraumwagen (Modell)

55-PS-Krupp
O 2 N 42

55-PS-Krupp
OD 3,5 N 32

100-PS-Krupp OD
4 N 32

55-PS-Krupp
OD 2,5 N 242
(Foto Krupp-
Archiv)

60-PS-Krupp
O 2,5 N 42
Stromlinientyp

125-PS-Krupp
OD 5,5 N 242
(Foto Krupp-Archiv)

125-PS-Krupp OD 5,5 N 242

90-PS-Krupp OD 4 (Foto Krupp-Archiv)

125-PS-Krupp OD 5,5 N 242

110/125-PS-Krupp OD 5,5 N 242

90/110-PS-Krupp OD 4 N 232

80-PS-Krupp
TD 4 N 332

105-PS-
Südwerke TD 50
(Foto Krupp-
Archiv)

145-PS-
Südwerke O 60
(Foto Krupp-
Archiv)

190/210-PS-
Südwerke
O 80 Titan

145-PS-Krupp-
Südwerke
OF 480 Aero

110-kW-Krupp-
Südwerke
O 8 E
(Foto Krupp-
Archiv)

145-PS-Krupp-Südwerke O 8 FK (Foto Krupp-Archiv)

145-PS-Krupp-Südwerke O 8 FK Aero (Foto Krupp-Archiv)

150-PS-Krupp O 10 F 4 (Foto SWK Krefeld)

150-PS-Krupp O 10 F 4 Aero (Foto SWK Krefeld)

150-PS-Krupp-NWF O 100 SF 4

120-PS-Krupp O 124

Kühlstein

Kühlstein Wagenbau-Gesellschaft OHG, Berlin-Charlottenburg, Salzufer 4; Berlin NW, Schiffbauerdamm 23
1899

Die 1883 von Eduard Kühlstein (1833 - 1900) in Berlin-Charlottenburg gegründete Kutschen-Bauanstalt fertigte um die Jahrhundertwende als Hoflieferant Luxus-Kutschen, Personen- und Post-Lieferwagen. Die Geschäftsführung übte seit 1870 der Sohn des Gründers, Ernst Kühlstein aus.
1899 konnte Ingenieur Joseph Vollmer als Chefkonstrukteur gewonnen werden, der sich von der Bergmanns-Industriewerke GmbH in Gaggenau (spätere Süddeutsche Automobil-Fabrik) trennen wollte. Die Firma Kühlstein beabsichtigte fortan auch Fahrzeuge mit Elektromotoren herzustellen.
Das erste größere Kühlstein-Modell nach Plänen Joseph Vollmer war die elektrisch angetriebene »Mail Coach«, ein Omnibus, bei dem die 15 Passagiere und der Fahrer in drei offenen Etagen und im hinteren Kabinenteil saßen. Letzterer konnte von Glühlampen beleuchtet werden! Den Fahrwerks- und Karosserieteil hatte Joseph Vollmer entworfen. Den elektrischen Antriebsteil mit zwei 2,2-kW-Motoren an den Vorderrädern konstruierte Elektroingenieur Robert Schwenke von den Siemens & Halske-Werken.
Das auf der Weltausstellung 1900 in Paris mit dem Grand Prix ausgezeichnete Fahrzeug wog 1,8 Tonnen und erreichte eine Geschwindigkeit von 18 km/h. Joseph Vollmer erhielt für diese Konstruktion die Goldene Medaille. Ein Verkaufserfolg wurde die »Mail Coach« jedoch nicht. Ein Berliner Hotelier, nach anderen Angaben der Berliner Kohlenhändler Geheimrat Fritz Friedländer-Fould erwarb das Modell, um es als Zubringerfahrzeug einzusetzen.

2x2,2-kW-Kühlstein Mail Coach Kühlstein

Nach dem Tod Eduard Kühlsteins versuchte dessen Witwe, Joseph Vollmer als Chefkonstrukteur im Unternehmen zu halten. Aufgrund der zu geringen Kühlstein'schen Kapitaldecke entschied sich Vollmer jedoch für einen Fünfjahresvertrag mit der kapitalkräftigen AEG-Tochter NAG-Neue Automobil-GmbH (ab 1916 Nationale Automobil AG). Nach, beziehungsweise mit Joseph Vollmer ging der Kühlstein-Bereich Automobil- und Motoren-Fertigung 1902 in den Besitz der AEG über, weil die finanziellen Mittel für eine größere eigenständige Produktion in Charlottenburg nicht mehr ausreichten. Noch vor 1905 war Lohner in Wien für einen ungewissen Zeitraum Teilhaber bei Kühlstein.

Und um und nach 1913 firmierte das Unternehmen zeitweise als »Karosseriebau Kühlstein-Rühe, Berlin-Charlottenburg«. Wiederum als Kühlstein-Wagenbau fertigte man bis Mitte der zwanziger Jahre auch Omnibusaufbauten. Darunter befanden sich Aussichtsbus-Karossen, deren seitliche Fenster heruntergekurbelt werden konnten, um anschließend das Verdeck wie bei einem Kabriolett zurückzuschlagen. In seinem Maybach-Personenwagenbuch »Distanz zur Straße« (Verlag Sieger, Lorch-Württemberg) nennt Michael Graf Wolff-Metternich 1925 die Gebrüder Leuschner als Inhaber von Kühlstein-Wagenbau.
Derartige Kabriolett-Omnibusse bestellten bei Kühlstein die Reichspost und die KVG-Sachsen für zuvor angekaufte VOMAG-Hochrahmenfahrgestelle. Ungeachtet dessen mußte Kühlstein-Wagenbau 1926 Konkurs anmelden.

Kummer

Aktiengesellschaft Elektrizitätswerke vorm. O. L. Kummer u. Co., Niedersedlitz bei Dresden und Dresdner Geschäfts- Luxus- und Straßenbahnwagenfabrik Karl Stoll, Dresden

1. 1899 - 1900 Aktiengesellschaft Elektrizitätswerke vorm. O. L. Kummer u. Co., Niedersedlitz bei Dresden und Dresdner Geschäfts-, Luxus- und Straßenbahnwagenfabrik Karl Stoll, Dresden
2. 1901 - 1903 Waggonfabrik Karl Stoll, Dresden
3. 1903 - 1905 Allgemeine Elektricitäts-Gesellschaft (AEG), Berlin und Waggonfabrik Karl Stoll, Dresden

Um die Jahrhundertwende fertigte das vormalige Kummer'sche Unternehmen elektrische Lokomotiven, Triebwagen und nach Plänen und Patenten der Dresdner Geschäfts-, Luxus- und Straßenbahnwagenfabrik Karl Stoll Oberleitungsomnibusse. Die AG Elektrizitätswerke vorm. Kummer mutierten 1903 zur Sachsenwerk AG, an der sich 1930 die AEG beteiligte.

Lederle

Maschinenfabrik Lederle, Freiburg
1903

Dieses noch heute im Pumpenbau tätige Freiburger Unternehmen stellte nach der Jahrhundertwende neben einigen Last- und Lieferwagen auch einen Omnibus her, der bis zu seiner Zerstörung durch einen Brand auf der Strecke Freiburg-Hexenthal verkehrte.

Ley

Rudolf Ley Automobilfabrik AG, Arnstadt/Thüringen, Wagnergasse 18, Automobilwerk Loreleystr.

1. 1928 - 1931 Rudolf Ley Automobilfabrik AG
2. 1931 Ley Automobilfabrik AG

Die Firma Rudolf Ley, eine 1856 gegründete Maschinenfabrik, entwickelte sich mit ihrer Fertigung von Schuh- und Spezialnähmaschinen sowie von Elektromotoren zum größten Betrieb Arnstadts. Ihr Gleichstrom-Kraftwerk versorgte nicht nur den Betrieb, sondern auch die Region. Als Rudolf Ley (1840 - 1901) im Alter von 61 Jahren starb, übernahmen die vier Söhne, von denen drei als Ingenieure und der jüngste Sohn als Kaufmann ausgebildet waren, die Firma und führten diese als offene Handelsgesellschaft weiter. Der älteste, Sohn, Alfred Ley, übernahm die Oberleitung der Firma, der zweite Sohn, übernahm die elektrotechnische Abteilung, der dritte Sohn, Robert Ley, die Installations- und die Schuhmaschinenabteilung und der vierte Sohn, Hermann Ley, die Leitung der kaufmännischen Abteilung. Der Erlös durch den Verkauf des E-Werkes und der gewinnbringende Absatz der Nagelmaschinen versetzten den Betrieb in die Lage, in den Jahren 1903 und 1904 neue Gebäude zu errichten.

Unter dem damals aktuellen Namen »Loreley« begann das Werk ab 1906 nach Entwürfen des leitenden Direktors, Kommerzienrat Alfred Ley (1874 - 1945), Kleinwagen und wenig später als einer der ersten deutschen Hersteller schon frühzeitig Fahrzeuge mit Sechszylindermotoren zu produzieren. Von der Elektromotoren- und Dynamofertigung wurde das Ley-Zeichen, ein dreipoliger Anker (in verschiedenen Varianten) für die Fahrzeugmodelle verwendet. Das Unternehmen wurde 1909 in eine Aktiengesellschaft umgewandelt, gleichzeitig wurden neben dem Hauptwerk in der Wagnergasse neue Firmengebäude mit einem Eisenbahnanschluß für die prosperierende Automobilfertigung in der Loreleystraße errichtet. Nachdem das Unternehmen 1925 den Pkw-Bau eingestellt hatte, konzentrierte es sich auf die Fertigung von Schnellastwagen und kleineren Omnibussen. 1928 erschien der Omnibustyp U 12 L, der als 26-sitziger Überland- und als 22-sitziger Aussichtsomnibus mit einem »Sunsaloon«-Kurbelverdeck der Firma Golde in Gera versehen werden. Ein eigener 45/60-PS-Vierzylinder- und schließlich ein 60-PS-Sechszylindermotor kamen in den Niederrahmen-Fahrzeugen zur Verwendung. Die Bremsbetätigung erfolgte hydraulisch. Die Ley-Nutzfahrzeuge wurden über die MAN-Vertriebsorganisation verkauft.

Nach der Sanierung im Jahre 1926 mußte dann 1931 aufgrund der damaligen wirtschaftlichen Situation die Nutzfahrzeugfertigung aufgegeben werden. Die Industrie-Verwertungsgesellschaft Polte in Magdeburg erwarb die stillgelegte Fahrzeugfabrik und richtete dort nach 1933 eine Rüstungsfertigung ein. In das nach 1945 demontierte Werk in der Loreleystraße zog das Volkspolizei-Kreisamt ein. Das ehemalige Hauptwerk in der Wagnergasse wurde nach dem Krieg enteignet und stellte als VEB Metallbau Arnstadt Fördergeräte her. Alfred Ley wurde 1945 in die Sowjetunion deportiert, wo sich seine Spur verliert

45/50-PS-Ley U 12 L

55/60-PS-Ley V 14 AL 2,5-3 Aussichtsomnibus (Foto Dt. Museum)

LHB

Linke-Hofmann-Busch, Waggon-Fahrzeug-Maschinen GmbH (LHB), Braunschweig u. Salzgitter-Lebenstedt
1951

Die bekannte Waggonfabrik LHB entwarf 1951 einen Frontlenker-Omnibus, der über das Prototypenstadium jedoch nicht herauskam. Das Unternehmen stellte aber in großen Stückzahlen Aufbauten her. Bekannt wurde das Unternehmen vor allem durch die Karossierung des Henschel-Obusses vom Typ HS II/51. Eine 100-kW-Anlage wurde in diese Omnibusse mit 23 Sitz- und 62 Stehplätzen eingebaut.
Ab 1957 beteiligte sich das über die Salzgitter-Gruppe im Bundesbesitz befindliche Werk an Büssing.

Lloyd

Lloyd Motoren-Werke GmbH, Bremen-Sebaldsbrück, Richard-Dunkel-Str.
1951 - 1954

Nach der Neugliederung des Borgward-Unternehmens verlegte Carl F. W. Borgward die Elektrofahrzeugfertigung in das neue Lloyd Motoren-Werk. Damit entstand vor allem der Frontlenker-Paket-Postwagen vom Typ EL 2500.
Auf dem Fahrgestell dieses Modells sowie auf dem Fahrgestell des kleinen Borgward-1,5-Tonnen-Lastwagens fertigte das Unternehmen in kleiner Stückzahl Omnibusse mit eigenen 10,3-kW-Hauptschlußmotoren.

10-kW-Lloyd EL 2500 Typ A

Loeb

Loeb-Werke AG, Personen- und Lastwagen-Fabrik (Automobilfabrik der Kraftfahrzeug Aktiengesellschaft) (KAG), Berlin-Hohenschönhausen, Goeckestr. 1917 - 1920

Aus der 1906 gegründeten Kraftfahrzeug Aktiengesellschaft (KAG) in Berlin-Charlottenburg, einer der damals größten Automobilhandlungen und Reparaturbetriebe im Deutschen Reich, gingen 1909 die Loeb-Werke hervor.
Nach Konstruktionen von Joseph Vollmer und seiner Deutschen Automobil-Constructions GmbH entstanden neben Personenwagen auch Nutzfahrzeuge. Auf dem 3,5-Tonnen-Fahrgestell erschienen ab 1917 Omnibusse unter der Marke LUC (Loeb u. Cie) mit eigenen 40-PS-Motoren.
Nach dem Ausscheiden des Firmengründers Ludwig Loeb (1873 - 1938) im Jahre 1920 wurde das Unternehmen in »Dinos Automobilwerke« umbenannt, die Personen- und Lastwagen sowie Raupenschlepper herstellten. 1922 erwarb der Großindustrielle Hugo Stinnes das Unternehmen und gliederte es seinen Automobilfabriken AGA und RABAG ein.
Ludwig Loeb richtete erfolglos eine Kleinwagenfabrik ein und wurde 1926 erster Geschäftsführer der Ambi-Budd Preßwerk GmbH in Berlin-Johannisthal.

35-PS-Dinos Luxus-Omnibus

Gebr. Ludewig GmbH

Karosseriefabrik Gebr. Ludewig GmbH, Essen-Altenessen, Bruckmannstr. 87
1934 und 1955 - 1956 und 1968 - 1974

Die 1919 unter dem Namen Kopp & Ludewig gegründete Karosseriefabrik stellte zunächst Pkw-Aufbauten und die patentierten Aero-Verdecke her. 1922 wurde das Unternehmen von Ingenieur Josef Ludewig (1893 - 1966) und seinem Bruder, Rudolf Ludewig, als Karosseriefabrik Gebr. Ludewig GmbH als Alleineigentümer erworben; große Fabrikneubauten in der Essener Bruckmannstraße kamen hinzu. 1929 und vor allem ab 1933 folgte der Bau von Omnibuskarosserien auf Ford- und Opel-Fahrgestellen. Ein frühes außergewöhnliches Stromlinienexemplar war der 1934 vorgestellte Ludewig-«Fernreise-Doppeldecker«, bei dem der Fahrer in der zweiten Etage mit einer verlängerten Lenksäule das Fahrzeug steuerte. Angetrieben wurde das Fahrzeug vom Ford-V-Achtzylindermotor mit 90 PS. Komponenten verschiedener weiterer Hersteller, so Büssing-NAG-Achsen kamen zur Verwendung. Vor Kriegsbeginn erregten dann die auf Opel-3,5-Tonnen-Fahrgestellen aufgebauten Stromlinienomnibusse großes Aufsehen.

Nachdem das Unternehmen während des Krieges Wehrmachtsaufbauten hergestellt hatte, aber auch schwer zerstört worden war, nahm es nach dem Krieg den normalen Omnibus-Karosseriebau auf verschiedenen Fremdfahrgestellen und ab 1950 die Fertigung von »Aero«-Anderthalbdeckern auf Büssing- und auf Daimler-Benz-Fahrgestellen auf.
Auch für das Krupp-Werk erstellte das Ludewig-Unternehmen verschiedene Aufbauten; eine geplante Zusammenarbeit kam zwischen den beiden Essener Herstellern jedoch nicht zustande.
Ein eigenes Modell vom Typ Aero H 4000 fertigte Ludewig von 1955 bis 1956. Das in Verbund-Bauweise mit einem Rahmen und einer mittragenden Leichtmetallkarosserie hergestellte, 68 Personen aufnehmende Modell wurde von dem 108 PS starken Kämper-Motor vom Typ 692 angetrieben. Die Achsen und das Getriebe mit einer Lenkradschaltung wurden von der Daimler-Benz AG bezogen. Ein für die damalige Zeit beachtlich niedriger Einstieg kennzeichnete das nur 4,5 Tonnen schwere Stadtbusmodell. Während der Prototyp eine vordere und eine mittlere Falttür sowie nur zwei längsgestreckte Fensterflächen und ein Abschlußfenster besaß, erhielten die 30 gebauten Serienfahrzeuge eine vordere und eine hintere Tür sowie drei langgestreckte Fenster.
Nach der Einstellung dieses wenig gefragten Modells, dessen Kämper-Motor nicht standfest genug war, konzentrierte sich das Unternehmen auf den Bau von Anderthalbdeckern und Gelenkfahrzeugen auf Daimler-Benz- und Büssing-Untergruppen. Diese Fahrzeugkonstruktionen konnten von ihrer Kapazität her die nicht mehr erlaubten Omnibus-Anhängerzüge ersetzen.
Von 1969 bis 1974 karossierte das Ludewig-Werk 80 dreiachsige Obusse vom Typ TS Aero (TS für Trolleybus Solingen) in drei Bauserien für die Stadtwerke Solingen. Im Radstand verlängerte Rahmen des einstigen Krupp-Lastwagens LF 380 dienten als Grundlage dieser mit 105-kW-Garbe-Lahmeyer-Motoren ausgestatteten Fahrzeuge. Hinter der großen Bugklappe verbargen sich die Hilfsgeneratoren mit 18-kW-VW- oder Porsche-Hilfsmotoren. 150 Fahrgäste konnten in diesen kastenförmigen Modellen befördert werden. Ab 1987 wurden diese TS-Fahrzeuge an Obus-Betriebe in Mexiko und in Griechenland abgegeben.
Nachdem die Daimler-Benz AG und die MAN als Nachfolgeunternehmen des Büssing-Werkes eigene Gelenkzüge herstellten und das Interesse an den Anderthalbdeckern zurückgegangen war, mußte das inzwischen in der Essener Stauderstraße 49 - 59 ansässige Werk im Jahre 1976 Konkurs anmelden. Etwa 800 Anderhalbdecker waren bis zu diesem Zeitpunkt gefertigt worden. Ob kurz vor diesem Zeitpunkt noch der Aufbau von Magirus-Linienbussen des Typs 230 L 117 aufgenommen wurde, ließ sich nicht mehr feststellen.
Anzufügen ist noch, daß ein Nachfolgebetrieb unter der Bezeichnung Gebr. Ludewig Carosserie GmbH u. Co. KG in Heinsberg bis 1989 weitergeführt wurde.

90-PS-Büssing-NAG-Ludewig Zweistöckiger Fernreiseomnibus

108-PS-Ludewig Aero H 4000

200-PS-DB/Ludewig O 317 Aero Anderthalbdecker

172/200-PS-DB/Ludewig O 317 Aero Gelenkzug

105-kW-Ludewig
TS Aero
1. Bauserie
(Foto
Stadtarchiv
Solingen)

105-kW-Ludewig
TS Aero
2. Bauserie
(Foto
Stadtarchiv
Solingen)

210-PS-
DB/Ludewig
O 317 Aero
Anderthalb-
decker

Lutzmann

Anhaltische Motorwagenfabrik Fr. Lutzmann, Dessau
1895 - 1898

Friedrich Leopold Lutzmann (1859 - 1930) begann als Kunst- und Hofschlossermeister sowie als Großherzoglich Anhaltinischer Hofwagenbauer im Jahre 1893 mit der Herstellung von Automobilen mit im Heck liegenden Einzylindermotoren. 1895 erschienen mit diesem 5-PS-Motor zwei Omnibusse für acht bis 16 Personen. Die im oberschlesischen Kohlerevier für den Transport von Bergleuten zur Arbeitsstelle eingesetzten, eisenbereiften Fahrzeuge erreichten eine Geschwindigkeit von 20 km/h.
1899 übernahmen die Gebrüder Opel die Lutzmann-Konstruktionen samt den Fabrikationseinrichtungen und begannen damit den Automobilbau in Rüsselsheim. Friedrich Lutzmann wurde als Chefingenieur verpflichtet. Aufgrund von Differenzen über die Modellpolitik schied Friedrich Lutzmann mit einer entsprechenden Abfindung aus und schlug sich als Mineralwasserfabrikant und später als Handelsreisender in Südamerika durch. Danach versuchte er sich als Hersteller von Türschloßeinrichtungen und ging schließlich hausieren, bis er völlig verarmt im Jahre 1930 starb.

MWF

Magdeburger Werkzeugmaschinenfabrik AG (MWF), Magdeburg, Schwiesaustr.
1924 - 1928

Die Magdeburger Werkzeugmaschinenfabrik AG (MWF) war eine 1892 gegründete Maschinenfabrik, deren Aktienmehrheit die Schweizer Firma Oerlikon hielt. Die Produktpalette umfaßte Schnell- und Revolverdrehbänke sowie Lauf-Thoma-Flüssigkeitsgetriebe. 1924 entschloß sich das 2000 Beschäftigte starke Unternehmen, auch Nutzfahrzeuge herzustellen. Ihr Kennzeichen: die Motoren mit Ricardo-Antrieb sowie das spiralverzahnte Differential.
Parallel zum 2,2-Tonner erschien ein 20/26-sitziger Omnibus mit einem 60-PS-Vierzylindermotor, wenig später folgte der Typ SL 35 als 30/40-Sitzer mit 60-PS-Sechszylindermotor. Der Typ SL 3 entstand als Stadtomnibus mit 15 Sitz- und 19 Stehplätzen. 1926 erschien das Modell SL 3b als 24-sitziger Reisebus mit einem modernen, schnellaufenden 80-PS-Sechszylindermotor, wobei es auch als frühes Wohnmobil (Typ Weekend) in 20-sitziger Ausführung angeboten wurde. Schließlich folgte noch ein 22-Sitzer mit 50-PS-Motor, einer leistungsschwächeren Ausführung der 80-PS-Maschine.
Die Magdeburger Werkzeugmaschinenfabrik gehörte von 1927 bis 1935 zur Leipziger Werkzeugmaschinenfabrik AG, vorm. W. von Pittler. 1928 mußte der Nutzfahrzeugbau aufgegeben werden. Die ausgelagerte Motorenbauabteilung wurde von den Junkers-Werken in Dessau übernommen, für die die Magdeburger Werkzeugmaschinenfabrik schon zuvor Motoren gebaut hatte. Das Stammwerk, das nun die Produktion von Pittler-Flüssigkeitsgetrieben übernahm, wurde 1935 an die Junkers-Werke verkauft, die es nun für die Fertigung von Flugzeug-Hydraulikanlagen umrüstete. Die ersten Junkers-Strahltriebwerke entstanden in diesem Werk. Seit 1990 firmiert das Werk wieder als Magdeburger Werkzeugmaschinenfabrik.

80-PS-MWF
Typ SL 3,5

80/85-PS-MWF
TL 3

Magirus-Deutz

Magirus-Deutz AG, Ulm, Schillerstr. 2

1. 1919 - 1936 C. D. Magirus AG, Ulmer Feuerlöschgeräte- und Leiternfabrik, Ulm, Schillerstr. 2

2. 1936 - 1938 Humboldt-Deutzmotoren AG, Köln-Deutz, Mühlheimer Str. 137 - 149, Zweigniederlassung Ulm

3. 1938 - 1974 Klöckner-Humboldt-Deutz AG, Werk Ulm

4. 1974 - 1975 Magirus-Deutz AG, Ulm

5. 1975 - 1982 IVECO Magirus AG

Der Ulmer Kaufmann und Feuerwehrhauptmann Conrad Dietrich Magirus (1824 - 1895) gründete 1864 eine Feuerlösch-Requisitenfabrik, die er 1887 an seine drei Söhne Heinrich (1853 - 1916), Otto (1858 - 1939) und Hermann (1863 - 1928) übergab; 1911 wurde das Unternehmen dann in eine Aktiengesellschaft umgewandelt. Nachdem erste dampfbetriebene Feuerwehrfahrzeuge im Jahre 1903 erschienen waren, wurde 1916 auf Veranlassung der Heeresverwaltung wie auch bei der MAN und der VOMAG der Lastwagenbau aufgenommen. Das Technische Büro für Kraftwagen (TBK) unter der Leitung des ehemaligen Benz-Konstrukteurs, Oberingenieur Heinrich Buschmann (1889 - 1979) entwickelte Motoren und Fahrzeuge.
Das Stammwerk in der Ulmer Schillerstraße und das 1914 gegründete, aus einem ehemaligen Sägewerk hervorgegangene Werk II in Ulm-Söflingen fertigten die Fahrzeuge und Aggregate.
Im Oktober 1919 wurde der erste Magirus-Omnibus vom Typ 2C-V 110 vorgestellt. Das Zweitonnen-Lkw-Fahrgestell mit 40-PS-Motor und Kardanantrieb wurde als Grundlage

für den Omnibus verwendet. Gebremst wurde über die Getriebebremse, deren Trommel im Extremfall mit Wasser gekühlt wurde. Die aus einem Holzgerippe mit Holzbeplankung bestehende Karosserie bot 18 Sitz- und sechs Stehplätze. Die ersten Exemplare wurden an den Mühlenbesitzer Georg Frey in Auendorf bei Göppingen und an die Oberpostdirektion Stuttgart geliefert.
Der Verkauf der Magirus-Erzeugnisse übernahm von 1919 bis 1926 das Verkaufskartell Deutscher Automobil-KOnzern (DAK), dem die Firmen Dux, Presto und VOMAG angehörten.
1921 konnte eine größere Serie des 2C-Typs an die Württembergische Postverwaltung geliefert werden. Die 17-sitzigen Luxusfahrzeuge besaßen eine »klubsesselartige Polsterung mit Naturleder sowie bequeme Armlehnen. Die innere Verkleidung war mit naturmahagonipoliertem Holz ausgeführt.«
Auch einige Modelle mit einem offenen Fahrersitz und einem hinteren Einstieg wurden gefertigt. Schließlich erhielt dieser Typ unter der Bezeichnung 2C1N-V 100 auch ein Niedereinstiegsfahrgestell und serienmäßige Luftbereifung. Eingesetzt wurde hier der weiterentwickelte Vierzylindermotor mit 55 PS. Eine letzte Serie wurde 1928 als 25-sitzige Luxus-Variante unter der Bezeichnung »Jura« angeboten.
Insgesamt entstanden 282 Modelle der Baureihen 2C, 2C1 und 2C1N, von denen die OPD Stuttgart 112 Exemplare übernahm. Unter den Fahrzeugen der ersten Generation sticht der 15- bis 18-sitzige Posttyp 1C-V 95 mit 34-PS-Maschine besonders hervor. Erstmals wurde hier eine Duralumin-Karosserie mit einem Spantenrahmen verwendet. Das Aufbau-Gerippe des luftbereiften Fahrzeugs war mit Reinaluminium beplankt. Anstelle einer Lackierung erhielt der Wagen eine von der Firma Orantes in Stuttgart tiefmatt geätzte und mittels schwarzer polierter Bänder eingefaßte Karosserie. Die seitlich angebrachte, zusammenklappbare Leiter aus dem Luftschiffbau ermöglichte den Zugang zur Dachgalerie. Auf dem vorderen Dach befand sich ein drehbares Richtungsschild. Unter der vorderen Sitzbank waren abschließbare Postfächer untergebracht.
Heinrich Buschmann verließ von 1922 bis 1924 die Magirus-Werke und wirkte als Dozent an der Staatlichen Maschinenbauschule in Esslingen, wo er 1930 zum Prof. Dr.-Ing. E. h. ernannt wurde. Nach seiner Rückkehr war Heinrich Buschmann bis 1929/30 nebenamtlich, aber voll verantwortlich im Magirus-Werk für die Konstruktion der Nutzfahrzeuge tätig.
Durch seinen zeitweiligen Weggang konnte das schwach besetzte Technische Büro jedoch keine modernen sechszylindrigen Motoren entwickeln, so daß ab 1927 Maybach-Motoren bezogen beziehungsweise in Lizenz gebaut werden mußten.
Mit einem Niedereinstiegsrahmen versehen, löste 1927 der Typ ML-V 100 mit 28 bis 32 Plätzen die 2C1/2C1N-Serie ab. Der erwähnte Vierzylindermotor mit 55 PS sorgte über eine Magirus-Vorgelegewelle für dessen Vortrieb. Die 114 Omnibusse dieser Baureihe, von denen 50 Modelle in Rechtslenker-Ausführung an die OPD Stuttgart gingen, wurden mit Doppelbacken-Hinterachsbremsen und einer Dewandre-Saugluftunterstützung versehen. Hervorgehoben wurde bei den Linienbussen, daß »durch die vordere Tür direkt neben dem Fahrersitz ... das Publikum ein- und auszupassieren« hat. »Auf diese Weise ist der Chauffeur in der Lage, genaue Kontrolle auszuüben.« Unter der Bezeichnung »New York« wurde der Bus in einer Luxusversion angeboten.
Aufgrund der Lockerung des 1924 beschlossenen Einfuhrverbots ausländischer Fahrzeuge und das veraltete Programm erlitt das Unternehmen 1925 und 1926 einen empfindlichen Rückgang. Abhilfe schaffte die von Heinrich Buschmann 1926 entwickelte MM-Baureihe mit gekröpften Rahmenlängsträgern auf der Basis des Viertonners, die 1927 in Serie ging. Bei diesem Typ waren Motor und Getriebe getrennt, der Hinterachskopf der Ritzelachse war nach dem Zwischengetriebe seitlich versetzt angebracht, um den Mittelgang etwas tiefer legen zu können. Erstmals kam hier eine Vierradbremse zum Einsatz.
Wie erwähnt, wurden die MM-Busse mit Maybach-Sechszylindermotoren der Baureihe OS 5 und OS 6 (hier mit einem von Magirus entwickelten Spezialvergaser zur Minderung des Kraftstoffverbrauchs) ausgerüstet. Sie leisteten 100 PS und zeichneten sich durch liegende Ventile sowie durch doppelte Zündkerzenreihen aus. Diese fortschrittli-

chen Maschinen waren für ihren kultivierten Lauf berühmt.
Unter der Bezeichnung MM 3 wurde ein 18-sitziges Reisemodell gefertigt, auf das Niederrahmenfahrgestell wurden eigene oder fremde Karosserien gesetzt. 35 Modelle erhielten Aussichtsomnibus-Karosserien, wobei das Mittelteil des Daches mit einem zurückschiebbaren Faltdach versehen war.
Mit größerem Radstand und höherer Belastbarkeit wurde parallel dazu der MM 4-Typ als 30-sitziger Stadt- und als 40-sitziger Überlandomnibus gebaut. Die Fahrzeuge zeichneten sich durch beachtliche Fahreigenschaften, Reisegeschwindigkeiten (zunächst 45, später 50 km/h), einen bequemen Einstieg sowie einen hohen Fahrkomfort aus.
Im Jahre 1928 wurde das Fahrgestell des MM 4 grundlegend verändert und das Differential in die Mitte verlegt, so daß das Zwischengetriebe entfiel.
Die MM-Omnibusse nach 1928 erhielten Stahl-Holzaufbauten nach den Patenten des Schweizer Ingenieurs Hans Arquint, was das Gewicht um 35 Prozent senkte. Darüber hinaus wurden einige der bis 1932 gebauten MM-Busse mit dem gedrosselten Zwölfzylinder-Maybach-Motor DSO mit 100 PS ausgestattet. Ein Exemplar erhielt auch den Magirus-Sechszylinder-Vergasermotor S 105, den der Magirus-Oberingenieur Karl Langmaier nach Maybach-Art mit hängenden Ventilen und Doppelzündung konstruiert hatte.
Als letztes Modell mit Vierzylindermotor erschien 1928 der zwölfmal gebaute M2-V. Hier wurde eine Hansa-Lloyd-Hinterachse mit Schneckengetriebe verwendet.
Nach dem Tode des Aufsichtsratsvorsitzenden Hermann Magirus trat der vierte Sohn des Firmengründers, Generalleutnant Adolf von Magirus (1861 - 1945), der aus dem Militärdienst ausgeschieden war, von 1928 bis 1934 an die Spitze des Ulmer Unternehmens. Chefkonstrukteur des Nutzfahrzeugbaus wurde gleichzeitig 1928 Dipl.-Ing. Karl Fr. Willich, der früher auch bei den Benz-Werken in Gaggenau gearbeitet hatte. Ihm folgte von 1931 bis 1936 der ehemalige Dürkopp-Ingenieur Karl Schroeder, der sich nun vor allem um den Magirus-Motorenbau kümmerte.
1929 erschienen dann mit neuen Motoren, neuer Technik und neuem Styling die Omnibusse der zweiten Magirus-Generation. Der Viertonner vom Typ MLO mit dem in Lizenz gebauten 70-PS-Maybach-Sechszylinder löste die ML-V 100-Modelle von 1928 ab. Hier war der Schalldämpfer mit einer Frischluftheizung zur Erwärmung des Fahrgastraumes verbunden. Von dieser Baureihe entstanden 51 Reise- und 35 Aussichtswagen.
Die bisherigen kleinen Modelle der Baureihe 1C-V 95 wurden durch die Typenreihe M1 ersetzt, die mit dem Modell M 20 als 20-Sitzer begonnen wurde. Zunächst wurde hier der amerikanische Continental-Sechszylindermotor 16C mit 55 PS eingebaut, da die eigene kleine Sechszylindermaschine noch nicht serienreif war. Mit größerem Radstand folgten die Modelle M 25, M 27 und M 30. Hier wurden eigene Sechszylindermotoren der Baureihe S 85 mit 55 PS und später der Baureihe S 88 mit 65/70 PS verwendet. Die Niederrahmen waren zuerst genietet, später geschweißt. Auch hier erfolgte die Heizung über Wärmetauscher in der Auspuffanlage.
Eine besondere Entwicklung stellte der Prototyp des M 30-Kombinationsmodells dar, das mit einem Pritschen- oder mit einem Omnibus-Wechselaufbau versehen werden konnte.
Eine weitere Version des M 30 erhielt eine Duralumin-Karosserie. Das extrem leichte Fahrzeug schaffte die damalige Traumgeschwindigkeit von 100 km/h.
Ab 1933 kam dann neben dem Vergasermotor S 88 der aus diesem entwickelte Vorkammer-Dieselmotor S 88 R (R für Rohöl) mit 65 PS zum Einbau.
Die M1-Baureihe wurde 1934 karosserie- und ein Jahr später motormäßig erneuert. Die Kühlermaske wurde schräggestellt, die Kotflügelverkleidung stromlinienförmig. Anstelle des Magirus-Schriftzuges prangte das Signet des Ulmer Münsters an der Kühlerverkleidung. Auch die Fahrgestelle einschließlich der Radstände und der Hinterachsaufhängung waren gegenüber den bisherigen M1-Fahrgestellen verändert worden. Der S 88 R-Dieselmotor wurde durch den S 88 D-Motor mit 70 PS ersetzt, der durch eine verstärkte Kurbelwelle, eine verstärkte Stahlblech-Ölwanne und andere technische Änderungen zum «echten» Dieselmotor weiterentwickelt worden war.

Ein eigener Vierzylinder-Kleindieselmotor (Typ V 88 R) mit 45 PS trieb das neue Modell M 20 V von 1935 an. Die Höchstgeschwindigkeit dieses bis Juni 1940 gebauten Fahrzeugs betrug 60 km/h.
Als Ablösung der bis 1932 gebauten Baureihe MLO, MM 3 und MM 4 gingen ab 1934/35 die Modelle M 45 und M 50 mit dem 110 PS starken Magirus-Sechszylinder-Dieselmotor S 110 R in Serie. Während der M 45 bis 1938 in großen Stückzahlen entstand, wurde der M 50 nur in neuen Exemplaren für den «Reichsautobahnzug Deutschland» hergestellt. 1935 kam noch die Version M 37 hinzu, die aber bereits 1936 schon wieder entfiel.
Im Zuge der Forderung der Reichsregierung nach »Verwendung heimischer Treibstoffe« wurden diese Modelle auch mit dem auf den Holzgasbetrieb umgerüsteten S 110 R-Motor versehen, der eine Leistung von 65 PS erreichte.
Die Hausbanken des Unternehmens, die Berliner Handels-Gesellschaft und die Deutsche Bank sowie der Trossinger Unternehmer und gleichzeitige Präsident der Stuttgarter Handelskammer, Fritz Kiehn, inzwischen Mehrheitsaktionär der Magirus AG, zwangen Adolf von Magirus 1934 zum Verzicht auf den Vorsitz der Gesellschaft. Trotz der zu dieser Zeit günstigen Geschäftsentwicklung drängte Kiehn auf die Anlehnung an einen großen Geschäftspartner, um das Unternehmen krisenfester zu machen. Da er sich inzwischen mit dem kaufmännischen Vorstand des Werkes zerstritten hatte, verhandelte er auf eigene Faust mit dem Geheimen Kommerzienrat Peter Klöckner von der Humboldt-Deutzmotoren AG, dem führenden europäischen Motorenhersteller, über eine Beteiligung. So kam es zu einem Interessenausgleich über den Bau von Nutzfahrzeugen, Dieselmotoren und Motoren mit »heimischer Energie«, so daß das Magirus-Unternehmen 1935 unter Ausschluß der Liquidation in die Humboldt-Deutzmotoren AG einging. Der Vertrag wurde auf 50 Jahre geschlossen. Sitz des Unternehmens, das 1938 den Namen Klöckner-Humboldt-Deutz AG (KHD) annahm, wurde Köln. Treibende Kraft hinter dem Engagement der Humboldt-Deutzmotoren war der Technische Vorstand, Dr. techn. h. c. Emil Flatz (1899 - 1989), der dem Kölner Motorenunternehmen nach der gescheiterten Übernahme der Hansa-Lloyd-Werke den Einstieg in die Großserienfertigung von Dieselmotoren ermöglichen wollte. Der Österreicher Emil Flatz wurde Chefkonstrukteur der Motorenabteilung in Ulm und in Köln-Deutz. Zum neuen Technischen Direktor des Ulmer Werkes wurde im Herbst 1936 Oberingenieur Hans Hesselgruber (1898 - 1979) ernannt, der zuvor bei Steyr tätig gewesen war und später die Magirus-Kriegstypen schuf. Neuer Leiter des Magirus-Werkes wurde 1937 Otto Merker, der aus Schweden kam. Fritz Kiehn blieb weiterhin im Vorstand des Unternehmens.
Auf der Berliner IAMA 1936 präsentierte das Magirus-Unternehmen den »autobahnfesten« Typ M 35, ein 30-Sitzer mit 90 PS starkem Deutz-Diesel F 6 M 313. Die Besonderheit des bis zu 80 km/h schnellen Modells, das den Typ M 37 ersetzen sollte, lag in der vorderen Einzelradaufhängung mittels einer Kurbellenkerachse. Im Gebrauch bewährte sich diese noch nicht ganz ausgereifte Konstruktion allerdings nicht, so daß die Fahrzeuge unter der Leitung von Hans Hasselgruber auf eine konventionelle Faust-Vorderachse umgerüstet wurden.
Verstärkt wurden ab 1936 die Omnibusse mit Ganzstahl-Leichtbau-Karosserien unter der Bezeichnung »Magirus-Stahlomnibusse« ausgeführt. Vierkant-Stahlrohre bildeten das Seitenwandgerippe der Fahrzeuge.
Wie auch die anderen großen deutschen Kraftfahrzeughersteller entwickelte das Magirus-Werk nach den Ideen von Karl Schroeder einen »schnauzenlosen« Großomnibus zur rationellen Ausnutzung der Fahrzeuglänge. Dafür entwickelte Oberingenieur Karl Langmeier auf der Basis des nicht in Serie gelangten Sechszylinder-Dieselmotors S 95 D den Zwölfzylinder Z 95 D mit einer Nennleistung von 150 PS. Die beiden Dreiblockmotorenteile waren in Boxeranordnung mit einer gemeinsamen Kurbelwelle verbunden. Zwei Wasserpumpen speisten den Kühlwasserkreislauf. Das Triebwerk wurde unterflur vor der Vorderachse angeordnet. Die beiden Frontlenker-Prototypen gingen als M 65 mit 39 Sitz- und 20 Stehplätzen 1936 an die Städtischen Verkehrsbetriebe in Zittau. Mit einem Anhänger konnten sogar bis zu 120 Personen befördert werden. Die beiden Zittauer Omnibusse wurden in der Kriegszeit dann auf den Anthrazitgasbetrieb umgestellt.

Auch ein dreiachsiges Modell für den Autobahnverkehr projektierte Karl Schroeder, bei dem der Motor zukunftsweisend unter dem nach hinten ansteigenden Rahmen untergebracht werden sollte. Über eine hintere, einzelbereifte Schleppachse hinweg sollte eine kurze Kardanwelle die Antriebsachse in Bewegung setzen. Die Lüfter und der Kühler sollten im schräg abfallenden Heck oberhalb des Motors angebracht werden.
Die Übernahme des Magirus-Werkes durch die Humboldt-Deutzmotoren AG stoppte allerdings die Weiterentwicklung dieser als »Strabusse« bezeichneten Fahrzeuge.
Ab 1937 ersetzten der Deutz-Dieselmotoren F6M 313 (Magirus-Bezeichnung S 313 D), ab 1938 der F6M 316 mit jeweils 90 PS die bisherige Magirus-Sechszylinder-Dieselmaschine S 110 R.
Das 46-sitzige Frontlenker-Strabus-Modell M 45 wurde 1938 in Einzelexemplaren mit dem 90 PS starken F 6 M 316-Sechszylinder- und dem 100 PS starken F4M 517-Vierzylindermotor angetrieben. Der Fahrer saß hier neben dem innen stehenden Motor.
Die Baureihe M 37, M 45 und M 50 brachte es bis 1941 auf 115 Exemplare; die Stahlaufbauten fertigten die Vereinigten Westdeutschen Waggonfabriken AG, Werk Gastell, in Mainz-Mombach an. Die Baureihen M 35, M 45 und M 50 wurden dann schrittweise ab 1938 durch die Stromlinienmodelle O 235, O 240 und O 145 abgelöst. Der Rahmen des O 145 war stark gekröpft, um eine niedrige Bodenhöhe zu erzielen. Der 125 PS starke und bis zu 72 km/h schnelle Bus konnte 47 Passagiere aufnehmen. Der Motor und das Getriebe waren hier zur besseren Gewichtsverteilung getrennt; ein synchronisiertes ZF-Aphon-Fünfgang- oder ein ZF-Vierganggetriebe sowie eine Motor- oder eine Frischluftheizung waren weitere Einzelheiten dieses Modells. Die Karosserien mit einer Dachrandverglasung wurden größtenteils vom Ulmer und Mainz-Mombacher Werk hergestellt. Die Reichspost (hier mit Einheitsaufbauten), die Reichsbahn, die Wehrmacht, die BVG und einige Privatunternehmer waren die Käufer des O 145. Das Kässbohrer-Werk baute darüber hinaus acht Fahrzeuge in aufwendiger Ausführung. Insgesamt wurden bis 1940 871 Omnibusse dieses Typs gefertigt.
Die Baureihen Ok 235 und Ol 235 mit kurzem und mit langem Radstand ersetzten die M 35-Typen. Hier kamen 105 PS starke Sechszylinder-Deutz-Motoren zum Einbau. Bis 1939/40 wurden 105 Fahrgestelle für Omnibusse und Aussichtswagen produziert, wobei die eigenen Komplettfahrzeuge mit Ganzstahlaufbauten ausgestattet wurden.
Hinzu kamen 13 Ausführungen der Frontlenkeromnibusse »Strabus 235«, die eine Höchstgeschwindigkeit von 88 km/h erreichten. Die Modelle wurden neben den Lastwagen auf einem neu eingerichteten dreispurigen Fließbandsystem montiert.
Als Ersatz für die mittlere Baureihe M 27 und M 30 bot das Magirus-Werk ab 1938 Fahrgestelle der Baureihen O 30 a, O 32 und O 27 a an. Die genieteten Spezialfahrgestelle unterschieden sich nun deutlich von den Lkw-Fahrgestellen der M1-Baureihe. Neben dem S 313 S-Motor mit 90 PS wurde bis 1940 auch der Magirus-Dieselmotor S 88 D mit 70 PS verwendet.
In nur einem Exemplar entstand 1941 der O 240 mit 42 Sitzplätzen, der ebenfalls die 125-PS-Maschine mit 9,1 Litern und das Schnellganggetriebe erhielt. Allerdings war schon 1940 eine Verordnung erlassen worden, nach der der Schnellgang bei allen bei Behörden zugelassenen Fahrzeugen blockiert werden mußte. Außerdem wurde die Höchstdrehzahl beschnitten, so daß die Höchstgeschwindigkeit auf 40 km/h zurückfiel.
Der von Oberingenieur Hans Hasselgruber entwickelte Typ O 330 sollte schließlich die mittlere O 30 a-Serie ablösen. Die Fahrzeuge O 330 und OL 330, die einen längeren Radstand besaßen, gingen aus dem Magirus-Dreitonnen-Lkw des Schnellprogramms hervor und erhielten dann auch wenig später die Schell-Bezeichnung O 3000. Die Fahrzeuge waren auf einem genieteten Baukasten-Niederrahmen mit einem variablen Mittelstück aufgebaut. Das kastenförmige Stahlhohlprofilgerippe war an den Knotenpunkten elektrisch verschweißt und ruhte auf den Bodenkonsolen der Quertraversen.
Der schnellaufende 70-PS-Vierzylinder-Dieselmotor F 4 M 513 trieb die Fahrzeuge an. 170 Exemplare wurden von 1941 bis 1944 als Komplettomnibusse gefertigt, wobei ab 1943 ein »abgemagerter Kriegsaufbau« verwendet wurde. Hinzu kamen fünf Modelle mit Allradantrieb. Insgesamt waren bis 1944 stattliche 2638 Omnibusse und Fahrgestelle entstanden.
Das Zeichen des Ulmer Münsters wurde im Jahre 1940 durch das runde, vom Klöckner-

Duisburg-Emblem abgeleitete Klöckner-Deutz-Emblem abgelöst.
Am Kriegsende war das Stammwerk in der Ulmer Schillerstraße zu 45 Prozent, das Werk in Ulm-Söflingen zu 85 Prozent durch Luftangriffe zerstört. Den Wiederaufbau der Werke, die noch weitere Schäden durch die Zurückhaltung ausgelagerter Teile durch die französische Besatzungsmacht erhielten, leitete Ingenieur Josef Sommer.
Nachdem 1946 der Lkw-Bau neben der aus Köln teilweise ausgelagerten Schlepperfertigung wieder aufgenommen worden war, wurde 1948 auch wieder mit der Fertigung von Omnibussen begonnen. Der erste Schritt bestand in der Herstellung von Omnibusaufbauten auf dreiachsigen GMC-Fahrgestellen für die amerikanische Besatzungsmacht. Dann wurde im September 1948 der ehemalige Kriegstyp unter der alten Bezeichnung O 3000 auf einem vom Lkw abgeleiteten Fahrgestell als 30-sitziger Omnibus wieder aufgelegt, mit dem völlig neuen 75-PS-Motor F4L 514. Die luftgekühlte Maschine war von Dr. techn. h. c. Emil Flatz, der später noch den Titel Dr.-Ing. E. h. erhielt, ab 1941 in der zum KHD-Konzern gehörenden Motorenfabrik Oberursel auf Anregung des Heereswaffenamtes in der »Arbeitsgemeinschaft der deutschen Industrie zur Entwicklung luftgekühlter Motoren« entwickelt und noch in der Kriegszeit in rund 600 bis 650 Raupenfahrzeugen des Typs RSO (Raupenschlepper Ost) eingebaut.
Der Vierzylindermotor besaß Einzelzylinder und -köpfe, die eine einfache und billige Instandhaltung gewährleisteten. Die Maschine war mit einer birnenförmigen Wirbelkammer ausgestattet und arbeitete nach dem Deutz-L'Orange-Wirbelkammerverfahren. Der Ölkühler war im Kühlluftstrom des Axial-Luftgebläses untergebracht. Der gegenüber extremen Temperaturunterschieden unempfindliche Motor zeichnete sich daneben durch hohe Leistung und gute Zugkraft aus. Ein ZF-Fünfganggetriebe ermöglichte eine Höchstgeschwindigkeit von 85 km/h.
Bei der ersten Bauserie des O 3000 handelte es sich fast ausschließlich um Fahrzeuge für die Deutsche Post beziehungsweise Deutsche Bundespost, 112 Fahrzeuge wurden 1948 gefertigt. Bereits 1949 löste der Typ O 3500 in moderner, gefälligerer Form als erste neue Nachkriegsbaureihe den kantigen O 3000 ab. Beide Modelle wurden parallel noch bis 1954 gebaut. Der längere Radstand und der hintere Überhang ermöglichten, eine Sitzreihe zusätzlich einzubauen. Gleichzeitig konnte durch den hinten zum Perronträger ausgebildeten Rahmen entweder das Ersatzrad günstiger plaziert, oder, beim Stadtverkehrsomnibus, eine hintere Schiebetür mit Stehperron eingebaut werden.
Großer Wert war dabei auf die Geräuschisolierung sowie auf die Verwendung von Chromteilen gelegt. Gegenüber dem Vorgängermodell waren längere Vorderfedern bei einer breiteren Spur verwendet worden, so daß das Fahrzeug eine erheblich verbesserte Straßenlage aufwies. Eine Öldruckbremse mit Druckluftunterstützung war ein weiteres Detail dieses Typs.
Die Leistung der Vierzylindermaschine war durch die Erhöhung der Drehzahl auf 82 bis 90 PS gestiegen, das Getriebe teilsynchronisiert. Eine Schwingfeuerheizung erwärmte den Innenraum.
Die beiden Modelle O 3000 und O 3500 wurden nun auch als Aussichtswagen mit einer Dachrandverglasung aus gefärbten Acrylglas, einer zusätzlichen Verglasung über den Frontscheiben und auf Wunsch mit einem Schiebeverdeck ausgestattet. Magirus lieferte meistens komplette Omnibusse; daneben bauten Drögmöller, Kässbohrer, Ottenbacher, Pollmann und Voll Karosserien auf Magirus-Fahrgestellen auf.
Zur ersten Nachkriegs-IAA 1951 in Frankfurt wurde durch Schaffung einer speziellen Omnibus-Motorhaube das äußere Erscheinungsbild des O 3500 wesentlich verbessert. Die Rundhaube mit der eiförmigen Luftöffnung besaß gegenüber dem Lkw-Parallelmodell im Übergang zum waagerechten Oberteil eine Sicke und zwei zusätzliche Seitenlufteinlässe. Die neue Motorhaube erlaubte den wahlweisen Einbau des Vierzylinder-Reihen- und des neu entwickelten Sechszylinder-V-Motors F6L 614, der 1952 mit 130 PS das Rundhaubenmodell O 3500/6 befeuerte.
Nachdem das Magirus-Werk im Jahre 1949 550 Modelle hergestellt hatte, folgten 1950 unter der Leitung von Generaldirektor Arthur Roth und Nutzfahrzeugbau-Direktor Adolf Wünsche (geb. 1916) 551, 1951 555 und 1952 349 Modelle der 3- und 3,5-Tonnen-Serie.
Den Bau von Großomnibussen nahm das Werk 1952 nach der Vorstellung des Typs O

6500 auf der IAA 1951 auf. Dieses Frontlenkermodell leitete die zweite Nachkriegsgeneration der Magirus-Omnibusse ein. Das Fahrzeug war in halbselbsttragender Bauweise mit einem bedingt fahrfähigen Unterbau mit Längs- und Querträgern versehen, so daß der Unterbau auch an Aufbautenhersteller abgegeben werden konnte. Starrachsen an Längsblattfedern kennzeichneten auch hier die Fahrwerkstechnik.
Der relativ kurze V-Achtzylinder-Baukasten-Motor F8L 614 mit 170/175 PS war nach dem vor Ingenieur Karl Schroeder im Jahre 1936 ersonnenen und noch heute gültigem Konzept längs im Heck eingebaut, so daß neben den allgemeinen Vorteilen des Heckmotors die Auswirkung der Geräuschentwicklung der Antriebsmaschine auf den Innenraum in Grenzen gehalten werden konnte.
Das Axial-Luftgebläse war an der Stirnseite des Motors zwischen den beiden im Winkel von 90 Grad zueinander stehenden Zylinderreihen aufgesetzt. Eine große Hutze über dem Heckteil führte dem Motor die Verbrennungs- und die Kühlluft zu.
Über ein ZF-Media-Sechsgang-, ein Voith-Diwabus- und später auch über ein ZF-Synchro- oder Hydro-Media-Getriebe wurde die Hinterachse angetrieben.
Hinter der großen Frontklappe war das Reserverad untergebracht. Der im unteren Teil dieser Bugklappe eingearbeitete Lufteinlaß für Heizung und Lüftung kennzeichnete die erste Bauserie des O 6500. 1954 entfielen die großen Querleisten an der Vorderfront, zwei kleine Zierleisten traten an ihre Stelle; die Luftansaugung für Heizung und Entfrostung erfolgte nun unterhalb der Windschutzscheibe. Gleichzeitig wurde die Bodengruppe der zweiten Bauserie verstärkt.
Das Modell wurde als Luxus-Reise-, als Linien- und Stadtbus gebaut. Während die Reisebusversion 48 Sitzplätze und zehn Notsitze aufwies, konnte das mit Doppeltüren beziehungsweise mit drei Türen ausgestattete Stadtbusmodell 85 Personen transportieren. Bis 1957 entstanden 303 Omnibusse dieses Typs, wobei im letzten Baujahr vorwiegend Stadtbusse das Werk verließen. Von 1958 bis 1959 wurden noch sechs Bodengruppen unter der Magirus-Planetenbezeichnung »Jupiter« für den Export gebaut.
Als Ablösemodell für den Rundhauber O 3500 präsentierte das Magirus-Werk 1953 auf der Frankfurter IAA den im gleichen Design und im gleichen Konstruktionsprinzip (Verbundbauweise) des O 6500 konzipierten 9,5-Meter-Typ O 3500 H, der 1954 in Serie ging. Der V-Sechszylindermotor mit 125/130 PS trieb das Fahrzeug an. Das 43-sitzige Reise- und Linienfahrzeug verfügte über ein ZF-Fünfgang- oder ein ZF-Allklauengetriebe mit einer Teilsynchronisation, eine Öldruckbremse mit Druckluftunterstützung und eine motorunabhängige Heizung. Das Ersatzrad war wie beim O 6500 hinter der großen Bugklappe untergebracht.
Nachdem kleinere Retuschen an der Vorderfront vorgenommen worden waren, (wobei der Reisebus eine V-förmige Frontverzierung erhalten hatte,) fiel 1957 die Luftansaughutze auf dem rückwärtigen Dachteil fort. Seitliche Lufteinlässe und zwei hintere Lüftungsgitter ermöglichten den wahlweisen Einbau eines breiten Heckfensters oder einer dreiteiligen Rundverglasung.
Ab 1957 wurde das Modell O 3500 H vor allem als Reisebus Typ »Saturn« (später Saturn I) bis schließlich 1963/64 angeboten; allerdings verließen zum Schluß vor allem nur noch Bodengruppen mit spezifischen Karosserieteilen für ausländische Aufbautenhersteller das Werk, wobei der Lieferumfang jeweils nach den gegebenen nationalen Fertigungsmöglichkeiten variierte.
Gerade der Typ Saturn I mit dem anspruchslosen, luftgekühlten Triebwerk brachte es im Rahmen von Export und Lizenzgeschäften auf beachtliche Stückzahlen. Er wurde zum Beispiel ab 1957 in Maribor/Jugoslawien von der Firma Tovarna Automobilow Maribor (TAM), in Griechenland, in der Türkei, im Iran und ab 1958 von der Firma NASR Automotive Factoring Company (NASCO) im Werk Wadi Hof bei Kairo/Ägypten in Lizenz gebaut. Dort verließen bis heute über 10.000 Omnibusse dieses Typs das Werk, wobei zwar Veränderungen am äußeren Erscheinungsbild vorgenommen und auch eine um 0,9 Meter verlängerte Variante geschaffen wurde, das Fahrwerk aber unverändert geblieben ist. In der Sowjetunion baute das Lemberger Automobilwerk LAZ unter der Typenbezeichnung 695 E das Magirus-Modell mit der charakteristischen Hutze ohne Lizenzgenehmigung nach.
Im Herbst 1955 erfolgte die schrittweise Verlagerung der Omnibus-Fertigung von Ulm in

das Westwaggonwerk Main-Mombach, das 1953, bei einer Belegschaft von 1000 Mann, durch einen Organvertrag mit der KHD verbunden worden war. Den Anfang machte die Aufbautenfertigung, den Schluß bildete 1960 der Chassisbau. Auch die Sonderfertigung, darunter von 1958 bis 1962 der Lizenzbau der Hotchkiss-Schützenpanzer, erfolgte in diesem Werk.

Als völlige Neuentwicklung erschien 1957 der »Saturn II«. Die Hauptabmessungen der zuerst entwickelten Reisewagen-Variante entsprachen mit 9,7 Metern Länge und zehn Sitzreihen weitgehend dem Saturn I. Auch die Frontpartie wich in der Gestaltung nicht wesentlich vom Vorgängertyp ab, wies jedoch eine etwas steiler gestellte und tiefer gezogene Windschutzscheibe auf. Innerhalb eines markanten, fast rechteckigen Zierrahmens im unteren Teil der Frontpartie war hinter einem Prallblech der Lufteinlaß für Heizung und Entfrostung angeordnet. Die Rückwand neigte sich im oberen Teil deutlich schräg nach vorne; die Ansaugöffnung für die Kühl- und Verbrennungsluft des Motors lag direkt unterhalb des dreiteiligen, umlaufenden Rückwandfensters. Damit wurde sichergestellt, daß der Abriß der vom Dach kommenden Luftströmung erst unterhalb der Ansaugöffnung lag, und die Heckpartie weniger verschmutzt wurde. Die wesentlichen Merkmale der Neuentwicklung waren die Bodengruppen, die Luftfederung, die vordere Einzelradaufhängung und die Hinterachsführung. Die Bodengruppe mit torsionssteifem Gitterrahmen aus Vierkantstahlrohren war wie bei dem Vorgänger mit dem fachwerkartigen Aufbaugerippe zu einer insgesamt (selbst-)tragenden Einheit verschweißt. Die Luftfederung mit Luftfederbälgen in Verbindung mit besonders abgestimmten Stoßdämpfern ermöglichte unabhängig von der Belastung eine gleichbleibende Einstiegshöhe und gewährleistete optimale Federungseigenschaften sowie eine zusätzliche Stabilität bei Kurvenfahrten. Die vordere Einzelradaufhängung in Form einer Schräglenker-Pendelachse verfügte über einen Luftbalg pro Rad. Die hintere Antriebsachse in Banjoform wurde von vier Luftbälgen abgestützt und über zwei untenliegende Längslenker une eine oben liegende Lenkerfeder geführt.

Die 125 PS starke V-Sechszylindermaschine trieb anfangs auch den Saturn II an. Mit der Umstellung auf die Motorenbaureihe F6L 714 erhielt das Fahrzeug eine 145-PS-Maschine, bei der sich das hydraulisch angetriebene Kühlluftgebläse erst beim Überschreiten der Betriebstemperatur einschaltete. Ein synchronisiertes Fünfgang-Vorwählgetriebe übertrug das Drehmoment. Die Öldruckbremsen verfügten über Druckluftunterstützung. Gleichzeitig mit dem leistungsstärkeren Motor erhielten die Omnibusse die im Magirus-Lkw seit 1956 bereits übliche Hinterachse mit Planetenantrieb in den Radnaben.

Nachdem das aufwendig verglaste, 43-sitzige Reisemodell gut aufgenommen worden war, folgte 1958 der zehn Meter lange Stadtwagen mit verlängertem vorderem Überhang. Diese Stadtlinienversion, die in großen Stückzahlen an die Hamburger Hochbahn AG (HHA) unter anderem auch als Schnellbus geliefert wurde, besaß einen hohen Zielschildkasten an der Vorderfront und wie der Reisewagen den markanten Zierrahmen mit integriertem Lufteinlaß im unteren Teil der Vorderwand; die zweiteilige Windschutzscheibe war noch tiefer gezogen und fast senkrecht gestellt. Beim Schnellbus gaben schräggestellte Fenstereinfassungen, die die senkrechte Fensterholme verdeckten, sowie kleine Dreiecksfenster hinter den vorderen Türen dem Fahrzeug ein dynamisches Aussehen. Die Auspuffrohre führten hinter den hinteren Eckholmen hoch. Ein vollsynchronisiertes Getriebe mit elektro-pneumatischer Schaltung übertrug die Kraft des Motors.

1959 wurde die neue Baureihe durch den schweren Stadtverkehrsomnibus »Saturn II LS« mit 11,4 Meter Baulänge erweitert. Eine weiterentwickelte Luftfederung mit Hochdruck-Luftbälgen wurde eingebaut, die die höheren Achslasten aufnehmen konnte. Wenig später folgte mit ebenfalls verlängertem Radstand und zusätzlichem Fensterfeld der Reisewagen »Saturn II L«. Reise- und Stadtwagen verfügten über eine einheitliche Frontpartie. Die Luxus-Reisemodelle Saturn II und Saturn II L erhielten ab 1960 nach vorne geneigte Fensterholme. Hinzu kamen eine Dachrandverglasung, zwei ausstellbare Dachluken sowie Außenschwingtüren. 1962 folgten große Unterflurkofferräume durch seitliche Podeste für die Sitzreihen. Der nun auf 150 PS ausgelegte Motor F6L 714 wurde ausschließlich in die Omnibusse der Saturn-Baureihe eingesetzt.

Die Modellpflege von 1963 machte den Saturn II 1963 als Luxus-Reisebus noch attraktiver. Die neue Front- und Heckgestaltung unterschied den Reisebus auch optisch stärker vom Stadtlinienmodell. Die zweiteilige Frontscheibe wurde schrägauslaufend bis an die Vordertüren vorgezogen. Die Vorsatzblende am Frontgitter entfiel, so daß nur noch das Ulmer-Münster-Zeichen und zwei Längsstreifen mit Rechteckscheinwerfern für die Vorderfront zierten. Leicht schräggestellte Fensterpfosten sowie Oberlichter mit Schiebefenstern gaben dem mit Pullmann-Schlafsitzen ausgestatteten Fahrzeug ein neues Aussehen. Die Überlandversion erhielt hingegen schmale, senkrechte Fenstersäulen. Besonders luxeriös ausgestattete Saturn II-Modelle kamen von der Karosseriefabrik Gebr. J. & H. Steib in Eiserfeld/Sieg.
Bis 1967 wurden dann diese Modelle nahezu unverändert weitergebaut, die HHA hatte mit 725 Magirus-Omnibussen der Saturn-Baureihen ihren Fahrzeugpark ausgerüstet.
Im Jahre 1963 kam der »Saturn III MS« hinzu, der als spezieller Elf-Meter-Stadtlinienbus mit einer mittleren und vorderen Doppeltür sowie mit einem abgesenkten Wagenboden geliefert wurde.
1964 fiel die Planetenbezeichnung fort, und die Fahrzeuge erhielten die Typenkennung »M« für Magirus in Verbindung mit Zahlen- und Buchstabenkombination, aus der die PS-Leistung, der Verwendungszweck als Stadt-, Linien- und Reisebus sowie die Längenangabe in Metern hervorgingen. So hieß der Saturn II nun M 150 L (R oder S) 10 und der Saturn II L nun M 150 L (LS, R oder S) 12.
Im gleichen Jahr wurde die Anordnung der Seitenwandfenster des Reisebusses geändert. In Verbindung mit schmalen, senkrechten Fensterpfosten wurden die Seitenfenster höher gesetzt. Damit wurden den auf 20 Zentimeter erhöhten seitlichen Podesten, die eine weitere Vergrößerung der Kofferräume ergaben, Rechnung getragen. Ein markantes Fünfeckfenster wurde hinter den Vordertüren und der jeweils ersten großen Seitenscheibe angebracht. Daran schlossen sich die erwähnten, hochgesetzten und bis in die Dachpartie führenden Seitenscheiben an. Die nicht mehr zeitgemäße Dachrandverglasung entfiel.
Der Schriftzug »Deutz« prägte nun die Vorderfront der Fahrzeuge, um die Muttergesellschaft Klöckner-Humboldt-Deutz hervorzuheben.
1966 konnte das Unternehmen unter dem Generaldirektor und Vorstandsvorsitzenden Dr. Karl-Heinz Sonne 1250 Omnibusse herstellen und dadurch an die zweite Stelle hinter der Daimler-Benz AG aufrücken, wobei der Schwerpunkt der Produktion allerdings auf dem wenig gewinnbringenden Stadt- und Linienbusprogramm lag.
Nächster Schritt in der Deutz-Motorentechnik war im Jahre 1967 die Ausstattung der Fahrzeuge mit Direkteinspritzmotoren der Baureihe 312. Tangentiale Einspritzdüsen richteten den Ölstrahl auf die Innenwand des Halbkugel-Brennraums, so daß der Kraftstoffilm durch den Druck der Verbrennungsluft schichtweise weich und ruhig abbrannte. Die aus Spezialguß gefertigten Zylinderrohre besaßen fast auf der ganzen Länge Kühlrippen. Der Zylinderkopf war aus Leichtmetall-Kokillenguß hergestellt. Bei verkleinertem Hubraum konnte die gleiche Leistung erzielt werden. Ein hydrostatischer Gebläseantrieb schaltete sich auch hier erst beim Überschreiten der Betriebstemperatur ein. Diese dritte Deutz-Motorengeneration mit Kurzhubmaßen wurde anfangsweise noch im Köln-Porzer-Motorenwerk, dann mit Inbetriebnahme des neuen Motorenwerkes in Ulm-Donautal hergestellt.
Mit der Einführung der Motorenreihe 312 änderte der Reisebus die Optik seines Fahrzeughecks; seine Front- und seitlichen Fensterpartien wurden beibehalten. Der kleinere Motor und das steilere Heck ermöglichten den Einbau einer zusätzlichen Sitzreihe.
Auf der IAA 1967 stellte das Magirus-Werk seine Prototypenausführung des VÖV-Standardomnibusses unter der Bezeichnung M 150 S 11n (für neu) vor. Das Elf-Meter-Fahrzeug besaß ein selbsttragendes, geschweißtes Vierkant-Stahlgerippe in Leichtbauweise. Der Gitterrahmen und das Seitenwandgerippe waren wiederum in Fachwerkbauweise ausgeführt. Die 150 PS starke V-Sechszylindermaschine F6L 312 trieb über ein Viergang-Schaltgetriebe die Hinterachse mit Planetenantrieben in den Radnaben an. Rollbälge waren an der Hinterachse und an der vorderen Pendelachse angebracht. Große verglaste Türen durchbrachen die Seitenwand vorne und in der Mitte. Das Magirus-Emblem saß über einem kleinen, nach unten offenen Chromgrill. Der neue

M 150 konnte 44 sitzende und 38 stehende Personen befördern.
Die zweite Magirus-Neuheit dieser Messe war der Reisebus M 200 R 12, der als »Klimabus« in einer Luxusausführung das Reisebusgeschäft der KHD ausweiten sollte. Das 11,6-Meter-Fahrzeug besaß eine leicht überarbeitete Front- und Heckpartie. Hier diente die V-Achtzylindermaschine F8L 312 (später 413) mit einer Leistung von 200 PS als Kraftquelle. Die aufwendige Klimaanlage sorgte für eine optimale Belüftung und Temperaturhaltung dieses Fernreisebusses. Auch die Zehn-Meter-Version wurde unter der Bezeichnung 150 R 10 in dieser Ausstattung angeboten.
Das Unternehmen konnte 1967 wieder 1600 Komplettomnibusse absetzen; 1966 waren 1431 Exemplare gefertigt worden.
Nachdem die KHD ein Lkw- und Omnibus-Montagewerk in Persien eingerichtet hatte, wurde auch in Südafrika bei der South African Diesel Engine Mfg. PTY Ltd. (SADEM) eine Fertigung für Magirus-Lastwagen und Omnibusse sowie für Deutz-Schlepper eingerichtet. Ein weiteres Unternehmen in Kinshasa/Kongo montierte ebenfalls Magirus-Nutzfahrzeuge.
Nach Österreich wurden ab 1968 Omnibusplattformen und Motoren an die Firma Gräf & Stift in Wien abgegeben, die dort Reiseomnibusse unter der Marke Gräf & Deutz aufbaute.
Gegen Ende 1968 lief der Serienbau des VÖV-Typs M 170 S 11 H mit dem neuen 170-PS-Motor F6L 413 im Heck an. Gleichzeitig bot das Unternehmen bis 1969 die dreitürige Version M 170 S 11m mit einer Heckplattform an, bei der die Maschine links im Mittelbereich des Fahrzeugs unter einer dos-à-dos-Sitzgruppe stand. Der Antrieb erfolgte nach vorne. Nach der Kupplung und dem Schaltgetriebe erfolgte die Umlenkung des Drehmoments auf die Kardanwelle zur Antriebsachse. Eine Serie von etwa 70 Exemplaren mit jeweils 37 Sitz- und 44 Stehplätzen entstand.
Für die Hamburger Hochbahn AG wurde eine Serie von 22 Modellen des verkürzten Mittelmotortyps unter der Bezeichnung S 10 H gebaut. Auf die Mittelmotor-Chassis setzten die Firmen Tüscher & Co. in Zürich/Schweiz und Van Hool in Lier-Koningshooikt/Belgien eigene Karosserien.
Im Jahre 1969 erschien auf der IAA in Frankfurt der erste Prototyp des sieben- bis achtreihigen Kleinbusses M 120 R 80. Das auf einem Rahmenfahrgestell aufgebaute, kubisch wirkende Fahrzeug besaß vordere und hintere Starrachsen mit einer Parabel-Blattfederung. Die 120-PS-Sechszylindermaschine F6L 912 in Reihenbauart saß hier quer im Heck. Kupplung und Schaltgetriebe waren direkt angeflanscht. Der Getriebeausgang integrierte das Winkelgetriebe, das über eine Kardanwelle die Kraft zur Hinterachse leitete. Als Betriebsbremse diente eine Öldruckbremsanlage mit Druckluftunterstützung.
Durch die einfache, aber zweckentsprechende Fahrwerksbauweise konnte das 29- bis 33-sitzige Fahrzeug, das für Club- und Vereinsreisen besonders geeignet war, preiswert angeboten werden. Gleichzeitig zielte das Unternehmen mit diesem Modell auf Kunden im Ausland ab, die Wert auf ein unkompliziertes und stabiles Fahrzeug legten.
Die Frontpartie des Kompakt-Fahrzeugs war im Stil der später erscheinenden Standard-Überlandomnibusse (StÜLB) mit einer zweiteiligen, heruntergezogenen Scheibe gezeichnet worden. Ein Farbband mit dem Magirus-Deutz-Schriftzug zog sich um den Frontbereich.
Äußerlich erhielten die Magirus-Omnibusse jetzt wieder zur Hervorhebung der Marken-Tradition den Magirus-Schriftzug anstelle der Deutz-Buchstaben. Hinzu kam ein versetzt angebrachtes Ulmer-Münster-Emblem.
Auf der IAA 1970 wurde die unter der hausinternen Bezeichnung »Programm 70« überarbeitete Reise- und Linienbusreihe vorgestellt. Ihr Kennzeichen war die vordere Tür, die entsprechend den Seitenfenstern hochgezogen wurde. Die Angabe der Motorleistung in der Typenbezeichnung entfiel, da verschieden starke Motoren eingesetzt werden konnten. Die Bezeichnungen R 80 beziehungsweise R 100 standen für Acht-Meter- beziehungsweise Zehn-Meter-Reisewagen; die Bezeichnung SH 110 stand für den Elf-Meter-Stadtwagen mit Heckmotor.
Nachdem das Unternehmen 1969 nur 1482 Komplettomnibusse produzieren konnte, stieg die Fertigung 1970 wieder auf 1868 Fahrzeuge an. Gleichwohl tauchten erste Ge-

rüchte über die Aufgabe des Omnibusses auf, da das Magirus-Werk in Ulm durch die Wirtschaftsrezession der endenden sechziger Jahre sowie durch das verlustreiche Omnibusgeschäft in Schwierigkeiten geraten war.
Kleinere Retuschen erfuhr an der Frontpartie der neue Standard-Omnibus (170) SH 110. Auf Drängen von VÖV-Betrieben wurde dieses Stadtlinienmodell wahlweise auch mit der StÜLB-Vorderwand geliefert. Hinter den jetzt auffallenden, unteren beiden Frontklappen waren Scheibenwaschanlage und die Pedalerie verborgen. Daneben verließen auch Bodengruppen des VÖV-Typs das Werk, um bei Steyr in Graz/Österreich komplettiert zu werden.
Ende 1972 lief der Serienbau des Clubbusses R 80 an. Recht bald erreichte er respektable Absatzzahlen.
In diesem Jahr erfolgte die Einführung eines neuen, in zwei Stufen ablaufenden Verbrennungsverfahrens für die Deutz-Motoren. In der ersten Stufe begann der Verbrennungsvorgang unter hohem Druck und geringer Luftmenge. In der zweiten Stufe sorgten ein geringerer Druck und hoher Luftüberschuß für eine Reduktion der schädlichen Abgaspartikel. Das Verfahren, mitdem der 11,3-Liter-Achtzylindermotor F8L 413 W ausgestattet wurde, baute auf den Deutz-Erfahrungen mit den einstigen Wirbelkammer-Dieselmotoren auf.
Der VÖV-Bus wurde in diesem Jahr auf Wunsch mit diesem auf 180 PS gedrosselten »Umweltmotor« versehen. Das Fahrzeug unter der Typenbezeichnung SH 110 U besaß darüber hinaus eine Teilkapselung des Motors zur Geräuschminderung und wurde bis 1978 angeboten. Aufgrund des etwas erhöhten Kraftstoffverbrauchs des 413 W-Motors wurde jedoch beim SH 110 zunehmend der normale F8L 413-Diesel eingebaut, der in der schadstoffarmen Ausführung 192 oder 210 PS erzeugte.
In die Magirus-Deutz-Angebotspalette kam nun auch der neue Überlandomnibus (230) L 117 in der StÜLB-Ausführung mit der 230-PS-Maschine, der ab 1978 mit dem neuen 256-PS-Motor bis zum Ende des Magirus-Omnibusbaus ein Standardmodell blieb. Hier wurde ein mechanisches Sechsganggetriebe oder, auf Wunsch, ein Automatikgetriebe eingesetzt.
Während 1972 noch 1000 Komplettomnibusse gefertigt werden konnten, sank der Absatz 1973 auf 798 Einheiten. Aufgrund dieses dramatischen Rückgangs im Omnibus-, aber vor allem auch im Lkw-Geschäft, nahm das Unternehmen unter dem neuen Magirus-Deutz-Vorstand Dr. jur. Hans Zimmermann Kontakte zur Daimler-Benz AG sowie zur Fiat AG auf, um mit einem großen Partner als traditionsreicher Nutzfahrzeughersteller überleben zu können. Nachdem die Verhandlungen mit der Daimler-Benz AG aufgrund der unterschiedlichen Motorentechnik gescheitert waren, wurde mit der Fiat AG eine gemeinsame Nutzfahrzeugholding gegründet. Die KHD gliederte die Magirus-Werke im Rahmen dieser Umstrukturierungsmaßnahmen aus dem Kölner Konzern aus, so daß sie als Magirus-Deutz AG geführt wurde. Mit Jahresbeginn 1975 brachten die Fiat AG und die Klöcker-Humboldt-Deutz AG die Magirus-Deutz AG in die IVECO (Industrial Vehicles Corporation) mit Sitz in Amsterdam ein. Die KHD hielt dabei einen Anteil von 20 Prozent. Bei der Gründung der IVECO wurde für den Omnibusbau beschlossen, für die Stadtbusse eine einheitliche Typenreihe zu schaffen, wobei der SH 110 als Basis dienen sollte. Für die großen Reisebusse wurde das damals als Prototyp existierende Fiat-Fahrzeug 370 vorgesehen.
Das Spitzenmodell der Magirus-Reisebusse bildete ab 1974 der Hochdecker T 117, der mit einer um 40 Zentimeter, ein Jahr später mit einer um 56 Zentimeter erhöhten Fahrgastplattform ausgeführt war, um einerseits die Aussichtsmöglichkeiten zu verbessern und um andererseits die Kapazität des Kofferraums zu vergrößern. Eine leicht geneigte und weit hochgezogene, geteilte Frontscheibe machte ihn zu einer auffallenden Erscheinung. Die 232-PS-Maschine F8L 312 mit 11,3 Litern oder später die neue 256-PS-Maschine F8L 413 F mit 12,8 Litern Hubraum wurde hier eingesetzt. Das Fahrzeug wurde in Zusammenarbeit mit der Firma Gangloff in Colmar im Elsaß gebaut.
Das Reisebusprogramm umfaßte 1976 neben dem Hochdecker die Modelle R 80, R. T und TR 100 sowie R, T und TR 120, wobei das »T« für »Transit«-Fahrzeug stand. Bordküchen, Toiletten und Klimaanlagen waren auf Wunsch erhältlich. Auf die nicht mehr zeitgemäße Verwendung von Chromzierrat wurde dagegen verzichtet. Anzufügen ist

hier, daß das Ludewig-Werk einige Busse des Typs L 117 aufbauen sollte.
2071 Omnibusse konnten erfreulicherweise wieder 1975 und sogar 2626 Einheiten (Fahrzeuge und Teilesätze) im Jahre 1976 gefertigt werden. Magirus-Deutz hielt damit einen Anteil von etwa elf Prozent in der bundesdeutschen Omnibuszulassung.
Im Jahre 1977 bekam der Kleinbus R 80 die Zusatzbezeichnung »Clubbus«, um stärker auf seine Verwendungsmöglichkeit hinzuweisen. Um ein einheitliches Erscheinungsbild zu erreichen, erhielt dieses Modell wie auch die großen Reisebusse einen schwarzen Kunststoff-Längsgrill. Ebenfalls vorgestellt wurde auf der Frankfurter IAA 1977 das vereinfachte Linienmodell L 80, das mit 17 Sitz- und 31 Stehplätzen für den Zubringer- und den Schülerverkehr gedacht war und von Fremdfirmen aufgebaut werden sollte.
Eine weitere Neuheit dieses Jahres stellte der VÖV-Gelenkbus-Prototyp SH 170 mit der StÜLB-Front dar. Das weitgehend nach den Empfehlungen des VÖV-Standard-Linienbusses mit der Firma Robert Schenk GmbH in Bietigheim entwickelte 16,7-Meter-Modell besaß eine Schenk-Drehschemel-Gelenkkupplung mit Drehscheibe und Faltenbalg.
Das im Heck eingebaute neue 256-PS-Aggregat war mit dem Voith-Dreigang-Automatikgetriebe und einem integrierten Retarder gekuppelt und trieb über einen in Gummilagern ruhenden Gelenkwellenstrang unter der Drehscheibe hinweg die zwillingsbereifte Planeten-Mittelachse an. Die einzelbereifte hintere Starrachse wurde über eine Kinematik zwangsgelenkt. Die Vorderräder waren wie bei den Solowagen an Schräglenker-Pendelachsen aufgehängt. Übrigens war trotz des KHD-Patents von 1957 auf die Schubgelenktechnik der bautechnisch einfachere, ebenfalls patentierte Mittelachsantrieb verwendet worden.
Während das Fahrwerk des Nachläufers gleichfalls von der Firma Schenk beigesteuert wurde, erstellte die Karosseriefabrik Voll in Würzburg die Aufbauten. 48 Sitzplätze waren auf Podesten vorhanden. Hinzu kamen 124 Stehplätze in dem Großraumfahrzeug, das im Grundsatz von dem Entwicklungsvorstand Adolf Wünsche und von dem für die Omnibusentwicklung verantwortlichen Dipl.-Ing. Gerhard Rieck entworfen worden war.
Das Werk kündigte auch eine 18-Meter-Variante und die Fertigung von Gelenkfahrgestellen für den Export an. Im Rahmen der IVECO wurde auf der Basis des vom SH 110 abgeleiteten Stadtbus Fiat 470 für Italien die 18-Meter-Variante realisiert und in Italien in größeren Stückzahlen produziert.
Unter der neuen IVECO-Führung wurden umfangreiche Investitionen getätigt, um auch das Mainzer Omnibuswerk wieder wettbewerbsfähig zu machen. So wurde 1978 das Richtfest für eine neue Montagehalle mit neuen Fertigungsanlagen in Main-Mombach gefeiert.
Gleichzeitig präsentierte das Unternehmen als neues Reisebusmodell zur Ablösung der T- und TR-Baureihen den Typ R 119, der im Serienbau dann die futuristische Bezeichnung »M 2000« erhielt. Das 12-Meter-Fahrzeug war eine Abwandlung des erwähnten Fiat-Großomnibusmodells 370 F. Der Gemeinschaftstyp wies sich durch eine einteilige Frontscheibe mit Eckfenstern, leicht gewölbten Seitenwänden und einer niedrigen Gürtellinie aus. Die Seitenscheiben waren außenbündig geklebt und optisch zu einem durchlaufenden Band zusammengefaßt. Unterhalb einer großen rechteckigen Frontklappe bildeten herumgezogene Zweifachstoßstangenbänder aus schwarzem Kunststoff mit rechteckigen Scheinwerfern den Grill. Der Lufteinlaß für Heizung und Entfrostung befand sich im Spalt oberhalb der Bugklappe.
Für die mittragende Karosserie wurde ein kräftiger Bodenrahmen in Leichtstahlbauweise verwendet. Neben modernen Luftfederungen wurde eine problemlose, starre Vorderachse verwendet, die an Quer- und Längslenkern geführt wurde. Das synchronisierte Sechsganggetriebe leitete über das Differential die 256 PS des V-Achtzylindermotors auf den Planetenantrieb in den Radnaben weiter. Eine thermostatisch geregelte Medium-Heizung, die mit einem Wärmetauscher an dem Motor-Ölkreislauf angeschlossen war, und ein zusätzliches Heizaggregat waren in dem für 58 Personen vorgesehenen neuen Magirus-Flaggschiff eingebaut.
Der Prototyp und die ersten Serien dieses Modells entstanden bei der ehemaligen Fiat-Karosseriefabrik Cameri bei Novara/Italien; danach wurden die nächsten Serien im

neuen IVECO-Karosseriewerk Valle Ufita bei Neapel hergestellt.
Der Clubbus wurde nun unter der Bezeichnung R 81 mit dem auf 130 PS angehobenen Motor F6L 913 versehen, serienmäßig mit Scheibenbremsen an den Vorderrädern. Das Modell wurde auch mit wassergekühlten Motoren als UNIC-Typ in Frankreich und als Fiat-Typen 315.8.15 Turbo und 316 (L 81) in Italien innerhalb der IVECO-Gruppe hergestellt.
Die L 117-Fahrwerksgruppe wurde in diesem Jahr als Economy-Fahrgestell vorbereitet, um an Aufbautenhersteller abgegeben werden zu können. Die Karosseriefabrik Voll baute einige Zwölf-Meter-Kombi-Busse auf dieser Bodengruppe auf.
Ein kleines Schild mit dem kursiven »I« wies jetzt bei allen Fahrzeugen zusätzlich zum Magirus-Deutz-Schriftzug auf die IVECO-Gesellschaft hin. Das Münster-Emblem an der Vorderfront entfiel.
Die Produktionsumstellung verzögerte den Serienanlauf verschiedener Modelle, darunter auch die des neuen Reisewagens und die des verbesserten Standardmodells L 117, so daß im Jahr 1978 nur 1402 Omnibusse gebaut werden konnten.
Nachzutragen für dieses Jahr ist noch das Erscheinen des Kombimodells L 117 P mit 57 Sitzplätzen. Das »P« stand hier für »Podeste«, auf denen die Bestuhlung angebracht war, um einen größeren Unterflurkofferraum zu gewinnen. Anstelle der Mitteltür besaß diese Ausführung eine Hecktür.
1979 erreichte die Fertigung wieder nur ein unbefriedigendes Ergebnis von 1442 Exemplaren.
1980 begann die Serienfertigung des Gelenkbusses SH 170 mit der herumgezogenen Frontscheibe in der StÜLB-Ausführung. Das Fahrzeug wies nun 55 Sitz- und 98 Stehplätze auf. Das Fahrzeug wurde nun von der 12,8-Liter-Maschine in der normalen 256-PS- oder in der gedrosselten 235-PS-Version in 34 Exemplaren an Verkehrsbetriebe in Bielefeld, Mainz, Münster und Lissabon geliefert. Das Kombimodell L 117 P wurde nun mit dem Zusatz »Spezial« angeboten.
Obwohl unter dem Magirus-Deutz-Vorstandsvorsitzenden Bernd Kosegarten viel Geld in die Omnibusfertigung gepumpt wurde, blieb die Situation unbefriedigend. Im auf fünf Grundtypen zusammengeschrumpften Programm konnte nur mit den Modellen R 81, SH 110, L 117 und M 2000 ein mäßiges Ergebnis erzielt werden. Insgesamt verließen 1980 wieder 1927 Fahrzeuge das Werk, von denen 1327 in den Export gingen. Darunter befanden sich auch Großaufträge für Chile und für Libyen, wohin 175 Linienmodelle der blattgefederten Exportausführung E 113 gingen.
1981 versah das Mainzer Werk das trotz Blattfederung und Starrachsen gut verkäufliche Clubbusmodell »R 81 Turbo« mit einer Abgasaufladung; mit dem BF6L 913 F-Motor verfügte diese Variante über eine Leistung von 145 PS. Der Fahrerplatz wurde entsprechend dem des großen Reisewagens M 2000 »Cockpit«-artig gestaltet. Äußerlich erhielt das Modell eine große durchgehende Frontscheibe sowie eine dem M 2000 ähnliche Frontpartie mit Kunststoffgrill und Doppelstoßstangen. Neben den stylistischen Verbesserungen wurden die Kofferraum- und Wartungsklappen in GFK- und Aluminium-Technik ausgeführt.
Das Fahrzeug besaß in der Klasse bis neun Tonnen Gesamtgewicht einen Marktanteil von 28 Prozent und war seit 1972 in den verschiedenen Ausführungen über 1500 mal verkauft worden. Die Schweizer Post orderte größere Serien des 7,75-Meter R 81 Turbo, da die Breite von 2,3 Metern das Modell zum idealen Paßfahrzeug machte.
Der jetzt ausgereifte M 2000 mit seinem eigentümlichen Stil besaß nun den Turboladerdiesel BF8L 413 F mit 288 PS. Ein guter Komfort und eine überdurchschnittliche Ausstattung machten das Fahrzeug attraktiv. Der Reisewagen wurde auch in einer um 35 Zentimeter auf 3,5 Meter angehobenen Hochdeckerversion vorgestellt, die in Zusammenarbeit mit dem italienischen Karossier Orlandi entstanden war. Die an die Windschutzscheibe anschließenden Trapezscheiben hatten an ihrer Unterseite einen Knick in der Brüstungshöhe, der auf die Kante in der unteren Türverglasung führte.
Auch eine Kombiversion unter der Bezeichnung M 2000 AL mit der 256-Saugmaschine stand im Angebot. Auf Wunsch konnten die M 2000-Modelle mit einer Anti-Blockier-Einrichtung (ABS) des Systems Bosch ausgestattet werden.
1981 war der Absatz wieder auf nur 1145 Komplettfahrzeuge gesunken. Hinzu kamen

noch 275 CKD-Sätze, die in Ägypten montiert wurden. Im Bundesgebiet konnten nur 345 Exemplare verkauft werden, so daß hier der Marktanteil jetzt auf sieben Prozent abgerutscht war. Die Ulmer Geschäftsführung beschloß daher, die Schließung des Mainzer Omnibuswerkes für Ende 1982 vorzubereiten, zumal bei einem Umsatz von knapp 170 Millionen Verluste von 65 Millionen Mark zu verzeichnen waren, und die Zukunftsaussichten als weiterhin ungünstig eingeschätzt wurden.
Im Frühjahr 1982 präsentierte das Werk dann völlig überraschend auf Ausstellungen in Saarbrücken und München den eigenen Entwurf des Ü-80-Typs (Nachfolgetyp StÜLB) unter der Bezeichnung L 118 mit dem neuen 240-PS-Reihen-Sechszylindermotor und Turbolader. Die 9,6-Liter-Maschine der Baureihe BF6L 413 FR war im Heck querstehend eingebaut, so daß auch hier ein Winkelgetriebe verwendet wurde. Das unter Federführung von Dipl.-Ing. Gerhard Rieck entwickelte Modell war in korossionsbeständiger Leichtbauweise mit offenen Profilen konstruiert worden. Durch den querstehenden Heckmotor sollte die Möglichkeit für den Einbau einer hinteren Tür geschaffen werden, so daß das Konzept im Rahmen der IVECO-Gruppe auch für Stadtverkehrsomnibusse für den italienischen Markt geeignet war. Auch Niederquerschnittreifen sollten verwendet werden können, um den Wagenboden niedrig zu halten. Auffallend waren die rechteckigen und quadratischen Scheinwerfer in der unteren, stoßstangenfreien Frontpartie. Neben einem großen Magirus-Schriftblock zierte der IVECO-Schriftzug die Vorderfront dieses nur siebenmal gebauten Modells.
Bei der Konzeption dieses Fahrzeugs wurde auch die Realisierung des VÖV II-Typs berücksichtigt. In Italien fand das Konzept bei der Baureihe 480/580, das um 1989 die frühere italienische Baureihe 470/471 »Urbano« und 570/571 »Suburbano« auf der Basis des SH 110 (hier mit der geknickten »jukebox«-Windschutzscheibe) ablöste, Verwendung.
Letztes in großen Stückzahlen gebaute Modell wurde der Stadtlinienbus SH 110, der mit dem Motor F8L 413 mit verschiedenen Leistungseinstellungen ausgestattet wurde. Aufgrund seiner schadstoffarmen und gekapselten F8L 413 W-Maschine erhielt die Ausführung SH 110 U vom Bundesumweltministerium eine Auszeichnung als umweltfreundlichster Omnibustyp deutscher Produktion.
Beim Gelenkbus sollte im Rahmen der Weiterentwicklung zur Verbesserung der Achslastverteilung das Getriebe vom Motor getrennt und vor der Nachläuferachse angeordnet werden. Allerdings kam es aufgrund der Schließung des Mainzer Werkes nur noch zum Bau eines Prototyps.
Die hohen Verluste Ende der siebziger und Anfang der achtziger Jahre, bedingt durch die ständigen Auslastungsschwankungen, den allgemeinen Verkaufsrückgang, die bundesdeutschen Busbau-Überkapazitäten, den Kostendruck und Managementfehler, führten dazu, daß die Magirus-Deutz AG unter dem Vorstandsvorsitzenden Bernd Kosegarten Anfang März 1982 die Stillegung des traditionsreichen Mainz-Mombacher-Omnibuswerkes beschloß, das seit 1820 beziehungsweise 1845 als Waggonfabrik Gastell, Harig u. Bardellé bestanden hatte. 1892 war es zur Waggonfabrik Gebr. Gastell GmbH umbenannt und 1928 mit der van der Zypen und Charlier GmbH zur Vereinigten Westdeutschen Waggonfabriken AG, Köln-Deutz zusammengeschlossen worden.
Im April 1982 wurden Verhandlungen mit der am Mainzer Werk interessierten Kaiserslauterner Fahrzeug- und Maschinenbau AG (KFM) geführt, die das Werk mit seiner Belegschaft von 1600 Personen, allen Einrichtungen und Haldenbeständen von über 2000 Omnibussen, vor allem M 2000-Modellen, übernehmen und dort schwerste Zugmaschinen vom Typ »Wüstenlöwe« herstellen wollte. Da nach ständigen Verhandlungen kein Nachweis der Kauffinanzierung vorgelegt werden konnte, entschloß sich die Magirus-Deutz AG zur unverzüglichen Stillegung des Werkes am 30. Juli 1982, da weitere Millionenverluste drohten. Die im Herbst 1982 erfolgte Ablösung des hochmodernen, zum Ende nur noch 647 Mitarbeiter starken Werkes kostete einschließlich des Sozialplanes 100 Millionen Mark. Das Werk wurde 1983 an die Bundesvermögensverwaltung verkauft, die es an die benachbarte Mainz Industries GmbH veräußerte. Diese nutzte nun das Werk und den verbliebenen Facharbeiterstamm für die Instandsetzung von US-Panzerfahrzeugen. (Das inzwischen im Rahmen der Konversion auf den Bau von Spezialfahrzeugen umgestellte Werk meldete 1994 Konkurs an.)

Die wehrtechnische Abteilung, die die Endmontage und die Ausrüstung von Magirus-Deutz-Militärfahrzeugen mit 185 Beschäftigten durchführte, wurde noch einige Jahre in einer Werkhalle in Mainz-Mombach belassen.
Die Absicht, den deutschen Markt mit italienischen Modellen aus der Fiat-Gruppe zu beliefern, wurde nicht verwirklicht, wenn auch dort das einst erfolgreiche Clubbus-Modell R 81 mit einem Fiat-Motor noch als Typ 315/316 weitergebaut wurde.
Magirus-Deutz-Omnibusse wurden in CKD-Sätzen seit den sechziger Jahren in Montagewerken in Portugal, Spanien, Griechenland, in der Türkei, in Ägypten und im Iran zusammengesetzt. Vor allem in Ägypten wurden beachtliche Stückzahlen der schweren Stadtbusse für Kairo hergestellt, die auf zerlegt angelieferten Fahrgestellen E 113 (E für Export) basierten. Heute liefert die IVECO das Nachfolgemodell AP 160 mit wassergekühlten Motoren an das dortige nationale Unternehmen NASCO.
Die Omnibus-Konstruktion- und Design-Abteilung sowie teilweise der Versuchsbereich der Entwicklung in Ulm haben noch bis 1989 beziehungsweise 1992 an der Entwicklung der in Italien produzierten IVECO-Busse mitgearbeitet. Insbesondere zu dem im Herbst 1992 vorgestellten neuen IVECO-Reisebus »EuroClass« leisteten sie wesentliche Beiträge.

40-PS-Magirus 2C-V 110

40-PS-Magirus 2C-V 110 Reichspost-ausführung

40-PS-Magirus
2C1-V 110

40-PS-Magirus
2C1

45/50-PS-Magirus
ML V 100
Rundreise-omnibus

70-PS-Magirus MM 3

100-PS-Magirus MM 4 (Maybach-Motor) (Foto IVECO)

70-PS-Magirus MLO

56-PS-Magirus M 1

70-PS-Magirus M 30

100-PS-Magirus M 50

150-PS-Magirus
M 65
(Foto IVECO)

70-PS-Magirus
O 30 a

90-PS-Magirus
M 45 »Strabus«
(Foto IVECO)

85-PS-Magirus
O 235 »Strabus«
(Foto IVECO)

100/105-PS-
Magirus Ok 235

110-PS-Magirus
M 45 »Strabus«
(Foto IVECO)

125-PS-Magirus
O 145
(Foto IVECO)

90-PS-Magirus
M 35
Aussichtswagen
(Foto IVECO)

125-PS-Magirus O 145 Postausführung

70-PS-Klöckner-Deutz Oa 3000 (Allradantrieb) (Foto IVECO)

65/70-PS-Klöckner-Deutz O 3000 »Kriegsaufbau« (Foto IVECO)

75-PS-Magirus-Deutz O 3000 (Foto IVECO)

82/90-PS-Magirus-Deutz O 3500 (Foto IVECO)

170/175-PS-Magirus-Deutz O 6500 Linienbus

170/175-PS-Magirus-Deutz O 6500 Reisebus (Foto IVECO)

125/130-PS-Magirus-Deutz O 3500 H

145-PS-Magirus-Deutz Saturn II LS (Foto IVECO)

145-PS-
Magirus-Deutz
Saturn LS II

150-PS-
Magirus-Deutz
M 150 R 12

150-PS-
Magirus-Deutz
M 150 R 10

150-PS-
Magirus-Deutz
M 150 S 11
(VÖV-Prototyp)

170-PS-
Magirus-Deutz
M 170 S 11 H

200-PS-
Magirus-Deutz
M 230 TL 120

230-PS-
Magirus-Deutz
230 TR 120
(Foto IVECO)

120-PS-
Magirus-Deutz
M 120 R 80

176-PS-
Magirus-Deutz
M 200 SH 110 U
(Foto IVECO)

170-PS-
Magirus-Deutz
M 150 S 11
(Mittelmotortyp)
(Foto IVECO)

260-PS-
Magirus-Deutz
M 260 L 117
(Foto IVECO)

232-PS-
Magirus-Deutz
M 230 TR 120
(Foto Ruthe)

232-PS-
Magirus-Deutz-
M 230 T 117
Hochdecker

130-PS-
Magirus-Deutz
R 81
(Foto IVECO)

256-PS-
Magirus-Deutz
M 2000

256-PS-
Magirus-Deutz
M 260 SH 110

200-PS-
Magirus-Deutz
M 230 E 113
Exportmodell
(Foto IVECO)

232-PS-
Magirus-Deutz
M 230 L 117
(Foto Neise)

288-PS-
Magirus-IVECO M
2000 H Turbo

145-PS-
Magirus-
IVECO
R 81 Turbo

256-PS-
Magirus-IVECO
260 PS SH 170
VÖV-Prototyp
(Foto IVECO)

256-PS-Magirus-IVECO M 260 SH 170 (Foto Neise)

240-PS-Magirus-IVECO M 240 L 118 (VÖV II-Prototyp) (Foto IVECO)

MAN Nutzfahrzeuge AG

MAN Nutzfahrzeuge AG, München, Dachauer Str. 667
1. 1915 MAN-Saurer-Lastwagen GmbH, Lindau/Bodensee
2. 1915 - 1917 MAN-Saurer-Lastwagen GmbH, Nürnberg, Katzwangerstr. 101
3. 1918 - 1955 Maschinenfabrik Augsburg-Nürnberg AG, Werk Nürnberg
4. 1955 - 1971 Maschinenfabrik Augsburg-Nürnberg AG, Werk München, München, Dachauer Str. 667
5. 1971 - 1985 M.A.N. Maschinenfabrik Augsburg-Nürnberg AG, Unternehmensbereich Nutzfahrzeuge, Werk München
6. 1985 - 1987 MAN Nutzfahrzeuge GmbH, München
7. 1988 - heute MAN-Nutzfahrzeuge AG, München

Die heutige Maschinenfabrik Augsburg-Nürnberg AG (MAN) ist aus dem Zusammenschluß der Actiengesellschaft Maschinenfabrik Augsburg und der Maschinenbau-Actien-Gesellschaft Nürnberg hervorgegangen. Der eine Ursprung der Maschinenfabrik Augsburg-Nürnberg geht auf die 1840 von dem Tabakfabrikanten und Kaufmann Ludwig Sander gegründete Maschinenfabrik in Augsburg zurück. 1844 pachteten Carl August Reichenbach (1801 - 1883) und sein Schwager Carl Buz (1803 - 1870) diese Firma für ihren Maschinenbau. Der Druckmaschinenmeister Reichenbach war ein Neffe von Friedrich Koenig, dem Erfinder der Schnelldruckpresse. Der heute weltweit mitführende Druckmaschinenbau der MAN wurde in dieser Zeit begründet. Carl Buz war Offizier und hatte als späterer Zivil-Ingenieur verschiedene Brücken für die Königlich Bayerische Staatsbahn (K.Bay.Sts.B.) gebaut.
Reichenbach erweiterte das Unternehmen um den Druckmaschinenbau; Buz führte den Bau von Dampfkesseln, Dampfmaschinen, Transmissionsanlagen, Wasserturbinen und Pumpen ein.
1857 wurde das inzwischen als C. Reichenbach'sche Maschinenfabrik und Eisengießerei bezeichnete Unternehmen in die Actiengesellschaft Maschinenfabrik Augsburg umgewandelt.
Nachfolger Carl Buz wurde sein Sohn Heinrich Buz (1833 - 1918), der der Linde'schen Kältemaschine großes Interesse entgegenbrachte und den Schüler Carl Lindes, Rudolf Diesel (1858 - 1913) für die Entwicklung des nach ihm benannten Selbstzündermotors gewinnen konnte.
Der andere Zweig der MAN geht auf die von dem Kaufmann Johann Friedrich Klett (1778 - 1847) eröffnete Eisengießerei und Maschinenfabrik Klett u. Comp. in Nürnberg zurück. Dieses Unternehmen stellte Eisenguß für die Königlich Bayerische Wagenbauanstalt sowie Gußwaren aller Art, später auch Güter- und Personenwagen und Dampfmaschinen her. Nach dem frühen Tod von Klett übernahm sein Schwiegersohn Theodor Cramer-Klett (1817 - 1884) die Firmenleitung der späteren Maschinenbau-Actien-Gesellschaft Nürnberg. Nach dem Tode Cramer-Kletts, der nur einen minderjährigen Sohn hinterließ, trat Anton von Rieppel (1852 - 1926) an die Spitze der Nürnberger Maschinenbaugesellschaft. Da der Sohn Cramer-Kletts der Firma kein unternehmerisches Interesse entgegenbrachte und um einen Konkurrenzkampf auszuschließen, drängte Anton von Rieppel 1898 zum Zusammenschluß der Augsburger und der Nürnberger Maschinenfabriken zur Vereinigten Maschinenfabrik Augsburg und Nürnberg sowie dem 1860 gegründeten Zweigwerk in (Ginsheim-) Gustavsburg, das sich auf den Brücken-, Stahlwasser- und Behälterbau sowie später auch auf den Waggonbau und auf die Rahmenpresserei spezialisierte. Die seit 1908 unter der verkürzten Bezeichnung Maschinenfabrik Augsburg-Nürnberg AG geführte Firma wurde 1920 dem Konzern der Gutehoffnungshütte Aktienverein Oberhausen angeschlossen und trägt noch heute als eine der ältesten Maschinenfabriken Deutschlands die erwähnte Kurzbezeichnung MAN Aktiengesellschaft.
Nachdem 1897 Rudolf Diesel mit Ingenieuren des Nürnberger Unternehmens im Anschluß an langjährige Laborversuche den Dieselmotor entwickelt hatte, nahm die Maschinenfabrik neben dem Bau von Großmaschinen 1903 die Fertigung von schnelllaufenden Viertakt-Schiffsdieselmotoren und ein Jahr später den Bau von großen sta-

tionären Dieselmotoren auf. Der Dieselmotorenbau wurde damit zum bekanntesten Charakteristikum der MAN, der ältesten Dieselmotorenfabrik der Welt.
Auf Initiative des Generaldirektors Anton von Rieppel und der Inspektion der Verkehrstruppen richtete die MAN während des Kriegsjahres 1915 einen Lkw- und Omnibus-Fahrgestell-Bau mit der Kommandigesellschaft Lastwagen-Werke MAN-Saurer ein. Nach Lizenzen und »Herstellungsverfahren« der Adolphe Saurer-Werke in Arbon/Schweiz wurde zunächst in deren 1910 gegründetem Lastwagen-Zweigwerk in Lindau am Bodensee die Montage von Nutzfahrzeugen aufgenommen. Eigene Entwicklungsarbeiten konnten so während des Krieges gespart werden.
Im gleichen Jahr wurde schon die Fertigung der zwar einfachen, aber robusten in das Nürnberger Werk verlegt, wo größere Kapazitäten zur Verfügung standen und wo die Umkonstruktionen entsprechend den Normalisierungsbestimmungen der Heeresverwaltung durchgeführt werden konnten. Darüber hinaus waren Adolphe Saurer und sein Sohn Hippolyt daran interessiert, die Zusammenarbeit nicht zu eng zu gestalten, zumal sie im kriegsführenden Frankreich in Suresnes bei Paris eine weitere Nutzfahrzeugfabrik (späteres UNIC-Werk) unterhielten und keine Komplikationen mit ihren französischen Partnern aufkommen lassen wollten.
Auf den Fahrgestellen der 3,5-, Vier- und Fünftonner wurden die Omnibusse der Marke MAN-Saurer aufgebaut. Die Fahrzeuge besaßen einen aus Stahlblech gepreßten Rahmen und eine Dreipunktaufhängung für den Motor.
Der 3,5-Tonnen-Omnibus wurde wahlweise mit einer 30-, 36- oder 45-PS-Maschine ausgestattet. 18 Sitz- und 3 Stehplätze waren in diesem Modell vorhanden.
Der zweite Fahrzeugtyp hatte das Viertonnen-Fahrgestell als Grundlage und konnte mit dem 30- oder 36-PS-Motor versehen werden. Hier konnten 28 Personen befördert werden.
Schließlich rundete ein Fünftonnen-Fahrzeug mit dem 36- oder dem 45-PS-Motor das erste MAN-Omnibus-Programm ab. Dieses Modell wurde als Doppeldecker mit 36 Sitz- und 6 Stehplätzen oder als großer Überlandomnibus mit gleicher Transportkapazität angeboten. Hier konnte auch ein Anhänger gekoppelt werden. Den Doppeldecker erwarb eine Berliner Verkehrsgesellschaft.
Zwei Fahrgäste konnten bei den MAN-Omnibussen jeweils noch auf der Fahrersitzbank Platz nehmen. Stauräume für Pakete und Gepäck waren unter den hinteren Sitzbänken vorhanden.
Die Zweiblockmotoren waren unter weitgehender Verwendung von Aluminiumguß hergestellt worden und besaßen beidseitig stehend angebrachte Ventile. Die Motoren konnten mit einem Saurer-Spezialvergaser mit Benzin, Benzol oder Petroleum betrieben werden. Eine Motorbremse, die den Motor zum Kompressor umschaltete, war vorhanden.
Der Antrieb erfolgte über ein Kardansystem. Das Differential war im vom Motor getrennt angebrachten Getriebekasten eingebaut. Eine Höchstgeschwindigkeit von 30 km/h konnte nicht erreicht werden.
Die Antriebstechnik zeichnete sich »durch Laufruhe und Betriebssicherheit« aus. »Durch ihre kräftige Mechanik waren die Fahrzeuge selbst im Winter trotz schwierigen Geländes und verschneiter Straßen imstande, jeden Betrieb zuverlässig aufrecht zu erhalten.«
Erste Omnibusse wurden auch an die Königlich Bayerische Post geliefert. Bekannt geworden ist hierbei der kleinere Typ mit einem »Sommeraufbau« und einem hinteren Gepäckkasten für bis zu 400 kg Nutzlast der Firma Baader in München.
Weitere »MAN-Saurer-Kraftomnibusse«, die ebenfalls vornehmlich Verbreitung bei der Königlich Bayerischen Postverwaltung fanden, besaßen geschlossene Aufbauten mit hinteren Postkästen und einer Dachrandgalerie. Selbst Luxusomnibusse wurden noch während der Kriegszeit gefertigt.
Die Kapazität des Werkes betrug im Jahre 1918 etwa 1000 Nutzfahrzeuge, hauptsächlich allerdings Militärlastwagen. Zum Ende des Ersten Weltkrieges gab das Unternehmen den Kooperationsvertrag mit dem Saurer-Werk auf. Der Erfahrungsaustausch mit der Firma Saurer wurde jedoch noch bis in das Jahr 1932 gepflegt. Der Zusatz »Saurer« an der Kühlermaske entfiel im Jahre 1918. Dipl.-Ing. Egon Buchler übernahm nun die

Entwicklungsabteilung der dann 1921 gegründeten MAN Abt. Nutzfahrzeugbau GmbH. Erste eigene Entwicklungen waren 1919 die Hochrahmentypen 2TC (für Zweitonner, Cardan) und 3TC, die den auf 37/40 PS angehobenen, leicht aufgebohrten ehemaligen 36-PS-Saurer-Motor besaßen. Die Kühlerverkleidung wurde leicht abgerundet gestaltet.
Neben Stadt- und Überlandbussen sowie Oberdeckern bot das Unternehmen auch die damals beliebten Aussichtsomnibusse an.
Der 2TC/2, 5TC war mit 18 Sitzplätzen, einem eingebauten Klappverdeck und Elastik-, später Luftreifen ausgestattet worden. Die Zwickauer Fahrzeugfabrik vorm. Schumann AG erstellte diese Aufbauten. Weitere Aufbautenhersteller für die MAN-Fahrgestelle waren die Firmen Estelmann in Nürnberg und die Trutz-Werke in Coburg. Auch die eigene Waggonbau-Werkstätte fertigte Aufbauten an. Ab dem Baujahr 1920 erhielten die Fahrzeuge einen Ritzel-Stirnradantrieb, um dadurch ein kleineres Tellerrad im Differential einbauen zu können, das dadurch ebenfalls kleiner dimensioniert werden konnte und die Bodenfreiheit in der Achsmitte vergrößerte.
1924 trat das Unternehmen erstmals mit einem speziellen Omnibus-Fahrgestell mit dem Modell NOB (Niederrahmen-Omnibus) auf der Basis des 3TC-Fahrzeugs hervor, so daß hier schon frühzeitig die Entwicklungslinien für den Lastwagen- und für den Omnibus-Bau getrennt verliefen.
Die Rahmenlängsträger waren über der Vorder- und der Hinterachse stark gekröpft, um die Bauhöhe des Fußbodens auf 60 cm herabzusenken. Über der hinteren Achse mußte der Boden jedoch noch angehoben werden, um das Differential zu überdecken. 45 Personen konnten in dem luftbereiften Fahrzeug befördert werden. Der hier erstmals verwendete 55 PS starke Vergasermotor ging auf eine von Dipl.-Ing. Egon Buchler geleitete Weiterentwicklung der ehemaligen 45-PS-Saurer-Maschine zurück.
Die herausragende Leistung der MAN-Ingenieure war aber zu dieser Zeit die Konstruktion eines schnellaufenden, kompressorlosen und einbaufähigen Dieselmotors vom Typ W 4 V 10/18, der erstmals 1924 auf der IAMA in Berlin in einem Lastwagen-Fahrgestell gezeigt wurde.
Das Projekt, einen Fahrzeugdieselmotor zu konstruieren, geht auf das Jahr 1898 zurück, als das Nürnberger Werk einen zweizylindrigen Dieselmotor mit gegenläufigen Kolben und einer Leistung von 20 PS erprobte, der von Rudolf Diesel voller Erwartung als »Nürnberger Kutschenmotor« bezeichnet wurde. Nach dem Ersten Weltkrieg experimentierte das Augsburger Werk mit einigen Rückschlägen u. a. an einem umgebauten MAN-Flugmotor und schließlich an einem einzylindrigen Motor, der sich im Dauerbetrieb bewährte. 1923 gelang es dann, einen vierzylindrigen Dieselmotor mit luftloser und direkter Kraftstoffeinspritzung nach dem Strahlzerstäubungsverfahren für den Kraftfahrzeugbetrieb zu entwickeln, wobei der 7,4-Liter-Motorblock aus der 55-PS-Vergaserbaureihe verwendet wurde.
Bautechnische Besonderheiten des Motors waren die scheibenförmigen Brennräume im Kolben sowie die beiden tangential gegeneinander versetzten Düsen, die den Kraftstoff in die Vertiefungen im Kolben einspritzten. Eine gründliche Durchwirbelung des Ölstrahles mit der Verbrennungsluft war dadurch gegeben. Die Förderleistung der Brennstoffpumpe eigener Konstruktion wurde durch Überströmventile gesteuert. Ein Fliehkraftregler verhinderte das Überschreiten der Höchstdrehzahl, sorgte daher aber auch für eine Mindestdrehzahl beim Leerlauf. Dabei wurden zunächst zwei Zylinder von der Kraftstoffzufuhr abgeschaltet.
Die Einspritzpumpen waren im Augsburger Werk der MAN entwickelt worden. Dort wurden sie zunächst auch gebaut; ab Ende der zwanziger Jahre wurden sie von den Firmen Bosch und Friedrich Deckel bezogen. Der Motor wurde anfänglich mit einer Andrehkurbel und einer Dekompressionsanlage in Betrieb gesetzt.
Führende Konstrukteure der Fahrzeug-Dieselmotorentwicklung waren bis 1921 der Werkleiter Dr.-Ing. E. h. Franz Lang (1873 - 1956) der später das Lanova-Verfahren der Henschel-Werke entwickelte, von 1920 bis 1928 der ehemalige Scheibler-Oberingenieur Paul Erwin Aders, der dann zur VOMAG ging und bis in die dreißiger Jahre Dr.-Ing. Wilhelm Riehm (1885 - 1934). Die Bayerische Postverwaltung bestellte noch 1924 einige komplette 45-PS-Dieselaggregate und rüstete einen Teil ihrer 3TC-Überlandom-

nibusse damit aus, da sich hierdurch erhebliche Mengen an Treibstoff einsparen ließen. Mit dieser sowie mit weiteren Lieferungen, die allerdings noch recht bescheiden waren, begann der Siegeszug des Dieselmotors auf dem Gebiet der Kraftverkehrstechnik.
Auch das Werk versah 1925 einige 3TC-Omnibusse mit diesem Dieselmotor, um den Selbstzündermotor im speziellen Omnibusbetrieb erproben zu können.
Serienmäßig wurde der Dieselmotor dann neben Ottomotoren im Jahre 1926 in den Niederrahmen-Omnibus NOB/4 eingesetzt, wobei diese Maschine unter der Bezeichnung W 4 V 11/18 durch die größere Bohrung wie der parallele 55-PS-Vergasermotor und durch eine Drehzahlsteigerung eine Leistung von 65 PS erzielte; ein Verkehrsunternehmer in Freiberg in Sachsen erwarb das erste Modell. Die Städtischen Verkehrsbetriebe in Nürnberg und die Reichspost bestellten eine erste Serie dieser Fahrzeuge, die von Luchterhand & Freitag karossiert wurden. Die für 45 Personen ausgelegten Stadt- und Vorort-Modelle konnten auch im Anhängerbetrieb eingesetzt werden.
Auf Anregung des Oberpostrates Karl Bühlmann vom Reichspostministerium, Abteilung München, hatte das Unternehmen ein Jahr zuvor ein Modell der Fageol-Savety-Coach der amerikanischen Firma Twin Coach F. R. Fageol in Kent/Ohio erworben, das in dieser Zeit aufgrund seiner Bequemlichkeit und Sicherheit in Europa vielbewundert wurde. Die MAN ließ daraufhin ein NOB-Niederrahmen-Fahrgestell mit einem Aufbau der Karosseriefabrik Trutz versehen, der sich durch fünf Türen für jede Sitzreihe auf der rechten Seite auszeichnete. Eine für die damalige Zeit extrem niedrige Anordnung des Fußbodens, abgesehen von der Stelle über der Hinterachse, wo sich aber eine Sitzreihe befand, konnte dadurch erzielt werden. Trotz der Luftreifen konnte allerdings die ständige Erschütterung der Türen auf den vorwiegend mit Kopfsteinpflastern ausgeführten Straßen (im Gegensatz zu den amerikanischen Straßenverhältnissen) nicht verhindert werden. Darüber hinaus waren durch die niedrige Bauart die Platzverhältnisse beschränkt; durch das Fehlen eines Mittelganges konnten auch keine stehenden Passagiere mitgenommen werden. Verantwortlich für diese Konstruktion war wiederum Dipl.-Ing. Egon Buchler.
Weitere Ausstattungsmerkmale der MAN-Omnibusse waren jetzt die Luftbereifung und der elektrische Anlasser.
Ein erster sechszylindriger Vergasermotor kam 1926 in dem Typ NOB/6 zum Einsatz, der 85 PS leistete. Dieser und die seit 1925 gebauten Motoren besaßen nun hängende Ventile. Der Zylinderkopf war nach dem Ricardo-System halbkugelförmig ausgebildet. 26 bis 33 Fahrgäste konnten in diesem NOB-Modell transportiert werden. Standardprogramm der zweiten Hälfte der zwanziger Jahre und der ersten Hälfte der dreißiger Jahre bildeten die 3,5-Tonnen-Typen NOB und die 4,5-Tonnen-Typen NOG und NON. Vier- und Sechszylindermotoren mit 55/65, 85, 90 und 100 PS sowie ein neuer Sechszylinder-Dieselmotor mit 100 PS kamen zum Einbau. Die Motoren waren nach dem Baukastensystem mit weitgehend gleichen Maßen konstruiert.
Unter den N-Typen ist weiterhin das 55/65-PS-Modell NOG hervorzuheben, das als Stadtlinienwagen bei den Frankfurter Stadtwerken mit eckiger Haube und hinterer Falttür eingesetzt wurde. Auch als offener Aussichtswagen für 24 Personen wurde dieses Modell mit einer Lange & Gutzeit-Karosserie hergestellt. Ein Segeltuch-Scherenverdeck mit anknüpfbaren Segeltuch-Seitenteilen mit Cellonscheiben konnte bei schlechtem Wetter entfaltet werden. Die Höchstgeschwindigkeit des Fahrzeugs lag bei 70 km/h.
Der 90 PS starke NOB/6 wurde erstmals mit einer Uerdinger Stahlkarosserie mit 21 Sitzplätzen angeboten. Gegenüber dem stabilen und soliden, aber auch teuren Holzaufbau konnten hier 20 Prozent an Gewicht eingespart werden. Auch die Geräusche durch das »Arbeiten« des Holzes konnten vermieden werden. Darüber hinaus bot die Spanten-Stahlblechkarosserie eine große Widerstandsfähigkeit und eine gute Raparaturmöglichkeit durch die aufgeschraubten oder aufgenieteten Verkleidungsbleche.
Auch das Gustavsburger Zweigwerk stellte nun versuchsweise Stahl-Karosserien her. Zu erwähnen sind hier noch die Einheitsaufbauten für die Reichspost-Fahrzeuge, die vor allem von der Waggonfabrik Werdau erstellt wurden.
Ein charakteristisches Bauteil der MAN-Fahrzeuge wurde nach der Mitte der zwanziger

Jahre die patentierte Hinterachskonstruktion, die aus einer tragenden, geschmiedeten und durchgekröpften Chromnickelstahl-Hohlachse mit dahinterliegenden, separaten Antriebswellen und einem gekapselten Seitenvorgelege über Stirnräder bestand. Auf diese Weise konnten das Differential mit dem mit einem Schneckengetriebe tiefgelegt und die Belastung durch die ungefederten Massen sowie der Reifenverschleiß reduziert werden. Da die Schub- und Bremskräfte dadurch besser aufgefangen werden konnten, konnte auf die Verwendung eines Schubrohres in der Kardanwelle verzichtet werden. Ein nur 59 cm hoher, glatt durchlaufender und über nur eine Zwischenstufe erreichbarer Fußboden sowie eine einfache Reparaturmöglichkeit waren weitere Vorteile dieser jedoch aufwendigen und teuren Konstruktion. Diese Hinterachstechnik ging auf die Entwicklungsarbeit des ehemaligen VOMAG-Ingenieurs, des Holländers van Ameringen zurück und wurde erstmals 1927 in einem NON-Omnibus erprobt. Das Trag- und Triebachsen-Bauprinzip wurde bei den MAN-Modellen bis in das Jahr 1974 beibehalten.
Statt Getriebe-Fußbremsen erhielten die MAN-Modelle jetzt Vierrad-Backenbremsen. Außenliegende Doppelbremssysteme, erkennbar an den großen Abdeckplatten, wurden eingebaut, so daß die damals noch äußerst verschleißintensiven Bremsbeläge leicht gewechselt werden konnten.
Im Dieselmotorenbereich begann im Jahre 1927 die nächste Entwicklungsstufe. Unter Beibehaltung der scheibenförmigen Brennräume wurde in der Mittelachse des Zylinders eine Nadeldüse, auch Mitteldüse genannt, mit vier bis sechs querliegenden Spritzlöchern eingesetzt. Um die Drehzahl steigern zu können, erhielt der Zylinderkopf für jeden Zylinder zwei Ein- und zwei Auslaßventile.
Neben den vier- und sechszylindrigen Dieselmotoren baute das Werk nun auch acht- und sechzehnzylindrige Ausführungen, wobei letztere in Luftschiffen mit mechanischer Aufladung versehen wurden. Anzufügen ist noch an dieser Stelle, daß die Dieselmotoren anfänglich vorwiegend in die Omnibusse gelangten, die mit Aufbau und mit Fahrgästen ein niedrigeres Gewicht aufwiesen als die mit Dieselmotoren ausgestatteten Lastwagen, bei denen durch den schweren Dieselmotor die Nutzlast geringer ausfiel.
Im Jahre 1928 begann die MAN-Waggonbau-Werkstätte in Gustavsburg mit der Serienfertigung von NOB/4-, NOB/6- und NON-Omnibussen mit Stahlaufbauten nach Patenten der Autokasten GmbH von Hans Arquint in München. Ein Spanten-Gitteraufbau wurde dabei mit Leichtmetall verkleidet. Parallel dazu wurde nochmals eine Serie von Holzaufbauten gefertigt. Zu erwähnen ist dabei die Ausführung eines »Wochenend-Ausflugsomnibusses« auf der Basis des NOB/6 mit dem 100-PS-Motor, der das Fahrzeug auf 60 km/h beschleunigte. Der für die Reichsbahn-Gesellschaft Mitropa konstruierte Omnibus erhielt Schlafabteile, eine Küche und ein »Brausebad«. Anzufügen ist hier noch, daß auch die Waggonfabrik Gebr. Credé Einheitsaufbauten auf MAN-Fahrgestellen herstellte.
Auf der Leipziger Messe von 1928 führte das Unternehmen als ersten MAN-Dreiachser den Typ NON/6 vor, der dann 1930 unter der Bezeichnung S1 N6 in den Serienbau ging. Von 1930 bis 1934/35 wurden die dreiachsigen Niederrahmen-Omnibusse mit 100 und 110 PS leistenden Vergaser- und Dieselmotoren gebaut, wobei ab 1932 vorwiegend nur noch der 100, maximal 125 PS leistende Dieselmotor eingesetzt wurde. Ein zentraler Wellenstrang trieb über ein Zwischendifferential und über Schnecken die beiden Hinterachsen an. Auch hier wurden der seitliche Ritzelantrieb und anfänglich die außenliegende Bremsanlage eingesetzt. 70 bis 75 Sitzplätze waren in dem auch als »Großer MAN-Diesel« bezeichneten Fahrzeug vorhanden.
Die Krisenzeit gegen Ende der zwanziger Jahre ließ auch bei der MAN die Nutzfahrzeugproduktion zurückgehen. Die Belegschaft der MAN von 14.000 Mitarbeiter im Jahre 1929 sank in den Jahren 1931/32 auf 7400 Männer und Frauen in der Fahrzeugfertigung. 1929 mußte das Unternehmen sogar kurzzeitig die Dieselfahrzeuge aus dem Programm nehmen. Der Jahresausstoß sank schließlich 1931 auf 184 und 1932 auf nur noch 144 Lastwagen und Omnibusse. Die wirtschaftlich katastrophale Zeit wurde jedoch insoweit genutzt, daß die Fahrzeugfertigung modernisiert und unter dem Kaufmännischen Direktor Fritz Wenz und dem Technischen Direktor, Oberingenieur

Paul Wiebicke (1884 - 1951) ein neues Programm entwickelt wurde, so daß, begünstigt durch die Zeitumstände, im Jahre 1933 der Tiefpunkt überwunden werden konnte. Zu erwähnen ist hier, daß Ingenieur Paul Wiebicke zunächst bei den Firmen Richard & Hering (Deutsche Automobil-Industrie), Benz & Co. in Gaggenau, von 1910 bis 1912 bei Büssing, von 1912 bis 1916 bei der MAN-Flugmotorenabteilung und von 1919 bis 1926 in der MAN-Lehrwerkstatt gearbeitet hatte, bis er 1927 und ab 1931 als Oberingenieur zum Technischen Leiter der Fahrzeug- und Motoren-Abteilung des MAN-Nutzfahrzeugbaus aufstieg. Anzuführen ist noch für das Jahr 1932, daß ernsthafte Überlegungen angestellt wurden, den Nutzfahrzeugbau aufgrund der desolaten Wirtschaftslage im Deutschen Reich einzustellen.

Ein erstes elektrisch angetriebenes Omnibusmodell entwickelte die MAN im Jahre 1930. Zwei 37-kW-Hauptschlußmotoren der SSW trieben das in Berlin versuchsweise eingesetzte Frontlenkermodell mit einem dreiachsigen Niederrahmenfahrgestell an. Typisch amerikanische Stilelemente wurden für die kastenförmige Karosserie verwendet.

1930 löste der S1 N6 mit dem 100/110-PS-Diesel- oder dem 100-PS-Vergasermotor das dreiachsige Vormodell NOB/6 ab. Die Bremsbacken waren nun innen angebracht, da widerstandfähigere Bremsbeläge zur Verfügung standen. Eine lange Vorderhaube charakterisierte jetzt dieses Modell. Der 12-Liter-Einheitsmotor wurde letztmalig in einer Vergaserversion im Jahre 1932 mit einer Leistung von 150 PS eingesetzt. Im gleichen Jahr kam auch ein 140/150 PS starker Dieselmotor mit 16,6 Litern Hubraum zum Einbau. Diese größte MAN-Vorkriegsmaschine war ein ausgesprochener Langsamläufer, der nach dem Luftkammerprinzip arbeitete. Die sechs Zylinder waren in einem Block enthalten. Für je drei Zylinder war zur einfacheren Wartung ein Zylinderkopf aufgesetzt; die siebenfach gelagerte Kurbelwelle war mit Gegengewichten versehen. Von der untenliegenden Nockenwelle wurden die Ventile über Stoßstangen und Schwinghebel angetrieben. Zwei Anlasser sorgten für das Starten des Motors.

Bis 1934 wurden jedoch nur wenige Exemplare des mit einem Nieder- oder mit einem Hochrahmen lieferbaren Dreiachsmodells unter den Bezeichnungen S1 N6 oder S1 H6 hergestellt.

In den Bau von kleinen Omnibusmodellen für den Ausflugsverkehr stieg das Unternehmen 1932 wieder mit dem Typ D1 ein. Zuerst kam ein 80 PS starker, ab 1933 dann ein 80/90 PS starker Dieselmotor zum Antrieb. Auch ein Junkers-Doppelkolbenmotor wurde versuchsweise eingesetzt. Vor allem Kässbohrer-Aufbauten mit großen Seitenfenstern kamen zur Ausführung.

Zu erwähnen ist an dieser Stelle, daß das Unternehmen nach 1932 nur noch Dieselmotoren in die jetzt auf Fließbändern gefertigten Fahrzeugen einsetzte. Einheitsgetriebe von ZF, Kegelräder anstelle von Schnecken in den Differentialen, geschweißte Rahmen mit über der Vorderachse gekröpften Längsträgern und druckluftgesteuerte Bremsen von Bosch waren weitere Konstruktionsmerkmale der MAN-Fahrzeuge in den dreißiger Jahren.

Im Jahre 1932 entstand eine Brennraumkonstruktion, die aus einem trichterförmigen Einsatz im Kolben und einer horizontalen Luftkammer mit einer gegenüberliegenden Zapfendüse bestand. Patente der Firma F. Oberhänsli u. Cie. in Bregenz/Österreich wurden hierbei benutzt. Durch dieses Luftkammerverfahren war eine weitere Drehzahlsteigerung auf 2400 Umdrehungen pro Minute möglich. Diese Luftkammer sollte im Gegensatz zum Luftspeicherverfahren andere Hersteller nur als »Blasebalg« dienen, so daß die beim Aufwärmen des Kolbens aufgespeicherte Luft beim Zündtakt herausblasen und eine noch intensivere Verwirbelung verursachen sollte. Durch die stetige Zufuhr der zur Verwirbelung notwendigen Luftmenge konnte als weiterer Vorteil eine weitgehend rauch- und geruchsfreie Verbrennung erzeugt werden. Konstrukteur dieser 6,7-, 7,2, 8,0-, 12,2- und 16,6-Liter-Motoren war der erwähnte MAN-Direktor Paul Wiebicke.

Der 100 PS starke Zweiachser F2 N6 der Baujahre 1936/37 erhielt Aufbauten der Firmen Minnameier in Nürnberg, O & K in Berlin und der Trutz-Werke in Coburg.

Um schließlich einen noch höheren Ausnutzungsfaktor des Kraftstoffs zu erzielen, gelang es Paul Wiebicke 1937, einen Dieselmotor mit einem Kugelbrennraum und einer Flachsitzdüse zur kegelförmigen Strahlzerstäubung zu entwickeln und serienreif zu

erproben. Eine exzentrisch leicht versetzte kugelförmige Vertiefung im Kolben, die die gesamte komprimierte Verbrennungsluft aufnahm, ergab den idealsten Brennraum, der die Wärmeverluste am geringsten hielt. In vier- und sechszylindriger Ausführung mit wiederum je einem Ein- und Auslaßventil wurde dieser mit hoher Drehzahl arbeitende, äußerst wirtschaftliche und kleinvolumige Motortyp bis in die fünfziger Jahre gebaut.
Lizenzen für den eigenständigen Bau der als G-Motor (für Globalmotor) bezeichneten Dieselmaschinenkonstruktion erwarben schließlich u. a. die MAN-Tochtergesellschaft Österreichische Automobil-Fabrik AG vorm. Austro-Fiat (ÖAF) in Wien-Floridsdorf, die Fross-Büssing KG in Wien-Brigittenau und die Ungarische Waggon- und Maschinenfabrik RABA in Raab und Budapest.
1933 folgte die Z-Baureihe mit Sechszylinder-70-PS-Motoren. 27 Personen fanden in diesem Omnibus Platz. Kässbohrer-, Beuchelt- und Westwaggon-Aufbauten wurden auch hier verwendet. Darunter befand sich auch eine Kässbohrer-Ausführung als »Allwetterwagen« mit Oberlichtern und einem Rollverdeck. Ein Exemplar der Type Z1 mit dem MAN-Dieselmotor D 0530, Karosserieaufbau der Waggonfabrik Beuchelt u. Co. in Grünberg/Schlesien mit 22 Sitzplätzen, Baujahr 1936, geliefert an die Deutsche Reichspost, befindet sich im Bestand der Historischen Fahrzeugsammlung der MAN Nutzfahrzeuge AG in München und ist betriebsbereit.
1935 kam die gegenüber der Z-Baureihe im Radstand veränderte, erfolgreiche Baureihe E mit den extrem schnellaufenden Vierzylinder-65-PS-, später 70-PS-Motoren der G-Baureihe hinzu.
Der Serienbau von Oberleitungsomnibussen wurde im Jahre 1935 eingerichtet. Nach einem weiteren Dreiachs-Vormodell mit zwei 55-kW-Motoren und einer kantigen Wagenfront wurde ein 2x50-kW-Modell mit einer abgeschrägten Frontscheibenpartie für die BVG gefertigt und 1935 auf der Berliner IAMA vorgeführt. Die beiden SSW-Motoren waren außen am Rahmen in Wagenmitte in Gummilagern angebracht. Je eine Hinterachshälfte wurde über einen Ritzelantrieb durch die Elektromotoren in Bewegung gesetzt, so daß der Hinterachskörper mit dem Differential entfallen konnte. Gleichzeitig konnte dadurch das Chassis etwas tiefer gelegt werden. Auch eine dreiachsige Version mit einem einmotorigen Antrieb auf das Differential der mittleren Achse wurde gefertigt.
Im Jahre 1936 entwickelte das Unternehmen wie auch die anderen großen deutschen Lastwagen- und Omnibusfabriken ein Großomnibus-Modell für den Einsatz auf Reichsautobahnstrecken der Deutschen Reichsbahn. Der vierachsige Frontlenker-Schnellreisebus sollte mit einem 275-PS-Zwölfzylinder-Dieselmotor in Boxerbauart ausgestattet werden. Der Aerodynamiker Paul Jaray zeichnete die Karosseriepläne sowie ein Holzmodell. Zur Ausführung dieses Projektes ist es jedoch nicht gekommen.
Die Baureihen E, D und Z erhielten 1935 eine modernisierte, abgeschrägte Kühlerfront, die bis in die fünfziger Jahre für die MAN-Motorhauben verwendet wurde.
In den Bau von Frontlenkerfahrzeugen mit Dieselmotoren stieg das Unternehmen 1937 ein. Erster derartiger Typ war das Stadtbusmodell DS (für Diesel-Stirnsitz) mit einem 80-PS-Motor, der noch weit in den Innenraum hineinragte. Eine Serie von 90 Exemplaren mit Karosserien der Firmen Gebr. Ludewig in Essen-Altenessen, Gottfried Lindner AG in Ammendorf/Saale und Fahrzeugbau Schumann GmbH in Werdau wurde darunter als einer der großen Auslandsaufträge der MAN nach Lima/Peru versandt.
Im gleichen Jahr folgte dann das bis 1940 gebaute Großmodell M1 für 50 Fahrgäste. Ein 9,5-Liter-Motor mit 110 PS trieb das mit verschiedenen Radständen lieferbare Modell an.
Als zweites Frontlenkermodell erschien 1938 der Typ LPS mit dem hier erstmals vorgestellten 8-Liter-Motor D 1040 mit 100/110 PS, der bis in die fünfziger Jahre als MAN-Standardmotor gebaut wurde. Der Fahrersitz war in diesem Trambus-Fahrzeug neben dem nun weit vorgebauten Motor angebracht. Die vordere Tür konnte dadurch weit vor die Vorderachse vorgesetzt werden, so daß ein Einmannbetrieb möglich war. Ein Fünfganggetriebe mit einer Fernschaltung war eingebaut. 32 Sitz- und 10 bis 12 Stehplätze waren vorhanden. Das wiederum vor allem für den Export angefertigte Fahrzeug wurde mit Lindner-, Ludewig- und Schumann-Karosserien bis 1940 gefertigt.
Der weiterentwickelte Haubenwagen MP der M-Baureihe (P für Personentransport) erhielt 1938 den auf 120 PS gesteigerten 8-Liter-Motor. Verschiedene Verkehrsbetriebe

und die Reichspost erwarben dieses Modell. Auch elegante Aussichtsomnibusse für den Zweckverband des Reichsparteitages wurden von Kässbohrer aufwendig karossiert.
Der neue Z2-Typ wurde mit der 80 PS starken Maschine motorisiert und mit Luxus-Aufbauten von Kässbohrer angeboten.
Mit Doppelkollektor-Motoren mit 85 und 90 kW sowie mit einem Ritzelantrieb folgten 1938 die zweiachsigen Obusse MPE 4500 der Normgröße I für 52 Personen. Elektrische Anlagen von BBC und SSW kamen zum Einbau. Bis Kriegsausbruch wurde dieser Typ schließlich als dringend benötigter »Autarkie-Omnibus« mit Aufbauten des MAN-Waggonbaus und des Schumann-Werkes noch gefertigt. Eine große Lieferung dieser Ausführungen ging dabei nach Czernowitz in Rumänien. 1941 wurden dann noch 120 kW starke Obusse der Normgröße II (MPE 6500) mit Kässbohrer- und Schumann-Karosserien hergestellt.
Einzufügen ist hier, daß im Rahmen des Schell-Typisierungsprogramms das Reichswirtschafts-Ministerium 1939 plante, den MAN-Nutzfahrzeugbau zugunsten der Motoren- und Panzerfertigung einzustellen. Aufgrund des dringenden Bedarfs an Kapazitäten zur Lkw-Herstellung gelang es dem MAN-Werk, diesen Fertigungsbereich weiterführen zu können.
Bekanntestes Omnibusmodell während der Kriegszeit wurde das aus dem Typ E1/E2 hervorgegangene Modell E 3000, das zuletzt unter dieser Schellbezeichnung bis 1943 in über 2900 Exemplaren mit Aufbauten des MAN Waggonbaus für die Wehrmacht geliefert wurde. Der 70-PS-Motor arbeitete wie erwähnt nach dem Luftkammerprinzip mit direkter Strahleinspritzung. Der Rahmen war bei diesem Modell erstmals vollständig in Schweißtechnik ausgeführt. Mit einem Schnellganggetriebe konnte der E 3000 70 km/h erreichen. Zu erwähnen ist hier noch, daß ein Exemplar der E-Baureihe erhalten geblieben ist und sich im Bestand der Interessengemeinschaft Museum für Industriekultur und Verkehr E.V. (IGMIV) in Nürnberg befindet. Weiterhin ist zu ergänzen, daß das Modell E 3000 während des Krieges bei Fross-Büssing, das Modell ML bis Kriegsende bei der ÖAF gebaut wurde.
1941 wurde der M-Typ als Baureihe ML nochmals modifiziert und mit dem auf 110 PS gedrosselten Motor aufgelegt. Auch eine Trambusversion mit 100 PS unter der Bezeichnung MPS wurde entwickelt. Standardomnibus während der Kriegszeit wurde der Haubentyp MP mit dem 120-PS-Motor. Die Maschine wurde vielfach auf den Leuchtgasbetrieb mit einem Dachaufbau umgestellt. 1943 kam schließlich in wenigen Ausführungen der SML-Sattelschlepper-Omnibus in der vereinfachten Kriegsausführung hinzu.
Luftangriffe zerstörten in den Jahren 1943 und 1944 die Montagehallen zu 73 Prozent, so daß die Produktion zum Erliegen kam. Das Wiener Zweigwerk blieb unbeschädigt und fertigte bis Kriegsende Lastwagen und Obusse. Am 8. Mai 1945 wurde das Nürnberger Werk von der US-Armee für Reparaturaufgaben an amerikanischen Heereslastwagen und für die Ersatzteilfertigung für die vorhandenen MAN-Fahrzeuge beschlagnahmt. Eine weitere mechanische Fertigung wurde in den Kelleranlagen der Nürnberger Parteitags-Kongreßhalle errichtet. Ein Ersatzteillager wurde außerhalb des zerstörten Nürnbergs in einer Ziegelei in Forchheim bei Nürnberg aufgebaut. Erste Lastwagen vom Kriegstyp MK 26 entstanden Ende 1945.
Ein Kontrollratsgesetz stellte das Werk unter eine Treuhänderschaft, die von Dipl.-Ing. Georg Fink (1877 - 1962) ausgeübt wurde, der seit 1907 der MAN angehörte und 1946 dann in den Vorstand berufen wurde. Das Tochterunternehmen Österreichische Automobil-Fabrik (ÖAF) wurde von der MAN gelöst. Hinzuweisen ist in diesem Zusammenhang noch darauf, daß die MAN-Werke für den Großmotorenbau in Augsburg und in Hamburg besonders stark von der Demontage betroffen wurden. Wichtige Konstruktionsunterlagen der MAN wurden in die USA transportiert.
Vorstandsvorsitzender der MAN wurde 1946 Dr.-Ing. E. h. Otto Mayer (1882 - 1969). 1951 trat Otto Mayer, der die Wiederaufbauarbeiten entscheidend geprägt und geleitet hatte, in den Aufsichtsrat über. Zum Nachfolger wurde Dr.-Ing. E. h. Ulrich Neumann (1903 - 1977) berufen.
Im Oktober 1949 wurde die MAN aus der Vermögenskontrolle der treuhänderischen

Verantwortung von Georg Fink entlassen. Georg Fink gehörte dann noch bis 1953 dem Vorstand an.
Im Jahre 1948 konnte der Bau von Omnibusfahrgestellen und von kompletten Oberleitungsomnibussen wieder aufgenommen werden. Darüber hinaus wurde der einstige 110 PS starke ML-Typ nun unter der Bezeichnung MKN (M-Baureihe, Kurzhauber, Niederrahmen) mit dem auf 120 PS gesteigerten 8-Liter-Motor D 1040 in acht Exemplaren noch in diesem Jahr gebaut. Die Hinterachskonstruktion war in traditioneller MAN-Bauweise mit der Tragachse und mit den getrennten Antriebswellen mit Stirnradübersetzung in den Radnaben gebaut. Ein um 90 Grad gedrehtes ZF-Fünfganggetriebe war eingebaut, wobei der 5. Gang als Schongang ausgebildet war. Der in der Senkrechten zu betätigende Schalthebel dieses sogenannten Stufengetriebes konnte durch diese Anordnung den Beifahrer nicht stören. Kässbohrer- und Trutz-Aufbauten wurden für das Linienfahrzeug mit 22 Sitz- und 40 Stehplätzen oder in der Reiseversion mit 40 Sitz- und 11 Stehplätzen verwendet. Bis 1951 konnten 435 MKN-Modelle gebaut werden.
Erstmals in rahmenloser, selbsttragender Bauweise erschien im Jahre 1948 noch der Prototyp der Obus-Baureihe MKE. Der 90-kW-Motor war im Heck zwischen den beiden Längsprofilen eingebaut. Über eine Heck- und über zwei Fußbodenklappen war er zugängig. Das automatische Nockenschaltwerk befand sich hinter der vorderen Stirnwand.
Auch hier wurde die MAN-Trag- und Antriebs-Konstruktion mit ihrer Tiefkröpfung an Halbelliptikfedern verwendet, um einen niedrigen Wagenboden zu erreichen. Kastenförmige Profile waren mit vernieteten Querprofilen als Bodengruppe verwendet worden. Das Aufbaugerippe bildeten ebenfalls Profile, auf die die Verkleidungsbleche aufgeschweißt worden waren. Die Frontscheiben ließen sich zur Belüftung des Fahrzeugs ausstellen. Bis zu 75 Personen konnten in dem vor allem von Kässbohrer aufgebauten Fahrzeug transportiert werden. Eine Serie von 21 Exemplaren wurden bis 1951 mit BBC- und SSW-Motoren hergestellt.
Nach dem Ende der Zwangsbewirtschaftung im Anschluß an die Währungsreform und gestützt auf die große Nachfrage in Deutschland sowie im Ausland konnte das Unternehmen ab 1949 die Omnibusproduktion ausweiten. 192 Diesel- und Elektroomnibusse konnten in diesem Jahr gefertigt werden. Das MKN- und das 1950 vorgestellte, 130 PS starke MKN 26-Modell mit dem leicht aufgebohrten Motor vom Typ D 1246 erhielten entweder die klassischen kantigen Motorhauben oder wuchtige Rundhauben im amerikanischen Alligatorstil mit reichlicher Chromverzierung. Ein Druckluftanlasser sorgte für das Starten des Motors.
Die bis zu 90 km/h schnellen Fahrzeuge wurden von den Firmen Cremer & Thiemonds, Drögmöller, Gaubschat, Geissler, Hubertia, Kässbohrer, von Lienen, Malkemper, Minnameier, Pollmann, Senden, Trutz und Vollversehen. Auch die wieder produktionsfähige eigene Karosseriewerkstatt lieferte nach Trutz-Vorgaben einige Omnibusaufbauten.
Ein Einzelstück blieb in dieser Baureihe der Kässbohrer-MKN-Gelenkzug für 120 Fahrgäste, bei dem der Nachläufer zwei dicht beieinanderliegende Achsen besaß. Diese mit Achsschenkeln ausgestatteten Achsen wurden über ein Kegelradsystem am Drehpunkt vom Zugwagen und Anhänger gesteuert. Das Fahrverhalten über Bodenunebenheiten befriedigte jdoch durch die hintere Doppelachse nicht.
Bis zum Jahre 1956 wurden 545 Exemplare der überaus erfolgreichen MKN-Haubenbaureihe hergestellt. Anzufügen ist noch, daß ein Teil der MKN-Modelle infolge des Argentinien-Auftrages nach Südamerika geliefert wurde.
Als dritte Nachkriegsbaureihe kam 1949 der Frontlenker-Dieselomnibus MKP (P für Pullmann) hinzu. Der 120-PS-Motor war neben dem Fahrer im Wageninnern montiert. 65 Exemplare dieses 42-sitzigen Omnibusses mit einer hochgezogenen Gürtellinie im Frontbereich wurden bis 1953 mit Kässbohrer-Aufbauten gefertigt.
1949 wurde der Direktor des Nutzfahrzeugbaus, Richard Carstanjen (1901 - 1968), Sohn des Vorstandsvorsitzenden Max Carstanjen, in den Vorstand berufen. Oberbaurat Julius Liebel (1904 - 1975) wurde 1951 Nachfolger von Direktor Paul Wiebicke, der seit 1936 den MAN-Nutzfahrzeugbau geprägt und geleitet hatte. Bis 1967 hatte Julius Liebel diese Position inne.

Die Frontlenker-Baureihe wurde 1951 antriebstechnisch neu gestaltet. Das nun unter der Bezeichnung MKH (H für Heckantrieb) in vier Exemplaren gebaute Modell besaß erstmals die neue 8,7-Liter-Maschine D 1546 G mit 130 PS. Der Motor war leicht geneigt im Heck eingebaut. Die Kühleranlage war im Frontbereich untergebracht. Ein 6-Ganggetriebe übertrug die Kraft auf die Hinterachse. Eine weitere Neuerung war die durch einen Federspeicher unterstützte Handbremse. Schräge Fensterholme an der Frontscheibe gaben dem Fahrzeug ein eigenwilliges Aussehen.
Im Serienbau erhielt das Modell als Typ MKH 2 wieder den 8,3-Liter-Motor mit ebenfalls 130 PS. Gegenüber dem Obus waren die Diesel-Heckantriebsomnibusse wieder in traditioneller mittragender Rahmenbauart hergestellt, um die Fahrgestelle an die Aufbautenhersteller abgeben zu können. Die Firmen Hubertia, Rathgeber, Steib und Trutz karossierten dieses Modell.
Nachdem das Unternehmen 1951 den ersten deutschen Serien-Turboladermotor mit der 8,7-Liter-Maschine vorgestellt hatte, wurde dieses Triebwerk 1952 auch in 32 Omnibusmodelle der Baureihe MKH 3 eingesetzt. Die Normalleistung des Motors D 1246 M mit 130 PS wurde in der Version M 1246 T um 35 Prozent auf 175 PS gesteigert. Der mit 40.000 U/min laufende Turbolader war in Zusammenarbeit mit dem Strömungsmaschinenbau in Augsburg entwickelt worden. Der Wirkungsgrad dieses allerdings noch nicht ganz standfesten Motors lag bei 45 Prozent.
Der Motor war zur besseren Wartung auf einem Hilfsrahmen aufmontiert. Ein 6-Gang- oder ein ZF-Media-Getriebe mit einer Druckluft-Fernschaltung war am Motor angeflanscht. 42 Personen konnten in der Reisebus- oder maximal 80 Personen in der Linienbusversion befördert werden.
Unter der Bezeichnung MKH 4 erhielt das Frontlenkermodell in 62 Exemplaren die 130-PS-Maschine mit 8,3 Litern Hubraum. Auch hier wurde ein druckluftgeschaltetes ZF-Media-Getriebe eingesetzt. Vor allem Rathgeber- und Vetter-Aufbauten wurden für diesen Typ verwendet.
Schließlich wurde der Frontlenkertyp in diesem Jahr in der Obus-Version MKE 3 mit einer 90-kW-Elektroanlage von BBC und SSW in 188 Ausführungen aufgelegt. 100 von Kässbohrer karossierte Modelle gingen im Rahmen des Argentinien-Auftrages nach Südamerika. Weitere 50 Aufbauten erstellte das Rathgeber-Werk.
Für die Türkei wurden in den Jahren 1953 und 1954 unter der neuen Bezeichnung 590 HEC TK (für 5-Tonner, 84/100-kW-Motor, Heckantrieb, Elektromotor, Chassis, Türkei) 70 Personen fassende Obustypen hergestellt. In der Sechstonnen-Version für maximal 80 Personen wurde das Modell als Typ 690 HEC 1 gefertigt.
Bei diesen Modellen wandte die MAN das neue Bezeichnungsschema an. Die erste Zahl gab die Belastungsfähigkeit, die nachfolgenden Ziffern gaben die PS-Zahl unter Wegfall der Hunderterstelle an.
Im Jahre 1952 entwickelte Prof. Dr.-Ing., Dr.-Ing. E. h. Joachim Siegfried Meurer (geb. 1908) das nach ihm benannte neue M-Verbrennungsverfahren zur Serienreife, nach dem nun die neue MAN-Motorengeneration konstruiert wurde. Die M-Konstruktion besaß neben dem Kugelbrennraum Drallkanäle in den Ansaugleitungen, so daß die Drehgeschwindigkeit der Verbrennungsluft erhöht wurde. Der Kraftstoff wurde durch eine besonders gekühlte Zweilochdüse unter 175 at Druck auf allerkürzestem Weg filmartig auf die Wand des Verbrennungsraumes gespritzt, wobei etwa 5 Prozent des Kraftstoffs zur Initialzündung genügten. Nachem dieser Feuerkreisel gezündet war, raste der glühende Wirbel nun in dem Verbrennungsraum an dem »allmählich« verdampfenden Kraftstoff-Film vorbei und brannte schichtweise und vollständig ab. Dieser stufenförmige, weiche Verbrennungsvorgang vermied das bekannte charakteristische Nageln des Direkteinspritzmotors fast völlig und sicherte bei einem hohen Wirkungsgrad einen weichen, elastischen Motorlauf. Darüber hinaus zeichnete sich der M-Motor durch eine Kraftstoffunempfindlichkeit aus, was die technischen Bedingungen für den Einsatz in Ländern mit schlechter Treibstoffqualität erleichterte. Der Kaltstart wurde durch die Vorwärmung der Ansaugkanäle verbessert. Schließlich wurde der Kolbenboden von unten her mit Motoröl angespritzt und auf 340 Grad abgekühlt.
Dieses Verbrennungsverfahren wurde ab 1953/54 in alle MAN-Motoren eingebaut. Auch ältere Motoren konnten mit einem neuen Zylinderkopf auf das M-Verfahren umge-

rüstet werden. Lizenzen für dieses Verfahren wurden an die Firmen Bernard, Renault, Berliet, Citroén, Simca, SAVIEM, Moto Guzzi, Continental Motors Corp., White Motor Corp., IHC, Hupp Corp., Industrial Import Bukarest und Ikarus in Budapest vergeben.

Das Haubenmodell unter der neuen Bezeichnung MKN 630 für den Stadt-, Linien- und Reisedienst wurde erstmals mit dem neuen 130-PS-M-Motor vom Typ D 1246 M in 168 Exemplaren von 1954 bis 1956 gefertigt. Trittplattventile betätigten die Fußbremse; eine Auspuffbremse war über einen Druckluftschalter zu steuern. Das Parallelmodell MKP 26 T wurde mit dem auf 155 PS gesteigerten 8,3-Liter-Turboladermotor der M-Baureihe D 1246 M 2T1 in 22 Einheiten gebaut. Die im Stadtverkehr jedoch unvermeidlichen ständigen Drehzahlschwankungen waren für den wiederum mit 40.000 U/min laufenden Turbolader keine Voraussetzung für einen wirtschaftlichen und störungsfreien Lauf.

Mit dem neuen Bezeichnungsschema erschien 1954 die neue Trambus- sowie die Frontlenkerbaureihe mit Heckmotorantrieb. Das für den Export gebaute Modell 630 FOC 1 (für Frontmotor, Omnibus-Chassis) wurde mit dem neuen 130-PS-Motor ausgestattet. Der nach dem M-Verfahren »geräuscharm« arbeitende Motor konnte neben dem Fahrerplatz eingebaut werden, ohne daß die Geräuschentwicklung als allzu störend empfunden wurde. Die Maschine war auf einem ausziehbaren Hilfsrahmen auf dem Fahrzeugrahmen aufgesetzt.

Parallel dazu wurden die Heckmotormodelle 448, 530, 535 und 658 gefertigt. Die Typen 558 und 658 waren mit dem auf 155 PS ausgelegten V-Achtzylindermotor D 1048 D ausgestattet, der noch nach dem G-Verfahren arbeitete. Die Maschine war auch hier auf einem Hilfsrahmen aufgesetzt und besaß einen elektrisch angetriebenen Lüfter. Ein Schalthebel unter dem Lenkrad vereinfachte den Schaltvorgang. Auch hier war eine leichte Zugänglichkeit und Wartung des Motors über drei Heckklappen möglich. Ein ZF-Media- oder ein Hydro-Media-Getriebe konnten eingebaut werden. Die geschweißte Niederrahmenachse aus Stahlblech besaß wiederum das Seitengehäuse für das Doppeluntersetzungsaggregat. Auch hier war eine Motorbremse eingebaut.

Mit den Typen 530 HOC 1 und 558 HOC 1 wurde der Haubentyp dann 1956 entgültig abgelöst. 44 und 48 Sitzplätze oder jeweils 80 Plätze im Liniendienst waren in den Fahrzeugen vorhanden. Die geschweißten Rahmenuntergestelle konnten daher an die Karosseriehersteller abgegeben werden, um mittragende Aufbauten aufsetzen zu können, da der eigene Karosseriebau noch zu gering ausgelegt war. Auch unter der in der Nutzlast verstärkten Version 630 HOC 1 erschien diese Baureihe.

Der 8,3-Liter-Motor wurde in diesem Jahr durch eine Drehzahlsteigerung auf 135 PS erhöht und kam im Übergangstyp 535 HOC 1 zum Einbau. An Querlenkern wurden die schraubengefederten, vorderen Pendelachsen geführt. Gummihohlfedern stützten die Vorderräder zusätzlich ab. Hinten waren Blattfedern mit Gummifederelementen in dem nun in selbsttragender Bauweise ausgeführten Fahrzeug vorhanden.

Das zur Überraschung der Fachwelt vorgestellte Modell bot 54 Sitz- und 57 Stehplätze im Liniendienst. In der Reisebusausführung waren 48 Sitzplätze vorhanden.

Formschöne Modelle der Typenreihe 535 HOC und später 545 HOC stellten darüber hinaus die Hubertia-Werke her.

Zu erwähnen ist an dieser Stelle noch der Rahmen-Oberleitungs-Omnibus 590 HEC 1 mit einem 85/100-kW-Elektromotor, der sich durch einen größeren Radstand vom parallel gebauten Diesel-Omnibus 530 HOC 1 unterschied. Auch als Gelenkbus mit einem jetzt einachsigen Nachläufer wurde dieses Modell für kurze Zeit gefertigt.

Der leichte, in selbsttragender Bauweise ausgeführte MKE 2-Typ von 1952 blieb zusätzlich zum Modell 590 HCE 1 bis 1958 im Programm. Bis zu diesem Zeitpunkt wurden in der 2. Phase der Obus-Fertigung von MAN 317 Exemplare hergestellt.

Im Jahre 1955 ergab sich die Möglichkeit, das ehemalige BMW-Flugmotorenwerk, das inzwischen geräumte Karlsfeld Ordnance Depot (KOD) der US-Besatzungsmacht, in München-Allach zu erwerben. Die Werksanlagen hatten während des Krieges nur geringe Bombenschäden erhalten; die Maschinenausstattung für die Kolben- und Düsenmotorenfertigung hingegen war demontiert worden. Das 700.000 m≈ große und 130.000 m≈ überbaute Gelände wurde auf Initiative von Dr.-Ing. E. h. Otto Mayer an die geplante Omnibus- und Lastwagenfertigung angepaßt. Dabei erhielt das Werk eine

neue maschinelle Ausstattung, so daß nahtlos die äußerst erfolgreiche Produktion von Nürnberg in Teilen dorthin verlagert werden konnte, zumal das Nürnberg Werk mit 1600 Lastwagen und Omnibussen bzw. Omnibusfahrgestellen pro Jahr an der äußersten Fertigungsgrenze angelagert war. Die große Fertigungstiefe des MAN-Nutzfahrzeugbaus sollte durch das neue Werk weiterhin gewährleistet werden, außerdem war eine beträchtliche Kapazitätssteigerung möglich.
Ab 15. November 1955 liefen von den Münchener Fließbändern die ersten MAN-Lastwagen und Ackerschlepper, wobei schon recht bald deutlich wurde, daß dieses große Werksgelände die gesamte Nutzfahrzeugfertigung aufnehmen würde. Die Kapazität dieses ab dem Geschäftsjahr 1956/57 selbständigen MAN-Werkes war auf 8000 Fahrzeuge ausgelegt, so daß das Unternehmen zuversichtlich mit den 3340 Mitarbeitern auf eine Produktionssteigerung blicken konnte. Der Motorenbau für die Straßenfahrzeuge hingegen verblieb im Nürnberger Werk und konnte jetzt kapazitätsmäßig ebenfalls ausgeweitet werden.
In den Vorstand wurde neben dem kaufmännischen Direktor Richard Carstanjen nun Dr.-Ing. Kurt Kries (1900 - 1981) berufen, der für die technische Leitung des Werkes verantwortlich war. Hinzuweisen ist darauf, daß die Auslandsverbindungen Mitte der fünfziger Jahre wieder vollständig hergestellt worden waren, so daß ein Großteil der Fahrzeuge in den Export ging.
1956 folgten dann die neuen Reise- und Linienomnibusse der Typenreihen 420 HOC 1 und 2, die sich durch verschiedene Radstände unterschieden. Der neue, kleinvolumige 5,9-Liter-Motor D 0026 M1H mit 120 PS wurde eingebaut. Das bullig wirkende Fahrzeug besaß einen abgekanteten, ovalen Grill, der nun in dieser Art für Jahre hinweg die Vorderfront der MAN-Omnibusse zierte. Ein breites, gewelltes Chromband zog sich jeweils vom Gittergrill bis nahe an die Türanschläge hin.
Der Bodenrahmen war in einer Zellenbauweise hergestellt worden, wobei zwischen den beiden Deckblechen harmonikaförmige Distanzbleche ähnlich dem Wellpappensystem angebracht waren. Die Bodengruppe mit einer vorderen gekröpften Faustachse konnte somit wieder verschiedenen Aufbautenhersteller abgegeben werden.
Mit dem bis 1963 gefertigten Modell stieg das Unternehmen in die Leichtbautechnik der Omnibusfertigung ein. Über 500 Exemplare wurden von dieser Baureihe gefertigt.
Hinzuweisen ist an dieser Stelle darauf, daß die MAN im Jahre 1956 gemeinsam mit einer Schweizer Bank die Austro-MAN-Fahrzeug-Vertriebs GmbH neu gegründet hat. Im Jahre 1969 wurde von der MAN in die ÖAF, die bis dahin als Feindvermögen unter öffentlicher Verwaltung gestanden hatte, die Austro-MAN GmbH als Sacheinlage eingebracht, so daß der bisher ungünstige Rechtszustand in Österreich beendet werden konnte.
1957 löste das Leichtbaumodell 415 FOC 1 mit dem auf 115 PS gedrosselten 5,9-Liter-Motor den Typ 630 FOC 1 ab. Bis 1970 wurde dieses wiederum für den Export vorgesehene Modell mit dem innen stehenden Motor gefertigt. Ein großer, abgekanteter Ovalgrill und eine reichliche Dachrandverglasung kennzeichneten das Styling dieser Baureihe.
Als Ersatz für den V-Achtzylindertyp 558 HOC 1 brachte das Werk 1957 den schweren Omnibustyp 545 HOC 2 heraus. Das bis zu 94 Fahrgäste fassende Modell war wiederum in sogenannter Verbundbauweise mit einem Kastenboden und verschweißten Gerippe-Profilen hergestellt worden. Das Dach war zur Gewichtseinsparung in Lechtmetalltechnik ausgeführt.
Verschiedene Karosseriefirmen erstellten die Reise- und Linienbusaufbauten mit dem großen, quadratischen und dem neuen, abgeschrägten Ovalgrill.
Schließlich sind für diesen Zeitraum noch die Modelle 560 FOC 1 und 610 FEC 1 zu erwähnen. Das erste, in nur 16 Exemplaren gebaute Modell wurde vor allem als Gelenkbus mit Kässbohrer-Aufbauten und einem zwangsgelenkten Nachläufer gefertigt. Die vorne eingebaute 8,7-Liter-Maschine leistete 160 PS.
Der Typ 610 FEC 1 wurde ebenfalls in nur 12 Exemplaren als Obus, darunter auch in einer Gelenkbusausführung mit einem gelenkten Nachläufer von Kässbohrer aufgebaut. Eine Garbe-Lahmeyer-Einkollektor- oder eine Kiepe-Elektro-Anlage mit 110 kW wurde eingesetzt. Die Fahrzeuge beider Baureihen wurden von den Dortmunder Stadt-

werken übernommen. Die mit 42 Sitz- und 88 Stehplätzen ausgestatteten Gelenkbusse wurden nach ihrer Ausmusterung und Aufarbeitung nach Sofia/Bulgarien verkauft.
1957 kam die Verlegung der Nürnberger Produktionseinrichtungen nach München zum Abschluß, wo in diesem Jahr mit 5000 Beschäftigten auf vier Montagebändern 5434 Lastwagen und Omnibusse hergestellt wurden.
Der Rahmen- und Preßteilebau verblieb weiterhin im Werk Gustavsburg. Der Motorenbau, die Konstruktions-, die Versuchs- und die Forschungsabteilung hatten nun genügend Raum im Werk Nürnberg.
1958 stellte das Unternehmen eine neue Omnibusgeneration mit einem platzsparenden Unterflurmotor her. Die umkonstruierte 8,7-Liter-Maschine D 1546 M 1/2 U mit 160 PS war zwischen den Achsen in dem neuen Typ 760 UO 1 installiert. Über einen Schacht wurde die Luft von dem Frontgrill zu dem vor dem Motor liegenden Kühler geführt.
Das in selbsttragender Bauweise ausgeführte Modell besaß eine Bodengruppe mit den Antriebsteilen sowie einen verschweißten Gitteraufbau. Die vordere »Vollschwingachse« wurde an jeweils zwei ungleich langen Dreieckslenkern geführt. Bei dem vorderen Federungssystem wurden Schraubenfedern mit progressiv wirkenden Gummihohlfedern und doppelt wirkenden Teleskop-Stoßdämpfern verwendet. Eine dämpfungsreiche Dreiblattfederung in großvolumigen Gummielementen und progressiv wirkende Gummihohlfedern waren an der Hinterachse angebracht. Eine automatische Regelung der Einstiegshöhe war dadurch bei allen Belastungszuständen gegeben. Ein ZF-Synchromatgetriebe mit Druckluftschaltung oder ein Voith-Diwabusgetriebe wurde eingebaut. Die Druckluftbremsanlage wurde vorne durch eine Hydraulik unterstützt. Ein Federspeicher war an der Handbremse angebracht. Hinzu kam eine Drosselklappe im Abgasstutzen. Durch den Unterflurmotor stand bei diesem Frontlenkerfahrzeug erstmals ein hinterer Stehperron für die Fahrgastaufnahme zur Verfügung.
Das von den Ingenieuren Julius Liebel, Ottmar Winkel und Adolf Auer konstruierte Fahrzeug erreichte ein Leergewicht, das geringer als die Nutzlast war und konnte als erster spezieller Großraum-Omnibus im Spitzenverkehr 130 Personen bei 31 Sitz- und 99 Stehplätzen befördern.
In der offiziellen Beschreibung wurde hervorgehoben, daß »durch die besondere Straßenlage, die besonders durch die einzeln aufgehängten Vorderräder bedingt war, ... sich dieser neue Unterflur-Omnibus in Verbindung mit der erstmalig angewandten Rollbalg-Luftfederung, seinem zuverlässigen Bremssystem, seinem starken, elastischen und geräuscharm arbeitenden Motor, der dem Fahrzeug ein großes Anzugsvermögen verlieh, besonders für den Linienverkehr« eignete.
Auch in einer Reisebusversion, die vor allem von dem spanischen Unternehmen Meliá bestellt wurde, konnte das Fahrzeug mit 54 Sitzplätzen geliefert werden.
1959 folgte die Gelenkbusverbindung 760 UO 2G mit 44 Sitz- und 123 Stehplätzen. Der von der Firma Robert Schenk GmbH u. Co. KG in Bietigheim-Bissingen erstellte Rahmenbau-Nachläufer mit starrer Achse besaß zwei Fahrschemel, die durch Lenkstangen über Querlager mit einer Kugelkranzkupplung miteinander verbunden waren.
Ein Faltenbalg aus mehrfacher elastischer Bootshaut war zwischen den Fahrzeughälften angebracht.
Zugfahrzeug- und Nachläufer-Karosserien erstellten auch die Firmen Kässbohrer und Markus Göppel in Augsburg. Das Fahrzeug erreichte eine Gesamtlänge von 16,5 Metern.
1961 ersetzte der aus den Modellen 630 und 640 HO (Krauss-Maffei-Typ) entwickelte Typ 750 HO in Versionen mit 10, 11 und 12 Metern Baulänge den Typ 760 in der Soloversion. Auch hier wurde eine selbsttragende Karosserie mit einem Tragrahmen und Vierkant-Stahlprofilgerippe verschweißt. Doppelt dekapierte Stahl- und Leichtmetallbleche wurden für die Außenhaut verwendet. Die große, geteilte Panoramascheibe war einerseits tief nach unten, andererseits bis in die Dachpartie hochgezogen. Seitlich war sie gekrümmt, so daß alle Voraussetzungen für eine gute Sicht vorhanden waren. Weitere äußerliche Details dieses Reisebusses waren die Dachrandverglasung und die Gepäckablage unter dem Mittelteil des Daches.
Die getrennte Trag- und Triebachsenkonstruktion war an einem kastenförmogen Fahrschemel aufgehängt, dessen zwei Längsschwingen in einem vorderen Aufnahmelager

zusammenliefen. Rollbalgluftfederungen waren am hinteren Teil des Fahrschemels angebracht. Die vordere Einzelradaufhängung an Trapezlenkern kennzeichnete ebenfalls die moderne MAN-Fahrwerkstechnik.

Der 150 PS starke 7-Liter-Motor D 0836 HM 3 U war hier erstmals im Heck unterflur angeordnet und war durch eine große Heckklappe zugänglich.

Als Reisebus konnte er in der 11-Meter-Version mit 13 Sitzreihen, als Nahverkehrs-Omnibus für 115 Personen und als Überlandomnibus mit 13 Sitzreihen sowie als Stadtlinienbus für 115 Personen ausgeführt werden. Die Bundeswehr erwarb eine Anzahl der 43-sitzigen Ausführung 750 HO-VL.

In der 10-Meter-Stadtlinien-Version wurde das Fahrzeug unter der MAN-eigenen Bezeichnung »Metrobus« angeboten. Hier konnte auch ein doppelt breiter Einstieg eingesetzt werden. Türschließautomaten mit Klapptritten waren hier eingebaut. Die bullig wirkende, von den Ingenieuren Gerhard Dehler und Alois Überführ konstruierte Baureihe wurde schließlich vollständig unter der Bezeichnung »Metrobus« angeboten, 1965 überarbeitet und bis 1977 gefertigt. In diesem Zusammenhang ist noch zu erwähnen, daß sich die nach gleichen Konstruktionsprinzipien gebauten Fahrzeuge hauptsächlich durch die verschiedenen Türanordnungen, die höheren Fußböden mit größeren Kofferräumen, durch die Dachrandverglasung und durch die Innenausstattungen unterschieden.

Nachzutragen ist, daß 1959/60 eine Zusammenarbeit mit dem München-Allacher-Unternehmen Krauss-Maffei zustande gekommen war, das die MAN-Typen 640 HO 1/11 und 750 HO-R 11 in der Reisebusversion montierte. Auch die Baureihen 420 HOC 1 und 2 wurden dort bis 1963 gefertigt.

1962 ergänzte der Reise- und Überlandomnibus 535 HO das Programm. Zunächst wurde der 135 PS starke M-Motor D 1246, ab 1965 der 160 PS starke HM-Motor eingebaut. Das Fahrzeug mit vorderer Schrauben- und Gummihohlfederung konnte als 9-, 10- und 11-Meter-Bus geliefert werden. Die Reisebusse erhielten wiederum eine reichliche Dachrandverglasung in der Version 535 R 1oF. Diese Modelle wurden mit Falttüren für den Fahrer versehen. Die Überlandomnibusse wurden mit zweiflügeligen Außenschwingtüren ausgestattet.

Neben eigenen Karosserien wurden die Fahrzeuge auch mit Fremdaufbauten versehen, wobei schräggestellte Fensterholme verwendet wurden.

Um die Energieausnutzung noch günstiger zu gestalten, hatte die MAN-Motorenabteilung eine neue Motoren-Generation unter der Bezeichnung HM-Motoren entwickelt, die 1963 auf der Frankfurter IAA vorgestellt wurde. Die Triebwerke erhielten nun eine besondere Anordnung der Ansaugkanäle, durch die ein heftiger Feuerkreisel und eine größere Luftanreicherung erzielt und dadurch der Kraftstoff weiter rauch- und verlustfreier verbrannt werden konnte.

Das von dem in der MAN-Motorenentwicklung tätigen Ingenieur Ludwig Elsbett (geb. 1910), der 1951 den Elsbett-Wagen mit einem Diesel-Sternmotor konstruiert hatte, entwickelte Hochleistungs-M-Verfahren (HM) erbrachte eine beträchtliche Leistungssteigerung, ohne daß die Spitzendrücke erhöht werden mußten. Je drei Zylinder wurden dabei an einen Frischlufttopf zur besseren Füllung ohne Eigenschwingungen der Luftsäulen in den Saugleitungen angeschlossen. Durch die weichere Verbrennung konnte die Laufruhe erhöht werden. Ein weiterer Vorteil des HM-Motors war die größere Elastizität in allen Drehzahlbereichen.

Diese als HM-Effekt bezeichnete Füllung der Zylinder durch die strömungsgünstig geführte Ansaugrohre bewirkte, daß der neue 9,7-Liter-Motor D 2156 HM eine Leistung von 192 PS in der liegenden und von 212 PS in der stehenden Version erzeugte.

Mit dem gleichen HM-Verfahren wurde der bisherige 135-PS-Motor mit 7 Litern Hubraum unter der Bezeichnung D 0836 HM auf 160 PS angehoben.

Als drittes Modell der neuen Generation kam der inzwischen neu installierten Fließbandanlage der schwere Typ 890 hinzu. In der Version der Stadtlinien- und als Gelenkomnibus 890 UG wurde die Maschine zwischen den Achsen eingesetzt. Den Nachläufer der 16,5- und 18-Meter-Fahrzeuge erstellten die Firmen Markus Göppel in Augsburg und Emmelmann in Hannover.

1965 wurden die 10- und die 11-Meter-Versionen des Typs 750 »Metrobus« und 750

»Vorortbus« mit dem neuen 160-PS-HM-Motor ausgestattet. In der 11- und in der 12-Meter-Version erhielt diese Busreihe auch die 192-PS-Maschine.
Da in den sechziger Jahren die Omnibusproduktion mit rund 500 Einheiten im Jahr trotz optimaler Auslegung des Fließbandverfahrens nicht den Omnibusaufträgen nachkommen konnte, ergriff das Unternehmen 1965 die Gelegenheit, im stillgelegten Bergbaurevier Penzberg in Oberbayern ein neues Omnibuswerk für 600 Mitarbeiter aufzubauen. Die Fertigstellung des Penzberger Werkes leitete Ingenieur Otto Oechl (geb. 1906), der zuvor bei den Flugzeugwerken Rohrbach, Messerschmidt, Focke-Wulf und Henschel, von 1945 bis 1958 Betriebsdirektor des Henschel-Nutzfahrzeugbaus war und bis 1971 Gesamtproduktionsleiter der MAN-Nutzfahrzeugabteilung in München wurde.
Mit der Renault-Tochtergesellschaft Sciété Anonyme de Véhicules Industriels et d'Equipement Mécanique (SAVIEM) in Suresnes bei Paris und in St. Quen wurde 1966 ein Abkommen über die Entwicklung und die Fertigung sowie über den gemeinsamen Vertrieb der Fahrzeuge getroffen. Auch mit den rumänischen Omnibusunternehmen Autobozul - Inteprindere constructoare de masini in Bukarest wurde eine Lizenzvergabe beschlossen. Darüber hinaus wurde mit der Firma Meyer & Holler PTY Ltd. eine Montage von MAN-Fahrzeugen in Pinetown bei Durban/Südafrika beschlossen.
Das neue Werk in Penzberg konnte nach elfmonatiger Bauzeit unter dem Vorstandsvorsitzenden Dr. Ulrich Neumann im Frühjahr 1967 die Montage des dreigliedrigen Typenprogramms 535 HO, 750 HO und 890 Uo und 890 UG aufnehmen. Die Tageskapazität lag dabei zunächst bei zwei Einheiten. Gleichzeitig wurde die Zusammenarbeit mit der Krauss-Maffei AG eingestellt.
Zu erwähnen ist hier, daß die MAN mit der Automobilfabrik Büssing einen Kooperationsvertrag über die gemeinsame Fertigung von Aggregaten und Baugruppen abschloß.
Leiter des Unternehmensbereiches Nutzfahrzeuge der Maschinenfabrik Augsburg-Nürnberg wurde zu Beginn des Jahres 1967 Dr.-Ing. Hans Heinrich Moll (geb. 1913), der einst Betriebsingenieur bei den Junkers-Flugzeug- und Motorenwerken in Dessau, dem DB-Flugmotorenwerk in Genshagen, der Daimler-Benz AG und schließlich Leiter des Nutzfahrzeugbereiches bei den Krupp-Lastwagenwerken (Krawa) gewesen war und 1966 in den Vorstand der MAN eingetreten war. Von 1974 bis 1979 arbeitete er dann als Vorstandsvorsitzender der MAN.
Auf Betreiben des Bundesschatzministeriums beteiligte sich die MAN im Jahre 1968 mit 25 Prozent am Aktienkapital der zur bundeseigenen Salzgitter-Gruppe gehörenden Büssing AG. Eine Option auf weitere 25 Prozent wurde eingeräumt, die 1969 wahrgenommen wurde.
Eine Besonderheit in diesem Jahr war die Ausstattung des Typs 750 HO mit Luftfederungen an beiden Achsen.
1969 präsentierte das Unternehmen seine 11-Meter-Version des VÖV-Standardtyps unter der Bezeichnung 750 HO-SL. Auffallend war die Einrichtung des Schaltschrankes für die neue Elektroanlage in der linken, vorderen Wagenseite. Die Wartung des Motors wurde durch zwei seitliche Klappen und durch die große Heckklappe vereinfacht. Neben dem angedeuteten, großen rechteckigen Frontgrill mit den MAN-Diesel-Buchstaben und der Typenbezeichnung 750 HO-SL befanden sich zwei abgerundete Bugklappen. Hinter diesen Klappen sowie hinter dem aufklappbaren Buggrill waren verschiedene Kontrollaggregate und Serviceeeinrichtungen untergebracht. Die 160-PS-Maschine mit 7,3 Litern Hubraum trieb dieses Modell an.
Mit der Gräf & Stift AG in Wien-Floridsdorf wurde eine Vereinbarung über die Konstruktion und Produktion spezieller Omnibustypen getroffen, die nicht in die Großserienfertigung der MAN paßten. So wurden dort neben Speziallastwagen und Zugmaschinen Flughafenomnibusse und zwei- und dreiachsige Obusse, Ein- und Doppeldeckeromnibusse entwickelt und gefertigt.
740 Einheiten konnten im Jahre 1969 durch die vergrößerte Kapazität im Penzberger Werk ausgeliefert werden.
1970 entwickelte das Unternehmen auf der Basis des alten Stadtlinien-Omnibusses 750 HO-M 10 eine elektrisch angetriebene Version mit einer Einrichtung zur Energierückgewinnung beim Bremsen. In einem einachsigen Anhänger war wie bei dem einsti-

gen Wegmann-Typ die Akkumulatoren-Anlage untergebracht. Die Firmen Bosch, Siemens und Varta sowie das Rheinisch-Westfälische Elektrizitätswerk (RWE) beteiligten sich an diesem Projekt. Ein 90-kW-Motor, der kurzzeitig auch 180 kW für den Anfahrvorgang abgab, wurde eingebaut. Ab 1973 wurde dann eine Serie von 20 Exemplaren des neuen VÖV-Standardtyps unter den Bezeichnungen SE 200 und SL-E mit dem MAN-Elektro-Schriftzug im Grillbereich an die Mönchengladbacher und an die Düsseldorfer Verkehrsgesellschaft geliefert. Die bis zu 110 Personen fassenden, inzwischen 90/108 kW bzw. 105/135 kW leistenden Elektro-Fahrzeuge wurden bis 1979 angeboten.
1970 wurde die Serienproduktion des VÖV-Typs 750 HO-SL aufgenommen, während gleichzeitig der Bau des bisherigen Modells 750 HO-M eingestellt wurde.
Im Zuge der Neustrukturierung der MAN übernahm der neugebildete Unternehmensbereich Nutzfahrzeuge, Werk München (UBN) die Fahrzeugfertigung, der Unternehmensbereich Maschinen und Stahlbau (UBS) die Dieselmotorenfertigung.
Als erster Anbieter stellte das MAN-Werk das Stadt- und Überlandmodell (StÜLB) unter der Bezeichnung 750 HO-SÜ vor. Das mit dem VÖV-Typ gemeinsame Fahr- und Triebwerk erhielt hier jedoch eine andere Hinterachsübersetzung. Äußerlich unterschied sich dieses Modell durch die planen, um die Ecke gewölbten Scheiben, die eine bessere Sicht, eine geringere Verschmutzung und eine geringere Blendwirkung aufwiesen. Durch die große Vereinheitlichung der Baugruppen konnte eine erhebliche Rationalisierung in der Produktion sowie in der Wartung der Fahrzeuge auf Seite der Kunden erreicht werden.
Im gleichen Jahr war auch die aus dem Metro-Gelenkbus entwickelte VÖV-Gelenkbusversion zur Serienreife gelangt. Der Typ 890 SG wurde mit der 10,4-Liter-Maschine mit 192 PS zwischen den Achsen des Vorderwagens ausgerüstet. Der zwangsgelenkte Nachläufer wurde traditionell von dem MAN-Hauskarossier, der Firma Markus Göppel hergestellt. 52 Sitz- und 109 Stehplätze wies das Großraumfahrzeug auf. Auch in einer StÜLB-Version mit den herumgezogenen Scheiben wurde der Gelenkbus angeboten. Darüber hinaus wurde dieses Modell auch in einer Luxus-Version für den »Airport-Service« als Flugfeldzubringer entwickelt.
Wahlweise konnte jetzt auch der 192-PS-Motor in die VÖV- und in die StÜLB-Solowagen eingesetzt werden.
Weiter ist für dieses Jahr im Stadtbus-Fahrzeugprogramm der MAN zu erwähnen, daß der Standardomnibus auch mit einem Erdgasantrieb angeboten wurde. Die Fahrzeuge wurden während der Olympischen Spiele in München eingesetzt.
Eine Erneuerung erhielt das Reisebusprogramm. Während die erwähnten SAVIEM-Werke MAN-Motoren aus Nürnberg bezogen, übernahm die MAN das Kubus-Fahrerhaus für die Lkw-Baureihe sowie den SAVIEM Omnibustyp E 7 N. Dieses im SAVIEM-Buswerk Annonay bei Lyon hergestellte Modell erhielt die MAN-Bezeichnung 690 HO-R und löste als 10,5-Meter-Reisebus den 10-Meter-Typ 535 HO ab. Das 46-sitzige Fahrzeug besaß eine Stahl-Luftfederung sowie eine vordere Einzelradaufhängung. Die 10,3-Liter-Maschine wurde hier in stehender Form mit 212 PS im Heck eingesetzt. Gegenüber dem französischen Originalmodell besaß das Fahrzeug zuerst den abgerundeten Rechteck- und wenig später den angedeuteten Rechteckgrill mit dem MAN-Diesel-Schriftzug bzw. den MAN-Buchstaben mit der Typenbezeichnung in der rechten Oberecke. Eine niedrige Dachpartie schloß sich an die hohen Seitenscheiben des kantig gezeichneten Omnibusses an. Dem Zeitgeschmack entsprechend waren Rechteckscheinwerfer eingebaut.
Schließlich nahm zum Jahreswechsel 1971/72 die MAN unter dem Vorstandsvorsitzenden Dr.-Ing. Karl Schott (geb. 1910) die Büssing-Werke in Braunschweig und in Salzgitter-Watenstedt. Das Büssing-Unterflurprogramm wurde unverändert unter der Bezeichnung MAN-Büssing zunächst weitergeführt, um die Kapazitäten voll ausschöpfen zu können. Gleichzeitig wurden die Aktien der Firma Gräf & Stift AG von der MAN-Tochtergesellschaft ÖAF aufgekauft. Seit diesem Zeitpunkt firmiert das neue österreichische Unternehmen unter der Bezeichnung Österreichische Automobilfabrik Ö.A.F.-Gräf & Stift AG mit Werken in Wien-Liesing und (bis 1988) in Wien-Floridsdorf.
1972 änderte die MAN im Zuge der Übernahme der Büssing-Werke teilweise das Be-

zeichnungsschema. Der neue aus dem Modell 750 HO hervorgegangene VÖV-Typ erhielt die Bezeichnung SL 192 (für Standard-Linie, 192 PS) als Solo- und SG 192 als Gelenkwagen. Der SAVIEM-Typ wurde als Modell 10 Ü 212 R bezeichnet.
Ab 1973 ersetzte der neue D 25 Sechszylinder-Komponentenmotor D 2556 zunächst die bisherige S 11 D-Büssing-Maschine mit 11,6 Litern Hubraum. Der gemeinsam mit der Daimler-Benz AG entwickelte Unterflurmotor mit 11 Litern Hubraum wurde jedoch mit dem eigenen Verbrennungsverfahren ausgestattet. Dieses zukünftige Standardtriebwerk wurde mit Leistungen von 192 und 240 PS bis Ende der siebziger Jahre in großen Serien gebaut; in einer hubmäßig vergrößerten Version wird es noch heute eingesetzt.
Der Watenstedter VÖV-Typ, nun unter der Bezeichnung MAN-Büssing SL 200 und der erneuerte Überlandtyp SÜ 240 sowie das Berliner Doppeldecker-Chassis wurden im hinzugekommenen Büssing-Werk zuerst damit ausgestattet. Die MAN-Modelle der Penzberger Fertigung erhielten aus Kapazitätsgründen zunächst weiterhin den 10,3-Liter-Motor in der Parallelproduktion. Auch in einer aufgebohrten 10,7-Liter-Version mit 230 PS wurde der Überlandbus SÜ 230 versehen. Ihre Anpassung an den D 25-Komponentenmotor erfolgte dann im Jahre 1977.
1974 experimentierte das Unternehmen im Auftrag des Bundesministeriums für Forschung und Technologie mit einem auf den Flüssiggasbetrieb umgerüsteten 192-PS-Motor, der in einigen VÖV-Bussen eingesetzt wurde.
In die VÖV- und StÜLB-Modelle der Serienfertigung kamen nun ausschließlich Außenplanetenachsen aus dem Komponentenvertrag, die nicht weiter mit höheren Drehmomenten und stärkerer Wärmeentwicklung belastbare, getrennte Trieb- und Tragachsenkonstruktion ablösten.
Die Gelenkbusse in der 16,5- und in der hinzugekommenen 18-Meter-Ausführung wurden nun mit Renk- oder mit Voith-Automatikgetrieben ausgestattet.
Anzumerken ist für dieses Jahr, daß der Doppeldecker für Berlin von den Firmen Gaubschat, Orenstein & Koppel und Waggon Union in Zusammenarbeit mit der BVG neu gestaltet wurde und wie erwähnt als Typ SD 200 F den bisherigen Büssing-Doppeldecker DE ablösen sollte. Auffallenderweise erhielt das Fahrzeug die Windschutzscheibe in der Form der StÜLB-Omnibusse.
Der seit Anfang der siebziger Jahre in der Entwicklung befindliche neue Reisebus SR 240 wurde im Frühjahr 1975 vorgestellt. Das in selbsttragender Gitterbauweise ausgeführte Modell ersetzte den nicht mehr zeitgemäßen SAVIEM- und den bisherigen Büssing-Emmelmann-Reisetyp. Das bis heute im Prinzip unverändert gebaute Modell erhielt einen Aufbau aus verzinkten (doppeltsendzimierten) Stahlblechen. Im Karosseriedesign standen Zweckmäßigkeit, Gefälligkeit sowie aktive und passive Sicherheit im Vordergrund. Die auffallend tief heruntergezogene Frontscheibe war in den ersten Baujahren geteilt ausgeführt. Runde Doppelscheinwerfer waren neben dem schmalen MAN-Grill angebracht. Die Seitenscheiben schlossen mit einem schrägen Holm und einem langgezogenen Dreiecks-Blechteil an das Fahrerseitenfenster und an die vordere Einstiegstür an.
Großer Wert wurde bei diesem Reisebus auf die Verwendung gleicher Fahrwerksteile und Aggregate aus der SL-Baureihe gelegt, so daß eine weitgehend gleiche Bodengruppe verwendet wird. So erhielt das Fahrzeug eine vordere Einzelradaufhängung an einer Doppelquerlenkerachse. Die hintere Außenplanetenachse wurde an einem unteren Torsionsrahmen als Stabilisator geführt. Die Antriebs- und Bremskräfte nahmen zwei Drehmoment-Stützlenker auf. Die Seitenkräfte wurden durch Dreiecksquerlenker neutralisiert. Weiterhin kennzeichnete eine Luftfederung mit einer auf Wunsch eingebauten Niveauregelung durch eine Hub- und Senkvorrichtung die Fahrwerkstechnik. Eine Vorschaltgruppe für das 6-Gang-Schaltgetriebe, eine Telma-Wirbelstrombremse oder ein Voith-Retarder kamen hinzu.
Der besonders gut gelungene Reihensechszylindermotor D 25 mit 240 PS wurde im Heck liegend installiert.
Das Geschäftsjahr 1975 konnte mit 1981 gefertigten Fahrzeugen abgeschlossen werden, von denen 729 Einheiten in den Export gingen.
Im Jahre 1976 wurde der D 25-Motor durch eine geringe Hubverlängerung auf 11,4 Liter

unter der Bezeichnung D 2566 vergrößert. Die liegende Saugversion leistete wiederum 192 oder 240 PS. Die hinzugekommene, stehend eingebaute Turboladerausführung erzeugte 280 PS und konnte später durch eine zusätzliche Ladeluftkühlung unter der Bezeichnung D 2566 MKUL auf 320 PS gesteigert werden.
Diese auch als dritte Nachkriegs-Motorengeneration bezeichneten Triebwerke waren von dem Dipl.-Ing. Gyula Csor mit der Überlegung konstruiert worden, daß der Turbolader seine Kraftentfaltung erst bei höheren Drehzahlen entfaltete; beim Anfahren mit niedrigen Drehzahlen ist dagegen ein sogenanntes »Turboloch« vorhanden, was zu einem oft bemängelten Durchzugsvermögen in den unteren Drehzahlbereichen führte. Den Ausweg brachte nun der Direkteinspritzer mit einer kombinierten Aufladung durch den Turbolader mit einem Resonanzsystem. Zusätzlich kam eine Ladeluftkühlung durch einen luftaufbeschlagten Wärmetauscher als weiterer Schritt zur Anwendung, der die Verbrennungsluft auf 60 Grad herunterkühlte.
Bei dem Resonanzrohrsystem werden die Druckschwankungen im Ansaugsystem genutzt. Durch eine sorgfältig abgestimmte Resonanz im Ausgleichsbehälter, in Resonanzrohren und in Resonanzbehältern läßt sich der Ladedruck bei niedriger Drehzahl gleichmäßig auf alle Zylinder verstärken, so daß ein günstiger und steiler Drehmomentanstieg bei einer ungewöhnlich guten Laufruhe von Anfang an vorhanden ist. Bei höheren Drehzahlen kehrt sich dieser Effekt um, so daß eine überhöhte Aufladung und damit eine zu große Belastung des Motors verhindert wird.
Neben der beachtlichen Leistungssteigerung konnte der Kraftstoffverbrauch durch die moderne Füllungstechnik gesenkt werden. Die mit dem Resonanzrohrsystem versehenen Motoren bezeichnet die MAN als »Formel-6-Triebwerke«.
Das Turboladertriebwerk wurde nun in den Fernreisebus FRH 280 eingebaut, der als Hochdecker durch eine einteilige Panoramascheibe auffiel. Ein Achtganggetriebe mit einer Doppel-H-Schaltung übertrug das Drehmoment. Bordserviceeinrichtungen im Bereich der Mitteleinstiegstür sowie ein erheblich vergrößerter Kofferraum erhöhten die Attraktivität dieses Fahrzeugs.
Aufgrund der großen Nachfrage nach Linienbussen konnte das Unternehmen zunächst jedoch nicht genügend große Stückzahlen des Reisebusses SR 240/SR 280 aus dem Watenstedter Werk liefern, so daß die Verbreitung dieser Typen anfänglich gering blieb.
Als kleiner Reisebustyp im Design des SR 240 folgte das Modell U 590 mit einem im Heck eingebauten stehenden 168-PS-Motor. Den Aufbau erstellte das ungarische Ikarus-Werk, das seit Jahren schon Motoren nach MAN-Lizenzen fertigte.
Hervorzuheben ist noch der Typ SG 220, der als 220 PS starker »Europa«-Gelenkbus angeboten wurde.
Die Montage der Omnibusse im Penzberger und im Watenstedter Werk erreichte in diesem Jahr die Rekordmarke von 2715 Exemplaren.
1979 wurde das kleine Omnibusmodell unter der Bezeichnung CR 160 als 30-Sitzer überarbeitet.
Erstmals konnte nun eine Serie von 210 SG 220-Mittelmotor-Gelenkbuskarosserien nach Seattle/USA geliefert werden, nachdem schon 1972 Standard-Gelenkbusse an verschiedene US-Kommunalbetriebe geliefert worden waren. Die Rohkarosserien mit amerikanischen Styling-Abwandlungen wurden von der AM-General-Corporation komplettiert.
Die vergrößerte D 25-Maschine trieb jetzt die leicht überarbeitete VÖV- und StÜLB-Modelle an. Die gewölbte VÖV-Scheibe wurde dabei zugunsten der praktischeren StÜLB-Scheibe aufgegeben, so daß die Fahrzeuge äußerlich kaum noch zu unterscheiden waren.
1978 sank der Ausstoß leicht auf 2328 Modelle, was einem Marktanteil von 20,7 Prozent entsprach, wobei die MAN das breiteste Linienbus-Programm anbot.
Als Entwicklungsstufe präsentierte das Werk in Zusammenarbeit mit der AEG im Jahre 1979 den »Dual-Mode-Bus« mit einer elektro-mechanisch betätigten Spurführung. Als Basis wurde das SL 200-Fahrzeug genutzt. Durch die wahlweise eingeschaltete elektrisch gesteuerte Querführung konnte das Fahrzeug auch auf schmalen, stillgelegten und betonierten Straßenbahnstrecken eingesetzt werden. Die Fahrzeuglenkung reagierte dabei auf eine auf der Fahrbahn verlegte Leitspur.

Zu erwähnen ist noch für dieses Jahr die Vorstellung der 1. Studie des VÖV II-Typs, der unter der internen Bezeichnung S 80 mit der charakteristisch abfallenden Unterkante des Fahrerseitenfensters und den geklebten Seitenfenstern für das Bundesministerium für Forschung und Technologie entwickelt wurde. Die auf 212 PS ausgelegte 11,4-Liter-Maschine kam in dem Fahrzeug mit 45 Sitz- und 45 Stehplätzen zum Einbau. Nach dem VÖV-Lastenheft besaß das Modell eine Fußbodenhöhe von 54 cm.
Von den Reisebustypen der SR-Baureihen konnten bis zum Ende dieses Jahres über 2000 Exemplare abgesetzt werden, wobei ein Großauftrag für Algerien für den Anstieg der Verkaufszahlen gesorgt hatte.
Zu ergänzen ist noch, daß das Werk jetzt großen Wert auf galvanisch verzinkte oder aus Edelstahl ausgeführte Aggregate, Leitungen und Profile legte. Mit zusätzlichen Entlüftungen sollte darüber hinaus die Korossionsbeständigkeit erhöht werden. Schließlich ist noch zu vermerken, daß die Fahrzeuge seit diesem Jahr nur noch die Buchstaben MAN und den Büssing-Welfenlöwen im Frontgrill trugen.
Die Omnibusfertigung der MAN konnte 1979 im Inland 1380 und im Ausland 1700 verkaufte Exemplare vermerken.
Im Jahre 1980 führte das Unternehmen auch den neuen S 80-Prototyp in der Dual-Mode-Version mit der automatischen Querführung vor.
Ein weiterer Großauftrag für den Irak zur Lieferung von 6000 Doppeldeckern wurde in diesem Jahr gegenüber härtester englischer Konkurrenz abgeschlossen.
2845 Fahrzeuge verließen in diesem Jahr die beiden MAN-Buswerke. Darunter waren 832 SL 200-, 404 SÜ 240-, 439 SR 240/SR 280-Modelle sowie 854 Fahrgestelle für Gelenkbus- und Fremdaufbauten. 1542 Einheiten wurden in der Bundesrepublik, 1303 Einheiten wurden im Ausland verkauft.
Um die MAN-Omnibusproduktion zu rationlaisieren, wurde im Frühjahr 1981 die Montage im Penzberger Werk eingestellt. Das Werk wurde auf die Teile- und Komponentenfertigung spezialisiert. Im Watenstedter Werk, wo die Fertigung der Bundeswehr-Nachfolgegeneration auslief, konnte nun die Omnibusproduktion konzentriert werden. Über 1400 Mitarbeiter fertigen jetzt dort 8 bis 10 Omnibusse pro Tag. Auf anderen Bändern des ehemaligen Büssing-Werkes stellen 3500 Mitarbeiter den MAN-Mittelklasse-Lkw, die Unterflurtypen und das VW-MAN-Gemeinschaftsmodell her.
Weiterhin produzieren im Unternehmensbereich Nutzfahrzeuge (UBN) das Hauptwerk in München-Allach sowie die Werke in Nürnberg und in Braunschweig-Querum Teile und Motoren für die Watenstedter Erzeugnisse.
Die Firma Markus Göppel wurde verstärkt in die Produktion einbezogen. So stellte bzw. stellt dieses Unternehmen die Aufbauten für die Unterflur-Mittelmotor-Gelenkbusse sowie alle Sonderfahrzeuge wie Wohn- und Infomobile und darüber hinaus die MAN-Prototypen her.
Die erste Studie des neuen Doppeldeckers für die BVG wurde unter der Bezeichnung D 80 in Zusammenarbeit mit der Waggon Union präsentiert, die auch die Bagdad-Doppeldecker mit MAN-Basisteilen fertigte.
Die Gelenkbusse mit der über das Drehgelenk angetriebenen Mittelachse wurden jetzt unter den Bezeichnungen SG 220 und SG 240 in 16,5 und 17,2 Metern Länge sowie unter der Bezeichnung SG 240 in 18 Metern Länge angeboten.
Im Bereich der Standardomnibusse stellte das Werk weitere Versuche mit Fahrzeugen der Baureihen SL 200 und SG 240 H mit batterie-elektrischem sowie mit Methanol-Antrieb an. Die Modelle erhielten die Zusatzbezeichnung »DUO«.
Der Standardlinienbus wurde unter der Bezeichnung SL 200 II auch in einer Niederflurbauweise mit 53 cm Bodenhöhe angeboten. Auffallend war hier die seitlich tiefer heruntergezogene Dachpartie.
Der Reisebus erhielt erneut kleine Überarbeitungen. Hinzu kam jetzt als MAN-Flaggschiff das 320 PS starke Fernreisemodell FRH in Hochdeckerbauart. Der ladeluftgekühlte D 25-Motor D 2566 MKUL trieb das 12-Meter-Fahrzeug an.
Da auch weitere US-amerikanische Städte, darunter Chicago mit 125 Bestellungen, Interesse an MAN-Gelenkbussen zeigten, wurde die MAN Truck & Bus Corporation der MAN mit Sitz in Southfield/Michigan gegründet. Die Firma AM-General Corporation beteiligte sich zunächst an dem Unternehmen, stieg jedoch bald wieder aus, so daß das

700 Mann starke Unternehmen unter der Führung von Lutz M. Eggert ab 1983 unter dem Namen MAN Truck & Bus Division als eine weitere reine Tochtergesellschaft der MAN geführt wird. Schon Ende 1981 konnte die Fertigung von Gelenkbussen mit dem 310-PS-Unterflur-Turbolader-Motor zwischen den Achsen aufgenommen werden. Weitere Details waren das Renk-Doromat-Automatikgetriebe und der zusätzliche Perkins-Dieselmotor für die Energieversorgung der Zusatzgeräte des nach »US-Specifications« entworfenen Busses. Um die zollrechtlichen Vorteile bei der Verwendung von mindestens 50 Prozent amerikanischer Teile zu erhalten, stammten nur Motor, Getriebe und Achsen aus der deutschen Produktion.
Aufgrund des Irak-Auftrages ließ sich im Jahre 1981 mit 3247 gefertigten Einheiten ein hervorragendes Ergebnis erzielen. 68 Prozent der Erzeugnisse gingen in den Export.
Ein Vormodell des VÖV-Nachfolgemodells S 80 (SL 200 II) wurde als 3. Nachkriegs-Frontlenkergeneration im Jahre 1982 mit einem 5,7-Liter-Hochleistungstriebwerk mit 192 PS erprobt, das im MAN-Lkw mit 136 PS in der Saugversion lief. Mit milder Aufladung gab die Maschine 170 PS, mit starker Aufladung 192 PS ab. Der mit 2800 bis 3000 Umdrehungen laufende Motor war durch die kombinierte Aufladung mit dem Resonanzrohrsystem auf diese Leistung gebracht worden. Eine Besonderheit war, daß das Kurbelgehäuse und der Motorblock in einem Graugußstück gegossen waren. Nach unten schloß die Ölwanne, nach hinten das Schwungradgehäuse den Motor ab. Die Zwillingszylinderköpfe besaßen eingegossene Drall-Ansaugkanäle. Leichtmetallkolben mit kugelförmigem Verbrennungsraum und Einlochdüsen, die den Kraftstoff auf die Innenwand des Kugelraumes spritzten, waren weitere Konstruktionsmerkmale. Der Abgasturbolader arbeitete nach dem System der radialen Luftführung.
Unter dem »H« in der Typenbezeichnung erschienen nun die Gelenkbusfahrzeuge mit dem 11,4-Liter-Unterflur-Heckmotor, der über einen Gelenkwellenstrang die Mittelachse antrieb. Der Fahrzeugboden ließ sich durch diese Motoranordnung tiefer legen. Durch die wiederum zwangsgelenkte Hinterachskonstruktion und durch die Knickwinkenkontrolle ließ sich das Modell problemlos rückwärts fahren. Die Hinterachse war mit einzeln an Doppelquerlenkern aufgehängten Rädern ausgeführt.
Eine weitere Neuerung in der Gelenkbustechnik war die Ausstattung des Motors mit einem Turbolader, so daß das Fahrzeug unter der Bezeichnung SG 280 leistungsgerechter mit 280 PS angetrieben wurde. Darüber hinaus wurde bei der Heckmotorversion das Getriebe vom Motor getrennt und vorverlegt, um den Nachläufer ausgeglichener belasten zu können. Renk-, ZF- oder Voith-Automatikgetriebe mit einem Retarder wurden eingesetzt. Nach dem Ausscheiden der Magirus-Deutz AG aus dem Omnibusbau wurde der MAN-Gelenkbus das einzige deutsche Modell mit einem Mittelachsantrieb, auch »Pull-Antrieb« genannt.
Ein weiteres Projekt war unter der Leitung der Ingenieure Faust Hugin und Hans-Jürgen Drewitz im Jahre 1982 der Großraum-Gelenkbus SGG mit zwei angekoppelten Nachläufern. Die beiden Mittel-Planetenachsen wurden von dem im Heck installierten 280-PS-Motor angetrieben. Das 225 Personen fassende 23-Meter-Fahrzeug im Stil des Standard-Omnibusses wurde auf der Transport-Ausstellung in München vorgeführt. In verschiedenen deutschen Großstädten wurden die 3 schließlich hergestellten Modelle mit Ausnahmegenehmigungen zur StVZO vorgeführt und dann von der Rheinbahn AG in Düsseldorf erworben.
Unter der Bezeichnung G 80 wurde nun der erste, vom Göppel-Werk hergestellte Prototyp des VÖV II-Gelenkbusses in Anlehnung an den Stil der S 80-Modelle zur Erprobung an die Rheinbahn-AG abgegeben. Auch hier lag die 240-PS-Maschine im Heck und trieb die Mittelachse an. Die einzeln aufgehängten Nachläuferräder wurden zwangsgelenkt.
Weitere Prototypen des Ü 80-Typs wurden nun mit einer neuen Hinterachsaufhängung an einer als Freiarmschwinge bezeichneten Konstruktion erprobt.Die Hinterachse ruht hier auf zwei Balken, die vorne in Silentblöcken und hinten an Luftfedertöpfen mit Stoßdämpfern befestigt sind. Die Führung der Achse und der Fahrkomfort konnten dadurch weiter verbessert werden.
VÖV I-Omnibusse wurden in diesem Jahr erneut mit Methanol-Flüssiggasantrieben ausgestattet.

Der Ausstoß an Fahrzeugen sank im Jahre 1982 wieder auf 2616 Einheiten ab. Darunter wurden 685 SL 200-, 306 SÜ 200-, 377 SG 220-, 93 SG 240/280-, 32 SD 200 F-, 338 SR-Modelle sowie 785 Fahrgestelle der Baureihen 9.136 und 16.240/16.280 HOC ausgeliefert. Der Exportanteil der MAN-Omnibusse war dabei auf 73 Prozent gestiegen. Im Hinblick auf die Bodengruppenfertigung ist noch zu erwähnen, daß das Unternehmen einerseits nicht genügend Komplettomnibusse herstellen konnte, andererseits große Chancen in der Abgabe von Fahrgestellen an Fremdhersteller erkannte, was auch tatsächlich eingetroffen ist.
Im Jahre 1983 stellte das Unternehmen die neue D 28-Maschine D 2866 vor. Der 11,4-Liter-Sechsyzlindermotor D 25 war hierfür auf 11,9 Liter Hubraum aufgebohrt worden. Gleichzeitig erhielt dieses Triebwerk eine Mehrstrahleinspritzung. Damit ging die MAN-Motorentechnik vom Muldenkolben mit der Mittelsitz-Strahldüse mit der Filmstrahlung wieder ab, da das bisherige M-Verfahren in den unteren Drehzahlbereichen doch noch erhebliche Abgasemissionen aufwies. Das ursprünglich von den Büssing-Ingenieuren entworfene Direkteinspritzverfahren mit dem Stufenkolben mit einer trapezförmigen Mulde und einer Vierstrahldüse führte durch die sofortige Zerstäubung und Vernebelung der Ölpartikel zu einer Optimierung der Gemischbildung. Die Stickoxidemission konnte durch die rauchärmere Verbrennung erheblich reduziert werden. Auf den Einbau des aufwendigen Resonanzsystems konnte dabei verzichtet werden. Das noch heute praktizierte, etwas verbrauchsintensivere D 28-Triebwerk kam bzw. kommt in der Saug-, in der Turbolader- und in der ladeluftgekühlten Version zum Einbau in die MAN-Fahrzeuge.
Die 12-Meter-Ausführung des SR-Typs wurde 1983 zuerst mit dem neuen D 28-Turboladertriebwerk mit der zusätzlichen Ladeluftkühlung unter der Bezeichnung SR 361 mit 360 PS und wenig später unter der Bezeichnung SR 321 mit 320 PS ausgestattet. Die neue Hinterachs-Freiarmschwinge kam zum Einbau in die Hochboden- und FRH-Typen.
Die weniger gut verkäuflichen 10- und 11-Meter-Ausführungen des SR-Programms wurden in diesem Jahr aufgegeben.
Zu erwähnen sind für dieses Jahr die nun wieder angebotenen Omnibus-Untergruppen für Fremdaufbautenhersteller. Starrachsenfahrgestelle mit stehendem Frontmotor (FOC-Modelle) und mit Heckmotoren (HOC-Modelle) wurden zunächst mit Leistungen wie erwähnt mit 136 bis 280 PS hergestellt. Die Bodengruppen werden in der Bundesrepublik von den Firmen E. Auwärter und Markus Göppel sowie in verschiedenen Ländern Europas und darüber hinaus in Israel, Malaysia, Australien und Neuseeland mit landestypischen Karosserien versehen.
Als Ersatz für die entfallenen SR-Typen präsentierte das Werk die auf dem Exportfahrgestell aufgebaute Göppel-Ausführung 16.280 HOCL »Economy«. In modifizierter Ausführung benutzte das Göppel-Werk dieses Fahrgestell, um Doppeldecker-Fahrzeuge zu entwickeln, die ab 1985 unter den Bezeichnungen »Helicon« angeboten wurden. Mit diesen und weiteren Modellen gelang es der 1923 gegründeten Markus Göppel GmbH, den Rückgang der MAN-Auftragsfertigung im Bereich der Gelenkbusse mit dem Unterflurmotor zwischen den Achsen auszugleichen und ein eingeständiges Profil zu finden.
Die Watenstedter S 80-Prototypen, nun unter der Bezeichnung SL 200 II, wurden mit dem auf das neue Verbrennungsverfahren umgestellten D 25-Motor mit 240 PS ausgestattet.
Für die Verkaufsbetriebe Essen stellte das Werk Gelenkbusse vom Typ SG 240 H DUO mit dem 240-PS-Heckdieselmotor und einem im Vorderwagen liegenden 150-kW-Siemens-Elektromotor her.
2334 Omnibusse verließen 1983 das Watenstedter Werk, von denen 1363 Einheiten in den Export gingen. Hinter der Daimler-Benz AG nahm das Unternehmen den 2. Platz in der Zulassungsstatistik in der Bundesrepublik ein.
1984 stellte die MAN den überarbeiteten Stadtlinienbus unter der Typenbezeichnung SL 202 sowie den Gelenkbustyp 242 H mit 240 und 290 PS vor. Die D 28-Maschine wurde hier verwendet. Auch die erste Version des Schubgelenk-Linienbusses SG 242 wurde als Alternative zum Mittelachs-Gelenkbus vorgeführt. Das 17,4-Meter-Fahrzeug

besaß einen von der MAN entwickelten Drehgelenk-Knickschutz (DKS), der hydraulisch und elektronisch bei der Rückwärtsfahrt gesteuert wurde. Das nach der amerikanischen Bezeichnung »Pusher« genannte, auch im Heck mit einer Starrachse zwillingsbereifte Fahrzeug wurde mit dem 240-PS-Saug- und dem 290-PS-Turboladertriebwerk erprobt. Gegenüber dem Mittelachsantriebsmodell verfügte dieses Fahrzeug durch den Fortfall der langen Kardanwelle neben dem niedrigeren Wagenboden über die Vorteile der problemlosen, kurzen Kraftübertragung, der höheren Wagenbelastung und der größeren Fahrstabilität.
Der Obus-Gelenkbus SG 200 HO wurde in diesem Jahr mit einem 150-kW-Zweiachsantrieb sowie mit einem 54-kW-VW-Hilfsaggregat versehen.
Das Jahr 1984 mußte mit nur 1774 verkauften Exemplaren abgeschlossen werden, von denen 1376 Modelle im Ausland abgesetzt werden konnten.
Die neue Stadtbusgeneration des VÖV II-Typs erschien 1985 nun in der entgültigen Serienversion unter der Bezeichnung SL 202 als Solowagen. Die gegenüber dem VÖV I-Bus kantiger gezeichneten und in der Länge vergrößerten Fahrzeuge für 78 Fahrgäste besitzen wie erwähnt eine abgeschrägte Unterseite am rechten Fenster in Höhe des Fahrers als charakteristisches Erkennungszeichen. Eine durchgehende oder eine geteilte, sphärisch gewölbte Frontscheibe gibt dem Fahrer eine ausgezeichnete Sicht. An der unteren Frontpartie ohne der üblichen Grillverzierung ist der Lufteinlaß in einem Rechteckfeld eingestanzt. Darunter sind die MAN-Buchstaben und das Welfenlöwen-Emblem angebracht. Daneben befinden sich die eckigen Scheinwerfer. Das Fahrwerk besteht aus der vorderen Einzelradaufhängung und der hinteren Freiarmschwinge. Ein Renk-, Voith- oder ZF-Automatikgetriebe mit einem integrierten Retarder, aber auch ein Schaltgetriebe können auf Wunsch eingesetzt werden.
Die verbesserte D 25-Maschine mit 200 und wenig später mit 204 PS oder die D 28-Maschine mit 240 PS kommen zum Einsatz.
Im gleichen Design, jedoch mit dem angedeuteten Frontgrill, folgten die Gelenkbusbaureihen SG 242 H und SG 282 H mit dem D 28-Saug- und dem D 25-Turboladertriebwerk. Technisch entsprachen diese Modelle dem VÖV I-Gelenkbus mit dem Kardanantrieb über das Gelenk auf die Mittelachse. Hinzu kam die Schubgelenkversion SG 292 mit dem D 28-Triebwerk. Die 16,6 und 17,4 Meter langen Vorserienausführungen waren für 161 und 146 Personen ausgelegt.
Die Fertigung der Gelenkbusse der 1. VÖV-Version mit dem Unterflurmotor zwischen den Achsen wurde in diesem Jahr aufgegeben.Die geplante StÜLB-Ausführung SÜ 242 mit der einteiligen Frontscheibe mußte für die Serienfertigung aufgrund des noch unvollständigen VÖV-Lastenheftes zurückgestellt werden.
Der leider die Verkaufserwartungen nicht erfüllende SR-Typ erhielt unter den Bezeichnungen SR 292 und SR 362 aerodynamische Verbesserungen. Die Frontscheibe wurde stärker geneigt. Die Kanten wurden strömungsgünstiger abgerundet; der Grill wurde flacher und dafür breiter gezogen. Die Belüftungsanlage wurde in das Heckteil verlegt. Auch die Heckpartie erhielt eine neue Gestaltung. Darüber hinaus bekam das Fahrzeug eine erneuerte Innenausstattung einschließlich eines neuen Armaturenbrettes. Das D 28-Triebwerk mit 290 PS in der Turbolader- und mit 360 PS in der zusätzlichen ladeluftgekühlten Ausführung kam zum Einbau in die Reisebusse, die in den Versionen R, FR und FRH angeboten wurden. Die erwogene Bezeichnung der Modelle mit dem Büssing-Traditionsnamen »Burglöwe« wurde vorerst verworfen.
Neu hinzu kam das Kombi-Modell RÜ 240 in der Form der SR-Typen mit einem ebenen Wagenboden. Die 240 PS oder die 280 PS leistenden D 28- und D 25-Maschinen treiben das 53-sitzige Modell für den Gelengenheits-Reise- und Überlandverkehr an. Im Stil der neuen Linienbusse ist das Fahrerfenster auch hier mit der abfallenden Unterkante ausgeführt. Neben der vorderen Einstiegstür ist eine doppelflügelige Mitteltür vorhanden.
Anstelle der schweren Planeten-Endantriebsachsen können seit 1985 auch einfachübersetzte Hinterachsen von Eaton mit Weitspalt-Parabelfedern eingesetzt in die Modelle eingesetzt werden.
Der BVG-Doppeldecker der Baureihe SD 202 erschien nun im Serienbau mit Karosserien der inzwischen zum Thyssen-Konzern gehörenden Waggon Union. Die Buch-

staben MAN und Waggon Union sind an der unteren Wagenfront angebracht.
Der Unternehmensbereich Nutzfahrzeuge (UBN) wurde 1985 aus der MAN Gutehoffnungshütte AG angegliedert, da er größer als die Muttergesellschaft geworden war. Als operativ selbständiges Unternehmen ist die MAN Nutzfahrzeuge GmbH (ab 1988 als Aktiengesellschaft) im Rahmen der neuen Konzernstruktur tätig. Das Traditionswerk in Braunschweig wurde gleichzeitig aus Rationalisierunggründen aufgegeben, zumal die Anlagen in Salzgitter-Watenstedt ausreichten. 1985 konnte der Absatz der MAN-Omnibusse und Untergruppen wieder auf 2678 Einheiten angehoben werden.
Im Jahre 1986 verringerte die MAN das Übersetzungsverhältnis in den Planetenachsen, um bei höherer Geschwindigkeit die Motordrehzahl senken zu können und um einen niedrigeren Kraftstoffverbrauch zu erzielen.
100 Fahrgestellbausätze des Typs SL 200 wurden in diesem Jahr an die MAN Automotive (Australia) PTY, Ltd. in Sydney/Australien geliefert und dort von der Firma Ansair aufgebaut.
Im Herbst 1986 erschienen im Serienbau die Modelle SG 242 mit dem Heckantriebssatz. Um das Fahrzeug im Gelenkbereich günstiger zu belasten, wurde in der Mitte die schwere, aber antriebslose Planetenachse eingebaut. Der Serienbau des 290 PS starken Modells SG 292 wurde vorbereitet. Die Auftragsfertigung der Mittelmotor-Unterflurmodelle des VÖV-Gelenkbusses im Göppel-Werk endete nun.
Der Bau von Fahrgestellgruppen mit bis zu 360 PS starken Motoren konnte ausgeweitet werden. Das Göppel-Werk benutzte die Fahrgestelle 22.290 HOCLN, 22.330 HOCLN und 22.360 HOCLN für seine »Helicon«-Modelle in Doppeldecker- und Unterflurcockpitbauweise.
Ebenfalls Doppeldeckermodelle auf dem dreiachsigen 12-Meter-Fahrgestell bauen die Firmen Caetano in Villa Nova de Gaia/Portugal, Orlandi in Modena/Italien, Bianchi in Mailand/Italien und Ayats in Arbucias/Spanien. Darüber hinaus benutzten die Karossiers Berkhof in Valkenswaard/Niederlande, Smit in Joure/Niederlande, Jonckheere in Roeslare/Belgien, Van Hool in Lierkoningshooikt/Belgien, Ramseier u. Jenzer in Biel/Schweiz, Muratori un Modena, Avtomontaza in Laibach/Slowenien, Talleres Gago in Caracas/Venezuela und MAN Automotive Concessionaures Corp. in Mainla/Philippinien MAN-Fahrgestelle für ihre Omnibusaufbauten.
Im Jahre 1987 wurde Dr. jur. Klaus Götte Vorstandsvorsitzender der MAN Holding Aktiengesellschaft. Vorstandsvorsitzender der MAN Nutzfahrzeuge AG wurde Dipl.-Ing. Wilfried Lochte (geb. 1928), der 1958 von den Büssing-Werken kam und 1979 in den Vorstand des Unternehmens und zum Leiter des Unternehmensbereiches Nutzfahrzeuge ernannt wurde. Er löst damit den seit 1979 amtierenden Vorstandsvorsitzenden Otto Voisard (geb. 1927) ab. Leiter des Produktionsbereiches Omnibus wurde Dipl.-Ing. Peter Groos.
Als neue Baugröße erschien in diesem Jahr der Prototyp des Midi-Standardbusses auf dem Fahrgestell 10.180 mit einem Göppel-Aufbau im Stil des SL 202-Typs. Der hier nicht aufgeladene 6,9-Liter-Motor mit 150 PS kam zum Einbau. 32 Sitz- und 22 Stehplätze sind in diesem Fahrzeug vorhanden. Die italienische Firma Muratori baut auf diesem Fahrgestell ihre »Arena«-Ausführungen auf.
Der Serienbau des neuen StÜLB-Modells SÜ 242 bzw. SÜ 292 konnte jetzt aufgenommen werden, wenn auch noch das bisherige SÜ 240-Modell parallel dazu angeboten wurde. Eine Anti-Blockier- und eine Anti-Schlupf-Einrichtung können auf Wunsch eingebaut werden. Auf die Anbringung des üblichen angedeuteten MAN-Grills wurde auch hier verzichtet.
Einzufügen ist hier, daß die MAN wie auch die Daimler-Benz AG eine Lizenz zum Nachbau der Schubgelenkfahrzeuge, vor allem des Typs SG 292 F an die italienische Karosseriefabrik Macchi in Varese erhielt, die einst Büssing-Fahrzeuge nachgebaut hatte.
Im Reisebusprogramm wurden unter Fortfall des Buchstaben »S« in der Bezeichnung die Typen R 292, FR 292, FRH 292 und FRH 362 angeboten.
Neben den bisherigen FOC- und HOC-Fahrgestellen werden seit diesem Jahr auch die Untergruppen des Reise- und des Gelenkbusses an Aufbautenhersteller abgegeben.
Durch ungüstige Umrechnungskurse in den USA und in der Türkei traten in diesem Jahr Verluste auf. Hinzu kam noch, daß das mit hohen Investitionen modern ausge-

baute US-amerikanische Bus-Werk aufgrund der Nachfrageschwäche der amerikanischen Kommunen stillgelegt werden mußte; der Servicebetrieb für die ausgelieferten Fahrzeuge wurde jedoch aufrechterhalten.
Der Absatz der Fahrzeuge belief sich im Jahre 1987 auf 2450 Modelle.
Im Jahre 1988 wurden die Vormodelle der Niederflurbaureihen NL 202 und NG 272 mit einer vorderen Wagenbodenhöhe von nur 31,5 cm vorgestellt. Die Fahrzeuge besitzen eine stark gekröpfte vordere Starrachse. Der leicht ansteigende Boden ermöglicht ein geschicktes Überdecken der Hinterachshöhen. Niederquerschnittreifen kommen zum Einbau. Die seitlich eingebaute 6,9-Liter-Hochleistungsmaschine D 0826 ist in dem Typ NL 202 mit einer Ladeluftkühlung und einer Drucklufteinblasung versehen, so daß eine Leistung von 213 PS erzeugt wird. Ein Oxidationskatalysator zur Verwendung von schwefelarmen Kraftstoffen reduziert die Schadstoffemission. Im Gelenkbus ist die Maschine D 2826 LXUH mit einer doppelten Turbolader- und Ladeluftkühlung eingesetzt, so daß hier 270 PS zur Verfügung stehen. Die Maschine ist hier links liegend im Heck angebracht und treibt über eine seitlich versetzte Kardanwelle die Nachläuferachse des Schubgelenkbusses an. 32 Sitz- und 72 Stehplätze bzw. 51 Sitz- und 113 Stehplätze weisen diese Modelle auf.
Das Jahr 1988 mußte mit 2035 gebauten Exemplaren abgeschlossen werden, von denen 1125 Fahrzeuge in den Export gingen.
1989 erschien im Serienbau das Midi-Stadtlinienmodell des Göppel-Werkes unter der entgültigen Bezeichnung SM 152 bzw. SM 182. Der D 0826-Saugmotor mit 150 PS und der im Hub verkleinerte Turboladermotor D 0826 T mit 180 PS kommen hier in stehender Bauweise zum Einsatz.
Die Firmen E. Auwärter und Avtomontaza erstellten ebenfalls Aufbauten für dieses 10.150- bzw. 10.180-Fahrgestell.
Die neuen Niederflurbusse wurden in diesem Jahr in einer Vorserie an verschiedene Omnibusbetriebe zur Erprobung abgegeben. In der Kombiversion ÜH 242 und ÜH 292 wurde in Anlehnung an den Reisebus ein neues Überlandmodell auf dem »fahrgastfreundlichen« Niederflurchassis ins Programm genommen. Auf die Klimaanlage und auf den Einbau der schweren Planetenachse wurde hier verzichtet.
Parallel zum G. Auwärter-Werk mit der Marke Neoplan erprobte das MAN-Werk in Salzgitter in Zusammenarbeit mit der Stadt München und dem Bundesministerium für Forschung und Technologie einen Standardomnibus mit einem diesel-elektrischen Antrieb, bei dem ein Magnet-Schwungrad die Energie beim Bremsen speichert und beim Anfahren als zusätzliche Kraft abgibt, so daß das 150 PS starke Vierzylinder-Hochleistungstriebwerk D 0824 eingesetzt werden kann. Bei diesem Magnet-Motor-Bus wird ein Multiple-Elektronik-Dauermagnet mit einem 85-kW-Elektromotor in Verbindung mit einem Mikroprozessor verwendet. Der Elektromotor, der gleichfalls als Generator dient, treibt die Hinterachse direkt über eine kurze Kardanwelle an. Hinzuweisen ist dabei darauf, daß mit Schwungradhilfsantrieben in sogenannten Gyro-Bussen schon seit 1981 bei der MAN experimentiert wurde.
Die 11,9-Liter-Maschine D 28 wurde in der Saugversion jetzt mit einem Oxidationskatalysator versehen, um die Abgaswerte weitgehend zu reinigen.
Hinzugekauft wurde im Herbst 1989 die Steyr Nutzfahrzeuge AG in Steyr/Österreich, die zuvor der Steyr-Daimler-Puch AG angehörte. Die Jahreskapazität dieses Unternehmens liegt bei 3000 Lastwagen und Linienbussen.
In diesem Jahr konnte die MAN 2298 Omnibusse aus deutscher Fertigung ausliefern. Hinzu kamen noch 200 ÖAF-Fahrzeuge.
Schwerpunkt der MAN-Motorentechnik des Jahres 1990 wurde die Geräuschkapselung für die sogenannten »Silent-Motoren«. Hinzu kam eine weitere Verbesserung der Abgaswerte durch eine Drucklufteinblasung in die Saugmotoren.
Der Niederflurbus NL 202 wurde nun auch in einer dreitürigen Ausführung für 106 Fahrgäste vorgestellt.
Das Jahr 1990 konnte endlich wieder mit 2572 produzierten Omnibussen und Fahrwerksgruppen abgeschlossen werden. Hervorragende Ausführungen der Reisebusse wurden dabei unter der Bezeichnung »Lion's Edition« mit 373-PS-Turboladermotoren und Klimaanlagen in grauer Farbgebung angeboten.

Zu Anfang des Jahres 1991 konnte ein Auftrag auf 307 Omnibusse für die Stadt Adelaide/Australien hereingeholt werden. Die Modelle werden im australischen MAN-Werk zusammengebaut, wobei die ersten 100 Exemplare mit dem Erdgasmotor E 2866 U mit 175 PS aus dem Augsburger Werk (heute MAN B & W Diesel AG) versehen werden. Die weiteren Modelle sollen bei positiven Ergebnissen auch mit dieser Motorenvariante versehen werden.
Um die Produktion im MAN-Omnibuswerk Salzgitter zu entlasten, werden seit 1991 Überland-Linienbusse vom Typ ÜL 242 bei der MANIKA-Fahrzeugtechnik (früher VEB Kraftfahrzeug-Instandsetzungsbetrieb) in Güstrow lackiert und komplettiert. Auch der Blankenburger Metallbau GmbH beteiligt sich an der Omnibusherstellung.
Im Jahre 1992 erschien ein eigener Niederflur-Midi-Bus, bei dem ein stehender 150-PS-Vierzylindermotor das seitlich versetzte Differential der einfachbereiften Hinterachse antreibt. Der ÜL-Linienbus erhält den aufgeladenen, stehenden Fünfzylindermotor D 2865. Als weitere Neuheit kam das Omnibus-Chassis 18.420 HOCL mit der stehenden, ladeluftgekühlten 420-PS-Maschine hinzu. Mit dem gleichen Triebwerk wird der im Herbst 1992 vorgestellte neue Fernreise-Hochdecker FRH 442 »Lion's Star« ausgerüstet, der die neue MAN-Reisebusgeneration einführt. Die abgerundete, vordere Dachpartie und der durchgehend ebene Wagenboden kennzeichnen das Fahrzeug. Nachdem 1993 die 360-PS-Maschine in das Modell kam, erhielt es 1994 den neuen Fünfzylinder-Diesel D 2865 mit 320 PS.
Als Unterflurmotor wird der D 2865 LU in den Gelenkbus SG 322 eingesetzt. Neu kamen ein Niederflur-Linienbus NL 202 mit Euro-2-Motor mit 220 PS und der NL 232 mit einem Erdgasmotor mit 230 PS hinzu. Als »Europabus« für Stadt- und Überlandverkehr folgten die Modelle EM 192 (Göppel-Aufbau) und EL 202.
Die MAN-Nutzfahrzeugwerke AG, die aufgrund ihres Schwerpunktes in der Motorentechnik stets eigene Wege gegangen ist und diesem Umstand auch ihren Erfolg verdankt, verfügt zur Zeit über Werke in München, Nürnberg, Penzberg, Salzgitter-Watenstedt und in Ginsheim-Gustavsburg, wo Rahmen und Fahrerhäuser gepreßt werden. Alle stehenden Motoren liefert das Stammwerk in Nürnberg, während die Unterflurmotoren traditionellerweise aus Salzgitter-Watenstedt kommen.
In Österreich besitzt die MAN die Österreichische Automobilfabrik Ö.A.F.-Gräf & Stift AG, die den österreichischen Markt und auch die EFTA-Länder versorgt sowie Spezialfahrzeuge herstellt. Wesentliche Beteiligungen bestehen bei der Austro-MAN Fahrzeug-Vertriebs Gesellschaft mbH in Wien und bei Steyr Nutzfahrzeuge Aktiengesellschaft. Über die Firma Steyr plante das Unternehmen eine Zusammenarbeit mit dem polnischen Nutzfahrzeughersteller Jelczanskie Zaklady Samochodowe (früheres Krupp Berthawerk) in Markstädt bei Jeltsch/Polen (in der Nähe von Breslau), um auf dem osteuropäischen Markt Fuß zu fassen. In der Schweiz fertigen der in Bellach ansässige Omnibuskarossier Hess, der in Biel ansässige Betrieb Ramseier + Jenzer sowie in Nyon der Karossier Lauber & Fils den Midi- beziehungsweise den Gelenkbus auf MAN-Untergruppen. In der Tschechei baut das Unternehmen Oasa in Caslav Reisebusse auf MAN-Fahrgestellen auf. In Arbuscias/Girona/Spanien fertigt das Unternehmen Noge Omnibusse auf MAN-Chassis. In Tel Aviv/Israel werden MAN-Busse von der Firma Merkavim & Hergaaz komplettiert. In Südafrika ist die MAN Automotive (South Africa) PTY, Ltd. in Johannesburg, in Australien und Neuseeland die MAN Automotive (Australia) PTY, Ltd. in Sydney beziehungsweise die MAN Automotive New Zealand, in den USA die MAN Truck & Bus Division in Southfield/Michigan und in der Türkei die Kamyon ve Otobus Sanyii Anonim Sirketi in Istanbul sowie die Beteiligungsgesellschaft MANAS un Ankara tätig.

30-PS-MAN-Saurer Ausflugsomnibus (MAN-Werkfoto)

30-PS-MAN-Saurer Bayern-Postbus (MAN-Werkfoto)

37/40-PS-MAN 3TC (Foto VAG Nürnberg)

37/40-PS-
MAN 2,5 TC Überlandomnibus

65-PS-
MAN NOB

65-PS-
MAN NOB
Omnibuszug
(Foto VAG
Nürnberg)

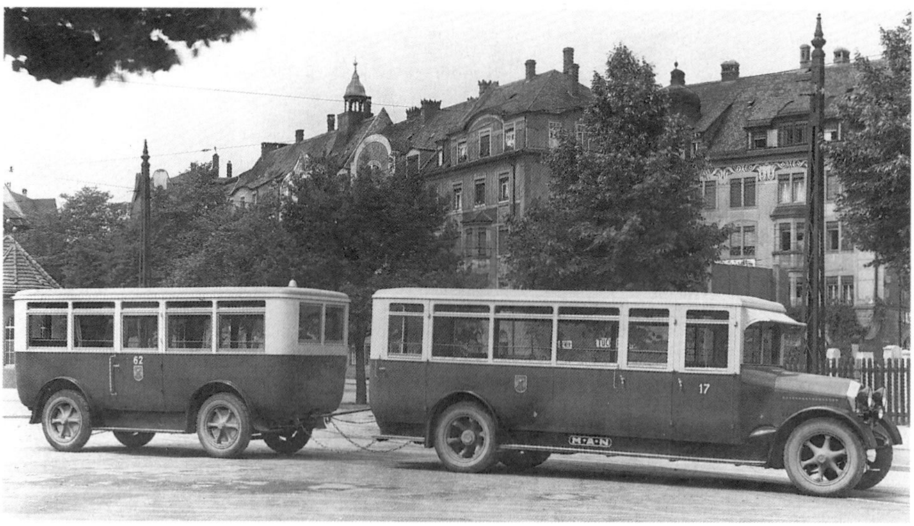

55-PS-MAN 3TN Studien-ausführung

65-PS-MAN NOG

100-PS-MAN NOB/6 Aussichtswagen

100-PS-MAN NON/6 (MAN-Werkfoto)

100-PS-MAN N6

2x37-kW-MAN/
Siemens-Obus

80-PS-MAN D1
(Foto VAG
Nürnberg)

2x50-kW-
MAN/Siemens-
Obus

275-PS-MAN
RAB-Vierachser
(Modell)
(MAN-Werkfoto)

60-PS-MAN E2
(MAN-Werkfoto)

80-PS-MAN Z2
(MAN-Werkfoto)

90-kW-MAN MPE
Typ 4500/I
(MAN-Werkfoto)
Zeichnung 4500
MPL

80-PS-MAN DS

100/110-PS-
MAN LPS
(MAN-Werkfoto)

120-PS-MAN MP Aussichtswagen

120-PS-MAN MP Stadtgasbus mit Gasanhänger (Foto VAG Nürnberg)

85-kW-MAN/BBC-O-Bus MPE Typ 4500/I mit Einstangen-system

120-PS-MAN
MKN
(MAN-Werkfoto)

85/100-kW-MAN
Obus 590 HEC 1
Argentinien-Typ
(Kässbohrer-
Aufbau)
(MAN-Werkfoto)

130-PS-MAN
MKH 4
(MAN-Werkfoto)

130-PS-MAN MKN 630 Linienbus (MAN-Werkfoto)

130-PS-MAN MKN 26 Kässbohrer-Gelenkzug

155-PS-MAN MKP 26 T Kässbohrer-Gelenkzug

120-PS-MAN
420 HOC 1
(MAN-Werkfoto)

120-PS-MAN
420 HOC 2
Linienbus
(MAN-Werkfoto)

160-PS-MAN
760 UO 1
Reisebus

160-PS-MAN
760 UO 1
Linienbus

135-PS-MAN
535 HO-11
Reisebus
(MAN-Werkfoto)

135-PS-MAN
535 HO-11
Linienbus
(MAN-Werkfoto)

192-PS-MAN
750 HO R 11

160-PS-MAN
750 HO-SL
(MAN-Werkfoto)

192-PS-MAN
890 UG M 16

212-PS-MAN
690 HO-R
(SAVIEM-
Typ E7N)
(MAN-Werkfoto)

160-PS-MAN
750 HO-SL
(MAN-Werkfoto)

192-PS-MAN
890 SG-Ü

192-PS-MAN
SL 192

240-PS-MAN
SÜ 240

240-PS-MAN
SR 240
(MAN-Werkfoto)

168-PS-MAN
CR 160 R

280-PS-MAN
SGG
(MAN-Werkfoto)

360-PS-MAN
SR 360 H
(MAN-Werkfoto)

280-PS-MAN
SG 240 H

360-PS-MAN
22.360 HOCLN
Caetano
(MAN-Werkfoto)

290-PS-MAN
SG 292
(MAN-Werkfoto)

240-PS-MAN
SÜ 242 (ÜL)

290-PS-MAN
R 292

213-PS-MAN
NL 202
(MAN-Werkfoto)

180-PS-MAN
10.180 SM II
(MAN-Werkfoto)

420-PS-FRH 422
»Lion's Star«
(MAN-Werkfoto)

Manderbach

Louis Manderbach u. Co. KG, Fahrzeugwerke, Wissenbach/Dillkreis, Am Bahnhof
1954 - 1956

Der Gestellmacher Louis Manderbach (1877 - 1949) gründete 1899 eine Werkstatt zur Herstellung von Transportgeräten, Pferdefuhrwerken, Bäcker- und Möbelwagen. 1928 stieg das inzwischen 70 Mann starke Unternehmen in den Bau von leichten, motorisierten Vorderlader-Fahrzeugen unter der Bezeichnung »Manderbach-Patent-Eilwagen« ein. Nachdem das Manderbach-Werk Mitte der dreißiger Jahre mit dem im Kleinlieferwagenbau tätigen Framo-Werk (siehe VEB Barkas-Werk) in Hainichen i. Sachsen ein dreirädriges Gemeinschaftsmodell produziert hatte, fertigte es nach dem Schell-Plan während der Kriegszeit mit dem Framo- und dem OD-Werk von Willy Ostner den vierrädrigen Einheits-Lieferwagen.
Die unmittelbare Nachkriegszeit wurde mit der Großreparatur und dem Karosseriebau für den Büssing 5000 T überbrückt. Im Jahre 1949 erschien der einstige Framo-Typ mit

neuer Haube. Von 1954 bis 1956 wurde dieses Fahrzeug mit »5 bis 8 weichen Polstersitzen« auch als Kleinbus angeboten. Der 34-PS-Ford-Motor trieb das Manderbach-Modell an, das in ähnlicher Form auch wieder vom neuen OD-Werk und vom enteigneten Framo-Werk gefertigt wurde.
Ende der fünfziger Jahre endete der Fahrzeugbau. Der Karosseriebau wurde weitergeführt, bis das Werk 1960 an eine Armaturenfabrik verkauft wurde. Heute steht auf dem ehemaligen Manderbach-Gelände eine Kartonagenfabrik.

38-PS-Manderbach Kleinbus

Maxwerke

Maxwerke Electricitäts- und Automobilgesellschaft Harff u. Schwarz AG, Köln-Lindenthal, Freiligrathstr. 35
1899 - 1903

Dieses Unternehmen baute um die Jahrhundertwende neben Lastwagen auch leichte Omnibusse, angetrieben durch Radnaben-Elektromotoren an den Hinterrädern.

Meyrel

Gebr. Meyrel, Colmar i. E., Stanislausstr. 43
1913

Die Automobilhandlung der Brüder Maurice und Jules Meyrel in Colmar nahm um 1912 den Fahrzeugbau auf. Neben Lieferwagen entstanden auch Lastwagen und Omnibusse. Der 16-sitzige Omnibus besaß einen 30-PS-Motor, wobei die Kraftübertragung sowohl über eine Kette als auch per Kardan möglich war. Die Wahl hatte der Kunde.

MMB

Motorfahrzeug- und Motorenfabrik AG (MMB), Marienfelde bei Berlin
1. 1898 - 1902 Motorfahrzeug- und Motorenfabrik AG (MMB), Marienfelde bei Berlin
2. 1902 - 1926 Daimler-Motoren-Gesellschaft (DMG) Bad Cannstatt (ab 1904 in Stuttgart-Untertürkheim), Zweigniederlassung Berlin-Marienfelde

Die Motorfahrzeug- und Motorenfabrik AG (MMB) in Marienfelde bei Berlin ging 1898 aus der Allgemeinen Motor-Wagen Ges. mbH (AMG) hervor. Die Keimzelle der AMG war 1879 der Motoren- und Lokomobilen-Hersteller Adolf Altmann in Berlin-Nord. Die Firma wurde 1897 in die AMG umgewandelt, die 1898 in Marienfelde ein neues Fabrikareal bezog. Dort nahm man im gleichen Jahr die Fertigung von Motoren und Fahrzeugen nach System Daimler und nach Patenten der Firma Columbia Electric Company aus Hartford/USA auf. Der MMB-Aufsichtsratsvorsitzende, Max von Duttenhofer, gleichzeitig Aufsichtsratsvorsitzender der Daimler-Motoren-Gesellschaft (DMG), überging Gottlieb Daimler rücksichtslos in seinen Rechten und Patenten. Da das Aktienkapital des Marienfelder Betriebes weit über dem der DMG lag, drang 1902 Max von Duttenhofer in einer Aufsichtsratssitzung in der Cannstatter DMG-Zentrale auf eine Fusion mit der Motorfahrzeug- und Motorenfabrik, wobei das Marienfelder Werk in eine Zweigniederlassung der DMG verwandelt wurde. Die Kapitalbeteiligung und die damit verbundene Einflußmöglichkeit der Familie Daimler ließ sich somit bis zur Bedeutungslosigkeit reduzieren.
Nach einem Oberdeckomnibus (Decksitzer) und einem leichten 8-PS-Gesellschaftswagen vom Typ »Berliner Kremser« mit 15 Plätzen folgten um die Jahrhundertwende auch Elektroomnibusse, die in Zusammenarbeit mit den in Berlin beheimateten Union-Elektrizitätswerken und der ebendort ansässigen Gülcher Akkumulatorenfabrik gefertigt wurden. Große Pferdeomnibusse mit zwei Perrons wurden hierzu umgebaut und auf der ABOAG-Linie »Anhalter - Stettiner Bahnhof« eingesetzt. - Die Ausgangsbasis für den sich rasch entwickelnden DMG-Lastwagenbau bildeten Omnibusse, Hotelbusse, die erwähnten Kremser sowie Geschäfts- und Transportwagen.
Unter Verwendung von Lkw-Fahrgestellen erschienen 1903 drei leichte Baumuster mit Zweizylindermotoren mit 4 bis 8,6 bis 9,5 und 8 bis 12 PS sowie drei »schwere« Typen mit 12 bis 18, 16 bis 21 und 20 bis 25-PS-Vierzylindermotoren. Wenig später folgten 12-PS-Zweizylindermodelle sowie 18-, 21- und 27-PS-Vierzylindertypen.
1905 nahm die DMG 17- und 36-sitzige Omnibusse mit 16-, 22-, 28- und 35-PS-Motoren ins Lieferprogramm auf. Die Königl. Bayer. Post, Unternehmen in Berlin und in London übernahmen größere Serien dieser Fahrzeuge mit Ritzelantrieb. Hervorzuheben unter diesen Modellen ist der 28-PS-Typ D 4 mit 16 Sitz- und 5 Stehplätzen, der auf der Strecke Bad Tölz - Lenggries als erster Linienomnibus einer deutschen Postverwaltung eingesetzt wurde. Auch der auf dem D 4- oder E 4-Lkw-Fahrgestell aufgebaute Decksitzer mit einem 28- oder 35-PS-Ottomotor ist zu erwähnen, der in mehreren Exemplaren bei der Berliner ABOAG eingesetzt wurde. Das von Lange & Gutzeit karossierte Modell besaß unten 16 Plätze auf zwei Querbänken und oben 14 bis 18 Decksitze auf Längsbänken. Der Omnibusfertigung widmeten die Marienfelder weiterhin große Aufmerksamkeit. So entstanden Busse und Bus-Chassis für 7 bis 39 (Decksitzer) Passagiere, sämtlich noch mit Vollgummibereifung.
Die seit 1906/07 beim Lizenzgeber Österreichische Daimler-Motoren-Gesellschaft mbH (ÖDAMG/Austro Daimler), »Abteilung Oberleitung«, gebauten Gleislosen Bahnen - System Elektro-Daimler-Stoll - besaßen Kontaktwagen-Stromabnehmer nach einem Patent von Carl Stoll (DRP 130 644) aus Dresden. Sie wurden nach der Lohner-Porsche-Methode von elektrischen Innenpol-Radnabenmotoren angetrieben. Die Generalrepräsentanz lag in den Händen des Projektbüros Ludwig Stoll (geboren 1877 bei Dresden, gestorben 1925 in Wien), Sohn des Patentinhabers Carl Stoll.
Außerdem fertigte die ÖDAMG in Wiener Neustadt elektrische Mercédès-Electrique-Pkw-, Omnibusse- und Nutzfahrzeuge - nach System Lohner-Porsche - deren Radnabenmotoren von Strom aus mitgeführten Akkumulatoren gespeist wurden.

Die europaweite Vermarktung übernahm zwischen 1906 und 1910 die unter anderem zu diesem Zweck in Paris tätig gewesene Sociètè Mercédès Electrique S. A..
Zum Nachbau, zur Montage und (teilweise nur) zum Vertrieb der Austro-Daimler-Elektrofahrzeuge rief die Daimler-Motoren-Gesellschaft, Zweigniederlassung Berlin-Marienfelde, 1907/08 die »Elektrische Abteilung« ins Leben. Die Große Berliner Motor-Omnibus-Gesellschaft erhielt von ihr 1908 Decksitz-Frontlenker mit Batterien unter dem Wagenboden. Die Hinterachsen verfügten über je zwei elektrische Radnabenmotoren zu je 15 bis 20 PS. Sie befuhren die Linie Stettiner Bahnhof - Hasenheide.
Abgesehen von akku-elektrischen Mercedes-Porsche-Feuerwehr-, Lkw- und Postwagen-Chassis (zumeist mit Vorderradantrieb und in Batteriehauben-Bauweise) lieferte die DMG für die Berlin-Steglitzer Obuslinie 1912 die entsprechenden Trolleybusse. Sie hatten 16 Sitz- und 8 Stehplätze. Im Rahmen des Systems Elektro-Daimler-Stoll befanden sich ihre elektrischen Porsche-Nabenmotoren in den Hinterrädern. Ferdinand Porsche war 1905 als Konstrukteur von der Wiener K. u. K. Hofwagen- und Automobilfabrik Jacob Lohner & Co. zur ÖDAMAG übergewechselt. Er avancierte dort 1906 zum Technischen Direktor.
Im Jahre 1912 erneuerte die DMG-Marienfelde ihr Nutzfahrzeugprogramm. Die Modelle DM 2 bis DM 6 wurden mit jeweils zwei Motorvarianten geliefert. Die DC-Baumuster besaßen anstelle des üblichen Ritzelantriebs (DR-Typen) eine Kardanübertragung. Hinzu kam das DC 3c-Großmodell mit einem Schneckenantrieb, der ein ruhigeres Fahrverhalten ermöglichen sollte. Die Städtischen Straßenbahnen Dresden beschafften 1913/14 sechs DMG-Omnibusse des Typs DC 3c. Die 35-PS-Fahrzeuge boten in ihren Aufbauten 16 Fahrgästen Platz. Zeitsynchron legte sich das gleiche Unternehmen mit baugleichen Karosserien sechs weitere Motorbusse zu, allerdings auf NAG-Kardanchassis (vermutlich Typ B 07) mit 32-PS-Ottomotor.
Die Stückzahl der in Bad-Cannstatt beziehungsweise Untertürkheim und in Marienfelde gefertigten Lkw-Chassis für Omnibusse und von Fahrgestellen für Motoromnibusse lag bis zum Beginn des Ersten Weltkrieges bei zirka 350 Exemplaren. Das auch während der Kriegszeit angeblich nicht unterbrochene Omnibusprogramm wurde 1915 nochmals überarbeitet. Hinzu kam der 40 Personen fassende Oberdecker des Typs DC 3c O mit einem 35 PS leistenden 5,5-Liter-Ottomotor.
Nach dem Ersten Weltkrieg erhielt der DC 3-Typ die auf 40 PS gesteigerte 5,5-Liter-Maschine La 1154; wenig später einen neuen 45-PS-Motor. Auf der Deutschen Automobilausstellung (DAA) 1924 präsentierte die DMG neben einem Lkw und Kipper mit Daimler-Dieselmotor AD 1154 (mit Kompressor beziehungsweise Lufteinblasung) auch einen 40-PS-Dieselomnibus. Es handelte sich um einen Kardanwagen, vermutlich des Typs DC 3d O. Der Dieselmotor war aus dem Ottotyp La 1154 entwickelt. 1924 kam schließlich der neue Typ DC 4d hinzu, nun mit einem 55-PS-Motor ausgerüstet. Unter der Bezeichnung DC 4dN konnte dieses Modell auch mit einem Niederrahmenfahrgestell geliefert werden. Die DMG-Busse erhielten seinerzeit Elastik- oder Luftreifen zum Einbau.
Nach der Bildung der Daimler-Benz AG lief der Nutzfahrzeugbau in Berlin-Marienfelde aus. Der Daimler-Benz-Omnibusbau wurde zunächst in die Gaggenauer Fertigungsstätten der ehemaligen Benzwerke verlegt.
Das Marienfelder Werk diente anfänglich als Großreparaturwerk und wurde nach 1933 wieder als Nutzfahrzeug-, Spezialfahrzeug- und Flugmotorenproduktionsstätte reaktiviert. Nach dem Zweiten Weltkrieg ist das Werk seit 1948 im Motoren- und Komponentenbau tätig.

Daimler-Marienfelde Akkumulatoren-Omnibus von 1898

6-PS-Daimler-Marienfelde

8-PS-Daimler-Marienfelde

28-PS-Daimler-Marienfelde D 4

40-PS-Daimler-Marienfelde Typ »Imperial«

28-PS-Daimler-Marienfelde D 4

28-PS-Daimler-
Marienfelde D 4
Jagdwagen

35-PS-Daimler-
Marienfelde
DC 3c

35-PS-Daimler-
Marienfelde
Aussichtswagen

35-PS-Daimler-Marienfelde E 4

35-PS-Daimler-Marienfelde E 4 Omnibuszug

28-PS-Daimler-Marienfelde DM 2b Omnibuszug

35-PS-Daimler-Marienfelde DC 3c (Foto MB-Archiv)

50/55-PS-Daimler-Marienfelde DC 4d Aussichtswagen

50/55-PS-Daimler-Marienfelde DC 4dN Niederrahmen-omnibus

Nacke

Emil H. Nacke, Automobil- und Maschinenfabrik, Coswig i. Sachsen, Naundorfer Str.
1902 - 1931

Ingenieur Emil Hermann Nacke (1843 - 1930) hatte nach dem Studium am Polytechnikum in Dresden, nach Lehrjahren in einer Maschinenfabrik und in der Lokomobilfabrik Götjes & Co. in Reudnitz bei Leipzig, nach Auslandsreisen und nach einer Tätigkeit bei den Magdeburger Gruson-Werken, wo er als Konstrukteur einer verwindungsfreien Lafette hervortrat, Erfahrungen im Maschinenbau gesammelt. 1883 richtete er als Teilhaber der Firma C. G. Kallert in Sprottau/Schlesien und in Alt-Oels bei Bunzlau Strohstoffabriken ein. Nachdem er sich hatte auszahlen lassen, gründete er 1891 in Coswig i. Sachsen unter eigenem Namen eine Strohstoff- und eine Maschinenfabrik. Im Jahre 1900 wurde in der Maschinenfabrik der Motoren- und Automobilbau unter der Bezeichnung »Coswiga« aufgenommen. 1902 richtete er in dem 100-Mann-Betrieb auch einen Lastwagen- und Omnibus-Fahrgestellbau ein.
Während über die ersten Modelle keine Informationen vorliegen, ist ein um 1912 erschienener Zwölfsitzer mit einem 37/45 PS-Motor zu erwähnen. Ein Schneckenantrieb der Coswiger Firma Pekrun kam zum Einbau. Weitere 35 PS starke, 18-sitzige Omnibusse wurden an die Königlich Sächsische Staatsbahn geliefert, die die Modelle auch im Schienenbetrieb einsetzte, nachdem die Vollgummiräder mit Eisenbandagen und Spurkränzen umgerüstet worden waren.
Im Ersten Weltkrieg fertigte das inzwischen auf 250 Mitarbeiter angewachsene Automobilwerk 3,5- und 4,5-Tonnen-Heereslastwagen in größeren Stückzahlen.
Nach dem Krieg bot das Unternehmen auf dem Fahrgestell des 3,5-Tonners einen Omnibus mit einem 65/70-PS-Vierzylindermotor an. Vor allem wurden Aufbauten der Zwickauer Fahrzeugfabrik, vorm. Schumann und der Sächsischen Waggonfabrik in Werdau verwendet.
Kurz vor der Einstellung der Fahrzeugproduktion präsentierte das Werk einen 2,5-Tonnen-Omnibus für 26 Personen mit geschlossenem Aufbau. Ein eigens hierfür konstruierter Anhänger konnte angekuppelt werden. Auch das neue 3,5-Tonnen-Fahrgestell wurde als offener Aussichtswagen mit 25 Sitzplätzen karossiert. Beide Modelle erhielten einen 55-PS-Vierzylindermotor. Schließlich wurde in ganz geringer Stückzahl der Nacke-Fünftonner mit der 85-PS-Sechszylindermaschine für 45 Fahrgäste angeboten. Die Aufbauten für diese Modelle lieferten wiederum die beiden erwähnten Karosseriefabriken.
Nach dem Tod des Firmengründers, der sich stets in vorbildlicher sozialer Weise um die Belange seiner Mitarbeiter gekümmert hatte, wurde der Nacke-Automobilbau eingestellt, zumal auch die damalige Wirtschaftskrise das Unternehmen stark getroffen hatte. Aus der Automobil- und Maschinenfabrik ging später eine noch heute existierende Lüfter- und Turbinenfabrik hervor. Die Strohstoffabrik im Coswiger Raum wurde nach dem Ende der DDR stillgelegt.

NAG

Nationale Automobil AG, Berlin-Oberschöneweise, Westendstr.
1 - 51. 1904 - 1912 Neue Automobil GmbH
2. 1912 - 1915 Neue Automobil AG
3. 1915 - 1930 Nationale Automobil AG

Die Allgemeine Elektrizitäts-Gesellschaft (AEG) richtete 1901 unter ihrem Generaldirektor Dr. Emil Rathenau in der »Mechanischen Werkstatt« des Kabelwerkes Oberspree eine Automobilabteilung ein. Die Entscheidung zeugte von Weitblick. Um zunächst eine vorhandene Automobilkonstruktion weiterhin nutzen zu können, übernahm die AEG 1901 die zwei Jahre zuvor in Berlin gegründete AAG-Allgemeine Automobil-Gesellschaft mbH. Obwohl diese Firma eigentlich als Vertriebsgesellschaft für Elektromobile der Elektrizitäts AG vorm. Schuckert & Co. ins Leben gerufen wurde, befaßte sie sich auch mit dem Bau von Motor-Dreirädern. 1900 wagte sich die AAG darüber hinaus an den Bau des sogenannten Klingenberg-Wagens mit »Kapselmotor« heran. Prof. Dr. Georg Klingenberg (1870 - 1925) hatte bei dem Vis-à-vis-Viersitzer den gesamten Antriebsmechanismus, einschließlich des Motors, an der Hinterachse in einer Kapsel zusammengefaßt.
Etwa gleichzeitig arbeitete Joseph Vollmer (siehe Kapitel AEG) bei der Kühlstein-Wagenbau OHG an zwei Pkw-Konstruktionen mit vorn stehendem Motor und mit Kettensowie Kardanwellenantrieb. Er hatte für sie bereits den späterhin AEG/NAG-typischen kreisrunden Röhrenkühler vorgesehen.
Henri Jeannin (einige Jahre danach Mitbegründer der Argus-Flugmotorenwerke) verkaufte seine AAG Ende 1901 an die AEG, unter deren Regie sie als Vertriebsgesellschaft NAG-Neue Automobil-Gesellschaft am 24. Dezember des gleichen Jahres ins Berliner Handelsregister eingetragen werden konnte. Die NAG ließ ihre Pkw und (darauffolgenden) Nutzfahrzeuge auf Rechnung bei der AEG-Automobilabteilung produzieren. Emil Rathenau hatte letztere 1902 durch den Erwerb des Kühlstein-Motorfahrzeugbaubereichs (einschließlich Patenten, Konstruktionen und des einschlägigen Maschinenparks sowie der Übernahme von Mitarbeitern) ergänzt, weil die Klingenberg-Konzeption nicht so recht befriedigte. Anschließend wechselte der Kühlstein-Oberingenieur Joseph Vollmer ebenfalls zur AEG über. Emil Rathenau berief ihn zum Chefkonstrukteur für das Geschäftsfeld AEG/NAG.
Direktoren des 600, später 1200 Mann starken Betriebes waren zunächst Erich Rathenau, Sohn von Dr. Emil Rathenau, später Carl Gossi (1861 - 1927) und ab 1914 Kommerzienrat Heinz Junk. Die kaufmännische Leitung des Werkes lag vorerst in den Händen von Carl Gossi, von 1909 bis 1913 in den Händen von Dr. Siegmund Kleczewer (1879 - ?) und wurde ab 1914 von Heinz Junk ausgeübt. Dr. Siegmund Kleczewer war stellvertretender Vorstands- und ab 1920 ordentliches Vorstandsmitglied.
Joseph Vollmer schied 1906 bei der AEG wieder aus und gründete mit Ingenieur Fritz Neuberg in Berlin die Deutsche Automobil-Constructions GmbH (DAC). Zum besseren Verständnis sei hier eingeflochten: 1908 entschloß sich die AEG, die gesamte Auto- und Motorenfabrikation an die NAG abzugeben sowie die Gebäude und Grundstücke an sie zu vermieten. Die nunmehr für Vertrieb und Produktion hauptverantwortliche NAG wurde 1912 in eine Aktiengesellschaft (mit AEG-Mehrheit) umgewandelt und 1915 dann in Nationale Automobil AG umgetauft.
Nach dem Eintritt Joseph Vollmers begann die AEG für die NAG auch Luxus-Pkw, Liefer- und Lastwagen sowie Omnibusse zu konstruieren und zu bauen. Hinzukamen ab 1904 auch Elektro-Droschken, batterie-elektrisch getrieben mit Innenkollektor-Radnabenmotoren, für die AEG/NAG Tochtergesellschaft ABG-Automobil-Betriebs-Ges. mbH in Berlin.
Nachdem zunächst Hotelomnibusse auf verstärkten Pkw-Fahrgestellen gefertigt wurden, begann dieser AEG-Bereich 1904 auch mit dem Bau regulärer Omnibusse. Erstes Modell war der Typ J IV mit einem 16/18-PS-Zweizylindermotor. Eine Serie des entsprechenden Typs wurde auch an die Straßenbahngesellschaft in Alexandria/Ägypten geliefert.

1905 folgte schon ein Decksitz-Omnibus des Typs B 1 mit 26 Sitzplätzen im geschlossenen Unter- und im offenen Oberdeck. Weitere Fahrgäste konnten auf dem hinteren Stehperron befördert werden. Ein 28/32-PS-Vierzylinder-Ottomotor trieb die von der Allgemeinen Berliner Omnibus Actien-Gesellschaft (ABOAG) und von der Großen Berliner Motor Omnibus Gesellschaft eingesetzten Baumuster an.
Ein Großauftrag aus London zur Fertigung von 50 Omnibussen ließ sich aufgrund der noch nicht ausreichenden Kapazität der AEG/NAG realisieren. Als kleinen Typ mit einem geschlossenen Aufbau fertigten AEG/NAG ab 1906 den 10-PS-Zweizylindertyp C III. Erstmals wurde hierbei in einem NAG-Bus wahlweise der geräuschärmere Kardanantrieb angeboten.
Ein weiteres Modell war der Überlandomnibus mit 24/26-PS-Vierzylindertriebwerk. Das Fahrzeug besaß 6 Sitzplätze in der 1. und 24 Sitzplätze in der 2. Klasse. Die Höchstgeschwindigkeit lag bei 30 km/h. Auch ein Aussichtsomnibus mit einem seit 1977 durch Drögmöller wieder aktuellen ansteigenden Wagenboden für Stadtrundfahrten in der Reichshauptstadt Berlin kam hinzu. Mit dem Beginn des Baujahrs 1907 rüstete NAG auch die Oberdeck-Omnibusse mit Kardanantrieb aus. Gleichzeitig erhielten die Ottomotoren eine für die NAG-Fahrzeuge typische Motorhauben-Rundverkleidung hinter dem kreisförmigen Kühler, die noch aus der Konstruktionszeit von Joseph Vollmer stammte. Die Aufbauten stellten unter anderem die Waggonfabrik Falkenried (in Hamburg, seit 1968 FFG-Fahrzeugwerkstätten Falkenried GmbH, siehe dort) sowie später in Berlin auch Lange & Gutzeit her.
Größere Omnibusserien, darunter auch Decksitzer konnten AEG/NAG nach Wien, Moskau, Madrid, Genua und Berlin verkaufen. Der Formgestalter und Ingenieur Ernst Neumann-Neander änderte 1912/13, zuerst einmal bei den NAG-Pkw das runde Kühlergesicht in ein ovales ab. Die neue Motorhauben-Optik übertrug man bald danach auch auf die Ottomotor-getriebenen NAG-Nutzfahrzeuge, wo sie vor allem der Unterbringung größer gewordener Triebwerke zugute kam.
Seit 1913 wurden die Stadtomnibusse mit neuen 30/32-PS- und die Oberdeck-Omnibusse mit 33/45-PS-Motoren ausgestattet. Hinzukamen Vorgaben der ABOAG - wie verbesserter Kardanantrieb, eine überarbeitete Kupplung, automatische Umlaufschmierung und eine geänderte Innenausstattung -, die berücksichtigt werden mußten.
Schließlich ist für die Vorkriegszeit noch ein modernisierter Zwei-Klassen-Omnibus zu nennen. Während das frühere Modell eine seitliche und eine hintere Tür besaß, wies der 22/32-Typ jetzt zwei seitliche Türen auf. Auf dem Dach war, wie bei den Überlandomnibussen, eine Gepäckgalerie vorhanden.
Nachdem während des Krieges vor allem Militärfahrzeuge und Motoren gefertigt worden waren, erschienen 1921 im ersten Nachkriegsprogramm wieder ein neuer Aussichtswagen und ein Doppelstockmodell mit einer Zweiklasseneinteilung. Diese Fahrzeuge wurden erstmals ab der Hinterachse mit gekröpften Fahrgestellen ausgebaut, wobei es sich bei den Linienfahrzeugen um Nachbauten des RK-Typs der ABOAG handelte. Ein neuer 45 PS leistender Z 120-Ottomotor mit hängenden Ventilen wurde verwendet. Die elastikbereiften Räder wurden indes wieder mit Ketten angetrieben, da keine gehärteten Zahnräder zur Verfügung standen. Der Oberbau war nun aus Sicherheitsgründen oben geschlossen (regelrechter Doppelstockaufbau).
Erneuert wurde die Doppelstock-Ausführung im Jahre 1923 mit einem über der Hinterachse und für den Perron stark abgekröpften Rahmen. Seitliche Einstiege und Quersitze auf dem wieder offenen Oberdeck waren vorhanden. Die Räder erhielten erstmals Riesenluftreifen. Ein neuer, großvolumiger 55/58-PS-Ottomotor des Typs Z-135 mit niedriger Drehzahl trieb mittels Kardanwelle die Hinterachse an.
1924 erschien unter der Bezeichnung KO 8 ein 26-sitziger Reisebus mit 35-PS-Ottomotor. Unter der Bezeichnung KO 9 war der in großen Serien hergestellte Doppeldecker-Omnibus mit einem 55/60-PS-Vierzylindermotor mit 9,7 Litern Hubraum etwas stärker. Eine Besonderheit war die Knorr-Druckluftschaltung, die hier erstmals in einem deutschen Nutzfahrzeug angewandt wurde. Die Karosserien produzierte Orenstein & Koppel in Berlin-Spandau.
1923/24 überarbeitete die NAG ihre Nutzfahrzeugpalette und stellte sie weitgehend auf ihre neuen Z-120- und Z-135-Ottomotoren mit jeweils 17 mm Kolbenhub um (daher der

Name NAG-»Einheitsmotor«). Die 7,7- und 9,7/14,6-Liter-Aggregate mit hängenden Ventilen und vier Zylindern (Z-120 und Z-135) sowie sechs Zylindern (Z-135) leisteten 55 bis 55 und 55 bis 65 sowie 65 bis 75 PS. Um möglichst kleine Wendekreise zu erzielen, setzten die NAG-Ingenieure bei vielen neuen Typen »8«- und vor allem bei den Typen »9«-Ausführungen die Vorderachse sehr weit zurück, teilweise bis unter den Fahrersitz. Im Zuge dieser Entwicklung entstand bei der NAG das KO 9/1-Fahrgestell, bei dem einerseits die halbe Fahrerkabine auf Wunsch in ihrer halben Länge rechts oder links bis auf die (wiederum) halbe Länge der Oval-Motorhaube vorgezogen werden konnte oder sich andererseits frühe Frontlenker-Ausführungen realisieren ließen. Beide konzeptionellen Möglichkeiten wurden besonders gern für Doppelstockbusse, Müllwagen und Sonderaufbauten (Fahrbüchereien aus Werdau und Tierkadaver-Transportfahrzeuge mit Seilwinde) genutzt. Mit dem Aufkommen der C-108-Sechzylinder-Ottomotoren mit 80/100 PS ab 1927/28 stattete die NAG ihre Busse und Lkw in der Folge mit kantigen Kühlern und Motorhauben aus (beispielsweise Berliner Doppelstockbus KO 9/3). Das bezog sich auch auf die 1928 von der AEG/NAG-Tochtergesellschaft Voran GmbH und der ABOAG-Tochtergesellschaft Wagenbauwerke GmbH in Berlin gebauten Doppelstockbusse mit Frontantriebssatz.
Auf KO 9-Chassis erschien 1926 ein über 40 Sitz- und 30 Stehplätze verfügender Doppeldecker. Je nach Einsatzbedingungen konnte er einen 55-PS-Vier- oder einen 75-PS-Sechszylinder-Ottomotor erhalten. Im gleichen Jahr folgte ein zeitgenössischer eleganter Niederrahmen-Omnibus auf Ovalhauben-Typ KO 9 mit dem nun 60/65 PS leistenden Z-135-Vierzylinder-Einheitsmotor. Größere Stückzahlen der Überlandausführung mit Oberlichtern und Dachgepäckträgern konnten an die Reichspost verkauft werden.
Zeitgleich überarbeiteten NAG und ABOAG das Doppeldeckermodell und gaben ihm den neuen 100 PS leistenden 8,8-Liter-Sechszylindermotor C-108 mit auf den Weg. Die Vorderachse war zum leichteren Einfahren in Haltebuchten weit zurückgesetzt. Eine Fahrerkabine befand sich zur Hälfte neben dem Motor, so daß weiterer Raum für die Fahrgäste gewonnen werden konnte. Hoch angesetzte Stoßstangen mit »Casco-Gummipuffern« sollten Stöße beim dichten Auffahren von zwei Omnibussen an Haltestellen abfedern. Die Räder wurden aus Kostengründen wieder mit Vollgummireifen versehen. Die Aufbauten fertigten zum Teil die Wagenbauwerke GmbH der ABOAG, die zu dieser Zeit auch ein eigenes Doppeldecker-Modell entworfen hatten.
1926, in der Inflationsfolgezeit, geriet die NAG erstmals in wirtschaftliche Schwierigkeiten. Im gleichen Jahr vergab die AEG-Tochtergesellschaft zum Nachbau ihrer Omnibustypen Lizenzen an die Staatlichen Ungarischen Eisen-, Stahl- und Maschinenfabriken in Budapest. Außerdem leitete die NAG 1926 die Übernahme der Protos-Automobile GmbH von der SSW-Siemens-Schuckertwerke AG ein. Bis Ende 1928 entwickelte sich in Verbindung mit Oberschöneweider Konstruktionen die Personenwagenmarke »NAG-Protos« mit den Pkw-Typen 204 bis 208. Ihre 3,6/4,0-Liter-Sechszylinder-Ottomotoren mit 70 bis 80 PS spielten über NAG-»Presto«-Nutzfahrzeuge hinaus noch bei Büssing-NAG bis 1938 eine beachtliche Rolle, als Ottomotor L in »Burglöwe 30«-Lkw und -Busse.
Im Zeitraum 1925/27 ging die Aktienmehrheit der Dux-Automobilwerke AG in Leipzig an die Presto-Werke, Günther & Co. AG in Chemnitz über, die ihrerseits (quasi als Presto/Dux) 1927/28 von der NAG übernommen wurde. Gelungene Dux/Presto-Busfahrgestelle und Schnell-Lastwagen-Konstruktionen der 1,5- und 2,5-Tonnen-Nutzlastklasse der Typen ZO, ZLO und Z sowie der dreiachsige 3 AZ und mit Schleppachse 3 A 6Z rollten von dieser Zeit an als NAG-Presto-Nutzfahrzeuge aus den Leipziger Werkstoren. Ihr geistiger Vater war der von Dux mit zur NAG übergetretene Dr. Gustav Schürmann. Als Kraftquellen dienten der (Dux-)Presto-Vierzylinder-Ottomotor Z mit 3,1 Litern Hubraum und 40/45 PS und in der 3 A 6Z-Variante der NAG-Protos-Sechszylinder-Ottomotor 204 mit 65 PS. Auch den Presto-Z-Motor verwendete Büssing-NAG in seinen Leicht- und Schnellastwagen noch bis 1938, zuletzt in den »Burglöwe 15- und 30«-Baumustern.
In den Jahren 1919/20 war die NAG der GDA-Gemeinschaft Deutscher Automobilfabriken GmbH, Berlin, beigetreten. Es handelte sich um ein Vertriebs- und Service-

unternehmen, das in gemeinsamen Verkaufsstellen auch die Produkte der anderen Mitglieder, Brennbor aus Brandenburg/Havel, Hansa aus Varel/Oldenburg und Hansa-Lloyd aus Bremen mitbetreute. In diesem Rahmen war die GDA für gewisse NAG-Pkw und für 3- bis 5-Tonnen-Lkw (Nutzlast) aus dem Oberschöneweider Werk zuständig.
Annähernd gleichzeitig etablierte sich 1919 in Leipzig eine weitere firmenübergreifende Vertriebs- und Serviceorganisation, der DAK-Deutscher Automobil-Konzern GmbH. Er war für Dux (Pkw bis 17 Steuer-PS), für Presto (Pkw bis 9 Stuer-PS und Lieferwagen bis 0,6 Tonnen Nutzlast) sowie für C. D. Magirus aus Ulm/Donau und VOMAG aus Plauen/Vogtland zuständig. Ab 1928 wurde durch den DAK auch der Magirus-Leichtlastwagen MZ mitvermarktet, eine Ulmer Vertragsfabrikation der Presto-Werke (Leichtlastwagen für 1,5 Tonnen Nutzlast und 40-PS-Dux-Presto-Z-Motor.) Nach der Presto-Übernahme durch die NAG mußten die GDA- und DAK-Konstellationen zwangsläufig zu Reibereien führen. Steine des Anstoßes waren der Dux/Presto-1,5-Tonnen-Lastwagen und das 1928 vorgestellte 2,5 Tonnen tragende 6x2-Lkw/Bus-Universalfahrgestell, die für die NAG weder im GDA- noch in den DAK-Rahmenbedingungen vorgesehen waren. Das Problem führte zu einem aufwendigen Rechtsstreit, der die NAG noch eine Stange Geld kostete.
Wie sich die Entwicklung bei den großen beziehungsweise schweren NAG-Dreiachsern vollzog, ist leider nicht mehr exakt nachvollziehbar. Tatsache ist, daß man 1927/28 in Berlin/Oberschöneweide einen »NAG-6-Zylinder, 65-70-PS-Großflächen-Lastwagen« in 6x4 Hochrahmenbauweise vorstellte, möglicherweise noch mit ovaler Motorhaube, für 7 bis 8 Tonnen Tragkraft. Ihm folgte 1928 offenbar das KO 12-Sechsradfahrgestell mit kantigem Kühler, über den beiden Hinterachsen gekröpften Rahmen und dem neuen 10,8-Liter-Ottomotor C 8-120 (C2-Serie) mit 105/120 PS. Auf der Auto-Ausstellung 1928 war das KO 12-Baumuster als Lkw mit Starrachsen, als Geländewagen mit Pendelachsen und als Omnibus für die ABOAG und als einzelachsgefedertes 6x2-Chassis zu sehen, schreibt »Das Last-Auto« im Heft 46 des gleichen Jahres. Die anderen drei Exponate besaßen je zwei getriebene Hinterachsen. Die NAG-Dreiachser dürften für Tragkräfte zwischen 8 und 10 Tonnen ausgelegt gewesen sein.
Die erste Hinterachse war an einem langen Dreieckslenker pendelnd aufgehängt. Ein zentraler Kardanwellenstrang übertrug die Kraft auf das Tellerrad des ersten Differentials und von dort auf das Tellerrad der zweiten Hinterachse. Es konnte zwischen einem elektrisch geschalteten Planeten- oder einem normalen Schaltgetriebe gewählt werden. Zusätzlich stand ein elektromagnetisch geschalteter Schnellgang zur Verfügung. Das Autorenkollektiv eines Buches über »Berliner Busse« (Alba-Düsseldorf) nennt in einer Tabelle neben einer KO 12-Ausführung mit C 8-108-Ottomotor noch die annähernd bauartgleichen NAG-Dreiachsbusse KO 9/3a mit 80/100-PS-Ottomotor C 8-120 und 100-PS-Maybach OS 5-Ottomotor. Außerdem ist eine KO 9/c-Dreiachsversion mit 150 PS starkem C 8-120-PS-Motor angeführt. Ihre Bau beziehungsweise Beschaffungsjahre lagen bei der ABOAG/BVG zwischen 1928 und 1931. Die Stadtlinienaufbauten für 52 bis 60 Fahrgäste stammten sehr wahrscheinlich vom Wagenbauwerk in Berlin-Treptow und von den Schlesien-Werken in Liegnitz oder Lauban. Einige der 48 Wagen sollen um oder ab 1933 110/120-PS-Deutz-Dieselmotoren F 6 M 317 erhalten haben. - Einen NAG KO 9/3a-Bus ließ die BVG 1936 mit C 8-120-Ottomotor und WISCO-Holzkohlengas-Generator ausrüsten. Das Sechszylinder-Antriebsaggregat brachte es im Holzkohlengasbetrieb auf 85 PS.
1928 ergänzte der Berlin-Oberschöneweider Pkw- und Nutzfahrzeug-Hersteller sein Omnibus-Lieferprogramm außerdem durch die kleinen 6x2-NAG-Presto-Typen 3 AZ und 3 A 6Z aus dem Werk Leipzig, wahlweise mit 40/45-PS-Vierzylinder- und 65-PS-Sechszylinder-Ottomotor. Ihre geschlossenen Aufbauten und die offenen Ausflugskarosserien boten auf den mittelhohen »Fischbauch«-Rahmen inklusive Klappsitzen jeweils 20 bis 25 Passagieren Platz.
1929 kam eine etwas größere Niederrahmen-Bauart hinzu, mit 23 festen Fahrgastsitzen und 100-PS-Sechszylinder-Maybach-Ottomotor OS 5. Die KVG Sachsen erwarb 28 derartige 6x4-Busse als Linienwagen (unter anderem für den Kurs Dresden - Karlsbad) als Ausflugsbusse mit Oberlichtfenstern im Dach (teilweise für Alpen- und Italienfahrten). Der ehemalige Technische Direktor der KVG in Dresden bezeichnete diese

Busse (KVG-Typ »Oberspree I«) in einem Beitrag über Treibgasbetrieb als NAG-Baumuster FM. Die Aufbauten mit vier Fenstern zwischen der vorderen und hinteren Schlagtür stammten vom Waggon-, Aufbauten- und Anhängerhersteller Gottfried Lindner AG in Ammendorf bei Halle/Saale, aus der KVG-Hauptwerkstatt in Dresden-Industriegelände und die der »Oberspree I a«-Ausflugswagen mit Rolldach vom Werk Werdau/Sachsen der Linke-Hofmann-Busch AG. Die »Oberspree«-Wagen waren lediglich 2,35 Meter breit.
Aus der 3AZ/FM-Familie entstand 1929/30 noch der etwas längere Niederrahmentyp A, von vornherein für den Einbau des Maybach-V 12-Zylinder-Ottomotors DSO 8 konzipiert, mit 150 PS und mit saugluftunterstützter Schaltung. Der Hinterachsantrieb erfolgte durch eine Kardanwelle mit Durchtrieb von der ersten zur zweiten Achse. Die ebenfalls 2,35 Meter breiten Baumuster erhielten von Lindner-Ammendorf gewichtsoptimierte Duralmin-Leichtmetallkarosserien mit 28 Sitzplätzen, vorderer Schiebetür, fünf Seitenfenstern, hinterer Schlagtür und Oberlichtfenstern in den Dachseiten. Möglicherweise wurde einer der drei anderen KVG-Busse »Oberspree II« mit einer Toilette ausgestattet. Ihre Höchstgeschwindigkeit betrug 100 km/h unter Radstand 5800 plus 1250 Millimeter. Die Leipziger (NAG-Presto-) A-Typen trugen am Kühler kein NAG-Zeichen mehr wie die FM-Modelle, sondern den einfachen Schriftzug BÜSSING-NAG, denn sie sollten durch die BNV vertrieben werden.
1930 kamen noch die kleinen NAG (-Presto)-Schnellbusse unter der Bezeichnung Typ 415 und Typ 417 hinzu. 70-PS-Sechszylindermotoren mit unterschiedlichen Hubräumen wurden eingebaut: das NAG-D 7-Personenwagen-Ottoaggregat mit 3,6 Liter und die NAG-»Presto«-Maschine L mit 3,9 Liter. Ab 1931 wurde der Typ 417 als Modell Büssing-NAG 30 im Programm weitergeführt. - Die Aufbauten der NAG-Omnibusse steuerten Ende der zwanziger Jahre vor allem die Waggonfabrik Talbot in Aachen, die Vereinigten Westdeutschen Waggonfabriken mit ihrem Westwaggon-Werk Gastell in Mainz-Mombach und Orenstein & Koppel bei.
In den Jahren 1929/30 wurden auf Druck von Jakob Goldschmidt, dem Vorstandsvorsitzenden der Danat-Bank, der Hausbank der NAG und der Büssing KG, Verhandlungen mit Büssing über eine Zusammenarbeit geführt, obwohl die NAG mit ihren schweren Lkw und Bussen zeitweise stückzahlenmäßig an zweiter Stelle hinter der noch jungen Daimler-Benz AG lag. Ab Mitte der zwanziger Jahre konnte die NAG trotz technischer Innovationen im Getriebebau nicht mehr gewinnbringend arbeiten. Dazu hatte auch der verlorene Rechtsstreit im Rahmen der GDA über den vertragswidrig gebauten Schnellastwagen und Schnellomnibus beigetragen. Ein weiterer, sich Jahre hinziehender Prozeß über die Verletzung von Patenten des Erfinders Thilo Kipping im Sattelschlepperbau (Opitz/WUMAG-»Oekonom«-Wagen) hatte weitere Mittel verschlungen.
Zum Jahresende 1930 ging die Nutzfahrzeugabteilung der NAG mit dem gesamten Maschinenpark auf die mit der Büssing KG gegründete Büssing-NAG, Vereinigte Nutzkraftwagenwerke AG (BNV) über. Dr. Siegmund Kleczewer trat seitens der NAG in den neuen Aufsichtsrat ein, Dr. Gustav Schürmann wurde bei der BNV zunächst Direktor der bisherigen NAG-Presto-Produktionsstätten.
Als letzte NAG (-Presto)-Modelle in der gemeinsamen Büssing-NAG-Palette erschienen 1930 und 1931 noch die Typen 401, 507/508, 511, 516 und 518, auch als Klein- und (wie man heute sagt) Midi-Busse; angetrieben von 40-, 52- und 70-PS-Vier- und Sechszylinder-Ottomotoren der (Presto-) Z- und L- (ehedem Protos 207-) Baureihen. Der 3-Tonnen-Niederrahmentyp 518/NAG-»Imperator« mit 5100 mm Radstand bildete beispielsweise die Grundlage für die nachmaligen Büssing-NAG-Busse 275-O bis 400 N.
Ein Teil des NAG-Werkes in Berlin-Oberschöneweide produzierte nach 1931 Antriebsaggregate, wobei sich Oberingenieur Richard Bussien als Spezialist für V-Motoren auszeichnete. Er ging später zu den Ford-Werken. Ein anderer Betriebsteil wurde als Großreparaturwerk genutzt. Später stellte das Berliner Werk Sonderfahrzeuge her, während das ehemalige Dux-Werk in Leipzig die kleinen Büssing-NAG-Modelle fertigte. Das frühere NAG-Presto-Werk in Chemnitz ging in die Hände der Auto Union AG über. Die Büssing-NAG, Vereinigte Nutzkraftwagenwerke AG mit Sitz in Frankfurt a. Main wurde am 1. Januar 1950 aufgelöst, da die Sowjetbesatzung den gesamten Besitz der NAG in

Berlin-Oberschöneweide und in Leipzig-Wahren aufgrund der vorangegangenen Rüstungsfertigung enteignet und demontiert hatte. Der rechtliche BNV-Sitz befand sich vor 1945 in Berlin. Er wurde nach dem Zweiten Weltkrieg in die Frankfurter Gutleutstraße verlegt.

Die NAG, bis Mitte der zwanziger Jahre erster und größter Nutzfahrzeugkonzern, überstand in gewisser Hinsicht die wechselvollen Zeitläufe bis zum heutigen Tag. 1971 erfolgte ihre erneute beziehungsweise Wiedereintragung ins Handelsregister von Frankfurt a. Main; laut Hans-Otto Neubauer (in »Autos aus Berlin, NAG und Protos«) wörtlich: »NAG- Neue Automobil Gesellschaft AG, Gegenstand des Unternehmens ist die Herstellung, der Vertrieb und die Verwendung von Maschinen, Apparaten und Werkzeugen sowie von deren Bestandteilen und Zubehörteilen, namentlich von Kraftfahrzeugen aller Art und die Entwicklung von Elektroautomobilen«.

Last but not least baute die AEG selbst ab Ende der zwanziger Jahre bis in die fünfziger Jahre Elektro-Führersitzkarren und bis 6 Tonnen Nutzlast Elektrolastwagen mit hinterer Zwillingsbereifung.

16/18-PS-NAG J IV

2/10-PS-NAG C III

32-PS-NAG
Oberdecker B 1

24/26-PS-NAG
Zweiklassen-
omnibus

28/32-PS-NAG
Ausflugsomnibus

22/32-PS-NAG Kardan-Oberdecker

30/32-PS-NAG Kardan-Omnibus

40-PS-NAG Zweiklassen-omnibus mit Decksitzen

40-PS-NAG Aussichts-omnibus

65-PS-NAG K 09

44-PS-NAG Oberdecker

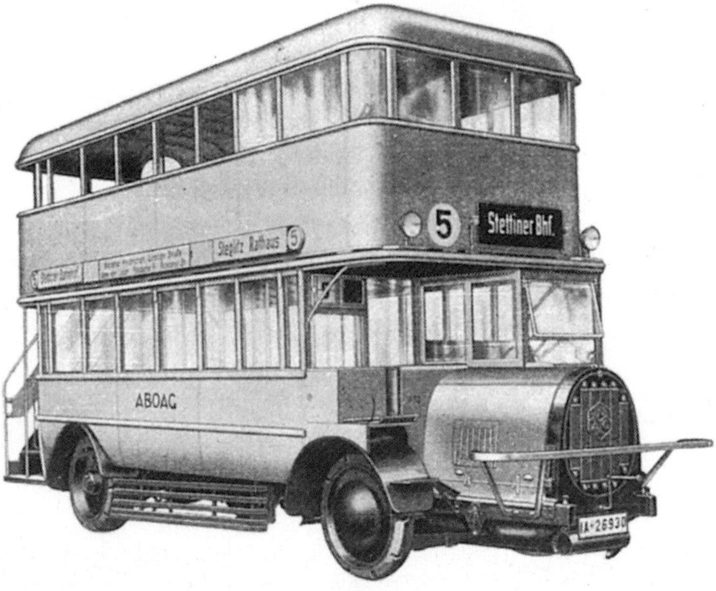

44-PS-NAG
Doppeldecker

65-PS-NAG K 09
Ausflugsomnibus

65-PS-NAG K 09
Linienbus

45/65-PS-
NAG 3AZ

80/100-PS-
NAG K 09/3a

80/100-PS-
NAG K 09

90-PS-
NAG K 09/4

NAM

Niedersächsisches Auto- und Motoren-Instandsetzungswerk (NAM), Salzgitter 1948

Das von Josef Mikolajczyk und Heinrich Hanssen kurz nach dem Krieg gegründete Niedersächsische Auto- und Motoren-Instandsetzungswerk (NAM) wurde im Jahre 1948 in Autowerke Salzgitter (AWS) umbenannt. Das zeitweilig 500 Mann starke Unternehmen arbeitete ausgemusterte US-Militärfahrzeuge für den zivilen Gebrauch auf. Neben dem sogenannten Salzgitter-Jeep und dem Elsbett-Kombiwagen stellte das Werk auf abgeänderten GMC-Viertonnen-Fahrgestellen mit zwei oder drei Achsen Hauben- und Frontlenkeromnibusse her. Als Antrieb der 34- oder 38-sitzigen Omnibusse diente der 104-PS-General Motors-Sechszylinder-Vergasermotor. Auch Henschel- und Deutz-Motoren wurden verwendet.
1950 gingen die Autowerke Salzgitter (AWS) in Konkurs.

NAMAG

Norddeutsche Automobil- und Motoren-Fabrik AG (NAMAG), Bremen-Hastedt

1. 1906 - 1914 Norddeutsche Automobil- und Motoren-Fabrik AG (NAMAG), Bremen-Hastedt
2. 1914 - 1924 Hansa-Lloyd-Werke AG, Bremen-Hastedt u. Schloßpark Sebaldsbrück
3. 1924 - 1931 Hansa-Lloyd-Werke AG, Bremen-Hastedt u. Bremen-Sebaldsbrück
4. 1931 - 1936 Hansa-Lloyd- und Goliath-Werke, Borgward u. Tecklenborg OHG, Bremen 11, Föhrenstr. 81/83
5. 1936 - 1938 Hansa-Lloyd-Goliath-Werke AG, Bremen-Hemelingen u. Bremen-Sebaldsbrück
6. 1938 - 1949 Carl F. W. Borgward Automobil- und Motoren-Werke GmbH, Bremen-Osterholz-Scharmbeck, Bremerstr. 28 - 30
7. 1949 - 1956 Carl F. W. Borgward GmbH, Automobil- und Motorenwerke
8. 1956 - 1961 Carl F. W. Borgward Werke
9. 1961 Borgward-Werke AG

Die NAMAG geht auf eine Gründung des Generaldirektors des Norddeutschen Lloyd, Heinrich Wiegand, zurück. Beteiligt an dieser Tochtergesellschaft des bekannten Schiffahrtunternehmens waren die französische Compagnie Parisienne des Voiture Electriques, Paris, die Norddeutsche-Maschinen- und Armaturenfabrik, Bremen, und ein Bankenkonsortium. Den Aufsichtsratsvorsitz übernahm Georg Platte. Frühe Konstrukteure der NAMAG waren der spätere Dr.-Ing. E. h. Hans Sigismund Meyer von der Norddeutschen Maschinen- und Armaturenfabrik und der Technische Direktor des Werkes, Friedrich Kübler, der als einer der ältesten deutschen Automobilingenieure schon Mitarbeiter von Gottlieb Daimler und Wilhelm Maybach gewesen war. Als Markennamen hatte man die Bezeichnung der Schiffsreederei »Lloyd« gewählt.
Nach den Patenten der Firma Compagnie Parisienne des Voitures Electriques bei Paris mit ihrer Berliner Tochtergesellschaft Automobil AG entstanden ab 1906 vornehmlich Elektrofahrzeuge wie Lastwagen, Omnibusse und Lieferwagen. Auch benzingetriebene Fahrzeuge wurden nach Plänen von Joseph Vollmer und seiner Deutschen Automobil-Constructions GmbH, die hier ihren ersten Auftrag erhielt, gefertigt.
Produziert wurde in der Elektrotechnischen Abteilung der Reederei und in der Norddeutschen Waggonfabrik AG mit zunächst 250, später 600 Mitarbeitern. Die Aufbauten vor dem Ersten Weltkrieg stellte die aufgekaufte Karosseriefabrik Louis Gaertner in Bremen her.
Bekanntestes Modell aus der Anfangszeit der NAMAG wurde der in Zusammenarbeit

mit der AEG hergestellte Lloyd-Köhler-Omnibus von 1910. Die Entwicklungsarbeit für die Oberleitungstechnik leistete die Firma Köhlers Bahnpatente GmbH, Berlin, Bremen und Wien. Die auch als »gleislose Bahn« bezeichnete Einrichtung bestand aus einem Elektroomnibus, der mit einem Bügel mit Kontaktrollen und einem Schleifer den Strom von der Oberleitung abnahm. 28 Personen konnten im Omnibus und 20 weitere im Anhänger befördert werden.

Das Köhler-Patent bezog sich auf die besondere Oberleitungseinrichtung. Die zwei stromführenden Drähte waren übereinandergespannt. Der Kontaktwagen lief auf Spurrollen auf dem oberen Draht; der untere Kontakt wurde mit einem Schleifer hergestellt. Ein Stromkabel führte zu einer Steckdose am Fahrzeug in Griffweite des Fahrers. Sobald sich auf der Strecke zwei Omnibusse begegneten, wurde der Stecker des Stromkabels gelöst und jeweils dem anderen Fahrzeug übergeben, so daß die Stromabnehmerwägelchen immer nur auf bestimmten Teilstrecken liefen.

Der Motor befand sich in Wagenmitte und gab über eine Kardanwelle seine Kraft auf das hintere Differential ab. Der Hauptstrommotor erbrachte etwa 26 kW. Für den Winterbetrieb waren Schneekufen unter den Vorderrädern vorgesehen.

Lloyd-Köhler-Bahnen verkehrten von Ludwigsburg nach Aldingen, in Bremen und zwischen Breslau und Brockau, sowie in verschiedenen Städten des Auslands. Lizenzen wurden an ein englisches Unternehmen in Stockport vergeben.

Die von Joseph Vollmer konstruierten Benzinmotoren mit 35 bis 50 PS Leistung erschienen ab 1912 in Omnibussen auf den Fahrgestellen der Regel-Drei- und Viertonner. Der stärkere Typ war für den Betrieb mit Anhänger ausgelegt.

Auf Initiative des Geheimen Kommerzienrates Dr. Robert Allmers (1872 - 1959) und August Sporkhorst, die ihre Hansa-Automobil Werke in Varel in die Aktiengesellschaft eingebracht hatten, richteten die neugebildeten Hansa-Lloyd-Werke nach dem Krieg das GDA-Typen- und Verkaufskartell ein. Die Firmen Nationale Automobil AG (NAG) und die Brennabor-Werke schlossen sich dieser Gemeinschaft an. Den Hansa-Lloyd-Werken oblag der Bau der kleinen und der mittelschweren Fahrzeuge.

Im Jahre 1926 erschien auf der Deutschen Automobil-Ausstellung in Berlin als erstes Nachkriegsmodell der Typ Expreß mit einem Tiefrahmen-Fahrgestell. 19 Fahrgäste konnte der von den Rembrandt-Werken in Delmenhorst karossierte Omnibus befördern. Ein weiteres Modell war in der Abteilbauweise nach der Fageol Savety Coach ausgeführt. Bei der dritten Variante handelte es sich um einen Hochsitzomnibus für 25 Personen, von denen sieben über einem großen Gepäckraum saßen. Dieses Modell war für den Hotelverkehr gedacht.

Schließlich kam noch eine Salonwagen-Ausführung mit drei Abteilungen hinzu. Den Antrieb besorgte ein 40/45-PS-Motor, die Konstruktion des Wagens orientierte sich ebenfalls am amerikanischen Fageol-Modell.

Mit einem 7,3-kW-Elektromotor erschien gleichzeitig ein 20- bis 23-sitziger Omnibus für den Zubringerdienst. Der Motor war an der Achse der Drehschemellenkung des Hansa-Lloyd-Einheits-Elektrofahrzeugs angebracht. Die Räder wurden über ein Differentialvorgelege oder über eine Schnecke angetrieben. Unter der Motorattrappe befand sich die eine Tonne wiegende Batterieanlage, die mit einem Flaschenzug gewechselt werden mußte. Das Fahrzeug konnte bei allerdings immensen Kraftaufwand auf der Stelle wenden und gegebenenfalls rückwärts fahren. Das 22 km/h schnelle Modell erzielte eine Reichweite von 60 km mit einer Batterieladung.1928 erschienen die Tiefrahmenmodelle »Deutschland«, L und LO 6 B mit 45- und 65-PS-Motoren.

Mit einer außergewöhnlichen Karosserie wurde mit dem 65-PS-Motor der von den Rembrandt-Werken aufgebaute »Tubus« in Röhrenform vorgestellt. Diese Bauart mit kreisförmigen Spanten war gewählt worden, um trotz dreißigprozentiger Gewichtseinsparung die Stabilität der Leichtstahl-Karosserie zu erhöhen.

In dieser Zeit experimentierte das Unternehmen auch wieder mit Oberleitungsomnibussen. Das dreiachsige Fahrgestell des Haubenlastwagentyps »Europa«, das eine hintere Schleppachse besaß, wurde mit einem in Fahrzeugmitte liegenden Elektromotor versehen, mit Schneckenantrieb und Fußschaltung.

Ein zweites Elektro-Modell mit ebenfalls 21 Sitz- und acht Stehplätzen erhielt zwei hintere Doppelgelenk-Pendelachsen mit Einzelbereifung und zwei Schneckenantrieben.

Schließlich projektierte das Unternehmen einen 24-sitzigen »Trolley-Omnibus« mit symmetrischem Frontlenker-Wagenkasten. Das Modell »Roland« von 1930 mit dem 100-PS-Maybach-Sechszylindermotor W 2 entstand in wenigen Exemplaren auch als Großomnibus. Ein weiteres Modell stellte der 21-sitzige Typ »Europa« mit dem eigenen 75-PS-Dieselmotor von 1933 dar.
1929 schieden die Hansa-Lloyd-Werke aus der GDA-Interessengemeinschaft wieder aus, nachdem es zu Streitigkeiten mit der NAG gekommen war. Der Zusammenbruch der Danatbank und des Bankhauses Schröder durch den Nordwolle-Konkurs führten nun auch zur vorübergehenden Stillegung der Hansa-Loyd-Werke, die eine Jahresproduktion von 2130 Nutzfahrzeugen aufwiesen. Im gleichen Jahr kauften die Goliath-Werke Borgward u. Co. GmbH die in Liquidation befindlichen, einst mächtigen Hansa-Lloyd-Werke auf, nachdem sie schon Anfang 1929 Aktienanteile erworben hatten. Die neuen Besitzer führten das Hansa-Lloyd-Werk zunächst selbständig weiter. 1931 wurden beide Werke des neuen Alleinbesitzers Carl F. W. Borgward (1890 - 1963) zusammengelegt. Der Name Hansa-Lloyd verschwand im Jahre 1938; das Unternehmen firmierte jetzt unter dem Namen Carl F. W. Borgward Automobil- und Motoren-Werke GmbH. 1938 stellte das Werk die 3- und 4,5-Tonnen-Europa-Modelle mit Tiefrahmen-Fahrgestellen verschiedenen Karosseriefirmen zur Verfügung, motorisiert mit einem 75-PS-Vergaser- oder einem 100-PS-Deutz-Dieselmotor.
Nach dem Zweiten Weltkrieg war das Werk zu 80 Prozent zerstört. Danach konnte die neben dem Brandenburger Opel-Werk einst modernste Automobilfabrik Deutschlands die Lkw-Montage schon rasch wieder aufnehmen, da die Shedbauweise größere Schäden an den Maschinen verhindert hatte. 1947 gingen die ersten Dreitonner-Chassis B 3000 mit Clerck-Niederrahmen-Fahrgestell an die Karosseriefirmen, angetrieben vom 75-PS-Wirbelkammer-Dieselmotor. Verzögert wurde über eine hydraulische Bremsanlage mit einem Druckluftvorspann. Das bis 1950 in über hundert Exemplaren gebaute Modell wurde verschiedentlich auch als Frontlenker umgerüstet.
Gleichzeitig folgte der B 1000 als zwölfsitziger Kleinbus mit 33-PS-Maschine. Schon 1949 wuchs die Motorleistung durch eine Hubverlängerung auf 40 PS. Die nächste Entwicklungsstufe von 1952 hieß B 1500 und konnte mit dem 60-PS-Vergaser- oder dem 42-PS-Dieselmotor des Pkw-Modells Hansa versehen werden. Ein vollsynchronisiertes Getriebe mit Lenkradschaltung kam Mitte der fünfziger Jahre zur Verwendung.
Als dritte Omnibusgröße kamen 1951 die B 2000-Typen mit 18 Sitzen hinzu, ab 1954 hießen sie B 2500 und boten 22 Passagieren Platz. Das Modell wurde ab 1955 auch als Frontlenker unter der Bezeichnung »Deutschland« mit einem Ottenbacher-Aufbau und Tiefrahmenfahrgestell gebaut. Dabei wurde der 60-PS-Vierzylinder-Dieselmotor D 4 M 3,3 verwendet, der 1958 70 PS leistete. Die hydraulische Fußbremse verfügte über die Borgward-Druckluftunterstützung. Die Handbremse wirkte als Scheibenbremse auf die Getriebewelle.
Vierte Omnibusbaureihe war die BO 4000-Serie, die 1949 mit dem 85-PS-Sechszylinder-Einheits-Dieselmotor und einem »Volltiefrahmen-Fahrgestell« vorgestellt wurde. 35 Sitzplätze bot dieses vor allem von der Firma Harmening und Ludewig in Stahl-Leichtbauweise karossierte Modell mit der barocken Motorhaube. 1953 wurde dieses Modell vom Typ BO 4500 abgelöst. Die Motorleistung des Typs D 6 M 5 stieg auf 95 und 1957, im neuen BO 4500, auf 110 PS. Die Kraftübertragung erfolgte über ein eigenes Fünfganggetriebe mit Vorgelege, so daß zehn Vorwärts- und zwei Rückwärtsgänge zur Verfügung standen. Auch hier wirkte die Handbremse als Scheibenbremse auf die Getriebewelle. Neben den schon erwähnten Karosseriebauunternehmen Harmening, Ludewig und Ottenbacher stellten auch die Firmen Bauer, Drettmann, FKF, Kässbohrer, Malkemper, NWF, Pullmann, Puppe, Schmitz, Steib, Thiele, Trutz und Voll Aufbauten für Borgward-Omnibusse her.
Besondere Beachtung verdient der als Einzelstück gefertigte Focke-Typ von 1952. Auf dem Fahrgestell des BO 4000 entwickelte der Flugzeugkonstrukteur Prof. Dr. Henrich Focke (1890 - 1979) einen Leichtmetallomnibus mit einer selbsttragenden Rohrgitterkarosserie. Die Verkleidung bestand aus einer Aluminium-Pantal-Legierung. Das eigenwillig gezeichnete Frontlenkermodell mit seitlicher Tür und Mitteinstiegs-Schiebetür besaß in Trambusbauart den im Bug stehend untergebrachten 95-PS-Motor. Gegen-

über dem konventionellen Modell in Haubenbauweise wurden 800 kg eingespart, so daß das Fahrzeug nur vier Tonnen wog.
Letztes Borgward-Modell war der Kleinbus BO 611, der als moderner Frontlenker die Haubenbaureihe B 1500 im Jahre 1958 ablöste. Auf einer stabilen Rahmen-Bodengruppe war ein eigener Aufbau aus dem inzwischen eingegliederten Drettmann-Werk für diesen 15-sitzigen Omnibus aufgesetzt. Das Fahrzeug besaß vorn Einzelradaufhängung mit Schraubenfedern und hydraulische Stoßdämpfer; motorseitig standen der 60-PS-Isabella-Vergaser- oder der 42-PS-Kleindiesel zur Wahl. Ein vollsynchronisiertes Vierganggetriebe mit Lenkradschaltung war in jedem Fall vorhanden. Bis zum Zusammenbruch der Borgward-Gruppe im Jahre 1961 wurden 709 Exemplare dieser ansprechenden Frontlenker gefertigt. Die gesamte Nachkriegsproduktion an Borgward-Omnibussen lag um 1500 Stück.
Borgward-Kleinbusse wurden übrigens zwischen 1951 und 1964 bei der Borgward Iso Espagnola in Spanien montiert. Die von der Daimler-Benz AG erworbene Industrias des Motores SA (IMOSA) in Vitoria/Spanien, ein ehemaliger Auto Union-Betrieb, übernahm dann diese Fabrikationsstätte.
Das Borgward-Werk in Bremen wurde nach 1961 zu Teilen von Büssing (später FAUN-Werke) und Hanomag (später Daimler-Benz AG) übernommen. Auch die Krupp-Atlas-Gesellschaft und ein Siemens-Betriebsteil zogen in die Werksanlagen ein.

Lloyd-Köhler Obus

Lloyd-Köhler O-Bahn-Zug

15/35-PS-Lloyd
Omnibus für
Stadtrundfahrten

22/50-PS-Lloyd

22-kW-
NAMAG CL 5

3,5-kW-Hansa-Lloyd Elektrokarren

30-PS-Hansa-Lloyd L 1,5

40/55-PS-Hansa-Lloyd Expreß (Fageol-Typ)

7,35-kW-Hansa-Lloyd

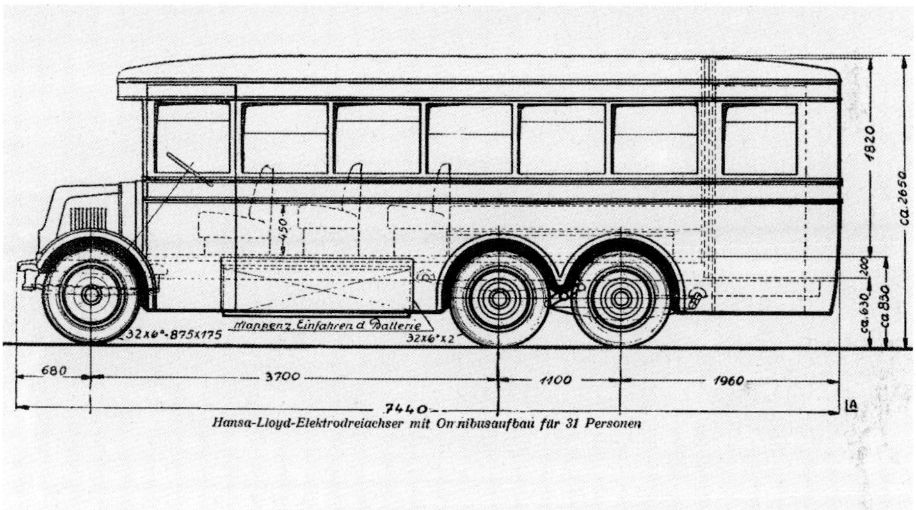

Hansa-Lloyd-Elektrodreiachser mit Omnibusaufbau für 31 Personen

29,4-kW-Hansa-Lloyd Elektro-Dreiachser (Zeichnung)

65-PS-Hansa-Lloyd LO 68

65-PS-Hansa-
Lloyd Tubus

75-PS-Hansa-
Lloyd Europa

48-PS-Borgward
B 1250

85-PS-Borgward
B 4000

60-PS-Borgward
B 2000

60-PS-Borgward
B 1500

85-PS-Borgward
B 4500
(Foto Pairan)

110-PS-
Borgward
BO 4000
Focke-Typ

60-PS-Borgward
B 611-O

70-PS-Borgward B 622

NWF

Nordwestdeutscher Fahrzeugbau GmbH (NWF), Wilhelmshaven-Mariensiel, Industriegelände
1948 - 1955

1946 gründeten Wilhelm Schlote, Karl Fick, Werner Bach und Herbert Heidmann auf dem ehemaligen Marine-Arsenal die Nordwestdeutsche Fahrzeugbau GmbH zur Fabrikation und Reparatur von Transportfahrzeugen und Geräten sowie zur Herstellung von Eisenbahnersatzteilen. Anhängerfahrzeuge und Handkarren standen zunächst im Programm. Im Jahre 1948 folgten erste Omnibuskarosserien auf Ford-, Borgward- und Büssing-Fahrgestellen. Auch die Karosserien der Lloyd- und Maschinenfabrik Esslingen-Paketpostwagen wurden hier gefertigt. 1949 beteiligte sich die Krauss Maffei AG in München an NWF. Gleichzeitig erwarb das Unternehmen die Stromlinien-Omnibuspläne des Flugzeug- und Hubschrauberkonstrukteurs Prof. Dr. Henrich Focke.
1951 präsentierte NWF unter dem Technischen Leiter Werner Bach den aerodynamisch äußerst günstig gestalteten Leichtmetallomnibus vom Typ NWF FS. Auf einem verschweißten Gerippe aus Leichtmetallprofilen waren in Schalenbauweise die Leichtmetall- und Stahlbleche aufgesetzt. Dieser Prototyp in Frontlenkerbauweise wurde durch den 95-PS-V-Achtzylinder-Ford-Vergasermotor, der im Heck längsstehend angebracht war, angetrieben. Die hintere Starrachse war hier noch einzelbereift. Seitliche Lüftungsöffnungen am Ende der Fensterreihen sorgten mit einem patentierten System für die Luftzufuhr für den Motor. Die Karosserie war bis über die Radnaben heruntergezogen. Durch die Stromlinienform und durch die Leichtbauweise konnte das Fahrzeug eine Geschwindigkeit von über 100 km/h erreichen. Die Serienmodelle des nun 600 Mann starken Unternehmens erhielten eine überarbeitete, ansprechendere Karosserie mit einer Panoramaverglasung. Die Ausführung FS (für Ford-Schnellbus) wurde von dem Ford-Hercules-Dieselmotor mit 90/95 PS, die Ausführung BK 4 (für Bus klein) vom 85/90 starken Deutz- und die Ausführung BK 6 und BS (Für »Bus super«) vom 125 PS starken V-Sechszylinder-Deutz-Motor F6L 614 angetrieben.
Gegenüber den FS-Schnellbusmodellen besaßen die BK- und BS-Ausführungen vordere Radausschnitte sowie leichte Vereinfachungen an der Karosserie. Der Luxus-Omnibus BS wurde mit einer Servolenkung versehen.
Eine weitere, aufsehenerregende Version stellte der Schienen-Straßen-Omnibus vom Typ SD 137/BS 300 dar, der dem luftgekühlten BS-Typ entsprach. Für den Schienenverkehr konnten zweiachsige Spurwagen unter dem Fahrzeug befestigt werden, nachdem der Omnibus mit vier eingebauten hydraulischen Stempeln angehoben worden

war. Der hintere Spurwagen wurde soweit abgesenkt, daß die Hinterräder, hier mit engerer Spur, den Adhäsionsantrieb ermöglichten. Durch den geringen Rollwiderstand konnte der Schienenbus 120 km/h erreichen. Etwa 15 derartige Omnibusse wurden von der Deutschen Bundesbahn für den kombinierten Schienen-Straßen-Verkehr eingesetzt.
Daneben war NWF auch im Bau von Obussen tätig. Für fünf Henschel-Dreiachsfahrgestelle des Obus-Typs III von 1943 entstanden Doppelstockkarosserien mit zwei 50-kW-Motoren.
Wie auch Drauz fertigte NWF einen Teil der Karosserien für die Henschel-Obusse HS 90 E, die im Rahmen des Argentinien-Auftrages nach Südamerika gingen.
1954 rüstete NWF für Schnellbus FS versuchsweise auch mit dem neuen 120-PS-Sechszylinder-Zweitakt-Dieselmotor von Ford aus. Die BK-Baureihe erhielt in Prototypen den 90-PS-Sechszylinder-Borgward-Motor.
Hinzuweisen ist darauf, daß mit nahezu gleicher Karosserie die Firmen Drauz und Krauss-Maffei den Stromlinienomnibus herstellten; NWF lieferte hierzu auch einen Teil der Karossen an. Kurioserweise produzierte NWF das dreirädrige Kleinlastwagenmodell »Fuldamobil« als NWF 200 in Lizenz. Für diesen Typ wurde 1955 sogar ein eigenes Montagewerk in Lohne bei Osnabrück errichtet.
1955 drängte die NWF-Geschäftsleitung auf eine Unabhängigkeit von der Krauss Maffei AG. Sie gab daraufhin ihre Beteiligung an den NWF zurück und erhielt im Gegenzug das Recht, den in München als Typ KML 90 oder KML 110 bezeichneten Schnellbus allein weiterbauen zu können.
In dieser Zeit war der Niedergang des NWF schon abzusehen, zumal die Stornierung und die Verlagerung von Omnibus- und Karosserieaufträgen durch die Besatzungsmächte nach der Souveränitätserklärung der Bundesrepublik das Werk in die roten Zahlen gebracht hatte.
Im April 1955 eröffnete das Amtsgericht in Wilhelmshaven das Anschlußkonkursverfahren über den Nordwestdeutschen Fahrzeugbau. 1974 wurde das Unternehmen schließlich im Amtsregister gelöscht. Auf dem Gelände in Mariensiel zog nach der Auflösung des NWF die Bundesmarine ein.

90-PS-NWF Schnellbus-Prototyp

90/95-PS-NW Schnellbus F (Foto Ford-Werke)

Oben links:
85/90-PS-NWF Linienbus BK (Foto Pairan)

Oben rechts:
125-PS-NWF Straßen-Schienen-omnibus BS

2x50-kW-Henschel-NWF Doppeldecker O-Bus

Opel

Adam Opel AG, Rüsselsheim a. Main, Darmstädter Str. 37
1. 1907 - 1928 Adam Opel KG
2. 1928 - 1975 Adam Opel AG

Die Opel-Werke gingen aus einer 1862 von dem Schlossermeister Adam Opel (1837 - 1895) gegründeten Eisengießerei und mechanischen Werkstätte hervor. 1887 kam der Bau von Fahrrädern, 1898 der Bau von Personenwagen nach Lutzmann-Patenten hinzu. Im Jahre 1907 erschienen erste Hotelomnibusse mit 14/20-PS-Motoren. Auch die Kaiserliche Post erwarb einige Opel-Zubringeromnibusse.
Mit der Aufnahme des Lkw-Bus im Jahre 1910 folgte auch die Bereitstellung von Unterkonstruktionen des 3,5-Tonners mit einem 30-PS-Motor und einem Kardanantrieb für Omnibusaufbauten. Ein weiteres Modell wurde der 14/30-PS-Typ mit einer

37,5 PS-Maschine, bei dem ein Trutz-Aufbau zur Verwendung kam. Hier konnte auch ein Anhänger gekuppelt werden. Für Stadtrundfahrten wurden offene Karosserien mit einem ansteigenden Wagenboden verwendet.

Nach dem Ersten Weltkrieg standen zunächst Pkw-Typen im Vordergrund der Opel-Produktion; der Lkw-Bau wurde zunächst nur noch am Rande betrieben. So erschien erst 1927 ein 14-sitziger Kleinbus mit dem 40/50-PS-Motor auf dem 1,5-Tonnen-Chassis und einem Aufbau des Karosseriewerkes Otto Kühn in Halle/Saale.

Nachdem das Unternehmen im Jahre 1928 mehrheitsmäßig an den General-Motors-Konzern übergegangen war, stellte das Werk mit Beginn der dreißiger Jahre wieder mittelgroße Modelle her. Der seinerzeit moderne 61-PS-Marquette-Sechszylindermotor der GM-Tochtergesellschaft Buick wurde in den 21-sitzigen Omnibus mit Hubertia- und Ludewig-Karosserien eingesetzt. Auch ein Sattelschlepper-Omnibus mit einem 2,5-Tonnen-Zugmaschinenfahrgestell von Opel und einem Aufbau der Ulmer Karosseriefabrik Karl Kässbohrer wurde gefertigt.

Mit dem inzwischen auf 64 PS gesteigerten Sechszylindermotor »3,5 l« sowie mit dem 3-Tonnen-Niederrahmenfahrgestell erschienen ab 1935 neue Opel-Mittelklasse-Omnibusse. Ihre Aufbauten stammten von Döbelner Karosseriewerk Fritzsche & Brause in Döbeln-Zschachwitz, von den Karosseriewerken Drauz AG in Heilbronn und der Ernst Hartmann KG in Alsfeld sowie von den Karl Kässbohrer-Werken in Ulm/Donau. Die Karosserien waren nach Kundenwünschen unterschiedlich gestaltet.

Auch das Fahrgestell des neuen 1,5-Tonners mit der 59-PS-Sechszylindermaschine des Pkw-Modells »Kapitän« wurde mit Drauz-Aufbauten als Kleinomnibus für 14 Personen angeboten.

Aufsehen erregte der als »Straßenzeppelin« bezeichnete Reichsautobahn-Schnellreise-Omnibus mit einem Ludewig-Aero-Stromlinienaufbau (siehe auch dort) in Leichtmetallausführung. Zwei Heckflossen waren zur besseren Aerodynamik angebracht. Der neue 75-PS-Sechszylinder-Ottomotor »3,6 l« mit hängenden Ventilen kam hier zum Einbau. Das gleiche Antriebsaggregat war ab 1938 im neuen elegant-luxuriösen Opel-»Admiral«-Pkw zu finden.

In größeren Stückzahlen verließen von 1937 bis 1944 die Fahrgestelle der Baureihen »3,5-47« und »3,6-47« mit 64- und 73,5/75-PS-Motoren das Opel-Werk. Aufbauten verschiedener Hersteller wurden verwendet.

Ein Unikat war der Doppelstock-Sattelomnibus von 1938 für die Dresdner Straßenbahn AG. Anstelle des anfänglich vorhandenen und zu schwachen 75-PS-Motors wurde ein 90-PS-Junkers-Dreizylinder-Zweitakt-Gegenkolbenmotor des Typs »4,1« eingebaut. Das Opel-Fahrerhaus war etwas erhöht aufgesetzt worden. Ein Schumann-Werdau-Auflieger mit nur 354 Millimeter Wagenbodenhöhe wurde aufgesattelt. Zwei Einstiege mit Schiebetüren und zwei zum Oberdeck führende Treppen waren vorhanden. Leer wog der »Do-Sa« 10,5 Tonnen und voll besetzt (50 Sitz- plus 50 Stehplätze) brachte er 16,9 Tonnen auf die Waage. Während des Terrorangriffs auf Dresden brannte die Buseinheit aus.

Die Dresdner Straßenbahn AG hatten den Junkers-Diesel entweder von der JFM-Junkers-Flugzeug- und Motorenwerke AG in Dessau oder von der Abteilung Dieselmotorenbau der FAMO-Fahrzeug- und Motorenwerke AG aus Breslau bezogen. Die Praxis offenbarte, daß sich auch diese Motorenleistung an der Untergrenze des Erforderlichen bewegte. Deshalb sah ein überarbeitetes Do-Sa-Konzept seitens der Dresdner Straßenbahn und der Schumann-Werke vor, künftig dreiachsige Sattelzugmaschinen zu verwenden. Gedacht war 1940 an eine Version des Henschel & Sohn-Geländewagens 33 G 1 (6x4) mit 100-PS-H & S-»G«-Diesel. Die kleine 7,25/7,50-20-Bereifung präsentierte ihn dafür (siehe auch bei VEB »Ernst Grube«).

Im übrigen fuhr die Dresdner Straßenbahn-Gesellschaft seit 1937 bereits einige Opel-»Blitz«-Omnibusse der 3-Tonnen-Nutzlastklasse mit Aufbauten der KAFA in Leipzig. Bei mindestens zwei dieser Wagen wurde der Opel-Ottomotor (»3,5 l«/64 PS) gegen einen Ju-Diesel des Baumusters »2,7« mit 55/60 PS ausgetauscht, einerseits wegen des positiver verlaufenden Drehmoments und andererseits wegen einer angestrebten Teilegleichheit (fast alle Dresdner Büssing-, Büssing-NAG- und MAN-Busse waren »hausintern« seit 1932/33 mit Ju-Zweitakt-Gegenkolben-Dieselmotoren ausgerüstet.

Weitere vier Opel-»Blitz« 3,6/3600 N dienten in der sächsischen Landeshauptstadt von 1942 an als Sattelzugmaschinen für zweiachsige Eindeck-Omnibusauflieger (26 Sitz- plus 64 Stehplätze) von Schumann-Werdau, ebenfalls mit ebenem Wagenfußboden und außerordentlich niedriger Einstiegshöhe. Die 75-PS-Sechszylinder-Opel-Ottomotoren »3,6 l« wurden schließlich 1943/44 für den Betrieb mit Niederdruck-Stadtgas eingestellt, das in einer großen Gashaube (doppeldeckerartig) mitgeführt wurde. Die zum Betanken erforderlichen Gasarmaturen-Häuschen befanden sich an den Endhaltestellen.

Die Fahrgestelle und die Ottomotoren der Opel-Blitz-Omnibusse kamen ab 1935 aus dem neuerrichteten Brandenburger Werk der Adam Opel AG, das seinerzeit das modernste Lastwagenwerk Europas war. Betriebsleiter dieses Werkes wurde 1942 Dipl.-Ing. Heinrich Nordhoff (1899 - 1968), der nach dem Krieg das Volkswagenwerk führte. Zu erwähnen ist hier noch, daß damals die Übernahme des brachliegenden Brennabor-Werkes erwogen, aber dann verworfen wurde, da das verschachtelte Firmengelände keine rationelle Produktion zuließ. Der Brennabor-Facharbeiterstamm konnte jedoch bestens übernommen werden.

Das Opel-Stammwerk in Rüsselsheim am Main, das vor allem Flugzeugteile herstellte, war 1944 schwer beschädigt worden. Das Brandenburger Werk, das in der geplanten sowjetischen Besatzungszone lag, war bei einem präzisen Tagesangriff der US-Luftwaffe (Aktion Donnerschlag) zerstört, aber Anfang 1945 wieder aufgebaut und mit neuen Maschinen versehen worden, auch wenn die Produktion nicht mehr anlief. Die Maschinenanlagen wurden 1945 dann von der sowjetischen Armee demontiert. Nachdem in Tkibuli im Kaukasus deutsche Kriegsgefangene die Fundamente und Hallen für ein neues Automobilwerk zum Bau der Opel-Fahrzeuge errichtet hatten, stellte sich heraus, daß der Opel-Maschinenbestand inzwischen verrostet war. In dem nahegelegenen Kutais wurde 1952 dann das Automobilwerk Kutaissi (KAZ) in Betrieb genommen.

Dem Opel-Werk in Rüsselsheim standen daher nach 1945 keine 3,5-Tonnen-Lastwagenaggregate und Chassisteile mehr zur Verfügung, zumal auch die technischen Zeichnungen abhanden gekommen waren. Die amerikanische Muttergesellschaft GMC-General Motors Corporation zeigte darüber hinaus kein Interesse, nennenswerte Investitionen im Rüsselsheimer Werk durchzuführen.

Nach dem mühevollen Wiederaufbau des Rüsselsheimer Werkes konnte die Adam Opel AG jetzt allerdings normale 1,5-Tonnen-Basisfahrzeuge mit dem auf 55 PS eingestellten »Kapitän«-Motor (2,5 Liter Hubraum) verschiedenen Karosseriefirmen zur Verfügung stellen. Die Rahmen bezog das Opel-Werk nach dem Ausfall der Brandenburger Produktion jetzt vom MAN-Preßwerk in Ginsheim-Gustavsburg. Vor allem die Firmen Reuter, Vereinigte Werkstätten und Voll bauten 15-sitzige Karosserien mit Oberlichtern auf dem kleinen Opel-Lkw-Fahrgestell auf. Die Würzburger Firma Voll verwendete unter anderem den Vorderbau des Opel Kapitäns für ihre Ausführung. Weitere Aufbautenhersteller waren Gottlob Auwärter, Hesselbein, Kässbohrer, Miesen, Minnameier, Pollmann, Popp, Puppe, Plasswilm, Schwarze und Wickenbach. Die Firma E. Clerck in Wuppertal-Cronenburg bot für dieses Fahrzeug eine Fahrgestellverlängerung an.

1949 gab die Daimler-Benz AG noch 467 vorhandene Teilesätze des Zwangslizenzbau-3,5-Tonners L 701 mit der 75-PS-Maschine im freundschaftlichen Einvernehmen an das Opel-Werk zurück. Die gegenüber den Lastwagenfahrgestellen etwas verlängerten Chassisteile mit dem Antriebsaggregat wurden wiederum an Karosseriehersteller abgegeben. Aufbauten von Kässbohrer, Ludewig, Schütze & Co. und Voll wurden bis zum Aufbrauchen der Fahrgestelle im Jahre 1954 verwendet.

Mit der Vorstellung des neuen Opel 1,75-Tonners mit der Alligatorhaube wurde 1952 der Vorkriegs-1,5-Tonner abgelöst. Zunächst wurde die 58-PS-, ab 1955 die neue 62-PS-Kurzhub-Vergasermaschine eingesetzt. Das für 17 Fahrgäste vorgesehene Modell wurde hauptsächlich von den Firmen Drögmöller, Kässbohrer, Ludewig, Minnameier, Vetter und Voll karossiert. »Luxuriöse Clubbusse« stellten dabei die Firmen Ludewig und Voll her.

1959 wurde dieses Ausflugs-, Clubbus- und Linien-Kleinmodell von dem neuen 1,9-Tonnen-Kurzhauber der ersten Opel-Frontlenkergeneration abgelöst. Die auf 70 PS

gesteigerte 2,6-Liter-Kurzhubmaschine trieb dieses Fahrzeug an.
Auch das zweite Kurzhaubenmodell von 1965 mit der eckigen Front wurde von der Firma Voll, die auch die Opel-Kastenwagen herstellte, und der Firma Hartmann als Kleinbus mit bis zu 22 Sitzplätzen karossiert. Während die Firma Voll im Prinzip den umgeänderten Kastenwagenaufbau verwendete, erstellte das Hartmann-Werk eine vollständig neue Karosserie. Auch die Kotflügel wurden dabei neu gestaltet.
Die 1,9-Liter-Vierzylindermaschine mit 70 PS, die hier jedoch vollkommen überfordert war, und die neue 2,5-Liter-Sechszylindermaschine mit 80 PS kamen zum Einsatz. Ab 1968 konnte auch der 2,1-Liter-Vierzylinder-Dieselmotor mit 60 PS der Marke Peugeot-Indenor eingebaut werden, der zwar sparsam, aber nicht leistungsstark genug war. Die Blattfedern wurden bei den Omnibus-Modellen der zweiten Frontlenkergeneration durch Gummihohlfedern unterstützt.
1975 stellte das Hartmann-Werk, das insgesamt 80 Fahrzeuge in der Nachkriegszeit aufgebaut hatte, letzte Fahrzeuge für den Opel-Werksverkehr und Reisebusse mit Klima-Anlagen und Isolierverglasung für ein Touristikunternehmen in Madagaskar her.
Da der Absatz der Opel-Nutzfahrzeuge beziehungsweise der Fahrgestelle mit überbautem Motor, die seit 1960 im Bochumer Zweigwerk hergestellt wurden, trotz der Bereitstellung der Dieselmaschine immer stärker zurückgegangen war, und das Montageband für die expandierende Pkw-Fertigung dringend benötigt wurde, gab das Opel-Werk zur völligen Überraschung der Hartmann- und Voll-Geschäftsführung den Nutzfahrzeugbau auf, obwohl ein stabiler Bedarf an Kleinbussen für Sendeanstalten, Polizeibehörden und für Omnibusunternehmen bestand.

14-PS-Opel Hotelomnibus (Foto Opel-Werk)

37,5-PS-Opel Verbindungsomnibus (Foto Opel-Werk)

37,5-PS-Opel Linienbus (Foto Opel-Werk)

61-PS-Opel Blitz Baujahr 1932

64-PS-Opel Blitz (Foto Opel-Werk)

64-PS-Opel Blitz 3,6 - 47

75-PS-Opel »Straßenzepp Essen« (Foto Opel-Werk)

75-PS-Opel Blitz N (Foto Opel-Werk)

75-PS-Opel
»Aero«

80-PS-Opel
Sattelzug-
Doppeldecker

75-PS-Opel Blitz
(Foto VAG
Nürnberg)

55-PS-Opel Blitz 1,5

52-PS-Opel Blitz 1,75 (Foto Opel-Werk)

70-PS-Opel Blitz 1,9

80-PS-Opel Blitz 2,1

60-PS-Opel Blitz 2,1

Orenstein & Koppel

Orenstein & Koppel (O & K) - Lübecker Maschinenbau AG, Berlin-Spandau, Brunsbütteler Damm 144 - 206
1951 - 1980

Die Firma Orenstein & Koppel (O & K) wurde 1876 von den Unternehmern Benno Orenstein und Arthur Koppel in Berlin gegründet und handelte zunächst mit Hütten- und Bergwerkseinrichtungen. Bereits Ende der siebziger Jahre des vergangenen Jahrhunderts kam der Bau von Feldbahnen hinzu; später folgten Dampflokomotiven, Reisezug- und Güterwagen, Eisenbahnausrüstungen, Bagger verschiedener Bauarten und seit 1925 auch Omnibuskarosserien. Die Gothaer Waggonfabrik (Fahrzeugfabrik Eisenach) gehörte ab 1930 zu dem Berliner Maschinen- und Fahrzeugbauunternehmen. Während der Kriegszeit mußte durch Zwangsumbenennung die Bezeichnung »Maschinenbau- und Bahnbedarf (MBA)« benutzt werden. Nachdem das Unternehmen nach 1945 80 Prozent seiner Fertigungsanlagen in der Sowjetischen Besatzungszone sowie die gesamten Auslandsunternehmungen verloren hatte, lief in West-Berlin, Dortmund und in Lübeck (mit der Lübecker Maschinenbau AG) wieder die Produktion von Baggern, Baumaschinen, Schleppern, Waggons und zeitweilig auch von Karosserien an.
Für die Berliner BVG fertigte das Unternehmen in Berlin-Spandau von 1951 bis 1980 über 7000 Doppelstockomnibusse mit Büssing-, ab 1971 mit MAN-Motoren und -Fahrwerksteilen.
1958 stellte die O & K den Prototyp des zweiachsigen Doppeldeckers DS 60 in selbsttragender Leichtmetallbauweise vor. Der 135-PS-Büssing-Motor U 7 besorgte den Antrieb, dessen Besonderheit in der luftgefederten Einzelradaufhängung der einzelbereiften Hinterachse lag. Bei der BVG wurde das Modell als Nr. 300 eingesetzt. Ein Serienbau kam jedoch nicht zustande. Von 1958 bis 1963 erfolgte die Montage der Henschel-Schalenbau-Gelenkbusse des Typs HS 160 USL. Über 100 Exemplare wurden für verschiedene Stadtverkehrsbetriebe hergestellt.
1980 gab das Berliner Werk den Omnibusbau zugunsten der Berliner Waggon Union auf. Das Unternehmen produziert heute Bagger, Gabelstapler, Radlader, Grader, Muldenkipper (ehemalige FAUN-Typen), Waggons, Brecheranlagen, Getriebe, Achsen (in einem Teil des zeitweise übernommenen FAUN-Werkes), Hydraulikanlagen, Schaufelrad- und Saugbagger, Seilbahnen, Rolltreppen sowie vielfältige Förderanlagen.

Orion

Orion-Werke, Minerva-Vertriebs- und Handels GmbH, Eschwege/Werra, Niederhohner Str.
1. 1953 - 1954 Orion-Werke, Motor-, Fahrzeugbau- und Handelsgesellschaft mbH
2. 1954 - 1956 Orion-Werk, Minerva-Vertriebs- und Handels-GmbH

Das Orion-Werk wurde 1945 in den Gebäuden der ehemaligen Flak-Unterkunft des Eschweger Flughafens errichtet. Nachdem zunächst Reparaturen an Omnibussen und der Bau von Omnibusanhängern sowie von Schienenfahrzeugen durchgeführt worden war, ging das Unternehmen im Besitz von Werner Hardegen zum Bau von Omnibussen nach den Patenten von Theodor Pekol über.
1953 erschienen mit unterschiedlichen Radständen die Typen WH 153 und WH 154 (WH für Werner Hardegen) für 32 und 40 Fahrgäste. In halbselbsttragender Bauweise wurde ein stabiler Stahlblechrahmen von drei Millimetern Stärke mit einem Leichtstahlaufbau kombiniert. Konstruktive Besonderheiten des Fahrwerks waren die vordere unabhängige Radaufhängung mittels Doppel-Trapezlenkern mit Schraubenfedern und Stoßdämpfern sowie die hintere, einzelbereifte Starrachse mit doppelten Schraubenfedern, die durch Längsstreben und einem breiten Dreieckslenker geführt wurde. Die

niedrige Einstiegshöhe sowie die »pompöse« Innenausstattung gaben den Fahrzeugen den Charakter eines Luxusomnibusses. Zum Einbau im Heck des Frontlenkers kamen der 95-PS-Henschel-Motor vom Typ 512 DG, der 108-PS-Kämper-Motor vom Typ 692 und der 125-PS-Henschel-Motor vom Typ 522. Ein synchronisiertes, fünfgängiges ZF-Allklauengetriebe und eine hydraulische Fußbremse mit einem Druckluftvorspann wurden verwendet.

1954 folgte der größere Typ WH 157 mit hinterer Doppelbereifung, um die höheren Belastungen aufnehmen zu können. Der V-Achtzylinder-Deutz-Diesel F8L 614 mit 175 PS trieb das 40-sitzige Fahrzeug über ein ZF-Media-Getriebe an.

1955 löste der WH 159 den WH 153 ab, ihn trieb der V-Sechsyzlinder-Deutz-Motor F6L 614 mit 125 PS an. Weitere Modelle waren die Ausführung WH 160 mit dem Kämper-V-Achtzylindermotor 8 V 105 mit 142 PS und der WH 158 mit dem 175 PS starken Deutz-V-Achtzylindermotor.

Die mitunter überaus stark motorisierten Orion-Fahrzeuge galten »als die modernsten Omnibusse der deutschen Industrie«, was die »Gesamtkonzeption und insbesondere den Fahrwerksbau« anging. Neben den auch überdurchschnittlich im Innern gut ausgestatteten Omnibussen fertigte das Unternehmen zwei Prototypen eines Sechs- und eines 8,5-Tonnen-Frontlenker-Lastwagens.

Mehr als 15 Orion-Omnibusse sind allerdings nicht entstanden. 1956 meldete das Unternehmen, das eine große Anzahl der Schienenbusse der Deutschen Bundesbahn karossiert hatte, den Konkurs an. Zunächst übernahm ein Getränke-Großbetrieb die von Orion erstellten Verwaltungsgebäude und Werkshallen. Schließlich etablierte sich dort die Bilderrahmenfabrik Beck & Hach.

95-PS-Orion WH 153 Linienbus

95-PS-Orion WH 153 Reisebus

142-PS-Orion
WH 160/R

175-PS-Orion
WH 158/R
(Foto Pairan)

Ostner

Willy Ostner, Fahrzeugwerke OHG, Sulzbach-Rosenberg, Goethestr. 4
1953 - 1958

Willy Ostner richtete 1921 in Dresden, zunächst im Stadtteil Mickten, später dort in der Bürgerstraße eine Maschinenfabrik ein, die 1924 den Motorrad- und Seitenwagenbau aufnahm. Dort entwickelte sich die Firma auf solider Basis auch über die Depressionsjahre von 1929 - 1933 hinweg Schritt für Schritt weiter, so daß nach 1935 die Anlagen wiederum den steigenden Anforderungen nicht genügten. In Brand-Erbisdorf wurde 1938 in den leerstehenden Hallen der einst vom Opel-Werk erworbenen, ehemaligen Elite-Diamant-Werke mit einem modernen Maschinenpark das neue OD-Werk (Ostner-Dresden) eingerichtet.
Seit 1932 fertigte das Unternehmen drei- und vierrädrige Lieferwagen der Marke OD- »Rex«. Nachdem das Werk 1945 enteignet worden war, richtete Willy Ostner 1949 in

Sulzbach-Rosenberg in der westdeutschen Oberpfalz das Ostner-Werk II neu ein. Der aus dem Vierradtyp von 1950 weiterentwickelte Ostner-Hauben-Kleinlaster Typ Rex 4 wurde dort ab 1953 mit 38-PS-Ford-Taunus-Ottomotor gebaut und auch als Kleinbus angeboten. Gegenüber dem Vormodell hatte man die Vorderfront erheblich überarbeitet. Ab 1954 konnte auf Wunsch auch der 40 PS starke Schlepperdiesel von der IHC-International Harvester Company installiert werden.
Nachdem Willy Ostner und sein Schwiegersohn Ploßlinger in Zahlungsschwierigkeiten geraten waren, mußten sie 1955 Konkurs anmelden. Das FAUN-Werk griff im Frühjahr 1955 zu und übernahm das Ostner-Unternehmen, indem es einen Vergleich ermöglichte. Die seit 1955/56 lieferbaren Ostner-Rex 15- und Rex 18-»Eilfrachter« in Frontlenkerbauweise erschienen nun auch als Kleinbusse. Mikafa-Aufbauten für 10 bis 17 Fahrgäste wurden hier verwendet. Neben dem erwähnten Dieselmotor trieb jetzt die 55-PS-Ford-Taunus-Ottomaschine die Fahrzeuge an. Während in der Übergangszeit von Ostner auf FAUN noch das Rex-Emblem verwendet wurde, erhielten die Fahrzeuge ab 1956/57 an der mehrfach veränderten Vorderfront das FAUN-Wappen und kurz darauf die Typenbezeichnungen FAUN-Rex 15 und Rex 18.
Mit weiteren Veränderungen führte FAUN die Produktion bis Ende der sechziger Jahre fort, mit den 60- bis 80-PS-»Eilfrachter«-Modellen F 24, F 284 und F 324 für 3,4 bis 6,3 Tonnen Gesamtgewicht (zeitweise mit luftgekühlten KHD- und wassergekühlten MWM-Dieselmotoren). Den F 24 gab es auch hier wieder als leichten Reisebus. Die Fertigung der »Eilfrachter«-Modelle war Anfang der sechziger Jahre in das von FAUN erworbene Werk der Zweirad-Union nach Nürnberg verlagert worden. Das einstige Ostner-Fahrzeugwerk II diente nach der Auslagerung der Fahrzeugproduktion als Großreparatur- und Testbetrieb für die FAUN-Muldenkipper. 1989 wurde diese oberpfälzische Zweigstelle im Rahmen der Neustrukturierung der FAUN AG aufgelöst.

38-PS-Ostner Rex 4 Kleinbus

Pekol

Theodor Pekol, Oldenburgische Vorortbahnen, Oldenburg
1938 und 1950 - 1957

Theodor Pekol gründete 1914 mit seiner Frau ein Personentransportunternehmen in Sillenstede. 1918 konstruierte er dann ein erstes Omnibusmodell mit unbekannt gebliebenen Details. Im Jahre 1920 verlegte er den Betrieb nach Jever und richtete dort ein Linienverkehrsunternehmen für Ostfriesland ein. 1932 kaufte er das Unternehmen Bremer Vorortbahnen, das er nun unter dem Namen Oldenburger Vorortbahnen weiterführte. 1936 baute er dann ein Liniennetz mit Omnibussen auf, wobei er Anregungen an die Daimler-Benz AG im Obusbau gab.

Im Jahre 1938 konstruierte er in der eigenen Werkstatt einen Heckantriebs-Omnibus mit einem querstehenden Daimler-Benz-Motor auf einem Daimler-Benz-Fahrgestell. Vier 50 Personen fassende Omnibusse wurden bis Kriegsende gefertigt.
Nach dem Zweiten Weltkrieg fertigte die Reparaturabteilung dieses Verkehrsbetriebes Omnibus-Anhänger und baute ältere Omnibusse zu Heckomnibussen um, wobei u. a. eine Mittellenkung zum Einbau kam.
Erster Prototyp eines in Stahl-Leichtbauweise mit einer selbsttragenden Karosserie hergestellten Heckantriebsbusses wurde das Pekol-Modell von 1950. Den 26-sitzigen Omnibus trieb ein 70-PS-Daimler-Benz-Vergasermotor nach der Opel-Lizenz an. Die Maschine war auch hier im Heck eingebaut. Eine weitere technische Neuerung im deutschen Omnibusbau war die Verwendung einer Einzelradaufhängung über doppelte Trapez-Querlenker und Schraubenfedern. Die hintere Achse war zur besseren Spurführung einzelbereift. Die Bodenplatte konnte durch diese Technik gegenüber den herkömmlichen Modellen tiefergelegt werden.
1951 meldete Theodor Pekol seine Patente zum kardanlosen Heckmotor-Antriebskonzept und zur Einzelradaufhängung an. Weitere Patente betrafen die Bodenrahmengruppe und die Schalenbauweise seiner Omnibusbautechnik.
Mit 90-PS-Daimler-Benz-Dieselmotoren erschienen im gleichen Jahr die Modelle P 3 und P 20. Das Ringspantengerippe war mit Innen- und Außenbeblechung versehen. Dabei wurde eine Stahl-Aluminium-Gemischtbauweise angewandt. Der Motor war im Heck stehend in Längsrichtung angebracht, so daß die Verwendung eines Winkelgetriebes vermieden wurde. Schraubenfedern waren mit Gummihohlfedern und hydraulischen Stoßdämpfern kombiniert.
Diesem Modell folgte der größere Typ P 30 mit 27 Sitz- und 9 Stehplätzen bzw. Notsitzen. Hier wurde der 95/100 PS starke Henschel-Motor 512 DJ eingebaut. Das wiederum einzelbereifte Modell konnte durch seine Leichtbautechnik eine Geschwindigkeit von 110 km/h erreichen und zeichnete sich durch ein äußerst ruhiges Fahrverhalten aus.
Lizenzen für diese zukunftsweisende Omnibusbaukonzepte wurden an die Firmen Graaff, Kässbohrer, Klatte und Orion vergeben. Einige Omnibusse des P 30-Typs fertigte die Niedersächsische Waggonfabrik Josef Graaff in Elze, wobei verschiedene Detailänderungen vorgenommen wurden.
1954 verbesserte Theodor Pekol seine Konzeption mit der Verwendung einer Schalenbau-Aluminiumkarosserie und dem Einsatz des 100-PS-Henschel-Motor, den er für den Unterflurbetrieb im Heck umrüstete. Das am Motor angeflanschte Getriebe wurde elektropneumatisch geschaltet. 37 Sitz- und 55 Stehplätze waren in diesem Modell vorhanden. Weitere Details waren die niedrige Bodenhöhe von 57 cm und die druckluftbetätigten, nach außen herausklappenden Türen. Die Nutzlast des Fahrzeugs mit 6 Tonnen war hier erstmals wesentlich größer als das Eigengewicht von 5,2 Tonnen. Vier, nach anderen Angaben 28 Leichtmetallmodelle unter der Bezeichnung »Pekol-Leicht-Linienbus« fertigte das Unternehmen selber. 20 weitere Exemplare erstellten die Kässbohrer-Werke unter der Bezeichnung SP (für Setra-Pekol), die neben der auf den Unterflurbetrieb umgerüsteten 100-PS-Henschel-Maschine auch den neuen 125-PS-Motor einsetzten.
In 12 Einheiten kamen 1956 die Reisebusse vom Typ P 60/55 mit dem neuen 125-PS-Henschel-Unterflurtriebwerk 522 DPU hinzu. Eine weitere Serie von 12 Exemplaren folgte 1957 unter der Bezeichnung P 75/56. Diese Omnibusse wurden größtenteils von dem eigenen, 1951 eingerichteten Pekol-Reisebüro eingesetzt.
Schließlich kam 1957 als letzte Entwicklung der Reisebus »Tourist« hinzu. Das mit 42, 47 oder 51 Sitzen ausrüstbare Modell mit dem liegenden 125-PS-Henschel-Motor wurde in vier Exemplaren hergestellt. Auffallend war die seitliche Profilbeblechung mit gewellten Aluminiumbahnen.
Durch den Tod von Theodor Pekol im Jahre 1958 endete die schrittmacherische Entwicklungsarbeit dieses Unternehmens. 1986 übernahm die Stadt Oldenburg den Pekol-Verkehrsbetrieb.

100-PS-Pekol
Baujahr 1938

Pekol Stadtlinien-Omnibus
Baujahr 1949

95-PS-Pekol P 3

95-PS-Pekol P 30

100-PS-Pekol
Leicht-Linienbus

125-PS-
Pekol 60/55
Leichtmetall-
Reisebus

Phänomen

Phänomen-Fahrradwerke Gustav Hiller AG, Zittau i. Sachsen, Bahnhofstr. 29
1. 1925 - 1945 Phänomen-Fahrradwerke Gustav Hiller AG, Zittau i. Sachsen, Bahnhofstr. 29
2. 1945 - 1957 VEB IFA Werk Phänomen, vorm. Phänomen-Werke, Zittau i. Sachsen, Straße der Einheit 29
3. 1957 - 1990 VEB Robur-Werke
4. 1990 - 1990 Robur-Werke GmbH

Im Jahre 1888 gründete Karl Gustav Hiller (1863 - 1917) in Zittau in Sachsen eine Textilmaschinen- und später eine Fahrradfabrik, die erstmals die englischen Rover-Niederräder in Deutschland nachbaute.
Nachdem 1903 erste motorisierte Fahrzeuge erschienen waren, unter denen das »Phänomobil« am bekanntesten wurde, folgte 1927 der Bau von Vierradfahrzeugen. Die Besonderheit der unter dem Namen »Phänomen« vertriebenen Fahrzeuge war die damals in Deutschland (zunächst) einmalige Verwendung einer Luftkühlung mit einem Axial-Luftgebläse. Dipl.-Ing. Rudolf Hiller (1894 - 1972) leitete zu dieser Zeit das 750 Mann starke Unternehmen, das bis 1940 auf 1300 Mitarbeiter anwuchs.
1931 wurde der Bau von Lieferwagen mit 40-PS-Motoren für die Reichspost aufgenommen. Die als »Landpostwagen« bezeichneten Modelle besaßen in der Ausführung »Granit 25 a« sieben Sitzplätze und einen Gepäckraum für 400 kg Nutzlast. Ein gekapseltes Gebläserad auf der vorne verlängerten Kurbelwelle versorgte die Zylinder mit Frischluft. Die Ventile waren anfänglich noch in stehender Bauweise ausgeführt. Da die Motorleistung noch unter 45 PS lag, brauchte nur eine Hinterradbremse eingebaut werden. Konstrukteur dieses und der späteren Fahrzeuge war Dipl.-Ing. Alfred Haesner, der später den Volkswagen- und den Ford-Transporter schuf.
Mit einem 55-PS-Motor folgte der achtsitzige Landpostwagen »Granit 30«. Diesem schloß sich 1937 das in Stromlinienform gebaute, neue Modell »Granit 30« an, das den auf 56/58 PS gesteigerten Dreilitermotor besaß. 15 Fahrgäste konnten in dem nur in bescheidenen Stückzahlen gebauten Modell transportiert werden. Die Aufbauten mit Zusatzfenstern über den Windschutzscheiben erstellte die August Nowack AG in Bautzen, die nach dem Krieg in das Phänomen-Werk eingegliedert wurde.
Während des Krieges wurde der leichte »Granit 1500« in größeren Stückzahlen als Militärlastwagen und vor allem als Sanitätsfahrzeuge hergestellt. Daneben fertigte das Phänomen-Werk mit dem Zweigbetrieb Mechanische Werkstätte Ostbau GmbH in Zittau Halbkettenfahrzeuge und Flugzeugteile.
Das Phänomen-Werk hatte kaum Kriegsschäden erlitten und wurde 1945/46 total demontiert. Ein Teil der Ingenieure und Techniker wanderte mit dem letzten Eigentümer, Dipl.-Ing. Rudolf Hiller zur Hanomag AG nach Hannover ab. (Im Hamburger Firmenregister wurde zwar 1949 die Phänomen-Werke Gustav Hiller AG, Hamburg 24, Hagenau 60 eingetragen, was aber bedeutungslos blieb.)
Zunächst diente das geplünderte Zittauer Werk der Reparatur von Fahrzeugen der Roten Armee. Auf der Grundlage von Befehlen der Sowjetischen Militär-Administration über »die Enteignung der Nazi- und Kriegsverbrecher und der Überführung ihrer Betriebe in Volkseigentum sowie des Volksentscheides im Lande Sachsen vom 31. Juni 1946« wurde der Betrieb verstaatlicht und unter der Bezeichnung Phänomen-Werke Zittau, Industrieverwaltung 17, Fahrzeugbau - Landeseigener Betrieb Sachsen, geführt. 1948 lief in dem nun als VEB IFA Werk Phänomen erneut umbezeichneten Betrieb unter der Leitung von Dipl.-Ing. Hans Langer unter großen Mühen die Produktion von Motoren und Lastwagen wieder an.
Im Jahre 1949 stellte das Werk den Zweitonner »Granit 27« mit einem 50-PS-Motor vor, der an das Gemischtbau-Vorkriegsmodell anknüpfte.
Die unvollkommene Betriebsausstattung beeinträchtigte jedoch ständig die Produktion. Darüber hinaus fehlte es an Motoren, Differentialen und anderen sogenannten Engpaßteilen, so daß halbfertige Fahrzeuge herumstanden. Die geordnete Serienproduktion lief daher erst 1950 in dem wieder auf 1800 Mann angewachsenen Betrieb an.

Der Jahresausstoß betrug 1950 rund 300 Stück, 1952 waren es dann schon 3500 Fahrzeuge.
1951 folgte der »Granit 32U« mit einem luftgekühlten Wirbelkammer-Dieselmotor mit 52 PS, wobei die schon 1939 vorgestellte, aber nicht mehr im Serienbau produzierte Dieselmaschine als Grundlage diente.
In kleinen Stückzahlen wurde dieses Modell wieder als Post- und als Überlandomnibus für 18 Fahrgäste gefertigt. Die Aufbauten kamen jetzt vom VEB Karosseriewerk Halle (früher Kathe-Werk) und dem VEB IFA Karosseriewerk Dresden (früheres Gläser-Werk). Weitere Aufbauten erstellte das Nowack-Werk, das ja als Werk III in das Phänomen-Werk integriert war.
1954 erfolgte eine Modernisierung der Modelle. Die Scheinwerfer wanderten von den Kotflügeln in ein Abdeckblech zwischen den Kotflügeln.
1956 erschien der »Granit 30K« mit dem 60 PS starken Vergasermotor. Das Fahrzeug war wieder reichlich mit Chrom verziert, verfügte über eine Dachgalerie mit einem Lattenrost sowie über ein davorliegendes Schiebedach. Die seitlichen Chromleisten wurden durch einen Gewebe-Gitterrahmen zur besseren Belüftung des Motors ersetzt. Über diesen Seiteneinlässen befand sich nochmals der Schriftzug »Phänomen«.
Im Jahre 1957 erfolgte die Umbenennung des Betriebes in VEB Robur-Werke, wobei die lateinische Bezeichnung »robur« für »Steineiche« steht und damit die Robustheit der Fahrzeuge symbolisieren sollte. Ausschlaggebend für diesen Namenswechsel war der Einspruch des ehemaligen Firmeninhabers, der den Namen »Phänomen« und die Zusatzbezeichnung »Granit« reklamierte, wobei letztere inzwischen die von Dipl.-Ing. Hiller entworfenen Hanomag-Fahrzeuge zierte. Die monatliche Kapazität betrug in dieser Zeit 180 Fahrzeuge.
Im Jahre 1958 präsentierte das Werk dann den Frontlenker-Omnibus vom Typ »Robur LO 2500«, bis 1990 nahezu unverändert gebaut. Das für den Einsatz auch auf schlechten Straßen, im Betrieb der LPG's als Zubringerfahrzeug gedachte Modell, das den späteren Beschlüssen über die Typenzuteilung der RGW-Staaten nicht unterlag, erhielt den ungekröpften Rahmen des nachfolgenden 2,5-Tonners sowie wiederum Starrachsen mit Halbfedern. Der Motor war vorne extrem hochstehend eingebaut, was eine äußerst diffizil einzustellende Lenkradschaltung erforderte.
Die Rahmenbauart war gewählt worden, weil die finanziellen Mittel zur Entwicklung eines Fahrzeugs in selbsttragender Bauweise fehlten und weil angeblich »die erwartete Stückzahl diesen Aufwand nicht rechtfertigte«. Abenteuerlich war die äußerst schmale Spurweite der Vorderräder, was dem Fahrzeug von vorne ein merkwürdiges Aussehen verlieh.
Der Aufbau war in Verbundbauweise auf den Quertraversen aufgeschweißt. Die Karosserie besaß eine aufwendige Rundumverglasung mit Dachrandfenstern. Die Frontpartie zierte zunächst ein Grill mit Zierleisten, die den nahezu runden Lufteinlaß verdeckten. Fahrer- und Beifahrertür waren in den ersten Baumustern nach hinten angeschlagen. Neben der Beifahrertür befand sich zwischen den Achsen die Fahrgasttür. Im Heck waren Türen zur Aufnahme von Gepäck angebracht. In der Reise- und Zubringerversion standen wieder 18, in der Luxus-Reiseversion 14 Sitzplätze zur Verfügung.
Wegen der angestrebten Unabhängigkeit von West-Importen mußte unter großen Schwierigkeiten die gebogenen Hartglasscheiben und die Heizungsanlage entwickelt werden.
Mit der Aufnahme der Fertigung des Lastwagen-Parallelmodells ersetzte ein »Fischmaulgrill« als Kühllufteinlaß die Längsstreifen.
Nachdem 1961 durch Aufbohrung die 70-PS-Vergasermaschine eingebaut wurde, folgte 1963 als Alternative auch der auf 70 PS ausgelegte 3,9-Liter-Dieselmotor. Auch waren Versuche mit der ursprünglichen 60-PS-Dieselmaschine unternommen worden, durch eine mechanische Aufladung ähnlich der Hanomag-Motorentechnik eine Leistungssteigerung zu erzielen. Aus finanziellen und technischen Unvermögen gelangte dieses Projekt nicht zur Serienreife.
1972 ging das Zittauer Werk eine Kooperation mit dem VEB Automobilwerk Ludwigsfelde und dem VEB Motorenwerk Cunewalde ein. Ziel dieser Kooperation war die Ablösung der luftgekühlten Motoren durch wassergekühlte Vier- und Sechszylin-

dermaschinen sowie die Entwicklung von Einheitsfahrerhäusern. Die Motoren sollten dann zur Entlastung des Robur-Werkes im Cunewalder Motorenwerk gebaut werden. Auch dieses Vorhaben gedieh nicht zur Serienreife.

12-PS-Phänomen »Phänomobil«

16-PS-Phänomen Granit 4 RL

40-PS-Phänomen Granit P

60-PS-Phänomen
Granit 30 K

52-PS-VEB
Phänomen
Granit 32 U

60-PS-Robus
Granit 32 U

60-PS-Robus
LO 2500 B

70-PS-Robus
LO 2500 B

75-PS-Robur
LO 3000 B

75-PS-Robur
Behindertenbus

90-PS-Robur
O 611
Prototyp

Pittler

Wilhelm von Pittler, Leipzig, Schützenstr.
1880

Der Maschinenfabrikant Julius Wilhelm von Pittler (1854 - 1901) konstruierte einen Schießpulvermotor, den er 1880 in einen Omnibus einsetzte. Die Probefahrten in Leipzig wurden aufgrund der Lärmentwicklung von der Polizei jedoch verboten.
Sein zweiter Omnibus, der durch einen Dampfmotor mit einem patentierten Einspritzkessel angetrieben wurde, zerstörte mit seinen schweren Eisenrädern das Pflaster. Daher gab Wilhelm von Pittler dieses Projekt ebenfalls auf und widmete sich der Vervollkommnung des Dampfmotors sowie wenig später der Revolverkopf-Metallbearbeitungsmaschine. Damit verabschiedete er sich vom Fahrzeugbau, auch wenn 1898

Wilhelm von Pittler in seiner neuen Maschinenfabrik »Invention« in Leipzig-Gohlis beziehungsweise Leipzig-Wahren noch einige Personenwagen mit hydraulischem Antrieb konstruierte. Nach der Enteignung und Demontage des Leipziger Werkes im Jahre 1945 entstand die Pittler Maschinenfabrik AG in Langen neu.

Podeus

Paul Heinrich Podeus, Maschinenfabrik, Wismar i. Mecklenburg, Lindenstr. 24
1905

Der Kapitän Paul Heinrich Podeus (1853 - 1924) eröffnete 1870 eine Kohlen- und Holzhandlung, der er eine Eisengießerei angliederte. 1879 nahm das Unternehmen den Maschinenbau auf. 1883 kamen eine Dampfschiffreederei, 1884 ein Säge- und Hobelwerk und 1894 eine Waggonfabrik hinzu.
1902 richtete Paul Heinrich Podeus in der Maschinenfabrik einen Fahrzeugbau ein, wo nach Plänen von Ingenieur Joseph Vollmer Pkw, Liefer- und Lastwagen gefertigt wurden. Ein eigener Karosseriebau zur Komplettierung der Fahrzeuge stand durch die Säge- und Holzabteilung zur Verfügung.
Im Jahre 1905 entstand auch eine kleine Anzahl von Omnibussen mit unbekannt gebliebenen technischen Daten.
Nachdem das Automobilwerk im Rahmen des schwedischen Kahn-Konzernes nur noch Raupenschlepper fertigte, mußte es 1930 Konkurs anmelden. Die Waggonfabrik, die für die Eisenbahn-Verkehrs-AG (EVA) Kessel- und Spezialwaggons herstellte, wurde weitergeführt. Nach dem Zweiten Weltkrieg wurden die Anlagen Betriebsteile der Matthias-Thesen-Werft in Wismar und des VEB Dieselmotorenwerkes Rostock.

Presto

Presto-Werk, Günther u. Co. AG, Chemnitz, Scheffelstr. 1
1. 1926 - 1927 Presto-Werk. Günther u. Co. AG, Chemnitz, Scheffelstr. 1
2. 1928 - 1931 NAG, Abteilung Prestowerke, Chemnitz und Leipzig

1898 gründeten Kommerzienrat Georg Günther und Oswald Seyfert in Chemnitz die Presto-Fahrradfabrik. 1901 kam die Fertigung von Motorrädern, 1907 die von Pkw, Lieferwagen und auch militärisch einsetzbaren Subventions-Lkw hinzu. Ein mit Delahaye in Frankreich geschlossener Lizenzvertrag erlaubte zudem die Montage von Delahaye-Pkw in Chemnitz. Nach dem Ersten Weltkrieg, 1918/19, schloß sich das Unternehmen in Sachen Vertrieb und Service (neben Dux, Magirus und VOMAG) bis 1926 der DAK-Deutscher Automobil-Konzern AG in Leipzig an. Unabhängig von der DAK-Zugehörigkeit übernahm Presto Mitte 1926 die Aktienmehrheit der in Leipzig-Wahren ansässigen Dux-Automobil-Werke-AG. Zur Fusion mit Dux kam es Ende 1927; unter der Ägide von Georg Günther, der ebenfalls Dux-Großaktionär war.
Nach der Fusion lief bei der nunmehrigen Firma Prestowerke AG im hinzugekommenen Werk Leipzig-Wahren die Produktion von Presto-Klein- beziehungsweise Schnellomnibusfahrgestellen an. Sie basierten auf dem Dux-Schnellastwagen-Typ Z für 1,5 Tonnen Nutzlast, den Dr. Gustav Schürmann 1925/26 bei Dux entwickelt hatte, einschließlich des Z-Vierzylinder-Ottomotors (3,16 Liter Hubraum), mit anfänglich 40 PS. Diese Presto boten, teilweise mit Lindner-Karosserien, 14 bis 17 Sitzplätze.
Ende 1927 übernahm die Automobil AG, die Prestowerke AG mitsamt ihren Werksteilen in Chemnitz und in der Reichsmessestadt Leipzig als NAG-Abteilung Prestowerke Chemnitz. Die 1,5-Tonner und die leichten Schnellbusse trugen fortan die Typenbezeichnungen Z, ZO (mit 5,7 Meter Radstand) und ZLO (längere Omnibusvariante mit 5,8 Meter Radstand). Die KVG-Sachsen beschaffte eine Anzahl ZO-Ausführungen. Bei den Zweiachsern wurde das oben am Kühler befindliche NAG-Firmenzeichen unter den drei

Buchstaben mit dem Schriftzeichen »PRESTO« ergänzt.
Auch die Prestowerke hatten außer den Eineinhalbtonner-Versionen auch einige Leichtdreiachser für 2 bis 2,5 Tonnen Nutzlast gebaut. Etwas modifiziert erhielten die 6x2-Lkw und -Busse später die Typenbezeichnung 3AZ. Anstatt eines Z-Motors mit 40/45 PS bekamen sie wahlweise als Baumuster 3 A6 Z einen D 7-Motor (Reihensechszylinder des NAG »Protos 204«-Pkw) mit 65 PS. Mit 20 bis 24 Sitzplätzen bildeten sie den Ausgangspunkt für nachfolgende, eine Nummer größere NAG-»FM«-6x4-Dreichachsbusse und für den mittelgroßen 6x4-»A«-Typ mit 26 und 28 Sitzen. Ihre in Leipzig hergestellten Chassis wurden mit 100- und 150/160-PS-Maybach-Ottomotoren (OS 5/R-6 und DSO 8/V-12) bestückt. Hauptabnehmer war die KVG-Sachsen (siehe auch Kapitel NAG).
Eine andere Leichtdreiachser-6x4-Bauart verkörperte von 1927/28 an der NAG (-Presto-) Typ »C« für offene Überfallkommando-Aufbauten mit 32 Sitzplätzen für Schutz- oder Bereitschaftspolizisten. Den Polizei-Dreiachser vermarktete Büssing-NAG ab 1930/31 eine Zeitlang weiter, offensichtlich als Typ »P«. Kraftquelle war ein 5,7-Liter-Vierzylinder C-Ottomotor mit 80 PS.
Die NAG-Zentrale in Berlin-Oberschöneweide veräußerte 1929/30 den in Chemnitz stillgelegten NAG-Presto-Personenwagenbau. Neben dem weiterhin existierenden Fahrradbau verließen mit dem Markennamen NAG-Presto lediglich noch Leichtmotorräder (bis 100 Kubikzentimeter) das Werksgelände. Es ging 1934 an die Auto Union AG über. Sie richtete in den repräsentativen Presto-Gebäuden ihre Hauptverwaltung ein. Nach dem Zweiten Weltkrieg (1945) benutzte die Sowjetunion das ehemalige Presto-Werk als Großreparaturbetrieb.
Nach der Freigabe durch die sowjetische Besatzungsmacht wurde das Werk als elektronischer Zuliefererbetrieb mit Anlassern und Lichtmaschinen der Marke »Presto« für die DDR-Automobilindustrie umfunktioniert.

Protos

Protos-Automobile GmbH, Berlin, Nonnendamm
1912 - 1913

Im Laufe des Jahres 1898 stabilisierte sich in der Berliner Großgörschenstraße die Motorenfabrik »Protos«, Dr. Alfred Sternberg, als Mitbegründer und Kompagnon Oskar Heymann. Dr. Alfred Sternberg war ursprünglich Chemiker und wurde in Stahlwerkkreisen durch sein patentiertes Verfahren zur Molybdänstahlherstellung bekannt.
Erstes Produkt der kleinen Motorenfabrik war ein 2,5 PS leistender Einzylindermotor namens Protos. Ihm folgte 1900 ein Personenwagen mit Vis-à-vis-Sitzanordnung und 3,25-PS-Ottomotor. Es folgten Pkw mit bis zu 45 PS, und 1905 soll es auch einen Protos mit 100 PS gegeben haben. 1906 zog das Unternehmen nach Berlin-Reinickendorf und benannte sich in Protos-Motorenbau GmbH um. Im gleichen Zeitraum kam Oberingenieur Franz Starkoph hinzu, der zuvor bei den Polyphon-Werken (siehe Dux) für den Automobilbau zuständig war.
Bei Protos kauften sich 1908 die Siemens-Schuckertwerke AG (SSW) ein. In deren Automobilbauabteilung hatte Dr. phil. Ernst Valentin (1874 - 1950) bereits 1907 Personenwagen entwickelt, die Körting-Ottomotoren erhielten. Die Reinickendorfer Protos-Fabrik wurde geschlossen. Fortan war Valentin auch für die Protos-Automobile zuständig, denn SSW gliederte das ehemalige Dr. Sternberg'sche Unternehmen in seinen Motorwagenbau ein und verselbständigte die neue Einheit als S.S.W.-GmbH, Automobilwerk Nonnendamm, (wohin man annähernd gleichzeitig in Berlin umgezogen war.)
Den Markennamen behielt der Elektrokonzern für seine Automobile bei. In der Fertigungsstätte Nonnendamm stattete SSW seine Protos-Wagen schließlich mit 22 bis 65 PS leistende Ottomotoren von Siemens & Halske (S & H) aus. Die Siemens-Führung taufte den Betrieb 1911 in »Protos-Automobile GmbH« um und führte ihn als Tochtergesellschaft weiter. Um 1912 entstanden auf der Grundlage der stärkeren Protos-Pkw auch leichtere Nutzfahrzeuge: Liefer- und Lastwagen, kleinere Omnibusse, Hotelom-

nibusse und Jagdwagen mit Kombinationsaufbau zur Personen- und Lastenbeförderung. Zwischen 1912 und 1916 konstruierte die Protos-Automobile GmbH nunmehr in Berlin-Siemensstadt, auch kardanangetriebene Frontlenker-Lastwagen mit Fahrersitz über dem Ottomotor (Cab-over-engine/C.o.e.-Bauart) für etwa vier bis fünf Tonnen Nutzlast. Sie waren für den Export in den Vorderen Orient vorgesehen (laut Hans-Otto Neubauer in »Autos aus Berlin - Protos und NAG«).
Mit 30- bis 45-PS-Ottomotoren betrieb Protos ab 1921 eine konsequente Eintypenpolitik (Typ C und C 1). Insbesondere der C 1-Typ mit 2,5-Liter-Vierzylinder-45-PS-Antriebsaggregat eignete sich als Zeitungs-Auslieferungswagen, Schnellastwagen und Hotelomnibus. Oekonom/WUMAG verwendeten ihn auch als Sattelzugmaschine für ihren 6 Tonnen tragenden Einachs-Sattelauflieger. Der Görlitzer Waggon- und Fahrzeughersteller hatte dafür auch einen leichten Omnibus-Sattelauflieger ins Auge gefaßt.
Am 30. Juli 1927 teilten die SSW ihren Werken und Händlern mit: »Die Fabrikation unseres Automobilwerks, der Protos-Automobile GmbH, ist wie Ihnen aus Mitteilungen durch die Presse bekannt sein dürfte, mit der Nationalen Automobil-Gesellschaft AG (NAG), Berlin-Oberschöneweide vereinigt worden. - Bei der NAG ist die Fabrikation der neuen Typen voll aufgenommen; für den Verkauf stehen folgende Fahrzeuggattungen zur Verfügung: NAG-Protos-12/60 PS-Sechszylinder-Personen- und Lieferwagen, NAG-3-to- und 5-to-Lastwagen, NAG-Omnibusse- und Kommunalfahrzeuge, NAG-Universalschlepper.«
Der seit 1899 durch einen 2,5-PS-Ottomotor und die nachfolgenden Pkw bekannt gewordene Markenname »Protos« starb mit der Produktionseinstellung der NAG-»Protos«-Pkw 218/219 (mit V-8-Ottomotor) im Jahre 1934 keineswegs aus. Die Siemens-Schuckertwerke (siehe Siemens & Halske) transferierten den Markenbegriff auf ihren Geschäftszweig Elektrogeräte und verwendeten ihn dort gut zwei Jahrzehnte weiter. Die größte Verbreitung fand beispielsweise ein neunteiliges SSW-Protos-Staubsaugersystem in Haushalten und Büros.

Rastatt

Waggonfabrik Rastatt AG, Rastatt i. Baden, Werkstr. 2
1905 - 1913

Die 1898 gegründete Waggonfabrik fertigte mit Motoren und Teilen der Süddeutschen Automobil-Fabrik Omnibusse; die Rahmen waren eine Eigenkonstruktion.
Nach dem Ersten Weltkrieg war das Unternehmen noch mehrfach im Omnibus-Karosseriebau tätig. Nach dem Auslaufen des Waggon- und Straßenbahnwagenbaus versuchte sich das Werk von 1968 bis 1974 im Bau von Kranträgerfahrzeugen, danach erwarb die Firma Bauknecht die Werksanlagen. Ehemalige Rastatt-Ingenieure gründeten dann den Titan-Zugmaschinenbau in Appenweier.

Rathgeber

Waggonfabrik Josef Rathgeber AG, München-Moosach,
Untermenzinger Str. 1
1951 - 1952

Die 1852 gegründete Rathgeber-Waggonfabrik, die von 1907 beziehungsweise 1909 bis 1914 Büssing-Lastwagen in Lizenz gebaut hatte, präsentierte 1951 einen Reise- und Stadtverkehrsomnibus auf einer verwindungssteifen Bodengruppe mit einem mittragenden Aufbau. Der luftgekühlte 90-PS-Vierzylinder-Deutz-Diesel F 4 L 514 oder der gleichstarke, aber wassergekühlte Steyr-Motor der Baureihe WD 413 war unter der hinteren Sitzbank querstehend untergebracht. Über ein ZF-Fünfganggetriebe und einen Winkelantrieb wurde die einzelbereifte Hinterachse angetrieben. Eine Hutze auf dem Dach führte die Luft zum Motor.

Nach einer Vorserie von drei Exemplaren entstand eine Serie von 22 Omnibussen unter der Bezeichnung RO 4000, doch schon 1952 wurde der eigene Omnibusbau in dem 1800 Mann starken Werk wieder eingestellt.
Das Unternehmen konzentrierte sich ganz auf den Schienenfahrzeugsektor mit Eisenbahnwaggons, D-Zug- und Triebwagen sowie Straßenbahnen. Im Straßenfahrzeugbereich erstellte das Rathgeber-Werk Omnibuskarosserien unter anderem für die Krauss-Maffei AG; vor allem die Obusse dieses Unternehmens erhielten Rathgeber-Aufbauten. Auch Omnibusanhänger mit einem Tiefrahmenfahrgestell, die sich durch einen Mittelrohrträger, einem Spezialfahrgestell mit patentierter Drehzapfenlagerung, Querblattfederung und hinterer Starrachse in Gummilagern oder auch einer Allradlenkung auszeichneten, gehörten ebenfalls in dieses Fertigungsgebiet. Darüber hinaus baute das Unternehmen von 1952 bis 1958 Raupenschlepper des ehemaligen Breslauer FAMO-Typs Boxer, außerdem Aufbauten für Stabs-, Küchen- und Fernmeldefahrzeuge für die Bundeswehr.
1987 wurde das traditionsreiche Münchener Fahrzeugbauunternehmen von der F. X. Meiller GmbH übernommen.

90-PS-Rathgeber RO 4000

Reutter

Fr. Otto Reutter, Stuttgart-Feuerbach, Borsigstr. 5 - 9
1954

1954 entwickelte das Karosseriewerk Fr. Reutter einen Frontlenker-Omnibus in selbsttragender Bauweise, der jedoch nicht aus dem Prototypenstadium herauskam.

Roland

Kraftwagen-Gesellschaft Roland, Berlin W, Kurfürstenstr. 160
1903 - 1906

Die von den Ingenieuren Ernst und Hacker geführte Automobilfabrik fertigte neben Personen- und Lastwagen auch einen Omnibustyp unter der Bezeichnung Roland. Die in kleinster Stückzahl hergestellten Modelle erhielten einen 30-PS-Vierzylindermotor.

Rumpler

Rumpler-Lindner-Vorntriebs-Gesellschaft mbH, Berlin SW 68, Kochstr. 53 u. Berlin 39, Reinickendorferstr. 113 und Ammendorf/Saale, Schachtstr. 18
1929 - 1931

Die Konstruktionsabteilung des Patentbüros von Dr.-Ing. Edmund Rumpler (1882 - 1940), die Autogena-Blech-Industrie-GmbH-Schweißtechnik entwarf 1929 ein Baukastensystem für zwei- bis vierachsige Nutzfahrzeuge (und Pkw). Das Rumpler-Patent bezog sich auf den »Vorntrieb« mittels Antriebswellen mit Doppelkardangelenken (sogenannten Knochengelenken). Während Omnibustypen mit herausziehbaren Frontantriebsaggregaten auf dem Papier entstanden, konnte ein 4,5-Tonnen-Zeitungsauslieferungswagen für den Ullstein-Verlag mit Luchterhand & Freytag-Karosserie auf die Räder gestellt werden. Zuerst wurde der 100-PS-Maybach-Ottomotor OS 5 und später der V-Zwölfzylindermotor mit 200 PS vom Typ DS 8 eingesetzt. Die vier kleindimensionierten Hinterräder waren an Pendelachsen aufgehängt. Eine ZF-Kupplung und ein ZF-Getriebe waren vorhanden. Die drei Geschwindigkeitsstufen wurden durch das angeblockte Maybach-Schnellganggetriebe verdoppelt. Die Bremsung der Vorderräder erfolgte durch eine Getriebebremse.
1931 stellte Rumpler auf der IAMA in Berlin ein zweiachsiges Omnibusfahrgestell mit 100-PS-Henschel-Dieselfronttriebsatz vor. Auch hier ließ sich das Motor-Getriebeaggregat zu Wartungszwecken herausfahren. Die Firma Henschel übernahm zwar das betreffende Rumpler-Patent, aber eine Serienproduktion scheiterte unter anderem daran, daß noch keine Lenkhilfen bei dem hohen Vorderachsengewicht zur Verfügung stand.

Scheele

Kölner Elektromobil-Werke Heinrich Scheele, Köln-Melaten, Aachenerstr. 163 u. Mastrichterstr. 41 - 43 u. Köln-Bickendorf, Vogelsangstr.
1914

Das von 1899 bis 1930 bestehende Elektro-Fahrzeugbau-Unternehmen stellte 1914 eine Serie achtsitziger Hotelomnibusse her. Zwei schwingend und federnd aufgehängte 2,2-kW-Elektromotoren trieben über ein Vorgelege die beiden Hinterachshälften an. Es konnte eine Geschwindigkeit von 15 bis 16 km/h erreicht werden. Darüber hinaus wurden einige Modelle mit 2,5-PS-Körting-Ottomotoren ausgestattet.
Bis 1930 stellte Scheele noch batterie-elektrisch angetriebene Nutzfahrzeuge her, insbesondere Kommunalfahrzeuge (mit Aufbauten von Peter Bauer, Köln), Feuerwehrfahrgestelle und Paketpostwagen.
Nach der Auflösung des Unternehmens zog die Kraftfahrzeug-Werkstatt des Kölner Stadtreinigungs- und Fuhramtes in die Köln-Bickendorf er Anlagen ein.

2x2,2-kW-Scheele Hotelomnibus

Scheibler

Motorenfabrik Fritz Scheibler, Aachen, Bachstr.
1. 1901 - 1903 Motorenfabrik Fritz Scheibler, Aachen, Bachstr.
2. 1903 - 1906 Scheibler Automobil-Industrie GmbH
3. 1906 - 1907 Automobilwerke Kurt Scheibler GmbH
4. 1907 - 1913 Motoren- und Lastwagen AG (MULAG), vorm. K. Scheibler
5. 1913 - 1927 Mannesmann-MULAG AG, Remscheid
6. 1928 Autowerke für Lastkraftwagen und Omnibusse, vorm. Mannesmann-MULAG AG, Aachen, Parkstr.

Fritz Scheibler, Besitzer einer seit 1875 bestehenden Maschinenfabrik in Aachen, gründete mit seinem Sohn Dr.-Ing. Kurt Scheibler (1875 - 1950) im Jahre 1900 eine Motoren- und Automobilfabrik. 1901 erschienen die ersten Lastwagen und wenig später ihre ersten Omnibusse. Zum Einbau kamen Zweizylinder-Boxermotoren mit 12 bis 15 PS Leistung und mit Batteriezündung.
Konstrukteur der Fahrzeuge und Motoren war bis 1902 Willy Seck (1868 - 1955), der als Student den Oberurseler »Gnom«-Motor entworfen und damit den Aufstieg der elterlichen Motorenfabrik Oberursel (später KHD-Klöckner-Humboldt-Deutz, Werk Oberursel, heutzutage BMW-Rolls-Royce Aero Engines) bewirkt hatte. Bis 1907 war Seck dann bei der Fahrzeugfabrik Eisenach tätig. Seine Nachfolger wurden der Daimler-Konstrukteur Hägele und ab 1904 der Ingenieur Paul Erwin Aders (1881 - 1974). Von 1908 bis 1912 war Aders dann an der Entwicklung der Müller-Straßenzüge beteiligt. Danach arbeitete er bei Büssing und bei der Adolph Saurer AG in Arbon / Schweiz sowie bei Joseph Vollmer in seiner DAC-Deutsche Automobil-Construktions GmbH. Von 1920 bis 1928 wirkte Dr.-Ing. Aders als Oberingenieur im Fahrzeug- und Motorenbau der MAN. Nach einer relativ kurzen Tätigkeit bei der VOMAG arbeitete er von 1929 bis 1934 im Gaggenauer Werk der Daimler-Benz AG. Nach einer Beschäftigung von 1934 bis 1936 bei der Frankfurter Mecano GmbH ging Dr. Aders zu Henschel & Sohn und konstruierte dort vorwiegend Panzer. Bis 1960 stand er dem Henschel-Nutzfahrzeugbau beratend zur Seite. Nach dem Ausscheiden von Dr.-Ing. Paul Erwin Aders übernahm 1904/05 Dr.-Ing. Kurt Scheibler die Stelle des Chefkonstrukteurs.
Die Scheibler-Fahrzeuge erhielten ab 1902 auf 28,4 PS gedrosselte 33/40-PS-Vierzylindermotoren. Waren zunächst noch Reibradgetriebe und Kardanwellen verwendet worden, so montierte man Zahnradgetriebe und Kettenübertragungen. Nachdem das Unternehmen 1905 Vergleich anmelden mußte, gründete Dr.-Ing. Kurt Scheibler ein Nachfolgeunternehmen. Er führte das alte Programm ohne Pkw-Bau weiter. 1906 fusionierte dieser Betrieb mit der Maschinenbauanstalt Altenessen AG und 1907 wurde die Automobilfabrik in Motoren- und Lastwagen AG (MULAG) umbenannt. Auch diese Verbindung dauerte nur kurz an. Vor dem Ersten Weltkrieg verschmolz dieses 200 Mann starke Unternehmen mit der Mannesmann AG zur Mannesmann-MULAG AG mit neuem Firmensitz in Remscheid.
Nach einem ersten Omnibusmodell mit dem 12/15-PS-Motor folgte 1906 das Modell L 56 mit dem gedrosselten 28,4-PS-Motor, das als Decksitz-Baumuster »Berliner Type« ausgeführt war. Motor und Getriebe hatten die Konstrukteure zur besseren Gewichtsverteilung getrennt angebracht, wobei die Kettenantriebe vom Getriebekasten aus in Bewegung gesetzt wurden. Mit dem kleinvolumigeren 26,2-PS-Motor folgte 1907 der Typ L 58, der als Decksitzwagen diesmal Längssitze erhalten hatte. Ein Mannesmann-MULAG-eigener Vergaser und ein Dreiganggetriebe mit einer Hele-Shaw-Kupplung waren eingebaut. Beide Modelle gingen in den Export. Nachdem die Motorenleistungen 1912 angehoben worden waren, mußte das Unternehmen während des Krieges den Omnibusbau einstellen, um von Dr.-Ing. Kurt Scheibler entworfene Subventionslastwagen herzustellen. Auf der Basis abgewandelter Lkw-Fahrgestelle fertigte Mannesmann-MULAG zudem für die deutsche Militärbehörde omnibusgroße Krankenwagen in Frontlenker-Bauweise.
Erst 1924 erschien wieder ein Mannesmann-MULAG-Omnibusmodell. Auf dem Chassis des Fünftonners wurde der Kardanantriebstyp 56 C5 mit einem 57-PS-Motor ge-

baut. Die Karosserie für 19 Sitz- und 11 Stehplätze montierte die Waggonfabrik Uerdingen AG in Uerdingen/Niederrhein (heute Krefeld Uerdingen).
1925 kam der kleine Niederrahmen-Omnibus 3 G N mit einem 52- oder einem 55-PS-Ottomotor mit hängenden Ventilen, einer doppelten Zündanlage und patentierter Plattenkupplung hinzu. Außerdem waren eine Luftpumpe und eine Heizung vorhanden. Der 3 G N-Typ konnte auch in einer Frontlenkerausführung mit dem Fahrersitz über dem Motor (C.o.e.-Bauweise) geliefert werden.
Eine weitere Ausführung war ein Sechsrad-Omnibustyp unter der Bezeichnung 6 G N III. Bei ihm handelte es sich 1925/26 um den ersten deutschen Dreiachsomnibus in 6x4-, das heißt in Dreiachs-Bauweise mit zwei getriebenen Hinterachsen. Bei der hier verwendeten Mannesmann-MULAG-Doppelachstechnik trieb die Kardanwellen eine Stirnraduntersetzung in der Mitte der beiden Hinterachsen an. Von dort führte je eine Welle zum vorderen und zum hinteren Differential, die beide in Aluminiumgehäusen fest am Rahmen angebracht waren. Vor den Differentialen führten Wellen zu Konsolen am Rahmen, an denen bewegliche Stirnraduntersetzungen mit Achsstummeln befestigt waren. Je zwei lange Federn, in Achsmitte am Rahmen befestigt, stützten diese Endantriebe ab, so daß diese an den Stirnradgetrieben frei schwingen konnten. Eine extrem niedrige Bauhöhe von 67 cm ließ sich durch diese patentierte Achsausführung erzielen. Zum Antrieb gelangte der von 52 auf 58 PS gesteigerte Vierzylindermotor. Die nur in kleiner Stückzahl gefertigten 6 G N III-Chassis wurden mit Stahlkarosserien der Waggonfabrik Uerdingen (siehe auch Kapitel WUMAG) versehen. Sie bot 35 Sitz- und 19 Stehplätze.
Schließlich erschien 1927 mit einem 70/75-PS-Sechszylindermotor ein neuer Zweiachs-Omnibus in den Ausführungen U 5 und J 5 auf einem Niederrahmen-Chassis. Der schnellaufende und kleinvolumige Motor basierte auf einer Lizenz der Schweizer Firma FBW-Franz Brozincevic in Wetzikon und wurde von der Firma Basse & Selve, Zweigniederlassung der Selve AG in Altena/Westf. beziehungsweise in Hameln gefertigt. Mannesmann-MULAG hatte keinen eigenen Sechszylindermotor entwickelt. Der Leichtmetall-Ottomotor hatte stehende Ventile, um die damals starke Verzunderung bei hängenden Ventilen zu vermeiden.
1927 waren so erhebliche Verluste eingetreten, daß eine Geschäftsaufsicht und schließlich ein Zwangsvergleich beantragt werden mußten. Zum Niedergang des Unternehmens hatte der unausgereifte Selve-Motor beigetragen, der zu ständigen Reklamationen Anlaß gegeben hatte. Die Heinrich Büssing-Automobilwerke AG übernahm die Einrichtungen, die Patente und die Ersatzteilversorgung der noch zu verkaufenden und bereits laufenden Mannesmann-MULAG-Nutzfahrzeuge. Der Aachener Betriebsteil fertigte bis Ende der sechziger Jahre Motorenteile und Aggregate für die Büssing-Nutzkraftwagen GmbH.

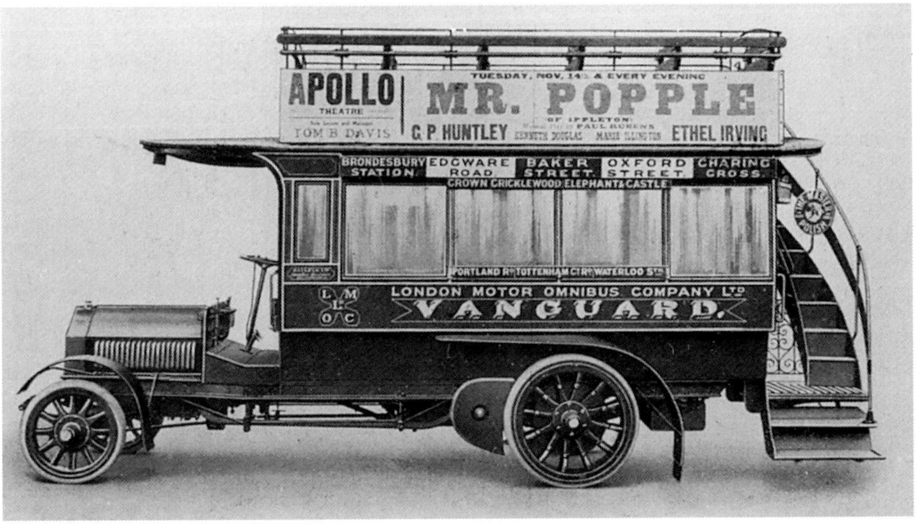

36/40-PS-Scheibler Oberdecker

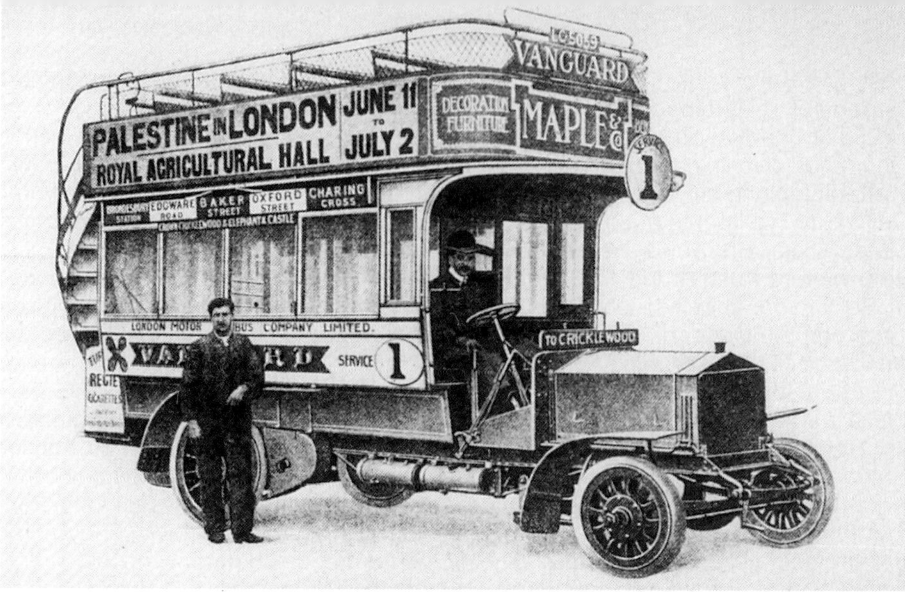

28,4-PS-
Scheibler L 56
Oberdecker

26,4-PS-
Scheibler L 58
Oberdecker

36-PS-
Scheibler L 58

58-PS-Mannesmann-Mulag 3GN

47-PS-Mannesmann-Mulag LC Ausflugswagen (Foto Mittelrhein, Postmuseum Koblenz)

58-PS-Mannesmann-Mulag 3GN

Schiemann

Gesellschaft für gleislose Bahnen Max Schiemann u. Co., Wurzen i. Sachsen
1901 - 1912

Der in Breslau geborene Max Schiemann (1866 - 1933) war einer der Pioniere der ersten deutschen Oberleitungsomnibus-Generation. Als vorangegangener Siemens-Ingenieur tat er sich 1900 mit dem Ingenieur Fritz Momper zusammen und gründete mit ihm in Wurzen/Sachsen die Gesellschaft für gleislose Bahnen, Max Schiemann & Co..
Das Unternehmen konstruierte und errichtete zwischen 1901 und 1915 in aller Welt 50 Oberleitungs-Omnibuslinien (inklusive einer Versuchsstrecke) mit insgesamt 113 Kilometer Streckenlänge. Darunter befanden sich 1901 die »Bielathal-Motorbahn« (Königstein/Elbe - Bad Königsbrunn), 1904 die »Gleislose elektrische Dorfbahn« (Langenfeld/Rheinland - Monheim), 1906 die »Elektrische gleislose Bahn Ahrweiler« (Bad Neuenahr bei Bonn - Ahrweiler - Walporzheim) und 1911 die Linie Blankenese - Marienhöhe bei Hamburg. Hinzu kamen außerdem die Gütertransport-Oberleitungskurse in Grevenbrück/Westfalen (»Kalkbahn«, 1903), Grevenbrück - Bilstein - Kirchveischede (1904), Wurzen nahe Leipzig (»Industriebahn«, 1905), Großbauschlitz (»Mühlenbahn«, 1905) und Altona/Hamburg (»Hafenschleppbahn«, 1911). Die Fertigung der Obus- und Schleppbahnanlagen sowie eines Teiles der Fahrzeuge übernahm die S & H-Siemens & Halske AG.
Im Ausland zeichnete Schiemann unter anderem für Obuslinien in Mülhausen/Elsaß, Großbritannien, Istrien (damals Österreich-Ungarn), USA, Südafrika und China verantwortlich. Da der Rädervschleiß aufgrund mangelhafter Federung und schlechter Strassen zu hoch war, - sowie beispielsweise das Verkehrsaufnehmen bei der Bielathalbahn sich als zu gering erwies, - legte man vor allem in Mitteleuropa zwischen 1904 und 1919 einige der Anlagen wieder still. Während des Ersten Weltkrieges wurden vor allem in Deutschland die kupfernen Oberleitungen abgebaut und der Rüstungsindustrie zugeführt. Die norwegische, 7,5 Kilometer lange Drammen-Linie und die italienische Cuneo-Strecke hingegen waren bis 1967 und 1968 aktiv.
Die weltweit erste für den öffentlichen Verkehr nutzbare Obuslinie wurde am 10. Juli 1901 im sächsischen Elbsandsteingebirge eröffnet. Die 2,8 Kilometer lange, durch Schiemann und Siemens & Halske errichtete Anlage führte von Königstein/Elbe über Hütten nach Bad Königsbrunn. Zur vorgesehenen Verlängerung um weitere 6 Kilometer nach Rosenthal-Schweizermühle kam es aus wirtschaftlichen Gründen nicht mehr.
Die Schiemann-Obusse besaßen zwei hintereinander angeordnete Stangen-Stromabnehmer, zunächst mit Rollen, später mit Schleifschuhen beziehungsweise Schleifwippen, die den Fahrdraht beidseitig umfaßten. Sie paßten sich Fahrdrahtunebenheiten problemlos an. Diese Technik bekam Max Schiemann am 24. Oktober 1902 patentiert (DRP 143 298). Die Obusse konnten dank der annähernd 6 Meter langen Stromabnehmer jeweils 3 Meter nach links und nach rechts ausweichen. Bei Fahrzeugbegegnungen zog ein Obus seine »Fühler« von der zweipoligen Fahrdrahtleitung ab. 1904 stellte die Bielathalbahn ihren Betrieb wieder ein.
Die beiden ersten, von S & H gebauten Bielathal-Obusse hatten vorn eine Drehschemellenkung und große, getriebene Hinterräder. Zwei Antriebsmotoren leisteten je 6,6 kW, also zusammen 18 PS bei 900 Umdrehungen pro Minute und einer Betriebsspannung von 500 Volt. Den Strom lieferte das Elektrizitätswerk Königstein. Die Motoren ließen sich auf Vorwärtsfahrt schalten (in Serien-Parallelschaltung) und auf Rückwärtsfahrt. Verzögert wurde mit Kurzschluß- und Gegenstrombremse. Der Fahrer mußte wie in einem Straßenbahnwagen stehen. Der dreifenstrige (pro Seite) Aufbau mit überdachtem offenem Fahrerstand und offenem Heckperron bot 18 Längssitze plus 6 Stehplätze. Die Höchstgeschwindigkeit lag bei 15 km/h. Die Eisenreifen der Holzräder sollen später gegen Vollgummi-Bereifung ausgetauscht worden sein.
Beim dritten Wagen handelte es sich um ein Güterschlepperfahrzeug, vorn mit geschlossenem Führerstand, in der Mitte mit überdachter Pritsche und hinten mit einer Art Kofferaufbau. Der zuletzt gelieferte vierte Obus war ein links und rechts offener Zweirichtungswagen mit zwei Führerständen, mit Mitteleinstieg, Vorder- und Hinter-

achsantrieb einschließlich Vorder- und Hinterachslenkung. Die Achsen der gleichgroßen Räder wurden vorn und hinten durch je einen 6,6-kW-Tatzlagermotor angetrieben. Dieses wohl einmalige Oberleitungs-Kombinations- beziehungsweise Universalfahrzeug diente sowohl der Personenbeförderung als auch dem Gütertransport. - Für die Bielathalbahn standen ein- und zweiachsige Anhänger zur Fracht-, Kohlen- und Postbeförderung bereit. Das komplette Bielathal-System addierte sich einschließlich Stichbahn zum Güterbahnhof und dem Elektrizitätswerk Königstein sowie zu einer Papierfabrik auf 4 Kilometer Länge. Streckenweise galt es bis zu 80 Meter lange 1 : 14-Steigungen und eine Anzahl kurvenreicher Abschnitte zu bewältigen.
1903 hatten Siemens und Schiemann einen Obus für eine geplante (nicht ausgeführte) Linie Dortmund - Lünen entworfen: in diesem Falle mit neben- und nicht hintereinander angebrachten »Stromfühlern« und mit einer Sitzbank für den Fahrer. Sie mußten bisher und fürderhin oftmals noch stehen. Darüber hinaus wurde auch ein Obus mit einem über der Vorderachse im Rahmen pendelnd aufgehängten Elektromotor konstruiert.
Seit Mai 1904 verkehrten auf einer Streckenlänge von 4 Kilometern zwischen Langenfeld und Monheim drei Personen-Obusse mit 8,8-kW-Elektromotoren und nebeneinander montierten Stromabnehmern sowie drei baugleiche Personenanhänger. Für hohe Güteraufkommen standen darüber hinaus vier Güteranhänger und ein Oberleitungs-Lkw mit zwei 11 kW-Elektromotoren zur Verfügung. - Bei der 2 Kilometer langen Grevenbrücker Kalkbahn war jeder Güteranhänger für 5 bis 6 Tonnen Nutzlast ausgelegt, und die beiden Elektromotoren leisteten jeweils 12,8 bis 18,4 kW (zusammen entsprechen 35 bis 50 PS). - Die Elektro-Oberleitungsschlepper der Städtischen Hafenbahn Hamburg - Altona (0,65 Kilometer lang) wurde am Elbberg nicht nur als Schub- sondern hinter schweren Pferdefuhrwerken auch als Schubmaschine verwendet. Gelegentlich setzte man ihn zum Verschieben von Waggons ein. Alle Schiemann-O-Schlepper mit Zweiachs- beziehungsweise Vierradantrieb kennzeichnete in Fahrzeugmitte ein überdachter Zweirichtungs-Führerstand.
Andere Schiemann-Obusse verfügten unter einem ausgeprägten Schwanenhalsrahmen vorn über ein gefedertes, in den Lenkflächen kugelgelagertes Triebdrehgestell (Ahrweiler) mit einem 16-kW-Hauptschlußmotor. Der Einstieg befand sich hinter der Vorderachse. Hinzu kam für die gleiche Obus-Bahn ein seitlich halboffener Niederflurwagen mit Mitteleinstieg. Die »Dorfbahn«-Omnibusse faßten 26 Personen und ihre Anhänger (diese in Niederflur-Mitteleinstiegs-Bauart) jeweils 18 Fahrgäste. Die durchaus barock anmutenden Aufbauten der 1906 ans 5,3 Kilometer lange Fahrdrahtnetz gelangenden Oberleitungsbusse fertigte die Waggonfabrik P. Herbrand & Co. in Köln-Ehrenfeld (wurde 1917 als Werk Köln Bestandteil der Lok- und Waggonbau-Gruppe LHW-Linke-Hofmann-Werke AG, Breslau.
Große Beachtung fand 1911 die Obuslinie von Blankenese bei Hamburg nach Marienhöhe, die von Wagen mit 11-kW-Wendepol-Elektromotoren bis 1914 betrieben wurde. Die 3,15 Tonnen wiegenden Fahrzeuge boten 20 Sitzplätze. Sie waren mit einem Schiemann-Einstangen-Stromabnehmer mit oberem zweipoligen Querarm ausgerüstet (ebenso wie die Altonaer Hafenbahnschlepper und wie die Schiemann-Obusse in Mülhausen/Elsaß). Und 1912 führte die Gesellschaft für gleislose Bahnen auf der Leipziger Elektrizitätsausstellung einen Obus mit Wechselstromantrieb vor.
Nach dem Ersten Weltkrieg widmete sich Max Schiemann in Großbritannien erfolgreich dem Obusbau. Er konnte sich dabei auf die RET-Railless Electric Traction Construction Co. Ltd. in London stützen, die sich 1908 unter anderem mit Hilfe von Schiemann-Lizenzen etabliert hatte.
1903 erschienen in der Fachpresse die Schiemann-Zeichnungen eines ungewöhnlichen zum DRP angemeldeten dreiachsigen Niederflur-Oberleitungsomnibusses mit 25 Zentimeter Einstiegshöhe. Das Besondere daran war ein Frontantriebssystem mit differentialloser, starrer »Schmalspur«-Vorderachse mit ganz dicht beieinander liegenden Rädern, zwischen die gerade ein Schneckenvorgelege gepaßt hätte. Das sollte von vorn unter einer Kurzhaube zu installierendem Elektromotor in Bewegung gesetzt werden und seinerseits die Vorderachse antreiben. Die mittleren und hinteren Räder, an stark nach unten gekröpften Achsen, sollten lenkbar sein. Für das Dach des 44 Fahrgäste fassenden Aufbaus war ein Zweipol-Einstangen-Stromabnehmer vorgese-

hen. Zum Realisieren des Einmann-Betriebs mit Fahrgastfluß auf ebenem Wagenfußboden hatte Schiemann vorn eine Eingangstür im Fahrerbereich geplant und eine Ausstiegstür in der Wagenrückwand.

Schiemann-Obus »Mülhausen«

Schiemann-Obus »Bielathalbahn«

Schiemann-Zweirichtungs-Ous »Bielathalbahn«

11-kW-
Schiemann
Obus
»Bielathalbahn«

11-kW-
Schiemann
»Blankenese«

Schiemann-
Obus
Ahrweiler-
Neuenahr

Siegel

Feodor Siegel Maschinenfabrik, Eisengießerei und Kesselschmiede, Schönebeck/Elbe, Streckenweg 2/3
1907 - 1911

Die Firma Siegel war 1868 als Maschinenfabrik, Eisengießerei und als Kesselschmiede von Georg und Feodor Siegel gegründet worden. Im Jahre 1907 nahm das Unternehmen den »Leicht- und Lastwagenbau« in der Abteilung »Waren-Motoren-Wagenbau« auf. Mit eigenen, luftgekühlten 9-PS-Zwei- und 12-PS-Vierzylindermotoren fertigte dieser Betriebsteil auch kleine Omnibus-Fahrzeuge. 1911 ging diese Abteilung in Konkurs. Das Siegel-Werk bestand bis 1935; verschiedene Handwerksbetriebe siedelten sich anschließend in den Werksanlagen an. Die Villa des Besitzers Feodor Siegel diente der Schönebecker Freimaurerloge, heute befindet sich darin die Schönebecker Sparkasse.

Siemens & Halske

Siemens & Halske AG, Berlin
1882 u. 1899 - 1907

Das 1847 von dem Artillerieoffizier und Ingenieur Werner von Siemens (1816 - 1892) und dem Mechaniker Johann Georg Halske gegründete Elektrounternehmen erprobte 1882 vor den Toren des alten Berlins den ersten elektrisch betriebenen Oberleitungswagen der Welt. Die Versuchsanlage, mit an Masten aufgehängten Kupferdrähten befand sich zwischen den (Noch-) Vororten Charlottenburg und Halensee. Bei dem Versuchsfahrzeug, »Elektromote« genannt, handelte es sich um einen offenen Jagdwagen mit zwei senkrecht montierten Stangen, die mit einem Kabel auf den stromführenden Drähten ein »vierrolliges« Kontaktwägelchen nachschleppten. Der Antrieb erfolgte durch zwei 2,2-kW-Elektromotoren mittels Ketten auf die größeren Hinterräder. Die kleineren Vorderräder wurden gelenkt. Die am 29. April 1882 in Betrieb genommene »Obus«-Versuchslinie blieb nur wenige Monate in Betrieb. Vorführungen unternahm Werner von Siemens von Fall zu Fall persönlich.
Gegen Ende der neunziger Jahre wandte sich S & H-Siemens & Halske dem partiell sowohl aus der Oberleitung als auch aus Batterien getriebenen Elektro-Omnibus zu, der streckenweise zudem wie eine Tram in Rillenschienen fahren konnte. Das wohl überhaupt erste Hybridantriebsfahrzeug mit Spurführungsmöglichkeit (!) präsentierte S & H 1899 in Berlin anläßlich einer der ersten internationalen Motorwagen-Ausstellungen als »Straßenbahn-Omnibus«. Er konnte in Chauseen mit Rillenschienen und Oberleitung als Straßenbahnwagen verkehren. Den Kontakt zur Oberleitung stellte ein Lyrabügel her. An den Endstationen ließen sich die kleinen Schienenführungsräder vor dem anderen Triebdrehschemel anheben, und das Gefährt bewegte sich als batteriegetriebener Obus (ohne Oberleitung) beziehungsweise als Elektrobus weiter. Die Akkumulatoren wurden während der Straßenbahn-Fahrt unter den Fahrdrähten aufgeladen.
Das von dem Elektroingenieur Robert Schwenke (1873 - 1944) konstruierte Elektrofahrzeug besaß vier normale eisenbereifte Holzräder und ganz vorn die anheb- und absetzbare Schienenachse mit zwei stählernen Führungsrädern.
Der S & H-Straßenbahn-Omnibus hatte vier Elektromotoren und damit im wahrsten Sinne des Wortes bereits Allradantrieb. Sie entwickelten mit einer Stirnradübersetzung jeweils 5,5 kW bei 100 Umdrehungen und 525 Volt Gleichspannung. Auch mit 2,9-kW-Motoren, 550 Umdrehungen und 350 Volt wurde experimentiert. Die Motoren konnten zum Anfahren in Reihen- und zum Fahren in Paralellschaltung gebracht werden. Das in Berlin vorgeführte Modell erreichte eine Geschwindigkeit von 28 km/h. - Unabhängig davon bestand von 1901 bis 1911 eine Zusammenarbeit mit der Gesellschaft für gleislose Bahnen des Obus-Pioniers Max Schiemann. Neben verschiedenen benzin-elektrischen Vorspann-Zugmaschinen (1902) stellte die Siemens & Halske AG 1905/06 auch

Lastwagen und Omnibusse mit akku-elektrischem Antrieb her. Der 6,5 Tonnen wiegende Decksitzomnibus beispielsweise war mit zwei vierpoligen Motoren ausgestattet, die über seitlich angebrachte Kegelrad- und Kettenantriebe die Räder in Bewegung setzten. Die Antriebsvorrichtung war schwingend an zwei Drehpunkten aufgehängt. Die 80-Zellen-Batterie reichte für eine Fahrstrecke von 35 km.
Nach der Übernahme der Protos-Werke im Jahre 1908 stellte die Siemens & Halske AG ihre eigene Fahrzeugfertigung zugunsten dieses Zweigbetriebes ein. Robert Schwenke konstruierte dort für zwei Jahre die Fahrzeuge. Danach gründete er eine Firma zur Herstellung von Elektrokarren und widmete sich unermüdlich der Entwicklung von Front- und Allradantriebsfahrzeugen mit Benzinmotoren. Mit dem ihn unterstützenden Ingenieur Frh. J. V. Stientencron konstruierte er 1925 den technisch äußerst interessanten Frontantriebs-Pkw SS 3. Schließlich konzipierte Schwenke auch Motorfahrzeuge für die NAG-Nationale Automobil AG.
Die Siemens-Werke blieben bis heute der Automobil-Industrie mit der Bereitstellung von Antriebsmotoren für Obusse verbunden.

2x2,2-kW-Siemens & Halske »Elektromote« (Foto Siemens-Archiv)

4x5,5-kW-Siemens & Halske Straßenbahn-Omnibus

Siemens & Halske Elektro-Omnibus (Foto Siemens-Archiv)

Siemens & Halske Elektro-Oberdecker (Foto Siemens-Archiv)

Stille

Maschinen- und Fahrzeugfabrik F. Stille, Münster i. Westfalen, Dahlweg 87
1930/31

Nach Konstruktionsplänen von Dr.-Ing. Josef Deiters, (der für die Mannesmann-Automobilwerke KG tätig war,) fertigte die Maschinen- und Fahrzeugfabrik F. Stille 1930/31 einen vierachsigen Omnibus mit 44 Sitz- und 31 Stehplätzen. Der 100 PS starke Maybach-Sechszylinder-Ottomotor OS 5 trieb die erste, doppelbereifte Hinterachse an. Beide Vorderachsen waren als Lenkachsen ausgebildet. Der bereits weitgehende Leicht-Stahlaufbau war hinter der Motorhaube in Schweißtechnik ausgeführt. Das erste deutsche 8x2-Baumuster erhielt außerhalb der Heckpartie eine Imbert-Holzgas-Generatoranlage. Sie bestand aus dem Holzvergaser und einem gleichgroßen Gasreiniger. Der Holzgasanlagen-Einbau erfolgte durch die Westwaggon AG in Köln, die seinerzeit die noch in Gründung befindliche deutsche Imbert-Gesellschaft vertrat.

Dr. Deiters konstruierte weitere Omnibusse mit Generator-Gasantrieb: für die EVA-Triebwagen- und Waggonfabrik Wismar AG, für die Waggonfabrik Wagmann & Co. und für die Waggonfabrik Gebr. Credé & Co.. Ihnen lagen zumeist Henschel- und Büssing-NAG-Fahrgestell- und Antriebskomponenten zugrunde. Ab 1939/40 stützte sich Prof. Deiters für Credé, Harmening, Voll und Kässbohrer auf Antriebseinheiten und Chassisteile von VOMAG, Ford und Opel.
Schwerpunkt des 1877 von dem Landwirt Fritz Stille gegründeten Unternehmens war der Bau von Ernte- und Dreschmaschinen sowie der Bau von Mühlenanlagen. 1975 wurde das Stille-Werk aufgelöst.

105-PS-Stille Vierachser

Stoewer

Gebr. Stoewer, Fabrik für Motorfahrzeuge OHG, Stettin-Neutorney, Falkenwalder Str. 186
1. 1900 - 1916 Gebr. Stoewer, Fabrik für Motorfahrzeuge OHG
2. 1916 - 1919 Stoewer-Werke AG

Die aus dem 1896 gegründeten Eisenwerk Bernhard Stoewer hervorgegangene Motorfahrzeugfabrik der Gebrüder Stoewer richtete kurz vor der Jahrhundertwende den Automobilbau ein. Im Jahre 1900 erschien ein 16-sitziger Omnibus mit einem 8/10-PS-Zweizylindermotor. Das Modell wurde 1903 mit einem auf 12/15 und 1905 mit einem auf 16/20 PS gesteigerten Motor versehen. Teilweise waren die Fahrzeuge als Ausflugsomnibusse seitlich unverglast ausgeführt.
Auch eine kleine Serie von Akkumulator-Omnibussen wurde 1901/1902 aufgelegt, die unter anderem auf einer Stettiner Ausflugsstrecke im Sommer verkehrten. Gegenüber den zweizylindrigen Benzinmodellen war ihr Lauf bedeutend ruhiger, wenn auch die Reichweite gerade 40 km betrug.
Nachdem unter der technischen Leitung von Bernhard Stoewer jun. (1875 - 1937) Vierzylindermotoren entwickelt worden waren, erschienen 1905 mit einem derartigen 18/24-PS-Motor die Standardmodelle OL 4 und die Oberdeckmodelle OM 4, die 22 beziehungsweise 40 Fahrgäste befördern konnten. Schon ein Jahr später kam ein 30 PS leistender Vierzylindermotor in die Ausführungen OS und OS I. Die Höchstgeschwindigkeit lag bei 26 km/h.
Große Serien mit insgesamt 200 Fahrgestellen und kompletten Omnibussen, deren Karosserien im Stettiner Werk hergestellt wurden, konnten an die London & District Motor Bus Company Ltd. verkauft werden. Durch die nachfolgenden Konkurrenz-Großaufträge des Büssing-Werkes kam dieses Geschäft jedoch schon bald wieder zum Erliegen. Einzelne Modelle konnten nach Italien, Polen, Rumänien und nach Rußland geliefert werden.
Neben den Firmen Argus und Büssing setzte das Stoewer-Werk 1908 erstmals einen Sechszylindermotor im Modell OS 6 ein. Die von Dipl.-Ing. Boris Loutzky für Fluggeräte

geschaffene Maschine mit stehenden Ventilen leistete hier in gedrosselter Version 45 PS. Allerdings wurde dieses Modell nur ein Jahr lang angeboten.
Erneuert wurde das Programm 1909 mit dem OSP-Typ und dem Oberdecker-Typ OSP I. 1912 erschienen die Modelle L 5 O und L 5 OP für 16 und 22 Personen. Hinzu kam der größere 32-PS-Oberdecker L 6 S-O für 40 Fahrgäste. Schließlich folgten 1913 noch die Modelle L 1-0 und L 2-0 mit dem gedrosselten 32-PS-Motor. Außerdem entstanden verschiedentlich auf verstärkten Pkw-Fahrgestellen kleinere Hotelomnibusse.
Nach dem Krieg wurde die Omnibusproduktion mit noch vorhandenen Teilen der Modelle L 2-O und L 6 O für eine kurze Zeit wieder aufgenommen. Danach konzentrierte sich das Werk auf die erfolgversprechendere Pkw-Produktion.
Um 1925 planten die Stoewer-Werke, die Omnibusfertigung wieder aufzunehmen. Das Fahrgestell und der 40-PS-Motor des Lkw-Typs 3T1 sollten die Basis bilden. Aufgrund der schwierigen Wirtschaftslage mußte dieses Vorhaben jedoch aufgegeben werden.
Insgesamt wurden 330 Stoewer-Benzin-Omnibusse hergestellt, wobei auf die Zweizylindertype etwa zehn Exemplare entfielen. Von den Elektromobil-Omnibussen dürften maximal zehn Modelle gefertigt worden sein. Nach einer Übereinkunft mit den englischen Morris-Comercial-Werken wurde um 1933 der Vertrieb des 110 PS starken, 30-sitzigen Morris-Omnibusses unter der sinnigen Bezeichnung »Dictator« vorbereitet, aber nicht mehr ausgeführt.
Nachdem während des Zweiten Weltkrieges der Einheits-Pkw, Motorspritzen und in Lizenz das NSU-Kettenkrad gefertigt worden waren, wurde gegen Kriegsende der nach Röbel am Müritzsee verlagerte Maschinenpark, der Ersatzteile hauptsächlich für den Einheits-Pkw der Wehrmacht produzierte, von den Sowjets beschlagnahmt. Die geplante Neuaufnahme der Stoewer-Pkw-Produktion in der Hamburger Filiale mußte 1945/46 nach dem plötzlichen Tod des letzten Stoewer-Direktors, Karl Trefz aufgegeben werden.
Die kaum beschädigte Fabrikanlage in Stettin wurde von der Sowjetarmee ausgeräumt. Nachdem Stettin im Herbst 1945 von Polen besetzt worden war, wurde Mitte der fünfziger Jahre das Fabrikarsenal für die Herstellung des polnischen Motorrads »Junak« genutzt. Seit den sechziger Jahren werden in dem ehemaligen Stoewer-Werk Ersatzteile für Fiat-Polski gefertigt.

8/10-PS-Stoewer

2x3,2-kW-Stoewer Sommeromnibusse

12/15-PS-Stoewer

18/24-PS-Stoewer OM 4 Oberdecker

24/30-PS-
Stoewer OS I
Oberdecker

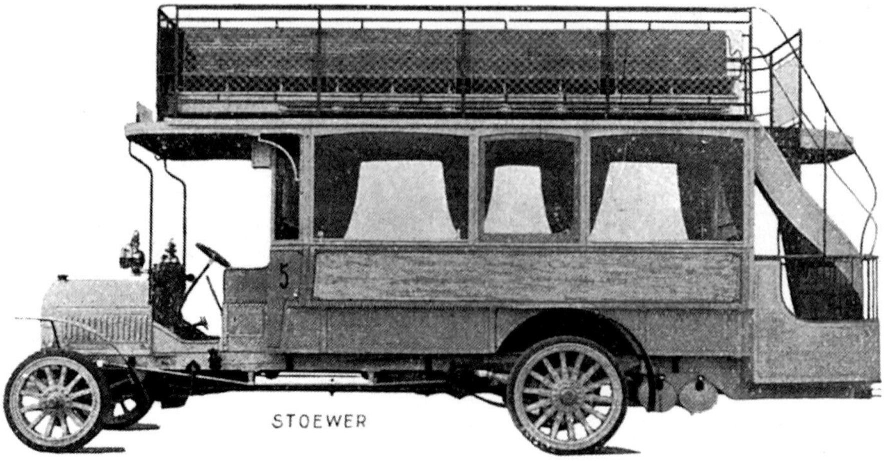

19/32-PS-
Stoewer L 2-O

19/32-PS-
Stoewer L 2 O

Stoll

Dresdner Geschäfts-, Luxus- und Straßenbahnwagenfabrik Carl Stoll, Dresden-Neustadt
1902 - 1905
(Projektbüro Ludwig Stoll, Wien/Österreich, Edelhofgasse 7
1904 - (wahrscheinlich) 1915)

Carl Stoll erhielt im April 1901 eine Stromabnehmer-Methode mit Kontaktwagen patentiert. Das DRP-Nr. 130 644 sagt partiell aus: »Die Erfindung hat einen für doppelpolige Oberleitung bestimmten Stromabnehmer zum Gegenstand ... in der Hauptsache für nicht auf Schienen laufende Motorfahrzeuge.« Die Stoll-Wagen besaßen eine bis über das Dach reichende, einen Teil des Stromabnehme-Kabels enthaltene Stange. Das darüber hinaus führende flexible Kabelteil besaß an seinem Ende den eigentlichen, nachzuschleppenden Stromabnehmer. Die Kabelführungs- und -haltestange war auf dem Sattelantrieb-Dolly mittels eines Steckkontaktes befestigt. Deshalb war auf der gesamten Obusstrecke lediglich eine doppelpolige Leitung erforderlich. Bei Fahrzeug-Begegnungen brauchte der Wagenführer nur die beiden Kabelhalter (wie ein Fackelträger) von Obus zu Obus umzustecken.
Das Stromabnahme-Kontaktwägelchen lief mit vier Rillenrollen auf der »zweidrahtigen«, zweipoligen Oberleitung. Unter ihm hing zur Beschwerung und um möglichem »Entgleisen« entgegenzuwirken, eine stählerne Kugel an einem 60 Zentimeter langen Stab. Sie und das flexible Stromabnahmekabel sorgten zudem dafür, daß der Kontaktwagen federartig auf die Fahrdrähte (30 cm Abstand) einwirkte.
1904 war Carl Stoll's Sohn Ludwig nach Wien gegangen und nahm dort mit dem Hofwagenfabrikanten Jacob Lohner Verbindung auf. Es kam zu einer ersprießlichen Zusammenarbeit, die sich ab 1906/07 auch auf die ÖDAMG/Austro-Daimler erstreckte. Vater Stoll begann nach 1850 als Dorfschmied außerhalb Dresdens und richtete später einen Wagenbaubetrieb in Dresden-Neustadt ein. Von Stoll sind seit etwa 1885 Pferdeomnibuswagen und seit 1890 Pferdebahnwaggons bekannt. Bald gesellten sich auch Motor- und Beiwagen für die »Elektrische« hinzu.
Der Ing. Ludwig Stoll entwickelte in Österreich das Kontaktwagen-Stromabnehmersystem bis 1907 weiter. Er erhielt zusätzlich, weiträumig um die Fahrdrähte herumführende Sicherheitsschlaufen für den Fall, daß doch einmal ein Kontaktwägelchen abrutschen könnte. Außerdem hatte Stoll junior das Kugelgewicht unter dem Kontaktwagen mit eingebauter Spannvorrichtung für das Verbindungs- beziehungsweise Führungskabel verbessert. Eine Automatik-Aufrolltrommel an der Kabelführungs- und Haltestange des Wagens konnte die gesamte Länge des Stromabnehmerkabels regulieren. Dadurch verfügten die Lohner-Stoll und die etwas späteren Austro-Daimler-Stoll-Porsche-Obusse über bis zu 10 Meter Ausweichspielraum jeweils nach links oder rechts.
Wann und wo die Dresdner Geschäfts-, Luxus- und Straßenbahnwagen-Fabrik Carl Stoll und die AEG erstmals miteinander Kontakt aufnahmen, ist nicht direkt überliefert. Tatsache ist indes, daß Carl Stoll mit der AEG 1902/03 zwecks Ausnutzung seiner Patente eine Interessengemeinschaft bildete. In diesem Zusammenhang muß darauf hingewiesen werden, daß der AEG-Generaldirektor, Geheimrat Emil Rathenau, im Herbst 1902 von der Kühlstein-Wagenbau OHG in Berlin-Charlottenburg die Abteilung Motorfahrzeuge (nicht den Karosseriebau) mitsamt ihrem Oberingenieur Joseph Vollmer und seinen Konzeptionen übernommen hatte. Er gliederte in einer neuen Automobilabteilung im AEG-Kabelwerk Berlin-Oberschöneweide an. Verständlich, daß sich das Großunternehmen der Elektrotechnik mit seiner ausgereiften Bahntechnologie auch dem neuen Nahverkehrsmittel Oberleitungsomnibus zuwandte (siehe auch in den Kapiteln AEG, NAG, Kühlstein sowie Motorfahrzeuge- und Motorenfabrik Marienfelde).
Bereits vorher, 1901/02 erprobte Carl Stoll in Dresden einen sattelschlepperartigen Oberleitungsomnibus kleinerer Bauart mit zweiachsigem Triebdolly und aufgesatteltem, einachsigen Fahrgastteil (12 Sitz- und 4 Perron-Stehplätze). Der Auflieger hatte einen Dachvorsprung zur Überdachung des einsitzigen Vorspannwagens mit einer

Lenk- und einer Triebachse unter seinem Schwanenhalsrahmen. Die elektrische Ausrüstung des »DRPatent Elektrischen Personenwagens« stammte entweder von der AG Elektrizitätswerke (vorm. O. L. Kummer & Co.) in Niedersedlitz/Dresden (späteres Sachsenwerk, an dem sich 1930 die AEG beteiligte) oder von der AEG selbst. - 1902/03 errichtete Carl Stoll die »Dresdener Haidebahn«. Die Linie Arsenal/Dresden - Klotzsche/Deutsche Eiche war 5,2 km lang.
Annähernd gleichzeitig erprobte die AEG in ihrem Oberschöneweidener Kabelwerk einen größeren »Sattelschlepper«-Obus, dessen Aufbau mit an Sicherheit grenzender Wahrscheinlichkeit von Stoll aus Dresden stammte. Sein Triebdolly besaß einen parallel verlaufenden Rahmen und die Lenk- sowie die Triebachse, beide gleichbreit, verfügten über Eisenbereifung. Die »Berliner Ostbahn«, eine AEG-Beteiligungsgesellschaft, setzte zwei derartige Obusse ab 1903 mit zweisitzigen und durch die Personenauflieger überdachten Vorspanndollys auf der Linie Bahnhof Niederschöneweide - Johannisthal ein. Das Stromabnehmer-Kontaktwägelchen war mit zwei Rollen ausgestattet, die durch einen Bügel verbunden, diagonal auf der zweipoligen Oberleitung rollten. Eine beschwerende Kugel war hier nicht vorhanden.
Die Triebgestelle für die »Ostbahn« und für die »Haidebahn« trugen ihren Sattelzapfen auf einer Konstruktion aus Längs- und Querblattfedern über der Hinterachse. Sie stammten eindeutig von der AEG. In diesem Zusammenhang bekam das Berliner Unternehmen 1904 schließlich die »Entwicklung von Aufsattelkupplungen und Anhängerfahrzeugen« patentiert (DRP 161 227, 161 811 und 164 265).
Während die AEG in einer früheren Hauszeitschrift in einem Beitrag »Elektrische Oberleitungsomnibusse der Allgemeinen Elektrizitätsgesellschaft« darüber berichtet, daß die (Berliner) AEG/Stoll/Vollmer-Wagen von zwei Doppelmotoren mit jeweils 9 PS (gesamt 18 PS) und durch Zahnräder angetrieben werden, beschreibt eine Ausgabe von »Uhlands Verkehrszeitung« aus dem Jahr 1903 den (offenbar geänderten) Antrieb etwas anders: »Die Motoren sind federnd aufgehängt und jeder von ihnen trieb mittels Zahnrades und Kette ein Rad der hinteren Achse an.« Jeder Hauptstrommotor der »Haidebahn« leistete 15 PS (also gesamt 30 PS). Die Triebräder der Dresdner Sattelzüge waren etwas breiter als die der Berliner Obuszüge und sie erhielten in schneereicher Zeit »Eisreifen« mit einer Art Greifern. Die großen Aufliegerräder wurden unterhalb der Federn gegen breite Schlitten ausgetauscht.
Die drei großen Fenster der »Berliner Ostbahn«-Wagen wiesen oben einen Hauch von Rundbogen auf, während die der »Dresdener Haideban« oben ebenso gerade verliefen, wie darunter auf der Wagengürtellinie. Die Personenauflieger boten im Wageninnern auf Längsbänken 16 Personen Platz und auf dem Perron durften außerdem 6 Fahrgäste stehen. Die Wagen für die Linie am Rande der sächsischen Residenzstadt ruhten auf Sattel-Triebdollys, die hinter der Fahrersitzbank vor dem Sattelkupplungsbereich einen kleinen schwanenhalsartigen Absatz aufwiesen. Die Stromabnehmer-Ausrüstung mit der Belastungskugel entsprach dem eingangs erwähnten und Stoll-patentierten System. Die »Dresdener Haidebahn« wurde 1905 wieder stillgelegt.
Es ist nicht sicher, ob zum Fahrzeugpark der »Haidebahn« (zwölf Obusse) auch Gütertransportauflieger mit Pritschen- und Kastenaufbauten gehörten, bei Bedarf austauschbar gegen Personenauflieger. Angeboten wurden sie durch Stoll und die AEG auf jeden Fall. Darüber hinaus standen 20 plus 6 Fahrgäste fassende Oberleitungsbus-Einheiten auf der Lieferliste, mit vier Fenstern in der Seitenpartie. Sie hätten auch mit einem nicht getriebenen Einachsdolly (Anhängerdrehschemel) in Spitzenzeiten zusätzlich als Obus-Beiwagen eingesetzt werden können. Ein Zug hätte somit 48 bis 52 Personen bewältigen können.
Die letzte »Sattelzugbahn« wurde 1904 durch Lohner und Ludwig Stoll in Mähren gebaut. Sie führte von Tatrafüred nach Bad Altschmecks. Die Triebdollys besaßen ebenfalls breitere Triebräder, allerdings mit außenliegenden Blattfedern. Möglicherweise hatten sie stärkere und damit größere AEG-Elektromotoren (je 12 bis 15 kW, das heißt gesamt zirka 32 bis 31 PS). Die Personenauflieger waren den Dresdner Wagen außerordentlich ähnlich. Auf dem 13,8 Kilometer langen Kurs kamen auch Pritschenauflieger zur Güterbeförderung zum Einsatz. Die Linie blieb bis 1906 in Betrieb.
Bei den stärksten je gebauten ÖDAMG-Obussen nach System Daimler-Elektro-Stoll

handelte es sich um Allradwagen mit jeweils einem Mercedes-(Lohner-) Porsche-Radnabenmotor in den Vorder- und in den Hinterrädern. Die Gesamtleistung eines 4x4-Obusses lag laut eines Austro-Daimler-Prospektes bei 80 PS. Der erste Allrad-Obus wurde ab 1908 auf der Linie Pötzleinsdorf - Salmannsdorf bei Wien mit Anhänger eingesetzt (für 24 plus 18, gleich 42 Personen). Sie bestand bis 1938! Die nächsten vierradgetriebenen Drahtbusse erhielt 1910 bis 1914 in der Steiermark eine Linie in Judenburg. Sie verband die Stadt mit dem außerhalb gelegenen Bahnhof und führte über Steigungen mit 13 bis 16 Prozent.
Schließlich war 1912 die Gründung der Österreichischen Daimler-Tudor GmbH Ludwig Stolls Werk. Die erste von ihr eingerichtete Autobuslinie führte in Wien vom Stephansplatz zur Volksoper. Der Austro-Daimler-Frontlenkerbus mit Porsche- Vorder- Radnabenmotoren führte seine Batterien in der vorderen Wagenpartie mit.
Die Stoll-Produkte und insbesondere die Stoll-Stromabnehmer-Methode erreichten auf mehr als 20 Strecken in Europa und Afrika einen hohen Bekanntheitsgrad unter dem Namen: Stoll-Bus, Kummer & Stoll, AEG-Stoll (-Vollmer), Lohner-Stoll, Lohner-Porsche-Stoll, Austro-Daimler-Stoll, Mercédès-Electrique-Stoll, Elektro-Daimler-Stoll, Mercedes-Stoll und (in Großbritannien) Cedes-Stoll.

14,7-kW-Daimler-Stoll Obus

14,7-kW-Daimler-Stoll Obus

SAF/SAG

Süddeutsche Automobil-Fabrik GmbH (SAF/SAG), Gaggenau i. Baden
1. 1898 - 1905 Bergmanns Industriewerke GmbH
2. 1905 - 1907 Süddeutsche Automobil-Fabrik GmbH (SAF/SAG), Abt. Kraftwagenbau der Bergmanns Industriewerke
3. 1907 - 1910 Süddeutsche Automobil-Fabrik (SAF/SAG) GmbH
4. 1911 Benzwerke GmbH, vorm. Süddeutsche Automobil-Fabrik

Die Süddeutsche Automobil-Fabrik GmbH (SAF), zeitweise auch als SAG oder »Gaggenau« bezeichnet, ging 1905 aus der Bergmanns Industriewerke GmbH hervor. Dieses Werk konnte auf ein Gründungsdatum im Jahre 1680 zurückblicken. 1873 erwarb es der Unternehmer Michael Flürscheim, der 1879 Theodor Bergmann (1850 - 1931) aufnahm. Im Zuge der Umwandlung in eine Aktiengesellschaft mit dem Namen Eisenwerk Gaggenau AG im Jahre 1888 schied Michael Flürscheim aus. 1889 erhielt das Unternehmen die Bezeichnung Murgtaler Eisenwerke AG. Alleiniger Inhaber des Unternehmens wurde nun Kommerzienrat Theodor Bergmann. Ein weiterer Betriebsteil kam in Ottenau dazu. 1893 bekam das Werk den Namen Bergmanns Industriewerke GmbH und stellte Metallwaren, Waffen, landwirtschaftliche Geräte und kleine Dampfmaschinen her. Noch heute existiert ein Teil des Werkes als Hersteller anspruchsvoller Haushaltsgeräte unter dem Namen »Gaggenau«.
1894 richtete Theodor Bergmann neben dem Eisenwerk eine Automobilfabrik ein, die Motorfahrzeuge nach Konstruktionen der Ingenieure Joseph Vollmer (1871 - 1955) und Willy Seck (1868 - 1955) herstellte. 1898 wurde ein erster straßenbahnähnlicher Omnibus-Prototyp mit 8- oder 10-PS-Motor auf die Räder gestellt. Louis Betz bezeichnet in seinem Band »Kraftomnibusse« fälschlicherweise dieses Modell als Bus der Benzwerke Gaggenau. Tatsächlich handelt es sich um den Bergmann-Typ XIV. Gleichwohl sieht Betz in ihm den ersten echten Motorbus, der sich nicht an einer Kutschenart orientiert. Im Jahre 1900 folgte ein weiteres Modell als Frontlenker mit vorderem Fahrerplatz und hinterem Stehperron.
Nachdem Direktor Georg Wiss 1905 die Abteilung Automobilbau von Bergmanns Industriewerke erworben hatte, gründete er auf dieser Basis die Süddeutsche Automobil-Fabrik GmbH (SAF/SAG). Ab 1905 und 1907 entstanden verschiedene Omnibustypen mit den Typenbezeichnungen »Reichspost, Wien, München, Schwarzwald, Norddeutschland, Berlin und Baden-Baden«. Zwei- und Vierzylindermotoren mit Leistungen von 12 bis 50 PS wurden verwendet, wobei der Kunde bei den einzelnen Baumustern zwischen verschiedenen Motorstärken wählen konnte. Der Typ »Norddeutschland« wurde als Frontlenker gefertigt. Im zeitgenössischen Prospekt ist unter anderem zu lesen: »Führersitz wegen Raumersparnis oberhalb der Maschine angeordnet.« Der Typ »Berlin«-C/32 (siehe auch bei Benz) hatte als Oberdecker für die ABOAG 37 Sitz- und 5 Stehplätze.
1910 wurde das Angebot mit den Baumustern »Reichspost, Baden-Baden, Würtember, Schwarzwald, Wien, München und St. Petersburg« erneuert. Mittlerweile standen Motoren mit 15/20, bis 50/60 PS zur Verfügung. Teilweise wurden Karosserien der Waggonfabrik Rastatt (später BWR-Badische Waggonfabrik Rastatt) verwendet.
Mit dem schrittweisen Übergang der SAF/SAG ab 1907 in die Benzwerke wurde das Programm ab 1911 unter der Marke »Benz-Gaggenau« mit zusätzlichen Buchstabenangaben weitergeführt.
Das Gaggenauer Werk der späteren Daimler-Benz AG fertigte seit 1926 die Schwerlastwagen des Konzerns; seit den fünfziger Jahren wird dort die Mercedes-Benz-»Unimog«-Gelände-, Zugfahrzeug- und Geräteträger-Familie hergestellt.

8-PS-
Bergmann BX
(Foto MB-Archiv)

18/22-PS-SAF
Typ Wien

18/22-PS-SAF
Typ Baden

35/40-PS-SAF Oberdecker Typ Berlin (Foto BVG)

24/32-PS-SAF Typ Reichspost (Foto MB-Archiv)

36/45-PS-SAF Ausflugsomnibus

24/32-PS-SAF
Typ Sardinien

28/36-PS-SAF
Typ Gaggenau

Sun

SUN-Motorwagen-Gesellschaft, E. Jeannin u. Co. KG, Berlin, Prinz-Louis-Ferdinandstr. 1 - 3
1906 - 1908

Die beiden Automobilkaufleute Emile und Henry Jeannin gründeten in den Räumlichkeiten der Argus-Werke eine weitere Gesellschaft unter dem Namen SUN. Neben Lastwagen fertigte das Unternehmen auch Omnibusfahrgestelle mit 28- und 50-PS-Argus-Motoren. In der kurzen Zeit der Firmenexistenz wurden 200 Omnibus-Chassis hergestellt, die auch nach England und nach Spanien exportiert wurden.

50-PS-SUN
Linienbus

Taunus

Taunus Automobilfabrik GmbH, Frankfurt a. Main, Adalbertstr. 61
1907 - 1909

Die ehemaligen Adler-Ingenieure Hans Hirsch und Erich Lichtenberg sowie der ehemalige Stoewer-Chefingenieur Georg Hoffmann richteten in den Gebäuden der »Actien-Gesellschaft für Schmirgel- und Maschinen-Fabrikation« ein Unternehmen ein, das »in aller Stille bereits mehrere Luxusautomobile in tadelloser Ausführung gebaut« hatte und »den Bau jeder Gattung aufnehmen« wollte. Neben Personen-, Liefer- und Klein-Lastwagen fertigte das Unternehmen auch einen Omnibustyp auf einem verstärkten Pkw-Fahrgestell. Ein eigener 14/18-PS-Motor mit hängenden Ventilen trieb das unter der Bezeichnung »Taunuswagen« oder »Saalburg-Automobil« bezeichnete Modell an.
Die Taunus-Automobilfabrik arbeitete stets mit Verlust. Mehrmalige Neubesetzungen der technischen und kaufmännischen Führungsposition und eine Kapitalerhöhung im Jahre 1908 konnten nicht zu einer Gesundung beitragen. Die Schmirgel- und Maschinenfabrik als Muttergesellschaft sah sich daher gezwungen, ihre Beteiligung an der Automobilfabrik 1909 abzuschreiben und den Automobilbau stillzulegen. Später versuchten mehrere Automobilhandlungen in den Gebäuden Fuß zu fassen, so zuletzt Glas und Simca/Talbot, ohne Erfolg.

Uerdingen

Waggonfabrik Uerdingen AG, Uerdingen a. Niederrhein, Duisburger Str. 145
1. 1930 - 1932 und 1935/36 und 1942 und 1949 - 1958 Waggonfabrik Uerdingen, Uerdingen a. Niederrhein, Duisburger Str. 145
2. 1960 - 1967 DÜWAG/Waggonfabrik Uerdingen, (zeitweise als Düsseldorfer Waggonfabrik AG), Düsseldorf, Königsbergerstr. 100

Weitblickende Männer des niederrheinischen Großgewerbes gründeten in Uerdingen nahe Krefeld 1898 zum Zwecke des Eisen- und Straßenbahnwagenbaus die Waggon-Fabrik AG Uerdingen, seinerzeit kurz auch als WAGÜ bezeichnet. 1906/07 konstruierte und baute sie beispielsweise einen Dampftriebwagen für die Ruhr-Lippe-Kleinbahnen mit Einmeter-Schmalspur. Auf den zweiachsigen, zirka 3,0 Meter langen Dampf-Triebkopf mit Frontführerstand war ein 11,7 Meter langer Wagenkasten mit hinterem Zweiachs-Drehgestell aufgesattelt. Der Uerdinger »Dampfmotorwagen« bot in der 3. Klasse 41 und im separaten 2. Klasse-Abteil 12 Sitzplätze.
Anfang bis Mitte der zwanziger Jahre nahm die nunmehrige Waggonfabrik Uerdingen AG zusätzlich den Omnibusbau auf und konzipierte als erster einschlägiger deutscher Hersteller aus Stahlspanten, Stahlblechen und -profilen bestehende Kraftomnibuskarosserien. Man realisierte sie bereits 1925, als seitens Büssing die ersten dreiachsigen VI GL-Hochrahmenchassis mit 55-PS-Motor (B 4 K) zur Verfügung standen. Der leere Ganzstahlaufbau wog nur rund 2,8 Tonnen, gegenüber der herkömmlichen, vergleichbaren Holzkarosserie mit 3 Tonnen. Ein Jahr später gesellten sich schon Doppelstock-Ganzstahl-Aufbauten hinzu, auf zweiachsigen Büssing-Niederrahmenchassis des Typs IV Gn mit 50-PS-Ottomotor (A 5 K), vollgummibereift, für die ABOAG in Berlin. Das Platzangebot umfaßte insgesamt 52 Sitz- und 16 Stehplätze. Bereits reichlich 12 Meter messende Ausflugs- beziehungsweise Reise-Eindecker mit 9,8 Meter langem Ganzstahlaufbau, der 57 Sitze enthielt, orderte 1928 die Kölner Kraftwagen-Betriebs GmbH. Ihre Dreiachs-Niederrahmenfahrgestelle der Bauart VI GLn mit 100/110-PS-Sechszylinder-Ottomotor (D 2), stammten ebenfalls von Büssing. - Zwischen 1925 und 1928 stellte die Waggonfabrik Uerdingen für eine Privatbahn einen Schienenbus auf die Räder. Der Zweiachser basierte auf einem Büssing-Hochrahmen-Nutzfahrzeug-Chassis für 1435 mm Regelspurweite mit unveränderter charakteristischer Büssing-Motorhaube und einem Ottomotor darunter.
An der Waggonfabrik Uerdingen beteiligte sich im etwa gleichen Zeitraum die in Aachen ansässige Waggonfabrik Talbot (gegründet 1838 durch Johann Hugo Jacob Talbot). Sie erhöhte allmählich ihre Anteile, bis 1950 auf nahezu 100 Prozent.
An dieser Stelle sei eine Rückblende erlaubt: In Düsseldorf wurde im Jahre 1910 die Firma Gebrüder Schöndorff AG - Waggonbau, Straßenbahnwagen, Karosseriebau - gegründet. Sie montierte 1928 zum Beispiel für die Hamburger Hochbahn AG eine Anzahl Ganzstahl-Doppelstockaufbauten auf Büssing VI GLn (6x4)-Fahrgestelle. Die großen Busse (für 75 Fahrgäste) waren mit einem Büssing C 4-Ottomotor ausgerüstet, der 85 PS leistete. 1930 ging Schöndorff in den Besitz der Waggon- und Lokomotivbaugruppe LHW/Linke-Hofmann-Werke AG in Breslau über. Bis Mitte der dreißiger Jahre erfolgte die Umwandlung von Schöndorff in Düsseldorfer Waggonfabrik, an der sich schließlich die Waggonfabrik Uerdingen AG beteiligte. Letztere verlegte 1936 die Fabrikation und den Vertrieb von Lastanhängern, später auch das Omnibusaufbautengeschäft, ins Werk Düsseldorf.
Zu Beginn der dreißiger Jahre war die Waggonfabrik Uerdingen ganz wesentlich an der Konzeption und Fertigstellung dreiachsiger Fahrdraht- beziehungsweise Trolleybusse der zweiten deutschen Obus-Generation beteiligt (siehe auch Kapitel AEG). Die Kreis Mettmanner Straßenbahn erhielt 1930 aus Uerdingen Obusse auf Krupp-Frontlenker-Fahrgestellen, die sich an den Niederrahmen-Omnibustyp O 8 N 21/63 des Essener Herstellers anlehnten, mit »ATE-Lockheed«-Hydraulikbremsen. Der Ganzstahlaufbau (mit äußerem Dachbelag aus Holz) besaß vorn und hinten je eine Falttür und verfügte über 30 Sitz- sowie 17 Stehplätze. Den Antrieb besorgte ein 89-kW-Elektromotor der AEG. Diese Obusse waren 9,43 Meter lang. - Die Abteilung Oberstein-Idarer Elektrizi-

täts AG der RWE-Rheinisch-Westfälische Elektrizitäts AG (Essen) beschaffte 1932 ebenfalls 6x4-Obusse aus Uerdingen. Ihr Ganzstahlaufbau mit doppeltem Falttüren-Mitteleinstieg hingegen war selbsttragend. Er ruhte auf einer Krupp-Vorderachse und hinten auf einem Krupp-Schwing-Doppelachsaggregat. Die 9,1 Meter langen Wagen wurden von zwei 40-kW-Elektromotoren der AEG angetrieben. Auf der linken und rechten Fahrzeugseite war jeweils eine Antriebseinheit installiert. Die Idar-Tiefensteiner Bauart verfügte über 24 Sitz- und 26 Stehplätze und gleichermaßen über besagte ATE-Lockeed-Bremse.
Das nächste dreiachsige Uerdinger Obusmodell folgte 1935 für die BVG in Berlin. Die neuen, ebenfalls selbsttragenden Dreiachser besaßen Büssing-NAG-Vorder- und Hinterachsen. Die Elektromotoren leisteten je nach Ausführung zweimal 50, gleich 100 kW (SSW) oder einmal 112 kW (BBC). Das Fassungsvermögen wurde mit 36 Sitz- und 30 Stehplätzen angegeben. - Zweiachs-Omnibusse kauften ab 1935/36 die Große Leipziger Straßenbahn. Ihre Aufbauten waren optisch den neu gelieferten Zwei- und Dreiachs-Dieselbussen (VOMAG und Daimler-Benz) angeglichen. Sie fielen durch verhältnismäßig hohe Lüfter- oder Zierfenster zwischen der Dach- und der eigentlichen Fensterpartie auf. Die Bodengruppe der für Anhängerbetrieb ausgelegten Messestadt-Obusse kam von Büssing-NAG. Sie müßten die Typenbezeichnung 550 TO getragen haben, (denn sie entsprachen der 550 N-Variante in Trambusbauart für Oberleitungsbetrieb). Kraftquelle waren zweimal 50 kW-AEG-Elektromotoren. Es standen 33 Sitz- und 17 Stehplätze zur Verfügung.
Abgesehen von zahlreichen Aufbauten für Obusse der Normgröße I (für 65 bis 70 Personen) und II (80 bis 85 Personen) entwickelte die DÜWAG ab 1939 eine weitere Obus-Bauart, die Normgröße II s (selbsttragend). Erster Interessent war die Siegener Kreisbahn. Und die erste Ausführung hatte einen unter dem Wagenboden längsliegenden 63 kW-AEG-Elektromotor. Der zweiachsige Rahmen-Obus besaß ein Stahlgerippe mit einer Leichtmetallbeplankung, einer Falttür vorn und einer Schiebetür hinten. Nach dem Krieg wurde dieser bei der Siegener Kreisbahn erprobte Prototyp mit neuer Lackierung sowie mit nun im Heck querliegend eingebautem Motor als 35-sitziger Omnibus erneut vorgestellt.
Ab 1933/34 stattete zunächst die Waggonfabrik Uerdingen und anschließend die DÜWAG dreiachsige Büssing-NAG-Niederrahmenfahrgestelle für die Rheinbahn (Rheinische Bahngesellschaft) in Düsseldorf mit Omnibusaufbauten aus. Auf Wunsch des Kunden wurde von Anfang an bis 1938/39 ein bestimmtes Grundraster beibehalten:Die 1934er Karosserie auf Büssing-NAG 80 N besaß im Aufbau hinter der Vorderachse ein kleines und ein relativ schmales Fenster. Es folgten eine Schiebetür, fünf normale Fenster und hinten eine Falttür. Die Karosserien der 1935 gelieferten Langschnauzer-Wagen mit BN 802 N-Chassis mit weit zurückversetzter Vorderachse waren etwas runder gehalten und verfügten quasi über der Vorderachse bereits über ein Fenster in normaler Größe. Die Aufbauten der 1936 durch die Rheinbahn beschafften Busse auf 802 N-Chassis unterschieden sich von der vorhergehenden Lieferung im Grunde genommen nur durch die hintere Klapptür (statt Falttür). Zwei davon erhielten innerhalb der Heckpartie (links) einen Imbert-Holzgasgenerator. Die zuletzt, 1938/39, gelieferten formschönen Aufbauten auf BN 900 N-Fahrwerken hatten vorn ebenfalls ein normales Fenster, dann eine Tür, der wiederum fünf normale Fenster sowie eine Tür folgten. In gleicher Bauweise, aber mit Dachrandverglasung und innen einer Imbißbar, besaß die Rheinbahn zwei BN 900 N-Ausflugsbusse, deren »Luxusaufbauten« man allerdings beim Mainzer Westwaggon-Werk Gastell in Auftrag gegeben hatte. Alle diese 12 bis 12,5 Meter langen Busse wiesen 46/48 und 33 Sitzplätze auf.
In etwas anderer Formgestaltung und mit herkömmlicher (Schiebe-) Türanordnung vorn und hinten bestellten ab 1937 die Bahnen der Stadt Köln so gut wie gleiche Stadtlinien-Aufbauten auf Büssing-NAG 802 N-Fahrgestellen. Mit der Fertigstellung wurden die DÜWAG, Peter Bauer (seit 1990 zu Zeppelin Mobile Systeme in Offenburg gehörend) und Westwaggon-Gastell gleichermaßen betraut. Gefordert waren 11,8 Meter Gesamtlänge, 32 Sitz- und 28 Stehplätze sowie Eignung für den Anhängerbetrieb. Für den Ausflugsverkehr ließen sich zusätzlich 13 Sitze montieren.
1935/36 steuerten Uerdingen und die DÜWAG die Karosserien für die ersten Büssing-

NAG-Frontlenker-Busse mit Unterflur-Dieselmotoren (unter dem Fahrersitz) bei. Der Zweiachstyp 650 TU für 56 Fahrgäste wurde am Niederrhein und der dreiachsige 900 TU für 70 Personen in der Rhein-Ruhr-Metropole komplettiert. Beide ihrer Zeit vorausgeeilten Busse gingen in den Linieneinsatz zur ÜSTRA nach Hannover. Beide Busse waren vor und hinter der Hinterachse jeweils mit Falttüren ausgerüstet: Die ÜSTRA baute den 6x4-Wagen 1944 zum Werkstattwagen um und verkaufte ihn 1953 an die WEG-Württembergische Eisenbahn-GmbH in Stuttgart. Sie wiederum ließ ihn bei Adolf Emmelmann in Hannover zum unverändert dreiachsigen Schienenbus mit beiderseitig je einer Schiebetür in der Mitte neu aufbauen.

Für die Verkehrsbetriebe Wiesbaden setzte die DÜWAG 1936/37 auf Frontlenker-Fahrgestelle des BN-Trambustyps 550 T Aufbauten mit einer Klapptür für das Fahrerabteil und mit einer breiten Doppelschiebetür als Mitteleinstieg auf. An den Fahrer- / Beifahrerraum schloß sich praktisch ein Traglasten- und Stehplatzbereich mit acht Längssitzen an. Hinter der Schiebetür befand sich der eigentliche Fahrgastraum mit 21 Quersitzen.

Überdies brachte es die DÜWAG in den Jahren 1937/38 fertig, ein Büssing-NAG-Trambusfahrgestell 650 T zur Sattelzugmaschine umzurüsten und dafür einen Einachs-Sattelauflieger plus einem zusätzlichen spurlaufenden (Kulissensteuerung) Zweiachsanhänger zu bauen. Beim Auflieger und Hänger handelte es sich um selbsttragende Fahrzeuge in Stahl-Leichtbauweise, kombiniert mit Elektron-Leichtmetall. Der 24,5 Meter lange Zug wurde als Wanderausstellungseinheit für die HJ gebaut; er sollte die Schaffung von Jugendheimen propagieren. - Sowohl die Wiesbadener Büssing-NAG 650 T als auch die Sattelzugmaschine mit Trambus-Chassis hatten den BN-Diesel FD 6 mit 110/120 PS.

Während sich die Deutsche Reichspost in beträchtlichem Maße auch den großen Sechsradbussen zugewandt hatte, setzte die Deutsche Reichsbahn ab 1934 zunächst auf kleinere bis mittelgroße Busse mit Stromlinienaufbauten für einen ab 1935/36 einzurichtenden Schnellreisedienst auf den soeben fertiggestellten Reichsautobahnen. Ralf Kieselbach schreibt dazu in seinem Buch »Stromlinienbusse in Deutschland« (Kohlhammer, Stuttgart) im Kapitel Uerdingen:»Eine strömungsgünstige Formgestaltung als Grundbedingung für die Lieferung von Schnellfahromnibussen an die Deutsche Reichsbahn als Generalunternehmen für die Reichsautobahnen war damals nur nach den geltenden Patenten des Wiener Ingenieurs und Aerodynamikers der Autor Paul Jaray möglich.«

Folgerichtig entwickelte die Waggonfabrik Uerdingen zwei Stromlinienbusse und stellte sie auf zwei Autoaustellungen in Berlin einem interessierten Publikum vor. 1935, also vor 60 Jahre, gab es einen stark an Jaray'schen Erkenntnissen orientierten, elegant wirkenden und praxisgerechten Schnellreisebus auf Mercedes-Benz-Fahrgestell Lo 3100 mit 5,1 Meter Radstand zu sehen. Sein 95-PS-Dieselmotor brachte das Stromliniengefährt mit kanpp 30 Fahrgästen auf über 100 km/h. Diese Ausführung, mit sich aus drei Teilen zusammensetzender Windschutzscheiben-Partie und mit Dachrandverglasung, fuhr ab 1935/36 auf der ersten DR-Schnellreiselinie Frankfurt a. Main - Darmstadt/Mannheim/Heidelberg.

Den zweiten aerodynamisch wesentlich konsequenter ausgelegten Stromlinienbus präsentierte die Waggonfabrik Uerdingen 1936 mit einem großen Schild: »Schnellomnibus für Reichsautobahnen, Ganz-Stahlbauart Uerdingen, System Jaray D.R.P., stabil - sicher - wirtschaftlich, Waggon-Fabrik AG Uerdingen (N'rhein), Werk Düsseldorfer Waggonfabrik.« Dahinter wölbte sich eine beachtliche »Walfisch«-Schnauze mit 110/120-PS-Mercedes-Diesel darunter, und darüber rundete sich von links nach rechts eine fünffach gegliederte Windschutzscheibe. Grundlage war ein Daimler-Benz-Niederrahmenchassis des Typs Lo 3500, einerseits und andererseits eine Lizenz der AVP-AG für Verkehrspatente von Paul Jaray in Luzern/Schweiz. Der ausgeprägte Stromlinienaufbau erlaubte durch seine starken Rundungen nur 24 Sitzplätze. Diese 9,55 Meter lange Schnellreisebus-Variante blieb ein Prototyp bei der DR.

Um dieses Problem bei Stromlinienbussen einerseits zu umgehen und um die Wagen nach Verlassen der Autobahn und vor dem Weg in die Städte andererseits zu verkürzen, ließ sich Waggon-Uerdingen ein an- und abkoppelbares »Stromlinien-Bürzel« ein-

fallen (DRP-Nr. 653 235). Die Patentschrift zeigt ein als Einachsanhänger ausgestattetes aerodynamische Zusatzheckpartie, die mit einer Deichsel nachlenkbar unter dem eigentlichen Busheck tiefgekuppelt werden sollte. Das System wurde nie realisiert. Es spielte indes nach Mitte der dreißiger Jahre so gut wie unverändert noch einmal eine Rolle beim Entwurf eines dreiachsigen Zweikraft-Obusses für die Rheinbahn in Düsseldorf. Der Stromlinien-Einachsanhänger war als Trägerfahrzeug für ein Diesel-Stromgenerator-Aggregat vorgesehen, um den Trolleybus auch auf Linien oder Teilstrecken ohne Fahrdrähte einsetzen zu können.
Auch Talbot (siehe auch Kapitel Goossens, Lochner & Co.), nunmehr bereits Mehrheitsgesellschafter der Waggonfabrik Uerdingen und der DÜWAG, war auf dem Sektor Omnibusaufbauten nicht untätig. 1936 stellte man in Aachen nach Jaray-Patenten einen Protoyp auf Mercedes-Benz Lo 3750 fertig, mit schaufelartig nach unten verlaufender Kühlerpartie und mit weit nach hinten auslaufendem aerodynamischen Heck. Der Innenraum reichte gerade für 24 Sitzplätze. Zwischenzeitlich hatte die Deutsche Reichsbahn drei Stromlinien-Schnellreisebusgrößen in Verbindung mit den Aufbautenherstellern für bestimmte Niederrahmenfahrgestell-Tragkraftklassen (2,0 bis 2,5 sowie 3,5 bis 4,0 und 5 bis 6 Tonnen) »standardisiert«. Ab 1937 fertigte Talbot einige dieser Busse für 26 Sitzplätze auf MB Lo 3750-Chassis mit 5,5 Meter Radstand. Ihr Sechszylinder-Dieselmotor leistete 100 PS.
Außerdem zählte die BVG in Berlin zum Kundenkreis der Waggonfabrik Talbot GmbH. Daimler-Benz-Dreiachsfahrgestelle der speziellen Type D 38 (Basis Mercedes O 10 000) mit 140-PS-Diesel erhielten Doppelstockaufbauten mit 32 oberen und 28 unteren Sitzplätzen mit (für den Spitzenverkehr) 24 Stehplätzen. Insgesamt fanden 84 Fahrgäste Platz.
In der Nachkriegszeit, 1949/50, konzentrierte sich die Waggonfabrik Uerdingen neben dem Waggonbau auf Entwicklung und Fertigung zweiachsiger Oberleitungsomnibusse. Zuerst einmal entstanden wieder Obusse in selbsttragender Bauweise, 12 Meter lang, mit 34 Sitz- und 52 Stehplätzen sowie mit 90-kW-AEG-Elektromotor im Heck. Hinzu kamen mindestens drei Varianten der Bauart 6500/II auf Henschel & Sohn-Fahrgestellen mit 90-kW-Motoren der AEG, BBC und SSW. Beide Achsen waren hier wie bei anderen Henschel-Trolleybussen zwillingsbereift. Ein Modell besaß sogar eine Sandstreueinrichtung. Das stählerne Fahrzeuggerippe war mit Leichtmetallblechen aus Hydronalium und Elektron verkleidet, so daß ein niedriges Wagengewicht erzielt werden konnte. Schiebe- und Falttüren in der Mitte und im Heck waren mit dem mit verschiedenen Bestuhlungsvarianten versehenen Modell vorhanden. Auch mit einer mit einem Dieselmotor ausgestatteten Ausführung experimentierte das Werk.
Für Uerdingen-Obusse mit Henschel-Fahrwerks-Komponenten und für Obusse auf kompletten Henschel-Fahrgestellen kreierten die beiden Firmen ein gemeinsames Markenzeichen: Unter der geteilten Windschutzscheibe prangten ab 1950 die in einem Oval zusammengefaßten Markenzeichen »W-Uerdingen« und der sechsstrahlige »Henschel-Stern«.
Von 1951 bis 1958 vertiefte sich die Zusammenarbeit mit Henschel & Sohn. Das Gemeinschaftsmodell ÜH IIs war in halbselbsttragender Bauweise mit Henschel-Fahrwerksteilen ausgeführt. Es besaß einen über der Hinterachse gekröpften Hilfsrahmen. Über die gesamte Länge des Wagens wurde auf die Querträger ein gesicktes Fußbodenblech gelegt, das in Verbindung mit den tragenden Elementen dem Fahrzeug »eine außerordentlich hohe Widerstandsfähigkeit und Verwindungssteifigkeit« verlieh. Der 90 kW leistende Elektromotor war in Fahrzeugmitte unterflur installiert und trieb über eine Schnecke oder über ein Kegelrad mit einem schrägverzahnten Vorgelege die Hinterachse an. Die Schaltanlage ließ sich an der Frontseite herausziehen. Auf Wunsch kam auch eine 14-kW-VW-Imperia-Generatoranlage des Düsseldorfer Imperia-Aggregatebaus als Hilfsantrieb zum Einbau, um mit 15 km/h Höchstgeschwindigkeit einen Ausfall der Fahrdrahtstromversorgung zu überbrücken.
Das 1952 erschienene, gegenüber dem ÜH IIs-Typ weiterentwickelte ÜH IIIs-Modell in selbsttragender Schalenbauweise mit einem 100-kW-Motor erhielt zwei oder drei Türen. Beim Dreitürer waren eine große hintere Plattform und ein Schaffnerplatz vorhanden. 34 und 58 oder 28 und 65 Sitz- und Stehplätze waren in der Dreitürer-, 42 Sitz-

und 43 Stehplätze waren in der Zweitürer-Version vorhanden. 50 Exemplare wurden nach Sao Paulo/Brasilien geliefert. Da das Henschel-Werk inzwischen einen eigenen Karosseriebau eingerichtet hatte, und weil das Interesse an elektrisch angetriebenen Omnibussen drastisch nachgelassen hatte, gab das Werk nach 157 gefertigten Nachkriegs-Obussen im Jahre 1958 diesen Produktionszweig wieder auf und nutzte die freigewordenen Kapazitäten für den Waggon- und Straßenbahnwagenbau.
In den Jahren 1949 bis 1958 stellte die Waggonfabrik Uerdingen Stahlomnibus-Aufbauten her, vor allem für Südwerke/Krupp- und für Büssing-Fahrgestelle und in großer Zahl Omnibus-Anhänger in selbsttragender Bauweise. Der erste fahrgestellose Uerdinger-Dieselbus entstand bereits 1951 in Schalenbauweise und mit Büssing-Fahrwerkselementen.
Breiteren Bevölkerungskreisen wurde die Waggonfabrik Uerdingen ab 1950/51 insbesondere durch moderne zweiachsige Leichtbau-Schienenbusse bekannt. Es handelte sich dabei um die Bundesbahn-Baureihen VT 95.9, VT 97.9 (Zweimotorer für Zahnradbetrieb) und VT 98.9 (Zweimotorer). Ihr Antrieb erfolgte durch Büssing-Unterflur-Dieselmotoren mit 110 bis 150 PS und 2x150 PS. Die Schienenbusse mit 41 bis 56 Sitzplätzen trugen an ihrer Frontpartie das rhombusförmige Markenzeichen mit dem Schriftzug »W-UERDINGEN«.
Als schon wenig später nach dem 1960 gültigen Verbots des Mitführens von Busanhängern ein Bedarf für Großomnibusse in Gelenkbauweise entstanden war, nahm das Unternehmen im unter dem Namen Düsseldorfer Waggonfabrik AG (DÜWAG) geführten Zweigwerk erneut den Straßenfahrzeugbau auf, wobei die guten Kontakte im Straßenbahnwagenbau mit den deutschen Großstädten eine Absatzchance boten. Mit der Bodengruppe des Büssing TU 10 sowie mit der Büssing-Antriebstechnik entstanden 1960 erste Prototypen des DÜWAG-Gelenkbusses DG II BU 11, wobei hinter der Abkürzung die Kombination »DÜWAG, Gelenkbus, Normgröße II, Büssing-11-Liter-Motor« stand.
Die Besonderheit des Gelenkbusses war der vom DÜWAG-Straßenbahnwagenbau übernommene, etwas tiefer in der Karosserie liegende Leichtmetall-Übergangsportalrahmen zwischen den beiden Wagenhälften, der in der Karosserie verborgene Gummiabdeckungen besaß. Diese Technik bot neben einem besseren Anblick des geschlossen wirkenden Fahrzeugs und der leichteren Reinigungsmöglichkeit der Portalflächen vor allem die wettergeschützte Anbringung der leicht dem Verschleiß unterliegenden offenen Gummiabdeckungen zwischen Vorder- und Hinterwagen.
Der Nachläufer ruhte mit einem Kugellenkkranz auf Tragarmen des Zugfahrzeuges. Mittels gummigelagerter Pratzen wurde der Nachläufer abgestützt, so daß Bewegungen in der horizontalen und in der vertikalen Achse bestens möglich waren. - Über ein Lenkgestänge erfolgte die Steuerung der Drehscheibe mit dem darauf befestigten Portal. Die Achse des Nachläufers wurde ebenfalls über ein Lenkgestänge von der Vorderachse aus zwangsgelenkt, wobei sich durch eine geringe Übersetzung die Laufruhe erhöhte.
Weitere Besonderheiten des in selbsttragender Bauweise ausgeführten Fahrzeugs waren die aus glasfaserverstärktem Kunstharz der Marke Leguval gepreßten Radkästen sowie die druckluftbetätigten und elektrisch gesteuerten Falttüren. Der Wagenkörper ruhte auf Luftfederungen. Der zwischen erster und zweiter Achse untergebrachte Büssing-10,8-Liter-Unterflurdiesel mit 170 PS war mit einem Voith-Diwabus- oder einem ZF-Hydromedia-Getriebe verbunden.
Während der erste Prototyp mit zwei Doppelfalttüren (jeweil vor der A- und B-Achse) im Zugwagen sowie einer einfachen Falttür (hinter dem Gelenk) und einer Doppelfalttür (hinter der C-Achse) im Nachläufer ausgestattet war, erhielt der zweite Typ im Motorwagen und im Nachläufer Doppelfalttüren. Über dem abgerundeten Ovalgrill befand sich ursprünglich ein auf der Spitze stehendes Rechteck mit der Inschrift DÜWAG.
Die Serienfahrzeuge unter der Bezeichnung GBS 165 U 11 (für Gelenkbus, Büssing, selbsttragend, 16,5 Meter Länge, U 11-Motor) erhielten als Viertürer eine erneut überarbeitete Frontpartie mit leicht geneigten, nach der Seitenpartie herumgeschwungenen Frontscheiben. Ein klarer, rechteckiger und abgerundeter Lufteinlaß mit dem Büssing-Schriftzug war nun unter dem DÜWAG-Zeichen angebracht. Der Gelenkbus bot 41

Sitz- und 124 Stehplätze. Er konnte ab 1961 auch mit dem Büssing-10-Liter-Unterflurdiesel mit 150 PS geliefert werden.
Die ab 1963 gebaute Serie GBS 162 U 11 erhielt dann geneigte, nach vorn leicht pfeilförmig zulaufende, geteilte Frontscheiben im Stil der DÜWAG-Straßenbahnwagen. Sie bekamen den 192 PS leistenden 11,4-Liter-Unterflurmotor des Büssing-Typs Präsident mit auf den Weg. - Schließlich folgte noch 1965 in sechs Exemplaren der 18-Meter-Typ GBS 180 U 11 mit 52 Sitz- und 112 Stehplätzen. Bei diesem Modell hatten diese Ingenieure die Seitenscheiben vergrößert, das heißt, sie wurden bis unter das neue Flachdach hochgezogen. Das Gelenkportal war hier aus wesentlich leichterem Kunststoff gefertigt.
1967 gab das Unternehmen den Omnibusbau nach einer erneuten Produktion von 136 Einheiten endgültig auf. Die Konkurrenz der Omnibus-Großserienhersteller hatte zugenommen und der VÖV-Standard-Stadtlinienomnibus stand seitens Büssing, Daimler-Benz, KHD-Magirus und MAN unmittelbar vor der Tür.
Anfang bis Mitte der siebziger Jahre schlossen sich die Waggonfabrik Uerdingen und das Werk Düsseldorf, die DÜWAG-Düsseldorfer Waggonfabrik organisatorisch und aus Exportgründen enger zusammen. Der Doppelfirmenname wurde verkürzt, in: DUEWAG Aktiengesellschaft. Die exportfreundlichere Kurzform setzte sich seitdem aus Düsseldorfer und UErdinger Waggonfabrik AG zusammen. Im Zuge der Neuorientierung zwischen den deutschen Lokomotiv-, Triebwagen- und Waggonherstellern stieg die Waggonfabrik Talbot in der Zeit von 1989 bis 1991 bei der DUEWAG als Muttergesellschaft sukzessive aus. Ein geringfügiger DUEWAG-Aktienanteil verblieb in den Händen der TC-Talbot-Capellmann-Gesellschaft (ein Familienunternehmen für Beteiligungen). Der größte Teil der DUEWAG-Aktien ging in die Hände der Siemens-Gruppe über.
Der Elektrokonzern baute damit sein Geschäftsfeld Siemens-Verkehrstechnik aus, das bereits über Anteile zu Krauss-Maffei in München verfügte und sich seit 1991 zudem in Sachen Lokomotivbau bei der Krupp-Maschinentechnik in Essen und beim Krupp-MAK-Maschinenbau in Kiel engagierte.
Für die Entwicklung und zum Bau von Niederflur-Straßenbahn-Gelenkzügen bildeten 1992 die (Siemens-) DUEWAG und die Waggonbau Bautzen GmbH der Treuhand-Gesellschaft DWA-Deutsche Waggonbau AG (Berlin), eine Arbeitsgemeinschaft.
Und 1994 präsentierte die DUEWAG das Projekt des ersten Vorort-Dieseltriebzuges in Niederflurbauart. Der dreiteilige RVT-Regional-Verkehrs-(Leicht) Triebzug soll bis zu 180 Personen fassen, auf vier Achsen fahren und von zwei MAN-Fünfzylinder-Dieselmotoren zu je 270 PS angetrieben werden.

89-kW-Krupp-Uerdingen Obus (Foto DÜWAG)

2x40-kW-Mulag-Krupp/Uerdingen Obus

90-kW-Uerdingen Obus II/6500

90-kW-Henschel-Uerdingen HS II/6500 (Foto DÜWAG)

90-kW-Henschel-Uerdingen HS ÜH/IIs (Foto DÜWAG)

90-kW-Henschel-Uerdingen HS ÜH/IIs (Foto DÜWAG)

100-kW-Henschel-Uerdingen HS ÜH/IIIs (Foto DÜWAG)

170-PS-Büssing
DÜWAG DG II-
Bu 11 Prototyp
(Foto DÜWAG)

170-PS-Büssing-
DÜWAG
GBS 165 U 11
(Foto DÜWAG)

192-PS-DÜWAG
GBS 162 U 11
(Foto DÜWAG)

Union

Nürnberger Motorfahrzeuge-Fabrik »Union« GmbH, Ludwig Maurer, Nürnberg, Dürrenhofstr. 8 - 10 und Bahnhofstr. 91
1. 1903 - 1908 Nürnberger Motorfahrzeuge-Fabrik »Union« GmbH, Ludwig Maurer
2. 1908 - 1910 Automobil-Werke Union AG

Der Ingenieur Ludwig Maurer (1873 - 1936) gründete im Jahre 1900 in Nürnberg eine Automobilfabrik mit dem Zusatznamen »Union«. Die technische Besonderheit seiner Fahrzeuge war der patentierte Friktionsantrieb, wobei die Kraftübertragung über diesen Reibradantrieb mit einer seitlichen Kette und von da auf eine mit Differential ausgestattete Hinterachse erfolgte. Die Fahrzeuge besaßen Vollgummibereifung.
In dem 300 Mann zählenden Betrieb erschienen 1903 auch Kleinbusse auf Pkw-Fahrgestellen. Es standen seinerzeit eigene Ein- und Zweizylindermotoren mit 7/8 bis 10 PS zur Verfügung.
Die Erste Bayerische Motoromnibus-Gesellschaft nahm am 23. Mai 1903 ihre erste Omnibuslinie in Betrieb, von Nürnberg nach Heroldsberg. Dafür hatte man von Maurer-Union offene neunsitzige Frontlenkeromnibusse angeschafft, mit einem Verdeck über den Längssitzen. Die zweite Motoromnibuslinie Bayrisch-Frankens wurde am 8. November 1903 eröffnet. Diese Linie (mit Postgut-Beförderung) führte von Heroldsberg nach Eschenau. Als Betreiber fungierte die bereits erwähnte Gesellschaft. Auf diesem Kurs verkehrten bis zur Einstellung Ende 1905 ebenfalls Maurer-Union-Busse, bei denen sich jedoch hinter dem seitlich offenen Frontlenker-Fahrerplatz geschlossene »dreifenstrige« Aufbauten anschlossen. Diese Wagen waren erst etwas größer und faßten zirka zwölf bis fünfzehn Passagiere. Bei allen Maurer-Union-Bussen befanden sich die Motor-Reibrad- beziehungsweise Friktionsgetriebe-Kombinationen unter dem Fahrersitz (Motor) und dahinter (Getriebe).
Die ständigen Patentstreitigkeiten mit verschiedenen Konkurrenten sowie der schleppende Verkauf der Maurer-Union-Fahrzeuge führten trotz mehrfacher Kapitalerhöhung im Krisenjahr 1908 zu Zahlungsschwierigkeiten des Unternehmens. Während der eingeleiteten Liquidation wurde das Werk als »Automobil-Werke 'Union' AG« neu mit Kapital ausgestattet; der Sohn des Gründers, Ingenieur Julius Maurer und der Fabrikbesitzer Louis Lotz jr. traten in das Unternehmen ein; Johanna Maurer, die Ehefrau Ludwig Maurers, übernahm die Geschäftsführung.
1910 wurde das Maurer-Werk in der Nürnberger Bahnhofstraße von der Nürnberger Feuerlöschgeräte- und Maschinenfabrik AG vorm. Justus Christian Braun (späteres FAUN-Werk) übernommen; den Dürrenhofer Teil löste man 1911 auf. Ludwig Maurer gründete unter dem Namen seiner Frau nochmals ein Automobilbau-Unternehmen, hatte damit aber auch keinen Erfolg. Seit den dreißiger Jahren war auf dem Maurer-Werksgelände in der Bahnhofstraße dann ein Magirus-Großreparaturwerk untergebracht. Heute steht dort ein Hotel.

10-PS-Nürnberger Motorfahrzeuge-Fabrik »Union«

10-PS-Nürnberger Motorfahrzeuge-Fabrik »Union«

VEB Barkas

VEB Barkas-Werke, Heinichen i. Sachsen, Gottlob Keller Str. 2
1. 1952 - 1957 IFA Kraftfahrzeugwerk Framo VEB
2. 1957 - 1990 VEB Barkas-Werke
3. 1990 - 1991 Barkas-Werke GmbH

Ein weiterer Fahrzeugbetrieb des dänischen Industriellen Jörgen Skafte Rasmussen war neben den DKW-Werken (später Auto Union) die 1923 gegründeten »Metallwerke Frankenberg GmbH« in Frankenberg am Rande des Erzgebirges. Fertigungsbereich des in einer ehemaligen Trainkaserne untergebrachten Betriebes waren Motorradbestandteile, die an fast alle deutschen Hersteller geliefert wurden. 1933 wurde der Firmensitz und ein Großteil der Produktion in eine stillgelegte Woll-Haar-Kämmerei in Heinichen i. Sachsen verlagert, da die Reichswehr das Firmengelände wieder beanspruchte.
Ausgehend von der 1926 aufgenommenen Lieferwagenproduktion mit Einfachstmodellen entwickelte das Unternehmen bis zum Kriegsausbruch eine breite Palette von drei- und vierrädrigen kleinen Nutzfahrzeugen. Während des Krieges baute das inzwischen unter dem Namen »Framo« bekannte Unternehmen den Einheitslieferwagen vom Typ V 500, der auch von den Firmen Manderbach und Willy Ostner nachgebaut wurde.
Nach dem Krieg wurde das Werk unter Sequester gestellt und nach dem politisch inszenierten Volksentscheid in Sachsen auf Befehl der Sowjetischen Militär-Administration (SMAD) demontiert und enteignet. Jörgen Skafte Rasmussen verließ nach der Enteignung des Framo-Werkes und seiner weiteren Betriebe im Erzgebirge die damalige Sowjetzone und siedelte wieder nach Dänemark über, wo er 1964 starb.
Nachdem Haushaltsgeräte und landwirtschaftliche Gespannwagen gefertigt worden waren, wurde der Betrieb als »volkseigenes« Unternehmen, Werk Framo, Heinichen i. Sachsen der »IFA Vereinigung Volkseigener Fahrzeugwerke« angegliedert. Ende 1946 konnten dann wieder erste Ersatzteile geliefert werden.
Als Pritschen-, Kasten-, Kranken- und Kombiwagen wurde der Einheitstyp ab 1949 wieder gefertigt. 1952 konnte das Modell unter der Bezeichnung Framo V 901 auch als in

Gemischtbauweise erstellter Kleinbus für acht Personen und 135 kg Gepäck angeboten werden. Der Dreizylinder-DKW-Motor des IFA-Pkw-Modells F 9 mit einer Leistung von 24 PS wurde eingesetzt.
Ein Studienmodell blieb im Jahre 1952 der achtsitzige Frontlenkertyp L1 mit Eintonnen-Fahrgestell und Dreizylinder-DKW-Motor.
Die Motorleistung des Framo-Modells wurde 1954 auf 28 PS angehoben, nachdem das Fahrzeug 1953 stilistisch überarbeitet worden war. Der Einsatz eines 35-PS-Kleindieselmotors wurde geplant, aber nicht realisiert.
1961 wurde unter dem Chefkonstrukteur und Technischen Direktor, Oberingenieur Heinrich Schmieder, der Einheitstyp durch das völlig neu nach dem Vorbild des amerikanischen General-Motors-Typs »L' Universelle« von 1955 konstruierte Frontlenkermodell vom Typ Barkas 1000 abgelöst. Das bis 1991 nahezu unverändert gebaute Fahrzeug besaß einen Mittelkastenrahmen zur Aufnahme des Fahrwerks und des Fronttriebblocks. Der 42-PS-Dreizylinder-Zweitaktmotor des Wartburg-Pkw-Modells war zwischen dem Fahrer- und Beifahrersitz untergebracht. Eine Lenkradschaltung wurde 1963 und 1964 eingesetzt, danach kehrte man zur Mittelschaltung zurück.
1969 erstellte dann das Fleischer-Werk auf der Bodengruppe des Barkas 1000 eine sorgfältig gezeichnete Großraum-Taxi-Karosserie mit einer elektrisch betätigten Schiebetür, wozu ein Bohrmaschinenmotor verwendet wurde. Der Serienbau dieses Modells unterblieb dann aus Kostengründen; das Fleischer-Werk fertigte die Sitze für die Barkas-Modelle.
Der Zweitaktmotor wurde 1972 auf 45 und 1986 auf 46 PS gesteigert. 1990 konnte der wirtschaftliche, schwache und umweltschädigende Zweitaktmotor durch den im Barkas-Werk gefertigten VW-Lizenzmotor BM 860 mit 58 PS ersetzt werden. Kleine Änderungen im Frontbereich wurden gleichzeitig vorgenommen.
Im Frühjahr 1991 mußte die Produktion aufgrund der vollkommen zurückgegangenen Nachfrage stillgelegt werden. Die Produktionsanlagen sollten dann in die GUS geliefert werden, doch es kam nie zur Barkasproduktion in Rußland. Die verpackten Maschinen wurden verschrottet.

24-PS-IFA Framo V 901 Kleinbus

24-PS-IFA L1 Prototyp

42-PS-IFA Barkas B 1000 Fleischer-Großraumtaxi (Foto Fleischer)

45-PS-IFA Barkas B 1000 Kleinbus

VEB Ludwigsfelde

VEB Industriewerke Ludwigsfelde, Ludwigsfelde
1. 1955 - 1960 VEB Industriewerke Ludwigsfelde
2. 1983 - 1990 VEB IFA Automobilwerke Ludwigsfelde
3. 1990 - 1991 Ludwigsfelder Nutzfahrzeuge GmbH

Das 1936 von der Daimler-Benz AG als Flugmotorenwerk unter der Bezeichnung »Daimler-Benz-Motoren-Werke«, Genshagen bei Berlin, gegründete Unternehmen war noch in den letzten Kriegstagen maschinenmäßig von der Daimler-Benz AG teilgeräumt worden. Nach Demontage, Zerstörung und Wiederaufbau stellte das als VEB Industriewerk Ludwigsfelde geführte Unternehmen neben Triebwerken, Kübelwagen und Ausrüstungen für Flugzeuge und für die Fliegerabwehr auch Motorroller, Transportkarren, Schmiede- und Kfz-Teile her.
Von 1955 bis 1960 nahm das Werk die Fertigung des H6B-Omnibusses auf, der zuvor im VEB Kraftfahrzeugwerk »Ernst Grube« hergestellt worden war. 1960 mußte aufgrund der Spezialisierungsbeschlüsse des Rates für gegenseitige Wirtschaftshilfe (RGW) der Omnibusbau aufgegeben werden. Einheitsachsen des H6B wurden jedoch weiterhin gefertigt und in die Fleischer-Omnibusse eingesetzt.
Anfang der sechziger Jahre wurde das Werk zum VEB IFA Automobilwerk Ludwigsfelde großzügig ausgebaut und stellte seit 1965 den Lkw-Typ W 50 und ab 1986 den Typ L 60 her.
Für das Fahrgestell des W 50 mit der 125-PS-Maschine des VEB IFA Motorenwerke Nordhausen beziehungsweise des VEB Dieselmotorenwerk Schönebeck entwickelte die Stuttgarter Firma G. Auwärter (Marke Neoplan) einen Trambusaufbau. Die Serienfertigung dieses Omnibusmodells mit einer hinteren Trag- und Antriebsachse erfolgte ab 1983 im Auwärter-Zweigwerk Kumasi/Ghana.
Ebenfalls baute das Arewa-Werk (früher Karosseriefabrik Albert Kleye KG) in Altenburg mit Unterstützung des Neoplan-Werkes 1990 und 1991 einige Trambusmodelle des Typs »Arewa Junior 508« auf dem W 50-Fahrgestell auf.
Schließlich fertigte das inzwischen zum G. Auwärter-Unternehmen gehörende Karosseriewerk R. Hiller in Ehrenhain »Transliner«-Modelle mit dem L 60-Motor mit 180 und 230 PS.
1990 engagierte sich die (inzwischen) Mercedes-Benz AG wieder an dem Kraftfahrzeugteil ihres einstigen Unternehmens südlich von Berlin. Mercedes-Benz-Lastwagen und Transporter der Baureihen LN 2 und T 2 wurden jetzt in Ludwigsfelde gefertigt. Den Flugmotorenteil, der für die Luftstreitkräfte der »Volksarmee« arbeitete, übernahm die MTU Motoren- und Turbinen-Union Friedrichshafen GmbH in Friedrichshafen/ Bodensee.

125-PS-IFA Ludwigsfelde W 50 L Behelfsomnibus

VEB Kfz-Werk Grube Werdau

VEB Kraftfahrzeugwerk »Ernst Grube«, Werdau, Greizer Str. 70
1. 1951 - 1952 VEB Waggonbau Werdau, vorm. Schumann
2. 1952 - 1958 VEB Kraftfahrzeugwerk »Ernst Grube«

Die Sächsische Waggonfabrik Werdau GmbH war 1988 gegründet worden und produzierte Möbel-, Wohn-, Roll-, Eisenbahn- und Straßenbahnwagen. 1924 nahm das Unternehmen auch den Bau von Omnibuskarosserien auf.
Firmengeschichtlich betrachtet erwarb das Werdauer Werk zu Beginn des Jahres 1917 die Waggon- u. Wagenfabrik H. Schumann in Zwickau, die dadurch ihre Selbständigkeit verlor und gemeinsam mit der 1846 gegründeten Waggon- u. Maschinenfabrik AG, vorm. Busch, Bautzen, in der neugegründeten Aktiengesellschaft »Hermann Schumann AG« aufging. 1928 fusionierte diese Gesellschaft mit den 1839 gegründeten Linke-Hofmann-Werken AG in Breslau. Der Waggon- und Karosseriebau wurde nun unter der Bezeichnung Linke-Hofmann-Busch (LHB) zusammengefaßt. Im Jahre 1931 legte die Linke-Hofmann-Busch AG das Werdauer Werk still. Durch die Initiative von Angestellten des Werdauer Werkes, darunter auch der des ehemaligen Fabrikanten Max Schumann aus Zwickau, wurde in Werdau 1932, zuerst in von der LHB gemieteten Hallen, eine neue Gesellschaft unter dem Namen »Fahrzeugbau Schumann GmbH« gegründet. Am 1. Oktober 1934 wurde das gesamte Werdauer Werk von der LHB wiederum käuflich erworben.
Eine grundlegende Umwälzung im damaligen Omnibusbau brachte der von dem Werdauer Unternehmen erstmalig 1927 gezeigte Ganzstahlaufbau nach Arquint-Patenten, bei dem das aus gepreßten, hutförmigen Blechspanten gebildete Gerippe mit der Außenhaut vernietet war.
Das Unternehmen fertigte solche Omnibusaufbauten u. a. für die Firmen VOMAG, Henschel, Büssing, Daimler-Benz, Krupp und MAN. Auch Doppeldeckeraufbauten für Berlin wurden ab 1926/27 gebaut. Für den Zeitraum von 1936 bis in die Kriegs- und Nachkriegsjahre ist hier noch zu ergänzen, daß das Werk sich auch auf den Bau von Oberleitungsomnibussen mit Fahrgestellen der Fabrikate Büssing und Henschel spezialisierte.
1942 wurden zusammen mit dem Kässbohrer-Werk in Ulm und dem Lohner-Werk in Wien die vereinfachten Obus-Aufbauten der Normgröße I und II geschaffen. In den Kriegsjahren wurden diese Modelle mit Omnibusanhängern hergestellt.
Nach dem Krieg wurde das Werk enteignet und im August 1946 in die SAG-Gruppe »Transmasch« (SAG Transportmittelbau) und damit in sowjetische Verwaltung überführt.
1947 wurde das Werk von der Sowjetischen Militär-Administration (SMAD) an die Landesverwaltung Sachsen zurückgegeben. Aufgrund des »Sächsischen Volksentscheides über die Betriebe der Kriegs- und Naziverbrecher« vom 30. Juni 1946 wurde das Werk in die C-Liste aufgenommen, d. h. als angeblich ehemaliger Rüstungsbetrieb in landeseigene »Treuhänderschaft« übernommen und am 1. Juli 1948 nach Befehl 64 der SMAD in »Volkseigentum« überführt. 1951 wurde das Unternehmen in den Industrieverband VVB LOWA als VEB Waggonbau Werdau, vorm. Schumann eingegliedert. Zum VVB LOWA-Verband gehörten weiterhin der VEB Waggonfabrik Ammendorf, vorm. Gottfried Lindner AG, Halle, der VEB Waggonfabrik Bautzen, vorm. Busch, der VEB Waggonfabrik Weimar, vorm. Wilhelm-Gustloff-Werke, der VEB Waggonbau Görlitz, vorm. Wumag und der VEB LOWA-Werk Cottbus und Niesky, vormals Christoph & Unmack.
Das damals 1500 Mann starke Unternehmen betätigte sich nun im Waggon-, Straßenbahnwagen- und im Karosseriebau, wobei mit der Fertigung von Funkmastwaggons die angeblich verbrecherische Rüstungsfertigung weitergeführt wurde. Später entwickelte sich die Belegschaft des Unternehmens auf 3500 Beschäftigte.
Nachdem das Werk noch in den endenden vierziger Jahren Obusse auf noch vorhandene zwei- und dreiachsigen Henschel-Fahrgestellen der Normgrößen II und III mit AEG- und Ansaldo-Motoren und Schalteinrichtungen aufgebaut hatte, wurde nach

dem Aufbruch der Fahrgestelle an eine eigene Entwicklung gegangen. Es entstanden 1950 einige Obusse der Baugröße I/4500 in teilweise selbsttragender Leichtstahlkonstruktion unter Verwendung einer geschweißten Bodengruppe. Das mit gebrauchten 90-kW-Doppelkollektormotoren ausgestattete Fahrzeug konnte 60 Personen transportieren. Im Zug konnte ein Viertonnen-Personenanhänger angekuppelt werden. Eine Weiterentwicklung dieser Normgröße wurde geplant, aber nicht realisiert.
Nach diesem Modell wurde 1951 der nur vierfach bereifte Obus der Größe II/6500 in ähnlicher Bauweise entwickelt. Er entsprach der späteren serienmäßigen Ausführung der Obus-Typen W 602, wobei als Zwischentyp in einfacher Form der Obus W 601 in der gleichen Größenordnung hinzukam. Diese Obusse verfügten über 28 Sitz- und 44 Stehplätze.
Die Obus-Weiterentwicklung W 602 a wurde in den Städten Berlin-Ost, Dresden, Erfurt, Weimar, Leipzig, Greiz und Potsdam eingesetzt. Die BVG Ost besaß insgesamt 40 Stück dieser Omnibusse. Darüber hinaus wurden 30 Obusse vom Typ W 602 nach Warschau geliefert.
Die Elektro-Anlagen für 600 Volt Betriebsspannung mit einem selbstlüftenden 120-kW-Doppelkollektormotor entwickelte und lieferte der VEM Lokomotiv- und Elektrotechnische Werke (LEW) Henningsdorf, das ehemalige AEG-Lokomotivenwerk. In die Fertigung dieser Busse wurde auch der VEB Waggonbau Ammendorf, vorm. Gottfried Lindner AG einbezogen. Da die CSSR die Obus-Lieferungen im Bereich der Ostblock-Staaten übernehmen sollte, wurde die Produktion dieser Typen im Jahre 1956 von Werdau nach Ammendorf verlagert und dort im Jahre 1958 eingestellt.
Durch die Werdauer »Erfolge« im Obus-Bau war inzwischen der VEB Kraftverkehr Land Sachsen aufmerksam geworden, der die Entwicklung eines Omnibusses mit einem Verbrennungsmotor empfahl. Unter dem Chefkonstrukteur, dem Oberingenieur und späteren Diplomingenieurökonom Wilfried Otto begann im Werdauer Unternehmen die Entwicklung neuer Omnibusmodelle. Dabei ist zu ergänzen, daß der ehemalige VOMAG-Chefkonstrukteur Wilhelm Keilhack seine Kenntnisse bei der Entwicklung des Werdauer H6-Lkw, der Obusse und der Vergaser- und Diesel-Omnibusse zur Verfügung gestellt hat. Insbesondere bei der Weiterentwicklung des FAMO-Motors, des Getriebes und der Achsen hat er einen bemerkenswerten Beitrag geleistet; anschließend ging er zu den Südwerken (Krupp).
Zuerst erschien 1951 der 40-sitzige Trambustyp W 500, auch LOWA-Typ genannt, der in einer Stückzahl von 63 Exemplaren gebaut wurde. Auf das Bodengerippe war die Karosserie aus schweren, handelsüblichen Stahlwalzprofilen und Blechen geringer Festigkeit aufgesetzt. Die vordere Einstiegstür befand sich hinter der Vorderachse. Zum Antrieb kamen die 240 und 280 PS starken V-Zwölfzylinder-Maybach-Vergasermotoren HL 100 und HL 120, die wahlweise mit Benzin oder mit Flüssiggas betrieben werden konnten. Die Triebwerke waren während des Krieges im Auto Union-Werk Wanderer in Siegmar gefertigt, aber nicht mehr in Militärfahrzeuge eingebaut worden. Der Motor und das Variorex-Getriebe waren getrennt angebracht, um die Vorderachse zu entlasten. Das Getriebe wurde über eine Rohrwelle mit Kardangelenken geschaltet. Hervorzuheben sind hier noch der Einbau eines Drehzahlmessers und einer elektrisch betätigten Klappstufe.
Diese äußerst leistungsstarken LOWA-Omnibusse mit 20 PS pro Tonne wurden zumeist mit Anhängern im sächsischen Bergland eingesetzt und bewährten sich unter schwierigsten Bedingungen.
Anzufügen ist noch, daß der beim Bau dieses Modells beteiligte Ingenieur Christian Stiasni bekundete, das »zweifellos unsere volkseigene Industrie damit eine beachtliche Leistung vollbracht hat; sie wird auch auf diesem Gebiet die westliche Technik überholen.«
Nach dem Aufbrauch dieser zwar starken, aber verbrauchsintensiven Maschinen wurde auch in geringen Stückzahlen der neuentwickelte 120-PS-Baukastenmotor EMaW 6-20 des VEB Dieselmotorenwerkes Schönebeck eingebaut, der auf den 1937 vorgestellten FAMO-Wirbelkammer-Dieselmotor der Breslauer FAMO-Werke zurückging. Der Einsatz eines in der Entwicklung befindlichen 225-PS-Dieselmotors war geplant, konnte aber aus Kostengründen nicht verwirklicht werden.

Für den 100 km/h schnellen W 500 und die Obusse wurde der 58 Personen fassende Omnibusanhänger W 700 entwickelt und produziert. Damit konnten mit dem Omnibuszug W 500 - W 700 ca. 100 Personen befördert und eine angeblich »wesentliche Verbesserung« des Nahverkehrs erreicht werden.
Versuche wurden auch unternommen, den äußerlich verbesserten Typ W 500 unter der Bezeichnung W 180 mit dem liegend eingebauten Schönebeck-Motor auszustatten, den der VEB Elbe-Werk Roßlau für Schienenbusse herstellte. Patente der Unterflurtechnik der Firma Büssing waren hierzu auf der Frankfurter IAA von 1951 erworben worden. Beteiligt an der Konstruktion dieses Prototyps war das Zentrale Forschungs- und Entwicklungswerk (FEW) des Automobilbaus der DDR.
Ab 1952 wurde das Werdauer Werk durch einen Regierungsbeschluß vorrangig auf den Lkw-Bau umgerüstet, wobei es gleichzeitig nach dem einstigen Werdauer Werksangehörigen, dem kommunistischen Reichstagsabgeordneten und späteren Widerstandskämpfer Ernst Grube (1890 - 1945) umbenannt wurde, der kurz vor Kriegsende im KZ Bergen-Belsen an Flecktyphus umgekommen war. Der Werdauer Betrieb mit seinen zwei Werksteilen schied dabei aus der Vereinigung LOWA aus und wurde von der Hauptverwaltung Auto übernommen.
Mit der Produktionsaufnahme des Sechstonnen-Lkw H6 standen nun Triebwerke und Fahrzeugaggregate aus eigener Produktion und der Produktion der Vereinigung Automobilbau (VVB Auto) zur Verfügung. Dadurch war die Voraussetzung gegeben, einen neuen Omnibus zu entwickeln und zu produzieren, bei dem alle wesentlichen Aggregate und Baugruppen aus »volkseigenen« Betrieben stammten. Dieses Nachfolgemodell unter der ursprünglichen Bezeichnung W 501 mündete in den Trambus-Standardtyp H6B. Die bisherigen Erfahrungen im Obus- und Omnibusbau wurden hier einbezogen und weiterentwickelt. Verwendet wurde der erwähnte, von 120 auf 150 PS gesteigerte Schönebeck-Motor EMbW 6-20. Das Zehnmeter-Frontlenkerfahrzeug bestand aus einer Bodengruppe mit einer aufgesetzten, mittragenden Ganzstahlkarosserie. Auffallend war auch bei diesem Modell die Anbringung der vorderen Einstiegstür hinter der Vorderachse. Vorn und hinten waren Starrachsen vorhanden. Eine Druckluft-Bremsanlage war in dem 66 bis 80 km/h schnellen Fahrzeug eingebaut.
Versionen unter den Zusatzzeichen »L«, »S« und »R« bzw. »U« wurden als Linien-, Reise- und Konferenz-Universalbusse gebaut. Während der Reisebus 32 Sitzplätze besaß, verfügte der Stadtbus über 24 Sitz- und 31 Stehplätze. Die BVG Ost erwarb über 100 Exemplare des H6B.
Durch ein später eingesetztes, neues »Einheitsgetriebe« konnten schließlich der Reise- und der für 11 Personen ausgelegte Konferenzbus »Delegationbus« eine Geschwindigkeit von 92 km/h erreichen.
Zu ergänzen ist hier noch, daß in der Typenbezeichnung das »H« für den Ausgangspunkt der Lkw-Baureihe, das ehemalige Horch- und spätere Sachsenring-Werk stand. Das »W« kennzeichnete das Werdauer Werk. Die Zahlenangabe bezog sich auf die Tonnage-Belastbarkeit des Fahrzeugs.
1954 wurde die Produktion des Omnibusses H6B auch im VEB Waggonbau Ammendorf aufgenommen. Dort wurde jedoch nur eine relativ geringe Stückzahl produziert. Das Werdauer Werk stellte hingegen jährlich mehrere hundert Exemplare her. Insgesamt soll eine Stückzahl von 3500 Exemplaren erreicht worden sein.
Zu erwähnen ist noch für das Modell H6B, daß auch hier der Einsatz eines mindestens 200 PS starken Motors geplant wurde, um dem Fahrzeug im bergigen Gelände und im Anhängerbetrieb eine adäquatere Leistung zu geben.
Vom Rat für gegenseitige Wirtschaftshilfe (RGW) wurde 1958 eine Empfehlung dahingehend gegeben, daß die Produktion von Omnibussen mit Dieselmotoren im ungarischen Ikarus-Werk erfolgen sollte. Dementsprechend wurde Ende 1958 die Produktion des Omnibusses H6B in Werdau entgültig eingestellt.
Zu ergänzen ist weiterhin, daß neben dem H6B-Omnibus im Jahre 1952 der 15 m lange Zugmaschinen-Omnibus Do S6 gebaut wurde, da für einen modernen, kompakten Frontlenker-Doppeldeckeromnibus, abgesehen von dem noch nicht serienreifen Roßlauer Schienenbus-Motor, im gesamten Ostblock kein platzsparender Unterflurmotor entwickelt worden war. Darüber hinaus lag diesem aus der technischen und wirt-

schaftlichen Stagnation der zivilen DDR-Industrie entstandenen Sattelzugsystem der Gedanke zugrunde, durch die Schaffung einer Zugmaschinenreserve eine Austauschmöglichkeit bei Wartungsarbeiten am Triebfahrzeug zu haben.
Die aus dem 120 PS starken Werdauer H6-Lkw abgeleitete Zugmaschine, die eine zusätzliche Verkleidung zwischen den Achsen erhalten hatte, wurde mit Doppelstock-Aufliegern zu einem Sattelzug-Doppeldecker kombiniert, wobei das 1938 mit einer Opel-Zugmaschine für die Dresdner Straßenbahn gebaute Modell als Vorbild diente.
Der Auflieger war in Stahl-Schweißkonstruktion mit einer Leichtmetallbeplankung ausgeführt. Die vier Einzelhinterräder waren an den Längsträgern befestigt und durch liegende Schraubenfedern abgestützt. Weitere Details waren die beiden Treppen für den Fahrgastfluß mit einem sitzenden Schaffner sowie die beiden Schiebetüren.
Den Wagenkasten des Aufliegers erstellte der VEB Omnibus- und Lastwagen-Reparaturwerk (OLW) in Berlin-Treptow.
Die Heizungsanlage befand sich im hinteren Teil der Fahrerhaus-Doppelkabine. Nach Erhitzung in einem Wärmetauscher drückte ein Gebläse die erwärmte Luft durch Heizkanäle mit einer besonderen Kanalkupplung in den Auflieger.
Insgesamt acht Exemplare des für nur 61 Sitz- und 39 Stehplätze ausgelegten, 50 km/h schnellen Fahrzeugs wurden für die BVG Ost gebaut, die dringend an einem Einsatz für die Vorkriegs-Doppeldecker im Linienverkehr interessiert war.
Ein Großauftrag zur Beschaffung von 95 Exemplaren war für die nächsten zwei Jahre geplant, der aber nicht mehr durchgeführt wurde, nachdem erkannt worden war, daß auch diese zehnrädrige Entwicklung eine Fehlkonstruktion war. Vor allem die Bremsanlage des überlangen Fahrzeugs gewährleistete in den Kurven nicht die erforderliche Stabilität, so daß die Fahrzeuge auch vorwiegend auf geraden Strecken hätten eingesetzt werden müssen.
Ein Exemplar des Do S6 gab die DDR-Regierung nach Moskau, nachdem der sowjetische Ministerpräsident Nikita S. Chrustschow bei seinem Berlin-Besuch 1958 Interesse an diesem Fahrzeugtyp gezeigt hatte.
Schließlich ist als interessanteste Konstruktion von Diplomingenieurökonom Wilfried Otto der im Jahre 1953 vorgestellte Prototyp eines Obus-Doppeldecker-Sattelschlepperzuges vom Typ ES 6 hervorzuheben. Das Fünfzehn-Meter-Fahrzeug bestand aus einer Frontlenkerzugmaschine mit wiederum einer Doppelkabine für die Aufnahme der gesamten Elektroanlage und des Hilfsgenerators. Als Antriebsquelle diente ein selbstlüftender Hauptstrom-Doppelkollektor-Gleichstrommotor für 600 Volt Fahrspannung mit einer Stundenleistung von 120 kW bei 1500 U/min. Dieser Obus-Motor wurde durch einen Schwingregler geschaltet und gestattete mit Hilfe der angebauten Widerstände, die Geschwindigkeit sowie das Anfahren und das Bremsen feinstufig zu regulieren.
Über eine kurze Gelenkwelle wurde die Antriebsachse der Zugmaschine in Bewegung gesetzt. Zwei gewinkelte Stromabnehmer waren auf dem vorderen Dachbereich des Zugfahrzeuges angebracht, die mittels einer Druckluftanlage gehoben und gesenkt werden konnten. Für Rangierfahrten sowie für die Überbrückung stromloser Strecken war ein dieselelektrischer Hilfsantrieb mit einem 52-PS-Phänomen-Motor eingebaut, der eine Fahrgeschwindigkeit von 7 km/h ermöglichte.
Der gleiche, 100 Personen fassende Auflieger wie beim Do 56 wurde verwendet. Das auf einer Berliner Oberleitungsstrecke eingesetzte Fahrzeug besaß jedoch eine hohe Störanfälligkeit, so daß es schon bald wieder ausgemustert wurde.
Dem Werdauer Werk stand die kommunale Obusstrecke von Zwickau über Lichtentanne bis Stenn als Oberleitungs-Testbahn zur Verfügung, die dem Verkehrsbetrieb Zwickau gehörte. Die Obus-Fahrzeuge wurden von einer Zugmaschine dorthin geschleppt.
Der Bau der Omnibus-Fahrzeuge wurde durch vielfältige Einflüsse verzögert, unterbrochen und letztlich eingestellt. Einmal störten die laufenden Abstimmungen innerhalb der Länder des RGW-Vertrages darüber, wer den Omnibusbau zugesprochen bekommt. Letztlich fiel diese Entscheidung zugunsten Ungarns (Ikarus-Werk) und brachte somit für Werdau die Produktionseinstellung von Omnibussen.
Zum anderen wurde der Werdauer Betrieb, nachdem er aus der Vereinigung LOWA

ausgeschieden war, der Hauptverwaltung Automobilbau zugeordnet, um neben dem Lkw H6 den für die kasernierte Volkspolizei (KVP) beziehungsweise für die Volksarmee vorgesehenen Dreiachs-Lkw G5 ab 1953 zu produzieren.
Darüber hinaus übertrug man dem Werk die Entwicklung und die Steuerung von Spezialaufbauten für den Lkw G5 und unterstellte diesen Bereich dem Amt für Technik, einer verdeckten wirtschaftsleitenden Institution der KVP beziehungsweise der Volksarmee. Ein ziviler Omnibus hatte hier keinen Platz mehr.
Zu nennen ist hier noch, daß die Gesenkschmiede des Werkes weiterhin Vorder- und Hinterachsen des Omnibus-Typs H6B herstellte, die in den Fleischer-Omnibussen Verwendung fanden.
Zu den Spezialaufbauten gehörten auch einige Wasserwerfer auf dem G5-Fahrgestell, die in der Belegschaft als »Arbeiterwaschmaschinen« bezeichnet wurden. Diese lange geheimgehaltenen Fahrzeuge wurden dann erstmals beim Bau der Berliner Mauer eingesetzt.
Neben den erwähnten Fahrzeugmodellen produzierte das Werk die vielfältigsten Schienen- und Straßenspezialfahrzeuge für die Sowjetunion, wobei hinter dem Begriff »Spezialfahrzeuge« Geräte für den militärischen Einsatz zu verstehen sind.
Das Werk fertigte nach dem Auslauf der Produktion der Lkw-Baureihen H6 und G5 den vom Sachsenring-Werk übernommenen Lkw S 4000-1. Daneben entwickelte es den Lkw W 50 mit all seinen Varianten, die dann 1965 in Ludwigsfelde in die Produktion gingen. In Werdau werden nach Auslauf der Fertigung des Lkw S 4000-1 wieder Anhänger und Auflieger hergestellt. Ab 1983 nahm das Werk die Baugruppenfertigung für den VEB Sachsenring Automobilwerke Zwickau auf. Mit dem Auslauf der Produktion der Achsbaugruppen für den Trabant im Jahre 1990 bemüht sich der Stammbetrieb unter der neuen Bezeichnung Fahrzeugwerk Werdau GmbH, wieder in das Aufbauten- und Anhängergeschäft zu kommen. Den Betriebsteil II übernahmen die Fahrzeugwerke F. X. Kögel GmbH u. Co. in Ulm, die dort Aufbauten für Postfahrzeuge herstellen lassen.

90-kW-Henschel-Werdau Obus I/4500

2x50-kW-Henschel-Werdau Obus III

120-kW-Grube
Werdau Obus
II/6500

120-PS-Grube
Werdau W 500

90-kW-Grube
Werdau Obus
W 602
(Foto Otto)

150-PS-Grube
Werdau W 501
Überlandomnibus

120-PS-Grube
Werdau W 180
(Foto Otto)

150-PS-Grube
Werdau H6B/S

150-PS-Grube
Werdau
H6B/R

120-PS-Grube
Werdau
Sattelschlepper-
Omnibus Do S6
(Foto Otto)

120-PS-Grube
Werdau
Sattelschlepper-
Omnibus Do S6

120-kW-Sattelschlepper-Obus ES 6 (Foto Otto)

VEB Waggonbau Bautzen

VEB Waggonbau Bautzen, vorm. Busch, Bautzen, Neu'sche Promenade 920
1942 u. 1952 - 1959

Während des Krieges entwickelte das Bautzener Unternehmen Trambusse mit VOMAG-Motoren, aus denen 1951 die Frontlenkeromnibusse vom Typ W 500 des VEB Kraftfahrzeugwerk »Ernst Grube« in Werdau hervorgingen.
Das Werk der ehemaligen Waggon- und Maschinenfabrik AG, vorm. Busch (1867 - 1947) wurde nach dem Krieg mit seinen 1500 Beschäftigten der SAG-Gruppe »Transmasch« unterstellt und produzierte Güterwagen sowie Raupenfahrzeuge für die Sowjetarmee. 1952 ging das Werk in DDR-Regie über und wurde nun in den Industrieverbund VVB LOWA eingegliedert.
Schon 1952 baute das Unternehmen auf angelieferten Fahrgestellen des VEB Kraftfahrzeugwerk Horch den H3B-Bus auf. Parallel dazu fertigte das Werk den Omnibustyp W 700 in circa 50 Exemplaren. Das Fahrzeug wurde mit 135-PS-Nachbau-VOMAG-Diesel der Baureihe 6 R 3080 ausgestattet, den der VEB Motorenwerk Johannisthal (ehemaliges Henschel Flugmotorenwerk) rekonstruiert hatte. Noch im ersten Baujahr wurde diese Maschine durch den 120 PS starken Baukastenmotor des VEB Dieselmotorenwerk Schönebeck ersetzt.
In die Montage der Omnibusse mit 30 Sitz- und 30 Stehplätzen wurde der VEB LOWA Lindnerwerke in Ammendorf einbezogen, der unter der Tarnbezeichnung »Möbelwagen« vor allem Aufbauten für Militärfahrzeuge herstellte.
1953 entwickelte das Werk Bautzen zusammen mit der Hauptwerkstätte Ost (HwO) der BVG Ost in Berlin-Treptow den Haubendoppeldecker Typ Do 54. Das in 85 Exemplaren gefertigte Fahrzeug besaß wiederum den stehenden 120-PS-Baukastenmotor, da im gesamten Ostblock kein platzsparender Unterflur-Dieselmotor zur Verfügung stand. Die Innenverkleidung bestand aus dem DDR-Kunst-Preßstoff Mekalat. Die Aggregate wurden in der Treptower BVG-Hauptwerkstatt eingebaut.
In dem technisch vollkommen überholten, beblechten Holzaufbau waren 52 Sitzplätze bei einer Gesamtkapazität von 70 Personen vorhanden, so daß das Fahrzeug gegenüber westlichen Modellen einen viel zu geringen Personalwirkungsgrad in Bezug auf den Schaffner aufwies.
1957 erhielt das Fahrzeug einen Stahlaufbau. Es trug nun die Typenbezeichnung Do 56 und wurde in Bautzen komplettiert. Die Verglasung war jetzt um die Seitenscheiben

herumgezogen worden und an der Motorhaube gab es mehr Zierleisten. 90 Exemplare dieses Typs wurden bis 1959 für die BVG Ost und für andere DDR-Verkehrsbetriebe gefertigt.
Ein Do 56 wurde 1958 zusammen mit einem Doppeldecker-Sattelzug des VEB Kraftfahrzeugwerkes »Ernst Grube« dem sowjetischen Ministerpräsidenten Nikita S. Chrustschow bei seinem Staatsbesuch in Ost-Berlin geschenkt, nachdem er zuvor dem DDR-Ministerpräsidenten Otto Grotewohl eine barocke SIL-Limousine überreicht hatte. Während der Sattelschlepper-Omnibus mit der Bahn transportiert werden konnte, mußte der 4,1 m hohe Do 56 die 1753 km lange Strecke über Posen, Warschau, Brest, Minsk und Smolensk nach Moskau in 41 Stunden mit einer Durchschnittsgeschwindigkeit von 43 km/h zurücklegen. Die beiden in Moskau eingesetzten Fahrzeuge wurden dort allerdings schon nach kurzem Einsatz verschrottet. Auch die in Ost-Berlin eingesetzten Fahrzeuge hielten nicht lange. Die DDR-Zeitschrift »Der Verkehrspraktiker« gab daher auch schon 1960 zu, daß die »in Berlin und in einigen Städten unserer Republik verkehrenden Do 54 und Do 56 nicht den technischen Stand der heute bekannten Doppeldeckbusse hatten«.
Neben den Omnibussen, Schienen- und Panzerfahrzeugen stellte das Bautzener Werk auch Omnibus-Anhänger her. Seit 1991/92 betätigt sich die zur Treuhand-Gesellschaft DWA-Deutsche Waggonbau GmbH gehörende Waggonbau Bautzen GmbH auch mit der Rekonstruktion von CKD-Tatra-Straßenbahnwagen. Des weiteren entwickelte sich eine technische Zusammenarbeit mit der DUEWAG in Düsseldorf. Beide Unternehmen konzipieren nunmehr gemeinsam dreiteilige, brandneue Niederflur-Straßenbahn-Gelenkzüge.

120-PS-VEB Waggonbau Bautzen Do 56

Vetter

Walter Vetter GmbH & Co. Fahrzeug- u. Karosseriefabrik, Fellbach, Schorndorfer Str. 31, ab 1985 Ringstr. 28
1967 - heute

1922 gründete Walter Vetter (1896-1972) eine Karosseriebauwerkstatt in Bad Cannstatt, die Pkw-Aufbauten herstellte. 1937 bezog das Unternehmen ein neues Werkgelände in Fellbach bei Stuttgart, wo nun auch Omnibusaufbauten gefertigt wurden. Nach dem Krieg karosserierte das Vetter-Werk Fahrgestelle nahezu aller deutschen Hersteller. Der ansprechende Stil mit früh eingeführten schrägen Fensterholmen bis an die Dachkante, die hohe Qualitätsarbeit und die individuelle Gestaltung der unter dem

Werbeslogan „Busse nach Maß“ angefertigten Fahrzeuge ließen das 300 Mann starke Unternehmen in die Spitzengruppe der Omnibus-Karossiers aufsteigen, wobei ab den fünfziger Jahre ein Karosseriebau- und ein Reparaturbetrieb parallel geführt werden konnten.
Eine erste eigenständige Vetter-Baureihe bildeten die 1967 erschienenen Doppeldecker mit zwei Treppen für 96 bis 99 Fahrgäste. Daimler-Benz- und MAN-Motoren wurden hier eingesetzt. Mit Beginn der siebziger Jahre konzentrierte sich das Unternehmen auf den Aufbau von Daimler-Benz-Bodengruppen der Baureihe 0 302 (später 0 303), 0 305, 0 307 und 0 317. Etwa 200 Omnibusse konnten jährlich gefertigt werden. Eine weitere, halbeigene Baureihe stellten von 1970 bis 1975 die Modelle DB Typ I/302 und DB Typ II/302 dar, die als mittlere Linienbusse mit 130- und 192-PS-Motoren eine Lücke im Daimler-Benz-Programm schlossen. Eine weitere halbeigenständige Konstruktion bildete der Kleinbus 608 H auf einem veränderten DM-Fahrgestell, wobei der 80-PS-Vier- oder der 126-PS-Sechszylindermotor im Gegensatz zu den DB-Serienmodellen im Heck untergebracht wurde. Weitere Vetter-Modelle mit weitgehender Verwendung von DB-Teilen bildeten die Gelenkbusse der 0 317-Baureihen, die eine eigene mechanische Gelenksteuerung erhielten, sowie ein neuer Doppeldecker für 100 Personen, der von dem 192-PS-DB-Unterflurmotor der Baureihe DM 360 h angetrieben wurde. Hinzu kamen weitere Reise- Export-, Linien-, VÖV- und StÜLB. sowie Gelenkomnibusse. Auch das Fahrgestell des Volkswagen-Modells LT 35 D wurde als Kleinbus mit einem hochgesetzten Dach karosseriert. 1977 folgten die kleinen Linienbusse LPO 813/43, die auf der Basis des DB-Lkw-Fahrgestells LP 813 aufgebaut waren. Hinzu kam ein Anderthalbdecker, nachdem das Vetter-Werk die Patente des Ludewig-Werkes hierzu übernommen hatte, da 1976 die Fertigung eingestellt hatte. Die 240-PS-DB-Unterflurmaschine DM 407 h wurde hier eingesetzt. Weitere Baureihen bildeten Büchereiwagen und Flugfeldbusse. Als Markenzeichen wurde nun ein verchromter Ring mit dem „V“ für Vetter an der Vorderfront der Busse angebracht. Stilmäßig führte das Werk die abfallende Gürtellinie nach der ersten Seitenscheibe in den Karosseriebau ein, die den Fahrzeugen mit den schräggestellten Fensterholmen ein besonderes Aussehen verlieh. Die Gelenkbusse wurden nun mit der StÜLB-Front versehen; allerdings schon 1978 mußte dieser Fertigungsbereich an die Daimler-Benz AG abgegeben werden, die ein Jahr zuvor auch die Gelenkbus-Fertigung aufgenommen hatte. Als eigenständige Gelenkbusbaureihe präsentierte das inzwischen 350 Beschäftigte starke Vetter-Werk einen Schubgelenkbus unter der Bezeichnung Typ 16 SH mit einem einachsigen Vorläufer unter Verwendung der Baugruppen des DB-Typs 0 305 bzw. 0 307. Bei diesem Modell hatte das Vetter-Werk das bisherige Gelenkbussystem umgekehrt und den Motor im Heck des zweiachsigen hinteren Antriebswagen untergebracht. Der Vorderwagen mit der vorderen Lenkachse war auf eine Kugelkupplung auf dem hinteren Wagenteil aufgesetzt, dessen erste Achse durch eine Lenkungskinematik von der Lenkachse des Vorderwagens mitgelenkt wurde. Eine eigene, patentierte Knickwinkelsteuerung sollte für die Sicherheit des Fahrzeugs bei Kurvenfahrten sorgen, wobei zwei Hydraulikzylinder am Drehpunkt die Stabilisierung übernahmen. Der für die Kurvenfahrt unterschiedliche Strömungsdruck in den Zylindern wurde durch eine Hochdruckkolbenpumpe entsprechend dem Lenkungseinschlag gesteuert. Ein elektrisches Druckschaltgerät überwachte diese Anlage. Ein Dämpfungsmechanismus auf dem Dach sorgte für die Stabilität des Fahrzeugs in der Senkrechten. Zu erwähnen ist hier, daß diese Gelenkbustechnik mit dem einachsigen Vorläufer auf MAN-Patenten beruhte. Der DB-Unterflurmotor DM 407 h mit 240 PS in der Saug- und 280 PS in der aufgeladenen Version konnte eingesetzt werden. Das Unternehmen strich bei dieser Konstruktion den extrem niedrigen vorderen Wagenboden mit einer Einfahrmöglichkeit für Rollstuhlfahrer, die Vereinfachung der Gelenkhydraulik, die kurze Lenkungsvorrichtung zur zweiten Achse, die doppelbreiten Türen sowie den kompakten Schubantrieb auf der letzten Achse heraus. Neben dem Typ 16 SH mit 50 Sitz- und 97 Stehplätzen sollten auch die 17- und 18-Meter-Ausführungen der Baureihen Typ 17 SH und Typ 18 SH gebaut werden. Die Verkehrsbetriebe in Heidelberg und in Münster übernahmen die rund zwei Dutzend gebauten Vetter-Gelenkbusse. Im Betrieb stellte sich allerdings heraus, daß die Fahrzeuge nicht sicher zu steuern waren, so daß diese

erwartungsvoll begonnene neue Bauart wieder aufgegeben werden mußte. Im Reisebusbereich wurde 1979 der 85-sitzige Gelenkbus unter der Bezeichnung Typ 17 R mit dem aufgeladenen 280-PS-DB-Unterflurmotor vorgestellt, der sich durch eine große, plastisch gewölbte Frontscheibe und die abfallende Gürtellinie auszeichnete. Das Prinzip des Doppeldeckers griff das Unternehmen 1980 wieder auf. Der dreiachsige Wagen wurde als Linien- und als Reisebus mit dem 280-PS-Unterflur- oder mit dem kompakten V-Achtzylinder-Motor mit 330 PS ausgestattet. Der Anderthalbdecker wurde nun wieder aufgelegt und mit der aufgeladenen 280 PS-Maschine versehen. Anstelle der problemhaften Vorläufer-Gelenkbusse konnte das Unternehmen wieder einige konventionell konstruierte Gelenkfahrzeuge in den Längen von 16, 17 und 18 Metern fertigen. Ein weiteres Modell war der Standard-Bus 10 SH mit einem V-Sechssylinder-DB-Motor mit 216 PS. Eine eigene Bodengruppe wurde für diese 2,3 m breiten, für die Schweiz bestimmten Fahrzeuge verwendet.

Nachdem sich im Jahr 1983 Zahlungsschwierigkeiten eingestellt hatten, mußte ein Vergleichsverfahren durchgeführt werden. Der Montagebetrieb wurde dabei aufgegeben, so daß nur noch der Reparaturbetrieb in der Schorndorfer Straße zur Verfügung steht. Dort betreibt das Unternehmen weiterhin das Reparaturwerk sowie die Ersatzteilversorgung für die Vetter-Omnibusse. Eine geringe Montagekapazität ist hier vorhanden, so daß ein neuer Omnibus pro Monat gefertigt werden kann. Nachdem zunächst noch Gelenkbusse und Anderthalbdecker komplettiert wurden sind, fertigt das Unternehmen ab 1985 in einem Neubau hochmotorisierte Komplettbusse. Neben verschiedenen Obussen als Solo- und als Gelenkfahrzeuge, die auf Bestellung hergestellt wurden, baute das Unternehmen von 1983 bzw. von 1987 bis 1989 den Export-Niederflurtyp 10 SH-L, der die 280-PS-Maschine erhielt. Die Schweizer Postverwaltung PTT und der Tessiner Vetter-Importeur Onorato Rizzi nahmen diese Fahrzeuge ab. Auch nach Denver/USA wurden diese Niederflur-Stadtbusse als Rohbauten geliefert, die dort vervollständigt wurden.

1991 löste der Reisebus 10 RH-90 H mit 272 PS in einer neuen, flüssigen Formgebung den bisherigen, dem Daimler-Benz-Modell 0 303 angenäherten Kompakttyp ab. Im Stil des Daimler-Benz-Midi-Busses folgte das Neun-Meter-Modell mit besonders hohem Wagenboden, um große Unterflur-Kofferräume zur Verfügung zu haben. Die 290 PS starke Daimler-Benz-Unterflurmaschine wird in dieses Modell eingesetzt. Schließlich ist noch der kleine Elektrobus mit einem Batterie-Solarzellen-Antrieb in Niederflurbauweise zu erwähnen. 12 Modelle dieses Typs 6 SH-L/B+S wurden bisher gebaut und europaweit verkauft.

90 Prozent der Vetter-Fahrzeuge gehen zur Zeit in den Export. Die restlichen 10 Prozent stellen Sonderfahrzeuge wie Obusse und Büchereiwagen dar. Nach der Neukonstrukturierung bis 1995 konnten wieder über 140 Fahrzeuge hergestellt und verkauft werden.

80/126-PS-DB-Vetter 608 H

210-PS-
DB-Vetter O 317
Gelenkbus

210-PS-
DB-Vetter O 317
Gelenkbus
(VÖV I-Typ)

210-PS-
DB-Vetter O 317
Aero

**192-PS-
DB-Vetter O 305
Doppeldecker**

**210-PS-
DB-Vetter O 305**

**192-PS-
DB-Vetter O 305
Doppeldecker**

210-PS-
DB-Vetter O 317
Gelenkbus (VÖV
I-Typ)

240-PS-
DB-Vetter O 307
Aero

240-PS-
DB-Vetter O 307

240/280-PS-
DB-Vetter
Typ 16 SH
(Foto Vetter-
Werk)

240-PS-
DB-Vetter O 305
(Foto Vetter-
Werk)

320-PS-
DB-Vetter O 303
(Foto Vetter-
Werk)

320-PS-
DB-Vetter
Gelenkzug

240-PS-
DB-Vetter
O 305 G
(Foto Vetter-
Werk)

240-PS-
DB-Vetter O 305
Doppeldecker
(Foto Vetter-
Werk)

280-PS-
DB-Vetter
12 SHD
(Foto Vetter-
Werk)

216-PS-
DB-Vetter 10 SH
(Foto Vetter-
Werk)

Vidal & Sohn

Vidal & Sohn Tempo-Werk GmbH, Hamburg-Harburg, Mönckebergstr. 7

1. 1951 - 1965 Vidal & Sohn Tempo-Werk GmbH, Hamburg-Harburg, Mönckebergstr. 7

2. 1965 - 1968 Rheinstahl-Hanomag AG, Hannover-Linden, Hanomagstr. 8, Tempo-Werk

3. 1968 - 1973 Hanomag-Henschel-Fahrzeugwerke GmbH, Kassel, Bremen, Hamburg-Harburg

Die im vergangenen Jahrhundert gegründete Firma Vidal betrieb nach dem Ersten Weltkrieg in Wandsbeck bei Hamburg eine Kohlen- und Brennstoff-Import- und Exporthandlung. Der Inhaber des Unternehmens, Max Viadal (1860 - 1936) kam um 1925 auf die Idee, die im Kohletransport weithin verwendete Schott'sche Karre zu motorisieren. Zunächst für den Eigenbedarf, wenig später auch für den Verkauf ließ das Unter-nehmen Vidal & Sohn ab 1926 dreirädrige, führerscheinfreie »Tempo«-Eilwagen mit zweirädriger Ladefläche vor dem einrädrigen Fahrerplatz (Vorderlader) produzieren. Nachdem die Fertigung 1929 in eigener Regie übernommen worden war, folgten 1932 die »normalen« Dreiradlieferwagen mit rückwärtiger Ladefläche (Hinterlader mit Frontantrieb). Ab 1936 wurden unter der Leitung von Oscar Vidal auch Vierradtransporter hergestllt. Das im Krieg wenig beschädigte Werk führte 1945 den Transporterbau ohne Unterbrechung weiter.

1955 engagierte sich die Rheinstahl-Hanomag AG an dem Unternehmen. 1969 erwarb es die von der Daimler-Benz AG inzwischen gebildete Hanomag-Henschel-Fahrzeugwerke GmbH (HHF), so daß auch das Tempo-Werk in den Besitz des Stuttgarter Automobilkonzerns fiel. Seit 1978 fertigt das Hamburg-Harburger Daimler-Benz-Werk Fahrgestelle für den Konzernbereich. Das Vidal-Anhängerwerk erwarb die Firma Fruehauf; unter dem Namen Vidal existiert weiterhin die Mercedes-Benz-Vertretung in Hamburg-Harburg.

Von 1951 bis 1955 ließ das Tempo-Werk das Modell Matador Luxus als 15-sitzigen Kleinbus mit Aufbauten der Mindener Karosserie- und Fahrzeugfabrik GmbH (Mikafa) und der Frankfurter Karosseriefabrik GmbH (FKF) versehen. Die Frontpartie wurde dafür neu gestaltet. Das Aufbaugerippe des Busses war freitragend ausgeführt und es bestand aus geschlossenen Leichtstahlprofilen mit einer Leichtmetallbeplankung. Zunächst wurde der 25-PS-VW- und ab 1952 der 26-PS-Dreizylinder-Heinkel-Zweitaktmotor eingebaut.

1952 folgten als weitere Modelle der Matador 1000 und der Matador 1400 als Kleinbusse für 8 bis 16 Personen. Auch ihre Bodengruppen wurden mit Mikafa- und FKF-Karosserien komplettiert.

1955 löste der Matador I mit dem 48-PS-Austin-Motor A 50 HS 5 diese Modelle ab. Maximal 13 Personen konnten in diesem Typ befördert werden. - Auch das kleinere Wiking-Rapid-Modell wurde von 1957 bis 1963 als Achtsitzer-Kleinbus mit einer Dachrandverglasung hergestellt.

1963 konnte der modernisierte Tempo-Matador E, ab 1966 unter der Bezeichnung Hanomag-Matador E, mit dem auf 54 PS gesteigerten Austin-Otto- oder mit dem 50-PS-Hanomag-Dieselmotor 4 R 0809 geliefert werden.

Die neuen Rheinstahl-Hanomag-Baumuster F 20 bis F 35 kamen 1967 heraus und wurden teilweise auch als Kleinbusse mit werkseigenen Karosserien auf den Markt gebracht. Ab September 1969 bekamen sie den Schriftzug Hanomag-Henschel mit auf den Weg, nachdem Daimler-Benz zunächst mehrheitlich den Rheinstahl-Nutzfahrzeugbau übernommen hatte. Die erwähnten F-Typen gehörten den 2,4- bis 3,5-Tonnen-Gesamtgewichtsklassen an. Sie erhielten ab 1970 im wesentlichen Mercedes-Benz-Diesel (OM 315 mit 55 und OM 615 mit 60 PS) und am Frontgrill einen kleinen Mercedes-Stern mit einem ebenso kleinen Schriftzug »Diesel«. Die Frontantriebler wurden bis 1974 gebaut. Für den Export trugen sie ab der IAA 1973 unter der Windschutzscheibe den vierzackigen (Daimler-Benz-) Hanomag-Henschel-Stern. Ab 1970 bot Daimler-Benz die HHF-Transporter zeitlich überlappend als Mercedes-Benz-Paralleltypen L 206 D und L 306 D an, für 2,4/2,8 und 3,0/3,5 Tonnen Gesamtgewicht. Als Kleinbusse verfügten die (Vidal & Sohn/Tempo-) Rheinstahl-Hanomag/Hanomag-Henschel-/Daimler-Benz-Ausführungen über 9 Sitzplätze.

Als die DBAG den HHF-Nutzfahrzeugbereich 1970/71 vollständig übernahm, kam sie auch in den Besitz einer 25,2-prozentigen Beteiligung an der Bajaj-Tempo Ltd. in Poona/Indien. Der Löwenanteil von 74,8 Prozent befindet sich in Händen der ortsansässigen Familie Firodia, die vor Jahrzehnten einmal indischer Vidal & Sohn-Tempo-Generalvertreter war. Bajaj-Tempo baut heute noch in großer Stückzahl Tempo-»Hanseat«-Dreiräder, vielfach als Typ »Auto-Rickshaw« mit Cabriolet-Verdeck, für sechs bis acht Personen. Mit dem kleinen italienischen Lombardini-Dieselmotor wird das Gefährt durch eine Braunschweiger Firma sogar nach Deutschland importiert und für 25 km/h zugelassen.

34-PS-Tempo
Matador Luxus
(Mikafa-Aufbau)

34-PS-Tempo
Matador Luxus
(FKF-Aufbau)

17-PS-Tempo
Wiking Kleinbus

26-PS-Tempo
Matador 1000
Kleinbus

32-PS-Tempo
Rapid Kleinbus

48-PS-Tempo
Matador I
(Foto MB-Archiv)

48-PS-Tempo
Matador I
(Foto MB-Archiv)

54-PS-Hanomag-
Henschel F 25

55-PS-Hanomag-
Henschel F 35

Volkswagen

Volkswagen AG, Wolfsburg
1. 1949 - 1960 Volkswagenwerk GmbH
2. 1960 - 1968 Volkswagenwerk AG
3. 1989 - heute Volkwagen AG

Der Bau des Volkswagen-Werkes in Fallersleben auf dem Hofgut Wolfsburg begann 1937 aufgrund eines Führerbefehls durch die nationalsozialistische Deutsche Arbeits-Front (DAF), die dazu das Vermögen der ehemaligen freien Gewerkschaften einsetzte. Vorgesehen war der Großserienbau des von Dr.-Ing. E. h. Ferdinand Porsche (1875 - 1951) entworfenen Limousinen-Modells als »KdF«-Wagen (Kraft durch Freude) mit luftgekühltem 23,5-PS-Boxermotor.
Durch den Kriegsausbruch kam der Serienbau der Limousine weitgehend zum Erliegen, um vor allem Kübel- und Schwimmwagen sowie diverse Rüstungsgüter produzieren zu können.
Bei Kriegsende wurde das gigantische Werk zu zwei Dritteln zerstört oder beschädigt; die Maschinen waren jedoch größtenteils ausgelagert worden. Amerikanische und später britische Truppen besetzten das Werk, das zunächst als Großreparaturwerk unter der Bezeichnung »Wolfsburg Motor Works« betrieben wurde. (Die von der britischen Militärverwaltung eingesetzte Stadtverordnetenversammlung beschloß auf ihrer ersten Sitzung 1945, der Industrieansiedlung den Namen Wolfsburg zu geben.)
Aus noch vorhandenen Teilen stellte das Werk unter der Leitung des britischen Majors Ivan Hurst 1945 und 1946 auf der Basis des Kübelwagens und der Limousine Behelfskastenwagen für die damalige Reichspost und für das Rote Kreuz her.
1948 wurde der ehemalige Direktor des Opel-Werkes in Brandenburg, Dipl.-Ing. Heinrich Nordhoff (1899 - 1968) als Generaldirektor des unter Treuhandschaft des Landes Niedersachsen und der späteren Bundesrepublik Deutschland stehenden Werkes eingesetzt.
Nachdem die Pkw-Produktion wieder eingerichtet worden war, begann das Volkswagenwerk auf Anregung des holländischen VW-Importeurs Ben Pon im Jahre 1948 mit der Entwicklung eines Frontlenker-Kastenwagens auf modifiziertem Fahrwerk des VW-Käfers. Die Konstruktionsarbeiten leitete Dr.-Ing. Alfred Haesner, der zuvor Technischer Leiter der Phänomen-Werke in Zittau gewesen war.
Das als Typ 2 vorgestellte Modell besaß die Antriebstechnik des VW-Käfers, wobei allerdings als Vorgelege eine Ritzelübertragung aus dem Fahrwerk des VW-Kübelwagens in den Hinterachshälften die Übersetzung veränderte und die Bodenfreiheit vergrößerte. Die Vorderräder waren an Kurbellenkern mit Torsionsstäben, die Hinterräder an Längslenkern angebracht.
Die mittragende Karosserie saß auf einem Hilfsrahmen in Gitterkonstruktion und verfügte über Schiebedach und Dachrandverglasung. Auffallend war die Zweifarbenlackierung der sieben- und achtsitzigen Zubringer- und Ausflugsbusse. Mit dem 25 PS starken, luftgekühlten Boxermotor schaffte der Typ 2 eine Geschwindigkeit von 90 km/h.
Das im Großserienbau ab 1950 hergestellte und auf dem Markt außergewöhnlich gut aufgenommene Modell verdrängte in den folgenden Jahren außer dem Tempo (Vidal & Sohn) und den später hinzugekommenen, ebenfalls von Dr.-Ing. Alfred Haesner konstruierten Ford-FK-Modellen alle anderen deutschen Kleinbus-Baureihen.
Nachdem das Getriebe vom 2. bis 4. Gang eine Synchronisation erhalten hatte, wurden 1954 die Mulden- durch Flachkolben ersetzt, wobei die Verdichtung erhöht werden konnte.
Erste kleinere Detailänderungen folgten 1954/55. Das Dach wurde über die geteilte Frontscheibe gezogen, so daß im Dach-Vorderteil die Lufteintritte für die Belüftungsanlage eingebaut werden konnten. Ein breites, durchgehendes Armaturenbrett ersetzte den bisherigen Tachometerkasten. Der zunächst über dem Motor liegende Kraftstofftank wurde nun über der Hinterachse angebracht, so daß die Sicherheit erhöht und der Motorraum niedriger gehalten werden konnte. Dadurch konnte die Heckklappe größer gestaltet werden.

Nachdem die Produktion von Transportern, Kombi- und Pritschenwagen sowie Kleinbussen 150.000 Stück überschritten hatte, verlegte das Volkswagen-Werk die Nutzfahrzeugfertigung in ein neu aufgebautes Werk in Stockum bei Hannover. Mit einer Belegschaft von 5000 Personen konnten dort täglich 250 Fahrzeuge gebaut werden, von denen rund 20 Prozent auf die Busse entfielen.
1959 wurde der Motor mit einer verstärkten Kurbelwelle sowie mit schräghängenden Ventilen verbessert. Das Getriebe erhielt nun eine Vollsynchronisierung. 1960 ersetzten spitze, später flache Blinker die bisherigen Winker. Die Motorleistung wurde gleichzeitig auf 34 PS erhöht.
Ebenfalls in diesem Werk wurde das im Staatsbesitz befindliche Werk als Aktiengesellschaft teil- und später vollprivatisiert.
Ab 1963 konnte der Wagen auch mit der 42-PS-Maschine mit 1,5 Litern Hubraum geliefert werden. Anstelle der zweiflügeligen Klapptür konnte nun auch eine praktische Schiebetür gewählt werden. Die Heckklappe zog sich nun über die gesamte Fahrzeugbreite hin.
1965 erhielt der Kleinbus, im Volksmund auch »Samba-Bus« genannt, eine 44-PS-Maschine. 1967 wurde der ursprüngliche VW-Transporter und damit auch der Kleinbus vom Typ 2 nach über 400.000 Stück durch einen neuen Typ ersetzt. Das von Ingenieur Gustav Meyer überarbeitete Modell war in gleicher Antriebskonzeption mit dem Heckmotor entworfen worden. Ein einfacher, gekröpfter Profilrahmen trat anstelle des Leiterrahmens. Der aufwendige hintere Ritzelantrieb wurde aufgegeben. Äußeres Kennzeichen war die nun gewölbte Panoramascheibe. Auch die Vorderfront war leicht gewölbt. Anfänglich kamen breite Blinker im unteren Frontbereich, später im oberen Lüftungsgitter zum Einbau.
1970 wurde die 47-PS-Maschine mit 1,6 Litern Hubraum auf 50 PS angehoben. Scheibenbremsen und Bremskraftverstärker sowie stärkere Antriebswellen und Lochscheibenräder mit flachen Radkappen waren weitere Detailänderungen.
1971 wurde die Innenbelüftung des als »Clipper L« bezeichneten Modells verbessert. Die neue, flache 1,7-Liter-Maschine des VW-Pkw 411 E mit 66 PS Leistung, die das Kühlluftgebläse direkt auf der Kurbelwelle besaß, kam zum Einbau.
Ein Jahr später wurde die Aufprallsicherheit des Fahrzeugs durch Deformationselemente und eine Veränderung der Vorderfront erhöht. Das VW-Emblem wurde nun kleiner ausgeführt. Breite, kantige Stoßstangen ersetzten die bisherigen runden Stoßfänger. Weitere Neuerungen waren die Sicherheitslenksäule und der wahlweise Einbau eines Automatikgetriebes sowie eines 68-PS-Motors. 1975 wurde auch eine 70-PS-Maschine mit zwei Litern Hubraum angeboten.
Bis zur Ablösung dieser zweiten VW-Transporter-Baureihe im Jahre 1979 konnten über 300.000 Kleinbusse hergestellt werden, deren letzte silberfarbige Luxusausführung unter dem Namen »Silberfische« angeboten wurde.
Die ab Mitte 1979 schon parallellaufend gebaute 3. Generation, die ebenfalls von Gustav Meyer konstruiert worden war, besaß nun eine selbsttragende Karosserie mit einer Rahmen-Bodenanlage. Das bewährte Antriebskonzept wurde wiederum beibehalten. Die Hinterachse erhielt jedoch eine Schräglenker-Aufhängung. Die Vorderräder wurden an Doppel-Querlenkern geführt.
Eine kantige Form mit einer umlaufenden, breiten Sicke, eine schräg gestellte Frontscheibe sowie ein schmaler, über die Fahrzeugbreite gehender und die Scheinwerfer integrierender Kunststoffgrill mit einem verchromten VW-Emblem waren Merkmale dieses Typs. Das Reserverad liegt vor der Vorderachse in einer Wanne, um so als zusätzlicher Aufprallschutz zu dienen.
Die 1,6-Liter-Flachbaumaschine mit 50- und die Zweilitermaschine mit 70 PS standen zur Wahl. Ab 1981 konnten auch die 50-PS-Diesel- und die 57-PS-Turbolader-Dieselmaschine in Reihenbauweise aus der Golf-Baureihe eingesetzt werden. Die Dieselmotoren wurden aus Platzgründen schräggestellt eingebaut.
Mit dem Baujahr 1982 wurden nun anstelle der luftgekühlten Motoren wassergekühlte Vergaser-Boxermotoren mit 60, 70 und 78 PS eingebaut. Die Fahrzeuge hießen nun »Caravelle«, in der Luxusausführung »Carat«. Seit 1984 stand auch eine 90-PS-Maschine mit zwei Litern Hubraum zur Verfügung. Eine digitale Einspritzanlage ersetz-

te den Vergaser.
Von Mitte der achtziger Jahre bis 1992 wurden die Kleinbusse unter der Bezeichnung »4x4 synchro« mit Allradantrieb und Visco-Kupplung zwischen den beiden Antriebswellen angeboten. Die Fertigung erfolgte bei der österreichischen Firma Steyr-Daimler-Puch AG.
Leichte Designänderungen erhielten die Transporter und Kleinbusse im Jahre 1985. Auffallend waren dabei die Rechteckscheinwerfer.
Nachdem 1987 als stärkster Motor der Caravelle der 112-PS-Vierzylinder-Vergasermotor eingebaut wurde, folgte 1989 der 70 PS starke Turbodieselmotor aus dem Golf.
Im Sommer 1990 präsentierte das Volkswagen-Werk als Ablösung der 40 Jahre alten Heckantriebskonzeption die Modellreihe IV mit einem Frontantriebsblock. Das Kurzhaubenmodell mit der internen Bezeichnung T 4 wird wiederum in den Versionen Kasten-, Kombi-, Pritschenwagen und Kleinbus angeboten, eingebaut wurden ein Vier- oder Fünfzylinder-Wirbelkammer-Dieselmotor mit 61 und 78 PS oder ein Vier- und ein Fünfzylinder-Vergasermotor mit 84 und 110 PS. Ein Fünfgang-Schalt- oder ein Viergang-Automatikgetriebe übertragen das Drehmoment. Die Vorderräder waren an Doppelquer-, die Hinterräder an Schräglenkern aufgehängt. Den zwölfsitzigen Kleinbus gibt es mit zwei verschiedenen Radständen.
Das Unternehmen hatte 1975 den Bau der größeren LT-Typenreihe aufgenommen. Gegenüber dem VW-Transporter war diese Modellreihe von Anfang an in konventioneller Front-Motortechnik mit Hinterradantrieb gebaut. Die Vorderräder wurden an Doppel-Querlenkern geführt, die Hinterräder an einer Starrachse mit Blattfedern, motorisiert mit einem von Audi 100 übernommenen 75-PS-Vierzylinder-Vergaser- oder einem 65-PS-Vierzylinder-Wirbelkammer-Dieselmotor von Perkins.
Die im VW-Transportwerk in Hannover gefertigten Basisfahrzeuge erhielten ab 1979 einen eigenen Wirbelkammer-Dieselmotor mit 75 PS. Die Vergasermaschine wurde auf 90 PS gesteigert. Da beide Motoren mit nahezu gleicher Drehzahl arbeiteten, konnte nun das Einheitsgetriebe verwendet werden.
Das Ernst Auwärter-Werk in Steinenbronn stellte neben dem LT 35 »Panorama« auf der Basis des LT 45 auch den »Citybus« mit einer Mitteltür her. 1980 folgte eine elektrisch angetriebene »Citybus«-Version. Darüber hinaus wurde der Typ »Panorama« auch als Behinderten-Kleinbus mit einer breiten Doppelschwingtür versehen.
Auf der Basis des LT 50 folgten 1983 Kleinbusse mit 20 Sitz- und zehn Stehplätzen oder 16 Luxussitzen, die von den Firmen E. Auwärter und Kowex in Abstatt gefertigt wurden. Bei den Kowex-Modellen kam das verlängerte Fahrgestell zur Verwendung. Der Aufbau erhielt eine Exklusivbestuhlung, eine Bordtoilette und eine Klimaanlage. Eingesetzt wurde der 102-PS-Turbo-Diesel mit 2,4 Litern Hubraum. Schließlich erschien 1985 das Modell LT 45 »Brillant« mit Aufbauten der Firmen Koch in Mudersbach/Sieg und Kowex mit der 102-PS-Maschine.

30-PS-VW Kleinbus (Foto VW)

34-PS-VW Kleinbus (Foto VW)

42-PS-VW Kleinbus L

47-PS-VW Kombi (Foto VW)

57/112-PS-
VW Caravelle
(Foto VW)

78/110-PS-
VW T 4
(Foto VW)

VOMAG

Vogtländische Maschinenfabrik AG (VOMAG), vorm. J. C. und H. Dietrich, Plauen i. V., Cranachstr. 4

1. 1921 - 1932 Vogtländische Maschinenfabrik AG (VOMAG), vorm. J. C. und H. Dietrich
2. 1932 - 1938 VOMAG Betriebs AG
3. 1938 - 1944 VOMAG Maschinenfabrik AG
4. 1942 - 1944 VOMAG Vogtländische Maschinenfabrik AG

1881 wurde die Vogtländische Maschinenfabrik von den Brüdern Johann Conrad und Paul Hermann Dietrich gegründet; 1885 erfolgte die Umwandlung in eine Aktiengesellschaft unter der Abkürzung VOMAG. Textil- und Rotationsmaschinen bildeten die Haupterzeugnisse dieser Maschinenfabrik.
Im Jahre 1915 nahm das Unternehmen unter der Leitung von Direktor Carl Bauer auf Drängen der Kaiserlichen Heeresverwaltung den Militärlastwagenbau auf, nachdem schon zuvor der Motorenbau eingerichtet worden war. Technischer Leiter der Automobilabteilung wurde Oberingenieur und Direktor Peter Teigland.
Umfangreiche Fabrikneubauten für ein zweites Werk in dem benachbarten Plauener Leuchtsmühlenweg wurden in der Kriegszeit noch errichtet, um die Montagekapazität zu erhöhen. Eine eigene Stahlgießerei und ein eigener Getriebebau waren in dem auf 3400 Beschäftigte angewachsenen Betrieb vorhanden. Im Jahre 1919 schloß sich die Nutzfahrzeugabteilung der VOMAG, der damals größten Textil- und Druckmaschinenfabrik Europas, als Gesellschaftsfirma dem Verkaufskartell Deutscher Automobil-Konzern (DAK) GmbH in Leipzig an. 1926 wurde jedoch schon das mit wenig Erfolg arbeitende Kartell aufgelöst. 1932 mußte die VOMAG aufgrund der düsteren Wirtschaftslage den Konkurs anmelden. Durch eine Auffanggesellschaft gelang es, das Werk als VOMAG Betriebs AG wieder zu einem gesunden Unternehmen zu gestalten. Anzufügen ist hier, daß im Jahre 1932 ein »Sondermaschinenbau« auf dem VOMAG-Gelände eingerichtet wurde. Aufgrund der wirtschaftlichen Lage der VOMAG verzögerte sich die Produktionsaufnahme, so daß erst ab 1934 Spezialgeräte wie Bohrmaschinen und Mehrspindelautomaten gefertigt werden konnten, die auch im Bereich der deutschen Automobilindustrie eingesetzt wurden.
Die Montagekapazität der VOMAG lag in der Zwischenkriegszeit stets bei 85 bis 100 Fahrzeugen pro Jahr, die von 1200 Mitarbeitern gefertigt wurden.
Der Lastwagen- und Omnibus-Fahrgestellbau mußte um 1944 eingestellt werden, um Kapazitäten für den 1940 aufgenommenen Halbketten-Zugmaschinen- und den Panzerbau bereitstellen zu können. Das im Krieg schließlich schwer beschädigte Nutzfahrzeugwerk wurde 1945/46 als ehemaliger Rüstungsbetrieb vollständig demontiert und von der Sowjetischen Armee weitgehend gesprengt. Die Rotations- und Textilmaschinenfabrik wurde nach der Teildemontage in VEB PLAMAG (Plauener Maschienenfabrik AG) umbenannt und stellte wie eh und je als einst größter derartiger Betrieb in der ehemaligen DDR diese Maschinen her. Nach dem Ende der DDR-Herrschaft wurde die Plamag-Druckmaschinenfabrik AG von den Firmen MAN-Roland Druckmaschinen AG und Koenig & Bauer AG übernommen.
Ein Teil der VOMAG-Nutzfahrzeugingenieure war nach Kriegsende zu den Horch-Werken gegangen und entwickelte dort den ehemaligen FAMO-Wirbelkammerdieselmotor zum Standard-Vier- und Sechszylindertriebwerk der DDR-Motorenindustrie weiter. Ein anderer Teil der VOMAG-Ingenieure, darunter der Chefkonstrukteur, Oberingenieur Wilhelm Keilhack (1900 - 1971) ging nach einer kurzen Mitarbeit beim VEB Waggonbau Werdau, vorm. Schumann (VEB Kraftfahrzeugwerk »Ernst Grube«) zu den Südwerken (Krupp-Werke) und entwickelte dort als auffälligstes Modell die große, gewölbte Motorhaube und die neue Hinterachskonstruktion der Titan-Modelle.
Einzufügen ist hier noch, daß in einer verbliebenen Halle des Werkes II (ehemaliger Bereich »Sondermaschinenbau«) nach dem Krieg zunächst Großreparaturen an sowjetischen Militärfahrzeugen durchgeführt wurden. Danach diente kurze Zeit dieser ehemalige VOMAG-Betriebsteil als Werkzeugmaschinenfabrik »Vogtland« (Wema) wieder

dem Maschinenbaubereich, bis dieses Unternehmen dann auf einem neuen Gelände angesiedelt wurde. In jenem Produktionsbereich etablierte sich schließlich 1972 ein neues Großreparaturwerk unter dem Namen »Kraftfahrzeuginstandsetzungswerk (KIW) Vogtland, Plauen« (auch unter der Firmierung VEB Kraftfahrzeuginstandhaltung Plauen), das im Jahre 1990 unter der Bezeichnung »Vogtland Automobile« einen Vertrag zur Komplettierung von angelieferten Neoplan-Omnibus-Gerippen der Stuttgarter Firma G. Auwärter erhielt. Seit 1991 ist das renovierte und erweiterte ehemalige VOMAG-Teil-Nutzfahrzeugwerk als Neoplan Omnibus GmbH, Plauen, ein Zweigbetrieb des Neoplan-Unternehmens.
Erste VOMAG-Omnibusse wurden 1918 auf dem 2,5-Tonnen-Fahrgestell des Kardan-Typs P 20 f mit eigenen sowie mit Trutz- und Kühlstein-Karosserien angeboten. Eine 35-PS-Maschine trieb die Fahrzeuge an.
Auf dem Fahrgestell des P 30 z erschien 1921 ein Doppeldeckeromnibus für die ABOAG in Berlin. 50 Fahrgäste konnten in dem unteren Teil und auf dem offenen Dachbereich befördert werden. Der 40/45-PS-Motor trieb dieses Fahrzeug an.
1924 folgte der aufsehenerregende, dreiachsige Überlandomnibus C 3 A. Das Modell besaß in der Fahrzeugmitte die zweite Achse, die von dem 60/80-PS-Vierzylindermotor mit hängenden Ventilen angetrieben wurde. Auch 45/55-PS- und 60-PS-Maschinen wurden für diesen Typ verwendet. Die letzte Achse wurde durch eine Lenkungskinematik von der vorderen Achse mitgesteuert. Die Fahrerkabine befand sich rechts neben dem Motor, so daß der Fahrzeugraum bestens für 75 Fahrgäste ausgenutzt werden konnte. Das Modell besaß eine Elastikbereifung für eine Höchstgeschwindigkeit von 30 km/h oder eine Luftbereifung für 45 km/h.
1925 präsentierte die VOMAG ein breites Omnibusprogramm. Bei dem Frontlenkertyp O II »Leipzig« war die Fahrerkabine wiederum rechts neben dem Motor angebracht. Eine 50/65-PS- oder eine 55/70-PS-Maschine kam in diesen 3,5-Tonnen-Stadtverkehrsomnibus mit Elastikreifen oder Überlandomnibus mit Luftreifen, der Trutz- oder Schumann-Karosserien erhielt.
Auch als Oberdeck-Omnibus wurde dieses Modell unter den Bezeichnungen »Imperial«, »Buenos-Aires«, »Leipzig«, »Riesa«, »Berlin«, »Amsterdam« und »Paris« gefertigt. Im vorderen Bereich der Perrons befand sich der Zugang zum Innenraum, dahinter die »Imperialtreppe« direkt vom Auftritt zum Oberdeck. Die Zwickauer Fahrzeugfabrik vorm. Schumann AG fertigte die Aufbauten für diese Typen, die vor allem in den Export gingen. Anzufügen ist hier, daß sich die Typenbezeichnungen gewöhnlich auf die Niederlassungsorte der Besteller bezogen.
Mit einem Motorvorbau folgte der Niederrahmen-Typ »Altenburg« in konventioneller Bauweise mit 30 Sitz- und 15 Stehplätzen für den Überlandverkehr. Auch hier konnte die 50/65- oder die 55/70-PS-Maschine eingesetzt werden.
Ein Einzelexemplar blieb innerhalb dieser Baureihe Niederrahmen-Modelle mit sechs seitlichen Türen für jede Sitzreihe, das dem MAN-Studienmodell der Fageol Savety Coach von 1926 ähnlich war. Die letzte Tür gab den Zugang für eine Sitzbank oder für ein Gepäckabteil frei. Den Aufbau erstellten auch hier die Trutz-Werke in Coburg.
Als weitere Überlandomnibusse in Haubenbauweise kamen die Typen O I A, O II A und O III A mit Karosserien der Kühlstein-Werke und der Sächsischen Waggonfabrik AG in Werdau hinzu, wobei das Hartholzgerippe mit Blech beplankt war. Ein abnehmbarer Winteraufbau gehörte zur Fahrzeugausstattung. Auch die hier verwendeten 45/60-, 60- und 55/65-PS-Motoren besaßen hängende Ventile. Ein Einzelstück blieb dabei der 60 PS starke Schienenbus unter der Bezeichnung O II »Montevideo«, der von 1927 bis 1962 auf der Strecke der Gera-Meuselwitz-Wuizer-Eisenbahn AG Dienst tat. 38 Sitzplätze waren in dem 35 km/h schnellen Fahrzeug vorhanden.
Schließlich rundete ein Hauben-Dreiachser vom Typ 3 A C »Riesa« mit dem großvolumigen 60/70-PS-Motor mit 41 Sitz- und 11 Stehplätzen das Programm in der Mitte der zwanziger Jahre ab. Die zweite Hinterachse war wiederum als lenkbare Schleppachse ausgebildet. Auch eine 44-sitzige Version mit dem 45/55-PS-Motor wurde angeboten.
Mit dem 120-PS-Maybach-Motor vom Typ OS 5/6 stellte die VOMAG 1926 und 1927 einzelne Modelle eines weiteren dreiachsigen Überlandverkehrs-Omnibusses für 32 Fahrgäste her. Bei diesen Dreiachser mit einem Doppel-Achsantrieb wurde die Kraft

von einem zentralen Wellenstrang über ein vor der ersten Hinterachse schräg liegendes Stirnradgetriebe auf ein nach links versetztes Differential der ersten Hinterachse geleitet. Über gleiches, nach rechts versetztes System hinter der letzten Achse wurde diese angetrieben. Eine hintere Vierradbremse war hier erstmals zusätzlich zur Getriebebremse eingebaut.
1927 versah das Unternehmen einen 100 Personen fassenden Großomnibus mit einem 80-PS-Vierzylinder-Dieselmotor, der nach dem Vorkammerprinzip mit einem Verdampfereinsatz arbeitete und von Oberingenieur Steinecke nach Vorgaben der Firma Oberhänsli u. Cie. in Bregenz/Österreich konstruiert worden war.
Der Werdauer Aufbau war hier erstmals in Ringspanten-Stahlausführung nach Arquint-Patenten mit einer freitragenden Wagendecke konstruiert, so daß der Aufbau angeblich nur 2,3 Tonnen wog. Eine Gewichtseinsparung gegenüber dem traditionellen Holzaufbau von 25 Prozent konnte erzielt werden. Wahlweise stand hier auch ein 100-PS-Vergasermotor mit sechs Zylindern oder der auf 100 PS ausgelegte Maybach-Motor zur Verfügung. Die eigene Maschine besaß hier stehende Ventile, um die Verzunderung der Auslaßventile gering zu halten.
Beachtliche Stückzahlen der zwei- und dreiachsigen VOMAG-Omnibusse gingen zu dieser Zeit mit Einheitsaufbauten an die Reichspost und an die KVG Sachsen.
Als weiterer Großomnibus wurde 1928 ein Modell mit den neuen 130-PS-Sechszylinder-Vergaser- oder Dieselmotoren vorgestellt. Die von dem nur kurze Zeit bei dem VOMAG-Werk tätigen Dipl.-Ing. Paul Erwin Aders konstruierte Vergasermaschine konnte durch einen besonderen Zylinderkopf und einer Einspritzpumpe auf den Rohölbetrieb umgestellt werden. Ein Stirnradvorgelege war hier zur besseren Hinterachsadhäsion eingebaut. Anzufügen ist hier noch, daß der Chefkonstrukteur, Dipl.-Ing. Paul Erwin Aders zuvor bei der Mannesmann-MULAG AG (Scheibler) und bei der MAN gearbeitet hatte, aber schon 1929 zur Daimler-Benz AG ging.
Unter den Bezeichnungen OV 57, OM 57 und OV 59 erschienen Modelle mit 75- und 105-PS-VOMAG-Motoren sowie mit dem schnellaufenden 100-PS-Maybach-Motor, wobei das »V« für VOMAG, das »M« für Maybach stand. Die nachfolgende Zahl gab den Radstand in Dezimetern an.
Weitere Großomnibusse für 100 Personen folgten 1929. 80-, 100- und 130-PS-Vergasermaschinen wurden hier eingesetzt. Aufgrund der großen Maschinen wurde die Motorhaube besonders lang ausgebildet.
Ein wiederum außergewöhnliches Modell wurde der 1929 präsentierte VOMAG-Schnellomnibus mit einem Voran-Vorderradantrieb und einer Werdauer Karosserie. Das Vorderteil mit dem 100-PS-Motor und dem ZF-Dreiganggetriebe mit einem zusätzlichen Schnellgang sowie mit dem Fahrerhaus ließ sich auf die unteren Längsträger des separaten Fahrgastraumes aufschieben bzw. davon trennen. Bolzen sicherten die Verbindung. Beide Fahrzeugteile konnten auf Stützrollen abgestellt werden. Eine Lederwulstverbindung hielt die Erschütterungen des Vorderradantriebsaggregats vom Fahrgastraum mit seiner Schleppachse fern. Gleichzeitig konnte durch diese nach den Patenten von Oberingenieur Richard Bussien, der ebenfalls für die Nationale Automobil AG (NAG) arbeitete, entwickelte Konstruktion der Fahrgastboden niedrig gehalten werden. Eine leichte Austauschbarkeit der Antriebsteile war darüber hinaus möglich, sofern mehrere Kombinationsfahrzeuge dieses Typs vorhanden waren. Allerdings nur die KVG Sachsen erwarb bis 1931 zwei, nach anderen Angaben weitere Prototypen, die 72 km/h erreichen konnten und eine Kapazität von 32 Sitz- und 8 Stehplätzen aufwiesen. Zum Mißerfolg dieses Fahrzeugs trug die äußerst anstrengende Lenkarbeit durch das extrem hohe Gewicht auf der Vorderachse sowie der Vorderradantrieb bei, zumal noch keine Lenkhilfe zur Verfügung stand. Nachdem ein Fahrzeug in einer Kurve an einer Mauer verunglückt war, wurde der weitere Einsatz des VOMAG-Voran-Typs eingestellt.
Auch Versuche mit fünfachsigen Großomnibussen in Sattelschlepperbauart mit 100-PS-Zugmaschinen wurden in dieser Zeit durchgeführt.
Dreiachser mit 60 Sitzplätzen erschienen 1930 als Typen DO 57 mit anfänglich 120- und schließlich mit 130-PS-Motoren. Das ZF-Getriebe war wiederum mit einem Schnellgang versehen. Hinzu kam der Stadtomnibus OV 57/6 EH mit einem Mittelein-

stieg, wobei hier eine 115-PS-Maschine verwendet wurde.
Für Langstreckenfahrten stellte das Unternehmen 1931 mit Wumag-Karosserien Reiseomnibusse mit einer Küche, einer Toilette und einem Waschraum sowie mit einer luxuriösen Korbsesselbestuhlung her. Die in Niederrahmen-Bauweise ausgeführten Modelle besaßen Knorr-Luftdruckbremsen an allen Rädern.
Ebenfalls im Jahre 1931 wurde ein dreiachsiger Frontlenkeromnibus mit 33 Sitzplätzen vorgeführt, der einen LHB-Aufbau erhalten hatte.
Nach der Krisenphase des Unternehmens kamen nun erst 1934/35 neue Modelle unter den Bezeichnungen 5 NO 54 und 4 OR 657 zur Ausführung. Ausnahmslos wurden jetzt Sechszylinder-Dieselmotoren mit 88 und 100 PS verwendet, die nach dem Wirbelkammerverfahren arbeiteten und auch in verschiedene Schienenfahrzeuge eingesetzt wurden.
Wie auch bei den anderen großen Fahrzeugherstellern entwarfen die VOMAG-Ingenieure zur Berliner IAMA von 1936 ein verkleinertes Modell eines vierachsigen Omnibusfahrgestells mit zwei vorderen und zwei hinteren Achsen. Ein 350 PS starker Zwölfzylinder-Boxermotor, der aus einem 180-PS-Unterflur-Schienenbusmotor entwickelt werden sollte, war für den Antrieb der beiden Hinterachsen vorgesehen. Die vier einzelbereiften Hinterräder waren an sogenannten Schwingbalken aufgehängt. Ein halbautomatisches, druckluftunterstütztes Mylius-Vierganggetriebe aus der Schienenbustechnik sollte vor dem Triebwerk zwischen den hinteren Differentialen mit einem zentralen Wellenstrang zum Einsatz kommen. Weitere Details waren die beiden 400 Liter Kraftstoff fassenden Tanks, die eingebaute Wagenheberanlage sowie die aufwendige Bremseinrichtung. Unter der Bezeichnung »VOMAG Kontinent-Expreß« wurde das Modell ohne Karosserieaufbau vorgeführt, das in Wirklichkeit eine Länge von 16 Metern haben sollte. Stromlinienaufbauten mit Unterverkleidungen entwarf die Karosseriefabrik Luchterhand & Freitag. Die Fernreisekarosserie für den Reichsautobahndienst sollte 50 bequeme Sitzplätze und entsprechende Serviceeinrichtungen aufnehmen. Darüber hinaus war geplant, einen Spezialaufbau für den Transport von 10-Tonnen-Nutzlast zu bauen, um den Wagen zur »Beförderung von empfindlichem Lastgut im Transit als Güterschnelltransport-Fahrzeug« einzusetzen. Die Höchstgeschwindigkeit des nach aerodynamischen Grundsätzen konstruierten Mammut-Fahrzeugs sollte 120 km/h betragen; die Reisegeschwindigkeit wurde mit 100 km/h angegeben.
1937 präsentierte das Werk unter dem neuen Chefkonstrukteur, Oberingenieur Wilhelm Keilhack, den 43-sitzigen Typ 7 OR 660 mit dem 14,3-Liter-Motor der Baureihe 6 R 3080, der hier 135 PS erzeugte. Auch als Frontlenker wurde dieses Modell angeblich gefertigt. 1938 folgten weitere 43-sitzige Omnibusse mit dem 110 PS leistenden Motor der Baureihe 6 R 1060. Für Kunden, die einen Vergasermotor bevorzugten, bot das VOMAG-Werk diesen Typ mit dem kleinvolumigen, ebenfalls 110 PS leistenden Maybach-Motor vom Typ Dsh 90 an. Das Großmodell 7 OR 660 erhielt in diesem Jahr die auf 150 PS gesteigerte 14,3-Liter-Maschine. Eine Karosserie im Einheitsstil der Reichspost, die von der Firma Busch hergestellt wurde, kam zur Verwendung. 62 Fahrgäste konnten in diesem in größeren Stückzahlen gebauten Modell befördert werden.
Mit Gaubschat-Karosserien und dem inzwischen auf 160 PS angehobenen 14,3-Liter-Triebwerk erschienen 1939 Omnibusse für den Anhängerbetrieb. Ein Zieharmonika-Übergang wurde hier eingebaut. Die Deutsche Reichspost übernahm diese Modelle für ihre Autobahnstrecken. Hinzu kamen Stromlinienomnibusse vom Typ 5 OR 658 mit wiederum 160-PS-Motoren und Karosserien der Fahrzeugwerke Recklinghausen.
1939 baute das Unternehmen auf Wunsch der KVG Sachsen eine Serie von 18 Großomnibussen, die als Typ 5 OM 1258 auf den Bergstrecken der KVG Sachsen eingesetzt wurden. Der 300-PS-V-Zwölfzylinder-Vergasermotor HL 120 TUKO der Maybach Motorenbau GmbH, der eigentlich als Panzerantrieb konstruiert worden war, und das Panzer-Vorwählgetriebe Variorex kamen zum Einbau. Die 140 km/h schnellen Omnibusse erhielten zusätzliche, entsprechend dimensionierte Stahlscheiben an den Vorderrädern, um das Fahrzeug beim Platzen eines Reifens in der Spur zu halten. Die Karosserien hierzu erstellte die Wumag. Anzufügen ist noch, daß in einem Einzelexemplar ein 21 Meter langer Zug mit Gaubschat-Karosserien für die Reichsbahn aufgebaut wurde. Schließlich sind noch 35- und 26-sitzige Omnibusse der Typenreihen

3 OHG, 4,5 OHG 448 und 4,5 OHG 444 mit integrierten Holzgasmotoren mit 75 und 100 PS zu erwähnen. Zur Vereinheitlichung der Nutzfahrzeugfertigung erhielt das Modell 4,5 OHG 448 ein Lastwagenfahrgestell. Der Aufbau dieser Generator-Fahrzeuge war wie bei den Ford-Modellen nach Patenten von Prof. Dr. Josef Deiters in selbsttragender »Integral-Leichtstabil-Bauweise« ausgeführt. Das Traggerippe bestand aus verschweißten, dünnwandigen Stahlblechkastenträgern. Die Verkleidung war aus formbaren, mit Kunstharz verleimten Sperrholzplatten der Marke Delignit (Blomberger Holzindustrie B. Hausmann) hergestellt. Die Waggonfabrik Gebr. Credé u. Co in Kassel und die Hermann Harmening KG in Bückeberg sollten im Rahmen eines Regierungsprogramms auf Anordnung des Generalbevollmächtigten für das Kraftfahrwesen, Generalmajor Adolf von Schell, in 500 Exemplaren die Verkleidung und die Inneneinrichtungen dieser 8,5 Tommen schweren Fahrzeuge herstellen. Interessant ist noch, daß das Unternehmen auf dreiachsigen Nierderrahmen-Fahrgestellen mit den Mayabach-Panzermotoren einige schwere Flak-Fahrzeuge fertigte. Die Firma Steinhäuser und Söhne in München übernahm nach dem Krieg noch eine zeitlang die Ersatzteilversorgung der in den Westzonen verbliebenen VOMAG-Fahrzeuge. Nach VOMAG-Motorenzeichnungen stellte Anfang der fünfziger Jahre der VEB Motorenwerk Johannisthal in Berlin-Johannisthal 135- und 180-PS-Motoren her, die in der 135-PS-Version Verwendung in Omnibussen des VEB Waggonbau Bautzen fanden.

40-PS-
VOMAG P 20 f

40/45-PS-
VOMAG P 30 z
Oberdecker
(Foto Hesse)

60/80-PS-
VOMAG C 3 A

50/65-PS-
VOMAG
Typ Leipzig

60-PS-
VOMAG O II A

60-PS-VOMAG
Typ Buenos Aires
»Imperial«

55-PS-
VOMAG O II

60-PS-VOMAG
O II Schienenbus

60/70-PS-
VOMAG 3 A C

55/70-PS-
VOMAG O IIa
Fageol-Typ

50/55-PS-
VOMAG
Typ Montevideo

75-PS-VOMAG
OV 57

100-PS-
VOMAG OM 57

110-PS-
VOMAG
6 OV 57

100-PS-
VOMAG Voran

88-PS-
VOMAG
4 OR 652

350-PS-VOMAG
Kontinent-Expreß
(Modell)

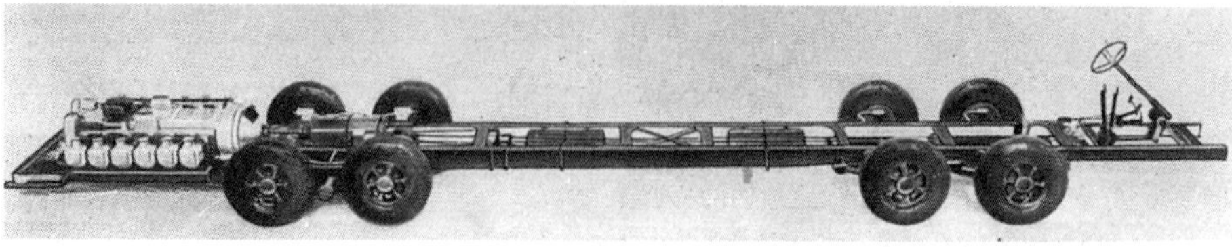

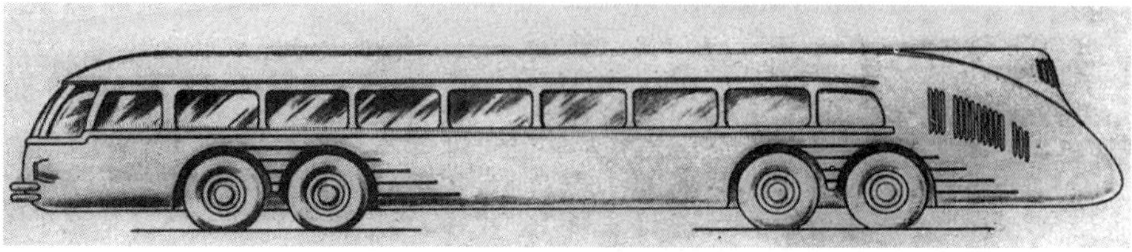

150-PS-VOMAG
7 OR 660
(Foto
Verkehrsmuseum
Nürnberg)

150-PS-VOMAG
5 OR 658
Autobahntyp

160-PS-
VOMAG
6 DR 652

300-PS-
VOMAG
5 OM 1258
(Foto Hesse)

160-PS-VOMAG
5 OR 658
Gaubschat-Zug

75-PS-VOMAG
3 OHG mit
Generator

100-PS-VOMAG
4,5 OHG 460
mit Generator

Waggon Union

Waggon Union GmbH, Berlin 27, Miraustr. 30
1. 1973 - 1990 Thyssen-Waggon Union
2. 1990 - 1991 Waggon Union GmbH
3. 1991 - heute ABB HENSCHEL Waggon Union GmbH

Ursprung der Waggon Union ist das Werk Deutsche Waffen- und Munitionsfabriken AG (DWM) in Berlin-Charlottenburg, das nach dem Zweiten Weltkrieg in Deutsche Waggon- und Maschinenfabrik GmbH (DWM), Berlin-Borsigwalde, umbezeichnet wurde. Das zu den Industrie-Werke Karlsruhe (IWK) gehörende Unternehmen wurde 1971 mit der zur Rheinstahl Transporttechnik, Kassel, gehörenden Siegener Eisenbahnbedarf AG (SEAG) in Siegen zur Waggon Union GmbH zusammengeschlossen. 1974 ging das Unternehmen an den Stahl-Konzern August Thyssen Hütte (ATH) über, es wurde nun unter dem Namen Thyssen-Waggon Union geführt. Schließlich gab die inzwischen gebildete Thyssen Industrie AG das Waggonbauunternehmen an die vom schwedi-

schen ASEA-Konzern geführte ABB-HENSCHEL AG ab, so daß nun der Name ABB-HENSCHEL Waggon Union GmbH geführt wird.
Das Berliner Werk stellte beziehungsweise stellt Güter- und Personenwagen sowie U- und S-Bahn-Züge her. Ein Exkurs in die Pkw-Fertigung war von 1960 bis 1963 die Herstellung des Schwimmwagens »Amphicar«.
Seit 1973 stellt das Unternehmen Doppeldecker-Fahrzeuge für die Berliner BVG und die Lübeck-Travemünder Verkehrs AG her, wobei eine enge Zusammenarbeit mit dem MAN-Werk besteht. Die Bodengruppe, der 192-PS-Unterflurdieselmotor, das Getriebe, die Lenkung und das Bremssystem der ersten Baureihe SD 200 F wurden dem MAN-VÖV I-Bus entnommen; allerdings wurde hier die herumgewölbte StÜLB-Frontscheibe eingesetzt. Eine Jahreskapazität von bis zu 100 Fahrzeugen wurde für diese Doppeldecker-Fertigung aufgebaut.
Nachdem die MAN einen Auftrag auf 600 Doppeldecker für den Irak hereingeholt hatte, baute die Thyssen-Waggon Union diese Fahrzeuge auf. Die speziell für den irakischen Einsatz ausgelegten Modelle vom Typ S 200 besaßen eine Länge von elf, eine Breite von 2,5 und eine Höhe von 4,5 Metern. Die auf 220 PS ausgelegte 11,4-Liter-Maschine der D 25-Baureihe trieb die mit 43 unteren und 53 oberen Sitzen versehenen Zweiachser an. Im Sommer des Jahres 1981 konnte das erste Los ausgeliefert werden. Die Modelle wurden mit finnischen Roll-on-Roll-off-Fähren von Hamburg nach Akaba / Jordanien verschifft. Im Konvoi durchquerten sie die 1300 km lange Strecke nach Bagdad. Die weiteren Aufträge wurden jedoch - eine Folge des iranisch-irakischen Krieges - storniert.
Ebenfalls 1981 stellte das Unternehmen den mit der MAN entwickelten Prototyp des D 80-Doppeldeckers vor, dem 1983 weitere zwei Vormodelle folgten. Das weitgehend dem VÖV II-Standardbus angenäherte Fahrzeug besitzt einen tiefer abgesenkten Fußboden in 40 cm Höhe, wobei die auf 204 PS ausgelegte, geräuschgekapselte D 25-Unterflurmaschine installiert ist. Die Gesamthöhe beträgt wieder mit einer Ausnahmegenehmigung 4,06 Meter, um die Stehhöhen in den beiden Decks günstig zu halten. Auffallend sind die Lichtbänder in den Fahrgasträumen, die ANNAX-Lichtbandanzeige zwischen den beiden Frontscheiben, die abknickende Brüstung in der zweiten Etage sowie die bis in die Unterseite verglasten Doppeltüren. 81 Sitz- und neun Stehplätze sind in dem ab 1986 in Serie gebauten und als Typ SD 202 bezeichneten Doppeldecker vorhanden. Die Modelle erhalten dem BVG-Bezeichnungsschema entsprechend ein »D« und die beiden Endziffern des betreffenden Baujahres.
Nach dem Konkurs des Gaubschat-Werkes und dem Ausscheiden der Orenstein & Koppel AG aus der Omnibusaufbauten-Produktion ist die ABB HENSCHEL Waggon Union nun einziger Hersteller der Berliner Doppeldecker.

192-PS-MAN-
ssing/Waggon
Union SD 200
Prototyp
(Foto BVG)

192-PS-
MAN/Waggon
Union SD 200
(MAN-Werkfot

204-PS-
MAN/Waggon
Union SD 202
(Foto BVG)

220-PS-
MAN/Waggon
Union SD 200
(Bagdad-Typ)

Wegmann

Waggonfabrik Wegmann u. Co. KG, Kassel, Ochshäuserstr. 45
1951

Auf Anregung eines Verwandten beziehungsweise Nachfahren des westfälischen Eisenbahn-Vordenkers Friedrich Wilhelm Harkort erfolgte 1882 durch Kommerzienrat Peter Wegmann und Friedrich Harkort die Gründung der »Casseler Waggonfabriken von Wegmann, Harkort & Co« in der Henschel-Stadt Kassel. 1886 wurde das Unternehmen in Wegmann & Co. umbenannt und 1912 übernahm, nach dem Tode Peter Wegmanns, der Ingenieur August Bode die Gesellschaft.
Nach Beginn der zwanziger Jahre gliederte sich Wegmann & Co. eine »Abteilung Auto-Karosserien und Lastwagen-Anhänger« an. Gegen Ende der zwanziger Jahre produzierte das Haus für kurze Zeit einige leichte Lieferwagen. Aus dem Autokarosseriebau entwickelte sich bei Wegmann die Herstellung von Omnibusaufbauten.
1935 trat die Kasseler Waggonfabrik durch den Bau einer in sich geschlossenen vierteiligen Stromlinien-Schnellzug-Einheit hervor, mit dazu passender stromlinienförmig verkleideter Schnellzugtenderlok von Henschel & Sohn. Dieser Hochgeschwindigkeits-Fernschnellzug (später mit einem fünften Wagen) wurde rasch als »Henschel-Wegmann-Zug« bekannt. Zur gleichen Zeit, 1935 und 1936 karossierte Wegmann & Co. drei Henschel-Frontlenkerfahrgestelle mit Henschel-Dampfantriebsanlagen nach System der US-Brüder Doble. Alle drei Busse hatten je eine Dampfkesselanlage, die mit Schweröl befeuert wurde.
Die 120 PS leistende Einzylinder-Dampfmaschine wirkte vom Heck aus auf die Hinterachse. Der Kondensator befand sich wie ein Kühler in der »schnauzenlosen« Omnibus-Frontpartie. Diese Henschel-Wegmann-Dampfbusse wurden nach Kassel (für 45 Personen), Bielefelds und an die Bremer Vorortbahnen geliefert. Die Dampfkesselanlage des Busses für die Kasseler Omnibus-Gesellschaft hatten die Wegmann-Ingenieure heckseitig mit einer Art großem Gepäckkofferraum verkleidet, während sie bei den zwei anderen Straßendampfern bis oben hin die gerundeten Karosserien miteinbezogen wurde.
Hinzukamen in jener Zeit noch Leichtstahl-Stabilaufbauten auf Henschel & Sohn-Fahrgestellfragmenten mit (Imbert- oder Henschel-Finkbeiner-) Holzgasanlagen. Die annähernd selbsttragende Bauweise fertigte Wegmann in Zusammenarbeit mit Prof. Dr. Josef Deiters (1893 - 1940). Er brachte die Generatorgasanlage im gerippeartigen beziehungsweise schalenbauweise-ähnlichen, mittragenden Wagenkästen ziemlich weit hinter der Hinterachse unter. Ein weiteres Merkmal dieser Bauweise waren der weit vor der Vorderachse installierte Motor und seine Haube. Die Vorderräder befanden sich praktisch unter dem Fahrersitz beziehungsweise im Karosserievorderteil. Dr. Deiters hatte mit den vorn und hinten überhängenden gewichtigen Antriebskomponenten einen gewissen Spannungsausgleich für den leicht gehaltenen und trotzdem stabilen Aufbau geschaffen. Zumindest einen dieser Busse erhielt der Städtische Kraftwagenbetrieb Göttingen.
Bis zu einem gewissen Grade lassen sich sowohl Wegmann & Co. in Kassel als auch die Waggonfabrik Gebr. Credé & Co. in Niederzwehren bei Kassel, zumindest bis 1945, als Hauskarosseriers von Henschel & Sohn apostrophieren. Henschel bot 1935 bis 1940 dreiachsige Omnibus-Niederrahmenfahrgestelle mit außerordentlich laufruhigen 160 bis 175 PS leistenden Reihen-Achtzylindermotoren an. Einige dieser bemerkenswerten »36 W 3 N«-Chassis hat Wegmann (und auch Credé) mit ansehnlichen, bis zu 65 Personen fassenden Linien- und Reisebusaufbauten ausgestattet. - Ihre imposanten Motorhauben üben heute noch (selbst auf Fotos) einen besonderen Reiz aus.
Anfang 1945 war das Wegmann-Werk zu 85 Prozent zerstört. Sofort nach Kriegsende begann August Bode mit dem Wiederaufbau. Eine Neuentwicklung konnte man auf der ersten Nachkriegs-IAA 1951 in Frankfurt a. Main präsentieren: den »Akkumulatoren-Omnibus, Bauart Wegmann«. Es war ein Elektrobus neuen Stils mit 26/39 kW leistendem Still-Gleichstrommotor und AFA-Triebwagenbatterien (80 Zellen) in einem mitgeführten Einachsanhänger. Bussien und Professor Buschmann schrieben damals:

»Dient als geräusch- und geruchloses Personenbeförderungsmittel im Linienverkehr vorzugsweise in Badeorten oder als Zubringerfahrzeug.« Der lediglich 9,1 Meter lange Elektrobus faßte 55 Personen (30 Sitz- und 20 Stehplätze). Wegmann hatte für ihn ein verkürztes Krauß-Maffei-Obusfahrgestell KME 130/131 ausgewählt, das sehr wahrscheinlich über eine Henschel-Obus-Antriebsachse verfügte. Die auswechselbaren Batterien reichten für 80 Kilometer Fahrstrecke. Sie gaben ihre Energie über ein vieradriges Kabel an die E-Antriebsanlage des Busses ab. In der Ebene erreichte der insgesamt 12,9 Meter lange Zug 45 km/h. Er soll eine ganze Zeitlang in Bad Pymont im Einsatz gewesen sein.
Im Zeitraum 1949 bis 1955 rüstete Wegmann eine Anzahl Henschel-Obusfahrgestelle mit Aufbauten für Fassungsvermögen bis 80 Personen aus. Auch Büssing-Frontlenker- und Unterflurdieselbusse erhielten noch Wegmann-Karosserien.
Das im Bau von Waggons sowie auch Panzertürmen und Raketenwerfern erfahrene Unternehmen blieb dem Omnibus- und Straßenbahnwagenbau mit der Fertigung von Wegmann-Falttüren, Außen- und Innen-Schwingtüren und von Transporter-Schiebetüren weiterhin verbunden. Letztgenannter Geschäftsbereich (Werk II innerhalb der Wegmann-Gruppierung verselbständigt) firmiert seit 1968 als Gebrüder Bode GmbH.

19/25-kW-Wegmann Akkumulatoren-Bus

Wismar

Triebwagen- und Waggonfabrik Wismar AG, Wismar
1933 - 1934 und 1941

Die Tochtergesellschaft der Eisenbahn-Verkehrsmittel AG (EVA) fertigte in den Fabrikanlagen der ehemaligen Podeus-Werke in Wismar Holzgasomnibusse nach Patenten von Prof. Dr. Josef Deiters. Die Anregung dazu wurde vom Reichsstatthalter in Mecklenburg gegeben, um »einen Holzgasomnibus für Versuchszwecke mit einer Imbertanlage als Leichtomnibus ohne Fahrgestell« zu erproben.
Zunächst wurde ein selbsttragendes, kastenförmiges Modell mit einem im Heck integrierten Generator und einem Dachbehälter für das »Tankholz« entwickelt. Der Wagenkörper war vollkommen elektrisch aus rostfreien Stahlprofilen geschweißt. Ein Sechszylinder-Henschel-Motor, der beim Benzinbetrieb 100 PS abgab, kam mit einer erhöhten Verdichtung zum Einbau und leistete mit der Generatoranlage 80 bis 85 PS. Dieses Modell erreichte eine Höchstgeschwindigkeit von 65 km/h.
Die Rostocker Straßenbahn AG erwarb dieses Einzelstück mit zunächst 43, später 32 Sitzplätzen.

Wenig später rüstete die Straßenbahngesellschaft in Rostock vier ältere Büssing-Omnibusse auf den Generatorbetrieb um und erwarb weitere zehn Wismarer Deiters-Omnibusse mit nun 120-PS-Henschel-Holzgasmotoren, die ursprünglich 145 PS leisteten. Gegenüber dem ersten Holzgas-Modell wurde dieser stärkere Motor gewählt, um bei dem unvermeidlichen 25-prozentigen Leistungsverlust trotz Erhöhung der Verdichtung noch ein ausreichendes Drehmoment für den Holzgasmotor zu erzielen. Diese Ausführung besaß ein Fassungsvermögen von 32 Sitz- und 20 Stehplätzen.
Im Jahre 1941 lieferte die Waggonfabrik schließlich noch drei Klein-Obusse in selbsttragender Bauweise an den Verkehrsbetrieb in Primasens mit Büssing-Achsen und Lenkungen sowie 64-kW-Motoren von AEG und BBC. Die abweichend von den Normgrößen gebauten Fahrzeuge wiesen 20 Sitz- und 20 Stehplätze auf.
Prof. Dr. Josef Deiters, der auch Omnibuskonstruktionen für Credé, Ford, Stille und VOMAG entworfen hatte, wurde 1939 vom Generalbevollmächtigten für das Kraftfahrwesen, Oberst von Schell, in den Generatorstab berufen und entwarf dort auch Zugmaschinen, Traktoren und Lastwagen für den Holzgasbetrieb. Er starb 1940 jedoch unerwartet in Berlin an einer Lungenentzündung.

80/85-PS-EVA-Generator-mnibus Bauart Dr. Deiters

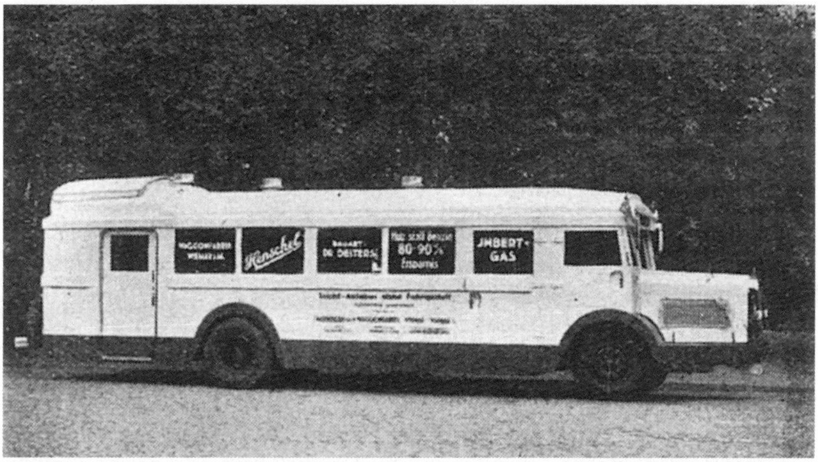

120-PS-EVA-Generator-mnibus Bauart Dr. Deiters

64-kW-EVA Obus to Stadtwerke Pirmasens)

Wöhlert

F. Wöhlert'sche Maschinenbau-Anstalt und Eisengießerei-Actien-Gesellschaft, Berlin, Chauseestr.
1879

Einen Dampfomnibus nach einer Lizenz des französischen Dampffahrzeug-Konstrukteurs Amadée Bollée stellte die Wöhlert'sche Fabrik her; über die technischen Daten ist nichts überliefert worden. Nachdem das Fahrzeug das Straßenpflaster erheblich beschädigt hatte, mußte der weitere Betrieb eingestellt werden. Dieser Omnibus gilt als erstes deutsches Motorfahrzeug für Transportzwecke.

Wumag

WUMAG, Waggon- und Maschinenfabrik AG, Görlitz, Brunnenstr. 11
1926

Das seit 1851 im Waggonbau tätige Unternehmen stellte 1926 einen von Joseph Vollmer und seiner Deutschen-Automobil-Construktions GmbH entworfenen Omnibus vom Typ ZC vor, der parallel zu dem van der Zypen und Charlier-Modell konstruiert wurde. 40 Sitzplätze waren in dem mit einem 55-PS-BMW-Lastwagenmotor (»Bayern-Motor«) ausgeführten Modell vorhanden. Ein Serienbau wurde offenbar nicht aufgenommen. Den gleichen Motortyp installierte die WUMAG zwischen 1926 und Ende der zwanziger Jahre in ihre spezielle Sattelzugmaschine für 5 bis 15 Tonnen tragenden Oekonom-Sattelauflieger mit unterschiedlichsten Aufbauten.
Ebenso wie die Dresdner Hauptwerkstatt der KVG-Sachsen und die S.W.W.-Sächsische Waggonfabrik Werdau/Sachsen fertigte auch die WUMAG 1926/27 auf dreiachsige Büssing-Hochrahmenfahrgestelle des Typs VI GL Stadtlinien-Omnibusaufbauten in Hartholz-Spantenbauweise. Die Karosserien hatten seitlich rechts (vorn) eine einfache Schiebetür und in der Aufbaurückwand im Heckeinstieg eine doppelflügelige Schiebetür. Auftraggeber war die Städtische Straßenbahn Dresden.
1929 belieferten die Görlitzer Waggon- und Fahrzeugbauer die KVG-Sachsen mit einem seinerzeit für deutsche Verhältnisse außerordentlich luxuriösen Omnibus. Die kantige Karosserie im Stil des KVG-Typs »Friedrichshafen II« verfügte über annähernd 40 Ledersitze. Unter ihnen, beziehungsweise im Wagenboden befand sich ein Transportraum für Weinflaschen, der »Weinkeller«. In einer kleinen Bordküche führte der Fernreisebus auf VOMAG-Fahrgestell OM 57 zudem Gerätschaften zur Kaffeebereitung mit. Der Reihen-Sechszylinder-Ottomotor »OS 5« stammte vom Maybach-Motorenbau und leistete 100 PS. Der Aufbau war nach Arquint-Art in Stahlspanten-Holzbauweise gefertigt. In dem Bus war auch eine Toilette mit Wasserspülung und Waschgelegenheit vorhanden.
Das Görlitzer Unternehmen übergab 1932 den ersten deutschen Diesel-Schnelltriebwagen »Fliegender Holländer« an die Reichsbahn.
Im weiteren Verlaufe der dreißiger Jahre karossierte die WUMAG eine Anzahl Niederrahmen-Omnibusfahrgestelle für die Deutsche Reichspost mit Ganzstahlaufbauten. Überdies wurden zwischen 1937 und 1939 einige Büssing-NAG 900 N (6x4-) Niederrahmenchassis mit formschönen Stadtlinien-Omnibusaufbauten versehen. Geordert hatte die Busse mit 28 Sitz- und 55 Stehplätzen wiederum die Dresdner Straßenbahn. Einer davon, mit 135/145-PS-»GD 6«-BN-Diesel existiert noch, seit Oktober 1986 wieder betriebsfähig, als sogenannter Traditionsbus bei den DVB-Dresdner Verkehrs-Betriebe. Das Gesamtgewicht wird (besetzt) mit 17,4 Tonnen angegeben.
1939 komplettierte die WUMAG VOMAG-Busfahrgestelle des Typs 5 OM 1258 mit wohlgerundeten Ganzstahlkarosserien. Und unter elegant geschwungenen breiten Motorhauben befanden sich Maybach-V 12-Zylinder-Panzer-Ottomotoren. Die HL 120 TUKO leisteten 300 PS. Diese Überlandwagen der KVG-Sachsen galten bis Anfang der siebziger Jahre als die stärksten deutschen Zweiachs-Busse.

Die KVG setzte die teilweise im Anhängerbetrieb übers steigungs- und kurvenreiche Erzgebirge bis ins sudentendeutsche Karlsbad und Marienbad ein. Die crémefarbenen Solowagen und Anhängerzüge erzielten dabei im Treibgasbetrieb Linien-Reisegeschwindigkeiten bis 45 km/h. Die Aufbauten orientierten sich an entsprechenden Busmodell-Messungen im Windkanal des LZ-Luftschiffbau Zeppelin in Friedrichshafen. Bei KVG-Versuchen wurden mit den VOMAG-Maybach-WUMAG-Bussen bis zu 140 km/h erreicht. In ihren Aufbauten befanden sich zwischen 33 und 37 Sitzplätze. Einige Wagen besaßen das VOMAG-Dieselfahrgestell 5 OR 658 mit dem Plauener Sechszylinder-Rohölmotor (daher das »R« in der Typenbezeichnung) 6 R 3080, der beachtliche 160 PS leistete. Das Unternehmen fertigte bis zum Kriegsbeginn Karosserien für verschiedene deutsche Fahrzeughersteller. Nach der Demontage und der bescheidenen Neuaustattung stellte das Werk zunächst Rüstungsgüter für die Sowjets und ab den fünfziger Jahren wieder Eisenbahnwaggons her, insbesondere solche für Fernreisen auf den transsibirischen Bahn- und Doppelstockeinheiten für Personen- und Eilzüge der (DDR-) Reichsbahn. Seit 1993 beschafft auch die Deutsche Bundesbahn Doppelstockzüge für Vorort- und S-Bahn-Strecken in den westlichen Bundesländern.

Zypen & Charlier

van der Zypen und Charlier GmbH, Eisenbahnwagen- und Maschinenfabrik, Abt. Autobau, Köln-Deutz, Mülheimer Str. 131

1. 1926 - 1929 van der Zypen und Charlier GmbH, Eisenbahnwagen- und Maschinenfabrik, Abt. Autobau

2. 1930 Vereinigte Westdeutsche Waggonfabriken AG

Dieses Waggonbau betreibende Unternehmen fertigte von 1923 bis 1930 Nutzfahrzeuge. Ab 1926 stand, nach Plänen von Josef Vollmer ein Omnibustyp mit 33 Sitz- und 12 Stehplätzen im Lieferprogramm. Als Antriebsaggregat diente der BMW-Lastwagenmotor (»Bayern-Motor«) mit Königswellenantrieb und einer Leistung von 45 bis 60 PS. Über eine Kardanwelle wurde die Antriebskraft mittels Ritzel und Innenverzahnung auf die Hinterräder übertragen. Die Hinterachse bestand im wesentlichen aus zwei Komponenten: aus einer tragenden Hohlachse und dahinterliegenden Antriebswellen. Der Stahlblechrahmen war über der Hinterachse gekröpft. Eine Bandbremse für die Hinterräder sowie eine Adex-Vierradbremse von Vorwerk & Co. in Barmen waren neben der üblichen Getriebebremse vorhanden. Außerdem gab es eine zentrale Druckschmierung. Als Besonderheit galt das selbständig schaltende ZF-Soden-Getriebe. Der Fahrer konnte den Gang wechseln, indem er den Ganghebel schon vor dem Schalten auf einer entsprechenden Skala einstellte. Der Gang sprang beim Durchtreten des Kupplungspedals selbsttätig ein. Ein weiteres Merkmal war die Kupplungsbremse, die beim Herunterschalten die Drehzahl verringerte, beim Hochschalten eine Beschleunigung der Antriebswelle herbeiführte.

Der Fahrersitz war in diesem mit einer im französischen Omnibusstil entworfenen Karosserie hoch über dem Motor angebracht (c.o.e./Cab-over-engine-Bauweise). Einstiegstüren befanden sich vorne und hinten. Die Höchstgeschwindigkeit des van der Zypen & Charlier-Busses ZC betrug 45 km/h. Der kreisrunde Kühler (siehe auch bei Dux) mußte aus Frankreich bezogen werden. Zu erwähnen ist hier, daß die WUMAG 1926 einen Omnibus mit gleichem Fahrwerk vorstellte. Im Jahre 1927 wurde das van der Zypen und Charlier-Einheitsmodell überarbeitet. Auch der neue ZC-Omnibus mit einem gedrungenen Vorderbau erhielt ein 4-Tonnen-Niederrahmen-Fahrgestell in normaler Haubenbauweise.

1927 schlossen sich die 1846 gegründete Firma van der Zypen & Charlier in Köln-Deutz und die Waggonfabriken Düsseldorfer Eisenbahnbedarf vorm. Carl Weyer & Co. sowie Killing & Sohn in Haren/Westfalen zur Unternehmensgruppe Westwaggon - Vereinigte Westdeutsche Waggonfabriken AG mit Hauptsitz in Köln-Deutz zusammen. Killing & Sohn stellte auch Busaufbauten her. 1928 stieß noch die Waggonfabrik Gebrüder

Gastell GmbH in Mainz-Mombach dazu. Der Westwaggon-Omnibusbau wurde fortan im Westwaggon-Werk Gastell konstruiert. Mitte bis Ende der dreißiger Jahre entstanden in diesem Werk einige bemerkenswerte Omnibusaufbauten. So wurden Büssing-NAG 650 N für die Deutsche Reichspost mit dem gerundeten Posteinheitsaufbau karossiert, und leichtere Fahrgestelle des gleichen Herstellers erhielten typische Stromlinienaufbauten für die Reichsautobahn-Schnellreisebuslinien der Deutschen Reichsbahn. Die Reichsbahn in Düsseldorf hatte sich 1937 bei Westwaggon-Gastell Büssing-NAG 900 N-Dreiachs-Chassis mit runden Motorhauben und dachrandverglasten Aufbauten komplettieren lassen. Diese Ausflugsbusse hatten 33 Plüschsessel und sie besaßen bereits eine »Cafeteria«. Im gleichen Jahr beschafften die Bahnen der Stadt Köln mit Mainz-Mombacher-Aufbauten Magirus-Frontlenker-Linienbusse des Typs M 45 »Bulldog« mit 85-PS-Magirus-Diesel sowie 33 Sitz- und Stehplätzen. 1950 bestellte die Dortmunder Straßenbahn bei Krauss-Maffei zwei KMO 142-Busse mit Krauss-Maffei-V 4-Zweitaktdiesel KMD 6 mit 145 PS. Westwaggon-Gastell paßte ihnen maßgeschneiderte Frontlenker-Aufbauten an. Dorthin verlagerte schließlich die KHD-Klöckner-Humboldt-Deutz AG 1955/56 den Magirus-Deutz-Omnibusbau, nachdem die Westwaggon AG 1969 im KHD-Konzern aufgegangen war (siehe auch im Kapitel Magirus/Iveco). Auf dem Gelände der einstigen van der Zypen & Charlier GmbH stand bis Anfang der neunziger Jahre das Verwaltungsgebäude der Klöckner-Humboldt-Deutz AG.

45/60-PS-Zypen & Charlier ZC Stadt-Überlandomnibus

60-PS-Zypen & Charlier ZC 3

Typ	Sitzzahl/ Stehplätze	SP	Zyl	PS	K	B x H	Hubr.	Drehzahl	Rad- stand	Gesamt- länge	Eigen- gewicht	Motor- hersteller	Typ	Bemerkungen
Adler														
	10	1908	4	50	W	130x140	7429	1400				Adler		
	8	1909	4	11/18	W	90x135	3433	900				Adler		
	20	1910	4	18/20	W	80x100	2009	1000				Adler		
	14	1913	4	35/40	W	114x160	6529	900				Adler		
L 2,5/35	20	1913-14	4	35	W	110x140	5319	900	4200			Adler		
Standard 8		1931	8	80	W	75x110	3861	3200	3325			Adler	3 G	
ABOAG														
RK	42/8	1913	4	35	W	105x165	5712	1100			4800			
RK	36/14	1916 u.	4	45	W				4200	8000	4950			
		1919-20												
Typ V	64/4	1928-29	6	105	W	94x168	6995	2200	4600	8730	5600	Maybach	OS 5/6	Frontantrieb
RK N	37	1976	4	70	W	90x110	2799	2800	4050	7600	4130	Hanomag	D 28 LA	Roots-Gebläse
Ansbach														
Ansbach	14	1907-09	4	24	W							Ansbach		
LW 40	14	1913	4	28/32	W	110x150	5699	800	3300		2760	Ansbach		
NO 22	22	1926-28	6	70	W	95x135	5740	2200	5150-5950		7900	Maybach	W 2	
NO 35	35	1926-28	6	70	W	95x135	5740	2200	5950		9800	Maybach	W 2	
Argus														
Argus		1906	4	24	W	120x130	5878	900				Argus		
Argus		1906	4	40	W	140x150	9240	800				Argus		
Argus		1907	6	70	W	124x130	9414	800				Argus		
Audi														
1 C		1918-24	4	35	W	90x140	3560	1700				Audi		
M (18/70)		1924-28	6	70	W	90x122	4655	3000				Audi		
Auto Union -Kleinbusse-														
F 89 L	8	1949-52	2	20/22	Th	76x76	684	3600-4200	2500	3925	1050	Auto Union		V, Zweitakt
F 89 L	8	1952-54	2	22	Th	76x76	684	4200	2750	4180	1120	Auto Union		V, Zweitakt
Typ 30	8	1954-55	2	30	Th	78x83	792	3800	2750	4180	1170	Auto Union		V, Zweitakt
3 = 6	8	1955-62	3	32	Th	71x76	896	2750	2750	4190	1210	Auto Union	F 800/3	V, Zweitakt
F 1000 L	7-11	1963-65	3	40	Th	74x76	981	4200	2500	4395		Auto Union	F 91-1000	V, Zweitakt Spanische Fertigung
E. Auwärter														
LP 608	17-25	1965-72	4	80	W	97x128	3782	2800	3600	6430		DB	OM 314	
L 508 EA	30	1970	4	85	W	97x128	3782	2800	3800	6650	3200	DB	OM 314	
LPO 811/42 EA	30	1970-72	6	110	W	97x128	5675		4200	7450	5000	DB	OM 352	
LPO 913/47 EA	34	1970-77	6	130	W	97x128	5675	2800	4700	8250	5500	DB	OM 352	ab 1977 »Clubstar«
L 608-38	20	1972-77	4	85	W	97x128	3782	2800	3800	6800	3500	DB	OM 314	
LPO 813/42	30/15	1973-83	6	130	W	97x128	5675	2800	4200	7600	4500	DB	OM 352	ab 1977 »Clubstar«
LT 35 D Panorama	14	1976	4	65	W	92x101,6	2710	3600	2500	5100	2500	VW (Liz. Perkins)	4.165 HA	
307 D Panorama	14	1977-81	4	65	W	91x92,4	2404	4200	3050	5390	2300	DB	OM 616	
LT 35 Panorama	14	1977-81	4	75	W	65,4x84,4	1984	4300	2500	5100	2300	VW		V
613/38 Teamstar	20	1977-79	4	85	W	97x128	3782	2800	3800	5800		DB	OM 314	
813/36 Clubstar	22-26	1977-83	6	130	W	97x128	5675	2800	3600	6815		DB	OM 352	
913/48 Clubstar	34-38	1977-83	6	130	W	97x128	5675	2800	4800	8415		DB	OM 352	ab 1983 mit T 168 PS
LT 45 Panorama	15	1977-83	6	75	W	76,5x86,4	2384	4300	2950	5957		VW	075.1	
LT 45 Citybus	9/7	1980							2950	6020		BBC		Elektroantrieb
613/38 Teamstar	20	1980	6	130	W	97x128	5675	2800	3800	6745		DB	OM 352	
613/41 Teamstar	20	1981-85	6	130	W	97x128	5675	2800	4100	7138		DB	OM 352	
8.136 Mediano	25	1982-85	6	136	W	102x116	5687	3000	3600	6975		MAN	D0226 ME	

Typ	Sitzzahl/ Stehplätze	SP	Zyl	PS	K	B x H	Hubr.	Drehzahl	Rad-stand	Gesamt-länge	Eigen-gewicht	Motor-hersteller	Typ	Bemerkungen
LT 50 Panorama	20	1983-91	6	102	W	76,5x86,4	2384	4300	3650	6960		VW-MAN	075.2	T, Linie 16/16 Plätze
9.136 Mediano	29	1985	6	136	W	102x116	5687	3000	4250	7775		MAN	D 0226 ME	
814/33 Clubstar	24	1985-91	6	136	W	97,5x133	5960	2800	3300	6673		DB	OM 366	
814/37 Clubstar	26	1985-89	6	136	W	97,5x133	5960	2800	3700	7333		DB	OM 366	Auch 170 PS
1117/42 Clubstar	26-31	1985-89	6	170	W	97,5x133	5960	2600	4200	8283		DB	OM 366 A	T
1117/49 Clubstar	35	1985-87	6	170	W	97,5x133	5960	2600	4800	9233		DB	OM 366 A	T
Clubstar-City 1117/42	25/27	1986-87	6	170	W	97,5x133	5960	2600	4200	8283		DB	OM 366 A	T
0 301 Clubstar Heck BH 2	30-34	1985-90	6	170	W	97,5x133	5960	2600	4000	8165-8210		DB	OM 366 A	T
811 D Teamstar	20	1987	4	116	W	97,5x133	3970	2600	4250	7370		DB	OM 364 A	T
811 D Teamstar City	19/19	1987	4	116	W	97,5x133	3970	2600	4250	7370		DB	OM 364 A	T
Clubstar 1120/49	32-35	1987-92	6	204	W	97,5x133	5960	2600	4900	9233		DB	OM 366 LA	TL
Economy 0 614	20-23	1989-92	6	136	W	97,5x133	5960	2600	4250	7095		DB	OM 366	
Teamstar 814 D	15	1989-92	6	136	W	97,5x133	5960	2600	4250	7370		DB	OM 366	Linie 20/20 Plätze
Clubstar 814/817 LO-37	26	1989-92	6	136	W	97,5x133	5960	2600	3700	7373		DB	OM 366	mit T 170 PS
Clubstar 1117/1120 LO-42	30	1990-	6	170	W	97,5x133	5960	2600	4200	8283		DB	OM 366 A	T, mit TL 204 PS
Clubstar MAN 10.180 Midibus	32-36	1990-	6	180	W	108x120	6592	2600	4200	8710		MAN	D 0826 T	T
Clubstar City	34/25	1991-	6	180	W	108x120	6592	2600	4200	8710		MAN	D 0826 T	T
Clubstar MAN 11.190	30	1991-	6	186	W	108x120	6592	2600	4200			MAN	D 0826 T	T, auch 34/25 Plätze
VW T 4 Microstar	12	1991-	5	78	W	81x77,4	2370	3700	3320	5055		VW	AAB	
VW T 4 Microstar	12	1991-	5	110	W	79,5x95,5	2459	4500	3320	5055		VW	AAF	
G. Auwärter (Neoplan)														
SK 9	39	1953-55	6	108	W	92x118	4706	2900	4630	9520	5900	Kämper	692	
SK 9	40/8	1954-55	6	108	W	92x118	4706	2900	4680	9520	5700	Kämper	692	
SB 5	20	1955-56	4	60	W	90x130	3308	2600				Borgward	D 4 M 3,3	
SH 6	19-24	1955-56	4	65	W	90x110	2799	2800		6800		Hanomag	D28 LA	
SH 6	19-24	1955	6	98	W	96x125	5429	2400				Henschel	512DG	
SD 6	19-24	1955	6	90	W	90x120	4580	2800				DB	OM 312	
SH 7	30-38	1955-56	6	98	W	96x125	5429	2400				Henschel	512 DG	
SD 7	30-38	1955	6	90	W	90x120	4580	2800				DB	OM312	
SH 9	43-50	1955	6	125	W	100x130	6126	2600	4650	9520		Henschel	522 DP	
SD 9	43-50	1955-56	V6	125	L	110x140	7983	2300	4650	9520		Deutz	F6L 614	
SD 9	43-50	1955	6	90	W	90x120	4580	2800	4650	9520		DB	OM312	
SM 9	43-50	1955	6	130	W	112x140	8276	2000	4650	9520		MAN	D 1246 G	
SH 10	52-61	1955-56	6	125	W	100x130	6126	2600	4880			Henschel	522 DP	
SD 10	52-61	1955	V6	125	L	110x140	7983	2300	4880			Deutz	F6L 614	
SM 10	52-61	1955	6	130	W	112x140	8276	2000	4880			MAN	D 1246 G	
SH11	56	1955-56	6	125	W	100x130	5126	2600	5120	11000		Henschel	522 DP	
SD 11	56	1955	V6	125	L	110x140	7983	2300	5120	11000		Deutz	F6L 614	
SM11	56	1955	6	130	W	112x140	8276	2000	5120	11000		MAN	D 1246 G	
SH 18	18	1956	6	105	W	100x130	6126	2200				Henschel	522 DP	
SH 22	22	1956	6	125	W	100x130	6126	2600				Henschel	522 DP	

Typ	Sitzzahl/ Stehplätze	SP	Zyl	PS	K	B x H	Hubr.	Drehzahl	Rad-stand	Gesamt-länge	Eigen-gewicht	Motor-hersteller	Typ	Bemerkungen
SH 26/30	30	1956	6	145	W	100x130	6126	2500		9450		Henschel	522 DPK-L	Roots-Gebläse
ST 7	31-37	1956	4	90	W	110x140	5322	2800				Steyr	WD 413	
SH 6/7	25-35		6	105	W	100x130	6126	2200	3600	7750		Henschel	522 DP	
SD 6/7	25-35	1956-57	6	90	W	90x120	4580	3000	4500			DB	OM 312	
SH 7/8	32-50	1956-57	6	125	W	100x130	6126	2600	3800	8250		Henschel	522 DP	
SH 9/10	38-48	1956-57	6	125	W	100x130	6126	2600	4650-4750	9900	6760	Henschel	522 DP	
SD 9/10	38-48	1956-57	6	125	L	110x140	7983	2300	4650-4750	9900	6760	Deutz	F6L 614	
SM 9/10	38-48	1956-57	6	130	W	112x140	8276	2600	4650-4750	9900		MAN	D 1246 G	
SH 10/11	43-47	1956-57	6	125	W	100x130	6126	2699	5120	10700		Henschel	522 DP	
SD 10/11	43-47	1956-57	V6	125	L	110x140	7983	2300	5120	10700		Deutz	F6L 614	
SF 6/7 (NF 6/7)	20-31	1957	6	120	W	92x105	4195	2800	3600-3900	7750	5100	Ford	AD 6	Zweitaktmotor
SBU 22	21-32	1957-58	6	110	W	96x125	5430	2600	4000		5110	Büssing	U 5	Unterflurmotor
SHU 18	18	1957	6	125	W	100x130	6126	2600				Henschel	522 DPU	Unterflurmotor
SHU 36	36	1957	4	90	W	100x130	4080	2700				Henschel	517 D4	Unterflurmotor
FH 11	48	1957-61	6	125	W	100x130	6126	2600	5120	11000	7500	Henschel	522 DP	
FH 11	48	1957-61	6	145/150	W	100x130	6126	2500	5120	11000	7500	Henschel	522 DPH-L	Roots-Gebläse
NH 6/7	26/6	1958-61	6	115	W	96x125	5890	2400	3600	8050	5100	Henschel	512 DJH	
ND 6/7	26/6	1958	6	100	W	90x120	4580	3000	3600	8050		DB	OM 312	auch Radstand 5100 mm
NH 7/8	36/7	1958-61	6	115	W	100x130	6126	2400	3900	8750	6000	Henschel	522 DJH	
NH 9/10	44/9	1958-59	6	125	W	100x130	6126	2500	4720	9950	7100	Henschel	622 DP	
NH 9/10	44/9	1958-59	6	150	W	100x130	6126	2200	4720	9950	7100	Henschel	522 DPH-L	Roots-Gebläse
NDE 9/10	44/9	1958-59	V6	125	L	110x140	7983	2300	4720	9950	7200	Deutz	F6L 614	
NDE 9/10	44/9	1958-59	V6	145	L	120x140	9500	2300	4720	9950	7200	Deutz	F6L 714	
NH 10/11	43-47	1958-59	6	125	W	100x130	6126	2600	5120	10700	6500	Henschel	522 DP	
NH 10/11	43-47	1958-59	6	150	W	100x130	6126	2200	5120	10700	7500	Henschel	522 DPH-L	Roots-Gebläse
NDE 10/11	43-47	1958-59	V6	125	L	110x140	7983	2400	5120	10700	7300	Deutz	F6L 614	
NDE 10/11	43-47	1958-59	V6	145	L	120x140	9500	2300	5120	10700	7300	Deutz	F6L 614	
NH 10/12	44/29	1959-61	6	125	W	100x130	6126	2600	5560	11400	7400	Henschel	522 DPH	
NH 11/12		1959-61	6	150	W	100x130	6126	2200	5560	11400	7400	Henschel	522 DPH-L	Roots-Gebläse
NH 13	56	1959-61	6	150	W	100x130	6126	2200	5700	11950	7400	Henschel	522 DPH-L	Roots-Gebläse
NH 6/8	28/16	1961	6	115	W	100x130	6126	2400	3600	8160	5900	Henschel	522 DJH	auch mit Luftfederung
NH 8 Hamburg	35/15	1961-65	6	115	W	100x130	6126	2400	3600	8160	6000	Henschel	522 DJH	ab 1964 132 PS
NH 8 Hamburg	35/15	1961-65	6	165	W	100,6x120,6	5763	2400	3600	8160		DAF	DS 575	T
NH 9	39/21	1961-68	6	125	W	100x130	6126	2500	4200	8950	6700	Henschel	522 DPH	
NH 10/12 Hamburg	44/29	1961	6	132	W	100x130	6126	2600	5120	10530	7600	Henschel	522 DPH-F	auch mit Luftfederung
NH 12 Hamburg	51/20	1961-65	6	132	W	100x130	6126	2600	5120	10520	7900	Henschel	522 DPH-F	ab 1964 150 PS und 192 PS
NH 13/14 Hamburg	56/22	1961	6	150	W	100x130	6126	2500	5700	12000	8100	Henschel	522 DPH-L	Roots-Gebläse, auch mit Luftfederung
NH 14	59/20	1961-63	6	150	W	100x130	6126	2500	5700	12000	8400	Henschel	522 DPH-L	Roob-Gebläse
NH 13	35/75	1962-64	V6	145	L	120x140	9500	2300	5640	11500	7800	Deutz	F6L 714	
NH 16	63/38	1962-65	6	192	W	125x150	11045	2500	5900	12000	8800	Henschel	6 U 1215 A	auch 150 PS, ab 1965 235 PS
NH 10	47	1965	6	150	W	100x130	6126	2200	4200	9100	6700	Henschel	6 R 1013 A	Roots-Gebläse
N 13 L Wetzlar	36/69	1965-67	6	150	W	108x135	7416	2400	5640	11200	8100	Büssing	U 7	
NB 26 L	101	1965-70	6	150	W	108x135	7416	2400	5640	11300	9500	Büssing	U 7	auch 172 PS
NB 20 L Berolina	79	1965	6	150	W	115x140	8725	2100	5550	11000		MAN	D 1546 M 1/2 U	
NB 20 L Berolina	79	1965-66	6	150	W	108x135	7416	2400	5550	11000		Büssing	U 7	
NH 8 L	35	1966-67	6	110	W	100x130	6126	2400	3600	8160	6340	Henschel	6 R 1013	auch 132 PS
NH 9 L	39	1966-67	6	120	W	100x130	6126	2500	4200	8950	7130	Henschel	6 R 1013	
NH 10 L	43	1996-67	6	132	W	100x130	6126	2600	4200	9100	7250	Henschel	6 R 1013 F	
NH 12 L	51	1966-67	6	150	W	100x130	6126	2200	5120	10250	8560	Henschel	6 R 1013 A	Roots-Gebläse
NH 16 L	63	1966-74	6	210	W	125-160	11045	2150	5900	12000	9400	Henschel	6 R 1013 A	Roots-Gebläse
NF 6	25	1967	4	90	W	95x110	4678	3000	3100	6580	5150	Fiat	213016	
NH 12	51	1967	6	160	W	115x125	7788	2600	5120	10670	7900	Henschel	6 R 1112	
NH 12 Economic	51	1967	6	160	W	115x125	7788	2600	5600	11120	7600	Henschel	6 R 1112	

Typ	Sitzzahl/ Stehplätze	SP	Zyl	PS	K	B x H	Hubr.	Drehzahl	Rad- stand	Gesamt- länge	Eigen- gewicht	Motor- hersteller	Typ	Bemerkungen
NH 13 Köln	53	1967	6	160	W	115x125	7788	2600	5300	11520	7900	Henschel	6 R 1112	
NH 16	57	1967-68	6	215	W	130x150	11940	2150	5900	12000	9400	Henschel	6 R 1315	auch Büssing-Motor
NB 20 Do-Lux	82	1967	6	150	W	108x135	7416	2400	5640	11850	9700	Büssing	U 7	
NH 22 Skyliner	76	1967-69	6	230	W	130x150	11940	2150	6140	12000	10300	Henschel	6 R 1315 GAW	Roots-Gebläse, ab 1969 215 PS
NH 8	31	1968-70	6	170	W	115125	7788	2600	3100	8300	6900	Henschel	6 R 1112	
NH 10	39	1968-70	6	170	W	115125	7788	2600	4200	9100	7640	Henschel	6 R 1112	
NH 12	47	1968-70	6	170	W	115x125	7788	2600	5120	10730	8140	Henschel	6 R 1112	
NH 13 Economic	47	1968	6	170	W	115x125	7788	2600	5480	11200	8500	Henschel	6 R 1112	
NH Köln	45	1968-74	6	170	W	115x125	7788	2600	5300	11750	8750	Henschel	6 R 1112	
NH 22/3 Skyliner	88-96	1968-72	6	235	W	130x150	11940	2150	5650/1200	12000	10250	Henschel	6 R 1315 A	Roots-Gebläse, ab 1969 215 PS
NB 26/2	109/26	1968	6	210	W	128x150	11580	2100				Büssing	U 11	
NH 18	61	1969	6	230	W	130x150	11940	2150	6700	13500		Henschel	6 R 1315 A	Roots-Gebläse
NB 26 Do-Bus	102	1969	6	150	W	108x135	7416	2400	5650	11750	9300	Büssing	U 7	
ND 6 L (N6)	26	1969-72	6	130	W	97x128	5675	2800	3300	6750	4800	DB	OM 352	auch Henschel-Motor 150 PS
NH 14 L	55	1969-70	6	170	W	115x125	7788	2699	5480	11200	8600	Henschel	6 R 1112	
NH 15 V Paris	55/25	1969	6	170	W	115x125	7788	2600	5640	11750	8600	Henschel	6 R 1112	
NH 15 V Köln	47/78	1969	6	170	W	115x125	7788	2600	5640	11750	8200	Henschel	6 R 1112	
NH 15	42/60	1969	6	180	W	125x150	11045	2000	5350	11450	9660	Henschel	6 R 1112	
NH 16 L Cityliner	63	1969-70	6	225	W	130x150	11940	2150	5900	12000	9600	Henschel	6 R 1315	auch 215 PS
NH 17 V Frankfurt	61	1969-70	6	170	W	115x125	7788	2600	5640	12000	9600	Henschel	6 R 1112	
NB 26/3	102	1970	6	150	W	108x135	7416	2400	5650/1200	12000	9300	Büssing	U 7	
NH 15 V Duisburg	45/50	1970-72	6	170	W	115x125	7788	2600	5400	10630	8600	Henschel	6 R 1112	
ND 22/3 Skyliner	74	19701	V10	320	W	125x130	15950	2500	5650/1200	12000		DB	OM 403	
ND 22/3 Skyliner	74	1970	V12	340	L	120x125	16960	2650	5650/1200	12000		Deutz	F12L 413	
NB 26/3	109/26	1970	6	210	W	128x150	11580	2100	5650/1200	12000	11300	Büssing	U 11 D	
NH 26/3	109/26	1970	6	210	W	128x150	11580	2100	5650/1200	12000	11300	DB	OM 355	
N 8	35	1971-72	6	180	W	118x125	8202	2600	3600	8160		Henschel	6 R 1112	auch Deutz-Motor
N 10	43	1971-72	6	180	W	118x125	8202	2600	4200	9100		Henschel	6 R 1112	
N 12	51	1971	6	215	W	130x150	11940	2100	5120	10730		Henschel	6 R 1315	
N 14	55	1971	6	215	W	130x150	11940	2100	5480	11200		Henschel	6 R 1315	Linie 57/47 Plätze
N 16	59	1971-72	6	240	W	130x150	11940	2150	5650	12000		Henschel	6 R 1315	
N 116	56	1971	6	192	W	115x140	8720	2500	5650	12000		DB	OM 360 U	
N 22/3 (N 116/3)	79	1971	6	240	W	130x150	11940	2150	5650/1230	12000		Henschel	6 R 1315 A	
N 12 Linie	28/108	1971	6	170	W	115x140	8720	2500	5120	10780		DB	OM 360	
N 12 Kombi	47	1971	6	180	W	118x125	8202	2600	5120	10730		Henschel	6 R 1112	
N 14 Kombi	51	1971	6	192	W	115x140	8720	2500	5480	11200		DB	OM 360	
N 16 Kombi	57	1971	6	192	W	115x140	8720	2500	5650	12000		DB	OM 360	
N 22/3 Kombi	94/18	1971	6	215	W	130x150	11940	2150	5650/1230	12000		Henschel	6 R 1315	
N 26/3 Linie	108/22	1971	6	210	W	128x150	11580	2100	5650/1230	12000		DB	OM 355	
N 116 EL		1972	V10	320	W	125x130	15950	2500	5650/1230	14500		DB	OM 403	Schweden-Typ
N 118/3		1972												
N 12	51	1972	6	180	W	118x125	8202	2600	5120	10730		Henschel	6 R 1112	
N 116	52	1972	6	256	W	125x130	12760	2500	5750	12000		DB	OM 402	
N 22/3 Reise	79	1972	V10	320	W	125x130	15950	2500	5650/1250	12000		DB	OM 403	
N 312 Kombi	47/38	1972	6	180	W	118x125	8202	2600	5120	10730		Henschel	6 R 1112	

Typ	Sitzzahl/ Stehplätze	SP	Zyl	PS	K	B x H	Hubr.	Drehzahl	Rad- stand	Gesamt- länge	Eigen- gewicht	Motor- hersteller	Typ	Bemerkungen
N 314 Kombi	51/34	1972	6	180	W	118x125	8202	2600	5480	11200		Henschel	6 R 1112	
N 316 Kombi	57/42	1972	6	240	W	130x150	11940	2150	5650	12000		Henschel	6 R 1315	
N 322/3 Kombi	94/18	1972	6	256	W	125x130	12760	2500	5650/1230	12000		DB	OM 402	
N 412 Linie	28/104	1972-73	6	180	W	118x125	8202	2600	5120	10780		Henschel	6 R 1112	
N 414 Linie		1972-73	6	180	W	118x125	8202	2600	5480	11310		Henschel	6 R 1112	
N 416 Linie	57/47	1972-73	6	240	W	132x180	11940	2150	5650	12000		Henschel	6 R 1318	
N 426/3 Linie	108/22	1972	6	210	W	128x150	11580	2100	5650/1230	12000	12500	DB	OM 355	auch Büssing-Motor, 210 PS
N 206 Reise	26	1973	6	130	W	97x128	5675	2800	3300	6750	5500	DB	OM 352	
N 208 Reise	35	1973-74	6	180	W	118x125	8202	2600	3600	8160		Henschel	6 R 1112	
N 210 Reise	43	1973	6	192	W	115x140	8720	2500	4200	9200	9400	DB	OM 360	
N 212 Reise	51	1973-74	6	180	W	118x125	8720	2600	5120	10370	10700	Henschel	6 R 1112	
B 214 Reise	55	1973-74	6	215	W	132x150	11940	2150	8300	11000	9400	Henschel	6 R 1315	
N 216 Reise	63	1973-74	6	215	W	130x150	11940	2150	5650	12000		Henschel	6 R 1315	
N 116 Cityliner	62	1973-74	6	215	W	130x150	11940	2150	5750	12000	10800	Henschel	6 R 1315	
N 222 Reise	86	1973	6	215	W	130x150	11940	2150	5650/1230	12000		Henschel	6 R 1315	
N 326 Kombi	110	1973	6	210	W	130x150	11940	2200	5650/1230	12000		henschel	6 R 1315	
N 426 Kombi	94/22	1973	V10	320	W	125x130	15950	2500	5650/1230	11880		DB	OM 403	auch 256 PS
N 122/3 Skyliner	79	1974-76	6	215	W	130x150	11940	2150	5650/1230	12000	12690	Henschel	6 R 1315	ab 1975 192 PS
N 208 Jetliner	26	1974-76	6	130	W	97x128	5675	2800	3500	6800		DB	OM 352	
N 210 Jetliner	37	1974-76	6	130	W	97x128	5675	2800	3520	8250		DB	OM 352	
N 213 Jetliner	50	1974	6	180	W	118x125	8202	2600	4970	10100		Henschel	6 R 1112	ab 1976 192 PS
N 313 Kombi	51/11	1974	6	180	W	118x125	8202	2600	4970	10100		Henschel	6 R 1112	
N 314 Kombi	54	1974	6	180	W	118x125	8202	2600	5300	11000	9400	Henschel	6 R 1112	
N 316 Kombi	61/14	1974	6	215	W	130x150	11940	2150	5630	12000		Henschel	6 R 1315	
N 326 Kombi	87/22	1974	V8	256	W	125x130	12760	2500	5650/1230	12000	13000	DB	OM 402	auch 320 PS
N 413 Linie	40/60	1974	6	180	W	118x125	8202	2600	4970	10100	7900	Henschel	6 R 1112	
N 414 Linie	40/68	1974	6	180	W	118x125	8202	2600	5300	11000	8500	Henschel	6 R 1112	
N 416 Linie	40/74	1974	6	180	W	118x125	8202	2600	5630	12000	9000	Henschel	6 R 1112	
N 426/3 Linie	108/22	1974-80	V8	256	W	125x130	12760	2500	5650/1230	12000	12300	DB	OM 402	auch 192 PS
N 313 Kombi	51/11	1975-79	V6	192	W	125x130	9570	2500	4970	10100	8100	DB	OM 401	
N 314 Kombi	54	1975-79	V6	192	W	125x130	9570	2500	5300	11000	8700	DB	OM 401	
N 316 Kombi	61/14	1975-79	V6	192	W	125x130	9570	2500	5630	12000	9200	DB	OM 401	
N 326/3 Kombi	87/22	1975-79	V6	192	W	125x130	9570	2500	5650/1230	12000	12800	DB	OM 401	
N 413 Linie	40/60	1975-80	V6	192	W	125x130	9570	2500	4970	10100	7900	DB	OM 401	
N 414 Linie	40/68	1975-80	V6	192	W	125x130	9570	2500	5300	11000	8500	DB	OM 401	
N 416 Linie	40/74	1975-79	V6	192	W	125x130	9570	2500	5630	12000	9000	DB	OM 401	
N 220 Jetliner-Gelenkbus	72-83	1975-79	V6	192	W	125x130	9570	2500	5270/6700	18000		DB	OM 401	
N 220 Jetliner-Gelenkbus	72-83	1975-79	6	205	W	125x150	11045	2100	5270/6700	18000		MAN	D 2556 M	
N 138/4 Jumbocruiser	100-144	1975-81	V12	430	W	125x142	20910	2100	5800/1230/ 6170	18000	20800	DB	OM 404	
N 116 Cityliner	55	1976-77	V6	192	W	125x130	9570	2500	5750	12000		DB	OM 302	
N 116 Cityliner	55	1976-80	V8	256	W	125x130	12760	2500	5750	12000	11580	DB	OM 402	
N 122/3 Skyliner	79	1976-80	V8	256	W	125x130	12760	2500	5630/1230	12000	14200	DB	OM 402	
N 212 Jetliner	46	1976-80	V6	130	W	97x128	5675	2800	4200	9200	9420	DB	OM 352	ab 1981 192 PS
N 213 Jetliner	50	1976-80	V6	192	W	125x130	9570	2500	4970	10100	10120	DB	OM 302	ab 1981 256 PS
N 214 Jetliner	54	1976-80	V6	192	W	125x130	9570	2500	5300	11000	10480	DB	OM 302	
N 216 Jetliner	62	1976-80	V6	192	W	125x130	9570	2500	5630	12000	10870	DB	OM 302	

Typ	Sitzzahl/ Stehplätze	SP	Zyl	PS	K	B x H	Hubr.	Drehzahl	Rad-stand	Gesamt-länge	Eigen-gewicht	Motor-hersteller	Typ	Bemerkungen
N 220 Longliner	83	1976-78	V6	192	W	125x130	9570	2500	5270/6700	18000		DB	OM 302	
N 420/3 Longliner		1976-77								17050				
N 814 Niederflur	39/66	1976	6	210	W	125x150	11045	2200	5500	11000	8680	DM	OM 407 U	
N120/4 Highliner	75	1977	V10	320	W	125x130	15950	2500	5620/1360/ 6720	18000		DB	OM 403	auch 352 PS, auch MAN 320 PS
N 209 Jetliner	33	1977-80	V6	192	W	125x130	9570	2500	3400	7850		DB	OM 302	auch OM 401
N 209 Jetliner	33	1977	V8	256	W	125x130	12760	2500	3400	7850		DB	OM 402	
N 218 Jetliner		1977								14300				
N 220 Jetliner-Gelenkzug	83	1977	6	240	W	125x155	11413	2500	5270/6700	18000		MAN	D 2566 ME	
N 117 Spaceliner	43	1979	V10	352	W	125x142	17426	2300	5270/6700	12000		DB	OM 403X	
N216 H Jetliner	62	1979-81	V6	192	W	125x130	9570	2500	5270/6700	18000	10870	DB	OM 302	ab 1981 256 PS
N 220 H Jetliner-Gelenkzug	83	1979-80	V10	320	W	125x130	15650	2500	5270/6700	18000		DM	OM 403	
N 416 (Ü 80)	51/57	1979	6	210	W	125x155	11413	2200	6150	11810		DB	OM 407 U	
N 416 (Ü 80)	51/57	1979	6	240	W	125x155	11413	2200	6150	11810		MAN	D 2566 MUH	mit T 280 PS
N 424	91/10	1979-81	6	240	W	125x155	11413	2200	5450	10850	9720	MAN	D 2566 MUH	
N 426/3	91/69	1979	6	240	W	125x155	11413	2200	5630/1230	12000		DB	OM 407 U	
N 506	6/10	1979								6690				
N 116 Cityliner	55	1980	V8	256	W	125x130	12760	2500	5950	12000		DB	OM 402	
N 117 Spaceliner	65	1980-82	V8	256	W	125x130	12760	2500	5630/1230	12000	11580	DB	OM 402	
N 117/4 Spaceliner		1980	V10	320	W	125x130	15950	2500	5270/6700	18000	14500	DB	OM 403	
N 120 Cityliner	79	1980-83	V10	320	W	125x130	15950	2500	5600/6960	18000	19500	MAN	D 2530 MF	ab 1982 mit TL 400 PS
N 121	88	1980-82	V10	320	W	125x130	15950	2500	5630/1960	18000		DB	OM 403	
N 212 Jetliner	48	1980	V6	192	W	125x130	9570	2500	4200	9300	9420	DB	OM 302	
N 213 Jetliner	52	1980	V8	256	W	125x130	12760	2500	4970	10100		DB	OM 402	
N 313 Kombi	52/54	1980	V8	240	W	125x130	12760	2500	4970	10100	10120	DB	OM 402	
N 314 Kombi	60	1980	V8	256	W	125x130	12760	2500	5300	11000	10480	DB	OM 402	ab 1982 280 PS
N 316 Kombi	61/14	1980	V8	256	W	125x130	12760	2500	6100	11468	10870	DB	OM 403	
N 326/3 Kombi	103/22	1980-81	V10	370	W	125x130	15950	2500	5630/1230	12000	14130	DB	OM 403	
N 414 Linie	40/48	1980-84	6	240	W	125x155	11413	2200	5300	11080	10480	MAN	D 2566 MUH	
N 416 Linie /SL II	40/74	1980-82	6	240	W	125x155	11413	2200	6100	11810	10870	MAN	D 2566 MUH	gedrosselt 210 PS
N 420/3 (Ü 80)	81/50	1980	6	280	W	125x150	11045	2200	5100/7650	18000	14000	DB	OM 407 A	
N 905 Bedarfsbus	25	1980	5	80/88	W	90,9x92,4	2998	4000-4400	4240	6690	3000	DB	OM 617	
N 905 Bedarfsbus	25	1980	4	68	W	94x90	2498	4000	4240	6690	3000	Peugeot	XD3T	
N 906 Telebus	12/18	1980	5	80/88	W	90,9x92,4	2998	4000-4400	4240	5590	3000	DB	OM 617	
N 906 Telebus	12/18	1981-90	4	68	W	94x90	2498	4000	4240	6690	3000	Peugeot	XD3T	
N 116 Cityliner	51	1981-90	V8	280	W	128x142	14620	2300	5950	12000	11580	DB	OM 422	ab 1989 290 PS
N 112 Skyliner	54	1981-83	V10	352	W	125-142	17426	2300	5630/1230	12000	14200	DB	OM 403X	

Typ	Sitzzahl/ Stehplätze	SP	Zyl	PS	K	B x H	Hubr.	Drehzahl	Rad- stand	Gesamt- länge	Eigen- gewicht	Motor- hersteller	Typ	Bemerkungen
N 112/3	86	1981-82	V10	352	W	125x142	17426	2300	5630/1230	12000		DB	OM 403X	
N 138/4 Jumbocruiser	95	1981-84	V10	400	W	125x130	15950	2300	5800/1230/ 6170	18000	20800	DB	OM 403	
N 209 Jetliner	36	1981-83	V6	216	W	128-142	10960	2300	3400	7850	8400	DB	OM 401	
N 212 Jetliner	48	1981-83	V6	216	W	128-142	10960	2300	4200	9200	9420	DB	OM 401	
N 213 Jetliner	52	1981-83	V8	280	W	128x142	14620	2300	4970	10100	10120	DB	OM 422	
N 214 Jetliner	56	1981-83	V8	280	W	128-142	14620	2300	6100	11000	10480	DB	OM 422	
N 216 Jetliner	64	1981-83	V8	280	W	128x142	14620	2300	5630	12000	10870	DB	OM 422	
N 313 Kombi	52/11	1981-83	V8	280	W	128x142	14620	2300	4970	10100	10120	DB	OM 422	
N 314 Kombi	60	1981-83	V8	280	W	128x142	14620	2300	5300	11000	10480	DB	OM 422	
N 316 Kombi	61/14	1981-83	V8	280	W	128x142	14620	2300	6100	12000	10870	DB	OM 422	
Ü 80- Prototyp	51/47	1981	6	240	W	125x155	11413	2200	6150	11810	8800	DB	OM 407 U	auch 280 PS
N 413 Linie	40/60	1981-83	V6	216	W	128x142	10960	2300	4970	10100	10120	DB	OM 401	
N 420/3 Linie	81/80	1981-82	6	240	W	125x155	11413	2300	5100/7650	18000	15250	MAN	D 2566 MUH	auch 280 PS
N 421 SGÜ	69/	1981-82	6	280	W	125x155	11413	2200		17560		DB	OM 407 UA	T, auch MAN-Motor
N 424 Linie	91/15	1981-83	6	240	W	125x155	11413	2300	5450	10850	10196	MAN	D 2566 MUH	auch 280 PS, auch DB-Motor, auch 87/29 Plätze
N 426/3 Linie	103/20	1981-82	6	240	W	125x155	11413	2300	5320/1230	12000	14130	MAN	D 2566 MUH	auch DB-Motor 280 PS
N 906 Unibus	21/5	1981	5	88	W	90,9x92,4	2998	4400	3280	6450	3000	DB	OM 617	
N 906 T, Unibus	47	1981-83	5	88	W	90,9x92,4	2998	4400	4410	6690	3000	DB	OM 617	
N 907 Unibus	25	1982-83	6	130	W	97x128	5675	3500	4100	7200		DB	OM 352	
SL II-Prototyp	45/44	1982	6	240	W	125x155	11413	2300	5875	11475		MAN	D 2566 MUH	
N 117 Spaceliner	65	1982-83	V10	320	W	125x130	15950	2500	5600/1230	12000	14500	MAN	D 2530 MF	ab 1983 330 PS
N 118 Spaceliner		1982	V10	352	W	125x142	17426	2300				DB	OM 403X	
N 216 H Jetliner	64	1982-83	V8	280	W	128x142	14618	2300	6100	12000	11030	DB	OM 422	
N 220	86	1982	6	280	W	125x155	11413	2200	5280/7490	18000		MAN	D 2566 MKUL	T
N 407/ SL K 82	16/24	1982	6	130	W	97x128	5675	3500	3550	7600		DB	OM 352	Midi-Prototyp
N 421/SG	81/80	1982	6	240	W	125x155	11413	2300	5100/7650	17240		DB	OM 407 U	
N 906 B Unibus	21/15	1982-83	5	88	W	90,9x92,4	2998	4400	3800	6450	3000	DB	OM 617	
N 906 C Unibus	20	1982	5	88	W	90,9x92,4	2998	4400	3800	6450	3000	DB	OM 617	
N 117/2 Spaceliner	51-55	1983-85	V8	280	W	128x142	14620	2300	5950	12000	11580	DB	OM 422	
N 117/3 Spaceliner	65	1983	V10	330	W	128x142	18275	2300	5600/1230	12000	14500	DB	OM 423	
N 208 Jetliner	26	1983-85	6	168	W	102x116	5675	2800	3600	7750		DB	OM 352 A	T
N 221/3 H Longliner	91	1983	V10	354	W	128x142	18275	2300	5280/7490	18000		DB	OM423 A	T
N 326/3 Kombi	109/22	1983	V10	352	W	125x142	17426	2500	5630/1230	12000	14130	DB	OM 403X	
N 407 Linie SK	29/15	1983-85	6	130	W	102x110	5675	2800	3500	7750	5220	MAN	D 0226 ME	
N 420/3 Linie	82/80	1983	6	240	W	125x155	11413	2200	5100/7650	18000	15250	MAN	D 0226 ME	auch DAF-Motor
N 426/3 Linie	109/26	1983	6	280	W	125x155	11413	2200	5630/1230	12000	14130	MAN	D 2566 MTE	T
N 122/3 Skyliner		1983								9600		DB		auch Nissan-Motor

Typ	Sitzzahl/ Stehplätze	SP	Zyl	PS	K	B x H	Hubr.	Drehzahl	Rad-stand	Gesamt-länge	Eigen-gewicht	Motor-hersteller	Typ	Bemerkungen
N 413 (SL II)		1983	V8	256	L	120x125	11310	2500	4970	10100	9300	Deutz	F8L 413 FZ	Prototyp
N 413		1983	6	260	W	130x146	11630	2000	4970	10100		DAF	DKFL 1160	T
N 416 (SL II)		1983	6	211	W	130x146	11630	2000	6100	11810		DAF	DKCL 1160	auch 204-PS-Deutz-, 200-PS-DB- und 240-PS-MAN-Motor
N 416		1984	2x6	2x106	W	76,5x86,4	2x2384	4300	6100	11810		VW-MAN	075.2	T
N 117/2 Spaceliner	55	1985-88	6	280	W	125x155	11413	2200	5950	12000		MAN	D 2566 MTE	T
N 117/3 Spaceliner	65	1985-89	V10	354	W	128x142	18275	2300	5600/1230	12000		DB	OM 423	
N 120/4 Highliner	82	1985-88	V10	354	W	128x142	18275	2300	5600/8000	18000		DB	OM 423	
N 122/2 Clubliner	63	1985-91	V8	280	W	128-142	14618	2300	5300	10700		DB	OM 422	ab 1990 290 PS
N 122/3 Skyliner	87	1985-88	V10	354	W	128x152	18275	2300	5630/1230	12000		DB	OM 423	
N 138 Jumbocruiser	126	1985-	V10	400	L	125x130	15945	2300	5800/7030	18000		Deutz	BF10L 413 F	TL, auch DB-Motor
N 208 Jetliner	26	1985-87	6	170	W	102x116	5687	2800	3600	7750		MAN	D 0226 ME	T, mit TL 192 PS
N 209 Jetliner	36	1985-88	V6	216	W	128x142	10964	2300	3400	7850		DB	OM 421	
N 212 Jetliner	48	1985-90	V6	216	W	128x142	10964	2300	4200	9300		DB	OM 421	
N 212 H Jetliner	48	1985-90	V6	216	W	128x142	10964	2300	4200	9300		DB	OM 421	ab 1990 auch 290 PS
N 213 Jetliner	52	1985-89	V6	216	W	128x142	10964	2300	4970	10100		DB	OM 421	ab1990 auch 290 PS
N 213 Jetliner	52	1985-89	V6	216	W	128x142	10964	2300	4970	10100		DB	OM 421	ab 1989 auch 290 PS
N 214 Jetliner	56	1985-90	V8	280	W	128x142	14618	2300	5700	11000		DB	OM 422	ab 1989 290 PS
N 214 Jetliner	56	1985	6	280	W	126x130	9726	2200	5700	11000		Steyr	615.68	T
N 214 H Jetliner	56	1985-90	V8	280	W	128x142	14618	2300	5700	11000		DB	OM 422	
N 216 Jetliner	64	1985-91	V8	280	W	128x142	14618	2300	6100	12000		DB	OM 422	
N 313 Kombi	50/18	1985-91	V6	216	W	128x142	10964	2300	4970	10100		DB	OM 427	
N 316 Kombi	62/20	1985-88	V8	280	W	128x142	14618	2300	6100	12000		DB	OM 422	»Metroliner«
N 326/3 Kombi	109/22	1985-88	V10	354	W	128x142	18275	2300	5630/1230	12000		DB	OM 423	
N 413 Linie	40/60	1985-87	V6	216	W	128x142	10964	2200	4970	10080		DB	OM 427	
N 414 Linie	43/42	1985-87	6	240	W	128x155	11963	2200	5300	11000		MAN	D 2866 UH	
N416 M/MK	62/43	1985-92	6	240	W	128x155	11963	2200	6100	12000		MAN	D 2866 UH	»Metroliner«
N 416 SL II	37/46	1985	6	211	W	130x146	11630	2000	5875	11475	11820	DAF	DKCL 1060	
N 416 Ü 80	51/46	1985	6	211	W	130x146	11630	2000	6150	11810	11840	DAF	DKCL 1060	
N 420 Linie	82/80	1985	6	240	W	128x155	11963	2200	5100/7650	18000		MAN	D 2866 ME	
N 421 SG	51/115	1985-88	6	260	W	130x146	11630	2200	5875/5710	17240	13900	DAF	DKFL 1060	T
N 421 SGÜ	73/56	1985	6	260	W	130x146	11630	2200	6150/5750	17550	14200	DAF	DKFL 1060	T
N 421 MK		1985	6	260	W	130x146	11630	2200				DAF	DKFL 1060	T
N 424/2 SD	96/20	1985-90	6	240	W	128x155	11963	2200	5450	10850		MAN	D 2866 ME	ab 1989 290 PS
N 424/3 SD	107/28	1985-90	6	240	W	128x155	11963	2200	5630/1230	12000		MAN	D 2866 ME	
N 814 Niederflur	43/57	1985-88	6	240	W	128x155	11963	2200	5450	11460		MAN	D 2866 ME	
N 906 B Unibus	22/18	1985-88	6	102	W	76,5x86,4	2384	4300	3800	6450		VW-MAN	075.2	T
N 906 T	10	1985-88	6	102	W	76,5x86,4	2384	4300	4410	6450		VW-MAN	075.2	T
N 906 V	13/25	1985	6	102	W	76,5x86,4	2384	4300	3800	6450		VW-MAN	075.2	T
N 907	26	1985-88	6	167	W	97x128	5675	2800	4100	7200		DB	OM 352 A	T
N 208 Jetliner	33	1987-89	6	170	W	97,5x133	5958	2600	3700	7900		DB	OM 352 A	T
N 314 Kombi	54/24	1987	V8	280	W	128x142	14618	2300	5300	11000		DB	OM 422	
N 407 SM II Kombi	26/26	1987	6	130	W	97,5x133	5958	2800	3500	7750		DB	OM 366	
N 409 SM II Stadt	26/40	1987	6	136	W	97,5x133	5958	2800	4250	8600		DB	OM 366	

Typ	Sitzzahl/ Stehplätze	SP	Zyl	PS	K	B x H	Hubr.	Drehzahl	Rad-stand	Gesamt-länge	Eigen-gewicht	Motor-hersteller	Typ	Bemerkungen
N 409 SM II Überland	33/33	1987	6	136	W	97,5x133	5958	2800	4250	8600		DB	OM 366	
N 413 Mü	40/60	1987	6	216	W	128x142	10964	2300	5050	10080		DB	OM 427	
N 414 Mü	42/42	1987	6		W	128x155	11963	2200	5300	11000		MAN	D 2866 MUH	
N 416 Mü	62/43	1987	6	240	W	128x155	11963	2200	6100	12000		MAN	D 2866 MUH	
N416 SL II	38/63	1987-89	V8	204	L	125x130	12765	2000	5875	11475		Deutz	F8L 413 F	
N 416 SÜ II	51/46	1987	6	211	W	130x146	11630	2000	6150	11810		DAF	DKL 1060	
N 421/3 N (SG II N)		1987	V8	280	L	128x130	13382		5875/5960	17335		Deutz	F8K 413	mit T 280 PS, auch MAN-Motor
N 116	62	1989-	V10	355	W	128x142	5675	2300	5950	12000		DB	OM 423	
N 116	62	1989-	6	288	W	130x146	11630	2200	5950	12000		DAF	DKT 1060	T, auch 373 PS, ab 1992 302/401 PS
N 116	62	1989-	V8	306	L	125x130	12763	2300	5950	12000		Deutz	F8L 413 F	mit T 330 PS
N 116	62	1989-	6	372	W	128x155	11963	2200	5950	12000		MAN	D 2866 LX	TL, ab 1992 420 PS
N 116	62	1989-	6	312	W	^17x145	11000	2000	5950	12000		Scania	DS 1134	T, ab 1992 320/380 PS
N 117	64	1989-	V8	290	W	130x142	15080	12100	5950	12000		DB	OM 442	auch 354 PS, ab 1992 503 PS
N 117	64	1989-	6	288	W	130x146	11630	2200	5950	12000		DAF	DKT 1160	T, auch 377 PS, ab 1992 302/401 PS
N 117/2	64	1989-	V8	306	L	125x130	12765	2300	5950	12000		Deutz	F8L 413 F	mit T 330 PS
N 117/2	64	1989-	6	372	W	128x155	11963	2200	5950	12000		MAN	D 2866 LX	TL, ab 1992 420 PS
N 117/2	64	1989-	6	312	W	127x145	11000	2000	5950	12000		Scania	DS 1134	T, auch 373 PS, ab 1992 320/380 PS
N 117/3	66	1989-	V8	354	W	128x142	14618	2100	5350/1300	12000		DB	OM 442 A	T, ab 1990 290 PS, ab 1992 503 PS
N 117/3	66	1989-	6	354	W	130x146	11630	2200	5350/1300	12000		DAF	DKX 1160	TL, auch 373 PS, ab 1992 364/401 PS
N 117/3	66	1989-	V10	420	L	125x130	15953	2300	5350/1300	12000		Deutz	BF10L 413	TL
N 117/3	66	1989-	6	372	W	128x155	11963	2200	5350/1300	12000		MAN	D 2866 LX	T, ab 1992 420 PS
N 117/3	66	1989-	6	363	W	127x145	11000	2200	5350/1300	12000		Scania	DSC 1118	TL, ab 1992 380 PS
N 122/2	76	1989	6		W	130x146	11630	2200	5300	10700		DAF	DKT 1160	T, auch 354 PS, ab 1992 302/402 PS
N 122/2	76	1989-	6	372	W	128x155	11963	2200	5300	10700		MAN	D 2866 LX	TL, ab 1992 420 PS
N 122/2	76	1989-	6	312	W	127-145	11000	2200	5300	10700		Scania	D 1134	T, auch 363 PS, ab 1992 320/380 PS
N 122/3	90	1989-	V8	353	W	128x142	14618	2100	5350/1300	12000		DB	OM 442 A	T, auch 480 PS, ab 1992 503 PS
N 122/3	90	1989	6	373	W	130x146	11630	2200	5350/1300	12000		DAF	DKZ 1160 ATI	TL, ab 1992 364/402 PS
N 122/3	90	1989-	V8	400	L	125x130	15953	2300	5350/1300	12000		Deutz	BF10L 413	T
N 122/3	90	1989-	6	373	W	128x155	11963	2200	5350/1300	12000		MAN	D 2866 LX	TL, ab 1992 370/420 PS

Typ	Sitzzahl/ Stehplätze	SP	Zyl	PS	K	B x H	Hubr.	Drehzahl	Rad- stand	Gesamt- länge	Eigen- gewicht	Motor- hersteller	Typ	Bemerkungen
N 122/3	90	1989-	6	363	W	127x145	11000	2000	5350/1300	12000		Scania	DSC 1118	TL, ab 1992 380 PS
N 122/3	107	1989-92	V8	354	W	128x142	14618	2100	5630/1300	12000		DB	OM 442 A	T, auch 480 PS
N 122/3 P	107	1989-	V10	400	L	125x130	15953	2300	5630/1300 6570	12000		Deutz	BF 10L 413	T
N 138/4	129	1989-92	V8	354	W	128x142	14618	2100	5800/1230/	18000		DB	OM 442 A	T, auch 480 PS
N 138/4	129	1989-92	6	373	W	130x146	11630	2000	5800/1230/ 6570	18000		DAF	DKZ 1160 ATI	TL
N 138/4	129	1989-92	V10	400	L	125x130	15953	2300	5800/1230/ 6570	18000		Deutz	BF10L 413	T
N 138/4	129	1989-92	6	373	W	128x155	11963	2200	5800/1230/ 6570	18000		MAN	D 2866 LX	TL
N 138/4	129	1989-92	6	363	W	127x145	11000	2000	5800/1230/ 6570	18000		Scania	DSC 1118	TL
N 208	39	1989-	6	170	W	97,5x133	5958	2600	3700	8200		DB	OM 366 A	T, mit TL 204 PS
N 208	39	1989-	6	180	W	108x120	6592	2600	3700	8200		MAN	D 0826	T, mit TL 220 PS
N 212 H	48	1989-	V6	218	W	128x142	10964	2100	4500	9500		DB	OM 441 A	T, auch 290 PS
N 212 H	52	1989-	V6	218	W	128x142	10964	2100	4500	10100		DB	OM 441 A	T, auch 290 PS
N 213	52	1989-	6	265	W	130x146	11630	2400	5050	10100		DAF	DKD 1160	T
N 213	52	1989-	V8	306	L	125x130	12765	2300	5050	10100		Deutz	F8L 413 F	mit T 330 PS
N 214	56	1989-	V8	290	W	130x142	15080	2100	5300	11000		DB	OM 422	auch 355 PS
N 214	56	1989-	6	288	W	130x146	11630	2200	5300	11000		DAF	DKT 1160	T, auch 373 PS
N 214	56	1989-	V8	306	L	125x130	12765	2300	5300	11000		Deutz	BF8L 413	T, auch 330 PS
N 214	56	1989-	6	373	W	128x155	11963	2200	5300	11000		MAN	D 2866 LX	TL
N 214 H	56	1989-6		313	W	127x145	11000	2000	5300	11000		Scania	DS 1134	T, auch 363 PS
N 216 SH	64	1989-	V8	290	W	130x142	15080	2300	6100	12000		DB	OM 422	auch 355 PS
N 216/2	64	1989-91	6	288	W	130x146	11630	2200	6100	12000		DAF	DKT 1160	T
N 216/2	64	1989-91	V8	306	L	125x130	12765	2300	6100	12000		Deutz	BF8L 413	T
N 216/2	64	1989-	6	373	W	128x155	11963	2200	6100	12000		MAN	D 2866 LX	TL
N 216/2	64	1989	6	310	W	127x145	11000	2200	6100	12000		Scania	DS 1134	T, auch 363 PS
N 221/3 H	91	1989-	V8	290	W	130x142	15080	2100	5600/6900	17950		DB	OM 422	auch 354 PS
N 221/3 H	91	1989-	6	288	W	130x146	11630	2200	5600/6900	17950		DAF	DKT 1160	T, auch 373 PS
N 221/3 H	91	1989-	V8	306	L	125x130	12765	2300	5600/6900	17950		Deutz	BF8L 413	T, auch 330 PS
N 221/3 H	91	1989-	6	373	W	128x155	11963	2200	5600/6900	17950		MAN	D 2866 LX	TL
N 221/3 H	91	1989-	6	312	W	127x145	11000	2000	5600/6900	17950		Scania	DS 1134	T
N 313 L	49/18	1989	6	218	W	128x142	10964	2100	5050	10100		DB	OM 441 A	T, auch 290 PS
N 313 L	49/18	1989	V8	256	L	125x130		2300	5050	10100		Deutz	F8L 413	auch 330 PS
N 313 UE	49/18	1989	6	218	W	128x142	10964	2100	5050	10100		DB	OM 441 A	T, auch 290 PS
N 313 UE	49/18	1989	V8	256	L	125x130	12765	2300	5050	10100		Deutz	F8L 413	auch 330 PS
N 313 K	52	1989	6	218	W	128x142	10964	2100	5050	10100		DB	OM 441 A	T, auch 290 PS
N 313 K	52	1989	6	265	W	118x126	8270	2400	5050	10100		DAF	DKD 1160	T, auch 330 PS
N 313 K	52	1989	V8	256	L	125x130	12765	2300	5050	10100		Deutz	F8L 413	auch 290 PS
N 314 L	52/54	1989	6	218	W	128x142	10964	2100	5300	11000		DB	OM 441 A	T
N 314 L	52/24	1989	6	260	W	130x146	11630	2000	5300	11000		DAF	DKD 1160	T, auch 330 PS
N 314 L	52/54	1989	V8	306	L	125x130	12765	2300	5300	11000		Deutz	BF8L 413	T, auch 290 PS
N 314 UE	53/24	1989	6	218	W	128x142	10964	2100	5300	11000		DB	OM 441 A	T
N 314 UE	53/24	1989	6	260	W	130x146	11630	2000	5300	11000		DAF	DKD 1160	T, auch 330 PS
N 314 UE	53/24	1989	V8	306	L	125x130	12765	2300	5300	11000		Deutz	BF8L 413	T, auch 290 PS
N 314 K	56	1989	6	218	W	128x142	10964	2100	5300	11000		DB	OM 441 A	T, auch 354 PS
N 314 K	56	1989	6	260	W	130x146	11630	2000	5300	11000		DAF	DKD 1160	T

Typ	Sitzzahl/ Stehplätze	SP	Zyl	PS	K	B x H	Hubr.	Drehzahl	Rad- stand	Gesamt- länge	Eigen- gewicht	Motor- hersteller	Typ	Bemerkungen
N 314 K	56	1989	V8	306	L	125x130	12765	2300	5300	11000		Deutz	BF8L 413	T, auch 330 PS
N 316 L	64/20	1989	6	218	W	128x142	10964	2100	6100	12000		DM	OM 441 A	T, auch 290 PS
N 316 L	64/20	1989	6	260	W	130x146	11630	2000	6100	12000		DAF	DKD 1160	T
N 316 L	64/20	1989	V8	306	L	125x130	12765	2300	6100	12000		Deutz	BF8L 413	T, auch 330 PS
N 316 UE	64/20	1989	6	218	W	128x142	10964	2100	6100	12000		DB	OM 441 A	T, auch 290 PS
N 316 UE	64/20	1989	6	260	W	140x146	11630	2000	6100	12000		DAF	DKD 1160	
N 316 UE	64/20	1989	V8	306	L	125x130	12765	2300	6100	12000		Deutz	BF8L 413	T, auch 330 PS
N 316 K	64	1989	6	218	W	128x142	10960	2100	6100	12000		DB	OM 441 A	T, auch 290 PS
N 316 K	64	1989	6	260	W	130x146	11630	2000	6100	12000		DAF	DKD 1160	T
N 316 K	64	1989	V8	306	L	125x130	12765	2300	6100	12000		Deutz	BF8L 413	T, auch 330 PS
N 316 K	64	1989	6	373	W	128x155	11963	2200	6100	12000		MAN	D 2866 LX	TL
N 321/3 L	91/54	1989	6	240	W	128x155	11963	2200	5600/6900	17990		DB	OM 477	auch 280 PS
N 321/3 L	91/54	1989	6	260	W	130x146	11630	2000	5600/6900	17990		DAF	DKD 1160	
N 321/3 L	91/54	1989	V8	256	L	125x130	12765	2300	5600/6900	17990		Deutz	F8L 413	auch 330 PS
N 321/3 UE	91/54	1989	6	240	W	128x155	11963	2200	5600/6900	17990		DB	OM 477	auch 280 PS
N 321/3 UE	91/54	1989	6	260	W	130x146	11630	2000	5600/6900	17990		DAF	DKD 1160	T
N 321/3 UE	91/54	1989	V8	256	L	125x130	12765	2300	5600/6900	17990		Deutz	F8L 413	auch 330 PS
N 321/3 K	91/54	1989-91	6	240	W	128x155	11963	2200	5600/6900	17990		DB	OM 447	auch 280 PS
N 321/3 K	91/54	1989-91	6	260	W	130x146	11630	2000	5600/6900	17990		DAF	DKD 1160	T
N 321/3 K	91/54	1989-91	V8	256	L	125x130	12765	2300	5600/6900	17990		Deutz	F8L 413	auch 330 PSN
21/3 K	91/54	1989-91	6	373	W	128x155	11963	2200	5600/6900	17990		MAN	D 2866 LX	TL
N 407 SM II	25/26	1989-91	6	136	9	7,5x133	5958	2899	3500	7750		DB	OM 366	auch 170 PS
N 407 SM II	35/26	1989-91	6	150	W	108x120	6590	2500	3500	7750		MAN	D 0826	mit T 180 PS
N 4007 SM II	23/26	1989-	6	136	W	97,5x133	5958	2800	3500	7750		DB	OM 366	mit T 170 PS
N 4007 SM II	23/26	1989-	6	150	W	108x120	6590	2500	3500	7750		MAN	D 0826	mit T 180 PS
N 409 SM II	33/26	1989-91		136	W	97,5x133	5958	2800	4250	8600	7600	DB	OM 366	mit T 170 PS
N 409 SM II	33/26	1989-91	6	150	W	108x120	6590	2500	4250	8600		MAN	D 0826	mit T 180 PS
N 4009 SM II	31/26	1989-	6	136	W	97,5x133	5958	2800	4250	8600	8200	DB	OM 366	mit T 170 PS
N 4009 SM II	31/26	1989-	6	150	W	108x120	6590	2500	4250	8600		MAN	D 0826	mit T 180 PS
N 409-L SM II	33/38	1989-91	6	136	W	97,5x133	5958	2800	4250	9400		DB	OM 366	mit T 170 PS
N 409-L SM II	33/38	1989-91	6	150	W	108-120	6590	2500	4250	9400		MAN	D 0826	mit T 180 PS
N 4009 SM II	31/38	1989-91	6	136	W	97,5x133	5958	2800	4250	9400		DB	OM 366	mit T 170 PS
N 4009- L SM II	31/38	1989-91	6	150	W	108x120	6590	2500	4250	9400		MAN	D 0826	mit T 180 PS
N 416 SL	44/55	1989-	V8	204	L	128x130	13382	2000		11475		Deutz	F8L 513	auch 256 PS
N 416 SL II	44/55	1989-91	6	204	W	128-155	11963	2200	5875	11475		MAN	D 2866	auch 240 PS
N 4016 vLN	42/55	1989-91	V8	204	L	128x130	13382	2000	6025	12000	11000	Deutz	F8L 513	auch 256 PS
N 416 SÜ II	53/43	1989-	V8	204	L	128x130	13382	2000	6100	11850		Deutz	F8L 513	auch 256 PS
N 416 SÜ II	53/43	1989-	6	240	W	128x155	11963	2100	6100	11850		MAN	D 2866 MUH	
N 421/ 3 SG II	59/103	1989-	V8	256	L	128x130	13382	2300	5875/5810	17425		Deutz	F8L 513	
N 421/ 3 SGII	59/103	1989-	6	240	W	128x155	11963	2100	5875/5810	17425		MAN	D2866	mit T 290 PS
N 4021/ 3 NG	56/103	1989-91	V8	256	L	128x130	13382	2300	5875/5810	17425	15700	Deutz	F8L 413	
N 424/2	91/15	1989-	6	240	W	128x155	11963	2200	5450	11030		DB	OM 447	mit T 290 PS
N 424/2	91/15		6	260	W	130x146	11630	2000	5450	11030		DAF	DKD 1160	T
N 426/3	107/28	1989-	6	240	W	128x155	11963	2200	5490/1230	12000		DB	OM 447	mit T 290 PS
N 426/3	107/28	1989-	6	260	W	130x146	11630	2000	5490/1230	12000		DAF	DKD 1160	T
N 426/3	107/28	1989-	V8	256	W	125x130	12765	2300	5490/1230	12000		Deutz	BF8L 513	T auch 330 PS
Transliner K	60	1989-	V8	290	W	130x142	15080	2100	6195	12000		DB	OM 422 A	T
Transliner K	60	1989-	6	313	W	127x145	11000	2000	6195	12000		Scania	DS 1134	TL
Transliner Ü	60	1989-	V8	290	W	130x142	15080	2100	6195	12000		DB	OM 422 A	T
N 416 SL	44/37	1990	6	90	W	80x80	2443	4500	5875	11475		BMW	M 21 (D 224 WA)	T, Magnet-Motor-Bus
N 316 TH	61	1991-	V6	290	W	125x130	9570	2100	6100	12000		DB	OM 401 LA	TL, auch 380 PS
N 316 TH	61	1991-	6	320	W	127x145	11000	1900	6100	12000		Scania	DS 1134	auch 380 PS
N 316 TH	61	1991-	6	302	W	130x146	11630	2000	6100	12000		DAF	DKT 1160	auch 401 PS
N 316 TH	61	1991-	V8	306	L	125x130	12765	2300	6100	12000		Deutz	BF8L 513	T, auch 330 PS

Typ	Sitzzahl/ Stehplätze	SP	Zyl	PS	K	B x H	Hubr.	Drehzahl	Rad- stand	Gesamt- länge	Eigen- gewicht	Motor- hersteller	Typ	Bemerkungen
N 316 TH	61	1991-	6	250	W	128x155	11963	2300	6100	12000		MAN	D 2866	auch 330 PS
N 316 TÜ	59/31	1991-	V6	290	W	125x130	9570	2100	6100	12000		DB	OM 401 LA	TL, auch 380 PS
N 316 TÜ	59/31	1991-	6	250	W	128x155	11963	2300	6100	12000		MAN	D 2866	
N 316 TK	61/25	1991-	V6	290	W	125x130	95770	2100	6100	12000		DB	OM 401 LA	TL, auch 380 PS
N 316 TK	61/25	1991-	V8	306	L	125x130	12765	2300	6100	12000		Deutz	F8L 513	auch 330 PS
N 316 TK	61/25	1991-	6	250	W	128x155	11963	2300	6100	12000		MAN	D 2866	
N 128/4 Megaliner	95-106	1991-	V8	381	W	125x130	12760	2100	1230/6100/ 1300	14970		DB	OM 402 LA	TL
N 128/4 Megashuttle	97/75	1991-	6	270	W	108x125	6870	2400	1230/6100/ 1300	14970		MAN	D 0826 LOM	auch 320 PS
N 4010	33/36	1991-	6	164	W	97,5x133	5958	2800	4500	9850		DB	OM 366 A	T
N 4014	45/50	1991-	6	230	W	108x125	6870	2400	6020	12000		MAN	D 0826 LOM	TL, 2- und 3-türig
N 4014	45/50	1991	6	204	W	105x120	6240	2000	6020	12000		MWM	TDB 226 B-06	TL
N 4016 SÜ II	42/55	1991-	V8	204	L	128x130	13382	2000	6025	12000		Deutz	F8L 513	mit T 256 PS, 2- und 3-türig
N 4016 SÜ II	42/55	1991	6	230	W	108x125	11973	2300	6025	12000		MAN	D 2866 MUH	2- und 3-türig
N 4021	62/72	1991-	6	230	W	108x125	6870	2400	5875/5810	17585	15700	MAN	D 0826 LOM	TL
N 4024	84/27	1991-	6	164	W	97,5x133	5958	2600	4500	9850		DB	OM 366 A	T
N 116	61	1992-	V6	290	W	125x130	9570	2100	5950	12000		DB	OM 401 LA	TL
N 116	61	1992-	V8	503	W	128x142	14620	2100	5950	12000		DB	OM 442 LA	TL
N 116/3	61	1992-	V6	290	W	125x130	9570	2100	5350/1300	12000		DB	OM 401 LA	TL
N 116/3	61	1992-	V8	503	W	128x142	14620	2100	5350/1300	12000		DB	OM 442 LA	TL
N 117	63	1992-	V6	290	W	125x130	9570	2100	5350/1300	12000		DB	OM 401 LA	TL
N 117	63	1992-	V6	363	W	128x142	10960	2100	5350/1300	12000		DB	OM 441 LA	TL, auch 503 PS
N 122/2	76	1992-	V6	290	W	125x130	9570	2100	5300	10700		DB	OM 401 LA	TL
N 122/2	76	1992-	V8	380	W	125x130	12760	2100	5300	10700		DB	OM 402 LA	TL
N 122/3 P	107	1992-	V6	363	W	128x142	10960	2100	5630/1300	12000		DB	OM 441 LA	TL, auch 380 PS
N 138/4	129	1992-	V8	503	W	128x142	14620	2100	5800/6770/ 1230	18000		DB	OM 442 LA	TL, schubge- lenkt, auch 366 u. 381 PS
N 138/4	129	1992-	6	401	L	130x146	11630	2000	5800/6770/ 1230	18000		DAF	WS 295 G	TL, schubge- lenkt, auch 429 PS
N 138/4	129	1992-	V10	400	L	125x130	15953	2300	5800/6770/ 1230	18000		Deutz	BF10L 513	TL, schubge- lenkt
N 138/4	129	1992-	6	420	W	128x155	11963	2000	5800/6770/ 1230	18000		MAN	D 2866 LOH	TL, schubge- lenkt, auch 370 PS
N 138/4	129	1992-	6	381	W	127x145	11000	2100	5800/6770/ 1230	18000		Scania	DSC 1122	TL, schubge lenkt, auch 363 PS
N 6020 World-City-Bus	35/110	1992		4x55/68		(4x40/50 KW)			5950/5900	17700				
Neoplan Ghana														
N 309		1983	4	125	W	120x145	6560	2300				Nordhausen	4 VD 14,5 /12-1	
NK 8 Tropical	37/36	1972	V6	152	L	125x130	9572	2500	3950	8600		Deutz	F6L 413	
N 12 Tropical	42/57	1972	V6	152	L	125x130	9672	2500	5120	10350		Deutz	F6L 413	
N 414 Tropica	131	1976	6	177	W	125x155	11410	2200	5700	11000	9450	MAN	D 2566 MF	
Neoplan Hiller														
Arewa Junior 506	39	1990-91	4	125	W	120x145	6560	2300				Nordhausen	4 VD 14,5 5/12-1	
Transliner		1989-91	6	180	W	110x135	9160	2300	6195	12000		Nordhausen	6 VD 13,5 /12 JRF	
Transliner		1989-91	6	230	W	110x135	9160	2100	6195	12000		Nordhausen	6 VD 13,5 /12 AJRF	T
Neoplan-MIC														
Carbon-Metroliner	43/37	1989	6	160	L	102x125	6128	2500	5850	10390	6500	Deutz	BF6L 913	T, auch 37/28 Plätze

Typ	Sitzzahl/ Stehplätze	SP	Zyl	PS	K	B x H	Hubr.	Drehzahl	Rad- stand	Gesamt- länge	Eigen- gewicht	Motor- hersteller	Typ	Bemerkungen
N 4008 MIC	22/22	1990	6	164	L	102x125	6128	2500		7850	6500	Deutz	BF6L 913	T
N 4008 MIC	22/22	1990	6	204	W	105x120	6240	2500		7850		MWM	TDB 226 B-06	TL
N 4008 MIC	22/22	1990	6	230	W	108x120	6590	2600		7850		MAN	D 0826 LOH	TL
N 4008 MIC	22/22	1990	6	116	W			4800		7850		BMW		T
N 4009 MIC		1990	6	164	L	102x125	6128	2500				Deutz	BF6L 913	T
N 4012 MIC		1990	6	220	W	108x120	6871	2600	5875	10600	7000	MAN	D 0826 LOH	TL
N 4017 MIC		1990	6							11760				
N 8008 Ultralight	19/20	1991-	4	139	W	97,5x133	3970	4200	7840-8020			DB	OM 364 LA	TL
N 8008 E	19/13-24	1991-		26-42		(19-31 KW)			4200	8020	6100	ABB	TTL 315 C	
N 8012 MIC	33/40	1991-	6	165	W	97,5x133	5960	2600	5875	10590	6500	DB	OM 364 LA	TL
N 8012 MIC	43/36	1991-	6	230	W	108x120	6590	2600	5875-5960	10590	6500	MAN	D 0826 LOH	TL
N 8012 MIC	43/36	1991-	6	204	W	105x120	6240	2500	5875-5960	10590	6500	MWM	TDB 226 B-06	TL
Benz														
»Omnibus«	6-8	1895	1	5		150x150	2650	600	2020	3400-3500	1200	Benz		
Victoria	10	1898	2	8/10		120x120	2712	920				Benz	Contra	Boxermotor
Break	12	1899	2	13/15		130x160	4245	820			1400	Benz		
Break	8	1899	2	8/10		120x120	2712	920		3250	1150	Benz	Contra	Boxermotor
Break	12	1899	2	8/10		120x120	2712	920		3600	1400	Benz	Contra	Boxermotor
Reichs- posttyp	10	1911-12	4	30/35	W	105x150	5195		3290		2480	Benz	R 8	
B.O.10	18/4	1911-12	4	35/40	W	117x150	6450		3650- 4250		3000	Benz	R 6	
S.O. 10	24	1911-12	4	40/45	W	125x150	7360		4280		4400	Benz	R 4 S 125	
S.O. 10	42	1911-14	4	40/45	W	125x150	7360		4150		6030	Benz	R 4 S 125	Oberdeck-Typ »Berlin«
S.O. 10	24	1911-12	4	45/50	W	135x150	8590		4280		4400	Benz	R 2 S 135	
S.O.10	42	1911-14	4	45/50	W	135x150	8590		4150		6030	Benz	R 2 S 135	Oberdecker
KL	13	1913-14	4	20/25	W	90x140	3560	1000	3125- 3895		2500	Benz	R 10	Kardanantrieb
KO	14	1913-14	4	30/35	W	105x150	5195	1000	3400- 4060		2900 2900	Benz Benz	R 8 R 8	
BL	20	1913-14	4	30/35	W	105x150	5195	1000	3130-3700- 4390		2350	Benz	R 8	
BL	20	1913-14	4	35/40	W	117x150	6450	1000	3130- 3700- 4390			Benz	R 6 S 117	
BO	22	1913-14	4	40/45	W	125x150	7360	1000	3800- 4185- 4485		3500	Benz	R 4 S 125	
BO	22	1913-14	4	45/50	W	135x150	8590	1000	4250- 4485			Benz	R 2 S 135	
SL/SO		1913-14	4	40/45	W	125x150	7360	1000	4660- 5000		4250	Benz	R 4 S 125	
SL/SO		1913-14	4	45/50	W	135x150	8590	1000				Benz	R 2 S 135	
EK 1	12/2	1913-19	4	32/38	W	100x150	4710	1000	3790		3790	Benz	S 100	
KL 4	19/2	1913-19	4	32/38	W	100x150	4710	1000	4060		4060	Benz	S 100	
KL 4	19/2	1913-19	4	40/45	W	117x150	6450	1000	4060			Benz	S 117	
BL 10	20/2	1913	4	30/35	W	100x150	4710	1000	3700- 4390		3700	Benz	S 150	
BL 10	20/2	1913	4	40/45	W	117x150	6450	1000	3700- 4390		4390	Benz	S 117	
BO 14/S 14	28/2	1913	4	45/50	W	125x150	7360	1000	4280- 4485 5000			Benz	S 125	
BO 14/S 14	28/2	1913	4	48/58	W	135x150	8590	1000	4280- 4485 5000		4400	Benz	S 135	
1 C/1 CN	16		4	30/35	W	100x150	4710	1200	3600- 3715- 3750- 4000	5000-6700	3560	Benz	S 100	
2 C/2 CN	18-25		4	40/45	W	110x165	6270	1000	3850- 4070- 4350- 4422- 4820	5650-7600	4560	Benz	S 110	

Typ	Sitzzahl/ Stehplätze	SP	Zyl	PS	K	B x H	Hubr.	Drehzahl	Rad- stand	Gesamt- länge	Eigen- gewicht	Motor- hersteller	Typ	Bemerkungen
3 C/3 CN	22	1920	4	40/45	W	110x165	6270	1000	4200	6000	4000	Benz	S 110	
3 C/3 CN	16-32	1920	4	50/55	W	120x180	8/40	1000	4688-5900	7500-9250	5880	Benz	S 120	auch US-Fahrgestell
3 C/3 CN	48	1920	4	50/55	W	120x180	8140	1000	4650	7717	5100	Benz	S 120	Export-Oberdecker
MS	30	1923	4	40/45	W	110x165	6270	1000	3250		4800	Benz	S 110	
2 CNa	22-24	1925-27	4	40/45	W	110x165	6270	1000	5000	7345		Benz	S 110	
2 CNb	28-32	1925-27	4	50/55	W	120x180	8140	1000	6000	8140		Benz	S 120	
3 CNa	23	1925	4	40/45	W	110x165	6270	1000	5000	7350	4800	Benz	S 110	
3 CNb	30	1925	4	50/55	W	120x180	8140	1000	6000	8380	5300	Benz	S 120	
3 CN 0	26	1925	4	50/55	W	120x180	8140	1000				Benz	S 120	
Bergmann														
		1910-14	4	38	W	90x140	3565	1800				Bergmann		
		1921	4	38	W	110x150	5699	1150				Bergmann		
		1921		10		(7,6 kW)		650			6000	Bergmann		
BEM 2500	25	1935		15		(11 kW)		950				Bergmann		
BMF														
L 50		1900	2	10		120x140	3165	800				BMF		
L 30	12-14	1906	2	12/16								BMF		China-Typ
Brennabor - Klein-Omnibusse-														
F/0		1913	4	28	Th	82x123	2597	1800	3200	4600		Brennabor		
3 Ltr.	14	1926-28	6	45	Th	77x111	3080	2400				Brennabor	3 Ltr.	
3 Ltr.	15/1	1928	6	45	Th	77x111	3080	2400				Brennabor	3 Ltr.	
AST	16/4	1929	6	45	Th	77x111	3080	2400	3965	6000	1880	Brennabor	3 Ltr.	
AST 31	16/4	1929-31	6	53	Th	77x111	3080	2400	3965	5770		Brennabor	3 Ltr.	ab 1931 auch Radstand 3000 mm
Büssing														
Graue Katze	10	1903	2	9		105x130	2250	850				Büssing		Prototyp (Fahrgestell)
		1903	2	12		108x130	2380	850				Büssing		
	12	1904	4	20	W	105x130	4500	850				Büssing		auch 19/11 Plätze
		1904	4	25	W	108x130	4761	850				Büssing		
		1904	4	32	W	120x130	5878	850				Büssing		
		1906	4	32/35	W	115x140	5813	850	4250			Büssing		
		1906	4	36/38	W	115x155	6436	850	4250			Büssing		
IV	21/9	1906	4	25/30	Th	100x140	4396	1000	4400		4030	Büssing		Frontlenker
		1910	4	55	W	132x160	8754	860				Büssing		
I F	16	1910	4	32	W	115x140	5813	850				Büssing		
II	18	1912-13	4	22/25	Th	100x130	4082	850	3955			Büssing	B	
II	12/8	1912-13	4	32/35	W	115x140	5813	850	3955			Büssing		
III	20/4	1912-13	4	32/35	W	115x140	5813	850	4000			Büssing		auch 24 Plätze
III	20/4	1912-13	4	36/38	W	115x155	6436	850	4000			Büssing		max. 40 PS
VII	22/8	1912	4	32/35	W	115x140	5813	850				Büssing		
VII	22/8	1912	4	36/38	W	115x155	6436	850				Büssing		
V	24	1912	4	40	W	130x130	6896	850				Büssing		auch 30 Plätze
VI		1913	4	50	W	125x160	7850	850				Büssing	B 4 K	
III		1921	4	45	W	115x150	6228	850	4400			Büssing	A 6	ABOAG-Typ
VI G 1	50	1923	4	52/55	W	125x160	7850	850			11200	Büssing	B 4 K	Dreiachser-Prototyp
III GL	30	1924-28	4	45	W	115x150	6228	850	4400		6200	Büssing	A 6	
III GLu		1924	6	72	W	110x150	8550	1000				Büssing	C 2	
VI G 1	50	1924	6	80/85	W	115x150	9343	1000			7500	Büssing	C 4	
IV GuL		1924	4	60	W	125x160	7850	1000				Büssing	B 4 K	Doppeldecker
IV G 1	59/9	1925-28	4	50	W							Büssing	A 5 K	ABOAG-Typ
IV Gn	26/	1925	4	60	W	125x160	7850	1000	4750			Büssing	B 4 K	Doppeldecker
Büssing		1925	6	65	W	110x150	8548	1000				Büssing	C 3	
V G		1925	4	60	W	125x160	7850	1000				Büssing	B 4 K	
VI G 1	50	1925	6	80	W	125x160	11775	1000	5000/ 1250	9770	11200	Büssing	D 2	
VI GL	50	1926	4	70	W	125x160	7850	1200	5000/ 1250	9770		Büssing	B 4 K	
VI GL	50	1926	6	90	W	125x160	11775	1000	5000/ 1250	9770	10000	Büssing	D 2	Lautal-Karosserie
III GLn		1926	4	60	W	125x160	7850	1000	5000			Büssing	B 4 K	

Typ	Sitzzahl/ Stehplätze	SP	Zyl	PS	K	B x H	Hubr.	Drehzahl	Rad- stand	Gesamt- länge	Eigen- gewicht	Motor- hersteller	Typ	Bemerkungen
III GLn		1926	6	65	W	110x150	8548	1000	5000			Büssing	C 3	
IV GLn	26	1927	6	65	W	110x150	8548	1000	4750		8900	Büssing	C 3	
IV GLn		1927	6	90	W	115x150	9348	1200				Büssing		D
IV GLn	50	1927	4	60/70	W	125x160	7950	1000				Büssing	B 4 K	Uerdinger Karosserie
VI GLn	50	1927	6	72	W	110x150	8548	1000		8500		Büssing	C 3	
VI GLn D 3	58/15	1927/28	6	75/80	W	115x150	9348	1200	4250/ 1250	10300	9900	Büssing	C 4	ABOAG-Doppeldecker »Jumbo«
VI GLn/ B∞D 3	82	1927	6	85	W	125x160	11775	1200			13500	Büssing	D 2	Doppeldecker
Büssing		1927										Büssing		AEG, diesel-elektrisch
IV GLn		1928	6	72	W	110x150	8548	1000				Büssing	C 3	
VI GLn	50	1928	6	80	W	110x150	8548	1200				Büssing	C 3	
VI GLn	70/10	1928	6	100	W	125x160	11775	1000	5525/ 1230	11370		Büssing	D 2	
III GLn	28/32	1929	6	75	W	115x150	9348	1000	5100	9980		Büssing	C 4	
IV GnL	40/30	1929	6	75	W	115x150	9348	1000	4750			Büssing	C 4	
IV GuL E.D.	19/31	1929	6	90	W	115x150	9348	1200				Büssing		D
VI Bu		1929	4	60	W	125x160	7850	1000				Büssing	B 4 K	
VI Gr		1929	6	90	W	115x150	9348	1200				Büssing	C 4	HAWA-Trambus
III N	28/10	1930	6	80	W	115x150	9348	1200	5500	8560		Büssing	C 4	
IV GLn	35-40	1930	6	80	W	115x150	9348	1200	4470	9070		Büssing	C 4	
15		1931	4	48	W	90x125	3179	2000				NAG	Z	
20		1931	4	48	W	90x125	3/79	2000				NAG	Z	
25		1931	4	65	W	100x125	3822	2000				NAG		
30	30	1931	6	80	W	84x120	3988	2600				NAG	L	
40 N	30/10	1931	6	85/90	W	115x150	9348	1200	5500	8560	4000	Büssing	C 4	
50 N	40	1931	6	85/90	W	115x150	9348	1200	6100	9700		Büssing	C 4	
80 N	40/3	1931	6	105	W	125x160	11775	1200	5925/ 1250	12070		Büssing	D 2	
80 N	70/10	1931	6	110	W	125x160	11775	1200	5525/ 1250			Büssing	D 2	Doppeldecker
80 N	70/10	1931-34	6	110	W	125x170	12500	1300	5525/ 1250			Büssing	FD 6	D, Doppeldecker
250	15/7	1931	4	65	W	100x125	3922	2000	4700			Büssing	G	
275	22/3	1931	6	70	W	84x120	3988	2500				NAG	L	
300	30/5	1931	4	65	W	110x130	4939	2000	4700			Büssing	LD 4	D
350	30/6	1931	6	90	W	110x130	7408	2200				Büssing	LD 6	D
300	30/5	1932	6	70	W	84x120	3988	2500				NAG	L	
350	36	1932	6	75	W	94x168	6995	1200				Maybach	OS	
150	15/3	1932	4	40	W	90x125	3180	1700	3670	5365		NAG	Z	
200	15/5	1933	3	45	W	110x130	3706	1700	3760	5665		Büssing	LD 3	D
250	23	1933-38	3	45	W	110x130	3706	1700	4100	6100		Büssing	LD 3	D
275	25	1933	4	75	W	125x170	8340	1500	4500	7000		Büssing	FD 4	
300	31	1933	4	75	W	125x170	8340	1500	4500-5100	7650		Büssing	FD 4	auch L8V-Motor
350	36	1933	6	85	W	115x150	9343	1900	4500			Büssing	C 4	
350	36	1933	V8	100	W	84x120	7976	2500				NAG	L8V	
80 N FDo	60	1933	2x6	320	W	120x170	23060	2000	5900/ 1350	12400		Büssing	FDo	KVG-Typ Fichtelberg
Obus CuN 33F	40/30	1933-34		2x56		(2x41 kW)						AEG		Dreiachser-Prototyp
275 D	22/5	1934	4	55	W	110x130	4942	2000		7000		Büssing	LD 4	D, auch 60 oder 70 PS
300 ON	30/5	1934	6	70	W	84x120	3990	2500				NAG	L	
350 D	30/6	1934	6	80	W	110x130	7410	2000				Büssing	LD 6	
801	60	1934	6	105	W	125x160	11775	1200				Büssing	D 2	
D3 (BVG-Typ)	58/17	1934	6	109/120	W	130x170	13539	1500	4250/ 1250	10300		Büssing	GD 6	diesel-elektrisch 80-kW-SSW Motor
375 T	35	1935-36	6	90/95	W	110x130	7410	2200	4800-5300		4800	Büssing	LD 6	D
550 N	25/19	1935-38	6	110	W	125x160	11775	1200	5400	9930		Büssing	D 2	auch 125 PS
GDo	40-50	1935	2x6	280	W	130x170	13539	1600	5060/ 1500	13650	14500	Büssing	GD 6	D, RAB-Prototyp

Typ	Sitzzahl/ Stehplätze	SP	Zyl	PS	K	B x H	Hubr.	Drehzahl	Rad-stand	Gesamt-länge	Eigen-gewicht	Motor-hersteller	Typ	Bemerkungen
305 T	31-35	1936	5	70-80	W	110x130	6174	2000	4200-4800		4500	Büssing	LD 5	D
550 N	34/II	1936	6	90	W	125x160	11775	1200	5400	11600		Büssing	D 2	Generator-Typ, mit 110 PS
650 N		1936	6	145	W	135x160	13739	1500	5400	10350		Büssing	MD 6	D u. folgende
502 N		1937	6	110/120	6	125x170	12500	1500	4800-5400	7200-7800			FD 6	
650 N		1936	6	145	W	135x160	13739	1500	5400	10350		Büssing		
650 T		1936-38	6	145	W	135x160	13739	1500	5400			Büssing		
650 TU		1936	6	145	W	135x160	13739	1500	5400			Büssing	UD 6	Unterflurmotor
900 N	42/10	1936-38	6	130	W	130x170	13539	1500	5400/ 1450	12500		Büssing	GD 6	
900 TU	61	1936	6	145	W	135x160	13739	1500	5400/ 1450	12500	9200	Büssing	UD 6	Unterflurmotor
Obus, Norm I	28/27	1936-38		116		(85 kW)		1500	4800		7600	BBC		auch AEG u. SSW-Motor
300 T	24-28	1937	4	65	W	110x130	4950	2200	3500	6000-6450		Büssing	LD 4	
350 T	31-35	1937	5	80	W	110x130	6170	2200	4200-4800	7375-7975		Büssing	LD 5	
400 T	35-40	1937	6	95	W	110x130	7412	2200	4800-5300	7975-8475		Büssing	LD 6	
400 N	35/10	1937	6	95	W	110x130	7412	2200	4800-5300	9680	5000	Büssing	LD 6	auch Typ 400 u. 400 DN
900 T	30/40	1937	6	140	W	135x160	13739	1500	4800-5510/ 1450	10850	11300	Büssing	UD 6	
500 T	42/7	1938	6	95	W	110x130	7412	2200	4500		7430	Büssing	LD 6	auch Typ 500 N
900 N	42/10	1938-40	6	150	W	135x160	13739	1600	5400/ 1450	12450	12200	Büssing	MD 6	auch als Doppeldecker 62/41 Plätze
900 N	42/10	1938	6	110	W	135x160	13739	1500	5400/ 1450	12450		Büssing		Holz-Gas-Generator
650 T	52/47	1938	6	150	W	135x160	13739	1600	5400/ 5400	14500	10900	Büssing	MD 6	Gaubschat-Gelenkzug, auch 110/120 PS
Obus, Norm I	29/13	1939		87	(64 kW)			1500	4800		7600	AEG		auch SSW-Motor
DO 36 (D 38)	68/15	1939	6	172	W	135x160	13739	1500	4300/ 1350	10543	12600	Büssing	DMD 6	BVG-Doppeldecker
500 T	45/7	1939-41	6	105	W	110x130	7412	1800		9500		Büssing	LD 6	
4500 T	45/7	1941-42	6	107	W	110x130	7412	1800	4500	9450	7430	Büssing	LD 6	
70 T Ubus		1941	6	130	W	130x170	13539	1500				Büssing	UD 6	Prototyp, Unterflur-motor in Wagenmitte
5000 T	32/20	1945-49	6	105	W	110x130	7412	1800	4500	9200	7900	Büssing	LD 6	
5000 TU	42/10	1949-51	6	135	W	115x140	8725	2000	5250	10210-10265	8300	Büssing	U 9	
5000 TU	42/10	1951		116		(85 kW)			5250			BBC		
TU	70	1951-52	6	135	W	115x140	8725	2000	5250	10285	8100-8450	Büssing	U 9	
BüD2u	70/21	1951	6	150	W	118x150	9842	2000		10040		Büssing	U 10	Doppeldecker-Prototyp
BüD3u	91	1951	6	150	W	118x150	9842	2000	4600/ 1400	11110	9500	Büssing	U 10	Doppeldecker-Prototyp
12000 T	48/67	1951-54	6	180	W	130x170	13539	1600	5250/1500	12000	15600	Büssing	U 13	
6000 T	50/20	1952-54	6	135	W	115x140	8725	2000	5250	10565	8500	Büssing	U 9	
6000 T	50/20	1952	6	150	W	118x150	9842	2000	5250	10565	8990	Büssing	U 10	
BüD2u	98	1952-56	6	150	W	118x150	9842	2000	5150	10400		Büssing	U 10	
BüD2u	98	1952	6	180	W	130x170	13539	1600		11100		Büssing	U 13	
BüD3u	76/57	1952	6	180	W	130x170	13539	1600	5250/1500	12000	12300	Büssing	U 13	max. 200 PS
4000 T	35/18	1953-54	6	100	W	96x125	5430	2600	4000	8770	6000	Büssing	U 5	
6000 T Elze	50	1953-59	6	150	W	118x150	9842	2000	6000	12000	7400	Büssing	U 10	auch 36/70 Plätze
4500	35/18	1954-57	6	100	W	96x125	5430	2600	4000	8770	5450	Büssing	U 5	
6000 T	52/88	1954	6	150	W	118x150	9842	2000	5250/ 6000	17200	13600	Büssing	U 10	Emmelmann-Gelenkzug
6500 T	43/10	1954-57	6	150	W	118x150	9842	2000	5250	10600	8500	Büssing	U 10	
6500 T	51/66	1954-57	6	150	W	118x150	9842	2000	5250/ 1275	11800	10960	Büssing	U 10	Ludewig 1 ½-Decker

Typ	Sitzzahl/ Stehplätze	SP	Zyl	PS	K	B x H	Hubr.	Drehzahl	Rad- stand	Gesamt- länge	Eigen- gewicht	Motor- hersteller	Typ	Bemerkungen
6500 T	66/87	1954	6	150	W	118x150	9842	2000	5250/ 6150/ 1400			Büssing	U 10	FAKA- Gelenkzug
6500 T	45/87	1954	6	150	W	118x150	9842	2000	5250/ 6130/ 1400	17200	13030	Büssing	U 10	Kässbohrer- Gelenkzug
12000 T	65	1954	6	180	W	135x175	15025	1500	5250/1500	11760	14000	Büssing	U 15	max. 200 PS
6000 T	46/84	1955-58	6	150	W	118x150	9842	2000	5800/ 5600 5600/ 1300	16900	12750	Büssing	U 10	Gaubschat- Gelenkzug
6500 T		1955	6	150	W	118x150	9842	2000	5250/ 1300	17320	14015	Büssing	U 10	Vetter- Gelenkzug
TU 7	37/9	1955-59	6	130	W	105x130	6750	2400	4500	9480	7000	Büssing	U 7	
TU 11	46/10	1955-59	6	170	W	122x155	10872	2000	5550	11235- 11620	9000	Büssing	U 11	Stadtlinie 35/55 Plätze
D2U 55	70/15	1956-57	6	150	W	118x150	9842	2000	5150	10400	9630	Büssing	U 10	
6500 T	50/86	1956	6	150	W	118x150	9842	2000	5250/ 5750/ 1300	17200	13650	Büssing	U 10	Kässbohrer- Gelenkzug auch Rad- stand 5250/ 6400 mm
6500 T	45/85	1956-58	6	150	W	118x150	9842	2000	5250/ 6130	16500	13030	Büssing	U 10	Kässbohrer- Gelenkzug
6500 T	43/100	1956-58	6	150	W	118x150	9842	2000	5250/ 6500	16500	12575	Büssing	U 10	Gaubschat- Gelenkzug. auch Rad- stand 5250/ 6600 mm
TU 5	38/8	1957-58	6	110	W	96x125	5430	2600	4500	8415-9170	6200	Büssing	U 5	auch Rad- stand 4100 mm
TU 5 R	37/41	1957-59	6	110	W	96x125	5430	2600	5150	9550	6250	Büssing	U 5	auch 33/43 Plätze
TU 5 S	32/57	1957-59	6	110	W	96x125	5430	2600	5150	9550	6000	Büssing	U 5	
TU 7 S	33/54	1957	6	130	W	106x135	7150	2500	5150	9550	6200-7000	Büssing	U 7	
TU 7 Aero	42/128	1957-58	6	130	W	106x135	7150	2500	4850/ 1275	11000	7500	Büssing	U 7	Ludewig 1 1/2-Decker
TU 10 V	27/63	1957-59	6	150	W	118x150	9842	2000	5350	10810	9200	Büssing	U 10	
TU 10	46/42	1957-59	6	150	W	118x150	9842	2000	5350	11035		Büssing	U 10	
TU 10 R	49/12	1957-59	6	150	W	118x150	9842	2000	5350	11035		Büssing	U 10	
TU 10	64/61	1957-59	6	150	W	118x150	9842	2000	5350	11035		Büssing	U 10	Gaubschat- Typ
TU 10 Aero	49/72	1957-59	6	150	W	118x150	9842	2000	5250/	12000 1275	7665	Büssing	U 10	Ludewig 1 1/2-Decker
TU 10	68/94	1957-59	6	150	W	118x150	9842	2000	5250/ 6150	16500	13660	Büssing	U 10	Emmelmann- Gelenkzug, auch Rad- stand 5250/ 5220/1300 mm
TU 10	44/96	1957	6	150	W	118x150	9842	2000	5250/ 6150	16500	12735	Büssing	U 10	Vetter- Gelenkzug
TU 10	50/76	1957	6	150	W	118x150	9842	2000	5250/ 6330/	16500	13650	Büssing	U 10	Bauer- Gelenkzug
TU 10	70/14	1957-63	6	150	W	118x150	9842	2000	5120	10400	9565	Büssing	U 10	Doppeldecker
üB IVs	118	1957		143		(105 kW)				11800	7965	Kiepe-GL	LC 327	Uerdingen- Obus
TU 7 Reise	46	1958-59	6	145	W	106x135	7150	2500	4850	10080	7000	Büssing	U 7	
TU 7 Stadt	31/56	1958-59	6	145	W	106x135	7150	2500	4850	10080		Büssing	U 7	
TU 7 Aero	40/101	1958-60	6	145	W	106x135	7150	2500	4850/ 1275	11700	10840	Büssing	U 7	Ludewig 1 1/2-Decker
TU 10 Aero	66/99	1958	6	150	W	118x150	9842	2000	5250/ 1275			Büssing	U 10	Ludewig 1 1/2Decker
LU 55	26/52	1958	6	110	W	96x125	5430	2600				Büssing	U 5	FAKA- Sattel- schlepper- Flughafenbus
TU 55	38	1959-60	6	110	W	96x125	5430	2600				Büssing	U 5	

Typ	Sitzzahl/ Stehplätze	SP	Zyl	PS	K	B x H	Hubr.	Drehzahl	Rad-stand	Gesamt-länge	Eigen-gewicht	Motor-hersteller	Typ	Bemerkungen
8/9 RU 5		1959	6	110	W	96x125	5430	2600	3700	8210	6200	Büssing	U 5	
11 RU 5		1959	6	110	W	96x125	5430	2600	4600	10040		Büssing	U 5	
11 RU 7 H	32/44	1959	6	145	W	106x135	7150	2500	4850	10080	7000	Büssing	U 7	
13 RU 10	115-120	1959	6	150	W	118x150	9842	2000	5350	11300		Büssing	U 10	
13 RU 10	39/III	1959	6	150	W	118x150	9842	2000	5200/ 5400	16500	11500	Büssing	U 10	Emmelmann-Gelenkzug, auch Radstand 5370/5750 mm
13 RU 11	115	1959	6	170	W	122x155	10870	2000	5350	11337		Büssing	U 11	
14 RU 11	120	1959	6	170	W	122x155	10870	2000	5750	11865		Büssing	U 11	
BuD2u	70/21	1959-61	6	110	W	96x125	5430	2600	5130	10400	11650	Büssing	U 5	
14 RU 10		1959	6	150	W	118x150	9842	2000	5760	11865		Büssing	U 10	
11 RU 7 H (Vb)		1959	6	145	W	106x135	7150	2500	4750	10050		Büssing	U 7	
12 RU 5 H		1959	6	110	W	96x125	5430	2600	5400	10700	6200	Büssing	U 5	
13 RU 7 H	43/32	1959	6	145	W	106x135	7150	2500	6000	11300	7400	Büssing	U 7	
14 RU 10 H		1959	6	150	W	118x150	9842	2000	6000	12000		Büssing	U 10	
11 RU 5 H	32/65	1959	6	110	W	96x125	5430	2600	4500		6100	Büssing	U 5	
U 11 Aero	49/72	1959	6	180	W	122x155	10870	2200	5250/ 1275	12000	9365	Büssing	U 11	Ludewig-1 1/2-Decker
U 10	42/103	1959	6	150	W	118x150	9842	2000	5250/	16500	12550	Büssing	U 10	Ludewig-Gelenkzug
II RU 7 H (Vb)	32/40	1960	6	145	W	106x135	7150	2500	4600	10080	7000	Büssing	U 7	
14 RU 10 H		1960	6	145	W	118x150	9842	2000	6000	12000	6600	Büssing	U 10	
11 RU 7 H RÖ		1960	6	145	W	106x135	7150	2500	4750	10110	6100	Büssing	U 7	
8 RU 5		1960	6	110	W	96x125	5430	2600	3700	8440		Büssing	U 5	
12 RU 7 H		1960	6	145	W	106x135	7150	2500	4275	11000	6200	Büssing	U 7	
14 RU 10 M		1960	6	150	W	118x150	9842	2000	5850	11850	6600	Büssing	U 10	Bundesbahn-Typ
TU 5		1961	6	126	W	100x125	5890	2800	4500	9500		Büssing	U 5	
Konsul 11	41/42	1961	6	126	W	100x125	5890	2800	4570	10110	6000	Büssing	U 5	
14 RU 11		1961	6	170	W	125x155	11413	2100	5350/ 6130	16500	11900	Büssing	U 11	Gaubschat-Gelenkzug
Präsident Gel.	48/81	1961	6	170	W	125x155	11413	2100	5350/ 6130	16500	11600	Büssing	U 11	
11 RU 7 Aero	40/120	1961-	6	145	W	106x135	7150	2500	4850/ 1275	11000	8200	Büssing	U 10	Ludewig-1 1/2-Decker
11 RU 7 Aero Spezial	40/130	1961-	6	145	W	106x135	7150	2500	4850/ 1275	11000	8900	Büssing	U 10	Ludewig-1 1/2-Decker
11 RU 10/U 11	42/143	1961	6	150	W	118x150	9842	2000	5350/ 1275	12000	9800	Büssing	U 10	Ludewig-1 1/2-Decker auch 170 PS
13 RU 11	49/110	1961	6	192	W	125x155	11413	2100	5360/6130	16500	10800	Büssing	U 11	Ludewig-Gelenkzug
Konsul 10 R	41	1962-66	6	126	W	100x125	5890	2800	4750	10110	6500	Büssing	U 5	
Senator 11 R	26/74	1962	6	145	W	106x135	7150	2500	4750	10100	6350	Büssing	U 7	ex 11 RU 7 H
Senator 12 R	34/76	1962	6	145	W	106x135	7150	2500	5400	10760	6600	Büssing		ex 12 RU 7 H
Senator 13 R	37/73	1962	6	145	W	106x135	7150	2500	6000	11360	6850	Büssing	U 7	ex 13 RU 7 H
Senator 15 R	57/52	1962	6	145	W	106x135	7150	2500	6000	12000	7700	Büssing	U 7	ex 14 RU 10 H
Präsident 14 R	35/86	1962	6	150	W	118x150	9842	2000	5850	11850	7900	Büssing	U 10	ex 14 RU
Präsident 1 1/2	40/125	1962-66	6	150	W	118x150	9842	2000	5350	11900	9800	Büssing	U 10	
Präsident Gel.	49/113	1962	6	192	W	125x155	11413	2100	5350/6130	16500	11300	Büssing	U 11	ex 13 RU 11
Senator Dopp.	70/28	1962-63	6	150	W	118x150	9842	2000	5150	10400	9500	Büssing	U 10	
DF 63	56/39	1962	6	145	W	106x135	7150	2500	5500	10700	8925	Büssing	U 7	BVG-3-Türer
Konsul 11 R	41	1963-67	6	126	W	100x125	5890	2800	4500	11000	6340	Büssing	U 5-125	
KMS 12 R	50	1963-64	6	150	W	108x135	7416	2400	5665	11000	7560	Büssing	U 7-150	Krauss-Maffei-Typ
Senator 11	26/74	1963-64	6	150	W	108x135	7416	2400	4750	10110	6350	Büssing	U 7-150	
Senator 12	34/76	1963-64	6	150	W	108x135	7416	2400	5400	10760	6600	Büssing	U 7-150	

Typ	Sitzzahl/ Stehplätze	SP	Zyl	PS	K	B x H	Hubr.	Drehzahl	Rad- stand	Gesamt- länge	Eigen- gewicht	Motor- hersteller	Typ	Bemerkungen
Senator 13	37/73	1963	6	150	W	108x135	7416	2400	6000	11360	6850	Büssing	U 7-150	
Senator Dopp.	95/15	1963-64	6	150	W	108x135	7416	2400	5500	10820	9800	Büssing	U 7-150	ab 1964 94/20 Plätze
Senator	40/30	1963	6	150	W	108x135	7416	2400	4850	11520	8900	Büssing	U 7 - 150	
Präsident 14	38/76	1963-65	6	150	W	118x150	9842	2000	5850	11850	7900	Büssing	U 10	
Präsident Stadt	46/115	1963-66	6	150	W	118x150	9842	2000	5350/6130	16490	11500	Büssing	U 10	ab 1964 16,5 m Länge
Präsident Vb	48/110	1963		135		(100 kW)		1800	5350/ 6130	16490		Siemens	Dv 606e	auch AEG-Motor
Senator 14 ü	55/49	1963-64	6	150	W	108x135	7416	2400	5510	11410	7400	Büssing	U 7-150	
Senator 15 R	62	1963-64	6	150	W	108x135	7416	2400	5510	12000	7700	Büssing	U 7-150	
Bü DF 63	66/28	1963-64	6	145	W	108x135	7416	2400		10700		Büssing	U 7-150	Doppeldecker
Konsul 11 ü	45/41	1964	6	126	W	100x125	5890	2800	4500	9970	7500	Büssing	U 5-125	
Bü D2u	70/17	1964-65	6	150	W	118x150	9842	2000		10400		Büssing	U 10	Doppeldecker
Senator	74	1964	6	150	W	106x135	7150	2500	5500	10940	9850	Büssing	U 7-150	Schweden-Doppeldecker
Senator 1 ½	44/141	1964	6	150	W	118x150	9842	2000	5350/ 1335	12000	9800	Büssing	U 10	
Präfekt 11	26/83	1965	6	150	W	108x135	7416	2400	4750	10110	7400	Büssing	U 7-150	
Präfekt 12	34/68	1965-66	6	150	W	108x135	7416	2400	5400	10760	7600	Büssing	U 7-150	
Präfekt 13	28/86	1965-66	6	150	W	108x135	7416	2400	5400	11270	7600	Büssing	U 7-150	
Präfekt 14	35/86	1965-66	6	150	W	118x150	9842	2000	5850	11850	7700	Büssing	U 10	
Präfekt 15	57/48	1965	6	150	W	108x135	7416	2400	5660	12000	8500	Büssing	U 7-150	auch 62/14 Plätze
Präfekt 15	62/42	1965-67	6	170	W	125x155	11410	2000	5660	12000	8500	Büssing	U 11-170	
Präfekt 15 R	62	1965	6	170	W	125x155	11410	2000	5660	12000	9300	Büssing	U 11-170	
Präfekt 25 Dopp.	90/8	1965	6	150	W	108x135	7416	2400	5100	10950	9500	Büssing	U 7-150	
Präfekt Dopp.	98/21	1965	6	150	W	108x135	7416	2400	5100	10955	9000	Büssing	U 7-150	
Präsident	51/55	1965	6	170	W	125x155	11410	2000	5850	11850	8300	Büssing	U 11-170	
Präsident 17/19	44/114	1965-66	6	150	W	118x150	9842	2000	5350/ 6130	16900	11570	Büssing	U 10	Emmelmann-Gelenkzug
Präsident 17/19	65/98	1965	6	150	W	118x150	9842	2000	5350/ 4900	18000	13200	Büssing	U 10	Vetter-Gelenkzug
Präsident 17/19		1965	6	180	W	125x155	11410	2000	5350/ 6130	18000	12280	Büssing	U 11	Emmelmann-Gelenkzug
Präsident 1 ½	46/139	1965	6	150	W	118x150	9842	2000	5350/ 1335	12000	10000	Büssing	U 10	auch 170 PS
Präsident 1 ½ ü	66/67	1965	6	150	W	118x150	9842	2000	5350/ 1335	12000	9800	Büssing	U 10	auch 170 PS
Konsul 11 U	39-46	1966-68	6	126	W	100x125	5890	2800	4500	9697	7375	Büssing	U 5-125	Bundeswehr-Typ
Präfekt 11	26/83	1966	6	126	W	100x125	5890	2800	4750	10110	7400	Büssing	U 5-125	
Präfekt 13 E	54	1966	6	150	W	108x135	7416	2400	5400	11000	8200	Büssing	U 7-150	Emmelmann-Typ
Präfekt 15 E	62	1966	6	150	W	108x135	7416	2400	5660	12000	8500	Büssing	U 7-150	Emmelmann-Typ, auch 185 PS
Präfekt 25/26 Dopp.	93	1966	6	150	W	108x135	7416	2400	5100	10955	9900	Büssing	U 7-150	Frankfurter-Version
Präsident 18 Gel.	46/146	1966	6	150	W	118x150	9842	2000	5350/ 6880	18000	11800	Büssing	U 10	
Präsident Vb	37/113	1966		163		(120 kW)		1120	5350/ 6430	17320	13752	SSW	GBo 199/210 c	Emmelmann-Typ
Präfekt 11	28/72	1967-68	6	155	W	108x135	7416	2400	4750	10110	7400	Büssing	U 7 D	Direktein-spritzer
Präfekt 12	34/68	1967-68	6	155	W	108x135	7416	2400	5400	10760	7600	Büssing	U 7 D	
Präfekt 13	37/73	1967-68	6	155	W	108x135	7416	2400	5400	11270	7600	Büssing	U 7 D	
Präfekt 13 VÖV	49/53	1967-68	6	155	W	108x135	7416	2400	5600	11000	7850	Büssing	U 7 D	VÖV-Prototyp
Präfekt 13 Stadt	44/61	1967	6	195	W	128x150	11580	2100	5600	11000	8630	Büssing	U 11 D	VÖV-Prototyp
Präfekt 25/26 Dopp.	93	1967-68	6	155	W	108x135	7416	2400	5100	11000	9900	Büssing	U 7 D	Frankfurter-Version
Präsident 14	34/79	1967	6	150	W	118x150	9842	2000	5400	11740	8700	Büssing	U 10	

Typ	Sitzzahl/ Stehplätze	SP	Zyl	PS	K	B x H	Hubr.	Drehzahl	Rad-stand	Gesamt-länge	Eigen-gewicht	Motor-hersteller	Typ	Bemerkungen
Präsident 17/19	44/114	1967	6	150	W	118x150	9842	2000	5350/6130	16500	11570	Büssing	U 10	
Präsident 17/19 ü	73/75	1967	6	150	W	118x150	9842	2000	5350/6130	16500	11700	Büssing	U 10	
Präfekt 13 E	53	1967	6		W	108x135	7416	2400	5400	11000	7600	Büssing	U 7 D	Emmelmann-Typ
Präfekt 15 E	61	1967	6	155	W	108x135	7416	2400	5600	12000	7300	Büssing	U 7 D	Emmelmann-Typ, auch 185 PS
Präfekt 11	39	1968-69	6	155	W	108x135	7416	2400	4750	10100	8500	Büssing	U 7 D	
Präfekt 14	51/52	1968-69	6	155	W	108x135	7416	2400	4600	11300	8100	Büssing	U 7 D	
Präfekt 15	61	1968	6	185x210	W	128x150	11580	2100	5600	12000	8500	Büssing	U 11 D	Direkteinspritzer
Präsident 14	34/79	1968	6	185/210	W	128x150	11580	2100	5400	11770	8700	Büssing	U 11 D	
Präsident 18 1 1/2	46/139	1968	6	185/210	W	128x150	11580	2100	5350/1335	12000	9800	Büssing	U 11 D	Ludewig 1 1/2-Decker
Präsident 18 Gel.	46/124	1968	6	185/210	W	128x150	11580	2100	5350/ 5880	16900	12850	Büssing	U 11 D	
Präsident 22	51/127	1968	6	185/210	W	128x150	11580	2100	5350/ 6830	18000	11580	Büssing	U 11 D	
BS 100 V	36/54	1969-70	6	156	W	108x135	7416	2400	4200	9600	7800	Büssing	U 7 D	
BS 100 T	45	1969	6	156	W	108x135	7416	2400	5000	10200	9300	Büssing	U 7 D	
BS 110 V	37/75	1969-71	6	156	W	108x135	7416	2400	5600	11000	8100	Büssing	U 7 D	
BS 110 V	41/63	1969-70	6	195	W	128x150	11580	2100	5600	11000	8650	Büssing	U 11 D	
BS 110 V	34/56	1969-73	6	185	W	128x150	11580	2000	5600	11000		Büssing	U 11 D	Typ Zürich
BS 110 DD	92	1969-70	6	156	W	108x135	7416	2400	5100	10990	9800	Büssing	U 7 D	
BS 110 T	49	1969	6	210	W	128x150	11580	2100	5000	10200	9500	Büssing	U 11 D	
BS 113 N	51/52	1969-70	6	156	W	108x135	7416	2400	5600	11300	8250	Büssing	U 7 D	
BS 120 V	35/75	1969-70	6	210	W	128x150	11580	2100	5400	11700	8900	Büssing	U 11 D	
BS 170 U	53/115	1969-70	6	210	W	128x150	11580	2100	5350/ 5880	16900	12850	Büssing	U 11 D	ex Präsident 18
BS 180 V	59/120	1969-70	6	210	W	128x150	11580	2100	5350/ 6830	18000	13100	Büssing	U 11 D	ex Präsident 22
BS 120 N	57/40	1969-70	6	156	W	108x135	7416	2400	5600	11970	9200	Büssing	U 7 D	
BS 120 T	62	1969-70	6	156	W	108x135	7416	2400	5600	11970	9200	Büssing	U 7 D	
BS 100 GT	41	1969-70	6	156	W	108x135	7416	2400	5000	10200	9250	Büssing	U 7 D	
BS 120 GT	52	1969	6	156	W	108x135	7416	2400	5600	11970	9200	Büssing	U 7 D	
BS 120 GT	52	1969	6	240	W	132x150	12316	2200	5600	11970	9200	Büssing	U 12 D-61	
BSE 110 N	49/40	1969-71	6	156	W	108x135	7416	2400	5400	10950	8700	Büssing	U 7 D	Emmelmann-Typ
BSE 110 T	53	1969-71	6	156	W	108x135	7416	2400	5400	10950	8700	Büssing	U 7 D	Emmelmann-Typ
BSE 110 GT	45	1969-71	6	156	W	108x135	7416	2400	5400	10950	8700	Büssing	U 7 D	Emmelmann-Typ
BSE 120 N	57	1969-70	6	156	W	108x135	7416	2400	5600	11970	9200	Büssing	U 7 D	Emmelmann-Typ
BS 100 V	36/54	1970	5	175	W	128x150	9650	2200	4200	9600	7800	Büssing	U 10 D-51	
BS 100 N	47/30	1970-71	6	210	W	128x150	11580	2100	5000	10200	9200	Büssing	U 11 D	
BS 110 V	37/75	1970	5	175	W	128x150	9650	2200	5600	11000	8100	Büssing	U 10 D-51	
BS 110 V	41/63	1970	6	195	W	128x150	11580	2100	5600	11000	8650	Büssing	U 11 D	
BS 110 T	49	1970	6	210	W	128x150	11580	2100	5500	11000	9500	Büssing	U 11 D	
Bü DE 70/74	91/8	1970-74	6	156	W	108x135	7416	2400		11165	9200	Büssing	U 7 D	
BS 100 T	41/30	1971	6	210	W	128x150	11580	2100	5000	10200	9300	Büssing	U 11 D	
BS 110VSL	37/38	1971	5	192	W	128x150	9650	2200	5600	11000	8350	Büssing	U 10 D-51	
BS 110 N	51	1971	6	210	W	128x150	11580	2100	5600	11000	9400	Büssing	U 11 D	
BS 110 GT	45	1971	6	210	W	128x150	11580	2100	5600	11000	9450	Büssing	U 11 D	
BS 117 N-SÜ	53/47	1971	6	195	W	128x150	11580	2100	6000	11700		Büssing	U 11 D	
BS 120 N	51/53	1971	6	210	W	128x150	11580	2100	5800	11800	9500		U 11 D	
Präsident 1 1/2	42/136	1971-74	6	210	W	128x150	11580	2100	5380/ 1300	12000	10400	Büssing	U 11 D	Emmelmann-/Ludewig-1 1/2-Decker, ab 1972 MAN-Büssing VH 16
Präsident	56/110	1971-74	6	210	W	128x150	11580	2100	5380/ 5880	16500	11600	Büssing-MAN	U 11 D	Emmelmann-/Ludewig-Gelenkzug, ab 1972 MAN-Büssing VG 16

Typ	Sitzzahl/ Stehplätze	SP	Zyl	PS	K	B x H	Hubr.	Drehzahl	Rad-stand	Gesamt-länge	Eigen-gewicht	Motor-hersteller	Typ	Bemerkungen
Präsident	80/84	1971-74	6	210	W	128x150	11580	2100	5350/ 6850	18000	11900	Büssing-MAN	U 11 D	Emmelmann-/Ludewig-Gelenkzug, ab 1972 MAN-Büssing VG 18
BS 100 GT	39	1971	6	210	W	128x150	11580	2100	5000	10200	9250	Büssing-MAN	U 11 D	
BS 120 GT	49	1971	6	210	W	128x150	11580	2100	5600	12000	9200	Büssing-MAN	U 11 D	
BSE 120 N	57/38	1971	6	210	W	128x150	11580	2100	5600	12000	9200	Büssing-MAN	U 11 D	Emmelmann-Typ
BSE 120 T	53	1971	6	210	W	128x150	11580	2100	5600	12000	9200	Büssing-MAN	U 11 D	Emmelmann-Typ
BSE 120 T	53	1971	6	240	W	128x150	11580	2200	5600	12000	9200	Büssing-MAN	U 11 D	Emmelmann-Typ
BSE 120 GT	49	1971	6	210	W	128x150	11580	2100	5600	12000	9200	Büssing-MAN	U 11 D	Emmelmann-Typ
SL 195	44/56	1972-73	6	195	W	128x150	11580	2100	5600	11000	8750	Büssing-MAN	U 11 D	MAN-Büssing u. folgende, auch 176 PS
SÜ 210	53/44	1972-73	6	210	W	128x150	11580	2100	6000	11700	9550	Büssing-MAN	U 11 D	
10 Ü 210/ R 12	47	1972	6	210	W	128x150	11580	2100	5000	10200	9500	Büssing-MAN	U 11 D	Linie 45/30 Plätze
11 Ü 210/ R 13	53	1972	6	210	W	128x150	11580	2100	5800	11000	9600	Büssing-MAN	U 11 D	Linie 51/53 Plätze
12 Ü 210/ R 15	61	1972	6	210	W	128x150	11580	2100	6120	12000	9200	Büssing-MAN	U 11 D	Linie 53/33 Plätze
12 Ü 210/ R 15	53/33	1972-74	6	240	W	135x150	12136	2200	5600	12000	10200	Büssing-MAN	U 12 D-61	
12 Ü 240/ R 15	51	1974	6	240	W	132x150	12136	2200	5600	12000	11500	Büssing-MAN	U 12 D-61	Hochdecker
Cudell														
Cudell		1907	4	40	W	110x125	6100	1400				Cudell		
Daag														
DAAG 2,5 t		1910	4	38	W	85x140	3176	1800	3750			DAAG		
DAAG 3 t		1910	4	38	W	105x150	5192	1000	4250			DAAG		
DAAG 4 t	30	1910-13	4	45	W	125x150	7359	1000	4250		5500	DAAG		
Typ Berlin	38-48	1913	4	45	W	125x150	7359	1000	4250			DAAG		Oberdecker auch 28 PS bei 800 U/min
Hotel-omnibus	8-10	1913	4	30	W	75x140	2472	1800	2800	3800	1850	DAAG		auch 38 PS [redacted]
Typ Moskau	16-22	1913	4	35,5	W	105x150	5192	1000	4000	5900	4250	DAAG		
Typ Cöln	18-24	1913	4	35,5	W	105x150	5192	1000	4250	6500	4500	DAAG		auch 45 PS
Typ Düsseldorf	12-18	1913	4	38	W	85x140	3176	1800	3750	5400	3000	DAAG		
EC 2		1919	4	38	Th	85x140	3176	1000				DAAG		auch 40 PS
EC 3		1919	4	40	W	100x160	6079	1000				DAAG		
AC 2		1921	4	55	W	110x160	6079	1200				DAAG	C 3	
NAC 3/4	20	1923	4	60	W	110x160	6079	1500				DAAG	C 3	
Fageol-Typ	19	1923	4	60	W	110x160	6079	1500				DAAG	C 3	
NAC 2		1923	4	55	W	110x160	6079	1200				DAAG	C 3	
ACO	30-32	1923-26	4	55	W	110x160	6079	1200			5100	DAAG	C 3	auch Typ NACO und Typ PACO (Post)
NAC 5		1925	6	80/100	W	110x160	9118	1200				DAAG		Motor-Prototyp
CO		1928	4	60	W	120x160	7234	1200	4850	7500	5450	DAAG	C 5	
0 6		1928-29	6	86	W	100x155	7300	1600				DAAG		ab 1929 90 PS
0 6		1930	6	94	W	105x155	8053	1650				DAAG	6 D	
Daimler														
	6	1898	2	4		75x120	1060	700			1350	Daimler	Phoenix	
	8-10	1898	2	6		90x120	1530	700			2000	Daimler	Phoenix	
	12-14	1898	2	8						5600	2700	Daimler	Phoenix	
	14-16	1898	2	10		100x140	2190	700			3500	Daimler	Phoenix	
Daimler Motor-Omnibus	20	1898		12								Daimler	Phoenix	England-Typ, auch 8 PS

Typ	Sitzzahl/ Stehplätze	SP	Zyl	PS	K	B x H	Hubr.	Drehzahl	Rad-stand	Gesamt-länge	Eigen-gewicht	Motor-hersteller	Typ	Bemerkungen
	6	1899-01	2	4/6				900			1350	Daimler	Phoenix	
	8-10	1899-01	2	6/8				900			2000	Daimler		
	12-14	1899-01	2	8/10				900			2700	Daimler		
	14-16	1899-01	2	10/12				900			3500	Daimler		
	8-10	1899-01	4	6				900			1800	Daimler		
	12-14	1899-01	4	8				900			2500	Daimler		
	14-16	1899-01	4	10				900			3000	Daimler		
	18-20	1899-01	4	12				900			3200	Daimler		
	6-8	1903-05	2	4/8				900		3200	1650	Daimler		
	10-14	1903-05	2	6/9,5				900		4200-5400	2000-2200	Daimler		
	10-16	1903-05	2	8/12				900		4200-5400	2400-2600	Daimler		
	10-16	1903-05	4	12/18				900		4200-6200	2200	Daimler		
	12-30	1903-05	4	16/21				900		4200-7000	2400-3200	Daimler		
	12-30	1903-05	4	20/25				900		4200-7000	3400	Daimler		
	14	1909	4	27	W	100x140	4396	1000				Daimler	C 4	
UO 1 T	12	1912-18/20	4	25	W	80x130	2610	1600	3360		3000	Daimler	S 80	
UO 2 T	12	1912-18	4	35	W	90x140	3560	1700	3380		3100	Daimler	S 90	
UO 2 T	18	1918-20	4	50	W	110x150	5699	1300	3850		5100	Daimler		
Daimler-Benz														
N 1	13-16	1926-28	4	45/46	W	95x130	3680	1800	4000	6125	2600	DB	M 14	
N 2	30-42	1926-28	6	65/70	W	100x150	7070	1600	5000	7640	5200	DB	M 26	
N 2	30-42	1926-28	6	65/70	W	100x150	7070	1600	5750	8400-9000	5400	DB	M 26	
N 2 - 1 ½	18	1926	6	65/70	W	100x150	7070	1600	5000	8400		DB	M 26	auch 3,75 m Radstand
N 1	16	1927-28	4	46/52	W	95x130	3680	2000	4000	6125		DB	M 14	
N 1	13-16	1927-28	6	50/55	W	80x130	3920	1800	4000	6125	2900	DB	M 16	
NJ 5	30	1927	4	70/80	W	120x180	8140	1300/1400	4750	7015	7000	DB	M 5	Frontlenker
N 5 Do	48-56	1927	4	70/80	W	120x180	8140	1300/1400	4750	7015	8200	DB	M 5	Frontlenker, Doppeldecker
N 46	22	1928-30	6	55/60	W	80x130	3920	2000	3750	6125	3000	DB	M 16	
N 46		1928-30	6	55/60	W	80x130	3920	2000	4000		3500	DB	M 16	
N 46	21	1928-30	6	55/60	W	80x130	3920	2000	4500	6900	3500	DB	M 16	
N 1	16	1928	6	70	W	100x150	7069	1600	4000	6125		DB	M 26	
N 2	22-26	1928	6	65/75	W	95x130	6380	1800	5000	7650		DB	M 14	
N 2 (0 4000)	42	1928-32	6	100	W	105x150	7793	2000	5750	8400-9000	6000	DB	M 36	Mitteltür
N 2 (0 4000)	42	1928-32	6	70	W	105x165	8570	1300	5750	8400-9000	6200	DB	OM 5	D
NJ 5	30	1928	6	70	W	105x165	8570	1300	4750	7015	7000	DB	OM 5	D
N 5 Do	48-56	1928	6	70	W	100x150	7069	1600	4750	7015	8200	DB	M 26	
N 5 Do	48-56	1928-31	6	70	W	105x165	8570	1300	4750	7015		DB	OM 5	D
[redacted]	30	1928-31	6	100	W	105x150	7793	2000	4750	7015	7000	DB	M 36	
[redacted]	48-56	1928-31	6	100	W	105x150	7793	2000	4750	7015	8200	DB	M 36	
[redacted]	40-50	1928-30	6	100	W	105x150	7793	2000	5650/ 1350	11230	8600	DB	M 36	mit Motor M 36 F 110 PS
N 56	40-50	1928-30	6	70	W	105x165	8570	1300	5650/ 1350	11230	8000	DB	OM 5	D
N 56	80	1928-30	6	100	W	105x150	7793	2000	5670/ 1330	11230	10000	DB	M 36	Doppeldecker
N 56	80	1928-30	6	70	W	105x165	8570	1300	5670/ 1330	11230	10200	DB	OM 5	Doppeldecker
N 1	16	1929-35	6	50/55	W	80x130	3920	2000	3750	5875	2900	DB	M 16	
N 46 (0 2500)	22	1929-32	6	55/60	W	80x130	3920	2000	4500	6900	3500	DB	M 16	
N 2 (0 4000)	30-42	1929-32	6	95	W	105x150	7793	1900				DB	M 36	
N 2 (0 4000)	30-42	1929-32	6	110/112	W	105x150	7793	2000	5750	9025	5900	DB	M 36 F	Mitteltür
N 56 (0 8500)	40-50	1930-32	6	100/110	W	105x150	7793	2000	5650/ 1350	11230	9100	DB	M 36	
N 56 (0 8500)	80	1930-32	6	85	W	105x165	8570	1600	5650/ 1350	11230	10500	DB	OM 5 S	D, Doppeldecker
N 56 (0 8500)	40-50	1930-32	6	110	W	105x150	7793	2000	5650/ 1350	11230		DB	M 36 F	
N 2		1930	6	100	K	105x150	7793	2000				DB	M 36	
Obus-Prototyp	12/32	1930		70		(52 kW)		1500	4600	9375	7600	BBC		
N 57 (0 3500)	27	1931-32	6	70	W	82,5x130	4160	2000	4500	6900		DB	M 56	
0 2500	16-31	1931	6	60	W	80x130	3921	2000					M 16	
0 3000	20-24	1031-32	6	70	W	82,5x130	4160	2000		6900			M 56	
0 4000	30-42	1931	6	100	W	105x150	7793	1900					M 36	auch M 36 F-Motor

Typ	Sitzzahl/ Stehplätze	SP	Zyl	PS	K	B x H	Hubr.	Drehzahl	Rad- stand	Gesamt- länge	Eigen- gewicht	Motor- hersteller	Typ	Bemerkungen
N 56 (O 8500)	60	1932	6	120	W	110x165	9450	1600	5650/ 1350	11230			OM 77	D
N 56 (O 8500)	80	1932	6	120	W	110x165	9450	1600	5650/ 1350	11230			OM 77	D, Doppeldecker
Lo 2000	22	1932-35	4	55	W	100x120	3770	2000	3800	6100	3400		M 60	
Lo 2000	22	1932-35	4	55	W	100x120	3770	2000	3800	6100	3600		OM 59	D
Lo 2500	25	1932-35	6	55	W	80x130	3920	2000	4000	6560			M 16	
O 2600	36/5	1932	4	63	W	105x140	4849	2000			4500		OM 67	D
Lo 2750	26	1933-35	4	65	W	110x130	4940	2000	4250	6500-7000	5850	DB	M 66	
Lo 2750	26	1933-34	4	63	W	110x130	4940	2000	4250	6500-7000	6050	DB	OM 65	D
Lo 3500 (L 64)	36	1933-34	6	95	W	110x130	7410	2000	5000	8520	7800	DB	M 68	
Lo 3500 (L 64)	36	1933-34	6	95	W	110x13	7410	2000	5000	8520	7900	DB	M 68	
Lo 3500 (L 64)	36	1933	8	150/200	W	95x135	7655	3000	5000	8520		DB	M 150 II	V, 2xRoots-Gebläse
O 3750	36	1933	6	90	W	110x130	7410	2000				DB	M 68	
O 3750	36	1933	6	90	W	110x130	7410	2000				DB	OM 67	D
O 4000 (N 2)	43	1933-34	6	95	W	110x130	7410	2000	5750	9950	9800	DB	M 68	
D 4000 (N 2)	43	1934-35	6	110	W	110x165	9410	1600	5750	9950	9800	DB	OM 77	D u. folgende
O 8500	41-50	1934-36	6	150	W	125x170	12520	1700	4250/ 2250	10120	10290	DB	OM 54	
O 8500	80	1934-36	6	150	W	125x170	12520	1700	4250/ 2250	10120	11600	DB	OM 54	Doppeldecker
Lo 3100 (L 59)	31	1935	6	75	W	95x130	5530	2000	5100	8500		DB	OM 83	
Lo 3100 (L 59)	31	1935	6	80	W	110x130	7410	2000	5100	6625-8500		DB	OM 67	
O 3200		1935	6	90	W	110x130	7410	2000				DB	OM 67	
Lo 3500 (L 64)	36	1935-36	6	95	W	110x130	7410	2000	5000	8520	7800	DB	OM 67	
Lo 3500 (L 64)	22-34	1935-36	6	95	W	110x130	7410	2000	4600	7400		DB	OM 67	
LoP 3500 (L 64)	34	1935-36	6	95	W	110x130	7450	2000	5500	8500		DB	OM 67	[redacted]
Lo 3750	43	1935-41	6	100	W	105x140	7270	2000	5500	8700	6500	DB	OM 67/3	ab 1937 Typ O 3750
LoP 3750	45	1935-41	6	100	W	105x140	7270	2000	5000	9050	7000	DB	OM 67/3	ab 1937 [redacted]
»Schnellbus« Modell	32	1935	V12 V12	300/ 350 450	W W	138x170 165x190	30500 50322	1500/ 1700 1400		16350	15000	DB	OM 85 OM 86	oder:
Obus	36/29	1935/36		2x58		(2x41)		1500	5560/ 1450			AEG		auch BBC 2x42,5 kW
Lo 3200 (L 59)	31-37	1936-41	6	80	W	105x140	7270	2000	5100	8650	8150	DB	OM 67/3	
Lo 3200 (L 59)	36	1926-41	6	75/95	W	105x140	7270	2000	5100	8650	8800	DB	OM 67/3	auch Gasmotor
O 3750	42	1936-41	6	90	W	105x140	7270	2000	5500	8670	9100	DB	OM67/3	
O 3750	42-44	1936-41	6	100	W	105x140	7270	2000	5500	8670	9100	DB	OM 67/3	
O 4000 (N 2)	42-48	1936-41	6	120	W	115x165	10280	1600	5750	9500	7000	DB	OM 79	
L 6500	170	1936	6	150	W	125x170	12520	1700		18700-20000	15000	DB	OM 54	Sattel-schlepper-Omnibus, Kässbohrer Aufbau
LR 75	10	1936-39	6	65	W	82,5x100	3208	2800			2650	DB	M 142	V, Halbkette
OBus »Oldenburg«	26/15	1936-37		87		(64 kW)		1000	4250	8650	7320	AEG		auch BBC-Motor
LG 3000		1937-38	6	95	W	110x130	7410	2000				DB	OM 67	
O 10.000	40-50	1937-38	6	150	W	125x170	12520	1700	5560/1450	11970	10500	DB	OM 54	
O 10.000	60/15	1937-38	6	150	W	125x170	12520	1700	5560/1450	11970	11900	DB	OM 54	Doppeldecker
Obus 4000	39	1937							3300			BBC		Projekt
Obus 6000	48	1937		82		(60 kW)		1500	4100			BBC		Projekt
Obus 8000	68	1937							4300/1250			BBC		Projekt
Obus 10.000	36/29	1937-41		2x68		(2x50 kW)		1500	4950/ 1450	11600		AEG		

Typ	Sitzzahl/ Stehplätze	SP	Zyl	PS	K	B x H	Hubr.	Drehzahl	Rad- stand	Gesamt- länge	Eigen- gewicht	Motor- hersteller	Typ	Bemerkungen
Obus 10.000	36/29	1937-41		2x61		(2x45 kW)		1450	4950/ 1450	11600		SSW		
0 1500	8-14	1938-39	6	45	W	72,5x90	2240	2800	3200-3500		2060	DB		V
D 1500	8-14	1938-39	6	45	W	90x100	2545	2800	3200-3500		2200	DB	OM 138	
LG 2000 (LG 65/2)		1938	6	95	W	110x130	7410	2800				DB	OM 67	
LG 2500 (LG 65/3)		1938	6	80	W	105x140	7270	2000				DB	OM 67/3	
0 2600	30	1938-41	4	60	W	110x120	4560	2000	4500	6810	4125	DB	OM 59/1	
0 10.000	40-50	1938-41	6	150	W	120x165	11200	1700	5500/1450	11970	11800	DB	OM 57	
0 10.000	40-50	1938-41	6	150	W	120x165	11200	1700	6300/1450	13450		DB	OM 57	
0 10.000	60/15	1938-41	6	150	W	120x165	11200	1700	5500/1450	11970	13200	DB	OM 57	Doppeldecker
0 10.000 BVG (Do 36)	60/17	1939	6	200	W	130x180	14335	1800	5500/ 1450		11950	DB	OM 49	Doppeldecker, gedrosselt auf 160-175 PS
OT 10000 (III)	100	1939-41		2x68		(2x50 kW)		1800	5500/1450					
0 4500	38/9	1941-42	6	120	W	105x140	7270	2250	5700	10300		DB	OM 67/4	Reisebus 32 Plätze
0 4500	32-37	1942-44	6	112	W	105x140	7270	2250	5700	10300	7200	DB	OM 67/4	
0 4500	37/24	1945-47	6	110	W	105x140	7270	2250	5700	10300	6600	DB	OM 67/4	
0 5000 T	38/24	1945-47		2x68		(2x50 kW)		1800				SSW		auch 2x45 kW
0 4500 (0 303)	39/47	1948	6	112	W	105x140	7270	2250	5700	10500	7150	DB	OM 67/4	
0 5000 (0 303)	41/10	1948-50	6	112	W	105x140	7270	2250	5700	10500	7200	DB	OM 67/4	
0 3250 (0 311)	29/7	1949	6	90	W	90x120	4578	2800	4830	8630		DB	OM 312	
0 3500 (0 311)	29/7	1950-55	6	90	W	90x120	4578	2800	4830	8630-8910	4900	DB	OM 312	
0 3500 St.	23/22	1950-55	6	90	W	90x120	4578	2800	4830	8630	5150	DB	OM 312	
0 6600 (0 304)	41/10	1950-55	6	145	W	112x140	8276	2100	5700	11000	7650	DB	OM 315	Linie 29/38 Plätze
0 6600 H (0 320 H)	44-47	1951-59	6	145	W	112x140	8276	2100	5480	11000	9600	DB	OM 315	Linie 44/27 Plätze
0 6600 T	38/52	1952-55		122/134 130		(90/100 kW) (96 kW)		1800 1010	5480	11000		BBC Lahmeyer	GM 1273 a	oder
[redacted]		1953-55	6	90	W	90x120	4578	2800	4830		8600	DB	OM 312	ab 1955 Typ OP 311
OP 6600 (OP 315)		1953-60	6	145	W	112x140	8276	2100	5700	10470	8000	DB	OM 315	
[redacted]		1953-58/ 60	6	145	W	112x140	8276	2100	5800/ 5600/ 1200	16900		DB	OM 315	Gaubschat-Aufbau, auch Vetter
0 3500	29/7	1954	6	115	W	90x120	4578	2800	4830	8630	5000	DB	OM 312 A	T
LA 3500		1954	6	90	W	90x120	4578	2800	4200			DB	OM 312	Allrad-Ausführung
0 321 H	32-43	1954-64	6	110	W	95x120	5100	3000	4180	9230	5625	DB	OM 321	
OP 311		1955-61	6	90	W	90x120	4578	3000	4580			DB	OM 312	ab 1956 100 PS
0 321 HL	41/4	1956-64	6	110	W	95x120	5100	3000	5550	10600	5800-6425	DB	OM 321	ab 1962 auch 126 PS
OP 312		1956-68	6	110	W	95x120	5100	3000	4830			DB	OM 321	ab 1961 auch 126 PS
0 319	18	1956-61	4	65	W	85x83,6	1897	4500	2850	4820	2250	DB	M 121 B III	V, ab 1991 68 PS
0 319 D	18	1956-61	4	43	W	75x100	1767	3500	2850	4820	2250	DB	OM 636 VI	
OP 312		1956-58	6	110	W	95x120	5100	3000	4830	9165	2930	DB	OM 312	Vetter-Aufbauten
OP 317 Reise	54/4	1958-63	6	172	W	128x140	10809	2200	5850	11925	8000	DB	OM 326 h	Unter-flurmotor, ab 1963 180 PS
OP 317 Stadt	29/79	1958-63	6	172	W	128x140	10809	2200	5850	11925	8300	DB	OM 326 h	ab 1961 auch 6190 mm Radstand
LAP 312		1958	6	110	W	95x120	5100	3000	3600			DB	OM 321	Allrad, Vetter-Aufbau

Typ	Sitzzahl/ Stehplätze	SP	Zyl	PS	K	B x H	Hubr.	Drehzahl	Rad- stand	Gesamt- länge	Eigen- gewicht	Motor- hersteller	Typ	Bemerkungen
0 321	38	1958-64	6	126	W	97x128	5675	2800	4685	9618	7175	DB	OM 322	
0 317	48/80	1958-61	6	172	W	128x140	10809	2200	5850	11925	8000	DB	OM 326 h	
0 317 1 1/2 Decker	44/140	1958-64	6	172	W	128x140	10809	2200	5850/ 1250	12000	9900- 10300	DB	OM 326 h	Vetter-Aufbau
0 317 Gelenk- bus I	46/119	1958-64	6	172	W	128x140	10809	2200	5850/ 6710	16500	11110	DB	OM 326 h	Düwag- Aufbau
0 317 Gelenk- bus II	47/116	1958-64	6	172	W	128x140	10809	2200	5850/ 5990	16500	11300	DB	OM 326	Düwag- Aufbau
0 317 Gelenk- bus OGZ	65/107	1958-64	6	172	W	128x140	10809	2200	5850/		12000	DB	OM 326 h	
0 320 H	27/45	1959-61	6	145	W	112x140	8276	2100	5480	11000	9120	DB	OM 320	
0 322	32/50	1960-61	6	110	W	95x120	5100	3000	5110	9950	6500	DB	Om 321	
0 322	32/50	1961-64	6	128	W	97x128	5675	2800	5110	9950	6500	DB	OM 322	
0 319	17	1961-64	4	68	W	85x83,6	1897	4400	2850	4820	2250	DB	M 121	
0 319 D	17	1961-64	4	50	W	87x83,6	1988	4000	2850	4820	2250	DB	OM 612	ab 1965 55 PS, auch 3600 mm Radstand
0 317	48/80	1961-63	6	180/200	W	128x140	10809	2200	6190	11925	8000	DB	OM 326 h	
0 317 Aero	55/130	1961-64	6	180/200	W	128x140	10809	2200	5250/	12000	9800	DB	OM 326 h	Ludewig 1 1/2-Decker
0 317 K	48/80	1963	6	180/200	W	128x140	10809	2200	5850	11200	8000	DB	OM 326 h	auch 5250 mm Radstand
LA 328			6	110	W	95x120	5100	3000	4200			DB	OM 321	Allrad, FAKA- Aufbau
0 317 K	37/85	1964-74	6	180/202	W	128x140	10809	2200	5850	11270	8300	DB	OM 364 h	Direktein- spritzer, ab 1967 185 PS, ab 1974 210 PS
0 317	54/70	1964-72	6	180	W	128x140	10809	2200	6190	12000	8000	DB	OM 346 h	ab 1965 185, oder 210 PS
0 317 1 1/2 Decker	44/140	1964-76	6	180	W	128x140	10809	2200	5850/	12000	9900	DB	OM 346 h	ab 1965 185, 125 oder 210 PS, Vetter-Aufbau
0 317 Gelenkbus	65/107	1964-76	6	180	W	128x140	10809	2200	5850/ 6150	16500	11600	DB	OM 346 h	ab 1965 185 PS oder 210 PS, Vetter-Aufbau
0 322		1964	6	126	W	97x128	5675	2800	5110	9950		DB	OM 352	Direktein- spritzer
0 302-10 R	40	1965-69	6	126	W	97x128	5675	2800	4685	9620	7050	DB	OM 352	
0 302-10 R	40	1965-69	6	150	W	115x128	7980	2800	4685	9620	7050	DB	OM 327	ab 1966 160/170 PS
0 302-11 R	44	1965-69	6	126	W	97x128	5675	2800	5050	10150- 10800	7140	DB	OM 352	
0 302-11 R	44	1965-69	6	150	W	115x128	7980	2800	5050	10150- 10800	7140	DB	OM 327	ab 1966 160/170 PS
0 302-12 R	48	1965-69	6	150	W	115x128	7980	2800	5850	10950- 11600	7800	DB	OM 327	ab 1966 160/170 PS
0 319	17	1965-68	4	80	W	85x83,6	1897	5000	2850	4850	2250	DB	M 121	V
0 319 D	17	1965-68	4	55	W	87x83,6	1988	4350	2850	4850	2250	DB	OM 621	
0 309	17-21	1967	4	80	W	87x83,6	1988	5000	2950-3500	5040-6000	2950	DB	M 121	V, auch 68 PS
0 309 D	17-21	1967	4	55	W	87x83,6	1988	4350	2950-3500	5040-6000	2950	DB	OM 621	
0 302-13 R	48-52	1967-69	6	160	W	115x128	7980	2800	6055	11880	8400	DB	OM 327	auch 170 PS
0 302-13 R	48-52	1967-69	6	230	W	128x150	11580	2800	6055	11880	8450	DB	OM 335	
0 305 Standard	44/61	1967	6	170	W	115x140	8720	2200	5600	11050		DB	OM 360 h	Unterflur- motor, VÖV-Prototyp

Typ	Sitzzahl/ Stehplätze	SP	Zyl	PS	K	B x H	Hubr.	Drehzahl	Rad- stand	Gesamt- länge	Eigen- gewicht	Motor- hersteller	Typ	Bemerkungen
OF 1113 B		1967	6	126	W	97x128	5675	2800	4130- 4470			DB	OM 352	Chassis, ab 1969 130 PS
OH 1113 B		1967-70	6	126	W	97x128	5675	2800	4685			DB	OM 352	Chassis, ab 1969 130 PS
OF 1313		1967	6	126	W	97x128	5675	2800	4685			DB	OM 352	Chassis, ab 1969 130 PS
OH 1317		1967-70	6	170	W	115x128	7980	2800	5170			DB	OM 327	Chassis, ab 1969 OM 360
0 317 Aero	96	1967	6	170	W	115x128	7980	2800	5500	11200	8590	DB	OM 327	Vetter 1 1/2-Decker
0 309	17-21	1968-73	4	85	W	87x92,4	2197	5000	3500	5990	2400	DB	M 115	V, auch 75 PS
0 309 D	17-21	1968-73	4	60	W	87x92,4	2197	4200	3500	5990	2400	DB	OM 615	
0 309 D (DA)	17	1968-73	4	80	W	97x128	3782	2800	2950	5040	2650	DB	OM 314	ab 170 85 PS
0 309 D (DA)	21	1968-73	4	60	W	97x92,4	2197	4200	3500	6000	2655	DB	OM 615	
0 305 VÖV 11 m	44/61	1968/72	6	170	W	115x140	8720	2200	5600	11110	8290	DB	OM 360 h	Serie ab 1969
0 305 VÖV 11,3 m	51/51	1968-72	6	192	W	115x140	8720	2500	5600	11390	8400	DB	OM 360 h	Serie ab 1969
OH 1313		1968-70	6	126	W	97x128	5675	2800	5170			DB	OM 352	Chassis, ab 1969 130 PS
OF 1317		1968	6	170	W	115x128	7980	2800	4470- 5170			DB	OM 327	Chassis. ab 1969 OM 360
OH 1517		1968-70	6	170	W	115x128	7980	2800	6100			DB	OM 327	Chassis, ab 1969 OM 360
0 302-10 R	36-40	1969-75	6	130	W	97x128	5675	2800	4685	9620	7050	DB	OM 352	
0 302-10 R	36-40	1969-75	6	170/192	W	115x140	8720	2200/2500	4685	9620	7300	DB	OM 360	
0 302-11 R	30-44	1969-75	6	130	W	97x128	5675	2800	5050	10150- 10800	7230	DB	OM 352	
0 302-11 R	30-44	1969-75	6	170/192	W	115x140	8720	2200/2500	5050	10150- 10800	7400	DB	OM 360	
0 302-12 R	34-48	1969-75	6	170/192	W	115x140	8720	2200/2500	5850	10950- 11600	8250	DB	OM 360	
0 302-13 R	48-52	1969-75	6	170/192	W	115x140	8720	2200/2500	6055	11880	8500	DB	OM 360	
OE 302	66	1969	4	65	W	97x128	3780	2200				DB	OM 314	Hybrid-Antrieb
OF 1417		1969	6	170	W	115x128	7980	2800	6050			DB	OM 327	Chassis, ab 1969 OM 360
0 302-13 R	52	1970	6	240	W	128x150	11580	2200	6055	12000	9800	DB	OM 355	
OF 1617		1970	6	170	W	115x140	8720	2500	6050			DB	OM 360	Chassis
0 305 Standard	44/61	1972/77	6	210	W	125x150	11045	2200	5600	11110	8200	DB	OM 407 h	Unterflurmotor
0 307 StüLB	52/48	1973-77	6	210	W	125x150	11045	2200	6000	11810	9000	DB	OM 407 h	
0 309	17-21	1974-82	4	90	W	93,7x83,6	2277	4800	2950- 3500	5040- 5990		DB	M 115	V
0 309 D	17-21	1074-87	4	65	W	90,9x92,4	2399	4200	2950- 3500	5040- 5990		DB	OM 616	ab 1982 72 PS
0 303-9	27-36	1974-79	V6	192	W	125x130	9570	2500	4150	8680		DB	OM 401	
0 303-10	36-40	1974-79	V6	192	W	125x130	9570	2500	4521	9240		DB	OM 401	
0 303-11	31-44	1974-79	V6	192	W	125x130	9570	2500	5083	1000		DB	OM 401	
0 303-12	35-48	1974-79	V6	192	W	125x130	9570	2500	5083	10175		DB	OM 401	
0 303-12	35-48	1974-79	V8	256	W	125x130	12760	2500	5083	10175		DB	OM 402	
0 303-13	39-52	1974-79	V6	192	W	125x130	9570	2500	5381	10560		DB	OM 401	
0 303-13	39-52	1974-79	V8	256	W	125x130	12760	2500	5381	10560		DB	OM 402	
0 303-14	42-56	1974-79	V6	192	W	125x130	9570	2500	5623	11300		DB	OM 401	
0 303-14	42-56	1974-79	V8	256	W	125x130	12760	2500	5623	11300		DB	OM 402	
0 303-14	42-56	1974-79	V10	320	W	125x130	15950	2500	5623	11300		DB	OM 403	
0 303-15	47-60	1974-79	V10	320	W	125x130	15950	2500	6330	12000		DB	OM 403	auch 195 PS oder 256 PS
OF 1719		1974	6	170	W	115x140	8720	2500	6050			DB	OM 360 l	Chassis
0 309 D (DA)	25	1975-87	4	85	W	97x128	3782	2800	2950- 4100	5990-6955		DB	OM 314	
0 309 D (DE)	21	1975-87	6	130	W	97x128	5675	2800	3500- 4100	6000-6955		DB	OM 352	
OE 305 DUO	37/45	1975		122		(90 kW)			5600	11110		Bosch		zusätzlich Fahrbatterie
0 305 G	127/55	1975	6	210	W	128x140	10809	2200	5250/3800	16700	11400	DB	OM 346 h	Ludewig-Typ
0 305 G		1975	6	240	W	125x155	11412	2200		16650	10820	DB	OM 407 h	Vetter-Typ
0 305 G	89/81	1976	6	240	W	125x155	11412	2200			11200	DB	OM 407 h	Vetter-Typ

Typ	Sitzzahl/ Stehplätze	SP	Zyl	PS	K	B x H	Hubr.	Drehzahl	Rad- stand	Gesamt- länge	Eigen- gewicht	Motor- hersteller	Typ	Bemerkungen
0 305	50/50	1977-85	6	240	W	125x155	11412	2200	5600	11110	8200	DB	OM 407 h	auch ge- drosselt 200 PS
0 307 StüLB	52/48	1977-85	6	240	W	125x155	11412	2200	6000	11810	9000	DB	OM 407 h	
0 305 Gelenkbus	65/135	1977-85	6	240	W	125x155	11412	2200	5600/ 6150	17260	12900	DB	OM 407 h	
OF 1721		1978	6	210	W	115x140	8720	2500	6050			DB	OM 360 I	Chassis
307 D (Typ 602)	12	1979-82	4	65	W	91x92,4	2404	4200	3700	5235		DB	OM 616	
307 D City-Bus	12	1979	4	60-65	W	95,5x80,25	2299	4800	3350	5440		DB	M 102	Hydridspei- cher-Antrieb, Vetter-Aufbau
0 305 OE		1979	6	100	W	97x128	5675	2200	5600	11110				Hybridmotor, Fahrmotor 115/150 kW
0 305 OE	83	1979		122/244		(90/180 kW)			5600	11110				zusätzlich Batterien
0 305 OD	94	1979		108/216		(80/160 kW)			5600	11110				zusätzlich Dieselmotor OM 407 h
0 305 G	171	1979		108/216		(80/160 kW)			5600/ 6150	17260				zusätzlich Dieselmotor OM 407 h
0 303-9	37	1979-87	V6	216	W	128x142	10964	2300	4150	8680		DB	OM 421	
0 303-10	41	1979-87	V6	216	W	128x142	10964	2300	4521	9240		DB	OM 421	
0 303-11	45	1979-87	V6	216	W	128x142	10964	2300	5083	10000		DB	OM 421	
0 303-12	49	1979-87	V6	216	W	128x142	10964	2300	5083	10175		DB	OM 421	
0 303-12	49	1979-87	V8	280	W	128x142	14620	2300	5083	10175		DB	OM 422	Serie ab 1981
0 303-13	53	1979	V6	216	W	128x142	10964	2300	5381	10560		DB	OM 421	
0 303-13	53	1979-85	V8	280	W	128x142	14620	2300	5381	10560		DB	OM 422	Serie ab 1981
0 303-14	57	1979	V6	216	W	128x142	10964	2300	5623	11300		DB	OM 421	
0 303-14	57	1979-85	V8	280	W	128x142	14620	2300	5623	11300		DB	OM 422	Serie ab 1983
0 303-14	57	1979	V8	330	W	128x142	14620	2300	5623	11300		DB	OM 422 A	T
0 303-15	61	1979	V6	216	W	128x142	10964	2300	6330	12000		DB	OM 421	
0 303-15	61	1979-85	V8	280	W	128x142	14620	2300	6330	12000		DB	OM 422	Serie ab 1983
0 303-15	61	1979	V8	330	W	128x142	14620	2300	6330	12000		DB	OM 422 A	T
308 (Typ 602)	12	1979-82	4	85	W	93,75x83,6	2307	4800	3700			DB	M 115	V
OF 1619		1980	6	192	W	115x140	8720	2500	6050			DB	OM 360 I	Chassis
0 305 E		1980-82		243/299		(179/220 kW)			5600	11110		AEG		
0 305		1981	6	200	W	125x155	11412	2200	5600	11110		DB	M 407 h 60	Methanol- Motor
0 305 T		981-82		230		(169 kW)			5600	11110		BBC	4 EBO 2052	
0 305 GT	49/76	1981-82		230		(169 kW)			5600/ 6150	17260	14821	BBC	4 EBO 2052	FBW- Fertigung, 54-PS-Motor- VW-Hilfsdiesel
0 305 GTD	62/99	1981-86	 6	243/299 240		(179/220 kW) 125x155	 11412	2020 2200	5600/ 6150	17260	16580	AEG DB	CUZAC 4482 spez. OM 407 h	FBW- Fertigung, 54-PS-VW- Hilfsdiesel und:
0 305 GG	240	1981		2x340		(2x250 kW)			5600/ 7980/ 5600	24080		AEG		O-Bahn-Typ
0 307 Ausflug	57/41	1981-87	6	240	W	125x155	11412	2200	5600	11810		DB	OM 407 h	
OF 1419		1981	6	192	W	115x140	8720	2500	6050			DB	OM 360 I	Chassis
307 D (Typ 602)	12	1982-87	4	72	W	90,9x92,4	2399	4400	3350	4235		DB	OM 616	
309 (Typ 602)	12-21	1982-87	4	95	W	95,5x80,25	2299	5200	2950- 3500	5040-6000		DB	M 102	V
310 (Typ 602)	12	1982-87	5	95	W	90,9x92,4	2998	4400	3350	5235		DB	OM 617	
0 405	44/65	1983	6	204/240	W	128x155	11970	2200	5875	11445		DB	OM 427 h	SL II-Prototyp
0 309	14/26	1984	4	95	W	95,5x80,25	2299	5200	2950-3500	5050-5995		DB	M 102	V
309 (Typ 602)	13	1985-87	5	88	W	90,9x92,4	2998	4400	3350	5235		DB	OM 617	

Typ	Sitzzahl/ Stehplätze	SP	Zyl	PS	K	B x H	Hubr.	Drehzahl	Rad-stand	Gesamt-länge	Eigen-gewicht	Motor-hersteller	Typ	Bemerkungen
0 405 Linie	44/63	1985-87	6	204/240	W	128x155	11970	2200	5875	11475		DB	OM 427 h	
0 405 G	60/100	1985-87	6	240	W	128x155	11970	2200	5625/6175	17400		DB	OM 427 h	
0 405 G	60/100	1985-87	6	180	W	128x155	11970	2200	5625/6175	17400		DB	OM 427 hA	T
0 407	51/49	1985	6	240	W	128x155	11970	2200	6150	11850		DB	OM 427 h	Prototyp
0 407	51/49	1985-87	6	280	W	128x155	11970	2200	6150	11850		DB	OM 427 hA	T, Prototyp
0 301	33	1985-90	6	136	W	97,5x133	5960	2800	4000	8700	9800	DB	OM 366	Fremdaufbau
0 301	33	1985-90	6	170	W	97,5x133	5960	2600	4000	8700	9800	DB	OM 366 A	T, Fremd-aufbau
0 402 Midi-Bus	26/24	1985-91	6	136	W	97,5x133	5960	2800	4000	8060	9800	DB	OM 366	ab 1989 139 PS, Göppel-Aufbau
0 402 Midi-Bus	26/24	1985-91	6	170	W	97,5x133	5960	2600	4000	8060	9800	DB	OM 366 A	T, ab 1989 175 PS, Göppel-Aufbau
OH 1417		1985	6	170	W	97,5x133	5960	2600	5700			DB	OM 366 A	T,Chassis
OH 1622		1985	V6	216	W	128x142	10964	2300	5700-6300			DB	OM 421	Chassis
OH 1622		1985	V8	250	W	128x142	14618	2300	5700-6300			DB	OM 422	Chassis
0 405 T	35/65	1986-92		245		(180 kW)			5875	11475		AEG	CUZAC 4579 b	Hilfsdiesel-motor OM 601, 72 PS
OM 405 GT	58/113	1986-92		245		(180 kW)			5625/6175	17400		DB	CUZAC 4579 b	Hilfsmotor OM 601, 72 PS
0 405 GTD	58/113	1986-92		245		(180 kW)			5625/6175	17400		DB	CUZAC 4579 b	und:
			6	240	W	128x155	11967	2200				DB	OM 427 h	mit T 280 PS, ab 1987 OM 447 h/ OM 447 hA
0 405 GTZ	66/101	1986-92		218		(160 kW)			5625/6175	17400		BBC	4 EBo 2052	und:
			5	90	W	89x92,4	2872	4600				DB	OM 602	
308 D	14	1987-92	4	79	W	89x92,4	2299	3800	3350	5235		DB	OM 601	
310	13	1987-	4	95	W	95,5x80,25	2299	5200	3350	5235		DB	M 102	V, auch 105 PS
0 303-13	53	1987-89	V8	292	W	128x142	14618	2100	5381	10556		DB	OM 442	
0 303-14	57	1987-89	V8	292	W	128x142	14618	2100	5623	11293		DB	OM 442	
0 303-15	61	1987-89	V8	292	W	128x142	14618	2100	6330	12000		DB	OM 442	
0 405	44/54	1987-89	6	204/240	W	128x155	11967	2200	6150	11850		DB	OM 447 h	mit T 280 PS
0 405 G	60/94	1987-89	6	240	W	128x155	11967	2200	6150	11850		DB	OM 447 h	mit T 280 PS
0 407	53/43	1987-89	6	240	W	128x155	11967	2200	5625/6175	17400		DB	OM 447 h	mit T 280 PS
310 D	14	1989-92	5	95	W	89x92,4	2874	3800	3350	5235		DB	OM 602	
0 609 D	16	1898-92	4	90	W	97,5x133	3970	2800	3700	6215		DB	OM 364	
0 609 D	20	1989-92	4	90	W	97,5x133	3970	2800	4250	7095		DB	OM 364	
0 611 D	16	1989-92	4	115	W	97,5x133	3970	2600	3700	6215		DB	OM 364 A	T, auch 136 PS
0 611 D	23	1898-92	4	115	W	97,5x133	3970	2600	4250	7200		DB	OM 364 A	T, auch 136 PS
0 614 D	23	1898-92	4	136	W	97,5x133	3970	2600	4250	7200		DB	OM 364 LA	TL
0 709 D	20	1989	4	90	W	97,5x133	3970	2800	4250	7095		DB	OM 364	
0 711 D	20	1989-92	4	116	W	97,5x133	3970	2600	4250	7095		DB	OM 364 A	T, Koch-Aufbau
0 814 D	20	1989-90	4	136	W	97,5x133	3970	2600	4250	7095		DB	OM 364	
0 303-9	37	1989-91	V6	224	W	130x142	11310	2100	4150	8678		DB	OM 441	
0 303-10	41	1989-90	V6	224	W	130x142	11310	2100	4251	9237		DB	OM 441	
0 303-10	36	1989-91	V6	272	W	128x142	10960	2100	4521	9237		DB	OM 441 A	T
0 303-11	45	1989-91	V6	224	W	130x142	11310	2100	5083	9993		DB	OM 441	
0 303-13	53	1989-91	V8	296	W	130x142	15070	2100	5381	10556		DB	OM 442	
0 303-14	57	1989-91	V8	296	W	130x142	15070	2100	5623	11293		DB	OM 442	
0 303-14	48	1989-91	V8	366	W	128x142	14620	1700	5623	11293		DB	OM 442 A	2xTL
0 303-15	61	1989-91	V8	296	W	130x142	15070	2100	6330	12000		DB	OM 442	
0 303-15	52	1989-91	V8	366	W	128x142	14620	1700	6330	12000		DB	OM 442 A	T
0 405	44/54	1989-	6	214	W	128x155	11967	2200	5875	11545		DB	OM 447 h	
0 405	44/54	1989-	6	299	W	128x155	11967	2200	5875	11545		DB	OM 447 hLA	TL
0 405 G	60/94	1989-	6	299	W	128x155	11967	2200	5625/6175	17470		DB	OM 447 hLA	TL
0 405 N	43/54	1989-	6	214	W	128x155	11967	2200	5875	11705		DB	OM 447 h	
0 405 GN	57/100	1989-	6	250	W	128x155	11967	2200	5725/6175	17730		DB	OM 447 hA	T

Typ	Sitzzahl/ Stehplätze	SP	Zyl	PS	K	B x H	Hubr.	Drehzahl	Rad- stand	Gesamt- länge	Eigen- gewicht	Motor- hersteller	Typ	Bemerkungen
O 407 E	53/43	1989-	6	250	W	128x155	11967	2200	6150	11920		DB	OM 447 hA	T
O 408 Ausflug	53/38	1989-	6	214	W	128x155	11967	2200	6150	11959		DB	OM 447 h	mit T 250 PS mit TL 299 PS
O 405	44/54	1990-	6	250	W	128x155	11967	2200	5875	11545		DB	OM 447 hA	mit TL 299 PS
O 405 G	60/94	1990-	6	250	W	128x155	11967	2200	5625/6175	17470		DB	OM 447 hA	mit TL 299 PS
O 814 DA	16	1991	6	136	W	97,5x133	3970	2600	3700			DB	OM 364	Allradantrieb
O 404-10	39	1993-	V6	205	W	130x142	11300	2100	4585	9220		DB	OM 441	
O 404-10	39	1993-	V6	272	W	125x130	9600	2100	4585	9220		DB	OM 401LA	TL
O 404-10	39	1993-	V6	290	W	125x130	9600	2100	4585	9220		DB	OM 401LA	TL
O 404-13	51	1993-	V6	205	W	130x142	11300	2100	5245	10720		DB	OM 441	
O 404-13	51	1993-	V8	265	W	130x142	15100	2100	5245	10720		DB	OM 442	
O 404-13	51	1993-	V6	272	W	125x130	9600	2100	5245	10720		DB	OM 401LA	TL
O 404-13	51	1993-	V6	290	W	125x130	9600	2100	5245	10720		DB	OM 401LA	TL
O 404-13	51	1993-	V6	340	W	128x142	10960	2100	5245	10720		DB	OM 441LA	TL
O 404-15	59	1993-	V8	265	W	130x142	11300	2100	6250	12000		DB	OM 442	
O 404-15	59	1993-	V6	272	W	125x130	9600	2100	6250	12000		DB	OM 401LA	TL
O 404-15	59	1993-	V6	290	W	125x130	9600	2100	6250	12000		DB	OM 401LA	TL
O 404-15	59	1993-	V6	340	W	128x142	10960	2100	6250	12000		DB	OM 441LA	TL
O 404-15	59	1993-	V8	381	W	125x130	12760	2100	6250	12000		DB	OM 402LA	TL
O 404 DD	79	1993	V8	435	W	128x142	14620	2100	5600/1300	12000		DB	OM 442LA	TL, Reise-doppeldecker, Prototyp (Drögmöller-Aufbau)
O 100 City	9/14	1991-	5	98	W	89x92,4	2870	4000	2850/	6335	3000	DB	OM 602	Duvedec-Aufbau
O 402	25/25	1993-	6	139	W	97,5x133	5960	2800	4000	8070		DB	OM 366	
O 405 GNTD	57/100	1994-		292		(215 kW)			5725/6175	17730		AEG		zusätzlich
			6	299	W	128x155	11967	2200				MB	OM 447 kLA	TL
De Dietrich														
De Dietrich		1898-1900	2	9		110x160	3039	700	2000	3680		Bollée		
De Dietrich		1904	4	35		130x140	7440	900	2850			De Dietrich		
Drauz														
DR 42 »Leichtbus«	42/6	1951-55	6	90/100	W	92,07x101,6	4080	3000	5000	10800	4625-5300	Ford	Hercules	
DR 5000	90	1954-56		143		(105 kW)		1100	4900	11000		Garbe-Lahmeyer	LC 327	
DR 6000	43/57	1954-56		143		(105 kW)		1100		12000	9000	Garbe-Lahmeyer	LC 327	
Stadtbus	32/59	1955-56	6	115	W	112x140	8276	2000	4600	10000	6800	MAN	D 1246 M2H	
Stadtbus	32/59	1955-56	6	130	W	112x140	8276	2000	4600	10000	6800	MAN	D 1246 M2H	
DR 43,43 »Leichtbus«	1955-62	1955-62	V6	120	W	92x105	4195	2800	5000	10000	5300	Ford	AD 6	
DR 25 »Klubbus«	22	1957-58	V4	80	W	92x105	2797	2800	3150	6975	3875	Ford	AD 4	auch AD 6
DR 43	34-43	1957-58	6	125	W	100x130	6126	2500	5000	10000	6600	Henschel	522 DP	
DR 43	34-43	1959-62	6	130	W	100x130	6126	2700	4960	10090	6600	Henschel	522 OPJ (6 R 1013 F)	
Drögmöller														
DR 35	35	1965	6	126	W	92x128	5675	2800	4080	8140	6700	DB	OM 352	
DR 35/II			6	170	W	115x140	8720	2500				DB	OM 360	
DR 35/III	39		6	170	W	115x140	8720	2500				DB	OM 360	
DR 35/III L	39		6	170	W	115x140	8720	2500	4440	9300	7500	DB	OM 360	Luftfederung
DR 256	55-63	1974-75	V8	256	W	125x130	12760	2500	6100	12000		DB	OM 402	
Eupu 256	51-55	1974-75	V8	256	W	125x130	12760	2500	6100	12000		DB	OM 402	
Europull-mann E 320	47-59	1974-79	V10	320	W	125x130	15950	2500	6100	12000		DB	OM 403	auch 256 PS
E 330 Comet	47-63	1977-79	V8	256	W	125x130	12760	2500	6100	12000		DB	OM 402	
E 310	47-63	1978-79	V8	256	W	125x130	12760	2300	6100	12000		DB	OM 402	
E 300	51-55	1979-80	V8	256	W	125x130	12760	2300	5400	11300		DB	OM 402	
E 300	51-55	1980-81	V8	256	W	128x142	14620	2300	5400	11300		DB	OM 402	
E 300 Super-pullmann		1980-89	V8	280	W	128x142	14620	2300	5400	11300		DB	OM 402	

Typ	Sitzzahl/ Stehplätze	SP	Zyl	PS	K	B x H	Hubr.	Drehzahl	Rad-stand	Gesamt-länge	Eigen-gewicht	Motor-hersteller	Typ	Bemerkungen
E 310 Super-pullmann	47-59	1980-87	V8	280	W	128x142	14620	2300	6100	12000		DB	OM 402	auch 330 PS
E 320 Super-pullmann	47-59	1980-87	V8	280	W	128x142	14620	2300	6100	12000		DB	OM 402	auch 330 PS
E 330 Comet	47-59	1980-87	V8	280	W	128x142	14620	2300	6100	12000		DB	OM 402	auch 330 PS
E 420 Corsair	51-59	1980-89	V8	330	W	128x142	14620	2300	5400/ 1300	12000		DB	OM 422	T
E 280 Super-pullmann	39	1981-89	V6	216	W	128x142	10960	2300	4750	9770		DB	OM 421	
E 280 Super-pullmann	39	1981-89	V8	280	W	128x142	14620	2300	4750	9770		DB	OM 422	
E 290 Super-pullmann	43-51	1981-89	V8	280	W	128x142	14620	2300	4985	10560		DB	OM 422	
E 430 Super-Comet	47-59	1981-87	V8	330	W	128x142	14620	2300	5400/1300	12000		DB	OM 422	T
E 440 Meteor	75	1981-87	V8	375	W	128x142	14620	2300	5600/1250	12000		DB	OM 422	TL, auch 330 PS
E 290 H Euro-pullmann	39-51	1985-89	V8	280	W	128x142	14620	2100	4985	10560		DB	OM 422	
E 300 H Euro-pullmann	43-55	1985-89	V8	280	W	128x142	14620	2100	5400	11300		DB	OM 422	
E 330 H Euro-Comet	47-59	1985-89	V8	280	W	128x142	14620	2100	6100	12000		DB	OM 422	
E 330 K MiniComet	39-51	1985-89	V8	280	W	128x142	14620	2100	4985	10560		DB	OM 422	
E 280 H Euro-pullmann	35-47	1987-89	V6	216	W	128x142	10960	2300	4750	9770		DB	OM 421	
E 320 L Euro-pullmann	56-68	1987-89	V8	330	W	128x142	14620	2100	6500/1250	14500		DB	OM 422	T
E 330 K Swiss-Comet	39-51	1987-89	V8	280	W	128x142	14620	2100	4985	10560		DB	OM 422	Breite 2,3 m
E 330/3 Comet	47-59	1987-89	V8	280	W	128x142	14620	2100	5300/1300	12000		DB	OM 422	
E 330 Super-pullmann	43-55	1989-90	V8	290	W	130x142	15080	2100	5400	11300		DB	OM 442 A	
E 300 Euro-pullmann	43-55	1989-92	V8	354	W	130x142	15080	2100	5400	11300		DB	OM 442 A	T
E 310 Super-pullmann	47-59	1989-90	V8	290	W	130x142	15080	2100	6100	12000		DB	OM 442 T	
E 320 Euro-pullmann	47-59	1989-90	V8	354	W	130x142	15080	2100	6100	12000		DB	OM 442 A	T
E 320 Euro-pullmann	56-58	1989-90	V8	354	W	128x142	14620	2100	6500/1250	14500		DB	OM 422	T
E 330 K Swiss-Comet	39-51	1989-90	V8	354	K	130x142	15080	2100	4955	10560		DB	OM 442 A	T,Breite 2,3 m
E 330 K MiniComet	39-51	1989-90	V8	354	W	130x142	15080	2100	4955	10560		DB	OM 442 A	T
E 330/11,3 MiniComet	43-55	1989-90	V8	354	W	130x142	15080	2100	5400	11300		DB	OM 442 A	T
E 330 Comet	47-59	1989-90	V8	354	W	130x142	15080	2100	6100	12000		DB	OM 442 A	T

Typ	Sitzzahl/ Stehplätze	SP	Zyl	PS	K	B x H	Hubr.	Drehzahl	Rad- stand	Gesamt- länge	Eigen- gewicht	Motor- hersteller	Typ	Bemerkungen
E 330/3 Comet	47-59	1989-90	V8	354	W	130x142	15080	2100	5300/1300	12000		DB	OM 442 A	T
E 330 H EuroComet	47-59	1989-90	V8	354	W	130x142	15080	2100	6100	12000		DB	OM 442 A	T
E 430 U	51-63	1989-90	V8	354	W	128x142	14620	2100	5400/1150	12000		DB	OM 422	T
E 430 Super-Comet	47-59	1989-90	V8	480	W	128x142	14620	2100	5300/1150	12000		DB	OM 442 LA	TL
E 440 Meteor	75	1989-90	V8	480	W	128x142	14620	2100	5600/1300	12000		DB	OM 442 LA	TL
E 290 H Euro-pullmann	41-49	1990-	V8	290	W	130x142	15080	2100	4985	10560		DB	OM 442 A	
E 300 H Euro-pullmann	47-53	1990-	V8	290	W	130x142	15080	2100	5400	11300		DB	OM 442	ab 1991 296 PS
E 320 Euro-pullmann	49-57	1990-	V8	290	W	130x142	15080	2100	6100	12000		DB	OM 442	
E 330 K Swiss-Comet	41-49	1990-	V8	290	W	130x142	15080	2100	4985	10560		DB	OM 442	Breite 2,3 m
E 330 K MiniComet	41-49	1990-	V8	290	W	130x142	15080	2100	4985	11560		DB	OM 442	
E 330 H EuroComet	45-53	1990-	V8	290	W	130x142	15080	2100	5400	11300		DB	OM 442	ab 1991 296 PS
E 330/11,3 Comet	45-53	1990-	V8	290	W	130x142	15080	2100	5400	11300		DB	OM 442	ab 1991 296 PS
E 330 EuroComet	49-57	1990-	V8	290	W	130x142	15080	2100	6100	12000		DB	OM 442	
E 330 H 3 EuroComet	49-57	1990-	V8	354	W	128x142	14620	2100	5300/1150	12000		DB	OM 442 LA	T
E 430 U Super Comet	50-54	1990	V8	354	W	128x142	14620	2100	5300/1150	12000		DB	OM 442 LA	T
E 430 Super-Comet	49-57	1990-91	V8	354	W	128x142	14620	2100	5300/1150	12000		DB	OM 442 LA	TL
E 440 Meteor	71-77	1990-93	V8	354	W	128x142	14620	2100	5700/1250	12000		DB	OM 442 LA	TL, auch 435 PS
E 430 Super Comet	49-57	1991-	V8	381	W	128x142	14620	2100	5300/1150	12000		DB	OM 442 LA	TL, neues Design, auch 435 u. 503 PS
E 430 U Super-Comet	51-59	1993-	V8	503	W	128x142	14620	2100	5300/1250	12000		DB	OM 442 LA	TL
E 330 H EuroComet	47-57	1993-	V8	381	W	128x142	14620	2100	6100	12000		DB	OM 442 LA	TL, auch 340 PS
E 325	57	1993-	V6	340	W	128x142	10960	2100	6100	12000		DB	OM 442 LA	TL
E 330 H/11,3	53	1993-	V8	381	W	128x142	14620	2100	5400	11300		DB	OM 442 LA	TL
E 430	57	1993-	V8	381	W	128x142	14620	2100	5300/1150	12000		DB	OM 442 LA	TL
E 430 U	59	1993-	V8	381	W	128x142	14620	2100	5300/1150	12000		DB	OM 442 LA	TL
Dürkopp														
		1902		12/15								Dürkopp		
		1903	4	28								Dürkopp		
		1905	2	18								Dürkopp		
		1906	4	30/35	W	115x130	5398	1000				Dürkopp		max. 43 PS
L 60		1911	4	37/39	W	115x130	5398	1200				Dürkopp		Oberdeck-Typ
	12	1924										Dürkopp		Fageol-Typ
L 2 B	18	1925	4	40	W	101x130	4165	1500	3915	6545		Dürkopp	L 2 a	
0 3	25	1926-28	4	50	W	120x150	6882	1100				Dürkopp	L 3	
0 2 b	23	1927	4	40	W	101x130	4165	1500				Dürkopp	L 2 a	
0 5	36	1927-28	6	90	W	110x140	7983	1600	5430			Dürkopp	L 5	
0 5	52	1927-28	6	90	W	110x140	7983	1600				Dürkopp	L 5	
0 3	30	1929	4	60	W	110x140	5319	1200	4305			Dürkopp		
0 5	45	1929	6	105	W	110x140	7983	1600	5430			Dürkopp	L 5	
0 5/6	45	1929	6	105	W	110x140	7983	1600	5350/1250	9580		Dürkopp	L 5	

Typ	Sitzzahl/ Stehplätze	SP	Zyl	PS	K	B x H	Hubr.	Drehzahl	Rad- stand	Gesamt- länge	Eigen- gewicht	Motor- hersteller	Typ	Bemerkungen
Dux														
LO 3		1913-14	4	35	W	80x130	2612	2000				Dux		
Ehrhardt														
Type 45	12	1912-14	4	40	W	130x150	7959	850				Ehrhardt		
Type 47	18	1912-14	4	45	W	100x150	4710	1700	3760			Ehrhardt		
Type 45	11	1913	4	31	W	90x100	2543	1800	3285			Ehrhardt		
Dixi - Fahrzeugfabrik Eisenach														
Wartburg	8	1902	1	4	L	66x70	479	1200				Dixi		Hotel-Omni-bus
Wartburg	8	1902	2	8	W	105x120	2008	1000				Dixi		Hotel-Omni-bus
T		1905	4	24	W							Dixi		
Dixi	17	1907	4	25	W	120x150	6782	900				Dixi		
SLO	12/2	1911	4	26	W	100x110	3456	1200	3400			Dixi		
TLO 15	16	1912-13	4	35	W	110x130	4940	1100	3650			Dixi		
UO 40	23	1912-13	4	40/50	W	125x150	7359	900	4250			Dixi		
Dixi	18	1924	4	45	W	110x165	6272	1150				Dixi	S 2	
M 1	18-22	1924	4	35	W	95x165	4676	1200				Dixi		
M 2	28	1924-25	4	45	W	110x165	6272	1150				Dixi	S 2	
M 1/II	18-22	1925	4	45	W	110x165	6272	1150				Dixi	S 2	
Etzel														
Etzel	25/5	1950	6	70	W	82,5x120,65	3772	3200	3500	6250		Dodge		V
FAKA														
SK 4,5	39/8	1954-58	6	120	W	100x130	6126	2500	5180	9650	5900	Henschel	522 DPU	ab 1955 125 PS
HKB	24	1958-60	4	90	W	100x130	4084	2600	3450	7950	3490	Henschel	517 D4K	
Faun														
B.L.E. 19		1913	4	42	W	110x130	4939	1150	4200					
	55	1921	4	55	W	116x150	6337	1300				FAUN		Doppeldecker
II o	22	1924-25	4	50	W	116x150	6337	1400	4450		7100	FAUN		
NO 22 Nürnberg	22/3	1926	6	70	W	94x168	6995	1600	5150-5950		7900	Maybach	OS	auch Typ PO 22
NO 35	35/5	1926	6	70	W	94x168	6995	1600	5950		9800	Maybach	OS	
O 25	22	1927	6	70	W	95x135	5741	2200	5150-5950	7050		Maybach	W 2	
O 35	35/15	1927	6	70	W	95x135	5741	2200	5950	7850		Maybach	W 2	
E 35	35/15	1927	6	70	W	95x135	5741	2200	5950	7850		Maybach	W 2	benzin-elektrisch
O 25	22	1928	6	100	W	94x168	6995	1900	5150			Maybach	OS 5/6	
O 35	35/15	1928	6	100	W	94x168	6995	1900	5950	9580	6890	Maybach	OS 5/6	
E 25	25	1928	6	100	W	94x168	6995	1900	5150			Maybach	OS 5/6	benzin-elektrisch
E 35	35/15	1928	6	100	W	94x168	6995	1900	5950		6300	Maybach	OS 5/6	benzin-elektrisch, auch 23/27 Plätze
Fahrdraht-bus	34/40	1932												Zweiachser-Modell
Fahrdraht-bus		1932							5269/ 1250	10150				Dreiachser-Prototyp
Fahrdraht-bus		1933	6	90	W	94x168	6995	1800	5269/ 1250	10150		Maybach	OS 5/6	zusätzlich Oberleitung, Modell
O 24 D 63		1935	6	90	W	100x130	6126	2000				Deutz	F6M 313	D. u. folgende
O 28 D 66		1935	6	110	W	100x160	7540	2000				Deutz	F6M 316	
O 33 D 66		1935-38	6	110	W	100x160	7540	2000	5650			Deutz	F6M 316	
O 50 D 67		1935	6	125	W	130x170	13583	1500				Deutz	F6M 317	
L 7 V (L 7 Z)	66/62	1949	6	150	W	130x170	13583	1600	4450/	18000		Deutz	F6M 517	Sattel-schlepper-Omnibus
O 7 V	36/34	1950-53	6	150	W	130x170	13583	1600	10780	10780	10100	Deutz	F6M 517	
O 7 V	47/8	1950-53	6	150	W	130x170	13583	1600	10780	10780	10350	Deutz	F6M 517	auch 48/22 Plätze
O 9 V	55/10	1950-53	6	180	W	130x170	13583	1800	6000	11970	10300	Deutz	F6M 617	Wirbel-kammer-Motor ,auch 60/30 Plätze
O 8 V		1950	6	150/175	W	130x170	13583	1800		20000		Deutz	F6M 617	Gaubschat-Gelenkzug

Typ	Sitzzahl/ Stehplätze	SP	Zyl	PS	K	B x H	Hubr.	Drehzahl	Rad- stand	Gesamt- länge	Eigen- gewicht	Motor- hersteller	Typ	Bemerkungen
F 60 LO	22	1950	6	130	L	110x140	7983	2300				Deutz	F6L 514	
F 70 0		1950-53	6	150	W	100x130	6126	2500	5750	10400		Henschel	522 DPK-L	(6 R 1013 A) Rootsgebläse
F 24	22	1957-64	4	55	W	82x70,9	1498	4250	3700	6980		Ford	15 M	V
F 24 D/310	22	1957-64	4	70	W	92x118	3136	2750	3100-3700	6980	3880	Kämper	492 H	
F 284	22	1964	4	60	W	84x76,6	1698	4200	3800	6980		Ford	17 M	V
F 284 0	22	1964-67	4	60	L	95x120	3400	2800	3800	6980		Deutz	F4L 712	
FFG-Prototypen														
FFG-Gelenkbus	57/113	1976	6	240	W	125x150	11045	2200	5600/6150	17260	12530	DB	OM 407 h	Niederflur-Prototyp
FFG VÖV-Bus II	45/72	1976	6	210	W	125x150	11045	2200	5850	11250	8700	DB	OM 407 h	
FFG Intercity IC	53	1978	V6	180	W			2100	6096	11110	9560	General-Motors of Canada	6V 71 N/C 55	Zweitakt-Diesel-motor
FFG Citybus C	50/41	1978	V6	180	W			2100	5356	10360	9810	General-Motors of Canada	6V71 N/C 55	Zweitakt-Diesel motor
FFGÜ 80	51/57	1979	6	240	W	125x150	11045	2200	6150	11810	9000	DB	OM 407 h	
FFG Doppel-decker DD	73/5	1980	V6	180	W			2100	4616	9620	10585	General-Motors of Canada	6V 71 N/C 55	Zweitakt-Diesel-motor
Fleischer														
S 1 RU	32	1959	4	90	W	115x145	6024	2200	3900	9250		Nordhausen	EM 4-22	Prototyp
S 1 RU	36	1959-62	4	90	W	115x145	6024	2200	4600	9650	6300	Nordhausen	EM 4-22	
S 1 RU	36	1959-62	4	96	L	120x145	6560	2300	4600	9650	6150	Schönebeck	4 KVD 14,5	SRL
S 2 RU	43-50	1959-66	6	120	W	120x145	6560	2000	4900	10900	9020	Schönebeck	EMaW 6-20	
S 3	27/40	1962-66	6	150	W	120x145	9840	2000	4900	10900	8375	Schönebeck	EMbW 6-20	
S 2 RU	43	1966-69	6	150	W	120x145	9840	2000	4900	11000	9100	Schönebeck	EMbW 6-20	(6 KVD 14,5 SRW)
S 2 RU	43	1966-71	6	160	L	120x145	9840	2300	4900	11000	9100	Schönebeck	6 VD 14,5/ 12 SRL	
S 4	39	1971-73	4	125	W	120x145	6560	2300	4600	9650	6900	Nordhausen	4 VD 14,5/ 12-1 SRW	
S 5	48	1973-90	6	190	W	120x145	9840	2300	6100	12000	9550	Schönebeck	6 VD 14,5/ 12 SRW 6 VD 14,5/ 12-2 SRW	ab 1977
Ford														
AA		1931	4	40	W	98,4x108	3283	2200				Ford	AA	Sattel-schlepper-Omnibus
BB 1,5-2	13	1932	4	50	W	98,4x108	3283	2800				Ford	BB	
BB 1,5-2			4	50	W	98,4x108	3283	2800	3340	4905		Ford	BB	
BB 1,5-2	25		4	50	W	98,4x108	3283	2800	4140	5705		Ford	BB	
BB 1,5-2	20/		4	50	W	98,4x108	3283	2800	3340/990	6503		Ford	BB	
BB 1,5-2	22		4	50	W	98,4x108	3283	2800	3340/990	6503		Ford	BB	
BB 1,5-2	24		4	50	W	98,4x108	3283	2800	3340/990	6503		Ford	BB	
V8/51	28-34	1936-39	V8	90	W	77,8x95,2	3613	3800	5100			Ford	V8-3,6l	
V8/51	28	1936-39	V8	90	W	77,8x95,2	3613	3800	4700			Ford	V8-3,6l	
V8/51 Spezial	30	1936-39	V8	90	W	77,8x95,2	3613	3800	5300			Ford	V8-3,6l	
BB/G 987 TG	8	1939-41	4	40	W	98,4x108	3283	2800				Ford	BB	Generator
V8/G 917 T		1939-42	V8	90	W	77,8x95,2	3613	3800				Ford	V8-3,6l	
V8/G 997 TG	25	1939-41	V8	75	W	81x95,2	3924		3988		3900	Ford	V8-3,9l	Generator
V8/G 997 T		1941-42	V8	95	W	81x95,2	3924	3500				Ford	V8-3,9l	
V 3000 S		1941-47	V8	95	W	81x95,2	3924	3500				Ford	V8-3,9l	Typ G 198 TS
G 790 B	34	1948-51	V8	95	W	81x95,2	3924	3500	5309	8715	4320	Ford	V8-3,9l	Frontlenker
G 798 B	26	1948-53	V8	95	W	81x95,2	3924	3500	4013	7428	3825	Ford	V8-3,9l	Frontlenker
G 398 TS Rhein	17	1948-53	V8	95	W	81x95,2	3924	3500	4013			Ford	V8-3,9l	

Typ	Sitzzahl/ Stehplätze	SP	Zyl	PS	K	B x H	Hubr.	Drehzahl	Rad-stand	Gesamt-länge	Eigen-gewicht	Motor-hersteller	Typ	Bemerkungen
G 197 B	43	1952	V8	95	W	81x95,2	3924	3500	5004		4400	Ford	V8-3,9l	Heckmotor
G 199 B	33/4	1952-58	V8	100	W	81x95,2	3924	3500	4801	8850		Ford	V8-3,9l	
G 1Y7 B	43	1952-56	V8	90	W	81x95,2	3924	3500	5004			Ford	V8-3,9l	
G 1Y9 B	33/7	1952-56	6	90	W	92x101,6	4080	3500	4800	8488	4500	Ford	Hercules	D
FK 2000		1952-53	V8	95	W	81x95,2	3924	3500	3404	8800	4725	Ford	V8-3,9l	
G 798 B		1952	V8	95	W	81x95,2	3924	3500	5004			Ford	V8-3,9l	
G 798 BA		1952-57	V8	95	W	81x95,2	3924	3500	4013	8800	4725	Ford	V8-3,9l	Allradantrieb
G 198 B	26	1953	V8	100	W	81x95,2	3824	3500	4013	8300		Ford	V8-3,9l	
FK 1000	9	1954-61	4	38	W	63,5x92,5	1172	4250	2300			Ford	12 M	
	38	1954	6	94	W	92x101,6	4080	3000	4850			Ford	Hercules	D, Heckantrieb
G 1Y9 B	34	1954	6	95	W	93,7x107,9	4462	3000	4800			Ford	Hercules	
FK 4000		1954-55	6	95	W	93,7x107,9	4462	3000	4404			Ford	Hercules	
FK 1000/1,5	8	1955-65	4	55	W	82x70,9	1498	4250	2300	4300	1300	Ford	15 M	
FK 2500	20	1955-61	V4	80	W	92x105	2797	2800	3700	7420		Ford-List	V4	D, Zweitakt
FK 4500	26	1955-61	V6	120	W	92x105	4195	2800	4370	6670		Ford-List	V6	D, Zweitakt
FK 1250	8	1958-60	4	55	W	82x70,9	1498	4250	2300	4300	1225	Ford	15 M	
TT 800	8	1962-65	4	55	W	82x70,9	1498	4250	2300	4300	1190	Ford	15 M	
FT 900 Bus	9	1965-68	V4	60	W	90x58,86	1498	4500	2692	4425	1360	Ford	1,5 l	
FT 900 Bus »Panorama«	9	1965-68	V4	60	W	90x58,86	1498	4500	2692	4425	1410	Ford	1,5l	
FT 1000 Bus	12	1965-70	V4	60	W	90x58,86	1498	4500	2692	4425	1485	Ford	1,5l	
FT 1000 Bus »Panorama«	12	1965-70	V4	60	W	90x58,86	1498	4500	2692	4425	1535	Ford	1,5l	
FT 1300 Bus	15	1965-70	V4	65	W	90x66,80	1699	4800	2997	5175	1535	Ford	1,7l	
FT 1000 Bus	9	1969-70	V4	60	W	90x58,86	1498	4500	2692	4425	1285	Ford	1,5l	
FT 1000 Bus »Panorama«	9	1969-70	V4	60	W	90x58,86	1498	4500	2692	4425	1335	Ford	1,5l	
FT 100 Bus	9	1971-73	V4	60	W	90x58,86	1498	4500	2690	4425	1365	Ford	1,5l	auch 65 PS
FT 100 Bus D	9	1971-73	4	51	W	93,7x85,6	2358	3600	2690	4524	1620	Ford	2,4l D	D, auch 62 PS
FT 100 Bus	12	1971-73	V4	60	W	90x58,86	1498	4500	2690	4425	1415	Ford	1,5l	auch 65 PS
FT 100 Bus D	12	1971-73	4	51	W	93,7x55,6	2358	3600	2690	4524	1670	Ford	2,4l D	D, auch 62 PS
FT 130 Bus	15	1971-73	V4	65	W	90x66,8	1688	4800	2997	5175	1710	Ford	1,7l	
FT 130 Bus	15	1971-73	V4	75	W	93,7x72,4	1996	4500	2997	5274	1710	Ford	2,0l	
FT 130 Bus D	15	1971-73	4	62	W	93,7x85,6	2358	3600	2997	5274		Ford	2,4l D	D
FT 9-Sitzer Bus (FT 100)	9	1974-77	V4	60	W	90x58,86	1488	4500	2690	4425	1365	Ford	1,5l	auch 65 PS
FT 9-Sitzer Bus D (FT 100 D)	9	1974-77	4	62	W	93,7x85,6	2358	3600	2690	4524	1620	Ford	2,4l D	D
FT 12-Sitzer (Bus FT 100)	12	1974-77	V4	60	W	90x58,86	1488	4500	2690	4425	1415	Ford	1,5l	auch 65 PS
FT 12-Sitzer Bus D (FT 100 D)	12	1974-77	4	62	W	93,7x85,6	2358	3600	2690	4524	1670	Ford	2,4l D	D
FT 15-Sitzer Bus (FT 150)	15	1974-77	V4	65	W	90x66,8	1688	4800	2997	5175	1710	Ford	1,7l	auch 75 PS
FT 15-Sitzer Bus D (FT 150 D)	15	1974-77	4	62	W	93,7x85,6	2358	3600	2997	5274	1965	Ford	2,4l D	D
FT 9-Sitzer Bus	9	1978-85	4	65	W	87,67x66	1593	4750	2692	4552	1475	Ford	1,6l	
FT 9-Sitzer Bus (FT 100)	9	1978-85	4	78	W	90,82x76,95	1993	4500	2692	4552	1570	Ford	2,0l B	
FT 9-Sitzer Bus D (FT 100 D)	9	1978-85	4	62	W	93,7x85,6	2358	3600	2692	4552	1645	Ford	2,4l D	D
FT 12-Sitzer Bus (FT 100)	12	1978-85	4	65	W	87,67x66	1593	4750	2692	4552	1475	Ford	1,6l B	auch 78 PS
FT 12-Sitzer Bus D (FT 100 D)	12	1978-85	4	62	W	93,7x85,6	2358	3600	2692	4552	1740	Ford	2,4l D	D
FT 15-Sitzer Bus (FT 130)	15	1978-85	4	78	W	90,82x76,95	1954	4500	2997	5302	1810	Ford	2,0l B	
FT 15-Sitzer Bus (FT 130)	15	1978-85	V6	100	W	93,67x72,42	2993	4650	2997	5302	1960	Ford	3,0l B	
FT 15-Sitzer Bus D (FT	15	1978-85	4	62	W	93,7x85,6	2358	3600	2997	5302	1960	Ford	2,4l D	D

Typ	Sitzzahl/ Stehplätze	SP	Zyl	PS	K	B x H	Hubr.	Drehzahl	Rad- stand	Gesamt- länge	Eigen- gewicht	Motor- hersteller	Typ	Bemerkungen
9-Sitzer-Bus (FT 80)	9	1986-88	4	78	W	90,82x76,95	1993	4500	2815	4606	1484	Ford	2,0l B	
9-Sitzer-Bus (FT 80 D)	9	1989	4	68	W	93,67x90,54	2496	4000	2815	4606	1614	Ford	2,5l D	D
12-Sitzer-Bus (FT 100)	12	1986-88	4	78	W	90,82x76,95	1994	4500	2815	4606	1609	Ford	2,0l B	
12-Sitzer-Bus (FT 100 D)	12	1986-88	4	68	W	93,67x90,54	2496	4000	2815	4606	1735	Ford	2,5l D	D
15-Sitzer-Bus (FT 190)	15	1986-88	4	78	W	90,82x76,95	1994	4500	3020	5358	1848	Ford	2,0l B	
15-Sitzer-Bus (FT 190 D)	15	1986-88	4	68	W	93,67x90,54	2496	4000	3020	5358	1944	Ford	2,5l D	D
»GL«-Bus	9	1988-91	4	78	W	90,82x76,95	1994	4500	2815	4606	1496	Ford	2,0l B	
»GL«-Bus	9	1988-91	4	68	W	93,67x90,54	2496	4000	2815	4606	1614	Ford	2,5l D	D, ab 1989 70 PS
»Topline«-Bus	8	1989-91	4	78	W	90,82x76,95	1994	4500	2815	4606	1536	Ford	2,0l B	Karmann-Aufbau
»Topline«-Bus	8	1989-91	4	70	W	93,67x90,54	2496	4000	2815	4606	1554	Ford	2,5l D	D, Karmann-Aufbau
13-Sitzer-Bus	13	1989-91	4	78	W	90,82x76,95	1994	4500	3020	5358	1925	Ford	2,0l B	Rappold-Aufbau
13-Sitzer-Bus	13	1989-91	4	70	W	93,67x90,54	2496	4000	3020	5358	1943	Ford	2,5l D	D, Rappold-Aufbau
»Topline«-Bus	8	1991	4	80	W	93,67x90,54	2496	4000	2835	4616	1773	Ford	2,5l D	D, Karmann-Aufbau
»Topline«-Bus	8	1991	4	98	W	90,8x77	1994	5250	2835	4616	1760	Ford	2,0l B	Karmann-Aufbau
»CL«-Bus	9	1991	4	70	W	93,67x90,54	2496	4000	2835	4616	1735	Ford	2,5l D	D, auch 80 PS
»CL«-Bus	9	1991	4	98	W	90,8x77	1994	5250	2835	4616	1720	Ford	2,0l B	
»GL«-Bus	9	1991	4	70	W	93,67x90,54	2496	4000	2835	4616	1750	Ford	2,5l D	D, auch 80 PS
»GL«-Bus	9	1991	4	98	W	90,8x77	1994	5250	2835	4616	1735	Ford	2,0l B	
14-Sitzer-Bus	14	1991	4	80	W	93,67x90,54	2496	4000	3570	5368		Ford	2,5l D	D, Rappold-Aufbau
14-Sitzer-Bus	14	1991	4	98	W	90,8x77	1994	5250	3570	5368		Ford	2,0l B	Rappold-Aufbau
14-Sitzer-Bus	14	1991	4	100	W	93,67x90,54	2496	4000	3570	5368		Ford	2,5l TD	D, T, Rappold-Aufbau
FMA														
Donar	28	1927	4	50	W	130x170	9000	1000	4480	7505-7700	5000	FMA	M 3	
Donar	30/10	1928-29	4	60/63	W	130x170	9000	1300			5000	FMA	M 3	Max. 70 PS
Gaubschat														
Gaubschat S 56	34/36	1956-57		122		(90 kW)		1500				AEG	USC-227c	Batteriehilfs-antrieb
Geist														
Dyna-Geist		1906	4	28	W	120x130	5878	1000				Argus		
Göppel														
16.280 Economy	55	1983	6	280	W	125x155	11413	2200	5900	12000		MAN	D 2566 MTUH	T
16.280 Doppel-decker		1983	6	280	W	125x155	11413	2200				MAN	D 2566 MTUH	T
9136 FOC Kleinbus	25	1984	6	136	W	102x116	5657	3000	3600	7030		MAN	D 0226 ME	
0 402 Midi-Bus	26/24	1985-91	6	136	W	97,5x133	5960	2800	4000	8060	9800	DB	OM 366	ab 1989 139 PS
0 402 Midi-Bus	26/24	1985-91	6	170	W	97,5x133	5960	2600	4000	8060	9800	DB	OM 366 A	T, ab 1989 175 PS
22.330 HOCLN Helicon 360	48-56	1985-91	6	330	W	128x155	11963	1800	5600/1350	12000		MAN	D 2866 LU	TL, auch Typ 22290 HOCLN
22.360 HOCLN Helicon 400	74-79	1985-91	6	360	W	128x155	11963	1800	5600/1350	12000		MAN	D 2866 LXU	TL
10.180 HOCL (SM 2)	32/22	1987	6	150	W	108x125	6871	2700	4200	8500		MAN	D 0826	
22.330 HOCLN Helicon 380	49-51	1987-91	6	330	W	128x155	11963	1800	12000	12000		MAN	D 2866 LXU	TL, ab 1989 360 PS

Typ	Sitzzahl/ Stehplätze	SP	Zyl	PS	K	B x H	Hubr.	Drehzahl	Rad- stand	Gesamt- länge	Eigen- gewicht	Motor- hersteller	Typ	Bemerkungen
SM 152 Midi	30/30	1989-91	6	150	W	108x125	6871	2700	4200	8700		MAN	D 0826	ab 1990 156 PS
SM 182 Midi	30/30	1989-91	6	180	W	108x120	6592	2600	4200	8700		MAN	D 0826 T	T, ab 1990 186 PS
11.180 HOCL Clubbus	28	1989	6	180	W	108x120	6592	2600	4200	8700		MAN	D 0826 T	
NM 152	28/26	1990-91	6	156	W	108x125	6871	2700	4200	8700		MAN	D 0826	Niederflurtyp
NM 182	28/26	1990-91	6	186	W	108x120	6592	2600	4200	8700		MAN	D 0826 T	T, Niederflur-typ
11.190 Niederflur		1991-92	6	186	W	108x120	6592	2600	4200	8700		MAN	D 0826 T	T
Goliath -Kleinbusse-														
Express	7	1953-55	2	29	W	74x80	688	4000	2500	4520		Goliath	GM 700 E	V, Einspritz-motor
Express	7	1955-57	2	40	W	84x80	886	4000	2500	4520	1255	Goliath	GM 900 E	V, Einspritz-motor
Express 1100	10	1957-61	4	40	W	74x64	1093	4250	2500	4520	1360	Goliath	GM 1100	V, ab 1960 Borgward 1100
Goossens														
13 PC	30/5	1926	4	60	W	120x180	8138	1100	5500			BMW	M 4 A 1	
Graaff														
Junior R I	25	1951-53	6	95	W	96x125	5430	2200	4850		3800	Henschel	512 PG	
Ultra	32/6	1953	6	95	W	96x125	5430	2200	4850-5000	9150	4300	Henschel	512 PG	
Guggemos														
Guggemos	28/22	1953		20		(15 kW)								
Gutbrod -Kleinbusse-														
Atlas 1000	8	1951-53	2	18	L	75x75	662	3500	2350	4000	1150	Gutbrod	2 Z 70 L	V
Atlas 1000/3	8	1953-54	3	28	L	75x75	993	4000	2350	4000	1225	Gutbrod	3 Z 100 L	V
Rudolph-Hagen														
		1902	2	8/10								Hagen		
MW 3b	16/4	1903	4	16/20							3200	Hagen		
Hanomag														
Hanomag-Stoltz	14/6	1908	2	20/25								Hanomag		Dampf-maschine
2/10	10	1928	1	10	Th	80x100	499	2500			750	Hanomag		
HL 3,0-3,5		1935	4	55/60	W	105x150	5195	1600				Hanomag	HDS 3,5	D u. folgende
L 28 1,5t »Clubbus«	15	1950-55	4	50	W	90x110	2799	2800	3400	5950	2715	Hanomag	D 28 L	
L 28	18-22	1953-56	4	65	W	90x110	2799	2800	4000	7000-7900	3500	Hanomag	D 28 LA	Roots-Gebläse
L 28 F	17	1955	4	70	W	90x110	2799	2800			3200	Hanomag	D 28 LA	Roots-Gebläse
L 28	17	1956	4	50	W	90x110	2799	2800			3955	Hanomag	D 28 L	
Kurier II		1961	4	50	W	90x110	2799	2800	2900			Hanomag	D 28 L	
Garant		1962	4	65	W	90x110	2799	2800	2850			Hanomag	D 28 LA	
Kurier II		1963	4	60	W	90x110	2799	3000	2900			Hanomag	D 28 CL	Wirbelkam-mer-Motor
Kurier II OL		1963	4	60	W	78x64	1797	4000	2900			Hanomag	O 301 L	V
Garant		1963	4	70	W	94x120	3331	2800	2850			Hanomag	D 351 GL	auch 80 PS
F 40 B	17/3	1971-74	4	60	W	87x92,4	2197	4200	2950	5040	4000	DB	OM 615	
F 45 OB	17/3	1971-74	4	85	W	87x92,4	2197	5000	2950	5040	4000	DB	M 115	V
F 45 OB	21	1971-74	4	85	W	87x92,4	2197	5000	3500	5990	4600	DB	M 115	V
F 45 B	17/3	1971-74	4	85	W	87x128	3783	2800	2950	5040	4100	DB	OM 314	
F 45 B	21	1971-74	4	85	W	87x128	3783	2800	3500	5990		DB	OM 314	
Harmening														
MBO	39	1954	6	90	W	90x120	4580	2800			5320	DB	OM 312	
HKB	24	1955-58	4	85	W	100x130	4084	2500	3450	7950	3500	Henschel	517 D 4	
Henschel														
3 B 1	24	1925	4	50	W	127x170	8640	1100	4300	6535	3950	Henschel		
3 B 2N	26/5	1926	4	60	W	120x160	7240	1200	4300	6535	5100	Henschel	B	
3 B 2N	26/5	1926	4	83	W	10x160	7240	1500	4300	6535	3950	Henschel	B	
4 B 1	27	1926	4	60	W	115x170	10589	1000	5000-5800	7200		Deutz	FMV 117	D
4 D 3	33	1928	6	100	W	120x160	10851	1250	5800			Henschel	D	
34 C 3/ 34 D 3	28/29	1928	6	85/100	W	120x160	10851	1250	4500/1200	7880	5900	Henschel	C/D	

Typ	Sitzzahl/ Stehplätze	SP	Zyl	PS	K	B x H	Hubr.	Drehzahl	Rad-stand	Gesamt-länge	Eigen-gewicht	Motor-hersteller	Typ	Bemerkungen
4 D 4	36743	1928	6	85/100	W	120x160	10851	1250	5800	8270	6000	Henschel	C/D	auch 28/22 Plätze
3 B 1		1929	4	62	W	120x160	7240	1200	4300-5000	6345-7125	4050	Henschel	B	
4 B 2		1930	4	60	W	120x160	7240	1200				Henschel	B	
4 D 4	28/22	1930	6	100	W	120x160	10851	1250	5850	8775		Henschel	D	
4 D 5	50	1930	6	100	W	120x160	10851	1250	5935	9300		Henschel	D	
35 F 3	45-55	1931-32	6	100	W	125x160	11775	1300	5980/1440	9250-1115		Henschel	F	ab 1932 120 PS
35 F 3 H & S	70	1931	6	100	W	125x160	11775	1300	5980/1440			Henschel	F	Doppeldecker, auch J-Motor
Rumpler/ LHB-Werdau	31	1931	6	100	W	125x160	11775	1300				Henschel	F	Frontantriebs-Prototyp-Chassis
4 Z 1	37	1931		120	W			1200				H & S Doble	Z	Dampf-maschine
35 H 3	60	1933	2x6	250	W	120x160	21700	1250	5950/1440	11800	18500	Henschel	H	
28 0 1	25	1939	4	65	W	100x140	4398	2200	4000	6595		Henschel	0	D und folgende
		1933/34	2	110	W				bis 5800			H & S Doble		Dampf-maschine, Haubentyp
4 J 5	50	1934-39	6	125	W	125x160	11775	1500	5985	9775		Henschel	J	D und folgende
38 S 2N		1935	6	95	W	105x140	7274	2200				Henschel	S	
38 S 3N		1935	6	95	W	105x140	7274	2200				Henschel	S	
Obus		1935												Prototyp
	50	1935	2	120	W							H & S Doble		Dampf-maschine, Frontlenkertyp
4 J 5N	50	1935-38	6	125	W	125x160	11775	1500	5985	10120		Henschel	J	
35/36 W 3		1935-39	8	160/170	W	125x160	15708	1500	5600/1440			Henschel	W	
28 T 2N	25	1936	4	70	W	105-140	4846	2000	4000	6595		Henschel	T	
B 68 BX 2		1936	B12	300	W	135x180	31000	1500	5500/1490			Henschel	BX	Boxermotor, RAB-Prototyp-Chassis
30 T 4N Tram		1937	4	70	W	105x140	4846	2000				Henschel	T	Frontlenker
38/4d S 3N	40	1937-44	6	95	W	105x140	7274	2200	5650	12590		Henschel	S	Stromlinien-Schnellreise-bus für DR
40 S 2N	40	1937-44	6	95	W	105x140	7274	2200	5000			Henschel	S	
30 BA 2N	30	1938	4	65	W	120x140	6334	2200	4700			Henschel	BA	V
4 G 7 Tram		1938	6	100	W	100x160	9122	1500				Henschel	G	
33 G 1	30	1938	6	100	W	110x160	9122	1500	3750/1100			Deutz	F6M 516 H	
4 F 5		1938	6	120	W	125x160	11775	1500	5985			Henschel	F	V
HS D 38	60/24	1938-40	6	175	W	135x180	15400	1500				Henschel	U	BVG-Hauben-Doppeldecker
6 J 5N		1939	6	100	W	105x140	7274	2200				Henschel	HGM 145	Holzgasmotor
40 S Tram	31/29	1939	6	100	W	105x140	7274	2200				Henschel	HGM 145	Holzgasmotor
HS DO 36	68/10	1939	6	175	W	135x180	15400	1500	4420/1350	10130	12100	Henschel	U	BVG-Front-lenker-Doppeldecker
HS II/6500	40/45	1939-44		115/130		(85/95 KW)		1800	5000	10960	8300	AEG/BBC/SSW		
HS I/4500	27/27	1940		122		(90 KW)		1500	4250	9100	8500	AEG/BBC/SSW	USC-227c/ GLM 1273c/ D 602-1	
HS III/10000		1943		2x68		(2x50 KW)		1520		10550		AEG/BBC/SSW		
HS III (565)	62/41	1943		2x68		(2x50 KW)		1520		12000		AEG		Doppeldecker
HS II/6500	40/45	1946-54		115/130		(85/95 KW)		1800	5200	10420-10960	8450	AEG/BBC/SSW		
HS 190 N Bimot	51/11	1950-51	2x6	2x95	W	96x125	10862	2200	5400	10758	9000	Henschel	512 DG	auch: 51/39 Plätze
HS 6 N (140 N)	20/26	1950	6	140	W	110x150	8553	2200	5800	10600	8500	Henschel	513 DC	
HS 90 E (564)	31/32	1951-53		122		(90 KW)		1740	4400	9730	7500	BBC	GLM 1273a	Argentinien-Typ
HS II/ 6500 (51)	23/62	1951		136		(100 KW)		1800	5100	10970	8900	AEG		LHB-Typ HS II 51
HS 190 N	39/11	1953-54	6	100	W	96x125	5429	2400	4500	9650-10650		Henschel	512 DJ	
HS 120 N	39/11	1953-56	6	120	W	100x130	6126	2500	4500	9500	7000	Henschel	522 DP	ab 1955 125 PS
HS 200 N	50/10	1954-55	6	200	W	135x155	13312	2000	5850	11465	10000	Henschel	521 DU	ab 1955 210 PS

Typ	Sitzzahl/ Stehplätze	SP	Zyl	PS	K	B x H	Hubr.	Drehzahl	Rad- stand	Gesamt- länge	Eigen- gewicht	Motor- hersteller	Typ	Bemerkungen
HS II/6500 Typ II	100	1954-55		115/136		(85/100 KW)		1800	5000	10960	8500	AEG/BBC/SSW		
HS 160 USL	47/9	1955-58	6	158	W	115x150	9340	2200	5300	10800	7300	Henschel	514 DCU	Stadtbus 29/60 Plätze
HS 160 USL	47/9	1956-57	6	180	W	125x150	11045	2100	5935	12000		Henschel		Stadtbus, 29/60 Plätze, Roots-Gebläse
HS Typ 563	28/72	1955		122		(90 KW)		1700	4850	10160		SSW	D 602 e	selbsttragende Karosserie
HS 562 E	29/52	1956-57		143		(105 KW)		1100	5200	10900	8290	Kiepe-GL	LC 327	E=vordere Einzelbe- reifung
HS 562 E	29/52	1956-57		143		(105 KW)		1100	5200	10900	8290	Kiepe-GL	LC 327	Ludewig- Aufbau
HS 562 EG	120-160	1956-57		136		(100 KW)		1800	5200	12000		AEG/BBC/SSW		1 1/2-Decker
HS 562 G	50/90	1956-57		136		(100 KW)		1800	5000/4100	16500		AEG/BBC/SSW		Dreiachser
HS 562 G	160	1956-57		136		(1oo KW)		1800		16500		AEG/BBC/SSW		Vierachser
HS 95		1957	6	110	W	100x130	6126	2200				Henschel	522 DP	Flughafen- Sattelzug
HS 160 USL 446	51/38	1958-61	6	158	W	115x150	9340	2200	5935	12000	7300	Henschel	514 DCU	auch 28/76 Plätze
HS 160 USL 448	96-126	1958-59	6	158	W	115x150	9340	2200	5698	12000	7700	Henschel	514 DCU	
HS 160- G 449	43/106	1958-61	6	158	W	115x150	9340	2200	5300/5770	16500	10500	Henschel	514 DCU	ab 1959 Motor 6 U 1115
HS 160 USL-G	176	1958-59	6	180	W	125x150	11045	2100	5300/5770	16500	10500	Henschel	6 U 1215 A	Roots-Gebläse
HS 165 TN		1958-60	6	165	W	125x150	11045	2200					6 U 1215	Chassis
HS 160 OSL	32/58	1958		120/130		(88/100 KW)		1430/1800	5935	12000		SSW-Kiepe	Dv 606 e	
HS 160 OSL-G	45/119	1958		120/130		(88/100 KW)		1430/1800	5300/5770	16500	10800	SSW-Kiepe	Dv 606 e	
HS 160 OSL-E	45/119	1958		165		(121 KW)			5300/5770	16500	11200	SSW-Kiepe		
HS 160 USL	51/38	1959-63	6	170	W	125x150	11045	2100	5935	12000	7700	Henschel	6 U 1215	
HS USL-G	45/119	1959-63	6	170	W	125x150	11045	2100	5300/5770	16500	10500	Henschel	6 U 1215	
Hercules														
DN		1910-14	4	26/28	W	90x150	3815	1100	4100			Hercules		
D 4		1910-14	4	36/38	W	115x150	6228	900	4100			Hercules		
D 4 T		1910-14	4	40/42	W	116x150	6337	1000	4100			Hercules		
B	12	1913-14	4	18	W	85x115	2608	1200	3400	5140	1850	Hercules		
Hille														
K 3			4	45	W	110x155	5889	1000	4050			Hille		Kardanantrieb
Horch														
		1910-13	4	42	W	100x135	4239	1700	3725	6200		Horch		
Aussichts- wagen	16	1912-13	4	37/45	W	105x150	5192	800	4000			Horch		
Typ 3	12	1913	4	26	W	85x140	3176	1000	3725	6000	2400	Horch		
Hotel- omnibus		1913	4	40	W	90x140	3560	1600				Horch		
Horch	21	1913	4	42	W	115x155	6436	800	4000			Horch		auch 35 PS
Horch 25/60		1914	4	50	W	100x150	4710	1800				Horch		
H 3 B	29-34	1952-57	4	80	W	115x145	6024	2000	4000	7650		Horch	EM 4-20	D
Kaelble														
Z 6 GN		1936	6	110	W	110x170	9710	1400				Kaelble	GN 110 S	Zugmaschinen- omnibus
K 630		1949	6	150	W	130x180	14330	1400				Kaelble	GN 130 s	
Kässbohrer														
S 8	35x7	1951-55	6	95	W	96x125	5429	2200	5000	9280	5160	Henschel	512 DG	ab 1954 100 PS
S 9	39+8	1953-54	6	95	W	96x125	5429	2200	4420	9850	6300	Henschel	512 DG	
S 9	43+9	1953-54	6	95	W	96x125	5429	2200	4750	9850	6000	Henschel	512 DG	

Typ	Sitzzahl/ Stehplätze	SP	Zyl	PS	K	B x H	Hubr.	Drehzahl	Rad-stand	Gesamt-länge	Eigen-gewicht	Motor-hersteller	Typ	Bemerkungen
S 10 Stadt	36/28	1953-54	6	95	W	96x125	5429	2200	4750	10000	6100	Henschel	512 DG	ab 1955 125 PS, ab 1957 mit Roots-Gebläse 150 PS
S 10 Stadt	36/28	1954-57	6	120	W	100x130	6126	2500	4750	9850		Henschel	522 DPK	
S 11	47+10	1954-57	6	120	W	100x130	6126	2500	5250	10650	6400	Henschel	522 DPK	
S 6	25	1955-64	4	85	W	100x130	4084	2500	3150	6700	3675	Henschel	517 D4	ab 1957 90 PS, mit Roots-Gebläse 100 PS
S 8	35+7	1955-59	6	125	W	100x130	6126	2500	5000	9280	5450	Henschel	522 DPK	
SP	95-100	1955-57	6	125	W	100x130	6126	2500	4750	9750	5100	Henschel	522 DPK-U	Unterflurmotor
"Super-Setra"	41-45	1956-57	V8	210	W	110x140	10644	2000		12190	11000	MAN	D 1048 MT	T, auch Cummins 200 SAE-PS
S & L	28	1957	6	125	W	100x130	6126	2500		8700		Henschel	522 DPK	
S 8	35+7	1957-58	V8	140	L	105-120	8312	2500	5000	9300	6700	MWM	AKD 412 AV	
S 10	43+9	1957-59	V8	140	L	105x120	8312	2500	4750	10200	6700	MWM	AKD 412 AV	
S 10 Stadt	35/38	1957-58	V8	140	L	105x120	8312	2500	4750	10200	6100	MWM	AKD 412 AV	
Academy-Express		1957	6	210	W	135x155	13312	2000	5850/			Henschel	521 DU	Unterflurmotor
Super Golden Eagle		1957-59	6	275	W	130,2x152,2	12180	2100		18300	16000	Rolls-Royce	C 6 SFL	Roots-Gebläse
ST 110	40/5	1958-61	6	125	W	100x130	6126	2500	5900	10850	6000	Henschel	522 DPU-K	Unterflurmotor
Silver Eagle		1958-59	6	240	W	115x140	11633	2500		12190		MAN	D 1548 MT	T
"Super Setra" (Golden Eagle)	54-64	1958	6	210	W	135x155	13312	2000	5850/	18300		Henschel	521 DU	
S 9 II		1959-62	6	125	W	100x130	6126	2500	4420	9630	6300	Henschel	522 DPK	mit Roots-Gebläse 150 PS
S 9 II		1959-61	V8	140	L	105x120	8312	2500	4420	9630		MWM	AKD 412 AV	
S 10 II	43+9	1959-61	6	125	W	120x130	6126	2500	4880	10220	6700	Henschel	522 DPK	mit Roots-Gebläse 150 PS
S 10 II	43+9	1959	V8	140	L	105x120	8312	2500	4880	10220		MWM	AKD 412 PV	
S 10 II Stadt	35/38	1959-62	6	125	W	100x130	6126	2500	4880	10220		Henschel	522 DPK	
S 11 II	47+10	1959	6	125	W	100x130	6126	2500	5495	11120	7150	Henschel	522 DPK	mit Roots-Gebläse 150 PS
S 11 II	47+10	1959	V8	140	L	105x120	8312	2500	5495	11120		MWM	AKD 412 AV	
S 12	51	1959	6	160	W	115x140	8312	2200	5900	11900	7500	MAN	D 1546 M1	
S 12	51	1959	6	180	W	125x150	11045	2000	5900	11900		Henschel	514 DCS-L	Roots-Gebläse
SG 165	40/115	1959	6	160	W	115x140	8725	2200	5350/6230	16500	11000	MAN	D 1546 M1U	
S 10 II	43	1961-67	6	132	W	100x130	6126	2600	4420	9630	6850	Henschel	522 DPK-F	ab 1966 mit Roots-Gebläse
S 14	59	1961-67	6	170	W	125x150	11045	2100	5990	12000	7950	Henschel	514 DCU	ab 1966 192 PS
SG 175 I	47/122	1961-65	6	192	W	125x150	11045	2100	5350/6230	16500	10900	Henschel	6 U 1215 A	Roots-Gebläse, Unterflurmotor
S 9 III	34	1962-67	6	132	W	100x130	6126	2600	4420	8530	6500	Henschel	6 R 1013 F	
S 9 III	34	1962-63	V8	140	L	105x120	8312	2500	4420	8530		MWM	AKD 412 AV	
S 11 III	47	1962-67	6	132	W	100x130	6126	2600	4880	10220	7520	Henschel	6 R 1013 F	ab 1963 mit Roots-Gebläse 150 PS

Typ	Sitzzahl/ Stehplätze	SP	Zyl	PS	K	B x H	Hubr.	Drehzahl	Rad- stand	Gesamt- länge	Eigen- gewicht	Motor- hersteller	Typ	Bemerkungen
S 12 III Stadt	28/41	1962	6	132	W	100x130	6126	4880	10220	7300		Henschel	6 R 1013 F	ab 1963 mit Roots-Gebläse 150 PS
S 12	51	1962-67	6	150	W	100x130	6126	2500	5495	11120	7500	Henschel	6 R 1013 A	Roots-Gebläse, ab 1966 172 PS
S 125	34/91	1962-66	6	150	W	100x130	6126	2600	5350	10650	7200	Henschel	6 R 1013 A	Roots-Gebläse
S 7 30		1965-66	6	132	W	100x130	6126	2600	3630	7690	5200	Henschel	6 R 1013 F	
S 12	51	1965-67	6	172	W	125x150	11045	2100	5495	11120	7900	Henschel	6 R 1215	
S 15	63	1965-67	6	192	W	125x150	11045	2100	6000	12000	8700	Henschel	6 R 1215	
S 125 L (ÜL)	55/65	1965-66	6	192	W	125x150	11045	2100	6000	12000	8200	Henschel	6 R 1215	
SG 175 II	47/48	1965	6	185	W	128x150	11550	2100	5250/6400	16700	11200	Büssing	U 12	
SG 175 II (ÜL)	53/47	1965	6	175	W	125x150	11045	2000	5250/7700	18000	11900	Henschel	6 U 1215	
SG 175	47/48	1966	6	185	W	128x150	11550	2100	5250/6400	16700	11200	Büssing	U 12	
SG 175 II	47/48	1966	6	192	W	125x155	11410	2100	5250/6400	16700	12100	Büssing	U 11	
SG 175 II ÜL	75/110	1966	6	185	W	128x150	11550	2100	5250/7700	18000	11900	Büssing	U 12	
SG 175 II ÜL	75/110	1966	6	192	W	125x155	11410	2100	5250/7700	18000	12100	Büssing	U 11	
S 80	30	1967	5	135	W	115x125	6490	2600	3630	7670	5200	Henschel	5 R 1112	
S 100	43	1967-69	6	160	W	115x125	7788	2600	3940	8700	6600	Henschel	6 R 1112	ab 1968 170 PS
S 110	45	1967-69	5	160	W	115x125	7788	2600	4580	9500	7200	Henschel	6 R 1112	
S 120	49	1967-68	6	180	W	130x150	11940	2150	4980	10450	7500	Henschel	6 R 1315	
S 130	53	1967-70	6	200	W	130x150	11940	2150	5470	11270	8200	Henschel	6 R	ab1968 215 PS, ab 1969 auch 230 PS
S 150	61	1967-69	6	215	W	130x150	11940	2150	6000	12000	9500	Henschel	6 R 1315	ab 1968 230 PS
S 150 Panorama	57	1967	6	192	W	125x150	11045	2100	6000	12000		Henschel	6 R 1215	
S 125	34/91	1967-69	6	160	W	115x150	7788	3600	5200	10650	7100	Henschel	6 R 1115	ab 1968 170 PS
S 125 L	59/57	1967	6	200	W	130x150	11940	2150	6000	12000	8400	Henschel	6 R 1315	
SG 175 ÜL	83/87	1967	6	170	W	125x150	11045	2100	5250/7700	18000	11900	Henschel	6 R 1215	
S 80 E (City)	24/37	1968-69	5	135	W	115x125	6490	2600	3630	7670	5300	Henschel	5 R 1112	
S 120 E	41/64	1968-69	6	170	W	115x125	7788	2600	4980	10450	7900	Henschel	6 R 1112	
S 130 E	51/49	1968-69	6	215	W	130x150	11040	2150	5470	11270	8600	Henschel	6 R 1315	
S 150 E	59/41	1968-69	6	230	W	130x150	11940	2150	6000	12000	9300	Henschel	6 R 1315	
SG 175	48/148	1968-69	6	210	W	128x150	11550	2150	5250/6400	16700	11200	Büssing	U 12	
SG 175 ÜL	83/97	1968-71	6	210	10	128x150	11550	2150	5250/7300	18000	11900	Büssing	U 12	
S 120	51	1969	6	170	W	115x125	7788	4980	10450	8300		Henschel	6 T 1112	
S 130	55	1969	6	170	W	115x125	7788	5750	11270	9200		Henschel	6 R 1112	
S 130	55	1969	6	230	W	130x150	11940	2150	5470	11270	9300	Henschel	6 R 1315	
S 130 E	55/49	1969	6	170	W	115x125	7788	2602	5470	11270	8800	Henschel	6 R 1112	
S 150	63	1969	6	170	W	115x125	7788	2600	6000	12000	9500	Henschel	6 R 1112	
S 150 E	63/41	1969	6	170	W	115x125	7788	2600	6000	12000	9100	Henschel	6 R 1112	
SG 175	58/130	1969-71	6	210	W	128x150	11550	2100	5250/6400	16700	11300	Büssing	U 12	
S 80	35	1970-75	5	145	W	118x125	6840	2600	3630	7690	6000	Henschel	5 R 1112	
S 110	47	1970-75	6	180	W	118x125	8202	2600	4580	9500	7900	Henschel	6 R 1112	
S 120	51	1970-73	6	180	W	118x125	8202	2600	4980	10450	8700	Henschel	6 R 1112	auch 200 PS
S 120E	51/46	1970-73	6	180	W	118x125	8292	2600	4980	10450	8100	Henschel	6 R 1112	
S 130	55	197071	6	180	W	118x125	8202	2600	5470	11270	9200	Henschel	6 R 1112	auch 200, 215, 240 PS
S 130 E	55/49	1970-71	6	180	W	118-125	8202	2600	5470	11270	8500	Henschel	6 R 1112	
S 150	63	1970-75	6	180	W	118x125	8202	2600	6000	12000	9800	Henschel	6 R 1112	auch 200, 215, 240 PS
S 150 E	63/41	1970-75	6	180	W	118x125	8202	2600	6000	12000	9000	Henschel	6 R 1112	
S 130 S	35/88	1971-74	6	180	W	118x125	8202	2600	5300	11080	8200	Henschel	6 R 1112	
S 140 E	55/55	1971-77	6	180	W	118x125	8202	2600	5470	11420	9400	Henschel	6 R 1112	
S 150	48	1971	6	240	W	130x150	11940	2500	6000	12000	10650	Henschel	6 R 1315	
SG 180	56/132	1971-73	6	240	W	132x150	12316	2200	5300/6220	16875	11800	Büssing	U 12 D	
S 200	58	1972-75	V10	320	W	125x130	15950	2500	6020/1250	12000	13250	DB	OM 403	
S 120 HV	47	1974-75	6	240	W	130x150	11940	2100	4980	10775	7900	Henschel	6 R 1315	auch 180 PS
S 120 EV	51	1974-75	6	240	W	130x150	11940	2100	4980	10775	7100	Henschel	6 R 1315	
S 140 ES	53/47	1974-75	6	240	W	130x150	11940	2100	6000	11780	9200	Henschel	6 R 1315	
SG 180	55/131	1974	6	225	W	132x150	12316	2200	5300/6220	16875	11900	Büssing	U 12 D	

Typ	Sitzzahl/ Stehplätze	SP	Zyl	PS	K	B x H	Hubr.	Drehzahl	Rad- stand	Gesamt- länge	Eigen- gewicht	Motor- hersteller	Typ	Bemerkungen
S 80	35	1975-77	6	192	W	115x140	8720	2500	3630	7690	6000	Henschel	6 R 1114	
S 130 S Communal	38/72	1975-76	6	210	W	125x150	11045	2200	5300	11080	8800	MAN	D 2556 M	
S 130 S Communal	38/72	1975-76	6	210	W	125x150	11045	2200	5300	11080	8800	DB	OM 407	
S 140 ES Regional	53/47	1975-77	6	210	W	125x150	11045	2200	6000	11780	9200	MAN	D 256 M	
S 140 ES Regional		1975-77	6	210	W	125x150	11045	2200	6000	11780	9200	DB	OM 407	
SG 180 SL		1975-77	6	210/220	W	125x150	11045	2200	5300/6220	16845	11900	MAN	D 2556	
SG 180 ÜL Regional		1975-82	6	240	W	125x155	11413	2200	5300/6220	17875	12500	MAN	D 2556 MXUH	
SG 180 S		1975-82	6	220	W	125x150	11045	2200	5300/6220	16875	11900	MAN	D 2566 MXUM	
S 130 S		1976-82	6	240	W	125x155	11413	2200	5300	11080	8800	MAN	D 2566 MUH	
S 130 S		1976-82	6	240	W	125x155	11413	2200	5300	11080	8800	DB	OM 407 h	
SG 180 Ü		1976-82	6	240	W	125x155	11413	2200	5300/6220	16875	12000	MAN	D 2566 MUH	
S 211 H Optimal		1976-79	V6	192	W	125x130	9580	2500	4950	9660	10900	DB	OM 401	
S 212 H Universal		1976-79	V8	256	W	125x130	12760	2500	5260	10370	11300	DB	OM 402	auch 192 PS
S 213 H Optimal		1976-79	V8	256	W	125x130	12760	2500	5510	11290	11700	DB	OM 402	auch 320 PS
S 215 H Optimal		1976-79	V8	256	W	125x130	12760	2600	6080	12000	12000	DB	OM 402	
S 209 H Optimal		1977-79	V6	192	W	125x130	9580	2500	4200	8500		DB	OM 401	
S 212 U		1977-79	V6	192	W	125x130	9580	2500	5260	10370		DB	OM 401	
S 213 HU Optimal		1977-79	V6	192	W	125-130	9580	2500	5510	11290		DB	OM 401	
S 215 HU Universal		1977-79	V6	192	W	125x130	9580	2500	6080	12000		DB	OM 401	
S 130 ES		1977-83	6	240	W	125x135	11413	2000	5300	11080	8800	MAN	D 2566	ab 1983 240 PS
S 140 ES		1977-82	6	240	W	125x155	11413	2000	6000	11930		MAN	D 2566	
S 208 H Optimal		1979-80	6	168	W	97x128	5675	2800	3855	760		DB	OM 352 A	T
S 221 HDS		1979	V8	375	W	128x142	14620	2800	5870/1250	18000		DB	OM 422 LA	TL
S 209 HM	37	1980-82	V6	216	W	128x142	10961	2300	4200	8500		DB	OM 421	
S 211 H	45	1980-82	V6	216	W	128x142	10961	2300	4950	9660		DB	OM 421	
S 212 H	49	1980-82	V8	280	W	128x142	14620	2300	5260	10370		DB	OM 422	ab 1983 216 PS
S 212 HUE Tropical	49	1980	V8	280	W	128x142	14620	2300	5260	10370		DB	OM 422	ab 1983 216 PS
S 213 H	53	1980-87	V8	280	W	128x142	14620	2300	5510	11290		DB	OM 422	
S 215 H	61	1980-	V8	280	W	128x142	14620	2300	6000	12000		DB	OM 422	ab 1990 289 PS
S 215 HDS	61	1980-85	V8	370	W	128x142	14620	2300	5870/1250	12000		DB	OM 422 A	T
S 216 HDS Royal	56-63	1980-88	V8	330	W	128-142	14620	2300	5870/1250	12000		DB	OM 422 A	T
S 208 HM	33	1981-82	6	168	W	97x128	5675	2800	3885	7600		DB	OM 352 A	T
S 130 Communal	38/70	1981-84	6	220	W	125x155	11413	2200	5300	11080		MAN	D 2566 MXUH	
S 213 HR Rational	53	1981-88	V8	280	W	128x142	14620	2300	5510	11290		DB	OM 422	Französische Produktion
S 215 HR Rational	61	1981-88	V8	280	W	128x142	14620	2300	6080	12000		DB	OM 422	Französische Produktion
S 228 DT Imperial	89-91	1981-88	V8	375	W	128x142	14620	2300	5620/1500	12000		DB	OM 422 LA	TL
S 214 HD	51	1982-85	V8	280	W	128x142	14620	2300	5620	11540		DB	OM 422	
UE 80		1982	6	240	W	125x155	11413	2200	6150	11810	9000	MAN	D 2566 MUH	auch DB-Motor, Göppel-Fertigung
210 H Optimal	41	1983	V8	216	W	128x142	10961	2300	4500	9340		DB	OM 421	
S 210 HD	41	1983	V6	250	W	128x142	10961	2300	4500	9340		DB	OM 421 A	T
S 211 H	45	1983-	V8	280	W	128x142	14620	2300	4950	9870		DB	OM 422	
S 212 HUE Tropical	49	1983-	V6	216	W	128x142	10961	2300	5260	10370		DB	OM 421	

Typ	Sitzzahl/ Stehplätze	SP	Zyl	PS	K	B x H	Hubr.	Drehzahl	Rad-stand	Gesamt-länge	Eigen-gewicht	Motor-hersteller	Typ	Bemerkungen
S 215 SL Communal	44/56	1983-88	6	240	W	125x155	11413	2200	6080	12000		MAN	D 2566 ME	ab 1989 mit T 280 PS
S 215 UL Regional	53/51	1983-89	6	240	W	125-155	11413		6080	12000		MAN	D 2566 ME	ab 1989 204 PS
SG 220 H (UL)	73	1983	V8	280	W	128x142	14620	2300	5510/6550	17430		DB	OM 422	Schubgelenk-prototyp, auch 330 PS
SG 219 SL Communal	51/105	1983-89	6	240	W	125x155	11413	2200	5730/6070	17300-17420		MAN	D 2566 ME	ab 1988 D 2866 UH-Motor und DB-Motor
SG 221 UL Regional	69/69	1983	6	240	W	125x155	11413	2200	5530/6550	18000		MAN	D 2566 ME	
S 215 HDH Interconti-nental	55	1984-	V8	354	W	128x142	14620	2100	5360/1300	12000		DB	OM 442 A	T, USA-Typ, auch Detroit-Diesel
S 300 NC		1984												Niederflur-Prototyp
S 210 H	41	1985-88	V6	250	W	128x142	10961	2300	4500	9340		DB	OM 421 A	T
S 216 HDS International	63	1985-	V8	330	W	128x142	14620	2300	5480/1250	12000		DB	OM 422 A	T, auch Detroit-Diesel
S 228 DT ImperialL	89	1985	V8	375	W	128x142	14620	2300	5480/1250	12000		DB	OM 422 LA	T
S 213 HE Tropical		1986	V8	280	W	128x142	14620	2300	5510	11290		DB	OM 422	
S 215 HRI-GT Rational	61	1986-88	V8	280	W	128x142	14620	2300	6080	12000		DB	OM 422	
S 210 H	39	1989-92	V6	220	W	130x142	11310	2100	4570	9340		DB	OM 441	ab 1992 225 PS
S 211 H	41	1989-	V8	280	W	130x142	15080	2100	4950	9870		DB	OM 442	
S 213 H	47	1989-	V8	280	W	130x142	15080	2100	5510	11290		DB	OM 442	
S 213 RL	47	1989-	V8	290	W	130x142	15080	2100	5510	11290		DB	OM 442	
S 213 UL	49/40	1989-	6	240	W	128x155	11967	2200	5510	11290		MAN	D 2866	mit T 280 PS, ab 1990 251 PS
S 214 HD	49	1989-	V8	280	W	130x142	15080	2100	5620	11540		DB	OM 442	
S 214 HD	49	1989-	6	330	W	128x155	11967	2200	5620	11540		MAN	D 2866 L	T
S 214 HD	49	1989-	V8	355	W	128x142	14620	2100	5620	11540		DB	OM 442 A	T, ab 1990 365 PS
S 214 HD	49	1989-	6	330	W	128x155	11967	2200	5620	11540		MAN	D 2866 L	T, ab 1990 372 PS
S 215 H	57	1989-	V8	280	W	130x142	15080	2100	6080	12000		DB	OM 441	
S 215 SL	44/56	1989-	6	280	W	128x155	11967	2200	6080	12000		MAN	D 2866 T	T, ab 1990 365 PS, auch 250 PS
S 215 RL	55	1989-92	V8	290	W	130x142	15080	2100	6080	12000		DB	OM 442	auch 330 PS, ab 1990 298 PS
S 215 UL	53/42	1989-	6	290	W	128x155	11967	2200	6080	12000		MAN	D 2866 T	T
S 215 HS	55	1989-	6	330	W	128x155	11967	2200	6080	12000		MAN	D 2866 L	TL, auch 372 PS
S 215 HD (H) Transconti-nental	55	1989-	V8	355	W	128-142	14620	2100	6080	12000		DB	OM 442 A	T, ab 1990 365 PS
S 215 HRI-GT	61	1989-	V8	290	W	130x142	15080	2100	6080	12000		DB	OM 442	ab 1990 298 PS
S 216 HDS Royal	59	1989-91	6	360	W	128x155	11967	2200	5480/1250	12000		MAN	D 2866 LX	TL, ab 1990 372 PS
S 228 DT, Imperial	77	1989-92	V8	355	W	128x142	14620	2100	5650/1470	12000		DB	OM 442 A	T
S 228 DT Imperial	77	1989-	V8	480	W	128x142	14620	2100	5650/1470	12000		DB	OM 442 LA	TL
S 210 H	39	1990-92	V6	273	W	128x142	10961	2100	4570	9340		DB	OM 441 A	T
S 213 UL	49/40	1990-94	6	213	W	125x155	11413	2200	5510	11290		MAN	D 2566 UH	
S 215 UL	53/42	1990-94	6	213	W	128x155	11967	2000	6080	12000		MAN	D 2866 UH	
S 215 UL	53/42	1990-94	6	250	W	128x155	11967	2000	6080	12000		MAN	D 2866 U	T
S 215 UL	53/42	1990-94	6	311	W	125x155	11413	1800	6080	12000		MAN	D 2866 LU	TL
S 216 HDS Royal	59	1990-94	V8	298	W	128x155	14620	2100	5480/1250	12000		DB	OM 422	ab 1991 330 PS, mit T 375 PS

Typ	Sitzzahl/ Stehplätze	SP	Zyl	PS	K	B x H	Hubr.	Drehzahl	Rad-stand	Gesamt-länge	Eigen-gewicht	Motor-hersteller	Typ	Bemerkungen
SG 219 SL	56/98	1990	6	250	W	128x155	11967	2200	5730/6070	17420		MAN	D 2866 U	
SG 219 SL	56/98	1990	6	299	W	128x155	11967	2200	5730/6070	17420		MAN	D 2866 TU	T
SG 219 SL	56/98	1990	6	311	W	128x155	11967	2200	5730/6070	17420		MAN	D 2866 LU	TL
SG 221 UL	69/69	1990-91	6	250	W	128x155	11967	2200	5530/6550	18000		MAN	D 2866 U	
SG 221 UL	69/69	1990-91	6	299	W	128x155	11967	2200	5530/6550	18000		MAN	D 2866 TU	T
S 300 NC	29/71	1990-92	6	245	W	128x155	11967	2200	5920	12000	9500	MAN	D 2866 OH	
S 309 HD	35	1991-92	V6	224	W	130x142	11310	2100	4550	8870		DB	OM 441	mit T 290 PS
S 315 HD	51	1991-94	V8	296	W	130x142	15080	2100	6080	12000		DB	OM 442	
S 315 HD	51	1991-	6	363	W	127x145	11000	2000	6080	12000		Scania	DSC 1118	TL
S 315 HDH	51	1991-94	V8	366	W	128x142	14620	2100	6080	12000		DB	OM442 A	T
S 215 SL	44/56	1991-94	6	204	W	128x155	11967	2200	6080	12000		DB	OM 447 U II	
S 215 SL	44/56	1991-94	6	240	W	128x155	11967	2200	6080	12000		DB	OM 447 U	
S 215 SL	44/56	1991-94	6	280	W	128x155	11967	2200	6080	12000		DB	OM 447 UA	T
S 216 HDS	59	1991-92	6	360	W	128x155	11967	2200	5480/1250	12000		MAN	D 2866 L	TL
SG 219 SL	56/98	1991-94	6	204	W	125x155	11413	2100	5730/6070	17420		MAN	D 2566 UH	
SG 219 SL	56/98	1991-	6	240	W	128-155	11967	2100	5730/6070	17420		MAN	D 2866 UH	ab 1992 250 PS
SG 219 SL T	56/98	1991-	6	280	W	128x155	11967	2100	5730/6070	17420		MAN	D 2866	TUH
S 213 UL	49	1991-94	6	240	W	128x155	11967	2200	5510	11290		DB	OM 447	mit T 280 PS
S 213 UL	49	1991-94	6	240	W	128x155	11967	2100	5510	11290		MAN	D 2866 UH	mit T 280 PS
S 215 UL	53	1991-	6	240	W	128x155	11967	2200	6080	12000		DB	DM 447	
S 215 UL	53	1991-	6	240	W	128x155	11967	2100	6080	12000		MAN	D 2866 UH	ab 1992 250 PS
SG 221 UL	69/69	1991-	6	240	W	128x155	11967	2200	5530/6550	18000		DB	OM 447	ab 1992 250 PS
SG 221 UL	69/69	1991-	6	240	W	128x155	11967	2100	5530/6550	18000		MAN	D 2866 UH	ab 1992 250 PS
S 215 NR	49/45	1992-	6	250	W	128x155	11967	2200	6080	12000		DB	OM 447 UAX	TL
S 312 HD	43	1992-94	V8	340	W	128x142	10960	2100	5320	10900		DB	OM 442	TL
S 309	33	1992-	V6	290	W	125x130	9572	2100	4550	8870		DB	OM	
401 LA	T													
S 312 HD	41	1992-	V6	340	W	128x142	10964	2100	5320	10940		DB	OM 441 LA	T
S 215 HDH	55	1992-	V8	380	W	125-130	12763	2100	5300/1300	12000		DB	OM 402 LA	
S 215 HDH	55	1992-							5300/1300			Detroit	Serie 60	
S 315 HDH	51	1992-	V6	340	W	128x142	10964	2100	6280	12000		DB	OM 441 LA	
S 315 HDH	51	1994-	6	381	W	127x145	11000	2000	6280	12000		Scania	DSC 11.22	TL
S 215 SL	44/56	1994-	5	250	W	128x155	2000	6080	12000			MAN	D 2865 L	T
S 300 NC	29/1	1994-	5	250	W	128x155	9972	2000	5920	12000		MAN	D 2865 L	T
S 315 GT		1994-	V6	340	W	128x142	10964	2100	6280	12000		DB	OM 441 LA	TL
S 315 H		1994-	V6	340	W	128x142	10964	2100	6280	12000		DB	OM 441 LA	TL
S 315 UL		1994-	V6	340	W	128x142	10964	2100	6280	12000		DB	OM 441 LA	TL
S 250 Special	49	1994-	6	370	W	128x155	11967	2000	6080	12000		MAN	D 2866 LOH	TL
S 328 DT	75	1994-	V8	381	W	125x130	12760	2100	5650/1470	12000		DB	OM 402 LA	TL
Klatte														
TK 115	43-52	1952-53	V8	160	L	110x140	10644	2250	5400	10740	7200	Deutz	F8L 614	
TK 115	43-52	1953-54	V8	175	L	110x140	10644	2250	5400	10740	7200	Deutz	F8L 614	Hydro-statischer Antrieb
Komnick														
3 t		1913	4									Komnick		
1,5 T/2 T	16	1922	4	40	W	110x155	5889	1000				Komnick	V 110 155	
2 N	24/3	1922	4	42/60	W	110x155	5889	1400	4510	6600	4500	Komnick	V 110 155	
3 N	18/12	1922	4	42/60	W	110x155	5889	1400	5140			Komnick	V 110 155	
2 T	18	1925-26	4	40	W	78x108	2063	1900	4510	6600	4500	Komnick	V 78 108	ab 1926 55/60 PS
3 W	18-22	1925	4	55/60	W	110x155	5889	1200	4220	6900		Komnick	V 110 155	
3 N	26/4	1925	4	55/60	W	110x155	5889	1200	5130	7215		Komnick	V 110 155	Überlandtyp
K 3	40	1926	6	75	W	100x150	7065	1200	4525			Komnick	M 6	auch 26 Plätze
3 N	26/4	1928	6	90/100	W	100x150	7065	1600				Komnick	M 6	

Typ	Sitzzahl/ Stehplätze	SP	Zyl	PS	K	B x H	Hubr.	Drehzahl	Rad-stand	Gesamt-länge	Eigen-gewicht	Motor-hersteller	Typ	Bemerkungen
NK 3	36	1928	6	90/100	W	100x150	7065	1600				Komnick	M 6	
NK 2	29/1	1930	6	80	W	94x168	6995	1400	5200	7850		Maybach	OS 5	
NK 3	29/34	1930	6	80	W	94x168	6995	1400	5800	9200	8600	Maybach	OS 5	
Krauss-Maffei														
KMO 130	22/27	1946-49	6	130	W	105x120	6191	2600	5750	9850	7200	KM (Maybach-Lizenz)	HL 64 TKK	V, Reisebus 38 Plätze
KME 130/131	60	1948-53		122		(90 KW)		1800	5750	9850	7900	BBC	GLM12730	auch SSW-Motor
KMO 131	37	1949-50	6	120	W	105x140	7274	2100	5750	9850	6900	KM (DB-Lizenz)	OM 67/4	auch 110 PS Deutz
KMO 133	44/18	950-52	6	120	W	105x140	7274	2100	5750	10435	8300	DB	OM 67/8	
KMO 140/142	47	1950-54	V4	140	W	120x130	5880	2200	5750	10435	5880	KM	KMD 6	Zweitakt, Aufladung
KML 90	42	1951	4	85	W	100x142	4460	2450	5750	10435		Kämper	4 D 10 HN	
KML 90	42/10	1951-54	4	85	L	110x140	5322	2300	5750	10600		Deutz	F4L 514	
KMO 133 A	43	1951-53	6	110	L	110x140	7983	2100	5750	10435	8200	Deutz	F6L 514	auch DB 120 PS
KMO 140	37	1951	V4	140	W	120x130	5880	2200	5750		9670	KM	KMD 6	Zweitakt, Aufladung, Halbdecker
KMO 150	57/13	1953-58	6	145	W	128x140	10809	2100	5750	11020		DB	OM 315	
KMO 160	28/52	1953-59	V8	160	L	110x140	10644	2250	5750	10955	8600	Deutz	F8L 614	
KME 160	28/52	1954-58		143		(105 KW)						BBC		auch SSW-Motor, auch 30/57 Plätze
KMS/KML 110	41/2	1954-59	V6	120/125	L	110x140	7983	2250	5750	10600	5400	Deutz	F6L	614
KML 125		1955-56	V6	125	L	110x140	7983	2250	4800	10000	6800	Deutz	F6L 614	
KMS 125	43/29	1956-62	V6	125	L	110x140	7983	2250	5040	10400	7200	Deutz	F6L 614	
MKU 150	130	1957-59	6	145	W	118x150	9842	2000	5550	11500	7700	Büssing	U 10	
KMS 110	51/20	1958-60	6	110	W	95x120	5100	3000				DB	OM 321	
KMS 160	47/10	1959	V6	112	L	110x140	7983	2300			5850	Deutz	F6L 614	
KMS 120 Plätze	32/46	1959-61	6	120	W	100x125	5891	2700	5040	10150	6600	MAN	D 0026 M1H	auch 35/43
KMS120/125	56	1959-60	V6	125	L	110x140	7983	2300	5040	10090	6200	Deutz	F6L 614	
640 HO1/11 "Metrobus"	32/68	1959-62	6	135	W	108x128	7030	2500	4800	10000	6790	MAN	D 0836	
KMS 135	47/10	1960-62	6	135	W	108x128	7030	2500	5040	10150	6350	MAN	D 0836 M2H	
KMS 135 L	43/9	1960-62	6	135	W	108x128	7030	2500	5665	10800	7000	MAN	D 0836 M2H	
420 HOC 1	39/8	1960-62	6	120	W	100x125	5891	2700	4500	9260	5800	MAN	D 0026 M1H	
420 HOC 2 "Metrobus"	39/47	1960-62	6	120	W	100x125	5841	2700	5600	10400	6000	MAN	D 0026 M1H	
750 HO-R 11 "Metrobus"	54	1961-62	6	150	W	108x128	7030	2500	5750	11140	7650	MAN	D 0836	
KMS 12 R	50	1962-65	6	145/150	W	106x135	7150	2500	5665	11000	7560	Büssing	U 7	
Krupp														
L 1,5	16	1925	4	40	W	90x160	4071	1500	3600			Krupp	M 1	
L 2,5	25	1926	4	40	W	90x160	4071	1500	5000	7250		Krupp	M 1	
L 3	28	1926	4	50	W	90x160	4071	1600	5000	7250		Krupp	M 19	
L 3 N	25	1927	6	70	W	90x160	6108	1500	5000	7250		Krupp	M 11	
L 5 N	30-50	1927	6	70	W	90x160	6108	1500	5500	8675		Krupp	M 11	
O 3 N	24/4	1928	3	45	W	80x300	4521	1400	5000	7250		Junkers	SA 9	probeweise mit Zweitakt-Gegenkolben-Diesel
O 3,5	30/6	1928-29	6	75/100	W	90x160	6108	1400/2000	5000	7800	6800	Krupp	M 11	
O 5 N	50	1928-29	6	75/100	W	90x160	6108	1400/2000	5500			Krupp	M 11	
O 3 N 62	30/6	1930	6	95	W	100x160	7540	1400	5200	7800		Krupp	M 12	
O 5 N 62	46	1930	6	95	W	100x160	7540	1400	6000	9000	7900	Krupp	M 12	
Obus	30/17	1930		121		(89 kW)		1425	4500/1264	9340	8500	AEG		
O 3 N 62	29	1931	6	95/100	W	105x160	7488	1400	5200			Krupp	M 201	Glühring-Motor
O 4 N 62	33	1931	6	95/100	W	105x160	7488	1400	5865	9210	5750	Krupp	M 201	Glühring-Motor
O 8 N 63	45/25	1931-32	6	150	W	130x160	12700	1600	5068/1264	9000	7900	Krupp	M 21	
O 2 H 42	16	1932	4	55	L	90x120	3050	2400	3650	5680		Krupp	M 301	Boxermotor
O 2,5 H 42	20	1932	4	55	L	90x120	3050	2400	3600	6180		Krupp	M 301	Boxermotor
O 3 H 42	25	1932-33	4	65	W	105x160	5540	1600	4300	6650		Krupp	M 201	Glühring-Motor

Typ	Sitzzahl/ Stehplätze	SP	Zyl	PS	K	B x H	Hubr.	Drehzahl	Rad- stand	Gesamt- länge	Eigen- gewicht	Motor- hersteller	Typ	Bemerkungen
0 3 M 42	25	1932-33	4	65/70	W	105x160	5540	1600	4000	6700		Krupp	M 201	Glühring-Motor
0 2 H 42	16	1933	4	55/60	L	90x130	3308	2500	4000	5680		Krupp	M 304	Boxermotor
0 2,5 H 42	20	1933	4	55/70	L	90x130	3308	2500	4400	6180		Krupp	M 304	Boxermotor
0 4 N 62	34/11	1933	6	110	W	102x160	7844	1600	5865	9210		Krupp	M 12 a	auch V8-Motor
0 8 N 63	45/25	1933	6	150	W	130x160	12700	1600	5700/1300	9000		Krupp	M 21	
OD 2 H 42	20/4	1934	4	45	L	92x130	3450	2200	4000	5680		Krupp	M 601	D, Boxermotor
OD 2,5 H 42	20/4	1934	4	45	L	92x130	3450	2200	4400	6180		Krupp	M 601	D, Boxermotor
0 2,5 N 42	25	1934	4	60	L	92x130	3450	2500	4200	6700		Krupp	M 305	
0 3,5 N 42	30-35	1934	4	70	W	105x160	5540	1600	4600-4650	7800		Krupp	M 202	
OD 3,5 N 22	30-35	1934	2	55	W	85x240	2720	1500	4600-4650	7800		Junkers-Liz.	M 402	D
OD 4 N 32	42	1934	3	80	W	85x240	4080	1500	5895	9210		Junkers-Liz.	M 413	D, auch 100 PS
0 2,5 N 42	25	1935	4	60	L	92x130	3450	2500	4200	7650		Krupp	M 305	auch DR-Stromlinientyp
OD 3,5 N 32	30/5	1935	3	80	W	85x240	4080	1500	4600			Junkers-Liz.	M 413	D
FOD 3,5 N 32		1935	3	90	W	85x240	4080	1500				Junkers-Liz.	M 412	D, Frontlenkertyp
0 2,5 N 142	20/5	1936	4	65	L	100x130	4082	2500	4200	7720		Krupp	M 332	
OD 2,5 N 142	20/5	1936	4	55	L	100x130	4082	2200	4200	7720		Krupp	M 611/ M 612	D, auch DR-Strom-linientyp
0 3,5 N 162	30/8	1936	6	95	W	100x160	7540	1400	4600	7800		Krupp	M 12	Stromlinientyp
OD 4 N 232	30/8	1936-40	3	80/90	W	85x240	4080	1500	4910-5050	8820-8680		Junkers-Liz.	M 412	D
0 5,5 N 62	45	1936	6	95	W	100x160	7540	1400	5800	10370		Krupp	M 12	
0 5,5 N 62	45	1936	V8	125	L	90x120	6104		5800	10370		Krupp	M 313	
OD 5,5 N 42	45	1936	4	110	W	85x240	5448	1500	5800	10370		Junkers-Liz.	M 422	D
0 5,5 N 262	45	1937-40	6	95	W	100x160	7540	1400	5800	10310		Krupp	M 12	auch 110-PS-Diesel
OD 5,5 N 242	42-48	1937-40	4	110	W	85x240	5448	1400	5800	10310		Junkers-Liz.	M 422	D, auch 125 PS
OD 5,5 N 242	49	1937	4	125	W	85x240	5448	1500	5800	10370		Junkers-Liz.	M 422	D
OD 4 262	30/8	1938	6	95	W	100x160	7540	1400	4910-5050	8820-8680		Krupp	M 12	D
0 4 N 262	30/8	1938	6	110	W	102x160	7844	1600	4910-5050	8820-8680		Krupp	M 12 a	
TD 4 N 332	38	1938	3	90	W	85x240	4080	1500	5200	9300		Junkers-Liz.	M 413	D, Front-lenker-Typ
OD 3 N 62	24	1939	6	80	W	100x120	5650	2400	4500	8200		Krupp	M 113	D, OGD 3 N 62 mit Holz-gasgenerator
0 5,5 N 262 (Gaub-schatzug)		1939	6	110	W	100x120	7540	1600	5800			Krupp	M 12	Anhängerzug, Gesamt-länge, 20,2 m
OD 6,5 N 242	40	1939	4	125	W	85x240	5448	1500	5800	10340		Junkers-Liz.	M 422	
OD 6,5-Versuchs-bus		1940	V8	150/200	W	100x120	7536	2000				Krupp	M 713	D, mit Roots-Aufladung
L 45 KOM	22	1948	6	110	W	102x160	7844	1600	4400	7650		Krupp	M 14	D, Zweitakt, u. folgende
LD 50		1948	4	125	W	85x240	5448	1500				Junkers-Liz.	M 422	
TD 50	37/9	1949-51	3	105	W	85x240	4080	1500	5200	9300		Junkers-Liz.	M 413	
T4 D 50	37/9	1950-51	4	125	W	85x240	5448	1500	5500	10000		Junkers-Liz.	M 422	
OD 55/ 0 480	60	1951-52	4	145	W	115x140	5816	1700	5800	10500		Südwerke	SW 4	
0 60	39/21	1951-52	4	145	W	115x140	5816	1700	5800	10400	8140	Südwerke	SW 4	
0 80 Titan	28/42	1951-52	6	210	W	115x140	8724	1700	6400	11750	11450	Südwerke	SW 6	
0 80 Titan	60	1951	6	210	W	115x140	8724	1700	6400	12000	9800	Südwerke	SW 6	Ludewig 1 1/2-Decker
0 80 Titan	75-103	1951	6	210	W	115x140	8724	1700	6800		18000	Südwerke	SW 6	Gaubschat-Anhängerzug, 20 m Länge
OF 480	100	1952	4	145	W	115x140	5816	1700	6800	11750		Südwerke	SW 4	
0 470 FK	70	1952-54	4	145	W	115x140	5816	1700	5200	10850		Südwerke	SW 4	
0 480 FK	80	1952-54	4	145	W	115x140	5816	1700	6350	12000		Südwerke	SW 4	
0 480 FK	58	1953	4	145	W	115x140	5816	1700		12000		Südwerke	SW 4	Ludewig 1 1/2-Decker
0 8 E (Obus)		1953-57		150		(110 kW)		1220	6350	12000		SSW	GB 200/19b	
0 8 E (Obus 6x2)		1953-57		150	W	(110 kW)		1220	5200/ 1335	12000		SSW	GB 200/19b	Ludewig 1 1/2-Decker

Typ	Sitzzahl/ Stehplätze	SP	Zyl	PS	K	B x H	Hubr.	Drehzahl	Rad- stand	Gesamt- länge	Eigen- gewicht	Motor- hersteller	Typ	Bemerkungen
0 80 B/ Titan- Super	ca. 80	1953	6	210	W	115x140	8724	1700	6400	12000	6500	Südwerke	SW 6	Kurzhauber, im wesent- lichen f∞r DB
0 8 FK	100	1954-55	4	145	W	115x140	5816	1700	5200	10850	9400	Südwerke	SW 4	Reisebus, 50 Plätze
0 10 FK	100	1954-55	4	145	W	115x140	5816	1700	6350	11970	9500	Südwerke	SW 4	Reisebus, 58 Plätze
0 10 FK	125	1954-55	4	145	W	115x140	5816	1700	6350			Südwerke	SW 4	Ludewig 1 1/2-Decker
0 10 F4	100	1955-59	4	150	W	115x140	5816	1900	5200	10900	9350	Krupp	D 459	ab 1957 D 459/OF mit 160 PS
0 10 F4 (6x2)	150	1955-59	4	150	W	115x140	5816	1900	6350/1335	12000		Krupp	D 459	Ludewig 1 1/2-Decker
0 100 SF 4	124	1955	4	150	W	115x140	5816	1900			9350	Krupp	D 459 M	in Zusam- menarbeit mit NWF
0 124	31/65	1959-63	4	120	W	97x110	3250	2600	5450	10090	5785	Krupp	D 433 U	Krupp/ Weser-Flug., nach Pekol- Konzept
Ley														
U 12 L	26	1928-30	4	45/50	W	87x130	3089	2800	3600	5300		Ley	U 12 L	
V 14 AL 2-2,5	18	1930-31	6	55/60	W	80x120	3617	3000	3750- 4500	5700-6500	2600	Ley	V 14	
V 14 AL 2,5-3	22	1930-31	6	55/60	W	80x120	3617	3000	4500	6100-6550	2750	Ley	V 14	
Lloyd														
EL 1500	12	1951		12		(8,8 kW)					2300	Lloyd		
EL 2500		1951		14		(10 kW)			3500	7900		Lloyd		
ELO 3000	30	1931		14		(10 kW)					5300	Lloyd		
Loeb														
LUC		1917-20	4	20	W	110x145	5509	1000				Loeb		
Dinos		1921	4	35	W	78x108	2064	2200				Dinos		
Ludewig														
Aero	45	1934	V8	90	W	77,8x95,2	3613	3800	4500		3600	Ford	V8-3,6 l	
Aero H 4000	68	1955-56	6	108	W	92x118	4706	2900	3960	8400	4500	Kämper	692	
»TS Aero- 1 bis 3«, Obusse (6x4)	∞ber 100	1969-74		143		(105 kW)			6200/ 1300			Garbe- Labmeyer	LF 380	Krupp-Lkw- Basis Bauart 1 bis 1969 Bauart 2 bis 1972 Bauart 3 ab 1972
Lutzmann														
Lutzmann	16	1895	1	5	Th	140x165	2540	300				Lutzmann		
MWF														
SL 2,2a/23	20/6	1924	4	60	W	100x140	4396	1400				MWF		
SL 3,5	30/10	1925	6	80	W	115x160	6644	1400				MWF		
SL 3b	24	1926	6	80	W	100x140	6594	2400				MWF		
SL 2b	20	1926	4	50	W	95x140	3967	1500	4400			MWF		
SL 3b	28	1926	4	50	W	95x140	3967	1500	5300			MWF		auch 15/19 Plätze
Weekend	20	1926	6	80	W	100x140	6594	2400				MWF		
SL 2,5	22	1926-28	4	50	W	100x140	4396	2400				MWF		
TL 3	35	1926-28	6	80/85	W	100x140	6594	2500	4400-5300	7000		MWF		
Magirus														
2C-V 110	18/6	1919-22	4	40	W	110x160	6082	1100	3550			Magirus	V 110	
2C-V 110 Post	17	1919	4	40	W	110x160	6082	1100	3550		3700	Magirus	V 110	
3C-V 110	18-24	1920	4	40	W	110x160	6082	1100			4200	Magirus	V 110	2 Exemplare
1C-V 85	11	1922	4	26	W	85x130	2950	1400	3300			Magirus	V 85	
1C-V 95	18	1922-27	4	34	W	95x150	4250	1200	3300			Magirus	V 95	auch Dural- harosserie
2C1-V 95	18/8	1922	4	34	W	95x150	4250	1200	3550			Magirus	V 95	

Typ	Sitzzahl/ Stehplätze	SP	Zyl	PS	K	B x H	Hubr.	Drehzahl	Rad-stand	Gesamt-länge	Eigen-gewicht	Motor-hersteller	Typ	Bemerkungen
2C1-V 110	18/8	1922-27	4	40	W	110x160	6082	1100	3550	6100	3700	Magirus	V 110	
1C-V 100	18	1926-28	4	55	W	100x150	4712	1500	3900		3200	Magirus	V 100	
2C1-V 100	28-32	1926-29	4	55	W	100x150	4712	1500	3913		4300	Magirus	V 100	
2C1N-V 100	32/8	1926-27	4	55	W	100x150	4712	1500	4500			Magirus	V 100	
2C1N-V 100	36/10	1926-27	4	55	W	100x150	4712	1500	5250			Magirus	V 100	
ML-V 100	28-32	1927-29	4	55	W	100x150	4712	1500	3775		4500	Magirus	V 100	Typ New York 25-28 Plätze
ML-V Jura	25	1927-29	4	55	W	100x150	4712	1500	3775			Magirus	V 100	
MM 3	35	1927-29	6	100	W	94x168	6995	2000	5250			Maybach	OS 5	
M2-V 100	25	1928	4	55	W	100x150	4712	1500	3910			Magirus	V 100	
MM 4	35	1928-29	6	100	W	94x168	6995	2000	5250			Maybach	OS 5	
MSUF		1928	6	70	W	90x150	5722	2000	4500-5250			Magirus		Aussichts-wagen-Prototyp
MM 4	40	1929-32	6	100	W	94x168	6995	2000	5275	8390	5250	Maybach	OS 5	auch OS 6-Motor
M1-M 20	20	1929-30	6	55	W	85,72x117,47	4068	2000	4000	6200	4050	Continental	16C	
M1-M 20	20	1929-30	6	55	W	85x125	4255	2000	4000	6200	4050	Magirus	S 85	
MLO-W 2	30	1929-33	6	70	W	95x135	5740	2000	4000	8550		Magirus	W 2	(Maybach-Lizenz-Motor)
M1-M 25	20/5	1930-32	6	55	W	85x125	4255	2000	4250	7360	3780	Magirus	S 85	
M1-M 25	20/5	1930-32	6	65	W	88x125	4562	2000	4250	7360	3780	Magirus	S 88	
M1-M 27	20/5	1930-34	6	55	W	85x125	4255	2000	4250			Magirus	S 85	
M1-M 27	20/5	1930-34	6	65	W	88x125	4562	2000	4250			Magirus	S 88	
M1-M 30	25/7	1930-34	6	55	W	85x125	4255	2000	4500	7385	4000	Magirus	S 85	
M1-M 30	25/7	1930-34	6	65	W	88x125	4562	2000	4500	7385	4000	Magirus	S 88	
MM 4	22/11	1930	12V	100	W	92x100	7977	2000	5275			Maybach	DSO 8	
MM 4-S 105	40	1932	6	110	W	105x150	7793	2000	5275			Magirus	S 105	Einzelstück
M1-M 27	20/5	1933-34	6	65	W	88x125	4562	2000	4250			Magirus	S 88 R	D
M1-M 30	25/7	1933-34	6	65	W	88x125	4562	2000	4500	7385		Magirus	S 88 R	D
M 25	26	1934-35	6	65	W	88x125	4562	2000	4000	6510		Magirus	S 88	
M 25	26	1934-35	6	65	W	88x125	4562	2000	4000	6510		Magirus	S 88 R	D
M 27	26	1934-35	6	65	W	88x125	4562	2000	4250	6675		Magirus	S 88	
M 27	26	1934-35	6	65	W	88x125	4562	2000	4250	6675		Magirus	S 88 R	D
M 30	31	1934-35	6	65	W	88x125	4562	2000	4500	7075		Magirus	S 88	
M 30	31	1934-35	6	65	W	88x125	4562	2000	4500	7075		Magirus	S 88 R	D u. folgende
M 20 V	20	1934-40	4	45	W	88x125	3040	2200	3800			Magirus	V 88 R	
M 45	34/7	1934-36	6	110	W	110x130	7412	2000	5300	8060	6700	Magirus	S 105 R	
M 25	26	1935-37	6	70	W	88x125	4562	2000	4000	6510		Magirus	S 88 D	
M 27	26	1935-37	6	70	W	88x125	4562	2000	4250			Magirus	S 88 D	
M 30	31	1935-37	6	70	W	88x125	4562	2000	4500	7075		Magirus	S 88 D	
M 37	30/6	1935-37	6	110	W	110x130	7412	2000	4800		6600	Magirus	S 110 R	
M 50		1935	6	110	W	110x130	7412	2000	6050	7830	8100	Magirus	S 110 R	9 Stück, Reichsauto-bahnzug, Deutschland
M 35a	30/7	1936-37	6	90	W	100x130	6126	2000	5660	8800	6400	Mag-Deutz	S 313 D	(F 6 M 313) Kurbel-lenkertyp
M 65	39/20	1936	B12	150	W	95x125	10632	2000		7200	8750	Magirus	Z 95 D	Typ Zittau
(M 65)	48	1936	B12	150	W	95x125	10632	2000		8800		Magirus	Z 95 D	Dreiachser-Heckmotor-Projekt
M 27a	26	1937-38	6	70	W	88x125	4562	2000	4250	7230		Magirus	S 88 D	
M 30a	26	1937-38	6	70	W	88x125	4562	2000	4800	7930		Magirus	S 88 D	
M 45	34/7	1937-38	6	90	W	100x160	7540	2000	5300	10050	7350	Deutz	F6M 316	
M 45 Stadtbus	46	1937	6	90	W	100x160	7540	2000	6000	10965		Deutz	F6M 316	
M 45 Stadtbus		1937	4	100	W	130x170	9026	1600	4800			Deutz	F4M 517	
M 27 a	26	1938	6	65	W	88x125	4562	2000	4250	7230		Magirus	S 88	V, RAD-Mannschafts-wagen
0 30a		1938	6	90	W	100x130	7540	2000	4800			Mag.-Deutz	S 313 D	Fahrgestell
0 32		1938	6	90	W	100x130	7540	2000				Magirus	S 313 D	Fahrgestell
0 145	47	1938-40	6	125	W	110x160	9122	2000	5775	11035	6800	Deutz	F6M 516	
0 30a		1939-40	6	70	W	88x125	4562	2000	4800			Magirus	S 88 D	Fahrgestell
0 235 k	32	1939-40	6	105	W	110x130	7413	2000	4500	8250	5400	Deutz	F6M 513	
0 235 l	37	1939-40	6	105	W	110x130	7413	2000	5200	8950	5580	Deutz	F6M 513	
Strabus 235	24/16	1939-40	6	85	W	110x130	7413	2000	4200			Deutz	F6M 513	
0 27 a	31	1940	6	70	W	88x125	4562	2000	4250			Magirus	S 88 D	

Typ	Sitzzahl/ Stehplätze	SP	Zyl	PS	K	B x H	Hubr.	Drehzahl	Rad- stand	Gesamt- länge	Eigen- gewicht	Motor- hersteller	Typ	Bemerkungen
O 240	42	1941	6	125	W	110x160	9122	2000	6000			Deutz	F6M 516	Prototyp
O 3000	30	1941-44	4	70	W	110x130	4942	2100	4900		4650	Deutz	F4M 513	
OL 3000		1941-44	4	70	W	110x130	4942	2100	5800			Deutz	F4M 513	
Da 3000		1942	4	70	W	110x130	4942	2100	4900			Deutz	F4M 513	Allradantrieb
O 3000	30	1948-49	4	85	L	110x140	5322	2400	4900	8050	4800	Deutz	F4L 514	
O 3000	30	1949-51	4	90	L	110x140	5322	2300	4900	8270	4900	Deutz	F4L 514	
O 3500	35	1949-51	4	90	L	110x140	5322	2300	5200	9000	5100	Deutz	F4L 514	
O 3500 (Vb)	31	1951-54	V6	130	L	110x140	7983	2250	4850	8375	5500	Deutz	F6L 614	Rundhaube, auch 90 PS
O 3500 (Vb)	35	1951-54	V6	130	L	110x140	7983	2250	5150	9125	5700	Deutz	F6L 614	Rundhaube, auch 90 PS
O 6500	47	1951-59	V8	170	L	110x140	10644	2300	5700	11230	8150	Deutz	F8L 614	
O 3500 H	39	1953-57	V6	125	L	110x140	7983	2300	4500	9500	6000	Deutz	F6L 614	ab 1957 43 Plätze
Saturn I	43	1958-62	V6	125	L	110x140	7983	2300	4500	9500	6200	Deutz	F6L 614	
Saturn II Reise	43	1958-60	V6	125	L	110x140	7983	2300	4500	9770	6350	Deutz	F6L 614	
Saturn II Stand.	32/60	1958-59	V6	125	L	110x140	7983	2300	4500	10000	6000	Deutz	F6L 614	
Jupiter (O 6500)		1958-59	V8	170	L	110x140	10644	2300	5700	11230		Deutz	F8L 614	Chassis
Saturn II Reise	47	1959-63	V6	145	L	120x140	9500	2300	4500	10000	7100	Deutz	F6L 714	ab 1962 150 PS, schräge Fensterpfosten
Saturn II L Reise	55	1959-63	V6	145	L	120x140	9500	2300	5730	11500	7400	Deutz	F6L 714	ab 1962 150 PS, schräge Fensterpfosten
Saturn II LS Stadt	38/77	1959-64	V6	145	L	120x140	9500	2300	5730	11500	6950	Deutz	F6L 714	ab 1962 150 PS
M 150 L 10	47	1964-67	V6	150	L	120x140	9500	2300	4500	10000	6600	Deutz	F6L 714	
M 150 L 12	55	1964-67	V6	150	L	120x140	9500	2300	5730	11500	7400	Deutz	F6L 714	
M 150 LS 12	51/45	1964-67	V6	150	L	120x140	9500	2300	5730	11500	7800	Deutz	F6L 714	
M 150 R 10	43	1964-67	V6	150	L	120x140	9500	2300	4500	10000	7000	Deutz	F6L 714	
M 150 R 12	51	1964-67	V6	150	L	120x140	9500	2300	5730	11500	7800	Deutz	F6L 714	
M 150 S 10	36/60	1964-67	V6	150	L	120x140	9500	2300	4500	1000	6550	Deutz	F6L 714	
M 150 S 12	38/77	1964-67	V6	150	L	120x140	9500	2300	5730	11500	7150	Deutz	F6L 714	
M 150 S 11 (Saturn II MS)	30/82	1964-67	V6	150	L	120x140	9500	2300	5440	11000	7200	Deutz	F6L 714	Spezieller Stadtver- kehrsomni- bus, VÖV- Vorläufer
M 120 R 80	29	1967	6	120	L	100x120	5655	2800	3650	7400	5400	Deutz	F6L 912	Prototyp
M 150 L 10	51	1967-69	V6	150	L	115x120	7478	2800	4500	10100	7500	Deutz	F6L 312	auch Bundeswehr- Typ
M 200 LS 12	59	1967-69	V8	200	L	115x120	9974	2800	5730	11600	8400	Deutz	F8L 312	»Klimabus«
M 150 R 10	47	1967-69	V6	150	L	115x120	7478	2800	4500	10100	7800	Deutz	F6L 312	
M 200 RS 12	55	1967-69	V8	200	L	115x120	9974	2800	5730	11600	8800	Deutz	F8L 312	
M 150 S 11 n		1967	V6	150	L	115x120	7478	2800	5600	11000	7450	Deutz	F6L 312	VÖV-Prototyp
M 170 S 11 H	33/78	1968-71	V6	170	L	120x125	8482	2650	5600	11000	7800	Deutz	F6L 413	VÖV-Serientyp
M 170 S 11 M	28/92	1968-69	V6	170	L	120x125	8482	2650	5600	11000	7900	Deutz	F6L 413	Mittel- motortyp, auch 200 PS
M 120 R 80	29	1965-75	6	120	L	100x120	5655	2800	3650	7400	5400	Deutz	F6L 912	Fahrgestell als Typ L 80
M 170 L 100	51	1969-77	V6	170	L	120x125	8482	2650	4500	10140	7600	Deutz	F6L 413	ab 1972 176 PS
M 170 TL 100	47	1969-73	V6	170	L	120x125	8482	2650	4500	10140	7800	Deutz	F6L 413	
M 200 TL 100	47	1969-73	V8	200	L	120x125	11310	2500	4500	10140	8000	Deutz	F8L 413	ab 1973 als Typ M 200 L 10
M 170 R 100	47	1969-77	V6	170	L	120x125	8482	2650	4500	10140	8000	Deutz	F6L 413	ab 1972 176 PS
M 200 R 100	47	1969-77	V8	200	L	120x125	11310	2500	4500	10140	8200	Deutz	F8L 413	
M 170 TR 100	47	1969-77	V6	170	L	120x125	8482	2650	4500	10140	8100	Deutz	F6L 413	ab 1972 176 PS

Typ	Sitzzahl/ Stehplätze	SP	Zyl	PS	K	B x H	Hubr.	Drehzahl	Rad- stand	Gesamt- länge	Eigen- gewicht	Motor- hersteller	Typ	Bemerkungen
M 200 TR 100	47	1969-77	V8	200	L	120x125	11310	2500	4500	10140	8300	Deutz	F8L 413	
M 170 L 120	59	1969-73	V6	170	L	120x125	8482	2650	5730	11590	8300	Deutz	F6L 413	ab 1972 176 PS
M 230 L 120	59	1969-73	V8	230	L	120x125	11310	2650	5730	11590	8600	Deutz	F8L 413	ab 1975 232 PS
M 230 TL 120	55	1969-73	V8	230	L	120x125	11310	2650	5730	11590	8800	Deutz	F8L 413	ab 1975 232 PS
M 230 R 120	55	1969-77	V8	230	L	120x125	11310	2650	5730	11590	9000	Deutz	F8L 413	ab 1975 232 PS
M 230 TR 120	55	1969-77	V8	230	L	120x125	11310	2650	5730	11590	9200	Deutz	F8L 413	ab 1975 232 PS
M 170 S 10 H		1970-71	V6	170	L	120x125	8482	2650	4000	9570		Deutz	F6L 413	VÖV-Typ für HHA
M 170 SH 110	44/61	1970-76	V6	170	L	120x125	8482	2650	5600	11000	8100	Deutz	F6L 413	ab 1972 176 PS
M 230 SH 110	44/61	1971-73	V8	230	L	120x125	11310	2650	5600	11000	8300	Deutz	F8L 413	
M 200 SH 110 U	44/61	1971-78	V8	180	L	120x125	11310	2150	5600	11000	8300	Deutz	F8L 413 W	schadstoff- arme Zweistufen- verbrennung
M 230 SH 110	44/61	1977-79	V8	192	L	120x125	11310	2150	5600	11000	8300	Deutz	F8L 413	schadstoff- arme Motoren- stellung, Motor- kapselung, 210 PS bei 2500 U/min.
M 230 L 117,	53/49	1972-78	V8	210	L	120x125	11310	2500	6000	11700	9000	Deutz	F8L 413	StüLB-Typ 230 PS bei 2650 U/min
M 230 T 117	53	1975-76	V8	232	L	120x125	11310	2650	6000	11700	9800	Deutz	F8L 413	
M 260 T 117	53	1977-80	V8	256	L	125x130	12763	2500	6000	11700	10200	Deutz	F8L 413	Hochdecker- Fernreise- bus, Aufbau Gangloff
M 130 R 81	29-32	1977-79	6	130	L	102x125	6128	2800	3610	7470	5800	Deutz	F6L 913	
M 260 SH 170	48/124	1977	V8	256	L	120x125	11310	2500	5600/6275	16700		Deutz	F8L 413	Gelenkbus- Prototyp
M 230 E 113	41/65	1978-80	V8	200	L	120x125	11310	2500	5600	11460	10100	Deutz	F8L 413	Export- Rahmenmo- dell, Reisebus 55 Plätze
M 260 L 117	53/44	1978-82	V8	256	L	125x130	12763	2500	6000	11700	9100	Deutz	F8L 413 F	auch 235 PS bei 2300 U/min
M 260 L 117 P (bzw. Spezial)	57	1977-82	V8	256	L	125x130	12763	2500	6000	11700	9500	Deutz	F8L 413	Reiseversion mit seitlichen Podesten
M 260 SH 110	44/57	1978-82	V8	235	L	125x130	12763	2300	5600	11030	8500	Deutz	F8L 413	auch 210 PS bei 2150 U/min
M 260 SH 110	37/75	1978-82	V8	235	L	125x130	12763	2300	5600	11250		Deutz	F8L 413 F	VÖV-Typ mit StüLB- Vorderwand
M 2000 R 119	53	1978-82	V8	256	L	125x130	12763	2500	6290	12000	11500	Deutz	F8L 413	ab 1982 288 PS
M 160 R 81	28-32	1979-82	6	145	L	102x125	6128	2400	3610	7470	6100	Deutz	BF6L 913	T, ab 1981 148 PS
M 2000 R 106	48	1979-82	V8	256	L	125x130	12763	2500	5335	10645	10500	Deutz	F8L 413 F	
M 260 SH 170	55/98	1980-82	V8	256	L	125x130	12763	2500	5600/ 6275	16795	13800	Deutz	F8L 413 F	Gelenkbus
M 2000 H 119 (Turbo)	45	1981-82	V8	288	L	125x130	12763	2100	6290	12000		Deutz	BF8L 413 F	T
M 240 L 118	53/47	1981-82	6	242	L	125x130	9572	2200	6150	11850	9500	Deutz	BF6L 413 FR	T, ü 80- Prototyp

Typ	Sitzzahl/ Stehplätze	SP	Zyl	PS	K	B x H	Hubr.	Drehzahl	Rad- stand	Gesamt- länge	Eigen- gewicht	Motor- hersteller	Typ	Bemerkungen
Magirus - Export														
Saturn		1962-64	V6	145	L	120x140	9500	2300	4500			Deutz	F 6 L 714	
150 E 10/E 11		1964-70	V6	150	L	120x140	9500	2300	4500-5440			Deutz	F 6 L 714	Weiterbau in Ägypten bis ca. 1988
L 80 E 6/E 60		1967-70	4	80	L	100x120	3770	2800	2970	5820		Deutz	F 4 L 912	auch 70 u. 75 PS
L 80 E 6/E 60		1971-80	6	120	L	100x120	5655	2800	2970	6090		Deutz	F 6 L 912	
M 170 E 10/E 100		1971-80	V6	170	L	120x125	8482	2650	4500	1000		Deutz	F 6 L 413	auch 200 PS, Nachfolge-modell für Saturn I
M 200 E 12		1971-78	V8	200	L	120x125	11310	2500	5730	11345		Deutz	F 8 L 413	
M 230 E 120		1973-78	V8	232	L	120x125	11310	2650	5730	11345		Deutz	F 8 L 413	
M 230 EV 110		1974-81	V8	232	L	120x125	11310	2650	5400	11950		Deutz	F 8 L 413	Frontmotor
M 230 EV 120		1974-81	V8	232	L	120x125	11310	2650	5900	10950		Deutz	F 8 L 413	Frontmotor
M 230 E 113		1978-87	V8	200	L	120x125	11310	2500	5600	11460		Deutz	F 8 L 413	
MAN														
AM II	18/3	1915-19	4	30	W	110x140	5319	1000	3850	6200	3400	MAN/Saurer	AM II	
AM V	18/3	1915-19	4	36	W	110x160	6079	1000	850		3900	MAN/Saurer	AM V	
AM V	18/3		4	45	W	120x180	8138	1000	3850		4100	MAN/Saurer	AMV/KV	
AM II	28	1915-19	4	30	W	110x140	5319	1000	4050	6100	3900	MAN/Saurer	AM II	
AM V	28	1915-19	4	36	W	110x160	6079	1000	4050		4100	MAN/Saurer	AM V	
AM V36/6	1915-19		4	36	W	110x160	6079	1000	4050	6100	4100	MAN/Saurer	AM V	auch Ober-decker
AM V	36/6	1915-19	4	45	W	120x180	8138	1000	4050		4300	MAN/Saurer	AMV/KV	
2TC	18	1919-24	4	37/40	W	112x160	6302	1000	3850			MAN/Saurer	AM V	
3TC	28/4	1919-24	4	37/40	W	112x160	6302	1000	4200-5000		4500	MAN/Saurer	AM V	
Aussichtswagen	19	1922	4	55	W	115x180	7472	1200	3850	6200		MAN	1580 A	
NOB	45	1924	4	55	W	115x180	7472	1200	5000	7150-7460	5300	MAN	1580 A	
3TC	17/17	1925	4	45		125x180	6235	1050			4600	MAN	W4 V10/18	D-Prototyp
NOB	45	1926	4	65	W	115x180	7472	1200	5000	7460	5500	MAN	W4 V10/18	D
3TN	35 Plätze	1926	4	55	W	115x180	7472	1200	4500			MAN	1580 A	auch 19/20
3TN	26	1926	4	55	W	115x180	7472	1200	5000			MAN	1580 A	Studienaus-führung (Fageol-Savety-Typ)
NOB/6	26-33	1926	6	85	W	110x165	9408	1400	5000	7200	10650	MAN	1065 B	
NOG	24	1926	4	55/65	W	115x180	7472	1200	5600	7460	5400	MAN	1580 A	
NOB/4	37	1927	5	55/65	W	115x180	7472	1200	5000	7200		MAN	1580 A	
NOB/6		1927	6	90	W	100x160	7536	1800	5500		6100	MAN		
NON/6	75	1927-28	6	100/110	W	10x180	10263	1400	5550/1300	11200		MAN	1086 A	
NON/6	36-60	1928	4	60	W	115x180	7472	1200	4900			MAN	1580 A	
NOB/6	30/7	1928	6	10		110x150	8553	1800	4900-5550	8450	6100	MAN	1056 A	Aussichts-wagen
NON/6	70	1928	6	100	W	120x180	12215	1400	5550/1300	11200		MAN	D 2086 A	D
NON/6	35/10	1929-35	6	100	W	110x150	8553	1800	4900	8450	7000	MAN	1056 A	ab 1935 125 PS
NON/6	35/10	1929-35	6			110x180	10263	1600	5550	9350	6600	MAN	D 1086	D
S1 N6	50	1929-31	6	110	W	110x180	10263	1600	5550/1300	11200	8500	MAN	D 1086	D
NON/6	45	1930	6	110	W	110x165	9408	1800	5550	9350	6600	MAN	1056 A	
S1 N6	75	1930-31	6	100	W	110x165	9408	1800	5550/1300	11200-11270	8400	MAN	1056 A	
S1 N6	75	1930-31	6	100	W	120x180	12215	1400	5550/1300	11200-11270		MAN	D 2086 B	D
S1 N6	75	1930	4	90	W	85x240	5442	1400	5700	9400		Junkers	5,4	
Obus	35-49	1930		2x50		(2x37 KW)			5550/1300	10600		SSW		
F1 N6	50	1931-33	6	85	W	110x165	9408	1800	5700	9500		MAN	1025 B	
F1 N6	50	1931	6	100	W	120x180	12215	1400	5700	9500		MAN	D 2086 A	D
D1	35	1932-33	6	80	W	100x140	6597	1800	5700	9400	8500	MAN	0040 A	Auch Radstand 4500 u. 5000 mm
S1 N6	75	1932	6	140/150	W	140x180	16625	1400	5550/1300	11200	11000	MAN	D 4086 B	D
S1 N6	75	1932-34	6	150	W	120x180	12215	1600	5550/1300	11200	8500	MAN	2086 A	
Z1	27	1933-38	6	70	W	125x130	6754	1800	4500	6590		MAN	D 0530	D und folgende, auch Radstand 3550 mm, Linie 20/14 Plätze

Typ	Sitzzahl/ Stehplätze	SP	Zyl	PS	K	B x H	Hubr.	Drehzahl	Rad- stand	Gesamt- länge	Eigen- gewicht	Motor- hersteller	Typ	Bemerkungen
D1	35	1933-39	6	80/90	W	105x140	7269	1800	5700	7625	6200	MAN	D0540	Linie 28/16 Plätze
E1	22	1934-37	4	65/70	W	105x130	4504	2300	4650	6000		MAN	D 0534	
F2 N6	26/24	1934-36	6	100/110	W	120x180	12215	1400	5700	9000	7400	MAN	D 2086	
Z1 .	27	1933-38	6	70	W	105x130	6754	1800	4500	6590		MAN	D 0530	D und folgende, auch Radstand 3550 mm,Linie 20/14 Plätze
D1	35	1933-39	6	80/90	W	105x140	7269	1800	5700	7625	6200	MAN	D 0540	Linie 28/16 Plätze
E1	22	1934-37	4	65/70	W	105x130	4504	2300	4650	6000		MAN	D 0534	
F2 N6	26/24	1934-36	6	100/110	W	120x180	12215	1400	5700	9000	7400	MAN	D 2086	
Obus	36/29	1935		2x75		/2x55 KW)			5550/1300	10410		SSW		
Obus		1935		2x68		(2x50 KW)			5550/1300	10410		SSW		auch 2x45 KW
Vierachser-Modell		1936	12	275	W	130x190	30263	1500				MAN	W 12 V 13/19	Boxermotor, RAB-Projekt
DS	42	1936-37	6	80	W	105x140	7269	1800	4500			MAN	D 0540	1. Frontlenker
E2	25/5	1937-40	4	60	W	105x130	4504	2200	4500	6000	4500	MAN	D 0534 G	auch 80 PS
MS 1	50	1937-40	6	110	W	120x140	9498	2000	5000-5600			MAN	D 2040	Linie 27/18 Plätze
LPS	32/18	1938-40	6	100/110	W	110x140	7980	2000	4500	8600		MAN	D 1040	2. Frontlenker
MP	27/18	1938-41	6	120	W	120x140	9498	2000	5600	9450	7100	MAN	D 2040	
MPS		1938	6	100	W	120x140	9498	1800	5600	9450		MAN	D 2040	
MPE 4500/ Typ I	27/27	1938-41		115		(85 KW)		1600	4250	8600	7760	AEG		Stromlinientyp, auch BBC-Motor GLM 1273c
MPE 4500/ Typ I	27/27	1938-45		122		(90 KW)		1500	4250	8600-9250		AEG	USL-227c	auch SSW-Motor
Z2		1938-40	6	80	W	105x130	6750	1900	5000			MAN	D 0536 G	
E 3000	27	1940-44	4	70	W	105x130	4504	2200	4000	6090	3010	MAN	D 0534 G	
E 3000	31	1940-44	4	70	W	105x130	4504	2200	4650	7335	4250	MAN	D 0534 G	
MPE 4500/ Typ I	23/30	1941-43		83		(61 KW)			4250	8600	7080			
ML	38	1941	6	110	W	110x140	7983	1900	4600			MAN	D 1040 G	
MPL		1941	6	120	W	105x140	7274	240	5700			MAN		
MPE 6500	70-80	1941-43		156		(120 KW)			5000	9500	7250	AEG		auch BBC- u. SSW-Motor
SML			6	110	W	110x140	7983	1900	4600/	16050		MAN	D 1040 G	Sattelzug
MKN	44/17	1948	6	120	W	110x140	7983	2000	5800	9825	7400	MAN	D 1040 G	
MKE 1	40/30	1948-51		122		(90 KW)		1500	5100	9750-10250	7150	SSW	D 602 e	auch AEG- u. BBC-Motor
MKP		1949-51	6	120	W	110x140	7983	2000				MAN	D 1040 G	
MKN 26	42/20	1950-55	6	130	W	112x140	8276	2000	5800	9850	7600	MAN	D 1246 G	
MKH	57/22	1951-52	6	130	W	115x140	8725	2000			7900	MAN	D 1546 G2H	
MKH 2	47	1951-54	6	130	W	112x140	8276	2000	5250	10800	8400	MAN	D 1246 G	
MKE 2	30/40	1951-58		122		(90 KW)		1500	5250	10900	8200	SSW	D 602 e	
MKH 3	42	1952-54	6	175	W	112x140	8276	2000	5250	10500		MAN	D 1246 MT 2H2	T
MKH 4	41/30	1952-54	6	130	W	112x140	8276	2000	5250	10950	8920	MAN	D 1246 G2 H2	
MKE 3	42/39	1952-53		122		(90 KW)		1500	4500-5250	10500-10920		SSW	D 602 e	
590 HEC TK	70	1953-54		115/136		(85/100 KW)			4500	10900		BBC	GLM 1273c	
MKN 26	38/82	1953	6	130	W	112x140	8276	2000	5800/5550/	15800-16500	12500	MAN	D 1246 G2 H2	Kässbohrer-Gelenkzug
690 HEC 1	80	1953-54		115-136		(85/100 KW)			5250			SSW	D 602 e	
MKN 630	40/53	1954-56	6	10	W	112x140	8276	2000	5800	10400	7400-8000	MAN	D 1246 M2	
MKP 26T	44/85	1954	6	155	W	112x140	8276	2000	5800/5550/ 1200	16400	12800	MAN	D 1246 M2 T1	T, Kässbohrer-, Gelenkzug
630 FOC 1		1954-57	6	130	W	112x140	8276	2000	5250	10950	8920	MAN	D 1246 M2	ex. MKH 4
530 HOC 1	44/14	1954-55	6	130	W	112x140	8276	2000	5250	10900	8600	MAN	D 1240 MH	
535 HOC 1 630 HOC 1	54/57	1954-57	6	135	W	112x140	8276	2100	5250	10800	8400	MAN	D 1246 M2	ab 1956 Typ
558 HOC 1	48/19	1954-57	V8	155	W	110x140	10644	2000	5250	10800	8800-9600	MAN	D 1048 MH	
658 HOC 1	48/10	1954	V8	155	W	110x140	10644	2000	5250	10800	9000	MAN	D 1048 M	
590 HEC 1	54/57	1954-56		122/136		(90/100 KW)		1800	5250	10800	8500			ex MKE 3-Typ
560 FOC 1	85-109	1955	V8	155	W	100x140	10644	2000	6000/5800	16400	12800	MAN	D 1048 M	

Typ	Sitzzahl/ Stehplätze	SP	Zyl	PS	K	B x H	Hubr.	Drehzahl	Rad- stand	Gesamt- länge	Eigen- gewicht	Motor- hersteller	Typ	Bemerkungen
420 HOC 1	45	1956-63	6	120	W	100x125	5891	2700	4500	9260		MAN	D 0026 M2H	auch D 9626-M1H-Motor, 120 PS
420 HOC 2	46	1956-63	6	120	W	100x125	5891	2700	5600	10400	6000	MAN	D 0026 M	
415 FOC 1	39/8	1957-70	6	115	W	100x125	5891	2500	4800	9080		MAN	D 0026 M1	
545 HOC 2	47/10	1957-58	6	145	W	112x140	8276	2200	5250	10900	8100	MAN	D 1246 MH	
560 FOC 1	45/87	1958	6	160	W	115x140	8725	2200	5800/6350	16450	12750	MAN	D 1546 MH	Kässbohrer-Gelenkzug
610 FEC 1	47/82	1958-59		145		(110 KW)			5800/6350	16450		Garbe-Lahmeyer	LC 327	
760 UO 1	21/108	1958-63	6	160	W	115x140	8725	2200	5650	11300	7750	MAN	D 1546 M1/2U	Unterflurmotor
610 FEC 1	82/222	1958		150		(110 KW)			5800/6350	16500				
700 UE1	21/62	1958		122-150		(90-110 KW)			5650	11300				
750 UG	31/108	1958	6	160	W	115x140	8725	2200	5250/4900/ 1900	16400	12100	MAN	D 1546 M1/2 U	
630 HO 1		1959	6	135	W	108x128	7030	2500	4800	9980		MAN	D 0836 HM	
760 UO 2G	44/123	1959-63	6	160	W	115x140	8725	2200	5250/6050	16500	10900	MAN	D 1546 M1/2 U	auch Radstand 5250 u. 6500 mm
688 HOC 1	40/52	1959	V8	180	W	115x140	11633	2000	5250	10800	9000	MAN	D 1548 G2 MH 60	
750 HO-M 10	33/67	1961-66	6	160	W	108-128	7030	2500	4800	10190	6790	MAN	D 0846	"Metrobus"
750 HO-M 11	35/79	1961-62	6	160	W	108x128	7030	2500	5750	11140	7410	MAN	D 0836	
535 HO R 9	42	1962-63	6	135	W	108x128	7030	2500	4300	9300	6000	MAN	D 0836	
535 HO R 10	46	1962-64	6	135	W	108x128	7030	2500	5260	10260	6450	MAN	D 0836	
750 HO V 11	49/47	1962-63	6	150	W	108x128	7030	2500	5750	11140	7250	MAN	D 0836	
750 HO Ü 11	51/43	1962-63	6	150	W	108x128	7030	2500	5750	11140	7050	MAN	D 0836	
750 HOR11	54	1962-63	6	150	W	108x128	7030	2500	5750	11140	7650	MAN	D 0836	
760 UO 1	31/93	1962	6	160	W	115x140	8725	2200	5650	11300	7600	MAN	D 1546 HM	
750 HOÜ11	54	1963-64	6	192	W	121x140	9659	2100	5750	11230	8630	MAN	D 2146 HM	
750 HOR11	52	19663-64	6	192	W	121x140	9659	2100	5750	11230	8730	MAN	D 2146 HM	
750 HOR12	56	1963-64	6	192	W	121x140	9659	2100	6120	12000	9000	MAN	D 2146	
750 HOÜ12	58	1963-64	6	192	W	121x140	9659	2100	6120	12000	8700	MAN	D 2146	
890UGM16	41/128	1963-64	6	192	W	121x140	9659	2100	5250/6050	16500	10900	MAN	D 2146 HM1U	
890 UO12A	55	1964-68	6	192	W	121x140	9659	2100	5650	11680	8300	MAN	D 2146 HM1U	
890 UGÜ16	76/	1964	6	192	W	121x140	9659	2100	5250/6050	16480	11700	MAN	D 2146 HM1U	
535 HOR 9	43	1965-68	6	160	W	108x128	7030	2500	4300	9340	7100	MAN	D 0846 HMN	
535 HOR 11	52	1965-68	6	160	W	108x128	7030	2500	4300	9340	7100	MAN	D 0846 HMN	
750 HOM10	32/74	1965-68	6	160	W	108x128	7030	2500	4800	10190	7100	MAN	D 0846 HMN	
750 HOÜ12	55/38	1967-68	6	192	W	121x150	10350	2100	6120	12000	8800	MAN	D 2146 HM1U	
890 UGÜ12	42/118	1967	6	192	W	121x150	10350	2100	5250/6050	16500	10745	MAN	D 2146 HM1U	
890 UG M 16 A	57/132	1967-73	6	192	W	121x150	10350	2100	5250/6050	17930	12100	MAN	D 2146 HM1U	ab 1969 Typ UG-Ü 18
890 UO M 12 A	30/86	1968	6	192	W	121x150	10350	2100	5650	11680	8800	MAN	D 2146 HM1U	
890 UG M 16	45/135	1968-70	6	192	W	121x150	10350	2100	5250/6050	16490	11300	MAN	D 2146 HM1U	
535 HO R 9	44	1969	6	160	W	108x132	7252	2500	4300	9340	7700	MAN	D 0846 HMN	
750 HO-SL	44/71	1969-72	6	160	W	108x132	7252	2500	5600	11000	8000	MAN	D 0846 HMN	VÖV-Prototyp
750 HO V 11	47/56	1970-71	6	160	W	108x132	7252	2500	5750	11180	8150	MAN	D 0846 HMN	
750 HO-SL	37/38	1970-71	6	160	W	108x132	7252	2500	5600	11000	8000	MAN	D 0846 HMN	VÖV-Typ
750 HO-SL	37/75	1970-72	6	192	W	121x150	10350	2100	5600	11000	8350	MAN	D 2156 HM	VÖV-Typ
750 HO-SÜ	51/46	1970-72	6	192	W	121x150	10350	2100	5350	11180	9600	MAN	D 2156 HM	VÖV-Typ
750 HO-M 10E		1970		122/147		(90/108 KW)		4800	4800	10190	7700	Bosch		mit Batterie-anhänger (5400 kg)
890 SG-Ü	52/109	1970-72	6	192	W	121x150	10350	2100	5250/6020	16490	11700	MAN	D 2156 HM	
690 HO-R	46	1971	6	212	W	121x150	10350	2200	5300	10500	9800	MAN	D 2156 HM	SAVIEM-Typ E 7
690 HO-Ü	43/30	1971	6	212	W	121x150	10350	2200	5300	10500	9800	MAN	D 2156 HM	SAVIEM-Typ E 7
SL 192	44/61	1972	6	160		108x132	7252	2500	5600	11000	8700	MAN	D 0846 HMN	

Typ	Sitzzahl/ Stehplätze	SP	Zyl	PS	K	B x H	Hubr.	Drehzahl	Rad- stand	Gesamt- länge	Eigen- gewicht	Motor- hersteller	Typ	Bemerkungen
SL 192	37/78	1972-75	6	192	W	121-150	10350	2100	5600	11000	8750	MAN	D 0846 HMN	auch 44/61 Plätze
SG 192	52/109	1972-74	6	192	W	121x150	10350	2100	5250/6020	16490	12000	MAN	D 0846 HMN	
SÜ 230	53/47	1972	6	230	W	123x150	10680	2200	6000	11700	9270	MAN	D 0846 HMN	
11 M 160 M 11	35/82	1972	6	160	W	108x132	7252	2500	5350-5750	11230	8100	MAN	D 0846 HMN	ex 750 HO
11 M 160	32/72	1972	6	192	W	121x150	10350	2100	5450-5750	11230	8100	MAN	D 0846 HMN	ex750 HO M 11
11 V 160 V 11	47/56	1972	6	160	W	108x132	7252	2500	5750	11230	8400	MAN	D 0846 HMN	ex 750 HO
11 V 160	47/56	1972	6	192	W	121x150	10350	2100	5750	11230	8400	MAN	D 2156 HMN	ex 750 HO V
1112 V 160 V 12	51/56	1972	6	160	W	108x132	7252	2500	6120	12000	9000	MAN	D 0846 HMN	ex 750 HO
12 V 160	51/56	1972	6		W	121x150	10350	2100		12000	9000	MAN	D 2156 HM	ex750 HO V 12
10 Ü 212/ R 11	44	1972-74	6	212	W	121x150	10350	2200	5300	10500	9200	MAN	D 2156HM	SAVIEM-Typ E 7
11 Ü 192/ R 13	53	1972-74	6	192	W	121x150	10350	2100	5350	11230	9500	MAN	D 2156HM	auch 230 PS, Linie 51/53 Plätze
12 Ü 192/ R 14	57	1972-74	6	192	W	121x150	10350	2100	6120	18000	9750	MAN	D 2156HM	auch 230 PS, Linie 55/40 Plätze
SG 192 Ü	81/80	1973-74	6	230	W	123x150	10690	2200	5250/7260	18000	12780	MAN	D 2356HM	
SÜ 230	53/47	1973-74	6	230	W	123x150	10690	2200	6000	11700	9270	MAN	D 2356HM	
SÜ 240	53/47	1973-74	6	240	W	125x150	11045	2300	6000	11700	9300	MAN	D 2556HM	
SL 200	44/59	1973-75	6	192	W	125x150	11045	2100	5600	11000	8450	MAN	D 2556 M	Auch SÜ-Front mit Batterie- anhänger, auch 44/56 Plätze
SE 200/ SL-E	36/74	1973-79		135		(115 KW)		4000	5600	11000	8400	Siemens		auch SÜ-Front mit Batterie- anhänger, auch 44/56 Plätze
SG 192	52/105	1975-80	6	220	W	123x150	10690	2200	5250/6020	16450	11950	MAN	D 2356 HMXU	
SG 192 Ü18	51/77	1975-80	6	220	W	123x150	10690	2200	5250/7260	18000	12950	MAN	D 2356 HMXU	
SÜ 240	48/49	1975	6	192	W	125x150	11045	2100	6000	11700	9050	MAN	D 2556 M	
U 690	43	1975-76	6	168	W	108x132	7252	2500	5260	10400	8430	MAN	D 0846 HMN	Ikarus-Aufbau
SR 240 Ausflug	52	1975-80	6	240	W	125x150	11045	2300	5250	10770		MAN	D 2556HM	
SR 240 Reise	48	1975-80	6	240	W	125x150	11045	2300	5250	10770		MAN	D 2556HM	
SR 240 Fernreise	40	1975-80	6	240	W	125x150	11045	2300	5250	10770		MAN	D 2556HM	
SR 240 Ausflug	56	1975-80	6	240	W	125x150	11045	2300	5590	11430		MAN	D 2556HM	
SR 240 Reise	52	1975-80	6	240	W	125x150	11045	2300	5590	11430		MAN	D 2556HM	
SR 240 Fernreise	44	1975-80	6	240	W	125x150	11045	2300	5590	11430		MAN	D 2556HM	
SR 240 Ausflug	60	1975-80	6	240	W	125x150	11045	2300	6160	12000		MAN	D 2556HM	
SR 240 Reise	56	1975-80	6	240	W	125x150	11045	2300	6160	12000		MAN	D 2556HM	
SR 240 Fernreise	48	1975-80	6	240	W	125x150	11045	2300	6160	12000		MAN	D 2556HM	
SL 200	44/49	1976-79	6	192	W	125x155	11413	2100	5600	11000		MAN	D 2556HM	
SÜ 240	44/47	1976-79	6	240	W	125x155	11413	2200	6000	11700		MAN	D 2556HM	
SG 220 Linie	52/106	1976-80	6	220	W	125x155	11413	2200	5300/5970	16450		MAN	D 2556HM	
CR 160 R	30	1977-81	6	168	W	108x132	7252	2500	4030	8520	7500	MAN	D 0846 HMYH	
SR 280 FRH	44	1977-80	6	280	W	125x155	11413	2200	6160	12000		MAN	D 2566 MTUH	T
SÜ 240	48/49	1977-79	6	192	W	125x155	11413	2100	6000	11700	9050	MAN	D 2566 MTUH	
SL 240 EL		1978		192		/141 KW)								
SR240 10m	48	1979-80	6	280	W	125x155	11413	2200	5250	10770		MAN	D 2566 MTUH	T (Typ JR 280)
SR240 11m	52	1979-80	6	280	W	125x155	11413	2200	5590	11430		MAN	D 2566 MTUH	T (Typ JR 280)
SR240 12m	56	1979-80	6	280	W	125x155	11413	2200	6160	12000		MAN	D 2566 MTUH	T (Typ JR 280)
SL 200	44/59	1979	6	192	W	125x155	11413	2100	5600	11000		MAN	D 2566 MTUH	Dual-Mode-T

Typ	Sitzzahl/ Stehplätze	SP	Zyl	PS	K	B x H	Hubr.	Drehzahl	Rad- stand	Gesamt- länge	Eigen- gewicht	Motor- hersteller	Typ	Bemerkungen
SG 200 HO	49/115	1979		240		(170 KW)		1210	5600/6150	17150-17320		Garbe-Lahmeyer-hiepe	DGB 280/36-4	ÖAF-G + S AG-Fertigung, 86 PS Ford-Hilfsdiesel
S 80	45/45	1980	6	212-240	W	125x155	11413	2200	5600	11350		MAN	D 2566 MTUH	VÖV-Prototyp 2. Generation
S 80	45/45	1980	6	240	W	125x155	11413	2200	5600	11350		MAN	D 2566 MTUH	Dual-Mode-Typ
SL 200 EL	36/74	1980		122 7	144	(90/106 KW)			5600	11000				
SL 200	44/59	1980-85	6	200	W	125x155	11423	2000	5600	11000		MAN	D 2566 MTUH	
SÜ 240	48/49	1980-85	6	200	W	125x155	11413	2200	6000	11700		MAN	D 2566 MTUH	
SÜ 240	53/47	1900-87	6	240	W	125x155	11413	2200	6000	11700		MAN	D 2566 MTUH	
SG 220	52/106	1980-83	6	240	W	125x155	11413	2200	5300/6020	16600	12710	MAN	D 2566 MTUH	
SG 240 H	52/106	1980-85	6	240	W	125x155	11413	2200	5600/6400	16530	13800	MAN	D 2566 MTUH	Heckmotor und Elektroantrieb
SG 240 H DUO		1990-83	6	240	W	125x155	11413	2200	5600/6400	16530		MAN	D 2566 MTUH	
SR 10 m	40	1980-82	6	240	W	125x155	11413	2200	5250	10770		MAN	D 2566 MTUH	
SR 11 m	44	1980-82	6	240	W	125x155	11413	2200	5590	11430		MAN	D 2566 MUH	
SR 12 m	48	1980-83	6	240	W	125x155	11413	2200	6160	12000		MAN	D 2566 MUH	
SL 200 II	41/52	1981	6	192	W	102x116	5687	2800	5600	11130		MAN	D 0026 ME	TL, Hochleis-tungsmotor
SL 200 II	41/52	1981	6	192	W	102x116	5687	2800	5600	11130		MAN	D 0026 ME	TL, Hochleis-tungsmotor, Niederflur
SG 220 Standard	52/106	1981-82	6	240	W	125x155	11413	2200	5300/5970	16530		MAN	D 2566 MUH	
SR 320	48	1981-82	6	320	W	125x155	11413	1900	6160	12000		MAN	D 2566 MKL	TL (Typ FRH)
S 80		1982	6	240	W	125x155	11413	2200		11490		MAN	D 2566 MUH	
SR 10	48	1982	6	280	W	125x155	11413	2200	5250	10770		MAN	D 2566 MUH	T
SR 11	52	1982	6	280	W	125x155	11413	2200	5590	11430		MAN	D 2566 MUH	T, Linie 52 Plätze
SR 12	56	1982	6	289	W	125x155	11413	2200	6160	1200		MAN	D 2566 MTUH	T, Linie 56 Plätze
SR 240	53/47	1982-85	6	280	W	125x155	11413	2200	6160	11700		MAN	D 2566 MTUH	T
SG 220 Ü 18	81/80	1982-83	6	240	W	125x155	11410	2200	5300/7300	16660		MAN	D 2566 MTUH	
SG 240 H	52/106	1982-83	6	280	W	125c155	11413	2200	5600/6360	16530		MAN	D 2566 MTUH	T
G 80	53/	1982	6	240	W	125x155	11413	2200	5800/6010	16410		MAN	D 2566 MTUH	Gelenk-Prototyp
SGG	100/125	1982-83	6	280	W	125x155	11413	2200		23000		MAN	D 2566 MTUH	T, Doppel-gelenktyp, auch 72/153 Plätze
SG 240 H DUO	64/72	1983	6	240	W	125x155	11413	220	5600/6160	17400	16100	MAN	D 2566 MTUH und Siemens 1 KB 2021-2MB02	
SR 321 HD	48	1983	6	320	W	128x155	11963	1900		12000		MAN	D 2866 LU	T
SR 361 HD	48	1983	6	360	W	128x155	11963	2200	6160	12000		MAN	D 2866 LXU	TL
SG 220 Ü 16	73/72	1983	6	240	W	125x155	11413	2200	5300/6020	16600		MAN	D 2566 MTUH	
9.136 FOC		1983-85	6	136	W	102x116	5687	3000	3600	6175		MAN	D 0226 ME	Chassis
16.280 HOCL		1983	6		W	125x155	11413	2200	5900	11875		MAN	D 2566 MTUH	T, Chassis
SG 200 HO	50/118	1984		204		(150KW)		1200		17375	17280	Siemens	1 KB 2021 2MB02	54-PS-VW-Hilfsdiesel
SR 292	48	1985	6	290	W	128x155	11963	1800	6160	12000		MAN	D 2866 TU	T
SR 262	48	1985	6	360	W	128x155	11963	1800	6160	12000		MAN	D 2866LXU	TL
SL 202	44/34	1985-86	6	200	W	125x155	11413	2200	5875	11525		MAN	D 2566 MTUH	
SG 242 H	54/107	1985-90	6	240	W	128x155	11963	2200	5875/6010	16560		MAN	D 2566 MTUH	
SG 282 H	54/107	1985-90	6	280	W	125x155	11413	2200	5875/6010	16500		MAN	D 2566 MTUH	T
SG 242 Pusher	54/92	1985-90	6	240	W	128x155	11963	2200	5600/6160	17400		MAN	D 2566 MTUH	T, auch 290 PS
SG 292 Pusher	54/92	1985-90	6	290	W	128x155	11963	2200	5600/6160	17400	14240	MAN	D 2566 MTUH	T, auch 240 PS
RÜ 240	52	1985-90	6	240	W	128x155	11963	2200	6160	12000		MAN	D 2866 U	
RÜ 240	53	1985-90	6	280	W	125x155	11413	2200	6160	12000		MAN	D 2566 MTUH	T
RÜ 240	53	1985-90	6	280	W	125x155	11413	2200	6160	12000		MAN	D 2566 MTUH	T
SD 202	81/9	1985-87	6	204	W	125x155	11413	2200	5520	5520	11490	MAN	D 2566 MTUH	
8.136 FOC		1985	6	136	W	102x116	5687	3000	3100	5315		MAN	D 0226 ME	Chassis
16.200 FOC		1985	6	200	W	125x155	11413	2200	5700	10900		MAN	D 2556 ME	Chassis
16.240 FOC		1985	6	240	W	125x155	11413	2200	5700	10900		MAN	D 2556 ME	Chassis
16.280 FOC		1985	6	280	W	125x155	11413	2200	5500	10770		MAN	D 2556 MTE	T,Chassis
10.180 HOCL/SM 2	32/22	1987	6	150	W	108x125	6871	2700	4200	8500		MAN	D 0226 ME	Midi-Prototyp, Göppel-Aufbau
SL 202	44/57	1987-92	6	204	W	125x155	11413	2200	5875	11525		MAN	D 2566 MTUH	

Typ	Sitzzahl/ Stehplätze	SP	Zyl	PS	K	B x H	Hubr.	Drehzahl	Rad- stand	Gesamt- länge	Eigen- gewicht	Motor- hersteller	Typ	Bemerkungen
SÜ 240 (ÜL)	53/47	1987-89	6	240	W	125x155	11413	2200	6000	11740		MAN	D 2566 MUH	
SÜ 242 (ÜL)	53/43	1987-92	6	240	W	128x155	11963	2200	6000	11740		MAN	D 2866 U	
SG 290	54/100	1987	6	290	W	128x155	11963	2200	5600/6010	16400		MAN	D 2866 TU	T
R 292	56	1987-92	6	290	W	128x155	11963	2200	6160	12000			D 2866 TU	T
FR 292	52	1987-92	6	290	W	128x155	11963	2200	6160	12000		MAN	D 2866 TU	T
FRH 362	48-54	1987-92	6	360	W	128x155	11963	1800	6160	12000		MAN	D 2866 LXU	TL
SÜ 290		1987	6	290	W	128x155	11963	220	6000	11700		MAN	D 2866 TU	T
292 H/HF		1987-92	6	290	W	128x155	11963	2200	6160	12000		MAN	D 2866 TU	T, Chassis
332 H		1987	6	330	W	128x155	11963	1800	6160	12000		MAN	D 2866 LU	TL, Chassis
362 H/HF		1987	6	360	W	128x155	11963	1800	6160	12000		MAN	D 2866 LXU	TL, Chassis
9.170 FOC		1987-92	6	170		102x116	5687	2800	3600	6175		MAN	D 0226 ME	T, Chassis
16.290 HOCL		1987-92	6	290	W	128x155	11963	2200	5900	11770		MAN	D 2866 TU	T, Chassis
22.290 HOCLN		1987	6	290	W	128x155	11963	2200	6270	11750		MAN	D 2866 TU	T, Chassis, auchRadstand 5600/1350 mm
22.330 HOCLN		1987-92	6	330	W	128x155	11963	1800	6270	11750		MAN	D 2866 TU	TL, Chassis, auch Radstand 5600/1350 mm
22.360 HOCLN		1987-92	6	360	W	128x155	11963	1800	6270	11750		MAN	D 2866 LXU	TL, Chassis, auch Radstand 5600/1350 mm
SL 242	54/43	1988-89	6	240	W	128x155	11963	2200	6000	11890		MAN	D 2866 U	
SL 292	61/92	1988-92	6	290	W	128x155	11963	2200	5600/6160	17400		MAN	D 2866 TU	T
SM 152 Midi	30/30	1989-92	6	150	W	108x125	6871	2700	4200	8700		MAN	D 0826	
SM 182 Midi	30/30	1989-92	6	180	W	108x120	6592	2600	4200	8700		MAN	D 0826 T	T
SL 240	53/43	1989	6	240	W	128x155	11963	2200	6000	11740		MAN	D 2866 U	
R 298	54	1989-90	6	290	W	128x155	11963	2200	6160	12000		MAN	D 2866 TU	T
NL 202	32/72	1989-	6	213	W	108x125	6871	2400	5875	11675	6900	MAN	D 2866 LHU	TL
NG 272	51/113	1989-	6	270	W	108x125	6871	2400	5875/6265	17940	13930	MAN	D 2866 LXU	2xTl
ÜL 242	57/40	1989	6	240	W	128x155	11963	2200	6160	12000		MAN	D 2866 U	
ÜL 292	57/40	1989-92	6	290	W	128x155	11963	2200	6160	12000		MAN	D 2866 TU	T
8.150 FOC		1989-92	6	150	W	108x125	6871	2700	3600	6175		MAN	D 0826	
9.150 FOC		1989-92	6	150	W	108x125	6871	2700	3600	6175		MAN	D 0826	
8.170 FOC		1989-92	6	170	W	102x116	5687	2000	3600	6175		MAN	D 0226 M	T
10.150 HOCL		1989-92	6	150	W	108x125	6871	2700	4200	8475		MAN	D 0826	
10.180 HOCL		1989-92	6	180	W	108x120	6592	2600	4200	8475		MAN	D 0826 T	T
SL 202	41/50	1989	4	150	W	108x125	4578	2700	5875	11525		MAN	D 0824 L	TL,Magnet-Motor-Bus
NM 152	28/26	1990-	6	155	W	108x125	6871	2700	4200	8700		MAN	D 0826	
NM 182	28/26	1990-	6	180	W	108x125	6592	2600	4200	8700		MAN	D 0826 T	TL
FRH 292	54	1990-	6	290	W	128x155	11963	2200	6160	12000		MAN	D 2866 TU	T
SÜ 240	53/43	1991-	6	240	W	128x155	11963	2200	6150	11890		MAN	D 2866 U	
SG 242	61/92	1991-	6	240	W	128x155	11963	2202	5600/6160	17400		MAN	D 2866 U	ab 1993 245 PS
SM 152	24/22	1992	4	150	W	108x125	4578	2700	4400	9150	7300	MAN	D 0824 LOH	TL
ÜL 272	57/40	1992-	5	270	W	128x155	9970	2200	6160	12000		MAN	D 2865 L	TL
18.420 HOCL		1992-	6	420	W	128x155	11963	2000	6000	11850		MAN	D 2866 LOH	TL, Chassis
FRH 422 "Lion's Star"	52	1992-	6	420	W	128x155	11963	2000	6060	12000		MAN	D 2866 LOH	TL
NM 152	25/44	1993-	4	155	W	108x125	4578	2700	4200	9150		MAN	D 0824 L	TL
SM 182	28/26	1993-	6	180	W	108x120	6592	2600	6590	8700		MAN	D 0826 L	
SL 202	45/54	1993-	6	204	W	108x125	6871	2200	5875	11525		MAN	D 0826 U	
SU 242	53/43	1993-	6	245	W	128x155	11963	2200	6150	11890		MAN	D 2866 U	
SG 292	61/92	1993-	6	290	W	128x155	11963	2200	5600/6160	17400		MAN	D 2866 TU	T
R 292	55	1993	6	311	W	128x155	11963	2200	6160	12000		MAN	D 2866 L	TL
FRH 362	54	1993-	6	360	W	128x155	11963	2200	6160	12000		MAN	D 2866 L TL	
NM 192	22/40	1994-	6	190	W	108x125	6871	2400	8700			MAN	D 0826 L	TL, auch 250 PS
EM 192	28/28	1994-	6	190	W	108x125	6871	2400	4200	8700		MAN	D 0826 L	TL
11.190 HOCL		1994-	6	190	W	108x125	6871	2400	4200	8750		MAN	D 0826 L	TL
NL 202	33/69	1994-	6	220	W	108x125	6871	2400	4200	8750		MAN	D 0826 L	TL
EL 202	37/38	1994-	6	213	W	108x125	6871	2400	5874	11675		MAN	D 0826 L	TL
NL 232	33/69	1994-	6	230	W	128x155	11963	2200	5875	11675		MAN	E 2866 DU	Erdgasmotor
SG 322	54/170	1994-	5	320	W	128x155	9970	2000	5600/6160	17400		MAN	D 2865 LU	TL

Typ	Sitzzahl/ Stehplätze	SP	Zyl	PS	K	B x H	Hubr.	Drehzahl	Rad- stand	Gesamt- länge	Eigen- gewicht	Motor- hersteller	Typ	Bemerkungen
FRH 322 "Lion's Star"	52	1994-	5	320	W	128x155	9970	2000	6060	12000		MAN	D 2865 L	TL
SÜ 272	54/43	1994-	6	245	W	128x155	11963	2200	6150	11890		MAN	D 2866 U	
22.370 HOCLN		1994-	6	372	W	128x155	11963	2200	5350	12000		MAN	D 2866 LU	TL, Chassis
Midi 152 E	22/38	1995-		102		(75 KW)		11000	4200	9150		ZF	ZF-Asyn-chron-motor	
Manderbach - Kleinbus														
Manderbach	9	1953	4	38	W	63,5x92,5	1172	4250	2700	4300	1200	Ford	12 M	V
Daimler - Marienfelde														
Daimler		1898-00		8								MMB		mit Dachb.
Berliner Kr.	15	1899		8										
	12	1900		6										
	8/2	1901									2700	Daimler-Wien		Elektro.
	12	1901									2600	Daimler-Wien		Elektro.
	12/6	1901									4800	Daimler-Wien		Elektro.
	12/6	1901										Daimler-Wien		Elektro.
Electrique				2x15		(2x11 kW)						Daimler-Wien		Elektro.
Daimler-Stoll	24			20		(14,7 kW)						Daimler-Wien		Elektro.
	6-8	1903	2	4-8								MMB		
	10-14	1903	2	6-9,5								MMB		
	16/4	1903	2	8-12								MMB		
	10-16/4	1903	4	12-18								MMB		
	10-16/4	1903	4	16-21								MMB		
	10-16/4	1903	4	20-25								MMB		
		1905	4	12								MMB		
D 2	28-32	1905	2	14	W	110x140	2660	800				MMB		Oberdecker
		1905	4	18								MMB		
		1905	4	21								MMB		
		1905	4	27	W							MMB		
B 4	13-17	1905-09	4	16	W	105x130	4500					MMB		
C 4	13-17	1905-09	4	22	W	100x140	4396	1000		5200-7400		MMB	C 4	
C 4 Imperial	36	1905-09	4	22	W	100x140	4396	1000		5200-7400		MMB	C 4	
D 4	13-17	1905-09	4	28	W	110x140	5319	800		6600-7400		MMB	D 4	1. Post-omnibus
D 4 Imperial	36	1905-09	4	28	W	110x140	5319	800		6600-7400		MMB	D 4	
E 4 Imperial	36	1905-09	4	35	W	120x150	6782	800		7400		MMB	E 4	
	45-50	1905-09	4	32-40	W	120x150	6782	1000				MMB	E 4	
DM 2 a/2 b	15	1912-13	4	22	W	90x140	3560	800	3500		3700	MMB	La 944	auch 35 PS
DM 3 a/3 b	16-20	1912-13	4	35	W	108x150	5493	800	3500-4280	5595	3800	MMB	La 10854	auch 30 PS
DM 4 a/4 b	16-39	1914-15	4	30	W	102x150	4900	800	3500			MMB	La 10254	
DC 2 b/2 c	14-18	1914-15	4	30	W	102x150	4900	800				MMB	La 10254	
DC 3 b	16-20	1914-15	4	30	W	102x150	4900	800	3500			MMB	La 10254	
DC 3 c	22	1914-15	4	35	W	108x150	5493	800	4300			MMB	La 10854	
DC 3	40	1914-15	4	35	W	108x150	5493	800	4300			MMB	La 10854	Schnecken-antrieb
DC 2 1/2 c	18	1915-16	4	35	W	108x150	5493	800	3500			MMB	La 10854	
DC 3 c	22	1915-16	4	35	W	108x150	5493	800	4000			MMB	La 10854	
DC 3 c 0	36	1915-16	4	35	W	108x150	5493	800	4300			MMB	La 10854	mit Oberdeck 40 Plätze
DC 3 c	22	1919-22	4	35	W	108x150	5493	850	4300		4800	MMB	La 10854	mit Oberdeck 40 Plätze
DC 3 c	22	1919-24	4	40	W	108x150	5493	1000	4000	6100	5000	MMB	La 19854	
DC 3 c Imperial	36	1919	4	35	W	80x130	2612	1500					La 834	
DC 3 d	26	1922-24	4	45	W	120x160	7234	800	4310			MMB	La 1264	
DC 1 a	14	1923	4	30	W	80x130	2612	1400				MMB	La 834	
DC 2 c	18	1923-24	4	45	W	110x150	5699	1400				MMB	La 1115 G	
		1923	4	40	W	125x180	8831	1000				MMB	OB 2	Diesel-Prototyp
DC 4 d	22-35	1924-27	4	55/60	W	120x160	7234	1000-1300	5450	8500	4500	MMB	La 1264 G	
DC 4 dN	23-35	1924-27	4	55/60	W	120x160	7234	1000-1300				MMB	La 1264 G	Niederrahmen
DC 4 dc	22	1925	4	55/60	W	120x160	7234	1000-1300				MMB	La 1264 G	
Meyrel														
Meyrel	16	1913	4	30		80x160	3215	1000	3500	5200		Meyrel		

Typ	Sitzzahl/ Stehplätze	SP	Zyl	PS	K	B x H	Hubr.	Drehzahl	Rad- stand	Gesamt- länge	Eigen- gewicht	Motor- hersteller	Typ	Bemerkungen
Nacke														
		1902										Nacke		
3t W.A.M.	12	1907-13	4	37/45	W	105x150	5192	800	3950		3430	Nacke		
	18	1912-13	4	35	W	90x150	3815	800				Nacke		
19/40	12	1912	4	40	W							Nacke		
2t		1920-25	4	30	W	90x150	3815	1000	3800			Nacke		
2t		1925	4	35	W	95x150	4252	1200	3800			Nacke		
2,5t	20/6	1925-31	4	50	W	115x150	6232	1400	4100	5750	3600	Nacke	MA IV	ab 1926 55 PS
3t		1925-27	4	40	W	108x160	5864	1100	4000			Nacke	MOW	
5t		1925	4	65/70	W	130x170	9025	1400				Nacke	MC	
3t		1926-28	4	50/55	W	125x160	7850	1400	3800-4300			Nacke	MB	ab 1928 auch 70-PS-Sechs-zylinder
5t		1928	6	70	W	115x140	8725	1400				Nacke	MA	
5t		1930-31	6	85	W	115x150	9348	1400				Nacke	MA IV	
NAG														
AEG		1903										AEG		Oberdeck Falkenried
J IV	18	1904	2	16/18	W	90x110	2727	750				NAG		
B 1	26	1905	4	28/32	W	115x125	5190	800				NAG		Oberdeck
C III		1906	2	10	W	115x125	2600	800				NAG		
	26/6	1906	4	24/26	W	120x150	6782	800				NAG		Zwei-Klassen-Typ
I B 1	11/3	1907	4	20/24	W	115x125	5190	800				NAG		
B 1	30/3	1907	4	28/32	W	115x125	5190	800				NAG		Oberdeck
	15	1909	4	28/32	W	115/125	5190	800				NAG		
	32		4	26/30	W	120x150	6782	800				NAG		Oberdeck
	18	1912	4	10/20	W	83x120	2595	1700				NAG		
BO 7	17	1912	4	22/32	W	110x150	5699	900				NAG		Zwei-Klassen-Typ
KL 4	23	1912	4	10/21	W	83x120	2595	1400	3715	4950	2200	NAG		
NO 7	18	1912	4	30	W	120x160	8490	800		4970	3300	NAG		
	13/12	1913	4	22/32	W	110x150	5699	900				NAG		Oberdeck
AO 7 Imperial	36/3	1913	4	33/45	W	130x160	8490	900	4000	5650	3410	NAG		Oberdeck
	27	1913	4	22/32	W	110x150	5699	900				NAG		
AO 8	36/3	1913	4	22/32	W	130x160	8490	900	4150	6050	5150	NAG		Oberdeck
AO 8 Imperial	42	1913	4	33/45	W	130x160	8490	900	4150	7000	6050	NAG		Oberdeck
L 8	36/16	1921	4	40	W	100x170	6548	900				NAG		Oberdeck
KO 8	32	1922	6	63	W	130x160	8490	900				NAG		Oberdeck
		1923	4	45	W	120x170	7686	900				NAG	Z-120	
		1923	4	55/58	W	135x170	9728	900				NAG	Z-135	
KO 8	26	1924	4	45/55	W	120x170	7682	900	4550			NAG	Z-125	Doppeldecker
KO 8	24/9	1924	4	45/55	W	120x170	7686	900				NAG	Z-120	
KO 9	25/10	1924	4	45/55	W	120x170	7686	900				NAG	Z-120	
KO 9	40/30	1924	6	67/75	W	135x170	14592	900	5120			NAG	Z-135	
L 8 Sa		1924	6	67/75	W	135x170	14592	900				NAG	Z-135	Sattel-schlepper-Omnibus
KO 9	21/8	1924	4	55/60	W	135x170	9728	900				NAG	Z-135	Doppeldecker
KO 9	45/9	1924	4	50	W	120x170	7686	1200			5600	NAG	Z-120	
KO 9	30/30	1924	4	55	W	120x170	7686	1200	4300	7440	6400	NAG	Z-120	Doppeldecker
KO 9	30/30	1926	6	65	W	135x170	14592	900	4300	5650		NAG	Z-135	
KO 9	22/13	1927	4	60/65	W	135x170	9728	1200	3400-5450	8350-8755		NAG	Z-135	
KO 9	45/9	1927	4	45/50	W	120x170	7686	1200	4300	7440	5600	NAG	Z-120	
KO 9/3	40/30	1927	6	100	W	108x160	8769	1250	5520			NAG	C 8/108	Doppeldecker
KO 9/3	30/15	1927	6	80	W	108x160	8769	1200	5000/1250	9000		NAG	C 8/108	
KO 9/3	100	1927	6	80/100	W	108x160	8769	1250	5000/1250	9000		NAG	C 8/108	Doppeldecker
3 AZ (6x2)	20/22	1928	4	45	W	90x125	3179	1200	3610/980	6200		Presto	Z	
3 A6 Z (6x2)	20/22	1928	6	65	W	80x120	3594	2400	3610/980	6200		Protos	204	
(D 2 May/ E 3)	52/9	1928	6	70	W	94x168	6994	1800			6920	Maybach	OS 7	
KO 9/4	40	1929	6	105	W	121,5x160	11130	1200	5000/1250			NAG	C 8/120	
		1929	6	104	W	108x160	8769	1300				NAG	C 8/108	
KO 9		1929	V12	150	W	92x100	7973	2300				Maybach	DSO 8	
KO 9	80	1929	6	120	W	120x160	10851	1200	5520			NAG	C 8/120	

Typ	Sitzzahl/ Stehplätze	SP	Zyl	PS	K	B x H	Hubr.	Drehzahl	Rad- stand	Gesamt- länge	Eigen- gewicht	Motor- hersteller	Typ	Bemerkungen
KO 12	30/30	1929	6	120	W	120x160	10851	1200				NAG	C 8/120	
Type 415	25	1929	6	70	W	80x120	3594	3200	4650	6182		NAG	D 7	
Type 417	26	1929	6	70	W	84x120	3988	2500				Protos	207	Büssing-NAG-Typ 30
Type 401	15	1930-31	4	52	W	90x125	3179	1700	3600	5085	2240	Presto	Z	
Type 506	18	1930-31	4	52	W	90x125	3179	1700	3800	5350	2480	Presto	Z	
Type 507/508	18-20	1930-31	4	40	W	90x125	3160	1700	4100	5850-6250	2595	Presto	Z	
Type 511	25	1930-31	6	70	W	84x120	3990	2500	4500	6400	3010	Protos	207	
Type 516	30	1930-31	6	70	W	84x120	3990	2500	4500	6650	3250	Protos	207	
Type 518/Imperator	30	1930-31	6	70	W	84x120	3990	2500	5100	7250	3550	Protos	207	
NAM														
NAM	34/	1949	6	104	W	96,4x101,6	4417	3000	4750	9070		GMC		V
NAM	34/	1949	6	95	W	96x125	5431	2200	4750	9070		Henschel	512 DG	
NAM	38/	1949	6	104	W	96,4x101,6	4417	3000	3630/1140	8460		GMC		V
NAM	38/	1949	4	85		110x140	5322	2300	3630/1140	8460		Deutz	F4L 514	
NAMAG - HL- Borgward														
Lloyd-Köhler		1910		35		(26 kW)						Lloyd		
Lloyd		1912	4	15/35	W	120x150	6782	800				NAMAG		
Lloyd	20	1912	4	22/50	W	110x145	5509	1200				NAMAG		
Lloyd		1914	4	52	W	110x145	5509	1500				NAMAG		
CL 5 (EW)		1920		30		(22 kW)			4100			Lloyd		
L 2 Expreß	19	1921-26	4	30	Th	90x140	3560	1200	3500			HL	M 14	ab 1925 40 PS
Expreß	19/4	1926	4	40/55	W	90x140	3560	1700			3400	HL	M 14	Hochsitz-Typ
HL 0 23	23	1926	4	40/55	W	90x140	3560	1700	4600	6600		HL	M 14	
HL	24	1926	4	40/55	W	90x140	3560	1700				HL	M 14	Fageol-Typ
HL	20/3	1926		10		(7,35 kW)						Lloyd	ELV 27/28	
Deutschland	18	1928	4	45	W	95x140	3969	1600				HL	L	
L	19	1928	4	45	W	95x140	3969	1600				HL	L	
LO 6 B	28	1928	6	65	W	100x125	5890	1800	4900	7300		HL	M 585	
Europa IV	21/8	1928		20-40		(14,7-29,4 kW)			3700/1100	7440		Lloyd	ELV 32/24	auch 30/10 Plätze
Europa IV	30/10	1928	6	70	W	94x118	4913	1800	3700/1100			HL	6 M 4,9	auch Maybach-Motor
Trolley-Bus Modell	24/8	1928												(symmetrische Karosserie)
Roland		1930-31	6	100	W	95x135	5741	1200				Maybach	W 2	
Columbus	20	1932	6	31	W	65x82	1632	3000				HL	H 1700	
Europa	21	1933	6	75	W	85x132	4494	2300				HL	D 6 M 4,5	D
Europa 3t		1938	6	75	W	82x110	3485	3000	4600			HL	L 3500 R	
Europa 4,5t		1938	6	100	W	100x160	7536	1900	5000			Deutz	F 6 M 316	D u. folgende
B 3000 D	30/4	1947-50	6	75	W	90x130	4962	2000	5200	8750	4590	Borgward	D 6 M 5	D
B 1000	12	1947-49	4	33	W	72x85	1384	3250	2800			Borgward	4 M 1,4 L	V
B 1250	14	1949-52	4	48	W	72x92	1498	4100	3200			Borgward	4 M 1,5	V, ab 1950 50 PS
BO 4000	35	1949-53	6	85	W	90x130	4962	2250	5300		2850	Borgward	D 6 M 5	
B 2000	18/4	1951-53	4	60	W	90x130	3308	2600	3800	5640	3000	Borgward	D 4 M 3,3	
B 1500/D		1952	4	60	W	78x92	1758	4200	3600			Borgward	4 M 1,8	V
B 1500/D		1952	4	42	W	78x92	1758	3400	3600		2800	Borgward	D 4 M 1,8	
BO 4000		1952	6	95	W	90x130	4962	2400	5300	8665		Borgward	D 6 M 5	
B 4500 F	35/7	1952-53	6	85	W	90x130	4962	2600			4000	Borgward	D 6 M 5	Focke-Typ
B 4500	42	1953	6	85	W	90x130	4962	2600	5300	8680	5000	Borgward	D 6 M 5	
B 4500 F		1953	6	85	W	90x130	4962	2600	4200-5300			Borgward	D 6 M 5	Typ Deutschland
B 1500/0		1953	4	60	W	75x84,5	1493	4700				Borgward	4 M 1,5 II	V
B 2500	22	1954-58	4	60	W	90x130	3308	2600	3800			Borgward	D 4 M 3,3	
B 2500 F	19	1955	4	60	W	90x130	3308	2600	3400	6800		Borgward	D 4 M 3,3	Typ Deutschland
BO 4000	42	1957	6	110	W	94x120	4996	2800				Borgward	D 6 M 5 II	
B 2500	22	1958-61	4	70	W	94x120	3331	2800				Borgward	D 4 M 3,3 II	
DF 2500	21	1958	4	70	W	94x120	3331	2800				Borgward	D 4 M 3,3 II	
BO 611	15/2	1958-61	4	42	W	78x92	1758	3400	2600	5200	2090	Borgward	D 4 M 1,8	
B 611-0	15/2	1958	4	60	W	75x84,5	1493	4700	2600	5200	2035	Borgward	4 M 1,5 II	V

Typ	Sitzzahl/ Stehplätze	SP	Zyl	PS	K	B x H	Hubr.	Drehzahl	Rad-stand	Gesamt-länge	Eigen-gewicht	Motor-hersteller	Typ	Bemerkungen
B 622		1959-60	4	70	W	94x120	3331	2800	2800				D 4 M 3,3 ll	
NWF														
FS	42	1951	V8	95	W	81x95,2	3924	3500			3920	Ford	V8-3,9l	V, Prototyp
FS	42	1951-54	6	90/95	W	92,07x101,6	4080	3000	5000	10925	4550	Ford	Hercules	Prototyp
BK 4	31/8	1953-54	4	55/90	L	110x140	5322	2300	4300	9470	5340	Deutz	F4L 514	
BK 6	33	1953-54	V6	125	L	110x140	7983	2300	4300	9470	5500	Deutz	F6L 614	
BS 300	45/32	1953	V6	125	L	110x140	7983	2300	5150	11040	7700	Deutz	F6L 614	Schienen-bus-Typ
BS 311	42/10	1953	V6	125	L	110x140	7983	2300			7300	Deutz	F6L 614	
BK 334	24/43	1953	V6	125	L	110x140	7983	2300				Deutz	F6L 614	
BK 206	24/43	1953	6	90	W	90x130	4962	2300				Borgward	D 6 M 5	
FS 56		1955	V6	120	W	92x105	4195	2800				Ford	AD 6	
Opel														
8/14		1907	2	14	W	105x120	2077	1600				Opel		
14/20		1908	4	20	W	95x120	3400	1600				Opel		
		1910	4	30	W	105x135	4670	1200				Opel		
14/30		1912	4	37,5	W	90x135	3450	1550				Opel		
10/45		1927	4	40/45	W	89x105	2611	2800				Opel		
Blitz	21	1931-34	6	61	W	79,4x117,4	3486	3000	4000			Opel	3,5 Ltr.	Marquette-Motor
Blitz	26	1934-36	6	64	W	79,4x117,4	3486	3000				Opel	3,5 Ltr.	
Blitz 3,5-4,7		1937	6	64	W	79,4x117,4	3486	3000	4650	7200	3400	Opel	3,5 Ltr.	
Blitz 3,6-4,7	30-36	1937-44	6	73,5	W	90x95	3626	3120	4650	7200-8200	3555	Opel	3,6 Ltr.	Fünfgang-getriebe, gedrosselt 68 PS
Blitz 1,5	14	1938	6	59	W	80x82	2473	3500				Opel	2,5 Ltr.	
Blitz N	29	1938-44	6	75	W	90x95	3626	3400	3600		3900	Opel	3,6 Ltr.	
Opel-Schumann	56/46	1938	3	90	W	85x240	4086	1500	3000/ 5400/ 1300	13600-14500	10400	Junkers	M 413	D, Sattel-schlepper-Doppeldecker
Blitz 1,5	15-17	1949-52	6	55	W	80x82	2473	3500	3600	6535	2350	Opel	2,5 Ltr.	auch Rad-stand 3250 mm
Blitz 3,5	30	1949-53	6	75	W	90x95	3626	3400	5050	8300	4000	Opel	3,6 Ltr.	
Blitz 1,75	17	1952-55	6	58	W	80x82	2473	3700	3750	6230-6535	3600	Opel		
Blitz 1,75	17	1955-59	6	62	W	85x76,5	2603	3600	3300	6170		Opel		
Blitz 1,9	17	1959-65	6	70	W	85x76,5	2603	3600	3000-3300	5160-5995	1950-2030	Opel		1. Front-lenkertyp
Blitz 1,9	17	1965-66	4	70	W	93x69,8	1895	5000	3000			Opel		2. Front-lenkertyp
Blitz 2,1	17-22	1966-68	6	80	W	87x69,8	2495	4500	3300			Opel		
Blitz 1,7	17	1968	4	70	W	93x69,8	1895	5000	3000			Opel		
Blitz 2,1	17-22	1968-69	4	60	W	90x83	2112	4500	3300			Peugeot-Indenor		D
Blitz 2,4	17-22	1968-71	6	80	W	87x69,8	2461	4500	3300			Opel		
Blitz 2,1	17-22	1970-71	4	60	W	90x83	2112	4500	3300			Peugeot Indenor		D
Orenstein & Koppel														
DS 60	76/15	1958	6	135	W	106x135	7150	2200	5200	10385		Büssing	U 7	auch 70/21 Plätze
Orion														
WH 153	32/8	1953	6	95	W	96x125	5431	2200	4600-4750		6000	Henschel	512 DG	auch Kämper
WH 154	40/110	1953	6	108	W	97x118	4706	2900	5400		5250	Kämper	492 H	auch Henschel
WH 154	40/110	1954	V6	125	L	110x140	7983	2250	5400		6500	Deutz	F6L 614	
WH 159		1954	V6	125	L	110x140	7983	2250	5600		6500	Deutz	F6L 614	
WH 160/R	39/8	1954-56	V8	142	W	105x125	8659	2200	4300	9600	6600	Kämper	8 V 105	
WH 157	31/40	1954-56	V8	175	L	110x140	10640	2250	5480		7800	Deutz	F8L 614	
WH 158/R	46/10	1954-56	V8	175	L	110x140	10640	2250	5480	10980	8300	Deutz	F8L 614	
OD -Kleinbusse-														
Rex 4	8-12	1953-57	4	38	W	63,5x92,5	1172	4250	3200-3400	5200	1100	Ford	12 M	V, auch Radstand 3500 mm, 14 Sitze
Rex 4	8-12	1954-57	4	36	W	82,6x101,6	2172	2400	3200-3400	5200	1200	IHC	D 4-132 D	D, auch Radstand 3500 mm, 14 Sitze

Typ	Sitzzahl/ Stehplätze	SP	Zyl	PS	K	B x H	Hubr.	Drehzahl	Rad-stand	Gesamt-länge	Eigen-gewicht	Motor-hersteller	Typ	Bemerkungen
Rex 18	15	1957-58	4	40	W	82,6x101,6	2172	2400	2650	4550		IHC	D 4-132 D	D
Pekol														
Pekol	50	1938	6	100	W	105x140	7270	2000			6600	DB	OM 67/3	Heckmotor
Pekol Linienbus	26/30	1949												
Pekol	16	1950	6	70	W	90x95	3630	3000		7400	3300	DB Lizenz Opel	3,6l	V, auch 26/30 Plätze
P 3	23	1951	6	90	W	90x120	4580	2800		7800	4400	DB	OM 312	
P 20	21/8	1951	6	90	W	90x120	4580	2800	4250	8250	3800	DB	OM 312	
P 30	27/9	1951	6	95/100	W	96x125	5431	2400	4250	8250	4450	Henschel	512 DJ	
Leicht-Linienbus	37/55	1954	6	100	W	96x125	5431	2400	4250	9760	5200	Henschel	512 DJ	auch 33/45 Plätze
P 60/55	46/62	1956	6	125	W	100x125	6126	2500		10000	6900	Henschel	522 DPU	
0 75/56	34/69	1957	6	125	W	100x125	6126	2500		10920	6100	Henschel	522 DPU	
Tourist	42	1957	6	125	W	100x125	6126	2500	4750	9950	5800	Henschel	522 DPU	
Phänomen														
Phäno-mobil LK	5	1925	4	12	L	74x90	1548	1700				Phänomen		Landpost-Dreirad
Phäno-men 4 RL	4	1927	4	16	L	74x90	1548	2000	2800	3650	1740	Phänomen	4 RL	Landpost-wagen
Granit 25a	7	1931-35	4	40	L	85x110	2495	2500				Phänomen	Granit 25a	Landpost-wagen
Granit 30	8	1935-37	4	55	L	90x120	3054	2800	3250			Phänomen	Granit 30	Landpost-wagen
Granit 30	15	1937-40	4	56/58	L	90x120	3054	2800	3900			Phänomen	Granit 30	
Granit 32 U	18	1951-53	4	52	L	90x125	3101	2800				Phänomen	Granit 32	D
Garant 30 K	18	1956-60	4	60	L	90x118	3000	2800	3770	6100	2980	Phänomen	Granit 30 K	
Robur LD 2500	16-17	1957-60	4	60	L	90x118	3000	2800	3270	6470		Robur	Garant 30 K	
Robur LO 2500	18	1961-67	4	70	L	95x118	3345	2800	3270	6525-6850	3670	Robur	4 VD 11, 8/9,5 SRL	
Robur LD 2500	18	1963-67	4	70	L	100x125	3927	2600	3270	6525-6850	3870	Robur	4 KVD 12,5/ 10 SRL	D
Robur LD 2501	21	1968-73	4	70	L	95x118	3345	2800	3270	6800	3670	Robur	4 VD 11,8/ 9,5 SRL	
Robur LO 2501	21	1968-73	4	70	L	100x125	3927	2600	3270	6800	3870	Robur	4 KVD 12,5/ 10 SRL	D
Robur LO 3000	21	1973-90	4	75	L	95x118	3345	2800	3270	6800		Robur	LO 4/2	
Robur LO 2002 A	16	1973	4	75	L	95x118	3345	2800	3270	6800		Robur	LO 4/2	Allradantrieb
Robur 0 611/ B 26		1974	6	105	W	85x88	2995	3600	3130			Cunewalde	6 VD 8,8/ 8,5 SRF	Prototyp
Robur 0 611		1974	6	90	W	85x88	2995	3000	3130			Cunewalde	6 VD 8,8/ 8,5 RSF	D, Prototyp
Robur LA 3000		1988-90	4	68	L	100x125	3927	2600	3270	6800		Robur	4 KVD 12,5/ 10 SRL	D
Presto														
ZO	14	1926-27	4	40	W	110x150	5699	1000	3600	5400	3100	Presto		
Rathgeber														
RO 4000	35-39	1951-52	4	90	L	110x140	5322	2300	4750	9125	5400	Deutz	F4L 514	
RO 4000	35-39	1951-52	4	90	W	110x140	5322	2300	4750	9125	5500	Steyr	WD 413	
Rumpler														
Rumpler		1929	6	100	W	115x160	9900	1300				VOMAG	6 L 1560	
Scheibler														
		1901	2	12	W	102x135	2200	1200				Scheibler		
L 56		1906-07	4	28,4	W	125x140	6880	750				Scheibler		auch 36/40 PS
L 58	12/2	1906-09	4	26,2	W	102x135	4410	1000				Scheibler		
		1909-12	4	24/30	W	110x140	5319	1000				Mulag		
L 56	18	1912-14	4	32	W	110x140	5319	950	4100			Mulag		
L 58	30	1912-14	4	36	W	125x140	6880	800	3500			Mulag		
LC	26	1922-23	4	47	W	125x150	7359	900				Mannesmann-Mulag	3 G	Trutz-Aufbau
L 56 C 5	19/11	1924	4	57	W	130x150	7959	900	4800			Mannesmann-Mulag	3 K	
3 GN	20	1925	4	52	W	125x150	7359	900	4400-4800			Mannesmann-Mulag	3 G	

Typ	Sitzzahl/ Stehplätze	SP	Zyl	PS	K	B x H	Hubr.	Drehzahl	Rad- stand	Gesamt- länge	Eigen- gewicht	Motor- hersteller	Typ	Bemerkungen
3 GN	24/14	1925	4	55	W	115x150	6228	1000	4800			Mannesmann-Mulag	5 K	
6 GN	54	1925	4	55	W	115x150	6228	1000	4800/ 1400			Mannesmann-Mulag	5 K	
3 GN	26/11	1925	4	58	W	125x150	7359	1000	4800			Mannesmann-Mulag	3 G	
6 GN III	54	1927-28	4	58	W	125x150	7359	1000	4800/ 1400			Mannesmann-Mulag	3 G	auch Radstand 5000/1430
U 5		1927-28	6	70/75	W	100x140	6597	1800				Selve	S 626	
J 5		1927-28	6	70/75	W	100x140	6597	1800				Selve	S 626	
Schiemann														
Schiemann		1901		9		(6,6 kW)		900				S & H		Typ Bielathalbahn
Schiemann	12/10	1904		15		(11 kW)		1200	3950	5480	3150	S & H		Typ Blankenese
Schiemann	22/4	1906		22		(16 kW)					3240	S & H		Typ Bad Neuenahr
Stille														
Stille	44/31	1930-31	6	110	W	94x168	6995	2200		13000	7125	Maybach	OS 5/6	Imbert-Generator
Stoewer														
Stoewer	12/4	1900-02	2	8/10	W	90x120	1526	1526				Stoewer		
Stoewer	10/2	1901		2x3,2		(2x2,35 kW)					2200			
Stoewer	12/4	1903-04	2	12/15	W	130x150	3982	1200				Stoewer		
Stoewer	12/4	1905	2	16/20	W	130x150	3982	1400				Stoewer		
OL 4	16/6	1905-08	4	18/24	W	110x120	4560	1000	3540	5700	3500	Stoewer		
OM 4	36/4	1905-08	4	18/24	W	110x120	4560	1000	4000	5700		Stoewer		Oberdeck
OS	20	1905-08	4	24/30	W	120x130	5881	900	4100	6850	3900	Stoewer		
OS I	36/4	1905-08	4	24/30	W	120x130	5881	1000	4100	6850	4700	Stoewer		Oberdeck
OS 6	34/6	1908	6	45	W	120x130	8821					Stoewer		
OSP	24	1909-12	4	24/32	W	120x130	5881	900	4250	6040	3900	Stoewer		
OSP I	34/6	1909-12	4	24/32	W	120x130	5881	900	4250	6040		Stoewer		Oberdeck
L 5 0	16	1912-13	4	19/32	W	110x130	4940	1200	4200	6000		Stoewer		
L 50 P	22	1912-13	4	19/32	W	110x130	4940	1200	4200	6040		Stoewer		
L 6 S-0	36/4	1912-14	4	28/45	W	125x150	7390	1050	4250	6040		Stoewer		Oberdeck
L 1-0	14/2	1913-14	4	19/32	W	110x130	4940	1200	3700	5330		Stoewer		u. 1919
L 2-0	22/6	1913-14	4	19/32	W	110x130	4940	1200	4200	6000		Stoewer		u. 1919
Stoll														
Stoll				20		(14,7 kW)			3600	4550		AEG		
SAG-Gaggenau														
BX		1898	1	8		127x152	1924					SAG		
Reichspost	10	1926	2	12/14	W	100x128	2009			4120	1800	SAG	C/12	auch 35/40 u 40/50 PS
Reichspost (C 18)		1906-07	4	18/22	W	94x115	3190			4120		SAG	C/18	
Reichspost		1906-07	4	24/32	W	120x140	6330			4120		SAG	C/24	
Wien	14	1906-07	2	12/14	W	100x128	2009			6300-6400	2900	SAG	C/12	
Wien	14	1906-07	4	18/22	W	94x115	3190					SAG	C/18	
Wien	14	1906-07	4	24/32	W	120x140	6330					SAG	C/24	
München	18	1906-07	2	12/14	W	100x128	2090			6800	3200	SAG	C/12	
München	18	1906-07	4	18/22	W	94x115	3190					SAG	C/18	
München	18	1906-07	4	24/32	W	120x140	6330					SAG	C/24	
Schwarz-wald	16	1906-07	2	12/14	W	100x128	2009			5350	2400	SAG	C/12	
Schwarz-wald	16	1906-07	4	18/22	W	94x115	3190					SAG	C/18	
Schwarz-wald	16	1906-07	4	24/32	W	120x140	6330					SAG	C/24	
Nord-deutsch-land	22	1906-07 1906-07	4	18/22	W	94x115	3190			5315	3500	SAG	C/18	Frontlenker
Nord-deutsch-land	22	1906-07	4	24/32	W	120x140	6330					SAG	C/24	Frontlenker
Berlin	38/6	1907	4	35/40	W					5315	4000	SAG	C/32	mit Oberdeck 44-52 Plätze
Berlin	38/16	1907	4	40/50	W	115x150	6228	850				SAG	C/50	
Reichspost	10/2	1907-08	4	28/36	W	100x128	4019	1000				SAG	C/28	

Typ	Sitzzahl/ Stehplätze	SP	Zyl	PS	K	B x H	Hubr.	Drehzahl	Rad-stand	Gesamt-länge	Eigen-gewicht	Motor-hersteller	Typ	Bemerkungen
Reichspost	10/2	1907-08	4	36/45	W	110x140	5319	1000				SAG	C/36	
Baden-Baden	11	1908	4	28/36	W	100x128	4019	1000	3400	4790-4950		SAG	C/28	
Baden-Baden	11	1908	4	36/45	W	110x140	5319	1000				SAG	C/36	
	16	1908	4	32	W	120x130	5878	850	3850			SAG		
Schwarz-wald	14/2	1908	4	28/36	W	100x128	4019	1000	5610-5810		2600	SAG	C/28	
Aussichts-wagen	24	1908	4	28/36	W	100x128	4019	1000	5630-5830		2400	SAG	C/28	
Wien	14	1908	4	28/36	W	100x128	4019	1000	6240-6440		3000	SAG	C/28	
Köln	18	1908	4	28/36	W	100x128	4019	1000	7355-7555		3100	SAG	C/28	
Nord-deutsch-land	22	1908	4	28/36	W	100x128	4019	1000	5575-5775		3700	SAG	C/28	Frontlenker
Berlin	38/6	1908	4	28/36	W	100x128	4019	1000	5575-5775		4100	SAG	C/28	Frontlenker, mit Oberdeck
Hotel-Omnibus	7	1908	4	15/20	W	80x130	2610	1000	2990	4650	1350	Benz		
Reichspost	10	1908	4	20/25	W	90x140	3560	1000	3290-3380	4700-4790	1880	Benz	R 10	
Reichspost	10	1910	4	30/35	W	105x150	5195	1000			1910	Benz	R 8	
Baden-Baden	11	1910	4	20/25	W	90x140	3560	1000	3620-3710	5100-5190	2330	Benz	R 10	auch 30/35 PS
Württem-berg	14	1910	4	20/25	W	90x140	3560	1000	3650-3740	5445-5535	3030	Benz	R 10	auch 30/35 PS
Schwarz-wald	16	1910	4	30/35	W	105x150	5195	1000	3150-3180	5750-5840	3180	Benz	R 8	auch 40/45 PS
Aussichts-wagen	23	1910	4	30/35	W	105x150	5195	1000	3800-3890	5900-5990	2880	Benz	R 8	auch 40/45 PS
Wien	16/5	1910	4	30/35	W	105x150	5195	1000	4163-4253	6300-6390	4480	Benz	R 8	auch 40/45 PS
München	20/5	1910	4	40/45	W	125x150	7360	1000	4400-4430	7000-7090	4430	Benz	R 4	auch 50/60 PS
St. Peters-burg	23/21	1910	4	50/60	W	135x150	8850	1000	4450-4540	7900-7990	6030	Benz	R 2	auch 40/45 PS mit Oberdeck
SUN														
SUN		1906	4	28	W	120x130	5878	1000				Argus		
SUN		1907	4	50	W	140x150	9240	1000				Argus		
Tannus - Klein-Omnibus														
Saalburg		1907-09	4	14/18	W	78x80	1528	1600				Taunus		
Waggonfabrik - Uerdingen														
Sechsrad-Obus	24/26	1932		2x54		(2x40 kW)		1500	4800/ 1400	9115	8545	AEG		Mulag-Fahrgestell
	36/29	1936		2x58		(2x42,5 kW)						BBC		
II/6500	35/	1940-43		122		(90 kW)		1700	4850	10160	6800	AEG	USC 227c	Prototyp
II/6500	33/33	1949		122		(90 kW)		1700	4850	10160	8230	AEG/BBC	USC 227c	GLM 1273c
II/6500	27/54	1949		122		(90 kW)		1700	4850	10160	8530	AEG	USC 227c	
II/6500	29/54	1949-51		122		(90 kW)		1700	5200	10915		AEG	USC 227c	
II/6500	35/28	1950							4850	10160				Diesel-Projekt
II/6500	32/86	1950		122		(90 kW)		1700	5200	12000	6940	AEG	USC 227c	
ÜH IIs	30/57	1950-53		122		(90 kW)		1700	4850	10160	7100	SSW	D 602e	
ÜH/IIIs	34/58	1951-58		136		(100 kW)		1800	5200	10935	7400	AEG/BBC		auch Länge 10935 mm, 35/65 Plätze
DG II-Bu 11	37/86	1960	6	170	W	122x155	10872	2000	5350/5770	16500	11700	Büssing	U 11	
GBS 165 U 11	41/124	1960-63	6	170	W	122x155	10872	2000	5350/5770	16500	11400	Büssing	U 11	
GBS 165 U 10	41/124	1961-63	6	150	W	118x150	9842	2000	5350/5770	16500	11340	Büssing	U 10	
GBS 165 U 11			6	170	W	122x155	10872	2000	5930/6045	18000	12000	Büssing	U 11	
GBS 162 U 11		1963-65	6	192	W	125x155	11410	2100	5530/5670	16900	11000	Büssing	U 11	
VEB Barkas - Kleinbusse														
Framo V 901	8	1952-54	3	20/24	Th	70x78	900	3600	2700	4250	1050	IFA	F 9	
IFA L 1	8	1952	3	20/24	Th	70x78	900	3600				IFA	F 9	
Framo V 901/2	8	1954-61	3	28	Th	70x78	900	3600	2800	4375	1320	AWE	310/4	

Typ	Sitzzahl/ Stehplätze	SP	Zyl	PS	K	B x H	Hubr.	Drehzahl	Radstand	Gesamtlänge	Eigengewicht	Motorhersteller	Typ	Bemerkungen
Barkas B 1000	8	1961-72	3	42	W	78x73,5	992	4000	2400	4520		AWE	312-016	
Barkas B 1000	8	1969	3	42	W	78x73,5	992	4000	2400	4615	1765	AWE	312-016	Fleischer-Großraum-Taxi
Barkas B 1000	8	1972-86	3	45	W	78x73,5	992	4000	2400	4520		AWE	352/1	
Barkas B 1000	8	1986-90	3	46	W	78x73,5	992	4000	2400	4520		AWE		
Barkas B 1000	8	1990	4	58	W	75x72	1263	5200	2400	4520		AWE (VW-Lizenz)	BM 860	
VEB Industriewerke Ludwigsfelde														
H6B L	35/19	1955-60	6	150	W	120x145	9840	2000	4900	9830	8600	Schönebeck	EMbW 6-20	
H6B S	24/25	1955-60	6	150	W	120x145	9840	2000	4900	9830		Schönebeck	EMbW 6-20	
H6B R	32	1955-60	6	150	W	120x145	9840	2000	4900	9830		Schönebeck	EMbW 6-20	
VEB Kfz-Werk »Ernst Grube«														
I/4500	27/27	1950		122		(90 kW)		1500	4250	9500	8100-8500	AEG	USC-227c	Henschel-Fahrgestell
II/6500	29/45	1951		163		(120 kW)		1500	5000	10800-11240		LEW		Henschel-Fahrgestell
W 500	40/24	1951	V12	240	W	100x115	10840	2600	5400	10600		Maybach	HL 100	V
W 500	40/24	1951	V12	280	W	105x115	11950	2600	5400	10600	9370	Maybach	HL 120	V
W 500	43/22	1951	6	120	W	105x120	6191	2400		10500		Maybach	HL 64 HKK	
W 601	28/44	1951		120		(90 kW)		1500	5000	10800		AEG/LEW		
W 602/ 602a	28/44	1952-54		120		(90 kW)		1500	5000	10800		LEW		auch Radstand 5740 mm
W 180		1952	6	120	W	115x145	9036	2000				Schönebeck	EMaW 6-20	Unterflurmotor, Prototyp
W 501/ H6B L	35/19	1952-58	6	150	W	120x145	9840	2000	4900	9830	8600	Schönebeck	EMbW 6-20	
W 502/ H6B S	24/35	1952-58	6	150	W	120x145	9840	2000	4900	9830		Schönebeck	EMbW 6-20	
H6B R	32	1952-58	6	150	W	120x145	9840	2000	4900	9830		Schönebeck	EMbW 6-20	
H6B U	11	1952-58	6	150	W	120x145	9840	2000	4900	9830		Schönebeck	EMbW 6-20	
Do S6	56/46	1953	6	120	W	115x145	9036	2000	3200/ 6600/ 1350	14900		Schönebeck	EMaW 6-20	
ES 6	54/46	1953		163		(120 kW)		1500	3200/ 6600/ 1350	14900		LEW		
VEB Waggonbau Bautzen														
W 700	30/30	1952	6	135	W	130x180	14328	1500		10520		Johannistal	GR 3080	VOMAG-Reko Motor
W 700	30/30	1952-53	6	120	W	115x145	9036	2000		10520		Schönebeck	EMaW 6-20	
Do 54	52/18	1954-57	6	120	W	115x145	9036	2000		9805		Schönebeck	EMaW 6-20	
Do 56	52/18	1957-59	6	120	W	115x145	9036	2000		11005		Schönebeck	EMaW 6-20	
Vetter														
Doppeldecker	96-99	1967	6	200	W	128x140	10809	2200			8590	DB	OM 346 h	
Doppeldecker	96-99	1967	6	192	W	121x140	9659	2100			8590	MAN	D 2146 HM1	
DB Typ I/ 302	35/16	1970-75	6	130	W	97x128	5675	2800	3700	8050	6000	DB	OM 352	
DB Typ II/ 302	39/52	1970-75	6	192	W	115x140	8720	2500	4200	8950	6800	DB	OM 360	
608 H	20-26	1971	4	80	W	97x128	3782	2800	3200	6700	4280	DB	OM 314	Heckmotor
608 H	20-26	1971	6	126	W	97x128	5675	2800	3200	6700		DB	OM 352	Heckmotor
O 317 G 16,5 m	82/78	1971-77	6	210	W	128x140	10809	2200	5250/ 4600	16500	11500	DB	OM 346 h	
O 317 G 18 m	91/79	1971-77	6	210	W	128x140	10809	2200	5850/ 5000	18000	12300	DB	OM 346 h	
Doppeldecker	100	1971-74	6	192	W	115x140	8720	2500	5600	11150	8600	DB	OM 360 h	
Doppeldecker	90/17	1974	6	210	W	128x140	10809	2200	5550	11150	9350	DB	OM 346 h	Typ Hafner

Typ	Sitzzahl/ Stehplätze	SP	Zyl	PS	K	B x H	Hubr.	Drehzahl	Rad-stand	Gesamt-länge	Eigen-gewicht	Motor-hersteller	Typ	Bemerkungen
LPO 813/ 42	29/15	1977-82	6	130	W	125x130	5675	2800	4200	7415	8000	DB	OM 352	
1 1/2-Decker	72/35	1977-78	6	240	W	125x155	11410	2200	6000	12000		DB	OM 407 h	auch mit Tragachse
Reise-Gelenkbus	81	1977	V10	320	W	125x130	15950	2500		18000	13600	DB	OM 403	auch 16,7 m und 17,3 m
Typ 16 SH	57/97	1978-83	6	240	W	125x155	11410	2200	6260/ 4700	16270		DB	OM 407 h	Vorläufer-Schubgelenkbus, mit T 280 PS
Typ 17 SH	66/100	1978	6	240	W	125x155	11410	2200	6560/ 4700	17050		DB	OM 407 h	Vorläufer-Schubgelenkbus, mit T 280 PS
Typ 18 SH	70/100	1978	6	240	W	125x155	11410	2200	7750/ 4700	18000		DB	OM 407 h	Vorläufer-Schubgelenkbus, mit T 280 PS
Typ 17 R Modell C	83/57	1979-81	6	280	W	125x155	11410	2200	5000/ 5000	7400		DB	OM 407 hA	T
Typ 18 R Modell C	87/63	1979-81	6	280	W	125x155	11410	2200	5000/ 5500	18000			OM 407 hA	T
Doppel-decker	98/17	1979-83	6	280	W	125x155	11410	2200	5800/ 1500	12000		DB	OM 407 hA	T, auch als Reisedoppeldecker, 87 Plätze
L 613/41 Reise	24	1980-87	6	130	W	97x128	5675	2800	4100	7085		DB	OM 352	auch 20/15 Plätze
Typ 18 Ü	93/77	1980	6	240	W	11410	2200		18000	11600	DB	OM 407 h		
O 305 G Typ 16	59/105	1981	6	240	W	125x155	11410	2200	5000/4600	16270		DB	OM 407 h	
TN 307	12	1981							3350	5440				»City-Girobus«
12 SHD	103/17	1983	6	280	W	125x155	11410	2200	5800/1500	12000		DB	OM 407 hA	T
12 SHD	87	1983	V8	330	W	128x142	14620	2300	5800/1500	12000		DB	OM 422 A	T
12 SM 1 1/2	75/30	1983-87	6	280	W	125x155	11410	2200	6000	12000		DB	OM 407 hA	T
16 SH Gelenk.	53/107	1983-87	6	240	W	125x155	11410	2200	4400/6560	16780		DB	OM 407 h	auch 75/30 Plätze
17 SH Gelenk.	60/90	1987-87	6	240	W	125x155	11410	2200	4700/6560	17080		DB	OM 407 h	
18 SH Gelenk.	70/100	1983-87	6	280	W	125x155	11410	2200	5500/6600	18000		DB	OM 407 hA	T
16 SMO	56/100	1983		122/134		(90/100 kW)		1800	5000/ 6450	16500		BBC	GLM 1273a	Typ Esslingen, 68 PS-Hatz-Hilfsdieselmotor
7 RH		1983										DB		
8 SH	25/30	1983	6	130	W	97x128	5675	2800	3600	7900		DB	OM 352	
10 SH	35/35	1983-87	V6	216	W	128x142	10964	2300	4500	9500		DB	OM 421	
12 SH	57/50	1983-87	V8	280	W	128x142	14620	2300	6000	12000		DB	OM 422	
17 SMO		1985												
SHO 8		1985										BBC		
11 SH-0	25/50	1987		204		(150 kW)						BBC		
10 SH-L		1987-91	6	280	W	125x155	11410	2200		10000		DB	OM 407 hA	T, verschiedene Längen
10 RH-90	31/	1987-91	V6	272	W	128x142	10960	2100		8400		DB	OM 441 A	T, verschiedene Längen
Vetter/Rizzi	18/32	1989								8200		AEG		
10 RH-90 H		1991-92	V6	272	W	128x142	10960	2100				DB	OM 441 A	T
10 SH-X		1991-92	V6	290	W	128x155	11967	2200	4200	8900		DB	OM 447 hA	T
6 SH-L/ B+S	32	1991-92		20/25		(15/18 kW)			3600	6000				Batterie-Solarzellen-Niederflurbus
Vidal-Tempo - Kleinbusse														
Matador (VW)	15	1949-52	4	25	L	75x64	1131	3300	2600	4550	1385	VW		V
Matador 1000	8	1952-55	3	26	Th	66x66	672	4500	2400	4350	1115	Heinkel		V

Typ	Sitzzahl/ Stehplätze	SP	Zyl	PS	K	B x H	Hubr.	Drehzahl	Rad-stand	Gesamt-länge	Eigen-gewicht	Motor-hersteller	Typ	Bemerkungen
Matador 1400	16	1952-55	4	34	W	70x71	1092	3600	3150	5310-5450	1300	Heinkel		V
Wiking	8	1955-63	2	17	Th	66x66	452	4000	2100	910	1005	Heinkel	TE 460	V
Matador I	10-13	1955-63	4	48	W	73x89	1489	4100	2800	4750	1430	Austin	A 50	V
Wiking Rapid	8	1957-63	4	32	W	62,9x76,2	948	4100	2400	4400	1150	Austin	A 35	V
Matador E	13	1963-67	4	54	W	76,2x89	1622	4000	2400	4400	1450	Austin	A 60	V
Matador E	13	1963-67	4	50	W	78x94	1767	4000	2400	4400	1450	Hanomag	D 301 E 2	D
Matador E II	11	1966-67	4	54	W	76,2x89	1622	4000	2400	4400	1380	Austin	A 60	V
Volkswagen -Kleinbusse														
VW-Bus	8	1950-52	4	25	L	75x64	1131	3300	2400	4100	1050	VW		
VW-Sondermodell	8	1952-53	4	25	L	75x64	1131	3300	2400	4100	1050	VW	»Samba-Bus«	
VW-Bus	8	1954-55	4	30	L	77x64	1192	3400	2400	4100	1100	VW		
VW-Bus	8	1955-59	4	30	L	77x64	1192	3400	2400	4190-4220	1120	VW		
VW-Bus	8	1959-60	4	30	L	77x64	1192	3400	2400	4250-4300	1110	VW		
VW-Bus	8	1960-64	4	34	L	77x64	1192	3600	2400	4280-4300	1125	VW	122	
VW-Bus	8	1963-64	4	42	L	83x69	1493	3800	2400	4280-4300	1150	VW		
VW-Bus	8	1963-67	4	42	L	83x69	1493	3800	2400	4280-4300	1165	VW		ab 1965 44 PS
VW-Bus L	8	1967-70	4	47	L	85,5x69	1584	4000	2400	4420-4445	1250	VW	126 A	
VW-Bus L	8	1970-72	4	50	L	85,5x69	1584	4000	2400	4420-4445	1250	VW		
VW-Bus L	8	1971-72	4	66	L	90x66	1679	4800	2400	4445	1365	VW		
VW-Bus L	8	1972-79	4	50	L	85,5x69	1584	4000	2400	4505	1400	VW		
VW-Bus L	8	1972-73	4	66	L	90x73	1679	4800	2400	4545	1420	VW		auch 62 PS
VW-Bus L	8	1973-75	4	68	L	93x66	1795	4200	2400	4545	1420	VW		
VW-Bus L	8	1975-79	4	70	L	94x71	1970	4200	2400	4545	1420	VW		
LT 35-Panorama-Bus	15	1976-83	4	75	W	86,5x84,4	1984	4300	2500	5105	2310	VW		
LT 35 D-Panorama-Bus	15	1976-79	4	65	W	92x101,6	2710	3600	2500	5105	2455	Liz. Perkins	4.165 HA	D
VW-Bus	8	1979-81	4	50	L	85,5x69	1584	4000	2460	4570	1425	VW		
VW-Bus	8	1979	4	70	L	94x71	1970	4200	2460	4570	1455	VW		
LT 35 Panorama-Bus	15	1979-81	6	75	W	76,5x86,4	2384	4500	2500	5105	2415	VW		D, E. Auwärter-Aufbau
VW-Bus	7-9	1981-82	4	50	W	76,5x86,4	1588	4200	2460	4570		VW		D
VW-Bus	7-9	1981-82	4	57	W	79,5x84,4	1715	4500	2460	4570		VW		D
VW-Bus	7-9	1981-82	4	70	L	94x71	1970	4200	2460	4570		VW		
LT 45 Panorama	17/10	1981-83	6	75	W	76,5x86,4	2384	4500	2950	5957		VW		D, E. Auwärter-Aufbau
Caravelle GL	7-9	1982-87	4	60	W	94x68,9	1913	3700	2460	4570	1510	VW		
Caravelle GL	7-9	1982-87	4	78	W	94x68,9	1913	4600	2460	4570	1510	VW		
LT 35 Panorama-Bus	15	1983	6	90	W	76,5x88,4	2384	4500	2500	5105		VW		
LT 50 Panorama-Bus	20/10	1983-91	6	102	W	76,5x86,4	2384	4300	3650	6960		VW		D, T, Aufbau E. Auwärter u. Koch
Caravelle GL TD	7-9	1983-90	4	70	W	76,5x86,4	1588	4500	2460	4570	1595	VW		D, T
Caravelle GL	7-9	1983	4	90	W	94x68,9	1913	4600	2460	4570	1510	VW		
Caravelle GL KAT	7-9	1983	4	83	W	94x68,9	1913	4800	2460	4570	1510	VW		
Caravelle GL Synchro	7-9	1983-92	4	78	W	94x68,9	1913	4600	2460	4570	1655	VW		Allrad-Antrieb
LT 45 Brillant	14/6	1985-90	6	102	W	76,5x86,4	2384	4300	2950	5300		VW		D, T, Aufbau Koch u. Kovex
Caravelle GL	7-9	1987-91	4	57	W	79,5x84,4	1715	4500	2460	4600	1580	VW		D, T
Caravelle GL	7-9	1987-91	4	112	W	94x76	2109	4800	2460	4600	1510	VW		
Caravelle GL KAT	7-9	1987	4	85	W	94x76	2109	4800	2460	4600	1510	VW		
Caravelle GL	7-9	1989-91	4	95	W	94x76	2109	4800	2460	4600	1510	VW		
Caravelle C	7-9	1990-91	4	60	W	94x68,9	1913	3700	2460	4600	1480	VW		
Caravelle C	7-9	1990-91	4	78	W	94x68,9	1913	4400	2460	4600	1480	VW		
Caravelle C	7-9	1990-91	4	92	W	94x76	2109	4800	2460	4600	1480	VW		

Typ	Sitzzahl/ Stehplätze	SP	Zyl	PS	K	B x H	Hubr.	Drehzahl	Rad-stand	Gesamt-länge	Eigen-gewicht	Motor-hersteller	Typ	Bemerkungen
Typ IV D	12	1991-	4	61	W	94x68,9	1913	3700	2920-3320	4655		VW		D
Typ IV D	12	1991-	5	78	W	81x77,4	2370	3700	2920-3320	4655		VW		D
Typ IV	12	1991-	4	84	W	79,5x95,5	1968	4300	2920-3320	4655		VW		Einspritzer
Typ IV	12	1991-	5	110	W	79,5x95,5	2459	4500	2920-3320	4655		VW		
VOMAG														
P 20 f	18	1918-19	4	35	W	105x160	5538	1000				VOMAG		
P 20 f	18	1920	4	40	W	110x160	6079	1000				VOMAG		
P 30 z	50	1921	4	40/45	W	110x180	6838	1000				VOMAG		
C 3 A	75	1924	4	60/80	W	130x180	9560	1000	5200/2250	10000		VOMAG		
Typ Leipzig		1925	4	50/65	W	115x160	6644	1500	5000	8000		VOMAG	6 L 1560	
Typ Leipzig		1925	4	55/70	W	115x180	7474	1500	5200	8000		VOMAG	B2 KH 1580	
Typ Altenburg	30/15	1925	4	50/65	W	115x160	6644	1500	5000	8000		VOMAG	6 L 1560	
Typ Altenburg	30/15	1925	4	55/70	W	115x180	7474	1500	5000	8000		VOMAG	B2 KH 1580	
Typ Buenos Aires	54	1925	4	60	W	115x160	6644	1500				VOMAG	6 L 1560	Oberdeck-Typ
O I A	26	1925	4	55/65	W	115x180	7474	1500	5200	5535		VOMAG	B2 KH 1580	
O II A	35	1925-26	4	60	W	115x160	6644	1500	5000	8000	6000	VOMAG	6 L 1560	auch 60/70 PS
O III A	27/20	1925	4	60	W	115x160	6644	1500	4830			VOMAG	6 L 1560	
3 A C Riesa	41/11	1925	4	60/70	W	130x180	9560	1500	5000/2250	8335		VOMAG		
3 A c Riesa	44	1925-26	4	45/55	W	115x180	7474	1200	5000/2250	10000		VOMAG	B2 KH 1580	auch 50/2 Plätze
	24	1925	4	55/70	W	115x180	7474	1500	5200	8000		VOMAG		Fageol-Typ
	32	1926-27	6	120	W	94x168	6995	2400				Maybach	OS 5/6	
»Stahl-omnibus«	100	1927	4	80	W	130x160	8490	1500		9400		Oberhänsli	4 R 3080	D
O II Monte-video	35	1927	4	50/55	W	115x180	7474	1200	5600	8000	6300	VOMAG	B2 KH 1580	
O II	29/25	1927	4	60/70	W	130x180	9560	1200	5700	9400		VOMAG		
OV 57	29/18	1928	4	75	W	130x160	8490	1300	5700	9670		VOMAG	B2 KH 3060	
OM 57	29/18	1928-29	6	100	W	94x168	6995	1900	5700	9670		Maybach	OS 5/6	
	48	1928	6	100	W	115x160	9972	1400				VOMAG	6 EH 1560	
OV 59		1928	6	105	W	120x160	10857	1500	5900		7600	VOMAG	6 H 2060	
6 OV 57	35/40	1928	6	110	W	120x160	10857	1500	5700	10220	7600	VOMAG	6 H 2060	
		1928	6	130	W	130x160	14335	1500				VOMAG	6 R 3080	D
		1928	6	130	W	120x160	10857	1600				VOMAG	6 EH 2060	
		1928	6	100	W	115x160	9972	1400				VOMAG	6 L 1560	Sattel-schlepper-Omnibus
OV 57,5 Cz	40/20	1929	4	80	W	130x160	8495	1500	5700			VOMAG	B2 KH 3060	
OV 59,6 L	40/20	1929	6	100	W	115x160	9972	1300	5900			VOMAG	6 L 1560	
OB 57/6 EH	40/20	1929	6	100	W	120x160	10857	1500	5700	11300		VOMAG		6 H 2060
VOMAG-Voran	32/8	1929	6	100	W	115x160	9972	1300				VOMAG	6 L 1560	
Do 57	45/15	1930	6	130	W	130x160	12742	1500	5700/1300	11800		VOMAG	6 EH 3060	
		1931	6	100	W	100x160	9120	1850				VOMAG	6 R 1060	D
5 Cz		1932-34	6	100	W	115x160	9972	1300				VOMAG	6 L 1560	
OV 57	40	1933	6	120	W	120x160	10857	1600	5700			VOMAG	6 EH 2060	
4,5 OR		1934	6	88	W	100x150	7069	2100				VOMAG	6 R 0050	D
5 NO 54/57	42	1934	6	100	W	100x160	9120	1850	5400-5700			VOMAG	6 R 1060	D
4 OR 657	35/5	1935-37	6	88	W	100x150	7069	2100	5700			VOMAG	6 R 0050	D
3 OV 449		1936	4	85	W	130x180	8436	1600	4900			VOMAG	4 EH 3080	
3 OR 649		1936	6	95	W	100x150	7069	2200	4900			VOMAG	6 R 0050	D u. folgende
4 OR 657	35/5	1936	6	110	W	100x160	9120	5700				VOMAG	6 R 1060	
4 OR 657	35/5	1936	6	120	W	115x160	9972	1850	5700			VOMAG	6 R 1560	
»Konti-nent-Ex-preß« (10 OR 1282)	50	1936	V12	350	W	140x190	35008	1500	1550/ 6650/ 1550	16500		VOMAG	12 R 4090 1 od. B	Boxermotor, RAB-Projekt
7 OR 660	43	1937-40	6	135	W	130x180	14335	1500	6000/1300	12000		VOMAG	6 R 3080	
5 OR 658		1937-40	6	150	W	130x180	14335	1600	5800			VOMAG	6 R 3080	
5 OM 657	43	1938	6	110	W	100x110	5180	2600	5700		7500	Maybach	Dsh 90	V
5 OV 657	43	1938	6	110	W	110x160	9120	1900	5700			VOMAG	6 R 1060	
6 OR 653	50	1938	6	150	W	130x180	14335	1600	5300			VOMAG	6 R 3080	
7 OR 660	62	1938-40	6	150	W	130x180	14335	1600	6000/1350	12000		VOMAG	6 R 3080	
6 OR 658	48	1939	6	160	W	130x180	14335	1650	5800			VOMAG	6 R 3080	auch für Stromli-nienbusse für DR

Typ	Sitzzahl/ Stehplätze	SP	Zyl	PS	K	B x H	Hubr.	Drehzahl	Rad-stand	Gesamt-länge	Eigen-gewicht	Motor-hersteller	Typ	Bemerkungen
5 OM 1258		1939	V12	300	W	105x115	11867	3000	5800			Maybach	HL120TUKO	V
5 OM 658	78	1939	6	160	W	130x180	14335	1650	5800+ 5400	21000	15000	VOMAG	6 R 3080	Gaubschat-Gelenkzug
3 OHG 443	35	1940	4	75	W	125x160	7850	1700	4300	7625	6000	VOMAG	4 GR 2560	Holzgenerator
4,5 OHG (460)	36/15	1940-42	4	100	W	140x180	11084	1500	6000	11205	7600	VOMAG	6 GR 4080 HG	Holzgenerator, Stadtbus: 32 Sitze + 20 Stehplätze
4,5 OHG (457)	36/15	1941-44	4	100	W	140x160	11084	1500	5700			VOMAG	4 GR 4080 HG	Holzgenerator
Waggon Union-Doppeldecker														
SD 200 F	88/12	1973	6	192	W	125x150	11045	2100	5520	11700	10600	MAN	D 2556 MXUH	VÖV I-Standard-Doppeldecker-Prototyp
SD 200	88/8	1974-75	6	192	W	125x150	11045	2100	5520	11700		MAN	D 2556 MXUH	
SD 200	88/8	1976-80	6	192	W	125x155	11413	2200	5520	11490	9685	MAN	D 2566 MUH	
SD 200 (SD 81)	81/8	1981-85	6	200	W	125x155	11413	2200	5520	11490	10585	MAN	D 2566 MUH	
SD 200 Bagdad	96	1981-82	6	220	W	125x155	11413	2100	5600	11080		MAN	D 2566 MUH	
D 80	81/5	1981-83	6	200	W	125x155	11413	2200	5800	11450		MAN	S 2566 MUH	VÖV II-Standard-Doppeldecker-Prototyp
SD 202 F	81/9	1986-92	6	204	W	125x155	11413	2200	5800	11490		MAN	D 2566 MUH	
Wegmann														
Wegmann	35/20	1951		26/34		(19/25 kW)			4500	9000	12500	Still		mit Batterie-anhänger
Deiters-Wismar														
EVA	43	1933	6	80/85	W	120x160	10851	1600				Henschel	D	Generator
EVA	32/20	1934	6	120	W	125x160	11775	1500				Henschel	J	Generator
OBus	20/20	1941		87		(64 kW)		1500	3850	8000	7000	AEG		auch BBC-Motor
Wumag														
ZC	40	1926	4	55	W	120x180	8138	1000	5600	7930		BMW	M 4 A1	
v. d. Zypern u. Charlier														
ZC	33/12	1926-30	4	45/60	W	120x180	8138	1100	4700-5600			BMW	M 4 A 1	
ZC		1930	4	60	W	120x180	8138	1100	5300	7930		BMW	M 4 A 1	

Anhang

Die deutschen Karosseriefabriken

Ackermann-Fahrzeugbau, Wuppertal-Vohwinkel
Karosseriefabrik Auer GmbH, Bad Cannstatt, Königstr. 79/83
Ernst Auwärter Karosserie- und Fahrzeugbau KG. - siehe Hauptteil
Gottlob Auwärter Karosserie- und Fahrzeugbau GmbH u.Co. KG - siehe Hauptteil
Baader, München
Badisches Fahrzeug- u. Karosseriewerk GmbH, Weisweil, Krs. Emmendingen
Peter Bauer, Fahrzeugfabrik, Köln-Ehrenfeld, Gutenbergstr. 89/105
Beuchelt u. Co., Fabrik für Brückenbau u. Eisenkonstruktionen, Grünberg/Schlesien, Eisenbahnstr. 38
Blumhardt Fahrzeuge GmbH, Wuppertal, Vohwinkeler Str. 160
Rudolf Böbel, Karosseriebau, Ulm-Wiblingen, Neukirchenweg
Carosserie Buhne, Berlin NW 87, Schulzendorfer Str. 10/11 u. Berlin N 65
Busch, Görlitz, Neusche Promenade 920
Waggonfabrik Gebr. Credé u. Co., Niederzwehren b. Kassel, Aueweg 26
Jos. Cremer & M. Thiemonds, Karosseriebau, Düren-Derichsweiler
Christoph & Unmack AG, Niesky (Oberlausitz)
Danziger Karosseriefabrik AG, Danzig
Deutsche Waggon- und Maschinenfabriken GmbH, Berlin-Borsigwalde
F. G. Dittmann Fahrzeugbau, Berlin-Wittenau, Lübarser Str. 18 - 22
Döbelner Karosseriewerk Fritsche & Brause, Döbeln-Zschachwitz
Drauz KG Karosseriefabrik, Heilbronn a. N., Weipertstr. 13 - 21
Drettmann, Fahrzeugwerke, Osterholz-Scharmbeck b. Bremen, Schwarzer Weg u. Lesum, Burgdamm 15
Gotthard Drögmöller, Karosseriebau, Heilbronn a. N., Koepffstr. 7 - 11
Düsseldorfer Waggonfabrik AG, Düsseldorf, Königsberger Str. 100
Hans Eben, Karosseriebau, Aßling/Obb.
Adolf Emmelmann Karosseriefabrik GmbH, Hannover, Sutelstr. 6/7
Erdmann & Rossi, Berlin-Halensee, Karlsruher Str. 19/22 u. Berlin N 24, Linienstr. 139/140
Carosseriewerk Fahrzeugfabrik Estelmann & Co., Nürnberg, Johann Nimrodstr.
Eisenbahn-Verkehrsmittel AG (EVA), Berlin W 10; Wismar i. Mecklenburg u. Brühl b. Köln
Fahrzeug- u. Maschinenbau-Gesellschaft mbH (Famag), Dingolfing/Isar
Fahrzeugwerke Kannenberg (FAKA), Salzgitter, Gittertor 21 u. Bückeburg, Hannoversche Str. 21
Fahrzeug-Waggonbau Wilhelm Freudenau, Brackwede b. Bielefeld
Wagenbauanstalt Falkenried, Hamburg-Falkenried
Fritz Fleischer Karosserie- u. Fahrzeugfabrik, Gera, Rudolf Ferber Str. 3 (Wilhelm Pieck-Str. 181)
Frankfurter Karosserie- u. Eisenbahn-Fahrzeug-Werke GmbH, Frankfurt a. Main
Frankfurter Karosserie-Fabrik (FKF), Friedrich Schmidt & Co., Frankfurt a. Main, Rebstöcker Str. 57/59
Frankfurter Maschinenbau, vorm. Pokorny & Wittekind AG, Frankfurt a. Main-West, Solmsstr. 2/26H.
Freudenau & Söhne, Karosseriefabrik, Bielefeld, Detmolder Str. 192H.
Fuchs, Waggonfabrik AG, Heidelberg
Karosseriefabrik Louis Gaertner, Bremen
Waggonfabrik Gebr. Gastell GmbH, Berlin-Neukölln, Willi Walter Str. 32/38 (Karl-Marx-Str. 32 - 38 bzw. 273 - 289)
Ginapp & Co., Hamburg
Markus Göppel Karosseriebau, Augsburg, Schönbacher Str. 9; Donauwörther Str. 110
Gothaer Waggonfabrik AG, Gotha, Kindlebener Str. 77
Niedersächsische Waggonfabrik J. Graaff, Elze, Heinrich-Nagel-Str. 1
Josef Grimm, Karosseriebau, Würzburg, Sedanstr. u. Weißenberger Str. 4
Hannoversche Waggonfabrik AG (HAWA), Hannover-Linden
Hermann Harmening KG, Karosseriefabrik, Bückeburg/Lippe, Hannoversche Str. 21
Ernst Hartmann KG, Alsfeld/Hessen, Hersfelder Str.
Wilhelm Hermanns, Karosserie-, Fahrzeug- u. Aggregatebau, Porz a, Rhein
Eduard Hesselbein, Wagen- u. Karosseriefabrik, Braunschweig, Ludwigstr. 31a
Johann Hettwer, Karosseriebau, Aken, Roonstr. 51
Karosseriewerk R. Hiller, Ehrenhain

Hubertia-Fahrzeugfabrik, Ernst F. Ohnemüller, Berlin-Charlottenburg, Berliner Str. 135 u. Berlin-Borsigwalde; nach 1945 Hubertia-Fahrzeugfabrik, Hans Morber GmbH, Küps/Bayern u. Pirmasens/Pfalz
Jonas Jessen, Karosseriefabrik, Hamburg-Wandsbeck, Jenfelder Straße 95/97 u. 101
Karl Kässbohrer Fahrzeugwerke GmbH, Ulm/Donau, Peter-Schmid Str. 13
Kafa, Karosserie- u. Fahrzeugfabrik GmbH, Leipzig, Schladitzer Str. 8
Ludwig Kathe & Söhne, Halle a. Saale u. Diemitz
Alexis Kellner AG, Berlin NW 87, Kaiserin-Augusta-Allee 101
Kirbis & Jürgensen, Flensburg
Theodor Klatte, Metallwarenfabrik, Bremen-Huchting
Karosseriefabrik Albert Kleye AG, Altenburg/Thür. (heute Arewa-Werk)
J. Knapp u. Söhne, Backnang, Steinbacher Str.
Robert Kögel, Karosserie- u. Wagenbau, Arnstadt
Kowex Fahrzeugtechnik GmbH, Abstatt b. Heilbronn, Seestraße
Adam Krämer, Fahrzeugbau, Groß-Gerau
Krauss-Maffei AG, München-Allach, Krauss-Maffei Str. 2
Kühlstein-Wagenbau-Ges. mbH, Berlin-Charlottenburg, Salzufer 4, Berlin NW, Schiffbauerdamm 23
Karosseriefabrik Otto Kühne u. Co. KG, Halle a. d. Saale, Merseburger Str. 40
Joh. Lampferhoff KG Karosseriefabrik, Gelsenkirchen-Horst, Auf dem Schollbruck 38
Wagenbauanstalt Lange & Gutzeit, Berlin
Lange & Stelzer
Lange & Stützer, Berlin
Karosseriefabrik Langenthal
Leipziger Karosserie- u. Fahrzeugfabrik GmbH, Leipzig, Schladitzer Str. 8
Fahrzeugwerke Emil H. v. Lienen, Bochum
Karosseriebau- u. Waggonfabrik Gottfried Lindner AG, Ammendorf/Saale, Schachtstr. 18
Linke-Hofmann-Busch (LHB), Waggon-Fahrzeug-Maschinen Gesellschaft, Salzgitter-Lebenstedt
Linke-Hofmann-Busch-Werke AG, Werdau
Luchterhand & Freytag, Waggon- u. Karosseriefabrik, Berlin-Rixdorf; Berlin-Neukölln, Hermannstr. 35/37; Berlin, Pflügerstr. 29 - 31; Berlin-Tempelhof, Eresbergstr. 14
Karosseriefabrik Gebr. Ludewig GmbH, Essen-Altenessen, Steeler Str. 199 - 207, Bruckmannstr. 87
Luftschiffbau Zeppelin GmbH, Friedrichshafen
Lutherwerke Luther & Jordan, Braunschweig, Frankfurter Str. 249 - 255
Olfener Karosseriewerk Bernhard Malkemper, Olfen/Westfalen
Louis Manderbach, Fahrzeugfabrik, Wissenbach/Dillkreis, Am Bahnhof
Christian Miesen, **Karosserie- u. Fahrzeugwerk**, Bonn, Dottendorfer Str. 165
Mikafa, Mindener Karosserie- und Fahrzeugbau GmbH, Minden
Friedrich Minnameier, Karosseriefabrik, Nürnberg-W., Muggenhofer Str. 102 - 104 u. Fürther Str. 45/47
Karosseriewerk München AG, München, Oettinger Str. 20/26
Wagenfabrik Joseph Neuss, Berlin-Halensee, Nestorstr. 8/9
Norddeutsche Waggonfabrik AG, Bremen
Norddeutsches Karosseriewerk GmbH, Kiel-Dietrichsdorf
Nordwestdeutscher Fahrzeugbau GmbH (NWF), Wilhelmshaven-Mariensiel, Industriegelände
August Nowack AG, Bautzen, Martin-Mutschmann-Str. 32
Orenstein & Koppel und Lübecker Maschinenbau AG, Berlin-Spandau, Brunsbütteler Damm 144
Orion-Werk, Minerva-Vertriebs- u. Handels-GmbH, Eschwege/Werra, Niederhohner Str.
Gebr. Ottenbacher, Wagen- u. Karosseriefabrik, Biberach a. d. R., Paradiesstr. 12
Franz Plasswilm Karosserie- u. Fahrzeugbau, Köln-Braunsfeld, Eupener Str. 137
Conrad Pollmann, Nordd. Karosseriefabrik, Bremen 11, Bismarckstr. 537 u. Stresemann Str. 9
August Popp Maschinenfabrik, Windach/Ammersee u. Landsberg
Hubert Puppe u. Co., Neheim-Hüsten, Mendener Str. 16 - 20
Waggonfabrik Rastatt AG, Rastatt/Baden, Werkstr. 2
Waggonfabrik Joh. Rathgeber AG, München-Moosach, Untermenzinger Str. 1
Fahrzeugwerke Recklinghausen GmbH, Karl Danz AG, Recklinghausen, Hertener Str. 24 - 30
Regensburger Stahl- und Metallwerk, Regensbuirg
Rembrandt-Werke, Delmenhorst
Fr. Reutter, Karosseriefabrik, Stuttgart-Feuerbach, Borsigstr. 5 - 9

Stuttgarter Karosseriewerk Reutter & Co. GmbH, Stuttgart-W., Augustenstr. 82
Rheka-Werk, Rheinisches Karosseriewerk Gesellschaft mbH, Lintorf
Eugen Rupflin, Karosseriefabrik, München-Milbertshofen, Dachauer Str. 112
Ludwig Schenk, Karosseriebau, Würzburg-Heidingsfeld
Schlesienwerk (Wagenbauwerke GmbH) Jeemann & Staar, Liegnitz
Schlichting Chr. Schmitz & Co., Karosseriebau, Derichsweiler b. Aachen
Johannes Schneider, Reichenbach i. V., Zwickauer Str. 225
Waggonfabrik Gebr. Schondorff, Düsseldorf
Schorn, Karosserie- und Fahrzeugbau, Duisburg
Kurt Schröder, Karosseriebau »Hallore«, Halle
Schütze & Co.
Zwickauer Fahrzeugfabrik, vorm. Schumann, (auch Sächsische Waggonfabrik AG), Werdau, Greizer Str. 70F.
H. Schwarze, Karosseriebau, Blomberg/L., Neuterstr. 34 - 36
Leonhard Senden, Karosseriewerk, Würselen b. Aachen, Lindenplatz 1 - 3
Karosseriefabrik Spohn, Ravensburg, Holbeinstr. 38
Gebr. J. u. H. Steib KG, Karosserie- u. Fahrzeugbau, Eiserfeld/Sieg, Walkenmühle 6
Waggonfabrik Steinfurt AG, Königsberg i. Pr.
Paul Stolle, Karosseriefabrik, Hannover-Linden, Spinnereistr. 11
Waggonfabrik Talbot, Aachen, Jülicher Str. 215
Wilhelm Thiele, Bremen, Hemmstr. 157
Karosseriefabrik (auch Hofwagenfabrik) N. Trutz, Coburg, Sonntagsanger 16
Uerdinger Waggonfabrik AG, Krefeld-Uerdingen, Duisburger Str. 145
Vereinigte Werkstätten (Wittenau), Berlin-Wittenau
Vereinigte Werkstätten für Karosseriebau, GmbH, München 8, Wiener Platz 7/8 u. Berg-am-Laim-Str. 20
Vereinigte Westdeutsche Waggonfabriken AG, Köln-Deutz u. Mainz-Mombach
Walter Vetter, Fahrzeug- u. Karosseriefabrik, Bad Cannstatt, Brückenstr. 6; Fellbach b. Stuttgart, Ringstr. 28
Wagenbauwerke GmbH, Berlin SO 33, Vor dem Schlesischen Tor 1 u. Eichenstr.
Alwin Walther, Karosserie- u. Fahrzeugbau, Waldheim (Sachsen), Adolf-Hitler-Str. 63 u. Bergstr. 5
August Wankmiller, Karosseriebau, Heilbronn a. N., Karlstr. 51
Waggonfabrik Wegmann & Co. KG, Kassel, Wolfhagerstr. 77/79 u. Ochshäuser Str. 45
Karosseriewerk Weinsberg, Weinsberg
Düsseldorfer Eisenbahnbedarf, vorm. Carl Weyer & Co., Düsseldorf
Paul Widling
Karosseriefabrik Wiemann u. Co., Magdeburg
Karosseriewerk Wille, Fleetstedt über Hamburg
Triebwagen- u. Waggonfabrik Wismar AG, Wismar
"Wumag" Waggonbau & Maschinenfabrik AG, Görlitz, Brunnenstr. 11
Waggonfabrik v. d. Zypen & Charlier GmbH, Eisenbahn- u. Maschinenfabrik, Abt. Autobau,
Köln-Deutz, Mühlheimer Str. 131

Werner Oswald öffnet sein Archiv

Werner Oswald
Mercedes-Benz Personenwagen 1886–1986
Der lückenlose Überblick über alle von Daimler Benz hergestellten Pkws.
600 Seiten, 1200 Abb., geb.
98,– Bestell-Nr. 01133

Werner Oswald
Mercedes-Benz Lastwagen und Omnibusse 1886–1986
Die immense Typenvielfalt der Nutzfahrzeuge erstmals umfassend dargestellt.
592 Seiten, 1033 Abb., geb.
98,– Bestell-Nr. 01041

Werner Oswald
Deutsche Autos seit 1945
Alle deutschen Autos in Wort und Bild mit ihren wichtigsten technischen Daten.
1024 Seiten, 1160 Abbildungen, gebunden, 2 Bände zusammen in Schmuckschuber
148,– Bestell-Nr. 01492

Oswald / Gihl
Fahrzeuge der Feuerwehr und des Rettungsdienstes seit 1900
Die Feuerwehr-Kfz in den alten und neuen Bundesländern.
476 Seiten, 1277 Abb., geb.
88,– Bestell-Nr. 01479

Werner Oswald
Kraftfahrzeuge und Panzer der Reichswehr, Wehrmacht und Bundeswehr
Mit den wichtigsten technischen Daten für jeden Typ.
664 Seiten, 1274 Abb., geb.
68,– Bestell-Nr. 10850

Motor buch Verlag

DER VERLAG FÜR
AUTO-BÜCHER
Postfach 10 37 43 · 70032 Stuttgart

Änderungen vorbehalten